U0263098

大气覆冰与防御

蒋兴良　张志劲　舒立春　著

科学出版社
北　京

内 容 简 介

本书结合作者近四十年的研究与自然科学观测的成果，利用气象学、流体力学、热力学等原理论述大气覆冰的形成机理，从机械、材料和物理等方面揭示结构物大气自然覆冰规律及其导致灾害的机理，并融合信息、传感、机械、电气、物理、化学等原理，系统研究分析大气覆冰监测与冰灾防御的方法和措施，包括防覆冰、机械除冰、热融冰等各种常规、先进和未来的方法、技术和装置，以及科学的覆冰监测方法，为国家防冰减灾提供科学依据、数据支持和技术参考。

本书可供电网、风电新能源、铁路、公路、航空器等结构物大气覆冰与安全防御学科的本科生、研究生参考，也可供相关学科的科学研究、设计生产和运行维护人员参考。

图书在版编目（CIP）数据

大气覆冰与防御/蒋兴良，张志劲，舒立春著. —北京：科学出版社，2024.11

ISBN 978-7-03-067996-3

Ⅰ. ①大… Ⅱ. ①蒋… ②张… ③舒… Ⅲ. ①冰害-防治 Ⅳ. ①P426.616

中国版本图书馆 CIP 数据核字（2021）第 018658 号

责任编辑：张海娜 / 责任校对：任苗苗

责任印制：肖 兴 / 封面设计：蓝正设计

科学出版社 出版

北京东黄城根北街 16 号

邮政编码：100717

http://www.sciencep.com

三河市春园印刷有限公司印刷

科学出版社发行 各地新华书店经销

*

2024 年 11 月第 一 版 开本：720 × 1000 1/16

2024 年 11 月第一次印刷 印张：35

字数：703 000

定价：328.00 元

（如有印装质量问题，我社负责调换）

前　　言

39 年前在导师顾乐观教授、孙才新教授的指导下开始电网覆冰研究时，从没想到对覆冰积雪的观测研究与防御会贯穿我整个生涯。小时候在农村几乎每年冬天都会遇见覆冰积雪，也没认识到覆冰积雪会带来什么不便；偶尔哪年春节没有覆冰积雪还很失望，似乎缺少了什么。直至在重庆大学把绝缘子覆冰作为硕士研究生论文的主题乃至完成论文，也没有将覆冰积雪研究作为职业，那时感觉冰雪没什么可研究的，“天空下雪、地面结冰”太平凡了，谁也管不了。

而今天占据我思维全部的只有覆冰积雪，但仍未完全认清覆冰积雪及其导致灾害的自然本质和规律。39 年来，从人工模拟覆冰，到各种极端野外环境观测覆冰，经历过许多磨难与生死考验，我享受了冰雪带来的极大乐趣，不仅喜爱冰雪的冰清玉洁，而且酷爱自然覆冰积雪形成的千姿百态。但是覆冰积雪也给人们的生产、生活，甚至生命安全带来严重危害，这耗费了我几十年的精力和心血进行研究，仍然没有得到很好的解决，又时不时使我感觉郁闷和空虚。

覆冰积雪是极为普通也极为普遍的自然现象。自古以来，土里刨食的祖先们每到冬季就盼望下雪，“瑞雪兆丰年”，一场场持续的大雪预示着来年的丰衣足食。而今天人们对冰雪的敬畏远远超过祖先的期盼。电网覆冰可导致停电，影响工业生产与经济建设；风力发电机覆冰导致机组停运、影响发电，脱冰甩冰危害人畜的生命安全；高铁机车与牵引线覆冰引起火车晚点和停运；飞机起飞、降落以及穿越过冷却云层或低空盘旋中机翼覆冰可导致机毁人亡。随着工业化进程的发展，人造的各种结构物都面临大气覆冰积雪的危害，其中有些是极为严重的危害。除以上提到的主要结构物外，通信塔架、轮船军舰、公路与民房均面临覆冰积雪的严重影响和危害。

电网覆冰积雪的研究历史虽谈不上悠久但也已近百年。自 1932 年美国首次记录覆冰引起输电线路断线倒塔事故以来，研究就一直没有停止，断断续续地探索推进了覆冰与防御的研究进程。但这个研究群体很小，因为此前人们从来没有认识到覆冰积雪还会带来严重的自然灾害。长期以来人们一直认为，覆冰积雪是偶发的小概率事件，不会引起严重的自然灾害，甚至在影响最为严重的航空领域，共计发生了四十余次飞机覆冰的重大灾难事故也没有引起大众的广泛关注。随着工业化进程的发展，地球资源日渐枯竭，全球气候变暖，极端气候事件频发，结构物大气覆冰已经成为常态，并且在我国有由南向北扩展的明显趋势：降雪事件越来越少，冻雨覆冰更加频繁，大气覆冰的危害再也不可忽视。

实际上，覆冰积雪的两面性极为突出，在给我们带来美丽的视觉效应以及杀死土壤中的病虫害创造丰收的同时，也给工业化进程中的人类带来巨大的灾害和严重的影响。百年前的泰坦尼克号碰撞冰山给人类留下了悲痛的回忆，推动了海洋冰雪研究学科分支的发展。陆地覆冰积雪的研究至今没有形成一个独立的学科分支，但人们了解得越多，理解得越透，对覆冰积雪就越敬畏。正是这种敬畏之心，使我萌发了撰写本书的意愿。二十多年前我曾撰写过一部专著《输电线路覆冰及防护》，出版后 6 年几乎无人问津，直到 2008 年我国南方发生大面积冰灾，遗留在犄角旮旯的书不到 10 天被抢完。因为那是当年唯一一部系统研究探讨覆冰积雪对电网危害的专著。2011 年我想整理二十余年深入探讨电网覆冰问题的研究成果，由于健康原因，再加上懒惰，一直没有完成，当年撰写的专著提纲也不知哪里去了。

随着观测、分析与研究的深入，我发现大气覆冰是自然科学的一个分支，是一个需要持续研究的普遍而深奥的自然现象。大气覆冰涉及的学科知识很广泛，是与气象、大气物理、空气动力、流体力学、热力学等有关的综合物理现象，覆冰致灾更是涉及机械、材料、电工、化学等多学科的交叉融合，防御更为困难和复杂。不同结构物覆冰积雪存在共性，也具有独特性，形成灾害的机制和防御的方法有共性也有特殊性，只谈电网覆冰尚不足以让人们了解冰雪的危害。因此，经过深思熟虑，决定撰写本专著。作者以电网覆冰为基础，扩展涵盖各种结构物的大气覆冰形成共性机制和独特性规律，讨论探索电网设备、飞机机翼、风力发电机叶轮以及铁路轨道等典型结构物大气覆冰及其导致灾害的机制，挖掘、探索和讨论结构物大气覆冰灾害的防御原理、方法和技术措施。

本书主要基于作者及所在团队承担的国家科技攻关项目，973 计划项目，国家自然科学基金重点项目、面上项目和青年科学基金项目，国家电网公司和南方电网公司科研计划项目等科学技术研究成果。本书成果涉及的主要研究人员有：蒋兴良、张志劲、舒立春、胡琴和胡建林等，以及以上教师历年指导的参加相关项目的博士研究生和硕士研究生等 150 余人。

本书共 12 章，全书由蒋兴良设计和统稿，各章初稿撰写人员与主要内容如下：

第 1 章绪论，由蒋兴良负责撰写，论述大气覆冰研究范畴、目的与意义，分析大气覆冰的学科关联，分析国内外大气覆冰研究的动因和历程，提出大气覆冰的科学技术难题。

第 2 章典型结构物大气覆冰，由何高辉、胡琴撰写，主要论述电网设备、风力发电机叶轮、飞机机翼等典型结构物大气覆冰的形成条件、产生的机制和物理性质。

第 3 章大气覆冰灾害与致灾机制，由杨国林、蒋兴良撰写，主要讨论各种结构物大气覆冰导致灾害的机制、特点和差异，以及典型的灾害示例等。

第 4 章结构物大气覆冰仿真，由黎芷毓、蒋兴良撰写，主要讨论各种结构物大气覆冰仿真分析方法、物理数学模型，并以电网覆冰为实例，系统分析影响大气覆冰的各种条件。

第 5 章大气覆冰测量观测与试验，由于周、张志劲撰写，主要分析大气覆冰观测、测量的各种方法，以及结构物大气覆冰人工模拟和自然观测的设备与方法。

第 6 章结构物大气防冰，由杨航、舒立春撰写，主要讨论分析大气覆冰形成之前防御结构物覆冰生成的各种方法。

第 7 章电网除冰方法与技术，由陈宇、蒋兴良撰写，讨论结构物覆冰之后采取各种的去除覆冰的方法和技术措施。

第 8 章工频谐振、高频激励和化学融冰，由刘延庆、舒立春撰写，针对电网设备冰灾防御的难题，分析工频谐振、高频激励和化学融冰的方法及技术措施。

第 9 章电流焦耳热融冰方法与技术，由刘延庆、舒立春撰写，论述输电线路采用电流焦耳热融冰的原理、融冰过程的特性和电网实施电流融冰的技术条件，以及电流融冰的评价。

第 10 章电网冰灾非干预式主动防御，由朱梅林、蒋兴良撰写，讨论新的不停电非人工干预的冰灾防御方法，主要分析电网冰灾防御可采用的扩径导线、电晕效应和抑制扭转的方法和技术条件。

第 11 章分裂导线输电线路电流转移融冰，由朱梅林、蒋兴良撰写，提出电流转移的不停电融冰方法，分析智能融冰装置以及应用的技术条件。

第 12 章其他结构物冰灾防御，由陈宇、蒋兴良撰写，针对各种结构物大气覆冰的现象，提出采用各种典型的冰灾防御方法。

作者力图以通俗的科普语言系统论述结构物大气覆冰的形成机理、导致灾害的机制和防御冰灾的方法，为从事覆冰积雪科学研究、设计规划、生产运行等的科研人员、工程技术人员、大学教师和学生等提供全面参考和科学的数据依据，并希望为有兴趣的大众提供相关科普知识。

由于作者水平有限，难以覆盖所有内容，且内容难免有疏漏之处，恳请读者谅解。但作者不忘初心，将一如既往地探索、研究大气覆冰与防御领域未解决的科学问题和关键技术难题。

蒋兴良

2024 年 6 月于重庆大学

目　录

前言
第 1 章　绪论 …… 1
1.1　概述 …… 1
1.2　历史与发展 …… 3
1.2.1　我国电网覆冰研究历程 …… 3
1.2.2　国际电网覆冰研究历程 …… 12
1.2.3　国内外飞机覆冰研究历程 …… 17
1.2.4　典型覆冰风洞 …… 19
1.3　大气覆冰 …… 26
1.3.1　大气覆冰范畴 …… 26
1.3.2　大气覆冰科学问题与关键技术 …… 27
1.4　本章小结 …… 29
参考文献 …… 29
第 2 章　典型结构物大气覆冰 …… 33
2.1　大气覆冰形成与特点 …… 33
2.1.1　大气覆冰形成 …… 33
2.1.2　我国大气覆冰特点 …… 34
2.1.3　大气覆冰的分类 …… 36
2.2　大气覆冰物理性质 …… 40
2.2.1　冰密度 …… 41
2.2.2　冰电气特性 …… 42
2.2.3　冰热学特性 …… 45
2.2.4　冰铁电性 …… 47
2.2.5　冰光学特性 …… 51
2.2.6　冰力学特性 …… 51
2.3　典型结构物覆冰特征 …… 55
2.3.1　导线与绝缘子覆冰 …… 55
2.3.2　风力发电机覆冰 …… 56
2.3.3　公路交通覆冰 …… 57

2.3.4 轨道交通覆冰 …… 58
2.3.5 塔架覆冰 …… 59
2.4 输电线路覆冰影响因素 …… 60
2.4.1 气象因素 …… 60
2.4.2 海拔高程 …… 62
2.4.3 微地形小气候 …… 65
2.4.4 输电线路结构 …… 69
2.5 本章小结 …… 71
参考文献 …… 71
第 3 章 大气覆冰灾害与致灾机制 …… 73
3.1 大气覆冰灾害分类与基本特点 …… 73
3.1.1 大气覆冰灾害分类 …… 73
3.1.2 大气覆冰灾害基本特点 …… 75
3.2 电网覆冰灾害与致灾机制 …… 77
3.2.1 电网覆冰致灾分类 …… 78
3.2.2 线路覆冰过荷载 …… 78
3.2.3 不均匀覆冰或不同期脱冰 …… 87
3.2.4 输电线路导线覆冰舞动 …… 94
3.2.5 绝缘子覆冰闪络 …… 109
3.3 风机覆冰灾害与致灾机制 …… 114
3.3.1 风机覆冰致灾机制 …… 116
3.3.2 风速风向仪覆冰 …… 117
3.3.3 风机叶片覆冰 …… 118
3.3.4 风机覆冰运行特性 …… 120
3.4 飞机覆冰灾害与致灾机制 …… 133
3.4.1 飞机覆冰致灾机制 …… 134
3.4.2 飞机地面覆冰 …… 134
3.4.3 飞机飞行覆冰 …… 136
3.5 道路交通覆冰灾害与致灾机制 …… 144
3.5.1 道路交通覆冰致灾机制 …… 145
3.5.2 公路交通覆冰 …… 146
3.5.3 轨道交通覆冰 …… 150
3.6 本章小结 …… 154
参考文献 …… 155

第 4 章　结构物大气覆冰仿真 ······ 160
4.1　结构物大气覆冰仿真基础 ······ 160
4.1.1　气流场仿真模型 ······ 162
4.1.2　水滴轨迹及碰撞系数计算 ······ 168
4.1.3　水滴冻结相变覆冰及冻结系数 ······ 170
4.1.4　结构物覆冰密度 ······ 172
4.2　电网覆冰仿真 ······ 172
4.2.1　导线覆冰仿真分析 ······ 172
4.2.2　绝缘子覆冰仿真分析 ······ 179
4.3　翼形叶轮覆冰仿真 ······ 187
4.3.1　碰撞系数 ······ 187
4.3.2　冻结系数 ······ 191
4.4　本章小结 ······ 197
参考文献 ······ 197
第 5 章　大气覆冰测量观测与试验 ······ 199
5.1　大气覆冰直接测量 ······ 199
5.1.1　人工测量 ······ 199
5.1.2　仪器测量 ······ 201
5.1.3　图像探测 ······ 204
5.2　覆冰参数测量与覆冰预测 ······ 206
5.2.1　大气覆冰测量的挑战 ······ 206
5.2.2　水滴碰撞系数 ······ 211
5.2.3　覆冰表面热平衡 ······ 217
5.2.4　圆柱阵列反演覆冰参数 ······ 220
5.3　大气覆冰观测 ······ 228
5.3.1　人工巡线 ······ 228
5.3.2　直升机巡线 ······ 228
5.3.3　建立观冰站/点 ······ 229
5.3.4　野外覆冰观测站 ······ 230
5.3.5　自然覆冰观测与试验 ······ 236
5.4　人工模拟覆冰 ······ 244
5.4.1　人工气候室 ······ 244
5.4.2　人工模拟覆冰的方法与标准 ······ 247
5.4.3　绝缘子人工覆冰特征参数 ······ 250
5.4.4　人工模拟覆冰影响因素 ······ 251

5.4.5 人工模拟覆冰等效性 …… 253
5.5 本章小结 …… 260
参考文献 …… 260
第 6 章 结构物大气防冰 …… 262
6.1 防冰原理 …… 262
6.2 憎水性表面防冰 …… 263
6.2.1 憎水性表面防冰原理 …… 263
6.2.2 憎水性表面防冰发展 …… 264
6.2.3 憎水涂料分类 …… 265
6.2.4 憎水表面防冰应用 …… 271
6.3 碘化银雾化防冰 …… 272
6.3.1 碘化银雾化防冰原理 …… 272
6.3.2 碘化银雾化防冰发展 …… 272
6.3.3 碘化银雾化防冰实践及局限 …… 273
6.4 正温度系数材料防冰 …… 273
6.4.1 正温度系数材料防冰原理 …… 274
6.4.2 正温度系数材料防冰发展 …… 274
6.4.3 正温度系数材料分类 …… 275
6.4.4 正温度系数材料防冰应用 …… 276
6.5 低居里点磁热器件加热防冰 …… 277
6.5.1 低居里点磁热线防冰原理 …… 277
6.5.2 低居里点磁热线防冰实践 …… 278
6.5.3 低居里点磁热线防冰应用 …… 279
6.6 超亲水性表面防冰 …… 282
6.6.1 超亲水性表面防冰原理 …… 282
6.6.2 超亲水性防冰材料发展 …… 282
6.6.3 超亲水性表面防冰应用 …… 283
6.6.4 超亲水性防冰评价 …… 284
6.7 其他防冰方法 …… 284
6.7.1 冰点抑制液防冰 …… 284
6.7.2 焦耳热效应防冰 …… 284
6.7.3 铁电涂层防冰 …… 284
6.7.4 铁磁材料防冰 …… 285
6.7.5 电加热器防冰 …… 285
6.8 本章小结 …… 285

参考文献 286
第 7 章 电网除冰方法与技术 290
7.1 除冰基本原理 290
7.2 机械除冰 291
7.2.1 机械除冰原理 291
7.2.2 机械除冰分类 291
7.2.3 机器人除冰 297
7.2.4 机械除冰评价 304
7.3 电磁脉冲除冰 304
7.3.1 电磁脉冲除冰原理 305
7.3.2 电磁脉冲除冰发展 308
7.3.3 电磁脉冲除冰应用 310
7.3.4 电磁脉冲除冰评价 314
7.4 形状记忆合金除冰 314
7.4.1 形状记忆合金除冰原理 314
7.4.2 形状记忆合金除冰发展 321
7.4.3 形状记忆合金除冰应用 322
7.4.4 形状记忆合金除冰评价 323
7.5 气动脉冲除冰 324
7.5.1 气动脉冲除冰原理 324
7.5.2 气动脉冲除冰发展 326
7.5.3 气动脉冲除冰评价 328
7.6 超声波除冰 328
7.6.1 超声波除冰原理 328
7.6.2 超声波除冰发展 331
7.6.3 超声波除冰应用 332
7.6.4 超声波除冰评价 335
7.7 微波除冰 335
7.7.1 微波除冰原理 335
7.7.2 微波除冰发展 339
7.7.3 微波除冰应用 340
7.7.4 微波除冰评价 342
7.8 激光除冰 343
7.8.1 激光除冰原理 343
7.8.2 激光除冰发展 348

7.8.3 激光除冰应用 …… 349
7.8.4 激光除冰评价 …… 350
7.9 热力除冰 …… 351
7.9.1 热力除冰原理 …… 351
7.9.2 热力除冰发展 …… 354
7.9.3 热力除冰应用 …… 356
7.9.4 热力除冰评价 …… 362
7.10 本章小结 …… 363
参考文献 …… 363
第 8 章 工频谐振、高频激励和化学融冰 …… 368
8.1 工频谐振融冰 …… 368
8.1.1 工频谐振融冰原理 …… 368
8.1.2 工频谐振融冰装置 …… 370
8.1.3 工频谐振融冰应用 …… 373
8.1.4 工频谐振融冰评价 …… 374
8.2 高频激励融冰 …… 374
8.2.1 高频激励融冰原理 …… 374
8.2.2 高频激励融冰装置及接线方式 …… 377
8.2.3 高频激励融冰前景 …… 379
8.3 化学融冰 …… 379
8.3.1 化学融冰原理 …… 379
8.3.2 化学融冰分类与发展 …… 381
8.3.3 化学融冰应用 …… 382
8.3.4 化学融冰前景 …… 383
8.4 本章小结 …… 384
参考文献 …… 384
第 9 章 电流焦耳热融冰方法与技术 …… 386
9.1 电流焦耳热融冰原理 …… 386
9.1.1 电流焦耳热融冰过程 …… 386
9.1.2 覆冰状态对电流焦耳热融冰的影响 …… 388
9.1.3 电流焦耳热融冰条件 …… 389
9.1.4 临界融冰电流 …… 391
9.1.5 临界融冰电流的影响因素 …… 393
9.1.6 融冰时间的计算 …… 394
9.1.7 融冰时间的影响因素 …… 397

9.1.8 冰凌的影响 …… 400
9.2 电流焦耳热融冰分类 …… 406
9.2.1 停电融冰 …… 406
9.2.2 带负荷融冰 …… 410
9.3 电流焦耳热融冰实践 …… 419
9.3.1 交流融冰方案与装置 …… 419
9.3.2 直流电流融冰装置与示例 …… 422
9.4 配电网、接触网和架空地线电流焦耳热融冰 …… 426
9.4.1 配电网融冰 …… 426
9.4.2 接触网融冰 …… 428
9.4.3 架空地线融冰 …… 429
9.5 电流焦耳热融冰评价 …… 430
9.5.1 电流融冰评价 …… 430
9.5.2 带负荷融冰评价 …… 432
9.6 本章小结 …… 433
参考文献 …… 434
第 10 章 电网冰灾非干预式主动防御 …… 435
10.1 引言 …… 435
10.2 扩径导线式冰灾防御 …… 437
10.2.1 理论依据 …… 437
10.2.2 扩径导线式冰灾防御方法 …… 440
10.2.3 扩径导线与分裂导线覆冰特性 …… 442
10.2.4 扩径导线与分裂导线电磁等效性 …… 448
10.2.5 国内外扩径研究与应用 …… 450
10.3 扭转抑制式冰灾防御 …… 452
10.3.1 导线覆冰扭转过程 …… 452
10.3.2 扭转抑制式冰灾防御方法 …… 454
10.3.3 扭转抑制式冰灾防御技术 …… 455
10.4 沉积放电式冰灾防御 …… 459
10.4.1 理论基础 …… 459
10.4.2 沉积放电式冰灾防御方法 …… 463
10.4.3 沉积放电式冰灾防御条件 …… 464
10.5 阻冰/阻雪环式冰灾防御 …… 467
10.6 非干预冰灾防御的评价 …… 468
10.7 本章小结 …… 469

参考文献 ······ 470
第 11 章 分裂导线输电线路电流转移融冰 ······ 472
11.1 分裂导线电流转移融冰原理 ······ 472
11.1.1 电流转移融冰基本原理 ······ 472
11.1.2 分裂导线电流转移实施步骤 ······ 473
11.2 电流转移融冰策略 ······ 476
11.2.1 电流转移融冰电流 ······ 476
11.2.2 电流转移融冰时间 ······ 481
11.2.3 导线融冰温度的控制 ······ 483
11.3 电流转移智能装置与系统 ······ 489
11.3.1 电流转移智能装置的功能 ······ 489
11.3.2 智能装置功能模块 ······ 491
11.3.3 智能装置控制器 ······ 494
11.4 智能装置试验与测试 ······ 496
11.4.1 温升与电流转移性能试验 ······ 497
11.4.2 融冰启动和控制方案试验 ······ 502
11.5 智能融冰方法评价 ······ 503
11.6 本章小结 ······ 504
参考文献 ······ 504
第 12 章 其他结构物冰灾防御 ······ 506
12.1 风机覆冰防御 ······ 506
12.1.1 被动防御 ······ 506
12.1.2 主动防御 ······ 507
12.2 公路交通覆冰防御 ······ 511
12.2.1 公路交通覆冰 ······ 511
12.2.2 公路交通覆冰清除 ······ 512
12.2.3 公路交通覆冰除冰剂 ······ 514
12.2.4 加热融冰 ······ 518
12.2.5 抑制道路冻结的铺装技术 ······ 530
12.3 轨道交通覆冰防御 ······ 532
12.3.1 轨道交通覆冰 ······ 532
12.3.2 人工机械除冰 ······ 533
12.3.3 接触网覆冰防御 ······ 533
12.3.4 轨道道岔和第三轨覆冰防御 ······ 535
12.4 电视与通信塔架覆冰防御 ······ 539

12.4.1　电视与通信塔架覆冰及倒塔 ······ 539
12.4.2　塔架覆冰防御 ······ 540
12.5　本章小结 ······ 542
参考文献 ······ 542

第1章 绪　　论

1.1 概　　述

输电线路、风力发电机(或风机)、飞机、轮船、铁路、公路等各种结构物大气覆冰是严重自然灾害。随着全球极端气候事件频发，覆冰已成为常态。以前经常出现的降雪频率越来越低，冻雨事件越来越多。自1932年美国首次记录输电线路覆冰倒塔断线事故以来，电网覆冰积雪引起的故障屡屡发生[1-46]。当时电网薄弱，电力供应在人们生产生活中的影响没有如今显著，低供电可靠性并未引起大众的关注。我国在1954年首次记录到电网覆冰事故，但当时的事故并未引起关注，一般认为这是好几年或十几年才可能发生的小概率事件，只有少数“好事儿”的电力职工关注电网覆冰的问题，并提出覆冰积雪也是应考虑的影响因子。

据不完全统计，1954～2005年，我国中南四省(市)区域性冰冻雨雪灾害时有发生，引起的各种大大小小的冰害事故达五千余次[1]。如1975～1976年冬春季节发生在湖南、贵州、云南的区域性覆冰[3,4]；1983～1984年冬春季节发生在贵州、云南的地区性覆冰[1]；1993年和1994年发生在青海省日月山口的覆冰事件[5]等。各种大大小小的电网覆冰事件不胜枚举，造成的直接和间接经济损失不可估量，如1992年发生在荆门的覆冰事件导致葛洲坝至武汉的500kV交流输电线路停运29天[6]；2004～2005年冬春季节，华中地区湖北、湖南、江西和重庆四省(市)发生当时报道的50年一遇的严重冰冻雨雪灾害，湖北省电网几乎崩溃，湖南电网四条500kV输电线路停运三条，江西出现大面积倒塔断线和绝缘子覆冰闪络事故，历史上从未发生覆冰的重庆市渝东南110～220kV线路多条断线而中断供电[6]。

媒体报道2004～2005年冰灾是50年一遇，并没有引起有关部门的高度重视，直至2008年1～2月我国南方13省(市)发生当时报道的100年一遇的特大冰冻雨雪灾害，造成163个县全面停电，公路、铁路、飞机等运输中断，仅电网造成的直接经济损失就多达一千多亿元，间接经济损失上万亿元[2]。此次冰灾引起党和国家的高度重视，引发全国性的抗冰抢险和防冰减灾的研究热潮。2008年之后，科学技术部、国家自然科学基金委员会、国家电网有限公司(国网)、中国南方电网有限责任公司(南网)相继投入大量人力、物力和资金研究电网冰灾的防御，在电网覆冰预报、覆冰形成的机理、导致灾害的机制以及大面积防御冰灾的方法等各个方面取得了国际领先的重大进展，国网和南网相继研制成功二极管整流和可控硅整流的大容量直流融冰装置，建立电网覆冰在线监测系统平台，制定电网冰灾的应急抢险措施。2009年至今的十余年，国网和南网采用直流融冰装置实施了数百次融冰，抑制了电网发生大面积的冰冻雨雪造成的重大灾害事故。

但十余年的实践也表明：电网冰冻雨雪灾害是随机性极强的偶然事件，重大冰雪灾害具有周期性和重复性。2009年至今的十余年虽然并没有发生类似于2008年初南方大面积冰冻雨雪灾害，但湖南、贵州、四川、江西、重庆、浙江、安徽、云南、广西、江苏、西藏、黑龙江、辽宁等电网仍然发生各种不同程度的脱冰跳跃、低电压等级线路杆塔倒塌、绝缘子融冰闪络跳闸以及融冰断线等事故，特别是2018年初，国网220kV以上线路发生不同程度的脱冰跳跃和舞动事故600余次，南网云南电网昆明地区一天之内脱冰跳闸数十次。2023年11月至2024年2月，国网连续发生5轮大范围雨雪冰冻灾害，22个省级电网线路故障停运562条次，14条特高压交直流线路受损40处，因覆冰主动拉停241条次，180座66kV以上变电站停运，10kV配网线路停运3906条次，涉及11.83万供电台区，造成538.43万户用户停电。同期，南网雨雪冰冻灾害影响贵州、云南、广西和广东等电网，如广西电网35kV及以上线路故障停运25条次，1座35kV变电站停运3h 35min，损失负荷580kW，10kV配电线路停运245条次，8834台10kV配电变压停运，因冰灾造成268基10kV线路杆塔受损、129处断线，58基400V杆塔受损、163处断线，影响用户39.04万户。运行数据表明，电网冰灾的防治任重而道远，至今并未明确电网覆冰形成机理、导致灾害机制以及提出切实可行的冰灾防御方法。

2009年以来十余年的运行和观测还表明：2005年和2008年的重大冰冻雨雪事件并不是所谓的50年或100年一遇，这十余年在南方各省年年出现冰冻雨雪事件，覆冰积雪已经成为常态，并且有从南向北扩展的趋势，电网运行中防御冰冻雨雪灾害也是常态，并成为电网运行的主要工作。国网的统计发现，2009年至今的十余年，220kV以上输电线路的各种运行事故中，覆冰引起的事故占39.2%，超过雷击、污秽、外力破坏、大风、鸟害等造成的事故率。

随着南方高湿地区风力发电资源的相继开发，覆冰积雪已成为风力发电最为严重的危害，仅重庆和贵州地区，每年因覆冰造成的风电场风机覆冰停运的发电损失超过十亿元，更不用说风力发电机叶轮覆冰后旋转脱冰甩出数百米甚至数公里而严重危害人身和公共设施、山区民房的安全。

应特别注意的是，飞机覆冰更有可能导致严重灾难。航空历史上，覆冰引起的飞机空难四十余起，造成巨大的生命和财产损失，严重影响国际航空业的安全[44-65]。2006年6月3日的“6·3事件”，我国新研制的预警机“空警200”试飞，覆冰造成飞机坠毁，机上34位顶尖科学家及其他人员全部罹难。国内外飞机覆冰的空难几乎每年发生，全世界耗费巨大的资源研究飞机覆冰的形成机理、致灾机制和防御冰灾的方法。

除电网设施、飞机机翼、风机叶轮覆冰导致灾害外，轨道交通也面临覆冰积雪的严重影响，如2017年长沙磁悬浮轨道因覆冰停运三天，造成巨大的社会影响；东北地区高铁多次发生覆冰停运和晚点事件，如2021年吉林发生大面积冰灾，造成铁路系统瘫痪，8万铁路职工人工除冰3天。

由此可知，大气覆冰已经成为常态。电网装备、航空器的机翼、风力发电机等新能源装备以及轨道交通等各种结构物覆冰积雪严重影响国家的经济发展、人民的生产和生活，危害人类生命的安全。

我国自20世纪50年代以来，就陆续开展了覆冰及其防御的研究，气象部门在覆冰积雪预报上取得重要进展，电网在大面积冰灾防御上取得重大成果，飞机和风机的防冰也有重要突破[65-72]。

我国改革开放以后，国民经济高速增长，西部能源开发利用和电网建设迅速发展。但同时发现，覆冰已经严重影响能源的开发利用和电网的安全运行。因此，本书作者自20世纪80年代开始电网覆冰积雪及其防御的研究，建立人工气候室模拟大气覆冰，建立野外科学观测研究站长期实地研究大气覆冰与防御，在电网、飞机、风机以及磁悬浮轨道覆冰与防御等领域取得了国际领先的创新性成果。

本书作者在长期研究成果的基础上，总结国内外大气覆冰与防御的最新进展，展现给从事大气覆冰与防御工作的研究人员和对此感兴趣的读者，对于推动国际上大气覆冰与防御的研究，防御各种覆冰积雪灾害事故的发生，以及提高广大民众对覆冰积雪与防御的认识均具有极为重要的社会意义和经济价值。

1.2 历史与发展

冰的研究历史可追溯至17世纪或更早，自有人类以来就不断认识冰及其与人类的关系。大气覆冰研究内容非常广泛，涉及领域很多，实际上难以追索其具体开始的年代。关于“冰(ice)”和“积冰、覆冰(icing)”的研究非常之多，在百度上输入“ice”搜索出的条目达数千万条，冰与人类的关系非常密切。大气覆冰的研究虽然很多，但大气覆冰与防御的研究至今没有形成独立的学科分支，冰的很多科学问题和关键技术仍有待于进一步研究和认识。国内外对于大气覆冰与防御的专门研究是与航海和航空技术的发展紧密相关的，飞机覆冰是影响其安全的重大灾害。相对来说，电网覆冰的研究要晚得多，有资料可查的最早造成电网严重故障的覆冰是1932年在美国发生的，但在1930年，J. E. Clem研究并提出电流除冰方法，分析除去导线冰套要求的电流大小。这说明自有输电线路以来，导线覆冰一直存在并引起了人们的关注，20世纪30～40年代国外就有很多人在研究冰的性质和物体积冰的规律。在20世纪50年代达到高潮，1950～1959年的10年间发表的大气覆冰的论文数以百计[73-78]；特别是关于飞机覆冰与除冰的方法，在20世纪30年代就引起相关学者的广泛关注[38-41,72-79]。

1.2.1 我国电网覆冰研究历程

1. 电网覆冰及其引发的研究

我国是世界上电网覆冰最严重的国家之一，而湖南又是我国雨凇覆冰最严重的地区。根据资料分析，湖南省长沙、株洲、衡阳、岳阳、萍乡等地在1929年冬季至1930年春节发生严重的冰冻，但并没有事故和冰冻详细记录可查。中华人民共和国成立后，湖南省湘中地区、湖北省武汉地区在1954年冬～1955年春发生非常严重的冰冻雨雪灾害，且以雨凇为主，冰冻事故损失很严重[1-4]。严重冰冻分为两个区域：

一是武汉至岳阳和沿湘江一带自岳阳至衡阳的广大地区，覆冰最严重。1955年1月，“新摄董线”一般地区电力线雨凇36mm，长沙过江电力线雨凇49.8mm，岳阳通信线路雨凇49mm，长沙至湘潭一带通信线路覆冰9.7mm。

二是离湘江较远的广大地区，如醴陵、萍乡一带。萍乡山区电力线雨凇16mm，架空地线雨凇18mm，但地面上雨凇结冰只有6～9mm。由于温度、风速、过冷却水含量在高度分布上的变化，电线与地面结冰存在很大差异。

1954年12月～1955年2月的严重覆冰并未引起足够重视与充分认识，电力部门认为电线覆冰是罕见、稀有的偶然事件，输电线路设计冰厚仅为5mm[18]。直到1956年冬～1957年春在武汉、湘中地区再次发生严重冰冻，才引起电力部门的重视，组织人力对电力线、通信线、铁路通信线、气象台站以及乡村居民等广泛收集资料[19]。分析比较确定选取适当的设计冰厚，其后虽然还发生覆冰，但电线覆冰事故大为降低。因此，我国电网冰灾及其防御的研究始于1957年的春季冰冻雨雪灾害。以李世杰、戴作梅、聂国一等为代表的电力设计人员通过研究提出，输电线路设计的覆冰温度−5℃、风速10m/s，设计抗冰厚度分为5mm、10mm和15mm三个档次且均按照16mm验算[5]。

当时明确提出要求：气象台站和电力线、通信线运行部门应建立经常性观测机制，观测记录：①结冰类型、成因与比重；②结冰尺寸与形状；③结冰地理环境及同时气温、风速、风向；④沿线和相邻线结冰不均匀度；⑤结冰速度。

我国覆冰研究始终与电网冰冻灾害事故紧密联系，如20世纪50年代中后期和60年代初期，滕中林研究了电线覆冰的气象条件、形成规律，提出电线积冰厚度随高度变化[1]。总体上我国对电线覆冰研究是分散、个体化的，且主要集中在气象科学领域。在电力部门，如果发生冰冻灾害，则立即组织人员进行紧急抢修。1960年冬季首次在湖南省和湖北省电力系统采用交流短路融冰[18]；如果没有发生冰灾则忽视了研究。20世纪50年代末至60年代的十多年没有查询到相关覆冰记录，一直到70年代中后期，覆冰再次成为电力部门的重要课题。

2. 20世纪后期覆冰观测与研究

改革开放以来，电网建设飞速发展，而覆冰影响也更加严重和频繁，覆冰再次成为电力系统安全运行的主要危害。

20 世纪 70 年代中期至 80 年代初，云南大学地球物理系谭冠日[23]研究了电线积冰小气候特征，分析了我国山西五台山、江西庐山、湖南衡山、四川峨眉山、重庆金佛山、新疆奇台六个站点多年数据的覆冰极值分布，每个站点取年最大值为样本，发现六个站点的年极值均符合第 II 型极值分布，这是我国首次明确提出覆冰具有小气候特征，并服从统计分布规律[32]。根据第 II 型极值分布，可从短期重现期推算长期重现期，提出我国输电线路覆冰极值可按 15 年重现期设计；研究提出带有雨凇的混合凇覆冰、雾凇覆冰冰厚随高度的变化规律。谭冠日还提出电线积冰存在小气候特征，发现电线覆冰随悬挂高度、电线直径等发生变化。

江苏在历史上也是冰冻雨雪频发的地区，如邳县(今江苏省邳州市)曾经一直是冰灾多发区。1979 年 1 月 28 日，邳县出现一次特大雨凇，其雨凇强度、持续时间和它对工农业生产的破坏程度都是历史上罕见的[28]。在这次雨凇出现之前的一段时间里，天气异常暖和，1 月 8 日平均气温为 8℃，26 日平均气温为 7℃，这两个高温日都超过两年以来 1 月最高纪录。1 月 27 日中午开始，一股中等强度冷空气从东部沿海南下影响邳县，东北风 5～6 级，低层温度迅速下降。1 月 28 日 14 时气温降至–0.3℃，500m 上空有东到东北风 7～8 级，温度降至–2～–3℃；在 1000m 以上，从河套到华西低槽迅速发展东移，槽前暖湿气流进一步增强。在 1000～2000m，从 1 月 27 日 20 时开始形成明显的暖温层。到 1 月 28 日 8 时，1000～1500m 上空气温为 4～5℃，比下层高 6～7℃，风向由西南转向东南，风力增大至 10～18m/s，而 4000m 以上高空为低温层，形成比较典型的雨凇天气形势，即由地面至高空的典型逆温层分布。

邳县出现雨凇的季节在 12 月至次年 3 月。自 1957 年至 1979 年，有 5 年共计出现 7 次雨凇覆冰，最严重的是 1979 年初的冰冻雨雪，其次是 1969 年 1～2 月连续出现的 2 次冰冻[28]。历年出现雨凇的天气特点是：中等强度冷空气从东路南下，低层降温增湿，空气或地面温度逐渐降至 0℃以下，上中层处在低槽前，暖湿气流较强，产生连续性降水，雨滴经过低层过冷却后到达地面形成雨凇。

这个时期，覆冰事件发生频率较高，全国气象部门、电力设计部门对于冰冻雨雪天气的关注较高。中国气象科学研究院庐山云雾试验站、云南省气象科学研究所、贵州省气象科学研究所、中国电力工程顾问集团西南电力设计院等相继开展观测和研究，并与电力设计生产运行部门总结我国多年在电线覆冰及其防护方面的经验，提出“避、抗、融、改、防”五字冰灾防御方针，并由西南电力设计院牵头，于 1976 年制定《重冰区线路设计技术规范(草案)》。

20 世纪 80 年代初，庐山云雾试验站江祖凡研究了电线结冰速度[1,2]，分析了 1963～1979 年间 363 份液态水含量的观测资料，发现庐山层积云的平均液态水含量 0.16～0.59g/m^3，极小值 0.01～0.07g/m^3，极大值 0.30～2.69g/m^3，与温度的关系十分显著，在 0(–2.5～+2.5)℃，液态水含量平均值、极小值和最大值分别为 0.26g/m^3、0.02g/m^3

和 0.74g/m^3，且其平均雾滴直径为 9.9μm；在−5(−7.5～−2.5)℃，相应值为 0.16g/m^3、0.01g/m^3 和 0.56g/m^3；在−10(−12.5～−7.5)℃，未得到平均值和极小值，其最大值为 0.30g/m^3。继而提出庐山层积云液态水含量的平均值 Q_{ave}(g/m^3)与温度 T(℃)关系为

$$Q_{ave} = 0.22e^{0.063T} \tag{1.1}$$

采用一元回归分析方法得到雨凇增长速度(dD/dt)与温度(T)关系以及液态水含量(w)的关系，即

$$dD/dt = 0.07 + 35.4w \tag{1.2}$$

$$(dD/dt)^{-1} = 0.46 + 0.50/T \tag{1.3}$$

1982 年，湖南省电力工业局刘振铎分析了电线抗冰害对策。湖南是电力线路覆冰最严重的省份之一，频繁发生覆冰断线、倒杆(塔)和大面积停电事故[1]。分析历史气象资料发现，掌握冰凌性质、出现时间、地理分布、强度和持续时间是防止电线冰灾的基础，并在电力线路采用交流短路融冰方法，提出转负荷融冰、带负荷融冰和复合导线自动融冰，充分结合“避、抗、融、改、防”五字防冰方针；还提出采用德国 1980 年提出的“无功融冰”的新方法，并提出采用大盘径与小盘径交替布置的特殊组合阻断冰凌桥接防止冰闪的方法。湖南在推进电网冰灾防御中一直非常积极活跃是有其动因的，1957～1977 年的 20 年中，湖南电网因冰害引起的断线倒杆等严重破坏性事故达 295 次，电网采取多种措施，如湘中北地区，在 1974～1978 年间，110kV 线路实施三相短路融冰 150 次。交流短路融冰耗费大量人力、物力和财力，操作复杂、工作艰辛，寻找不停电节能的自动融冰方法刻不容缓。1983 年，湖南大学陈庚[37]设计了复合导线自动融冰装置。

特别是 1982 年开始，位于成都的西南电力设计院在四川省西昌市美姑县黄茅埂建立我国第一个电线自然覆冰观测站[29]，一直坚持电线覆冰观测，持续观测四十余年，获得大量原始数据，揭示电线覆冰规律。

电线覆冰分布广泛。1983 年 4 月 28 日夜间至 30 日上午，黑龙江省讷河县遭受一场暴风雪袭击[31]，平均风力 7～8 级，最大风力 9 级以上，瞬时风速 24m/s 以上，降水量 43.7mm，地面平均积雪深度 230mm，最深处 1000mm 以上，出现冻结雪。电线积冰最大直径 60mm，极端最大直径 70mm，最大厚度 50mm。暴风雪造成大量电杆倒折、变压器损坏。1983 年 4 月，黑龙江省电力工业局组成考察组赴日本考察，发现日本是多雪国家，电线覆雪事故频繁发生[31]。日本东北电力公司电线覆雪后外径达到 80～150mm，雪密度 0.32～0.39g/cm^3。1971～1974 年日本平均每年发生覆雪事故 50 次；1975～1979 年平均每年发生 18 起；1980 年发生 129 起，杆塔倾倒 105 基。日本也发生覆冰，其覆冰气象条件为：气温−2～−8℃，相对湿度 94%以上，风速 6～14m/s。

1983 年 11 月～1984 年 2 月，贵州、云南、四川发生了严重覆冰灾害事故，

1986 年“七五”国家重大技术装备科技攻关项目将“重覆冰区线路除冰综合措施的研究”列为重大课题，由能源部武汉高压研究所承担，经过六年多的持续研究和自然观测，提出基于低居里点磁热线、憎水性涂料和正温度系数发热塑料的输电线路覆冰综合防治措施[1]。

由于 1983～1984 年西南地区覆冰给电网带来的严重影响，1985 年重庆大学顾乐观、孙才新首次对自然覆冰绝缘子电气特性开展研究，发现绝缘子自然覆冰电气强度显著降低，绝缘子自然覆冰和导致冰闪的原因极为复杂，并将电网覆冰作为高电压技术学科的重要发展方向，自筹经费建立我国第一个研究输电线路绝缘子覆冰的低温低气压人工实验室[1]。

1986 年，孙才新、蒋兴良等首次在低温低气压人工实验室系统研究并揭示覆冰绝缘子的交流闪络特性规律[1]，首次提出获得覆冰绝缘子串最低闪络电压的“U-形曲线法”；2001 年根据国家西部大开发和西电东送中面临更多的覆冰灾害问题，建立国内外第一个大型多功能人工气候室，持续开展电网覆冰研究[1]。

由于电网覆冰灾害频繁，激发了我国覆冰研究的热潮，全国对于电线覆冰开展了较为广泛的观测与研究。

1986 年，湖南省气象科学研究所欧阳惠分析了湖南山地森林积冰危害，发现 1973 年和 1982 年湖南省各出现一次冰冻天气，仅会同县森林危害面积达 49.9 万 m^2。

天津市电力工业局常悦分析天津地区 1957～1987 年共发生两次导线覆冰舞动事件，第一次在 1957 年 3 月，第二次在 1987 年 2 月 16～17 日。10～500kV 线路及变电站电容器母线都有覆冰舞动，舞动幅值 0.3～2m，持续时间 30h。

1989 年初，十堰市遭遇 50 年罕见的暴风雪，导线覆冰 30～90mm，水泥杆覆冰 120mm，10kV 电力线路大面积倒杆[27]。1990 年，湖北省超高压输变电局李国兴等[18]、湖北省电力试验研究所黄经亚等分析了 500kV 姚双(姚孟电厂至双河变电所)、双凤(双河至凤凰山变电站)线湖北钟祥县(今湖北省钟祥市)中山口汉江大跨越的运行特性，该线路自 1980 年投运以来的 9 年中有 6 年发生 9 次雨凇覆冰，覆冰时地面温度 0℃左右，冻雨或雨夹雪，地面风速 2～7m/s，风向与导线呈 75°～85°的夹角。至 1989 年共计发生 5 次导线覆冰舞动，系冻雨(雪)时导线单侧覆冰形成翼状时发生。通过系统研究提出拆除分裂导线间隔棒，安装失谐间隔棒、失谐摆和其他综合防舞措施，成果应用取得良好效果。1990 年 2 月 20 日又一次发生冰灾事故，覆冰 60mm 以上，多条线路损坏与故障；1991 年 1 月 28～30 日，再次发生严重覆冰，平均气温−7.5～−6.8℃，覆冰最大达 150mm，造成多条线路故障和损坏。

1990 年，呼和浩特供电局魏征宇[16]分析了呼和浩特至武川(呼武)线覆冰事故，1976 年投运至 1990 年，15 年间共计发生 6 次电气事故，占事故总次数的 29%。线路设计冰厚 10mm，实际雾凇和雪凇厚度近百毫米。

1991 年，西南电力设计院聂国一探讨了架空送电线路导线的冰荷载特性，按照国际上较统一的认识，将覆冰分为降水覆冰、云雾覆冰和升华覆冰三大类型。

我国 DL/T 5092—1999《(110～500)kV 架空送电线路设计技术规程》规定：110～330kV 线路采用 15 年一遇，重冰区线路可根据需要，按较少出现的覆冰厚度进行验算；而国际上《高耸结构设计规范》规定：基本覆冰厚度系指根据离地 10m 高度处的观测资料，统计 50 年一遇的最大覆冰厚度；IEC《架空送电线路荷载和强度》规定：按线路重要性分为 50 年、150 年和 500 年一遇的三个重现期。IEC 规定冰风荷载符合极值 I 型分布，而当时苏联认为风速和冰厚符合极值 II 型分布，也有不少国家认为冰风荷载符合对数正态分布。捷克有 47 年的覆冰记录，加拿大有气象站冰厚最完整资料，挪威有世界上最重覆冰数据，而我国缺乏均一性及 10 年以上覆冰观测资料。故我国根据捷克、挪威、加拿大和苏联数据，提出覆冰重现期应向 IEC 靠拢，35kV 及以下线路为 50 年，110～220kV 线路为 150 年，330～500kV 线路为 500 年[39]。

西南电力设计院廖祥林[33]通过分析我国历史上多年多地的观测资料发现：1984 年初，我国南方发生大面积覆冰，西南、华中、华东等地区发生严重覆冰灾害，1984 年 1 月 15 日西伯利亚至蒙古国的寒流南下，西南气流把孟加拉湾洋面上的暖湿气流不断输送至我国西南至华东地区，1 月 17 日华东地区普降大雪，1 月 19 日云贵高原普降冻雨，形成冰冻雨雪天气，直至 2 月 10 日才结束。分析导线覆冰的性质和密度发现：由大气中的水汽在过饱和时附着和升华凝结形成雾凇，产生的风速 0～4m/s，大气温度−2～−8℃，平均密度 $0.2g/cm^3$；大气中过冷却水滴在导线迎风面形成光滑透明雨凇，风速 0～4m/s，大气温度−0.29～−7.4℃，平均密度 $0.4g/cm^3$；对于雨凇和雾凇混合冻结的混合凇，风速 0～4m/s，大气温度−2～−8℃，平均密度 $0.2g/cm^3$。由雪片表面有水膜的雪附着在导线上形成湿雪，湿雪密度 0.15～$0.49g/cm^3$，随地区发生变化，如上海平均为 $0.15g/cm^3$，云南平均为 $0.3g/cm^3$，江苏常州市武进区为 $0.49g/cm^3$。

1991 年，由武汉高压研究所、北京首钢冶金研究所、中国科学技术大学、贵州省电力局等合作历时 7 年完成重覆冰区线路除冰综合措施研究，项目密切结合我国气象条件和覆冰输电线路的现实，首次针对不同地理气象环境，对多种防冰方案进行多学科综合性的探索研究，通过广泛的模拟和选点现场试验，提出低居里点磁热线、涂料防冰和低功耗温控电热带除冰三种除冰、防冰综合措施。但同时提出，涂料防冰是世界难题，还没有获得有满意防冰效果的涂料[1]。

1992 年，海宁市气象局应福林[61]分析了杭嘉湖地区近五百年的冬季气温，以 F(F=0 级为无任何冰冻记录；F=1 级为大小河湖积冰；F=2 级为大小河湖积冰旬月不解，冰上可行走；F=3 级为太湖冰厚数尺，河湖结冰旬余，冰上可胜重载)为冬冷指标，分析发现：从 1441 年至 1990 年，出现 F=3 级寒冷期 11 次(1476 年、1513 年、1517 年、1600 年、1654 年、1683 年、1700 年、1841 年、1877 年、1955

年和1977年)；F=2级寒冷期17次(1453年、1501年、1509年、1602年、1666年、1761年、1762年、1763年、1845年、1862年、1892年、1917年、1945年、1958年、1962年、1970年和1984年)。首次发现：该地区50～60年出现一次冬季气温低谷，1月平均气温降低约3℃，最近一次低谷在1977年，自1978年一直回暖至2005年；预计2030年左右将出现寒冷低谷。

1992年10月4～5日，龙羊峡水电站330kV超高压输电线路在湟中县与湟源县交界的海拔3321～3348m的大山上因覆冰发生8基倒塔事故[5]，龙花I回倒塔1基、龙花II回倒塔5基、龙黄线倒塔2基，龙羊峡至青海西宁的三条线全部中断供电，龙羊峡水电站停电11天，少发电6271万kW·h，造成极其严重的经济损失和社会影响，事故后采取提高抗冰设计的主动抗冰方案。

1993年，内蒙古乌兰察布的高明久[36]研究发现，卓资山—科布尔110kV线路自1984年投运，10年共计发生9次覆冰(1984年1次、1985年2次、1988年1次、1990年4次、1991年1次，线路覆冰集中发生在2～4月)，造成相间短路、不同期脱冰跳闸、横担扭转与断裂、对地放电等多种事故，线路最大冰厚100mm，采取“避、抗、融、改、防”措施防止输电线路覆冰事故。

1993年，四川乐山供电局黄绍培等[17]分析了220kV南九线(西昌至乐山的唯一咽喉线路)，线路穿过高海拔(2733.1m)重冰区的蓑衣岭，设计冰厚30mm，验算冰厚45mm，每年10月底至次年5月初常有冰雪天气，风雪雨雾交替或同时出现，1983年投运至1992年6月，保护装置动作跳闸36次，每年2月和3月跳闸占全年的45%。收集到的融冰脱落坠地残冰横径达200mm。分析发现：导线、地线覆冰脱冰跳跃、舞动是故障跳闸的主要原因。

1994年，云南省电力设计院王守礼[44]分析了昆明太华山、昭通大山包、东川海子头三个观冰站连续8年(1985～1993年)的观测资料，研究提出影响输电线路覆冰的主要有地形地貌、地理环境、海拔高程、风速、风向、导线悬挂高度、线径粗细、电场及负荷电流等因素，云南昭通市至彝良县的35kV线路穿越海拔2300m的垭口，LGJ-120覆冰导线的直径达300mm。

1994年，贵州六盘水供电局许金义[4]分析了高海拔重冰区线路冰害事故及抗冰措施，自1967年1月至1984年2月，六盘水地区共发生10次严重覆冰，分别出现在1968年2月、1971年2月、1974年12月、1980年2月、1984年2月，其中以1984年最为严重，1984年四次严重覆冰的等值冰厚(折算至0.90g/cm^{3}的圆筒形覆冰)为40～60mm。而且每次严重覆冰的冰期较长，每次覆冰均引起多次跳闸事故，最多达14次。在线路47次跳闸事故中，永久性停电8次；除跳闸外，覆冰还引起断线、倒塔、舞动、跳跃等其他多种事故。六盘水地区导线覆冰为雪凇、雾凇、雨凇和混合凇，实测圆形雾凇最大直径400mm，椭圆雾凇最大长径500mm，雾凇密度为0.34～0.50g/cm^3，雾凇出现概率为80%。六盘水供电局坚持

“避、抗、融、改、防”五字防冰抗冰方针，切实做好覆冰的人工观测。

1994 年，贵州省气象科学研究所文继芬[45]分析 1988 年至 1991 年贵州西部六盘水马落箐观冰站、贵州北部遵义娄山关观冰站的观测资料，发现马落箐云雾液态水含量平均值为 0.152g/cm^3，逐日平均为 0.03～0.27g/cm^3，最大为 0.48g/cm^3；遵义娄山关的云雾液态水含量平均值为 0.25g/cm^3，逐日平均为 0.117～0.435g/cm^3，最大为 0.564g/cm^3。

1995 年，中南电力设计院姚茂生分析了葛双 II 回 1993 年 11 月 20 日覆冰断线倒塔 7 基的事故，对 500kV 线路提出修复原则并实施，但 1994 年 11 月又遭受几乎同样的断线倒塔事故。1994 年 11 月 16 日早晨 7 点，湖北荆门 500kV 葛双 II 回线 A 相、B 相对地短路，重合闸闭锁，出口三相开关跳开。调查发现，导线覆冰折算到 0.90g/cm^3 的标准圆环冰厚为 35.5mm，比 1993 年 11 月 20 日同样事故的冰厚 30mm 更严重。1993 年葛双 II 回倒塔后，设计冰厚由原来的 10mm 提高为 15mm，设计风速 15m/s、20m/s 校验。

1995 年，宁夏固原供电局张大伟[42]分析了宁夏南部山区线路覆冰，每年 1～2 月，西伯利亚寒流或冷空气南下，而印度洋暖空气不断侵入，形成冷暖气流交汇的特定气候条件，由于寒流的影响，近地面温度在−5℃左右，高空存在逆温层，风速在 1.2～2.5m/s 时电话线和电力线严重覆冰。固原地区覆冰存在多样性，1989 年为雾凇，1990 年为雨凇，1991 年为冰雪混合冻结的雪凇。1989 年 1 月 4～10 日：七营至固原的 110kV 线路覆冰横担断裂，停电 39h；固原至王洼 35kV 线耐张杆倒塌 2 基，20 基直线杆塔头损坏、横担断裂、导线断裂等，停电 228h；覆冰还引起固原至彭阳 35kV 线路停电 39h、华亭至什字 35kV 线路停电 44h；还有 3 条 35kV 线路发生多种严重机械电气事故，10kV 线路有 300 多公里发生不同程度的破坏。

1998 年，邓雪梅[58]分析四川省地区飞机覆冰安全事故发现：1991～1994 年，全世界民航有 30%的飞行事故是由气象原因造成的，特别是在巴蜀盆地，山地较多，气候复杂，飞机覆冰容易被人忽略。覆冰是危害飞机安全的重要天气因素，飞机覆冰一般发生在 0～−15℃、2000～3000m 高度的稳定云层。

1999 年，河南省气候中心刘军臣等[31]根据河南 17 个基本站自建站至 1997 年的 47 年的电线积冰资料和探空资料，发现河南电线积冰大部分为雨凇，安阳、商丘、三门峡等少数地区为雾凇，湿雪不到 15%。1991～1995 年电线积冰 16 次，1 次为雨凇，15 次为雾凇；积冰时间大多发生在 1 月，少数发生在 2 月和 12 月；电线积冰少则 30h，多则 162h；最大直径在 22～160mm 之间。1987 年 12 月 15～18 日，受高空西风槽和华北南下冷空气的影响，黄河以南大部分地区出现冻雨加大雪的天气过程，2 月 19 日南阳老界岭 110kV 输电杆塔倒塌，电线覆冰 150～220mm；冻雨形成的雨凇使商丘 75%～80%的输电线路故障，断线 365.5km。

1999 年，安徽省黄山气象管理处吴有训等[32]根据黄山 1956～1996 年的气象资料(1966～1972 年电线积冰停止观测)，研究了黄山冰雪的气候特征，发现黄山电线积冰最大重量12.148kg/m；黄山年平均降雪日数 37.7d，年平均雾凇日数65.5d，年际变化明显，存在准 12 年周期的低频振荡。

3. 21 世纪的电网重大冰灾与研究

2001 年，贵州修文县气象局姜修萍[46]分析 1963～2000 年修文县的气象资料发现,修文县覆冰在 11 月 30 日至 3 月 21 日之间,1 月概率达 41.5%,2 月为 39.8%，雨凇覆冰较重的年份有：1964 年、1967 年、1972 年、1977 年、1984 年、1985 年、1989 年、1992 年和 1996 年。其中 1984 年最严重，导线雨凇覆冰厚度为 52mm，导线覆冰重量达 76.415kg/m，自 1 月 16 日至 2 月 7 日持续 23d，覆冰导致全县通信中断多天，供电中断 3d；1977 年、1985 年和 1989 年次之，导线覆冰厚度 30～40mm。雨凇日数 10d 左右年年发生，15～20d 是 10 年一遇，21～30d 的是 15 年一遇，大于 35d 的仅出现一次。持续时间最长的达 150h 以上的是 3 年一遇。

2002 年，蒋兴良、易辉合作出版专著《输电线路覆冰及防护》[1]，总结了作者自 1985 年至 2001 年电网覆冰研究的成果，系统论述输电线路覆冰的形成机理、造成的危害和引起输电线路的故障类型，分析了电网覆冰的分类、形成的气象条件、影响因素和物理性质等，基于流体力学原理论述了导线覆冰增长的机制，基于热力学原理论述了导线覆冰的冻结过程，建立了导线覆冰增长的物理数学模型和数值仿真方法，系统论述了输电线路防冰、除冰、融冰的一系列方法和技术措施，以及自然覆冰的测量方法和技术。

2004 年 2 月 20 日夜间，来自西西伯利亚的较强冷空气侵入沈阳地区，与暖湿空气会合，使沈阳地区飘洒起霏霏细雨，后转为雨夹雪，持续到 21 日后转为鹅毛大雪。紧接着气温急剧下降，刮起 5～6 级的偏北大风，输电线路全部积冰，使沿东西走向的高压电线碰撞而发生短路，导致多处输电线路瘫痪[14]。

2005 年，华中电力调度交易中心吴军等[6]分析了华中电网“12·28”冰灾事故。2004 年 12 月 28 日，华中地区天气寒冷，普降大雪，华中 500kV 电网发生大面积冰闪，先后 13 次故障，7 条 500kV 线路跳闸，事故造成湖南 500kV 湘西与湘中解环、河南电网与华中主网解列。事故引发的跳闸线路之广、跳闸条次之多、密度之大，均属华中电网历史罕见。

2008 年初，我国南方发生大面积冰冻雨雪灾害，湖南、贵州、湖北、四川、云南、江西、浙江和安徽等 13 省市 160 余县的电网遭受巨大破坏，35kV 及以下配电网系统倒杆断线数万起，110kV 以上的主网架结构的输电线路倒塔断线数千起，造成一千多亿元的直接经济损失，间接经济损失更是不可估量。自 2008 年开始，全国电网公司、高等院校和研究院所对电网覆冰的形成、导致灾害的机制和防御电网冰灾的方法，开展了广泛研究。2009 年，蒋兴良等出版了《电力系统污秽与覆冰绝缘》[2]，针对线路的外绝缘问题，主要针对绝缘子的积污、覆冰，将绝缘子覆冰作为一种特殊污秽形式，对其形成过程、放电机制，以及防止绝缘子闪络的原理、方法、措施等进行了系统论述。

迄今为止，全国各高校完成的关于电网覆冰的硕士研究生和博士研究生论文就多达 600 余篇，发表的期刊论文更是不胜枚举。

1.2.2　国际电网覆冰研究历程

很早以前，人们观测到巴伦支海、白令海每年 10 月至次年 5 月航行的船舶一直存在积冰危险，相应研究开展较早。

1. 国际电网覆冰研究的初期历程

自 1932 年美国首次电网冰灾事故以来，国际上对电网覆冰研究日益关注。覆冰较为严重的加拿大、美国、英国、挪威、芬兰、瑞士、瑞典、法国、德国以及日本等国相继开展覆冰形成机理、导致灾害机制以及防御方法的系统研究[72-83]。

1948 年，Langmuir 和 Blodgett 研究水滴碰撞覆冰的运动轨迹，提出导线覆冰是过冷却水滴碰撞的流体力学过程，并提出碰撞系数的计算方法。

1956 年，苏联的德罗斯多夫提出，覆冰强度与风速、空气中液态水含量成正比，且不同高度电线积冰直径之比等于其高度比的幂函数，即满足乘幂律。

1957 年，萨拉玛齐娜应用量纲分析原理，分析电线直径对覆冰厚度的影响，得出任意一高度电线积冰长径与气象观测中 2m 参考高度积冰长径的关系。

1968 年，纽芬兰与拉布拉多水电局从 d'Espoir 湾北部和东部向圣约翰建设数百英里长的 230kV 输电线路，自建成后纽芬兰东部发生多次冰冻雨雪天气，长期以来覆冰一直严重影响送电的安全可靠性。1986 年纽芬兰与拉布拉多水电局开始评价输电线路在冰风荷载下的安全可靠性，沿线建立气象观测站，采用 Lasse Makkonen 于 1984 年提出的覆冰模型，得出圣约翰气象站 50 重现期的径向覆冰厚度为 41mm，确定在较高海拔处设计荷载采用 46mm。

1969 年以来，美国新罕布什尔州华盛顿山观测站采用一根 6 节旋转圆柱体组成多节圆柱体在山顶(约 1920m)固定地点收集资料，用于确定自然覆冰参数。圆柱体直径分别为 0.158cm、0.502cm、1.11cm、2.54cm、5.08cm 和 7.62cm。较小圆柱体尺寸与 Lasse Makkonen 提出的类似，风速和空气温度是直接测量的雾状云的液态水含量，中值体积水滴直径(MVD)和水滴大小分布可通过圆柱体覆冰来确定。该方法是 Langmuir 和 Blodgett 在 1948 年提出的，1952 年由 Howell、1960 年由 Howe 改进和扩展。

20 世纪 60 年代早期，挪威经历了最严重的一次线路覆冰。电线积冰截面高达 1.4m×0.95m，重量为 305kg/m。海拔 1412m 的无线电和电视传输电线形成覆冰。

2. 20世纪70～90年代的国际电网覆冰研究

日本是电网积雪非常严重的国家，覆冰积雪导致的灾害事故频发发生。20世纪70年代以来，一直采用增加输电线路电流使电线发热融化冰雪。融化冰雪的具体做法是：使线路停运，将末端三相短路接地，利用融冰雪专用变压器在始端施加融冰要求的电流，融冰电流一般为线路导线安全电流的67%～70%，如ACSR-240导线的融冰电流为400～420A。日本也采用复合导线自动融冰、低居里点磁热线防冰等，但均因技术不成熟，或操作复杂，或成本高昂未能广泛推广应用。

加拿大的研究人员进行了不同输电线路除冰试验，研究焦耳热效应在输电线路除冰中的应用。这些除冰方法包括：直流融冰、调负荷融冰、降压或全电压融冰、短路融冰和导线电流转移融冰。结果表明，焦耳热效应除冰与杆塔加固相结合，是限制输电线路在强冰暴作用下机械负荷的经济有效的方法。此外，负荷转移是融化导线上冰的较为经济的方法，可用于额定电压为49～315kV的输电线路。在50kV以上的许多线路上，可采用降压或全电压短路法，根据变电站的电压和功率确定线路长度配置。

1972～1976年，苏联的格鲁霍夫等研究了电线结冰的特性与规律，根据流体力学和热力学原理，引入电线覆冰的捕获系数与冻结系数，研究推导出电线积冰重量增长的理论公式。

M. Kawai和M. D. Charneski等研究了美国悬式和支柱绝缘子上积冰引起的绝缘子闪络。根据M. D. Charneski等的分析，1976年发生的绝缘子闪络是覆冰引起的。M. M. Khalifa和R. M. Morris指出加拿大和美国西海岸地区在冬季因结冰而造成线路中断，为使线路在这种情况下继续运行，必须把电压从315kV降至280kV。

1979年，T. Fujimura等研究了洁净绝缘子在不同覆冰水电导率下覆冰的闪络特性，提出覆冰绝缘子的闪络电压和覆冰水电导率有关，覆冰水电导率越高，耐受电压越低。

由于电网设备、飞机、风机叶轮和海岸建筑物等覆冰引起的安全问题越来越多，人们对大气结构物覆冰越来越关注，研究也越来越多，为给全世界从事大气覆冰研究的科学技术人员提供交流和沟通平台，美国电力科学研究院、低温地带工程与研究实验室和加拿大魁北克水电公司于1982年在新罕布什尔州的汉威诺组织召开第1届国际大气结构物覆冰会议(IWAIS)，其后先后在美国、挪威、加拿大、法国、日本、匈牙利、冰岛、英国、捷克、瑞士、中国、韩国等国召开。会议致力于为电力、铁道、航空飞行器、气象、轮船等领域研究的院所、大专院校从事覆冰现象与影响及其防治方法、措施和技术研究的人员提供一个全球性的交流平台，促进研究者之间进行信息交流，推进国际防冰减灾的研究进程。

1983 年，P. Personne 等开展了导线积冰试验，分析了重力和空气动力引起导线扭转的覆冰特性，发现导线在覆冰的重力和空气动力综合作用下不断扭转形成圆柱形或椭圆形积冰。

1983 年，Phan 等[77]分别对硬雾凇、软雾凇及雨凇短串绝缘子最低交流闪络特性进行了试验，发现硬雾凇是危害最大的一种覆冰形式。

1983 年，苏联电力部门分析 1956～1982 年 500kV 线路运行数据发现，覆冰是许多线路故障的根本原因。覆冰导致线路严重过载引起杆塔倒折、避雷线弧垂过大引起导线短路和线路跳跃舞动引起金具和绝缘子损坏。他们提出处置输电线路冰灾的最有效方式是及时融冰，500kV 线路融冰从并联电抗器 110kV 侧抽取，避雷线融冰电流密度约为 2A/mm^2。

1983 年，芬兰的 Lasse Makkonen 研究了电线积冰物理过程，发现此前研究忽略了导线积冰的干湿增长方式、密度、导线荷载、气温等动态变化的影响，提出积冰气象参数的动态变化，导线积冰随时间增长是气象参数决定的动态过程。1984 年，Lasse Makkonen 等建立了至今仍被广泛采用的覆冰增长物理数学模型。

1985 年，Фдьяков 等[78]分析了苏联北部 110～220kV 线路的冬季运行经验，除分布在克诺利斯卡附近属于 IV 类和特殊气象区以外，其他地区均属于 II 类气象区，年平均气温−9.6℃，最低气温−64℃，每年 3 月 20 日至 5 月 20 日、9 月 15 日至 12 月 10 日均发生覆冰，从 0.05～0.4g/cm^3 的粒状或晶质冰凌到 0.3～0.6g/cm^3 的湿雪混合物、0.3～0.9g/cm^3 的湿雪或雪凇，也有 0.2～0.4g/cm^3 的冰凌。发现线路覆冰故障分为两大类：一类是过载故障，在 0～−10℃、风速 2～20m/s 条件下，几小时内迅速增长为 0.3～0.9g/cm^3 的大量冰雪沉积物。例如，1980 年 110kV 线路覆冰直径 300mm，倒塔断线 10 基；1981 年覆冰直径 150mm，220kV 多处杆塔倒塌。另一类是覆冰导线振动故障，导线覆冰 50～120mm、密度 0.2～0.4g/cm^3，导线舞动振动，引起频繁跳闸、导线烧断、绝缘子扭曲、挂环断裂等各种故障。

A. E. Boyer 等研究了加拿大电网由冷降水引起的绝缘子闪络事故，其中最引人注目的事件分别发生在 1986 年 3 月 9 日至 10 日的 Ontario Hydro 电网和 1988 年 4 月 18 日的 Hydro-Quebec 电网。在 Ontario Hydro 电网的事故中，由于冰雨和雾造成的绝缘子覆冰和冰凌导致绝缘子冰闪，安大略省南部大部分 500kV 系统中断。Hydro-Quebec 电网 Arnaud 变电站发生的事故是由湿雪造成的，一连串的六次闪络导致魁北克省大部分地区的电力中断。

1988 年，F. Popolansky 等在 CIGRE(国际大电网会议)中提出了捷克斯洛伐克和德国输电线路可靠性设计的覆冰调查方法。

1981～1989年，S. M. Fikke等研究了覆冰绝缘子闪络的染污条件，提出挪威南部山区绝缘子冰闪的主要原因是冰层受到污染，污秽冰层中存在大量导电离子。

冬季冰岛沿海地区的温度徘徊在0℃左右，而冬季湿雪较为常见。20世纪90年代，随着海拔超过300m地区的覆冰并出现一系列故障后，该地区开始对配电网重新进行设计。从11kV线路到33kV线路，对电网进行评估分析发现，应将线路转换成地下电缆。

1990年，M. Ervik等在第五届IWAIS上提出了基于气象数据的输电线路冰风荷载估算的改进模型。同年，大雪造成英国400kV线路断线，一些城市停电30h，且有超过100万用户停电，最长停电时间9d。结冰也影响了苏格兰和北威尔士。温度在0℃左右，降雪量为30mm，风速为15～25m/s，14h内连续降湿雪。从东到西的电力线经历了最严重的降雪，单根导线径向冰厚达200mm，使导线扭转并导致许多线路舞动和故障。

1991年，国际电工委员会第十一技术委员会(IEC TC11)在《架空输电线路荷载与强度》提出：关于输电线路冰风荷载设计，IEC标准与各国现行标准在设计理念、方法上有明显差异，但在荷载与强度的对应关系上则保持一致。IEC标准是建立在数理统计方法的基础上，针对输电线路覆冰极限荷载的设计，提出应加强覆冰观测资料的收集与分析，规定重现期为T_a(年)的极限荷载应等于线路最弱部件强度拒绝极限的10%。

1993年，Sugawara等对人工覆冰的标准悬式绝缘子进行交流耐受试验，提出覆冰密度从0.60g/cm^{3}增加到0.80g/cm^{3}时，其闪络电压降低很少；而覆冰密度为0.90g/cm^{3}时绝缘子交流耐受电压比0.60g/cm^{3}或0.80g/cm^{3}时低，雨凇冰闪电压最低。

1997年，M. Farzaneh等研究发现：雨凇覆冰绝缘子耐受电压最低，雾凇高于雨凇。

1998年，北美发生冰灾，1月4日至10日持续冻雨，蒙特利尔和圣劳伦斯冰厚110mm，加拿大魁北克省居民用电受到影响，140万人断电，电力基础设施遭到巨大破坏，1000座杆塔和3000km电线被毁，修复金额达64亿美元。

M. Farzaneh等提出，覆冰水电导率为80μS/cm时，覆冰前洁净的IEEE标准绝缘子(即XP-70)覆冰(密度0.87g/cm^3)后的最大耐压强度为70kV/m，雾凇(密度0.30g/cm^3)最大耐压强度197kV/m。而我国大部分地区，覆冰水电导率超过120μS/cm，部分地区覆冰水电导率达到200μS/cm甚至更高，在覆冰前绝缘子表面已经染污。因此，雨凇耐压强度低于70kV/m，最低只有57kV/m。

1998年，B. H. 亚历山德罗夫等分析了巴什基尔电网覆冰。巴什基尔是俄罗斯覆冰最严重的地区之一。1958～1960年发生多次严重倒塔事故，电气铁路停运。1961年，巴什基尔电网开展覆冰防治，提出交、直流融冰方法，并对IV级和特级覆冰地区的所有线路(35kV 及以上 4000 余公里，6～10kV 约 7000km)配置直流或交流融冰装置。巴什基尔电网首次使用 1600A 直流融冰装置，后来采用可大范围调节的直流融冰装置。融冰需要计算所需的时间和施加电流大小、覆冰外径和密度，但没有任何方法能准确测出带电线路的这些参数。

1999 年，瑞典西南部 130kV 和 400kV 电网断电 6h，后来发现是沿海地区绝缘子冰闪。另外，130kV 绝缘子闪络造成断电不完全是冰闪，而是覆冰天气条件下潮湿海风将盐粒沉积在绝缘子表面，由于温度骤降，随后又下大雪，使绝缘子完全被冰覆盖导致闪络；从而推断 400kV 变电站绝缘子应清洗。研究发现，盐颗粒绝缘子电导率达 680μS/cm，影响 400kV 线路的安全运行。针对此现象，瑞典使用钟罩型玻璃绝缘子。

3. 21 世纪电网重大冰灾与研究

2000 年，Poots 发表大气覆冰调查报告。2006 年，CIGRE 总结了有关大气覆冰的国际研究活动。

加拿大魁北克大学席库提米分校在 2002 年第 10 届 IWAIS 上讨论 1998 年 1 月魁北克覆冰事件中的经验教训，魁北克市政府提供相关事故报告：Hydro-Quebec 铁塔倒塌 600 基，100 基受到损坏；2500 基木质高压线支撑结构被损坏，近 700 基出现局部故障。

2005 年 12 月，由于覆冰导致线路受损，日本新潟北部约 65 万户断电，31h 才排除故障。研究发现：绝缘体积雪和湿雪含盐率高导致线路短路和舞动，12 月 22 日 15:00 降雪始于 10m/s 的大风，气温在 0～2℃左右，适合湿雪堆积。

俄罗斯电网在每一次冰灾事件和电网事故之后都会进行如下调查：①地址，包括事故的主要信息：故障开始的日期、时间、位置等；②描述，包括故障前网络运行条件、故障开始和发展情况、故障原因、损坏描述等；③损坏设备，包括损坏设备类型、品牌和技术参数的信息等。从 1997 年到 2007 年，110～750kV 变电站发生近 6500 起变电站设备故障事件，其中开关故障 46.2%、断路器故障 30.4%，变压器的故障相对较小(约 12.9%)。

2008 年，加拿大的 M. Farzaneh 出版了 *Atmospheric Icing of Power Networks*，对大气覆冰、导线覆冰、除冰、在线监测系统、理论模拟及预防技术和线路设计进行了详细论述。

2010 年，西班牙科斯塔布拉瓦(Costa Brava)遭遇大雪。事件是由−1℃到 2℃之间的比较黏的湿雪降水造成的，降雪量很大。输电线路未考虑这种意外天气，线路和输电杆塔额外冰荷载增加，积覆冰雪“攻击”电网，约 20 万用户断电，六个星期后才恢复正常供电。

2011 年，加拿大魁北克大学 M. Farzaneh 等对大气覆冰做了充分研究。利用计算流体动力学(CFD)，对空气横流中雪套周围的强迫对流进行了数值研究。研究了不同风况下覆冰表面粗糙度和非圆形状等特性对局部高温超导分布和整体高温超导的影响。建立了一种新的数值模型，用于模拟架空线路导线周围雪套内的水渗流。分析了干雪的等效热导率，并利用微观结构模型对其进行估算。该模型除考虑雪密度外，还考虑了微结构和水汽对导热系数的影响。并在一定假设条件下，建立了一个预测降雪发生时间的分析模型。该模型基于修正的干雪经验模型并在加拿大魁北克大学的人工气候室进行相关试验。

受结构物大气覆冰国际委员会委托，重庆大学于 2011 年 5 月在重庆市举办了第 14 届 IWAIS。按照覆冰条件、冰的物理特性和覆冰测量，实验室及现场覆冰增长特性，极端气候条件下覆冰/除冰设计与评估及灾害损失分析，覆冰预测、冰区分布、气象状况分析和结构物覆冰的影响，覆冰、积雪与融冰过程仿真与计算模型，冰雪增长与脱冰过程动态特性，覆冰绝缘子电气特性，防冰、融冰方法及除冰、防冰措施，防冰涂料与应用特性等 9 个研究方向分组交流。2017 年 9 月重庆大学举办第 17 届 IWAIS，会议分为两个平行会议和特别时段张贴展示，参会代表充分宣讲和展示了各国在电网、风力发电、飞机等各个领域的覆冰模型、监测、试验、分析计算等各方面近几年来的研究进展。

J. F. Forest 分析了英国 400kV 线路绝缘子受冰和污秽共同作用的事件。Matsuda 等在日本的 154kV 和 275kV 电网中提出了许多由冰引起的闪络问题。S. M. Fikke 等提到海盐和含有硫、氮成分的人造离子对挪威电网的冷沉淀和绝缘体污染的破坏作用。A. Meier 等报道了瑞士某 400kV 输电线路因积雪堆积而造成地面扰动。

1.2.3　国内外飞机覆冰研究历程

积冰对飞机飞行活动影响巨大，飞机积冰是普遍现象。自有飞机在天空中飞行以来，飞机覆冰及其防御的研究一直相伴相随。

1. 国外飞机覆冰研究

1937 年国际冰雪协会成立，提议来自“国际积雪与冰川委员会”的英国委员们，他们要求建立永久性的机构研究覆冰积雪的科学问题和工程实践，鼓励人们关注大气覆冰与积雪的研究。几次会议之后该机构很快建立，并确定每三个月组织研讨覆冰积雪的学术论文和研究报告。该组织鼓励个人积极参与覆冰积雪研究的各种活动。

1940 年，Eliot Blackwelder 发表“Hardness of ice at low temperature”的综述报告指出，1939 年 Carl Teichert 的科学观测发现冰点附近的莫氏硬度为 2、−44℃为 4、−50℃为 6，−78.5℃时硬度还有 6。

D. T. Bowden 在 AD608855 航空器覆冰报告中提出，20 世纪 40 年代末至 50

年代初，美国对飞机积冰的自然环境及其对飞机的影响进行了大量研究，制定了飞机自然积冰环境飞行标准。

1940 年，B. P. Weinberg 发表“苏联 1939～1940 年冰雪研究学术论文”的报告，将苏联 1939～1940 年的 694 篇论文归纳为三种研究类型：通用性研究(除冻土、冰川与地下水冰冻之外)、地下水结冰研究、永久性冻土和冰冻土壤研究，没有关于冰川的研究。分析还发现，过去十年苏联冰雪研究主要集中在与人类活动上，主要有：①永久性冻土的房屋、道路、桥梁、供水等基础设计；②长期霜降地区农业生产试验；③海冰，特别是航线上冰形成与运动；④冰雪表面运输机械研究及冰雪物理特性；⑤雪崩控制；⑥航空器覆冰；⑦降雪和融冰融雪天气预报；⑧食物冷藏问题。所有以上问题的研究都来自苏联，只有很少一部分来自于英国、德国和法国。

由于积冰带来的危害日趋严重，1941 年美国海岸警卫队提供“国际覆冰观测服务”。1951 年、1953 年和 1955 年，Itoo 相继发表关于空中冰晶形成与发展的研究报告[72-75]。1959 年，B. T. Cheverton 分析了航空器积冰研究的发展进程。1962 年，英国卢顿机场的 Napier 父子发现，飞机穿越低于 0℃的含有过冷却水滴的云层时，前引擎、机身和机翼上很容易结冰。飞机覆冰的主要危险区在机翼边沿、尾翼、引擎与其他吸气部分、螺旋桨及其旋转器等。一旦形成覆冰，飞机飞行受阻，会严重影响飞机的安全性。例如，形成的覆冰导致机翼等飞行表面的涡旋气流产生，升力显著降低，稳定控制非常困难；进气部位结冰会大大降低进气量，大冰块脱落进入飞机引擎将导致严重危害。应采用各种方法防止覆冰，或者采取措施对飞机除冰。研究人员研制了一种“喷雾垫”式电热加热系统用于飞机除冰，在英国、美国和欧洲被广泛使用。

1969 年 1 月，由 Palmer 飞机制造公司研制的应用于飞机除冰的气动除冰系统用于 Boston 深海捕捞公司柴油机驱动的船舶。

1978 年，美国学者在 NASA CP 的航空器覆冰报告中提出，1973～1977 年的飞机事故中，51.8%的致命事故是由积冰引起的。

2. 国内飞机覆冰研究

1986 年 12 月 15 日，兰州一架安-24 飞机因严重积冰在返航着陆时造成 6 人遇难，飞机坠毁[52]。

1992 年 10 月 5 日，一架运-7 飞机从西安咸阳机场起飞至成都，快到宁夏—陕西三号走廊上空进入积雨云层时发生覆冰现象[47]，飞机剧烈抖动，速度从 300km/h 突然降至 280km/h，机身快速积冰，挡风玻璃至少有 50～70mm 的冰层，无法除冰，返航咸阳机场上空盘旋后才安全降落。

1993 年 11 月 13 日，乌鲁木齐机场能见度差，一架 MD-82 飞机在下降过程中穿云积冰，飞机在跑道外触地失事[48]。

2001年，空军第十三飞行学院周成等分析发现，飞机积冰影响其气动性能和操稳特性，我国空军某部两起运-8运输机的一等事故均是由于飞机平尾积冰导致放大角度襟翼，平尾严重失速导致飞行事故。

2002年，北京大学王洪芳等分析了飞机积冰预报技术。随着航空技术的发展，飞机性能得到改善，飞机速度快、升限高，且配有防冰装置，飞机积冰的危害在一定程度上减小。但中高速飞机在起飞、着陆以及在严重积冰天气区飞行时，同样可能发生积冰现象甚至导致飞行事故。尤其是低速飞机和直升机积冰的危险性更大。20世纪90年代以来，探测和预报飞机积冰的手段有了新的发展，利用数值预报模式结合基本物理量的动力预报与积冰的诊断计算，先后提出多种积冰算法，改善了飞机积冰的预报效果。

2002年，民航华北空管局气象中心牛东豪分析飞机积冰现象，根据1960～1980年我国发生的675次积冰报告，发现最易发生飞机积冰的温度是–2～–10℃，461次(占68.3%)轻度积冰在0～–10℃，中度积冰在–2～–12℃，严重积冰在–8～–10℃；且604次发生在相对湿度大于70%的情况，当大气温度与露点温度之差($T-T_d$)小于5K时已发生积冰。飞机的强积冰区高度大多在2000～3000m，1000m以下和3000m以上一般可以避免积冰。

2002年，王新炜等[67]利用美国国家环境预报中心(NCEP)和美国国家大气研究中心(NCAR)联合处理的全球40年(1958～1997)分析资料，在积冰指数SCEM基础上构建新的积冰指数SCEM(VV)，发现温度在0～–15℃、相对湿度RH≥80%、$\omega \leqslant -0.2$Pa/s(ω为P坐标系中的垂直速度)时有积冰发生。

2004年12月21日，山西太原至北京的波音737飞机在1500～3000m之间遭遇强积冰，不到2min飞机挡风玻璃积聚20～30mm的毛冰，飞机速度约为300km/h，飞机快速下降穿过积冰云层安全降落。

2005年，中国民用航空学院崔振新等[57]分析了CRJ-200型飞机失速特性。1993年7月26日，一架CRJ100支线飞机进行测试时在堪萨斯州覆冰失速坠毁；2002年1月4日，英国伯明翰机场一架CL-604飞机起飞不久覆冰失速坠毁；2004年11月21日，一架中国东方航空公司的CRJ-200飞机在内蒙古包头机场起飞过程中覆冰失速坠毁；2004年11月28日，一架CL-601-2A12飞机在美国科罗拉多州蒙特罗斯机场起飞不久覆冰失速坠毁。

1.2.4　典型覆冰风洞

风洞是飞行器研制和空气动力学研究的重要地面模拟设备，可以对飞行器(如飞机翼面、发动机入口、直升机旋翼以及各种暴露在大气中的传感器等)的积冰、防冰和破冰性能进行深入研究[84]。世界主要冰风洞及其技术参数如表1.1所示。

表 1.1　世界主要冰风洞及其技术参数

名称		$h\times W\times l$/(m×m×m)	v/(m/s)	T/℃	w/(g/m^3)	MVD/μm	H/m
罗斯蒙特航空航天公司冰风洞		0.15×0.1×0.3	25～47	−30	0.2～1.5	20～40	0
		0.254×0.254(截面)	102	−30	0.5～3	5～50	0
		0.15×0.3×0.3	25～205	−25	0.1～3	10～40	0～200
B. F.古德里奇公司冰风洞		0.56×1.12×1.52	<95	−30	0.1～3	10～40	—
柯林斯宇航公司冰风洞			13.3～102.8	−30	0.1～3	5～50	—
刘易斯研究中心冰风洞		1.9×2.7×6	2.7～130	−30	0.5～3	11～25	0
		1.9×2.7×6.1	340.3(1Ma)	−30	0.2～3	10～50	15000
洛克希德加利福尼亚公司冰风洞		1.2×0.8×2.7	2.2～94	−20	0.7～4	15～25	—
阿诺德工程发展中心冰风洞	J-1	直径 4.88	1123(3Ma)	−53.9	0.3～4	19～28	—
	J-2	—	—	—	—	—	—
	C-2	直径 8.5×26	—	—	0.2～3	15～30	—
波音公司冰风洞		0.5×0.4×0.9	50～102	−30	0.3～5	10～50	0
		1.52×2.44(截面)	180	−30	0.5～3	5～40	0
加拿大国家研究委员会冰风洞	高空结冰风洞	0.57×0.57×0.183	5～100	−40	0.1～2.5	8～200	12000
		0.33×0.52×0.60	8～180	−40	0.1～3.5	8～200	12000
	设施冰风洞	6.1×3.1×12.2	32/50	—	—	—	—
		4.9×3.1×6.4	44/65	—	—	—	—
艾奥瓦州立大学冰风洞		0.40×0.40×2	350	−25	0.05～10	10～100	—
布伦瑞克工业大学冰风洞		0.5×0.5×1.5	40	−25	3000	—	—
维也纳气候风洞	LCWT	l=100	300	−45	—	—	—
	IWT	l=33.8	100	−10	—	—	—
中国空气动力研究与发展中心冰风洞	FL-16 冰风洞	2×3×6.5	21～210	—	—	—	—
		3.2×4.8×9	8～78	—	—	—	—
		2×1.5×4.5	26～256	−40	0.2～3	10～300	20000

注：尺寸列中个别只有截面面积，或者直径及长度；v 为风速；T 为冰洞内温度；w 为液态水含量；MVD 为中值体积水滴直径；H 为模拟海拔高度。

1. 罗斯蒙特航空航天公司冰风洞

罗斯蒙特航空航天公司(Rosemount Aerospace)有两个低速仪表冰风洞，还有一个亚声速仪表冰风洞。

2. B. F.古德里奇公司与柯林斯宇航公司冰风洞

B. F.古德里奇公司(B. F. Goodrich)为罗斯蒙特航空航天公司的母公司，1985 年在俄亥俄州联合镇建造冰风洞，风机最大功率为 147kW，制冷机功率为 147kW，制冷能力为 211904kcal/h(1kcal=4186J)，制冷剂为氟利昂。B. F. Goodrich 于 2001 年更名为 Goodrich，并于 2011 年被航天巨头联合技术公司(UTC)收购。2018 年 UTC 完成对罗克韦尔柯林斯公司(Rockwell Collins)的收购，组合拆分后 UTC 成为由柯林斯宇航公司(Collins Aerospace)和普拉特・惠特尼公司(Pratt & Whitney Group)组成的航空航天公司。Collins Aerospace 对联合镇冰风洞进行调整改进，温度控制误差在±1℃内，有七个喷条，每个喷条可安装三种不同空气雾化喷嘴，如图 1.1 所示。

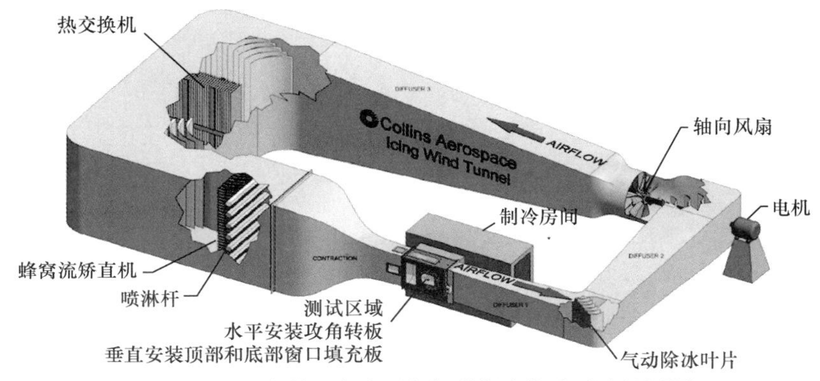

图 1.1 B. F.古德里奇公司与柯林斯宇航公司冰风洞[85]

3. 刘易斯研究中心冰风洞

刘易斯研究中心(Lewis Research Center)的冰风洞隶属美国国家宇航局(NASA)，是世界上最早建成、规模最大的冰风洞，如图 1.2 所示。该冰风洞于 1944 年建成，1984 年翻新，造价 4000 万美元。位于俄亥俄州克利夫兰市伊利湖畔，年平均气温低，风洞能耗低。主要对象是飞机翼面、发动机进气道、直升机旋翼等大型构件。风机功率为 3000kW，制冷机功率为 4674kW，制冷能力为 120kcal/h，制冷剂为氟利昂。

图 1.2 刘易斯研究中心冰风洞[86]

4. 洛克希德加利福尼亚公司冰风洞

洛克希德加利福尼亚公司(Lockheed California Corp)冰风洞隶属美国国防部，建于 1953 年，规模仅次于刘易斯研究中心的冰风洞，风机功率为 149kW，制冷能力>70 冷吨。

5. 阿诺德工程发展中心冰风洞

阿诺德工程发展中心(Arnold Engineering Development Complex，AEDC)的冰风洞隶属美国国防部，有直连式和自由射流两种布局，主要进行航天飞行器重返大气层冰云飞行条件试验。AEDC 有三个试验舱，即 J-1、J-2 和 C-2。C-2 能容纳亚声速和超声速喷气发动机、进气道、整流罩、机翼等部件的试验，内部具有 17 个喷条，199 个喷嘴位置，可改变阵列内喷嘴的数量位置，用在测试区域提供均匀的喷淋云团。

6. 波音公司冰风洞

波音公司(Boeing Company)位于西雅图的冰风洞(图 1.3)有低速冰风洞和亚声速冰风洞。由于商业竞争激烈和不断提高产品性能的需要，冰风洞不断改进，亚声速冰风洞由 BRWT(Boeing Research Wind Tunnel)改为 BRAIT(Boeing Research Aero Icing Tunnel)，冰风洞第 3～4 拐角安装大面积热交换器，试验段插入收缩段、扩散段和隔板，组成 1.2m×1.8m 和 0.9m×1.52m 试验空间；风机由 441.8kW 增至 1471kW。

图 1.3 波音公司冰风洞[87-89]

7. 加拿大国家研究委员会冰风洞

加拿大国家研究委员会(National Research Council Canada，NRC)的冰风洞可进行：①飞机冰探测和空气数据探测器的开发、测试和认证；②飞机或大气物理仪器的开发、测试或校准；③除冰、防冰试验系统的开发和测试；④测量和评估非防护飞机部件上的覆冰；⑤风力涡轮机工业仪表的评估；⑥数值覆冰代码的验证；⑦覆冰基本物理过程的研究。

NRC 在风洞校正方法、压敏涂料技术、模型变形测量能力和流图绘制方面拥有公认的专长，其研究涉及：空气声学测量、测试和评估，飞行器空气动力学，地面车辆和地面结构空气动力学，结冰形成、探测和覆冰防御(包括覆冰对固定翼飞机、直升机和电缆性能影响的试验和数值研究，以及运动空气动力学，为运动员最大限度地提高速度和性能提供准确数据)。NRC 有以下两个结冰风洞。

1) 高空结冰风洞(AIWT)

高空结冰风洞(图 1.4)试验段隧道相对较小。风洞空间速度非均匀性不超过±1%，静态温度空间非均匀度<0.5℃。俯仰和偏航流动角度为 0.25°，湍流强度<0.9%，使用双模式喷雾分布形成冻雨，冰晶体积平均直径为 100μm。

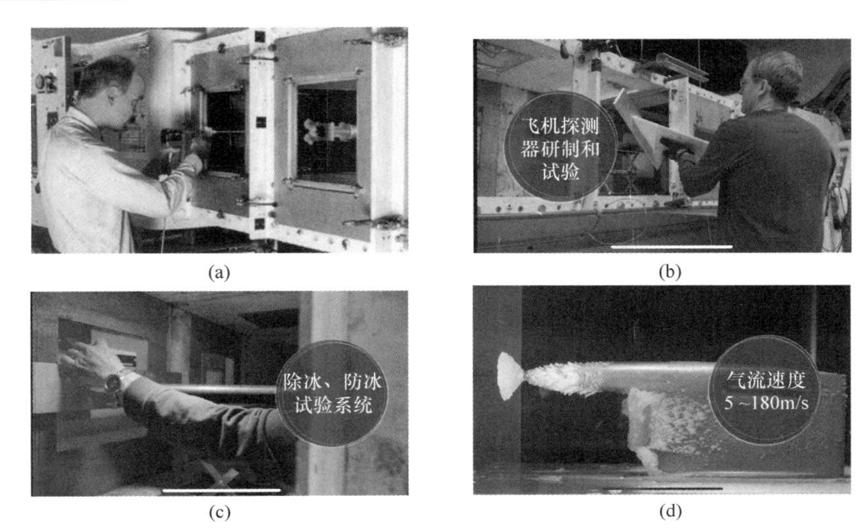

(a) (b) (c) (d)

图 1.4 高空结冰风洞[90-92]

2) 设施冰风洞(EP)

设施冰风洞(图 1.5)是目前世界上唯一能进行全尺寸、全速、低温流体测试的设备，适用于大型浮桥气动研究，如电缆振动研究。风洞采取开路设计，冬季有自然寒冷测试区研究覆冰。空间速度非均匀性<±0.5%，倾斜度<1.5°，偏航度<0.75°，湍流强度<0.75%。气温由户外天气而定(12 月至 3 月)。有模拟地面冻雨和冻毛毛雨的屋顶喷淋系统，压缩空气流量在 700kPa 时可达 14.5kg/s。

图 1.5 设施冰风洞[92]

8. 艾奥瓦州立大学(Iowa State University)冰风洞

2009 年 1 月 22 日，Goodrich 公司向艾奥瓦州立大学捐赠冰风洞(图 1.6)，是第一个能进行结冰物理研究的风洞，安置在艾奥瓦州的风模拟测试(WiST)实验室。

艾奥瓦州立大学于 2014 年翻新的冰风洞可在−28.9℃下运行，可模拟过冷液滴的结冰环境，研究冰对飞机机身或航空推进系统的影响。

图 1.6　艾奥瓦州立大学冰风洞[93]

9. 布伦瑞克工业大学冰风洞

布伦瑞克工业大学冰风洞(图 1.7)的冰粒子在形状和密度上比通常用于混合相和冰晶结冰试验的粒子更逼真，可产生高达 20kg/m^3 的冰水含量。

(a) 外形[94]

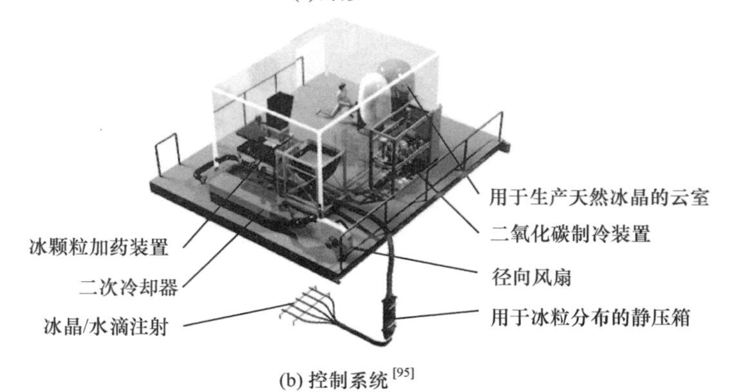

(b) 控制系统[95]

图 1.7　布伦瑞克工业大学冰风洞

10. 维也纳气候风洞

维也纳气候风洞主要用于动车、铁路客车和货车的 UIC(国际铁路联盟)和CEN(欧洲标准化委员会)认证，有两个可并联和独立运行的气候风洞(CWT)，即大型气候风洞(LCWT)和冰风洞(IWT)，两个风洞设计基本相同(图 1.8 和图 1.9)。大型气候风洞可容纳一辆动车或机车加两辆货车，冰风洞只能容纳一辆货车、卡车或大客车。该风洞能提供 200～1000W/m^2 的模拟太阳光照强度。造雪机可进入风洞，使被试车辆前部被雪均匀覆盖。雨雪喷头安装在风洞的两侧。

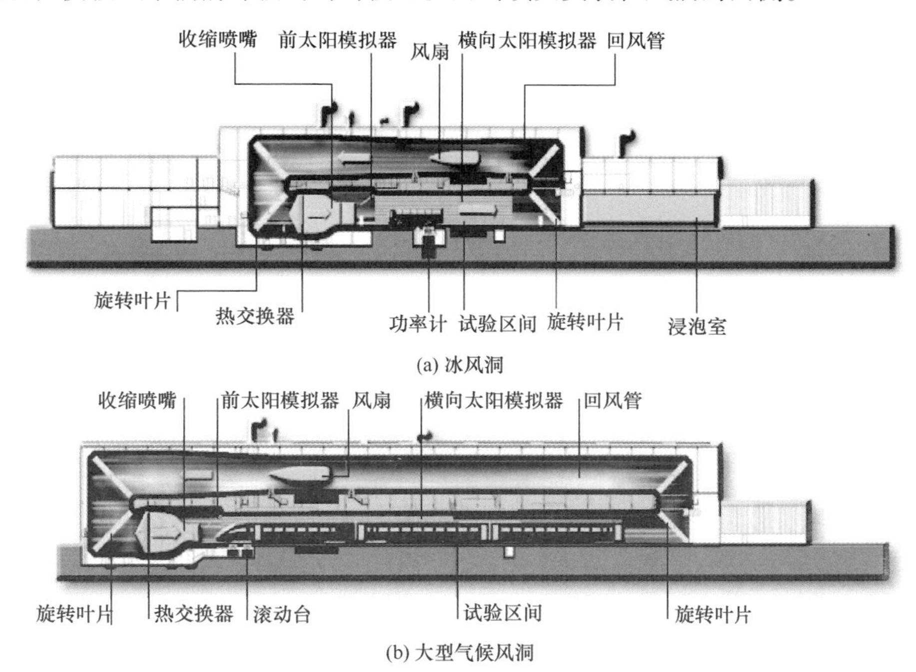

(a) 冰风洞

(b) 大型气候风洞

图 1.8 维也纳气候风洞[96]

图 1.9 维也纳气候风洞试验[97]

11. 中国空气动力研究与发展中心冰风洞

中国空气动力研究与发展中心冰风洞(图 1.10)是一座闭口、高亚声速、回流式风洞，有三个可更换试验段，是目前世界上试验段尺寸最大的结冰风洞之一，于 2013 年建成并投入使用。冰风洞分为三段：主试验段、次试验段、高速试验段；湍流强度≤0.5%，湿度 70%～100%，60%试验段截面积可以均匀雾化。

图 1.10　中国空气动力研究与发展中心冰风洞[98]

综上所述，冰风洞的建造和对冰风洞试验技术的研究既可满足国家航空航天以及一些民用部门的需要，也能反映国家航空航天等事业的发展程度，甚至能在一定程度上体现一个国家的综合科技和工业发展水平。

1.3　大 气 覆 冰

由覆冰研究的历程可知，覆冰分为海洋覆冰、大气覆冰和地下水冻结与冻土等。海洋覆冰、冻土等决定于温度，大气覆冰的影响因素更多。大气覆冰与气象条件、空气中含有过冷却水滴气流的流动、水滴在表面的热力学特性、结构物自身特性及地理地形条件等诸多因素相关，是多学科交叉的学科。

1.3.1　大气覆冰范畴

广义上，大气覆冰是指暴露于空气或大气中所有物体的覆冰，即自然植物和为人类生产生活服务的人工安装架设所有结构物的覆冰,包括农田中的庄稼作物，森林中树木、花草，人工建设房屋、桥梁、通信塔架、电视发射与转播塔、输变电工程中设施、石油开采构架、电气化铁路牵引线、铁路铁轨、轮船、空中飞行航空器、风力发电场风机与风轮等。结构物暴露于大气中，均存在覆冰积雪的危害，但其危害的程度和方面存在很大差异。

本书大气覆冰是指基本结构物的大气覆冰，如输电线路、军民用飞机、风机叶轮、铁路铁轨与机车等。讨论结构物在冰冻雨雪条件、冻雾冰云环境覆冰形成的机理和导致灾害的机制，以及防御基本结构物发生冰灾的原理、方法和技术措施。

大气覆冰的广泛研究已有近百年的历史。国内外开展了广泛研究，对大气覆冰有了较为深刻的认识，也提出了很多防范方法和技术措施。但随着生产力水平的发展，大气覆冰对结构物造成的影响也远远超出了人们想象。在人工智能时代，人们对赖以生产生活的供电与交通设施的安全可靠性的要求达到了一个全新的高度。没有高铁和飞机，人们无法出行；没有电力供应，人们无法生活与生产；人工智能与数据信息化时代与电的关系更为紧密与不可分割。因此，保障交通与供电安全是当今社会经济与科学技术发展的基础。几十年以来人们虽然投入了一定精力研究大气覆冰，但与当前的需求不相匹配，大气覆冰还存在诸多需要解决的关键科学问题与急需攻克的关键技术难题。

电网、航空、新能源发电等大气结构物覆冰研究的难点主要体现在以下方面：

(1) 大气覆冰涉及的学科很多。需要对气象、电工、航空、热力、动力、材料、信息、传感等多学科的相关知识有必要的了解或精通；大气覆冰涉及的结构物种类很多，有输电线路，有军用与民用飞机，有军舰与民用商船，有铁轨、机车与电气牵引线，还有新能源发电的风机叶轮、太阳能电池板等。各种结构物的结构差异很大，在覆冰过程中的形成机理与导致灾害的机制也有较大差异。

(2) 大气覆冰研究困难。国内外目前研究较多的是人工模拟，如飞机覆冰研究的各种大型风洞，电网覆冰研究的人工气候室等。但人工模拟与自然环境覆冰的等效性与相似性有待解决，研究结果并不能完全指导工程设计与人类抵御冰灾的危害。自然环境大气覆冰研究极其困难，野外环境极端艰苦，长期观测研究的热情难以保持。至今为止，人们并没有很好解决大气覆冰导致灾害的难题。

(3) 防御大气覆冰以及防治覆冰导致灾害涉及多学科交叉，难度很大。防治与抵御结构物大气覆冰及其导致灾害涉及最新的材料技术、先进的传感技术、人工智能技术等尖端技术。

(4) 大气覆冰是随机性极强的偶发事件，难以预测其发生发展的规律，不仅年度重现的周期性较差，而且发生地点的可变性极强。50 年周期性可能发生严重冰冻雨雪灾害，微地形小气候覆冰成为大气覆冰的主要特点，难以预报和预防。

1.3.2 大气覆冰科学问题与关键技术

作者的团队通过几十年的持续研究，相继解决了结构物大气覆冰一系列科学难题。不过由于大气覆冰的随机性、复杂性、不可预见性，至今仍有很多科学问题和关键技术没有得到解决。并且对于不同结构物，由于所处的环境条件和结构特性的差异，面临的科学问题和需要攻克的关键技术也有很大差异。本书作者以电网装备覆冰为主，同时讨论飞机、风机和铁路轨道等的覆冰及其防御。

在电网覆冰及其防御中，需要深入研究的科学问题主要涉及电网覆冰的形成机理和导致灾害的形成机制。例如，微地形小气候覆冰特性与规律、海拔高度和装备架设高度对覆冰的影响规律，以及电场与电流的影响；输电塔线结构覆冰致灾形成机制，冰风综合荷载下导线振动、跳跃、舞动的形成机制，交直流绝缘子长串覆冰导致电气放电与闪络跳闸的规律等。

为防止与抵御电网冰灾事故的发生，目前还存在很多需要攻克的关键技术。自2008 年初南方发生大面积电网冰灾事故以来，我国在防治电网大面积冰灾事故发生和装置研究上取得了国际领先的创新性成果，研制了大电流直流融冰装置，并实施了上千次直流融冰，在一定程度上有效抑制了电网大面积冰灾事故。在新一代智能电网和泛在电力物联网的建设中，研究非人工干预的冰灾防御方法、智能化的不停电融冰方法更符合国家能源安全发展战略的要求。面对新一代高可靠性智能电网，电网冰灾防治还存在很多需要攻克的重大关键技术。主要体现在以下方面：

(1) 覆冰精准监测。覆冰监测一直是国内外没有解决的难题。覆冰环境各种气象参数传感器被冻结，温度、湿度、风速不可测，空气中液态水含量、水滴大小及其分布无法测量，直接监测覆冰程度没有好的方法，通过模型间接监测覆冰状态又缺少有效的气象参数。覆冰精准监测仍是没有解决的关键技术。

(2) 电网冰灾主动防御。输电线路停电交、直流融冰技术最早是苏联在 20 世纪 60 年代采用，几十年来随着电力电子技术的发展，直流融冰越来越显示出显著优势。我国在 2009 年开发出大容量直流融冰装置，并在电网广泛开展直流融冰。但这种覆冰以后面临危险才采用的停电融冰方法是权宜之计，是万不得已而为之的发生冰灾时的被动防御方法，不是最优选择，不仅受到很多限制，并且带来很多不利的影响。

(3) 输电线路智能融冰。在电网设备发生冰灾之前及时融冰是确保输电线路安全运行的可靠方法，但输电线路覆冰具有很强的随机性和分布的广泛性，难以监控与预测。采用智能监测方法，自动感知覆冰的状态，智能控制融冰装置的工作，实现不停电非人工干预的融冰，这是智能融冰技术的设计思想。

我国高压、超高压、特高压输电线路普遍采用分裂导线，我国输电线路的经济电流密度约为 $1.0A/mm^2$，而在覆冰最严重的典型气象条件下融冰所需的电流密度为 $2.0\sim2.5A/mm^2$。基于输电线路融冰电流近似是传输电流的 2 倍，如果直接将二分裂输电线路的负荷电流转移至单根导线，则可实现带负荷的不停电融冰；如果研制开发分裂导线负荷电流智能转移装置，由覆冰智能监测系统控制智能融冰装置的负荷转移，可实现输电线路的智能融冰。

(4) 电网防冰、除冰新技术。几十年以来，国内外研究开发了数十种防冰、除冰技术，由于技术不成熟，大多数并没有应用于工程实践。随着信息技术、材料技术、人工智能、传感技术等各种新技术的发展，完善、发展新的防冰和除冰技术成为可能。这些技术主要有新型自恢复超疏水性涂层防冰技术、直升机或无人机机械除冰技术、热气或热水除冰技术、智能机器人除冰技术、高频激励融冰技术、电磁脉冲机械除冰技术等。

1.4 本章小结

本章主要论述结构物大气覆冰的历史事件，阐述结构物大气覆冰的研究历程，给出结构物大气覆冰的巨大灾害，分析论述结构物大气覆冰存在的重要科学问题和关键技术难题。分析发现：结构物大气覆冰是不可避免的重大自然灾害，给人类生活和生产活动带来巨大的危害。国内外虽然对结构物大气覆冰开展了近百年的研究，但并没有形成一个专门的学科，也没有持续系统地进行深入研究，还有很多重大科学问题没有解决，更有很多需要攻克的关键技术。因此，系统深入研究结构物大气覆冰是适应社会发展的需求，是促进国家经济发展的迫切需求。

参考文献

[1] 蒋兴良，易辉. 输电线路覆冰及防护[M]. 北京：中国电力出版社, 2002.
[2] 蒋兴良，舒立春，孙才新. 电力系统污秽与覆冰绝缘[M]. 北京：中国电力出版社, 2009.
[3] 文继芬. 贵州雨雾凇云雾微观量初探[J]. 贵州气象, 1992, 16(2): 28-31.
[4] 许金义. 六盘水高海拔重冰区送电线路冰害综述[J]. 贵州气象, 1994, 18(6): 31-36.
[5] 张惠清. 330 千伏龙黄线、龙花 I 回、龙花 II 回覆冰倒塔事故调查分析[J]. 青海电力, 1993, 12(2): 21-28.
[6] 吴军，朱江. 华中电网“12·28”事故介绍及分析[J]. 华中电力, 2005, 18(4): 21-24.
[7] 周泽民. 输电线路高海拔重冰区“主动”抗冰方案的研究与探讨：适用于龙羊峡 330kV 超高压送电线路[J]. 青海电力, 1997, 16(3): 4-10.
[8] 郭庆雄. 送电线路覆冰厚度的检测方法[J]. 华中电力, 1992, 5(6): 71-73.
[9] 郭应龙，李国兴，尤传永. 输电线路舞动[M]. 北京：中国电力出版社, 2003.
[10] 深井，智亚树. 雾度计[J]. 内蒙古气象, 1991, (4): 38-39.
[11] 周让文. 摆动脱冰器[J]. 制冷, 1989, 8(2): 45-48.
[12] 粟福珩，贾逸梅，王均谭，等. 500kV 绝缘子串的人工雾凇覆冰和放电试验[J]. 中国电机工程学报, 1999, 19(2): 75-78.
[13] 吴国宏. 电力金具冻裂原因分析及预防措施[J]. 电力建设, 2007, 28(2): 73-75.
[14] 李磊. 220 千伏冰灾受损线路的补强设计与施工实践[D]. 杭州：浙江大学, 2011.
[15] 胡瑞林，杜志强，张大伟. 供电线路电流融冰实践[J]. 农村电气化, 1993, 6: 38-39.
[16] 魏征宇. 呼武线雷、冰害事故原因及防护意见[J]. 内蒙古电力, 1990, 8(3): 33-37.
[17] 黄绍培，余伯平. 220kV 输电线路重冰区观冰综合分析[J]. 高电压技术, 1993, 19(1): 54-57.
[18] 李国兴，李裕彬. 500 kV 中山口大跨越三分裂导线舞动的观测及防治[J]. 华中电力, 1990, 3(S1): 45-61.
[19] 赵彩. 大娄山电线覆冰密度的观测分析[J]. 贵州气象, 1992, 16(4): 11-14.
[20] 王天伟. 导线覆冰(脱冰)不等产生不平衡张力的微机计算[J]. 青海电力, 1991, 10(4): 55-60.
[21] 张俊才. 电力系统冰雪故障及其防护措施[J]. 内蒙古电力, 1990, 8(2): 26-30.
[22] 张红妮. 电线积冰观测的体会[J]. 干旱气象, 1999, (1): 37-38.

[23] 谭冠日. 电线积冰若干小气候特征的探讨[J]. 气象学报, 1982, 40(1): 13-23.
[24] 张树祥, 周森. 渤海航运中的海冰危害和防冰减灾对策[J]. 冰川冻土, 2003, 25(S2): 360-362.
[25] 吴天容, 曹伯兴, 徐莉. 国外化学融雪除冰剂的开发与进展[J]. 无机盐工业, 1989, 21(5): 28-32.
[26] 金俊, 王建坤. 荷叶效应及应用[J]. 河北纺织, 2007, (3): 26-33.
[27] 刘建西, 李相会, 周和生. 川西南冬季层状云宏微观特征初探[J]. 四川气象, 1990, 2: 29-34.
[28] 王如荣, 解朝真. 南岭覆冰气象站观测资料分析与高压输电线路建设的探讨[J]. 山西气象, 1997, 41(4): 16-18.
[29] 马钰. 青海气象灾害略谈[J]. 青海气象, 1998, 3: 36-41.
[30] 蒋兴良, 万启发, 吴盛麟, 等. 输电线路除冰新技术: 低居里(LC)磁热线在线路除冰中的应用[J]. 高电压技术, 1992, 18(3): 55-58.
[31] 刘军臣, 郭二凤, 康雯瑛. 河南电线积冰气候特征及对架空线路的影响[J]. 河南气象, 1999, (1): 27-28.
[32] 吴有训, 王进宝, 王克勤, 等. 黄山光明顶雪、雨凇和雾凇的气候特征研究[J]. 气象科学, 1999, 19(3): 309-316.
[33] 廖祥林. 计算送电线路标准冰厚参数取值的研究[J]. 电力勘测, 1994, (1): 40-50.
[34] 刘建西. 四川大凉山重冰区云雾微物理特征[J]. 四川气象, 1994, 14(1): 54-58.
[35] 谢运华. 自然覆冰的密度[J]. 电力建设, 1991, 12(3): 69-74.
[36] 高明久. 卓科线冰害事故原因及改造意见[J]. 内蒙古电力, 1993, (A10): 148-150.
[37] 陈庚. 复合导线自动融冰装置的原理和设计[J]. 湖南大学学报, 1983, 10(3): 1-9.
[38] 陈斌, 郑德库. 架空送电线路导线覆冰破坏问题分析[J]. 吉林电力, 2005, 33(6): 25-27.
[39] 能源部东北电力设计院. 电力工程高压送电线路设计手册[M]. 北京: 水利电力出版社, 1991.
[40] 南方日报.湖南遭遇50年最严重冰灾湖南电网数十次跳闸[EB/OL]. https://news.sina.com.cn/c/2005-02-20/08505148364s.shtml. [2005-02-20].
[41] 班久次仁, 曹叔尤, 李然, 等. 西藏水电站太阳能防冰新探索[J]. 中国农村水利水电, 2003, (6): 22-24.
[42] 张大伟. 宁夏南部山区架空输电线路的覆冰与防护[J]. 宁夏电力, 1995, (1): 46-48.
[43] 林友, 何俊嵩, 李玉起, 等. 响-石线 110kV 线路抗冰及覆冰消除措施[J]. 人民珠江, 2012, 33(3): 74-75.
[44] 王守礼. 影响电线覆冰因素的研究与分析[J]. 电网技术, 1994, 18(4): 18-24.
[45] 文继芬. 雨雾凇天气的滴谱含水量与积冰[J]. 贵州气象, 1994, 18(6): 21-26.
[46] 姜修萍. 修文县雨凇变化规律分析[J]. 贵州气象, 2001, 25(4): 33-34.
[47] 刘磊, 朱晓. 激光除冰研究[J]. 光散射学报, 2006, 18(4): 379-385.
[48] 李笑, 徐宇工, 刘福利. 微波除冰方法研究[J]. 哈尔滨工业大学学报, 2003, 35(11): 1342-1343.
[49] 关明慧, 徐宇工, 卢太金, 等. 微波加热技术在清除道路积冰中的应用[J]. 北方交通大学学报, 2003, 27(4): 79-83.
[50] 周海申. 航空气象学[M]. 北京: 航空工业出版社, 2019.
[51] 中央气象局编译室. 飞机积冰及凝结尾迹的原理和预防[M]. 北京: 财政经济出版社, 1955.
[52] 张安乐. 过冷云与飞机积冰[J]. 甘肃气象, 1996, 14(4): 34-35.

[53] 裘习纲, 郭宪民. 电脉冲除冰系统参数的合理选择[J]. 南京航空学院学报, 1993, 25(2): 211-215.
[54] 徐国跃, 谢国治, 肖军, 等. 飞机电热防冰用 $BaTiO_3$ 热敏陶瓷力学性能的改进[J]. 南京航空航天大学学报, 1999, 31(1): 97-102.
[55] 王鹏云, 阮征. 对华南对流云中过冷云水-飞机积冰的直接气象因子的中尺度数值预报试验[J]. 热带气象学报, 2002, 18(4): 399-406.
[56] 刘开宇, 申红喜, 李秀连, 等. “04.12.21”飞机积冰天气过程数值特征分析[J]. 气象, 2005, 31(12): 23-27.
[57] 崔振新, 刘汉辉, 刘俊杰. CRJ-200 型飞机失速分析[J]. 中国民航飞行学院学报, 2005, 23(6): 14-18.
[58] 邓雪梅. TB 飞机四川地区空中积冰分析及预报[J]. 民航飞行与安全, 1998, 9(1): 37-39.
[59] 张兴才. 乌鲁木齐地区飞机积冰综合分析[J]. 新疆气象, 1993, (4): 27-29.
[60] 黄海波. 新疆地区飞机积冰的分析与预报[J]. 新疆气象, 2005, (4): 26-27.
[61] 应福林. 近五百年杭嘉湖地区冬季气温的变化[J]. 浙江气象科技, 1992, 17(2): 31-33.
[62] 王宗衍. 直升机的防冰问题[J]. 直升机技术, 2001, (1): 39-42.
[63] 焦云涛. 飞机积冰的危害与对策[J]. 民航经济与技术, 1994, (7): 36-37.
[64] 曹丽霞, 纪飞, 刘健文, 等. 云微物理参数在飞机积冰分析和预报中的应用研究[J]. 气象, 2004, 30(6): 8-12.
[65] 金维明, 王炳仁, 刘健文, 等. 飞机发动机积冰原因探讨[J]. 气象, 1997, 23(2): 8-11.
[66] 孙伟中. 一次大型客机起降时积冰的分析[J]. 甘肃气象, 1997, 15(3): 13-15.
[67] 王新炜, 张军, 王胜国. 中国飞机积冰的气候特征[J]. 气象科学, 2002, 22(3): 343-350.
[68] 公宽平. 一次飞机严重积冰的分析计算[J]. 陕西气象, 1998, (6): 39-40.
[69] 孙永才. 一次严重飞行事故的积冰条件分析[J]. 陕西气象, 1996, (1): 6-7.
[70] 余善文. 一次中空稳定层飞机中度以上积冰的分析[J]. 陕西气象, 1993, (4): 27-29.
[71] 易贤, 朱国林, 王开春, 等. 翼型积冰的数值模拟[J]. 空气动力学学报, 2002, 20(4): 428-433.
[72] Itoo K. Phenomena of ice crystals in the air 1[J]. Met. Geophy., 1951, 2: 67-71.
[73] Itoo K. Phenomena of ice crystals in the air 2[J]. Met. Geophy., 1953, 3: 207-227.
[74] Itoo K. Size, mass and some other properties of ice crystals in the air-on small ice crystalsby[J]. Met. Geophy., 1953, 3: 297-306.
[75] Itoo K. Phenomena of ice crystals in air 3[J]. Met. Geophy., 1955, 1: 1-11.
[76] Ali R S. Icing effects on power lines and anti-icing and de-icing methods[D]. Larvik: North University, 2018.
[77] Phan L C, Matsuo H. Minimum flashover voltage of iced insulators[J]. IEEE Transactions on Electrical Insulation, 1983, 18(6): 605-618.
[78] Фдьяков A, Куэнецов B A, 张家令. 苏联北部地区 110～220kV 输电线路冬季运行经验[J]. 黑龙江电力, 1985, 5: 53-57, 64.
[79] Goli T N, 谢运华. 苏联架空送电线路覆冰荷载测绘的基本原理[J]. 电力建设, 1992, 13(7): 73-75.
[80] Phan C L, et al. Accumulation du verglas sur les noveaux types d’isolateurs sous haute

tension[J]. Canadian Electrical Engineering Journal, 1977, 2(4): 24-28.
[81] Pascal P H, et al. Hydro-Québec transenergie line conductor de-icing techniques[C]. IWAIS XI, Montréal, 2005: 89-93.
[82] Farzaneh M, Volat C, Leblond A. Anti-icing and de-icing techniques for overhead lines[A]// Atmospheric Icing of Power Networks[M]. Dordrecht: Springer Netherlands, 2008: 229-268.
[83] Masoud F, et al. Coatings for Protecting Overhead Power Network Equipment in Winter Conditions[M]. New York: CIGRE Publication, 2015.
[84] 王宗衍. 美国冰风洞概况[J]. 航空科学技术, 1997, 8(3): 45-47.
[85] Icing Wind Tunnel. Efficient and economical testing[EB/OL]. http://www.goodrichdeicing.com/images/uploads/documents/Goodrich_Icing_Wind_Tunnel_-_Uniontown,_OH,_USA.pdf. [2019-07-01].
[86] NASA. Icing research tunnel[EB/OL]. https://www1.grc.nasa.gov/facilities/irt/. [2019-07-01].
[87] Boeing Company. Boeing research aero-icing tunnel[EB/OL]. https://www.boeing.com/company/key-orgs/boeing-technology-services/wind-tunnels-and-propulsion.page. [2019-07-02].
[88] Boeing Company. Boeing technology services[EB/OL]. https://www.boeing.com/resources/boeingdotcom/company/key_orgs/pdf/bts-general-brochure.pdf. [2019-07-02].
[89] Wright-Patterson Air Force Base, Area B, Building No. 19. Five-foot wind tunnel, Dayton, Montgomery County, OH, historic American engineering record[EB/OL]. https://www.loc.gov/rr/frd/pdf-files/Western_Hemisphere_Wind_Tunnels.pdf. [2019-07-09].
[90] Government of Canada. Altitude icing wind tunnel[EB/OL]. https://nrc.canada.ca/node/866. [2019-07-09].
[91] Government of Canada. 3m*6m icing wind tunnel research facility[EB/OL]. https://nrc.canada.ca/en/research-development/nrc-facilities/altitude-icing-wind-tunnel-researchfacility. [2019-07-09].
[92] National Research Council Canada. 3m*6m icing wind tunnel[EB/OL]. https://navigator.innovation.ca/en/facility/national-research-council-canada/3-m-x-6-m-icing-wind-tunnel. [2019-07-09].
[93] Iowa State University. Icing research tunnel[EB/OL]. https://www.aere.iastate.edu/icing/ISU-IRT.html. [2019-11-16].
[94] Layered approach on ice fetection, densors and certifiable hybrid architectures for safer aviation in icing environment[EB/OL]. https://www.sens4ice-project.eu/sites/sens4ice/files/media/2019-08/SENS4ICE_Public_Project_Overview_20190826_v1.pdf. [2019-11-18].
[95] Design, construction and commissioning of the Braunschweig icing wind tunnel, atmospheric measurement techniques[EB/OL]. https://amt.copernicus.org/articles/11/3221/2018/. [2019-11-18].
[96] Simulation methods of climatic wind tunnel Vienna, Rail Tec Arsenal[EB/OL]. https://www.rta.eu/en/service/simulation-methods. [2019-11-18].
[97] Climatic wind tunnel vienna, Rail Tec Arsenal[EB/OL]. https://www.rta.eu/en/service/industries. [2019-11-18].
[98] 中国空气动力研究与发展中心. 3 米×2 米结冰风洞(FL-16)[EB/OL]. http://www.cardc.cn/eReadDev.Asp?ChannelId=4&ClassId=18&Id=41. [2019-12-01].

第 2 章　典型结构物大气覆冰

大气覆冰是一种灾害性天气现象，主要包括霜、覆冰、积雪等低温天气事件。大气覆冰给输电线路、风力发电机、电力和通信铁塔、飞行器、轨道交通、公路交通等典型结构物带来巨大的运行安全威胁。大气覆冰在全世界大部分地区均有发生，结构物大气覆冰较严重的国家主要有中国、加拿大、挪威、芬兰、丹麦、美国、日本、英国、冰岛、匈牙利、捷克、瑞典、德国、俄罗斯、法国等[1]。

2.1　大气覆冰形成与特点

2.1.1　大气覆冰形成

自然条件下大气覆冰一般是由过冷却水滴在结构物上冻结产生。所谓“过冷却水滴”是指其本身温度低于 0℃还未冻结成冰晶的悬浮在空气中的液态小水滴。众所周知，温度低于 0℃时，液态水发生相变，冻结形成冰或冰晶。但水滴冻结需要冻结核。高空缺少冻结核，存在大量过冷却水滴，已经观测到的高空中液态水滴的过冷却温度达到–72℃。

地面频繁发生冻雨覆冰的基本特征之一是空间温度分布存在非正常的逆温层(图 2.1)。一般来说，随空间高度升高，温度逐渐降低(约降低 6.5℃/km)。由于暖湿气流像楔子一样插入空间，形成空间温度逆向分布，即近地层空间低于 0℃，而中空层的温度不是降低而是升高并高于 0℃，更高空间温度低于 0℃的过冷却水滴、雪花和冰晶在下降过程中穿过高于 0℃的暖层时，过冷却水滴温度升高，雪花和冰晶或部分融化(如高于 0℃的大气层不够高)，或完全融化；继续下降进入低于 0℃的近地层。大的过冷却水滴多半遇到可作为凝结核的尘埃而变成冰粒落至地面(如果低于 0℃层厚度不足则不发生水滴冻结现象)；较小过冷却水滴，因直径过小表面张力很大，难以改变结构，也难遇到可作为凝结核的尘埃，虽然温度低于 0℃，却仍以速度缓慢的过冷却冰滴状态降落至地面层，即“冻雨”[2]。这种过冷却水滴很不稳定，一旦碰到地面上或近地层空间等较冷物体，如导线与绝缘子、风机叶轮、起降的飞机等，受到碰撞振动便立即释放潜热变成固态水，即“冰”；同时风力作用的碰撞使液态过冷却水滴发生形变，水滴表面弯曲程度减小，表面张力也相应减小，而结构物表面在碰撞过程中不会发生形变，结构物本身又可起类似凝结核的作用，使液态过冷却水滴发生形变后有所依附，便凝结成雨凇、混合凇、雾凇或雪等。

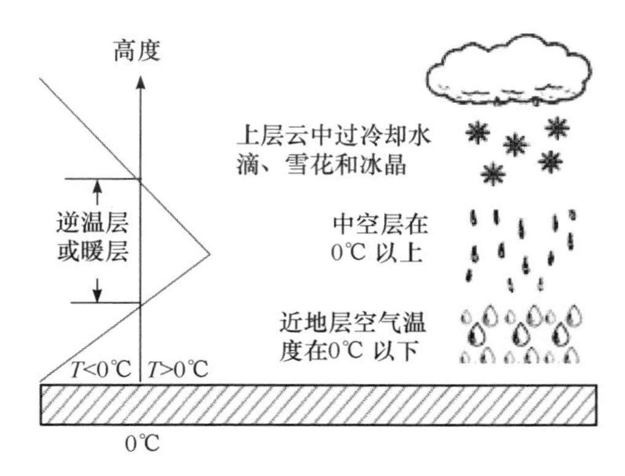

图 2.1　冻雨覆冰形成的典型天气条件

冻雾覆冰发生在由过冷却小水滴构成的云中，取决于云中液态水含量、过冷却水滴分布、温度以及风速的垂直分布。冻雾覆冰发生在 0℃等温线以上的云顶上部。因此，暴露在高山顶部附近的建筑、风力发电机、电力及通信铁塔，以及云中飞行的飞机等结构物易覆冰。

大气覆冰还有一种非湿沉降产生的特殊形式，即霜或白霜。(白)霜是因地面物体在夜间辐射降温至 0℃或以下水汽直接在地面物体表面凝华而成的冰晶(图 2.2)。霜的形成不仅与天气条件有关，而且与地面物体的属性有关。有利于辐射降温的天气条件也有利于霜的形成。霜大都形成于晴朗、无风(或微风)的夜晚。在强烈辐射热量的物体上最容易形成霜。影响霜在物体上形成的不只是物体的某一属性，而是其许多属性的综合。物体表面积大、辐射面大则白霜易于形成。表面粗糙的物体容易发生强烈的辐射降温而形成霜。因辐射散失的热量难于得到补充、导热性不良的物体(如多孔的、空心的物体)易于形成霜[3]。

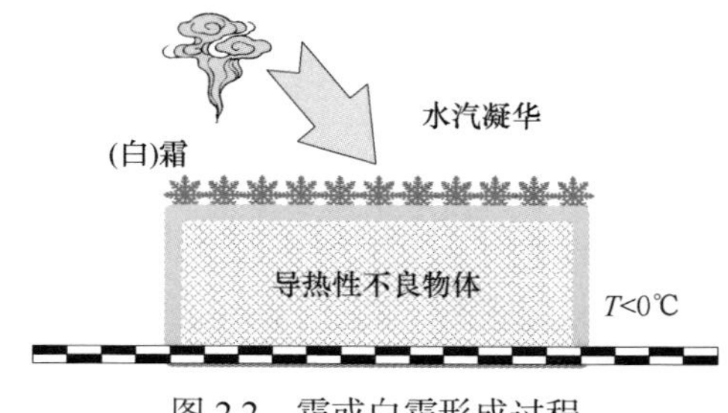

图 2.2　霜或白霜形成过程

2.1.2　我国大气覆冰特点

我国地形西高东低，大致呈阶梯状分布。第一级阶梯平均海拔在 4500m 以上；第二级阶梯分布着大型盆地和高原，平均海拔在 1000～2000m；第三级阶梯分布着广阔的平原，其间有丘陵和低山，海拔多在 500m 以下。西高东低的地形有利于太平洋的暖湿气流深入内陆地区。

我国冬、春季节覆冰天气主要受三大准静止锋影响。当锋面两侧冷暖气团势力相当，或遇地形的阻挡，很少移动或缓慢移动的锋称为(准)静止锋。由于准静止锋可维持十天或半个月之久，易形成连续性的低温阴雨天气，如图 2.3 所示。我国的准静止锋多为冷锋移动中受地形阻挡作用而形成，其天气和第一型冷锋相似，但云区和降水区更为宽广。常出现在云贵高原、华南的南岭一带及天山地区，分别称为昆明准静止锋(西南准静止锋)、华南准静止锋(南岭准静止锋)以及天山准静止锋。

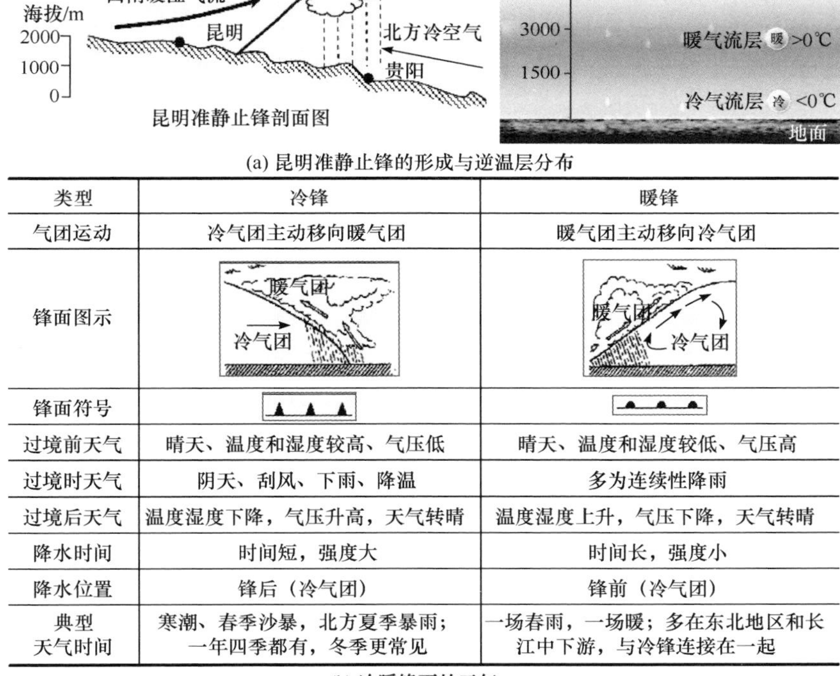

(a) 昆明准静止锋的形成与逆温层分布

类型	冷锋	暖锋
气团运动	冷气团主动移向暖气团	暖气团主动移向冷气团
锋面图示		
锋面符号		
过境前天气	晴天、温度和湿度较高、气压低	晴天、温度和湿度较低、气压高
过境时天气	阴天、刮风、下雨、降温	多为连续性降雨
过境后天气	温度湿度下降，气压升高，天气转晴	温度湿度上升，气压下降，天气转晴
降水时间	时间短，强度大	时间长，强度小
降水位置	锋后（冷气团）	锋前（冷气团）
典型 天气时间	寒潮、春季沙暴，北方夏季暴雨； 一年四季都有，冬季更常见	一场春雨，一场暖；多在东北地区和长 江中下游，与冷锋连接在一起

(b) 冷暖锋面的天气

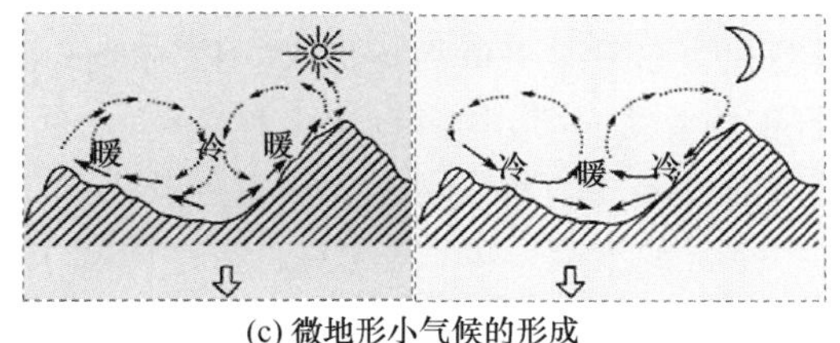

(c) 微地形小气候的形成

图 2.3　昆明准静止锋及其逆温层的分布与形成

我国南方大范围冻雨受昆明和华南准静止锋影响。东亚冷空气从青藏高原东侧南下，迫使近地面暖湿气团抬升形成华南准静止锋。受青藏高原东侧地形阻挡，冷空气常堆积在横断山脉以东和南岭山脉以北等中国广大南方地区。当冷空气堆积到一定厚度向西爬上低纬高原时，又与南支西风相遇形成昆明准静止锋。昆明、华南准静止锋暖层相叠加，使下落冰晶或雪花等凝结物融化成液态水，再下降到近地面冷垫上冻结成冻雨。粤北、粤东、广西北部以及湖南省均受华南准静止锋控制与影响；贵州受昆明准静止锋、华南准静止锋的控制与影响，由于水汽丰富，贵州冻雨次数多、持续时间长、影响范围广、影响程度重，贵州较常发生覆冰天气；云南东部受昆明准静止锋影响，丰富的水汽不断补充，导致冬季雾气凝滞，低温阴雨，易发生覆冰天气，东部、东北部、西北部是易覆冰区域。来自西伯利亚和北大西洋的冷气团进入准噶尔盆地后，被天山阻挡形成天山准静止锋，使冷锋停滞不前，致使天山北坡和新疆北部大部分地区冬、春季节覆冰较多。

我国北方冬季气温太低难以形成雨凇，大气覆冰主要为积雪或雾凇。北方雾凇主要呈点状分布在甘肃东南、陕西东南、河南东南、山西东北、吉林南、山东西、新疆北等局部地区，具体位置与一级河道和山地丘陵密切相关。雨凇主要出现在长江以南地区，集中呈带状分布在长江中下游的山地丘陵，范围广持续性强，如四川中南、重庆、云南东北、贵州、湖北西南、湖南东南、江西北部、安徽南部、浙江等地[4,5]。

2.1.3 大气覆冰的分类

根据结构物的特点以及覆冰对结构物导致灾害的机制，大气覆冰分类有各种不同的方法，本节以电网覆冰的分类作为示例。

1. 按照危害程度分类

按照覆冰的形成条件、性质和危害，电网覆冰分为雨凇、混合凇、雾凇、雪、(白)霜等，其形成条件及特点如下。

1) 雨凇(glaze)

雨凇是透明的清澈冰，多发生于低海拔地区，持续时间一般较短，温度接近冰点，黏结力很强并且很难除去，密度接近理论上纯冰密度，约为 0.8～0.917g/cm^3。大多数情况下，雨凇是由过冷却雨滴或毛毛雨滴发展起来的，即冻雨覆冰。但在云中覆冰情况下，如果空气温度高，如−2～0℃，且过冷却水滴直径大，如 15～25μm，覆冰以“薄冰”形式出现，这也是雨凇。在雨凇覆冰情况下，黏结到结构物上的水滴完全冻结之前，过冷却水滴的碰撞连续不断地发生，覆冰是连续增长的。雨凇覆冰形成过程中，冰面温度为0℃，冰面完全由一层薄薄的水膜覆盖。虽然雨凇覆冰也包含有一定的气泡，但与混合凇相比，气泡含量少得多。工程中将密度>0.80g/cm^{3}的冰称为雨凇。图 2.4 分别为树枝、风机叶轮、导线、绝缘子上典型的雨凇。

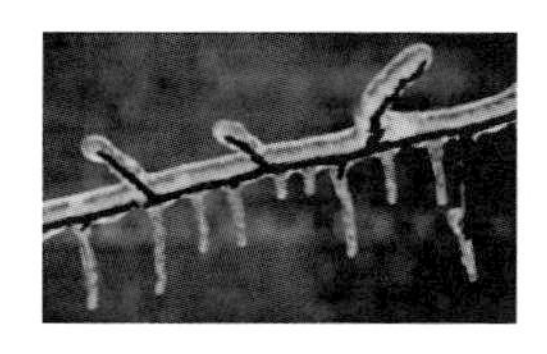
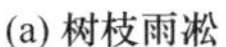

(a) 树枝雨凇

(b) 风机叶轮雨凇

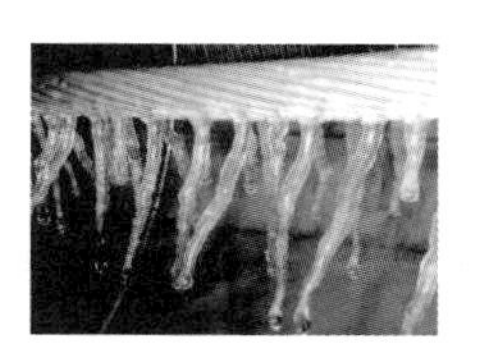

(c) 导线雨凇

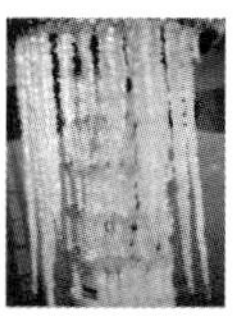

(d) 绝缘子雨凇

图 2.4　雨凇

2) 混合凇(mixed-phase ice)

混合凇是由结构物捕获空气中过冷却水滴并冻结的一种覆冰形式，以硬冰块形式出现，其结构为层状或板块状的透明和不透明交替层。当温度较低、风力较强时，混合凇迅速增长。混合凇内部常捕获有孤立的微小气泡，结构密实，不像雾凇以颗粒结构形式出现，混合凇黏结力相当强。混合凇的密度较大，约为 0.60～0.80g/cm^3，对结构物的危害特别严重。图 2.5(a)为人工模拟的支柱绝缘子混合凇，图 2.5(b)为树枝自然混合凇，图 2.5(c)为人工模拟的导线混合凇。

(a) 支柱绝缘子混合凇

(b) 树枝自然混合凇

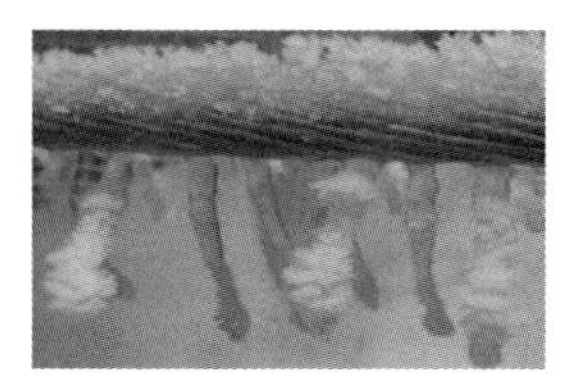

(c) 导线混合凇

图 2.5　混合凇覆冰

3) 雾凇(rime)

雾凇分为软雾凇(soft rime)和硬雾凇(hard rime)两种，硬雾凇一般归类为混合凇。结构物积覆雾凇常常是二者并存。风携带雾中或云中过冷却小水滴一个接一个不断与结构物表面碰撞并冻结而产生雾凇。雾凇最明显的特征是外观呈“虾尾状”或“松针状”。雾凇在结构物上的黏结点小且常在迎风面生长。雾凇是冬季高寒高海拔山区最常见的一种覆冰形式，其颜色为白色，显微镜下呈颗粒状结构，软雾凇密度<0.10g/cm^3，硬雾凇密度为 0.10～0.60g/cm^3。条件适宜时雾凇增长速度很快，一夜之间可增长 200～300mm。图 2.6(a)为导线自然雾凇，图 2.6(b)为树枝自然雾凇，图 2.6(c)为绝缘子自然雾凇，图 2.6(d)为单个水滴冻结生成雾凇树的过程。

4) 雪(snow)

雪分为干雪(dry snow)和湿雪(wet snow)，属于固态形式降水，形成于<0℃的

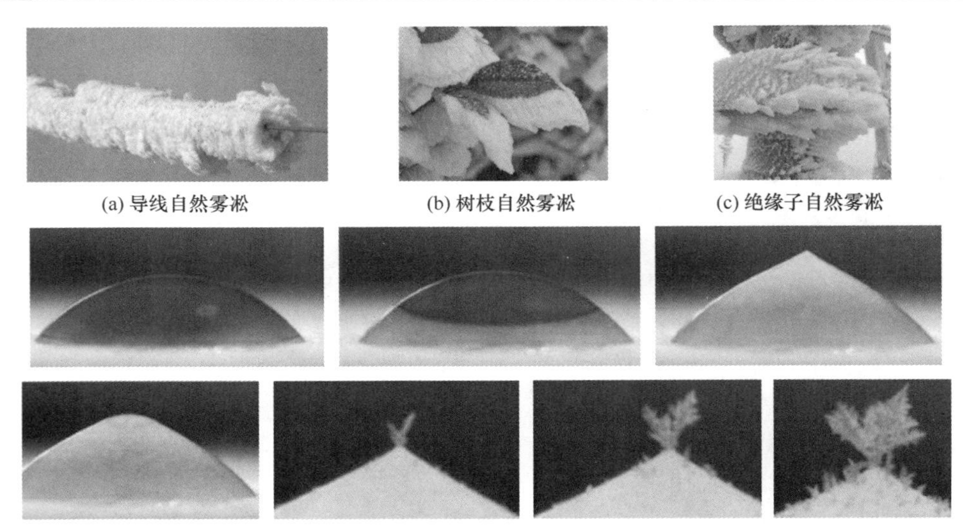

(a) 导线自然雾凇　(b) 树枝自然雾凇　(c) 绝缘子自然雾凇

(d) 单个水滴冻结生成雾凇树的过程

图 2.6　自然雾凇

水蒸气，以六角形冰晶形式出现。干雪属于空气和冰晶混合物，密度为 0.05～0.30g/cm^3，黏结强度小，风或结构物移动很容易使其脱落。湿雪为冰晶、水滴微粒和空气三者的混合物，其密度为 0.30～0.60g/cm^3。空气中干雪很难黏结到结构物表面。只有当空气中的雪为“湿雪”时，结构物才出现积雪现象。在山区，有时雪片中混杂有过冷却水滴，水滴黏附在雪花上，这种情况下雪片容易黏附到所碰撞的物体上，这种现象称为覆冰，而不是覆雪。结构物覆雪是指当温度在 0℃左右、风力很弱时，“湿雪”粒子与“水体”一起通过“毛细管”的作用相互黏结并黏附到结构物表面的现象。当有强风时，雪片易被风吹落，覆雪不可能发生，覆雪受风速制约。实际上大部分覆雪发生在 0℃左右、风速<3m/s 的气象条件，且平原或低地无风地区导线覆雪现象较山区常见。图 2.7(a)为树枝自然积雪，图 2.7(b)为公路交通自然积雪，图 2.7(c)为绝缘子自然积雪，而当天气温度升高自然积雪融化可能形成冰凌，如图 2.7(d)所示。

(a) 树枝自然积雪

(b) 公路交通自然积雪

(c) 绝缘子自然积雪

(d) 积雪融化成冰凌

图 2.7　积雪

5) (白)霜(hoar frost)

(白)霜为白色的冰晶。空气温度降低到露点以下且空气中水汽含量过饱和时，结构物表面发生水汽凝华形成霜，露点温度低于 0℃；如果露点温度高于 0℃，则形成露。通常形成于自由暴露在空气中直径较小的物体，如树枝、植物茎和叶、电线等；空气中水蒸气与低于 0℃的冷物体接触时，水蒸气在冷物表面凝华形成(白)霜。(白)霜的形成不需要有过冷却小水滴存在，其基本特性是“针状”或“树枝状”晶体，形成时风速通常相当小。大多数情况下(白)霜包含微小水滴的云或雾，因此有人怀疑自然(白)霜纯粹是由水蒸气凝华形成。微小水滴黏结到晶体上有助于(白)霜的增长。(白)霜在导线上的黏结力十分微弱，即使是轻轻地振动，也可使(白)霜脱离所黏结导线的表面。与其他类型覆冰相比，(白)霜几乎不可能对结构物构成危害。图 2.8 为自然条件导线、玻璃、植物上的(白)霜。

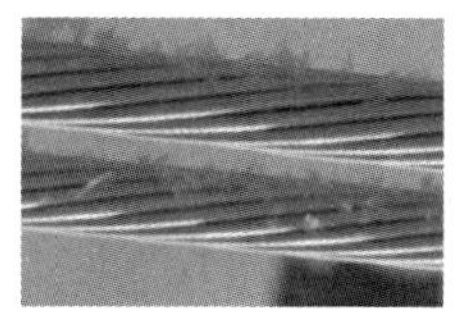

(a) 导线(地线)上的霜花

(b) 玻璃表面霜花

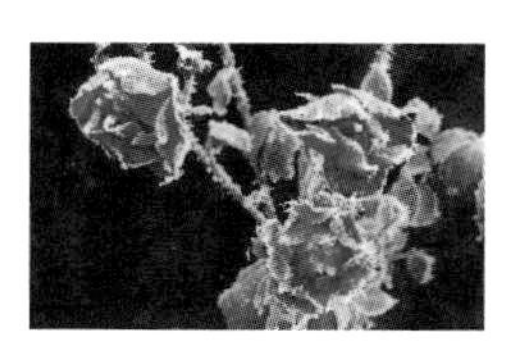

(c) 植物上的霜花

图 2.8　霜类

2. 按照形成机理分类

各种结构物覆冰形成的内在机理及形成过程基本一致，结构物大气覆冰可按照增长过程分为干增长覆冰和湿增长覆冰[6](图 2.9)。

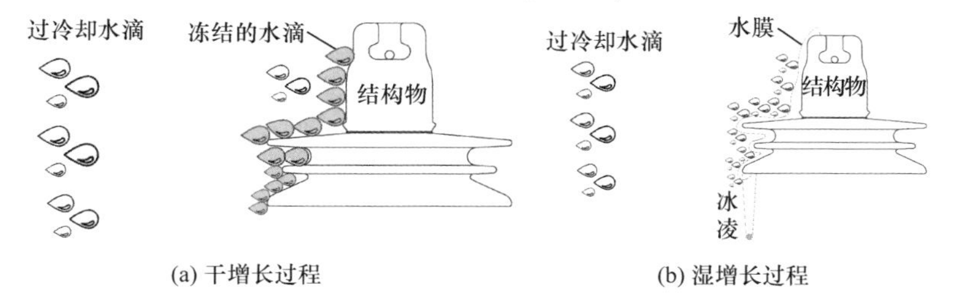

(a) 干增长过程　(b) 湿增长过程

图 2.9　覆冰干湿增长过程

在气-液两相流中的水滴碰撞结构物表面某一位置被捕获和冻结覆冰过程中，如果后一个水滴碰撞同一位置点之前，前一个水滴已经完全冻结称为干增长；而如果后一个水滴碰撞同一位置点时前一个水滴尚未完全冻结称为湿增长。干增长没有水滴流失，冻结系数为 1；湿增长有水滴流失，冻结系数小于 1，湿增长有冰凌。

由此可知：雾凇是干增长，雨凇为湿增长，混合凇是介于干、湿增长之间的一种覆冰过程。且干雪是干增长，湿雪为湿增长。将覆冰分为干、湿增长有助于分析覆冰的形成机理及形成过程中的热平衡及热传递。

综上所述：(白)霜由地面水蒸气凝华产生；雾凇和混合凇是由雾中或云中过冷却小水滴引起的，统称为云中覆冰；雨凇和积雪由冻雨和降雪造成，统称为降水覆冰。

2.2 大气覆冰物理性质

迄今为止，已知水存在 18 种结晶相(决定于压力与温度)，从冰 Ih、冰 II、冰 III，一直到冰 XVIII。在人类活动的大气范围内(温度高于−80℃，常压)，冰为正六边形的结构形式，即六边形冰——冰 Ih(ice hexagonal)。冰中水分子按以下规则排列(图 2.10)：①每个氧原子(O)与两个氢原子(H)相连；②每一对氧原子(O)之间有一个氢原子。该排列规则使得相邻的四个氧原子(O)形成 109°的四面体，且氧原子(O)之间的距离约为 275pm。O—O—O 键 109°的键角与液态水中氢键之间的 105°角非常接近。按四面体规律扩展形成六边形晶格，如图 2.10 所示。冰的晶格结构使得其具有高度稳定性，这表现为很高的熔化潜热(5987J/mol)和升华潜热(50911J/mol)。

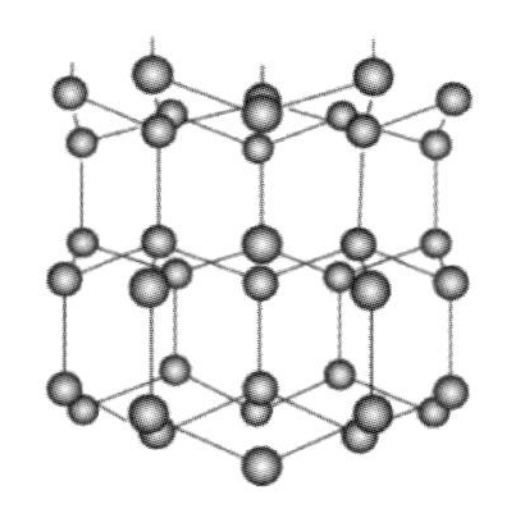

(a) 冰Ih中氧原子排列的正视图

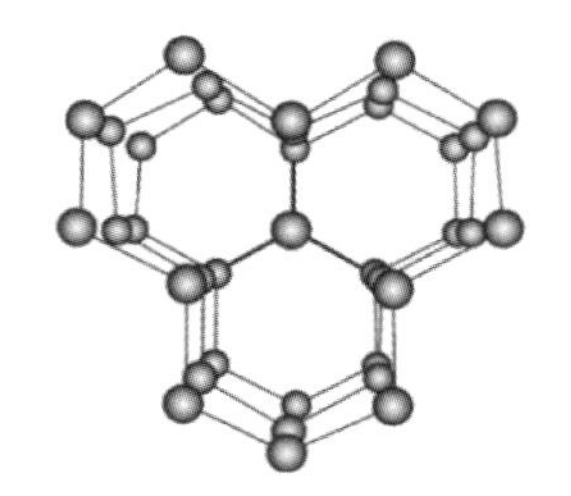

(b) 冰Ih中氧原子排列的俯视图

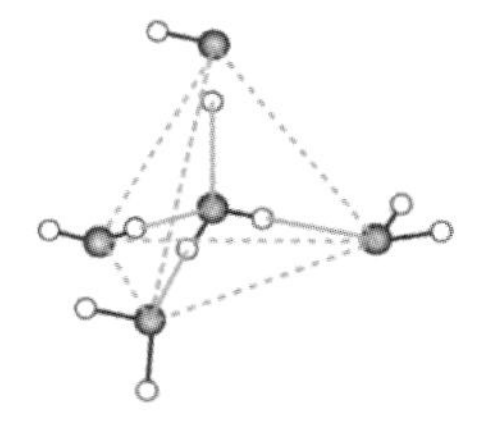

(c) 109°四面体

图 2.10 冰 Ih 的晶体结构(氧原子(●)和氢原子(○))

雪是一种固态形式的降水，以单晶或多晶冰体形式降落于地面，其形式千姿百态，Bentley[7]提供了多达 180 种雪花形态，部分如图 2.11 所示。自然干雪为空气和冰晶颗粒的混合物。湿雪与干雪的区别在于，除冰晶和空气外还含有液态水。由于液态水的存在，冰晶颗粒结构形态及其相互之间连接发生很大改变，导致其性能差异较大，本质上干雪和湿雪属于两种不同物质。一般情况下，能观察到雪中冰晶颗粒之间存在冰晶键。当液态水含量较低时，由于存在冰晶簇，湿雪内部结合很紧密；当液态水含量较高时，冰晶颗粒边界之间不稳定，湿雪处于一种融化状态，黏结力较弱。

图 2.11　部分自然雪花

2.2.1　冰密度

自然覆冰具有不规则的形状及形式，密度分布极不均匀，工程实践中测量自然覆冰密度非常困难。测量覆冰密度应先测量冰的体积：测量覆冰体积的方法之一是“照相法”或“视图识别法”，即利用高分辨率照相机，用相同的倍率拍摄照片，对覆冰照片进行高斯滤波和阈值分割等图像预处理，得到覆冰轮廓，再利用计算机对比覆冰前的像素厚度，得到实际覆冰厚度，推算覆冰体积。由于不同部位冰的不均匀性及操作的复杂性，实际上这种方法实施较为困难。测量覆冰体积较为实用的方法是“排液法”，即将冰沉浸在不会被其融化的液体中，如四氯化碳(CCl_4)等，测量冰排出的液体体积即得到冰的体积。通过采用体积量雪器(或类似装置)测量其体积，将无底部的体积量雪器垂直插入雪中直到地面，将小铲沿量雪器口插入，读取体积量雪器刻度，测量采样的雪的质量，进而计算雪的密度。

冰密度与空气温度、风速、水滴大小、空气中液态水含量以及捕获物的大小、形状、覆冰物体表面动态热平衡过程等多种因素有关。1990 年，美国 Jones 利用“π 理论”分析计算了冰密度与气象条件等参变量的关系，即 Jones 关系式：

$$\rho_{\mathrm{i}}=249-84\ln\pi_{\mathrm{c}}-6.24\left(\ln\pi_{\mathrm{a}}\right)^{2}+135\pi_{\mathrm{k}}+18.5\ln\pi_{\mathrm{k}}\ln\pi_{\mathrm{a}}-33.9\left(\ln\pi_{\mathrm{k}}\right)^{2}$$

$$\begin{cases}\pi_{\mathrm{c}}=-k_{\mathrm{a}}T\times10^{-4}/(2RwvL_{\mathrm{f}})\\ \pi_{\mathrm{a}}=18av\rho_{\mathrm{a}}^{2}\times10^{-2}/(\mu\rho_{\mathrm{w}})\\ \pi_{\mathrm{k}}=4a^{2}v\rho_{\mathrm{w}}\times10^{-6}/(18\mu R)\end{cases}\tag{2.1}$$

式中：ρ_{i} 为冰密度(kg/m³)；k_{a} 为空气热导率(2.4mW/(m·K))；ρ_{w} 和 ρ_{a} 分别为水滴和空气密度(g/cm³)；μ 为空气动力黏滞系数(1.72×10^{-5}kg/(m·s))；a 为水滴半径(μm)；v 为风速(m/s)；T 为冰面与环境温差(℃)；w 为空气中液态水含量(g/cm³)；R 为覆冰物体半径(cm)；L_{f} 为水滴冻结释放的潜热(335kJ/kg)。

Jones 利用式(2.1)计算华盛顿山半径从 15.8mm 到 76.2mm 的导线覆冰密度，

计算结果与实测误差仅为±0.0001g/cm^3。式(2.1)计算冰密度需要大气覆冰参数，工程上难以获得，本书后续章节将讨论获取大气覆冰参数的方法。

2.2.2　冰电气特性

冰电气特性非常复杂且非常重要，主要包括冰导电性和冰介电性。

1. 冰导电性

一般可通过测量方块状冰在不同外加电压频率下的复阻抗得到冰导电性和介电性。纯冰的等效电路如图 2.12 所示。

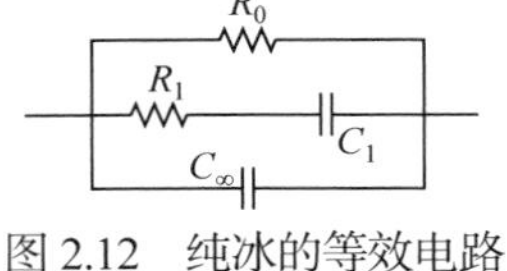

图 2.12　纯冰的等效电路

冰等效电路复阻抗 Z 为

$$\frac{1}{Z}=\frac{1}{R_0}+\frac{1}{R_1+1/(\mathrm{j}\omega C_1)}+\mathrm{j}\omega C_\infty \tag{2.2}$$

式中：$\mathrm{j}=\sqrt{-1}$；ω 为施加电压信号的角频率(rad/s)；低频时直流阻抗($R_0(\Omega)$)占主导地位，高频时电容(C_∞(F))占主导地位。

冰导电性是质子(而非电子)的定向移动产生的，冰中载流子包含比耶鲁姆(Bjerrum)缺陷(包含等浓度的 D 缺陷和 L 缺陷)和游离缺陷(包含等浓度的 H_3O^+和 OH^-)两类[7,8]。比耶鲁姆缺陷和游离缺陷是由于多一个或缺一个质子形成的。因此，在恒定外加电场作用下，冰中载流子沿电场做定向移动而导电。在−10℃时测得纯冰的直流电导率(σ_s)为 1.1×10^{-8}～2.2×10^{-7}S/m，且随温度的下降而减小，即

$$\sigma_{\mathrm{s}}=C_{\mathrm{s}}\exp\left(-E_{\mathrm{s}}/(kT)\right) \tag{2.3}$$

式中：C_s 为常数；E_s 为活化能((0.34±0.02)eV，T>−60℃)；k 为玻尔兹曼常数(1.38×10^{-23}J/K)；T 为温度(K)。

冰熔点附近冰电导率对温度变化非常敏感。图 2.13 为熔点附近雾凇和雨凇电

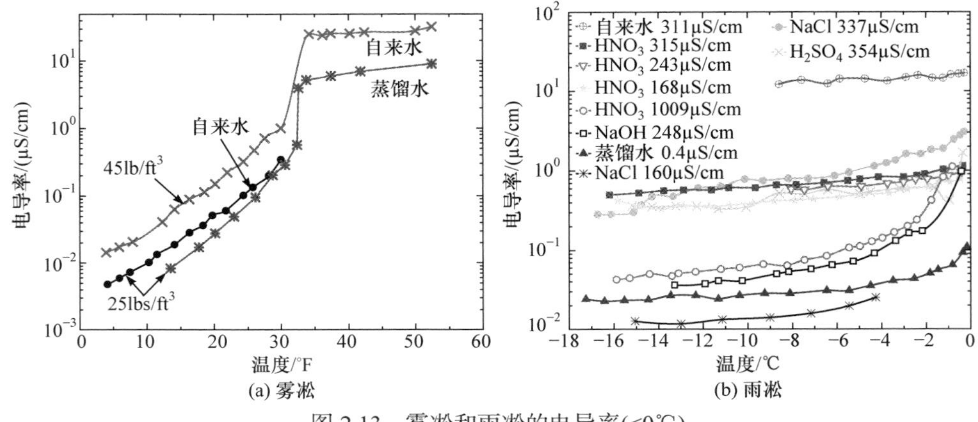

图 2.13　雾凇和雨凇的电导率(<0℃)

(1lb = 453.59g，1ft = 30.48cm)

导率的变化：温度从−15℃升高到 0℃过程中，雨凇和雾凇电导率增加了约 7 倍，且大部分发生在−2～0℃；但 0℃时冰的最高电导率仍只是 20℃时冰水电导率的 1/187[9]。

图 2.14 给出了雪和(白)霜的电导率随温度变化的曲线，熔点以下雪和(白)霜的电导率随温度上升先增大后减小，且在−3～−2℃存在峰值。

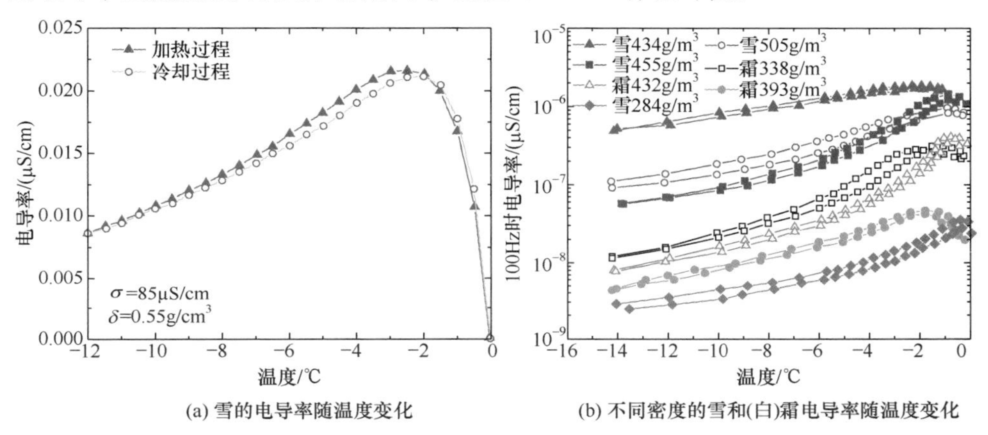

(a) 雪的电导率随温度变化　(b) 不同密度的雪和(白)霜电导率随温度变化

图 2.14　雪和(白)霜的电导率

冰表面通常存在一层水膜(但<T_m(干湿增长转变温度)时水膜厚度为零)，冰层电阻 R 受融冰表面水膜电导率(σ_{water})的重要影响。设长 L、宽 W 的冰层表面水膜均匀，冰层电阻 R 可表示为冰体电阻与表面电阻的并联，即

$$R = \frac{L}{W}\frac{1}{\sigma_{ice}L_{ice} + \sigma_{water}L_{film}} \tag{2.4}$$

式中：σ_{ice} 为冰电导率(μS/cm)；L_{ice} 为冰层厚度(cm)；σ_{water} 为表面水膜电导率(μS/cm)；L_{film} 为冰表面水膜厚度(cm)。但在低于水滴完全冻结温度 T_m 时，冰表面不存在水膜，除非不断有液态过冷却水的输入。当频率超过 10^4Hz 时，冰电导率不再变化，其电导率为冰高频电导率σ_∞，且其幅值随温度降低而减小。

冰中离子对冰导电与介电特性有巨大影响(特别在较低频率下)。由于氟(F)和氮(N)半径与氧(O)非常接近，氟化氢(HF)、氟离子(F^-)、氨根离子(NH_4^+)、氨(NH_3)可取代晶格中水分子位置形成 Bjerrum 缺陷。以氟化氢(HF)为例，当其浓度为 10^{-4}mol/L 时，−15℃时实测电导率为 10^{-4}S/m。虽然氟化氢(HF)排放受到严格控制，但氨(NH_3)在肥料中被广泛应用，冰电导率仍受到排放物严重影响。像氯化氢(HCl)一类强电解质稀溶液在一定程度上溶于冰中。较小氢离子(H^+)和氯离子(Cl^-)保留在氧原子(O)间的 0.275nm 空间中。而 NaCl 溶解于冰中，尽管钠离子(Na^+)直径比氯离子(Cl^-)小，钠离子(Na^+)和等量氢氧根离子(OH^-)被排斥到表面水膜。

2. 冰介电性

冰介电性与温度有关，冻结条件下冰介电性能较好。冰相对介电常数(ε)的复数形式可表征为德拜弛豫方程(Debye relaxation equation)：

$$\varepsilon = \varepsilon_\infty + \frac{\varepsilon_s - \varepsilon_\infty}{1 + j\omega\tau} = \varepsilon' + \varepsilon''$$

$$\begin{cases} \varepsilon_s = \dfrac{L}{\varepsilon_0 A}(C_1 + C_\infty) \\ \varepsilon_\infty = \dfrac{LC_\infty}{\varepsilon_0 A} \end{cases}, \quad \begin{cases} \varepsilon' = \varepsilon_\infty + \dfrac{\varepsilon_s - \varepsilon_\infty}{1 + \omega^2\tau^2} \\ \varepsilon'' = \dfrac{(\varepsilon_s - \varepsilon_\infty)\omega\tau}{1 + \omega^2\tau^2} \end{cases} \tag{2.5}$$

式中：ε' 为相对介电常数实部；ε'' 为相对介电常数虚部，代表介质损耗；ε_s 为静态相对介电常数；ε_∞ 为高频相对介电常数，通常认为与温度无关，且当外加频率为 10^5～10^{12}Hz 时，其值为 3.1～3.2；$\tau=R_1C_1$ 为电介质的松弛时间；L 为方块状冰的厚度；A 为方块状冰的表面积。

由上可知：相对介电常数的实部(ε')和虚部(ε'')取决于角频率(ω)和电介质的松弛时间(τ)。消去实部(ε')和虚部(ε'')表达式中 $\omega\tau$ 可得到

$$\left(\varepsilon' - \frac{\varepsilon_s + \sigma_\infty}{2}\right)^2 + (\varepsilon'')^2 = \left(\frac{\varepsilon_s - \sigma_\infty}{2}\right)^2 \tag{2.6}$$

式(2.6)为科尔-科尔图(Cole-Cole plot)的函数形式，绘其于图 2.15(a)。图 2.15(b)是−10℃时测得的纯冰的科尔-科尔图。

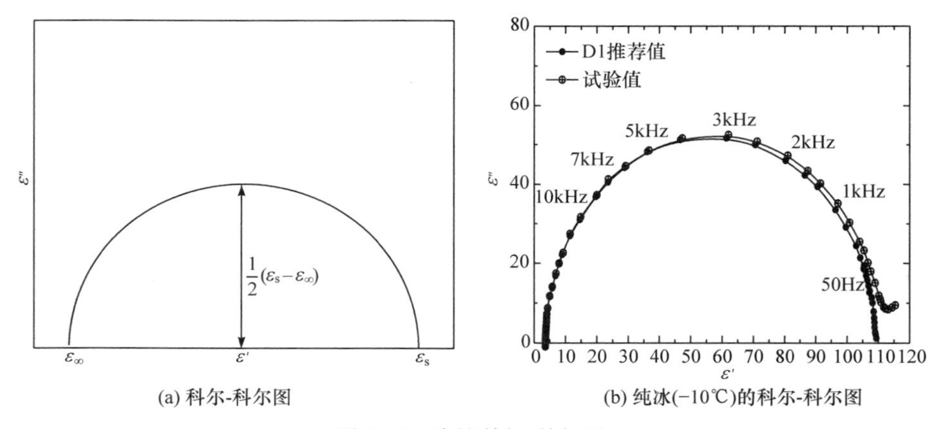

(a) 科尔-科尔图　　(b) 纯冰(−10℃)的科尔-科尔图

图 2.15　冰的科尔-科尔图

与纯冰相比，雪和(白)霜的科尔-科尔图更复杂，图 2.16 为 Takei 和 Maeno 在 50Hz～5MHz 频率测量人工雪(霜)得到的科尔-科尔图。−0.25℃附近雪的电气特性与

温度的关系非常明显，且在 20kHz 处存在峰值。而在−1.2℃恒温时介电特性还随退火时间变化。退火使雪内部冰晶结构随时间变化，当雪间变紧密时分解成晶体微粒。雪在雷电冲击波响应下介电特性主要由 80～125kHz 的性能决定，其相对介电常数约为 1.8。操作冲击下与 1kHz 时的响应一致，此时相对介电常数大很多，约为 7～13。

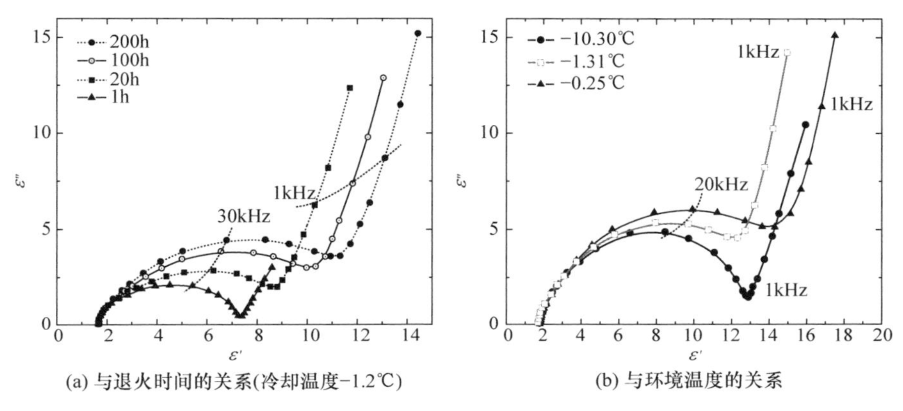

(a) 与退火时间的关系(冷却温度−1.2℃)　　(b) 与环境温度的关系

图 2.16　人工雪(霜)的科尔-科尔图

2.2.3　冰热学特性

冰的主要热力学性质包括热膨胀、比热容、潜热和导热系数。

如图 2.17 所示，临界点 A 温度为 374℃，压力为 218×101.325kPa，该点温度称临界温度。在临界温度条件下，无论压力多少都不能使水蒸气液化。三相点是“冰-水-水蒸气”共存条件，温度 0.0098℃，压力 0.61kPa。在 0℃时水的液态和固态具有相同蒸气压力，而在其他任何温度液态和固态蒸气压力均不相等。三相点和水凝固点不同。水凝固点是指在常压下(101.325kPa)液固两相平衡温度；三相点是指在 0.61kPa 压力下，液固两相平衡温度。靠近固相的虚线称为熔点曲线，即

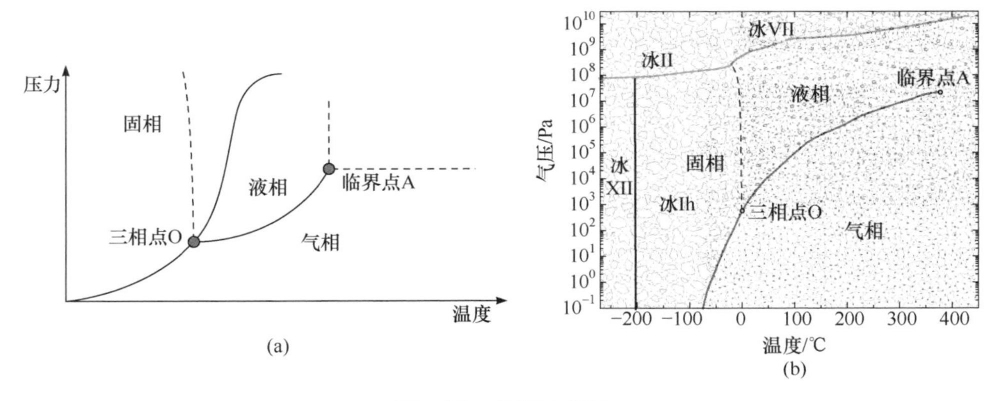

(a)　　(b)

图 2.17　水相示意图

在没有蒸气的情况下，固体和液体两相共处于平衡状态中相对应的温度与压力。曲线上每一个点都代表一个熔点。但随着压力的增高，熔点会降低。这是水的一个特殊之处，原因是冰的密度比水小，增加压力时冰转化为水，要维持冰水共存，必须降温提供能量。

1. 热膨胀

热膨胀通常是指外界压强不变，大多数物质在温度升高时体积增大，温度降低时体积缩小。膨胀系数为温度升高 1℃时物体体积的相对增加量。冰作为固体同样存在热膨胀，其膨胀系数随温度增加而增加，如图 2.18 所示。

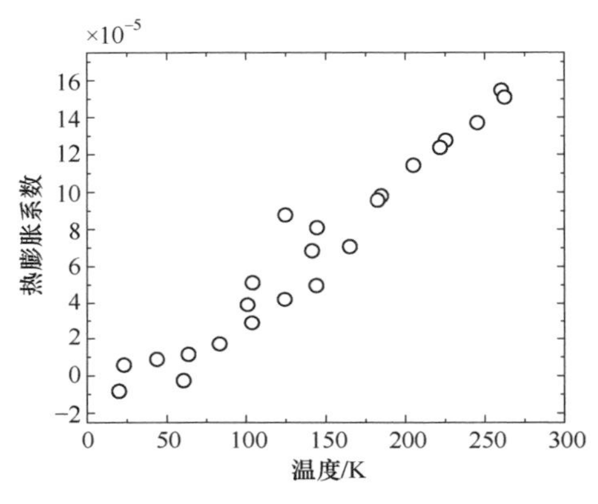

图 2.18　冰的热膨胀系数

2. 比热容

比热容是指没有相变和化学变化时，一定量均相物质温度升高 1.0℃所需热量。纯冰的比热容随温度变化，温度降低比热容降低，其经验公式为

$$c_{ice} = 2.1146 - 0.00779\theta \tag{2.7}$$

式中：c_{ice}为冰的比热容；θ为纯冰零下温度绝对值(K)。

3. 潜热

潜热可分为熔化潜热、汽化潜热和升华潜热。汽化潜热是标准大气压下，物质在沸点蒸发(或液化)需要吸收(或释放)的能量，纯水汽化潜热为 2266J/g；熔化潜热是指纯冰加热到熔点后，由固态变为液态(或由液态变为固态)时所吸收(或释放)的能量。每种物质具有不同熔化潜热。晶体在一定压强下具有固定熔点，也具有固定熔化潜热；非晶体，如玻璃和塑料不具有固定熔点，也不具有固定熔化潜热。纯冰(纯水)熔化潜热的吸收或释放发生在图 2.17 中固液两相之间的虚线和实线所包含区域，该区域是固液共存区域，只有吸收或释放足够能量，才能转化到另一个相态。纯冰(纯水)熔化潜热为 334J/g。

4. 导热系数

固体导热系数(λ)定义为单位厚度的材料两侧表面的温差为 1K 时单位时间通过单位面积传递的热量，单位为 W/(m·K)。随着温度的降低，冰导热系数增大，在 0℃附近，Powell 测到的导热系数为 2.2W/(m·K)，约为 0℃液态水导热系数的 4 倍。Dillard 和 Timmerhaus 测量−165～0℃的冰得到其导热系数随温度变化经验公式，即

$$\lambda=2.1725-3.403\times10^{-3}T_c+9.085\times10^{-5}T_c^2 \tag{2.8}$$

式中：λ 为导热系数(W/(m·K))；T_c 为温度(℃)。

经试验及间接测量得出的积雪导热系数经验公式可作为冰导热系数的参考，即

$$\lambda(\rho)=\begin{cases}2.85\rho^3, & \text{Abels公式}\\ 0.21+0.8\rho+2.5\rho^4, & \text{Janson公式}\\ \left(3+300\rho^2\right)\times10^{-2}, & \text{Devauk公式}\\ 4.1868\times10^{-2+2\rho}, & \text{Yoshida公式}\end{cases} \tag{2.9}$$

式中：$\lambda(\rho)$为雪在密度为ρ时的导热系数(W/(m·K))；ρ 为雪密度(g/cm^3)。不同经验公式的平均值如图 2.19 所示。在积雪密度<0.70g/cm^3 时，Abels、Devaux 和 Yoshida 经验公式的计算结果相差很小，满足工程要求，而 Janson 经验公式与前三者相比误差较大。实际工程中可取各经验公式的平均值，即

$$\lambda(\rho)=1.0467\times10^{2\rho-2}+0.625\rho^4+0.7125\rho^3+0.75\rho^2+0.2\rho+0.06 \tag{2.10}$$

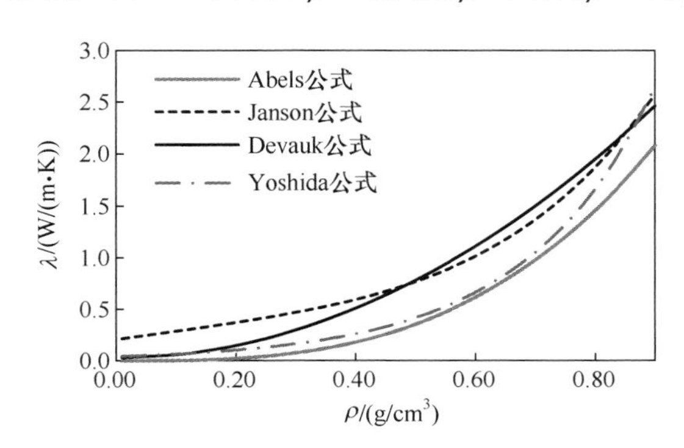

图 2.19　不同经验公式求得的导热系数与雪密度的关系

2.2.4　冰铁电性

冰可形成驻极体，存在铁电性。驻极体(电介体、永电体)是一种电介质材料，具有永久电荷或偶极化现象。驻极体可产生内部和外部电场，类似于永磁体，但

其发生机理不是磁而是静电。典型驻极体是由巴西棕榈蜡熔化后在强电场的作用下凝固而成的。将自身不导电的巴西棕榈蜡熔化后置于电容器中，外加一个强电场，巴西棕榈蜡与电场垂直的两个表面分别带正负电荷，在电场中冷却后其表面的电荷长期保持。由于所带电荷可长久“驻扎”其表面，称这种带电体为驻极体[8]。

驻极体中存在着大量微观电偶极子，通常混乱取向而显不出宏观的极化。这些偶极子可在高温及外电场作用下取向，冷却后再去掉电场，取向被冻结而保留某个方向上占优势的宏观极化。驻极体的极化强度远小于其中所有偶极子都排列一致时所产生的饱和强度。但是在一些驻极体中仍能得到大约 $10^{-2}\mu C/m^2$ 的极化强度。驻极体是弛豫时间较长的处于亚稳态极化的电介质。当去掉外加电场时，其极化强度会逐渐减小，表面电荷按指数规律或接近指数规律逐渐衰减。室温下驻极体的极化状态可以长期保存，但在高温下衰减得很快。

1965 年，Engelhaedt 等最早发现冰能形成冰驻极体。他们将厚 1.5mm、面积 $84mm^2$ 的纯冰冷却至−196℃，并施加 $1.4\times10^3kV/m$ 的电场。随后施加小的电场，并以 1℃/min 的速率进行加热，释放出的电流与原本施加的高电场方向相反。紧接着又在不施加电场的情况下对冰进行冷却，进而得到冰驻极体。

Gelin 等[10]也得到冰驻极体，制作驻极体采用蒸馏的去离子水，室温下其电导率 $<10^{-4}S/m$。首先降温冷冻，在−15℃形成 A、B 两个冰盘，冰盘 A 直径 20mm、厚 3.2mm，冰盘 B 直径 20mm、厚 6.3mm。在两个冰盘的锡电极上施加 1500V 的稳定电压，然后降温至−196℃(该方法有两个缺点：一是电解电流产生的热量限制了允许电场强度，二是电极处产生的气体会使冰样不均匀)，冰盘达到平衡后移除外加电场。随后将电极不短路的 A 盘放入液氮中 18h，接着将 A 盘电极短路 10min，进行第一次电荷测量。而 B 盘在去除电场几秒后将其电极短路，10min 后对其进行电荷测量。表面束缚电荷密度可通过静电感应法测量，如图 2.20 所示。

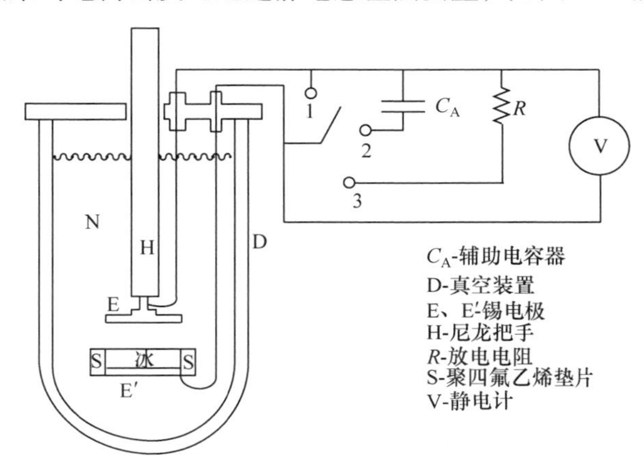

图 2.20　用来存储和测量冰驻极体的仪器和电路

冰盘 A 第一次测到有 $(3.1\pm0.1)\times10^{-6}C/m^2$ 的异号电荷，表面电荷随时间的后续变化如图 2.21 曲线 *A* 所示，在第 3～8d 的某个时候出现同号电荷，第一次同号电荷读数为 $(3.7\pm0.1)\times10^{-7}C/m^2$，接下来的 10d，该数值翻一番，最终稳定在 $(3.3\pm0.1)\times10^{-7}C/m^2$ 左右。

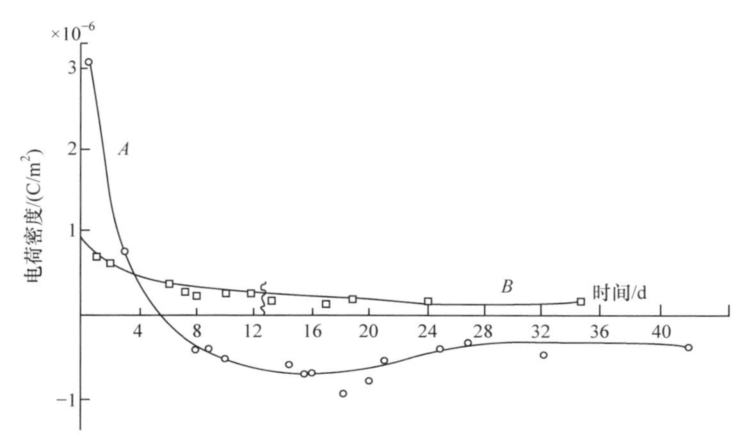

图 2.21 两个冰驻极体的表面电荷密度

曲线 *B* 的断线表示文中所述热处理开始的阶段

而 B 盘第一次测量时表面约有 $(1.1\pm0.1)\times10^{-6}C/m^2$ 的异号电荷(如图 2.21 中曲线 *B* 的第一个点)，在接下来 12d 一直保持较多的异号电荷。为测试更高温度对剩余异号电荷释放的影响，将冰盘 B 从液氮中取出并缓慢加热，5min 后等其温度达到 110℃时再把它浸入水中测量其表面电荷。结果发现：其表面电荷为 $(1.7\pm0.1)\times10^{-7}C/m^2$(曲线 *B* 的中断点)；再次加热至 85℃，重新测量其电荷，第二天当温度下降至−70℃时，再重复这个过程。4d 后，将 B 盘放置在−78℃的房间里 1h，再经过相同处理后，测到的电荷基本相同。在这些温度下冰电导率相对较高，驻极体效应的持续存在十分惊人。

Gelin 等还测量了一些部分带电的冰驻极体的放电电流，发现放电电流随时间 t 的增加而减小，即 $I\sim t^{-x}$，x 的值通常在 0.90～0.96，这与其他电介质放电机理基本一致。

由上述试验可知，较低温度下普通冰确实具有真正驻极体的所有特性。随着冰加入驻极体列表，越来越倾向于一种普遍适用于驻极体的理论解释。

Adams 认为异号电荷是一种热释电效应。在异号电荷形成过程中，具有补偿性质的同号电荷会在物体表面积聚，并在热释电电荷衰变后存在。但后来制备的永久性带电巴西棕榈蜡驻极体证明这一理论的不足。Gemant 认为，巴西棕榈蜡中的异号电荷是偶极排列和离子空间电荷的组合，同号电荷是由于巴西棕榈蜡凝固收缩引起的四极压缩所产生的压电效应。有了这个理论，不经过熔解过程就可制备带电的巴西棕榈蜡驻极体。但上述两种理论均不能解释冰驻极体的形成。

第三种理论是 Thiessen 等提出的，主要基于 Mikola 根据电导率对驻极体材料的 17 个分类。在电导率相对较高的材料中只出现异号电荷，而在电导率较低的材料中由于电极-驻极体界面的电击穿而出现同号电荷。冻结过程中，巴西棕榈蜡电导率由高到低。随后完全在固态条件下制备的巴西棕榈蜡表明，这种对异号电荷的解释不完全，不适用于由纯固态冰制备的驻极体。

同号电荷的解释是电荷集中在物体表面附近，但与 Eguchi 的发现不符。Eguchi 的发现表明，无论是对带有同号电荷的驻极体的表面进行剔除操作，还是将其进行重新熔化，都不会对驻极体的极化产生任何可观察到的、永久性的影响。

目前被人们所广泛接受的驻极体理论由 Gross 提出。Gross 认为无论其机理如何，异号电荷都是电介质吸收和解吸速率随温度变化的表现。通过对亚临界状态的巴西棕榈蜡驻极体在不同温度下的放电测量证明：驻极体吸收异号电荷总量与温度无关，而其吸收和释放电荷的速率与温度显著相关。一个巴西棕榈蜡驻极体在 70℃下能保持亚临界状态数小时，但如果对其进行短路并放在 26℃下，将产生一个近 10^5 年的半衰期。因此，熔点的相变在很大程度上随温度变化。根据 Gelin 等对部分带电冰驻极体的放电电流测试，该理论同样适用于冰驻极体。

Gross 对同号电荷的解释：外加超临界电场后，电介质表面形成异号电荷；若外加电场强度按比例增大，直到电极-驻极体界面电流激增，电子被吸入或排出电介质。这种电涌现象暂时降低电极-驻极体界面电场，使更多异号电荷积聚，再次产生电涌；不断循环同号电荷最初沉积在电介质的表层，然后逐渐扩散到一定厚度的驻极体内部。到目前为止，在现有的数据中找不到任何依据证明该理论是否适用于冰驻极体。如果适用，冰驻极体充电电流将表现为非常大的易测量瞬态值。

Gross 最初还提出了两种可能的异号电荷产生的机理，即阻碍偶极子旋转和电荷迁移。但目前冰驻极体这两种机理仍存在一定缺陷。

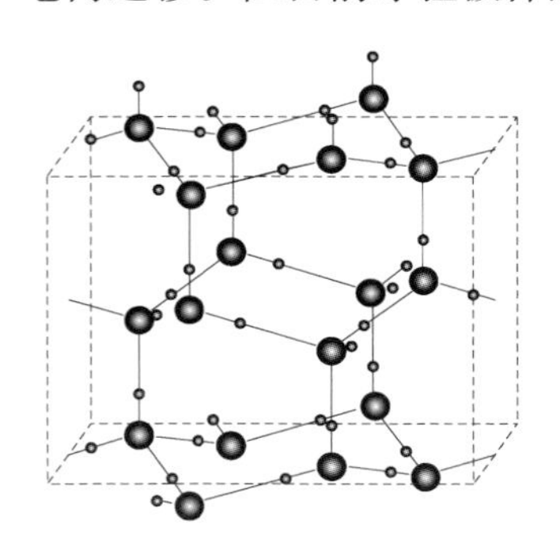

图 2.22　冰 XI 晶体结构

在冰 Ih 中，氢氧键的排列方向是随机的，尽管每一个水分子具有固定的电偶极矩，但水分子从整体上看仍然是无序的，这意味冰 Ih 在整体上不会产生定向极化。但是根据一些理论推测，冰在很低的温度下，这些键会开始趋于同一方向排列，即有序排列，而高压会加速这一过程的产生。如果在有序状态下，冰中的质子处于极性排列，那么冰就具有铁电性，这种冰称为铁电冰(冰 XI)，其晶体结构如图 2.22 所示[11]。当温度超过一个临界温度——铁电居里温度(ferroelectric Curie temperature)，氢氧键的排列方向又变成随机的，冰的铁电性质也随之消失。

目前确实发现自然界中铁电冰的存在，Fukazawa 等[12]在 100～10000 年前的南极古冰帽中发现冰 XI 的存在，冰 Ih 与冰 VI 之间的转变温度仅为–36℃，远高于预期温度。但也有研究认为冰 Ih 转换为冰 VI 的温度为 58.9K，冰 VI 转换为冰 Ih 的温度为 73.4K[13]。Sugimoto 等[14]发现：冰 XI 中的质子排列在热力学上约 175K 时保持稳定，表明铁电冰可能在空间和极地平流层中广泛分布。

2.2.5　冰光学特性

冰是一种具有双折射、单轴、正光学特性的晶体，其光学轴与结晶轴的 c 轴(安装在工作台面上的轴)重合。在所有已知矿物质中，冰的折射率最小，其折射率与温度、入射光的波长有关。当温度为–3℃时，钠原子光谱 D 线(波数为 16969cm^{-1})的折射率为 1.3090，且其双折射率也很小(0.0014)[8]。

冰的反射系数随入射角及入射光波长的变化如图 2.23 所示，当入射角(i)从 30°增大到 80°时，反射系数急剧增大，且在入射光波长为 3.05μm 和 4.5μm 处有极大值。而从雨凇→混合凇→雾凇的变化过程中其反射能力逐渐增强。且由于瑞利散射现象，高度纯净的冰呈蓝色。而极少量的杂质也会对冰的颜色带来极大影响，可能变为绿色、暗黄色、紫色，当冰内部存在气泡时，由于气泡的反射作用使冰呈白色。此外，温度极低时(如液态空气的温度)，冰还具有荧光性、摩擦发光以及热释光等特性。

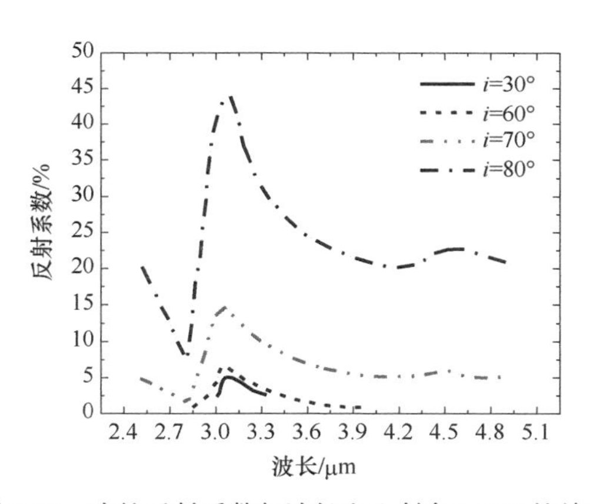

图 2.23　冰的反射系数与波长和入射角(–7℃)的关系

2.2.6　冰力学特性

冰的主要力学性质有冰的单轴压缩强度、抗拉强度、断裂韧度、剪切强度及弯曲强度[15]。不同类型冰的力学性质差异很大，目前国内外对冰的物理力学性质研究较多，但主要集中在海冰的研究，而对大气冰的研究较少。

1. 冰单轴压缩强度

冰单轴压缩强度对应变速率有很强的依赖性。由应变速率图(图 2.24)可识别冰的三个变形区。对于压缩强度，在应变速率低于 $10^{-4}s^{-1}$ 时，冰表现韧性行为；而对于拉伸强度，冰在低于 $10^{-7}s^{-1}$ 时表现韧性行为。随着应变速率增加，冰强度在一个狭窄区域发生状态转变，由韧性转变为脆性。对于压缩强度，这个区域为 $10^{-4}\sim10^{-2}s^{-1}$，而对于拉伸强度则为 $10^{-7}\sim10^{-6}s^{-1}$。过渡区域以外，且在高应变速率的准静态区内，冰为脆性。此时冰的强度基本与应变速率无关。

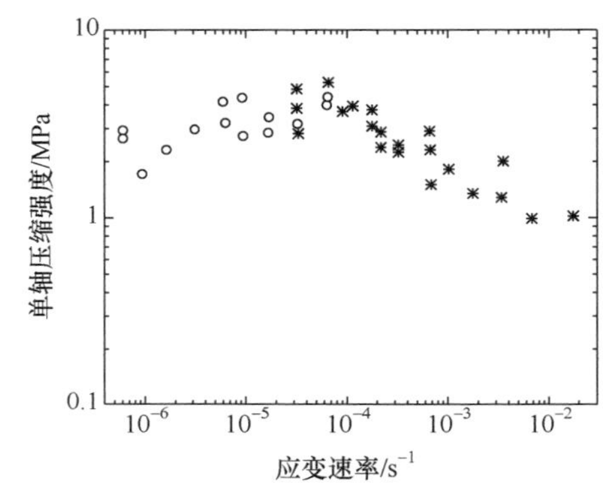

图 2.24　冰单轴压缩强度与应变速率的关系[16]

冰单轴压缩强度是指在压缩试验中，冰直至屈服或破碎时所承受的单轴最大压缩应力[17]。冰单轴压缩强度显韧性的范围较大，且对应变速率的变化十分敏感。随着应变速率从低到高的增加，冰单轴压缩强度先增大，达到峰值后再缓慢减小，如图 2.24 所示。单轴压缩强度还受温度影响，应变速率相同，温度越低，冰的单轴压缩强度越高[18]。

在压缩试验中，低应变速率下冰破坏经历裂纹产生、扩展和冰破坏三个阶段，不会产生明显主裂纹。而高应变速率下，冰很快遭到破坏，产生十分明显的主裂纹。同时，不同应变区域冰破坏形式多样。冰表现出韧性行为时，破坏形式主要为膨胀形破坏，而脆性行为时，主要出现剪切形式的破坏。当冰状态处于过渡区域时，主要破坏形式为劈裂式破坏。

2. 冰抗拉强度

冰抗拉强度是指冰在拉伸过程中，拉断时所承受的最大拉力。抗拉强度随着应变速率的增大而减小。温度对冰的抗拉强度造成影响，温度越高抗拉强度越大。冰抗拉强度还与试样尺寸有关，随着试样尺寸增大而呈现出减小趋势。图 2.25[19]表示两个不同直径的冰块样本的抗拉强度与应变速率的关系。

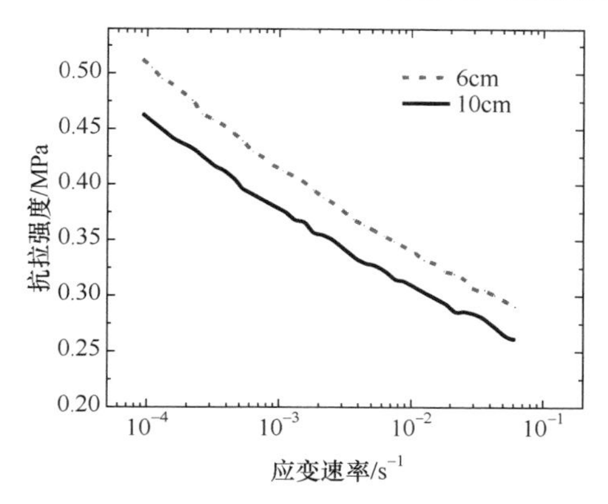

图 2.25　冰抗拉强度与试样尺寸的关系(−5℃)

3. 冰断裂韧度

在弹塑性条件下，当应力场强度因子增大到某一临界值，裂纹失稳扩展导致冰断裂，这个应力场强度因子就是冰断裂韧度。冰断裂韧度与应变速率有很大关系，在保证冰脆性破坏行为情况下，冰断裂韧度随着应变速率增加而降低。冰断裂韧度还受温度影响，温度越高断裂韧度越高；但随着应变速率增大，温度造成的影响会降低。图 2.26 为冰断裂韧度与应变速率和温度的关系。

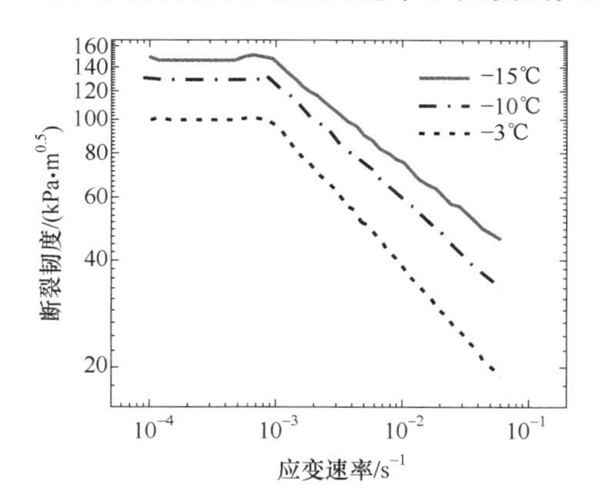

图 2.26　冰断裂韧度与应变速率和温度的关系

4. 冰黏结力

黏结力的精确测量非常困难(很大程度上取决于冰所附着固体表面处理方式及其洁净程度)，国内外尚未有统一测量标准或规范。目前比较常见的有离心旋转法和拉伸法，还有重叠法、振动法、缸式法和激光层列技术等。

冰在铜、铝、铁及木材等物质上的黏结力分为剪切黏结力和垂直黏结力，如图 2.27 所示。剪切力是将冰从物质表面横向移去所要求的力；冰在具有一定直径

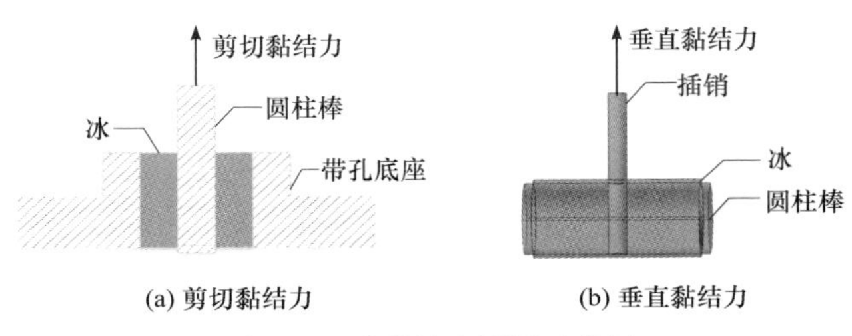

(a) 剪切黏结力　　(b) 垂直黏结力

图 2.27　冰黏结力测量示意图

的圆柱棒上形成后，圆柱棒从一孔中拔出。由于冰黏结在孔表面，为使冰脱离圆柱棒表面，将力作用在圆柱棒轴线方向，从而可测得冰的剪切黏结力。垂直黏结力是垂直方向将冰拔掉所需的力：在圆柱棒表面打一直径 1cm 的孔，将一个与孔十分吻合并且其端面与圆柱棒表面完全一致的插销插进孔中，带有插销的圆柱棒覆冰后，测量连接到插销的弹簧在插销脱离棒时的弹力即垂直黏结力。

表 2.1 为冰在不同材料表面的剪切黏结力。材料不同冰在其上的剪切黏结力不同。对于不锈钢、钢等材料，随着温度降低，冰剪切黏结力呈线性增大；但当温度低于某阈值时，断裂发生在冰本身而非两者的交界面(此时的剪切力与温度无关)。对聚苯乙烯等塑料，断裂始终发生在交界面，且冰剪切黏结力也随温度降低而线性增大。Jellinek 在不同温度下测到冰-抛光不锈钢表面、冰-聚苯乙烯表面的剪切黏结力为

$$S_A=\begin{cases}-12.4T_c-1.8, & -13℃\leqslant T_c<0℃\\ 159.4, & T_c<-13℃\end{cases} \tag{2.11}$$

$$S_A=-0.28T_c \tag{2.12}$$

式中：S_A 为剪切黏结力(N/cm^2)；T_c 为温度(℃)。

表 2.1　冰在不同材料表面的剪切黏结力

材料	温度/℃	冰类	剪切黏结力/(N/cm^2)
硬橡胶	−5	混合冰	11
	−6.3	雨凇	16
铜	−6.1	混合凇	20
	−8.9		23
玻璃	−8.8	混合凇	15

Jellinek 的测量还表明：冰垂直黏结力也随温度降低呈线性增大趋势，冰-聚苯乙烯的垂直黏结力为

$$S_T=-1.73T_c+8.81 \tag{2.13}$$

式中：S_T 为垂直黏结力(N/cm^2)。

表 2.2 为不同温度下铝表面冰的垂直黏结力，铝表面混合凇的垂直黏结力随温度降低而增加，这是冰自身特有性质。未对雾凇黏结力进行过多测量，但与雨凇和混合凇相比，雾凇黏结力相对较小；仅仅一击虽不能使混合凇和雨凇脱落，但可使雾凇完全脱离导线表面。积雪的特性与雾凇不同，下面给出雪的垂直黏结力：

(1) Inoue 在−5.7℃时测量 0.10g/cm^3 的积雪在玻璃表面垂直黏结力为 2.36N/cm^2；

(2) 在温度为−5.7℃时聚四氟乙烯表面垂直黏结力为 1.7N/cm^2。

冰垂直黏结力远大于剪切黏结力，例如冰-聚苯乙烯界面在−10℃时垂直黏结力和剪切黏结力分别为 26.1N/cm^2 和 2.8N/cm^2。

表 2.2　不同温度下铝表面冰的垂直黏结力

材料	温度/℃	冰类	垂直黏结力/(N/cm^2)
铝	−4～−6	混合凇	21
	−8～−12		35
	−10～−12		58
	−14～−16		113

冰黏结力与材料表面接触角有关[20]。一般的塑料制品类作基质时，基质表面接触角越大，其黏结力(剪切力)越小。表 2.3 为 Landy 在−12℃时测得的不同接触角时冰在各种塑料制品表面的剪切黏结力。

表 2.3　不同接触角时冰在各种塑料制品表面的剪切黏结力

材料	接触角/(°)	−12℃时的剪切黏结力/(N/cm^2)
含 23% C_3F_6 的氟乙烯丙烯共聚物	110～114	18
聚四氟乙烯	108	32
低密度聚乙烯	94	26
聚三氟氯乙烯	90	31
聚偏二氟乙烯	82	55
聚甲基丙烯酸甲酯	80	57

2.3　典型结构物覆冰特征

2.3.1　导线与绝缘子覆冰

电网覆冰主要包括输变电设备及其套管和绝缘子[21,22]、导线[23]和地线覆冰、铁塔的覆冰[24]。覆冰首先在迎风面生长，若风向不发生显著变化且结构物不发生扭转，迎风面上覆冰厚度不断增加，形成翼形覆冰，如图 2.28 所示。

(a) 导线自然翼形覆冰　　(b) 复合绝缘子自然翼形覆冰

图 2.28　自然条件翼形覆冰

输变电设备及其套管和绝缘子一般不会发生扭转，覆冰一般为翼形。如果其空气动力特性较差，带有过冷却水滴的气流经过绝缘子和套管时，在其背风面和下表面的伞裙间隙处形成涡旋气流，也会被椭圆形覆冰所覆盖。

对于输电线路的导线和地线，当迎风面覆冰达到一定厚度时，冰层力矩大于反扭转力矩，导线或地线发生扭转，如图 2.29 所示。分裂导线扭转刚度远大于单导线，更易形成不均匀的翼形或新月形覆冰[25]，单导线更易形成均匀的圆形或椭圆形覆冰，通常细导线覆冰呈圆形，而粗导线覆冰则多呈椭圆形。此外，单导线在近杆塔侧，偏心导线覆冰扭转角度小，覆冰截面呈翼形或新月形。特别是在输电线路运行时，导线周围空间存在的电场(电场强度、电压类型)对其覆冰过程有很大的影响[26]。一般当导线表面电场强度较小时，过冷却水滴极化加剧导线覆冰；当电场强度较强时，由于过冷却水滴电荷、离子风等因素，导线表面覆冰量减少。

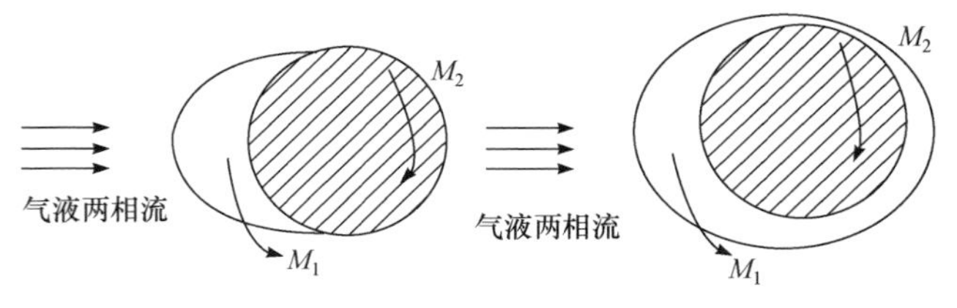

(a) 导线覆冰扭转过程[27]　　(b) 导线自然覆冰扭转

图 2.29　导线自然覆冰扭转示意图

2.3.2　风力发电机覆冰

我国南方高湿高寒山区因地理位置特殊，受湿度、海拔、温度等影响容易遭受覆冰气象天气，导致风机叶片覆冰(图 2.30 和图 2.31)。不同于导线与绝缘子，风机叶片在覆冰过程中相对运动速度高，各部分速度相差很大，以湖南雪峰山能源装备安全国家野外科学观测研究站(简称湖南雪峰山野外站)的 300kW 风机为例，其最大叶尖速度可达 90m/s。影响风机结冰的因素有温度、风速、风向、液态水含量、中值体积水滴直径、覆冰时间、来流速度、回旋半径与旋转速度、叶片翼形和材质等。

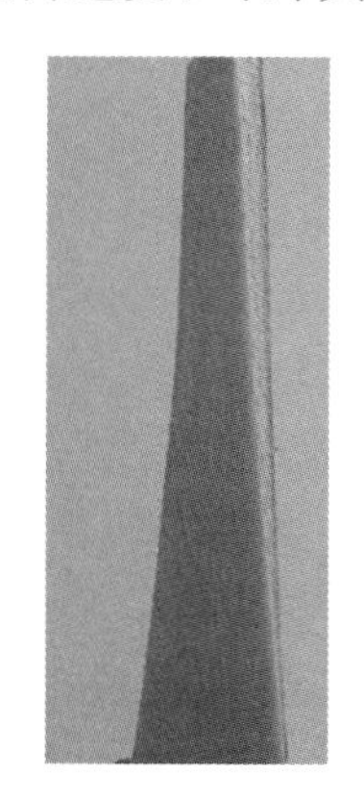

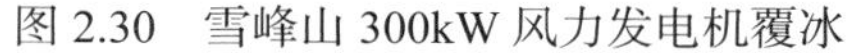

图 2.30　雪峰山 300kW 风力发电机覆冰

图 2.31　小型风力发电机叶片覆冰

人工模拟叶片前缘和压力面覆冰，沿叶尖方向冰厚逐渐增大。随着覆冰时间增加，转速减慢，叶片切向速度急剧下降，导致叶片来流攻角增加、来流合速度减小。大攻角条件下水滴主要撞击到叶片的压力面侧，其结果导致压力面侧覆冰逐渐积聚，而在吸力面冰层覆盖较少[28,29]。

自然覆冰受温度、风速、风向、水滴和液态水含量等诸多因素综合影响，覆冰具有很大随机性。风机叶片表面覆冰复杂、形态迥异，现场观测常见流线冰和角状冰，如图 2.32 所示。流线冰多形成于环境温度较低、风速及风向变化较小的雾凇天气，外形轮廓规则，沿叶片展向分布较均匀；角状冰多形成于温度较高、风速及风向变化较大的雨凇天气，包含较多不规则结构，沿叶片展向分布不均匀。

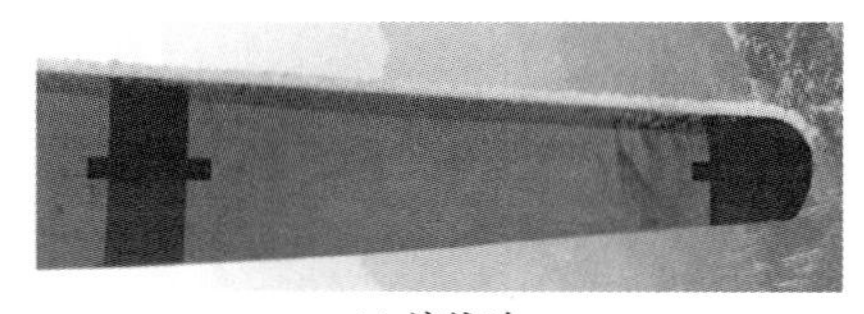

(a) 流线冰

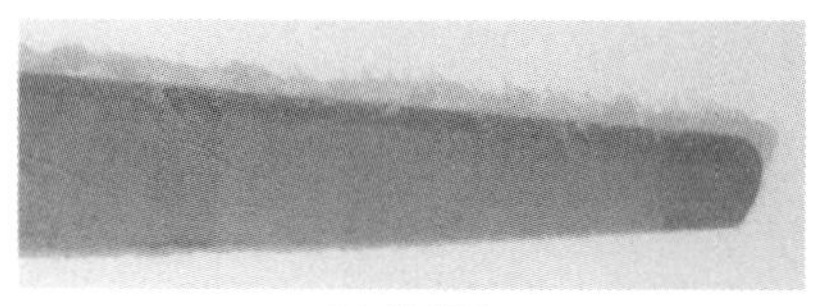

(b) 角状冰

图 2.32　自然环境风机叶片两种典型覆冰形状

2.3.3　公路交通覆冰

公路交通覆冰(图 2.33)最突出的问题是路面摩擦系数降低。干燥状态沥青路面摩擦系数约为 0.6，积雪路面摩擦系数约为 0.2，而结冰时路面摩擦系数约为 0.15。随着摩擦系数减小，路面附着力相应减少，致使车辆不具有抵抗侧向力的能力，难以保证平衡，导致车辆侧滑、甩尾、调头、失去控制。而在冰雪路面驾车，由于眼睛受阳光强烈反射，容易导致目眩造成驾驶员视觉疲劳，容易引发交通事故。公路交通覆冰导致道路运输效率极低，不但危及司乘人员生命安全，也对公路设施及车辆造成严重破坏，甚至造成整条线路的封闭，给客货运输带来极大不便。

图 2.33　公路交通覆冰

公路交通覆冰通常发生在夜间以及在起雾过程、降雨后、融雪阶段。桥面、隧道洞口等风口是结冰的高风险路段。日出后接收短波辐射，路面温度高于路基，热量向下传导至路基，使路基温度上升；日落后路基将热量向上传导至路面，并向上发射长波辐射，路基温度回落，清晨是路面温度最低的时段[30]。

雾通常形成于凌晨，日出消散，相对湿度大于 95%。由于雾中含有大量液态水，当液滴与低于 0℃的路面接触时，易在其表面冻结形成一层薄冰。降雨过程可使路、桥面温度降低，但一般不会出现路、桥面结冰现象，随后伴随发生辐射冷却效应，雨水通常会在路面发生冻结现象。

降雪过程路面分三个阶段：降雪、积雪和融雪。降雪阶段：受冷空气影响，降雪前温度呈快速下降趋势，降雪开始路面温度仍低于 0℃，降雪很快融化，带走下垫面部分热量，使两者温度继续下降。积雪阶段：当路面温度降至 0℃，降雪开始在地面累积。由于雪是多孔介质，具有一定绝热效果，使得路面温度在较长一段时间内始终保持在 0℃。融雪阶段：路面温度受太阳短波辐射影响上升至 0℃以上，积雪开始融化，日落后路面温度再次进入低于 0℃的低温维持阶段，若此时路面存在融化的雪水，将再次被冻结。相比于降雪和积雪阶段，造成交通事故最大的隐患发生在融雪阶段，融化雪水在夜间再次冻结于路面之上，导致其湿滑程度大幅提高。

2.3.4　轨道交通覆冰

随着电气化铁路的延伸和发展，新的电气化铁路穿越高寒、高湿和高海拔等易覆冰地区。轨道交通覆冰具有受灾面积广、危害大、抢修难度大的特点。2008 年南方大范围雨雪冰冻天气中，多条电气化铁路主干线运营中断，受灾人口达 1 亿以上，直接经济损失高达一千多亿元[31,32]。根据覆冰位置差异，轨道交通覆冰可分为接触网覆冰(如哈大高铁接触网)和接触轨覆冰(如长沙磁悬浮快线)。

接触网覆冰主要是接触导线、绝缘子、定位器、腕臂支撑装置、设备开关等。

接触网覆冰与导线或地线类似，不同之处在于：①接触网电压低，电场的影响小；②接触线和承力索通过补偿器下锚，工作时一直承受相对恒定的张力，且由多根吊弦相互连接，不易发生扭转，覆冰一般呈翼形，如图 2.34 所示；③列车经过时接触线下半部分与受电弓摩擦，接触线冰厚相对较小；④接触线截面为具有瓶颈的非圆形截面，周边流场不同于线路，不仅改变热平衡参数，而且水滴运行轨迹、水滴局部碰撞、系数极不均匀，覆冰积累过程与导线有较大差异。

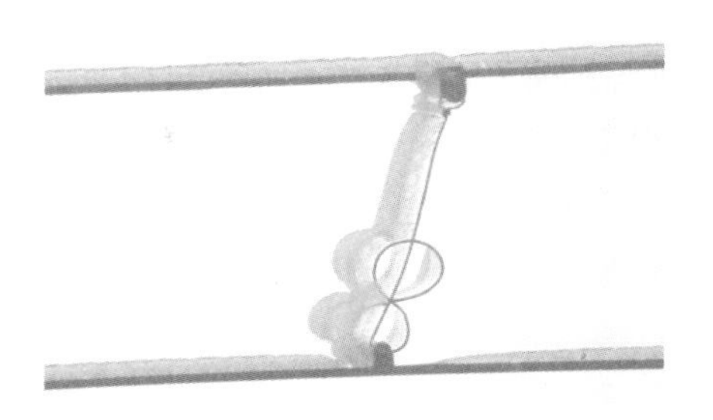

图 2.34　覆冰后的接触网[33]

低温冻雨天气暴露于户外的接触轨短时间快速结冰，接触轨覆冰(图 2.35)一般在接触轨授流面、铝感应板表面、F 轨刹车面，接触轨 C 形槽内等部位。接触轨覆冰导致列车无法正常取流、降低受流质量、授流器与接触轨耦合面拉弧打火。

图 2.35　覆冰后的接触轨

2.3.5　塔架覆冰

塔架主要有广播电视塔(图 2.36)、移动通信塔、输电铁塔(图 2.37)等。移动通

图 2.36　电视塔覆冰

图 2.37　输电铁塔覆冰

信塔高度一般为 40～50m。输电铁塔形式多样，其高度一般在 10～90m，但大跨越可达数百米(淮东—皖南±1100kV 特高压长江大跨越塔 210m，浙江舟山 500kV 联网工程西堠门大跨越塔 380m)。

研究表明：风速随离地高度增加而增大，且呈幂函数规律。通过测量雨凇架、500kV 真型塔、电视转播塔不同高度的冰厚发现，冰厚高度修正系数(K_h)为

$$K_h = \left(\frac{h}{h_0}\right)^a \tag{2.14}$$

式中：h 为实际高度(m)；h_0 为参考高度(m)；a 为高度系数，取 0.325。

2.4 输电线路覆冰影响因素

影响覆冰的因素很多，不同结构物覆冰受各种因素的影响有差异，但基本上一致且具有共性。以输电线路为例，影响其覆冰的因素主要有气象因素、海拔高程、地形及地理条件、自身结构等[34-36]。

2.4.1 气象因素

影响覆冰的主要气象因素有：温度、风速、风向、空气中或云中过冷却水滴直径和空气中液态水含量。不同因素组合确定结构物的覆冰类型。雨凇覆冰温度较高(–5～0℃)，水滴直径大(10～40μm)；雾凇覆冰温度较低(–15～–10℃)，水滴直径为 1～20μm；混合凇介于雨凇和雾凇，覆冰温度为–9～–3℃，水滴直径为 5～35μm。雨凇覆冰平均温度为–2℃，中值体积水滴直径在 25μm 左右；雾凇覆冰平均温度为–12℃，中值体积水滴直径为 10μm 左右；而混合凇平均温度为–7℃，中值体积水滴直径为 15～18μm。混合凇→雾凇转变温度在–10℃左右。随着温度升高雾粒直径变大，液态水含量增加。例如，贵州省六盘水 2200m 的马落箐观冰站的液态水含量有明显雾时为 0.2～0.6g/m^3；无明显雾时，液态水含量最低值为 0.03g/m^3。气温高、风速大时形成雨凇；温度低、风速小时形成雾凇；混合凇的形成介于雨凇和雾凇之间。严格地说，“雨凇—混合凇”之间以及“混合凇—雾凇”之间没有严格的界限。

图 2.38 和图 2.39 分别为鄂西地区 22 年间导线和绝缘子覆冰次数、增长速率与温度的关系。由图 2.38 可知，覆冰最频繁的温度为–5.5℃和–1℃，如出现雨凇，最常见的温度为–1℃；而雾凇时最常见温度为–5.5℃。由图 2.39 可知，0℃时覆冰增长速度最快。空气温度很低时，空气中过冷却水滴在下降到近地面过程中遇冻结核在空气中迅速冻结成冰晶。

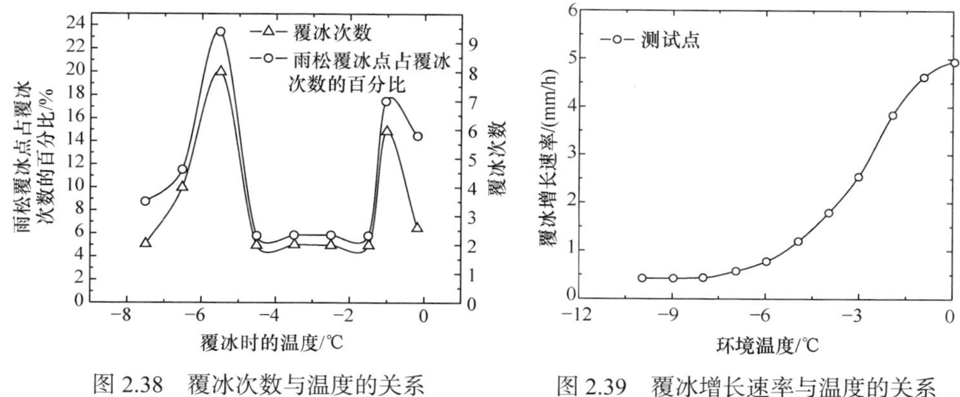

图 2.38　覆冰次数与温度的关系　　图 2.39　覆冰增长速率与温度的关系

一般认为：风速越大输送至导线表面的水滴量越多，导线覆冰越快。但现场观测发现：覆冰增长速率并不与风速完全成正比。统计资料表明：导线和绝缘子覆冰最快时的风速为 3～6m/s；风速<3m/s，导线和绝缘子覆冰增长速率与风速成正比；风速>6m/s，导线和绝缘子覆冰增长速率与风速成反比，如图 2.40(a)所示。

除风速大小对覆冰有影响外，风向也是决定覆冰严重程度的重要参数之一，如图 2.40(b)所示。风向与导线平行时，或当与导线之间的交角小于 30°时，覆冰较轻；风向与线路垂直或风与导线的交角大于 30°时，覆冰严重。

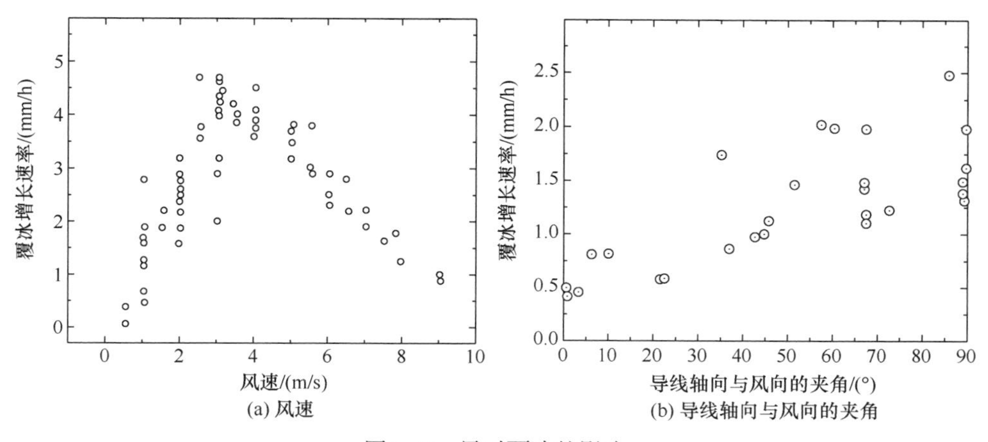

图 2.40　风对覆冰的影响

我国南方大气覆冰主要发生在 11 月至次年 3 月，尤其在入冬和倒春寒时覆冰发生的概率最高。表 2.4 为我国部分地区历年 1 月平均相对湿度及最大覆冰厚度。1 月和 12 月几乎是所有重覆冰地区平均气温最低的月份，但湿度相对较小，线路覆冰相对于 11 月、2 月和 3 月较轻。而在 11 月、2 月底和 3 月初，由于湿度较高，虽然平均温度相对 1 月和 12 月较高，但覆冰较 1 月更为严重。Hansen 等研究冻雨、冻雾的日变化规律发现：冻雨、冻雾多发生在日出前几个小时。

表 2.4　我国部分地区历年 1 月平均相对湿度及最大覆冰厚度

地区	资料年限	历年平均相对湿度/%	最大覆冰厚度/mm	来源	地区	资料年限	历年平均相对湿度/%	最大覆冰厚度/mm	来源
宜昌	38	75	25	通信	远安	30	79	40	通信
公安	30	78	40	通信	秭归	25	81	30	通信
监利	34	80	35	通信	兴山	18	79	30	通信
石首	30	80	35	通信	建始	28	77	30	通信
十堰郧阳	36	66	25	电力	巴东	37	78	35	通信
荆门	25	86	50	电力	庐山	50	72	42	气象
五台山	30	54	32	气象	黄山	48	65	58	气象
南岳[37]	48	83	71	气象	粤北[38]	50	94	64	气象
括苍山	38	95	40	气象	天目山	42	90	39	气象

2.4.2　海拔高程

海拔越高越易覆冰，覆冰也越厚且多为雾凇；海拔较低处，其冰厚虽较小，但多为雨凇或混合凇。每个地区都有起始结冰的海拔高程，即凝结高度。

大气绝热上升，当水汽达到饱和则凝结成云，这个高度称为凝结高度。凝结高度是随着不同地面温度和露点而变化，常用海宁(Hening)公式计算，即

$$H_{\mathrm{b}} = 124(T - \tau) \tag{2.15}$$

式中：H_{b} 为凝结高度(m)；T 为地面气温(℃)；τ 为地面露点，即空气饱和时温度(℃)。

凝结高度是以地面为基准的起始高度。我国地域广阔，山地气候非常复杂，凝结高度随气压变化。表 2.5 为我国部分地区凝结高度与发生严重覆冰海拔高程的关系。

表 2.5　部分地区凝结高度与发生严重覆冰海拔高程的关系

地区范围	H_{b}/m	严重覆冰海拔高程/m	备注
湖北荆门	300	300～800	—
湖南西部地区	500	500～1000	雪峰山
乌蒙山东侧	1200	1400～1600	威信
四川美姑县	1500	2200～2600	大、小凉山
贵州六盘水	1500	2000～2800	梅花山
云南南部地区	1600	2200～2300	个旧市

续表

地区范围	H_b/m	严重覆冰海拔高程/m	备注
云贵交界地区	1700	2100～2420	—
云南中部地区	1900	2200～2400	昆明
云南东北地区	2200	2350～3234	东川
云南西北地区	2400	3000～3700	香格里拉
青海西宁	2400	3000～3700	日月山
三峡地区	—	1100～2000	巫山县
江西庐山	—	1100～1470	—
浙江金华	—	400～1000	—

在凝结高度上的水滴会继续上升到温度小于 0℃空间，若凝结核欠缺则形成过冷却水滴。一般过冷却水滴很少在小于−15℃时形成覆冰，但在高空存在−70℃未冻结的过冷却水滴。当气温在−15～0℃时，在云雾地区容易形成覆冰；在降雪时，由于过冷却水滴减少，覆冰很难生成。凝结高度是与结构物覆冰有关的一个特征参数，是影响结构物覆冰的重要因素之一。

大气绝热膨胀上升达到凝结高度 H_b 时，温度是按干绝热递减率下降的。在凝结高度 H_b 以上，温度按湿绝热递减率下降，山区高度 h 处气温为

$$T_h = T + 124(T-\tau)r_d + \int_{124(T-\tau)}^{h} r_m \mathrm{d}h, \quad h > H_b \tag{2.16}$$

式中：H_b 凝结高度(m)；T_h 为高度 h 处的气温(℃)；r_d 为干绝热递减率，取−0.0098℃/m；r_m 为湿绝热递减率，数值如表 2.6 所示。

表 2.6 饱和空气的湿绝热递减率[2] (单位：℃/(100m))

气压	气温				
	−15℃	−10℃	−5℃	0℃	5℃
760mmHg	0.81	0.76	0.69	0.63	0.66
700mmHg	0.80	0.74	0.68	0.62	0.59
600mmHg	0.77	0.71	0.65	0.58	0.55

如图 2.41 所示，在凝结高度以上，随着海拔的增加，覆冰厚度也随之增大。结构物覆冰厚度受海拔的影响较为明显。表 2.7 为南北向布置的导线覆冰直径与海拔的关系[37,38]。由表 2.7 可知，位于三峡南岸巴东县的绿葱坡观冰站观测到的典型积冰径向尺寸为 155mm，观冰站的海拔为 1820m，这是鄂西山区覆冰的普遍特点。三峡巫山县西北 15km 处海拔为 800～1100m 的骡坪大风口，半径 1.5km 范围内导线覆冰厚度超过 35mm，海拔 500m 以下地区覆冰厚度不到 25mm[39]。

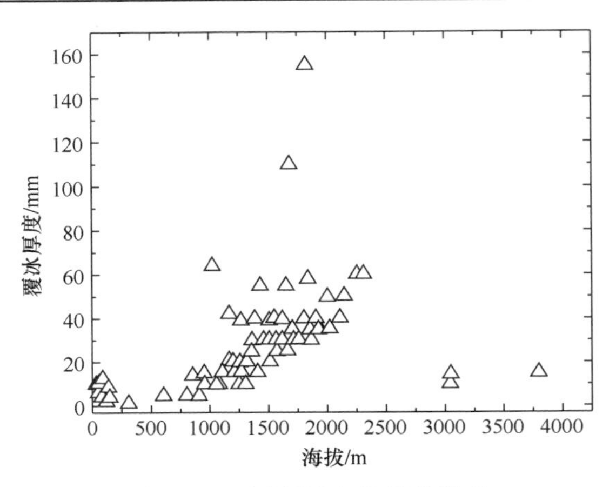

图 2.41　覆冰厚度与海拔的关系

表 2.7　南北向布置的导线覆冰直径与海拔的关系

调查地点	海拔/m	高度比	覆冰直径/mm	调查地点	海拔/m	高度比	覆冰直径/mm
巴东茶店子	950	1.000	15	恩施大坝	1650	1.737	55
粤北	1024	1.078	64	利川	1680	1.768	110
利川站	1080	1.137	10	巴东绿葱坡	1820	1.916	155
庐山	1165	1.226	21	黄山	1836	1.933	58
南岳	1266	1.333	39	南岭	1906	2.006	38
巴东石马岭	1360	1.432	30	甘肃乌鞘岭	3044	3.204	10
括苍山	1383	1.456	40	峨眉山	3049	3.209	14
巴东三尖观	1430	1.505	55	达坂山	3800	4.000	15
天目山	1506	1.585	39				

又如苏联顿巴斯地区，海拔在 62～336m 的覆冰日数和覆冰厚度随海拔高程呈非线性增加关系。雨凇日数和雨凇平均直径与海拔高程的相关比分别为 0.98 和 0.95,雾凇的相关比分别为 0.83 和 0.96。布琴斯基求得该地区覆冰平均直径 D(mm)和海拔高程 h(m)的经验关系为

$$D = A\mathrm{e}^{Bh} \tag{2.17}$$

式中：e 是自然对数的底；A、B 是随覆冰种类和地区而变化的系数。该地区雾凇覆冰时 A=7.76，B=0.032；雨凇覆冰时 A=4.47，B=0.0039。

苏联在不同海拔高程对雨凇及雾凇出现的频率进行了观测，结果如表 2.8 所示。一般是海拔越高雾凇日数越多，但特殊覆冰过程则不一定，例如，1964 年 3

月，云南东北部东川地区一条 35kV 线路，海拔 2200～2700m 导线覆冰 50mm，冰体坚硬；而海拔大于 2700m 及小于 2200m 的地段，导线和绝缘子覆冰较轻或没有覆冰。因为只在山腰有雾，山顶和山脚的雾很轻或无雾。鄂西及川东地区的“腰凌”现象十分普遍。

表 2.8 海拔高程对雨凇及雾凇出现频率的影响

观测点	海拔高程/m	冻结物出现频率/(d/a)	观测点	海拔高程/m	冻结物出现频率/(d/a)
1	80	7	13	1600	146
2	115	3	14	1841	72
3	179	2	15	2231	50
4	550	68	16	2434	28
5	884	21	17	2586	86
6	900	88	18	2895	90
7	1024	90	19	3028	37
8	1150	138	20	3049	135
9	1200	140	21	3485	11
10	1266	62	22	4298	9
11	1383	59	23	4418	20
12	1506	65			

相同地理环境下海拔越高覆冰越重。云南省电力设计院 1962 年 1 月 20 日观察到昆明西郊筇竹寺后山覆冰情况：海拔 1900m 的山脚有轻微覆冰，树枝有白色薄冰；海拔 1950m 的半山腰松枝冰凌粗 2.5mm、长 200mm；海拔 2000m 的山腰松枝冰凌粗 5mm、长 250mm；海拔 2100mm 的山顶松树冰凌粗 8mm、长 300mm。

2.4.3 微地形小气候

我国输电线路覆冰具有典型的微地形小气候特征。在近地侧大气层中，由于局部地形因素的影响，某些气象因素特别增强并引起严重覆冰，这种因地形而产生的覆冰称为小气候，产生小气候的是微地形。微地形是相对普通地形而言，它是大地形中一个局部的、能引起气候参数变化的狭小范围。微地形被定义为：在近地侧的小地形范围内，局部地理特征使该处气象因子产生巨变，使其中某些因子显著增强(如风速、温度、湿度等)，从而使经过该小地形范围内的覆冰显著加强，危及结构物安全，这种小地形范围称为微地形点。微地形与小气候密切相关，是小气候的成因。微地形影响小气候中温度、风速、湿度等参数。大气覆冰所涉及的微地形包括高山分水岭型、地势抬升型、垭口型、峡谷风道型和水汽增大型等。

1. 高山分水岭型

高山分水岭型微地形在一定地势范围内由迎风坡和背风坡构成。沿迎风坡向上其海拔增大到最高面，再沿背风坡向下其海拔减小，其宽度小于其高度差，且高度差为其底部到顶部的高度(图 2.42)。在高山山顶及迎风坡侧，风速较大，含有过冷却水滴的气团在风力作用下，沿山坡强制上升而绝热膨胀，过冷却水滴含量增大，使得山顶和迎风坡侧的结构物覆冰急剧增加。高山分水岭型微地形由高度差 ΔH_1、迎风坡坡度比 $\tan\alpha_1$ 和背风坡坡度比 $\tan\alpha_2$ 定义，满足以下条件：

$$\begin{cases}\Delta H_1 \geqslant 150\text{m} \\ \tan\alpha_1, \tan\alpha_2 \geqslant 30\% \end{cases} \tag{2.18}$$

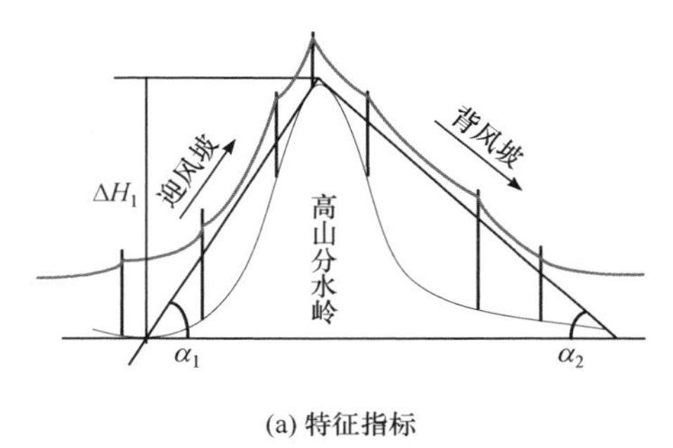

(a) 特征指标

(b) 典型实例

图 2.42　高山分水岭型

典型高山分水岭型微地形有：如东西走向的秦岭山脉北坡，冬季受寒冷气流袭击，线路覆冰严重；又如秦岭中段海拔 2880m 的光头山顶，1976 年 2 月 29 日陕西送变电设计队在微波塔拉线观测到覆冰直径达 550mm，冰重为 34kg/m，这是山脉走向和坡向影响覆冰的典型例子。云南东北呈北西—东南走向的牯牛山、梁王山是阻挡来自四川的冷空气入侵的天然屏障，迎风坡处在昆明静止锋控制地段，如以东线拖布卡至海子头一段，海拔 2500～3200m，线路由北而南，因北面无高山屏障，每当四川有寒冷气流南下时云雾带上形成严重覆冰，而处于背风坡上的海因线，由海子头变电站出线，转向西南走向，海拔逐渐下降，北部又有高山屏障，故覆冰很轻。云南省金沙江与小江的分水岭、河南省南阳伏牛山老界岭、浙江省云和县与松阳县交界的方山岭、广东省韶关乳源和东昌两县交界的分水岭、湖南衡山祝融峰等均属于典型的高山分水岭型微地形。

2. 地势抬升型

地势抬升型是指一定地势范围内一侧较低，逐渐抬高到另一侧较高点的台地(图 2.43)。地势抬升型微地形有平原或丘陵中拔地而起的突峰或盆地中一侧较低另一侧较高的台地及陡崖，因盆地水汽充足，湿度较大的冷空气易沿山坡上升，

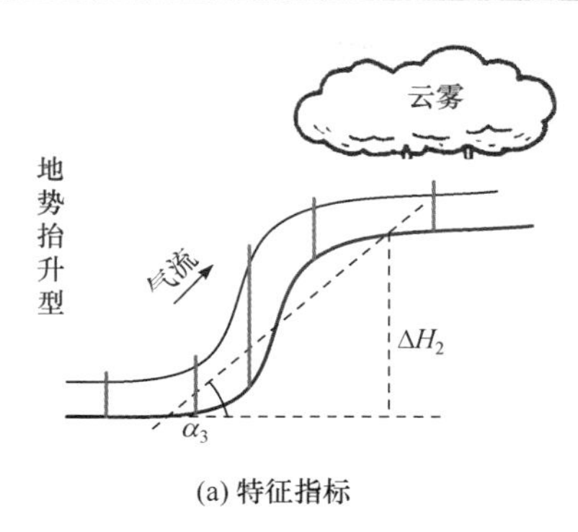

(a) 特征指标

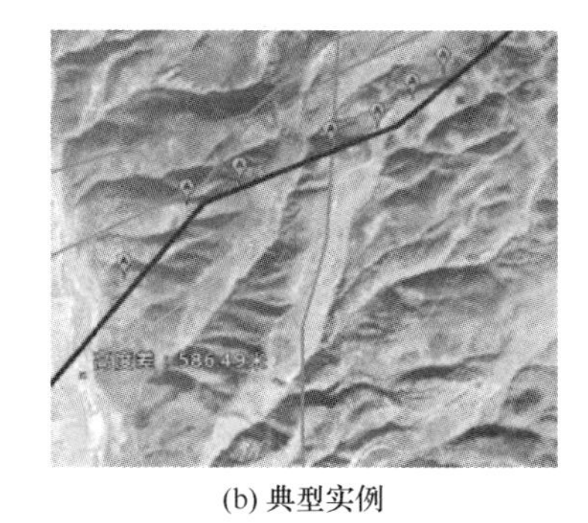

(b) 典型实例

图 2.43　地势抬升型

在顶部或台地上形成云雾，当冬季寒潮入侵时便出现严重覆冰现象。地势抬升型微地形由海拔高度增量ΔH_2、抬升坡比 $\tan\alpha_3$ 定义，满足以下条件：

$$\begin{cases}\Delta H_2 \geqslant 250\text{m} \\ \tan\alpha_3 \geqslant 30\% \end{cases} \tag{2.19}$$

典型的地势抬升型微地形有：如云南省会泽县大竹山、贵州 220kV 鸡江Ⅱ回十里长冲、广西 110kV 蔽桂线金竹坳、滇南蒙自盆地边缘地形抬升的马拉格、贵州东部的万山及 500kV 大昆线易门老吾街后山等。

3. 垭口型

垭口型微地形在一定地势范围内其海拔先下降至最低后再上升，且其宽度小于其高度差，高度差为其底部到顶部的高度(图 2.44)。绵延山脉所形成的垭口是气流集中加速之处，风速很大。结构物处于垭口或横跨垭口时冰量显著增大。垭口型微地形由海拔高度差ΔH_3、下降坡比 $\tan\alpha_4$、上升坡比 $\tan\alpha_5$ 定义，满足以下条件：

$$\begin{cases}\Delta H_3 \geqslant 120\text{m} \\ \tan\alpha_4, \tan\alpha_5 \geqslant 35\% \end{cases} \tag{2.20}$$

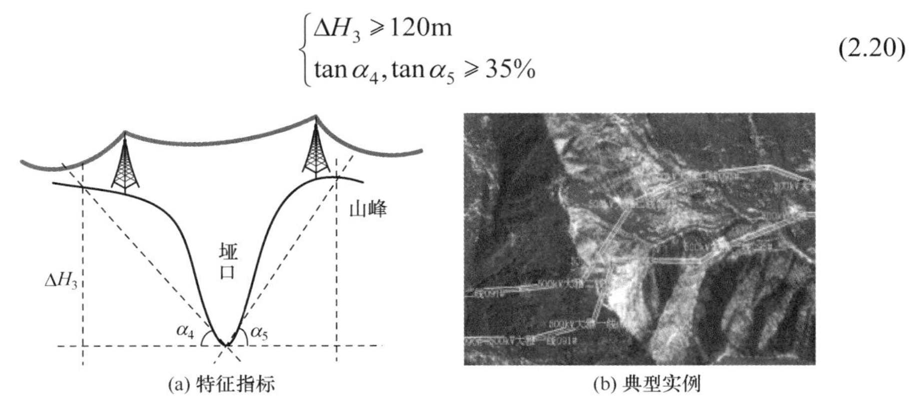

(a) 特征指标　　(b) 典型实例

图 2.44　垭口型

典型垭口型微地形有：如西昌市大箐梁子，北风从距离 10km 处邛海方向携带大量水汽，沿南北走向的峡谷垂直吹向东西走向的 500kV 月普线、城沐线和 ±800kV 锦苏特高压直流通道，2011～2014 年连续 4 年发生覆冰倒塔断线事故；井冈山盐山垭口、云南昭通市庄沟垭口、云南 110kV 以东线 53 号杆拖布卡垭口、云南 500kV 大昆线石官坡垭口、湖南拓乡 110kV 线路羊古岭垭口、贵州省 110kV 水盘线黑山垭口、四川省大凉山老林口等均属于典型的垭口型微地形。

4. 峡谷风道型

峡谷风道型是指一定地势范围地形有凹陷且中间有水流经过。线路横跨峡谷，其两岸又高又陡，中间因狭管效应产生大风，且峡谷中间有水流通过，提供了充足的水汽输送，导致线路覆冰显著增加(图 2.45)。峡谷风道型微地形由一侧的第一海拔高度差ΔH_4、另一侧的第二海拔高度差ΔH_5、一侧的第一坡度比 $\tan\alpha_6$、另一侧的第二坡度比 $\tan\alpha_7$ 以及两侧坡度间水流宽度 ΔW_1 定义，满足以下条件：

$$\begin{cases} \Delta H_4, \Delta H_5 \geqslant 80\text{m} \\ \tan\alpha_6, \tan\alpha_7 \geqslant 40\% \\ \Delta W_1 \geqslant 10\text{m} \end{cases} \tag{2.21}$$

典型峡谷风道型微地形有：如云南 110kV 六平线 36 号杆南盘江峡谷、500kV 大昆线绿汁江跨越点、云南 220kV 以昆线 282-283 号大黑山峡谷风槽、500kV 漫昆线哀牢山 76-77 号兔街山谷风道等。

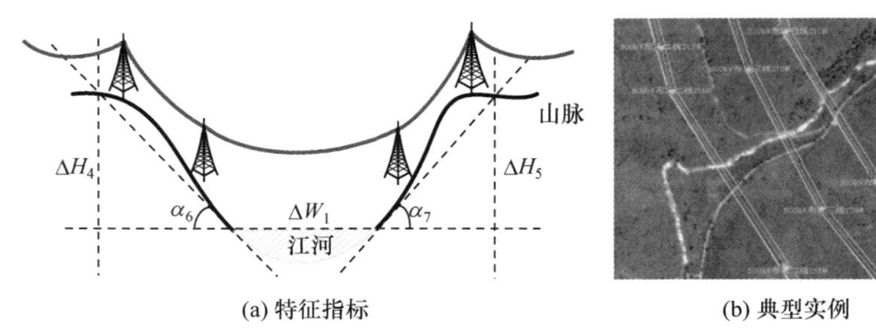

(a) 特征指标　　(b) 典型实例

图 2.45　峡谷风道型

5. 水汽增大型

水汽增大型微地形是指在邻近结构物一定地势范围内存在水体，且水体有一定的储水量。对于水汽增大型微地形，结构物附近有一定面积的江河湖海等水体，导致该处空气湿度偏大，空气中所含过冷却水滴含量高(图 2.46)。寒潮入侵时气温下降至低于 0℃时，空气湿度大易出现严重覆冰。水汽增大型微地形由电线距水体的最小垂直距离 L、江河水体宽度 D 或湖泊水体表面积 S 定义，满足以下条件：

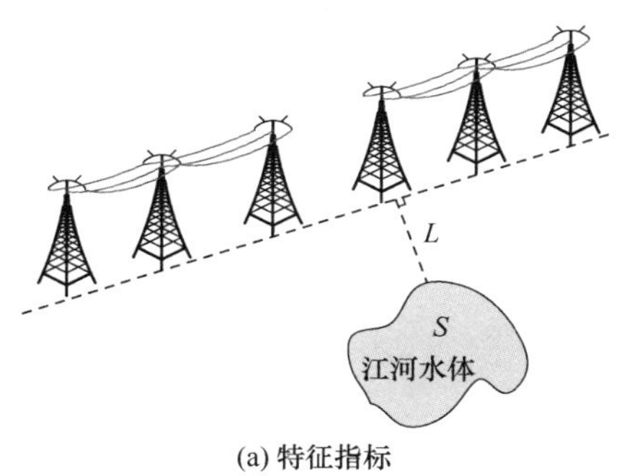

(a) 特征指标

(b) 典型实例

图 2.46 水汽增大型

$$\begin{cases} L \leqslant 2000\text{m} \\ D \geqslant 50\text{m} \end{cases} \text{或} \begin{cases} L \leqslant 2000\text{m} \\ S \geqslant 1\text{km}^2 \end{cases} \tag{2.22}$$

覆冰受水汽影响的典型地区有：如江西省梅岭山区，海拔 500～700m，山岭东北面是著名的鄱阳湖，有充足水汽来源，山峰常被云雾覆盖，冬季常有覆冰现象出现，1975 年 12 月江西省电力设计院测得导线覆冰直径 300mm、冰重 19.2kg/m；矗立长江与鄱阳湖之间的庐山，海拔 1474m，水汽蒸腾、云深雾重，山顶冬季经常覆冰。安徽芜湖、黄山和大别山等冰凌严重地区，均处在水汽充足的长江以南，也经常覆冰。云南中部湖泊附近山区、东北河流两岸山岭及水库附近山地严重覆冰，均与水体有密切关系，如昆明东南最高海拔 2820m 的梁王山，两面临湖水汽充足，每年冬季水汽上升，在山顶形成浓雾并发生严重覆冰；又如昆明东郊海拔 2448m 的老鹰山，山脚为海拔 1770m 的阳宗海，临湖面一侧山坡陡峻，水汽在此受阻被迫上升，山顶形成雾团严重覆冰，110kV 阳昆线经过此地，1961 年 1 月 13 日导线覆冰直径 200mm，造成断线及横担折断事故。鄂西及川东也是典型水系丰富地区，覆冰受水体影响也十分明显。

2.4.4 输电线路结构

1. 架设高度

将不同高度覆冰厚度相对于参考高度的实测厚度进行无量纲化处理，取各点高度无量纲数平均值描述该点的覆冰情况，得到输电铁塔、电视塔覆冰厚度随高度的变化分别如图 2.47 和图 2.48 所示，其中 d_h 表示高为 h 处实测点覆冰厚度，d_0 表示高为 h_0 参考点覆冰厚度，铁塔的参考高度为 h_0=2m。

由图 2.47 和图 2.48 可知：无论是雨凇还是混合凇覆冰，铁塔覆冰厚度随高度增加而增加，但随着高度进一步增大覆冰增长趋势变缓，因为垂直方向风速与高度呈指数关系，随着高度增大风速增大趋势变缓，在单位时间内随气流与铁塔相碰撞的过冷却水滴数目增长趋势也随之变缓，导致覆冰厚度增长趋势变缓。

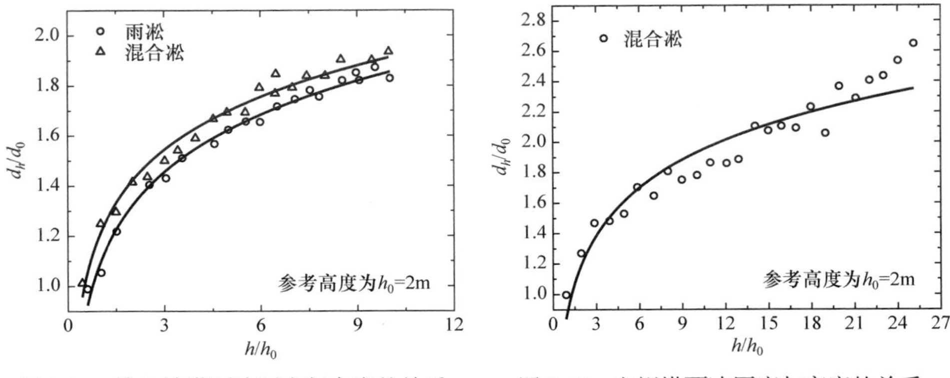

图 2.47　输电铁塔覆冰厚度与高度的关系　　图 2.48　电视塔覆冰厚度与高度的关系

2. 导线直径

如图 2.49 所示，导地线覆冰与其直径有关。直径越小，对水滴的阻尼作用越小，

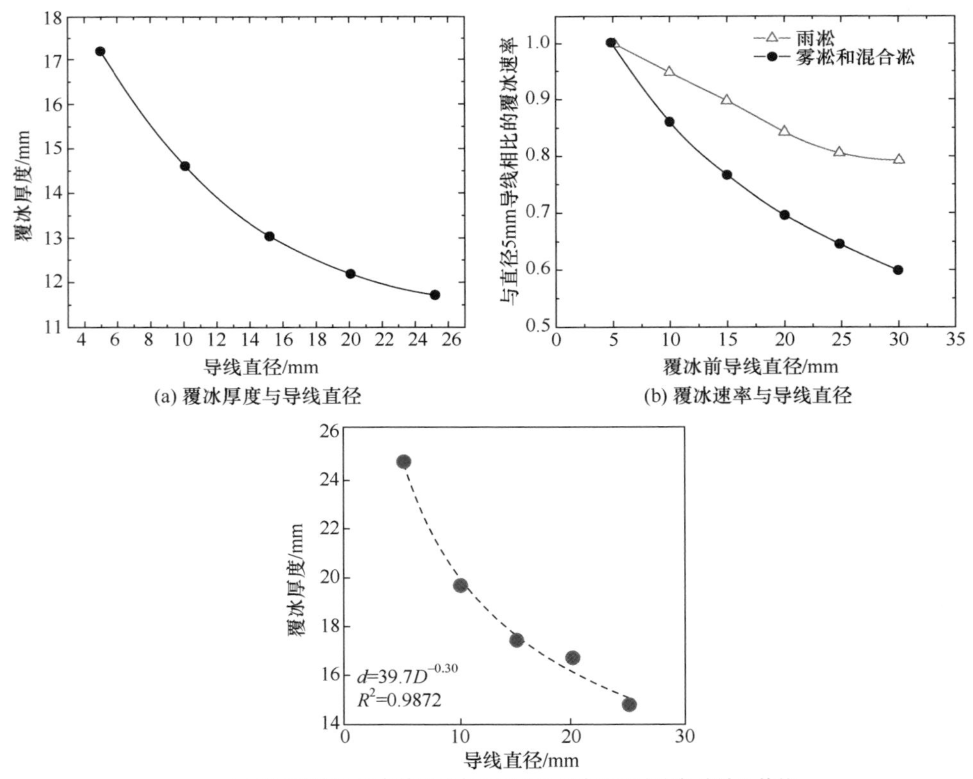

图 2.49　覆冰厚度与导线直径的关系

碰撞系数越大。导线直径增大，碰撞系数减小，冰厚减小。导线直径修正系数(K_{Φ})为[40,41]

$$K_{\Phi}=1-0.2\ln(\Phi/\Phi_0) \tag{2.23}$$

式中：Φ_0为参考导线直径(mm)，取 5mm；Φ为测量导线直径(mm)。

自然观测表明：在常见的风速≤8m/s 下，直径≤4cm 的不太粗的导线，相对较粗导线的单位长度冰量比相对较细的导线重；但直径>4cm 的较粗导线，其单位长度导线冰量比较细导线轻。根据我国电力系统多年的观测资料，覆冰厚度随导线直径的增加而减小。

2.5 本 章 小 结

本章主要论述结构物大气覆冰的形成过程、基本物理性质、覆冰特征以及覆冰的影响因素。分析发现：大气中存在逆温层导致的湿增长覆冰，云中覆冰以及水汽凝华形成了雾凇、霜等干增长形式的覆冰。冰是一种电介质，其导电性差，黏结力强。结构物自身结构、所处工况等因素导致输电线路、风机、公路、轨道、塔架等结构物覆冰具有各自特点。气温、风速、海拔高程以及结构物自身的结构特征等因素对结构物大气覆冰造成不同程度的影响，微地形小气候的存在对覆冰造成严重影响。

参 考 文 献

[1] Farzaneh M. Atmospheric Icing of Power Networks[M]. Dordrecht: Springer, 2008.
[2] 王守礼, 李家垣. 云南高海拔地区电线覆冰问题研究[M]. 昆明: 云南科学技术出版社, 1993.
[3] 张之锜. 关于霜的形成与地面物体属性的关系[J]. 气象, 1987, 13(3): 55.
[4] 王遵娅. 中国冰冻日数的气候及变化特征分析[J]. 大气科学, 2011, 35(3): 411-421.
[5] 王遵娅. 近 50 年中国大范围持续性冰冻天气变化特征[J]. 高原气象, 2014, 33(1): 179-189.
[6] 孙才新, 蒋兴良, 熊启新, 等. 导线覆冰及其干湿增长临界条件分析[J]. 中国电机工程学报, 2003, 23(3): 141-145.
[7] Bentley W A. Bentley's Snowflakes[M]. New York: McGraw-Hill, 2006.
[8] Hobbs P V. Ice Physics[M]. Oxford: Clarendon Press, 1974.
[9] 赵珊珊, 高歌, 张强, 等. 中国冰冻天气的气候特征[J]. 气象, 2010, 36(3): 34-38.
[10] Gelin H, Stubbs R. Ice electrets[J]. The Journal of Chemical Physics, 1965, 42(3): 967-971.
[11] Howe R, Whitworth R W. A determination of the crystal structure of ice XI[J]. The Journal of Chemical Physics, 1989, 90(8): 4450-4453.
[12] Fukazawa H, Mae S, Ikeda S, et al. Proton ordering in Antarctic ice observed by Raman and Neutron scattering[J]. Chemical Physics Letters, 1998, 294(6): 554-558.
[13] Oshika Y, Hashimoto T, Muramoto Y, et al. Formation of ice electret and amount of its electric charge[J]. Journal of Cryogenics and Superconductivity Society of Japan, 2016, 51(1): 15-20.
[14] Sugimoto T, Aiga N, Otsuki Y, et al. Emergent high-T_c ferroelectric ordering of strongly correlated and frustrated protons in a heteroepitaxial ice film[J]. Nature Physics, 2016, 12(11): 1063-1068.
[15] 肖赞. 巴西试验法测定冰力学性质的可靠性研究[D]. 大连: 大连理工大学, 2017.

[16] 李志军, 徐梓竣, 王庆凯, 等. 乌梁素海湖冰单轴压缩强度特征试验研究[J]. 水利学报, 2018, 49(6): 662-669.
[17] Kermani M, Farzaneh M, Gagnon R. Compressive strength of atmospheric ice[J]. Cold Regions Science and Technology, 2007, 49(3): 195-205.
[18] 张丽敏. 冰单轴压缩强度与影响因素试验研究[D]. 大连: 大连理工大学, 2012.
[19] 张红彪. 黄河冰抗拉强度及断裂韧度的劈裂试验研究[D]. 大连: 大连理工大学, 2016.
[20] 毕茂强, 蒋兴良, 巢亚锋, 等. 自然覆冰与衬垫的粘附特性及影响因素[J]. 高电压技术, 2011, 37(4): 1050-1056.
[21] 舒立春, 汪诗经, 叶开颜, 等. 风速对复合绝缘子覆冰增长及其闪络特性的影响[J]. 中国电机工程学报, 2015, 35(6): 1533-1540.
[22] 蒋兴良, 郭思华, 胡建林, 等. 不同覆雪形态对悬式绝缘子直流负极性闪络特性的影响[J]. 电工技术学报, 2018, 33(2): 451-458.
[23] 向泽, 蒋兴良, 胡建林, 等. 雪峰山试验站自然条件下导线覆冰厚度形状校正系数[J]. 高电压技术, 2014, 40(11): 3606-3611.
[24] 苑吉河, 蒋兴良, 孙才新. 输电线路覆冰国内外研究现状[J]. 高电压技术, 2004, 30(1): 6-9.
[25] 胡琴, 于洪杰, 李毅, 等. 分裂导线覆冰增长模拟计算及试验验证[J]. 高电压技术, 2017, 43(3): 900-908.
[26] 马俊. 电场对线路绝缘子覆冰及放电特性的影响[D]. 重庆: 重庆大学, 2010.
[27] 胡琴, 于洪杰, 徐勋建, 等. 分裂导线覆冰扭转特性分析及等值覆冰厚度计算[J]. 电网技术, 2016, 40(11): 3615-3620.
[28] 舒立春, 任晓凯, 胡琴, 等. 环境参数对小型风力发电机叶片覆冰特性及输出功率的影响[J]. 中国电机工程学报, 2016, 36(21): 5873-5878.
[29] 梁健, 舒立春, 胡琴, 等. 风力机叶片雨凇覆冰的三维数值模拟及试验研究[J]. 中国电机工程学报, 2017, 37(15): 4430-4436.
[30] 吕晶晶, 牛生杰, 周悦, 等. 冬季高速公路路桥温度变化规律及能量平衡分析[J]. 大气科学学报, 2013, 36(5): 546-553.
[31] 郭蕾. 接触网覆冰机理与在线防冰方法的研究[D]. 成都: 西南交通大学, 2013.
[32] 吴铁成. 铁路接触网融冰[M]. 西安: 陕西科学技术出版社, 2018.
[33] 谢将剑, 王毅, 刘志明, 等. 覆冰接触网的有限元仿真及其小比例模型试验[J]. 中国电机工程学报, 2013, 33(31): 185-192.
[34] 张志劲, 蒋兴良, 胡建林, 等. 环境参数对绝缘子表面覆冰增长的影响[J]. 高电压技术, 2010, 36(10): 2418-2423.
[35] 蒋兴良, 申强. 环境参数对导线覆冰厚度影响分析[J]. 高电压技术, 2010, 36(5): 1096-1100.
[36] 蒋兴良, 杜珍, 王浩宇, 等. 重庆地区输电线路导线覆冰特性[J]. 高电压技术, 2011, 37(12): 3065-3069.
[37] 张剑明, 李兴宇, 叶成志, 等. 南岳电线积冰标准冰厚气候特征[J]. 气候与环境研究, 2015, 20(2): 209-219.
[38] 黄浩辉, 宋丽莉, 秦鹏, 等. 粤北地区东线覆冰气象特征与标准厚度推算[J]. 热带气象学报, 2010, 26(1): 7-12.
[39] 蒋兴良, 孙才新, 顾乐观, 等. 三峡地区导线覆冰的特性及雾凇覆冰模型[J]. 重庆大学学报(自然科学版), 1998, 21(2): 16-19.
[40] 巢亚锋. 分裂导线和多串并联绝缘子覆冰模型与影响因素的研究[D]. 重庆: 重庆大学, 2011.
[41] 巢亚锋, 蒋兴良, 毕茂强, 等. 导线覆冰冰厚度的直径订正系数[J]. 高电压技术, 2011, 37(6): 1391-1397.

第 3 章 大气覆冰灾害与致灾机制

覆冰是不可避免的自然现象，是一种给人以美的享受的自然景观。但这种美丽景观却易引发各类事故严重威胁结构物安全[1-9]，结构物覆冰引发的各类事故统称为结构物大气覆冰灾害，简称大气覆冰灾害。大气覆冰灾害的影响可分为直接影响和间接影响。直接影响指的是大气覆冰对结构物自身的影响，间接影响指的是覆冰造成的社会经济效益损失。直接影响体现在结构物自身损坏、功能性丧失，如输电线路杆塔倒塌、公路开裂、通信杆塔终止服务、风机停机等。间接影响是大气覆冰直接影响的扩大，影响人们日常生产生活，如输电线路、风机覆冰造成供电中断，所有用电设施被迫停止工作，飞机、道路等公共交通中断，人们出行不便、货物流通受阻；通信设施覆冰，各类通信手段失效，人们沟通交流不便信息闭塞等。大气覆冰灾害直接影响的统一特征为“破坏”，即结构物大气覆冰引发自身和功能的损坏；大气覆冰灾害间接影响的统一特征为“限制”，即结构物大气覆冰强制性降低人们的生产生活水平，限制人们的衣食住行，迫使大家回归到断电、困足和交流不便的时代。本章从大气覆冰灾害直接影响入手讨论大气覆冰灾害分类、基本特点及常见结构物(电网设备、风机、飞机和道路交通)大气覆冰灾害与致灾机制。

3.1 大气覆冰灾害分类与基本特点

3.1.1 大气覆冰灾害分类

大气覆冰灾害按其直接影响可分为机械、电气和功能性损坏灾害三大类。

1. 大气覆冰机械灾害

大气覆冰的随机性导致覆冰尺寸、密度和形式随机变化，使结构物荷载变化[1]。变化的负载对结构物造成机械性损坏(如倒塌、破裂、折断、坍陷和变形等)称为大气覆冰机械灾害，如图 3.1 所示，机械灾害常见的有电力杆塔(水泥杆和铁塔)倒塌、风机叶片损坏、飞机覆冰坠毁、公路地基下沉、铁路牵引线断裂、船舶覆冰沉没和房屋倒塌等。

(a) 电力水泥杆倒塌

(b) 电力铁塔倒塌

(c) 风机叶片损坏

(d) 飞机覆冰坠毁

(e) 公路地基下沉

(f) 铁路牵引线断裂

(g) 船舶覆冰沉没

(h) 房屋倒塌

图 3.1　大气覆冰常见机械灾害

2. 大气覆冰电气灾害

覆冰影响结构物电气安全间隙和绝缘强度，引发严重后果，称其为大气覆冰电气灾害，如图 3.2 所示。大气覆冰电气灾害发生在带电结构物中，尤其以输电线路杆塔为主。带电结构物电气安全间隙和绝缘强度是必须考虑的重要问题。大气覆冰电气灾害常见类型有线路覆冰短路和绝缘子冰闪等。

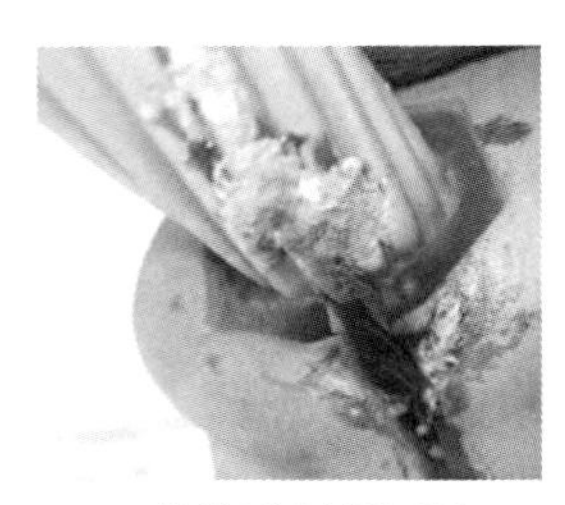

(a) 线路覆冰短路痕迹

(b) 支柱绝缘子冰闪痕迹

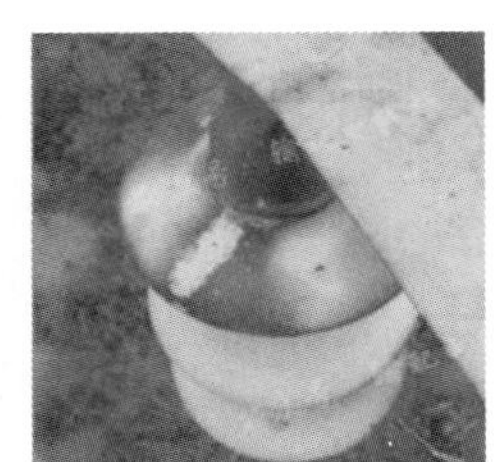

(c) 绝缘子冰闪痕迹

图 3.2　大气覆冰常见电气灾害

3. 大气覆冰功能性损坏灾害

设计制造时结构物均有用途，投入使用发挥正常作用的称为结构物的功能属性，如电力杆塔的功能属性为输送电能，风机的功能属性为发电，飞机的功能属性为飞行，公路的功能属性为保障车辆通行等。若覆冰后结构物功能属性受到影响则称为结构物功能性损坏，将结构物的功能属性随着覆冰消失能自行恢复的称为大气覆冰功能性损坏灾害。如图 3.3 所示，结构物大气覆冰功能性损坏灾害常见类型有：风机覆冰停止工作，覆冰消失发电恢复；飞机表面覆冰不能正常起飞，覆冰消失可正常飞行；路面覆冰摩擦系数降低导致车辆侧滑，覆冰消失路面摩擦系数恢复正常；铁路隧道覆冰机车不能通行，覆冰消失车辆恢复通行；船舶锚机覆冰停止工作，覆冰消失恢复正常工作等。与此相反，大气覆冰机械和电气灾害在覆冰消失后功能属性不能自行恢复[1,2]。

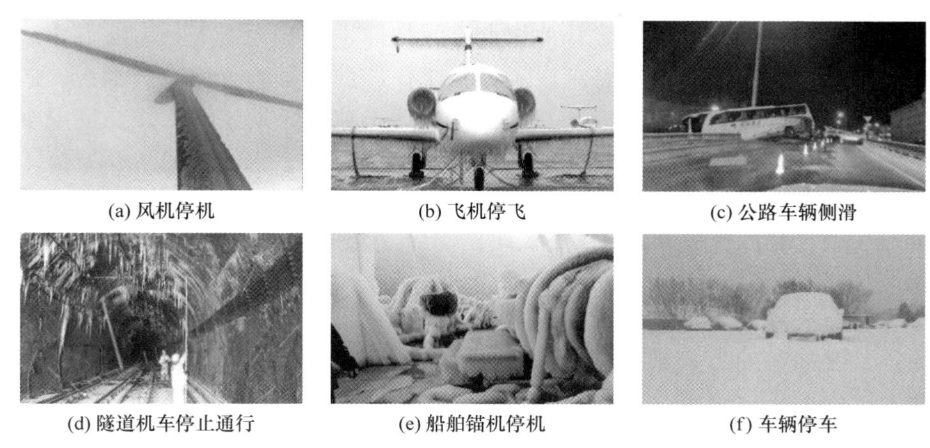

(a) 风机停机　(b) 飞机停飞　(c) 公路车辆侧滑

(d) 隧道机车停止通行　(e) 船舶锚机停机　(f) 车辆停车

图 3.3　结构物大气覆冰功能性损坏常见灾害

3.1.2　大气覆冰灾害基本特点

大气覆冰灾害具有显著的覆盖范围广、破坏力强、地域差异明显、成灾速度快以及预防困难的基本特点。

1. 覆盖范围广

大气覆冰灾害覆盖范围广体现在灾害发生地点的地理分布广泛和受灾对象多样两方面。大气覆冰灾害在世界上多个国家的多个地区发生，受灾对象包含所有暴露在大气覆冰环境的结构物，涉及面极广，覆冰积雪在世界上七大洲均有出现，欧洲出现覆冰积雪天气的国家比例最高，达到 90.7%。在覆冰积雪天气常态出现的国家中，北美洲发生大气覆冰灾害的国家数量最多，占比达到 100%。按国际惯例受世界范围内承认的共有 193 个联合国会员国，覆冰积雪天气常态出现的国家占 47.15%，共有 91 个。而在 91 个覆冰积雪天气常态出现的国家当中，发生过大气覆冰灾害的国家为 78 个，占比高达 85.71%。而且大气覆冰灾害分散于各个国家的不同区域。中国有大气覆冰灾害记录的省级行政区达 20 个。大气覆冰灾害发生时，暴露在同一地区的所有结构物都将遭受覆冰积雪天气的无差别影响，涉及工业、农业及服务业。暴露于野外的电能、燃气等能源供应设施，风机等能源生产设施，铁路、公路及飞机、车辆等交通设施均受覆冰影响。

随着极端气候多次出现，埃及、伊朗、孟加拉国、叙利亚等鲜有覆冰积雪天气的国家陆续出现覆冰，大气覆冰灾害覆盖范围扩大。

2. 破坏力强

结构物大气覆冰灾害的破坏力在自然灾害中仅次于海啸和地震，位列第三位。覆冰损坏结构物并影响其功能属性，耗费一定时间和人力物力财力才能恢复；大气覆冰灾害发生后，各项设施停止工作，严重影响人们生产生活，造成巨大间接损失。飞机、铁路、公路等公共交通覆冰灾害发生时，往往造成机毁人亡的严重事故。如 2006 年我国发生的“6 · 3 事件”，失事飞机覆冰后坠毁，机上 40 人全部遇难；2008 年我国南方冰灾爆发，途经贵州的一辆载有 39 人的大客车因道路结冰侧翻，造成 25 人死亡、14 人受伤。1998 年加拿大东部和美国东北部(部分)爆发严重覆冰灾害，520 万人(加拿大 470 万人、美国 50 万人)受灾，紧急转移安置数十万人，灾害造成大量通信电力杆塔坍塌，供水供气设施受损，交通瘫痪等情况，120 人死亡，直接经济损失近百亿加元。2008 年我国南方的大面积冰灾波及上海、江苏、浙江、安徽、江西、河南、湖北、湖南、广东、广西、重庆、四川、贵州、云南、陕西、甘肃、青海、宁夏、新疆和新疆生产建设兵团等 20 个省级行政区，129 人因此次灾害死亡，直接经济损失高达一千多亿元。

3. 地域差异明显

大气覆冰灾害具有明显的地域差异性。微地形小气候极易发生严重覆冰灾害，与周边地区明显不同。各个国家和地区对大气覆冰灾害的关注也不同。如英国电力设施多次受大气覆冰灾害影响[10]。同样位于欧洲的北欧国家发达程度高，结构物覆冰灾害防御能力相对较强，大气覆冰灾害发生频率较低，并未引起人们关注。但随着全球气候变暖，极端天气多发，覆冰的影响越发明显，欧洲各国开始逐渐关注大气覆冰灾害，2018 年开始加大相关研究投入，并与重庆大学合作开展“欧盟极北计划”项目。

4. 成灾速度快

大气覆冰灾害发生时，结构物覆冰增长迅速，短时间内在结构物表面大量累积，导致覆冰灾害的快速发生。图 3.4 为湖南雪峰山能源装备安全国家野外科学观测研究站利用导线开展的自然覆冰增长试验。本次自然覆冰试验自覆冰开始至自然结束历时 14h。导线表面覆冰量增长趋势明显，且存在明显的多个覆冰量激增期。从 19:24 之后的 3h，冰量从 200g/m 激增到 800g/m，是原冰量的 4 倍，厚度也从原来的<3mm 增长到 9mm。类似冰量增长在 0:12 之后的 2h 和 5:00 之后的 1h 均有出现。出现多个冰量激增期的原因为覆冰环境的改变。由第 2 章可知，覆冰增长由环境温度、风速、空气中液态水含量和中值体积水滴直径决定。自然覆冰条件下，这四个变量是动态变化的，覆冰量的累积也随之变化。

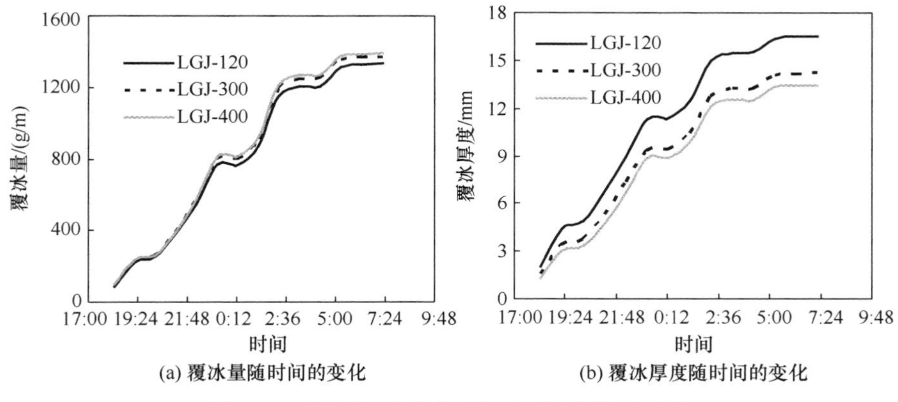

(a) 覆冰量随时间的变化　(b) 覆冰厚度随时间的变化

图 3.4　三种导线在自然覆冰过程中覆冰的变化

自然覆冰是动态快速增长的，直接导致大气覆冰灾害的快速发生。以 2008 年我国的南方冰灾为例：冰灾发生在 1 月份，起初只有湖南、安徽、湖北、贵州几个省份受灾，线路冰厚均在两天之内超过设计冰厚。随着低温雨雪天气的持续，冰厚持续增加，杆塔冰厚高达 70mm，导线冰厚高达 60mm，线路不堪重负大面积断线、倒塌。随着低温雨雪天气的运动和发展，灾情快速蔓延至全国其他省市。1 月 13 日之后的一周，16 个省级行政区受冰灾影响，至冰灾结束时，全国共 20 个省级行政区受到本次冰灾影响。大气覆冰灾害成灾速度快的特点在飞机覆冰灾害中尤为显著。飞机在高空飞行时速较快，遇到合适的覆冰条件时，高速运动造成大量的过冷却水滴撞击飞机表面，在极短时间内形成冰层，致使飞机覆冰失速或坠毁。如飞机表面覆冰得不到及时处理，从覆冰开始到飞机坠毁这一过程的持续时间往往不超过 10min。

5. 预防困难

难以预防是大气覆冰灾害鲜明的特点。覆冰积雪是人类不可抗拒的自然现象，不可能采取阻止覆冰积雪发生的方法预防大气覆冰灾害。覆冰积雪现象是随机事件，也是大气覆冰灾害发生的前提条件。大气覆冰灾害作为一种自然灾害和海啸、地震等自然灾害一样具有较强的随机发生性，一旦发生具有明显的不可逆特性和较快的发展速度，覆冰灾害的发生还和环境、地理条件相关[2]。通过科学技术手段准确预报预警代价过大且效果甚微。

3.2　电网覆冰灾害与致灾机制

电网设备成为大气覆冰灾害中最为常见的受灾对象。电网覆冰灾害也成为仅次于污闪、雷击的第三大电网灾害[5]。20 世纪 50 年代以来，电网设备覆冰灾害受灾严重的俄罗斯、加拿大、美国、日本、英国、芬兰、冰岛等对电网设备覆冰进行观测和研究[3-13]。我国最早有记录的电网设备覆冰灾害事故发生于 1954 年[14,15]，但受限于当时的社会环境和人们的认识不足，电网设备覆冰灾害并未引起足够的关注，直至顾乐观教授、孙才新院士开拓了电网覆冰研究领域，于 1985 年建立国内首个低温实验室，并由顾乐观教授主持我国覆冰领域第一个国家自然科学基金项目，我国电网设备覆冰开始稳步发展。重庆大学能源电力装备安全与自然灾害防御研究团队不怕辛苦，勇于奉献，敢于创新，默默坚守电网覆冰研究近 40 年，创建了电力装备外绝缘和电网、风机、飞机覆冰机理与防御为一体的、面向国内外开放的湖南雪峰山能源装备安全国家野外科学观测研究站。

3.2.1　电网覆冰致灾分类

电网机器设备长期暴露于野外大气环境，长年经受覆冰的困扰，成为大气覆冰灾害最为严重的受灾对象[1-5]。如图 3.5 所示，电网设备遭遇覆冰积雪天气后可能发生三种情况：①电网设备在设计制造时具备一定的抗冰能力，覆冰积雪并未超过其承受极限时电网设备能够正常稳定运行；②电网设备在覆冰积雪的影响下超过自身承受极限，导致覆冰机械灾害；③电网设备覆冰导致电气绝缘故障引发大面积跳闸灾害。

如图 3.6 所示，覆冰积雪条件下电网设备可能由于线路覆冰过荷载、不均匀覆冰或不同期脱冰、架空线舞动和绝缘子覆冰闪络事故导致电网设备覆冰机械与电气灾害的发生。绝缘子覆冰闪络引发电网设备电气灾害；架空线舞动、线路覆冰过荷载、不均匀覆冰或不同期脱冰引起电网设备机械灾害和电气灾害。

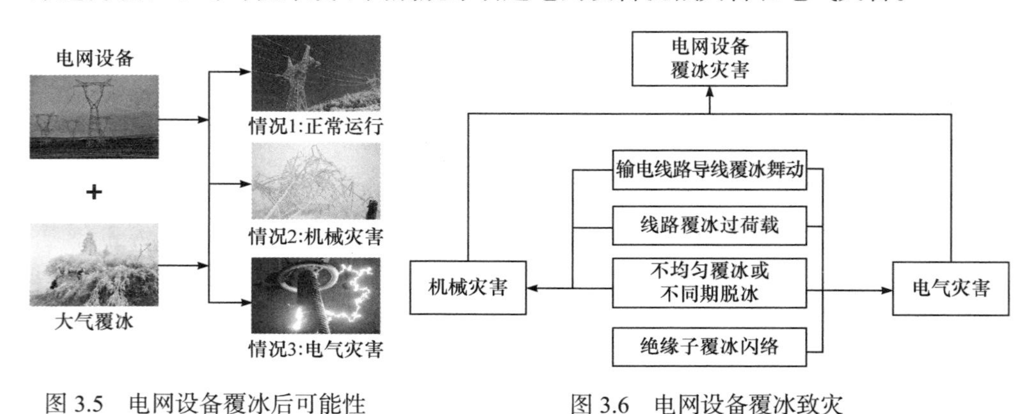

图 3.5　电网设备覆冰后可能性　　图 3.6　电网设备覆冰致灾

3.2.2　线路覆冰过荷载

线路覆冰过荷载是线路均匀覆冰后在风等其他外力作用下，未出现舞动，仅由覆冰增加造成的线路荷载超过自身承受极限引发的事故，如图 3.7 所示。线路覆冰过载事故是线路累积大量冰，自重增加线路弧垂加大、张力改变而引发事故[16]。

(a) 导线弧垂过长触地

(b) 悬垂线夹拉断

(c) 塔头折断

图 3.7　线路覆冰过荷载事故

1. 均匀覆冰导线静力特性

1) 导线弧垂与线长变化

(1) 悬挂点等高。

架空输电线路导线档距较大，材料刚性对导线悬挂于空中的几何形状影响很小，可将导线设定为两端悬挂的柔软索链，用悬链线理论进行分析[17,18]。

悬链线理论认为架空导线比载(γ)沿线长(L_{AB})均匀分布，如图 3.8 所示，其中，l 为档距，L_{OC} 为导线最低点 O 到 C 点间的导线长度，σ_0 为水平应力，σ_A、σ_B 分别为悬挂点 A、B 上的轴向应力，$\sigma_{\gamma A}$、$\sigma_{\gamma B}$ 分别为σ_A、σ_B 在比载方向上的分量。

取 X-Y 坐标系的原点位于导线的最低点，X 轴与比载(γ)方向垂直，Y 轴与比载(γ)方向平行，取图 3.9 中 L_{OC} 段导线进行受力分析。

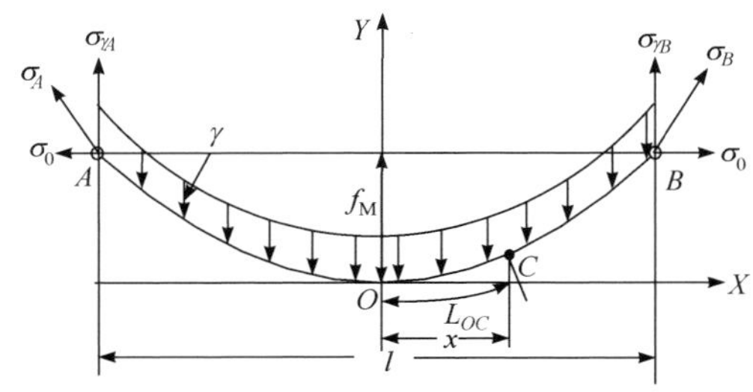

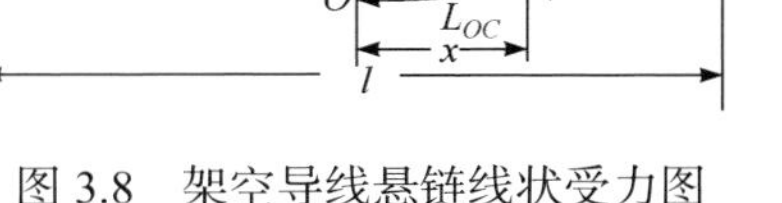

图 3.8　架空导线悬链线状受力图

图 3.9　L_{OC} 段导线的受力图

C 点的切线斜率为

$$\tan\varphi = y' = \frac{\gamma}{\sigma_0} L_{OC} \tag{3.1}$$

将式(3.1)对 x 微分可得

$$\mathrm{d}y' = \frac{\gamma}{\sigma_0} \mathrm{d}L_{OC} \tag{3.2}$$

由于

$$\mathrm{d}L_{OC}=\sqrt{(\mathrm{d}x)^2+(\mathrm{d}y)^2}=\sqrt{1+y'^2}\mathrm{d}x \tag{3.3}$$

则

$$\mathrm{d}y'=\frac{\gamma}{\sigma_0}\sqrt{1+y'^2}\mathrm{d}x \tag{3.4}$$

分离变量可得

$$\frac{\mathrm{d}y'}{\sqrt{1+y'^2}}=\frac{\gamma}{\sigma_0}\mathrm{d}x \tag{3.5}$$

两端积分可得

$$\mathrm{sh}^{-1}y'=\frac{\gamma}{\sigma_0}(x+C_1) \tag{3.6}$$

$$y'=\mathrm{sh}\frac{\gamma}{\sigma_0}(x+C_1) \tag{3.7}$$

$$y=\frac{\sigma_0}{\gamma}\mathrm{ch}\frac{\gamma}{\sigma_0}(x+C_1)+C_2 \tag{3.8}$$

由边界条件 x=0 时，y=0，y'=0 可解得：C_1=0、$C_2=\sigma_0/\gamma$的悬链线方程为

$$y=\frac{\sigma_0}{\gamma}\left(\mathrm{ch}\frac{\gamma}{\sigma_0}x-1\right) \tag{3.9}$$

由图 3.8 及式(3.9)可知，悬挂点等高时导线任一点弧垂为

$$\begin{aligned}f_x=y_B-y_x&=\frac{\sigma_0}{\gamma}\left(\mathrm{ch}\frac{\gamma l}{2\sigma_0}-1\right)-\frac{\sigma_0}{\gamma}\left(\mathrm{ch}\frac{\gamma x}{\sigma_0}-1\right)\\&=\frac{\sigma_0}{\gamma}\left(\mathrm{ch}\frac{\gamma l}{2\sigma_0}x-\mathrm{ch}\frac{\gamma x}{\sigma_0}\right)\end{aligned} \tag{3.10}$$

当 x=0 时可得档距中央的最大弧垂为

$$f_{\mathrm{M}}=f_0=\frac{\sigma_0}{\gamma}\left(\mathrm{ch}\frac{\gamma l}{2\sigma_0}-1\right) \tag{3.11}$$

悬链线导线长度为

$$\begin{aligned}L&=2\int_0^{\frac{1}{2}}\sqrt{1+y'^2}\mathrm{d}x=2\int_0^{\frac{1}{2}}\sqrt{1+\mathrm{sh}^2\frac{\gamma}{\sigma_0}x\mathrm{d}x}\\&=2\int_0^{\frac{1}{2}}\mathrm{ch}\frac{\gamma}{\sigma_0}x\mathrm{d}x=2\frac{\sigma_0}{\gamma}\mathrm{sh}\frac{\gamma l}{2\sigma_0}\end{aligned} \tag{3.12}$$

将式(3.11)的双曲线函数展开为级数，并近似取第一项；将式(3.12)的双曲线函数展开为级数，并近似取前两项，可得到弧垂、线长的计算形式为

$$f_{\mathrm{M}} \approx \frac{\gamma l^2}{8\sigma_0} \tag{3.13}$$

$$L = l + \frac{\gamma^2 l^3}{24\sigma_0} \tag{3.14}$$

式(3.13)和式(3.14)是悬挂点等高时弧垂与线长的抛物线公式。由图 3.8 还可知，导线上任一点应力为

$$\begin{aligned} \sigma_x &= \frac{\sigma_0}{\cos\varphi} = \sigma_0\sqrt{1+\tan^2\varphi} = \sigma_0\sqrt{1+y'^2} \\ &= \sigma_0\sqrt{1+\left(\mathrm{sh}\frac{\gamma}{\sigma_0}x\right)^2} = \sigma_0\mathrm{ch}\frac{\gamma}{\sigma_0}x = \sigma_0 + y\gamma \end{aligned} \tag{3.15}$$

式(3.15)表明：导线上任一点的应力与最低点的应力之差，等于该点的纵坐标与比载的乘积。两端悬挂点应力为

$$\sigma_A = \sigma_B = \sigma_0 + \gamma f_{\mathrm{M}} \tag{3.16}$$

(2) 悬挂点不等高。

由于地形的起伏不平导致杆塔高度的不同，将引起档距中架空导线两端悬挂点的高度不相等。当两悬挂点间的高差较小($h/l<0.1$)时，可近似用平抛物线法进行计算。当两悬挂点间的高差较大($0.1<h/l\leqslant 0.25$)时，可近似用斜抛物线法进行计算。

① 斜抛物线法。

斜抛物线法认为：导线比载(γ)沿斜档距(l_{AB})(两悬挂点的直线距离)均匀分布，如图 3.10 所示，其中：l 为档距；h 为悬挂点高差，θ 为高差角。σ_0 为水平应力，σ_A、σ_B 分别为悬挂点 A、B 上的轴向应力，$\sigma_{\gamma A}$、$\sigma_{\gamma B}$ 分别为 σ_A、σ_B 在比载作用方向上分量。

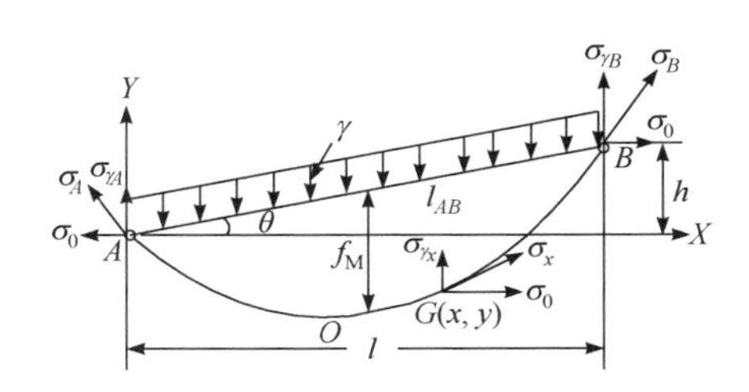

图 3.10　近似为斜抛物线的受力

设导线为理想柔索线，取 X-Y 坐标系的原点位于左侧 A 悬挂点，X 轴与比载 γ 作用方向垂直，Y 轴与比载(γ)方向平行。根据柔索线任一点弯矩为零的条件，可列出导线上任一点 $G(x,y)$及悬挂点 B 的力矩平衡方程：

$$\begin{cases} \sigma_0 y + \sigma_{\gamma A}x - \left(\dfrac{x}{\cos\theta}\gamma\right)\dfrac{x}{2} = 0 \\ \sigma_0 h + \sigma_{\gamma A}l - \left(\dfrac{l}{\cos\theta}\gamma\right)\dfrac{l}{2} = 0 \end{cases} \tag{3.17}$$

由式(3.17)可解得斜抛物线方程为

$$y=\frac{\gamma}{2\sigma_0\cos\theta}x^2+\left(\frac{h}{l}-\frac{\gamma l}{2\sigma_0\cos\theta}\right)x=x\tan\theta-\frac{\gamma x(l-x)}{2\sigma_0\cos\theta} \tag{3.18}$$

由图 3.10 及式(3.18)可知，导线任一点弧垂为

$$f_x=x\tan\theta-y=\frac{\gamma x(l-x)}{2\sigma_0\cos\theta} \tag{3.19}$$

当 $x=l/2$ 时，档距中央最大弧垂为

$$f_{\mathrm{M}}=f_{l/2}=\frac{\gamma l^2}{8\sigma_0\cos\theta} \tag{3.20}$$

斜抛物线长度为

$$\begin{aligned}
L&=\int_0^l\sqrt{1+y'^2}\,\mathrm{d}x=\int_0^l\sqrt{1+\left[\tan\theta-\frac{\gamma(l-2x)}{2\sigma_0\cos\theta}\right]^2}\,\mathrm{d}x\\
&=\frac{1}{\cos\theta}\int_0^l\sqrt{1+\left[\frac{\gamma(l-2x)}{2\sigma_0}\right]^2-\frac{\gamma(l-2x)}{\sigma_0}\sin\theta}\,\mathrm{d}x\\
&\approx\frac{1}{\cos\theta}\int_0^l\left\{\begin{aligned}&1+\frac{1}{2}\left[\left(\frac{\gamma(l-2x)}{2\sigma_0}\right)^2-\frac{\gamma(l-2x)}{\sigma_0}\sin\theta\right]\\&-\frac{1}{8}\left[\left(\frac{\gamma(l-2x)}{2\sigma_0}\right)^2-\frac{\gamma(l-2x)}{\sigma_0}\sin\theta\right]^2\end{aligned}\right\}\mathrm{d}x\\
&=\frac{1}{\cos\theta}\int_0^l\left\{1-\frac{\gamma(l-2x)}{2\sigma_0}\sin\theta+\frac{1}{8}\left[\frac{\gamma(l-2x)}{\sigma_0}\sin\theta\right]^2\right\}\mathrm{d}x\\
&=\frac{1}{\cos\theta}\left(l+\frac{\gamma^2l^3\cos^2\theta}{24\sigma_0^2}\right)=\frac{1}{\cos\theta}+\frac{\gamma^2l^3\cos^2\theta}{24\sigma_0^2}
\end{aligned} \tag{3.21}$$

② 平抛物线法。

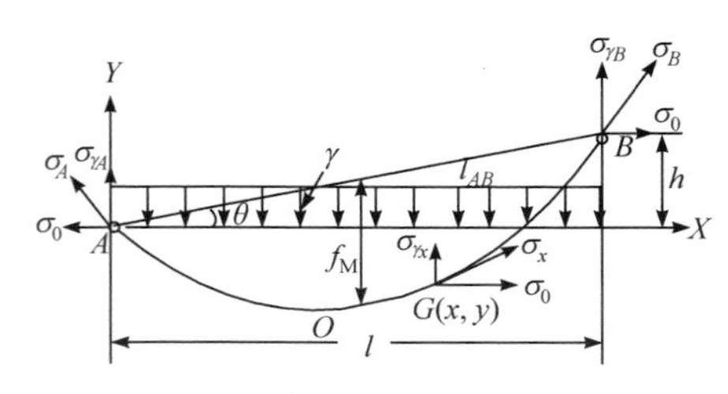

图 3.11　近似为平抛物线的受力图

平抛物线法认为，架空线比载(γ)沿档距(l)均匀分布，如图 3.11 所示。将式(3.18)～式(3.20)中的 $\gamma/\cos\theta$ 用 γ 代替，可得平抛物线方程为

$$y=x\tan\theta-\frac{\gamma x(l-x)}{2\sigma_0} \tag{3.22}$$

导线任一点弧垂为

$$f_x = x\tan\theta - y = \frac{\gamma x(l-x)}{2\sigma_0} \tag{3.23}$$

当 $x=l/2$ 时，档距中央的最大弧垂为

$$f_{\mathrm{M}} = f_{l/2} = \frac{\gamma l^2}{8\sigma_0} \tag{3.24}$$

平抛物线的导线长度为

$$\begin{aligned} L &= \int_0^l \sqrt{1+y'^2}\,\mathrm{d}x = \int_0^l \sqrt{1+\left[\tan\theta - \frac{\gamma(l-2x)}{2\sigma_0}\right]^2}\,\mathrm{d}x \\ &\approx \int_0^l \left\{1+\frac{1}{2}\left[\tan\theta - \frac{\gamma(l-2x)}{2\sigma_0}\right]^2\right\}\mathrm{d}x \\ &= l + \frac{h^2}{2l} + \frac{\gamma^2 l^3}{24\sigma_0^2} \end{aligned} \tag{3.25}$$

2) 导线应力状态方程

(1) 悬挂点等高。

设架空线档距为 l，在某一气象条件下，气温为 T_m，比载为γ_m，线长为 L_m，档距中央应力为σ_{cm}；当改变到另一气象条件时，气温为 T_n，比载为γ_n，线长为 L_n，档距中央应力为σ_{cn}。设架空线温度线膨胀系数为α，弹性模量为 E，弹性伸长系数为$\beta=1/E$。若把温度和应力变化视为 n 个阶段逐渐变化，根据弹性变形的胡克定律及线性温度伸长关系，可得

$$\begin{aligned} L &= \lim_{n\to\infty} L_m \left[1+\frac{\alpha(T_n-T_m)}{n}\right]^n \left(1+\frac{\sigma_{cn}-\sigma_{cm}}{E_n}\right)^n \\ &= L_m \mathrm{e}^{\alpha(T-T_0)} \mathrm{e}^{\frac{\sigma_{cn}-\sigma_{cm}}{E}} \end{aligned} \tag{3.26}$$

考虑到 $|\alpha(T_n-T_m)|$ 及 $|(\sigma_{cn}-\sigma_{cm})/(El)|$，将上式展开为泰勒级数，取近似值，可得

$$\begin{aligned} L &\approx L_m\left[1+\alpha(T_n-T_m)\right]\left(1+\frac{\sigma_{cn}-\sigma_{cm}}{E}\right) \\ &= L_m\left[1+\alpha(T_n-T_m)\right]\left[1+\beta(\sigma_{cn}-\sigma_{cm})\right] \end{aligned} \tag{3.27}$$

根据抛物线理论，对于悬挂点等高的情形，气象条件变化前档内线长为

$$L_m = l + \frac{\gamma_m^2 l^3}{24\sigma_{0m}^2} \tag{3.28}$$

气象条件变化后档内线长随之变化为

$$L_n = l + \frac{\gamma_n^2 l^3}{24\sigma_{0n}^2} \tag{3.29}$$

将式(3.28)和式(3.29)代入式(3.27)，考虑到悬挂点等高时有$\sigma_{cn}=\sigma_{0n}$、$\sigma_{cm}=\sigma_{0m}$，则有

$$\begin{aligned}l+\frac{\gamma_n^2 l^3}{24\sigma_{0n}^2}&=\left(l+\frac{\gamma_m^2 l^3}{24\sigma_{0m}^2}\right)\left[1+\alpha\left(T_n-T_m\right)\right]\left[1+\beta\left(\sigma_{cn}-\sigma_{cm}\right)\right]\\&=\left(l+\frac{\gamma_m^2 l^3}{24\sigma_{0m}^2}\right)\left[1+\alpha\left(T_n-T_m\right)\right]\left[1+\beta\left(\sigma_{cn}-\sigma_{cm}\right)\right]\\&\quad+\alpha\beta\left(T_n-T_m\right)\left(\sigma_{0n}-\sigma_{0m}\right)\end{aligned}\tag{3.30}$$

忽略$\alpha\beta(T_n-T_m)(\sigma_{0n}-\sigma_{0m})$及$\alpha(T_n-T_m)$、$\beta(\sigma_{cn}-\sigma_{cm})$与$\gamma_m^2 l^3\cos\theta/(24\sigma_{0m}^2)$相乘的极小量值，则式(3.30)可简化为

$$\sigma_{0n}-\frac{\gamma_n^2 l^2}{24\beta\sigma_{0n}^2}=\sigma_{0m}-\frac{\gamma_m^2 l^2}{24\beta\sigma_{0m}^2}-\frac{\alpha}{\beta}\left(T_n-T_m\right)\tag{3.31}$$

此即抛物线理论的悬挂点等高的架空导线应力变化状态方程式。气象条件变化前档内线长为

$$L_m=\frac{2\sigma_{0m}}{\gamma_m}\text{sh}\frac{\gamma_m l}{2\sigma_{0m}}\tag{3.32}$$

气象条件变化后，档内线长随之变化为

$$L_n=\frac{2\sigma_{0n}}{\gamma_n}\text{sh}\frac{\gamma_n l}{2\sigma_{0n}}\tag{3.33}$$

将式(3.32)和式(3.33)代入式(3.27)，并考虑悬挂点等高时，$\sigma_{cn}=\sigma_{0n}$、$\sigma_{cm}=\sigma_{0m}$，则

$$\frac{2\sigma_{0n}}{\gamma_n}\text{sh}\frac{\gamma_n l}{2\sigma_{0n}}=\frac{2\sigma_{0m}}{\gamma_m}\text{sh}\frac{\gamma_m l}{2\sigma_{0m}}\left[1+\alpha\left(T_n-T_m\right)\right]\left[1+\alpha\left(T_n-T_m\right)\right]\tag{3.34}$$

此即悬链线理论的悬挂点等高的架空导线应力变化状态方程式。

(2) 悬挂点不等高。

根据斜抛物线理论，悬挂点不等高的情形，气象条件变化前档内线长为

$$L_m=\frac{l}{\cos\theta}+\frac{\gamma_m^2 l^3\cos\theta}{24\sigma_{0m}^2}\tag{3.35}$$

气象条件变化后档内线长随之变化为

$$L_n=\frac{l}{\cos\theta}+\frac{\gamma_n^2 l^3\cos\theta}{24\sigma_{0n}^2}\tag{3.36}$$

将式(3.35)和式(3.36)代入式(3.27)，且悬挂点等高，$\sigma_{cm}=\sigma_{0m}/\cos\theta$, $\sigma_{cn}=\sigma_{0n}/\cos\theta$,

则有

$$\frac{l}{\cos\theta}+\frac{\gamma_n^2 l^3\cos\theta}{24\sigma_{0n}^2}=\left(\frac{l}{\cos\theta}+\frac{\gamma_m^2 l^3\cos\theta}{24\sigma_{0m}^2}\right)\left[1+\alpha\left(T_n-T_m\right)\right]\left[1+\frac{\beta\left(\sigma_{0n}-\sigma_{0m}\right)}{\cos\theta}\right]$$

$$=\left(l+\frac{\gamma_m^2 l^3}{24\sigma_{0m}}\right)\left[1+\alpha\left(T_n-T_m\right)+\beta\left(\sigma_{cn}-\sigma_{cm}\right)+\alpha\beta\left(T_n-T_m\right)\left(\sigma_{cn}-\sigma_{cm}\right)\right] \tag{3.37}$$

忽略$\alpha\beta(T_n-T_m)(\sigma_{cn}-\sigma_{cm})/\cos\theta$、$\alpha(T_n-T_m)$、$\beta(\sigma_{0n}-\sigma_{0m})/\cos\theta$与$\gamma_m^2 l^3\cos\theta/(24\sigma_{0n}^2)$相乘的极小量值，则式(3.37)可化简为

$$\sigma_{0n}-\frac{\gamma_n^2 l^3\cos\theta}{24\beta\sigma_{0n}^2}=\sigma_{0m}-\frac{\gamma_m^2 l^3\cos\theta}{24\beta\sigma_{0n}^2}-\frac{\alpha\cos\theta}{\beta}\left(T_n-T_m\right) \tag{3.38}$$

此即悬挂点不等高情形下的架空导线应力变化状态方程式。

据上即可得到均匀覆冰架空导线在不同环境状况下的弧垂及张力变化。

2. 示例分析

根据前述内容，以某悬挂点等高大跨越为例，其跨越档导线基本参数为：档距L=1055m，弹性模量E=100940N/mm^2，线膨胀系数α=16.24×10^{-6}，截面积A=633.6mm^2，自重P_0=26.999N/m，在平均气温15℃，无覆冰和无风条件下，导线弧垂最低点的水平张力为T_{cp}=18.22%T_p，计算综合拉断力T_p=352800N，T_{cp}=64280.2N。根据抛物线理论和悬链线理论计算的导线张力、弧垂及综合荷载如表3.1所示。

悬挂点等高情形：档距中央最大弧垂为$f_M=f_{l/2}=\gamma l^2/(8\sigma_0)$。根据表3.1可得，覆冰厚度、温度及风速对导线水平张力及最大弧垂影响的关系曲线如图3.12所示。

表3.1 不同气象条件下导线张力、弧垂及综合荷载

气温/℃	覆冰厚度/mm	风速/(m/s)	水平张力/N		悬挂点张力/N		最大弧垂/m		综合荷载/(N/m)	
			抛物线理论	悬链线理论	抛物线理论	悬链线理论	抛物线理论	悬链线理论	抛物线理论	悬链线理论
30	0	0	63394	63391	64994	64991	59.253	59.256	26.999	26.999
10	0	0	64580	64581	66151	66152	58.165	58.164	26.999	26.999
0	0	0	65198	65201	66753	66756	57.614	57.611	26.999	26.999
−5	0	0	65513	65517	67060	67064	57.337	57.333	26.999	26.999
−15	0	0	66156	66163	67689	67695	56.780	56.774	26.999	26.999
−15	10	0	92745	927543	95009	950175	58.288	58.282	38.855	38.855
−15	20	0	129750	129763	133143	133154	60.324	60.318	56.258	56.258
−15	30	0	175598	175616	180569	1805744	62.755	62.749	79.205	79.205

续表

气温/℃	覆冰厚度/mm	风速/(m/s)	水平张力/N		悬挂点张力/N		最大弧垂/m		综合荷载/(N/m)	
			抛物线理论	悬链线理论	抛物线理论	悬链线理论	抛物线理论	悬链线理论	抛物线理论	悬链线理论
−15	50	0	288424	288453	298114	298140	68.370	68.363	141.737	141.737
−15	20	5	129784	129797	133179	133191	60.326	60.320	56.274	56.274
−15	20	10	130295	130307	133706	133717	60.353	60.347	56.522	56.522
−15	20	20	138139	138153	141806	141818	60.776	60.770	60.344	60.344
−15	20	30	166786	166803	171439	171454	62.295	62.289	74.679	74.679

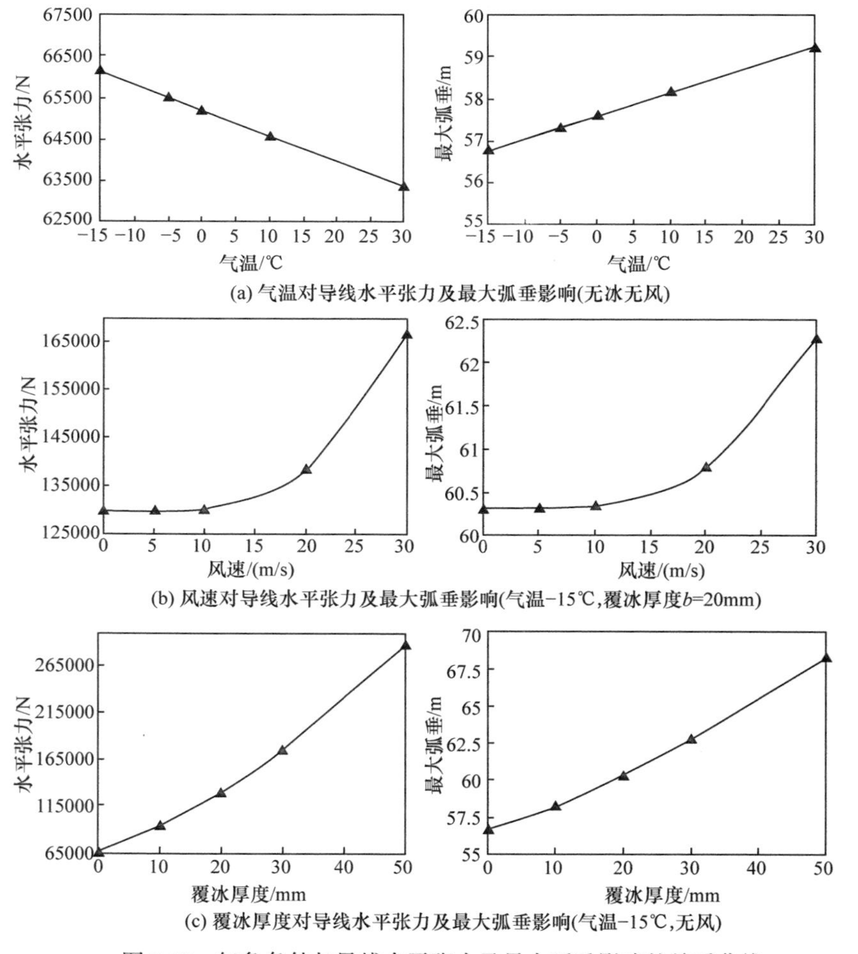

图 3.12 气象条件与导线水平张力及最大弧垂影响的关系曲线

由表 3.2 和图 3.12 可知：

(1) 温度引起导线张力和形状变化并不明显。无冰无风且温度由 30℃降至–15℃时，导线水平张力由 63394N 增至 66156N，相对变化 4.36%。跨中弧垂由 59.253m 减小至 56.780m，相对变化–4.17%。

(2) 冰引起的张力和形状变化显著。冰厚增大，水平应力、悬挂点应力及跨中弛度都相应增大。当气温为–15℃且无风时，与无覆冰相比，冰厚 50mm 时跨中弧垂由 56.780m 增加至 68.370m，相对变化 20.55%；导线水平张力由 66156N(18.75%T_p)增至 288424N(81.75%T_p)，为原来的 4.36 倍，接近计算综合拉断力 T_p。

(3) 风荷载引起的导线张力和形状变化不明显。气温–15℃、冰厚 20mm 时，与无风情形相比，风速为 20m/s 时，导线水平张力由 129750N 增至 138139N，相对变化量为 6.47%。跨中弧垂由 60.324m 增加至 60.776m，相对变化量为 0.75%。随着风速继续增大，导线张力和弧垂的增加速率也增大。

上述结果表明：覆冰积雪环境下，温度变化引起的导线张力和形状变化并不明显；由覆冰引起的导线张力和形状的变化较为显著，表面均匀覆冰是线路覆冰过荷载的基本原因。表 3.2 为线路覆冰过荷载及其引起的常见事故类型。架空导线弧垂增大和架空线张力改变可影响架空导线和地线、线路金具、线路电气间隙、绝缘子串、杆塔结构和杆塔基础。

表 3.2　电网设备覆冰过荷载及其受灾对象与常见事故类型

覆冰过荷载现象	受灾对象	常见事故类型
架空线弧垂增大和张力改变	导线和地线	从压接管内抽出、外层铝股全断钢芯抽出、整根拉断或线夹出口处附件导线外层断裂若干
	金具	线夹断裂
	电气间隙	导线对地闪络、导线相碰烧伤及烧断导地线
	绝缘子串	成串绝缘子扭转、跳跃，引发绝缘子串翻转、碰撞、炸裂
	杆塔结构	直线杆头顺线方向折断、杆塔在拉线点以下折断，垂直线路方向倒塔
	杆塔基础	基础下沉、倾斜或爆裂而引起结构物倾斜或倒塌

3.2.3　不均匀覆冰或不同期脱冰

图 3.13 为电网设备不均匀覆冰或不同期脱冰故障。相邻档导线不均匀覆冰或不同期脱冰时，产生张力差使导地线在线夹内滑动，严重时使导线外层铝股在线夹出口处全部断裂、钢芯抽动等事故[1]，常见事故类型有：

(1) 导线和地线。架空线为绞线时通常造成外层断裂、内芯抽动，同时造成坚固件另一侧的外层线股拥挤在紧固件附近，长达 1～20m。

(2) 绝缘子串损坏。因邻档张力不同，直线杆塔承受张力差，使悬垂绝缘子串偏移很大，碰撞横担造成绝缘子损伤或破裂。

(3) 电气间隙。张力差使横担转动，导线碰撞拉线，使拉线烧断造成倒杆倒塔；或因三相融冰时，中相未融而边相先融，造成导线不同步摆动边相碰撞。

(4) 杆塔结构。因不同期脱冰使横担折断或向上翘起；或者使地线支架扭坏，因不均匀覆冰使横担扭转。

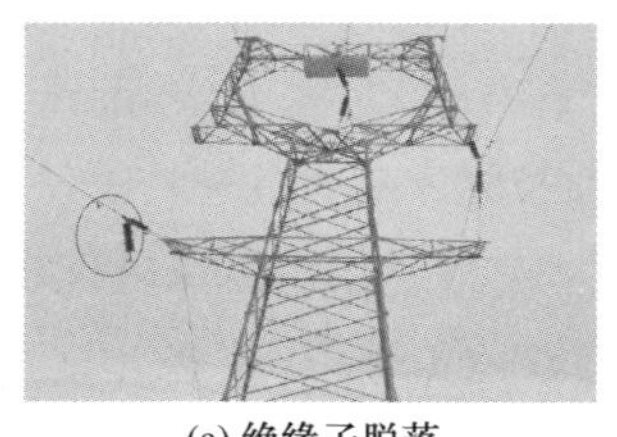

(a) 绝缘子脱落

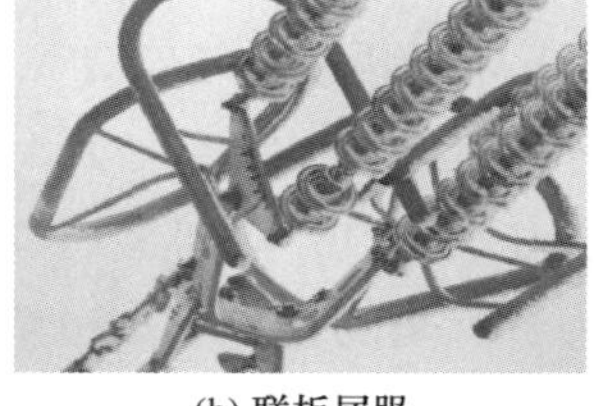

(b) 联板屈服

(c) 导线断股

图 3.13　不均匀覆冰或不同期脱冰故障

1. 非均匀覆冰与非同期脱冰的不平衡张力

图 3.14 为各档不同期脱冰的耐张段，且中央一档具有较轻比载(γ_n)，其余各档具有较重比载(γ_m)($\gamma_m > \gamma_n$)。图 3.15 为各档不均匀覆冰的耐张段，且第一档具有较重比载(γ_m)，其余各档具有较轻比载(γ_n)($\gamma_n < \gamma_m$)。

(1) 重冰档张力与档距缩短量的关系为[17]

$$T = A\sqrt{\frac{(l_0 - \Delta l)^3 \gamma_m^2}{24\Delta l + \frac{l_0^3 \gamma_m}{\sigma_m^2}}} \tag{3.39}$$

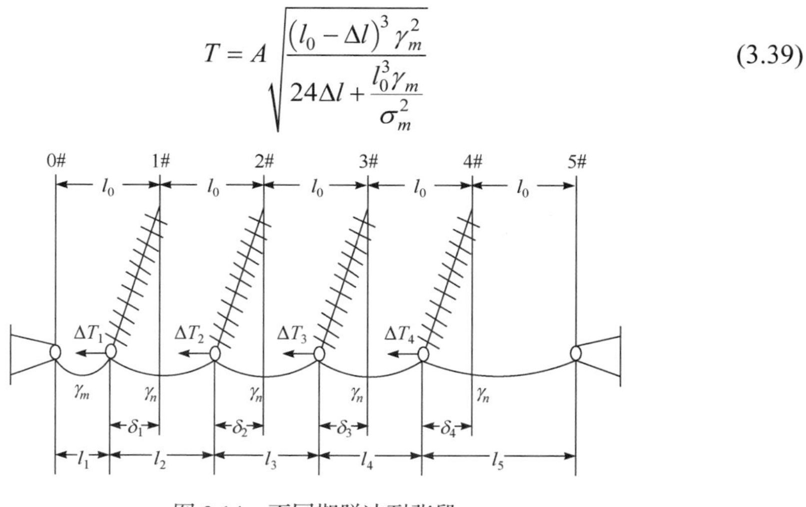

图 3.14　不同期脱冰耐张段

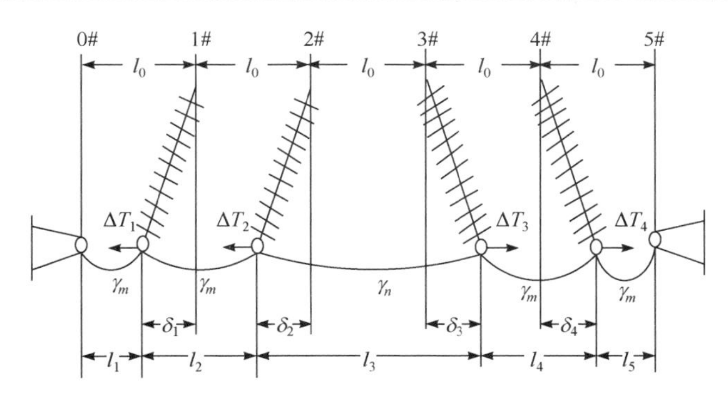

图 3.15　不均匀覆冰耐张段

式中：T 为导线张力(N)；A 为导线横截面积(mm^2)；l_0 为初始档距长度(m)；Δl 为档距缩短量(m)；γ_m 为重冰档总比载(N/(m·mm^2))；σ_m 为导线初始应力(N/mm^2)。

(2) 轻冰档张力与档距增加量的关系为

$$T = A\sqrt{\frac{(l_0 - \Delta l)^3 \gamma_n^2}{\dfrac{l_0^3 \gamma_n}{\sigma_n^2} - 24\Delta l}} \tag{3.40}$$

式中：Δl 为档距增加量(m)；γ_n 为轻冰档总比载(N/(m·mm^2))；σ_n 为导线初始应力(N/mm^2)；其余符号说明同上。

(3) 两侧均为轻冰载时，绝缘子串位移与张力差之间的关系为

$$\delta_n = \frac{\lambda \Delta T}{\sqrt{\left(\gamma_n A l_0 + \dfrac{G_{\mathrm{J}}}{2}\right) + \Delta T^2}} \tag{3.41}$$

式中：δ_n 为绝缘子串位移(m)；γ_n 为档内导线总比载(N/(m·mm^2))；ΔT 为绝缘子串两端张力差(N)；λ 为绝缘子串长度(m)；G_{J} 为绝缘子串重量(N)；其余符号说明同上。

(4) 两侧档冰载不等时，绝缘子串位移与张力差之间的关系为

$$\delta = \frac{\lambda \Delta T}{\sqrt{\left[\dfrac{1}{2}(\gamma_m + \gamma_n) A l_0 + \dfrac{G_{\mathrm{J}}}{2}\right]^2 + \Delta T^2}} \tag{3.42}$$

式中：δ 为绝缘子串位移(m)；其余符号说明同上。此外，绝缘子串偏移与档距变化变化量之间存在以下关系：

$$\delta_{i-1} = \delta_i + \Delta l_i \tag{3.43}$$

绝缘子串两端的导线张力存在以下关系：

$$T_{i-1} = T_i + \Delta T_{(i-1)i} \tag{3.44}$$

根据式(3.39)～式(3.44)可计算不均匀覆冰和不同期脱冰时耐张段各档张力、弧垂、档距变化量、绝缘子串位移及不平衡张力。

2. 示例分析

以某 110kV 线路为例，档距 l 为 210m，耐张段有 5 个档距。线路参数为：横截面积 A=216.76mm^2，直径 D=19.02mm，弹性模量 E=7.84×10^{7}N/mm^2，自重比载 γ_0=0.035N/(m·mm^2)，绝缘子串长度λ=1.45m，绝缘子串重 G_J=49N。当导线覆冰为100%设计冰载时，导线应力为 98N/mm^2，总比载 142.03N/(m·mm^2)。

1) 不均匀覆冰的不平衡张力、绝缘子串位移与弧垂

情形 1：不均匀覆冰，靠近耐张段一档(图 3.15 中的 l_1 档)有 100%设计冰载，其余各档只有 25%设计冰载。计算所得各档张力、弧垂及档距变化量如表 3.3 所示；绝缘子串位移及承受不平衡张力如表 3.4 所示。

情形 2：不均匀覆冰，l_2 档(图 3.15 中的 l_2 档)有 100%设计冰载，其余各档只有 25%设计冰载。计算所得各档张力、弧垂及档距变化量如表 3.5 所示；绝缘子串位移及承受不平衡张力如表 3.6 所示。

情形 3：不均匀覆冰，耐张段中央档(图 3.15 中的 l_3 档)有 100%设计冰载，其余各档只有 25%设计冰载。计算所得各档张力、弧垂及档距变化量如表 3.7 所示；绝缘子串位移及承受不平衡张力如表 3.8 所示。

表 3.3 不均匀覆冰各档张力、弧垂及档距变化量(重冰档为 l_1 档)

档号	张力 T_i/N	档距变化Δl_i/m	最大弧垂 f_M/m	弧垂变化Δf_i/m
l_1	15773	−0.6463	10.760	3.446
l_2	13302	+0.2410	5.863	−1.450
l_3	12365	+0.1727	6.307	−1.006
l_4	11843	+0.1274	6.585	−0.728
l_5	11609	+0.1052	6.718	−0.600

表 3.4 不均匀覆冰绝缘子串位移及承受不平衡张力(重冰档为 l_1 档)

杆号	绝缘子串位移 δ_i/m	不平衡张力$\Delta T_{i(i+1)}$/N
1#	0.6463	2471
2#	0.4053	937

续表

杆号	绝缘子串位移 δ_i /m	不平衡张力$\Delta T_{i(i+1)}$ /N
3#	0.2326	522
4#	0.1052	234

表 3.5 不均匀覆冰各档张力、弧垂及档距变化量(重冰档为 l_2 档)

档号	张力 T_i/N	档距变化Δl_i /m	最大弧垂 f_M /m	弧垂变化Δf_i /m
l_1	13960	0.2811	5.5867	−1.7267
l_2	14940	0.8094	11.3594	4.0461
l_3	12998	0.2205	6.0000	−1.3136
l_4	12300	0.1673	6.3405	−0.9729
l_5	11987	0.1405	6.5061	−0.8073

表 3.6 不均匀覆冰绝缘子串位移及承受不平衡张力(重冰档为 l_2 档)

杆号	绝缘子串位移 δ_i /m	不平衡张力$\Delta T_{i(i+1)}$ /N
1#	−0.2811	−981
2#	0.5283	1942
3#	0.3078	698
4#	0.1405	313

表 3.7 不均匀覆冰时各档张力、弧垂及档距变化量(重冰档为 l_3 档)

档号	张力 T_i/N	档距变化Δl_i /m	最大弧垂 f_M /m	弧垂变化Δf_i /m
l_1	12709	0.1995	6.1365	−1.1769
l_2	13155	0.2313	5.9282	−1.3852
l_3	14700	0.8616	11.5453	4.2319
l_4	13155	0.2313	5.9282	−1.3852
l_5	12709	0.1995	6.1365	−1.1769

表 3.8 不均匀覆冰绝缘子串位移及承受不平衡张力(重冰档为 l_3 档)

杆号	绝缘子串位移δ_i /m	不平衡张力$\Delta T_{i(i+1)}$ /N
1#	−0.1995	−447

续表

杆号	绝缘子串位移δ_i /m	不平衡张力$\Delta T_{i(i+1)}$ /N
2#	−0.4308	−1544
3#	0.4308	1544
4#	0.1995	447

(1) 由表 3.4、表 3.6 和表 3.8 可知：当靠近耐张段一档(l_1档)为重冰档时，最大不平衡张力为 2471N，最大绝缘子串位移为 0.6463m；当 l_2 档为重冰档时，最大不平衡张力为 1942N，绝缘子最大位移为 0.5283m；当耐张段中央档(l_3档)为重冰档时，最大不平衡张力为 1544N，绝缘子串最大位移为 0.4308m。即不均匀覆冰的重冰位置对最大不平衡张力有影响，当重冰档靠近耐张段时，直线杆塔承受的不平衡张力最大，其绝缘子串的偏斜角也最大。

(2) 由表 3.3、表 3.5 和表 3.7 可知：当靠近耐张段档(l_1档)为重冰档时，最大弧垂变化 3.446m；当 l_2 档为重冰档时，最大弧垂变化 4.0461m；当耐张段中央档(l_3档)为重冰档时，最大弧垂变化 4.2319m。即对于不均匀覆冰，重冰档位置对最大弧垂变化量有影响，重冰档位于耐张段中央产生最大弧垂变化量。

2) 不同期脱冰不平衡张力、绝缘子串位移与弧垂

情形 1：不同期脱冰，靠近耐张段一档(图 3.14 中的 l_1 档)脱冰后仅有 25%设计冰载，其余各档仍有 100%设计冰载。计算所得各档张力、弧垂及档距变化如表 3.9 所示；绝缘子串位移及不平衡张力如表 3.10 所示。

情形 2：不同期脱冰，l_2档(图 3.14 中的 l_2档)脱冰后有 25%设计冰载，其余各档 100%设计冰载。计算各档张力、弧垂及档距变化量如表 3.11 所示；绝缘子串位移及不平衡张力如表 3.12 所示。

情形 3：不同期脱冰，耐张段中央档(图 3.14 中的 l_3档)脱冰后仅有 25%设计冰载，其余各档仍有 100%设计冰载。计算各档张力、弧垂及档距变化如表 3.13 所示；绝缘子串位移及不平衡张力如表 3.14 所示。

表 3.9　不同期脱冰各档张力、弧垂及档距变化量(脱冰档为 l_1 档)

档号	张力 T_i /N	档距变化Δl_i /m	最大弧垂 f_M /m	弧垂变化Δf_i /m
l_1	17422	0.4229	4.476	3.513
l_2	18935	0.2067	8.963	−0.973
l_3	19947	0.1074	8.508	−0.519
l_4	20452	0.0632	8.298	−0.308
l_5	20664	0.0456	8.213	−0.224

表 3.10　不同期脱冰绝缘子串位移及承受不平衡张力(脱冰档为 l_1 档)

杆号	绝缘子串位移 δ_i /m	不平衡张力 $\Delta T_{i(i+1)}$ /N
1#	−0.4229	−1513
2#	−0.2162	−1012
3#	−0.1088	−505
4#	−0.0463	−211

表 3.11　不同期脱冰各档张力、弧垂及档距变化量(脱冰档为 l_2 档)

档号	张力 T_i /N	档距变化 Δl_i /m	最大弧垂 f_M /m	弧垂变化 Δf_i /m
l_1	19233	0.1759	8.824	−0.835
l_2	18626	0.4548	4.187	3.802
l_3	19599	0.1399	8.659	−0.670
l_4	20245	0.0810	8.383	−0.393
l_5	20514	0.0580	8.273	−0.284

表 3.12　不同期脱冰绝缘子串位移及承受不平衡张力(脱冰档为 l_2 档)

杆号	绝缘子串位移 δ_i /m	不平衡张力 $\Delta T_{i(i+1)}$ /N
1#	0.1760	607
2#	−0.2789	−973
3#	−0.1390	−646
4#	−0.0580	−269

表 3.13　不同期脱冰各档张力、弧垂及档距变化量(脱冰档为 l_3 档)

档号	张力 T_i /N	档距变化 Δl_i /m	最大弧垂 f_M /m	弧垂变化 Δf_i /m
l_1	20087	0.0948	8.449	−0.459
l_2	19648	0.1352	8.638	−0.649
l_3	18850	0.4601	4.137	3.852
l_4	19648	0.1352	8.638	−0.649
l_5	20087	0.0948	8.449	−0.459

表 3.14　不同期脱冰绝缘子串位移及承受不平衡张力(脱冰档为 l_3 档)

杆号	绝缘子串位移 δ_i /m	不平衡张力 $\Delta T_{i(i+1)}$ /N
1#	0.0948	440
2#	0.2301	797

续表

杆号	绝缘子串位移δ_i /m	不平衡张力$\Delta T_{i(i+1)}$ /N
3#	−0.2301	797
4#	−0.0948	440

(1) 由表 3.10、表 3.12 和表 3.14 可知：当靠近耐张段档(l_1 档)为脱冰档时，最大不平衡张力为 1513N，绝缘子串最大位移为 0.4229m；当 l_2 档为脱冰档时，最大不平衡张力为 973N，绝缘子串最大位移为 0.2789m；当耐张段中央档(l_3 档)为脱冰档时，最大不平衡张力为 797N，绝缘子串最大位移为 0.2301m。即对于不同期脱冰，脱冰档的位置对最大不平衡张力有影响，当脱冰档靠近耐张段时，直线杆塔承受的不平衡张力最大，其绝缘子串的偏斜角也最大。

(2) 由表 3.9、表 3.11 和表 3.13 可知：当靠近耐张段的档(l_1 档)为脱冰档时，最大弧垂变化 3.513m；当 l_2 档为脱冰档时，最大弧垂变化 3.802m；当耐张段中央档(l_3 档)为脱冰档时，最大弧垂变化 3.852m。即对于不同期脱冰，脱冰档的位置对最大弧垂变化量有影响，当脱冰档位于耐张段中央时，将产生最大的弧垂变化量。

根据算例结果可知：当耐张档内各档导线不均匀覆冰或不同期脱冰时，两侧冰载不等的直线杆塔上承受不平衡张力最大。对于各档不均匀覆冰输电线路，当重冰档在耐张段两端时，靠近耐张杆塔的直线杆塔承受的不平衡张力最大；对于不同期脱冰，当轻冰档位于耐张段中央时，轻冰档的弧垂减小量最大。

3.2.4　输电线路导线覆冰舞动

导线舞动是偏心覆冰在风激励下产生的一种低频、大振幅自激振动现象。偏心覆冰改变导线截面形状，从而改变导线空气动力特性，在一定风激励和覆冰形状下，导线呈现气动不稳定并产生大幅振动。导线舞动频率通常为 0.1～3Hz，幅值约为导线直径的 5～300 倍[19,20]。舞动产生危害是多方面的，如图 3.16 所示，导线舞动严重时，造成杆塔塔身摇晃，耐张塔横担顺线摆动、扭曲变形；使导线

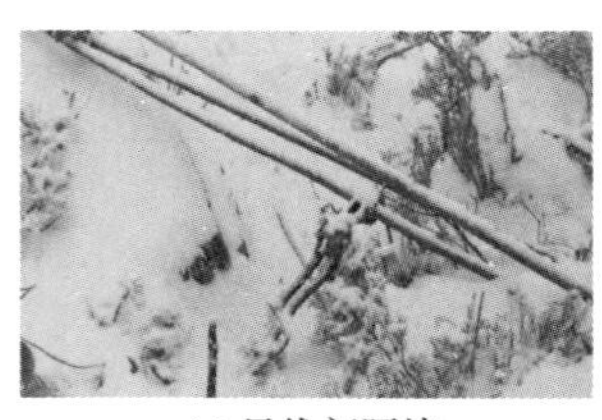

(a) 导线间隔棒

(b) 杆塔倒塌

(c) 导线烧伤

图 3.16　架空线舞动灾害

相间距离缩短或碰撞产生闪络，烧伤导线并引起跳闸；还造成金具及部件受损，如间隔棒棒爪松动或脱落，线夹船体滑出、螺栓松动、脱落。导线舞动对杆塔、导线、金具及部件的损害，造成线路频繁跳闸与停电，对输电线路安全运行危害十分严重，且造成重大经济损失和社会影响[1-4,6-8]。

1. 输电线路导线覆冰舞动机理

1930 年 Davidson 观察到冻雨和暴风天气条件下，风吹向导线时引起气动升力变化导致舞动发生。两年后 Den Hartog 提出了导线舞动机理的数学描述——Den Hartog 舞动理论。此后，关于导线舞动理论层出不穷，但目前比较认可的仅有 Den Hartog 垂直舞动机理和 O. Nigol 扭转舞动机理[21-24]。

1) Den Hartog 舞动机理(垂直激发机理)

Den Hartog 舞动机理是由美国 Den Hartog 于 1932 年提出的。当风吹向覆冰所致非圆截面时，产生升力和阻力(图 3.17)，只有当升力曲线斜率负值大于阻力值时，导线截面动力不稳定，舞动才能发展[21,22,24]。导线系统失稳条件为

$$\frac{\partial C_{\mathrm{L}}}{\partial \theta}+C_{\mathrm{D}}<0 \tag{3.45}$$

式中：C_{L} 和 C_{D} 分别为导线气动升力系数和阻力系数；θ 为偏心覆冰导线迎风攻角。

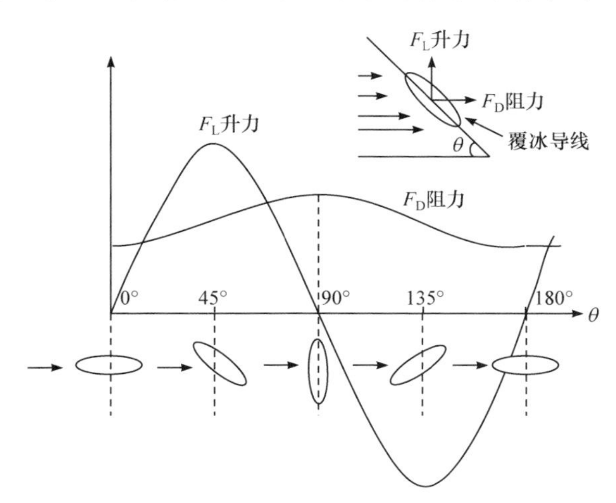

图 3.17　椭圆截面的空气动力特性

分析图 3.17 中 θ=0°位置上椭圆截面导线的垂直振动：当导线以速度 v 向上运动，相当于水平风速 V 又具有向下的速度 v，其相对速度为 V_{r}(图 3.18(a))，其方向相当于风从左上方吹向椭圆体长轴位于水平的导线，其相对风向与水平风向夹角$\Delta\theta$为

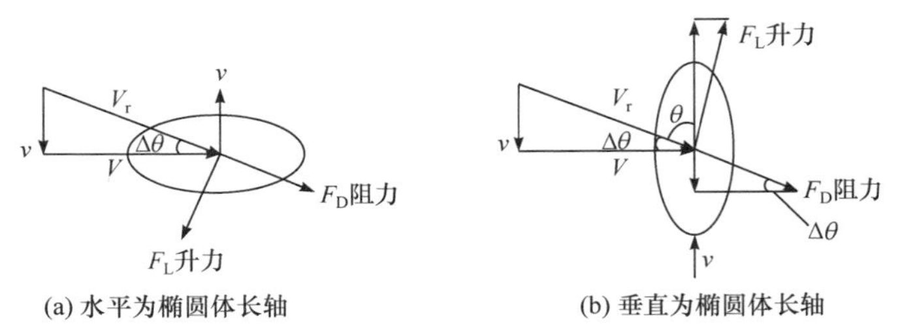

(a) 水平为椭圆体长轴　　(b) 垂直为椭圆体长轴

图 3.18　椭圆截面导线的升力和阻力方向图

$$\Delta\theta = \mathrm{actan}\frac{v}{V} \tag{3.46}$$

式中：v 为相对风速的垂直分量；V 为相对风速的水平分量。

图 3.18(a)中，当椭圆体向上运动时，v 为负值，故$\Delta\theta$为负值，θ及升力和阻力方向相当于图 3.17 中右侧<180°的情况。因此，导线向上运动时，受到向下的推力(升力为负值)；而当导线向下运动时受到向上的升力。即风力总是和导线运动方向相反，在这种风力作用下，导线运动逐渐停止，不会发生舞动。

在图 3.17 中，当θ=90°时，椭圆截面导线的垂直振动发生显著变化。当导线向上运动时，如图 3.18(b)所示，设$\Delta\theta$=5°，迎风攻角(θ)为小于 90°的 85°，则升力为正值，升力方向与导线运动方向一致；当导线向下运动时，迎风攻角(θ)为 95°，则升力为负值，升力方向也与导线运动方向相同。虽然升力不是很大，但不断积累导致导线发生大幅度的上下振动。

考虑阻力(F_D)的影响，如图 3.18(b)所示，升力方向并不是垂直向上的，只有它的垂直分量起着助长导线运动的作用；阻力(F_D)具有向下的分量，阻止导线向上运动。只有升力的垂直分量大于阻力的垂直分量时才会发生舞动[17]。

由图 3.17 可知，对微量$\Delta\theta$，升力曲线为一直线，阻力可视为常数，升力可写为$\frac{\partial F_L}{\partial\theta}\Delta\theta$，而阻力 F_D 的垂直分量可近似为 $F_D\Delta\theta$，从而激励力为$\left(\frac{\partial F_L}{\partial\theta}+F_D\right)\Delta\theta$，而当$\frac{\partial C_L}{\partial\theta}+C_D<0$时，系统动力不稳定，易发生舞动。Den Hartog 舞动激发模式如图 3.19 所示。

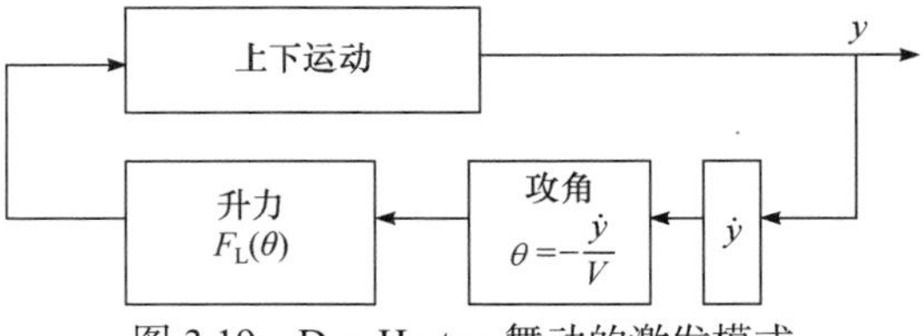

上下运动
y
升力
$F_L(\theta)$
攻角
$\theta=-\frac{\dot{y}}{V}$
$\dot{y}$

图 3.19　Den Hartog 舞动的激发模式

K. F. Jones 对 Den Hartog 舞动机理进行补充，得到另一种形式充分条件，即

$$\frac{\partial C_{\mathrm{L}}}{\partial\theta}+C_{\mathrm{D}}+\frac{1}{2}\left(C_{\mathrm{D}}-\frac{\partial C_{\mathrm{L}}}{\partial\theta}\right)\left\{1-\left[1+8C_{\mathrm{L}}\left(\frac{\partial C_{\mathrm{D}}}{\partial\theta}-C_{\mathrm{L}}\right)\Big/\left(C_{\mathrm{D}}-\frac{\partial C_{\mathrm{L}}}{\partial\theta}\right)\right]^{0.5}\right\}<0 \quad (3.47)$$

式(3.47)使 Den Hartog 准则适用于更为复杂的情况，是 Den Hartog 准则的推广。

Den Hartog 舞动机理的物理模型比较简单，仅考虑偏心覆冰导线在风激励下的横向振动特性，忽略了导线扭转的影响。且试验表明，导线舞动不仅发生在升力曲线负斜率区域，也出现在升力曲线正斜率区域[25]。

2) O. Nigol 舞动机理(扭转激发机理)

舞动观测发现，导线横向振动总是与扭转振动伴随，尤其是分裂导线。O. Nigol 提出扭转激发舞动机理[26,27]，该理论认为，舞动是由导线自激扭转引起的，其物理模型如图 3.20 所示。当覆冰导线的空气动力扭转阻尼为负且大于导线的固有扭转阻尼时，扭转运动成为自激振动，其振动频率由覆冰导线的等效扭转刚度和极惯性质量矩决定；当扭转振动频率接近垂直或水平振动频率时，横向运动受耦合力的激励产生一交变力，在此交变力的作用下导线会发生大幅度的舞动。导线系统失稳条件为

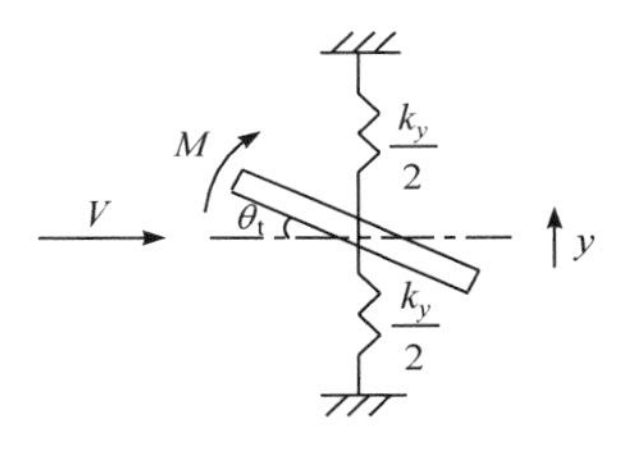

图 3.20　O. Nigol 舞动的物理模型

$$\left(1+\frac{\theta_k V}{A\omega_k}\right)\frac{\partial C_{\mathrm{L}}}{\partial\alpha}+C_{\mathrm{D}}\alpha_0<0 \quad (3.48)$$

式中：θ_k 和 ω_k 分别为导线第 k 阶扭转振动的波腹振幅和角频率；V 为与线路走向垂直的水平风速；α_0 为偏心覆冰导线初迎风攻角。

并进一步明确指出扭转激发舞动产生的条件：①导线上下振动产生的诱导攻角必须在 C_{L}-θ 曲线负斜率区域发生；②扭转振动振型及频率必须与导线上下振动振型及频率一致；③扭振角与导线上下振动产生的诱导攻角方向相同。O. Nigol 舞动的激发模式如图 3.21 所示。

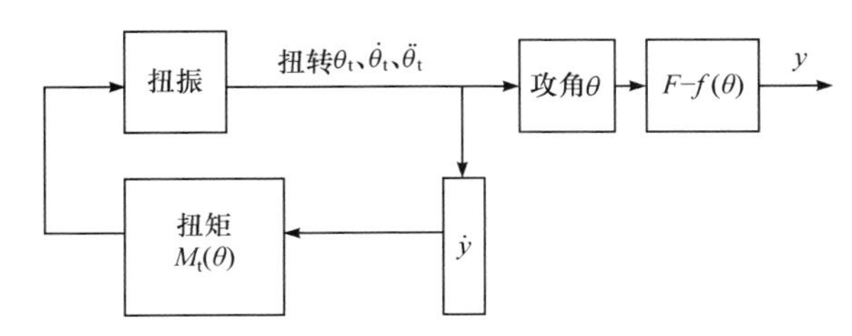

图 3.21　O.Nigol 舞动的激发模式

O. Nigol 扭转舞动理论不仅考虑了偏心覆冰导线在风激励下的空气动力特性，

还考虑了导线扭转的影响，是对舞动理论的一个重要补充和发展。但其也存在局限性，由 O. Nigol 扭转舞动理论可知，将扭转振动和横向振动固有频率分开，就可以抑制舞动的发生。但有些舞动满足 Den Hartog 条件，不满足 O. Nigol 起舞条件。

3) 偏心惯性耦合舞动原理

偏心惯性耦合理论认为：横向和扭转运动可能都稳定。由于偏心惯性作用引起攻角变化，使相应升力对横向振动形成正反馈，加剧横向振动，并逐渐积累能量，最后形成大幅度舞动。如图 3.22 所示，当平板向上运动时，偏心惯性力使平板顺时针偏转θ角，形成攻角θ，在风速 V 作用下，产生向上升力 F_L。因 F_L 与 $\dot{y}$ 同向，形成正反馈，以致逐渐向系统输入能量，形成大幅度舞动。这种类型的舞动只发生在偏心质量位于背风面。对于输电导线，这个偏心质量就是覆冰。覆冰试验表明，覆冰在背风面，只有在雨量和风速都很大，而气温又不是太低的情况下才可能形成。如果在迎风面覆冰之后，风向突然改变，使覆冰处于背风面也能形成惯性激发条件[19,28]。偏心惯性耦合舞动的激发模式如图 3.23 所示。

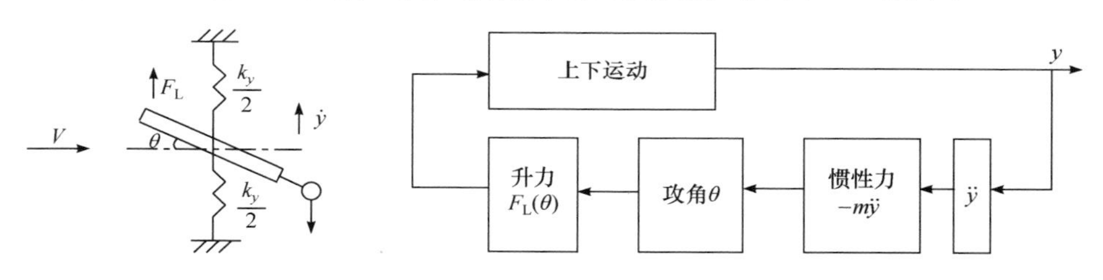

图 3.22　偏心惯性耦合舞动物理模型

图 3.23　惯性耦合舞动的激发模式

4) 低阻尼共振舞动机理

低阻尼共振舞动机理由蔡廷湘[29]提出。该机理认为，在风作用下，整个架空输电线路各组成单元都产生不同程度的振动；在特殊气象条件下，导线气动阻尼、结构阻尼降低，其振动会加剧，并激发线路产生系统共振，形成舞动。

低阻尼共振的舞动理论能圆满解释传统舞动原理不能解释的许多舞动现象，如薄覆冰舞动和无覆冰舞动，但该理论缺乏详细试验，并未通过实践验证。

5) 动力稳定性舞动机理

大量舞动事例分析发现：只有不稳定振动才可能产生大振幅舞动，舞动是一种动力不稳定现象。可用动力稳定性理论分析各种类型舞动，这一机理称为动力稳定性舞动机理。稳定性机理考虑垂直、水平、扭转三个分量以及三者的互相耦合，可模拟各种类型舞动。原则上稳定性舞动机理可包括现有各种舞动机理，即现有各种舞动机理可看作为稳定性舞动机理的特例。基于稳定性舞动机理产生稳定性防舞方法，即提高导线系统动力稳定性，采取适当措施把原不稳定系统转化为稳定系统，达到防舞目的[19,30]。

综上所述，目前对导线舞动的机理的认识并未统一。虽然国内外进行了大量的研究，提出许多舞动理论，但由于输电线路导线舞动是一个包含随机因素与非线性特性的复杂现象，这些理论都存在局限性。针对目前传统导线舞动机理的不足，采用架空导线动力特性研究覆冰舞动机理，基于覆冰导线垂直、水平及扭转耦合振动的覆冰导线舞动的三自由度力学分析模型研究导线覆冰舞动[16]。

2. 输电线路导线覆冰动力特性

1) 三维自由振动方程

单导线动力特性能用解析法研究分析。分析研究导线自振特性可作如下假设：①导线是理想的柔性杆件，只能承受拉力作用；②导线应力、应变符合胡克定律；③导线法向应力在横截面上为常数，且在变形中截面面积保持不变。

根据达朗贝尔原理，图 3.24 的单导线空间模型的三维自由振动方程为

$$\begin{cases}\dfrac{\partial}{\partial s}\left[\left(T+\tau\right)\left(\dfrac{\mathrm{d}x}{\mathrm{d}s}+\dfrac{\partial u}{\partial s}\right)\right]=m\dfrac{\partial^2 u}{\partial t^2} & \text{(3.49a)}\\[2ex] \dfrac{\partial}{\partial s}\left[\left(T+\tau\right)\left(\dfrac{\mathrm{d}z}{\mathrm{d}s}+\dfrac{\partial w}{\partial s}\right)\right]=m\dfrac{\partial^2 w}{\partial t^2}-mg & \text{(3.49b)}\\[2ex] \dfrac{\partial}{\partial s}\left[\left(T+\tau\right)\dfrac{\mathrm{d}v}{\mathrm{d}s}\right]=m\dfrac{\partial^2 v}{\partial t^2} & \text{(3.49c)}\end{cases}$$

式中：T、τ 分别为单导线初张力和动张力增量；u、v、w 分别为单导线任一点沿 x、y、z 轴的位移；s 为单导线上任一点弧长坐标；m 为单导线单位长度质量；g 为重力加速度。当单导线为小垂度，并且做偏离平衡位置微风振动时，可认为单导线初张力(T)和初始水平张力(H)相等，动张力增量(τ)和水平动张力增量(h)相等。同时 $\mathrm{d}x/\mathrm{d}s=1$，则三维自由振动方程(3.49)可简化为

$$\begin{cases}\dfrac{\partial}{\partial x}\left[\left(H+h\right)\left(1+\dfrac{\partial u}{\partial x}\right)\right]=m\dfrac{\partial^2 u}{\partial t^2} & \text{(3.50a)}\\[2ex] \dfrac{\partial}{\partial x}\left[\left(H+h\right)\left(\dfrac{\mathrm{d}z}{\mathrm{d}x}+\dfrac{\partial w}{\partial x}\right)\right]=m\dfrac{\partial^2 w}{\partial t^2}-mg & \text{(3.50b)}\\[2ex] \dfrac{\partial}{\partial x}\left[\left(H+h\right)\dfrac{\partial v}{\partial x}\right]=m\dfrac{\partial^2 v}{\partial t^2} & \text{(3.50c)}\end{cases}$$

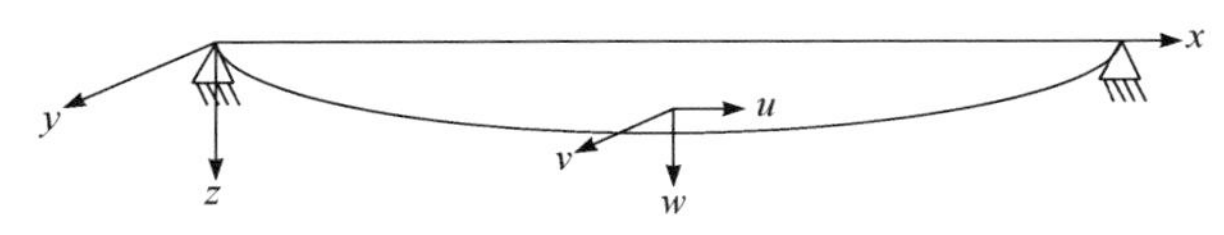

图 3.24　导线空间模型

式中：H、h 分别为水平张力和水平动张力增量。根据单导线变形协调条件，可得其变形协调方程为

$$\frac{h\left(\frac{\mathrm{d}s}{\mathrm{d}x}\right)^3}{EA}=\frac{\partial u}{\partial x}+\frac{\mathrm{d}z}{\mathrm{d}x}\frac{\partial w}{\partial x} \tag{3.51}$$

式中：E 为导线的弹性模量；A 为导线的横截面积。方程式(3.50)和式(3.51)构成求解单导线自振特性的基本方程，根据这些方程可以分别得到单导线的弦向振动、平面内垂直于弦向以及平面外振动的动力特性。

2) 自由振动方程求解

(1) 单导线弦向振动。

单导线弦向振动方程由方程(3.50a)表示。令 $u=u(x,t)=\overline{u}(x)\mathrm{e}^{\mathrm{j}\omega_u t}$ 代入式(3.50a)，忽略高阶微量可得

$$H\frac{\partial^2\overline{u}}{\partial x^2}+m\omega_u^2\overline{u}=0 \tag{3.52}$$

代入边界条件 $\overline{u}(0)=\overline{u}(l)=0$ 得到其自振频率和相应的振型为

$$\omega_u=\frac{n\pi}{l}\sqrt{\frac{H}{m}},\quad n=1,2,3,\cdots \tag{3.53}$$

$$\overline{u}=C_n\sin\frac{n\pi}{l}x,\quad n=1,2,3,\cdots \tag{3.54}$$

式中：l 为导线总长度。

(2) 单导线平面外振动。

单导线平面外振动方程由式(3.50c)表示，将其展开并忽略高阶微量可得

$$H\frac{\partial^2 v}{\partial x^2}=m\frac{\partial^2 v}{\partial t^2} \tag{3.55}$$

令 $v=v(x,t)=\overline{v}(x)\mathrm{e}^{\mathrm{j}\omega_v t}$，代入式(3.55)得

$$H\frac{\mathrm{d}^2\overline{v}}{\mathrm{d}x^2}+m\omega_v^2\overline{v}=0 \tag{3.56}$$

代入边界条件 $\overline{v}(0)=\overline{v}(l)=0$ 得到其自振频率和相应的振型为

$$\omega_v=\frac{n\pi}{l}\sqrt{\frac{H}{m}},\quad n=1,2,3,\cdots \tag{3.57}$$

$$\overline{v}=A_n\sin\frac{n\pi}{l}x,\quad n=1,2,3,\cdots \tag{3.58}$$

(3) 平面内单导线垂直于弦向的振动。

式(3.50b)为单导线平面内垂直于弦向的振动方程，展开并略去高阶微量可得

$$H\frac{\partial^2 w}{\partial x^2}+h\frac{\mathrm{d}^2 z}{\mathrm{d}x^2}=m\frac{\partial^2 w}{\partial t^2} \tag{3.59}$$

对式(3.59)积分，略去高阶微量得

$$\frac{hL_{\mathrm{e}}}{EA}=\frac{mg}{H}\int_0^l w\mathrm{d}x \tag{3.60}$$

式中：$L_{\mathrm{e}}=\int_0^l\left(\frac{\mathrm{d}s}{\mathrm{d}x}\right)^3\mathrm{d}x\approx l\left[1+8(f/l)^2\right]$，$f$ 为导线弧垂。

反对称模态由反对称垂直运动分量和对称纵向运动分量组成，而对称模态由对称垂直运动分量和反对称纵向运动分量组成。前一种导线运动不产生附加张力；而后一种导线运动产生附加张力。由式(3.60)可知，当积分为 0 时，h=0，符合此条件且不产生附加张力的模态为反对称模态。所有产生附加张力的其他模态均为对称模态。当具有反对称振型时，不会产生水平方向动张力变化，式(3.59 可简化为

$$H\frac{\partial^2 w}{\partial x^2}=m\frac{\partial^2 w}{\partial t^2} \tag{3.61}$$

令 $w=w(x,t)=\overline{w}(x)\mathrm{e}^{\mathrm{j}\omega_s t}$，代入式(3.61)，可得

$$H\frac{\mathrm{d}^2\overline{w}}{\mathrm{d}x^2}+m\omega_s^2\overline{w}=0 \tag{3.62}$$

代入边界条件 $\overline{w}(0)=\overline{w}(l/2)=0$，得到其自振频率和相应的振型为

$$\omega_s=\frac{2n\pi}{l}\sqrt{\frac{H}{m}},\quad n=1,2,3,\cdots \tag{3.63}$$

$$\overline{w}=B_n\sin\frac{2n\pi}{l}x,\quad n=1,2,3,\cdots \tag{3.64}$$

令 $u=u(x,t)=\overline{u}(x)\mathrm{e}^{\mathrm{j}\omega t}$，根据导线具有反对称振型时的几何协调方程得

$$\frac{\mathrm{d}\overline{u}}{\mathrm{d}x}+\frac{\mathrm{d}z}{\mathrm{d}x}\frac{\partial\overline{w}}{\partial x}=0 \tag{3.65}$$

对式(3.65)积分，并代入式(3.64)化简得到此时的弦向耦合振动振型：

$$\overline{u}=-\frac{1}{2}\left(\frac{mgl}{H}\right)A_n\left\{\left(1-\frac{2x}{l}\right)\sin\left(\frac{2n\pi x}{l}\right)+\frac{1-\cos(2n\pi x/l)}{n\pi}\right\},\quad n=1,2,3,\cdots \tag{3.66}$$

当导线具有对称振型时，有 $\int_0^l w\mathrm{d}x\neq 0$，此时导线内会产生动张力增量。

令 $w=w(x,t)=\overline{w}(x)\mathrm{e}^{\mathrm{j}\omega_s t}$ 、$h=h(x,t)=\overline{h}(x)\mathrm{e}^{\mathrm{j}\omega_s t}$ 代入式(3.51)，可得

$$H\frac{\mathrm{d}^2\overline{w}}{\mathrm{d}x^2}+m\omega_s^2\overline{w}=\frac{mg}{H}\overline{h} \tag{3.67}$$

代入零边界条件，可得振型

$$\overline{w}=\overline{h}\frac{m^2g}{\omega_s^2H}\left(1-\tan\frac{\omega_s l}{2\sqrt{H/m}}\sin\frac{\omega_s l}{\sqrt{H/m}}\cdot\frac{x}{l}-\cos\frac{\omega_s l}{\sqrt{H/m}}\cdot\frac{x}{l}\right) \tag{3.68}$$

此时的自振频率可以通过求解以下超越方程得到，即

$$\tan\frac{\gamma}{2}=\frac{\gamma}{2}-\frac{4}{\lambda^2}\left(\frac{\gamma}{2}\right)^2,\quad \gamma=\frac{\omega_s l}{\sqrt{H/m}},\quad \lambda^2=\frac{(mgl/H)^2 l}{HL_{\mathrm{e}}/(EA)} \tag{3.69}$$

弦向耦合振动振型为

$$\begin{aligned}\overline{u}=&\frac{\overline{h}\left(mgl^2\right)^2}{\gamma^2H^2l}\left\{\frac{\gamma^2}{\lambda^2}\cdot\frac{l_x}{l}-\frac{1}{2}\left(1-\frac{2x}{l}\right)\left(1-\tan\frac{\gamma}{2}\sin\frac{\gamma x}{l}-\cos\frac{\gamma x}{l}\right)\right.\\&\left.-\frac{1}{\eta}\left[\frac{\gamma x}{l}-\tan\frac{\gamma}{2}\left(1-\cos\frac{\gamma x}{l}\right)-\sin\frac{\gamma x}{l}\right]\right\}\end{aligned} \tag{3.70}$$

式中：$l_x=l\left\{\frac{x}{l}+\frac{3}{8}\left(\frac{mgl}{H}\right)^2\left[\frac{x}{l}-2\left(\frac{x}{l}\right)^2+\frac{4}{3}\left(\frac{x}{l}\right)^3\right]\right\}$。

超越方程(3.69)可用 MATLAB 图解法求解，前八阶对称振动频率如表 3.15 所示。

表 3.15　解超越方程(3.69)所得频率

λ^2	γ_1/π	γ_2/π	γ_3/π	γ_4/π	γ_5/π	γ_6/π	γ_7/π	γ_8/π
1	1.066	3.008	5.003	7.001	9.001	11	13	15
2	1.136	3.016	5.005	7.003	9.002	11	13	15
4	1.288	3.035	5.012	7.006	9.003	11	13	15
6	1.447	3.06	5.019	7.009	9.005	11	13	15
8	1.617	3.091	5.027	7.013	9.007	11	13	15
10	1.787	3.131	5.037	7.017	9.01	11.01	13	15
20	2.462	3.583	5.127	7.047	9.024	11.01	13.01	15.01
40	2.758	4.701	6.178	7.329	9.103	11.05	13.03	15.02
60	2.805	4.835	6.801	8.597	9.771	11.20	13.08	15.05
80	2.821	4.868	6.873	8.853	10.77	12.34	13.45	15.14

续表

λ^2	γ_1/π	γ_2/π	γ_3/π	γ_4/π	γ_5/π	γ_6/π	γ_7/π	γ_8/π
100	2.829	4.882	6.897	8.898	10.88	12.84	14.68	15.95
200	2.845	4.903	6.926	8.937	10.94	12.95	14.95	16.95
500	2.855	4.912	6.936	8.949	10.96	12.96	14.97	16.97
1000	2.858	4.916	6.939	8.952	10.96	12.97	14.97	16.97
5000	2.859	4.918	6.941	8.954	10.96	12.97	14.97	16.98
10000	2.86	4.918	6.942	8.955	10.96	12.97	14.97	16.98
∞	2.861	4.918	6.942	8.955	10.96	12.97	14.97	16.98

3) 导线旋涡脱落频率

当风速达到一定值时,气流中导线背风面形成交替的旋转气流旋涡,如图 3.25 所示[31]，导线和气流相互作用使导线周围压力交替变化。导线压力变化使风能转换成对导线冲击力，这是引起导线振动的根源。导线在开始时垂直于气流轴向方向移动，当旋涡脱落频率与导线的某阶固有频率相重合时产生谐振，其旋涡脱落频率为

$$f_s = k_c U / d \tag{3.71}$$

式中：d 为导线直径；U 为横向气流速度；k_c 为施特鲁哈尔(Strouhal)数，可表示为

$$k_c = 0.198\left(1 - \frac{19.7}{Re}\right) \tag{3.72}$$

式中：Re 为雷诺数，$Re=Ud/\eta_B$，η_B 为空气黏滞系数。导线的 k_c=0.185～0.2。为与旋涡脱落频率比，将弦向振动和平面外振动的自振频率式(3.63)和式(3.72)表示为

$$f_n = \omega_n/(2\pi) = \frac{n}{2l}\sqrt{\frac{H}{m}} = \frac{1}{\lambda}\sqrt{\frac{H}{m}} \tag{3.73}$$

式中：f_n 为导线圆频率；m 为单位长度导线重量(kg/m)；λ 为导线振动波长(m)；H 为导线水平张力(N)。

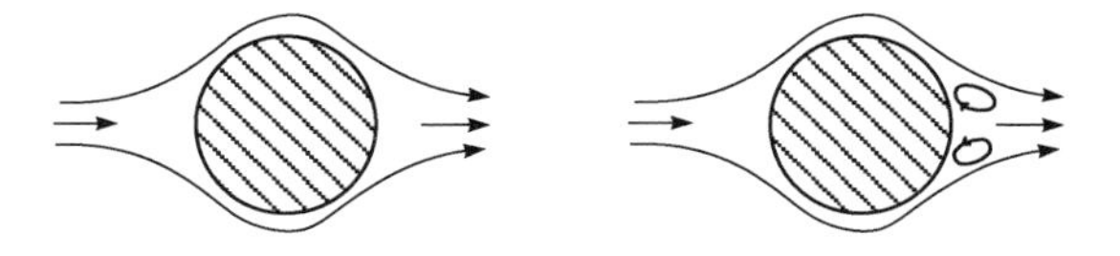

图 3.25　环绕导线的气流图

以某 110kV 线路某档导线为例，其档距 L 为 91m，导线直径 d 为 23.76mm，

导线单位长度质量 m 为 1.058kg/m；张力 H 为 19998N，按式(3.53)和式(3.57)计算得表 3.16 的半波长可能范围。计算旋涡脱落频率时，k_c 取 0.1925。

由表 3.16 可知，导线振动的频谱范围非常广泛。在风荷载作用下，若风速稍有变化，导线旋涡脱落频率可能重新与导线某阶固有自振频率相重合，激发导线振动。实际上，当导线以某阶自振频率振动时，由于导线具有阻尼，同时振动的导线对尾流有较好的整理作用，控制旋涡脱落的频率，使旋涡频率也与导线振动频率相等具有良好的顺序性。此时，当风速在一定范围内变化时，导线振动频率和旋涡频率仍会保持不变，出现频率锁定现象。

表 3.16　导线旋涡脱落频率

风速/(m/s)	旋涡脱落频率/Hz	1 阶自振频率/Hz	导线振动半波长($\lambda/2$)/m	导线谐振的谐波数
0.5	4.051	0.755	16.970	5
1	8.102	0.755	8.485	11
2.5	20.255	0.755	3.394	27
5	10.509	0.755	1.700	54
7.5	60.764	0.755	1.131	80
10	81.019	0.755	0.848	107
15	121.528	0.755	0.566	161

3. 覆冰导线舞动三自由度模型

1) 模型假设

建立覆冰导线舞动力学模型，要求求解方便且反映实际系统主要特征。基于这一原则，针对舞动特点对垂直、水平及扭转耦合振动三自由度模型作如下假设：①导线两端为固定支点，不考虑相邻档距影响；②导线按张紧弦考虑，导线张力沿档不变，不考虑导线弧垂；③导线冰风效应沿档不变；④空气动力作用中心，空气黏滞阻尼中心，导线中心与导线截面中心重合；⑤将舞动作驻波来处理。

图 3.26 为垂直、水平及扭转运动的覆冰导线舞动三自由度力学模型。其中，V 为风速(m/s)；V_r 为相对风速(m/s)；F_L 和 F_D 分别为单位导线的升力和阻力(N/m)；M 为单位导线空气动力扭矩(N)；α、α_1、θ、θ_0 分别为攻角、相对风速上水平风速的夹角、扭转角和初始凝冰角(°)。

2) 导线系统力学参数

(1) 气动力(矩)。

相对风速与水平风速的夹角(α_1)、攻角(α)、相对风速(V_r)、气动升力(F_L)、气动阻力(F_D)、空气动力在垂直方向的分量(F_z)、空气动力在水平方向的分量(F_x)和

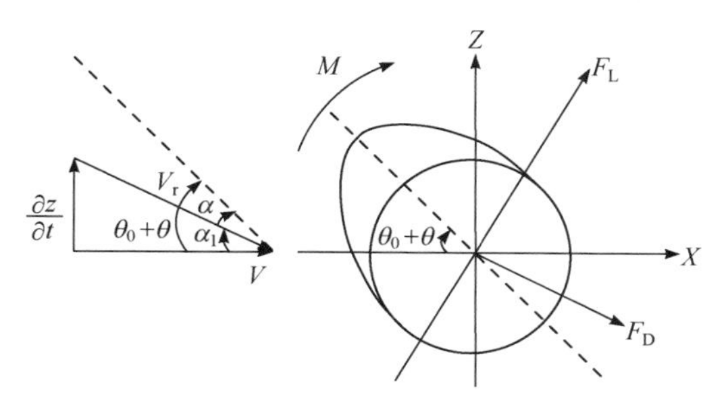

图 3.26　覆冰导线舞动三自由度力学模型

空气动力扭矩(M)分别为

$$\alpha_1 = \arctan\frac{\dot{z}}{v-\dot{x}} \tag{3.74}$$

$$\alpha = \theta_0 + \theta - \alpha_1 = \theta_0 + \theta - \arctan\frac{\dot{z}}{v-\dot{x}} \tag{3.75}$$

$$V_r = \sqrt{\left(V-\dot{x}\right)^2 + \dot{z}^2} \tag{3.76}$$

$$F_L = \frac{1}{2}\rho {V_r}^2 B C_L \tag{3.77}$$

$$F_D = \frac{1}{2}\rho {V_r}^2 B C_D \tag{3.78}$$

$$F_z = F_L \cos\alpha_1 - F_D \sin\alpha_1 \tag{3.79}$$

$$F_x = F_L \sin\alpha_1 + F_D \cos\alpha_1 \tag{3.80}$$

$$M = \frac{1}{2}\rho {V_r}^2 B^2 C_M \tag{3.81}$$

式中：$\dot{z}$ 为覆冰导线垂直方向振动速度(m/s)；$\dot{x}$ 为覆冰导线水平方向振动速度(m/s)；ρ 为空气密度(kg/m^3)；B 为覆冰导线截面特征长度(m)；C_L、C_D 和 C_M 分别为升力系数、阻力系数和扭矩系数。

(2) 惯性力(矩)。

垂直方向惯性力(F_{iz})、水平方向惯性力(F_{ix})和扭转方向惯性力矩($M_{i\theta}$)分别为

$$F_{iz} = \left(m + m_i\right)\frac{d^2 z}{dt^2} + m_i r_i \cos\left(\theta + \theta_0\right)\frac{d^2\theta}{dt^2} \tag{3.82}$$

$$F_{ix} = \left(m + m_i\right)\frac{d^2 x}{dt^2} + m_i r_i \sin\left(\theta + \theta_0\right)\frac{d^2\theta}{dt^2} \tag{3.83}$$

$$M_{i\theta} = I\frac{d^2\theta}{dt^2} + m_i r_i \cos\left(\theta + \theta_0\right)\frac{d^2 z}{dt^2} + m_i r_i \sin\left(\theta + \theta_0\right)\frac{d^2 x}{dt^2} \tag{3.84}$$

式中：m 为单位长度导线质量(kg/m)；m_i 为单位长度导线覆冰质量(kg/m)；r_i 为覆

冰质心到截面中心距离(m)；I 为单位长度覆冰导线质量极惯性矩(kg·m)。

(3) 阻尼力(矩)。

垂直方向阻尼力(F_{Dz})、水平方向阻尼力(F_{Dx})、扭转方向阻尼力矩($M_{D\theta}$)、导线刚性在垂直方向产生的力(F_{sz})、导线刚性在水平方向产生的力(F_{ix})和导线刚性在扭转方向产生的力矩($M_{s\theta}$)分别为

$$F_{Dz}=C_z\frac{dz}{dt} \tag{3.85}$$

$$F_{Dx}=C_x\frac{dx}{dt} \tag{3.86}$$

$$M_{D\theta}=C_\theta\frac{d\theta}{dt} \tag{3.87}$$

$$F_{sz}=T\left(\frac{k\pi}{L}\right)^2 z \tag{3.88}$$

$$F_{sx}=T\left(\frac{k\pi}{L}\right)^2 x \tag{3.89}$$

$$M_{s\theta}=GJ\left(\frac{k\pi}{L}\right)^2 \theta \tag{3.90}$$

式中：C_z 和 C_x 分别为垂直和水平方向阻尼系数(N·s/m^2)；C_θ 为扭转方向阻尼系数(N·s)；T 为导线张力(N)；GJ 为单位长度导线扭转刚度(N·m^2/rad)；L 为线路档距(m)；k 为舞动阶次。

3) 导线覆冰舞动三自由度力学模型

根据以上参数，考虑导线及覆冰重力，风作用于导线的升力、阻力、张力、阻尼力、惯性力，建立 z、x 方向平衡方程 $\sum F_z=0$，$\sum F_x=0$；考虑空气动力扭矩、重力矩、惯性力矩、阻尼力矩，建立绕导线截面圆心的力矩平衡方程 $\sum M_\theta=0$，可得覆冰导线舞动的三自由度力学模型控制方程，如式(3.91)所示：

$$\begin{cases}(m+m_i)\dfrac{d^2z}{dt^2}+C_z\dfrac{dz}{dt}+T\left(\dfrac{k\pi}{L}\right)^2 z=(m+m_i)g-m_i r_i\cos(\theta+\theta_0)\dfrac{d^2\theta}{dt^2}\\ \qquad\qquad +F_L\cos\alpha_1-F_D\sin\alpha_1\\ (m+m_i)\dfrac{d^2x}{dt^2}+C_x\dfrac{dx}{dt}+T\left(\dfrac{k\pi}{L}\right)^2 x=-m_i r_i\sin(\theta+\theta_0)\dfrac{d^2\theta}{dt^2}+F_L\sin\alpha_1+F_D\cos\alpha\\ I\dfrac{d^2\theta}{dt^2}+C_\theta\dfrac{d\theta}{dt}+GJ\left(\dfrac{k\pi}{L}\right)^2\theta=M-m_i r_i\cos(\theta+\theta_0)\dfrac{d^2z}{dt^2}-m_i r_i\sin(\theta+\theta_0)\dfrac{d^2x}{dt^2}\end{cases} \tag{3.91}$$

式(3.91)是单导线舞动三自由度力学模型控制方程。分裂导线三自由度力学模型控制方程与式(3.91)的主要区别在于：单导线与分裂导线刚度计算有原则区别。单导线刚度是导线绕自身轴线扭转的刚度，虽然其结构不同于匀质圆棒，其扭转刚度要低得多，但其扭转变形是线性的；分裂导线刚度是指绕分裂圆中心扭转时，分裂导线整体所具有的刚度；扭转变形远非线性分布，十分特殊，为试验所证实。这种特点使得分裂导线舞动更加复杂。

由式(3.91)可知，三个方向控制方程均存在惯性耦合项，式(3.91)第一式及第二式的等号右侧均含有θ的二阶导数，式(3.91)第三式的等号右侧含有 z 和 x 的二阶导数，无法用解析方法直接进行控制方程求解。Simulink 工具箱虽可用来求解方程，但采用 Simulink 对式(3.91)直接建模求解时，由于惯性耦合项存在，建立的 Simulink 模型存在代数环，导致错误的求解结果，甚至有时无法得到方程的解。针对三自由度力学模型控制方程的求解，可采用解析法与 Simulink 仿真相结合的方法进行求解。三自由度力学模型控制方程求解过程为：

(1) 以 $\mathrm{d}^2z/\mathrm{d}t^2$、$\mathrm{d}^2x/\mathrm{d}t^2$、$\mathrm{d}^2\theta/\mathrm{d}t^2$ 为变量，其他参数为常量，对方程(3.91)求解得到 $\mathrm{d}^2z/\mathrm{d}t^2$、$\mathrm{d}^2x/\mathrm{d}t^2$、$\mathrm{d}^2\theta/\mathrm{d}t^2$ 的解析表达式，如式(3.92)所示；

(2) 根据得到的 $\mathrm{d}^2z/\mathrm{d}t^2$、$\mathrm{d}^2x/\mathrm{d}t^2$、$\mathrm{d}^2\theta/\mathrm{d}t^2$，采用 Simulink 建立求解模型并仿真。

$$\begin{cases}\dfrac{\mathrm{d}^2z}{\mathrm{d}t^2}=-\dfrac{A}{(m_\mathrm{i}+m)\left[(m_\mathrm{i}+m)I+m_\mathrm{i}r_\mathrm{i}\right]}\\ \dfrac{\mathrm{d}^2x}{\mathrm{d}t^2}=-\dfrac{B}{(m_\mathrm{i}+m)\left[(m_\mathrm{i}+m)I+m_\mathrm{i}r_\mathrm{i}\right]}\\ \dfrac{\mathrm{d}^2\theta}{\mathrm{d}t^2}=-\dfrac{1}{\left[(m_\mathrm{i}+m)I+m_\mathrm{i}r_\mathrm{i}\right]C}\end{cases}\tag{3.92}$$

式中：

$$\begin{aligned}A=&-F_z(m_\mathrm{i}+m)I-F_z\left[m_\mathrm{i}r_\mathrm{i}\sin(\theta_0+\theta)\right]^2+C_z\frac{\mathrm{d}z}{\mathrm{d}t}(m_\mathrm{i}+m)I\\&+C_z\frac{\mathrm{d}z}{\mathrm{d}t}(m_\mathrm{i}+m)\left[m_\mathrm{i}r_\mathrm{i}\sin(\theta_0+\theta)\right]^2+k_zz(m_\mathrm{i}+m)I+k_zz\left[m_\mathrm{i}r_\mathrm{i}\sin(\theta_0+\theta)\right]^2\\&-m_\mathrm{i}r_\mathrm{i}\cos(\theta_0+\theta)(m_\mathrm{i}+m)C_\theta\frac{\mathrm{d}\theta}{\mathrm{d}t}-m_\mathrm{i}r_\mathrm{i}\cos(\theta_0+\theta)(m_\mathrm{i}+m)k_\theta\theta\\&+m_\mathrm{i}r_\mathrm{i}\cos(\theta_0+\theta)(m_\mathrm{i}+m)M-m_\mathrm{i}^2r_\mathrm{i}^2\cos(\theta_0+\theta)\sin(\theta_0+\theta)C_x\frac{\mathrm{d}x}{\mathrm{d}t}\\&+m_\mathrm{i}^2r_\mathrm{i}^2\cos(\theta_0+\theta)\sin(\theta_0+\theta)F_x-m_\mathrm{i}^2r_\mathrm{i}^2\cos(\theta_0+\theta)\sin(\theta_0+\theta)k_xx\end{aligned}$$

$$B = C_x \frac{\mathrm{d}x}{\mathrm{d}t}(m_\mathrm{i} + m)I - C_x \frac{\mathrm{d}x}{\mathrm{d}t}\left[m_\mathrm{i} r_\mathrm{i} \cos(\theta_0 + \theta)\right]^2 + k_x x(m_\mathrm{i} + m)I$$
$$+ k_x x(m_\mathrm{i} + m)\left[m_\mathrm{i} r_\mathrm{i} \sin(\theta_0 + \theta)\right]^2 + m_\mathrm{i}^2 r_\mathrm{i}^2 \cos(\theta_0 + \theta)\sin(\theta_0 + \theta)F_z$$
$$- m_\mathrm{i} r_\mathrm{i} \sin(\theta_0 + \theta)(m_\mathrm{i} + m)C_\theta \frac{\mathrm{d}\theta}{\mathrm{d}t} - m_\mathrm{i} r_\mathrm{i} \sin(\theta_0 + \theta)(m_\mathrm{i} + m)k_\theta \theta$$
$$+ m_\mathrm{i} r_\mathrm{i} \sin(\theta_0 + \theta)(m_\mathrm{i} + m)M - m_\mathrm{i}^2 r_\mathrm{i}^2 \cos(\theta_0 + \theta)\sin(\theta_0 + \theta)C_z \frac{\mathrm{d}z}{\mathrm{d}t}$$
$$- m_\mathrm{i}^2 r_\mathrm{i}^2 \cos(\theta_0 + \theta)\sin(\theta_0 + \theta)k_z \frac{\mathrm{d}z}{\mathrm{d}t} - F_x(m_\mathrm{i} + m)I + F_x\left[m_\mathrm{i} r_\mathrm{i} \cos(\theta_0 + \theta)\right]^2$$

$$C = -m_\mathrm{i} r_\mathrm{i} \cos(\theta_0 + \theta)F_z z + (m_\mathrm{i} + m)C_\theta \frac{\mathrm{d}\theta}{\mathrm{d}t} + (m_\mathrm{i} + m)k_\theta \theta - (m_\mathrm{i} + m)M$$
$$+ m_\mathrm{i} r_\mathrm{i} \sin(\theta_0 + \theta)C_x \frac{\mathrm{d}x}{\mathrm{d}t} + m_\mathrm{i} r_\mathrm{i} \cos(\theta_0 + \theta)C_z \frac{\mathrm{d}z}{\mathrm{d}t} + m_\mathrm{i} r_\mathrm{i} \cos(\theta_0 + \theta)k_z z$$
$$- m_\mathrm{i} r_\mathrm{i} \sin(\theta_0 + \theta)F_x + m_\mathrm{i} r_\mathrm{i} \sin(\theta_0 + \theta)k_x x$$

4. 示例分析

以中山口大跨越姚双线三分裂导线为例，其档距 L=1055m，子导线单位长度质量 m=2.755kg/m，直径 D=32.76mm，分裂圆半径为 0.45m，导线张力 T=92612N，分裂导线档距中点扭转刚度 GJ=859.70N·m^2/rad。1988 年 12 月发生舞幅峰峰值为 10m 左右的舞动。舞动发生时气象条件：覆冰厚度为 15mm，平均气温为–3℃，风速 V=10m/s。

根据上述方法，建立覆冰导线舞动的三自由度力学模型控制方程进行求解，可对舞动时程曲线和舞动轨迹仿真。得到横向位移与扭转角时程曲线如图 3.27 所示，舞动轨迹如图 3.28 所示。与现场舞动观察结果基本吻合。

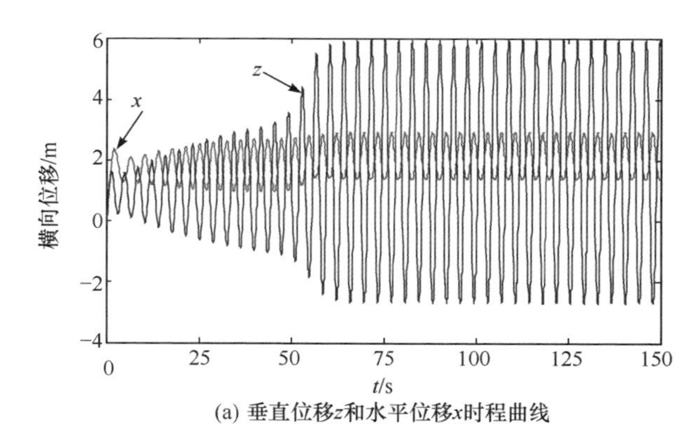

(a) 垂直位移z和水平位移x时程曲线

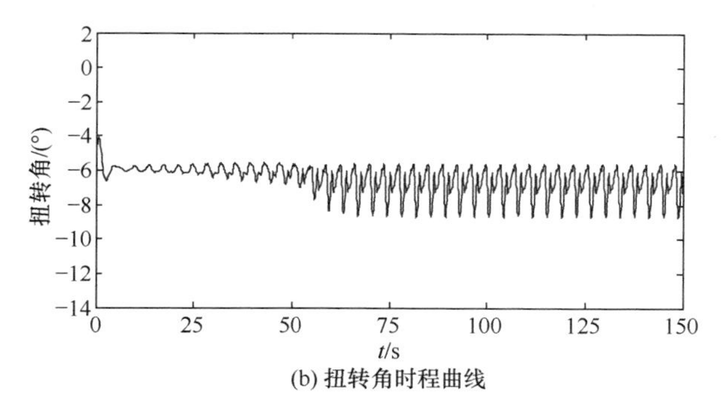

(b) 扭转角时程曲线

图 3.27　横向位移与扭转角的时程曲线

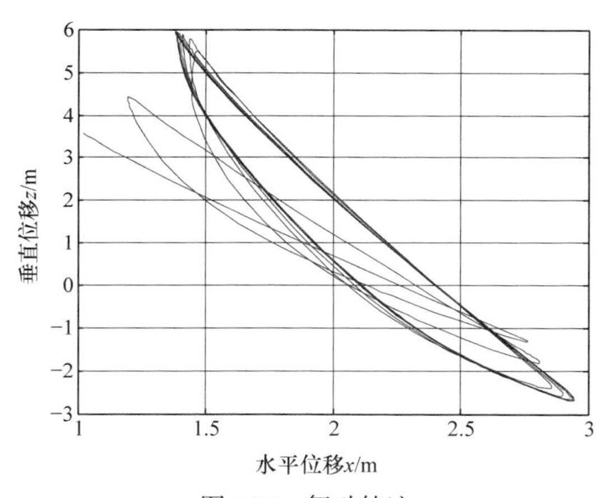

图 3.28　舞动轨迹

由图 3.27 和图 3.28 可知：舞动达稳定时，垂直和水平方向振动波形近似为简谐波；横向和扭转振动频率一致；从舞动轨迹可看出，舞动以垂直运动为主，水平方向的振幅较小，令 $x = a_1 \sin(\omega t + \alpha_1)$ ，$z = a_2 \sin(\omega t + \alpha_2)$ ，消去时间 t 可得

$$\frac{x^2}{a_1^2} + \frac{z^2}{a_2^2} - 2\frac{xz}{a_1 a_2}\cos(\alpha_1 - \alpha_2) = \sin^2(\alpha_1 - \alpha_2) \tag{3.93}$$

由此可知，舞动轨迹近似斜椭圆。当 $a_1 \neq a_2$ 时，式(3.93)即为斜椭圆方程。长轴倾斜角与 $\theta=\alpha_1-\alpha_2$ 有关。

3.2.5　绝缘子覆冰闪络

图 3.29 为人工气候室和野外自然环境绝缘子覆冰。绝缘子作为电网设备的重要组成部分担负极其重要角色[2,5]。绝缘子大多在野外复杂环境，长期面临覆冰的严重威胁[1-5]。绝缘子覆冰闪络成为冬春季节线路安全的关键。覆冰绝缘子闪络原因主要有[4,32-34]：①绝缘子覆冰或被冰凌桥接，泄漏距离缩短绝缘强度下降；②融冰绝缘子局部表面电阻降低，形成闪络事故；③闪络发展过程中持续电弧烧伤绝

缘子，绝缘子绝缘强度降低。

(a) 人工气候室绝缘子覆冰

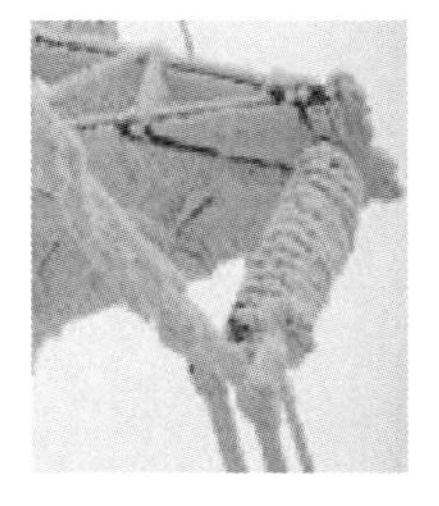

(b) 野外自然环境绝缘子覆冰

图 3.29　绝缘子覆冰

1. 覆冰绝缘子闪络机制

绝缘子覆冰是一种特殊污秽形式，污秽闪络可用简化模型分析[32]。大量运行经验表明：覆冰绝缘子闪络主要发生在环境温度上升的融冰期[2,32]。

绝缘子冻结过程中，大量污秽包裹在其内部，形成坚硬、致密且干燥的覆冰，这种冰虽对线路造成机械损害，但电阻较大，即使绝缘子片间发生严重桥接，也不会导致闪络。而在气温回升后，不仅存在桥接导致绝缘距离下降的威胁，融冰水对可溶性污秽溶解后引起沿面电阻大幅下降导致泄漏电流急剧上升，使之产生的焦耳热进一步加剧覆冰的融化。前期覆冰造成绝缘子串电压分布严重畸形，由于覆冰使得原本在绝缘子串上较为均匀分布的电压集中于高压端与低压端绝缘子，过高的电场强度导致上下两端绝缘子首先发生电晕放电。由于此时泄漏电流较小，只形成一定的微干燥区，当放电使得被电弧短路的冰面进一步融冰形成导电通道时，电弧将会熄灭。如此反复便形成了时亮时灭的电弧放电。

当泄漏电流进一步增大并桥接冰凌熔断或形成不连续的干燥区时，绝缘子的电压便会集中于断口两侧，过高的场强导致局部放电，形成细丝状的电弧。泄漏电流的增大加快了覆冰融化，使泄漏电阻进一步降低，循环使原本细丝状的放电发展成为白色电弧(白弧)。白弧强大的融冰作用使覆冰大量融化脱落，干燥区不断拉长，断口也不断拉大，白弧逐渐伸长发展甚至飘起，将部分绝缘子短接。当白弧长度使得剩余冰面上承受的电压达到沿面放电临界值时便会突然击穿[2,4]。

实际上不是所有局部电弧都能顺利完成冰闪。若上述闪络发展过程中泄漏电流过小不足以维持电弧的发展以及融冰所需的能量，或出现突然的冰块脱落均导致电弧熄灭。综上所述，覆冰绝缘子闪络是局部放电沿面发展的过程，冰闪与否在于绝缘子串表面电阻与承载电压间的平衡。覆冰按其严重程度可分为轻微、轻度、中度及严重四种情况，其冰闪过程的主要特点如下所示。

1) 轻微与轻度覆冰闪络

冬季湿寒天气的污秽绝缘子可积覆洁净冻雾、软雾凇、硬雾凇、雨凇或干雪。轻微或轻度覆冰时，伞裙边缘未形成冰凌，伞裙外形未发生变化，水滴冻结过程中晶释效应将导电离子排斥到冰层表面，电流沿泄漏路径流过冰层和绝缘子表面，其闪络过程与污秽类似，主要区别和复杂性在于泄漏电流较大，产生的热量较多，导致电弧发展过程中剩余冰层温度发生变化。

2) 中度覆冰闪络

中度覆冰改变绝缘子形状，使绝缘子表面污秽分布发生变化，主要体现在：①中等覆冰属于湿增长覆冰，覆冰过程溶解覆冰前表面积聚污秽物，部分可溶性离子被排斥至冰表面。被排斥至冰面的可溶性污秽一部分流失，一部分冻结在冰凌表面，导致污秽分布极不均匀，大部分离子集中在冰凌，绝缘子覆冰表面相对清洁；②冰密相当于灰密(non-soluble deposit density，NSDD(mg/cm^2))，1mm厚冰层的等效 NSDD 可达 100mg/cm^2，远高于 IEC 60815 标准中 NSDD 的上限4mg/cm^2；③冰厚在6～10mm的冰或雪所产生的桥接明显改变绝缘子外形和直径。

中等覆冰绝缘子伞裙边缘冰凌处于临界桥接状态，闪络风险性最高，其原因有：①单根直径在 3～10mm 之间的高电导率的细小冰凌桥接了绝缘子或套管的大部分干弧距离，冰凌中包含了 90%的绝缘子表面最初污秽；②支柱绝缘子可产生 10～30 根冰凌，使得支柱绝缘子伞间距部分或全部桥接。

在中等覆冰条件下，冰凌-冰面间隙最先产生电晕放电，且其放电脉冲重复率高，每个脉冲放电量约 200pC，远低于金属电极的放电量，电晕放电易发展成局部电弧。起始电晕发展成局部电弧后，中等覆冰绝缘子的闪络过程与严重覆时相同。中等覆冰的闪络过程最为复杂，影响因素最多，受伞形结构的影响最为显著，建立闪络预测模型最为困难，闪络危险性最大。

3) 严重覆冰闪络

严重覆冰绝缘子形成圆柱形或半圆柱形冰柱，高压端或绝缘子伞间形成空气间隙，沿空气间隙形成和发展的局部电弧引起闪络。

实际上一旦温度发生变化，绝缘子表面出现高电导率水膜，冰层电位分布发生改变，使空气间隙承受大部分外加电压。当空气间隙外加电压临近最大耐受电压时，产生持续数分钟紫色局部电弧形态的准静态放电。若空气间隙外加电压超过最大耐受电压，局部紫色电弧在几秒内发展成白色电弧，由于其下降型“伏-安”特性，白弧沿冰面不断延伸。当其长度达到干弧距离的 2/3 时，发生完全闪络。

2. *覆冰绝缘子闪络数学模型*

1) 经验模型

轻微和轻度覆冰绝缘子闪络与污秽相似，中度覆冰沿绝缘子干弧距离闪络，严重覆冰绝缘子沿其表面泄漏距离闪络。

(1) 沿泄漏距离的交流覆冰闪络。

轻微或轻度覆冰绝缘子泄漏距离未被冰凌桥接，覆冰质量对于染污绝缘子冰层电导率影响可忽略。冰层电导率是盐密的函数。轻微覆冰、均匀污秽盘型和支柱绝缘子在冻雾试验条件下的泄漏距离闪络梯度如式(3.94)所示[35]：

$$E_{50}=\begin{cases}18.6\rho_{\mathrm{ESDD}}^{-0.36}, & \text{盘型}\\ 12.7\rho_{\mathrm{ESDD}}^{-0.36}, & \text{支柱}\end{cases} \tag{3.94}$$

式中：E_{50} 为闪络电压梯度(kV/m)；ρ_{ESDD} 为等值盐密(mg/cm^2)。

(2) 沿干电弧距离交流闪络。

覆冰质量和等效污秽程度对绝缘子冰闪电压造成影响。定义单位电弧距离的覆冰质量 m 与修正到 20℃时的覆冰水电导率 σ_{20} 的积为污冰参数(I_{SP})，即

$$I_{\mathrm{SP}}=\sigma_{20}m \tag{3.95}$$

式中：$m=29.8\varepsilon+4.3(\varepsilon\leqslant 3\mathrm{cm})$[36]，$\varepsilon$ 为冰厚度。

雨凇覆冰线路悬式和电站支柱绝缘子：

$$E_{50}=396I_{\mathrm{SP}}^{-0.19} \tag{3.96}$$

中度和严重雾凇覆冰：

$$E_{50}=2438I_{\mathrm{SP}}^{-0.325} \tag{3.97}$$

轻度覆冰：

$$E_{50}=1196I_{\mathrm{SP}}^{-0.37} \tag{3.98}$$

2) 覆冰绝缘子直流闪络模型

覆冰绝缘子直流闪络模型(图 3.30)由基于污秽放电的 Obenaus 模型演化而来，模型由电弧通道和剩余冰层电阻串联构成。

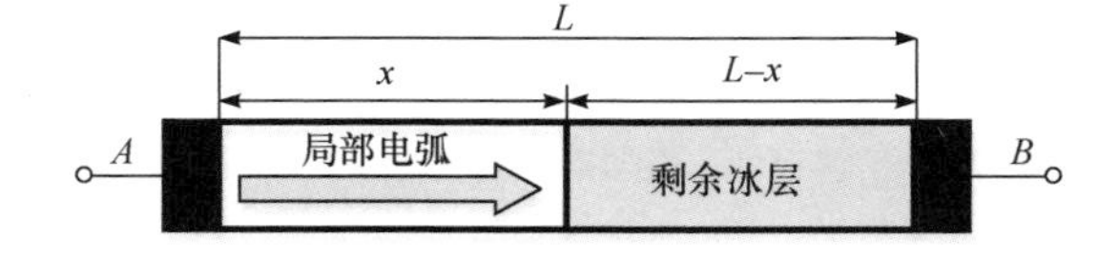

图 3.30　覆冰绝缘子直流闪络模型

覆冰绝缘子作用电压由三部分组成[33]，即

$$U = U_{e} + AK_{p}xI^{-n} + IR(x) \tag{3.99}$$

式中：U_e为电极压降(V)；A、n为电弧常数；K_p为电弧的弯曲系数；U为外加电压(V)；x为电弧长度(cm)；I为电弧电流(A)。

由式(3.99)对电弧电流I求导数，并令其等于 0，可得临闪电流(I_c)、临闪电压(U_c)和临界弧长(x_c)的关系为

$$\begin{cases} I_{c} = A / r_{p} \\ U_{c} = LA^{\frac{1}{n+1}} r_{p}^{\frac{1}{n+1}} \\ x_{c} = \dfrac{L}{n} + 1 \end{cases} \tag{3.100}$$

式中：L为绝缘子总泄漏距离(cm)；r_p为单位长度剩余冰层电阻(Ω/cm)。

若外加电压足够高且使电弧延伸至临界弧长，电弧沿剩余泄漏距离自动完成闪络。冰面电弧伏安特性的$n\approx0.5$，即$x_c\approx2/3L$。不同电弧电流的电极压降基本相同[4]，电弧常数A和n取决于电弧的静态和动态特性，正极性直流(DC+)电弧的电弧常数：A=209，n=0.45。当冰凌完全桥接伞裙时，直流电弧弯曲系数K_p在 1.2～1.4，可取均值 1.3；轻微覆冰局部电弧沿绝缘子边缘空气发展(并不沿表面泄漏距离发展)，K_p约等于干弧距离与泄漏距离之比，约为 0.3～0.5。

剩余冰层电阻是冰闪电压的关键，如果覆冰绝缘子为直径为D、长度为h和厚度为ε的半圆柱体，且弧根与表面为半球状接触，则剩余冰层电阻为[37,38]

$$R(x) = \frac{10^{6}}{2\pi\gamma_{e}}\left[\frac{4(L-x)}{D+2\varepsilon} + N\ln\left(\frac{D+2\varepsilon}{4r}\right)\right] \tag{3.101}$$

式中：N为冰面弧根总数；γ_e与直流电压极性和修正到 20℃时冰样的覆冰水电导率σ_{20} (0～300μS/cm)有关，可表示为[4]

$$\gamma_{e} = \begin{cases} 0.0599\sigma_{20} + 2.59, & \text{DC}- \\ 0.0820\sigma_{20} + 1.79, & \text{DC}+ \end{cases} \tag{3.102}$$

对于“冰-空气”接触面的正、负极性电弧，弧根半径r(cm)可表示为

$$r = \begin{cases} 0.714\sqrt{I}, & \text{DC}- \\ 0.701\sqrt{I}, & \text{DC}+ \end{cases} \tag{3.103}$$

覆冰前染污对冰闪具有显著影响，可等效为等值盐密 ESDD 对σ_{20}的影响，根据 IEEE 标准推荐的盐度S_a(mg/cm^2)对电导率的影响来确定。

3) 覆冰绝缘子交流闪络

交流电弧电极压降小于直流，交流闪络中并未观测到明显“电弧飘弧”现象。轻微覆冰 K_p 为干弧距离与泄漏距离的比值。交流闪络一般发生在峰值，交流冰闪采用峰值电压(U_m)和峰值电流(I_m)，考虑交流重燃，其电弧电压方程为[33]

$$U_m = AK_p x I_m^{-n} + I_m R(x) \tag{3.104}$$

式中：A=205；n=0.56。

交流电弧有两种发展方式：电弧贯穿冰层外表面空气或电弧在冰层内部发展。电弧在冰层内部发展速度较慢(不影响闪络电压)。在电弧发展的第一阶段，交流电弧速度慢于直流；在第二阶段，交流电弧最大速度大于直流。

交流电压下冰等值表面电导率 γ_e 可表示为[37]

$$\gamma_e = 0.0675\sigma_{20} + 2.45 \tag{3.105}$$

剩余冰层电阻 $R(x)$为[38]

$$R(x) = \frac{10^6}{2\pi\gamma_e}\left[\frac{4(L-x)}{D+2\varepsilon} + (N' + N'')\ln\left(\frac{D+2\varepsilon}{4r}\right)\right] \tag{3.106}$$

式中：N'为空气间隙电弧总数；N''为冰面电弧总数。弧根半径(r)为

$$r = 0.603\sqrt{I_m} \tag{3.107}$$

冰面电弧必须满足重燃条件，电弧重燃临界条件为[2,4]

$$U_m = \frac{Kbx}{I_m^b} \tag{3.108}$$

式中：K、b 为重燃常数。其中，①向上发展电弧，K=1118；②向下发展电弧，K=1300；③所有电弧，b=0.5277。由上面各式采用数值方法可得交流冰闪电压。

3.3　风机覆冰灾害与致灾机制

风能作为清洁可再生的新型能源，在能源供应、能源安全以及推动经济增长方面发挥着重要作用，也在大气污染防治和温室气体减排中扮演着重要角色。随着人们逐渐意识到传统化石能源对环境造成的破坏以及过于依赖不可再生能源导致的潜在能源安全，风电产业越来越引起世界各国重视并在全球呈现持续高速发展态势。经过十数年快速发展和完善，风电产业已经日臻成熟并在全球范围内超过 90 个国家实现应用。据 GWEC(全球风能理事会)统计[39]：2014 年以

来，全球风机容量以平均每年 50GW 的速度增长，截至 2021 年 12 月底，全球风电总装机容量达到 834GW，较同期增长 13.1%。我国风电装机容量年增长率为 14.3%，达到 328.48GW，占全球市场的 39.4%。

EIA(美国能源信息署)和 AWEA(美国风能协会)指出，2017 年美国能源消费结构中风能占比达 5.5%，首次超越水能成为美国占比最大的可再生能源，考虑风电产业强劲发展势头，风能必将长期在其能源结构中保持领先。同年，欧盟国家的整体风电能源占比已经达 11.2%，成为仅次于核能(25.6%)和天然气(19.7%)之后的又一重要能源支柱。如丹麦等传统风电强国，风能发电占比高达惊人的 43.6%。我国从 1989 年在新疆达坂城建立第一个示范性风电场到 2017 年，连续 7 年新增装机容量及装机总容量占据世界排名首位，我国风电行业正走在由替代能源向主体能源过渡的关键节点。随着《风电发展“十三五”规划》的实施[40]，2020 年我国风电并网装机容量达 2.1 亿 kW，风电年发电量超过 4200 亿 kW·h，占全国总发电量的 6%。

相对于低海拔地区，山脊线、山顶或其他海拔较高的地理位置通常具有更优越的风速条件。在 1000m 海拔范围以内，高度每上升 100m，风速相应增加约 0.1m/s。风能所蕴含的能量与风速三次方成正比，高海拔的风能提升十分可观[41]。在风机实际风能利用率逐渐迫近贝茨极限的今天，高海拔地区所带来的发电量的提升显得尤为可贵。据统计，目前世界范围内约有 1/3 的风电场建在北欧、中国和加拿大等的高海拔或者寒冷地带[41]。风机在享受发电量提升的同时，也承受着高寒地区极端气候的影响。覆冰是其中最主要的影响，会带来巨大损失[42]。

2010 年以来，随着对风机覆冰重视程度的提高及相应观测手段的提升，国外针对风机覆冰进行了深入、全面和系统研究。西班牙 Icing Blades 项目[43]对其 517 台风机在覆冰天气的运行数据的分析发现：为期 29 个月的监测时间内共计损失发电量 18966MW·h。由此推算西班牙全国范围内风机因覆冰的年发电量损失达到 550GW·h，相当于 200000 个家庭的用电量。Lehtomäki 等[44]对两台分别建设于加拿大和瑞典的风机进行了跟踪研究，发现其年发电量损失分别为 6.6%和 16.0%，单台风机年度经济损失达一百万美元。

随着“十三五”规划的实施，我国内陆风电场加快，南方高湿省(区、市)如湖南、浙江、四川、重庆、贵州和云南等均建设了众多风电场，这些地区冬季及初春覆冰灾害频发，风电场覆冰事件屡见不鲜。2014 年 12 月 30 日，江西屏山高山风电场工程的 24 台风机组建成投运，一个月后的 2015 年 1 月 29～31 日遭受到了间断的小规模覆冰天气影响，共发生 3 次覆冰事件，累计停运时间 85.32h，损失电量 39220kW·h。2015 年贵州某风电场一期机组(48 台，共 96MW)在 6 个月内受到间断性覆冰天气影响，叶片覆冰导致停机 42 天，损失发电量 7267600kW·h，电费损失 1053.80 万元，平均每台机组损失电费 21.95 万元。

3.3.1　风机覆冰致灾机制

易发生覆冰灾害的风机归类为寒冷气候条件风机，即长时间或较为频繁遭遇外界低温或积冰事件导致设计及运行受到限制的风机。图 3.31 为风机覆冰致灾图，风机冰害主要是叶片和风速风向仪覆冰引起的。其中叶片覆冰可引发三种故障：①叶片机械荷载增大受损引发机械灾害[45]；②改变叶片表面光洁度与形状，使其气动特性和输出功率受损，引发功能性损坏灾[46-48]；③覆冰后持续运行，叶片表面冰层随叶片高速旋转，在强劲离心力作用下从叶片表面脱离并甩出，脱离风机的冰块保持一定速度飞行，之后撞击飞行路径上遇到物体形成伤害。其中③属于叶片覆冰引发的次生灾害，并非覆冰的一次灾害。

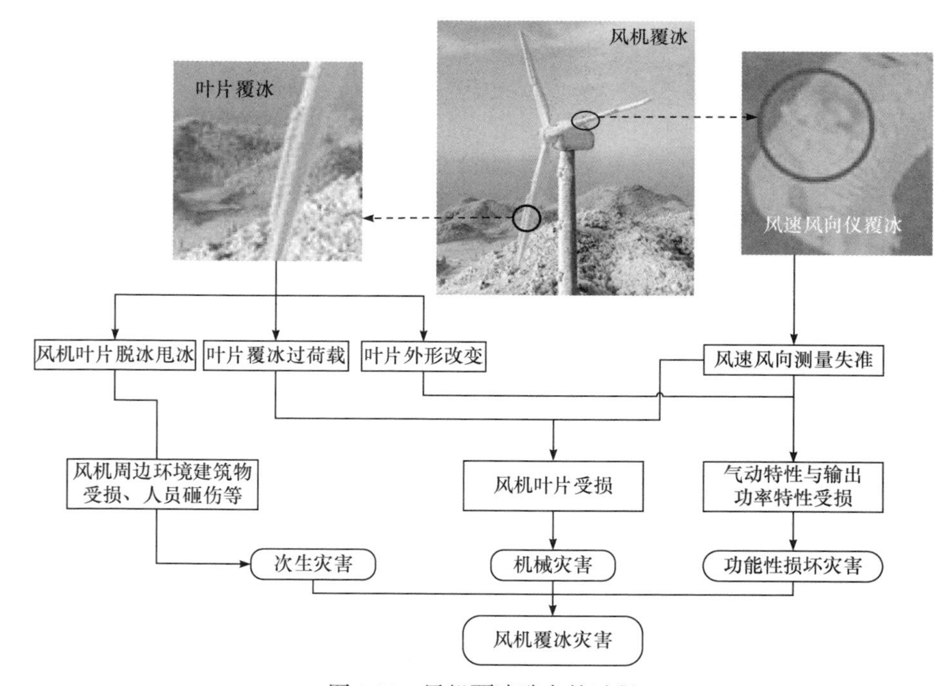

图 3.31　风机覆冰致灾的过程

风机覆冰致灾机制为：覆冰积雪条件下，风机叶片或风速风向仪覆冰引发机械灾害或功能性损坏灾害，风机叶片覆冰后表面冰层脱落甩出砸坏风机周边建筑物等结构物、砸伤风机周边人员、畜牧和农作物等动植物。

3.3.2　风速风向仪覆冰

风机风速风向仪覆冰，测量结果偏差，失准的测量数据反馈导致风机叶片错误动作，造成风机输出功率折扣引发功能性损坏灾害，严重时直接造成风机叶片发生机械损伤引发机械灾害[46,47]。

风机合理有效运行离不开风速风向仪的稳定工作，作为风机所处环境风速、风向的实时获取装置，探测风速、风向数据并用于控制风机叶片桨距和机头朝向。风速信号传输到风机控制，改变叶片迎风角度功率调整，启动时能获较大气动扭矩，使叶轮克服驱动系统的空载阻力矩；功率输出受到限制，超过额定风速后输出功率不变，保护机组不受破坏。紧急制动时空气阻力非常大，能让叶轮快速停止。风向信号传送到控制系统的偏航控制模块。偏航系统或对风装置，是风机特有的控制系统。偏航系统控制机舱头对准风向，使风机处于迎风状态，最大吸收风能，风机发电效率提高。广泛用于风机的风速风向仪分为机械式和超声波式。

常见的风机机械式风速风向仪有组合式和整体式两种。组合风速风向仪由相互独立的方向航向标和测速仪两个部件，安装时需分开。图 3.32(a)的机械式风向标负责探测风向；图 3.32(b)为机械式风杯测速仪。图 3.33 为两种不同形式的整体式机械风速风向仪，虽然两者结构不同，但均集风向和风速测量于一体，在风机机舱顶上只需一个安装位置。

(a) 机械式风向标

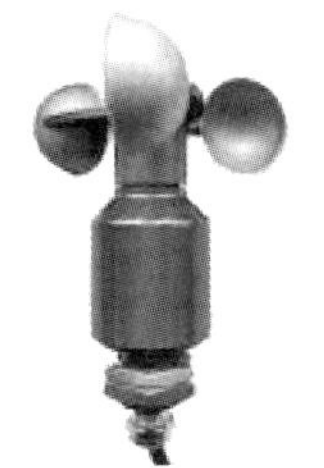

(b) 机械式风杯测速仪

图 3.32　组合式机械风速风向仪

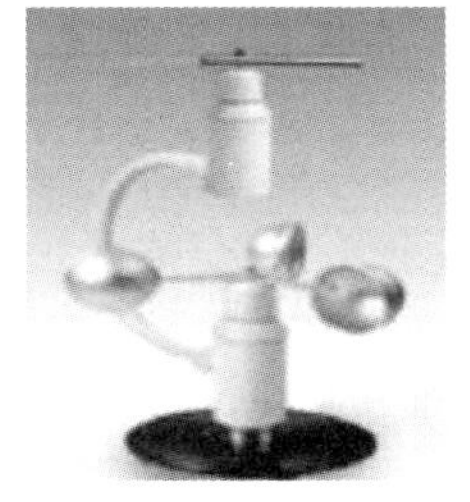

(a) 半环形机械风速风向仪

(b) 类飞机风速风向仪

图 3.33　整体式机械风速风向仪

图 3.34 为超声波风速风向测试仪。不论何种形式，超声波风速风向测试仪均具备四个呈 90°布置的超声波探头，利用超声波时差法来实现风速的测量。声音在空气中传播速度和风向上气流速度叠加。若超声波传播方向与风向相同，其速度加快；若超声波传播方向与风向相反，速度变慢。在固定检测条件下，超声波在空气中传播速度和风速对应。

机械式和超声波风速风向仪都会覆冰，影响其准确测量[49]。覆冰时，由于冰层冻结旋转部分反应迟缓或不能运动；超声波的探头覆冰导致测量失准[50,51]。不准确的测量可致使风机控制系统发出不合理的变桨或偏航命令，轻则使风机输出功率打折扣，重则导致风机机械结构受到损害。

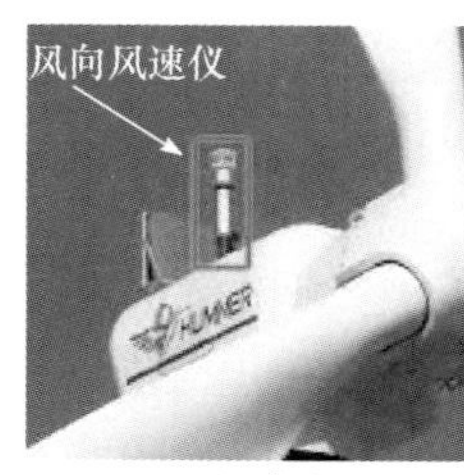

(a) 现场实装图

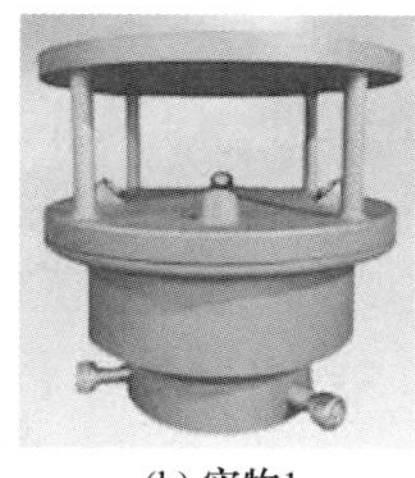

(b) 实物1

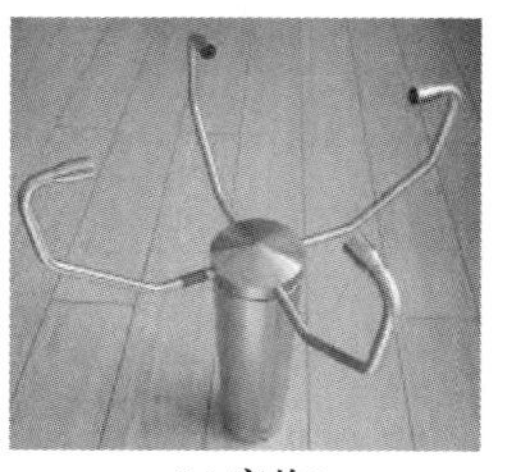
(c) 实物2

图 3.34　超声波风速风向测试仪

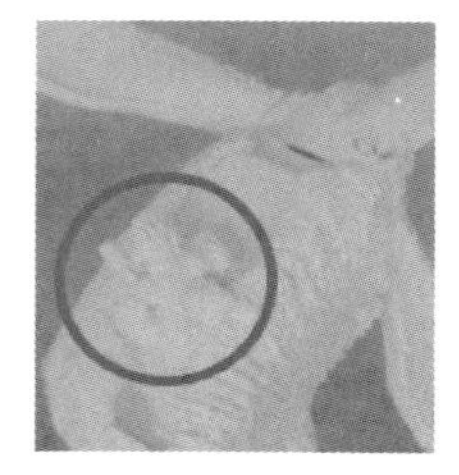
图 3.35　风速风向仪覆冰

图 3.35 为湖南雪峰山能源装备安全国家野外科学观测研究站的 300kW 风机所配备的自加热式超声波风速风向仪在2018年1月30日的覆冰事件中的积冰情况，严重雾凇覆冰时，即使以 60W 的电热功率持续加热，风速风向仪仍无法正常工作[42,52]。Fortin 等[53]总结欧洲风机覆冰运行经验发现：传统的机械式风速风向仪在覆冰天气所持续的 30%～95%时间段内都失灵；即使尚未失灵，其风速测量误差达到 60%，具有自加热功能的风速风向仪的测量误差也达 40%。

3.3.3　风机叶片覆冰

1. 气动与输出功率特性受损

冻结在风机叶片表面的冰改变叶片几何外形，并增加其表面粗糙度[54]，引起升力系数减小与阻力系数提升，导致叶片原有气动特性与流场特性的破坏或丧失。观测发现[55]，叶片前缘积累少量覆冰也引起叶片整体气动性能的巨大改变。由覆冰带来的叶片表面粗糙度增加也使得风机实际发电量与预期值相差 20%[56]。Homola 等[57]分析了温度和水滴粒径大小对覆冰形状和覆冰增长率的影响，发现雨凇比雾凇对风机的气动和输出特性更具威胁。Jasinski 等[58]指出，雾凇覆冰时风机气动性能丧失也达 20%。

Shu 等[59,60]和 Lehtomäki 等[44]对风机覆冰的输出功率特性进行了试验和仿真研究，图 3.36 为风机实际输出功率受覆冰的影响，图中的瑞典风机在 10m/s 的风速输出功率仅为正常值的 25%。风机叶片覆冰引发的气动特性与输出功率受损对风机正常运行影响复杂，且与覆冰形态、覆冰程度和覆冰位置相关。风机叶片覆冰气动特性与输出功率特性受损是风机覆冰灾害的关键。

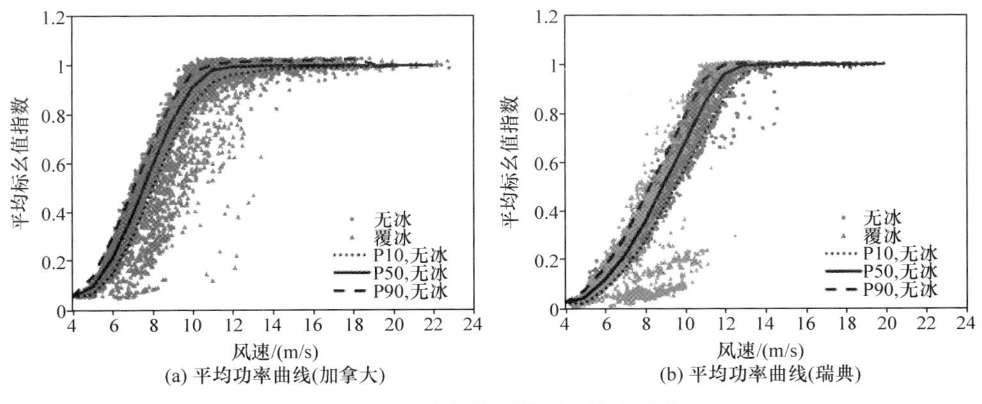

(a) 平均功率曲线(加拿大)　(b) 平均功率曲线(瑞典)

图 3.36　覆冰条件下的风机输出功率

2. 叶片覆冰过载

覆冰天气下持续运转的风机叶片积累的覆冰量相当可观。覆冰质量的不断增加大幅提升叶片非正常振动幅度，并增加叶片沿风轮径向的离心荷载[61]。风机高速旋转，叶片与机舱法兰的机械连接将受到严峻考验。不平衡覆冰还加剧主轴磨损，使机舱内部如变速齿轮箱等重要部件使用寿命大为缩短，必要时需停机以避免潜在的损坏。此外，轻度至中度覆冰增加塔基的疲劳负荷[60]。Hu 等[62]对 NREL (美国国家可再生能源实验室)Phase VI 风机进行了叶片覆冰仿真研究，发现双叶片风机不平衡的覆冰导致叶片和塔筒疲劳损坏率分别上升至 70.8%和 97.6%。

3. 脱冰甩冰致灾

脱冰甩冰属于风机叶片覆冰事件的次生灾害。风机停转时冰层在自身融化过程中或不足以支撑其自身重量时滑落。风机运行时部分冰块在气动力和惯性作用下折断并甩出[63]，对风电场及周边人员和设备安全构成威胁[64]。图 3.37 为瑞典的建筑物屋顶由远处风机叶片甩冰导致的损坏。

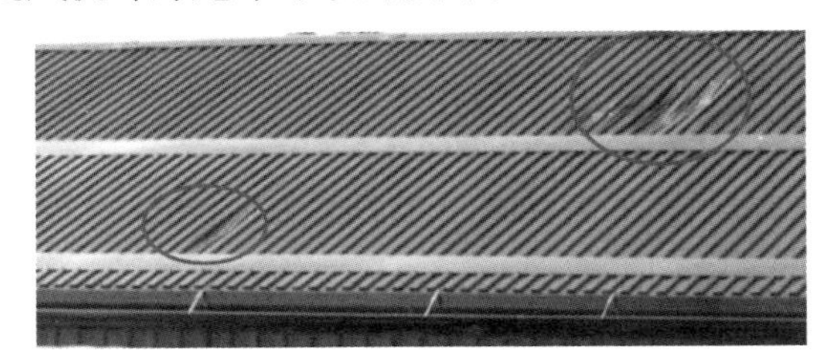

图 3.37　风机叶片脱冰造成的建筑物屋顶损坏

Ilinca[41]指出：年均覆冰 5 天的中度覆冰，风电场范围活动的人约有 10%的概率被脱落冰块(0.18～0.36kg)砸中。Tammelin 等[65]和 Seifert 等[66]研究发现：风机运转时叶片甩出的冰块最远可坠落于离塔筒高度与叶片长度高度之和的 1.5 倍。2014 年，浙江省宁海县通过媒体向公众发布茶山风电场脱冰甩冰预警。

3.3.4 风机覆冰运行特性

1. 风机风能利用率数值模型

风机风能利用率数值模型是基于空气动力学基本理论发展起来的，主要有经典动量理论和叶素理论，对理想风机的风能利用率进行推导，得到理想风力机整机的功率因数即风能利用率为[46-48]

$$C_{\mathrm{P}}=\frac{16}{9}\int_0^R \frac{r}{R}\lambda_r \frac{\frac{2}{3}e-\left(\lambda_r+\frac{2}{9\lambda_r}\right)}{\left(\lambda_r+\frac{2}{9\lambda_r}\right)e+\frac{2}{3}}\mathrm{d}\frac{r}{R}=\frac{16}{9}\int_0^1 \lambda x^2 \frac{\frac{2}{3}e-\left(\lambda x+\frac{2}{9\lambda x}\right)}{\left(\lambda x+\frac{2}{9\lambda x}\right)e+\frac{2}{3}}\mathrm{d}x \quad (3.109)$$

式中：相对弦长 $x=r/R$，r 处叶尖速比$\lambda_r=\lambda x$，λ 为叶尖速比；$e=C_{\mathrm{L}}/C_{\mathrm{D}}$，$e$ 为叶轮升阻比。分析可知：理想风机风能利用率只与叶轮升阻比和叶尖速比有关，升力系数和阻力系数均没有单独出现，说明理想风机的输出功效率与叶轮升阻力的比值有关，与其升力和阻力的具体值无关；叶轮升阻比也并非越高越好，还要与风机运行时的叶尖速比相匹配才能实现最大功率的输出。

根据计算数据得到风能利用率 C_{P} 随叶尖速比λ 和叶轮升阻比 e 的关系如图 3.38 和图 3.39 所示。由图 3.38 和图 3.39 可知：叶轮升阻比 e 较小时，随着叶尖速比λ 的增大，风能利用率 C_{P} 呈先升高后降低的变化规律；当叶轮升阻比 e 较大时，随着λ 的增大，C_{P} 升高后基本保持不变；λ 一定时，随着 e 的增大，C_{P} 呈先迅速升高后逐渐趋于稳定的变化规律。只有叶轮升阻比和叶尖速比同时增大时，

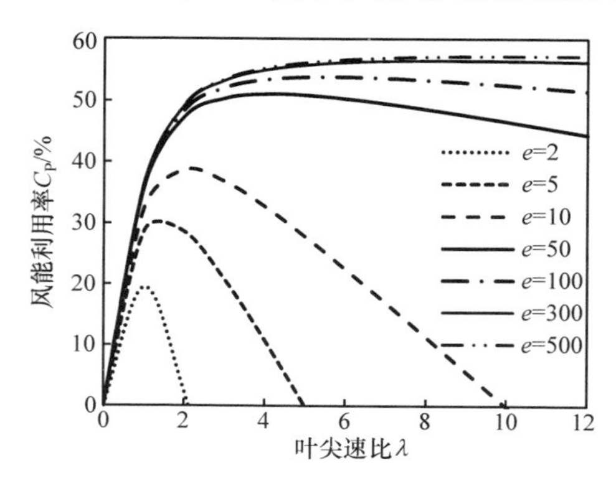

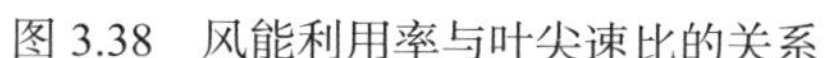
图 3.38 风能利用率与叶尖速比的关系

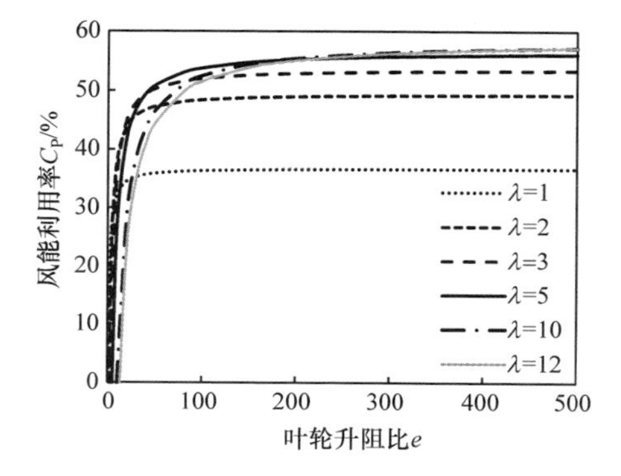

图 3.39 风能利用率与叶轮升阻比的关系

理想风机风能利用率逐渐升高并接近贝茨极限，但即使升阻比 e=500，叶尖速比 λ=12，风能利用率仅 57.25%，无论如何改进风机，其风能利用率不超过贝茨极限 59.3%。

2. 雨凇覆冰影响

覆冰地区风机均覆冰，覆冰不仅改变叶片质量分布、增加荷载，还改变叶轮原有空气动力学结构，导致升力降低，阻力升高，升阻比降低，气动性能恶化。

小型风机大都运行在额定风速以下，主要在 5～7m/s 左右，选取 6m/s 风速下小型风机覆冰前后气动性能进行研究，叶片各处弦长 c 通过测量得到，根据风速和转速可计算得到叶尖速比 λ_r 和合流速度 V_0，升力系数 C_L、阻力系数 C_D 由数值计算得到，将叶轮气动参数代入式(3.82)可得到对应位置未覆冰时风能利用率 C_P，由于叶片覆冰不均匀，难以对叶片每个位置覆冰前后气动参数及风能利用率进行研究，故选取叶片径向 0.25R、0.50R、0.75R 和 R 四个典型位置进行研究，参数如表 3.17 所示，数据统一取小数点后两位有效数字。从表 3.17 未覆冰叶片径向各处风能利用率可知，叶片风能利用率从叶根到叶尖呈先增大后减小的变化规律，叶根出力很少，叶片外侧为主要出力区域。

表 3.17　叶片径向四个典型位置处主要参数

参数	径向位置			
	0.25R	0.50R	0.75R	R
c/mm	78.00	55.00	40.00	27.80
λ_r	2.09	4.19	6.28	8.37
V_0/(m/s)	13.92	25.83	38.15	50.60
C_L	1.02	1.11	0.91	0.79
C_D	0.17	0.06	0.03	0.03
e	6	18.5	30.33	26.33
C_P/%	23.74	37.09	37.80	28.64

1) 覆冰程度影响

风机叶片覆冰程度没有统一表征方法，定义无量纲系数冰厚比，即叶轮最大冰厚与叶片弦长之比表征覆冰对叶片气动参数的影响，D_e 为风机覆冰程度，即

$$D_e = \frac{H}{c} \times 100\% \tag{3.110}$$

式中：H 为叶轮最大覆冰厚度；c 为叶片弦长，如图 3.40 所示。

自然覆冰是受环境温度、风速、风向、过冷却水滴和液态水含量等诸多因素的影响的综合物理现象，覆冰具有很大的随机性，自然环境风机叶片覆冰形态复杂多变，以 Bose 为自然环境水平轴风机叶片雨凇形状，选 1.0%、3.0%、5.0%、10.0%、15.0%和 20.0%共 6 种覆冰程度进行模拟计算，雨凇形状和程度如图 3.40 所示。

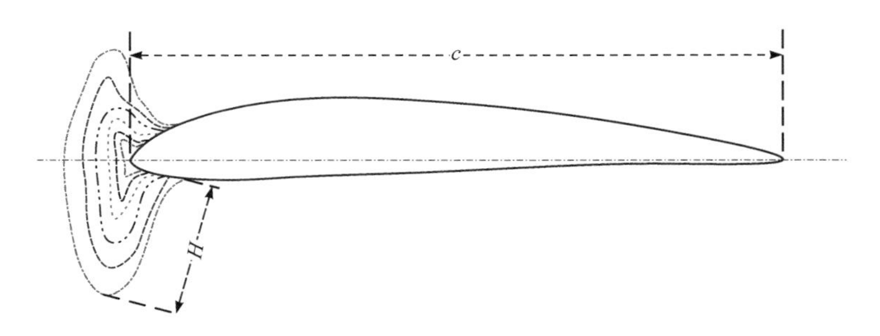

图 3.40　风机叶片典型雨凇覆冰

叶片覆冰不均匀，冰厚沿径向逐渐增加，叶根覆冰一般较少，叶尖处冰最严重。分析冰对叶片气动性能影响时需考虑覆冰不均匀性。如选取叶片径向 4 个不同位置的雨凇计算，得到不同雨凇下升阻力系数及叶轮周围流场分布，并根据其升阻比计算对应覆冰的风能利用率，表 3.18 为升力系数、阻力系数、升阻比和风能利用率的计算结果表，其中风能利用率为负时只是数学计算值，实际风能利用率最低为 0。

表 3.18　不同雨凇覆冰程度模拟计算结果

径向位置	覆冰程度 D_e/%	升力系数 C_L	阻力系数 C_D	升阻比 e	风能利用率 C_P/%
0.25R	0	1.02	0.17	6	23.74
	1	1.04	0.17	6.12	24.96
	3	0.93	0.26	3.58	3.46
	5	0.93	0.27	3.44	2.00
	10	0.79	0.33	2.39	–19.32
0.50R	0	1.11	0.06	18.5	37.09
	1	1.13	0.06	18.83	38.10
	3	0.91	0.10	9.1	18.50
	5	0.88	0.10	8.8	14.48
	10	0.26	0.20	1.3	–201.94
	15	0	0.29	0	–2298.80

续表

径向位置	覆冰程度 D_e/%	升力系数 C_L	阻力系数 C_D	升阻比 e	风能利用率 C_P/%
0.75R	0	0.91	0.03	30.33	37.80
	1	0.91	0.04	22.75	36.54
	3	0.81	0.06	13.5	19.89
	5	0.77	0.06	12.83	12.38
	10	0.17	0.14	1.21	−367.05
	15	−0.33	0.25	—	—
R	0	0.79	0.03	26.33	28.64
	1	0.76	0.03	25.33	27.79
	3	0.69	0.05	13.8	7.89
	5	0.63	0.06	10.5	−14.17
	10	0.13	0.13	1	−620.92
	15	−0.29	0.26	—	—
	20	−0.35	0.37	—	—

分析表 3.19 可知：叶片径向 4 个位置雨凇覆冰后均呈现升力系数减小、阻力系数增大、升阻比降低的变化规律。雨凇冰的角状突起改变叶片原有空气动力特性。覆冰程度 D_e 为 1% 时，个别出现升力系数增大、阻力系数略为降低的情况，结合其马赫数云图和速度矢量图可知，D_e=1% 的冰量很少，前缘尚未出现明显的角状突起，对叶轮原有结构改变很小，故叶轮周围流场变化较小。但实际叶片表面生成覆冰，显著改变表面粗糙度。因未考虑表面粗糙的影响，故其升阻力系数变化不大。当 D_e=3%后，各组升力系数开始迅速降低。随着 D_e 继续增加，各个位置的气动参数明显变化甚至出现负值，叶轮气动性能严重破坏。

叶片径向各处的风能利用率均随 D_e 的增加呈逐渐降低的规律。D_e 继续增加，各处风能利用率迅速降低，当覆冰增加至 10%后，各处风能利用率接近 0 或为负值。雨凇严重影响叶轮风能利用率。

为直观观察雨凇对叶片风能利用率的影响，根据上表绘制叶片径雨凇下风能利用率如图 3.41 所示。分析可知：速比不变叶片径向风能利用率均随雨凇增加迅速降低。各处风能利用率在雨凇 D_e=1%时变化较小；当雨凇 D_e=3%时，各处风能利用率均显著降低；D_e 增加至 5%时，各处风能利用率继续降低，R 处风能利用率已降至 0 以下；雨凇至 10%时，各处风能利用率均已降至 0 以下。

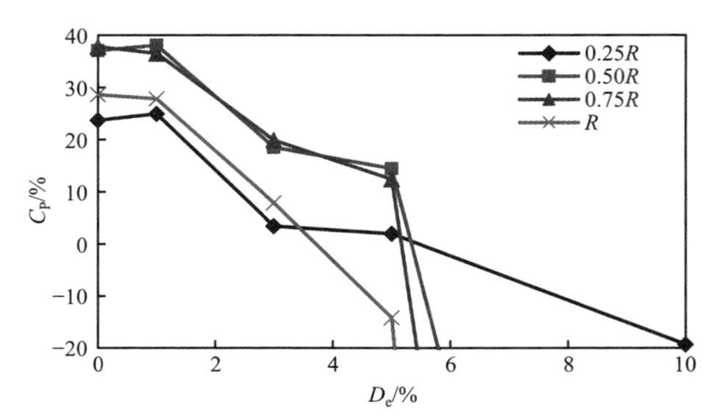

图 3.41　风能利用率与雨凇覆冰程度的关系

在雨凇增长过程中，叶轮周围流场也发生改变，以叶片 0.75R 处不同雨凇覆冰下速度矢量图为例，对比观察不同雨凇时叶轮周围流场变化，分析引起叶轮气动参数和风能利用率变化的原因，速度矢量如图 3.42 所示。

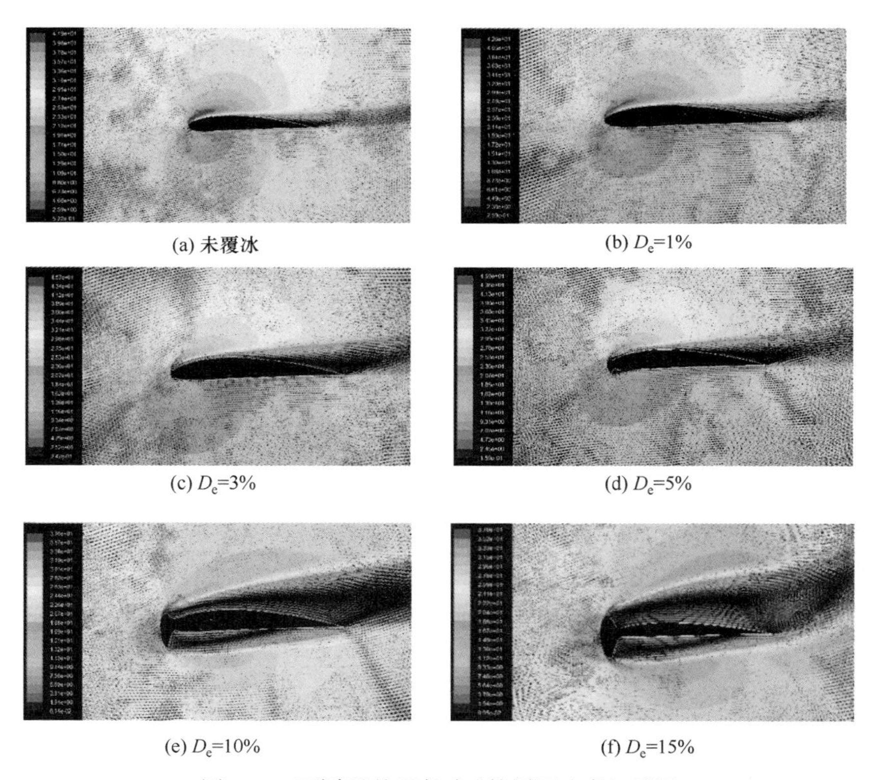

(a) 未覆冰　(b) D_e=1%

(c) D_e=3%　(d) D_e=5%

(e) D_e=10%　(f) D_e=15%

图 3.42　不同雨凇程度时叶轮周围速度矢量图

分析图 3.42 可知：相同风速和攻角，雨凇增长显著改变叶轮表面流场。未覆冰时驻点在叶片前缘偏下位置，叶轮前缘绕流流动紧贴于叶轮表面，边界层只在叶片尾缘发生较小分离，近似为附着流动；D_e=1%时，因为未考虑表面粗糙度影响，叶轮周围流场情况变化不大；D_e=3%时，叶轮前缘气流速度减小，边界层分离点向前缘方向靠近，分离区逐渐加大，升力逐渐减小；D_e=5%时，气流速度继续减小，在角状突起后面形成小的涡流，分离点进一步前移；D_e=10%和 15%时，分离点在叶轮前缘角状突起处，整个叶轮上下表面产生分离涡，分离涡在前缘产生，运动至尾缘脱落，分离涡周期性分离和脱落使得升阻力系数周期性波动，如图 3.43 所示，升力系数显著降低，阻力系数大幅增加，叶轮气动性能恶化。

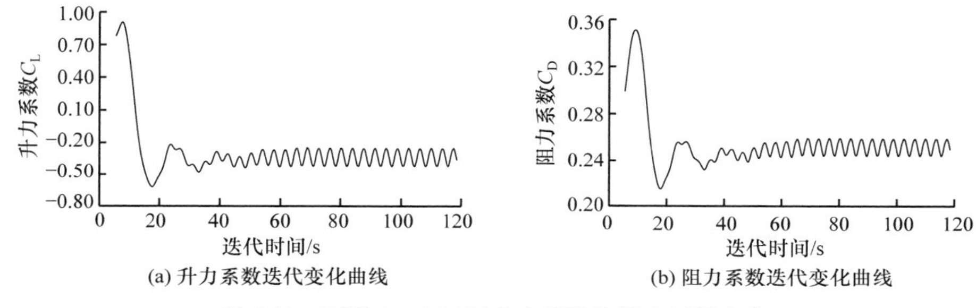

图 3.43　雨凇 D_e=15%时升力系数和阻力系数变化

2) 叶尖速比影响

风机叶片覆冰后气动性能恶化，导致转速降低。风速不变风机叶尖速比也降低。研究风能利用率随覆冰增长变化时需考虑叶尖速比变化。前面分析可知，叶片各处风能利用率随雨凇增长变化基本相同，取风机叶片出力最大位置 0.75*R* 分析叶尖速比改变时叶轮风能利用率随雨凇增长的动态变化。因不同风机覆冰叶尖速比具体值未知，也无文献资料参考，本节主要研究同时考虑叶尖速比和覆冰程度对风能利用率的影响，考虑到叶尖速比取值在正常值至降低为零区间所有值，因不可能对所有取值研究，只取有限个数值计算得到其近似动态变化规律，表 3.19 为不同叶尖速比和雨凇覆冰程度的叶轮风能利用率。

表 3.19　0.75*R* 位置处不同叶尖速比和雨凇覆冰程度时的风能利用率　(单位：%)

D_e/%	叶尖速比						
	6	5	4	3	2	1	0.75
1	37.13	38.46	37.91	30.87	5.80	−5.13	−9.59
3	20.84	23.11	21.72	10.71	−3.21	−5.02	−7.32
5	14.25	19.37	20.39	10.24	−2.66	−1.93	−4.92
10	−335.52	−269.01	−175.47	−78.57	−14.94	−0.21	0.37
15	—	—	—	−377.97	−46.20	−5.31	−2.40

分析可知：不同叶尖速比的叶轮风能利用率随雨凇增加呈降低趋势。叶尖速比较大，随覆冰程度增加风能利用率降速较快；叶尖速比较小，覆冰增加风能利用率降速较慢。为直观观察不同叶尖速比和雨凇时风能利用率的动态变化过程，将表 3.19 的数据整理为图 3.44。

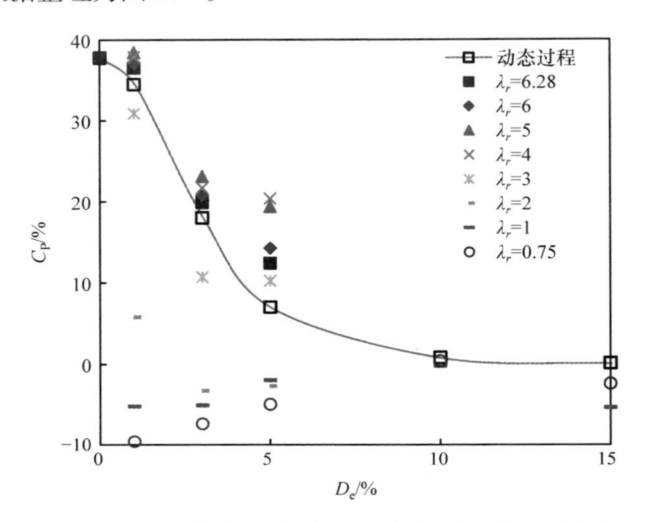

图 3.44 0.75R 处风能利用率随雨凇覆冰程度增长的变化

由图可知：考虑叶尖速比变化，雨凇 D_e=1%的冰量很少，对风能利用率的影响也较小；但覆冰改变叶片表面粗糙度，风能利用率还会有所降低，叶尖速比降低也有限。雨凇增加至 D_e=3%时，叶尖速比的风能利用率均大幅降低，叶尖速比也有一定程度降低。雨凇 D_e=5%时，综合考虑此时叶尖速比，风能利用率进一步降低，低于 D_e=3%时的风能利用率。雨凇 D_e=10%时，叶尖速比较低，风能利用率已降至 0 附近。雨凇 D_e=15%时，叶尖速比已经很低，风能利用率变化不大。考虑雨凇增长过程中叶尖速比改变可得 0.75R 处风能利用率随雨凇增长的动态变化曲线。

3) 风能利用率

为得到整个叶片风能利用率随雨凇增长的变化规律，根据前面对单个径向位置覆冰过程中叶轮风能利用率的动态变化规律，计算相同覆冰时间后径向各处的风能利用率并沿叶片进行积分，可以得到该覆冰程度的整个叶片风能利用率，取不同覆冰程度可得到整个叶片的风能利用率随覆冰增长的变化规律。

取叶尖位置 R 在 D_e=1%、3%、5%、10%和 15%时分析，叶片覆冰从叶根到叶尖逐渐增加，叶片各处覆冰程度不同且不均匀。当 R 处 D_e=1%时其他位置未达到 1%，按照相应的分布规律得到此时其他各处的覆冰程度，结合中小型风机叶片自然环境下雨凇分布规律计算各处覆冰程度，考虑叶尖速比改变，计算得到对应的升力系数、阻力系数及升阻比，再计算得其风能利用率，如表 3.20 所示。

表 3.20　不同叶尖速比和雨凇覆冰程度时叶片各处的风能利用率　(单位：%)

叶尖 R 处 D_e/%	λ	径向位置			
		0.25R	0.50R	0.75R	R
1	8	16.20	36.83	38.20	28.96
3	6	9.27	29.76	32.05	20.34
5	3	−0.27	0.62	1.97	19.10
10	2	−2.16	−2.73	2.70	−18.27
15	1	−4.92	−2.89	4.68	−3.26

表 3.21 中数据采用式(3.111)沿叶片径向积分，因风能利用率降至 0 后不再出力，故以表中负值均为 0 计算整个叶片的风能利用率，即

$$C_{\mathrm{P}} = \int_0^R C'_{\mathrm{P}} \mathrm{d}r \tag{3.111}$$

叶片风能利用率随雨凇增长的变化如图 3.45 所示。在覆冰初期风能利用率迅速降低，雨凇进一步增长，叶片风能利用率下降度变缓，较长时间后风能利用率逐渐趋近于 0。带有角状突起的雨凇覆冰显著影响风能利用率，覆冰初期迅速改变叶片气动性能。

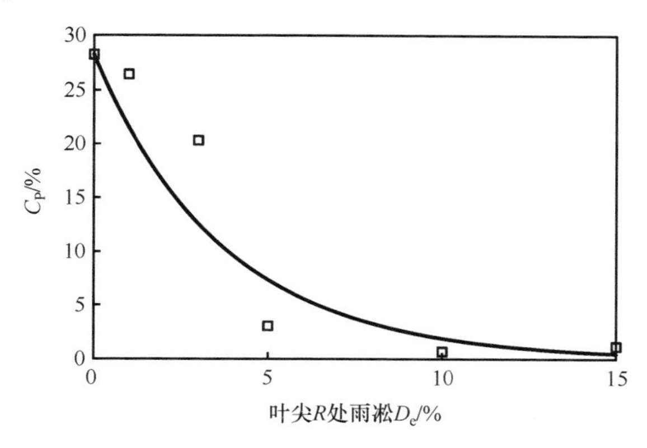

图 3.45　风能利用率与雨凇覆冰程度的关系

3. 雾凇覆冰影响

温度较低、湿度较大时叶片表面生成雾凇，也对其气动性能产生影响。叶片雾凇集中在前缘，形状较为规则，冰形随来流攻角不同有所差异。取典型的雾凇冰形，即 1%、3%、5%、10%、15%、20%和 30%共 7 种 D_e 数值模拟，如图 3.46 所示。

1) 覆冰程度影响

雾凇仍选取叶片径向 4 个位置处并取不同 D_e 进行仿真计算，得到对应的升力

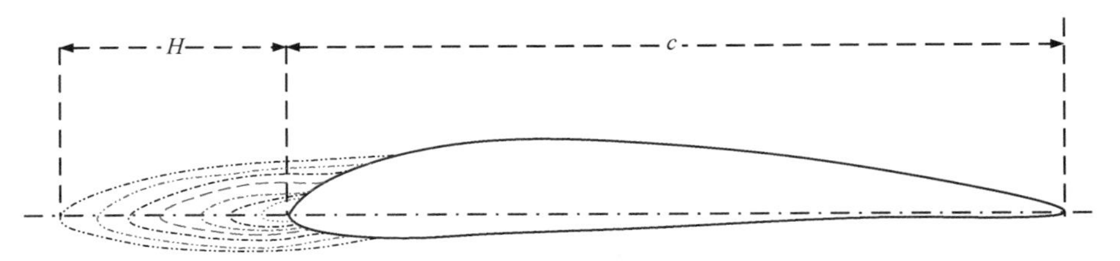

图 3.46　风机叶片典型雾凇

和阻力系数，并根据升阻比计算风能利用率，如表 3.21 所示。

表 3.21　不同雾凇覆冰程度模拟计算结果

径向位置	D_e/%	升力系数 C_L	阻力系数 C_D	升阻比 e	风能利用率 C_P/%
0.25*R*	0	1.02	0.17	6	23.74
	1	1.04	0.17	6.12	25.29
	3	1.03	0.18	5.72	23.09
	5	0.93	0.22	4.23	11.86
	10	1.08	0.23	4.70	15.72
0.50*R*	0	1.11	0.06	18.5	37.09
	1	1.14	0.06	19	39.32
	3	1.12	0.06	18.67	37.43
	5	1.03	0.08	12.89	29.04
	10	1.11	0.08	13.88	32.46
	15	1.13	0.08	14.13	30.72
0.75*R*	0	0.91	0.03	30.33	37.80
	1	0.91	0.04	22.75	37.41
	3	0.92	0.04	23	36.54
	5	0.89	0.04	22.25	30.69
	10	0.93	0.04	23.25	33.83
	15	0.95	0.05	19	31.48
	20	0.90	0.06	15	21.11
R	0	0.79	0.03	26.33	28.64
	1	0.74	0.03	24.67	28.22
	3	0.75	0.03	25	29.37
	5	0.73	0.04	18.25	22.88
	10	0.76	0.03	25.33	26.14
	15	0.77	0.04	19.25	23.52
	20	0.75	0.05	15	13.31
	30	0.83	0.04	20.75	24.31

分析可知：叶片径向 4 处雾凇较轻时，升力系数略有增大，由于未考虑覆冰对表面粗糙度的影响，雾凇继续增长升力系数开始降低，进一步增长升力系数又略有增大，主要是弦长影响其升力系数且变化规律较为复杂，但升力系数随雾凇增长整体仍呈降低趋势；阻力系数随雾凇增长呈现逐渐增大趋势。计算得到叶轮升阻比随雾凇增长虽略有波动但整体呈逐渐降低的规律，叶片径向各处在不同雾凇时气动参数变化幅度明显低于雨凇覆冰，如图 3.47 所示。

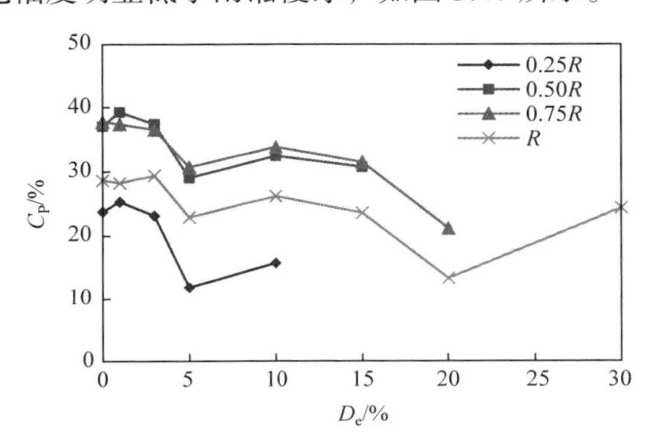

图 3.47　风能利用率与雾凇覆冰程度的关系

由图 3.47 可知：叶尖速比不变，叶片径向 4 处的风能利用率均随着雾凇增加呈逐渐降低的规律，虽在某些雾凇下有所波动，但整体呈降低趋势。与雨凇相比，叶尖雾凇达 30%的风能利用率仍有 24%。雾凇增长中，叶轮周围流场也发生改变，仍以叶片 0.75R 处不同雾凇的速度矢量图为例观察叶轮周围流场变化，分析引起叶轮气动参数和风能利用率变化的原因，如图 3.48 所示。

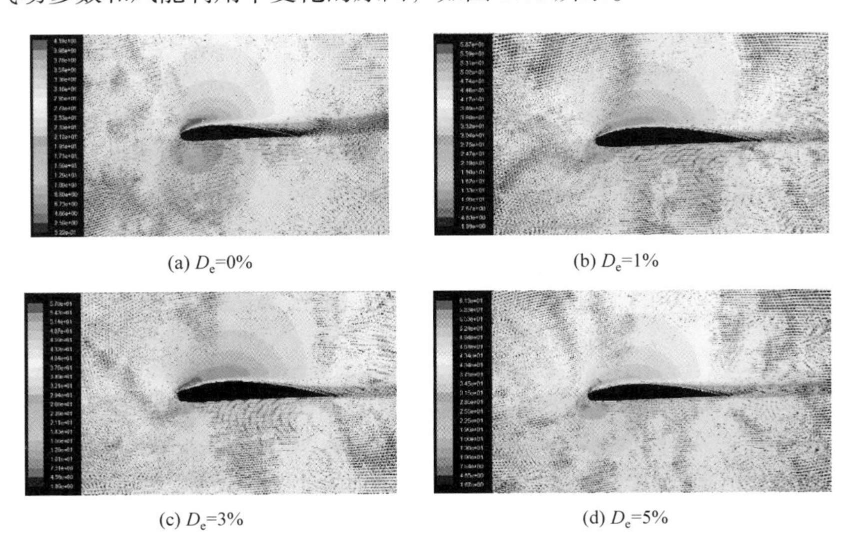

(a) D_e=0%　(b) D_e=1%

(c) D_e=3%　(d) D_e=5%

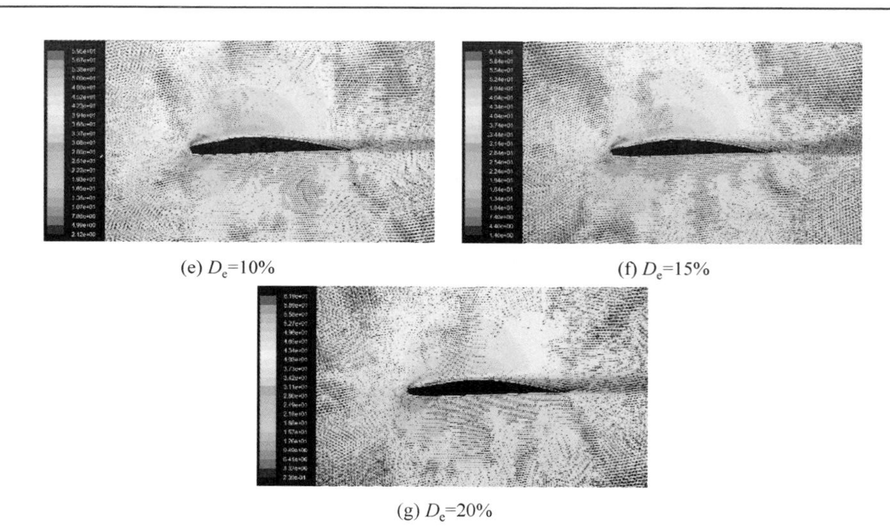

(e) D_e=10%　　(f) D_e=15%

(g) D_e=20%

图 3.48　不同雾凇程度时叶轮周围速度矢量图

由图 3.48 可知：相同来流速度和攻角的雾凇增长对叶轮表面流场影响较小，未考虑雾凇对表面粗糙度的影响，雾凇 D_e=1%和 3%时，气流速度和流场分布与未覆冰时变化不大，使得对应升阻力系数等气动参数变化也很小。雾凇 D_e=5%时，明显发现叶轮前缘上表面处气流速度降低，边界层分离点位置向前缘靠近，分离区变大，此时升力系数降低，阻力系数增大。雾凇 D_e=10%时，边界层分离点进一步向前缘靠近，由于雾凇呈流线型，且前端覆冰较薄，使前缘处气流速度略有增大，出现升力系数略有回升，阻力系数略有降低，但叶轮气动性能仍较差。雾凇 D_e=15%时，分离点已处于覆冰尖端，整个叶轮表面均发生边界层分离，且上表面气流速度继续降低。雾凇 D_e=20%时，叶轮前缘气流速度进一步降低，边界层变厚，叶轮气动性能发生较大改变，前缘冰表面出现较小涡流，分离涡在叶轮前缘处生成，运动至尾缘附近脱落，分离涡周期性的产生和脱落使升阻力系数出现小幅度周期性振荡，如图 3.49 所示。升力系数降低，阻力系数增加，叶轮升阻比较未覆冰时显著降低，使叶轮气动性能降低。

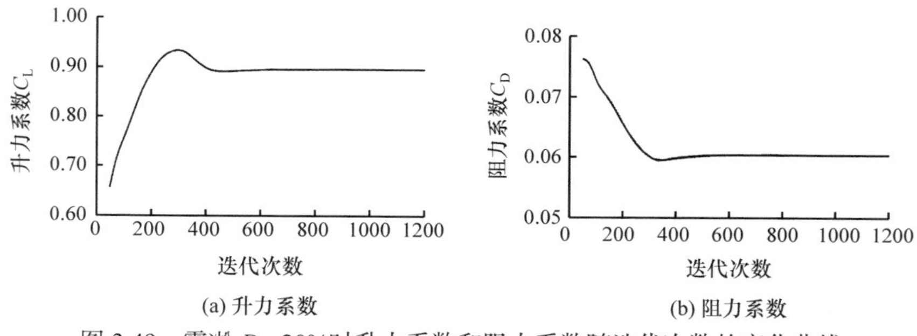

(a) 升力系数　　(b) 阻力系数

图 3.49　雾凇 D_e=20%时升力系数和阻力系数随迭代次数的变化曲线

2) 叶尖速比影响

风机叶片覆冰引起气动力学特性变化，使风力机转速降低导致叶尖速比变化。分析研究时必须考虑叶尖速比的变化。仍取叶片 0.75*R* 研究基于叶尖速比的叶轮风能利用率随雾凇覆冰程度的变化。由前述分析可知，雾凇对叶轮气动性能影响较小，使叶尖速比降低速度和幅度均有所减小，本节以叶尖速比由正常降至 2 分析，由数值计算不同叶尖速比和雾凇覆冰的叶片 0.75*R* 处叶轮的气动参数，再根据升阻比和叶尖速比计算其风能利用率，结果如表 3.22 所示。

表 3.22　0.75*R* 处不同叶尖速比和雾凇覆冰程度时的风能利用率　(单位：%)

D_e/%	叶尖速比				
	6	5	4	3	2
1	37.95	39.35	39.08	33.07	8.37
3	37.04	38.32	37.76	31.28	7.65
5	31.21	32.41	31.18	22.18	0.98
10	34.38	35.48	34.55	27.06	3.37
15	32.06	33.39	32.44	23.31	2.17
20	21.58	21.80	18.41	4.75	−3.19

分析可知：不同叶尖速比的叶轮风能利用率随雾凇的增加整体呈逐渐降低的趋势。雨凇在覆冰 10%时各叶尖速比的叶轮风能利用率已降至 0 以下，而雾凇 D_e=20%时还有较高的风能利用率。观察发现：叶尖速比 3～6 时叶轮由未覆冰至 20%雾凇时风能利用率降低幅度很大，可达近 20%；叶尖速比为 2 时风能利用率变化只有 10%左右，即叶尖速比降低后叶轮风能利用率随雾凇增长的降低速度变缓，如图 3.50 所示。

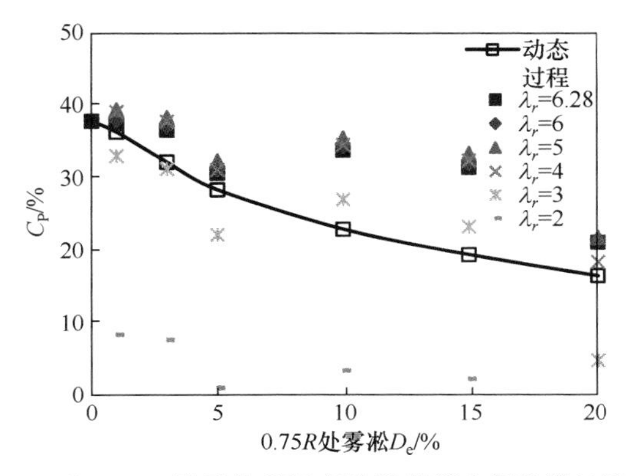

图 3.50　在 0.75*R* 处风能利用率随雾凇覆冰程度增长的变化

由图 3.50 可知：考虑叶尖速比的变化，雾凇覆冰 1%时叶轮风能利用率变化较小，但覆冰改变叶片表面粗糙度，导致风能利用率略有降低；雾凇覆冰增加至

3%，综合考虑叶尖速比的改变，风能利用率有所降低，但幅度不大；雾凇覆冰为5%时，叶尖速比继续降低，风能利用率降低大于覆冰 1%～3%；雾凇覆冰为 10%导致叶轮弦长增加，使风能利用率有所回升，但叶尖速比的降低使风能利用率低于雾凇覆冰 5%；雾凇覆冰为 15%～20%时，叶尖速比较低，风能利用率降低变缓。

3) 风能利用率

取叶尖位置 R 处为 1.0%、3.0%、5.0%、10%、15%、20%和 30% 7 种覆冰程度，并考虑覆冰不均匀和叶尖速比，数值计算结果如表 3.23 所示。由表 3.23 的风能利用率沿叶片径向积分，可得整个叶片雾凇覆冰风能利用率变化如图 3.51 所示。

分析发现：雾凇叶片风能利用率有一定程度的降低，随着雾凇的继续增加，叶片风能利用率下降速度逐渐变缓。由于雾凇对叶片叶轮改变较小，其风能利用率降速和降幅均显著低于雨凇。雾凇初期叶片风能利用率下降速度明显慢于雨凇；叶尖在雨凇覆冰 10%时其风能利用率已降至 0，而雾凇覆冰为 30%时风能利用率仍有 10%。

表 3.23　不同叶尖速比和雾凇覆冰程度时叶片各处的风能利用率　(单位：%)

叶尖 R 处 D_e/%	λ	径向位置			
		0.25R	0.50R	0.75R	R
1	8	16.20	36.83	38.20	29.29
3	7	13.37	36.61	39.14	32.89
5	6.5	13.40	34.03	38.48	28.63
10	6	11.28	27.89	32.47	32.36
15	5.5	7.88	10.94	35.32	31.95
20	5	6.44	4.38	32.17	22.50
30	4.5	3.67	5.00	13.80	29.86

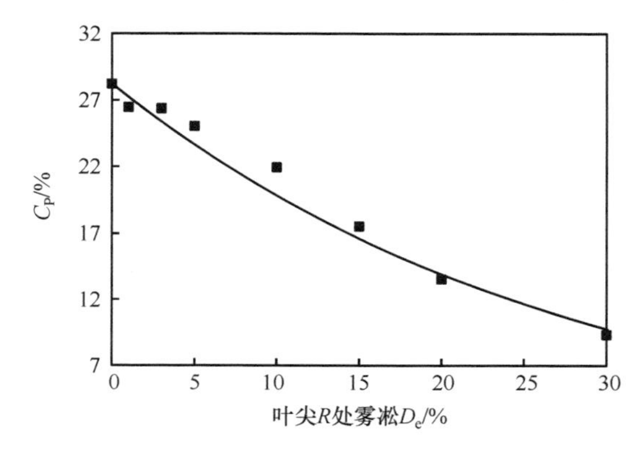

图 3.51　叶片风能利用率随雾凇 D_e 的变化曲线

3.4　飞机覆冰灾害与致灾机制

自 20 世纪 20 年代飞机问世以来，覆冰一直严重威胁飞机安全。根据 NASA 的结冰气象统计数据，从海平面至 6700m 高度的大气范围，广泛存在满足结冰气象条件的云层，无论是军用飞机，还是民用飞机都不可避免地面临结冰的残酷现实。飞机积冰不但增加部件重量，且改变绕流流场，破坏气动性能，导致部件荷载分布变化，影响操纵性和稳定性，给飞行安全带来严重危害，轻者使安全飞行范围减小，重者导致机毁人亡的严重事故。据美国民用航空气象原因事故统计：由覆冰引起的飞行事故占总事故的 13.07%，在所有气象条件引发的飞机事故中排在首位。覆冰是仅次于人为因素的飞机失事事故的第二大因素[67-76]。

与一般结构物不同，除地面覆冰外，飞机飞行过程中也发生覆冰。按照覆冰发生时飞机状态，飞机覆冰分为地面和飞行覆冰两种[74-78]。地面覆冰是地面停放或起飞滑跑阶段，由于降水或外部气温较低等原因，飞机表面产生结冰或霜冻的现象。飞行覆冰是飞行过程中迎风面产生积冰的现象。地面覆冰可采取正确及时的除冰操作，造成事故的可能性相对于飞行覆冰较小。统计数据表明，结冰引起的飞行事故中，飞行覆冰引发的事故占 92.0%[74,77]。飞行覆冰发展迅速，影响飞机气动特性及操作性能，防除冰困难，从而造成重大事故。

表 3.24 为国外部分典型飞机覆冰事故及原因。覆冰对飞机造成多方面影响并引发飞机坠毁。2009 年大西洋上空发生飞机覆冰坠毁事故，机上 228 名乘客无一生还。美国飞行安全统计数据表明：1990～1999 年由于气象原因引起事故共 3230 起，其中结冰引起的 388 起；2003～2008 年，380 起事故与结冰有关。我国也多次发生过严重的飞机覆冰事故：1980 年，一架直升机起飞后半小时因旋翼结冰坠毁在青岛；2004 年 11 月 21 日，包头至上海的 MU5210 航班起飞后不久因覆冰坠落，6 名机组人员、47 名乘客和 2 名地面人员遇难；2006 年 6 月 3 日一架军用飞机覆冰失速坠毁，包括机组人员在内的 40 人全部罹难；2017 年某军用飞机遭遇恶劣覆冰环境快速覆冰失速坠毁，机上人员全部遇难无一幸免。

表 3.24　国外飞机覆冰典型事故

年份	飞机型号	灾害地点	灾害原因
1977	波音 737	德国法兰克福	雾凇覆冰
1979	里尔喷射机	美国底特律	机翼覆冰导致失速
1982	波音 737-200	美国华盛顿	地面覆冰未清除
1989	福克 28	加拿大安大略	机翼覆冰导致起飞失败
1991	卡拉维尔 MD-80	瑞典斯德哥尔摩	发动机吸入机翼脱落冰块导致喘振

续表

年份	飞机型号	灾害地点	灾害原因
1994	ATR-72 涡桨飞机	美国印第安纳州	飞机下降机翼覆冰
2009	空客 A330	大西洋上空	空速管结冰导致飞机失速
2012	ATR-72	西伯利亚	飞机表面覆冰处置不当
2016	波音 737	俄罗斯罗斯托夫	飞机覆冰
2018	安托诺夫 148	俄罗斯莫斯科	空速管结冰

3.4.1 飞机覆冰致灾机制

飞机地面覆冰时，表面粗糙度及外形受到影响不能起飞，必须除冰之后才可飞行。地面覆冰属于大气覆冰功能性损坏灾害。飞机起飞后覆冰积雪比地面覆冰严重很多。飞行要保持足够的动力、速度和合适的安全高度。覆冰后飞机易失去控制，严重威胁飞机及机上乘客的安全。飞行覆冰可发生在机体任何部位，均会影响飞机安全飞行[66,68,72]。若飞行覆冰没有得到及时正确处理，飞行品质快速持续下降落回地面，如图 3.52 所示。

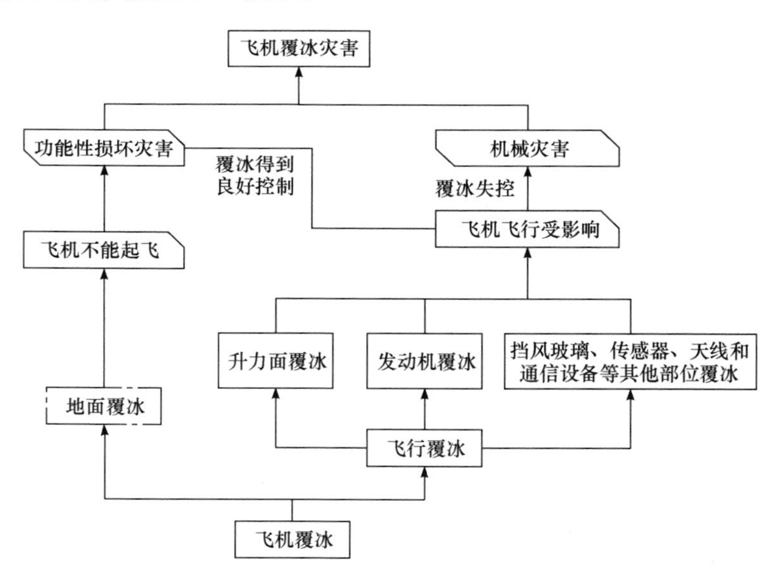

图 3.52 飞机覆冰导致灾害的过程

3.4.2 飞机地面覆冰

遇到覆冰积雪天气，暴露在大气环境中的飞机和其他结构物均会覆冰，如

图 3.53 所示。地面覆冰改变飞机的气动特性，若不除冰直接起飞会出现升力不足的问题，如图 3.54 所示。机翼借鉴鸟类翅膀的形态和功能，下表面比上表面平缓，上表面为弧形。具备一定速度后，机翼上表面的空气流速比下表面快，根据流体速度越快压强越小原理，机翼上、下表面形成的巨大压强差将飞机托举，使飞机空中保持高度。在地面覆冰，机翼形状因覆冰改变，上、下表面因缺乏足够的压力差不能起飞。除了机翼，发动机、天线、尾翼等也可能发生覆冰，同样影响飞机起飞。地面覆冰必须除冰后才能飞行[70,78,79]。

图 3.53　飞机地面覆冰

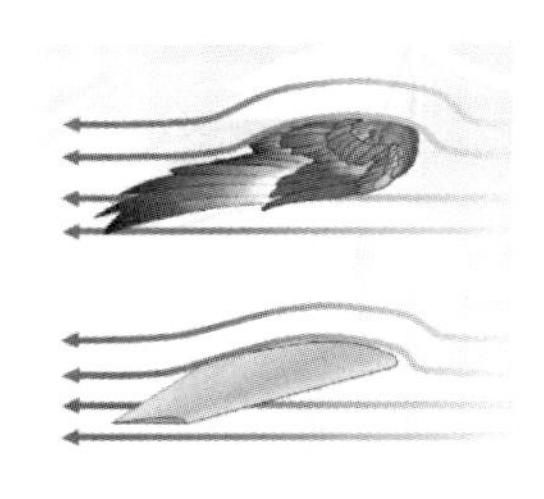

(a) 鸟类翅膀和飞机机翼类比

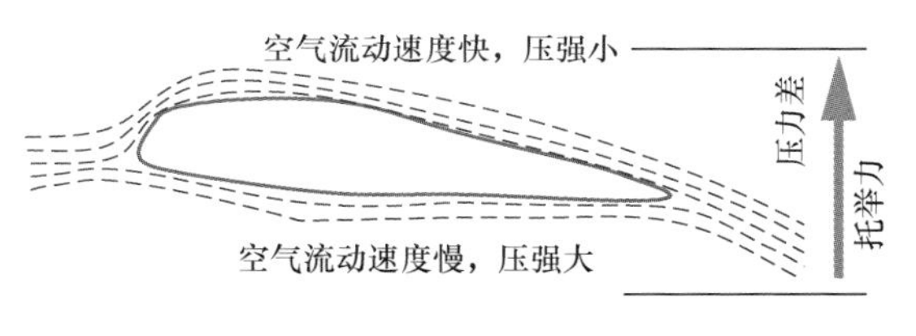

(b) 升力产生原理

图 3.54　飞行升力产生原理

投入使用的任何飞机必须取得适航证书。签发适航证书的权威机构有美国联邦航空局(FAA)和欧洲联合航空局(JAA)，在联合航空需求/联合航空条例(JAR/FAR)的第 23～25 部分中，分别对大型运输机和小型飞机的积冰适航要求作了严格规定，明确规定：不允许表面有冰的飞机起飞。图 3.55 为起飞前的除冰操作。2004 年的包头空难正是由于忽略了起飞前除冰引发的事故。事故后调查发现：飞机在

图 3.55　地面覆冰的飞机起飞前除冰

机场过夜时存在结霜天气条件，飞机起飞前没有除霜冰；机翼污染使飞机进入失速状态，临界迎角减小。飞机刚离开地面在没有出现告警的情况下飞机失速，短时间内飞行员没有及时处置，飞机坠落。

3.4.3　飞机飞行覆冰

飞行覆冰是飞机起飞后在空中遭遇覆冰。按照覆冰发生位置，飞行覆冰可分为升力面覆冰、发动机覆冰和其他部位(天线、通信设备等)覆冰。

1. 升力面覆冰

升力面主要有机翼和尾翼。升力面工作原理如图 3.54 的飞机升力的产生。飞行过程中，机翼在发动机给予的速度支持下持续供给飞机足够的升力，尾翼起稳定和操纵功能，飞机依靠它们起降、保持飞行高度和改变飞行状态。图 3.56 为机翼和尾翼飞行覆冰。地面覆冰的升力面覆冰范围主要由风向决定，最先在迎风面堆积；飞行覆冰则积聚在机翼和尾翼的前缘。升力面覆冰导致升力下降、阻力增加、失速可能性增大和飞机操纵性及稳定性失常等[69]。

(a) 机翼覆冰

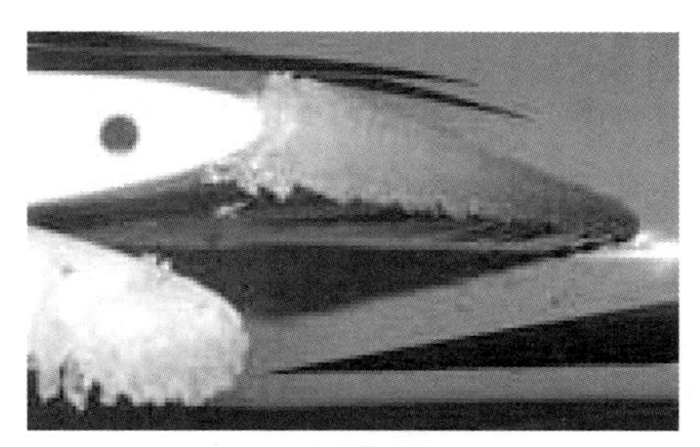

(b) 尾翼覆冰

图 3.56　飞机飞行升力面覆冰

1) 升力下降

处于高速状态飞机周围气流在机翼上下表面流动的速度差为飞机提供向上升力。机翼覆冰后叶轮失真，破坏原有空气动力特性，造成飞机升力下降。波音 737-200 的试验结果如图 3.57 所示[80]，图 3.57(a)和图 3.57(b)分别表示机翼雾凇和雨凇的升力系数曲线。试验发现：雾凇使最大升力系数下降 20%，雨凇使最大升力系数下降 35%。由于升力降低，为保持飞行高度，飞机还得维持比未积冰时更大的迎角，使机翼和机身积冰面积增大，危险进一步加剧。

2) 阻力增加

机翼表面良好光滑的流线外形可减小飞行阻力。机翼覆冰后表面变得粗糙，流线外形受影响，致使附面层湍流化，引发摩擦阻力和压差阻力增大。波音 737-200

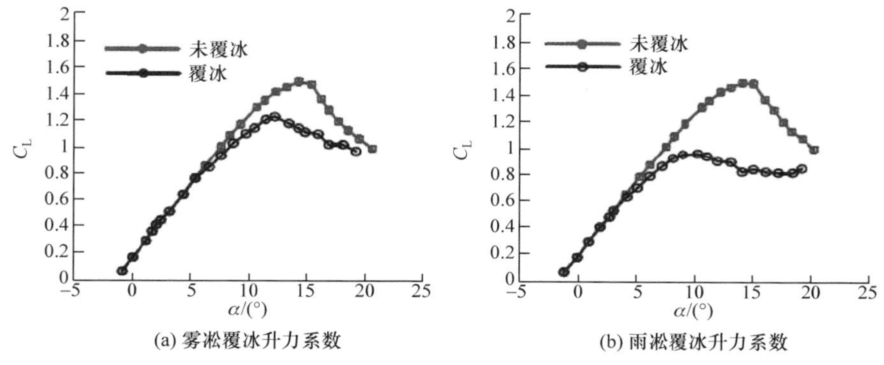

(a) 雾凇覆冰升力系数　(b) 雨凇覆冰升力系数

图 3.57　波音 737-200 机翼覆冰升力系数变化

机翼覆冰阻力系数如图 3.58 所示[80]。图 3.58(a)为雾凇阻力系数，机翼覆冰后阻力增加明显，14°攻角的阻力增加约 1 倍；图 3.58(b)为雨凇阻力系数，攻角 14°的阻力增大至约光滑机翼的 3 倍。机翼阻力增加，降低飞行性能，增大燃油消耗，导致飞机动力不足，不能完成飞行计划和翻越高山等。

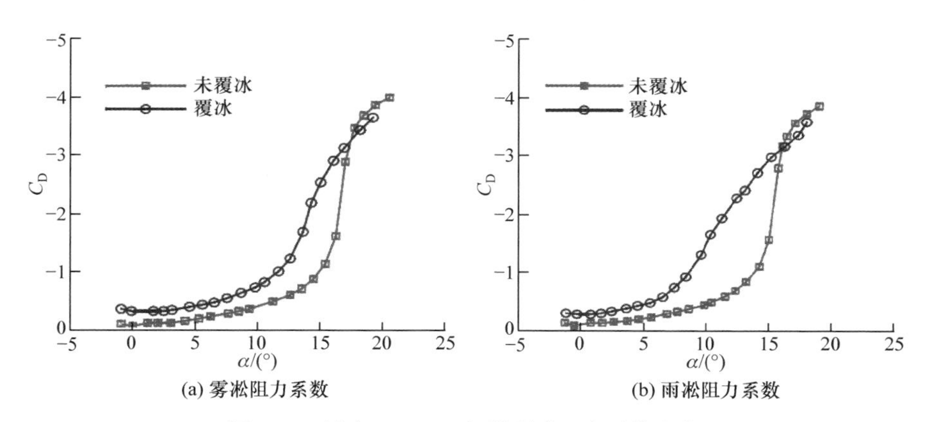

(a) 雾凇阻力系数　(b) 雨凇阻力系数

图 3.58　波音 737-200 机翼覆冰阻力系数变化

3) 失速可能性增大

机翼和尾翼覆冰，飞机失速可能性大增，失速迎角减小和失速速度增加。机翼尾翼表面覆冰促使气流提早分离，失速迎角减小。由图 3.58 可知，光滑机翼的失速迎角约为 15°，雾凇失速迎角减小至 12.5°，雨凇后失速迎角减小至 9°。

覆冰造成飞机阻力增加和升力下降，飞机失速速度增加，最大升力变化与失速速度变化的关系为[81]

$$\frac{\Delta V_{\text{stall}}}{V_{\text{stall}}}=\left(\frac{1}{\sqrt{1+\Delta C_{\text{L,max}}/C_{\text{L,max}}}}-1\right)\times 100\% \tag{3.112}$$

式中：V_{stall}、ΔV_{stall} 为失速时速度及其增量；$C_{\text{L,max}}$、$\Delta C_{\text{L,max}}$ 为最大升力系数及增量。

4) 飞机操纵性及稳定性失常

飞机覆冰导致的阻力增加、升力下降、最大失速迎角减小以及失速速度增加，严重降低飞机飞行性能，使操纵性能和稳定性能失常[67,69]。图 3.59 为尾翼覆冰操纵性及稳定性失常示意图。覆冰改变尾翼气动外形，因而改变叶轮焦点位置，对质心位置也有一定影响，均改变飞机的纵向静稳定性。飞机覆冰后气动性变化改变纵向各气动导数，使纵向动稳定性发生变化，响应时间、峰值变化。操纵性恶化体现在平尾积冰时临界迎角减小、操纵效率下降，产生非操纵性低头力矩；操纵面的积冰使操纵杆力、操纵效能等都变化。如果操纵面缝隙有冰，不仅降低操纵效率，严重时还出现卡死，使操纵完全失效。

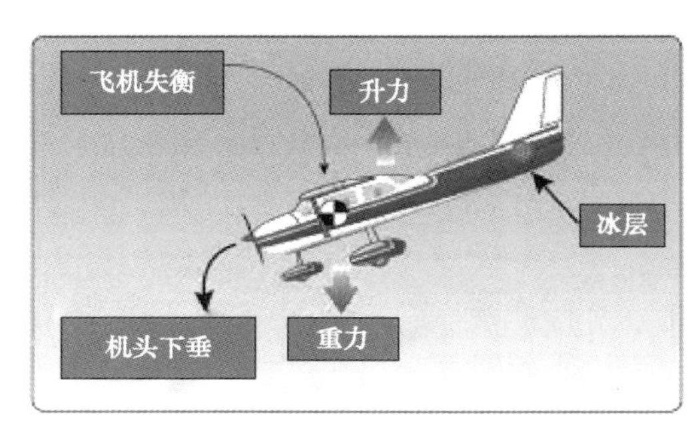

图 3.59　飞机尾翼覆冰操纵性及稳定性失常

由此引发的对飞机飞行的影响主要体现在：起飞阶段，飞机的离地速度、滑跑距离、滑跑时间、达到安全高度的时间和水平距离都会增加；爬升阶段，飞机爬升角减小、爬升率降低，导致上升水平距离增加；巡航阶段，飞机航程、航时、活动半径减小；着陆阶段，着陆速度、着陆滑跑距离和时间增大，平尾配平困难。

1982 年，华盛顿特区发生波托马克河空难(图 3.60)。1982 年 1 月 13 日，华盛顿特区遭受史上最严重的暴风雪袭击。中午晴空万里，似乎暴风雪的影响彻底消失。华盛顿国家机场重新开放运营，美国佛罗里达航空公司一架波音 737 飞机 15:59 起飞，两分钟后飞机失去控制撞向波托马克河上的第 14 街大桥后掉入河中。事故原因为机翼和尾翼严重覆冰，如图 3.60(b)圆圈部分所示。坠入河中的尾翼附着的冰层清晰可见。飞机覆冰后迅速失去升力并不受飞行员控制。事故造成 78 人丧生，仅有 1 名乘务员和 4 名乘客幸存，飞机撞桥致使桥上 5 人丧生。

2. 发动机覆冰

发动机覆冰是引发飞机覆冰事故的另一重大原因，如图 3.61 所示，在飞行条

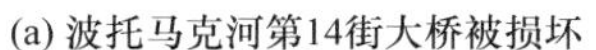
(a) 波托马克河第14街大桥被损坏

(b) 坠毁飞机的尾翼

图 3.60　波托马克河空难现场

件下覆冰，发动机进气道、进气部件和动力装置均会覆冰。

(a) 发动机导流叶片覆冰

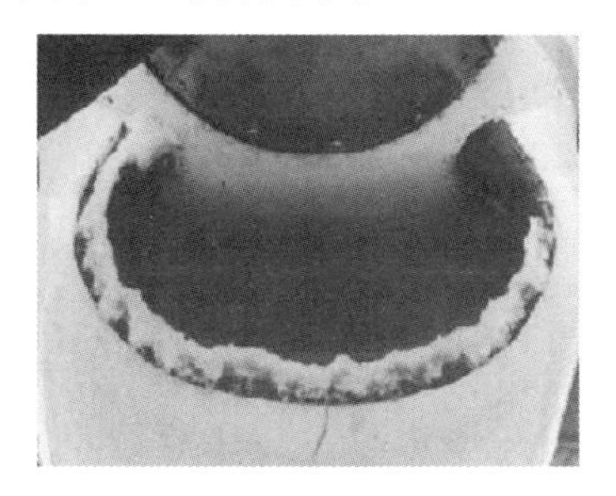

(b) 发动机进气道前缘覆冰

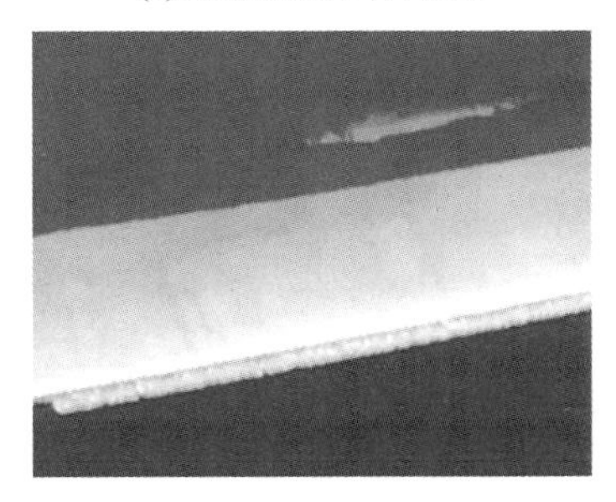

(c) 发动机叶片覆冰

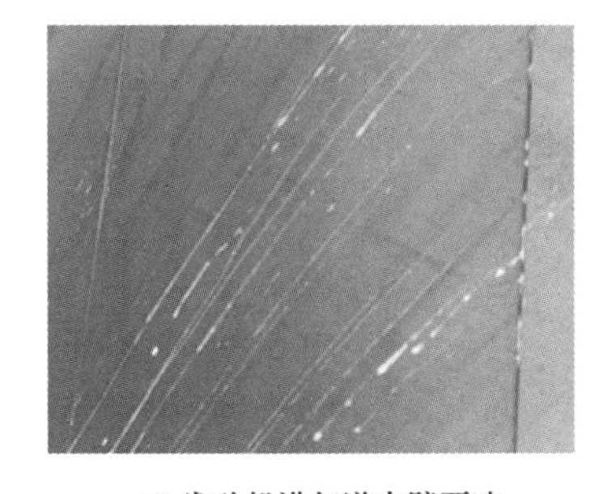

(d) 发动机进气道内壁覆冰

图 3.61　飞机发动机覆冰常见类型

发动机进气道以及进气部件覆冰是指进气道前缘、压气机前整流罩、支撑以及第 1 级压气机导流叶片等的覆冰[73,76]。发动机进气道进口部分通常为叶轮，其覆冰虽与升力面覆冰类似但也有其独特性，主要体现为：①空气为正温时也可以发生覆冰；②进气道内表面覆冰强度以及覆冰范围远大于外表面，其原因是通道形状设计必须满足两个条件，即通道内保证足够均匀的速度场和压气机进口应具有最大总压恢复系数。因此，覆冰条件下进气道内温度比外界低，吸入大量过冷却水滴。发动机还易遭受覆冰的二次伤害：一是在气流作用下升力面覆冰脱落后易被吸入发动机内撞伤压气机叶片，严重时导致发动机损坏；二是进气道内覆冰脱落会随气流进入发动机内部造成类似后果。

发动机覆冰影响进气量，促使发动机动力下降，耗油量增加，严重时烧坏发动机。为防止异物进入发动机装设的保护叶栅网的覆冰堵塞进气口，减小进气量；涡轮喷气发动机叶片覆冰，使叶片间进气面积减小，致使进入压气机的空气流量降低，引起发动机推力下降。飞机螺旋桨桨叶、壳体和整流罩覆冰引起发动机动力受损。桨叶覆冰，破坏表面光滑，导致附面层的紊流，阻力增加、拉力特性变坏，效率降低。当桨叶表面冰层厚度达 5～7mm，螺旋桨离心力可破坏冰层与表面的黏接力，冰层脱落。不均匀和非对称的脱落使螺旋桨平衡破坏，动力装置和飞机发生振动，继续恶化导使轴承损坏和发动机停车[67]。国外飞行试验表明，轻度和中度覆冰强度下，飞机爬升不到 12000in(1in = 0.0254m)，发动机效率损失约 20%[82]。

3. 其他部位覆冰

图 3.62 为飞机其他部分覆冰。除升力面和发动机，飞机易覆冰部位有挡风玻璃、空速管、传感器、天线和通信设备等。虽然这对飞机气动性影响较小，但挡风玻璃覆冰使目测飞行困难；空速管覆冰则出现测量偏差，影响飞行员操纵；测温测压传感头覆冰导致指示值失真，使驾驶复杂，甚至误导飞行员；天线装置积冰可发生机械折断，使通信失效中断联系。无论哪一种情况均严重威胁飞机安全。

(a) 挡风玻璃覆冰

(b) 风挡及前端空速管覆冰

(c) 天线覆冰

图 3.62　飞机其他部位覆冰

4. 飞行覆冰表征

1) 覆冰强度

飞机飞行速度极快，民航飞机速度 700～1000km/h，军用飞机时速为民航的 2～3 倍。高速穿越云层在短时间内遭遇大量过冷却水滴和冰晶，留给飞行员的反应时间很短。用覆冰强度表示冰在飞机表面形成的速度，作为衡量覆冰对飞行安全危害的量度。飞机覆冰强度一般分为弱覆冰(trace)、轻度覆冰(light)、中度覆冰(moderate)和强覆冰(severe)四个等级。

(1) 直接法。

20 世纪 40 年代美国气象局提出：通过测量一定时间、单位面积上飞机部件替代件(用圆柱体代替机翼前缘等)在覆冰环境中高速运行的覆冰量，根据测量数据确定覆冰强度等级。美国气象局测量直径 7.5cm 的圆柱体在 320km/h 速度的覆冰量，得到不同覆冰强度对应的覆冰速率，如表 3.25 所示。

表 3.25　以覆冰速率划分的飞行覆冰强度

覆冰速率/(g/h)	覆冰强度
0.00～1.00	弱覆冰
1.01～6.00	轻度覆冰
6.01～12.00	中度覆冰
>12.00	强覆冰

(2) 气象因素法。

① 液态水含量划分法。

气象条件对飞行覆冰影响极为重要。不具备飞行覆冰条件时，不会发生覆冰。研究发现，液态水含量直接影响飞行覆冰，液态水含量越多，覆冰速率越大。因此，衍生了用液态水含量表征飞行覆冰强度的气象因素划分方法，如表 3.26 所示。

表 3.26　以液态水含量划分的飞行覆冰强度

液态水含量/(g/m³)	覆冰强度
0～0.1	弱覆冰
0.1～0.6	轻度覆冰
0.6～1.2	中度覆冰
>1.2	强覆冰

② 多气象因素解析划分法。

考虑多项气象参数的综合影响，建立水滴收集系数、飞行速度、液态水含量及冻结系数等参数的表达式来表征覆冰强度的方法。飞行覆冰强度(J_0(mm/min))可表示为[83]

$$J_0 = \frac{nE_m V_0 \cdot \mathrm{LWC}}{60\rho_i} \tag{3.113}$$

式中：n 为冻结系数，通常取 $n=1$；E_m 为总收集系数，表示表面对水滴的收集能力；V_0 为飞行速度(km/h)；LWC 为液态水含量(g/m^3)；ρ_i 为冰密度(g/cm^3)。

由式(3.113)可知 J_0 的实际物理意义为 1.0h、1.0m^2 表面上覆冰的重量，即飞机表面冰的生长速度，如表 3.27 所示。

表 3.27 以多气象因素解析划分的飞行覆冰强度

等级	弱覆冰	轻度覆冰	中度覆冰	强覆冰
覆冰强度/(mm/min)	<0.6	0.6～1.0	1.1～2.0	>2.0

由此衍生的还有相对积冰强度，即飞行一公里飞机表面覆冰厚度，可表示为

$$\overline{J}_0 = \frac{60J_0}{V}(\text{mm/kV}) \tag{3.114}$$

飞行覆冰强度对飞行的影响如下。

弱覆冰：勉强察觉到覆冰，增长速度较小，除非飞机长时间保持飞行状态(>1h)，不开启防除冰装置，不会造成安全危害。

轻度覆冰：覆冰速度大于弱覆冰，持续较长时间(>1h)会导致飞行安全，间歇性开启防除冰系统可保证飞机在该覆冰强度下安全飞行。

中度覆冰：覆冰速度进一步提高；在该强度下即使飞机与之短暂遭遇也严重威胁飞行安全，必须一直开启防除冰装置或改变航线。

强覆冰：覆冰速度很高；如果飞机遭遇该强度覆冰，防除冰装置已不能完全消除积冰危害，必须果断改变航线，迅速离开覆冰区域。

2) 覆冰程度

飞行覆冰程度表示覆冰环境下便于整个飞行时间飞机表面覆冰最大厚度，表征飞机表面覆冰严重程度，便于飞行员判断并飞出危险区的覆冰危险程度。飞行覆冰程度由覆冰强度和飞行时间共同决定。一般以机翼表面覆冰厚度表示飞行覆冰程度，通常用多气象因素解析划分法判断，对应表 3.27 的飞行覆冰程度见表 3.28。

表 3.28 以多气象因素解析划分的飞行覆冰程度

等级	弱覆冰	轻度覆冰	中度覆冰	强覆冰
覆冰程度/mm	0.1～5.0	5.1～15	15.1～30	>30

5. 飞行覆冰研究方法

研究飞机覆冰主要有三种方法[70]：飞行试验、冰风洞试验、数值模拟。飞行试验难度最大，危险性最高，可控性差，试验成本高昂，但数据价值居三者之首；冰风洞是早期飞机覆冰研究的主要方法，相较于飞行试验，风洞试验可控性高，数据较为可靠，可以重复试验，但冰风洞的设计制造较为困难，造价较高；数值

模拟是基于大量飞行试验数据和冰风洞试验数据发展起来的以计算方法为基础借助软件分析飞机覆冰的方法，不需要试验就能得到海量数据，且能更改覆冰环境和更换飞机类型，可分析任意覆冰环境下任意机型的覆冰情况，节约成本，不需要承担试验风险。如何保证结果的准确性、提高计算速度以及降低计算对软硬件的要求是数值模拟的问题。目前，飞机覆冰研究的主要方法以飞行覆冰为辅，并从冰风洞试验为主逐渐转变为数值模拟为主和冰风洞试验为辅。

1) 冰风洞试验

冰风洞在传统动力学风洞基础上配置制冷机组和喷水系统等设备，利用相对运动原理，使处于试验腔内试品四周的气流以一定速度流动而试品不动，并通过制冷机组和喷水系统等设备模拟飞行覆冰环境。根据冰风洞内空气的流动形式，可分为回流式和直流式冰风洞[68,70]。

(1) 回流式冰风洞。

回流式冰风洞的气流回路与外界环境隔离，空气在风机驱动下经制冷机组、喷雾系统进入试验段。控制冰风洞环境温度、喷嘴系统产生一定液态水含量和水滴直径的结冰云雾，如图 3.63 所示。回流式风洞可实现制冷机冷量的回收利用，受外界环境变化的影响较小。其缺点为洞体结构复杂、规模较大，建造和运行成本较高。

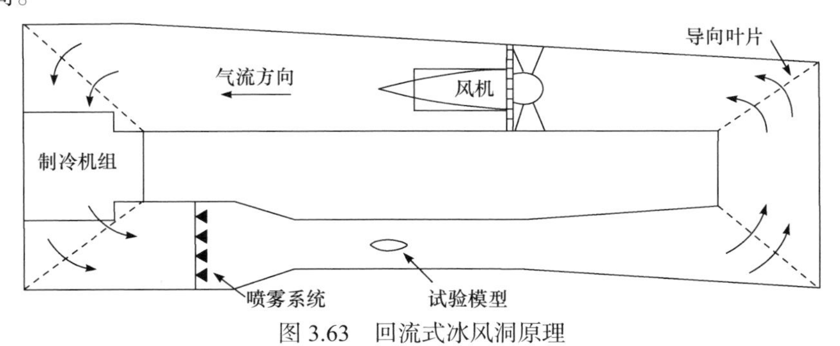

图 3.63　回流式冰风洞原理

(2) 直流式冰风洞。

直流式冰风洞进出口与外界联通，外界低温空气在风扇驱动下进入风洞，经整流段整流与喷出的水滴均匀混合形成结冰云雾。结冰云雾通过收缩段加速进入试验段，试验段流出气流由扩散段扩压减速后直接排向外界，如图 3.64 所示。直流式冰风洞结构较简单、造价相对较低，但没有导回风道，不能实现能量重复利用且易受外界环境影响。

目前国际上运行的覆冰风洞大约有 20 余座，主要分布在美国、英国、加拿大、法国、意大利、日本和中国等国家。有代表性的是美国 NASA LEWICE 研究中心冰风洞(IRT)和意大利航天研究中心的结冰风洞(IWT)。

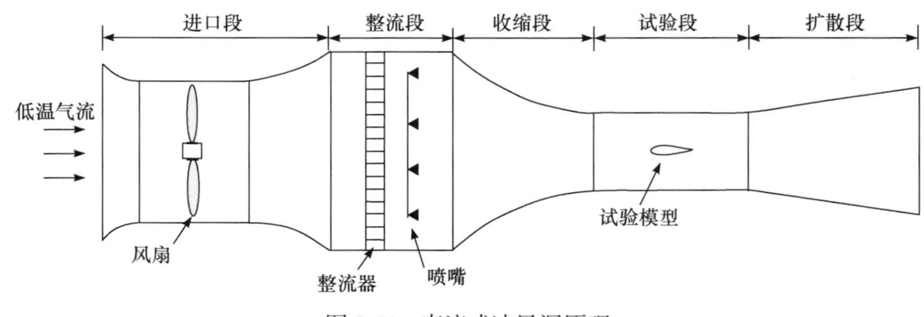

图 3.64　直流式冰风洞原理

2) 数值模拟

数值模拟成本低、研究周期短。20 世纪 40 年代数值模拟开始用于飞机覆冰研究[69-71]。早期数值模拟主要在水滴运动轨迹求解及覆冰热力学模型。水滴运动轨迹求解发展为：基于拉格朗日思想对流场中每一个运动水滴，根据牛顿第二定律，建立水滴运动方程的拉格朗日法和基于两相流思想建立流场中水滴运动方程的欧拉法。在覆冰热力学方面，Messinger 提出经典模型反映水滴撞击覆冰表面的质量及能量守恒特征，并给出了数值解法。此后，覆冰数值模拟的热力学模型均直接使用该模型或在该模型上改进。随着计算机技术发展，边界层积分法应用于覆冰数值模拟。对流换热系数通过求解 Messinger 模型中质量和能量守恒方程计算覆冰增长量，并重构覆冰表面，不需网格可以进行多步长的覆冰计算。数值模拟实现了水滴轨迹、覆冰量和覆冰形状的模拟。目前飞机覆冰数值模拟的基本步骤为：

(1) 流场计算。用计算流体力学计算飞机绕流场，得到流场速度、压力分布。

(2) 过冷水滴运动及其与物面的碰撞特性计算。基于流场计算，用数值方法求解过冷水滴的运动方程，得到流场中水滴的运动轨迹，判断水滴与物面的碰撞，获得飞机表面水滴碰撞特性。

(3) 覆冰量计算。在流场计算和水滴撞击特性计算的基础上，求解物体表面传热相变，得到表面温度分布和液态水的冻结系数，确定表面覆冰类型和覆冰量。

(4) 覆冰外形确定。重复前三个步骤，反复迭代直到覆冰结束，逐步更新覆冰外形得到最终的覆冰形状。

3.5　道路交通覆冰灾害与致灾机制

随着经济发展铁路公路覆冰灾害越来越严重。以我国为主的国家大力开展铁路公路建设，极大提高铁路公路数量基数，为铁路公路覆冰灾害的发生提供了前提条件，因为铁路公路不可避免会经过高寒覆冰区。以我国为例，截至 2023 年底，高速公路通车总里程已达 18.36 万 km，居世界第一。自 1994 年起，先后建成的运营速度为 160km/h 的深广线、运营速度为 200km/h 的哈大线以及秦沈线等，虽然仅被定义为准高铁线路，却拉开了我国高速铁路发展的序幕。2008 年，第一条速度为 350km/h 的高铁——京津高铁开通运营。此后我国高速铁路进入全面建设时期。依次建成京津、武广、沪宁、京沪、哈大等具有世界先进水平的高速铁路，构建了完备的高铁技术体系。截至 2023 年底，全国高速铁路运营里程 4.5 万公里。在 2007 年至 2017 年，我国高速列车的研发完成了从“引进—消化—吸收—创新”的“和谐号”到具有完全自主知识产权的“复兴号”的转变。铁路公路里程的延长使得由气象条件引发的交通安全问题与日俱增，冰雪冻雨已成为现今铁路公路交通运输效率提高的重要制约因素，其行车安全和高效运行的影响尤为严重[84-94]。

公路的冰雪路面会导致行驶车辆轮胎与路面摩擦系数降低、刹车距离增加。行驶中突然急转弯、急刹车等极易造成车辆横向滑移、转弯、滑溜或翻车，引发严重的交通事故。统计数据分析发现：全世界每年死于交通事故的一百多万人中的有四分之一是由于路面结冰直接或间接导致的[93]。公路地基经历反复冻融后下沉、变形或路面皲裂等，导致道路阻塞及财产损失。

公路路面结冰或降雪经常导致高速公路被迫封闭，造成人们出行极大的不方便，也使国家经济利益大受损失。2008 年我国华东、华中和南部地区遭受持续约 20 多天的低温冰雪冻雨灾害天气。由于路面温度长时间低于凝冰点温度，雨雪落到路面后迅速凝冰，导致全国累计 23 万 km 的公路受阻，近 2 万 km 的国道干线被迫封闭，全国滞留车辆 70 万辆、人员 216 万人，经济损失达 3 亿元。

冬季大部分电气化区段存在接触网覆冰，影响机车正常运行，引发安全事故造成巨大损失。2008 年初我国南方的贵州、广西、广东、云南等省遭遇历史上罕见的凝雪灾害性天气导致接触网覆冰严重，南方多个省市电力供应中断，铁路设备损毁无法正常运行，造成严重经济损失。2009 年 10 月，辽宁省发生严重的冻雨天气，部分地区供电中断，严重影响铁路运输秩序。2011 年冬季，我国胶东半岛遭遇严重的冰雪灾害天气，多条气化铁路主干线运输中断，极大地破坏了运输秩序，给人们的正常出行带来诸多影响。

3.5.1　道路交通覆冰致灾机制

图 3.65 为铁路公路交通覆冰致灾机制。公路覆冰引发两类灾害：一是路面附着系数降低，公路正常通行的功能属性受到影响，引发功能性损坏灾害；二是地基反复冻融下沉或损坏引发机械灾害。电气化铁路比公路更复杂，铁路覆冰损坏可能引发以下六种灾害：①地基反复冻融下沉或损坏引发机械灾害；②接触网覆冰舞动或断裂的机械或电气灾害；③绝缘子覆冰闪络的电气灾害；④接触网覆冰受电弓取流受影响的电气故障；⑤铁路的隧道覆冰形成缩短隧道电气间隙；⑥轨

道表面覆冰黏着系数降低，轮轨黏着变差，产生打滑甚至空转，擦伤损伤轮对踏面产生功能性损坏灾害。

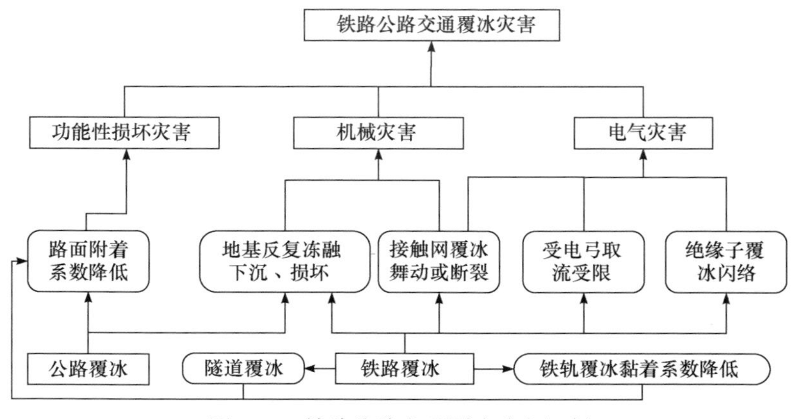

图 3.65　铁路公路交通覆冰致灾机制

铁道交通覆冰灾害致灾机制为：基础损坏或路面覆冰、表面覆冰及隧道覆冰引发结构物功能性损坏或接触网舞动断裂或绝缘子闪络的各种电气故障。

3.5.2　公路交通覆冰

1. 路面附着系数降低

路面积雪颗粒减少了轮胎与路面的直接接触面积,降低冰雪路面的附着系数。冰雪路面分为四种类型：①雪浆：气温升高时冰雪吸热而出现的一种熔融状态；②雪块：积雪后车辆多番碾压路面形成的坚实板体；③冰膜：南方常见的白天路面的少量水分在夜晚冻结；④冰块：大温差形成冰板路面，且冰板厚度随温差的增大而增大。

雪颗粒的凝结决定路面附着系数。不同类型冰雪的路面附着系数差异较大。如表3.29所示,其中雪浆和冰膜为积雪和冰层部分融化形成的雪水或冰水混合物。附着系数最低为雪浆，其值最低仅 0.05；最高为冰膜，其值最高为 0.30；干燥路面附着系数为 0.70～0.80。公路覆冰后表面附着系数大幅降低，增大车辆刹车距离和侧滑可能性。而在临空的桥面以及隧道口形成的暗冰(与地面颜色相近，不易被驾驶员发现的路面结冰)更加威胁行驶车辆的安全。

表 3.29　不同冰雪类型附着系数

冰雪类型	附着系数
雪浆	0.05～0.15

续表

冰雪类型	附着系数
雪块	0.10～0.20
冰块	0.15～0.20
冰膜	0.2～0.30

1) 覆冰积雪路面刹车距离

汽车在公路上行驶遇到障碍物或停滞不前的车辆且又不能驶入邻近车道时，为保证安全采取制动措施，在障碍物前完全停止必须保证的最短距离称为刹车距离，由三部分组成：

$$S = S_1 + S_2 + S_3 \tag{3.115}$$

式中：S 为停车视距(m)；S_1 为反应时间内行驶的距离(m)；S_2 为制动距离(m)；S_3 为安全距离(m)。根据运动学原理有

$$S = S_1 + S_2 + S_3 = \frac{v(t_1 + t_2)}{3.6} + \frac{v^2}{254(\varphi \pm i)} + S_3 \tag{3.116}$$

式中：v 为车辆刹车前速度(m/s)；t_1、t_2 分别为司机反应时间和迟滞时间，其和为总反应时间，一般取 2.5s；φ 为路面附着系数；i 为路段纵向坡度(%)，上坡为正，下坡为负；S_3 为安全距离，取 5m。

以速度 10m/s、坡度 25%为例，对未覆冰和四种不同类型冰所对应的刹车距离计算结果如表 3.30 所示，其中附着系数均取中间值。由表可知，覆冰刹车距离均大于未覆冰，最大差值为 0.73m，最小差值为 0.39m。

表 3.30　不同路面覆冰情况刹车距离

冰雪类型	附着系数	刹车距离/m
无	0.7～0.8	12.34
雪浆	0.05～0.15	13.07
雪块	0.10～0.20	12.93
冰块	0.15～0.20	12.87
冰膜	0.2～0.30	12.73

2) 覆冰积雪路面操作稳定性

车辆操纵稳定性与交通安全性密切相关。车辆在行驶过程中丧失操作稳定性将发生侧滑甚至翻车。且汽车转向行驶的稳定性极限决定了车辆行驶安全性。操纵动作过大使运动状态超过转向行驶的稳定性极限，将发生侧滑或翻车现象。汽

车不发生侧滑和侧向翻车的最大速度分别为[91]

$$v_1 = 3.6\sqrt{Rg\varphi}, \quad v_2 \leqslant 3.6\sqrt{RS_t g / 2h_{cg}} \tag{3.117}$$

式中：R 为转弯半径(m)；g 为重力加速度(m/s^2)；φ 为路面附着系数；S_t 为轮距(m)；v_1 为不发生侧滑的最大速度(km/h)；v_2 为不发生侧翻的最大速度(km/h)；h_{cg} 为汽车重心高度(m)。

3) 暗冰

山区公路结冰一般是路面湿润，降温后形成薄冰，这种冰常分布在隧道进出口和临空桥面上。由于冰层较薄，颜色与路面接近，被称作暗冰，不易被驾驶员发现和引起足够重视。驾驶员驶入驶出隧道时习惯性采取减速措施。采取制动措施时车辆滑移率增加，横向附着系数减小。暗冰表面附着系数只有 0.1 左右，在车辆制动情况下，极易引起车辆发生侧滑事故。驾驶员进入高速公路弯道之前也会采取减速措施，弯道的暗冰使路面附着系数大为降低，小的横向力会使车辆发生侧滑事故，图 3.66 为弯道车辆因暗冰发生侧滑事故。

图 3.66 受暗冰影响侧滑的大货车

2. 基础受损

覆冰积雪对路基的影响从时间分为两种：一是短期的地基稳定性影响；二是长期运营的路基稳定性影响。冰雪的冻融影响属于工程冻害范畴，由于气候的正负交替变化而改变原来的环境或地基土的温度，造成地基土的冻胀变形，或融化沉降(陷)或滑塌，使路面不均匀变形超过其极限允许值而破损和破坏。

2008 年某高速公路路基精加工层的路段，冰雪融化后出现大量发泡蓬松，影响深度 20～40mm。分析其原因是：冻雨渗入表层结冰膨胀，导致精加工层蓬松发泡。湖南某在建公路路堑切方区，两边路堑出现多处的滑坡，最大一处滑坡发生在锚固处理过的地方，其原因是切方后两边路堑受到不同程度的扰动，破坏植被未恢复，全部土地裸露，雪凝沿裂隙渗入土中，冰冻后裂隙中的水全部结冰。产生两种结果：一是从水到冰的过程中产生膨胀导致土坡的稳定性下降；二是水进入裂隙中结冰，形成多重滑面破坏土体原有平衡，导致土坡的大面积滑坡。

覆冰积雪引起基础变化的根本原因有两个：一是冻融循环引起岩土体冻胀和

融缩，造成土体孔隙比和密实度变化，影响黏聚力和内摩擦角，致使路基稳定性变化；二是冻融引起岩土体水分迁移和含水量变化，导致黏聚力、内摩擦角以及路堤稳定性变化。路基变化的根本原因在于黏聚力和内摩擦角的变化。黏聚力的大小与岩土的种类、密实度、含水量、结构等因素密切相关；而内摩擦角的大小与岩土的孔隙比、含水量、密度等有关。内摩擦角越小，黏聚力越大，基础越牢固。内摩擦角增大是由冻融过程中大孔隙所占的比例下降，土颗粒间的接触点的增多；而黏聚力的降低则是冰晶的生长破坏土颗粒间联结所引起的结构弱化。

1) 路堤堤身稳定性

路堤和地基稳定性采用简化 Bishop 法分析，稳定系数 F_s 按式(3.118)计算[94]：

$$F_s = \frac{\sum_i K_i}{\sum_i (W_i + Q_i)\sin\alpha_i} \tag{3.118}$$

式中：W_i 为土条 i 的重力；α_i 为土条 i 的底滑面倾角；Q_i 为土条 i 的垂直方向外力。

(1) 当土条 i 滑弧位于地基中时：

$$K_i = \frac{c_{di} + W_{di}\tan\varphi_{di} + U(W_{ti} + Q_i)\tan\varphi_{di}}{m_{\alpha i}} \tag{3.119}$$

式中：W_{di} 为土条 i 地基部分的重力；W_{ti} 为土条 i 路堤部分的重力；U 为地基平均固结度；c_{di} 为土条 i 滑弧所在地基土层的黏聚力；φ_{di} 为土条 i 滑弧所在地基土层的内摩擦角。

(2) 当土条 i 滑弧位于路堤中时：

$$K_i = \frac{c_{ti}b_i + (W_{ti} + Q_i)\tan\varphi_{ti}}{m_{\alpha i}} \tag{3.120}$$

式中：c_{ti} 为土条 i 滑弧所在路堤土层的黏聚力；b_i 为土条 i 的宽度；φ_{ti} 为土条 i 滑弧所在路堤土层的内摩擦角；其余符号同前。

以上两式中，有

$$m_{\alpha i} = \cos\alpha_i + \frac{\sin\alpha_i \tan\varphi_i}{F_s} \tag{3.121}$$

式中：φ_i 为土条 i 滑弧所在土层的内摩擦角。滑弧位于地基中时，取地基土的内摩擦角；位于路堤中时，取路堤土的内摩擦角。其余符号同前。

2) 路堤沿斜坡地基或软弱层带滑动稳定性

采用不平衡推力法，稳定系数 F_s 按式(3.122)计算：

$$\begin{aligned} E_i &= W_{Qi}\sin\alpha_i - \frac{1}{F_s}(c_i l_i + W_{Qi}\cos\alpha_i\tan\varphi_i) + E_{i-1}\varphi_{i-1} \\ \varphi_{i-1} &= \cos(\alpha_{i-1} - \alpha_i) - \frac{\tan\varphi_i}{F_s}\sin(\alpha_{i-1} - \alpha_i) \end{aligned} \tag{3.122}$$

式中：W_{Qi} 为土条 i 的重力与外加竖向荷载之和；α_i 为土条 i 底滑面的倾角；c_i 为土条 i 底的黏聚力；φ_i 为土条 i 底的内摩擦角；l_i 为土条 i 底滑面的长度；α_{i-1} 为土条 i–1 底滑面的倾角；E_{i-1} 为土条 i–1 传递给土条 i 的下滑力。

3.5.3 铁路交通覆冰

图 3.67 为铁路受电弓-接触网系统，悬挂于上方的承力索通过吊弦支撑带电接触线，受电弓可伸缩，列车运行时受电弓升起由接触线取流，车顶装有专用绝缘子保证车体绝缘。运行结束受电弓折叠远离接触线。受电弓-接触网系统与电网类似。接触网系统全部暴露在大气环境中，接触线长期带电，并沿着铁路线延伸，具备长距离、柔性线带电和长期暴露在野外大气环境中的特点。因此，除覆冰绝缘子闪络以外，铁路接触网系统覆冰与输电线路覆冰有很多相似之处。

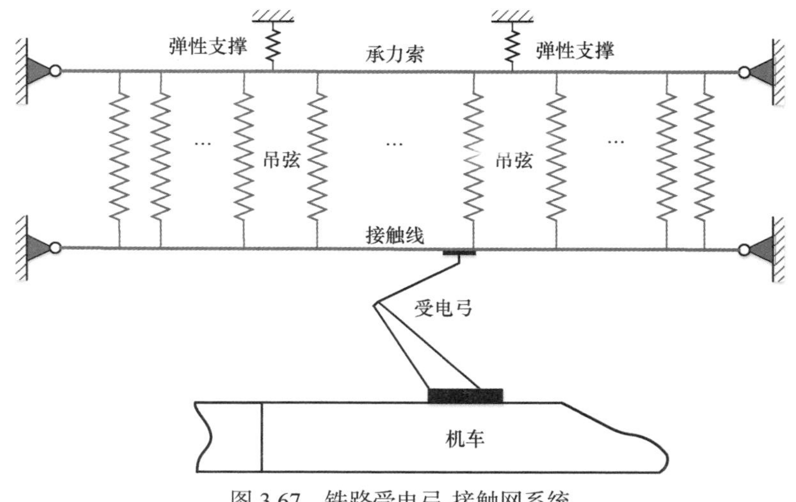

图 3.67 铁路受电弓-接触网系统

1. 受电弓取流受限

铁路机车所需电能由受电弓从接触线引出。除进出站及其前一小段时间和机车运行中因让行等低速行驶及停车外，受电弓随机车一起高速运动，接触线始终静止。接触线和滑板之间的纵向相对高速运动是铁路电气系统最大特点[92]。

图 3.68 为受电弓常见的工作方式。列车运行时受电弓滑板沿接触线滑动，两者相互扰动造成弓网系统的耦合振动，导致弓网间接触压力发生变化影响受流品质。过小接触压力降低弓网跟随性，增大弓线间电阻，易引发离线和产生电弧；过大接触压力加剧弓网间磨损，降低铁路设备使用寿命，严重导致接触网抬升过量引起接触网及其支座的损坏[85,86,92]。因此，接触压力不宜过大或过小，应维持在较小范围，实现持续稳定接触及授流。覆冰改变受电工与接触线的较小幅度变化。

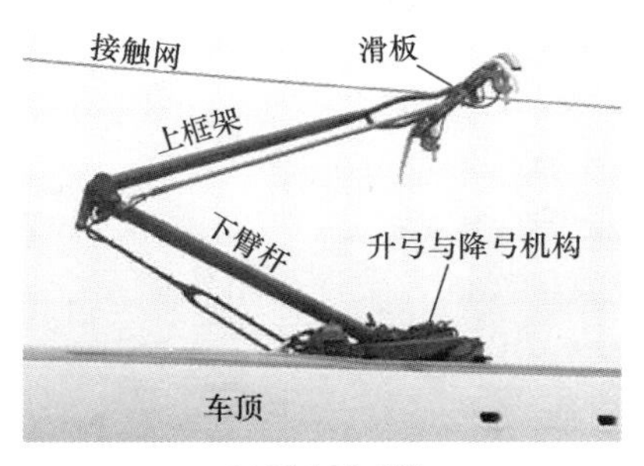

(a) 受电弓工作

(b) 受电弓实物图

图 3.68　铁路常见受电弓现场工作及实物图

1) 弓网电弧及其危害

图 3.69 为机车运行时受电弓和接触网产生的电弧。弓网良好接触，接触网和受电弓电位相等；接触网和受电弓分离，两者电位不等且电场强度很大，极间空气中正负离子在电场力作用下加速，在高速运动中与空气中的其他分子发生碰撞并产生大量的正负离子。电离过程中正负离子被加速而获得动能，温度升高，且由于离子与分子或原子的相互碰撞，导致分子或原子的振荡运动加剧，使气体温度进一步上升，并以弧光的形式向周围散发热量。

图 3.69　弓网电弧现场图片

受电弓与接触线间产生电弧的危害主要有：

(1) 对接触线和滑板的侵蚀和磨耗。弓网电弧产生，对接触线和滑板产生严重的侵蚀效应，加速氧化、炫融、蒸发、喷纤等。电弧产生的磨耗导致接触线和滑板表面凹凸不平，加剧接触表面电流分布不规则，在弓网接触表面发生过热点和小的烙接现象。机车在高速运行时烙接点瞬间脱落，加重接触线和滑板损坏情况。电弧侵蚀和磨耗轻则导致弓网受流质量降低，损坏接触线和滑板材料，增加维修工作量，重则造成接触线烙断，导致机车停运，甚至造成机车运行事故。

(2) 产生过电压。弓网电弧连接接触网和电力机车，弓网电弧具有电压降。当电弧消失后，如果接触线和滑板仍处于分离状态，电流在极短时间变为零进而产生过电压。过电压对整个牵引网的绝缘子、机车电气设备及电力电子元件造成威胁或损坏，影响电力机车的安全稳定运行。

(3) 产生高频噪声。弓网电弧产生时向周围发射高频噪声，对机车沿线的通信信号、无线电信号及机车控制信号将造成干扰。

(4) 造成机车供电质量降低。弓网电弧会造成电源电压和电流波形不对称和失真，导致机车受流不稳定，致使弓网受流质量降低，致使机车传动系统整流恶化，影响整流设备的可靠工作。

2) 覆冰引发受电弓滑板断裂

受电弓与接触线应保持恒定距离和一定压力范围。覆冰积雪发生，受电弓与接触线插入冰层，冰层类似于墙体裂缝中嵌入楔子，随着楔子的深入，裂缝不断延长加深，若楔子强度及大小合适，楔子会分离墙体。受电弓和接触线间“冰楔子”的存在增加了垂直方向的作用力，受电弓承受力小于接触线，受电弓滑板断裂(图 3.70)。

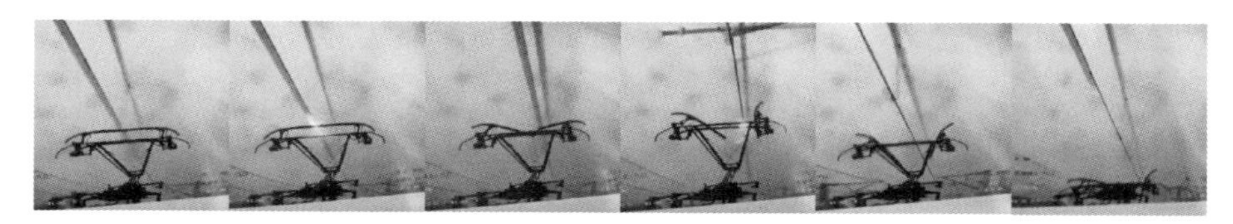

图 3.70　某覆冰积雪线路的受电弓滑板断裂

受电弓与接触线覆冰，随着机车的持续运行，弓网电弧出现，表明受电弓与接触线之间的距离超出正常范围。机车继续运行，受电弓滑块在持续垂直力作用下从接触点折断；滑块折断后迅速断为两截成为两小块滑块，两小块滑块的另一端牢牢固定，并未从车顶飞出，但在重力作用下迅速在断裂点位置沿另一固定端点以该端点到断点距离为半径垂直于地面方向下落；在这个过程中，原滑块与接触线连接部分随小滑块的下落接触线与小滑块之间的距离迅速增大电弧再次产生并随着小滑块的下落很快消失；滑块断裂后，受电弓与接触线电气连接中断，机车供电中断，受电弓自动收起，机车失去能力供应后开始制动最终停止在铁路上。

2. 接触网覆冰舞动或断裂

图 3.71 为铁路接触网覆冰。覆冰发生后，接触网机械负荷加重并伴随着荷载分布不均的情况，在风和列车运行的情况下容易发生接触网断裂倒塌的情况，也易发生低频、大幅的振动[95, 96]。这种柔性结构在横风激励下发生的频率低、振幅大的自激振动即是所谓的驰振，亦称之为舞动。接触网舞动造成线路磨损加重，严重时出现断线倒塔的事故，碰撞挤压受电弓轻者使其取流失常，严重时直接破坏受电弓结构使其断裂。1998 年和 2003 年，京广线在暴风雪作用下发生多次严重的接触网舞动，导致列车因受电弓无法升弓取电而停运，接触网零部件损坏严重。

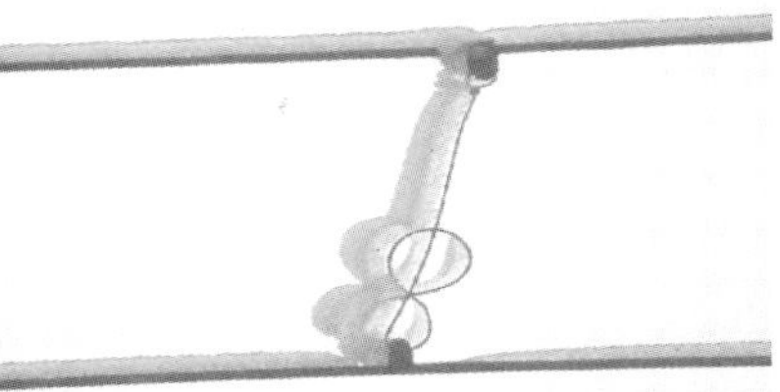

图 3.71　铁路接触网覆冰

3. 铁路隧道覆冰

隧道是铁路公路交通的重要组成部分。大部分隧道在山体当中，内部温度常年较低。由于隧道地势较低，山体渗水容易从隧道顶部缝隙流出，在覆冰条件下渗水形成冰悬于隧道顶部，如图 3.72 所示。隧道顶部冰凌对铁路影响明显：

(1) 影响铁路电气安全。为保障机车正常电力供给，隧道顶部架设接触电网。为防止接触网带电接触线对隧道顶部闪络，必须保证接触线与隧道顶部之间的安全电气间隙。隧道顶部冰凌缩短了接触线与隧道顶部的安全间隙距离，易引起接触线对地闪络，致使接触电网跳闸，机车失去动力来源，丧生运动能力。

(2) 影响机车运行安全。隧道顶部冰凌易受外力影响掉落，若机车正从下方高速通过，冰凌将撞击高速运行的机车，损伤车体。若冰凌撞击到整体抗撞击能力弱的驾驶员挡风玻璃，影响机车驾驶员的安全驾驶，造成严重后果。

图 3.72　铁路隧道覆冰

4. 铁路轨道覆冰

图 3.73 为暴露在覆冰积雪环境的铁轨表面的冰层，光滑的冰层覆盖原铁轨表面铁轨摩擦系数降低，机车轮轨的黏着系数降低，可能造成车轮打滑和空转。

图 3.73　铁路轨道覆冰

铁路机车正常行驶离不开机车的轮轨，图 3.74 为铁路机车轮轨。机车的运行和制动都是依靠轮轨黏着，钢轨结冰会导致轮轨黏着变差，擦伤损伤车轮踏面。动车组对于轮对踏面的要求非常严格，踏面的擦伤深度不得大于 0.25mm，一旦超过限度，必须入库削轮。否则车轮在圆周滚动的时候会出现振动，对车轴造成周期性冲击，将导致金属疲劳，轻则车辆振动加剧，旅客舒适性降低，重则车轴断裂引发行车事故。采用撒沙的方式增大黏着系数，提高运行品质。

所谓撒沙指的是将一定比例的细沙石装在容器当中，将容器安装于机车底部，并为该容器配备相应的传输系统，使机车车轮踏面在和覆冰轨道接触前冰面上额外增加一层细沙，既增加了车轮与轨道的黏结系数，又能通过碾压达到去除轨道表面冰层的目的。图 3.75 为动车组机车车踏面清扫装置，其原理与黑板擦檫黑板一样，附着在车轮踏面的其他物质经过清扫装置的前端时被直接扫除。图 3.76 为动车组列车撒沙口，通过该口储备于列车底部容器内的沙石均匀洒落在铁轨冰层表面。通过这种方法解决铁路轨道表面覆冰问题。安装于机车底部的车轮踏面清扫装置能够有效地防止沙石或沙石冰的混合物沾在车轮踏面上产生损伤。

图 3.74　铁路机车轮轨

图 3.75　动车组机车车踏面清扫装置

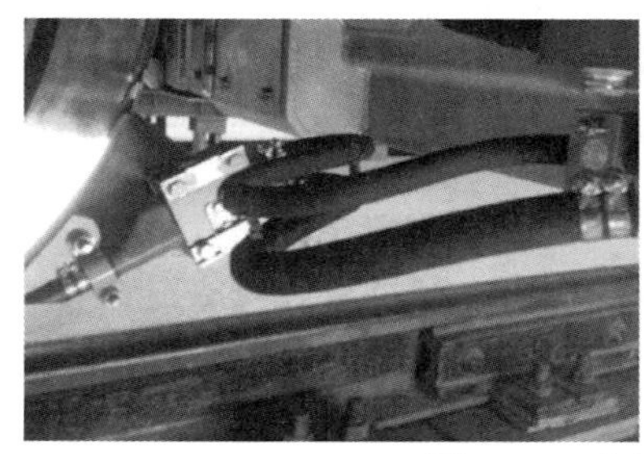

图 3.76　动车组列车撒沙口

3.6　本 章 小 结

本章讨论了大气覆冰灾害的分类、影响和特点，分析了典型结构物(电网设备、风机、飞机、铁路公路交通)大气覆冰的灾害事故。

覆冰对结构物的影响分为直接影响和间接影响，本章分析了结构物覆冰灾害直接影响。结构物覆冰灾害分为机械、电气和功能性损坏，提出结构物覆冰灾害具有覆盖范围广、破坏力强、地域差异明显、成灾速度快和难以预防等基本特点。

电网设备长期暴露于野外大气环境，不可避免遭受覆冰的严重威胁。将电网设备覆冰的灾害分为机械和电气两类。造成电网设备机械损害的有覆冰过荷载、不均匀覆冰与不同期脱冰和架空线舞动；电网设备覆冰的电气灾害主要有绝缘子闪络，以及线路覆冰过荷载、不均匀覆冰与不同期脱冰和架空线舞动造成的导线与导线、地线之间、导线与地间和导线与杆塔之间的安全距离缩短发生闪络。

风机覆冰影响与灾害有：覆冰影响风机的气动特性降低输出功率或停机；覆冰改变风机叶轮外形结构引发功能性损坏或机械破坏；风机叶片表面冰层脱落甩出，造成建筑物损坏、人员伤亡等次生灾害。

飞机地面覆冰引发飞机功能性损坏，飞行覆冰可造成机毁人亡。覆冰积雪条件下飞机风机机翼、尾翼、发动机、天线和风挡玻璃快速累积覆冰，改变飞机外形，升力下降，失速可能性增加，稳定性变差。启用除冰系统，快速飞离覆冰区域，可恢复正常飞行。若覆冰导致功能性损坏，飞机失去控制而坠落。

道路交通的基础覆冰融冻易下沉坍塌。道路覆冰其表面摩擦系数下降，增加行驶车辆刹车距离，降低车辆行驶稳定性。电气化铁路牵引线接触网覆冰引发受电弓受流异常、接触线舞动或断裂、绝缘子覆冰闪络。隧道顶部冰凌降低接触网对隧道的安全间隙，引发闪络中断机车供电。

参 考 文 献

[1] 蒋兴良, 易辉. 输电线路覆冰及防护[M]. 北京: 中国电力出版社, 2002.

[2] 蒋兴良, 舒立春, 孙才新. 电力系统污秽与覆冰绝缘[M]. 北京: 中国电力出版社, 2009.

[3] 蒋兴良. 输电线路覆冰机理和三峡覆冰及影响因素研究[D]. 重庆: 重庆大学, 1997.

[4] Farzaneh M, Chisholm W A. 覆冰与污秽绝缘子[M]. 蒋兴良, 等译. 北京：机械工业出版社, 2014.

[5] 孙才新, 司马文霞, 舒立春. 大气环境与电气外绝缘[M]. 北京: 中国电力出版社, 2002.

[6] 蒋兴良. 贵州电网冰灾事故分析及预防措施[J]. 电力建设, 2008, 29(4): 1-4.

[7] 蒋兴良, 马俊, 王少华, 等. 输电线路冰害事故及原因分析[J]. 中国电力, 2005, 38(11): 27-30.

[8] 苑吉河, 蒋兴良, 易辉, 等. 输电线路导线覆冰的国内外研究现状[J]. 高电压技术, 2004, 30(1): 6-9.

[9] 王晓娟, 车胜春, 汪琴, 等. 世界知识年鉴[M]. 北京: 世界知识出版社, 2019.

[10] 蒋兴良, 张志劲, 胡琴, 等. 再次面临电网冰雪灾害的反思与思考[J]. 高电压技术, 2018, 44(2): 463-469.

[11] Imai I. Studies of ice accretion res.[J]. Snow Ice, 1953, 1: 33-44.

[12] Daisuke K. Mongograph series of the Research Institute of Applied Electricity-Icing and Snow Accretion[M]. Hokkaido: Hokkaido University Press, 1958.
[13] 贵州省电力工业局, 贵州省气象科研所. 覆冰文集[M]. 贵阳: 贵州省电力工业局, 1992.
[14] 赵珊珊, 高歌, 张强, 等. 中国冰冻天气的气候特征[J]. 气象, 2010, 36(3): 34-38.
[15] 殷水清, 赵珊珊, 王遵娅, 等. 全国电线结冰厚度分布及等级预报模型[J]. 应用气象学报, 2009, 20(6): 7.
[16] 王少华. 输电线路覆冰导线舞动及其对塔线体系力学特性影响的研究[D]. 重庆: 重庆大学, 2008.
[17] 邵天晓. 架空送电线路的电线力学计算[M]. 2 版. 北京: 中国电力出版社, 2003.
[18] 周振山. 高压架空送电线路机械计算[M]. 北京: 水利电力出版社, 1984.
[19] 郭应龙, 李国兴, 尤传永. 输电线路舞动[M]. 北京: 中国电力出版社, 2003.
[20] 王藏柱, 杨晓红. 输电线路导线的振动和防振[J]. 电力情报, 2002, 18(1): 69-70.
[21] Den Hartog J P. Transmission line vibration due to sleet[J]. Transactions of the American Institute of Electrical Engineers, 1932, 51(4): 1074-1076.
[22] Nigol O. Conductor galloping part I—Den. Hartog mechanism[J]. IEEE Trans. PAS, 1981, 100(2): 708-719.
[23] Nigol O. Conductor galloping part II—Torsional mechanism[J]. IEEE Trans. PAS, 1981, 100(2): 708-720.
[24] 万启发. 输电线路舞动防治技术[M]. 北京: 中国电力出版社, 2016.
[25] 尤传永. 导线舞动的扭转机理与失谐摆[J]. 电力建设, 1989, 10(11): 1-6.
[26] Nigol O, Clarke G J. Conductor galloping and control based on torsional mechanism[J]. IEEE Paper, 1974, 16(2): 31-41.
[27] Nigol O, Clarke G J, Havard D G. Torsional stability of bundle conductors[J]. IEEE Transactions on Power Apparatus and Systems, 1977, 96(5): 1666-1674.
[28] 王丽新. 输电线路静平衡及动力响应的有限元分析[D]. 武汉: 华中科技大学, 2004.
[29] 蔡廷湘. 输电线舞动新机理研究[J]. 中国电力, 1998, 31(10): 62-66.
[30] 尤传永. 导线舞动稳定性机理及其在输电线路上的应用[J]. 电力设备, 2004, (6): 13-17.
[31] Blevins R D. 流体诱发振动[M]. 吴恕三, 王觉, 等译. 北京: 机械工业出版社, 1982.
[32] 顾乐观, 孙才新. 电力系统的污秽绝缘[M]. 重庆: 重庆大学出版社, 1990.
[33] 蒋兴良, 董冰冰, 张志劲, 等. 绝缘子覆冰闪络研究进展[J]. 高电压技术, 2014, 40(2): 317-335.
[34] 蒋兴良, 舒立春, 张志劲, 等. 覆冰绝缘子长串交流闪络特性和放电过程研究[J]. 中国电机工程学报, 2005, 25(14): 158-163.
[35] Chisholm W A. Insulator leakage distance dimensioning in areas of winter contamination using cold-fog test results[J]. IEEE Transactions on Dielectrics and Electrical Insulation, 2007, 14(6): 1455-1461.
[36] Chafiq M. Comportement électriqe des isolateurs standards IEEE recouverts de glace[C]. Mémoire de Maitrise en Sciences Appliquées, Québec, 1995: 63-69.
[37] Farzaneh M, Kiernicki J. Flashover performance of IEEE standard insulators under ice conditions[J]. IEEE Transactions on Power Delivery, 1997, 12(4): 1602-1613.
[38] Wilkins R. Flashover voltage of high-voltage insulators with uniform surface-pollution films[J].

Proceedings of the Institution of Electrical Engineers, 1969, 116(3): 457-465.

[39] Jung C, Schindler D. A global wind farm potential index to increase energy gields and accessibility[J]. Energy, 2021, 231: 120923.

[40] 国家能源局. 风电发展“十三五”规划[Z]. 北京: 国家能源局, 2016.

[41] Ilinca A. Analysis and Mitigation of Icing Effects on Wind Turbines[M]//Wind Turbines. Ottawa: InTech, 2011.

[42] 邱刚. 风力发电机叶片电加热融冰过程及其数值模拟[D]. 重庆: 重庆大学, 2018.

[43] Pérez J M P, Márquez F P G, Hernández D R. Economic viability analysis for icing blades detection in wind turbines[J]. Journal of Cleaner Production, 2016, 135: 1150-1160.

[44] Lehtomäki V, Rissanen S, Wadham-Gagnon M, et al. Fatigue loads of iced turbines: Two case studies[J]. Journal of Wind Engineering & Industrial Aerodynamics, 2016, 158: 37-50.

[45] 梁健. 风力机叶片覆冰预测模型研究[D]. 重庆: 重庆大学, 2017.

[46] 李瀚涛. 覆冰条件下风力机功率特性及其计算模型研究[D]. 重庆: 重庆大学, 2018.

[47] 吴晓东. 风力发电机覆冰条件下的功率特性研究[D]. 重庆: 重庆大学, 2017.

[48] 任晓凯. 小型风力发电机叶片覆冰的气动力学特性研究[D]. 重庆: 重庆大学, 2016.

[49] 杨爽. 风力发电机叶片覆冰的仿真分析及试验验证[D]. 重庆: 重庆大学, 2015.

[50] 谭进峰. 碳纤维丝在风力发电机叶片防除冰中的应用方式研究[D]. 重庆: 重庆大学, 2018.

[51] 杨晨. 风力发电机叶片电加热循环控制除冰方法研究[D]. 重庆: 重庆大学, 2018.

[52] 杨秀余. 风力发电机叶片电加热防/融冰过程和冰层脱落条件分析[D]. 重庆: 重庆大学, 2015.

[53] Fortin G, Perron J, Ilinca A. Behaviour and modeling of cup anemometers under icing conditions[C]. IWAIS, Ottawa, 2005: 214-220.

[54] Sagol E, Reggio M, Ilinca A. Issues concerning roughness on wind turbine blades[J]. Renewable & Sustainable Energy Reviews, 2013, 23(4): 514-525.

[55] Laakso T , Baringgould I , Durstewitz M , et al. State-of-the-art of wind energy in cold climates[J]. Wind Energy, 2010, 83(4): 675-678.

[56] Homola M C, Wallenius T, Makkonen L, et al. The relationship between chord length and rime icing on wind turbines[J]. Wind Energy, 2010, 13(7): 627-632.

[57] Homola M C, Virk M S, Wallenius T, et al. Effect of atmospheric temperature and droplet size variation on ice accretion of wind turbine blades[J]. Journal of Wind Engineering & Industrial Aerodynamics, 2010, 98(12): 724-729.

[58] Jasinski W, Noe S C, Selig M, et al. Wind turbine performance under icing conditions[J]. Journal of Solar Energy Engineering, 1998, 120: 60-65.

[59] Shu L C, Li H T, Hu Q, et al. Study of ice accretion feature and power characteristics of wind turbines at natural icing environment[J]. Cold Regions Science & Technology, 2018, 147: 45-54.

[60] Shu L C, Li H T, Hu Q, et al. 3D numerical simulation of aerodynamic performance of iced contaminated wind turbine rotors[J]. Cold Regions Science & Technology, 2018, 148: 50-62.

[61] Sabatier J, Lanusse P, Feytout B, et al. CRONE control based anti-icing/deicing system for wind turbine blades[J]. Control Engineering Practice, 2016, 56: 200-209.

[62] Hu L Q, Zhu X C, Hu C X, et al. Wind turbines ice distribution and load response under icing

conditions[J]. Renewable Energy, 2017, 113: 608-619.
[63] Biswas S, Taylor P, Salmon J. A model of ice throw trajectories from wind turbines[J]. Wind Energy, 2012, 15: 889-901.
[64] Morgan C, Bossanyi E, Seifert H. Assessment of safety risks arising from wind turbine icing[C]. European Wind Energy Conference, Dublin, 1997.
[65] Tammelin B, Cavaliere M, Holttinen H, et al. Wind energy production in cold climate (WECO)[R]. Dublin: ETSU Contractor's Report, 1999: 1-38.
[66] Seifert H, Westerhellweg A, Kröning J. Risk analysis of ice throw from wind turbines[J]. BOREAS 6, Pyhä, 2003.
[67] 谢坤. 结冰叶轮气动力特性数值模拟[D]. 南京: 南京航空航天大学, 2009.
[68] 易贤. 飞机积冰的数值计算与积冰试验相似准则研究[D]. 绵阳: 中国空气动力研究与发展中心, 2007.
[69] 孟繁鑫. 机翼结冰模拟中关键问题的研究[D]. 南京: 南京航空航天大学, 2013.
[70] 赵克良. 大型民机结冰计算、风洞试验及试飞验证[D]. 南京: 南京航空航天大学, 2017.
[71] 付斌. 机翼结冰数值计算与结冰模型研究[D]. 南京: 南京航空航天大学, 2011.
[72] 丁媛媛. 运输类飞机结冰适航审定方法及 SLD 关键技术研究[D]. 南京: 南京航空航天大学, 2018.
[73] 於萧萧. 基于微观物理现象的飞机结冰特性研究[D]. 南京: 南京航空航天大学, 2016.
[74] 李哲, 徐浩军, 薛源, 等. 结冰对飞机飞行安全的影响机理与防护研究[J]. 飞行力学, 2016, 34(4): 10-14.
[75] 孔繁文. 结冰对飞机飞行安全的影响与防护技术分析[J]. 科技创新与应用, 2018, (9): 69-70.
[76] 陈宇, 罗艳春, 刘国庆, 等. 飞机结冰对飞行安全的影响[J]. 装备制造技术, 2014, (5): 254, 255, 291.
[77] 于洋涛, 曹宗杰. 一种诊断和评估积冰机翼失效故障的新方法[J]. 哈尔滨工业大学学报, 2011, 43(S1): 277-280.
[78] 周莉, 徐浩军, 龚胜科, 等. 飞机结冰特性及防除冰技术研究[J]. 中国安全科学学报, 2010, 20(6): 105-110.
[79] 李红琳. 严格飞机除冰/防冰液适航审定[J]. 中国民用航空, 2006, (2): 29-31.
[80] Potapczuk M G, Berkowitz B M. An experimental investigation of multi-element airfoil ice accretion and resulting performance degradation[J]. Journal of Aircraft, 1990, (8): 679-691.
[81] AGARD FDP Working Group 20. Ice Accretion Simulation[R]. Atlantic: North Atlantic Treaty Organization, AGARD-AR-344, 1997.
[82] Rodling S. Experience from a propeller icing certification[C]. SAE Subcommittee AC-9C Aircraft Icing Technology Meeting, New York, 1989.
[83] 裘燮纲, 韩凤华. 飞机防冰系统[M]. 北京: 国防工业出版社, 2004.
[84] 王竑. 高速公路抗冰防冻工作探讨研究[J]. 黑龙江交通科技, 2017, 40(5): 89-91.
[85] 杨佳. 接触网在线防冰过程的温度场研究[D]. 成都: 西南交通大学, 2017.
[86] 李运良. 弓网电弧对覆冰接触网的影响研究[D]. 成都: 西南交通大学, 2017.
[87] 尤谨语. 高速公路路面凝冰预警与交通调度策略研究[D]. 西安: 长安大学, 2016.
[88] 高艺嘉. 冰雪天气对高速公路的危害及防治措施[J]. 南方农机, 2015, 46(7): 71-74.

[89] 杨成里. 山区雾冰不良气候下高速公路行车安全保障研究[D]. 西安: 长安大学, 2015.
[90] 李金丹. 高速公路凝冰预警与融雪处置平台设计与实现[D]. 西安: 长安大学, 2015.
[91] 周士栋. 冰雪天气下高速公路交通安全预警及处置措施研究[D]. 长沙: 长沙理工大学, 2015.
[92] 郭蕾. 接触网覆冰机理与在线防冰方法的研究[D]. 成都: 西南交通大学, 2013.
[93] 冯金龙. 高速公路路面结冰检测系统的研究[D]. 南京: 南京信息工程大学, 2011.
[94] 宋西成. 极端冰雪灾害条件路基稳定性分析方法研究[D]. 重庆: 重庆大学, 2010.
[95] 李利, 孙策. 基于气象能见度的高速公路限速研究[J]. 公路, 2013, 58(7): 200-203.
[96] 陈果. 横风作用下的受电弓-覆冰接触网系统气动弹性问题研究[D]. 成都: 西南交通大学, 2018.

第 4 章　结构物大气覆冰仿真

随着计算技术的进步与发展，采用数值方法对结构物大气覆冰进行仿真成为近年热点。数值仿真不仅能显著降低自然观测和人工试验的劳动强度，节省大量人力、财力和物力，还可实现大气覆冰的远程预测。本章以输电线路导线、绝缘子和风力发电机叶轮为示例，讨论大气覆冰的数值仿真方法。

4.1　结构物大气覆冰仿真基础

仿真的出发点是将结构物表面剖分成足够小的有限微元控制体，视微元控制体平整光滑。每个控制体温度、风速等气象条件均相同。通过计算每个微元控制体的冰厚随时间的增长可得结构物整体的覆冰形状。划分的微元数量越多，计算越精确。根据大气覆冰的物理过程，可得单位时间的冰量增长为

$$m_{\mathrm{ice}} = \alpha_1\alpha_2\alpha_3 \cdot \mathrm{LWC} \cdot V_{\mathrm{w}} A \tag{4.1}$$

式中：m_{ice} 为每个控制体冰量；α_1 为水滴碰撞系数；α_2 为水滴收集或捕获系数，即水滴碰撞到结构物表面后的捕获率；α_3 为水滴冻结系数；LWC 为液态水含量$(\mathrm{g/m^3})$；V_{w} 为水滴速度；A 为微元表面积。

α_1 由气流场和速度场确定，如图 4.1 所示。表面弹性决定水滴是否驻留导线，一般认为水滴无反弹，即α_2=1，图 4.2 为水滴碰撞导线反弹情况。表面热平衡和空间温度分布决定α_3，如图 4.3 所示。一般来说，对于各种结构物，无论其形状如何复杂，都可将其表面剖分成有限个平整光滑的单元，且 LWC 和 A 是已知量，则需计算的关键参数只有三个，即α_1、V_{w} 和α_3。然后通过每个控制体覆冰量计算其冰厚，并整合所有控制体的冰厚得到整个结构物的覆冰厚度。

很容易得到其覆冰厚度为

$$d = \frac{m_{\mathrm{ice}} \cdot \Delta t}{\rho_{\mathrm{ice}} \cdot A} \tag{4.2}$$

式中：Δt 为时间步长。实际上，由于冰厚在持续增长，且气流速度随时间一直变化，导致α_1、V_{w} 和α_3 也不断变化。Δt 的设置原则是：在Δt 时间段内，气象参数可视为不变，且碰撞系数和冻结系数不变。Δt 越小则越精确，但计算量随次数增加，耗费时间更长。根据覆冰气象条件选择确定合适的时间步长是难点之一。

目前国际上没有结构物覆冰仿真的商业软件,需要自己编写专用计算机程序,仿真流程如图 4.4 所示。

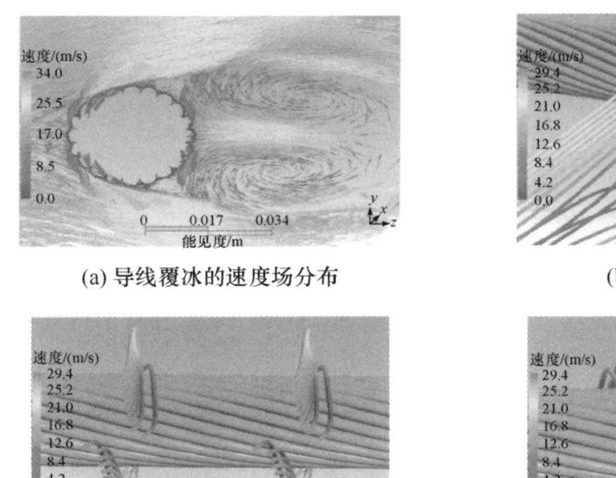

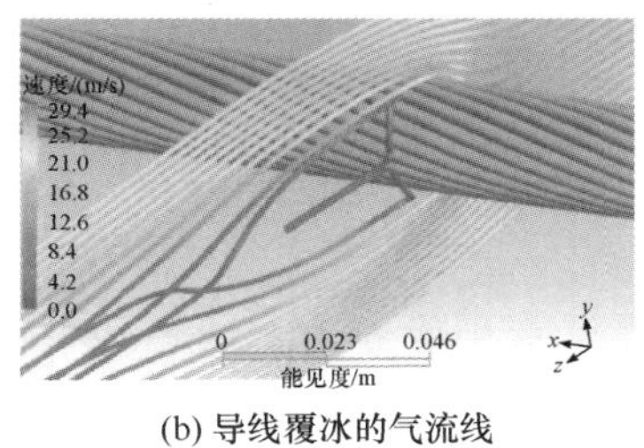

(a) 导线覆冰的速度场分布　　(b) 导线覆冰的气流线

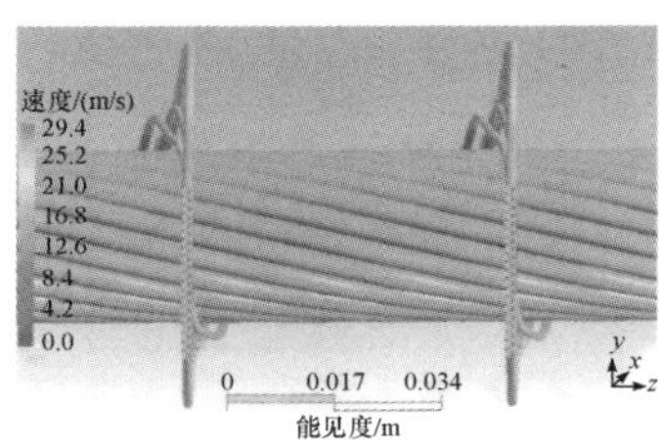

(c) 迎风面气流场分布　　(d) 背风面气流场分布

图 4.1　导线周围速度场和气流场分布

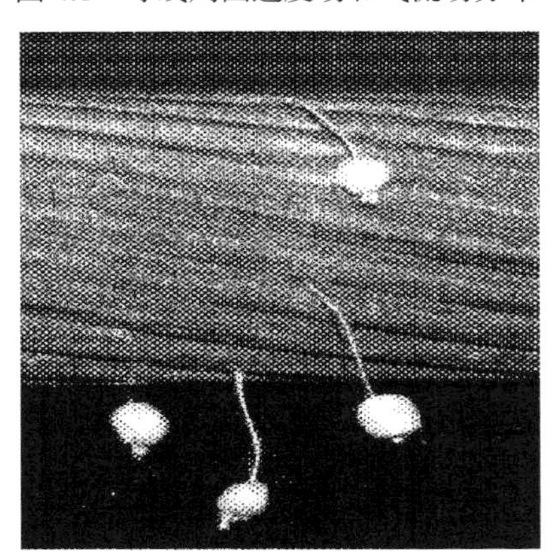

图 4.2　水滴碰撞导线

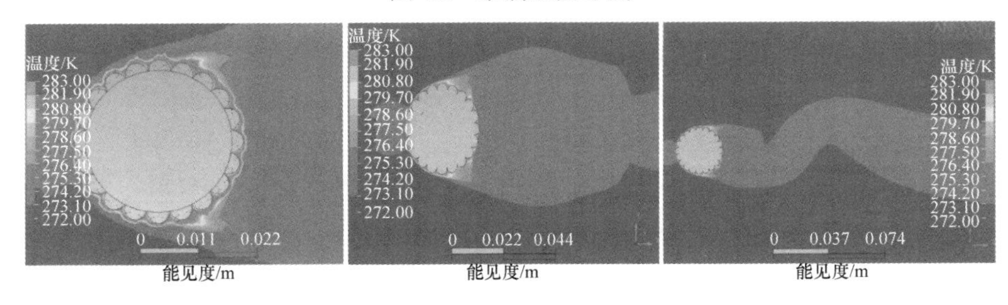

图 4.3　导线表面的热平衡状态和周围空间温度分布

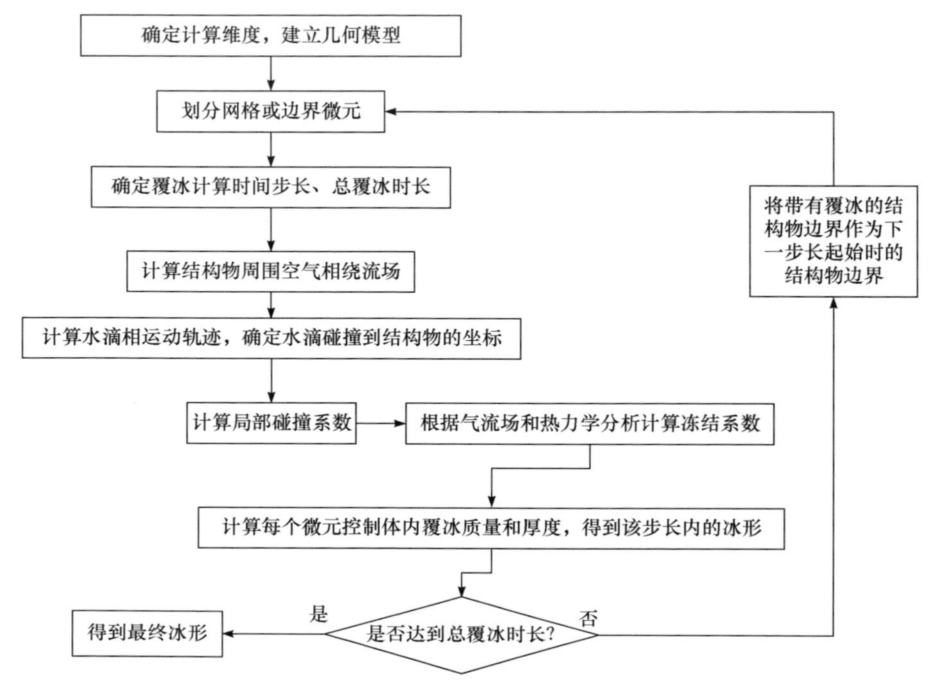

图 4.4 结构物大气覆冰数值仿真流程

4.1.1 气流场仿真模型

结构物大气覆冰数值仿真的核心之一是获得结构物的局部和整体碰撞系数。水滴碰撞系数(α_1)是结构物外部流场计算内容。

1. 控制方程

所有流体都遵循三大基本物理定律[1]，即：①质量守恒；②牛顿第二定律，$F=ma$；③能量守恒。结构物大气覆冰一般是三维流场，只有输电线路导线等少数具有对称结构的可简化为二维流场。目前常用的计算空气流场的控制方程为Navier-Stokes方程(简称N-S方程)，其动量方程和连续性方程为

$$\begin{cases}\dfrac{\partial(\rho v_x)}{\partial t}+\operatorname{div}(\rho v_x V)=\operatorname{div}(\eta\cdot\operatorname{grad}v_x)-\dfrac{\partial p}{\partial x}+\rho F_x\\ \dfrac{\partial(\rho v_y)}{\partial t}+\operatorname{div}(\rho v_y V)=\operatorname{div}(\eta\cdot\operatorname{grad}v_y)-\dfrac{\partial p}{\partial y}+\rho F_y\\ \dfrac{\partial(\rho v_z)}{\partial t}+\operatorname{div}(\rho v_z V)=\operatorname{div}(\eta\cdot\operatorname{grad}v_z)-\dfrac{\partial p}{\partial z}+\rho F_z\end{cases} \tag{4.3}$$

$$\frac{\partial \rho}{\partial t}+\mathrm{div}(\rho V)=0 \tag{4.4}$$

式中：ρ 为空气密度；V 为速度矢量，v_x、v_y、v_z 分别为速度沿 x、y、z 方向的分量；η 为空气黏性系数；p 为压强；F_x、F_y、F_z 分别为单位流体上所受的质量力沿坐标轴方向的分量。

2. 控制方程离散方法

解气流场的关键是离散控制方程，离散方法有：有限元法[2]、有限体积法[3]和边界元法[4]。边界元法是把边值问题转化为边界积分问题，利用有限单元离散化构造方程的一种方法，主要优点是：①降低求解的空间维数；②方程组阶数降低，输入数据量减少；③计算精度高；④易于处理开域问题。由于边界元法有数据处理量少且精度高等特点，被大量应用于诸多领域。

本节讨论采用边界元法计算二维空气流场的步骤，三维流场可参照执行。

上述 N-S 方程是二阶高度非线性偏微分方程，且边界条件复杂，直接求解极为困难。求解 N-S 方程解的收敛过程非常耗时，应根据实际问题忽略次要因素。

根据边界层理论，整个流场区域可分为边界层外的非黏性势流区和边界层内近壁区周围的层流或湍流区。这两个区域通过同一个速度边界层相互连接。边界层以外，空气这种流体本身的黏性和流体间的切应力均很小，可不考虑壁面对其产生的黏滞作用，可认为是理想流体。此时流体运动起核心作用的是惯性力，且流体做无旋运动。基于以上分析，N-S 方程可适当简化，即引入平面势流理论[2]并联合伯努利方程求解，可得到计算域待求点的速度场和压强分布。边界层以内，流体运动受黏性阻力和惯性力同时作用。近壁区(边界层内)流场利用边界层动量积分式计算，计算边界层厚度获得近壁区流场速度分布。

设流体所受的质量力有势，则无旋运动的流体微元速度势函数 $\phi(x,y)$ 为

$$v_x=\frac{\partial \phi}{\partial x},\quad v_y=\frac{\partial \phi}{\partial y} \tag{4.5}$$

设时间步长 Δt 内，流体流动恒定，则速度对时间的导数为 0，可得 Δt 时间内有

$$\frac{\partial v_x}{\partial t}=0,\quad \frac{\partial v_y}{\partial t}=0 \tag{4.6}$$

边界层外部是理想流体，忽略黏性系数，式(4.1)～式(4.3)变换得到

$$\frac{\partial^2 \phi}{\partial x^2}+\frac{\partial^2 \phi}{\partial y^2}=0 \tag{4.7}$$

设置边界条件：导线边界为壁面，不可穿透的边界条件的通量为零，即

$$\begin{cases}\dfrac{\partial \phi}{\partial n}=0\\ \phi=\varphi+V_x x+V_y y\end{cases} \tag{4.8}$$

式中：φ为扰动速度势；V_x、V_y分别为沿 x、y 轴的来流速度。由上述边界条件得到

$$q=\frac{\partial \phi(Q)}{\partial n_Q}=-(V_x n_x+V_y n_y) \tag{4.9}$$

式中：$\phi(Q)$为边界上源点 Q 的扰动速度势函数；q 为边界速度势函数的法向导数；n_Q为源点 Q 单位法向量；n_x、n_y分别为边界上单位法向量在 x、y 轴的分量。

设函数 u 和 v 在区域 Ω 和边界 Γ 上可微，则格林公式为

$$\int_{\Omega}(v\nabla^2 u-u\nabla^2 v)\mathrm{d}\Omega=\int_{\Gamma}\left(v\frac{\partial u}{\mathrm{d}n}-u\frac{\partial v}{\mathrm{d}n}\right)\mathrm{d}\Gamma \tag{4.10}$$

将函数 u 和 v 分别换为势函数$\varphi(P)$和其拉普拉斯基本解$\varphi^*(P,Q)$，可得到相应边界积分方程为

$$\varphi(P)=\int_{\Gamma}\left[\varphi^*(P,Q)\frac{\partial\varphi}{\mathrm{d}n}(Q)-\varphi(Q)\frac{\partial\varphi^*}{\mathrm{d}n}(P,Q)\right]\mathrm{d}\Gamma(Q) \tag{4.11}$$

式中：Q 为边界上的点。拉普拉斯解$\varphi^*(P,Q)$为

$$\varphi^*(P,Q)=\frac{1}{2\pi}\ln\frac{1}{r(P,Q)} \tag{4.12}$$

式中：$r(P,Q)$为点 P 与 Q 之间的距离。

如果边界上未知函数值和函数法向导数值已知，区域内任意点势函数值可通过式(4.12)计算。

为求边界上所有函数值，将 P 点移到边界上，即

$$C(P)\varphi(P)=\int_{\Gamma}\left[\varphi^*(P,Q)\frac{\partial\varphi}{\partial n}(Q)-\varphi(Q)\frac{\partial\varphi^*}{\partial n}(P,Q)\right]\mathrm{d}\Gamma(Q) \tag{4.13}$$

式中：$C(P)$是与 P 点处的边界几何形状有关的常数，对于光滑边界，$C(P)$=1/2。

边界曲线按有限个微元划分，划分方式主要有：常量微元、一次微元、二次微元和高次微元。采用常量微元离散后，结构物表面绕流可由面转化为边界问题。

如图 4.5 所示，把边界 Γ 分割成 n 个边界微元。节点取为微元中点，设每个边界微元的势函数值和其法向导数值在边界微元上为常数并等于节点的值。

对于节点 P_i，式(4.13)可离散为

$$\frac{1}{2}\varphi(P_i)+\sum_{j=1}^{n}\varphi_j\int_{\Gamma_j}q^*(P_i,Q)\mathrm{d}\Gamma(Q)=\sum_{j=1}^{n}q_j\int_{\Gamma_j}\varphi^*(P_i,Q)\mathrm{d}\Gamma(Q) \tag{4.14}$$

$$q^*(P_i,Q)=\frac{\partial\varphi^*}{\partial n}(P_i,Q) \tag{4.15}$$

令

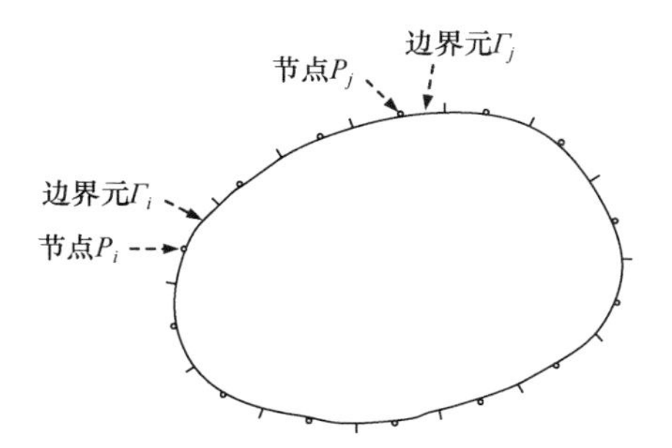

图 4.5　结构物边界单元

$$\hat{H}=\int_{\Gamma_j} q^*(P_i,Q)\mathrm{d}\Gamma(Q) \tag{4.16}$$

$$H_{ij}=\hat{H}_{ij}+\frac{1}{2}\delta_{ij} \tag{4.17}$$

$$G_{ij}=\int_{\Gamma_j} \varphi^*(P_i,Q)\mathrm{d}\Gamma(Q) \tag{4.18}$$

其矩阵表达式为

$$H\varphi=Gq \tag{4.19}$$

$$H=\begin{bmatrix} H_{11} & \cdots & H_{1n} \\ \vdots & & \vdots \\ H_{n1} & \cdots & H_{nn} \end{bmatrix},\quad \varphi=\begin{bmatrix} \varphi_1 \\ \varphi_2 \\ \vdots \\ \varphi_n \end{bmatrix},\quad G=\begin{bmatrix} G_{11} & \cdots & G_{1n} \\ \vdots & & \vdots \\ G_{n1} & \cdots & G_{nn} \end{bmatrix},\quad q=\begin{bmatrix} q_1 \\ q_2 \\ \vdots \\ q_n \end{bmatrix}$$

式中：矩阵 q 可通过计算得出。为求出矩阵φ的值，需计算系数矩阵 H 和 G。

(1) 当 P 和 Q 位于同一边界单元上时，即 $i=j$ 时：

$$\begin{aligned} H_{ii}&=\hat{H}_{ii}+\frac{1}{2}\delta_{ii}=\int_{\Gamma_i}\frac{\partial}{\partial n}\left(\frac{1}{2\pi}\ln\frac{1}{r}\right)\mathrm{d}\Gamma+\frac{1}{2} \\ &=\int_{\Gamma_i}\frac{\partial}{\partial r}\left(\frac{1}{2\pi}\ln\frac{1}{r}\right)\frac{\partial r}{\partial n}\mathrm{d}\Gamma+\frac{1}{2}=\frac{1}{2} \end{aligned} \tag{4.20}$$

将边界单元无量纲化

$$\begin{cases} \xi=\dfrac{2r}{l_i} \\ \mathrm{d}\Gamma=\dfrac{l_i}{2}\mathrm{d}\xi \end{cases} \tag{4.21}$$

则

$$G_{ii}=\int_{\Gamma_j}\frac{1}{2\pi}\ln\frac{1}{r}\mathrm{d}\Gamma=\frac{l_i}{4\pi}\int_{-1}^{1}\ln\left(\frac{2}{\xi l_i}\right)\mathrm{d}\xi=\frac{l_i}{2\pi}\left(\ln\frac{2}{l_i}+1\right) \tag{4.22}$$

(2) 当 P 和 Q 不在同一边界上时，即 $i \neq j$ 时：

$$
\begin{aligned}
H_{ij} &= \int_{\Gamma_j} \frac{\partial}{\partial n}\left(\frac{1}{2\pi}\ln\frac{1}{r(P,Q)}\right)\mathrm{d}\Gamma = \frac{1}{2\pi}\int_{\Gamma_j}\frac{\partial}{\partial r}\left(\ln\frac{1}{r(P,Q)}\right)\frac{\partial r}{\partial n}\mathrm{d}\Gamma \\
&= \frac{1}{2\pi}\int_{\Gamma_j}\left(-\frac{1}{r(P,Q)}\right)\frac{h_{ij}}{r(P,Q)}\mathrm{d}\Gamma = -\frac{l_i}{4\pi}\int_{-1}^{1}\frac{h_{ij}}{r^2(P,Q)}\mathrm{d}\xi
\end{aligned}
\tag{4.23}
$$

式中：l_j 为边界单元 Γ_j 的长度；h_{ij} 为节点 P_i 到边界单元 Γ_j 的垂直距离。

$$
G_{ij} = \int_{\Gamma_j}\frac{1}{2\pi}\left(\ln\frac{1}{r(P,Q)}\right)\mathrm{d}\Gamma = -\frac{l_i}{4\pi}\int_{-1}^{1}\ln\frac{1}{r(P,Q)}\mathrm{d}\xi \tag{4.24}
$$

上述积分方程均可用高斯积分法求解。表 4.1 列出高斯 5 点积分公式。求出边界函数值后，将边界势函数值代入式(4.11)，即可计算出外部势流区任意点的势函数值，再通过式(4.5)即可计算出该点的气流速度值。

表 4.1　高斯 5 点积分公式

积分点数	积分点坐标	积分点权重
	±0.906179845938664	0.236926885056189
5	±0.538469310105683	0.478628670499366
	0	0.568888888888889

3. 边界层内部流场

通过计算边界层动量厚度雷诺数 R_Θ 的值，判断边界层由层流向湍流过渡的分界点位置。临界边界层动量厚度雷诺数 $R_{\Theta\mathrm{str}}$ 为

$$
\begin{cases}
R_\Theta = \dfrac{U_\mathrm{e}\theta}{\nu} \\
R_{\Theta\mathrm{str}} = 430 = \dfrac{U_\mathrm{e}\theta_\mathrm{str}}{\nu}
\end{cases}
\tag{4.25}
$$

式中：θ_str 表示分界点边界层动量厚度；θ 为表面边界层动量厚度；$\nu=\eta/\rho_\mathrm{a}$，η 为空气黏性系数，ρ_a 为流体密度；U_e 为边界层速度。

由卡门边界层动量积分关系式得

$$
\frac{\mathrm{d}}{\mathrm{d}x}\int_0^\delta v^2\mathrm{d}y - U_\mathrm{e}\frac{\mathrm{d}}{\mathrm{d}x}\int_0^\delta v\mathrm{d}y = -\left(\frac{\tau_0}{\rho_\mathrm{a}} + \frac{\delta}{\rho_\mathrm{a}}\frac{\partial p}{\partial x}\right) \tag{4.26}
$$

在边界层的外边界上，流体做理想有势流动，则有

$$
p + \frac{1}{2}\rho U_\mathrm{e}^2 = 常数 \tag{4.27}
$$

式中：δ 为边界层厚度；p 为压强。

1) 层流计算

近壁区内 v_h 为距壁面垂直距离 h 处的速度，边界限制条件：①壁面流速为 0：即 h=0 时，$v_h=0$；②边界层外边界上，速度为势流区的流动速度；③边界层外边界上，此时没有速度梯度，即速度梯度为 0。

结合以上条件，利用波尔豪森法(Pohlhausen method)，采用四次多项式近似表达边界层内速度分布，可得

$$v_h = U_e\left[2\left(\frac{h}{\delta}\right)-2\left(\frac{h}{\delta}\right)^3+\left(\frac{h}{\delta}\right)^4+\frac{1}{6}\frac{\delta^2}{v}\cdot\frac{\mathrm{d}U_e}{\mathrm{d}s}\left(\frac{h}{\delta}\right)\left(1-\frac{h}{\delta}\right)^3\right] \tag{4.28}$$

式中：ds 为边界层上微元单位长度。

摩擦切应力 τ_0 为

$$\tau_0=\frac{\eta(B+0.09)^{0.62}\cdot U_e}{\theta_1} \tag{4.29}$$

无量纲压强梯度系数 B 为

$$B=\frac{\theta_1^2}{v}\left(\frac{\mathrm{d}U_e}{\mathrm{d}s}\right) \tag{4.30}$$

层流边界层动量厚度 θ_1 为

$$\theta_1=\left(\frac{0.45v}{U_e^6}\int_0^S U_e^5\mathrm{d}s\right)^{0.5} \tag{4.31}$$

2) 湍流计算

湍流区速度近似呈指数变化[5-8]，即

$$v_h=U_e\left(\frac{h}{\delta}\right)^{\frac{1}{7}} \tag{4.32}$$

摩擦切应力为

$$\tau_0=\frac{\rho U_e^2}{2C_f} \tag{4.33}$$

摩擦阻力系数为

$$C_f=\frac{0.033}{R_\Theta^{0.268}} \tag{4.34}$$

湍流区边界层动量厚度 θ_1 表达式为

$$\theta_1=\frac{0.0156v^{0.5}}{U_e^{4.11}}\left(\int_{\mathrm{str}}^{s}U_e^{3.86}\mathrm{d}s\right)^{0.8}+\theta_1(\mathrm{str}) \tag{4.35}$$

式中：str 表示层流与湍流分界点位置。

求解联立方程式(4.26)～式(4.31)或式(4.26)、式(4.27)、式(4.32)～式(4.35)可得

到近壁层气流速度分布。

4.1.2　水滴轨迹及碰撞系数计算

结构物大气覆冰的水滴轨迹计算主要采用拉格朗日法和欧拉法。

1. 拉格朗日法

在拉格朗日法中，可将水滴视为离散相，分析空气流场中水滴受力追踪模拟每一颗水滴的运动轨迹。在水滴绕流运动中，分析水滴受力可知，水滴运动主要受空气黏性阻力 F_a 、水滴自身重力 F_g 、气流浮力 F_b 的作用，占主导的是空气黏性阻力 F_a 。根据牛顿第二定律则有

$$F = m_d a = F_d = \frac{1}{2}\rho_a S_d C_D |v_a - v_d|(v_a - v_d) \tag{4.36}$$

其中，

$$\begin{cases} Re = \dfrac{2R_d\rho_a}{\eta} | v_a - v_d | \\ V = \dfrac{4}{3}\pi R_d^3 \\ S_d = \pi R_d^2 \\ m_d = \rho_d V \end{cases} \tag{4.37}$$

式中：a 为水滴运动加速度；ρ_a 、ρ_d 分别为空气和水滴的密度；C_D 为空气阻力系数；S_d 为水滴投影面积；V 为水滴体积；Re 为水滴在空气中相对运动的雷诺数；η 为空气黏性系数；R_d 为水滴半径。水滴运动的控制方程为

$$a = \frac{dv_d}{dt} = K(v_a - v_d) \tag{4.38}$$

式中：K 为空气-水滴的交换系数，可表示为

$$K = \frac{9\eta}{2\rho_d R_d^2}\frac{C_D Re}{24} \tag{4.39}$$

$$\frac{C_D Re}{24} = \begin{cases} 1 + 0.176Re^{0.9925}, & 0 \leqslant Re \leqslant 1 \\ 1 + 0.1667Re^{0.6712}, & 1 < Re \leqslant 800 \\ 1 + 0.02813Re^{0.9323}, & Re > 800 \end{cases} \tag{4.40}$$

采用拉格朗日法仿真，通常在距离结构物尺寸 4～10 倍位置设置一簇水滴沿风向发射，计算轨迹得到每个水滴碰撞到表面的位置进而求水滴碰撞系数。

前述微分方程求解可采用龙格-库塔法[9]或差分法。

1) 龙格-库塔法

龙格-库塔法是求解非线性微分方程的一种高精度单步计算法，由数学家卡尔·龙格和马丁·威尔海姆·库塔发明，本节采用常用四阶龙格-库塔法。

微分方程的初值问题为

$$\begin{cases} y' = f(t, y) \\ y(t_0) = y_0 \end{cases} \tag{4.41}$$

t_{n+1} 时刻的函数值由式(4.42)计算：

$$\begin{cases} y_{n+1} = y_n + \dfrac{1}{6}\Delta t(k_1 + 2k_2 + 2k_3 + k_4) \\ k_2 = f\left(t_n + \dfrac{\Delta t}{2}, y_n + \dfrac{\Delta t}{2}k_1\right) \\ k_3 = f\left(t_n + \dfrac{\Delta t}{2}, y_n + \dfrac{\Delta t}{2}k_2\right) \\ k_2 = f(t_n + \Delta t, y_n + \Delta t k_3) \end{cases} \tag{4.42}$$

利用式(4.42)在已知 t_n 时刻的水滴速度即可分别计算 $t_{n+1} = t_n + \Delta t$ 时刻 x、y 方向的水滴速度。则过冷却水滴在 t_{n+1} 时刻的位置坐标为

$$\begin{cases} x_{n+1} = x_n + v_{n+1,x} \cdot \Delta t \\ y_{n+1} = y_n + \vec{v}_{n+1,y} \cdot \Delta t \end{cases} \tag{4.43}$$

通过式(4.43)可得水滴轨迹并通过叉集定理求出水滴碰撞在结构物表面的坐标。

2) 差分法

根据速度和加速度的定义，可得其一阶和二阶差分格式为

$$\begin{cases} v = \dfrac{\mathrm{d}x}{\mathrm{d}t} = \dfrac{x_{n+1} - x_n}{\Delta t} \\ a = \dfrac{\mathrm{d}^2 x}{\mathrm{d}t^2} = \dfrac{\mathrm{d}v}{\mathrm{d}t} = \dfrac{x_{n+1} - 2x_n + x_{n-1}}{\Delta t^2} \end{cases} \tag{4.44}$$

将式(4.44)代入式(4.38)，根据 t_{n-1} 和 t_n 的水滴位置计算 t_{n+1} 的水滴位置。

二维与三维拉格朗日法中，壁面局部碰撞系数 β 表示稍不同，分别为

$$\beta = \frac{\mathrm{d}Y}{\mathrm{d}L} \quad \text{或} \quad \beta = \frac{\mathrm{d}A_0}{\mathrm{d}A_\mathrm{p}} \tag{4.45}$$

式中：$\mathrm{d}Y$ 为相邻水滴在释放位置的距离；$\mathrm{d}L$ 为碰撞至结构物表面的相邻水滴距离；$\mathrm{d}A_0$ 为相邻水滴在释放位置围成的面积；$\mathrm{d}A_\mathrm{p}$ 为相邻水滴碰撞到叶轮上围成的面积。

2. 欧拉法

欧拉法求解水滴碰撞系数视水滴为连续相，以水滴占空气的体积分数反映水滴在求解域中的分布。欧拉法把水滴碰撞转化为经典的两个连续相的两相流耦合问题，在处理三维问题，特别是不规则物体的碰撞系数有一定优越性，FENSAP-ICE 在模拟风机叶轮覆冰时采用该种方法[10]。水滴运动的质量方程和动量方程为

$$\frac{\partial(\rho_{\mathrm{w}}\varphi)}{\partial t}+\nabla\cdot(\rho_{\mathrm{w}}\alpha V_{\mathrm{w}})=0 \tag{4.46}$$

$$\frac{\partial(\rho_{\mathrm{w}}\alpha V_{\mathrm{w}})}{\partial t}+\nabla\cdot(\rho_{\mathrm{w}}V_{\mathrm{w}}V_{\mathrm{w}})=\rho_{\mathrm{w}}\alpha K(V_{\mathrm{a}}-V_{\mathrm{w}}) \tag{4.47}$$

式中：α 为水滴体积分数；V_{w} 为水滴速度；空气-水滴的交换系数 K 与拉格朗日法方法相同。水滴相动量方程在直角坐标系中为沿 x、y、z 方向的标量方程，即

$$\rho_{\mathrm{w}}\alpha\begin{bmatrix}\mathrm{d}u_{\mathrm{w}}\\ \mathrm{d}v_{\mathrm{w}}\\ \mathrm{d}w_{\mathrm{w}}\end{bmatrix}/\,\mathrm{d}t+\nabla\cdot\left(\rho_{\mathrm{w}}\alpha V_{\mathrm{w}}\cdot\begin{bmatrix}u_{\mathrm{w}}\\ v_{\mathrm{w}}\\ w_{\mathrm{w}}\end{bmatrix}\right)=\rho_{\mathrm{w}}\alpha K\begin{bmatrix}u_{\mathrm{w}}-u_{\mathrm{a}}\\ v_{\mathrm{w}}-v_{\mathrm{a}}\\ w_{\mathrm{w}}-w_{\mathrm{a}}\end{bmatrix} \tag{4.48}$$

在结构物大气覆冰中，空气相为绕流壁面，水滴相为吸收型边界，壁面处水滴需做特殊处理。不考虑水膜在表面的分布及流动，水滴撞击表面即发生冻结，即对于水滴壁面是一个单向出口。引入水滴相速度与壁面法线方向的夹角，如果水滴撞击壁面(负夹角)，则水滴体积分数取上游网格的体积分数；如果贴近壁面网格的为非撞击区(正夹角)，则水滴体积分数取为 0。壁面处水滴碰撞系数 β 为

$$\beta=-\frac{\alpha}{\alpha_{\infty}}\cdot\frac{V_{\mathrm{w}}\cdot n}{V_{\infty}} \tag{4.49}$$

式中：n 为壁面网格的法向矢量；V_{∞}为来流速度；α_{∞}为来流水滴体积分数。

4.1.3 水滴冻结相变覆冰及冻结系数

水滴碰撞表面的冻结是潜热释放相变的过程，通过表面水滴冻结的热力学计算可获得冻结系数。冻结系数等于 1 则为干增长，小于 1 则是湿增长。

湿增长条件下表面结冰不完全，需考虑未冻结水的流失。基于 Messinger 微元控制体热力学模型，可建立表面单元体质量守恒模型(图 4.6)和能量守恒方程[11]。每个单元的质量平衡为

$$m_{\mathrm{in}}+m_{\mathrm{im}}=m_{\mathrm{out}}+m_{\mathrm{eva}}+m_{\mathrm{ice}} \tag{4.50}$$

式中：m_{im} 为撞击微元的水滴质量；m_{in}、m_{out} 分别为流入、流出当前微元体的液态水质量(干增长中 m_{out} 默认为 0)；m_{eva} 为液态水蒸发的质量；m_{ice} 为水滴冻结质量。

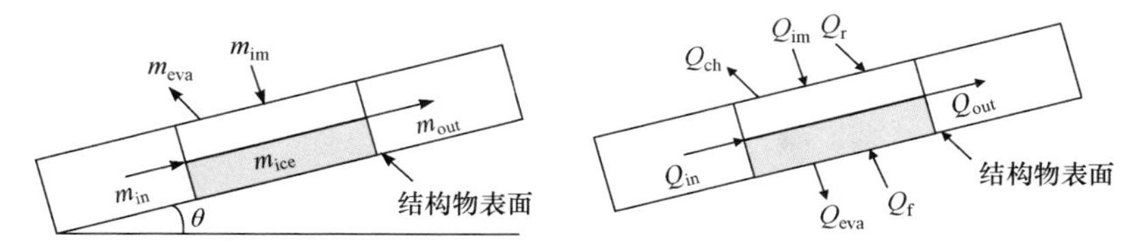

图 4.6　结构物表面单元体质量守恒和能量守恒模型

蒸发质量采用 Incropera 经验公式，即

$$m_{eva} = \frac{h_c}{Rc_a \rho L_{eW}^{2/3}} \left[\frac{P_{sat}(T_s)}{T_s} - \phi \frac{P_{sat}(T)}{T} \right] \tag{4.51}$$

式中：L_{eW} 为 Lewis 数，取为 1；$P_{sat}(T_s)$ 和 $P_{sat}(T)$ 分别为叶轮网格表面温度 T_s 和环境温度 T 对应的饱和水蒸气压。

表面冻结水分来自撞击结构物表面的过冷却水滴，可表示为

$$m_{in} = \beta \cdot \text{LWC} \cdot V_\infty \cdot A \tag{4.52}$$

式中：A 为网格单元长度；LWC 为液态水含量。

冻结系数 α_3 表示单元内水滴的结冰比率，表示为

$$\alpha_3 = \frac{m_{ice}}{m_{in} + m_{im}} \tag{4.53}$$

干增长为湿增长的特殊形式，湿增长覆冰中微元热平衡为

$$Q_{ch} + Q_{out} + Q_{eva} = Q_{in} + Q_{im} + Q_f + Q_r \tag{4.54}$$

式中：Q_f 为水滴冻结释放热；Q_{im} 为水滴碰撞微元表面产生热；Q_r 为空气与壁面摩擦热；Q_{eva} 为液态水蒸发热；Q_{ch} 为空气对流换热；Q_{in}、Q_{out} 分别为流入、流出当前微元体的热。

相关参量可表示为

$$Q_{in} = m_{in} C_d (T_{s(i-1)} - T_f) \tag{4.55}$$

$$Q_{out} = m_{out} C_d (T_s - T_f) \tag{4.56}$$

水滴冻结释放热为

$$Q_f = m_{ice} [C_i (T_f - T_s) - L_f] \tag{4.57}$$

空气与壁面摩擦热为

$$Q_r = h_c A r \frac{U_e^2}{2C_a} \tag{4.58}$$

液态水蒸发热为

$$Q_{eva} = m_{eva} [C_d (T_s - T_f) + L_e] \tag{4.59}$$

空气对流换热为

$$Q_{ch} = h_c A(T_s - T_a) \tag{4.60}$$

水滴碰撞微元表面产生热为

$$Q_{im} = \frac{1}{2} m_{im} V_c^2 + m_{im} C_d (T_a - T_s) \tag{4.61}$$

式中：T_s 为覆冰结构物表面温度；T_f 为水滴冻结温度，其值为 273.15K；T_a 为环境温度；L_f 、L_e 分别为冰的熔化和升华潜热；C_a 、C_d 、C_i 分别为空气、水和冰的比热；h_c 为对流换热系数；U_e 为边界层速度；V_c 为水滴碰撞速度；A 为微元面积；r 为动力学加热的恢复系数，可表示为

$$r = 1 - \frac{U_e}{V_\infty}(1 - Pr^{n_0}) \tag{4.62}$$

式中：Pr 为普朗特常数，取 0.72；层流区 $n_0 = 1/2$ ；湍流区 $n_0 = 1/3$ ；V_∞ 为风速。

由式(4.29)～式(4.40)可知，未知参数有 m_{in} 、f 和 T_s 。采用迭代方式求解，表面初始温度 T_s 为 273.15K。若所得结果 $0<f<1$，则 $T_s = 273.15\text{K}$ ；若 $f<0$，则令 $f=0$，再反解出 T_s ；若 $f>1$，则令 $f=1$，再反解出 T_s 。数值计算以驻点为起点，分别向上下两端进行，因此，第一个微元对应的 $m_{in} = 0$ 、$Q_{in} = 0$ 。

4.1.4 结构物覆冰密度

获得单位时间每个单位的覆冰质量 m_{ice} ，进一步可获得表面微元的冰厚，从而可获得冰的二维或三维图像。冰密度是决定于环境条件参数的物理量，精确计算可采用前述的 Jones 理论，参见式(2.1)；工程计算可采用经验公式，即

$$\rho = 917 \frac{\text{MVD} \cdot V_\infty}{\text{MVD} \cdot V_\infty + 2.6 \times 10^{-6} \times (T_f - T_s)} \tag{4.63}$$

常用的还有 Makkonen-Stallabrass 公式，即

$$\rho = 78 + 425 \lg R - 0.082 (\lg R)^2 \tag{4.64}$$

式中：R 为 Macklin 参数，$R = -v_p \cdot \text{MVD}/(2T_s)$，$v_p$ 为水滴撞击覆冰导线的速度(m/s)。

通过以上各步骤的循环，可获得结构物大气覆冰的动态过程。

4.2 电网覆冰仿真

根据前述章节讨论的数值计算方法，本节以输电线路导线和绝缘子为示例分别进行仿真分析。

4.2.1 导线覆冰仿真分析

导线是水平布置的规则圆形结构，可忽略导线长度将其简化为二维气-液两相

流进行覆冰增长的仿真分析[11-14]。以常用的典型导线结构为示例，如表 4.2 所示。

表 4.2　导线参数

导线型号	直径/mm	风速/(m/s)	MVD/μm
LGJ-120/25	15.74	5	23
LGJ-185/30	18.88	5	23
LGJ-300/50	24.27	5	23
LGJ-630/45	33.6	5	23

1. 碰撞系数

按上述方法，编制程序仿真分析表 4.2 所示 4 种不同直径导线在同一种覆冰环境下的水滴碰撞系数(图 4.7)。

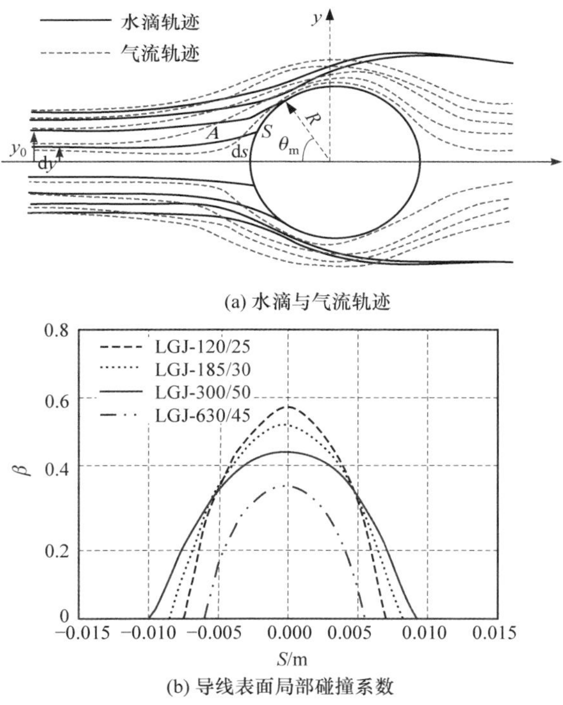

(a) 水滴与气流轨迹

(b) 导线表面局部碰撞系数

图 4.7　水滴在导线表面碰撞及其局部碰撞系数分布

由图 4.7 可知，不同直径导线表面水滴局部碰撞系数分布与导线直径及其各部位的位置有关，主要呈现为以下特征。

1) 局部碰撞系数的“小—大—小”分布

越靠近驻点局部碰撞系数越大；越远离驻点局部碰撞系数越小。导线在流场中充当障碍物，迎风面有明显绕流。气流场速度发生变化，越往上下两端走流体速度越快。水滴受惯性力和空气黏性阻力的共同作用。惯性力决定于水滴直径和密度；空气黏性阻力由气流与水滴运动速度差值确定。远离驻点的空气黏性阻力大于靠近驻点。驻点附近的流场速度很小，基本接近为 0，水滴所受力主要是惯性力。驻点的局部碰撞系数最大。

2) 最大局部碰撞系数随导线直径增大减小

导线直径增大，空气流场的绕流增强，气流轨迹弯曲度更大，水滴运动受气流黏性阻力增强。

图 4.8 为 LGJ-185/30 导线在中值体积水滴直径 MVD=20μm 的局部碰撞系数与风速的关系。导线表面水滴局部碰撞系数随风速增大而增大。风速增大水滴动量增加，水滴改变方向困难，局部碰撞系数增大；风速较小动量较小，主要受空气黏性阻力作用，气流跟随性较好，容易绕过导线，碰撞系数较小。

图 4.9 为 LGJ-185/30 导线在风速为 5m/s 时的局部碰撞系数与 MVD 的关系。MVD 增大，水滴局部碰撞系数也增大。水滴质量是直径的 3 次方，水滴直径越大质量越大，速度不变时动量也越大，水滴所受惯性力就越大，能最大可能保持初始运动轨迹，局部碰撞系数增大。

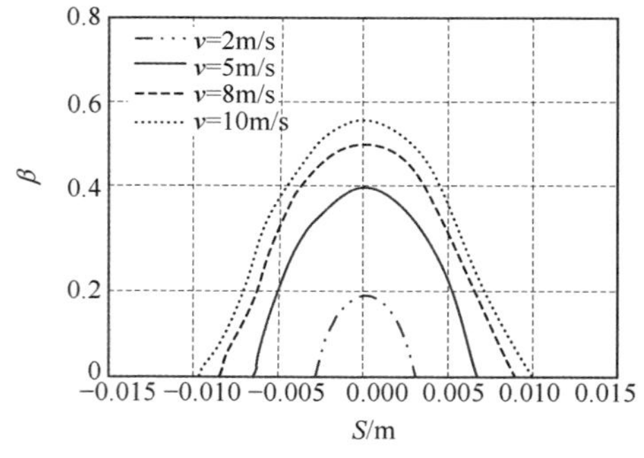

图 4.8　不同风速导线表面局部碰撞系数分布

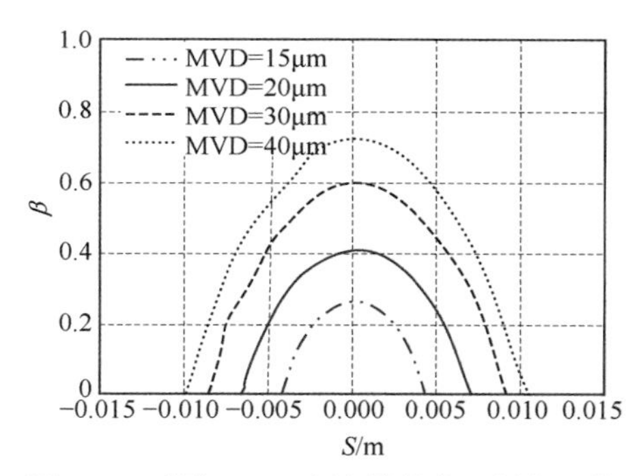

图 4.9　不同 MVD 水滴导线表面局部碰撞系数分布

2. 冻结系数

局部冻结系数是微元中液态水冻结质量与碰撞质量之比。湿增长覆冰微元液态水一部分冻结，另一部分流入相邻微元，即本微元产生溢流水。流场速度从驻点沿导线上下两侧增大，产生的剪应力使液态水向两侧流动，导致驻点收集的液态水减少，冻结系数增大形成区域极大值。驻点的溢流水导致相邻微元液态水质量增加，使局部冻结系数从驻点沿导线上下两侧开始减小。远离驻点时，撞击水滴减少；且越远离驻点溢流水越多，对流换热系数值明显大于驻点周围。三者共同作用导致局部冻结系数持续减小；当局部冻结系数达到最低点后，微元内的冻结能力不断提高，溢流水持续减少，局部冻结系数逐渐上升至 1。

图 4.10(a)为 LWC 对局部冻结系数的影响。局部冻结系数随液态水含量的增加而减小。液态水含量的增加导致碰撞微元的液态水质量增加，因水滴碰撞转换的能量也增加；冻结时，释放更多潜热，冻结系数减小。液态水含量较小(如 LWC=0.3g/m^3 时冻结系数为 1.0)，微元表面液态水质量小，易完全冻结。

图 4.10(b)为 MVD 对局部冻结系数的影响。局部冻结系数随中值体积水滴直径的增加而减小。水滴直径越大，碰撞系数越大，微元获取的水滴数就越多，水滴动能增加。冻结释放更多的潜热，冻结系数降低。

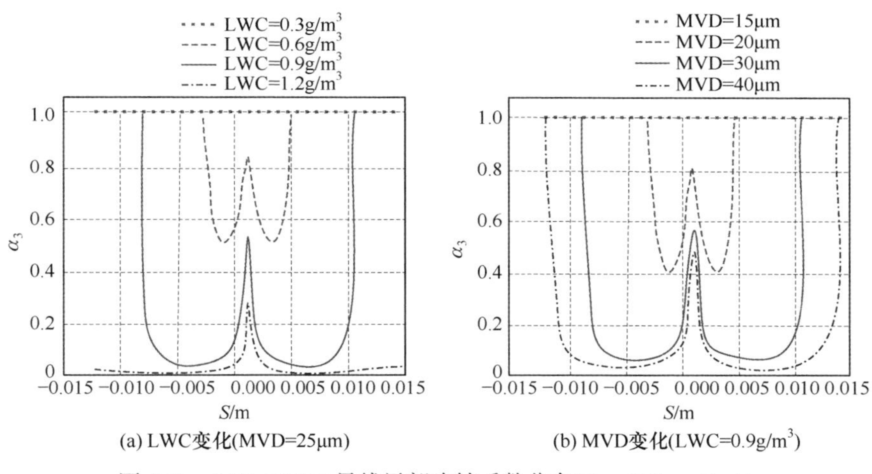

图 4.10　LGJ-185/30 导线局部冻结系数分布(T_a=−3℃, v=5m/s)

图 4.11(a)为风速 v 对局部冻结系数的影响。风速增加微元获得水滴量增加，冻结系数下降；水滴动能与速度平方成正比，水滴动能增大冻结系数降低；风速

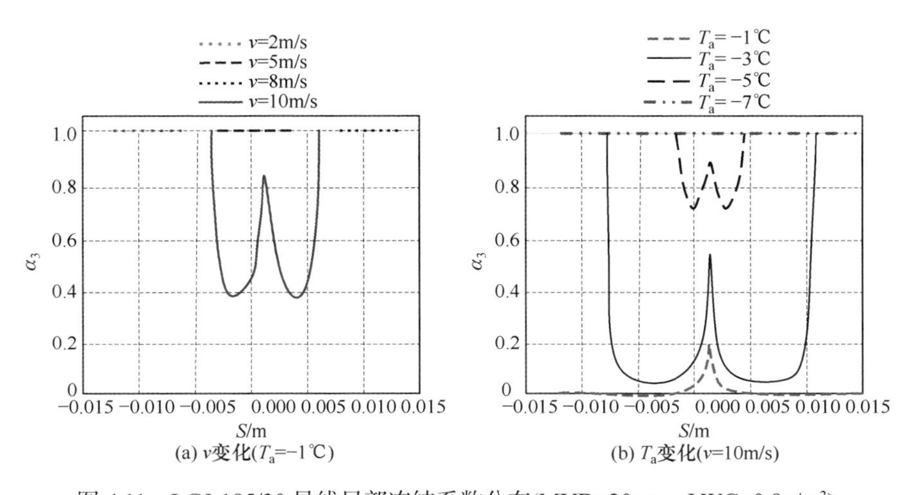

图 4.11　LGJ-185/30 导线局部冻结系数分布(MVD=20μm，LWC=0.9g/m^3)

增加流换热增强，微元表面液态水冻结加快，冻结系数增加。三种因素共同作用，风速增加导致微元动能增加占主导，最终导致局部冻结系数随风速增大而减小。

图 4.11(b)环境温度 T_a 对局部冻结系数的影响。温度较低时(如 T_a=−7℃)，表面各处局部冻结系数均为 1，覆冰为干增长；干增长覆冰时即使温度继续降低，也不影响冻结系数；但随温度升高冻结系数减小，覆冰转为湿增长覆冰，湿增长时温度越接近冰点(0℃)冻结系数越小。

3. *覆冰形态及覆冰量*

本节讨论覆冰参数对覆冰形态及覆冰量的影响。影响因素有：风速 v、液态水含量 LWC、中值体积水滴直径 MVD、环境温度 T_a 和导线直径 D[15]。为便于讨论，本节采用控制变量法，单一因素影响分析时控制其他参数恒定，如表 4.3 所示。导线型号为：LGJ-120/25、LGJ-210/25、LGJ-300/50、LGJ-630/45 和 LGJ-800/55。

表 4.3　覆冰参数设定

工况	v/(m/s)	LWC/(g/m³)	MVD/μm	T_a/℃	D/mm
Case1	2, 5, 8,12, 15	1	25	−3	19.98
Case2	5	1	25	−1, −3, −5, −8, −12	19.98
Case3	5	0.2, 0.5, 1.0, 1.5, 2.5	25	−3	19.98
Case4	5	1	15, 25, 30, 35, 40	−8	19.98
Case5	5	1	25	−8	15.74, 19.98, 24.27, 33.6, 38.4

1) 风速 v

如图 4.12(a)所示，导线冰厚随风速增大而增加。风速较低，风速增大对冰厚影响更大。风速继续增大，冰形轴向最大冰厚度差异逐渐变小，但上下两端的覆

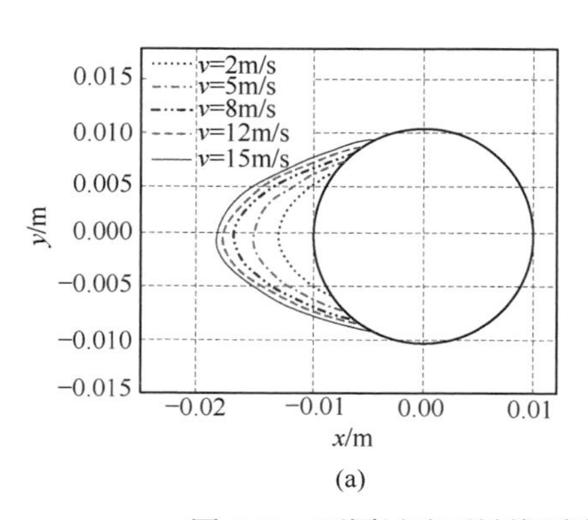

(a)

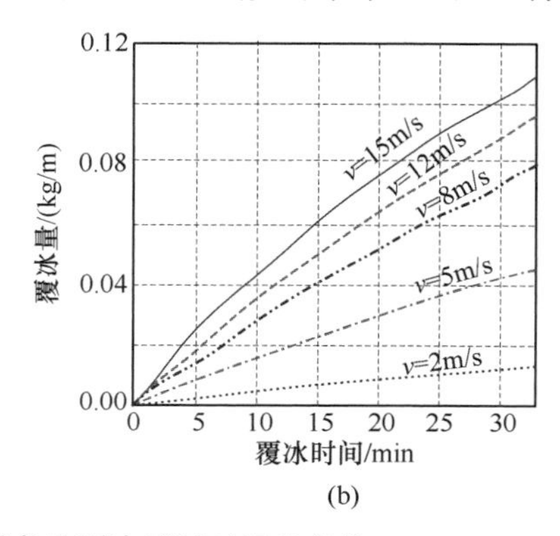

(b)

图 4.12　不同风速下导线覆冰形态及覆冰量随时间的变化

冰有一定程度增加，使冰形整体更为饱满。驻点水滴运动受气流影响小，运动轨迹偏转角较小，碰撞系数一直最大，冰厚也最大。

图 4.12(b)为导线覆冰量随时间的变化。当风速一定时覆冰量随时间近似呈线性增长。风速增大相同时间覆冰量也相应增加，对应曲线的斜率增大，即增长速率越快。由 2m/s 增大至 8m/s 时，冰量增幅明显。风速继续增大时，虽然覆冰量依然增加但增幅明显减小。随风速增大水滴碰撞系数增大，捕获水滴增多；风速超过一定值后，碰撞系数增加有极限，捕获水滴增加不明显；而温度不是很低时，风速增大冻结系数减小。

2) 环境温度 T_a

由图 4.13(a)可知，覆冰受环境温度影响显著。环境温度较高(−1℃)时液态水不能立刻冻结，液态水以水膜形式存在；环境温度降低(−3～−12℃)后冻结系数增大，覆冰厚度增加；环境温度继续下降(<−12℃)，覆冰转换为干增长。环境温度的影响体现在冰密度，冰密度越小，相同冰量的冰厚增加。

图 4.13(b)为不同环境温度覆冰量随时间的变化。不同环境温度导线覆冰量随时间近似呈线性增长。环境温度从−1℃降至−3℃时冰量增幅较大，斜率增大；环境温度下降冻结系数迅速增加，液态水冻结加剧；环境温度从−3℃降至−12℃，冰量变化微弱，但冰厚增长明显，环境温度对冰密度有较大影响。覆冰量相近，环境温度差异较大导致冰厚差异明显。

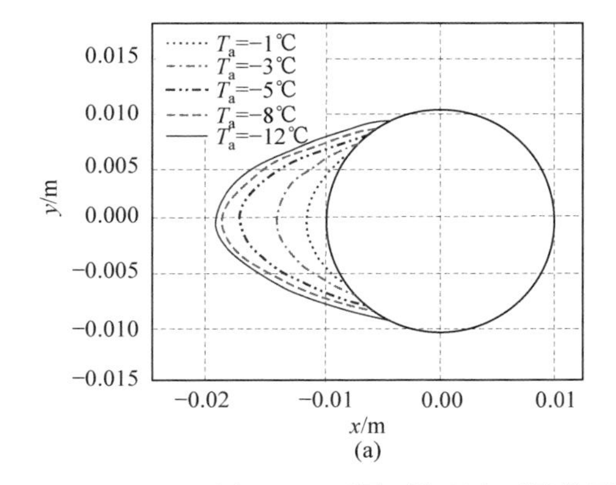

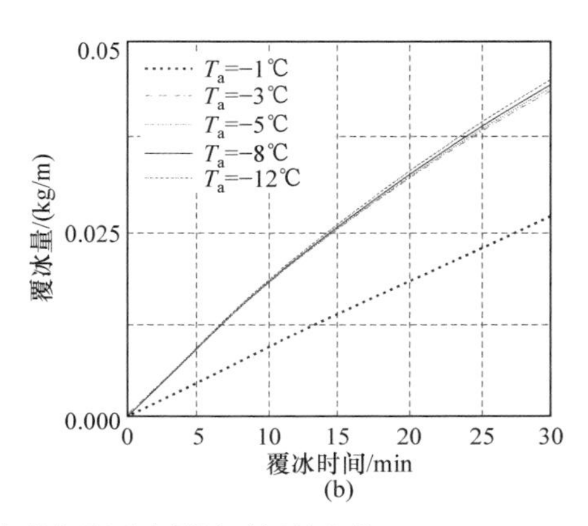

图 4.13　不同环境温度下导线覆冰形态及覆冰量随时间的变化

3) 液态水含量 LWC

如图 4.14(a)所示，覆冰形态受液态水含量影响明显。在 0.2～1.5g/m³ 范围，液态水含量增大，相同时间可冻结水增加，冰厚增加较快，沿轴向增长明显。在 1.5～2.5g/m³ 范围，液态水含量增大时，冻结能力被抑制，冰厚变化不大。

图 4.14(b)为导线覆冰量随时间的变化。液态水含量越大，湿增长可能性越大；且覆冰量增长速率呈“先增大后减小”的趋势。

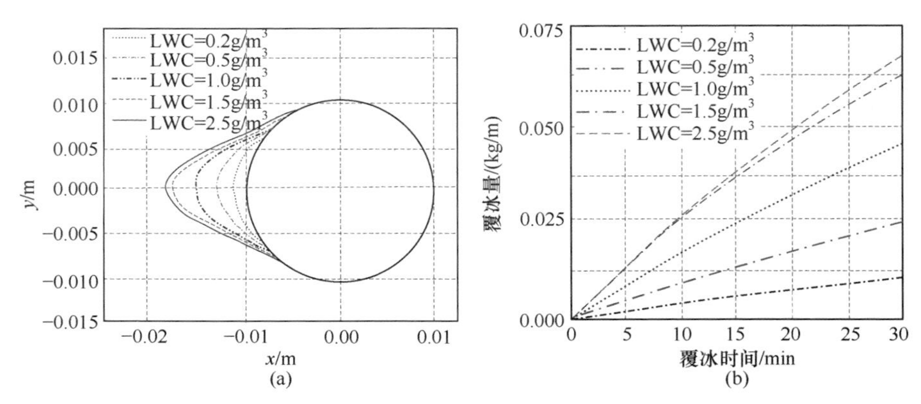

图 4.14　不同 LWC 条件下导线覆冰形态及覆冰量随时间的变化

4) 中值体积水滴直径 MVD

由图 4.15(a)可知，冰形受中值体积水滴直径影响较大。水滴直径增大，运动惯性力增大，受气流影响较小，更易被表面捕获，造成迎风面覆冰区域也增大，驻点周围高碰撞系数区域也越来越大，整体体积明显增大。

图 4.15(b)为不同 MVD 的覆冰量随时间的变化。覆冰量随 MVD 的增大而增大，但增幅有差异：①MVD 越大，表面捕获水滴增加但受到限制，气流对大水滴轨迹的影响很微弱时，碰撞系数饱和，MVD 增加对冰量的影响减弱；②MVD 越大，水滴质量越大，温度较低时冻结能力较强，水滴直径的增加使更多液态水冻结。当水滴冻结能力饱和时，即使有更多液态水，覆冰量增幅也明显减小。

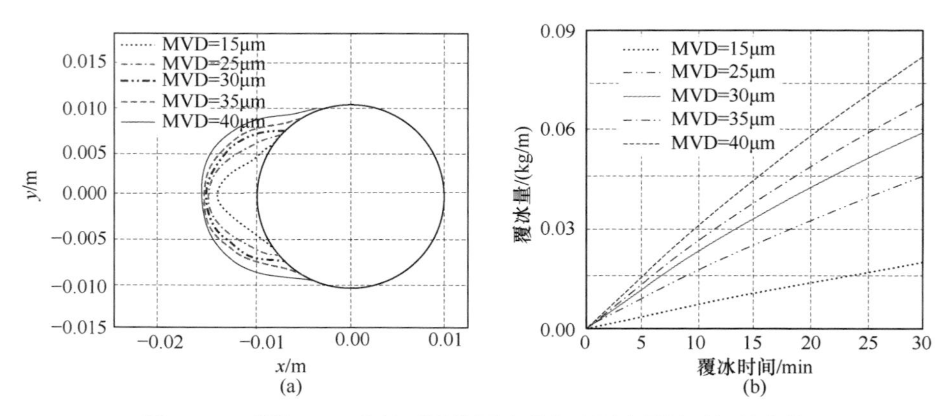

图 4.15　不同 MVD 条件下导线覆冰形态及覆冰量随时间的变化

5) 导线直径 D

图 4.16 为不同导线直径覆冰量随时间的变化。当导线直径 D 从 15.74mm 增大至 24.27mm 时，覆冰量随之增大；当 D 从 24.27mm 增大至 33.6mm 和 38.4mm

时，覆冰量开始减小。直径增大，碰撞系数降低，迎风面表面积增大，但捕获水滴数增大。“正反”两因素的作用下，冰量的增减取决于占主导的因素作用。

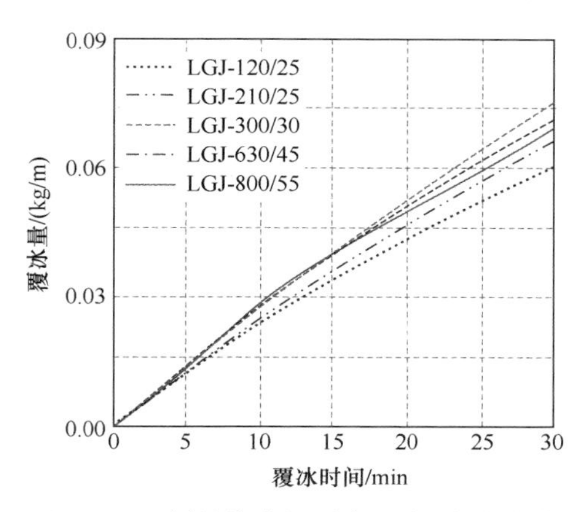

图 4.16　不同导线直径覆冰量随时间的变化

4.2.2　绝缘子覆冰仿真分析

绝缘子结构复杂，气流场和水滴运动轨迹均在三维空间变化，但其尺寸不大可对其进行三维数值仿真[16]。

1. 碰撞系数

1) 绝缘子湿增长覆冰冰凌

冰凌影响碰撞系数，改变绝缘子的流场分布，影响水滴的运动轨迹，从而影响水滴碰撞系数。采用图 4.17 的三维模型，根据前述方法可得到无冰凌时两种绝缘子气流场的分布特性(图 4.18)，以及不同环境条件下气流场中水滴的运动轨迹，如图 4.19 所示。

由图 4.18 和图 4.19 可知：

(1) 无冰凌形成时，v 和 MVD 对水滴运动有显著影响。气流中悬浮水滴距离绝缘子较远时，因空气黏性作用，水滴轨迹与气流线一致；当水滴运动至绝缘子附近时，MVD 或 v 越小，水滴对气流的跟随性越好，易随气流绕过绝缘子。

(2) 绝缘子各处的局部碰撞系数差异较大。以复合绝缘子为例，伞裙边缘碰撞系数最大。而伞裙倾角较小水滴易随气流绕过伞裙表面，伞裙表面碰撞系数较小。

2) 冰凌对绝缘子电气性能的影响和覆冰过程[17]

根据前述控制方程，仿真分析了冰凌对绝缘子气流场和水滴运动轨迹的影响，如图 4.20 和图 4.21 所示。

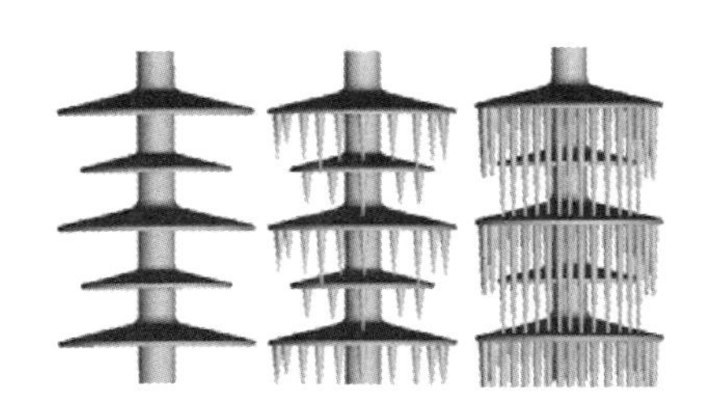

图 4.17　复合绝缘子三维几何模型

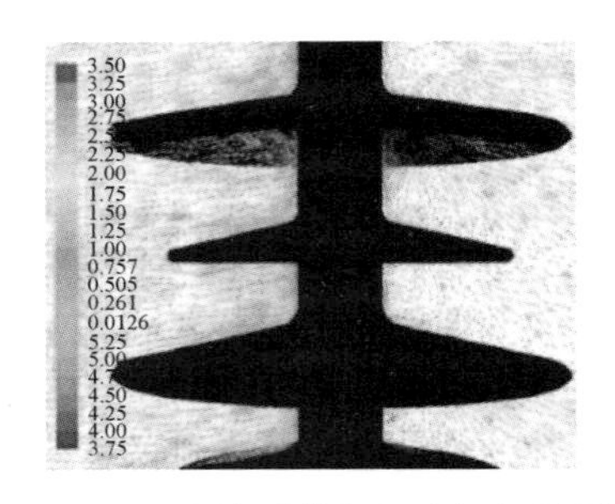

图 4.18　绝缘子外部气流场矢量图

(a) v=3m/s,MVD=20μm　(b) v=3m/s,MVD=120μm　(c) v=12m/s,MVD=20μm　(d) v=12m/s,MVD=120μm

图 4.19　不同风速 v 和 MVD 下复合绝缘子 FXBW-110/100 水滴运动轨迹

(a) 冰凌未桥接伞裙

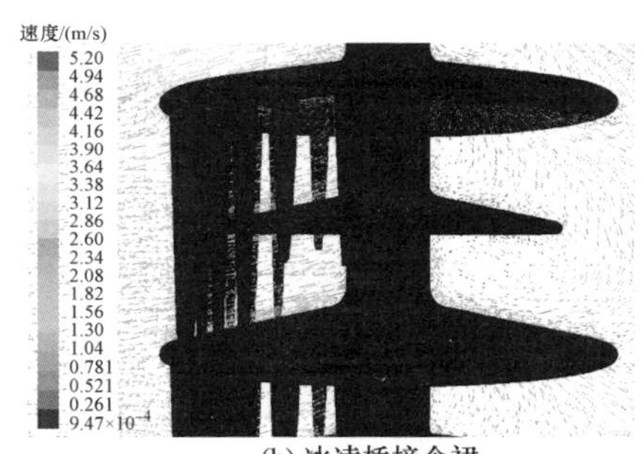

(b) 冰凌桥接伞裙

图 4.20　复合绝缘子 FXBW-110/100 外部气流场速度矢量分布

图 4.21　复合绝缘子 FXBW-110/100 不同冰凌长度下水滴运动轨迹

由图 4.20 和图 4.21 可知：

(1) 迎风面形成的冰凌对气流有阻挡作用，与绝缘子碰撞水滴减少，碰撞系数减小；冰凌长度越长，碰撞系数越小。

(2) 湿增长覆冰的冰凌改变绝缘子，影响周围的流场分布，水滴运动轨迹改变。未形成冰凌时水滴跟随气流特性较差，惯性力作用下大部分水滴近似直线与绝缘子碰撞；而当冰凌生长到一定长度时，绝缘子周围流场发生变化：距伞裙较远时水滴改变了运动轨迹，导致碰撞水滴数量减少；随着冰凌进一步增长且桥接迎风面伞裙时，绝缘子外部气流场严重畸变，只有少量从气流中分离的水滴碰撞捕获，大部分从冰凌间的空隙溜走，水滴碰撞系数较小。v=3m/s 时复合绝缘子表面的水滴碰撞系数α_1如图 4.22 所示，随着冰凌长度的增加，碰撞系数α_1逐渐减小，在即将桥接伞裙时α_1下降最快，与无冰凌相比降低了 80%。

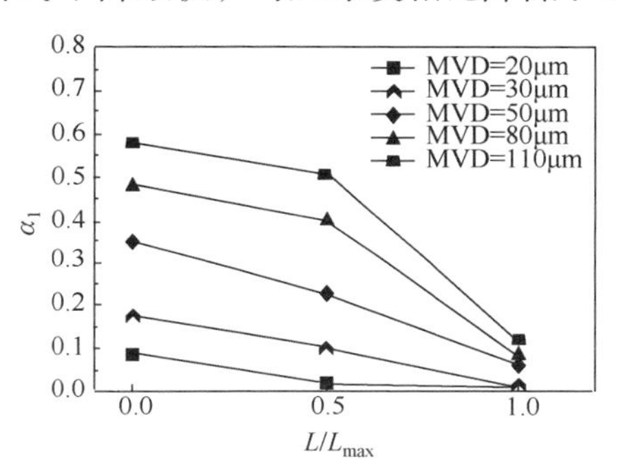

图 4.22　碰撞系数与冰凌长度的关系

2. 冻结系数

以湿增长覆冰为例，绝缘子表面温度 T_s 为 0℃，环境参数对冻结系数的影响如下。

1) 风速 v

图 4.23 为风速对冻结系数的影响(LWC=3g/m^3, MVD=50μm)。α_3随 v 的增大而减小，其影响表现为：

(1) v 增大，水滴的动能增加且碰撞系数增大，绝缘子表面捕获水滴增多，水滴总体动能增加，动能增加表面温度略有升高，冻结系数降低；

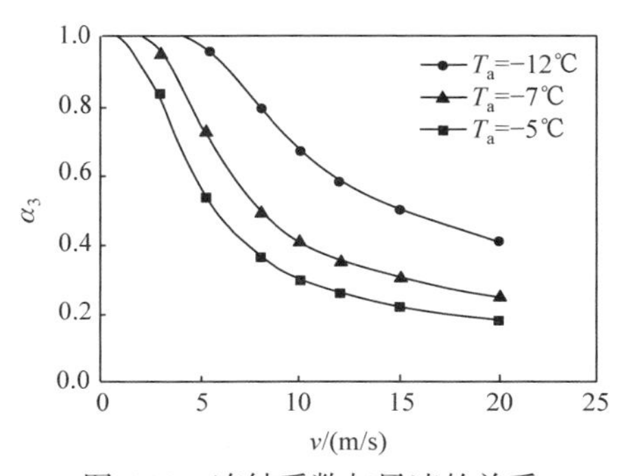

图 4.23　冻结系数与风速的关系

(2) v 增大，空气对表面及水滴的摩擦热增加，表面温度升高，冻结系数降低；

(3) v 增大，水滴的对流热交换加快，绝缘子表面温度降低，冻结系数增大。

“二正一负”三个因素导致表面获得热量大于损失热量，总体表现为风速越大冻结系数越小。

2) 环境温度 T_a

图 4.24 为环境温度对冻结系数的影响。冻结系数α_3随温度升高由 1.0 迅速降低至很小值，覆冰也由干增长转变为湿增长。其影响体现在：温度升高绝缘子表面温度也升高，与表面碰撞的水滴冻结速度变慢，表面遗留水膜。

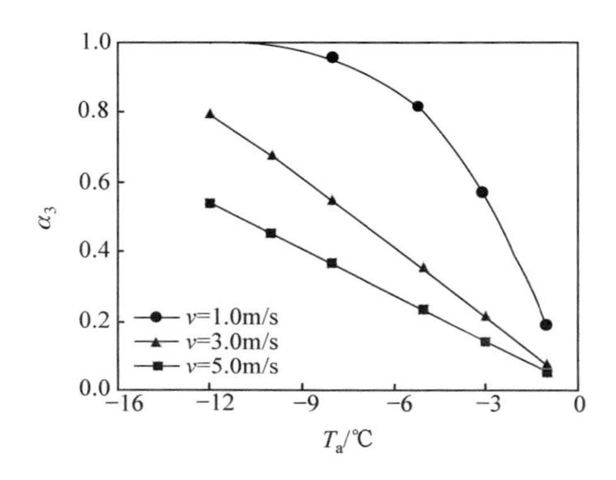

图 4.24 冻结系数与环境温度的关系(LWC=8g/m^3, MVD=50μm)

3) 液态水含量 LWC

图 4.25 为液态水含量对冻结系数的影响。冻结系数α_3随 LWC 的升高而逐渐降低：当 LWC<6g/m^3 时冻结系数下降速度较快；而 LWC>6g/m^3 时下降趋势变缓。LWC 增加，碰撞的水滴数量增加，获得的碰撞动能增加，冻结放的潜热也在增加，冻结系数迅速降低；当 LWC 增加到一定程度时，绝缘子表面完全被水膜覆盖，尽管碰撞动能增加，但大部分能量伴随水滴流失而损失，冻结系数下降趋势较为平缓。

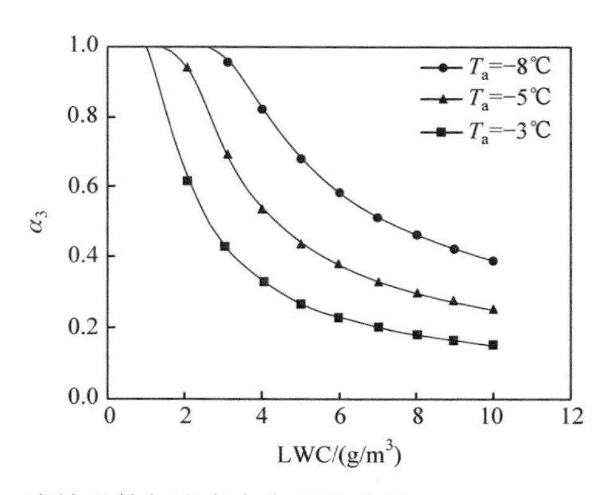

图 4.25 冻结系数与液态水含量的关系(v=3m/s，MVD=50μm)

4) 中值体积水滴直径 MVD

图 4.26 为 MVD 对冻结系数的影响。冻结系数α_3随 MVD 增大而降低，覆冰也由干增长向湿增长转变。MVD 越大水滴碰撞系数也越大，冻结释放潜热增加，大水滴动能也越大，两者相互作用导致冻结系数降低；当水滴直径增加到一定程度时，水滴碰撞系数几乎不变，尽管此时水滴动能增加，但水滴流失也增加，当动能和释放潜热热量与流失水滴带走热量相等时，冻结系数不变。

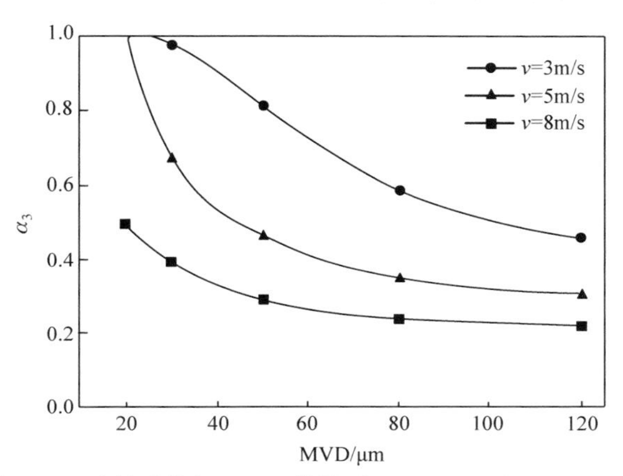

图 4.26　冻结系数与 MVD 的关系(LWC=5g/m^3，T_a=−8℃)

3. 湿增长覆冰形态仿真

干增长是冻结系数为 1 的湿增长模式。本节分析绝缘子湿增长覆冰。设绝缘子表面冰厚均匀，则表面冰厚增长速度为

$$\frac{\mathrm{d}h}{\mathrm{d}t}=\frac{S_p\alpha_1\alpha_2\alpha_3 v\cdot \mathrm{LWC}}{S_s\rho_i} \tag{4.65}$$

式中：S_p为迎风面伞裙面积；S_s为子迎风面伞裙投影面积；h为表面冰厚；α_2为水滴捕获系数，冰面有水膜时，捕获水滴迅速溶解在水膜中，水滴不会破裂和反弹，因此α_2=1；ρ_i为冰的密度。

与绝缘子碰撞并被捕获的水滴一部分冻结在表面，另一部分以水膜流动的方式流失。设单位时间内绝缘子表面未冻结的水滴均由绝缘子边缘流失，则流失的水量M_x可表示为

$$M_x=S_p\alpha_1\alpha_2(1-\alpha_3)v\cdot \mathrm{LWC} \tag{4.66}$$

冰凌的生长包括两个方面：一是冰凌尖端水滴冻结使其冰凌长度增加；二是冰凌壁面水膜冻结使其直径增加[18]。建立冰凌壁面及尖端的热平衡方程，忽略影响较小的项，冰凌壁面的热平衡方程为

$$Q_{cw}+Q_{ew}+Q_{rw}+Q_{lw}=Q_{fw} \tag{4.67}$$

式中：Q_{cw}、Q_{ew}、Q_{rw}、Q_{lw} 分别表示对流换热、蒸发或升华热损失、长波辐射热损失、捕获水滴升高到冻结温度吸收的热量；Q_{fw} 为水滴冻结释放的潜热。代入各项表达式可得

$$\begin{aligned}&S_w h_w(T-T_a)+S_w\chi[e(T)-e(T_a)]+4\varepsilon\sigma_R T_a^3(T-T_a)S_w\\&+DL\alpha_1\alpha_2 UC_w(T-T_a)=\frac{1}{2}L_f\rho_i(1-\lambda)\frac{dD}{dT}S_w\end{aligned}\tag{4.68}$$

$$\frac{dD}{dt}=\frac{2[h_w+4\varepsilon\sigma_R T_a^3+\alpha_1\alpha_2 U\cdot \mathrm{LWC}C_w/\pi](T-T_a)}{L_f\rho_i(1-\lambda)}+\frac{2\chi[e(T)-e(T_a)]}{L_f\rho_i(1-\lambda)}\tag{4.69}$$

式中：λ 为冰凌壁面液态水含量率($\lambda\approx0.26$)；S_w 是圆柱体计算的冰凌表面积；L 为冰凌长度；h_w 为对流换热系数；$e(T)$ 为饱和水蒸气压。冰凌尖端处的热平衡方程为

$$Q_{cl}+Q_{el}+Q_{rl}=Q_{fl}+Q_{wl}\tag{4.70}$$

与绝缘子表面和冰凌壁面不同，冰尖的热平衡方程还包括从壁面流下的水的加热作用，用 Q_{wl} 表示。冰水交界处的温度决定冰的冻结速度，冰凌直径和长度的生长速度又可表示为

$$\begin{cases}\dfrac{dD}{dt}=0.0016(|T_w|)^{1.7}\\[2mm]\dfrac{dL}{dt}=0.0016(|T_n|)^{1.7}\end{cases}\tag{4.71}$$

式中：dL/dt 是冰凌长度的生长速率(m/s)；T_w 和 T_n 分别表示冰凌壁面和冰尖的温度值(℃)。则 Q_{wl} 为

$$Q_{wl}=C_w M_2(T_w-T_n)\tag{4.72}$$

式中：M_2 为壁面流向冰尖的水量；C_w 为水的比热容。

冰凌在冰尖处的生长呈现为管状，包含未冻结的液态水，设冰尖水膜厚度为 σ，球状水滴的初始直径为 d，冰尖处水滴冻结释放的潜热为

$$Q_{fl}=L_f\rho_i\pi\sigma(d-\sigma)\frac{dL}{dt}\tag{4.73}$$

Q_{cl}、Q_{el}、Q_{rl} 与绝缘子类似。将式(4.55)、式(4.56)等代入式(4.54)可得 dL/dt 的方程：

$$\begin{aligned}&0.5\pi d^2\left\{h_t(T-T_a)+4\varepsilon\sigma_R T_a^3(T-T_a)+\chi[e(T)-e(T_a)]\right\}\\&=44.13C_w M_2\left[\left(\frac{dL}{dt}\right)^{0.588}-\left(\frac{dD}{dt}\right)^{0.588}\right]+L_f\rho_i\pi\sigma(d-\sigma)\frac{dL}{dt}\end{aligned}\tag{4.74}$$

式中：h_t 为冰尖处的对流换热系数。$\mathrm{d}L/\mathrm{d}t$ 可通过式(4.71)求解。

表面水膜流动改变绝缘子表面水膜质量平衡，影响冰凌增长，如图 4.27 所示，其中 M_0 为流向单个冰凌的水量。研究发现，绝缘子迎风面冰凌间距为 2～3cm。设迎风面每个冰凌获得同等水量，则由流失总水量 M_x 可达到 M_0。M_1 为冰凌捕获水滴质量，即

$$M_1 = DL\alpha_1\alpha_2 v \cdot \mathrm{LWC} \tag{4.75}$$

式中：D 为冰凌直径。忽略圆柱体冰凌对彼此气流场的影响，水滴在其表面碰撞系数 α_1 可以根据 Finstad 的导线表面水滴碰撞系数的经验公式计算。

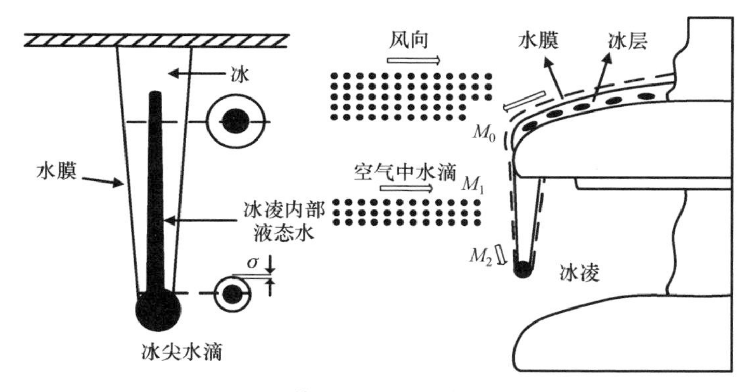

图 4.27　绝缘子湿增长覆冰的质量平衡

M_2 为从冰凌壁面流向冰尖的水量，等于冰凌从绝缘子表面获得的水量 M_0 和捕获水滴量 M_1 之和减去冻结水量(M_f)和蒸发升华消耗的水量(M_e)，即

$$M_2 = M_0 + M_1 - (M_f - M_e) \tag{4.76}$$

$$M_f = 0.5\pi DL\rho_i \frac{\mathrm{d}D}{\mathrm{d}t} \tag{4.77}$$

$$M_e = \frac{0.622\pi DLh_w}{C_a P}[e(T) - e(T_a)] \tag{4.78}$$

水量(M_2)决定冰凌生长的长度。M_2 较小且趋于零时，冰凌尖端无法获得水量冰凌长度停止增加。当 M_2 较大时，其流动对冰尖的加热作用也限制冰凌长度的生长。水量 M_0 和 M_1 之和决定冰凌直径的生长。M_0 和 M_1 都较大时，冰凌表面被水膜完全覆盖，冰凌直径生长速率可由式(4.71)计算。当 M_0 和 M_1 之和较小甚至接近于零时，冰凌表面水膜断流，流向冰尖的水量 M_2 也将等于 0，冰凌长度停止增加，如图 4.28 所示，式(4.69)和式(4.74)不再适用，此时，冰凌直径和长度生长速率为

$$
\begin{cases}
\dfrac{\mathrm{d}D}{\mathrm{d}t}=0, \quad M_0=0 \\
\dfrac{\mathrm{d}D}{\mathrm{d}t}=\dfrac{M_0+M_1-M_\mathrm{e}}{0.5\pi DL\rho_\mathrm{i}} \\
\dfrac{\mathrm{d}D}{\mathrm{d}t}=0, \quad M_2=0
\end{cases}
\tag{4.79}
$$

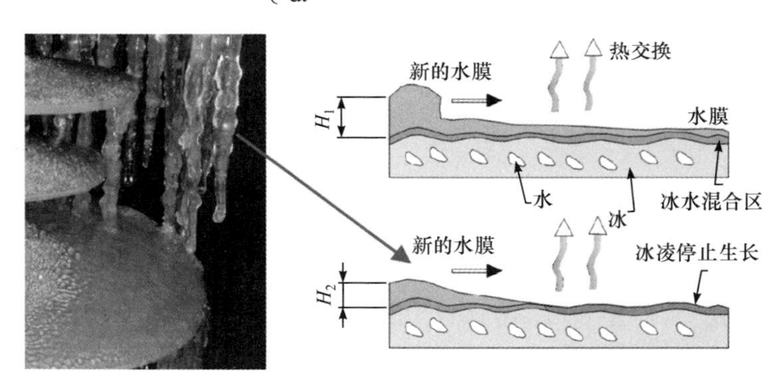

图 4.28　冰凌表面的水膜流动

4. 影响冰凌生长因素

在实际覆冰试验中，冰凌生长到一定长度后会桥接绝缘子伞裙，此后继续覆冰则冰凌长度不再变化，等于绝缘子伞裙间距。而对于超大伞裙的复合绝缘子，冰凌很难将整个绝缘子完全桥接。因此，为了阐述环境参数对绝缘子冰凌长度的影响规律，本节以复合绝缘子为例，不考虑冰凌桥接伞裙情况，将分析不同风速和温度下冰凌长度随覆冰时间的增加而变化的规律。

1) 风速影响

图 4.29 为不同风速下冰凌长度随覆冰时间的变化。冰凌长度随覆冰时间的增加而增加，但当冰凌生长到一定长度时则不再变化。由模型可知：水膜沿冰凌表面流动时不断冻结；冰凌较长时水膜来不及流动到冰凌尖端已完全冻结，冰凌长度不变化。当风速为 1.0m/s、3.0m/s、5.0m/s 和 8.0m/s 时，冰凌长度分别为 34.0mm、69.3mm、93.9mm 和 112.9mm，停止生长时间分别为 0.67h、1.56h、2.36h 和 3.14h。风速越小碰撞系数越小，绝缘子表面与冰凌自身捕获水滴数量越少；而冻结系数越大，水膜冻结速度越快，冰凌长度很快达到极限值。

2) 温度影响

图 4.30 为不同温度下冰凌长度随覆冰时间的变化。不同温度下冰凌长度随着覆冰时间增加而增加；小于 0.9h 温度越低冰凌生长越快；在 0.9～1.3h 之间温度的影响表现为“正反”两个方面：当温度为−3.0℃、−5.0℃和−11.0℃时，温度降

低冰凌长度增长很快，温度为−13℃时，冰凌停止生长；在 1.3～3.3h 内也发生同样情况。覆冰初期冰凌较短，水膜易沿冰凌表面流向冰凌尖端，温度越低冻结系数越大，冰凌尖端水滴冻结越快，故冰凌快速增长；当冰凌增长到一定长度，水膜未来得及流向冰凌尖端即冻结，温度不再影响冰凌生长。

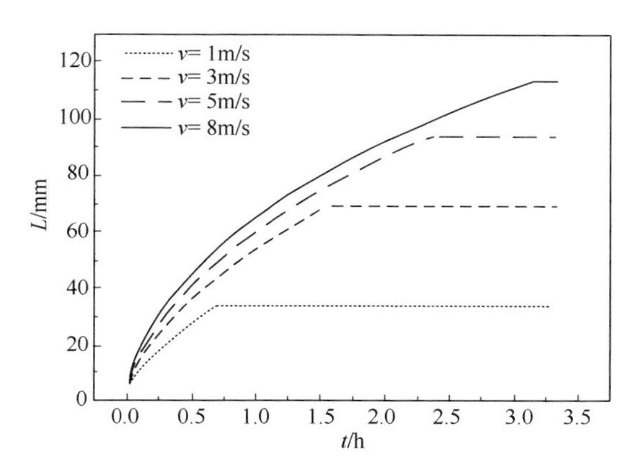

图 4.29　不同风速下冰凌长度与覆冰时间的关系(T_a=−3℃，MVD=50μm，LWC=6.0g/m^3)

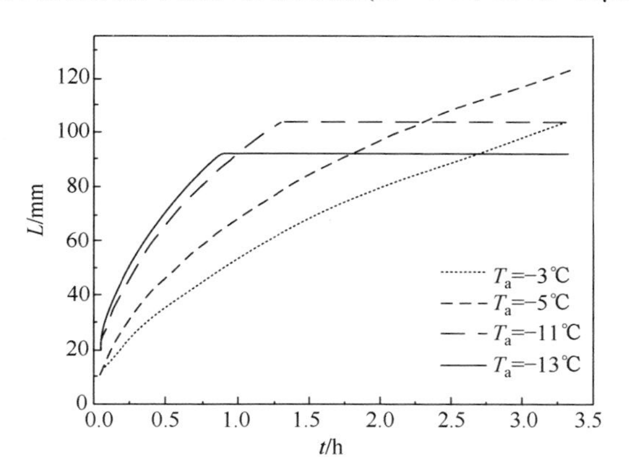

图 4.30　不同温度下冰凌长度与覆冰时间的关系(v=3m/s，MVD=50μm，LWC=6.0g/m^3)

4.3　翼形叶轮覆冰仿真

飞机机翼和风力发电机叶轮外形基本相同，覆冰情况类似。本节以小型风力发电机叶轮为示例，对叶轮覆冰进行三维仿真[19,20]。

4.3.1　碰撞系数

以 NE-100 叶轮为对象，计算了 7 种工况(表 4.4)下叶轮表面的碰撞系数。

表 4.4　仿真工况参数

工况	MVD/μm	风速/(m/s)	转速/(r/min)
Case 1	20.0	5.0	500
Case 2	10.0	5.0	500
Case 3	40.0	5.0	500
Case 4	20.0	8.0	500
Case 5	20.0	10.0	500
Case 6	20.0	5.0	400
Case 7	20.0	5.0	300

分析水滴沿叶展方向的局部碰撞系数时，取叶轮叶尖(r/R=1)、中段(r/R=0.8、0.6、0.4)以及叶根(r/R=0.2)五个截面的水滴局部碰撞系数。沿弦长方向，水滴碰撞集中在叶轮前缘。以图 4.31 的工况 Case 1 为例：叶轮高速旋转的驻点一般出现在前缘附近，水滴运动与气流方向一致，水滴轨迹偏转较小；而沿弦长方向向尾缘发展，空气绕流与水滴差别较大，水滴受曳力作用发生明显偏转，相邻水滴在叶轮表面围成的面积增大。

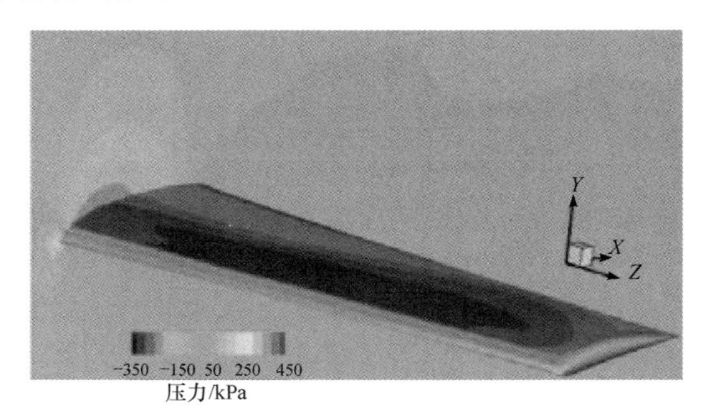

图 4.31　叶轮附近的空气压力场(Case 1)

采集截面处前缘局部碰撞系数的一系列最大值，如图 4.32(a)所示，沿叶展方向的叶尖处切向速度更大，绕流偏转更小水滴撞击速度大，局部碰撞系数逐渐增大。在图 4.32(b)中，沿叶展方向的最大碰撞系数呈非线性变化，叶尖附近变化缓慢，叶根处下降明显。沿叶展方向的局部碰撞系数变化范围更小，最大值<1.0。水滴碰撞区域为水滴在某截面处可以撞击到叶轮的极限距离，用 S/c 表示，沿叶展方向水滴的碰撞区域减小。吸力面碰撞区域沿叶展方向明显增大，而压力面变化较小。因为沿叶展方向的空气速度增大，水滴经流场加速撞击速度增大，受到气体的绕流发生的偏转较小，叶尖处水滴能撞击到更远位置。压力面变化不如吸力面是因为吸力面绕流强烈，空气对水滴的曳力作用更大，水滴的偏转更加明显。

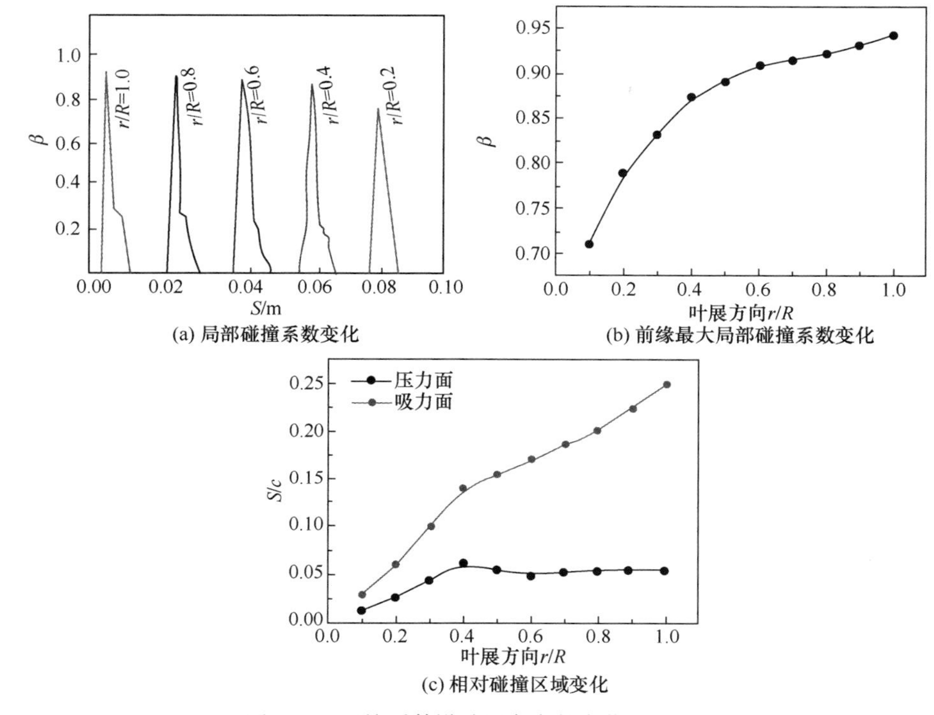

图 4.32　碰撞系数沿叶展方向的变化(Case 1)

以工况 Case 1、Case 2、Case 3 为示例仿真了 MVD 对水滴碰撞系数的影响，如图 4.33 所示。MVD 越大，水滴局部碰撞系数越大，碰撞区域也明显增大，导致气体对水滴的曳力作用减小，水滴在近壁面处的绕流减弱，更易撞击到叶轮。相比于叶尖，MVD 对叶根处碰撞系数的影响更为明显，MVD 由 10μm 增大到 40μm 时，叶尖处碰撞区域增大约 150%，最大局部碰撞系数增大 10%；而叶根处碰撞区域增大约 400%，最大局部碰撞系数增大 59%。一般认为叶根覆冰对风机气动性能的影响较小，但 MVD 较大时叶根处碰撞系数增大明显，冰荷载增大则不可忽略。

以工况 Case 1、Case 6、Case 7 为示例，转速对水滴碰撞系数的影响如图 4.34 所示。转速增大，碰撞区域和碰撞系数在压力面(S>0)减小，在吸力面增大。前缘顶点附近最大碰撞系数略有增加，水滴的撞击区域整体向吸力面移动。

不考虑桨距角影响，根据经典叶素动量理论，转速越大，来流攻角越小，吸力面的流动分离位置距前缘越远，水滴更容易碰撞；来流速度增大，水滴惯性增大，轨迹受空气绕流场影响变弱，水滴不易发生偏转，最大局部碰撞系数有所增大。

以工况 Case 1、Case 4、Case 5 为示例，风速对局部碰撞系数的影响如图 4.35 所示。与转速影响相反，风速增大，压力面碰撞区域和碰撞系数增大，吸力面则减小。水滴撞击区域整体向压力面移动。但风速减小造成来流合速度减小对最大局部碰撞系数影响并不明显。

值得注意的是：当风速为 8.0m/s 和 10.0m/s 时，叶根处压力面水滴碰撞系数不连续，在 S=(−0.075～−0.04)m 处出现遮蔽区，这与叶轮性状有关：NACA4409 型叶轮截面在压力面 S=(−0.075～−0.04)m 处的壁面内陷，难以捕获水滴，碰撞系数为 0。

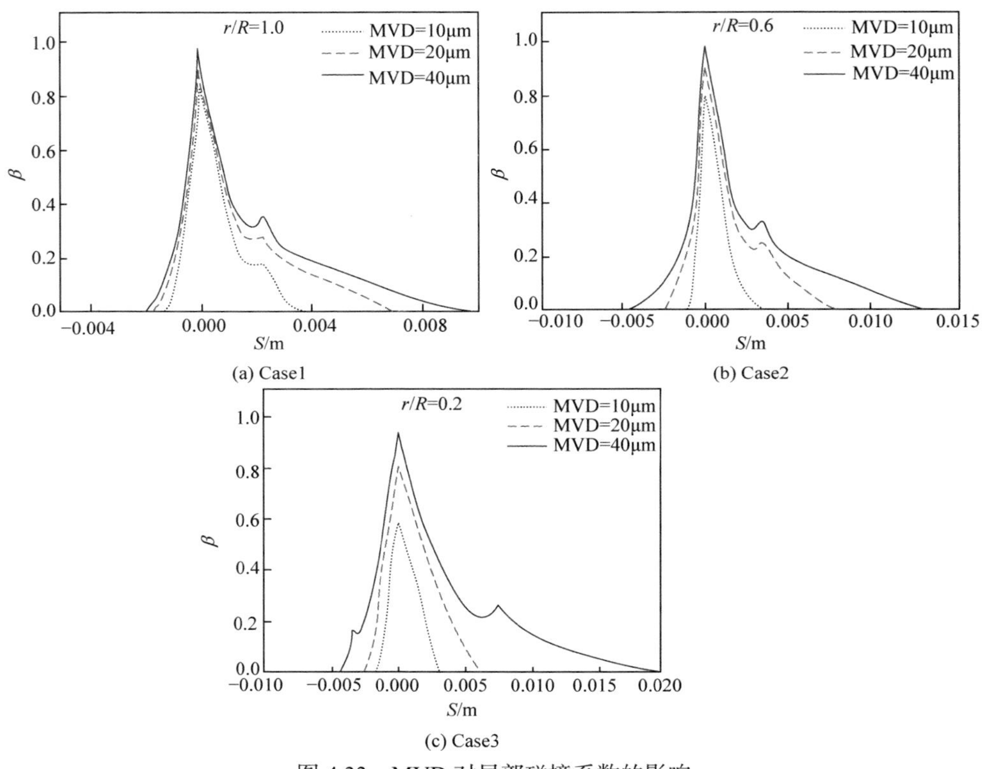

(a) Case1　(b) Case2　(c) Case3

图 4.33　MVD 对局部碰撞系数的影响

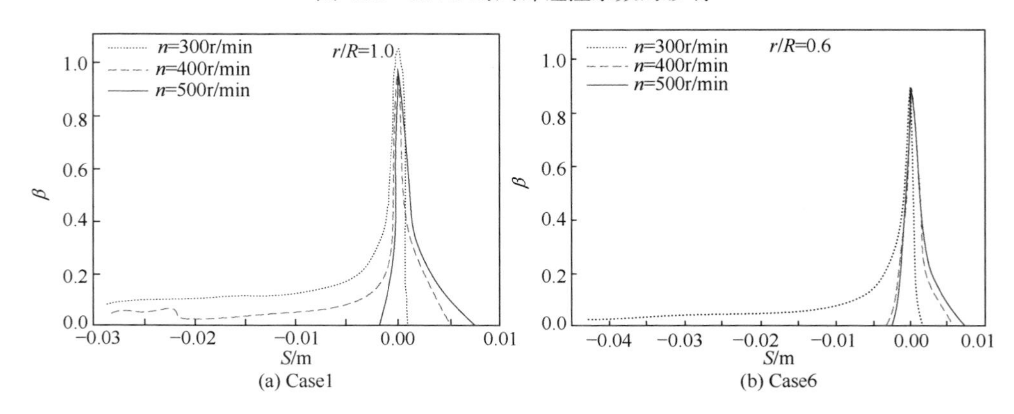

(a) Case1　(b) Case6

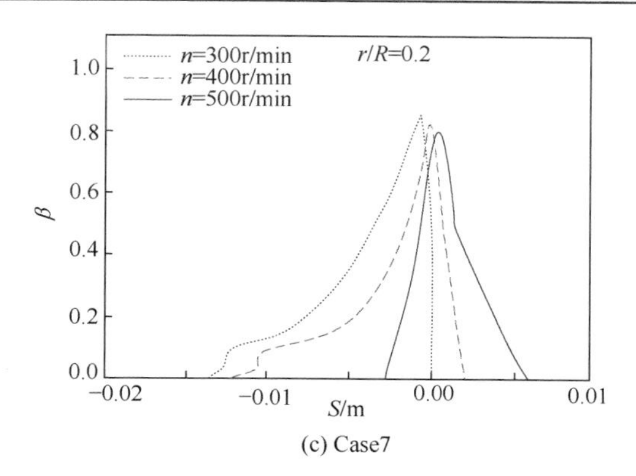

(c) Case7

图 4.34　风机转速对局部碰撞系数的影响

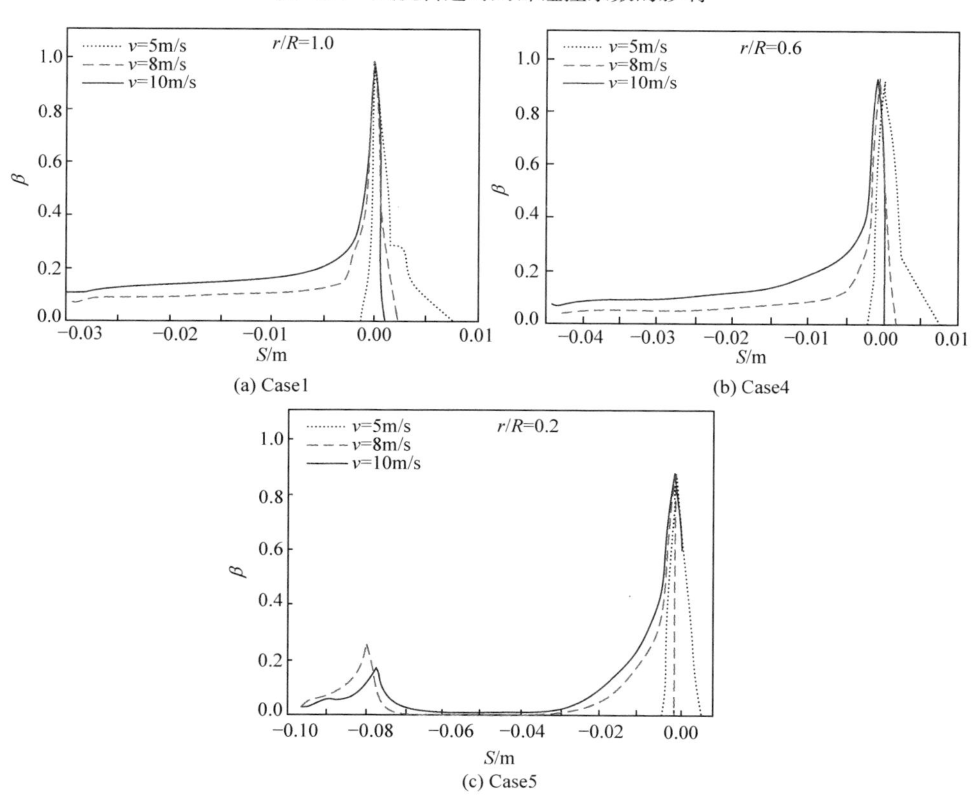

(a) Case1　(b) Case4

(c) Case5

图 4.35　风速对局部碰撞系数的影响

4.3.2　冻结系数

图 4.36 为局部冻结系数随叶轮展向的变化。沿弦长方向，驻点附近局部冻结系数有明显变化且均不为 0。冻结系数的极大值点在对流换热系数最小的驻点。

因为不完全冻结水滴的溢流随流场向两侧流动，且撞击的水滴持续减少，微元体不足以冻结来流撞击水滴，且越远离驻点溢流水越多。二者共同作用导致局部冻结系数持续下降。当达到最低点后，微元体冻结能力高于来流撞击水滴所需的能量，溢流水持续减少，局部冻结系数逐渐上升至 1.0。

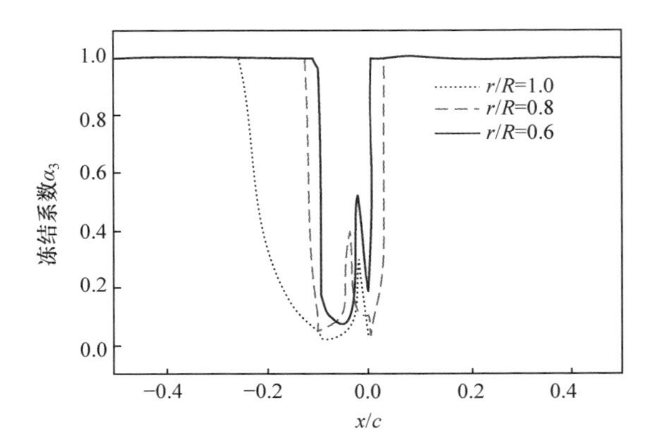

图 4.36　局部冻结系数与叶轮展向的关系(LWC=0.5g/m³，MVD=20μm，T=−3.0℃，v=7.0m/s，n=72r/min)

由图 4.36 还可知，叶根至叶尖的局部冻结系数总体是逐渐减小。可推断叶根处出现雾凇的概率更大，叶尖处更易为雨凇。冻结系数沿叶展变小的原因有：一是沿叶展方向水滴局部碰撞系数逐渐增大，撞击叶尖水滴更多；二是叶轮未冻结的溢流水受离心力影响向叶尖处流动，叶尖处水量显著增大导致局部冻结系数下降。

基于 NERL Phase VI 风机叶轮，对表 4.5 中 9 种工况进行了数值模拟。

表 4.5　模拟 NERL 覆冰增长的环境参数(风机转速为 72r/min)

工况	风速/(m/s)	LWC/(g/m³)	MVD/μm	温度/℃
Case 1	7.0	0.50	20	−4.0
Case 2	7.0	0.50	20	−6.0
Case 3	7.0	0.50	20	−8.0
Case 4	7.0	0.50	10	−6.0
Case 5	7.0	0.50	30	−6.0
Case 6	7.0	0.30	20	−6.0
Case 7	7.0	0.80	20	−6.0
Case 8	10.0	0.50	20	−6.0
Case 9	12.0	0.50	20	−6.0

图 4.37 为环境条件对局部冻结系数的影响。局部冻结系数随环境温度、MVD 和 LWC 的降低而升高。随着环境温度降低，表面对流换热释放能量增加，单位时间微元体覆冰强度增大，冻结系数显著上升。而 LWC 的降低，表现为来流撞击水滴总量 m_{im} 减少，表面溢流大大减少。尽管对流换热同时下降，但水滴冻结系数总体仍呈上升趋势。

由图 4.37(d)可知，风速对冻结系数的影响较小。主要在驻点附近，风速越大，驻点压力面的局部冻结系数降低、吸力面升高。风速增大导致驻点位置向压力侧尾缘移动，整个驻点压力侧的边界层速度略有减小，而驻点吸力侧的边界层速度相对增大，进而影响对流换热系数、冻结系数呈相似的变化趋势。

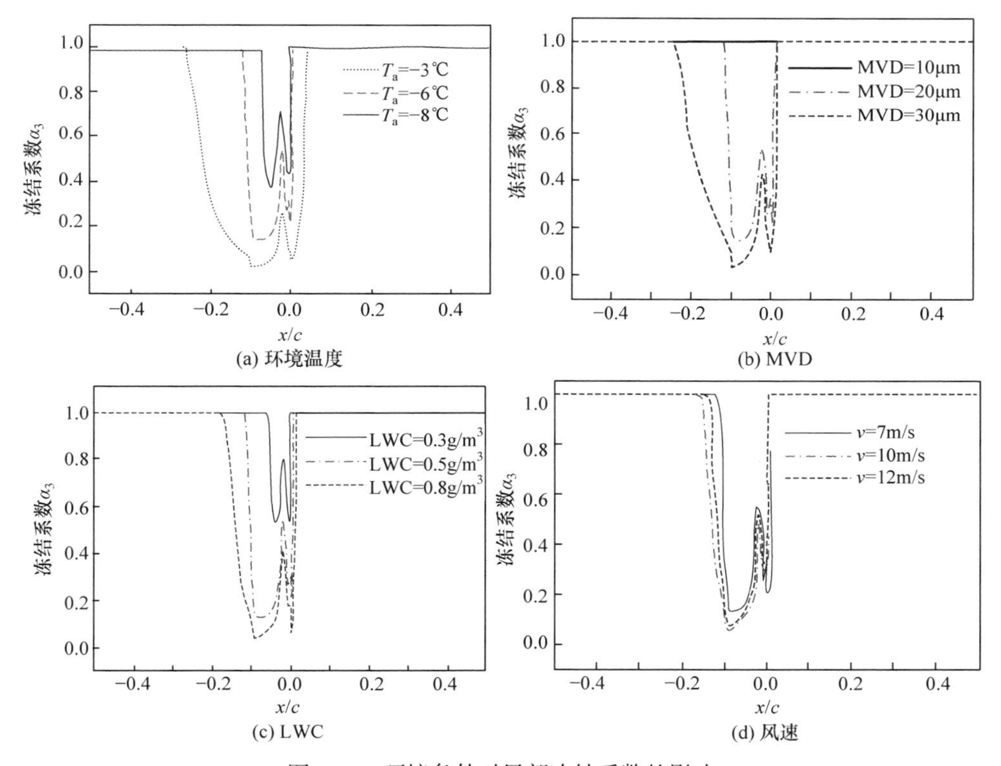

图 4.37 环境条件对局部冻结系数的影响

采用时间多步法计算冰层推进过程，可保证叶轮外形不断更新，局部碰撞系数、冻结系数等也随时间发生。根据表 4.5 中 Case 3 工况对覆冰随时间推进的动态变化过程进行了仿真，如图 4.38 所示。

随着覆冰时间的增加，叶轮表面冰层经过多次迭代增长，驻点两端压力面和吸力面冰层棱角越来越明显，如图 4.39 所示。双角冰外形导致局部碰撞系数分布发生明显变化，在冰层棱角局部碰撞系数出现极大值，其分布也不再沿驻点向两侧均匀变化，局部覆冰厚度在驻点两侧呈现更加明显的极大值点，双角冰变化越来越明显。

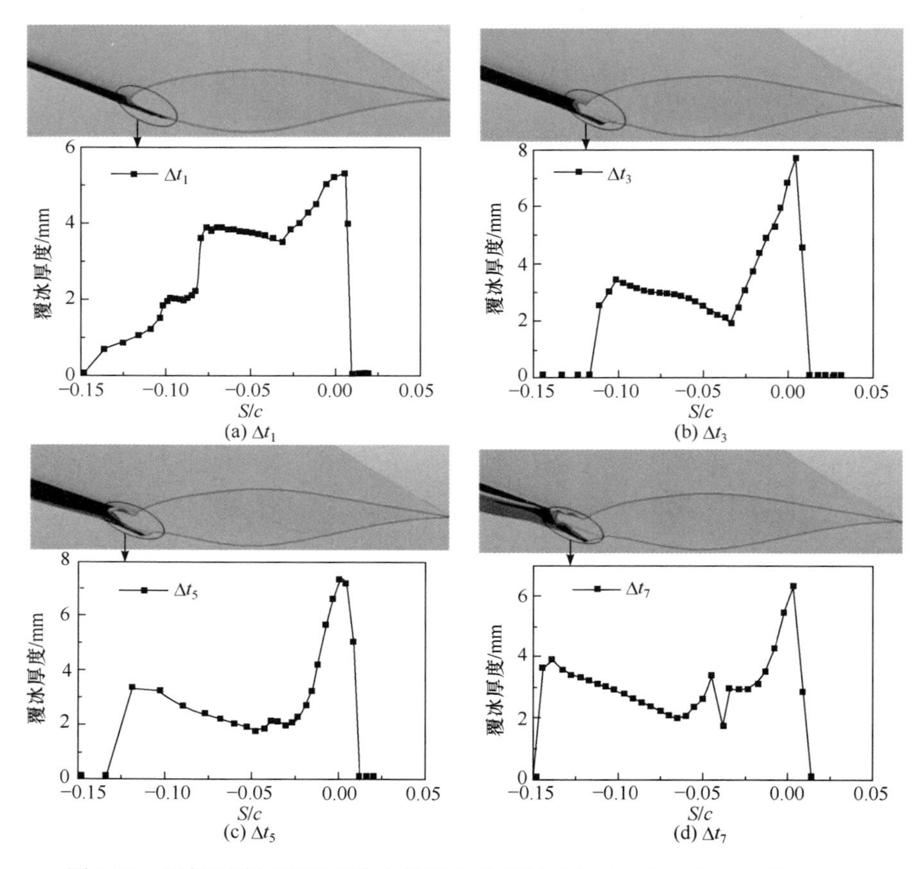

图 4.38　局部覆冰厚度随迭代次数的变化(覆冰时间 80min，时间步长 10min)

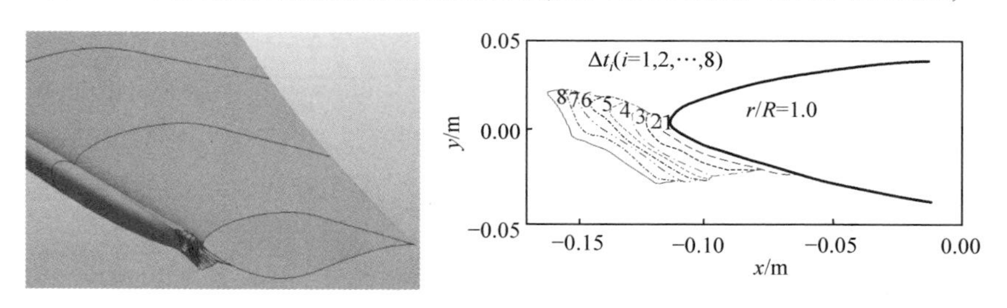

图 4.39　冰层随迭代次数的推进过程

表 4.5 的 9 种工况经多步迭代得到的叶轮如图 4.40 所示，其中 Case 1、Case 3 已在前文中给出。取叶尖冰形，计算得到每种覆冰条件下叶尖处的局部最大冰厚和覆冰区域，如表 4.6 所示。

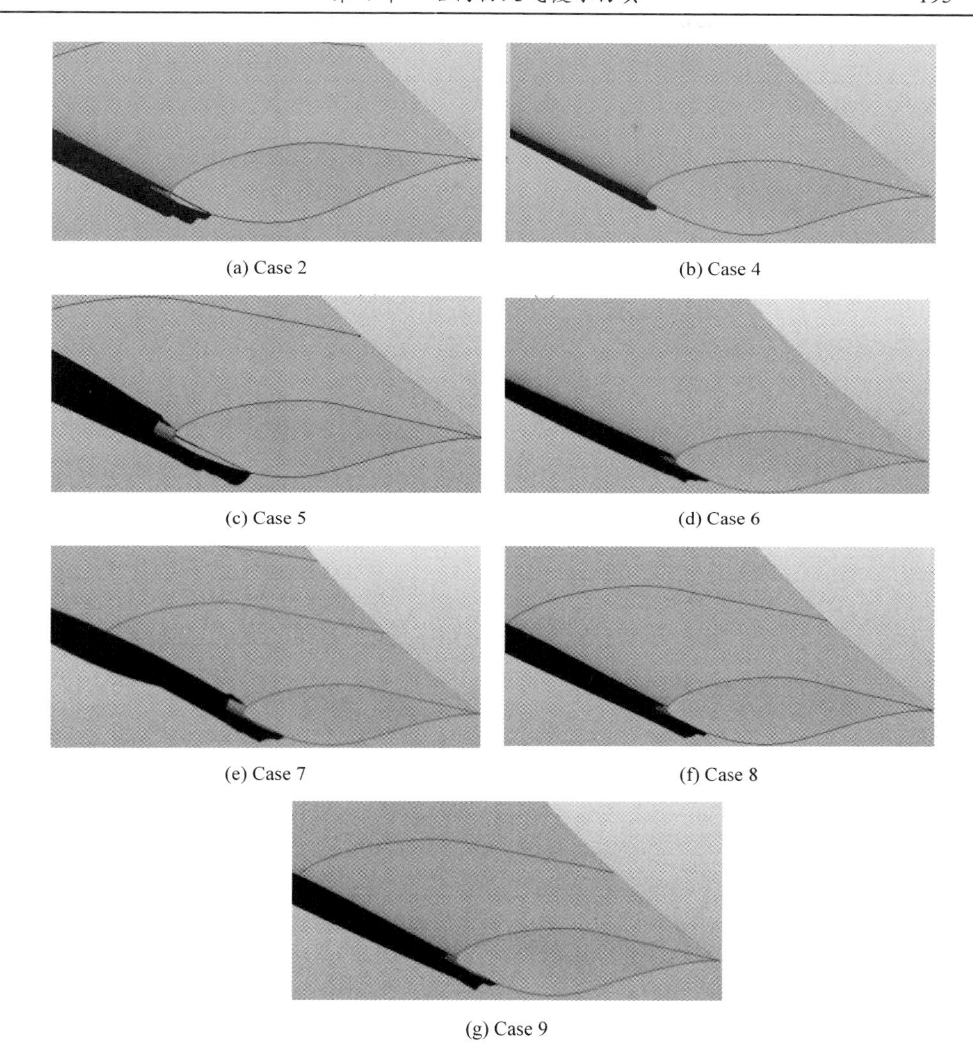

(a) Case 2　(b) Case 4

(c) Case 5　(d) Case 6

(e) Case 7　(f) Case 8

(g) Case 9

图 4.40　各种工况下风力发电机叶轮覆冰仿真三维图

表 4.6　9 种典型环境的叶尖覆冰特性

工况	最大覆冰厚度/mm	压力面极限 $-x/c$	吸力面极限 x/c	覆冰类型
Case 1	11.78	0.2712	0.0397	雨凇
Case 2	29.42	0.1368	0.0067	雨凇
Case 3	36.07	0.1368	0.0018	雨凇
Case 4	11.13	0.0395	无	雾凇
Case 5	24.22	0.2505	0.0122	雨凇
Case 6	17.07	0.1368	0.0009	雨凇

续表

工况	最大覆冰厚度/mm	压力面极限-x/c	吸力面极限 x/c	覆冰类型
Case 7	26.72	0.189	0.0168	雨凇
Case 8	25.74	0.1513	0.0067	雨凇
Case 9	28.86	0.1687	0.0067	雨凇

图 4.41(a)为环境温度对冰形的影响。随着环境温度降低，叶轮覆冰越严重，更容易在叶轮前缘积聚形成瘤状，但覆冰区域显著减小。环境温度较高时(–3℃)，前缘主要撞击区域对流换热较差，水滴的冻结系数较低，更多液态水受气流影响流动到叶轮尾缘；环境温度越接近于 0℃，叶轮表面未冻结水越多，水滴冻结系数小于 1.0 的区域越大。改变环境温度并不增大叶轮表面水滴撞击总量，环境温度继续降低时叶轮各处冻结系数趋于 1.0 并呈雾凇覆冰，此时环境温度的影响逐渐消失。

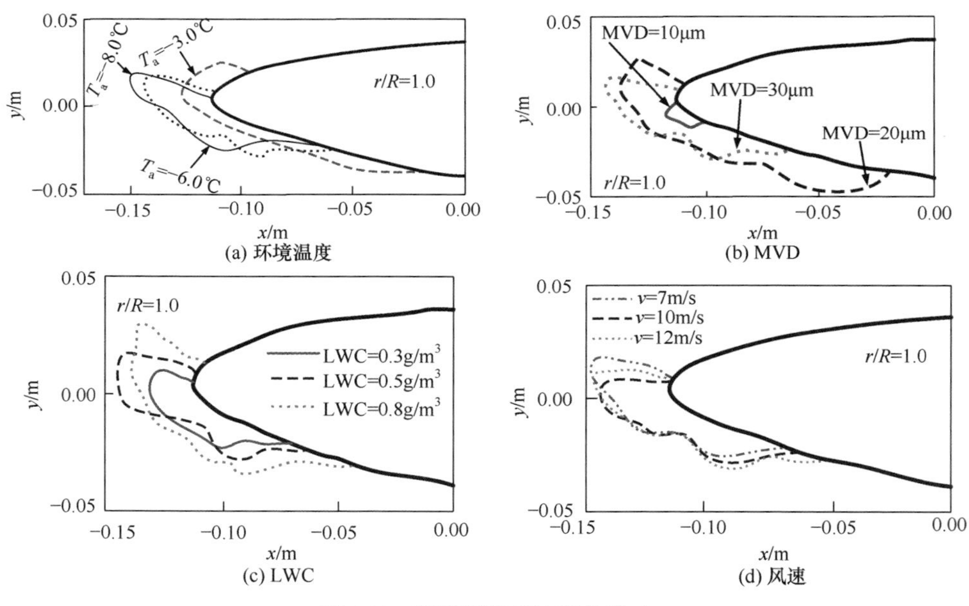

图 4.41 环境因素对冰形的影响

图 4.41(b)为 MVD 对冰形的影响。冰厚与冰面积随 MVD 的增大而增大。MVD 增大导致局部碰撞系数及碰撞极限增大，冰量及覆冰面积显著增大；由前文知 MVD 为 20μm 和 30μm 时驻点附近局部冻结系数均小于 1.0，故两者在前缘驻点附近有相同的冰形。

图 4.41(c)、(d)分别为 LWC 和风速对冰形的影响。随 LWC 和风速的增大，叶轮表面冰厚、覆冰面积增大，但 LWC 对覆冰的影响更加显著。风速对来流合

速度的影响较小。正常运行风机在叶尖处的切向速度远大于来流风速，速度大小由风机转速决定，风速对冰形影响有限，但改变叶轮来流攻角使覆冰区域发生变化。

4.4 本章小结

本章提出结构物大气覆冰仿真的物理数学模型，覆冰仿真的关键和难点是随空间位置与时间动态变化的碰撞系数和冻结系数。针对各种结构物在大气中的覆冰现象，仿真分析中应根据其形状特征，将结构物在大气中的整个覆冰表面划分为足够细小的有限个微元控制体或局部，使每个微元控制体或局部光滑且平整，确保每个微元控制体或局部的所有物理和气象条件均基本一致(如密度、速度和温度等)，确保每个局部区域流场相对均匀且形成的冰形不变一致。

提出大气结构物覆冰计算流程，以及空气流场计算方法及利用边界元法对空气流场控制方程进行离散的过程；论述气液(空气-水滴)两相流计算方法和拉格朗日法追踪水滴轨迹的流程及计算控制水滴运动的微分方程解法，以及欧拉法在有限元三维水滴运动中的用法；提出通过水滴轨迹找到碰撞点计算碰撞系数的方法，并分析结构物覆冰中的传热传质过程和计算冻结系数的方法，以及冰形计算的方法。

通过示例仿真分析各种气象因素对导线、绝缘子和风力发电机叶轮大气覆冰的影响。分析发现：风速和中值体积水滴直径增大，水滴碰撞结构物的概率增大；风速、温度、中值体积水滴直径和液态水含量降低，水滴在结构物表面的冻结系数增大；结构物尺寸和形状对覆冰增长影响显著。仿真结果与人工模拟和现场观测结果基本一致。结构物大气覆冰的准确仿真分析方法可替代覆冰人工模拟和野外观测，减少人工试验与现场观测所耗费的大量人力、物力和财力。

参考文献

[1] 王福军. 计算流体动力学分析: CFD 软件原理与应用[M]. 北京: 清华大学出版社, 2004.
[2] Zienkiewicz O C, Taylor R L. The Finite Element Method[M]. Osborne: McGraw-Hill, 2008.
[3] Versteeg H K, Malalasekera W. An Introduction to Computational Fluid Dynamics—The Finite Volume Method[M]. 北京: 世界图书出版公司, 1995.
[4] 章本照. 流体力学数值方法[M]. 北京: 机械工业出版社, 2003.
[5] Fluent A. 14.0 Tutorial Guide-ANSYS[Z]. Canonsburg: ANSYS, 2011.
[6] Spalart P, Allmaras S. A one-equation turbulence model for aerodynamic flows[C]. The 30th Aerospace Sciences Meeting And Exhibit, 1992.
[7] Launder B E, Spalding D B. The numerical computation of turbulent flows[J]. Computer Methods in Applied Mechanics and Engineering, 1974, 3(2): 269-289.
[8] Menter F R. Two-equation eddy-viscosity turbulence models for engineering applications[J].

AIAA Journal, 1994, 32(8): 1598-1605.
[9] 孙志国, 朱春玲. 三维机翼表面水滴撞击特性计算[J]. 计算物理, 2011, 28(5): 677-685.
[10] Bourgault Y, Boutanios Z, Habashi W G. Three-dimensional eulerian approach to droplet impingement simulation using FENSAP-ICE, part 1: Model, algorithm, and validation[J]. Journal of Aircraft, 2000, 37(1): 95-103.
[11] Messinger B L. Equilibrium temperature of an unheated icing surface as a function of air speed[J]. Journal of the Aeronautical Sciences, 1953, 20(1): 29-42.
[12] Ruff G A, Berkowitz B M. Users manual for the NASA Lewis ice accretion prediction code[R]. Washington: NASA, 1990.
[13] Fregeau M, Paraschivoiu S F I. Surface heat transfer study for ice accretion and anti-icing prediction in three dimension[C]. The 42nd AIAA Aerospace Sciences Meeting and Exhibit, Reno, 2004: 63.
[14] 汪泉霖. 输电线路导线无扭转覆冰过程的仿真实验方法研究[D]. 重庆: 重庆大学, 2018.
[15] 姜方义. 导线覆冰过程的数值模拟与可视化仿真[D]. 重庆: 重庆大学, 2018.
[16] 胡玉耀. 悬式绝缘子湿增长动态覆冰模型及闪络电压预测研究[D]. 重庆: 重庆大学, 2017.
[17] 蒋兴良, 韩兴波, 胡玉耀, 等. 冰凌生长对绝缘子覆冰过程的影响分析[J]. 电工技术学报, 2018, 33(9): 2089-2096.
[18] 蒋兴良, 韩兴波, 胡玉耀, 等. 绝缘子湿增长动态覆冰模型研究[J]. 中国电机工程学报, 2018, 38(8): 2496-2503.
[19] Shu L C, Liang J, Hu Q, et al. Study on small wind turbine icing and its performance[J]. Cold Regions Science and Technology, 2017, 134: 11-19.
[20] 梁健. 风机叶轮覆冰预测模型研究[D]. 重庆: 重庆大学, 2017.

第 5 章　大气覆冰测量观测与试验

科学观测数据是覆冰研究的基础。大气覆冰作为一种自然现象，影响因素众多，更需要大量原始观测数据。一般来说，大气覆冰关注的数据可分为三类：一是直接数据，以冰重与冰厚为主，作为结构物设计制造、覆冰事故分析和防除冰的依据；二是冰物理参数，包括冰密度、冰黏结力和冰导热率等，作为基础数据分析大气覆冰特点及规律等；三是气象参数，包括空间气象参数分布规律。覆冰参数是大气覆冰预测、预报、预警与数值模拟和冰灾分析的支撑。准确监测大气参数是研究大气覆冰的必要条件。本章主要分析获得上述三类大气覆冰参数的检测方法，讨论自然覆冰科学观测方法以及人工模拟覆冰的方法和准则。

5.1　大气覆冰直接测量

大气覆冰测量可分为三大类，即直接测量、间接测量和气象参数测量。大气覆冰测量一直是国际上未得到很好解决的难题。覆冰环境传感器冻结是制约覆冰测量技术发展的主要因素，也是覆冰难以测量的根本原因。本节讨论大气覆冰直接测量与冰参数间接测量的传统方法和最新技术以及存在的问题。

大气覆冰直接测量有以下三种方法：人工测量、仪器测量、图像探测。

5.1.1　人工测量

人工测量是通过标尺测量结构物大气覆冰厚度、长度等。通过称量获得结构物局部大气覆冰质量数据，图 5.1 为人工测量直接获得结构物大气覆冰数据的方法。人工测量是最简单最精确的方法之一，是迄今为止实践经验最丰富、使用时间最长的测量方法。通过野外自然覆冰现场利用工具直接测量结构物冰厚和冰重，简单直观、容易操作，但存在一定误差，且易受所处地理环境、天气和条件的影响。

在人工测量中，测量人员面临诸多可变因素的影响。覆冰的截面形状不规则是各种结构物大气覆冰的基本特征。在工程实践中，常将各种覆冰形状按截面简化为圆柱形覆冰和翼形覆冰。以电网输电线路导线覆冰为例，常用千分尺等量器具测量冰层的特征尺寸，对于各种形状的覆冰按下列情况测量导线覆冰的参数[1]。

图 5.1　结构物覆冰的人工测量

(1) 圆柱形覆冰。按图 5.2(a)测量覆冰导线直径(d_z)(d 为未覆冰导线直径)。

(2) 翼形覆冰。按图 5.2(b)测量导线覆冰后最大直径(d_1)和最小直径(d_2)。

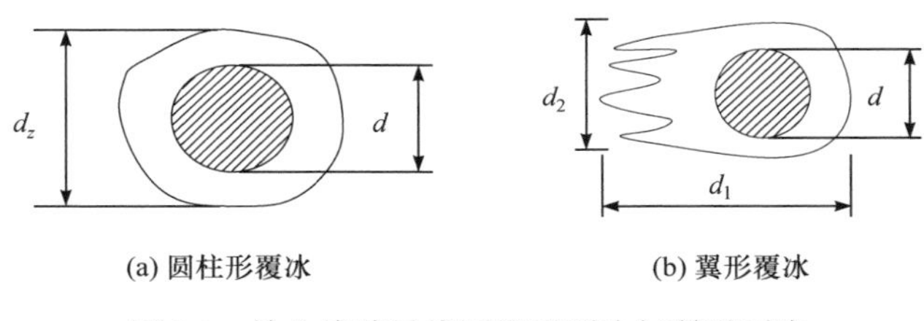

(a) 圆柱形覆冰　(b) 翼形覆冰

图 5.2　输电线路导线圆柱形覆冰与翼形覆冰

(3) 分裂导线类覆冰。分裂导线是超高压、特高压输电线路的基本特征，目前电网中导线分裂数达八分裂或更多，不同分裂导线覆冰的处置方式有差异：对于二分裂导线，当子导线未被冰连接时分别测量子导线覆冰直径(d_1、d_2)，如图 5.3(a)所示；当子导线被冰完全连接时测量覆冰后最大直径(d_4)和最小直径(d_3)，如图 5.3(b)所示。对于三分裂导线，在子导线未被冰连接时按图分别测量三根子导线覆冰后的直径，如图 5.4 所示。四分裂及以上可参照单导线、二分裂及三分裂导线覆冰的测量方法。

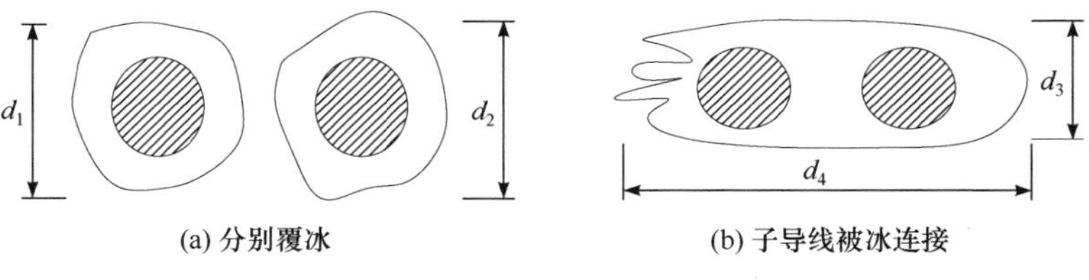

(a) 分别覆冰　(b) 子导线被冰连接

图 5.3　二分裂导线覆冰

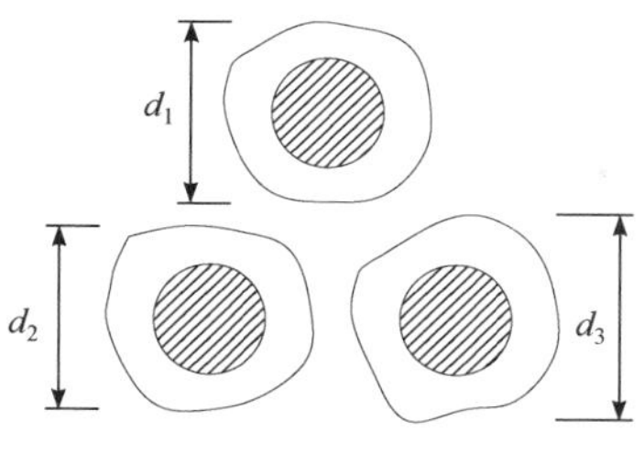

图 5.4　三分裂导线覆冰

按上述方法确定覆冰的直径后，根据式(5.1)估算输电线路导线覆冰量，即

$$M_i = \pi bk(d + bk)\rho \times 10^{-3} \tag{5.1}$$

式中：$b=(d_i-d)/2$；M_i 为单位长度导线覆冰量(kg/m)；ρ 为冰密度；d 为导线直径；k 为导线直径系数，k 取值见表 5.1。

表 5.1　*k* 与导线直径关系

导线直径/mm	5	10	20	30
k	1.1	1.0	0.9	0.8

5.1.2　仪器测量

由于部分结构物结构复杂、跨度广，在一些地段无法进行人探测获得覆冰数据，需借助不同监测仪器探测。目前在线监测的仪器探测主要是以覆冰后的力学特性变化为基础的仪器探测法和利用成像仪器的图像识别法。

输电线路无论是在正常运行状况还是覆冰条件下，其自身应力、弧垂、长度等参数都会发生变化。而以输电线路力学特性为基础的仪器探测法的原理是通过监测导线参数的变化判断输电线路覆冰。通过分析导线受力，建立覆冰导线力学方程，得出各参数之间的函数关系和各个力学参数的计算式，间接获得覆冰厚度等。对应力、角度参数的测量可以采用拉力传感器、倾角传感器等。目前较为成熟的方法主要有：拉力传感器称重法和水平张力-倾角估算法。

图像识别是通过分割红外摄像仪、高清摄像头等获得覆冰图像，提取覆冰边缘，比较覆冰前后边缘轮廓判断导线覆冰，形象直观，是获得覆冰信息的最重要方法之一。但其成像也会受气象因素的影响变得模糊不清，存在一定误差。

1. 拉力传感器称重法

拉力传感器称重法是间接估算输电线路等值冰厚的方法之一，常用于输电线路覆冰的测量，如图 5.5 所示。该方法是将拉力传感器串联接入绝缘子串的接地端，测量垂直档内导线质量，根据风速、风向、绝缘子串倾角等计算风阻系数和绝缘子串倾斜分量得出覆冰质量，再用 0.90g/cm^3 的标准冰密度换算为等值覆冰厚度。拉力传感器称重法被认为是现有覆冰荷载力学计算模型中广泛应用的方法，但由于覆冰过程中脉动风的影响，该方法一般只能用于定性测量，难以获得精确的冰厚参数。

(a) 接地端串接拉力传感器

(b) 采集装置

(c) 整体布置

图 5.5 基于导线张力的覆冰在线监测装置

目前，通过拉力在线监测是掌握线路覆冰的重要技术手段之一，可通过覆冰在线拉力监测装置实时监测输电线路悬垂绝缘子悬垂拉力的变化反映导线覆冰[2]。但目前各生产厂家拉力传感器的覆冰厚度计算公式不统一，适用环境不同，同等条件下估算结果差异较大，且计算公式过于繁复，所需参数较多，部分参数难以获取，带来较大的误差，工程应用性较差，于是有以下改进模型。

1) 基本假设

等值覆冰厚度计算模型基于以下假设条件:导线表面覆冰呈圆柱形均匀分布；导线覆冰密度为 0.90g/cm^3；拉力监测装置相邻档的导线为均匀覆冰；忽略绝缘子串、金具及其覆冰的重量。

2) 称重法测量冰厚的原理

如图 5.6 所示，导线覆冰后绝缘子垂直方向的重力增加，其力学平衡满足

$$\pi[(R_c + D_i)^2 - R_c^2]\,\rho_i L = (F_i - F_0)\cos\alpha \tag{5.2}$$

式中：α 为风偏角；L 为杆塔的垂直档距；R_c 为导线线径；D_i 为等值覆冰厚度；ρ_i 为冰密度；F_i 为覆冰后拉力；F_0 为覆冰前拉力。

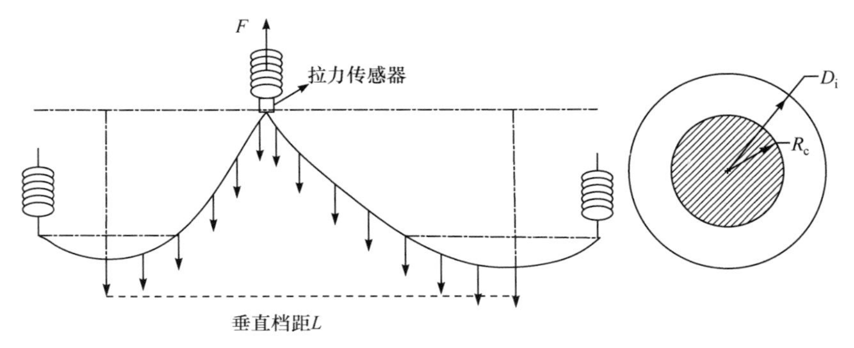

图 5.6 输电线路等值覆冰厚度分析模型

式(5.2)两边同除以覆冰前拉力(F_0)可得

$$\frac{\pi\left[(R_c+D_i)^2-R_c^2\right]}{F_0}\rho_i L=\frac{\pi\left[(R_c+D_i)^2-R_c^2\right]}{\sigma_0 L}\rho_i=\frac{(F_i-F_0)\cos\alpha}{F_0} \tag{5.3}$$

式中：σ_0 为导线的线密度，可查导线的型号获得，单位为 kg/m。

通过解方程(5.2)可得冰厚的计算公式为

$$D_i=\frac{-2\pi R_c\rho_i+\sqrt{(2\pi R_c\rho_i)^2+4(\pi\rho_i)\Delta F\%\sigma_c\cos\alpha}}{2\pi\rho_i} \tag{5.4}$$

式中：$\Delta F\%$为覆冰导线拉力增长百分比。式(5.4)中等值覆冰厚度(D_i)是覆冰导线拉力增长百分比($\Delta F\%$)、风偏角(α)和导线密度(σ_0)的函数。试验验证表明，在均匀覆冰条件下，档内导线长度和高差等参数对该模型等值覆冰厚度的计算没有明显影响，计算结果与现场观冰值的平均偏差低于 10%。

改进冰厚计算模型简化了计算公式，输入参数只包括覆冰拉力变化率、导线型号等，解决了现有公式参数多、计算过程繁复、对结果影响大的问题，提高了模型的通用性和工程应用性。

2. 水平张力-倾角估算法

通过拉力传感器测量耐张段绝缘子串轴向张力，角度传感器测量悬挂点倾角数据，利用线路与气象参数得出覆冰质量[3]。算法上主要依据输电线路状态方程，如图 5.7 所示[4,5]。导线垂直比载平衡方程为

$$r_v=r_0+r_{wind}+r_{ice} \tag{5.5}$$

式中：r_0 为导线自重比载；r_{wind} 为导线垂直风比载；r_{ice} 为覆冰比载。

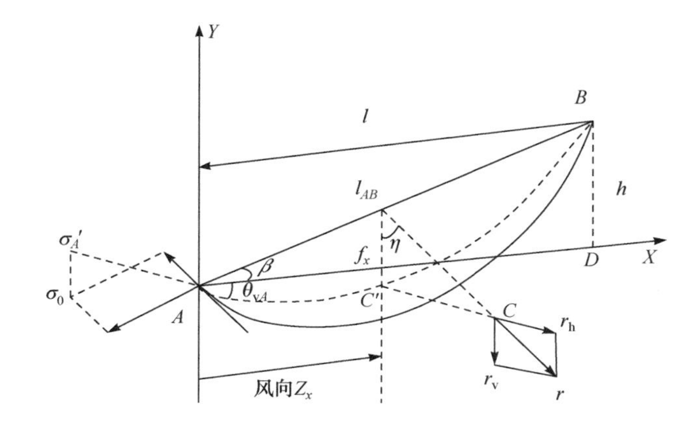

图 5.7　基于水平张力和绝缘子倾角的等值覆冰厚度估算模型

导线综合比载(r)方程为

$$r = \sqrt{r_{\mathrm{h}}^2 + r_{\mathrm{v}}^2} \tag{5.6}$$

式中：r_{h} 为水平比载，也即横向风荷载。在风荷载作用下，导线存在一个风偏角(η)，综合比载(r)与垂直比载(r_{v})有以下关系：

$$r_{\mathrm{v}} = r\cos\eta \tag{5.7}$$

张力传感器置于耐张塔和悬挂绝缘子之间，可测得导线的轴向张力。导线悬挂点 A 的轴向应力为

$$\sigma_A = \frac{\sigma_0}{\cos\beta} + \left(\frac{rl^2}{8\sigma_0\cos\beta} - \frac{h\cos\eta}{2}\right)r \tag{5.8}$$

式中：σ_0 为垂直投影面内导线的水平应力；h 为高差。将二维角度传感器校准后固定于张力传感器表面，可测量导线风偏角(η)和垂直投影面内悬挂点 A 的夹角($\theta_{\mathrm{v}A}$)。垂直投影面内悬挂点 A 的夹角($\theta_{\mathrm{v}A}$)为

$$\tan\theta_{\mathrm{v}A} = \tan\beta - \frac{r_{\mathrm{v}}l}{2\sigma_0\cos\beta} \tag{5.9}$$

根据传感器测量数据，利用已知线路参数和风速、风向数据，可求出导线综合比载(r)和垂直投影面内导线的水平应力(σ_0)。由综合比载(r)可得出垂直比载(r_{v})，进而求得覆冰比载(r_{ice})，再计算出覆冰厚度[6]。

使用仪器探测获得的覆冰数据相对较为准确，但在覆冰结构物上安装仪器设备容易对结构物本身结构及安全造成影响；此外，其探测精度受外界影响较大，物理量的测量无法完全剔除外界因素影响，大气气象参数在覆冰条件下难以准确测量。以上述两种输电线路常用仪器探测为例，安装拉力传感器给结构及安全性问题带来隐患，风速对拉力的影响也不能完全剔除，只能获取稳态覆冰厚度，应用范围有限。

5.1.3 图像探测

图像探测基于图像识别技术，通过对现场图像和视频进行处理及分析获得所需数据的方法[7]。此方法对结构物覆冰参数测量不需要获得导线张力、倾角等物理量以及气象参数，可以直接根据拍摄到的图像或视频，通过计算方法处理获取大气覆冰直接数据[8]。该方法是随着计算机技术的发展而兴起的一种新覆冰厚度辨识方法，起步较晚，还处于研究与探索阶段，在输电线路监测中有部分使用。

图 5.8 为图像探测的绝缘子图像。安装在杆塔上的视频装置对导线、绝缘子等拍摄。发生覆冰时，通过对传到后台的视频图像信息预处理、去噪、边缘检测、像素比较等对图像主体进行边缘检测，测量出覆冰厚度，如图 5.9 所示。

(a) 无覆冰图像

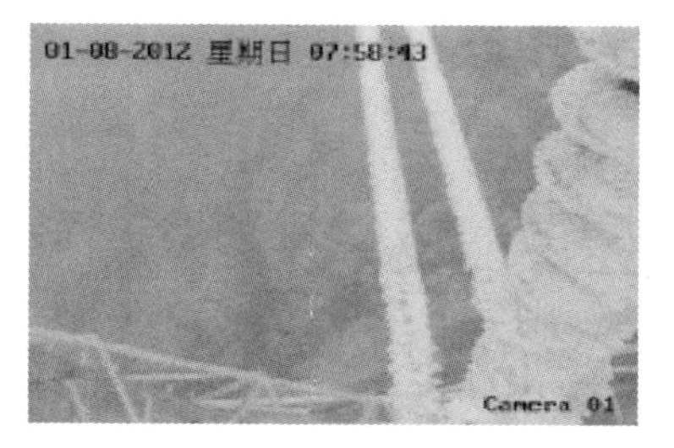

(b) 覆冰图像

图 5.8　某电网某线路图像探测的绝缘子图像

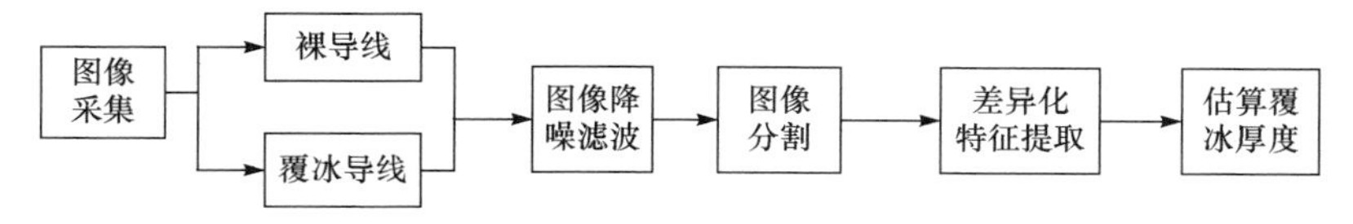

图 5.9　图像法估算覆冰厚度流程

图像的降噪滤波，也称图像的模糊化处理。该操作是从终端采集的原始图像中截取一部分，使得图像的大部分区域中只含有需要测量的导线或绝缘子及其背景，并对该图像进行模糊处理以消除背景噪点，从而能够更好区分主体与背景。该操作可通过邻域平均值滤波实现，主要原理为

$$e(x,y)=\frac{1}{M}\sum_{m,n\in S}\sum l(m,n)f(x-m,y-n) \tag{5.10}$$

式中：$f(x,y)$为待处理图像；$l(m,n)$为处理函数；$e(x,y)$为处理结果；M 为领域内所包含的像素总数；S 为事先确定的邻域，该邻域不包括(x, y)。

图像分割是图像处理到图像分析的关键。目前常用的图像分割法包括：阈值法、边缘检测法、区域法和图论法[9,10]。

1. 阈值法

将图像像素灰度值与阈值比较，分到合适的类别。该方法按照某个准则函数求解最佳灰度阈值，准则可通过统计分析得到，也可从图像的颜色直方图确定。

2. 边缘检测法

边缘是指两个不同区域边界上连续像素集合，是图像局部特征不连续的反映，体现灰度、颜色、纹理等图像特征的突变。微分算子常被用作边缘检测，将其与图像进行卷积可得到图像边缘。常用一阶微分算子有 Sobel 算子、Roberts 算子、Prewitt 算子，二阶微分算子有 Laplacian 算子和 LOG 算子，此外还有 Canny 算子。

3. 区域法

按照相似性准则将图像分成不同区域，包括种子区域生长法、区域分裂合并法和分水岭法等。种子区域生长法是从一组代表不同生长区域的种子像素开始，将其邻域里符合条件的像素合并到其代表的生长区域中，并将新加入的像素作为种子继续这一过程，直至找不到新的符合条件像素。种子区域生长法的关键是选择合适的初始种子像素以及合理的生长准则。

4. 图论法

首先将图像映射为节点和边组成的容量网络，节点表示图像中的像素，边表示图像中相邻像素的连接，边的容量表示相邻像素间在灰度、颜色或纹理方面的相似度。图像的分割就是对图的剪切，被分割的每个区域对应一个子图。分割最优原则是使分割后子图内部保持相似度最大，而子图之间保持相似度最小。图论分割法有 GraphCut 及其改进的 GrabCut。

使用图像探测获得大气覆冰直接数据较为直观，但其误差较大，容易受到天气的影响。目前其应用主要受以下条件限制：

(1) 线路覆冰时摄像机镜头表面也覆冰，拍摄到的图像模糊不清，无法辨认；

(2) 摄像机拍摄的图片分辨率较低，图像处理结果的精度会受到很大影响；

(3) 受现场拍摄角度限制，自然环境下导线有冰凌导致导线覆冰形状不规则时，二维图像处理结果与实际差异会很大；

(4) 摄像机拍摄范围有限，档距较大且环境气候(如有雾)不理想时无法全面监测，也无法监测不均匀覆冰。

5.2　覆冰参数测量与覆冰预测

5.2.1　大气覆冰测量的挑战

1. 覆冰预测模型

覆冰观测是了解不同设备覆冰结构的基础。为了在不同覆冰条件下及时掌握覆冰发展趋势，采取相应防冰、除冰手段避免冰灾发生，需根据环境条件建立相应覆冰预测模型，国内外有多种覆冰模型，如经验模型、理论模型及数值模型。

经验模型是运行经验与试验结果总结的规律性模型，通过对已发生的覆冰事件与当时气象条件的分析，建立起二者的联系而获得的覆冰模型。目前的经验模型较粗糙，不能揭示结构物覆冰形成的本质。典型的经验模型有：Lenhard 模型、Chaine-Skeates 模型、Kuoiwa 模型等。

理论模型是从覆冰物理本质建立的模型，包括过冷却水滴捕获及被捕获水滴在导线表面的冻结。典型的理论模型有：鲍尔格斯道夫模型、Goodwin 模型。

数值模型是对覆冰物理过程深入研究，包括水滴捕获以及水滴冻结过程。主要有：Langmuir-Blodgett 模型、Cansdale-McNaughtono 模型、Stallabrass 模型、Makkonen 模型以及 Finstad 模型等。

影响覆冰的主要气象参数包括环境温度、风速、风向、空气中液态水含量(LWC)和中值体积水滴直径(MVD)等。风速是影响覆冰的重要因素，温度、风向、LWC 和 MVD 综合作用影响覆冰方式(干增长和湿增长)和覆冰类型(雨凇、雾凇和混合凇)。建立覆冰模型，要求准确的覆冰气象参数。

风速和风向测量主要采用风速仪，但在覆冰环境下，风速仪易被冰冻结，造成较大的测量误差，严重时无法测量。温度和湿度测量方法较成熟，测量方法简单，但覆冰环境下其传感器同样冻结，也无法测量。对于 LWC 和 MVD 的测量有多种方法，有冰生长测量法、恒温热线测量法、粒径测量/计数测量法、超声波测量法以及光学测量法等。积冰法的应用有覆冰刀片、旋转单圆柱体和旋转多圆柱体。光学测量是一套复杂精密的电子装置，制造和设计仪器的精度比较高，成本较高，测量过程复杂，并且需要专业的标定和校验。光学测量装置是电子产品，对适用温度、湿度和风速等环境有较高的要求，在覆冰环境下比较困难。

2. 覆冰条件气象参数测量的挑战

研究表明，大气覆冰与环境温度、风速、中值体积过冷却水滴直径和空气中液态水含量等气象参数相关。自开展结构物大气覆冰研究以来，一直在持续进行大量的结构物大气覆冰观测研究和数值模拟，在此基础上开展结构物大气覆冰灾害预报预警研究。

几十年来，国内外提出了众多的结构物覆冰大气模型，从国内外建立的各种模型发现，大气覆冰预测的基础是准确的气象参数的测量。为推进覆冰预测预警的发展，改进结构物大气覆冰的理论模型，必须准确测量覆冰条件下结构物大气覆冰的气象参数。但大气覆冰气象参数测量和监测面临严峻的挑战，主要有：

(1) 覆冰环境条件下，测量温度、风速和空气湿度的传感器和仪器本身均冻结并被冰层覆盖，气象参数不可测，更谈不上测量的准确性；

(2) 液态水含量、中值体积水滴直径是实验室测量参数，野外自然环境测量不可行。尤其是水滴直径为微米量级，测量设备难以满足测量精度要求；过冷却水滴数量众多直径大小不一，具有统计特性。

如何解决大气覆冰气象参数测量带来的难题，以及如何克服中值体积过冷却水滴直径不可测的难题，是大气覆冰气象参数探测需要解决的首要问题。经过多年研究，学者提出基于多圆柱阵列覆冰质量反演大气覆冰气象参数的方法，工程实践表明该方法测量结果准确，应用效果良好，很好地解决覆冰环境影响测量结果和中值体积过冷却水滴直径不可测的问题。

3. 圆柱阵列覆冰质量反演覆冰参数方法

圆柱阵列是多个直径不同圆柱体组成的阵列，每个圆柱体匀速旋转(1～3r/min)，在覆冰过程中覆冰形状保持均匀的圆柱形。覆冰圆柱体周围的流场保持均匀的状态，使得覆冰增长模型的建立比较简单[11-13]。

根据各种结构物覆冰增长的一般过程，任意微段时间 dt 的覆冰质量增长通用形式可表示为

$$\mathrm{d}m=\alpha_1\alpha_2\alpha_3 wUDL\mathrm{d}t \tag{5.11}$$

式中：α_1 为水滴碰撞系数；α_2 为水滴收集或捕获系数；α_3 为水滴冻结系数；w 为液态水含量(g/m^3)；U 为风速(m/s)；D 为覆冰圆柱体的直径(m)；L 旋转圆柱体长度(m)；dt 为时间(s)；dm 为覆冰质量增量(g)。

湖南雪峰山野外站对该方法进行多年观测研究与试验验证。对温度、水滴直径、液态水含量和风速四个基本参数，用五个旋转圆柱体构成阵列，其直径分别为 10mm、15mm、20mm、25mm 和 30mm，长度均为 260mm。各个旋转圆柱体重量由精密拉力传感器测量，输出信号与金属盒内置放大器相连接，对外输出 4～20mA 电流信号，整体布置如图 5.10(a)所示。选择四个旋转圆柱体覆冰质量用于覆冰参数预测，一个旋转圆柱体数据用于检验，将模型预测数值和气象仪测量数据进行对比验证，气象仪如图 5.10(b)所示[14]。

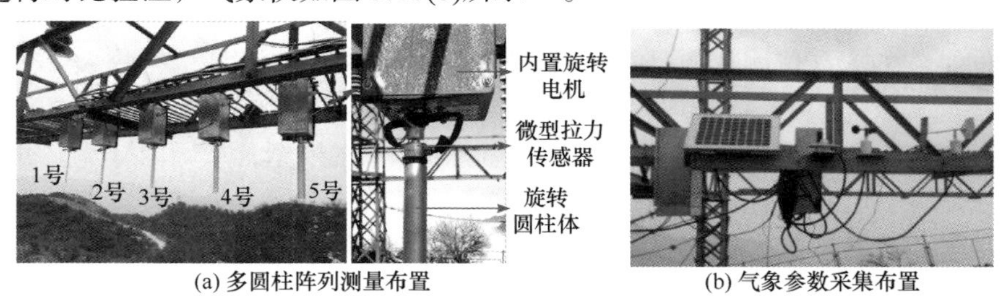

(a) 多圆柱阵列测量布置　(b) 气象参数采集布置

图 5.10　多圆柱阵列测量覆冰参数的布置与气象参数采集布置

图 5.11 为圆柱阵列覆冰厚度变化及自然覆冰截面图，D_m 为覆冰后圆柱体直径。在各圆柱体中间部分，覆冰厚度均匀分布，覆冰表面光滑平整；而在圆柱体尖端和根部，由于气流的扰动的影响，覆冰形态与中心位置略有差异，覆冰厚度凸起、表面粗糙；考虑到圆柱体两端的气流扰动，取其整体长度为 260mm，以减少端部气流扰动的影响，通过这种处理，端部影响在工程应用的允许误差以内。

不同风速和中值体积水滴直径下，五种不同直径圆柱体(换算为 L=1m)的覆冰速率如图 5.12 所示，在所设覆冰环境条件下，不同直径旋转圆柱体的覆冰速率均随着风速的提高和中值体积水滴直径的增大而增大。在风速<4m/s时，旋转圆柱

体的直径越小，覆冰速率越大，小直径圆柱体的水滴碰撞系数明显大于大直径圆柱体。但当风速>6m/s 后，各直径圆柱体水滴碰撞系数均增大，且表面积较大的圆柱体捕获水滴量更多，使得水滴捕获量成为覆冰主导因素，导致其覆冰速率逐渐超过小直径圆柱体，故在大风速下，大直径圆柱体覆冰速率更大。不同直径圆柱体在不同 MVD 条件下的覆冰速率也呈现相同的变化趋势：MVD≤25μm 时，大直径圆柱体覆冰速率较小；MVD>25μm 时，大直径圆柱体覆冰速率相对小直径圆柱体明显增大，并最终超过小直径圆柱体覆冰速率。

(a) 圆柱体覆冰厚度随时间变化(D_1=10mm)

(b) 五个圆柱体覆冰截面(上午8:40)

图 5.11　圆柱阵列覆冰厚度变化及自然覆冰截面

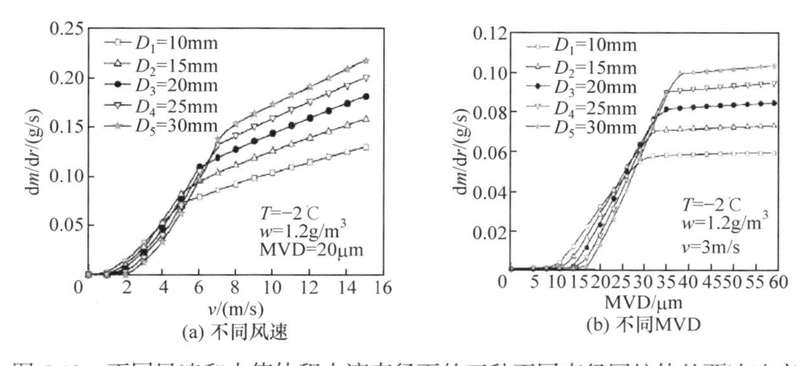

(a) 不同风速　(b) 不同MVD

图 5.12　不同风速和中值体积水滴直径下的五种不同直径圆柱体的覆冰速率

图 5.13 为一次覆冰过程圆柱阵列覆冰变化，覆冰监测 6.7h，在 0～3h 以内，

阵列中各圆柱体覆冰重量增长速度较低，约为 0.5g/min；在 3～6.7h 内，覆冰速率明显提高，达到 1.2g/min。通过大量监测分析，可设圆柱阵列冰重采集时间步长 dt=10min，动态采集圆柱阵列冰重变化，通过反演算法获得覆冰气象参数(图 5.14)，并将其与人工手动测量结果对比，误差结果如表 5.2 所示。

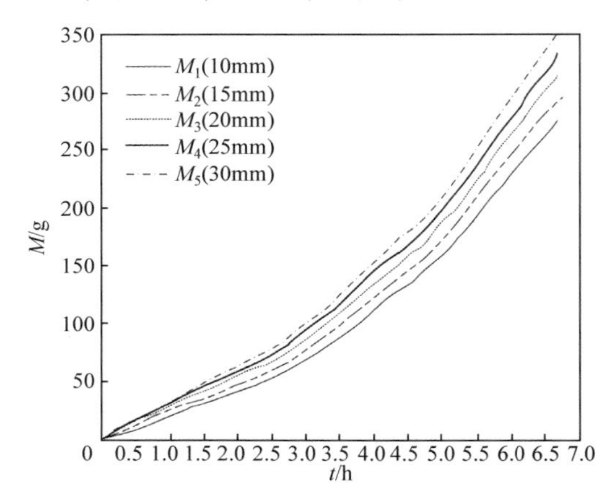

图 5.13 旋转圆柱阵列覆冰增长(时间：2018.1.24 19:07～2018.1.25 1:51)

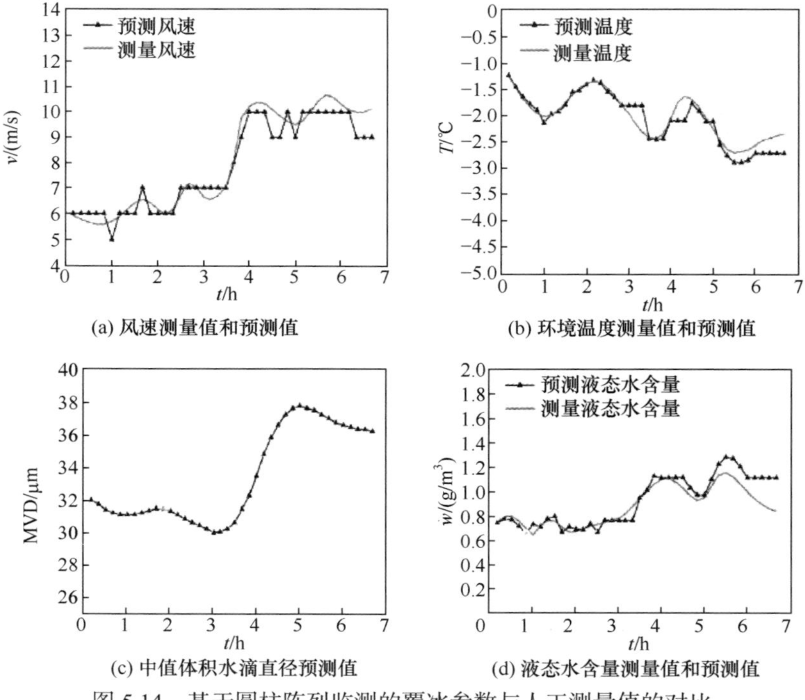

图 5.14 基于圆柱阵列监测的覆冰参数与人工测量值的对比

(时间：2018.1.24 19:07～2018.1.25 1:51)

表 5.2　圆柱阵列监测覆冰参数的误差

参数	最大误差	最小误差	平均相对误差
v	1.67m/s	0m/s	6.95%
T	0.5℃	0℃	5.87%
w	0.27g/m^3	0g/m^3	6.63%
反演计算 m_5	2.04g	0g	3.4%

分析图 5.14 和表 5.2 发现，基于圆柱阵列覆冰量反演获得的覆冰参数精度较高，完全满足工程应用的要求。

(1) 风速、环境温度、空气中液态水含量监测值与人工测量的实际测值吻合较好。风速最大预测误差<2.0m/s，环境温度预测最大误差<1.0℃，空气中液态水含量预测最大偏差<0.30g/m^3。三参数监测反演结果平均相对误差<7.0%。

(2) 通过圆柱阵列获得湖南雪峰山野外站在该覆冰过程中的 MVD 为 30～38μm，将该参数及其他三个参数实测值用于反演算法中圆柱阵列第五个圆柱体的覆冰质量，可验算得到其覆冰质量反演值和实际值的平均相对误差<4%，可认为该 MVD 监测值的准确度得到验证。

(3) 在覆冰 0～3h 期间，5 号圆柱体覆冰速率较低，监测反演的覆冰参数均较为稳定，平均风速为 6.5m/s，环境温度为−2～0℃，中值体积水滴直径约为 32μm，空气液态水含量也较低(0.7g/m^3)。覆冰 3h 后，环境参数明显变化，风速增大为 9～10m/s，环境温度降低到−2℃以下，同时中值体积水滴直径和空气液态水含量也显著上升，直接导致圆柱体覆冰速率增大。

(4) 对比各项环境参数监测反演误差，风速的平均相对误差大于其余覆冰参数，这是由于人工测量风速本身就具有较大的误差。

5.2.2　水滴碰撞系数

圆柱阵列的水滴碰撞系数是覆冰动态过程的函数。动态分析计算圆柱阵列的水滴碰撞系数是精确反演覆冰参数的关键之一。圆柱阵列覆冰是气-液两相流中的扰流。从流体的圆柱绕流理论角度出发分析圆柱阵列的水滴的碰撞特性。

气流以一定初始速度携带水滴向前运动过程中遇到障碍物时，气流线发生偏转。水滴具有较大惯性而保持原来运动方向，使水滴与气流产生速度差，由于黏性力的作用，水滴运动轨迹也发生偏转，携带水滴的气流从远处来，刚好与圆柱体相切的过冷却水滴运动轨迹称为水滴切线轨迹，所有切线轨迹内的水滴将碰撞导线。所有切线轨迹外的水滴将绕过导线，与导线不会发生碰撞。

表征水滴碰撞特性的参数主要有最大碰撞角、局部碰撞系数、总体碰撞系数。

最大碰撞角是指水滴撞击到圆柱体的最远位置(切线轨迹与圆柱体的切点处)的表面长度(S)与特征尺寸(圆柱体半径 R)之比，可用切点与原点连线与负 x 轴夹角 θ_m 表示：

$$\theta_{m}=\frac{S}{R} \tag{5.12}$$

总体碰撞系数(α_1)用来确定总的覆冰增长速度，是指整个圆柱体迎风面上实际碰撞的水滴量与假设水滴轨迹不发生偏转时可能碰撞的水滴量，定义为

$$\alpha_{1}=\frac{y_{0}}{R} \tag{5.13}$$

式中：y_0 为水滴切线轨迹在未受到偏转处与 x 轴的距离；R 为圆柱体半径。

总体碰撞系数(α_1)主要受风速、中值体积水滴直径及圆柱体半径的影响，中值体积水滴直径和风速变化，各圆柱体表面的水滴碰撞系数有显著差异，如图 5.15 所示。

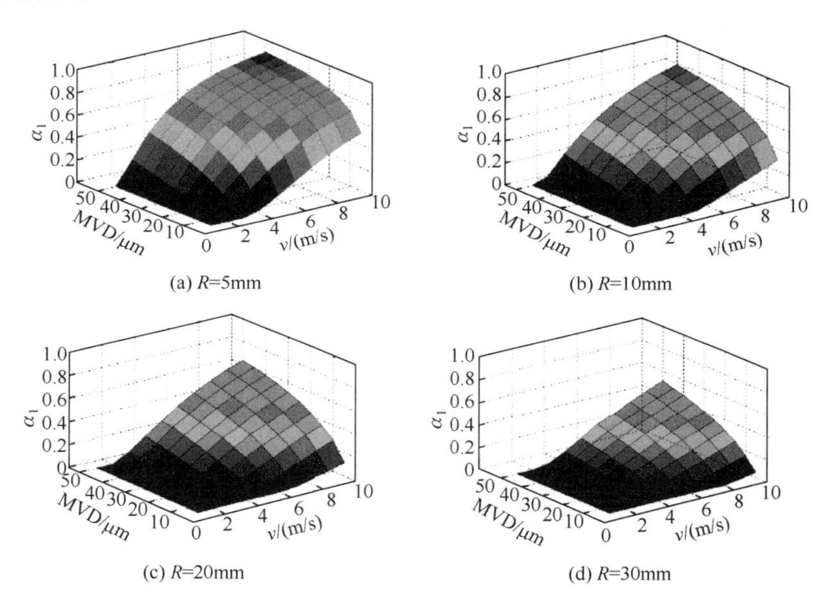

(a) R=5mm (b) R=10mm

(c) R=20mm (d) R=30mm

图 5.15 不同中值体积水滴直径和风速下阵列中各圆柱体(半径为 R)表面的水滴碰撞系数

圆柱体半径不变，风速及中值体积水滴直径越大，圆柱体表面水滴碰撞系数越大。圆柱体半径增大，碰撞系数随风速和中值体积水滴直径增大趋势减缓。不同圆柱体直径差异性越大，其水滴碰撞系数随环境参数变化的区别也更大，但圆柱体直径过大可能造成总体碰撞系数(α_1)太小，不利于覆冰量的测量。

覆冰过程中圆柱体迎风面局部微元上的碰撞系数不均匀，驻点附近碰撞系数最大，沿着圆弧到切点碰撞系数不断减小。为确定圆柱体的覆冰形状，引入局部

碰撞系数 $\mathrm{d}\alpha$, 即微元上实际碰撞水滴量与水滴轨迹不发生偏转时可能碰撞的水滴量，定义为

$$\mathrm{d}\alpha=\frac{\mathrm{d}y}{\mathrm{d}s} \tag{5.14}$$

式中：$\mathrm{d}s$ 为微元面上、下两条水滴轨迹在圆柱体上的碰撞点间的表面弧长；$\mathrm{d}y$ 为微元面上下两条水滴轨迹在水滴轨迹未受到偏转时的距离。

对于圆柱形覆冰，采用局部碰撞系数与采用总体碰撞系数计算碰撞到圆柱体上的过冷却水滴量是等效的。

由式(5.14)可知，计算碰撞系数必须知道水滴运动轨迹，水滴运动轨迹由水滴的运动方程决定。建立水滴运动方程时假设：①水滴在气流未受圆柱体扰动处具有气流的速度；②水滴在运动过程中总保持球形，不发生变形和分裂；③气流场中水滴的存在对气流场无影响。

在气流到达圆柱体表面的过程中水滴受力有：气流轨迹与水滴轨迹偏离后产生相对速度($v=u-v$)，空气黏性产生黏性阻力 F_{d}；水滴自身重力 G；气流中的浮力 F_{b}；水滴前后压差引起的阻力 F_{P} 及表观质量力 F_{M}。由牛顿第二定律，气流中运动水滴所受的力 F 为

$$F=m_{\mathrm{d}}a_{\mathrm{d}}=F_{\mathrm{d}}+G+F_{\mathrm{b}}+F_{\mathrm{P}}+F_{\mathrm{M}} \tag{5.15}$$

式中：m_{d} 为水滴质量(kg)；a_{d} 为水滴运动的加速度($\mathrm{m/s^2}$)。

水滴所受的重力、浮力、压差阻力及表观质量力与黏性阻力相比都较小，忽略不会带来太大的误差，参见式(4.36)。

水滴在气流中相对运动的雷诺数 Re 为

$$Re=\frac{2R_{\mathrm{d}}\rho_{\mathrm{a}}\left|u'-v'\right|}{\mu} \tag{5.16}$$

式中：μ 为空气的运动黏度，$\mu=1.328\times10^{-5}\mathrm{m^2/s}$。

由式(5.16)可得水滴运动微分方程为

$$\frac{\mathrm{d}v'}{\mathrm{d}t}=\frac{9\mu}{2R_{\mathrm{d}}^{2}\rho_{\mathrm{d}}}\cdot\frac{C_{\mathrm{D}}Re}{24}\left(u'-v'\right) \tag{5.17}$$

当雷诺数很小时，$\frac{C_{\mathrm{D}}Re}{24}=1$。覆冰过程中，水滴相对气流运动的雷诺数并不小，其数值参见式(4.40)。

将式(5.17)写成无量纲形式：

$$\frac{\mathrm{d}v'}{\mathrm{d}t}=\frac{1}{K}\frac{C_{\mathrm{D}}Re}{24}(u'-v') \tag{5.18}$$

式中：u' 、v' 分别表示气流和水滴的无量纲速度，是以风的初始速度(U)为基数的分数。设 τ 为无量纲时间，即以风速(U)运动的水滴前进圆柱体导线半径 R 的距离所需的时间为单位；K 是运动质点惯性的 Stokes 数。将式(5.18)写成 x、y 轴分量的形式：

$$\begin{cases}\dfrac{\mathrm{d}v_x}{\mathrm{d}\tau}=\dfrac{1}{K}\dfrac{C_{\mathrm{D}}Re}{24(u_x-v_x)}\\[2ex]\dfrac{\mathrm{d}v_y}{\mathrm{d}\tau}=\dfrac{1}{K}\dfrac{C_{\mathrm{D}}Re}{24(u_y-v_y)}\end{cases},\quad K=\dfrac{2R_{\mathrm{d}}^2\rho_{\mathrm{d}}U}{9\mu R}\tag{5.19}$$

由式(5.19)可知，求水滴在绕流中的速度场必须知道气流的速度场。在旋转圆柱的水滴碰撞特性计算中采用均匀不可压势流的绕流具有足够的精度。均匀不可压势流的圆柱绕流势函数可以表示为

$$\psi=u_x+\frac{R^2u_y}{x^2+y^2}\tag{5.20}$$

因此，气流在 x、y 轴的无量纲速度分量为

$$\begin{cases}u_x=1-\dfrac{x^2-y^2}{(x^2+y^2)^2}\\[2ex]u_y=-\dfrac{2xy}{(x^2+y^2)^2}\end{cases}\tag{5.21}$$

其中的坐标都是以物体特征长度为基数的分数，即以圆柱体半径 R 为基数。

把式(5.21)代入式(5.19)得

$$\begin{cases}\dfrac{\mathrm{d}v_x}{\mathrm{d}\tau}=\dfrac{1}{K}\cdot\dfrac{C_{\mathrm{D}}Re}{24}\left[1-\dfrac{x^2-y^2}{(x^2+y^2)^2}-v_x\right]\\[2ex]\dfrac{\mathrm{d}v_x}{\mathrm{d}\tau}=\dfrac{1}{K}\cdot\dfrac{C_{\mathrm{D}}Re}{24}\left[-\dfrac{2xy}{(x^2+y^2)^2}-v_y\right]\end{cases}\tag{5.22}$$

设无穷远处至圆柱体中心 O 点的距离为 S_0，则水滴的轨迹方程可以表示为

$$\begin{cases}x=\displaystyle\int_0^t v_x\mathrm{d}\tau-S_0\\[2ex]y=\displaystyle\int_0^t v_y\mathrm{d}\tau-S_0\end{cases},\quad\begin{cases}v_x=\dfrac{\mathrm{d}x}{\mathrm{d}\tau}\\[2ex]v_y=\dfrac{\mathrm{d}y}{\mathrm{d}\tau}\end{cases}\tag{5.23}$$

将式(5.23)代入式(5.22)得

$$\begin{cases}\dfrac{\mathrm{d}^2 x}{\mathrm{d}\tau}=\dfrac{1}{K}\dfrac{C_{\mathrm{D}}Re}{24}\left[1-\dfrac{x^2-y^2}{(x^2+y^2)^2}-\dfrac{\mathrm{d}x}{\mathrm{d}\tau}\right]\\ \dfrac{\mathrm{d}^2 y}{\mathrm{d}\tau}=\dfrac{1}{K}\dfrac{C_{\mathrm{D}}Re}{24}\left[-\dfrac{2xy}{(x^2+y^2)^2}-\dfrac{\mathrm{d}y}{\mathrm{d}\tau}\right]\end{cases} \tag{5.24}$$

由式(5.24)可得到水滴运动轨迹，进而得到 y_0 并获得碰撞系数。由于 Re 与气流和水滴速度有关，故式(5.24)很难取其解析解，可采用差分法求其数值解。

1. 气流轨迹

根据差分格式，式(5.24)的 $\mathrm{d}x/\mathrm{d}\tau$、$\mathrm{d}y/\mathrm{d}\tau$ 可以分别表示为

$$\begin{cases}\dfrac{\mathrm{d}x}{\mathrm{d}\tau}=\dfrac{x_{p+1}-x_p}{\Delta\tau}\\ \dfrac{\mathrm{d}y}{\mathrm{d}\tau}=\dfrac{y_{p+1}-y_p}{\Delta\tau}\end{cases} \tag{5.25}$$

根据式(5.21)、式(5.25)写成差分形式得

$$\begin{cases}\dfrac{x_{p+1}-x_p}{\Delta\tau}=1-\dfrac{x_p^2-y_p^2}{(x_p^2+y_p^2)^2}\\ \dfrac{y_{p+1}-y_p}{\Delta\tau}=-\dfrac{2x_p y_p}{(x_p^2+y_p^2)^2}\end{cases} \tag{5.26}$$

由式(5.26)可得气流绕圆柱体轨迹的差分形式可以表示为

$$\begin{cases}x_{p+1}=x_p+\left[1-\dfrac{x_p^2-y_p^2}{(x_p^2+y_p^2)^2}\right]\Delta\tau\\ y_{p+1}=y_p-\dfrac{2x_p y_p}{(x_p^2+y_p^2)^2}\Delta\tau\end{cases} \tag{5.27}$$

在初始时刻，即 $\tau=\tau_0$ 时，$x_0=S_0$。根据式(5.26)的差分方程，可以计算出任何时刻气流绕圆柱形覆冰导线的气流轨迹。

2. 水滴运动轨迹

根据二阶差分格式：

$$\begin{cases}\dfrac{\mathrm{d}^2 x}{\mathrm{d}\tau^2}=\dfrac{x_{p+1}-2x_p+x_{p-1}}{\Delta\tau^2}\\ \dfrac{\mathrm{d}^2 y}{\mathrm{d}\tau^2}=\dfrac{y_{p+1}-2y_p+y_{p-1}}{\Delta\tau^2}\end{cases} \tag{5.28}$$

式中：$\Delta\tau$ 为时间步长；x_{p+1} 表示 τ_{p+1} 时刻的水滴的位置；x_p 表示 τ_p 时刻的水滴的位置。以上均为无量纲参数。

根据式(5.24)和式(5.28)可得

$$\begin{cases} \dfrac{x_{p+1}-2x_p+x_{p-1}}{\Delta\tau^2}=\dfrac{1}{K}\dfrac{C_{\mathrm{D}}Re}{24}\left[1-\dfrac{x_p^2-y_p^2}{(x_p^2+y_p^2)^2}-\dfrac{x_{p+1}-x_p}{\Delta\tau}\right] \\ \dfrac{y_{p+1}-2y_p+y_{p-1}}{\Delta\tau^2}=\dfrac{1}{K}\dfrac{C_{\mathrm{D}}Re}{24}\left[-\dfrac{2x_py_p}{(x_p^2+y_p^2)^2}-\dfrac{y_{p+1}-y_p}{\Delta\tau}\right] \end{cases} \tag{5.29}$$

对式(5.29)化简可得

$$\begin{cases} x_{p+1}=\dfrac{C_{\mathrm{F}p}Re_p}{24K+C_{\mathrm{F}p}Re_p\Delta\tau}\left[1-\dfrac{x_p^2-y_p^2}{(x_p^2+y_p^2)^2}+\dfrac{x_p}{\Delta\tau}\right]\Delta\tau^2 \\ \qquad +\dfrac{C_{\mathrm{F}p}Re_p}{24K+C_{\mathrm{F}p}Re_p\Delta\tau}(2x_p-x_{p-1}) \\ y_{p+1}=\dfrac{C_{\mathrm{F}p}Re_p}{24K+C_{\mathrm{F}p}Re_p\Delta\tau}\left[1-\dfrac{2x_py_p}{(x_p^2+y_p^2)^2}+\dfrac{y_p}{\Delta\tau}\right]\Delta\tau^2 \\ \qquad +\dfrac{C_{\mathrm{F}p}Re_p}{24K+C_{\mathrm{F}p}Re_p\Delta\tau}(2y_p-y_{p-1}) \end{cases} \tag{5.30}$$

式中：$C_{\mathrm{F}p}$、Re_p 分别表示 $\tau=\tau_p$ 时刻的空气黏滞系数和雷诺数(或参见式(4.40))，有

$$Re_p=\frac{2R_{\mathrm{d}}\rho_{\mathrm{a}}U\sqrt{(u_{xp}-v_{xp})^2+(u_{yp}-v_{yp})^2}}{\mu} \tag{5.31}$$

式中：u_{xp}、u_{yp} 和 v_{xp}、v_{yp} 表示气流和水滴在 $\tau=\tau_0$ 时刻沿 x、y 方向无量纲速度分量，即

$$\begin{cases} u_{xp}=1-\dfrac{x_p^2-y_p^2}{(x_p^2+y_p^2)^2} \\ u_{yp}=-\dfrac{2x_py_p}{(x_p^2+y_p^2)^2} \end{cases},\quad \begin{cases} v_{xp}=\dfrac{x_p-x_{p-1}}{\Delta\tau} \\ v_{yp}=\dfrac{y_p-y_{p-1}}{\Delta\tau} \end{cases} \tag{5.32}$$

在编写计算程序过程中，对于水滴轨迹做特别处理：在 t+dt 时刻，如果水滴坐标 x、y 满足 $x^2+y^2\leqslant R^2$，认为在 t 时刻水滴碰撞到圆表面，得到的水滴轨迹如图 4.7 所示。

5.2.3 覆冰表面热平衡

过冷却水滴在圆柱阵列圆柱体表面冻结的过程实质是一个热平衡过程。覆冰的冻结由冻结系数(α_3)来表征，冻结系数为物体表面的过冷却水滴冻结的数量与碰撞滞留在物体表面的过冷却水滴的重量之比。

导线表面水滴是热交换过程，如图 5.16 所示。在整个冻结的过程中，覆冰表面吸收的热量和损失的热量平衡，冻结系数由覆冰表面热平衡方程确定，即

$$Q_f + Q_v + Q_k + Q_a + Q_n = Q_c + Q_e + Q_l + Q_s + Q_i + Q_r \tag{5.33}$$

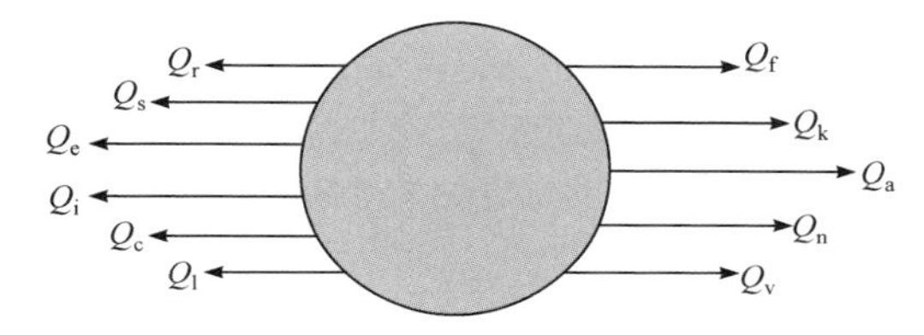

图 5.16 水滴热交换过程

热平衡方程中各热流项分别如下：

(1) 碰撞并滞留在导线表面上水滴的部分冻结过程中释放的潜热 Q_f 为

$$Q_f = 2R\alpha_1\alpha_2\alpha_3 wUL_f \tag{5.34}$$

式中：α_1、α_2、α_3 分别为碰撞系数、捕获系数和冻结系数；R 为覆冰圆柱体半径(m)；w 为液态水含量(g/m^3)；U 为风速(m/s)；L_f 为冰的熔化潜热，一般取 3.35×10^5J/kg。

(2) 气流对导线的摩擦加热 Q_v 为

$$Q_v = \frac{Rh_c r_c U^2}{c_a} \tag{5.35}$$

式中：r_c 是圆柱体导体表面局部黏性加热恢复系数，取值为 0.79；c_a 是空气比热，$c_a = 1014$J/(kg·K)；h_c 为对流换热系数(J/(m^2·K))：

$$h_c = \frac{k_a Nu}{D_i} \tag{5.36}$$

式中：k_a 为空气的传热系数，k_a=0.0244W/(m·℃)；D_i 为覆冰后圆柱体直径(m)；Nu 为努赛尔数，可表示为

$$Nu = CRe^n Pr^{1/3} \tag{5.37}$$

式中：C 与 n 为常数，对于覆冰环境，C=0.683，n=0.466；Re 为雷诺数；Pr 为普朗特数，可表示为

$$\begin{cases} Re = \dfrac{(D+2d_{\mathrm{i}})U}{v} \\ Pr = \dfrac{\mu}{\alpha} \end{cases} \tag{5.38}$$

式中：D 为圆柱体直径(m)；d_{i} 为覆冰厚度(m)；v 是水滴碰撞速度(m/s)；μ 是空气的运动黏度，$\mu = 1.328\times10^{-5}\mathrm{m^2/s}$；$\alpha$ 为空气的热扩散率，$\alpha = 1.88\times10^{-5}\mathrm{m^2/s}$。

(3) 水滴碰撞动能 Q_{k} 为

$$Q_{\mathrm{k}} = \alpha_1\alpha_2 wRv^3 \tag{5.39}$$

碰撞到圆柱体表面不同位置的水滴速度不同，速度降低是由于在气流中受到黏性力作用，由于速度降低而损失掉的动能转化成黏性摩擦产生的热能，能量冻结过程中释放，水滴虽然动能降低，但其总能量的降低几乎可以忽略。因此，此处可以采用 U 来代替碰撞速度。

(4) 水滴冻结相变后，从冰点 T_{f}(273.15K)降低到冰表平衡的温度 T_{s} 时释放的热量 Q_{a} 为

$$Q_{\mathrm{a}} = 2R\alpha_1\alpha_2\alpha_3 wUc_{\mathrm{i}}(T_{\mathrm{f}} - T_{\mathrm{s}}) \tag{5.40}$$

式中：c_{i} 为冰的比热，c_{i}=2090J/(kg·℃)；对于导线覆冰的湿增长过程，由于 $T_{\mathrm{f}} = T_{\mathrm{s}}$ =73.15K，此项不存在。在干增长过程中，$\alpha_3 = 1$，在热平衡方程中，此项因温度的变化对覆冰热平衡状态产生不同的影响。

(5) 短波辐射所获能量 Q_{m}，因为覆冰一般发生在雾天、雨天或阴天，无阳光直射，故通常忽略该项。

(6) 对流热损失 Q_{c} 为

$$Q_{\mathrm{c}} = 2\pi Rh_{\mathrm{c}}(T_{\mathrm{s}} - T) \tag{5.41}$$

式中：T 为环境温度(K)，对于湿增长 T_{s} 为 273.15K，对于干增长 T_{s} 小于 273.15K。

(7) 液态水蒸发或冰的升华产生的潜热损失 Q_{e} 为

$$Q_{\mathrm{e}} = 2\pi R\chi[e(T_{\mathrm{s}}) - e(T)] \tag{5.42}$$

式中：χ 为蒸发或升华系数(J/(m²·kPa))，$\chi = 0.62h_{\mathrm{c}}L_{\mathrm{e}}/(c_{\mathrm{a}}p)$，其中 $L_{\mathrm{e}} = 2.51\times10^6$J/kg 为在 T_{s} 温度时的蒸发或升华潜热，p 为气压，c_{a} 为空气比热；$e(T)$ 为温度为 T 时的覆冰表面的水面或冰面的饱和水汽压(kPa)，可按式(5.43)计算：

$$e(T) = 0.61121\exp\left(\frac{18.678 - \dfrac{T}{234.5}}{257.14 + T}\times T\right) \tag{5.43}$$

(8) 碰撞到圆柱体表面的过冷却水滴从环境温度 T 升高到水滴冻结温度 T_f(273.15K)所吸收的热量 Q_l 为

$$Q_l = 2R\alpha_1\alpha_2 wUc_w(T_f - T) \tag{5.44}$$

式中：c_w 为水的比热，c_w =4.2×10³J/(kg·K)。

(9) 长波辐射损失的热量 Q_s 为

$$Q_s = 8\pi R\varepsilon\sigma_R T^3(T_s - T) \tag{5.45}$$

式中：ε 是冰层外表面的发射率，ε=0.95；σ_R 为 Stefan-Boltzman 常量，其值为 5.5670×10^{-8} W/(m²·K⁴)。

(10) 传导热损失 Q_i 为

$$Q_i = kA\frac{\partial T}{\partial n} = 2\pi Rk\frac{\partial T}{\partial n} = 2\pi Rk\frac{\Delta T}{\ln(R_0 / R_i)} \tag{5.46}$$

式中：k 为介质的导热系数(J/(m·K))，对于不同的热传导阶段(通过导体的传导，通过冰层的传导)；A 为导热面积(m²)；$\partial T / \partial n$ 为热传导法线方向温度梯度(K/m)。对于覆冰导体被冰层覆盖后的热传导很小，可以忽略。

(11) 未冻结部分过冷却水滴离开冰面带走的热量 Q_r 为

$$Q_r = 2R\alpha_1\alpha_2 wUc_w(1-\alpha_3)(T_s - T) \tag{5.47}$$

已经知道了各部分热量的计算方法，且 $\alpha_2 = 1$，则将以上各部分热量代入式(5.33)可得

$$\begin{aligned}
&\alpha_1\alpha_3 wUL_f + \frac{h_a r_c U^2}{2c_a} + \frac{\alpha_1 wU^3}{2} + \alpha_1\alpha_3 wUc_i(273.15 - T_s) \\
&= \pi h_c(T_s - T) + \frac{0.62\pi h_c L_e}{c_a p}[e(T_s) - e(T)] + \alpha_1 wUc_w(273.15 - T) \\
&\quad + 4\pi\varepsilon\sigma_R T^3(T_s - T) + \alpha_1 wUc_w(1-\alpha_3)(T_s - T)
\end{aligned} \tag{5.48}$$

因此，可得圆柱阵列的冻结系数 α_3 为

$$\begin{aligned}
\alpha_3 = &\frac{\pi h(T_s - T) + \dfrac{0.62\pi hL_e}{c_a p}[e(T_s) - e(T)] + 4\pi\varepsilon\sigma_R T^3(T_s - T)}{\alpha_1 wU[L_f + c_i(273.15 - T_s) + c_w(T_s - T)]} \\
&+ \frac{c_w(T_s - T) + c_w(273.15 - T) - \dfrac{hr_c U}{2c_a\alpha_1 w} - \dfrac{U^2}{2}}{L_f + c_i(273.15 - T_s) + c_w(T_s - T)}
\end{aligned} \tag{5.49}$$

求得冻结系数之后，可分析覆冰增长过程，也很清楚知道覆冰测量需要知道

的参数很多，但现有仪器和方法无法解决覆冰参数的测量问题。因此，覆冰参数的预测和分析是预测覆冰增长的关键和核心，也是覆冰研究的主要难题和需要攻克的技术关键。

5.2.4 圆柱阵列反演覆冰参数

1. 圆柱阵列覆冰量

由覆冰增长过程可知：圆柱阵列各圆柱体的直径(D)是动态不断变化的，覆冰不断增长，导致碰撞系数、冻结系数等发生变化。自然覆冰过程中，覆冰参数温度(T)、风速(U)、液态水含量(w)、中值体积水滴直径(MVD)等也不断变化。当覆冰时间步长($\mathrm{d}t$)取得足够短时，可认为在所取的时间步长内的覆冰参数不变或稳定，且可采用本步长时间开始时刻的初始直径作为本步长内的覆冰圆柱体直径。根据式(5.11)，在时间步长($\mathrm{d}t_i$)内圆柱阵列任意圆柱体的覆冰增量为

$$\mathrm{d}m_i = \alpha_{1i}\alpha_{3i}w_iU_iD_iL\mathrm{d}t_i \tag{5.50}$$

式中：α_{1i}、α_{3i}、w_i、U_i、D_i分别表示第 i 个时间步长($\mathrm{d}t_i$)内的碰撞系数、冻结系数、液态水含量、风速、覆冰圆柱体直径，并假设在导线覆冰表面和覆冰增长过程中期捕获系数为 1(即假设 $\alpha_{2i}=1$)。在计算不同时间步长内的覆冰质量时应采用相应时间步长内的覆冰参数。其中碰撞系数和冻结系数均可以通过数值计算得出。因此，圆柱阵列中各旋转圆柱体在一段时间(t)内的覆冰质量可表示为

$$m = \int_0^t \alpha_{1i}\alpha_{3i}w_iU_iD_iL\mathrm{d}t_i \tag{5.51}$$

2. 覆冰参数反演算方法

如需获得更多的覆冰参数和气象条件，可增加阵列中的圆柱体数量，即需获得的参数为 N，则设置阵列中圆柱体数为≥N+1。圆柱阵列中各旋转圆柱体上的覆冰量(m)与风速(U)、温度(T)、气压(p)、覆冰持续时间(t)、圆柱体初始直径(D_0)、圆柱体长度(L)、液态水含量(w)和中值体积水滴直径(MVD)之间是非线性关系，即

$$m = f\left(U, T, p, t, D_0, L, w, \mathrm{MVD}\right) \tag{5.52}$$

当有 N 个覆冰参数需要预测时，则设置 N+1 个不同直径的旋转圆柱体，各圆柱体上覆冰质量与覆冰参数可组成如下的非线性方程组：

$$\begin{cases} m_1 = f_1(U,T,p,t,D_{01},L_1,w,\text{MVD}) \\ m_2 = f_2(U,T,p,t,D_{02},L_2,w,\text{MVD}) \\ \quad\vdots \\ m_{N+1} = f_{N+1}(U,T,p,t,D_{0(N+1)},L_{N+1},w,\text{MVD}) \end{cases} \tag{5.53}$$

各圆柱体覆冰量 m_i (i=1,2,⋯, N+1)为测量值，旋转圆柱体初始直径(D_{0i}，i=1,2,⋯, N+1)、长度(L_i，i=1,2,⋯, N+1)及覆冰时间 t 为已知值，气压 p 也可以根据覆冰地点的海拔高度获得。因此可以通过求解非线性方程式(5.53)而获得风速、温度、液态水含量及中值体积水滴直径等覆冰参数。

按式(5.53)建立求解覆冰参数的方程组。式(5.53)所表示的覆冰模型是在覆冰时间(dt)较短，覆冰较薄的条件下成立的。因此根据此模型建立的方程组也是在较短时间(dt)，覆冰较薄的条件下成立。在 dt 时间内根据旋转多圆柱体覆冰量求解得到的覆冰参数就可以认为是此时间内实际的覆冰参数。在不同的 dt 时间范围内，根据旋转多圆柱体上覆冰量变化量可预测得到不同 dt 内的覆冰参数，从而实现对整个覆冰过程中覆冰参数的预测。

略去方程组(5.53)中的已知量，并改写成 dt 时间内的形式：

$$\begin{cases} \mathrm{d}m_{i1} = f_1(U_i,T_i,D_{i1},w_i,\text{MVD}_i) \\ \mathrm{d}m_{i2} = f_2(U_i,T_i,D_{i2},w_i,\text{MVD}_i) \\ \quad\vdots \\ \mathrm{d}m_{i(N+1)} = f_{N+1}(U_i,T_i,D_{i(N+1)},w_i,\text{MVD}_i) \end{cases} \tag{5.54}$$

式中：$\mathrm{d}m_{i1}$ 至 $\mathrm{d}m_{i(N+1)}$ 表示第 1 个至第 N+1 个旋转圆柱体在第 i 个时间步长 $\mathrm{d}t_i$ 内的覆冰质量增量；D_{i1} 至 $D_{i(N+1)}$ 表示第 i 个时间步长内的覆冰圆柱体初始直径，由上一个时间步长内的覆冰厚度获得，因此，在第 i 个时间步长内它们也为已知量；U_i、T_i、w_i、MVD_i 分别表示在第 i 个时间步长内的风速、温度、液态水含量及中值体积过冷却水滴直径。

在式(5.54)中，当 N=4，为了表述方便，将 U_i、T_i、w_i、MVD_i 分别表示为 x_1、x_2、x_3、x_4 方程组式(5.54)可改写成

$$\begin{cases} \varphi_1(x_1,x_2,x_3,x_4)=0 \\ \varphi_2(x_1,x_2,x_3,x_4)=0 \\ \quad\vdots \\ \varphi_5(x_1,x_2,x_3,x_4)=0 \end{cases} \tag{5.55}$$

式中：$\varphi_i\left(x_1,x_2,x_3,x_4\right)=f_j-\mathrm{d}m_{ij}$，$j$ 表示第 j 个旋转圆柱体。非线性方程组的求解可转化为函数优化问题，即式(5.55)求解可转化为式(5.56)函数的最小值问题：

$$\phi(X)=\sum_{j=1}^{5}\left|\varphi_j(X)\right| \tag{5.56}$$

式中：$\varphi_j(X)$代表方程组中的每一个方程，$X=(x_1,x_2,x_3,x_4)$为求解变量组成的向量。当函数(5.55)的最小值为 0 时所对应的 X 即为方程组的解。

3. 非线性方程的数值解

式(5.56)是数值解，可采用标准差分改进算法求解。

差分进化算法是根据“优胜劣汰、适者生存”的进化思想，由 Rainer Storn 和 Kenneth Price 于 1995 年提出，是从某一随机产生的初始种群开始，在搜索空间以适应度函数为导向进行并行直接的搜索，通过种群内个体间的合作与竞争来实现对优化问题的求解。不依赖于初始点和梯度信息，不对目标函数进行限定(如要求函数可导或连续)，具有稳健性和强大的全局寻优能力。差分进化算法包括变异、交叉、选择三种操作。其详细算法描述如下：

1) 建立适应度函数

适应度函数用来评估个体相对于整个群体的优劣，实现对差分操作的导向。适应度函数的建立要根据具体的问题而定。式(5.56)即为目标的适应度函数。

2) 种群初始化

差分进化算法是对一个由很多个体组成的种群进行操作，首先要建立初始化种群。设初始化种群 $S=\{X_1,X_2,\cdots,X_N\}\in\mathbf{R}^n$，第 i 个个体 $X_i=(x_{i,1},x_{i,2},\cdots,x_{i,n})$，其中 N 为种群中个体矢量的数量，即种群规模；n 为优化问题的解空间的维数。初始种群一般按下式生成：

$$x_{i,j}=x_{i,j\min}+\text{rand}[0,1]\cdot(x_{i,j\max}-x_{i,j\min}) \tag{5.57}$$

式中：$x_{i,j}$、$x_{i,j\max}$和$x_{i,j\min}$分别为个体向量 X_i 的第 j 个分量、第 j 个分量的上限和第 j 个分量的下限；rand[0,1]表示在[0,1]上均匀分布的随机数。

3) 变异操作

变异操作是指在种群中随机选择两个不同的个体向量，形成一个差分向量，再乘以一个变异因子形成变异增量，再加到另一个随机选择的个体矢量上生成变异矢量。对每一目标矢量 X_i^t 的变异操作由式(5.58)表示：

$$V_i^{t+1}=X_{r3}^t+F(X_{r1}^t-X_{r2}^t) \tag{5.58}$$

式中：X_{r1}^t、X_{r2}^t、X_{r3}^t 为种群中随机选择的三个不同矢量，i、$r1$、$r2$、$r3$ 为互不相同的整数，因此种群规模数 $N\geqslant 4$，F 为变异因子(变异率)，由使用者设定，用来控制个体的变异程度。在每一代进化过程中，每一个体矢量作为目标矢量一次，变异矢量生成过程如图 5.17 所示。

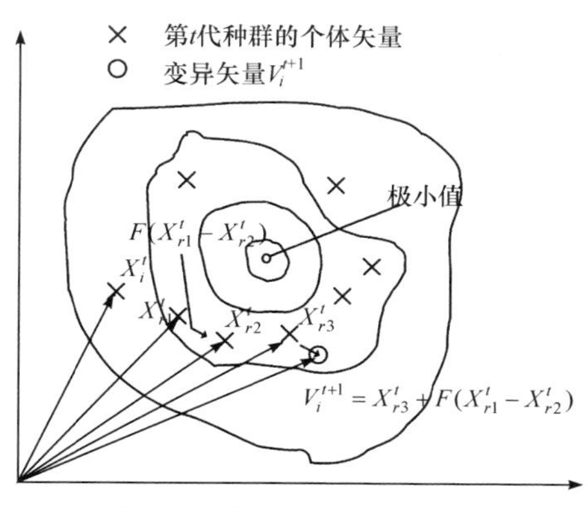

图 5.17　变异矢量生成示意图

4) 交叉操作

为提高后代种群新个体的相异度，使扰动向量在参数空间具有广泛的代表性，差分进化算法引入交叉操作使目标矢量 X_i^t 和变异矢量 V_i^{t+1} 交换部分变量而生成试验个体 U_i^{t+1}。试验个体矢量由下式生成：

$$u_{ij}^{t+1} = \begin{cases} u_{ij}^{t+1}, & \text{rand}(j) \leqslant C_{\text{R}} \text{ 或 } j = \text{rand}n(i) \\ x_{ij}^{t}, & \text{rand}(j) > C_{\text{R}} \text{ 且 } j \neq \text{rand}n(i) \end{cases} \tag{5.59}$$

式中：rand(j)是在[0,1]均匀分布的随机数，j 表示第 j 个变量；C_{R} 为[0, 1]的交叉概率常数(交叉率)，其大小由用户预先确定；rand$n$(i)是在[0, n]范围内的随机整数，n 为个体矢量中的变量个数。由式(5.59)可知，C_{R} 越大，V_i^{t+1} 对 U_i^{t+1} 贡献越多，越有利于局部搜索和加速收敛速率；C_{R} 越小，X_i^t 对 U_i^{t+1} 贡献越多，越有利于保持种群的多样性和全局搜索。图 5.18 为交叉操作示意图。

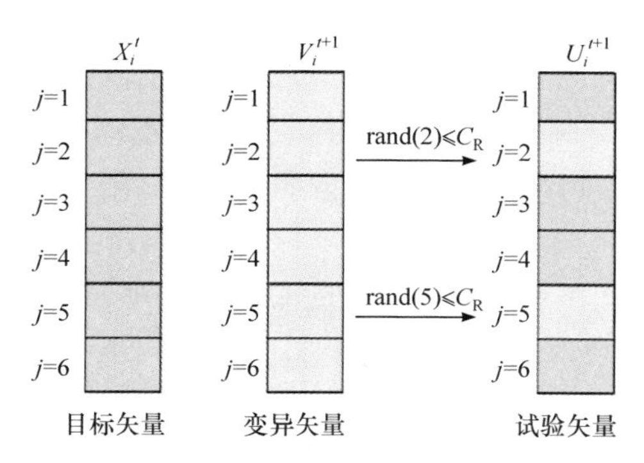

图 5.18　变量交叉操作示意图

5) 选择操作

试验个体向量U_i^{t+1}能否成为下一代种群中的个体，将取决于U_i^{t+1}与X_i^t的竞争结果。只有当U_i^{t+1}的适应度比X_i^t的适应度更优时才能被选作子代，否则，X_i^t将作为子代。我们采用的最小优化中，选择操作按式(5.60)进行：

$$X_i^{t+1}=\begin{cases}U_i^{t+1}, & \phi\left(U_i^{t+1}\right)<\phi\left(X_i^t\right)\\ X_i^t, & \phi\left(U_i^{t+1}\right)\geqslant\phi\left(X_i^t\right)\end{cases} \tag{5.60}$$

6) 约束处理

很多优化问题都带有边界约束条件，差分进化算法在进行变异、交叉操作时，并没有考虑个体的可行性，产生的试验子代种群很有可能不在可行域内，必须在优化流程中对试验子代种群进行可行性分析和约束处理，尽量使个体在可行域内搜索，提高全局寻优能力。

7) 差分进化算法运行参数

在使用差分进化算法时有四个运行参数需要提前设定：

(1) 种群规模 N，即种群中所含个体矢量的数量。种群规模数越大，种群的多样性越强，获得最优解的概率就越大，计算时间相对就要更长。

(2) 最大迭代数 G，迭代次数越大，最优解就更加精确，同时计算时间就更长。

(3) 变异率 F，用来控制个体矢量的变异程度，取值在 0～2。

(4) 交叉率C_{R}，由式(5.59)可知，C_{R}越大，V_i^{t+1}对U_i^{t+1}贡献越多，越有利于局部搜索和加速收敛速率；C_{R}越小，X_i^t对U_i^{t+1}贡献越多，越有利于保持种群的多样性和全局搜索。

经计算后发现，在使用标准差分进化法计算覆冰参数时，容易陷入局部最优，为准确预测覆冰参数，对标准差分进化法进行改进。采用如下方式进行个体变异：

$$V_i^{t+1}=X_{\mathrm{gbest}}^t+F[(X_{r1}^t-X_{r2}^t)+(X_{r3}^t-X_{r4}^t)] \tag{5.61}$$

式中：X_{gbest}^t为第 t 代种群中适应值最小的个体；X_{r1}^t、X_{r2}^t、X_{r3}^t和X_{r4}^t为种群中随机选择的互不相同的个体。再根据自适应思想对差分进化法进行改进。

8) 自适应变异率

差分进化算法中变异率F是控制种群变异程度的参数，当F较大时，种群变异程度较大，能很好地保持种群的多样性，有利于搜索到全局最优解；当F较小时，种群多样性较弱，能加快收敛速度。因此，在变异初期希望F值较大而容易找到最优解，在变异后期希望F较小而加速收敛。根据以上思想提出的自适应变化率如式(5.62)所示：

$$F = F_0 e^{-G/G_m} \tag{5.62}$$

式中：F_0 为较大的初始变异率；G 为当前进化代数；G_m 为最大迭代。

9) 自适应二次变异

随着种群多样性的下降而形成个体的聚集现象，种群中个体适应度之间越来越接近。定量描述这种聚集现象的种群适应度方差(δ^2)定义为

$$\delta^2 = \sum_{i=1}^{N_p} \left| \frac{f_i - f_{avg}}{f} \right|^2 \tag{5.63}$$

式中：N_p 为种群规模；f_i 为第 i 个变量个体的适应度；f_{avg} 为种群的平均适应度；f 为归一化因子，取值为

$$f = \begin{cases} \max\{|f_i - f_{avg}|\}, & \max\{|f_i - f_{avg}|\} > 1 \\ 1, & \text{其他} \end{cases} \tag{5.64}$$

方差适应度 δ^2 越小说明种群中的个体越集中，δ^2 越大说明种群越具有多样性，算法处于随机搜索阶段。当种群中的最优个体为局部最优或全局最优点时，方差适应度 δ^2 很小，其他个体都聚集在最优个体 X_{gbest}^t 附近，如果要使算法跳出局部最优点进入其他区域搜索，就必须给种群以扰动。现采用自适应二次变异来增加种群多样性以跳出局部最优点。具体做法为：当适应度方差 δ^2 小于某一设定值 e 并且适应度大于某一设定的精度 ε (即还没有达到全局最优)时对 X_{gbest}^t 进行扰动，并在种群中随机选择部分个体按式(5.62)在 X_{gbest}^t 扰动后进行变异。由于理论全局最优解是未知的，采用最优个体连续多少次不变作为 ε 的设定值：

$$X_{gbest}^{t+1} = X_{gbest}^t (1 + \eta) \tag{5.65}$$

式中：η 为正态分布的随机数。

10) 自适应交叉率

交叉率 C_R 表征了变异个体 V_i^{t+1} 及原个体 X_i^t 对试验个体 U_i^{t+1} 贡献得多少，C_R 大，V_i^{t+1} 对 U_i^{t+1} 贡献越多，越有利于局部搜索和加速收敛速率；C_R 越小，X_i^t 对 U_i^{t+1} 贡献越多，越有利于保持种群的多样性和全局搜索。因此，在搜索的初期希望 C_R 较小而搜索后期希望 C_R 较大，为此本书提出的自适应交叉率如下：

$$\begin{cases} C_R = C_{R0} \cdot 2^{\lambda} \\ \lambda = e^{-G/G_m} \end{cases} \tag{5.66}$$

除采用以上方法对差分进化算法进行改进外，采用人为减少待求参数数量的方法来减小陷入局部最优的概率。在待求的四个未知参数中，选择一个参数假设为已知量，并在这个参数的范围内采用穷举的方法，通过上述改进的差分进化法求解其他三个参数的最优值。研究表明，当待求参数为三个时采用上述改进的差分进化算法能很快地收敛到全局最优参数。并且只有当假设为已知量的参数为真实值(或全局最优参数)时，适应度最小。

根据上述方法，基于旋转圆柱阵列覆冰量反演动态覆冰参数的步骤为：

(1) 初始化种群规模(N_{p})、差分变异率(F_0)、交叉率(C_{R0})、适应度方差设定值(e)、变异适应度设定精度(ε)，以及最大迭代次数；

(2) 给定温度值，按式(5.56)初始化其他待求参数，如风速(U)、液态水含量(w)、中值体积水滴直径(MVD)等；

(3) 计算个体的适应度，求出最优适应度及最优个体(X_{gbest}^{t})，在计算适应度时，根据不同个体条件下的不同惯性参数(K)及不同增长方式来分别计算适应度；

(4) 判断最优适应度是否达到指定精度或者是否达到最大迭代次数，如果是就输出最优值，否则执行下一步；

(5) 计算适应度方差(δ^2)，如果适应度方差小于预设值(e)，并且变异适应度精度大于设定值(ε)，进行二次变异，否则不进行二次变异，执行下一步；

(6) 采用自适应变异率，按照式(5.61)进行变异操作，生成变异个体 V_i^{t+1} ；

(7) 采用自适应交叉率，按式(5.59)进行交叉操作，产生试验个体 U_i^{t+1} ；

(8) 进行选择操作，生成下一代个体 X_i^{t+1} ；

(9) G=G+1，返回步骤(3)；

(10) 获得假定温度值下的最优值后，改变假设温度值返回步骤(2)；

(11) 温度范围内穷举完毕后，选择适应值最小时的覆冰参数为预测参数。

4. 预测覆冰参数验证

为验证反演算法的准确性，先设定已知的各个覆冰参数，再利用模型方法验证。将需要计算的各个参数以基本差分进化算法的步骤产生足够规模的种群数量，按图 5.19 的流程图优化计算。得到的数据结果如表 5.3 上半部分所示，四组计算结果平均误差约为 91%，这是因为在使用四参数优化计算时，搜索过程很容易陷入局部最优。为避免这种现象，将四覆冰参数的优化转化为三参数优化，选择风速这一参数进行穷举计算，然后从结果中寻找最优解。如表 5.3 下半部分所示，四组计算结果平均误差为 4.7%，精度得到明显提高。

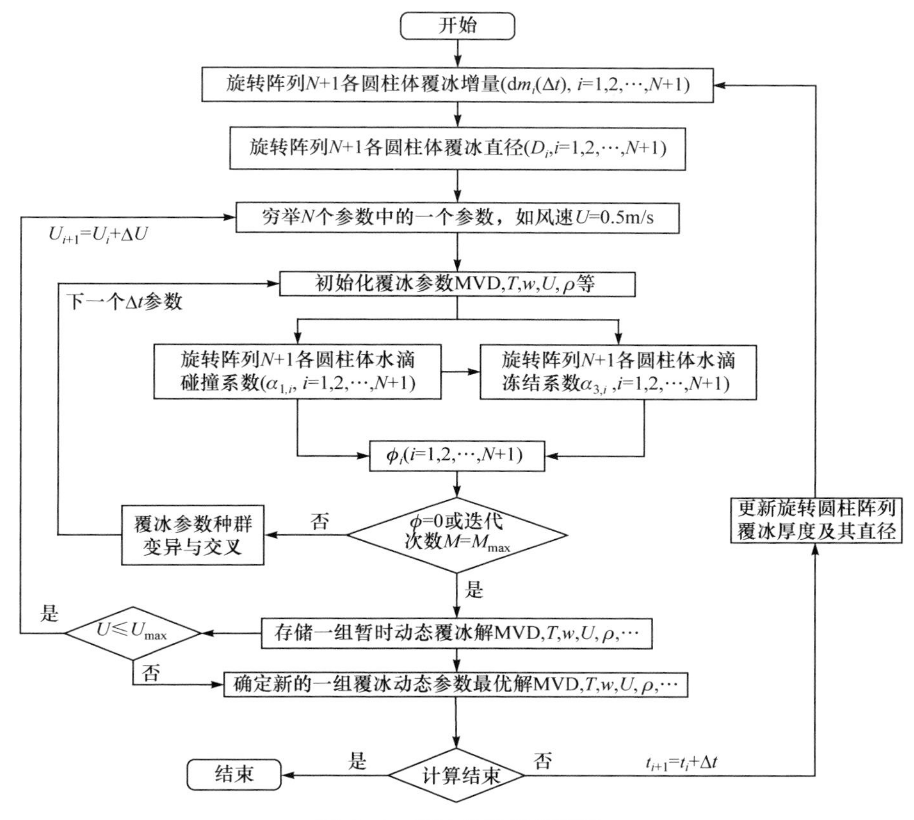

图 5.19 覆冰参数计算流程

表 5.3 两种优化方法对比

设定值	U/(m/s)	T/℃	MVD/μm	w/(g/m^3)	平均误差/%
	3	−2	20	1.2	0
四参数优化	2.1138	−9.24	23.72	1.67	112.3
	1.8173	−1.7416	25.5	1.93	35.2
	1.34	−3.9138	29.5	2.5	76.7
	1.67	−10.1296	26.5821	2.0944	139.5
三参数优化	3	−2.1708	20	1.2	8.5
	3	−1.8649	20	1.2	6.8
	3	−1.9417	20	1.2	2.9
	3	−2.0124	20	1.2	0.6

5.3　大气覆冰观测

输电线路覆冰观测主要有人工巡线、直升机巡线、建立观冰站/点等方法。

5.3.1　人工巡线

人工巡线是最简单最传统的观测方法。主要是通过工作人员沿输电线路地面逐塔进行观测。当覆冰情况复杂、大气可见度较低时需攀上杆塔顶端或乘坐悬挂在线路上的滑车进行观察。通过目测来掌握输电线路的整体覆冰情况，发现并记录可能存在的安全隐患。图 5.20 为巡检人员观测覆冰输电线路图。该方法劳动强度大、周期较长、存在监视盲区并且存在一定的危险系数。

图 5.20　巡检人员观测覆冰输电线路

5.3.2　直升机巡线

输电线路覆盖范围广阔，由于地势复杂、人工巡检危险较大，为弥补其不足，国内外采用直升机对覆冰输电线路进行巡视。这种方式的优点是灵活性强、视野开阔和周期短，但存在飞行安全隐患且巡线费用昂贵，图 5.21 为利用直升机对输电线路进行监测。直升飞机巡线进行覆冰观测存在很多困难和难题，并不是首选的方法，在此不做赘述。

图 5.21　直升机巡线观测

5.3.3 建立观冰站/点

对于难以观测与测量的典型覆冰区，可设置观测站/点，利用模拟导线估测反映实际运行线路的覆冰情况。

观冰站/点的选址应符合以下条件：所选的区域覆冰量较大，覆冰频率高，覆冰过程长；所选区域天气和地形条件具有较高的代表性，能较好地反映该区域覆冰特点；观冰站区域内应该平坦空旷，气流通常不受建筑、林木等高大紧密的地物所影响。

对于观冰站搭建的监视结构物，常用的方法主要有三种：普通测试架、覆冰测试模拟线段及覆冰测试真型线段[2]。

1. 普通测试架

利用测试架测量覆冰参数应在需要测量的点安装如图 5.22 所示的普通测试架。测试架顶端有四根标准覆冰量测试杆，其长度均为 1.0m，测试架直径应与要求模拟的各类标准导线一致。测试架架设高度为 2.0m，测试架顶端平板中心设置覆冰厚度测试杯。安装时使四根测试杆分别面向东(E)、南(S)、西(W)、北(N)四个方位。测试覆冰参数应记录覆冰开始和结束时间。在一定覆冰时间段内标准测试杆覆冰后将其从架上取下分别测量测试杆覆冰后直径并按标示方位放入图 5.23 所示的融化箱内。测定融冰水的体积可得出单位长度的覆冰量。

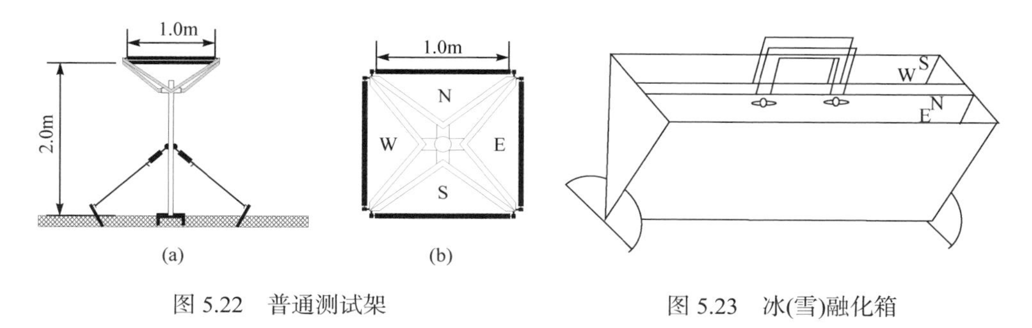

图 5.22　普通测试架　　　图 5.23　冰(雪)融化箱

2. 覆冰测试模拟线段

覆冰测试模拟线段如图 5.24 所示。模拟测试线段导线应采用标准导线，可架设不同直径导线同时进行测量和比较。模拟测试线段支持杆离地高度≥7.0m，档距长度≥30m。气象参数测量仪可安装在两端支柱上，在图 5.24 标注位置安装测力计，自动或手动记录覆冰过程中模拟线段张力及荷载变化情况。这种测试线段容易测试覆冰密度及厚度，覆冰量也容易计算。

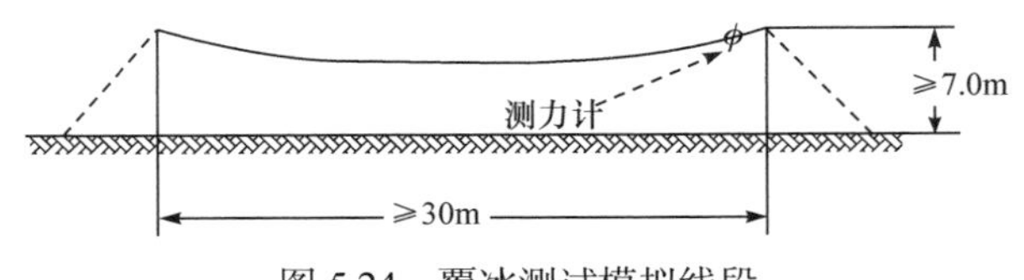

图 5.24　覆冰测试模拟线段

3. 覆冰测试真型线段

覆冰测试真型线段是便于测量、易于观测覆冰的运行线路。被选线段前后至少连续三档覆冰，地形、地理条件、气象条件、覆冰条件和荷载变化应具有代表性，如图 5.25 所示，导线覆冰荷载反映在弧垂变化上。

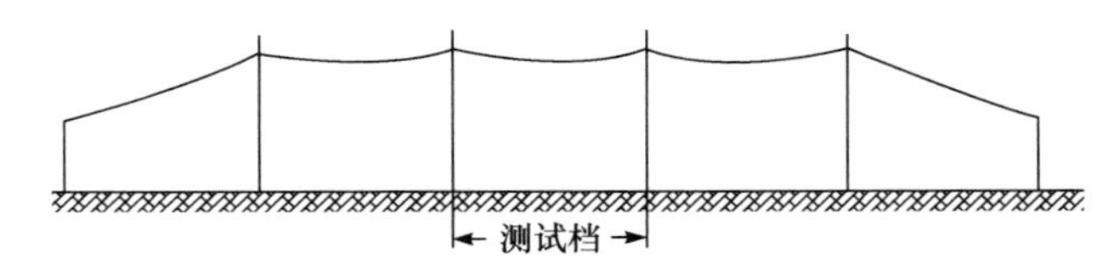

图 5.25　覆冰测试真型线段

5.3.4　野外覆冰观测站

野外覆冰观测站可提供在自然环境状态下开展覆冰和融冰试验的条件，能真实反映自然气象因素下电网设备的覆冰状态,并为电网的防冰提供数据支持。2008 年发生特大冰灾后，作者在湖南雪峰山建立了自然覆冰观测研究站(图 5.26[15])，长期系统研究自然环境输电线路、风机等设备的覆冰融冰规律，以及各种结构物除冰、防冰和融冰的方法。

图 5.26　湖南雪峰山野外站

1. 雪峰山气候特征

雪峰山位于湖南省西南部，属于中亚热带季风湿润气候，年平均降水量 1810mm，年平均气温为 12.7℃。自然覆冰观测研究站建于海拔 1400m 的平山塘，是典型的微地形小气候覆冰区，年平均覆冰时间>60d，最大雨凇冰厚>500mm，最大风速>35m/s。在 2008 年初南方特大冰灾期间，LGJ-400 导线雨凇覆冰量为 68kg/m；2009 年 2 月，其雨凇覆冰量为 48kg/m；2010 年 1 月，其雨凇覆冰量为 50kg/m，独特的气候使其成为研究自然覆冰的理想场所。

2. 湖南雪峰山野外站的观测条件

湖南雪峰山野外站自 2008 年开始建设，经十余年持续建设和不断完善，已成为研究电网覆冰和电气外绝缘等“独具特色、不可替代”的、在国际上具有重要影响的国家野外科学观测研究站，已建成 2 基 9m×9m×9m 雨凇架，档距 120m 的单分裂、二分裂至八分裂的试验线段，如图 5.27(a)所示；在雨凇架布置各种形式与材质(瓷、玻璃、复合材料)的绝缘子串(图 5.27(b))，长期系统地观测研究绝缘子、导线的覆冰、融冰及其覆冰电气特性。

(a) 雨凇架与试验线段

(b) 各种形式的绝缘子串

图 5.27　雨凇架、试验线段与绝缘子串

为系统研究输电线路、杆塔、风机覆冰形成及其导致灾害的机制，以及防御冰灾的方法和技术措施，分别建设了±800kV 直流和 750kV 交流试验电源、4800kV 冲击电压发生器、400kA 冲击电流发生器、5000A 大电流交直流融冰试验电源，以及 300kW 风机覆冰与防御试验及其野外观测站备用电源系统，并架设了 500kV 真型铁塔，如图 5.28 所示。湖南雪峰山野外站已经成为世界上唯一集绝缘子、杆塔、导线、风机、飞行器覆冰与电气外绝缘研究于一体的野外科学观测研究站。

(a) ±800kV特高压直流电源

(b) 4800kV冲击电压发生器

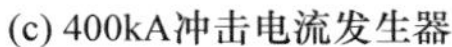
(c) 400kA冲击电流发生器

(d) 风机(右)与真型铁塔(左)

图 5.28 湖南雪峰山野外站的部分装备

3. 输电线路导线覆冰观测

导线覆冰观测分析气象因数和沉降水条件等各种因素对覆冰的影响。图 5.29 为某天按小时节点对输电线路导线覆冰气象参数观测的示例。

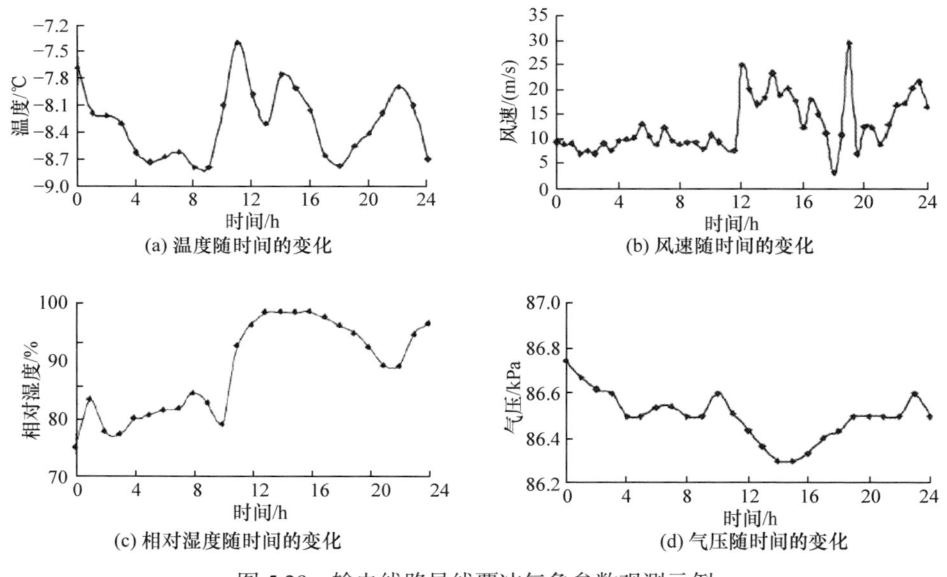

(a) 温度随时间的变化

(b) 风速随时间的变化

(c) 相对湿度随时间的变化

(d) 气压随时间的变化

图 5.29 输电线路导线覆冰气象参数观测示例

重庆大学自 20 世纪 80 年代至今，一直致力于自然环境下导线覆冰及其防御的系统研究，先后在重庆武隆、贵州六盘水、湖南雪峰山等十几处严重覆冰的地区设立了覆冰观测研究的站点，观测研究各种结构物覆冰形成的物理过程以及自然融冰的规律，大量观测研究发现，导线覆冰一般是不均匀的，通常是迎风面覆冰更为严重，如图 5.30 所示。导线覆冰是气-液两相流中携带过冷却水滴的气流绕过导线时空气的黏滞过程，气流在导线的迎风面被阻滞，在导线的背风面形成湍流漩涡，气流的速度分布如图 5.31(a)所示。

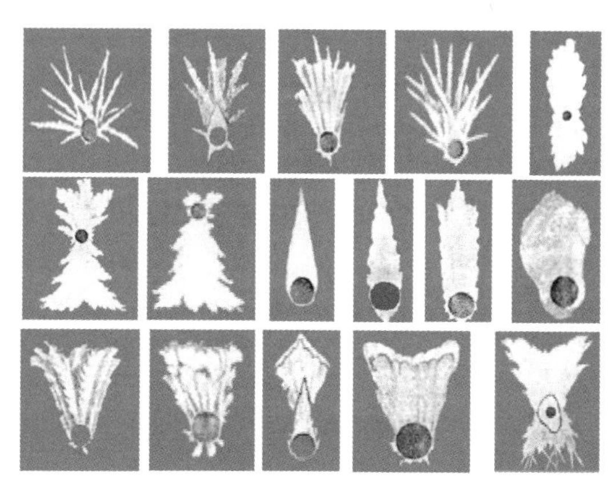

图 5.30　观冰站观测的冰形

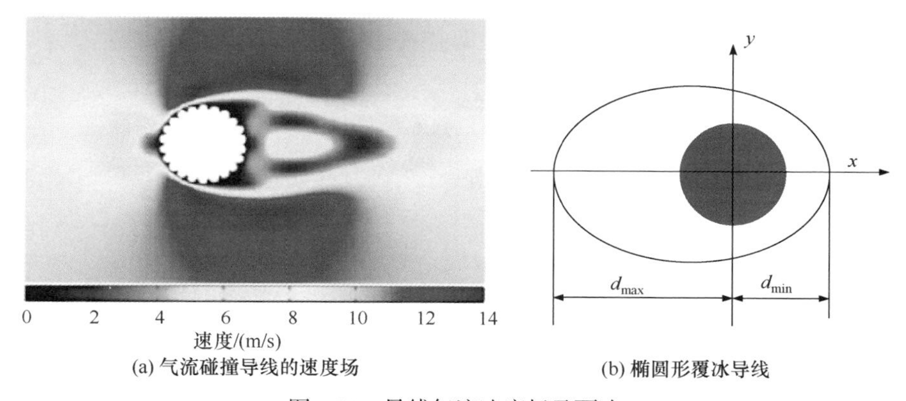

图 5.31　导线气流速度场及覆冰

分析自然条件覆冰的观测结果可知，导线覆冰的截面形状与风速、过冷却水滴大小、导线扭转刚度等多种因素有关，导线的扭转刚度决定了导线覆冰的截面形状。对于刚度较小的导线，导线覆冰的截面形状更接近于圆形；对于刚度较大的导线，其截面形状一般呈椭圆形或翼形。导线刚度与其自身跨距有关，对于大跨越导线，在距离杆塔较远处的导线，由于刚度较小覆冰后容易发生扭转，其覆冰的截面形状一般近似为圆形；而接近杆塔部分的导线，由于不易扭转覆冰的截面形状一般呈椭圆形或翼形，如图 5.31(b)所示。

图 5.32 为 2010 年 1～2 月中旬在湖南雪峰山野外站观测到的雨凇覆冰导线截面形状。自然环境导线雨凇覆冰的截面形状大多呈翼形，可用椭圆形进行近似；冰层最厚处一般在迎风侧，最薄处在背风侧。

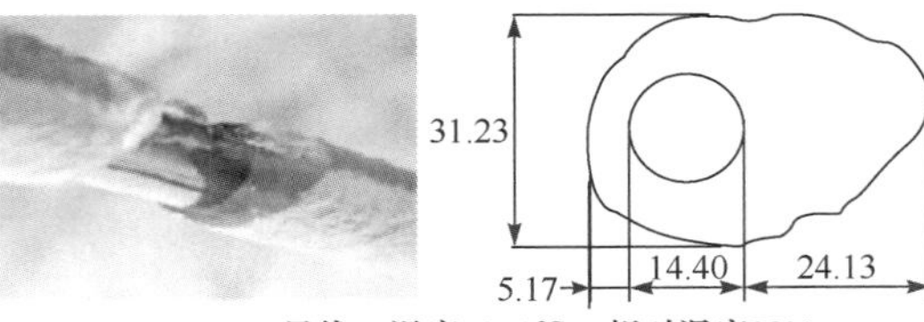

(a) CTMH150导线，温度−3~0℃、相对湿度98%、
与导线轴夹角70°~80°的水平风速3~7m/s

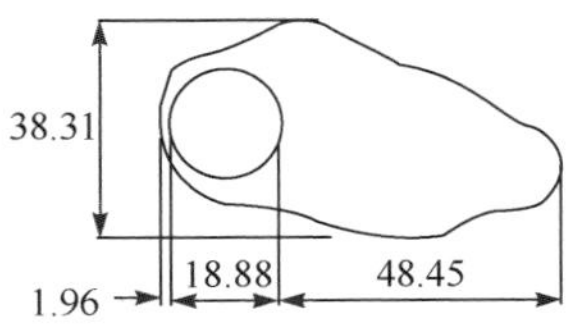

(b) LGJ-185导线，温度−5~0℃、相对湿度97%、
与导线轴夹角60°~90°的水平风速3~9m/s

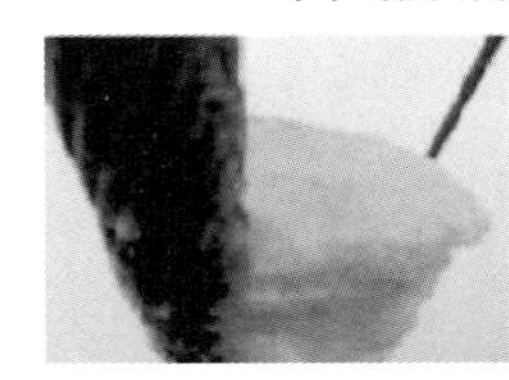
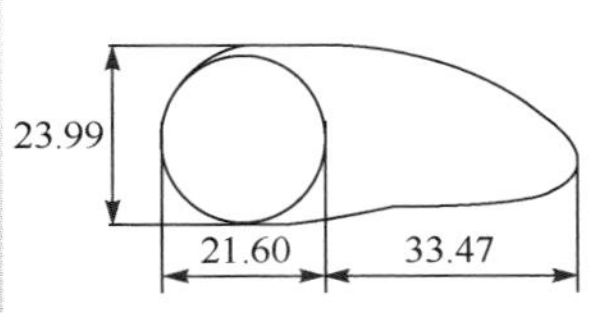

(c) LGJ-240导线，温度−5~0℃、相对湿度97%、
与导线轴夹角60°~90°的水平风速3~9m/s

图 5.32　湖南雪峰山野外站导线覆冰形状观测结果示例(单位：mm)

4. 导线覆冰形状校正

自然覆冰观测目的之一是为线路覆冰实时监测提供参考与验证。自然覆冰形状多为非均匀非对称结构，想要获得准确的冰厚十分困难。目前工程中尚没有直接测量导线冰厚的方法，多是采用一些间接方法来估测覆冰的情况，由于测量方法原理不同以及覆冰形状差异，测量误差较大，不满足工程的实际需要。

针对目前量器具检测存在不足的修正方法是：基于面积等效原理，将实际导线非均匀覆冰折算为均匀覆冰，提出导线冰厚测量的形状校正系数，分析自然覆冰形状特征，为线路冰厚测量提供一种准确而简便的现场测量手段。

在湖南雪峰山野外站对多种不同类型导线覆冰期间不同覆冰形状和相应覆冰厚度进行了大量的现场观测，如图 5.33 所示。

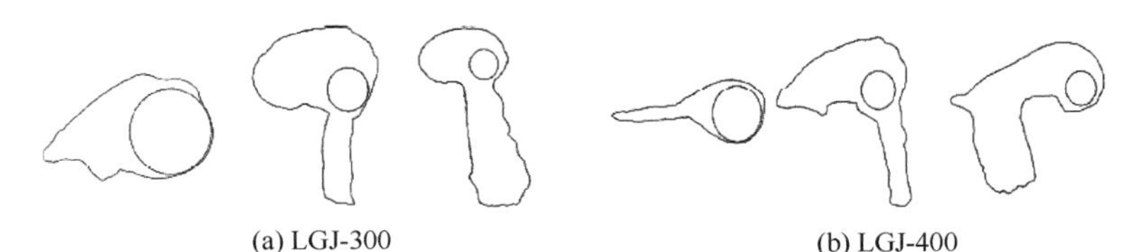

(a) LGJ-300　　(b) LGJ-400

图 5.33　LGJ-300 和 LGJ-400 经典覆冰类型

传统量器具检测方法通过测量冰层的直径和厚度，再计算相应覆冰厚度。冰层直径是指垂直于导线表面上冰层积结(包括导线直径)的最大数值，冰层厚度是指在所测覆冰直径截面上垂直于直径方向冰层积结(包括导线直径)的最大数值(图 5.31)。根据冰层直径和厚度可得冰厚[16]：

$$b=\frac{1}{2}\sqrt{d_1d_2}-d \tag{5.67}$$

式中：b 为换算成圆形截面后的覆冰厚度(mm)；d_1 为覆冰截面的冰层直径(mm)；d_2 为覆冰截面的冰层厚度(mm)；d 为导线半径(mm)。

自然覆冰环境因素复杂多变，覆冰形状极不规则，许多冰柱冰针等隆起部分按式(5.67)无法正确反映实际覆冰厚度。通过分析自然条件导线几种典型覆冰形状特征，人工描绘其实际覆冰截面图(图 5.34)，导入 AutoCAD 中得到较为准确的覆冰截面面积 S，基于面积等效原则，换算成圆形截面的冰厚(b_0)为

$$b_0=\sqrt{\frac{S}{\pi}}-d \tag{5.68}$$

式中：b_0 为按截面面积换算的等值覆冰厚度(mm)；S 为覆冰截面面积(mm^2)(包含架空导线截面面积)。

(a)

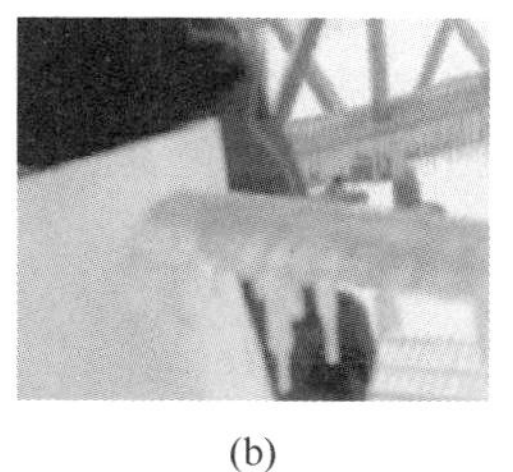

(b)

图 5.34　人工描绘覆冰截面形状示例

虽然人工描绘截面图获得覆冰厚度方法计算结果精确，但过程十分繁琐。将量器具检测测得的覆冰厚度与人工描绘截面图获得的精确覆冰厚度结合，基于面积等效原则，将不规则不均匀覆冰校正为规则均匀覆冰，可供实际工程防冰和除冰参考。等值覆冰厚度折算系数 k 为

$$k=\frac{b_0}{b} \tag{5.69}$$

式中：b_0 为通过人工描绘截面图，根据面积等效原则按式(5.68)换算的较精确覆冰厚度；b 为通过量器具检测法测量的参数按式(5.67)计算的覆冰厚度。该覆冰厚度校正系数是通过对同一导线同一时刻不同测量方法所得的比值，故此校正系数与导线此时的覆冰形状有关，与导线的直径无直接关系。

对多种导线不同覆冰时期的冰厚进行多次测量(同一导线段上至少取 10 点)，由式(5.67)～式(5.69)求取相应的校正系数。实际覆冰过程中导线在不同覆冰环境和不同覆冰期时的形状均不同(但多数呈椭圆形或翼形)，为便于计算和工程应用，对所有典型覆冰厚度校正系数求取平均值作为此处的覆冰厚度校正系数。通过平均校正系数和多次测得的冰层直径与厚度获得较为准确的实际覆冰厚度为[17]

$$b_m = \left(\frac{1}{2}\sqrt{d_1 d_2} - d\right) \times k_{av} \tag{5.70}$$

式中：k_{av}为面积等效原理获得的平均校正系数；b_m为校正后实际覆冰厚度(mm)。

在湖南雪峰山野外站对 LGJ-185、LGJ-120、LGJ-300 和 LGJ-400 共 4 种导线不同覆冰时期覆冰厚度进行多次测量，按以上步骤计算其相应的覆冰厚度校正系数 k。取导线同一时段多次测量的平均值作为此时覆冰导线的冰层直径、冰层厚度及冰层总面积如表 5.4 所示。覆冰厚度校正系数与导线直径没有明显关系，主要是由覆冰形状决定。故对雪峰山典型覆冰形状校正系数取平均值，则 k_{av}=0.775，标准偏差为 0.068，此误差在工程应用范围内。该导线覆冰形状校正系数是湖南雪峰山野外站覆冰导线典型覆冰形状的校正系数，仅适用于湖南雪峰山野外站附近区域或类似覆冰情况的导线覆冰形状校正，对于其他地区的覆冰厚度校正系数亦可用此方法求得，可应用于工程实际。

表 5.4　典型覆冰厚度校正系数

d/mm	d_1/mm	d_2/mm	S/mm^2	b/mm	b_0/mm	校正系数 k
9.44	41.84	19.66	542.15	4.9	3.7	0.755
9.44	64.86	73.57	2398.86	25.1	18.2	0.725
9.44	91.84	68.10	3921.59	30.1	25.9	0.860
7.87	37.58	16.55	391.77	4.6	3.3	0.717
7.87	63.24	96.55	2782.83	31.2	21.9	0.702
7.87	72.42	49.61	2404.07	22.1	19.8	0.896
11.97	45.35	27.33	872.57	5.6	4.7	0.839
11.97	61.37	82.91	2671.79	23.8	17.2	0.723
11.97	62.79	122.60	4527.00	31.9	26.0	0.815
14.00	80.74	29.25	1492.25	10.3	7.8	0.757
14.00	99.00	110.09	5150.39	38.2	26.5	0.694
14.00	129.29	86.58	6615.38	38.9	31.9	0.820

5.3.5　自然覆冰观测与试验

相对于导线而言，因绝缘子伞形结构对其周围流场特性有明显的影响，导致其覆冰特性和导线存在较大差异。目前国内外对绝缘子覆冰的研究大多基于实验室人工模拟，缺少自然环境绝缘子覆冰过程与覆冰后电气特性的真型研究。绝缘子自然覆冰观测与试验对于输电线路外绝缘设计和安全运行具有十分重要的作用，并为覆冰条件下绝缘子类型选择和结构设计提供技术支持。

1. 玻璃绝缘子

图 5.35 为 2012 年 12 月某日在湖南雪峰山野外站对 LXHY3-160 型玻璃绝缘子串自然覆冰观测示例。覆冰观测的绝缘子技术参数和结构图如表 5.5 所示。两次观测的条件：第一次为阴雨天气，冻雨开始时温度为−3.8℃，覆冰时风力为微风(风速<1m/s)；第二次为无风下雪天。

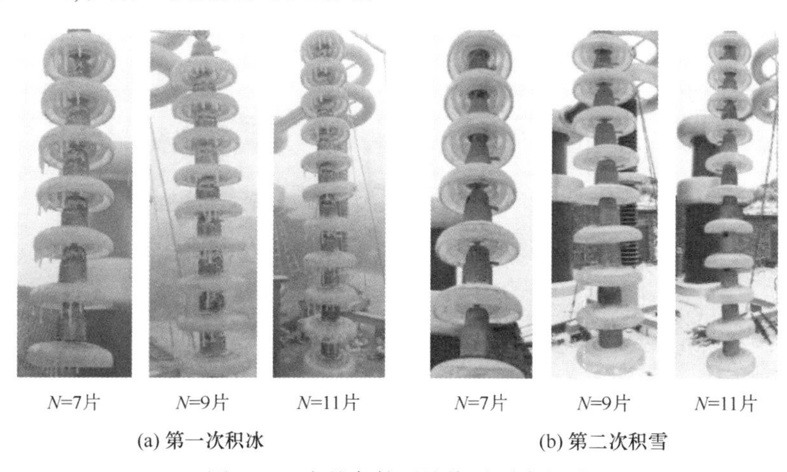

图 5.35　自然条件下绝缘子覆冰积雪

表 5.5　覆冰观测的 LXHY3-160 绝缘子技术参数和结构图

参数	数值
D/mm	280
H/mm	155
L/mm	450
A/cm^2	2799

2. 复合绝缘子

自然覆冰观测的复合绝缘子结构和技术参数如图 5.36 和表 5.6 所示。图 5.37～图 5.39 为 2013～2014 年覆冰季节某次在湖南雪峰山野外站对复合绝缘子自然覆冰观测的示例。复合绝缘子覆冰观测示例的环境条件见表 5.7，主要记录的试验参数有覆冰质量(m)、冰凌根数(n)、冰凌长度(l)和迎风面伞裙表面厚度(h)。在雾凇、混合凇覆冰条件下无冰凌形成，记录到的只有覆冰质量(表 5.8)。图 5.37～图 5.39 展示了五种典型复合绝缘子结构覆冰的外观，其覆冰试验测量参数结果见表 5.8[18]。

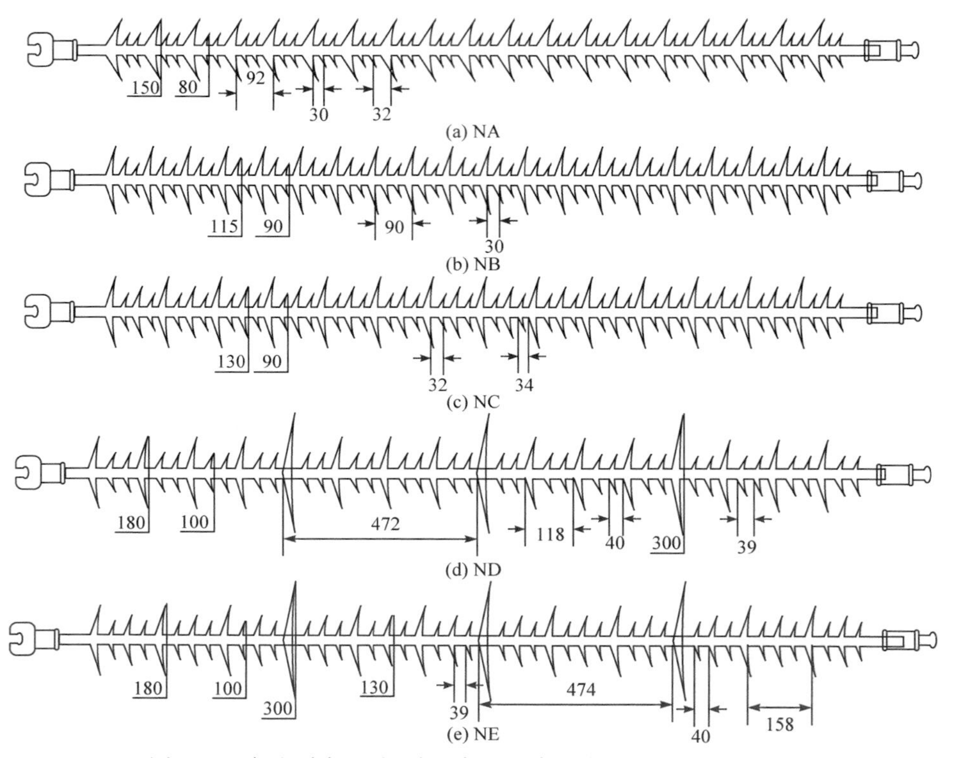

图 5.36　自然覆冰观测研究示例的复合绝缘子结构(单位：mm)

表 5.6　自然覆冰观测研究示例的复合绝缘子技术参数

编号	D_0/mm	d_1, d_2, d_3, d_4/mm	D_1, D_2, D_3, D_4/mm	N_1, N_2, N_3, N_4/mm	H/mm	L/mm
NA	25	92, 30, 32	150, 80	19, 38	1900	5900
NB	25	90, 30, 30	170, 115, 90	20, 20, 20	2050	6200
NC	25	132, 32, 34	180, 130, 90	14, 14, 28	1900	6350
ND	25	472, 118, 39, 40	300, 180, 100	3, 13, 31	1900	6570
NE	25	474, 158, 39, 40	300, 180, 130, 100	3, 10, 12, 24	1965	6800

(a) NA　(b) NB　(c) NC　(d) ND　(e) NE

图 5.37　复合绝缘子雾凇覆冰观测示例

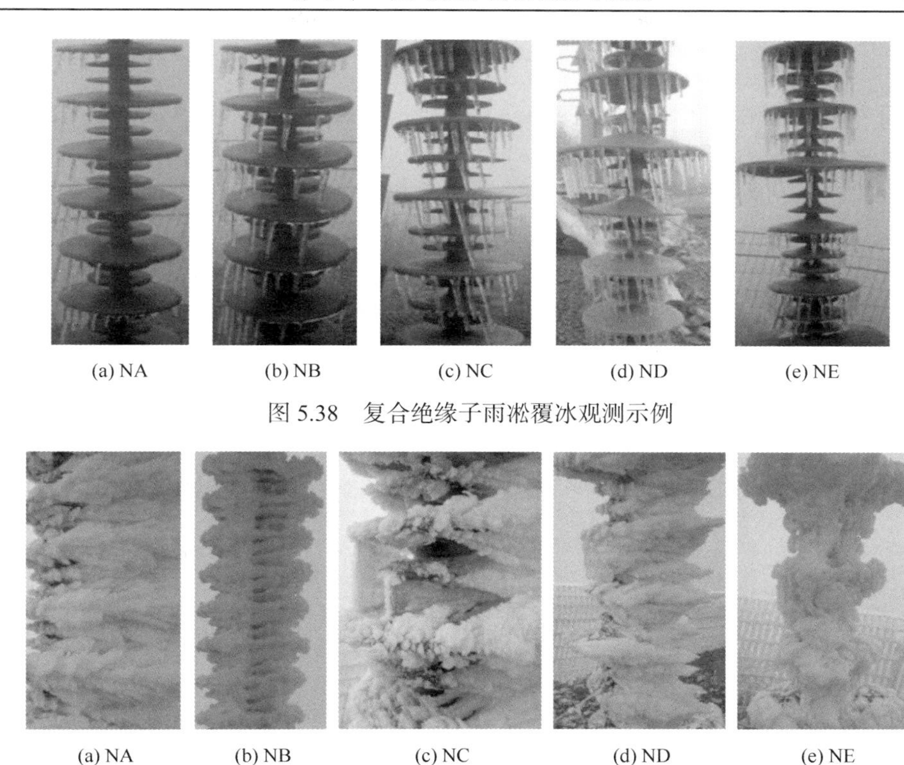

(a) NA　(b) NB　(c) NC　(d) ND　(e) NE

图 5.38　复合绝缘子雨凇覆冰观测示例

(a) NA　(b) NB　(c) NC　(d) ND　(e) NE

图 5.39　复合绝缘子混合凇覆冰观测示例

表 5.7　复合绝缘子自然覆冰观测示例的环境条件

环境条件	覆冰时间		
	2013.2.7～2.9	2013.12.11～12.12	2014.2.3～2.11
覆冰类型	雾凇	雨凇	混合凇
环境温度/℃	−11.6	−3.8	−5.7
风速/(m/s)	8.7	4.3	4.5
相对湿度/%	88.2	98	100

表 5.8　复合绝缘子自然覆冰状况的观测示例

覆冰类型	参数	NA	NB	NC	ND	NE
雾凇	m/kg	1.2	1.8	2.3	3.4	3.8
雨凇	n/根	4	10	12	14/32	16/27
	l/mm	26	41	53	59/102	82/91
	h/mm	2.5	3.1	3.4	3.4/4.5	3.9/5.1
	m/kg	2.5	3.4	3.9	5.3	6.0
混合凇	m/kg	17.4	20.3	20.9	26.7	29.5

3. 风机叶轮自然覆冰观测

叶轮覆冰改变风机原有气动性能，表面粗糙度增加，机组出力损失，且额外荷载的产生会加剧振动，缩短叶片使用寿命[19]。覆冰对风机产生严重的负面影响。为观测风机覆冰规律，并为覆冰预测与防冰、除冰提供科学数据，在湖南雪峰山野外站建设了 300kW 的风机和多个小型风机。图 5.40 为 2kW 风机叶尖覆冰增长过程，表 5.9 为风机某次覆冰环境参数[20-22]。

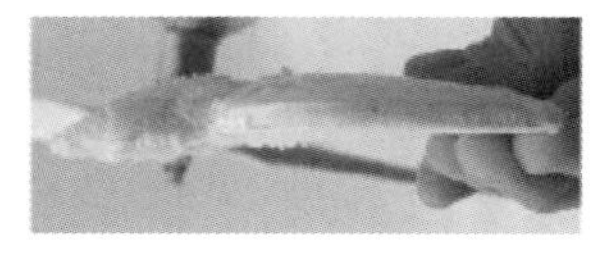

(a) 20min、60min、120min雾凇覆冰观测(自左往右)

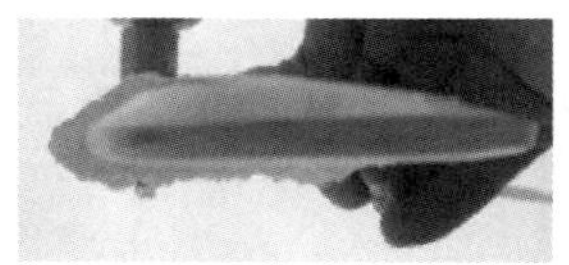

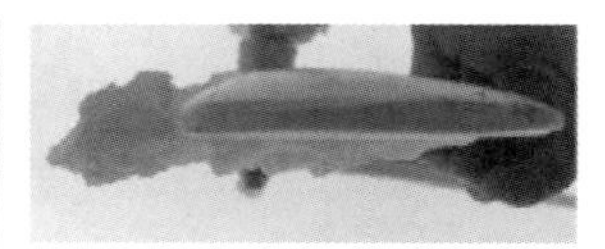

(b) 20min、60min、120min雨凇覆冰观测(自左往右)

图 5.40　2kW 风机叶尖覆冰增长过程观测

表 5.9　2kW 风机某次自然覆冰观测的环境条件

覆冰类型	相对湿度/%	温度/℃	风速/(m/s)	覆冰时间/min	冰密度/(g/cm³)
雾凇	65	−5.5	6.4	120	0.63
雨凇	100	−0.8	8.2	120	0.91

观测发现：雾凇光滑规则，集中在叶片前缘，迎风面和背风面几乎没有冰，冰密较小；雨凇有较多角状突起，位于叶片前缘和迎风面，冰密较大。雾凇时碰撞在叶片前缘的过冷却水滴迅速冻结；雨凇覆冰时过冷却水滴不会全部冻结，未冻结的水滴以溢流水的形式向尾缘发展并逐渐冻结在迎风面[23]。

图 5.41 为叶尖前缘冰厚随时间的变化规律：叶片雾凇叶尖前缘覆冰厚度随时间呈近似线性增长，而雨凇叶尖前缘覆冰厚度上升趋势变缓。雾凇覆冰的风机转速降低程度较小，叶片迎风攻角变化较小，覆冰主要沿着叶片前缘增长；雨凇覆冰的风机转速降低剧烈，叶片迎风攻角变大，使得更多过冷却水滴撞击在迎风表面，导致迎风表面出现越来越多的覆冰，抑制叶尖前缘冰厚增加。

表 5.10 为 300kW 风机某次覆冰的环境参数，覆冰观测状态如图 5.42 所示。300kW 风机叶尖在不同雨凇覆冰工况下的覆冰差异；在该次覆冰过程中相对湿度和温度的变化较小，随风速增加，叶片前缘冰出现角状分叉，迎风表面开始出现更多的覆冰。但大量观测发现，风机叶片覆冰随覆冰条件变化其覆冰状态有极大差异。

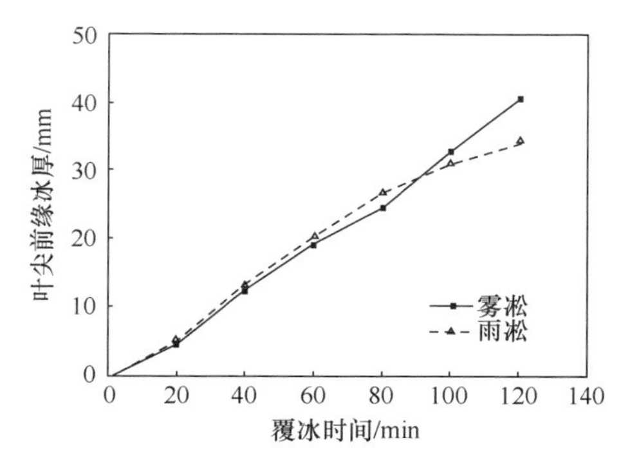

图 5.41　小型风机叶尖前缘冰厚随时间的变化

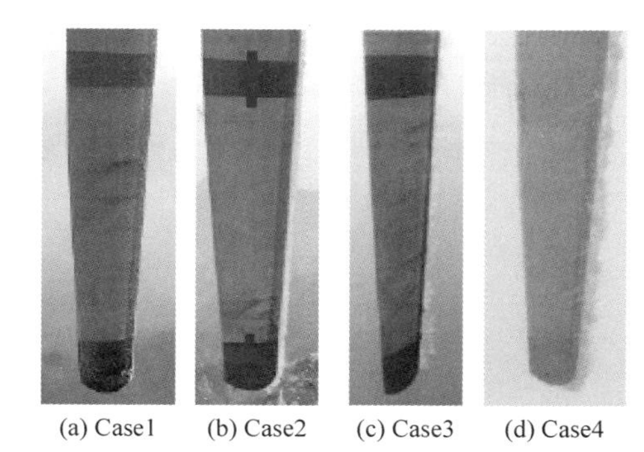

(a) Case1　(b) Case2　(c) Case3　(d) Case4

图 5.42　300kW 风机叶尖覆冰状态

表 5.10　300kW 风机自然覆冰观测示例的环境参数

工况	相对湿度/%	温度/℃	风速/(m/s)	覆冰时间/min
Case1	90	−2.0	3.6	30
Case2	85	−1.3	6.5	120
Case3	100	−0.8	10.5	60
Case4	100	−1.0	12.1	180

为了解风机叶片覆冰对其输出功率的影响，在雪峰山覆冰试验基地开展风机的自然覆冰试验，并对叶片无冰、叶片雾凇覆冰和雨凇覆冰三种不同类型覆冰程度下风机的功率曲线进行了试验验证，研究中大型风机叶片覆冰对风机输出功率的影响。图 5.43(a)为风机叶片无覆冰情况，图 5.43(b)为风机叶片雾凇覆冰情况，图 5.43(c)为风机叶片雨凇覆冰情况。表 5.11～表 5.13 分别为风机叶片无覆冰、雾凇覆冰、雨凇覆冰的数据情况，图 5.44～图 5.46 分别为风机叶片无覆冰、雾凇覆冰、雨凇覆冰的计算结果与试验结果对比情况。

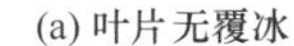

(a) 叶片无覆冰　(b) 叶片雾凇　(c) 叶片雨凇

图 5.43　风机叶片不同覆冰情况

表 5.11　风机叶片无覆冰情况

覆冰程度/%	风速/(m/s)	转速/(r/min)	输出功率/kW	转矩/(kN·m)
0	5.6	31	13.9	5.0
	6.8	32	35.6	12.5
	7.3	34	48.1	15.9
	8.5	36	87.2	27.2
	9.4	37	103.5	31.4
	10.2	38	141.7	41.9
	11.5	40	171.7	48.2
	12.5	41	225.5	61.8
	13.6	42	236.9	63.4

表 5.12　风机叶片雾凇覆冰情况

覆冰程度/%	风速/(m/s)	转速/(r/min)	输出功率/kW	转矩/(kN·m)
3	5.4	29	13.0	5.1
	6.4	31	33.5	12.2
	7.3	32	46.1	16.2
	8.3	33	81.8	27.8
	9.8	35	101.8	32.6
	10.6	36	136.9	42.7
	11.4	38	164.7	48.7
	12.5	40	209.3	58.7
	13.4	42	226.0	60.4
	14.6	43	240.1	62.7

表 5.13　风机叶片雨凇覆冰情况

覆冰程度/%	风速/(m/s)	转速/(r/min)	输出功率/kW	转矩/(kN·m)
10	5.2	25	6.1	2.7
	6.4	27	14.6	6.1
	7.5	27	19.4	8.2
	8.3	28	23.2	9.3
	9.2	28	25.4	10.1
	10.3	28	29.4	11.8
	11.6	29	30.7	11.9
	12.8	30	31.8	11.9

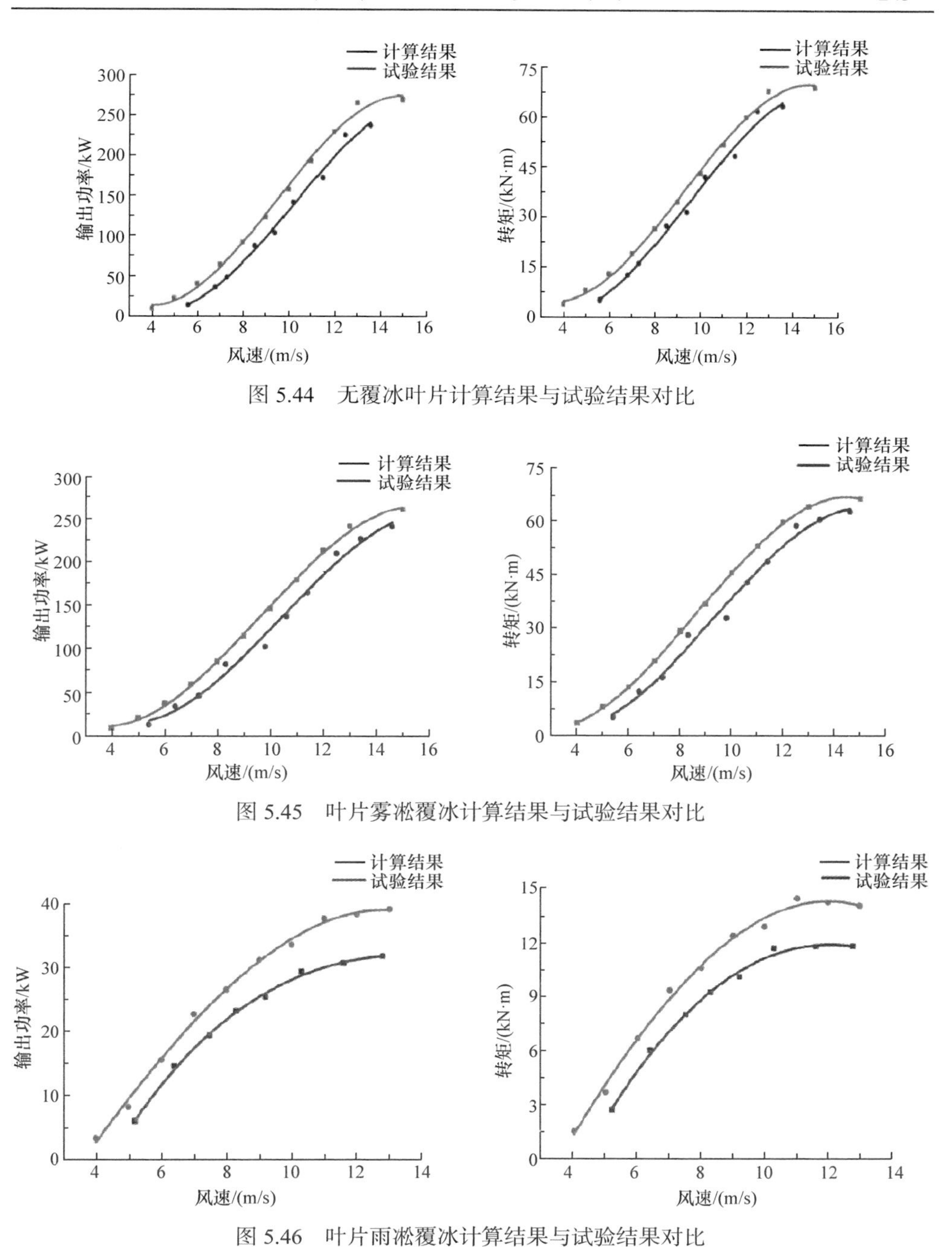

图 5.44　无覆冰叶片计算结果与试验结果对比

图 5.45　叶片雾凇覆冰计算结果与试验结果对比

图 5.46　叶片雨凇覆冰计算结果与试验结果对比

分析表 5.11 和图 5.44 可知：风机刚启动时，风速较低，风机的输出功率和转矩也较小，随着风速的增加，风机的输出功率和转矩迅速增加，当风速达到额定风速附近时，输出功率与转矩增长速度变缓，幅值变化不大，基本保持稳定，试验曲线与仿真曲线变化趋势一致，两者的误差在15%以内，表明数值计算能较好地模拟真实环境中风机的运行情况。

分析表5.12和图5.45可知：与洁净叶片一致，风速较低时风机输出功率和转矩增长较为缓慢；随着风速增加，输出功率和转矩迅速增长，当风速在额定风速附近时风机输出功率增长变缓；考虑到转速的增长，转矩变化幅度很小，对比洁净叶片可知，叶片雾凇程度为3%时风机的输出功率会有一定的下降，经计算下降幅度在5%以内，下降幅度不大，这与叶片的覆冰程度有关，当覆冰程度增加时，风机的输出功率会下降得更严重，经计算仿真结果与试验结果两者误差在15%左右，通过对比试验曲线与仿真结果，两者变化规律基本一致[24]。

分析表5.13和图5.46可知：低风速段风机输出功率增长较快，随风速提高，风机输出功率迅速增加；高风速段风机输出功率变化很小，基本上保持稳定。观察图5.46可知叶片雨凇覆冰为不规则的覆冰，叶片表面带有很多细小的突起，这些突起形成的不规则状外形改变了叶片原有的空气动力学结构，增加了叶片表面的粗糙度，极大地损害了叶片的气动特性，导致叶片的升力系数降低，阻力系数升高，叶片的升阻比降低，使风能利用率减小，从而导致风机输出功率减小，经计算误差在27%以内，额定风速下将覆冰程度为10%的风机输出功率与洁净叶片对比可知，叶片覆冰程度为10%的风机输出功率下降了约85%，由此可推知，随着叶片覆冰程度的继续加重，风机的输出功率会继续减小直至停机[25,26]。

5.4　人工模拟覆冰

5.4.1　人工气候室

人工模拟是国内外研究结构物大气覆冰的基本手段，国内外建立了许多人工覆冰模拟的人工气候室。

1. 国际上典型的人工覆冰气候室(图5.47)

(1) 加拿大魁北克大学CIGELE人工气候室，长×宽×高为6m×6m×9m，可模拟污秽、覆冰、淋雨及低气压等条件。

(2) 加拿大Kinectrics公司人工气候室，长×宽×高为10m×6m×12m，配有350kV/1666kV·A和20000A/2MV·A电源，温度在−10℃～+40℃，可模拟污秽、覆冰、淋雨等条件。

(3) 芬兰坦佩雷大学高压实验室，长×宽×高为4.6m×4.2m×5m，配有100kV交流电源，温度范围在−65℃～70℃，可模拟污秽、覆冰、淋雨等条件。

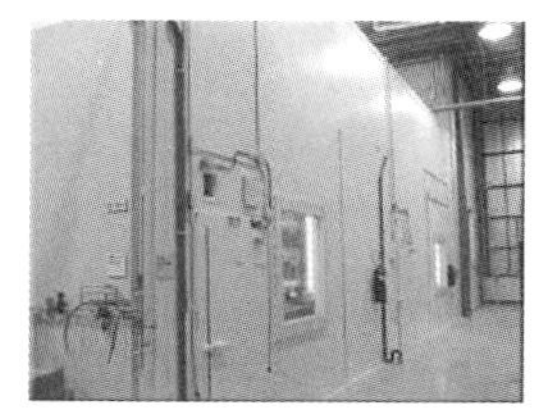
(a) CIGELE人工气候室

(b) Kinectrics公司人工气候室

(c) 坦佩雷大学高压实验室

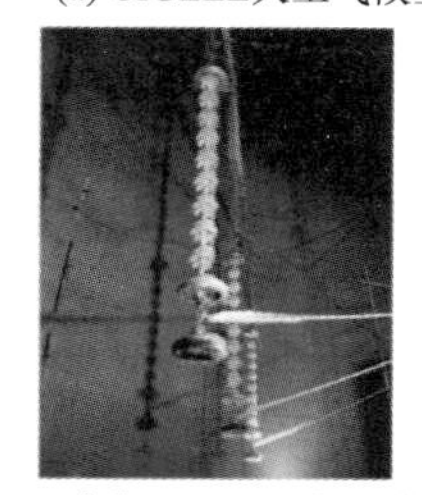
(d) 瑞典STRI人工气候室

(e) 德国人工气候室

(f)美国Powertech人工气候室

(g) 日本NKG的特高压人工气候室(左)与污秽实验室(右)

图 5.47　国际上部分典型的人工覆冰气候室

(4) 瑞典 STRI 人工气候室，为直径 18m、高 25m 的圆柱形，配有 900kV 交流和±1200kV 直流电源，可模拟污秽、覆冰以及淋雨等条件。

(5) 德国电力系统与高压技术机构人工气候室，长×宽×高为 7.2m×5.3m×5.6m，配有 900kV/1.2A 交流和±800kV 直流电源，温度为−65℃～90℃。

(6) 美国 Powertech 公司的人工气候室，长×宽×高为 3.0m×1.7m×1.2m，可模拟高温、雨/酸雨、雾/盐雾、湿度、紫外/红外等，配置 40kV 高压系统。

(7) 日本 NKG 特高压人工气候室，配有 1500kV 的交流电源、500kV 的直流电源以及 2500kV 的开关脉冲电压发生器等设备；且拥有 30m×25m×30m 的污秽实验室，配有 1000kV 交流电源、750kV 直流电源等。

2. 目前我国可模拟结构物覆冰人工气候室(图 5.48)

(1) 国网电力科学研究院有限公司(南瑞集团有限公司)建造的环境气候实验室，直径为 22m、高为 32m，配有 1000kV·A 的交流电源和±1000kV·A 的直流电源，模拟最低温度为−20℃，可模拟污秽、覆冰和淋雨等条件。

(a) 国网电力科学研究院有限公司气候实验室

(b) 中国电力科学研究院有限公司人工气候室

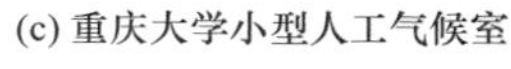
(c) 重庆大学小型人工气候室

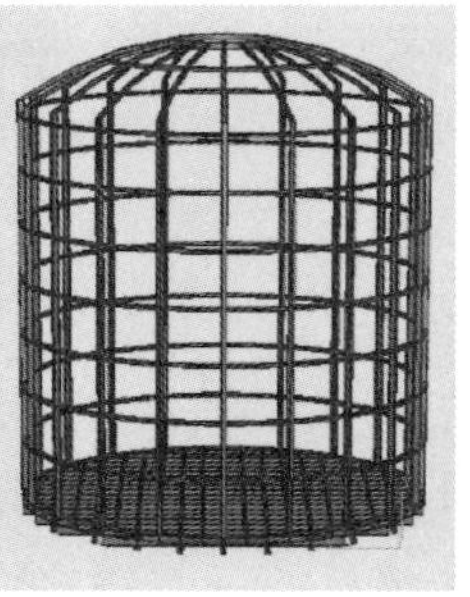

(d) 重庆大学大型多功能人工气候室及其承力结构

(e) 昆明电器科学研究所人工气候室　(f) 西高所人工气候室　(g) 防冰减灾国家重点实验室人工气候室

图 5.48　国内部分典型的人工覆冰气候室

(2) 中国电力科学研究院有限公司的人工气候室主要有直径为4m、高度为7m的小型气候室和直径为 22m、高度为 33m 大型气候室。配有 400kV 的交流电源和±600kV/0.5A 的直流电源，可模拟海拔为 0～6km 的污秽、淋雨和覆冰等试验。

(3) 重庆大学在 1985 年建立直径为 2.0m、长为 3.8m 的小型人工气候室，最低气压为 34kPa，最低温度为–36℃，风速为 1～3m/s，可形成 10～500μm 的降水颗粒，由 0.5t/h 蒸汽锅炉输送蒸汽进行热雾试验。由 110kV 穿墙套管引入试验电源，可进行高海拔、污秽、覆冰等复杂环境的外绝缘特性试验。

(4) 重庆大学在 2002 年建立直径为 7.8m、高为 11.6m 的大型多功能人工气候室，最低气压为 30kPa，最低温度为–45℃，风速为 0～12m/s，可形成 10～500μm 的降水颗粒，由 1.5t/h 蒸汽锅炉输送蒸汽可进行热雾试验。由 330kV 穿墙套管引入试验电源，可进行 500kV 高海拔、污秽、覆冰等复杂环境下的外绝缘特性试验。

(5) 昆明电器科学研究所的人工气候室直径为 6m、高为 5.6m，海拔高度为1960m，可模拟 0～7000m 海拔的气压、温度、湿度参数。

(6) 西安高压电器研究所(西高所)的人工气候室直径为 8m、高为 8m，可模拟的海拔高度为 0～6000m，温度为–25～+50℃，可进行高海拔、污秽条件的人工模拟试验。

(7) 湖南长沙防冰减灾国家重点实验室的人工覆冰气候室的直径为 22m、高为 31m，可模拟超高压和特高压输电线路的覆冰及其电气特性的试验。

此外，西安交通大学、华北电力大学、清华大学等已经建成或正在建设新的人工气候室，可用于高海拔、覆冰、污秽地区外绝缘特性的研究。

5.4.2　人工模拟覆冰的方法与标准

1. 导线人工覆冰方法

虽然国内外建立了很多人工覆冰的模拟实验室，但国际上并未建立导线人工覆冰模拟的相关标准。导线人工模拟覆冰主要有三种形态：雨凇、雾凇以及混合凇。人工模拟雨凇、混合凇与雾凇覆冰的形成条件如表 5.14 所示。

表 5.14　雨凇、混合凇和雾凇人工模拟条件

覆冰类型	水滴直径/μm	液态水含量/(g/cm³)	气温/℃	风速/(m/s)
雨凇	100±2	8.5±0.5	–5±1	1.5±0.5
混合凇	80±2	5.5±0.5	–10±1	2±0.5
雾凇	20±2	2.5±0.5	–15±1	2±0.5

人工覆冰应将导线和水进行预冷处理，一般水降到 4℃。如果导线温度或水温度较高，则水滴和导线及环境之间需一定时间进行热交换，导致覆冰失败。

覆冰导线特征参数主要有覆冰形态、质量和密度、表面粗糙度、表面冰凌特征以及冰中气泡含量等。

雾凇导线特征参数的表示通常采用冰量和密度、形态和表面粗糙度等。图 5.49 是不同时间雾凇表面状况，导线表面冰受电场的影响较大[27]。带电导线覆冰增长分为四个阶段：初期，过冷却水滴碰撞导线形成较均匀平坦的冰层，冰层表面存在微小突起，突起的密度在极短时间内达到最大，如图 5.49(a)所示；强电场作用下，初期冰层上的突起捕捉到大量水珠，快速增长形成冰树枝，如图 5.49(b)所示，生成的冰树在长度方向生长，分叉较少，尖端较为稀疏；第三阶段，冰树枝长度逐渐增加出现分叉，冰枝尖端密集，如图 5.49(c)所示；第四阶段，冰树枝叉枝数目趋于饱和，长度继续增加但速度变缓慢，如图 5.49(d)所示。

(a) t=5min　(b) t=10min　(c) t=20min　(d) t=30min

图 5.49　不同时刻导线雾凇覆冰表面状况

雨凇覆冰导线特征通常采用冰量和密度、形态、表面冰凌特征以及冰中气泡含量。如图 5.50 所示，随导线表面电场强度增加，冰凌形状发生明显变化且杂乱，冰凌由垂直生长逐渐向偏离重力方向发展，表面粗糙度也明显增加。

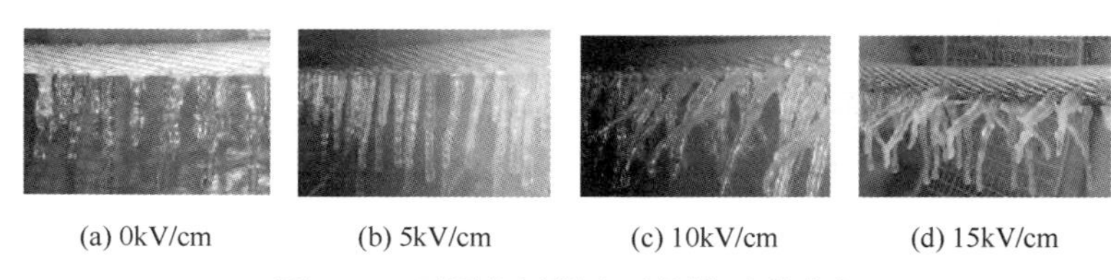

(a) 0kV/cm　(b) 5kV/cm　(c) 10kV/cm　(d) 15kV/cm

图 5.50　不同电场强度下导线雨凇形态

混合凇覆冰导线特征通常采用冰厚、表面冰凌特征等。如图 5.51 所示，导线表面形成雨凇、雾凇交替增长的乳白色不透明混合冰并以层状分布；导线表面既有较长的雨凇冰柱，又有粗糙的雾凇冰树枝。从图 5.50 和图 5.51 中可知，电场在 0～15kV/cm 时混合凇下表面冰柱与雨凇极为相似。

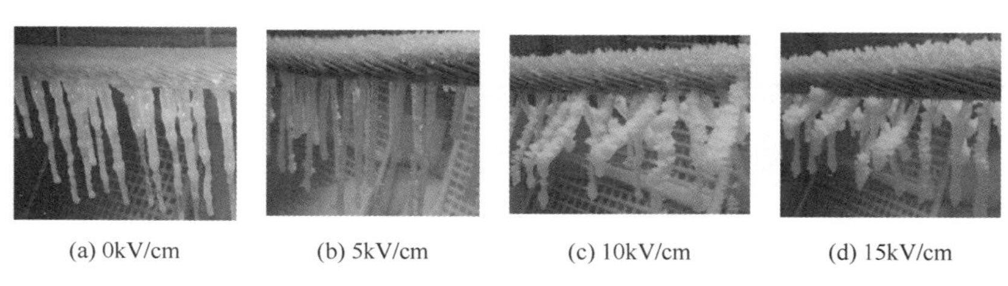

(a) 0kV/cm　(b) 5kV/cm　(c) 10kV/cm　(d) 15kV/cm

图 5.51　不同电场强度下导线混合凇形态

2. 绝缘子人工模拟覆冰

目前人工气候室模拟绝缘子覆冰的方法有四种，如表 5.15 所示。第 I 种方法的耐受电压随融冰时间的增长而下降，但污秽流失后在无冰凌桥接时耐受值比同等盐密污秽绝缘子高 30%～40%，有冰凌桥接时则高 5%～10%。第 II 种方法在污秽未充分溶解前耐压值比同等盐密的耐压值高 30%～40%，若污秽溶解而融冰水又未流失，最低冰闪电压与污闪电压接近，但模拟困难且分散性大。第 III 种方法的覆冰水和融冰水电导率基本一致，其最低耐受电压值随覆冰水电导率的增大而下降，当融冰水电导率为 500μS/cm 时，其交流耐受电压约为清洁绝缘子湿闪电压的 25%，约等于盐密为 0.06mg/cm^2 时污耐受电压值。第 IV 种方法的典型例子在我国北方经常发生，降雨后线路绝缘子串结成冰柱，环境温度回升时铁塔横担上脏污的融冰水沿着铁帽往桥接伞群的冰凌下流，导致线路跳闸。一般来说，滴流下来的冰水电导率越高，最低交流冰闪电压也越低，在冰水电导率为 1000μS/cm 时，其最低耐受电压比没有这种脏污流水时覆冰绝缘子的最低耐受值低 30%～40%[6]。

表 5.15 人工气候室模拟绝缘子覆冰方法

方法	自然覆冰	人工气候室模拟方法
I	绝缘子污秽层在空气中受潮并冻结	以规定的盐密污染后立即予以冰冻
II	绝缘子覆雪及污染后再覆冰	以规定的盐密污染后，再用洁净水间歇喷雾使其覆冰到所需规定值
III	脏污的水和雪黏附于绝缘子后结冰	以含规定盐分的水间歇喷洒到绝缘子上使其覆冰达到规定值为止
IV	污水从杆塔、横担上沿覆冰绝缘子下落	以洁净水喷洒到清洁绝缘子上覆冰至预定值，再经含规定盐分水从上而下流到绝缘子上

人工气候室模拟覆冰，其气温、风速和喷头的喷雾量应可控且能维持稳定；喷头的喷水量为(60±2)L/(h·m^2)；小于 100μm 的过冷却水滴覆冰过程中风速应<3m/s，而对较大的水滴，可适当加大风速，但应保证过冷却水滴碰撞覆冰表面且温度<0℃；风与覆冰表面的法向方向宜取约 45°±10°。水平和垂直降水强度应在室温下使用标准雨量计测量，并配备分隔收集容器，收集容器应有两个开口，分别为 100cm^2 至 750cm^2，一个为水平开口，一个为垂直开口，垂直开口面向喷雾。冰的平均厚度用安装在附近的固定旋转圆柱体测量，圆柱体直径为 25～30mm，长度为 600mm 左右，其旋转速度为 1r/min。覆冰水在喷雾前应进行预冷却至 3～4℃。

5.4.3 绝缘子人工覆冰特征参数

用何种特征参数表征绝缘子覆冰国内外至今尚无统一认识，国内外采用的绝缘子覆冰特征参数也各不相同。目前对绝缘子覆冰的测量采用的依然是覆冰厚度，该方法借鉴于输电线路导线覆冰的测量，而人工覆冰一般采用以下几种参量表征绝缘子的覆冰状态：

(1) 监测圆柱体导体上的覆冰厚度，相同覆冰环境中监测圆柱体导体的覆冰厚度与绝缘子冰厚存在对应关系，绝缘子冰闪电压与监测导体冰厚有关，如图 5.52 所示。

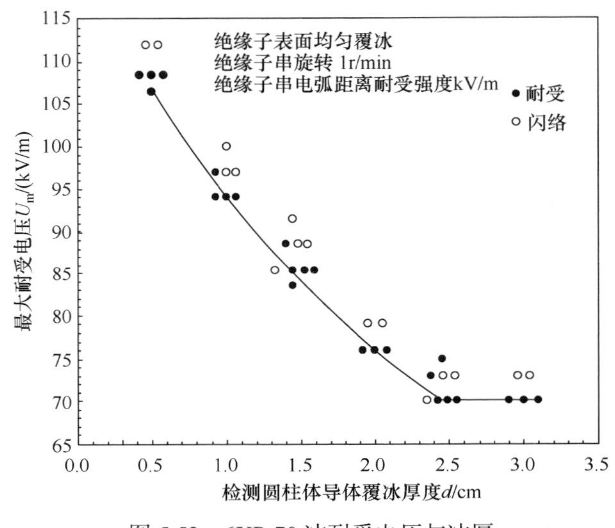

图 5.52 6XP-70 冰耐受电压与冰厚

(2) 绝缘子串的冰重与冰厚存在对应关系，如图 5.53 所示。

(3) 覆冰融冰水电导率、泄漏电流、片间冰凌根数及其桥接绝缘子串间气隙状态也可作为特征参数。

综合国内外的经验，采用覆冰重量或监测导体冰厚的方法较为适宜。参照美国国家标准 ANSI/IEEE C37.34-1994 对高压空气开关覆冰机械试验的要求，绝缘子冰厚度通过约Φ25.4mm×L608.6mm(Φ1in×L2ft)的金属棒或金属管间接测得。

绝缘子结构形状复杂，在自然环境风向风速及湿沉降水作用下，覆冰形状千姿百态。国外一直采用匀速转动圆柱体导体的冰量及厚度作为绝缘子覆冰的特征量。监测导体虽不能反映绝缘子覆冰的真实状态，但可间接反映绝缘子覆冰环境的特征，具有等效性。国内外也有采用表征冰本身性质的 0℃的覆冰水或融冰水电导率、含盐量或等值附盐密度、泄漏电流、平均冰量及平均冰厚、绝缘子伞裙间隙冰凌桥接根数、最小片间空气间隙等作为覆冰特征量。图 5.54 为覆冰交流耐受电压与融冰水电导率的关系。人工气候室模拟绝缘子覆冰尽可能接近实际运行条件。

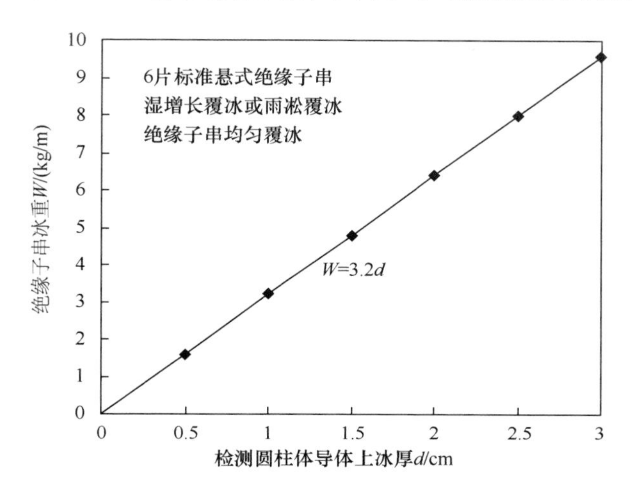

图 5.53　监测导体冰厚与绝缘子串冰量

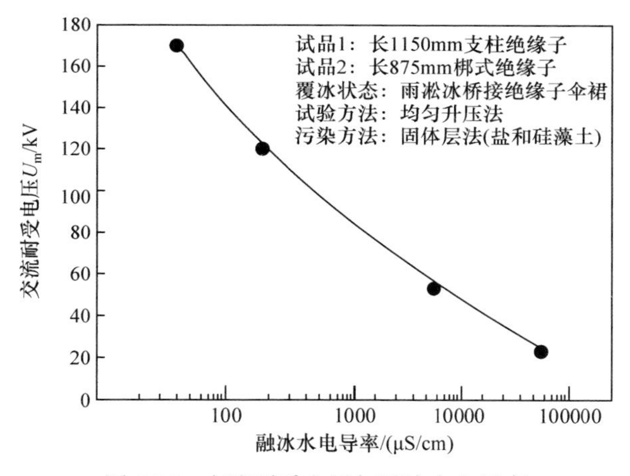

图 5.54　交流耐受电压与融冰水电导率

5.4.4　人工模拟覆冰影响因素

1. 覆冰条件影响

人工模拟雨凇、雾凇以及混合凇三种形态中雨凇覆冰是研究最多一种。雨凇透明坚硬，是由毛毛雨或过冷却雨滴形成的，其液态水含量高且中值体积水滴直径大，不会立刻结冰而形成透明的冰。雾凇是由细小雾滴低温下凝华形成蓬松的颗粒，模拟时其液态水含量较低，中值体积水滴直径小。混合凇介于雨凇和雾凇之间，形成条件复杂，可通过交替模拟雨凇和雾凇实现[28]。

2. 电场强度影响

人工覆冰分为带电与不带电覆冰，带电覆冰更接近实际运行条件。

大量试验发现，不带电覆冰的密度大于带电，带电覆冰表面更加疏松，呈现毛绒状，如图 5.55 所示。带电覆冰的电场强度有影响。电场强度增大，冰凌更加杂乱粗糙，如图 5.56 所示。

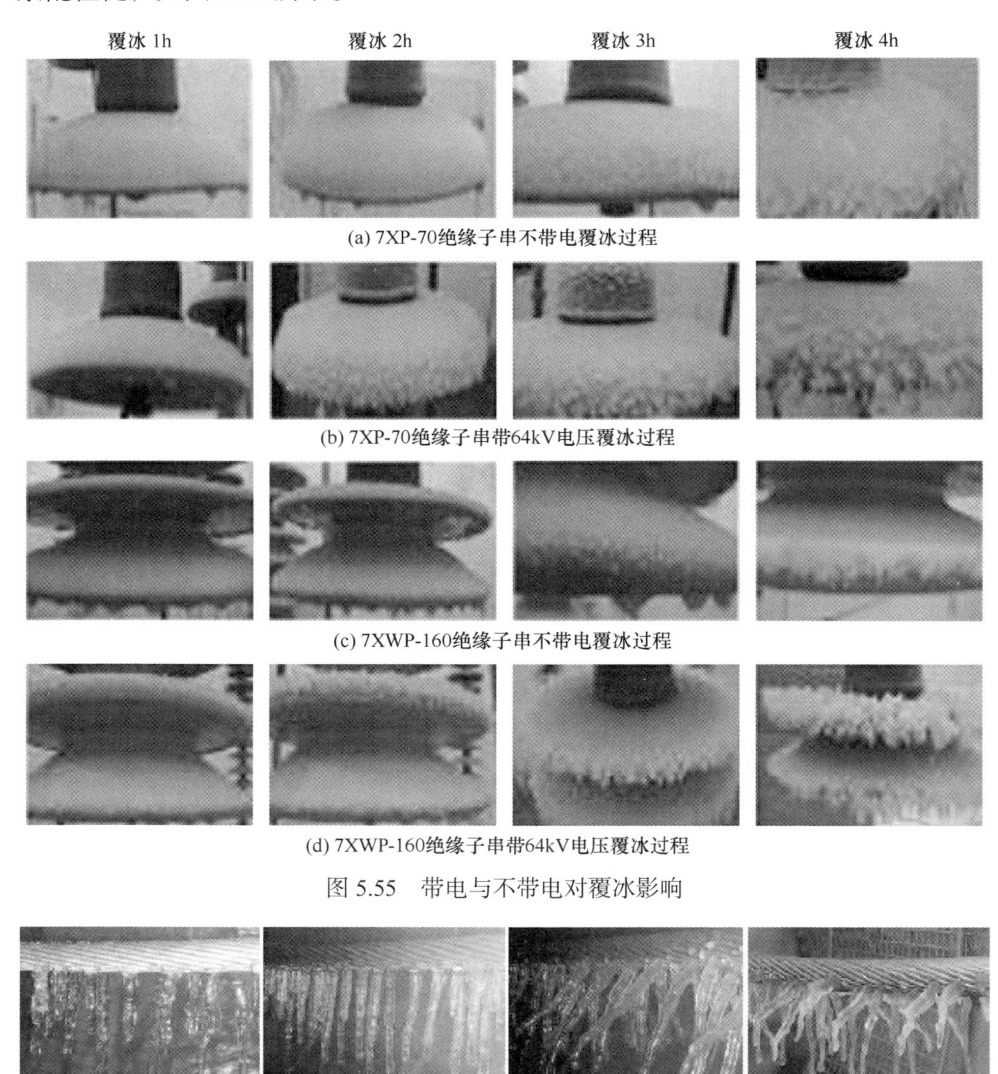

(a) 7XP-70绝缘子串不带电覆冰过程

(b) 7XP-70绝缘子串带64kV电压覆冰过程

(c) 7XWP-160绝缘子串不带电覆冰过程

(d) 7XWP-160绝缘子串带64kV电压覆冰过程

图 5.55　带电与不带电对覆冰影响

(a) 0kV/cm　(b) 5kV/cm　(c) 10kV/cm　(d) 15kV/cm

图 5.56　电场强度对覆冰影响

3. 覆冰水电导率影响

覆冰密度与覆冰水电导率有关。图 5.57 为泄漏电流脉冲幅值与覆冰水电导率的关系。覆冰水电导率越高差异越明显。电导率较高泄漏电较大，产生的焦耳热增加，温度升高将冰层融化，冰密度增加[29]。带电覆冰实施困难且危险，可用较低电压代替。

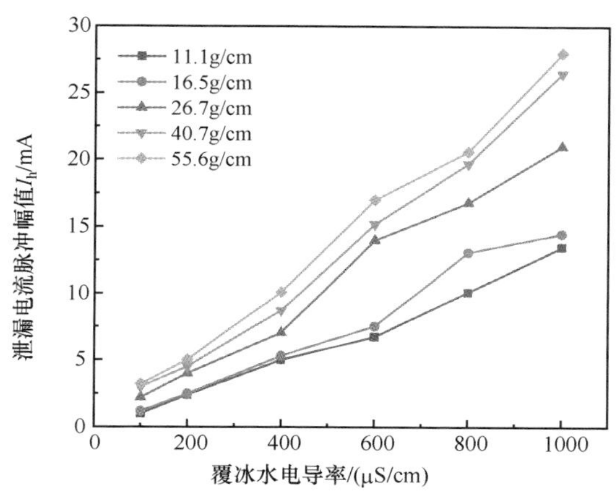

图 5.57　泄漏电流脉冲幅值与覆冰水电导率的关系

5.4.5　人工模拟覆冰等效性

自然覆冰环境气候条件多变，覆冰结构复杂。人工覆冰可控且稳定，覆冰更均匀。人工覆冰与自然覆冰存在差异，人工覆冰能否反映自然覆冰必须确定其等效性原则或准则。

以 3XP-160 绝缘子为对象，分别在湖南雪峰山野外站和重庆大学人工气候实验室开展了绝缘子覆冰闪络特性的对比试验，分析绝缘子自然覆冰与人工覆冰闪络特性的差异。

1. 试验条件

1) 绝缘子染污

绝缘子染污采用固体涂层法，用 NaCl、硅藻土模拟污秽中的可溶性盐及不溶性物质，盐灰比取 1∶6，用涂刷方式。盐密(SDD)分别为 0.03mg/cm^2、0.06mg/cm^2、0.09mg/cm^2。

2) 绝缘子覆冰

野外基地自然覆冰时，将染污的绝缘子串悬挂在试验架上，为防止绝缘子表面污秽流失，悬挂时间选择环境温度<–1℃，并人工对其表面喷雾，使其表面冻结形成冰膜再等待自然覆冰。闪络试验前在绝缘子下方放置容器以收集掉落的融

冰水和冰块，实现绝缘子串覆冰质量的测量，观测记录气象参数和覆冰状态。图 5.58 为某次覆冰气象参数，自然覆冰环境气象参数随机性大。

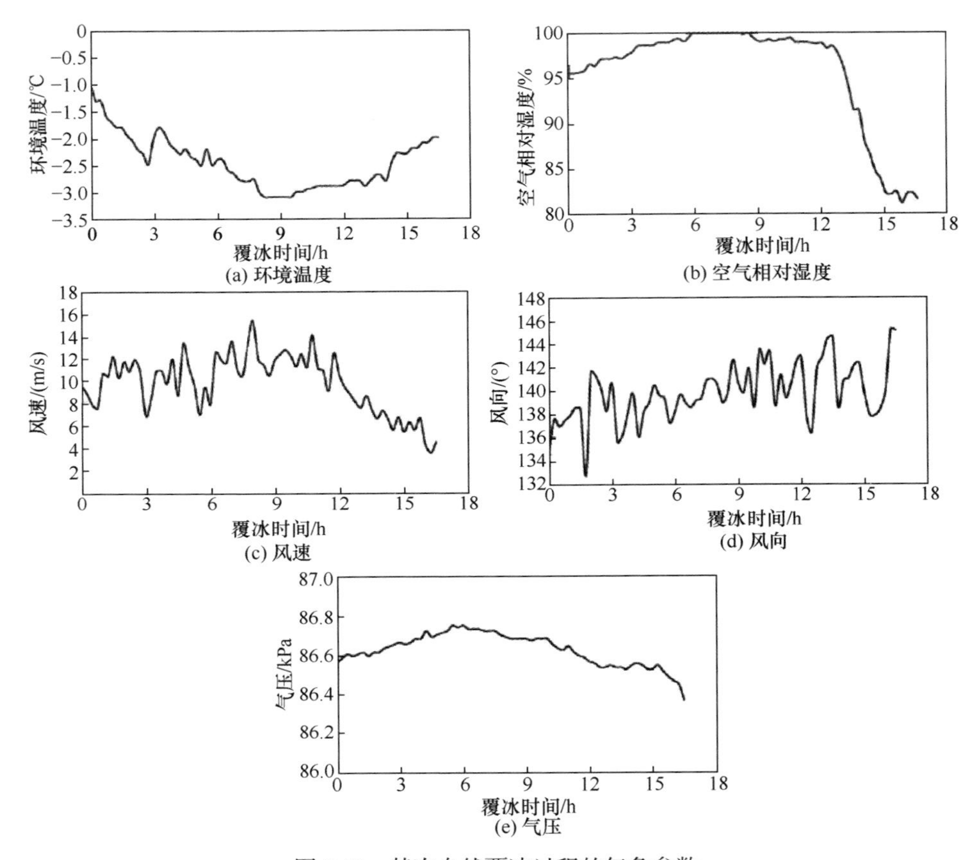

图 5.58　某次自然覆冰过程的气象参数

人工覆冰时，染污并阴干的绝缘子悬挂于人工气候室先干冻。为防止覆冰过程污秽流失，同样人工对其表面喷雾使其冻结形成冰膜再喷雾覆冰。

3) 覆冰绝缘子闪络特性

野外环境条件艰苦，覆冰试品量少，采用恒压升降法不现实。因此，人工覆冰和自然覆冰绝缘子均采用改进的均匀升压法。

2. 人工与自然覆冰差异

湖南雪峰山野外站和重庆大学人工气候实验室在相同程序下得到的 3XP-160 绝缘子试验结果如表 5.16 和表 5.17 所示。

表 5.16　3XP-160 自然覆冰绝缘子试验结果

m/kg	ρ_{SDD}=0.03mg/cm^2		ρ_{SDD}=0.06mg/cm^2		ρ_{SDD}=0.09mg/cm^2	
	U_{50}/kV	σ/%	U_{50}/kV	σ/%	U_{50}/kV	σ/%
0	75.7	3.3	59.8	2.7	53.6	5.2
1.24	60.1	3.5	47.9	4.2	42.6	1.7
1.63	53.1	3.6	41.9	0.5	38.3	5.7
2.01	47.7	2.4	38.1	3.1	33.4	2.2
2.35	45.0	4.2	35.3	0.9	31.5	1.3

表 5.17　3XP-160 人工覆冰绝缘子试验结果

m/kg	ρ_{SDD}=0.03mg/cm^2		ρ_{SDD}=0.06mg/cm^2		ρ_{SDD}=0.09mg/cm^2	
	U_{50}/kV	σ/%	U_{50}/kV	σ/%	U_{50}/kV	σ/%
0	84.5	5.9	66.4	2.1	58.0	2.6
0.86	65.5	2.3	52.4	5.2	45.1	1.2
1.60	55.1	4.3	45.6	3.9	37.8	2.1
2.23	44.3	5.3	35.7	2.7	30.3	1.6
2.75	39.4	3.3	31.3	1.7	26.4	5.1

1) 盐密度对冰闪电压的影响

分析数据发现，绝缘子冰闪电压与覆冰前污秽满足

$$U_{50} = A(\rho_{SDD})^{-a} \tag{5.71}$$

式中：ρ_{SDD} 为绝缘子预染污盐密(mg/cm^2)；A 为常数，其数值与绝缘子结构、覆冰状态等有关；a 为反映 ρ_{SDD} 对冰闪电压影响的特征指数。

设 R^2 为拟合相关系数的平方。将表 5.16 和表 5.17 中的自然与人工覆冰绝缘子闪络电压按照式(5.71)进行拟合，得到闪络电压与 ρ_{SDD} 关系如图 5.59 和图 5.60 所示，拟合参数如表 5.18 和表 5.19 所示。

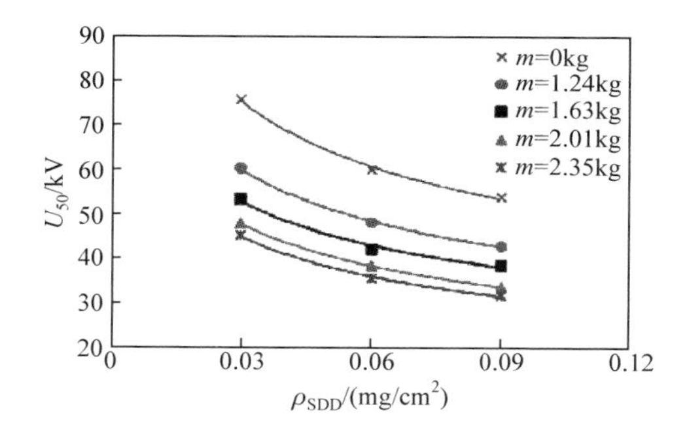

图 5.59　自然覆冰绝缘子闪络电压

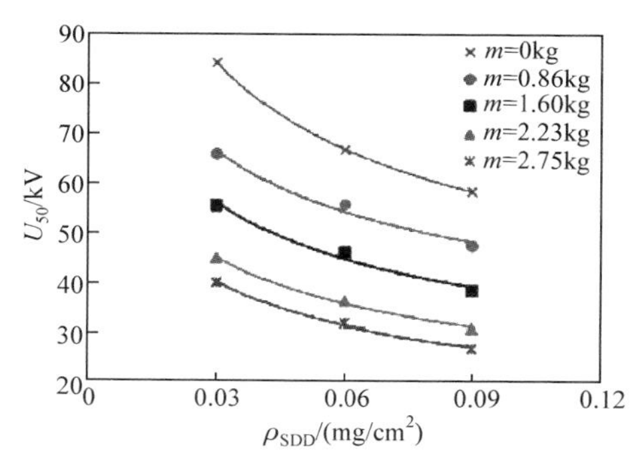

图 5.60　人工覆冰绝缘子闪络电压

表 5.18　自然覆冰试验结果拟合得到的 B、a 以及 R^2 的值

类型	m/kg	B	a	R^2
3XP-160 自然覆冰	0	24.8	0.317	0.996
	1.24	19.9	0.315	0.998
	1.63	18.3	0.302	0.989
	2.01	15.3	0.324	0.999
	2.35	14.2	0.327	0.996

表 5.19　人工覆冰试验结果拟合得到的 B、a 以及 R^2 的值

类型	m/kg	B	a	R^2
3XP-160 人工覆冰	0	25.6	0.340	0.999
	0.86	23.2	0.299	0.979
	1.60	17.2	0.335	0.978
	2.23	13.4	0.342	0.995
	2.75	11.2	0.361	0.996

2) 冰量对覆冰闪络电压影响

研究表明，绝缘子冰闪电压与其覆冰量(m)之间的关系为

$$U_{50} = K\mathrm{e}^{-fm} \tag{5.72}$$

式中：K 为常数，取决于污秽度、绝缘子类型与结构等；f 为覆冰对绝缘子冰闪电压影响的特征系指数。

由式(5.72)及表 5.18 和表 5.19，分别对绝缘子自然覆冰质量、人工覆冰质量与覆冰闪络电压之间的关系进行拟合，得到图 5.61 和图 5.62，拟合系数分别如表 5.20 和表 5.21 所示。

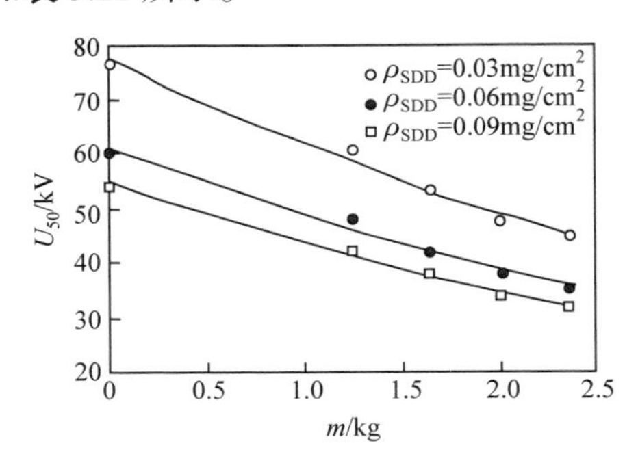

图 5.61　3XP-160 自然覆冰闪络电压与覆冰质量的关系

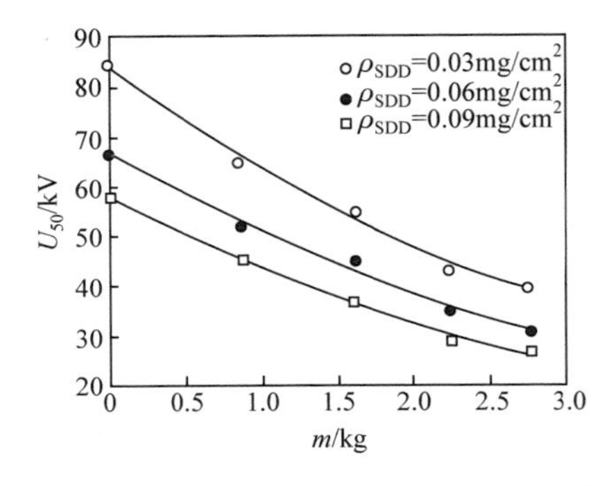

图 5.62　3XP-160 人工覆冰闪络电压与覆冰质量的关系

表 5.20　自然覆冰绝缘子试验结果拟合得到的 K、f 以及 R^2 值

类型	ρ_{SDD}/(mg/cm²)	K	f	R^2
3XP-160 自然覆冰	0.03	76.7	0.227	0.988
	0.06	60.9	0.230	0.986
	0.09	54.6	0.231	0.983

表 5.21　人工覆冰绝缘子试验结果拟合得到的 K、f 以及 R^2 值

类型	ρ_{SDD}/(mg/cm²)	K	f	R^2
3XP-160 人工覆冰	0.03	84.1	0.278	0.997
	0.06	67.1	0.273	0.990
	0.09	58.2	0.289	0.995

3) 校正与统一

野外自然覆冰观测在高海拔地区，其气压较低空气密度小，局部电弧的空气对流散热小，冰闪电压低，冰闪过程更易飘弧，绝缘子爬电距离得不到有效利用，也导致冰闪电压降低。

自然覆冰试验在湖南雪峰山野外站，海拔高度为 1400m；人工覆冰试验在重庆大学人工气候实验室，海拔高度为 232m。自然覆冰与人工覆冰的海拔高度不同，受气压影响存在差异，可将自然试验和人工试验换算到参考海拔高度。

式(5.73)可将试验结果校正到标准参考气压，即

$$
\begin{cases}
U_H = U_0\left(\dfrac{p}{p_0}\right)^n \\
\dfrac{p}{p_0} = \left(1-\dfrac{H}{45.1}\right)^{5.36}
\end{cases}
\tag{5.73}
$$

式中：H 为海拔高度；p 为 H 对应的气压；p_0 为标准参考条件下气压；U_0 为在标准参考条件的闪络电压；U_H 为海拔 H 时的闪络电压；n 为气压影响特征指数。

自然覆冰试验的电压换算到人工气候室海拔，可将式(5.73)变换为

$$
\begin{cases}
\dfrac{p_N}{p_A} = \left(\left(1-\dfrac{H_N}{45.1}\right)\Big/\left(1-\dfrac{H_A}{45.1}\right)\right)^{5.36} \\
U_c = U_N\left(\dfrac{p_N}{p_A}\right)^{-n}
\end{cases}
\tag{5.74}
$$

式中：p_N 为自然覆冰的气压；p_A 为人工气候室气压；H_N 为自然覆冰海拔高度；H_A 为人工气候室海拔高度；U_N 为自然覆冰试验的电压；U_c 为 U_N 换算到人工气候实验室海拔的电压。

XP-160 绝缘子的气压影响指数为 0.586，利用式(5.74)得到换算后的 U_c，覆冰质量分别为 0kg、1.24kg、1.63kg、2.01kg 和 2.35kg 时对应人工覆冰闪络电压

U_a，并计算 $\Delta U = U_c - U_a$，如表 5.22 所示。

表 5.22　绝缘子串(XP-160)自然与人工覆冰海拔校正结果

m/kg	ρ_{SDD}=0.03mg/cm^2			ρ_{SDD}=0.06mg/cm^2			ρ_{SDD}=0.09mg/cm^2		
	U_c/kV	U_a/kV	ΔU/kV	U_c/kV	U_a/kV	ΔU/kV	U_c/kV	U_a/kV	ΔU/kV
0	82.3	84.2	−1.9	65.0	66.4	−1.4	58.3	58.0	0.3
1.24	65.3	59.6	5.7	52.1	47.8	4.3	46.3	40.7	5.6
1.63	57.7	53.9	3.8	45.5	42.9	2.6	41.6	36.3	5.3
2.01	51.9	48.1	3.8	41.4	38.8	2.6	36.3	32.6	3.7
2.35	48.9	43.8	5.1	38.4	35.3	3.1	34.2	29.5	4.7

海拔、覆冰和污秽对绝缘子冰闪电压的影响存在独立性，自然覆冰结果换算时不会对污秽影响特征指数(a)以及覆冰影响特征指数(f)产生影响，a、f 值均保持不变。但换算后 B、K 发生变化。当 m 为 0kg、1.24kg、1.63kg、2.01kg 和 2.35kg 时，对应的 B 值为 27.0、21.6、19.8、16.6、15.4；ρ_{SDD} 为 0.03mg/cm^2、0.06mg/cm^2、0.09mg/cm^2 时，对应的 K 值为 83.5、66.1、59.4。

4) 人工与自然覆冰等价性

自然覆冰试验结果校正后，质量 m 为 0kg，ρ_{SDD} 为 0.03mg/cm^2、0.06mg/cm^2、0.09mg/cm^2 时闪络电压依次为 82.3kV、65.0kV、58.3kV，对应的人工试验结果为 84.2kV、66.4kV、58.0kV，相差分别为 2.3%、2.2%、0.5%。

比较 U_c、U_a 可知，如覆冰量相同，XP-160 的人工冰闪电压大部分低于自然覆冰，最大误差达 13.7%。当 ρ_{SDD} =0.09mg/cm^2 时，覆冰量与闪络电压的关系如图 5.63 所示。

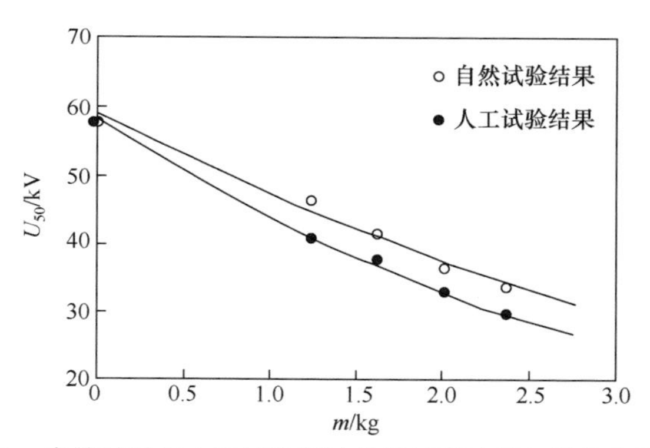

图 5.63　自然试验与人工试验覆冰绝缘子覆冰量与闪络电压关系

根据人工与自然覆冰试验，提出采用绝缘子串“⊥”形布置方式可抑制冰闪跳闸；发现“⊥”形水平分支的分流控制抑制局部电弧仅在悬垂分支发展，显著提高局部电弧发展成临界闪络的电压幅值，“⊥”形布置方式提高冰闪电压 50%～80%，解决长期困扰冰闪跳闸的国际性难题，如图 5.64 所示。

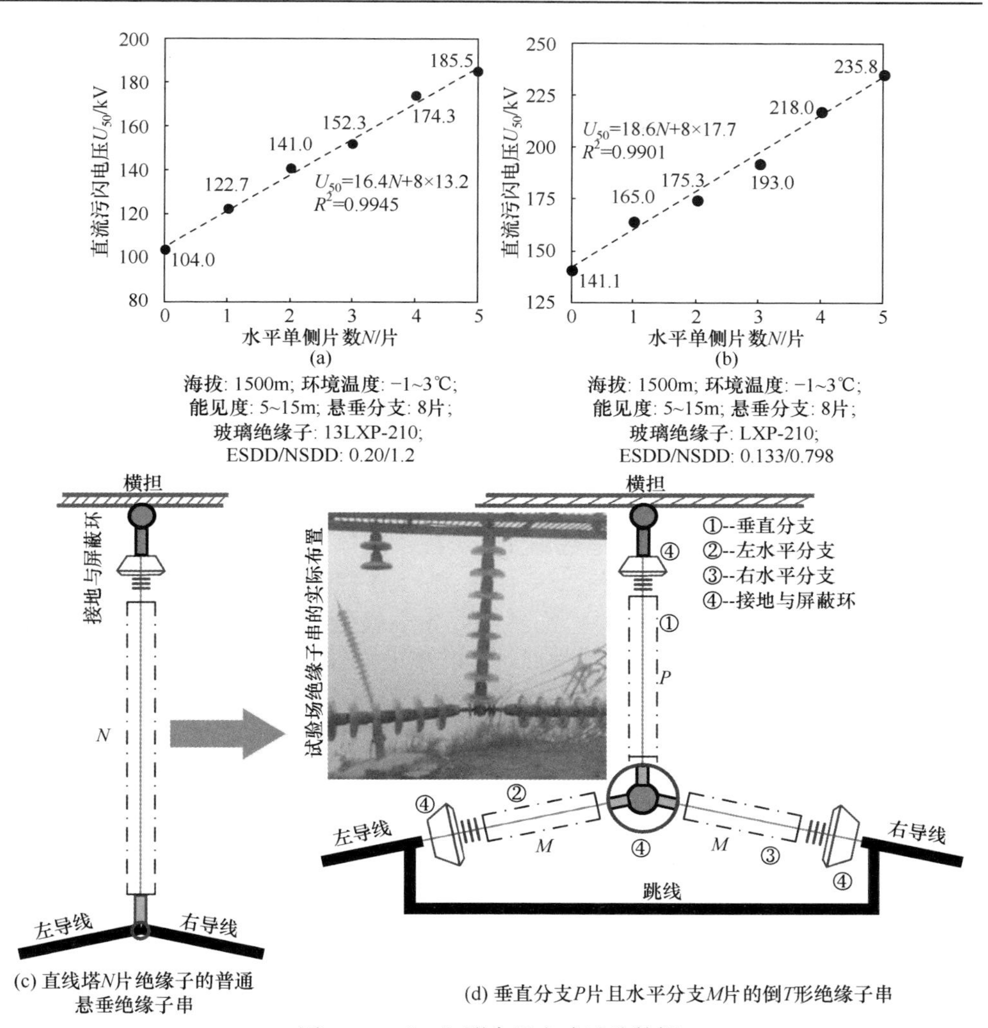

图 5.64　“⊥”形布置方式试验数据

本书只给出以上一个示例，但大量结果均符合以上关系。由此可知，人工覆冰绝缘子的闪络特性低于自然覆冰，人工覆冰试验结果可应用于输电线路设计与运行指导，且有一定安全裕度。人工与自然覆冰有一定差异，主要原因是：

(1) 覆冰过程环境参数的差异。人工覆冰的温度、湿度、风速恒定、可控，自然覆冰的气象条件不可控，使自然覆冰与人工覆冰在分布、类型等存在差异。

(2) 自然随机风扰流使下表面覆冰较多，人工覆冰下表面较少。

(3) 冰凌生长差异。自然覆冰长时间的较大风速对冰凌生长产生影响，尤其在冰凌形成阶段风速对其影响最大，使得冰凌倾斜生长，并使得冰层剩余电阻增大，泄漏距离增加，闪络电压升高。

(4) 自然覆冰绝缘子表面较粗糙。自然环境中温度、湿度、风速的随机性导致绝缘子表面覆冰出现雨凇和雾凇共存现象，雾凇的存在使绝缘子表面的冰层粗糙度增加，影响导电水膜的形成和闪络电压。

(5) 闪络时环境参数差异。人工覆冰闪络试验过程中，温度恒定且风速为 0；自然覆冰闪络过程由于温度存在一定波动且风速随机，影响冰层电阻和电弧发展，即负温度偏差和风速使得绝缘子闪络电压较高。

(6) 示例绝缘子自然覆冰的 a 值为 0.302～0.327，平均值为 0.317，f 值为 0.227～0.231，平均值为 0.229；人工覆冰的 a 值为 0.299～0.361，平均值为 0.330，f 值为 0.273～0.289，平均值为 0.281。自然覆冰的 a、f 值与人工覆冰接近，即人工覆冰绝缘子冰闪电压随盐密、冰量的变化规律与自然覆冰一致。

5.5 本章小结

本章讨论了结构物大气覆冰数据获取方法：阐述覆冰量、厚度、长度的直接测量方法，包括人工探测法与仪器探测法。在人工探测方法中提出导线覆冰直径的简化模型；在仪器探测方法中，分析了以力学模型为基础的拉力传感器称重法和水平张力-倾角估算法以及以光学原理为基础的图像探测法，前两种方法获得的直接数据较为准确，但安装的仪器设备容易对大气结构物本身结构及安全造成影响，图像探测法虽避免设备自身对结构物本身的破坏，但测量精度易受天晴状况的影响；讨论了覆冰密度、冰的黏接力和冰的导热率等参数的间接测量方法；提出大气覆冰形成的气象参数测量方法。针对目前仪器无法准确测量覆冰大气参数这一国际性难题，通过分析水滴碰撞系数、覆冰表面热平衡等关系式，并以此为基础利用多圆柱阵列覆冰建立反演覆冰大气参数的数学模型。

阐述了人工巡线、直升机巡线及建立观冰站/点等目前较为常用的覆冰观测手段，讨论了建立的自然覆冰观测研究站以及在山上开展的覆冰观测试验，包括不同类型导线、玻璃绝缘子、复合绝缘子、小功率风机叶片和大功率风机叶片的观测数据以及覆冰特点，并提出了适用于雪峰山环境的导线覆冰矫正模型。

分析了人工模拟覆冰的方法和特征，总结国内外可以模拟覆冰、降雨等多种气象条件的人工气候室；提出人工模拟覆冰(雨凇、雾凇、混合凇)的方法与标准，并以绝缘子为例讨论了观测人工覆冰的特征参数；分析了人工气候室模拟条件、施加的电场强度、模拟降雨的雨水电导率对人工模拟覆冰的影响；对比自然覆冰与人工模拟的试验结果，验证人工模拟与自然覆冰相似性和等效性。

参 考 文 献

[1] 王阳光, 尹项根, 游大海, 等. 基于无线传感器网络的电力设施冰灾实时监测与预警系统[J]. 电网技术, 2009, 33(7): 14-19.
[2] 蒋兴良, 易辉. 输电线路覆冰及防护[M]. 北京: 中国电力出版社, 2002.

[3] 黄新波, 孙钦东, 程荣贵, 等. 导线覆冰的力学分析与覆冰在线监测系统[J]. 电力系统自动化, 2007, 31(14): 98-101.
[4] 邢毅, 曾奕, 盛戈皞, 等. 基于力学测量的架空输电线路覆冰监测系统[J]. 电力系统自动化, 2008, 32(23): 81-85.
[5] 刘康. 基于力学测量的输电线路覆冰厚度监测研究[D]. 重庆: 重庆大学, 2010.
[6] 胡琴, 于洪杰, 徐勋建, 等. 分裂导线覆冰扭转特性分析及等值覆冰厚度计算[J]. 电网技术, 2016, 40(11): 3615-3620.
[7] 贾思棋, 李军辉, 杜冬梅, 等. 基于随机 Hough 变换的线路覆冰厚度图像识别技术[J]. 中国电力, 2019, 52(12): 39-45.
[8] 黄新波, 孙钦东, 王小敬, 等. 输电线路危险点远程图像监控系统[J]. 高电压技术, 2007, 33(8): 192-197.
[9] 罗健斌. 基于光纤传感技术输电线路覆冰监测研究[D]. 广州: 华南理工大学, 2013.
[10] 郝艳捧, 蒋晓蓝, 阳林, 等. 基于图像分割评估运行绝缘子自然覆冰程度[J]. 高电压技术, 2017, 43(1): 285-292.
[11] 蒋兴良, 舒立春, 孙才新. 电力系统污秽与覆冰绝缘[M]. 北京: 中国电力出版社, 2009.
[12] 陈凌. 旋转圆柱体覆冰增长模型与覆冰参数预测方法研究[D]. 重庆: 重庆大学, 2011.
[13] 韩兴波, 蒋兴良, 毕聪来, 等. 基于分散旋转圆导体的覆冰参数预测[J]. 电工技术学报, 2019, 34(5): 1096-1105.
[14] 向泽. 基于线路动态荷载的导线等值冰厚计算模型研究[D]. 重庆: 重庆大学, 2014.
[15] 蒋兴良, 常恒, 胡琴, 等. 输电线路综合荷载等值覆冰厚度预测与试验研究[J]. 中国电机工程学报, 2013, 33(10): 177-183.
[16] 陈立军, 吴谦, 石美, 等. 输电线路覆冰检测技术发展综述[J]. 化工自动化及仪表, 2011, 38(2): 129-133.
[17] 常恒. 基于动态拉力和倾角的线路覆冰预测与试验研究[D]. 重庆: 重庆大学, 2013.
[18] 胡琴, 汪诗经, 杨红军, 等. 不同伞形结构复合绝缘子覆冰增长特性研究[J]. 电网技术, 2016, 40(7): 2236-2243.
[19] 杨秀余. 风力发电机叶片电加热防/融冰过程和冰层脱落条件分析[D]. 重庆: 重庆大学, 2015.
[20] 邱刚. 风力发电机叶片电加热融冰过程及其数值模拟[D]. 重庆: 重庆大学, 2018.
[21] 邱刚, 舒立春, 胡琴, 等. 风力发电机叶片防冰的数值计算模型及现场试验研究[J]. 中国电机工程学报, 2018, 38(7): 2198-2204.
[22] 胡琴, 杨秀余, 梅冰笑, 等. 风力发电机叶片临界防冰与融冰功率密度分析[J]. 中国电机工程学报, 2015, 35(19): 4997-5002.
[23] 任晓凯. 小型风力发电机叶片覆冰的气动力学特性研究[D]. 重庆: 重庆大学, 2016.
[24] 吴晓东. 风力发电机覆冰条件下的功率特性研究[D]. 重庆: 重庆大学, 2017.
[25] 舒立春, 梁健, 胡琴, 等. 旋转风力发电机的水滴撞击特性与雾凇模拟[J]. 电工技术学报, 2018, 33(4): 800-807.
[26] 舒立春, 李瀚涛, 胡琴, 等. 自然环境叶片覆冰程度对风力机功率损失的影响[J]. 中国电机工程学报, 2018, 38(18): 5599-5605.
[27] 陈吉, 蒋兴良, 郭钢, 等.交直流电场对雨凇覆冰特性的影响研究[J]. 电网技术, 2015, 39(3): 867-872.
[28] 尹芳辉, 蒋兴良, Farzaneh M. 导线表面电场强度对导线覆冰的影响[J]. 高电压技术, 2018, 44(3): 1023-1033.
[29] 蒋兴良, 赵世华, 张志劲, 等. 覆冰绝缘子串泄漏电流与覆冰量及覆冰水电导率的关系[J]. 电工技术学报, 2014, 29(10): 296-303.

第 6 章　结构物大气防冰

6.1　防 冰 原 理

防冰是结构物在大气中形成覆冰前阻止覆冰的形成，防止结构物大气覆冰的基本原理就是破坏大气中结构物覆冰的形成条件，即：①破坏结构物捕获空气中的过冷却水滴的条件，减少或抑制空气中过冷却水滴与结构物的碰撞；②抑制与结构物碰撞捕获的过冷却水滴在相变冻结前滞留在结构物表面；③破坏结构物表面收集到的水滴形成相变冻结的条件。由此可知，防冰基本方法有：

(1) 抑制、阻止和减少气流中过冷却水滴与结构物碰撞。优化覆冰物体的结构设计，使气流中过冷却水滴绕开可能覆冰的物体，降低水滴碰撞结构物的概率，达到防止或减少覆冰的目的，如提高结构物的结构尺寸，改变迎风面的流线结构，避免涡旋气流的形成等。

(2) 降低可能覆冰物体周围空气中过冷却水滴的含量。采用提前冻结的方法，使空气中的过冷却水滴在碰撞覆冰物体前凝结成冰粒或雪花，或通过加热破坏其过冷却的条件，达到防止或减少目标物体覆冰的目的，如碘化银雾化、微波加热、超声加热等。

(3) 阻止物体捕获过冷却水滴。改变物体表面的亲水性状态，降低水滴与碰撞物体表面的张力，提高物体表面的弹性，使覆冰物体捕获的过冷却水滴在冻结前尽快离开。气流中的过冷却水滴与物体表面碰撞时存在碰撞弹射，反弹动能为入射动能与表面吸收动能之差，降低物体的表面能，提高碰撞过冷却水滴的弹射动能，避免水滴在表面上的滞留，或减少过冷却水滴在物体表面的驻留时间，使其在潜热释放发生相变冻结前离开物体表面。属于这种原理的方法有：采用憎水性和超疏水性表面。

(4) 阻止或延缓过冷却水滴发生相变冻结。空气中水滴与覆冰物体表面碰撞捕获、收集驻留后，过冷却水滴释放潜热发生相变并冻结成冰。释放潜热发生相变过程需要时间，采取相应措施使物理表面温度升高，或采取措施使碰撞表面具有很厚的水膜，降低其潜热释放速度，阻止潜热释放，从而避免过冷却水滴冻结。属于这种原理的方法有：采用超亲水性表面和表面加热等方法。

6.2　憎水性表面防冰

憎水性是用来衡量材料表面被水滴润湿难易程度的物理量，常用水滴与表面接触角的大小表示[1]。当材料表面的水滴接触角$\theta \leqslant 90°$时称之为亲水性表面，材料表面张力大，与水滴间的相互作用力大，水滴在其表面容易铺展形成较大润湿区域，如金属铝表面的水滴接触角θ仅为 70°左右，属亲水性表面，水滴接触表面后将形成较大的润湿面积；当表面的水滴接触角$\theta > 90°$时称之为憎水性表面，此时表面张力小，与水滴间相互作用力小，水滴不容易在材料表面形成较大面积的润湿区域，而是以孤立水珠的形态存在。

憎水性表面特别是超疏水性表面改变了材料表面水滴的润湿状态，减小水滴与材料间的相互作用力。在结构物表面涂憎水性涂料，降低冰与衬垫表面的附着力，虽不能防止冰的形成，但可使冻雨或雪等在冻结或黏结到结构物表面之前就在自然力，如风或摆动力的作用下滑落，或使冰或雪在结构物表面的附着力明显降低，达到防止结构物覆冰、减少冰害事故的目的。

6.2.1　憎水性表面防冰原理

通过近 40 年的长期研究与野外自然环境的科学观测发现，在现有涂料技术下，憎水性表面尚不能防止覆冰或阻止冰的形成，但在覆冰初期憎水性涂料可以延缓覆冰的发展速度，显著降低冰与憎水性表面的黏结力[2-7]。憎水性防冰的目的是降低冰和衬底的附着力。为降低冰的附着力必须降低衬底的可湿性，使其具有憎水性、疏水性或超疏水性，即降低其反应性和表面力，使其更具惰性更不渗水。由此产生的大接触角θ更有可能在交界面吸留空气，如图 6.1 和图 6.2 所示。吸留空气可以阻止跨越界面交换吸力，减小附着结合力，造成不均衡的应力集中，使之发生裂纹并扩大，导致附着力失效实现防冰。不同憎水性表面的剪切力和黏结力如表 6.1 所示。

水易与氢黏合是冰构造的基础。水和冰能吸入具有氢结合成分(即氧原子)的衬底，低冰附着力的无氧原子或更具惰性的原子(原子团)可将氧原子隔开。聚合的碳氢和碳氟化合物为低能表面，也具有低吸水性和低冰附着力。因此，防冰涂料的重点在有碳氢化合物—CH_2—或—CH_3—和碳氟化合物—CF_2—或—CF_3—链或尾(与其他结构组分隔开)的聚合物，以提供低能、惰性、憎水、无湿和接触角大的表面。

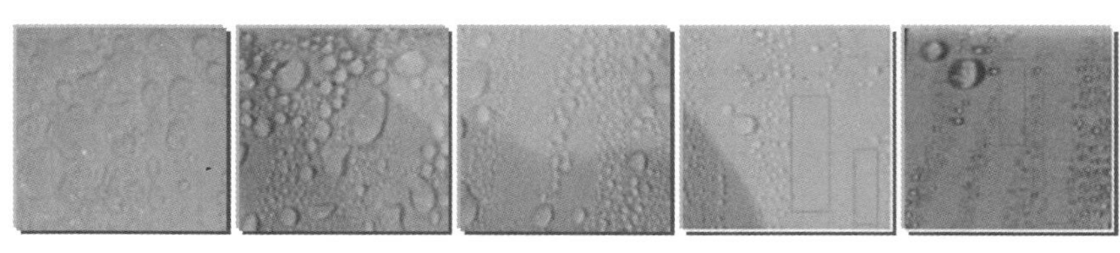

图 6.1　憎水性表面水滴积聚状态

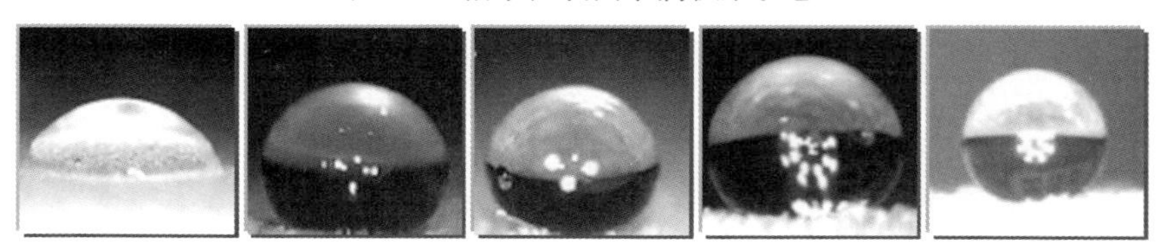

图 6.2　憎水性表面单个水滴形态

表 6.1　不同憎水性表面的剪切力和黏结力

力	脱冰方向					降幅
	C0	C1	C2	C3	C4	
剪切力/kPa	9.2	8.3	7.4	6.5	1.2	87.0%
垂直黏结力/kPa	5.3	2.8	1.7	1.4	0.5	90.6%

化学亲和力或亲和能随不同原子对而变化，也随所吸收物质特性而变化，因而影响衬底相对活性和惰性。呈现高界面能的高能表面对接触流体具有高吸力，低能表面则相反。低能表面具有相对惰性，其剩余力更能自满足，这既反映亲和能的强度，也反映所涉及原子的尺寸。但在某些大气结构物，如输电线路上达不到这个要求，因此除了研究具有较高憎水性涂料外，还要改善导线表面，使其达到低能表面，即表面对接触流体具有低的吸力。

6.2.2　憎水性表面防冰发展

国内外对憎水性涂层表面防冰开展了长期而卓有成效的研究，分别研究了不同性质的表面与覆冰的相互作用机制，不同的覆冰黏结强度测量方法，不同防覆冰涂料的制备方法及防冰性能[8-16]。一般来说，用于防冰的憎水性涂料是在涂料中加入低表面能物质或涂料本身采用低表面能成膜物质制备而成。传统防冰涂料中，对防冰起重要作用的是涂料的成膜物质。成膜物质有三类：一是有机氟、有机硅、烷烃(C_nH_{2n+2})及烯烃(C_nH_{2n})等化合物；二是有机氟、有机硅、烷烃及烯烃化合物跟其他有机物的共混体系，如丙烯酸($C_3H_4O_2$)-有机硅共混体系、环氧树脂-有机硅共混体系；三是有机氟、有机硅、烷烃及烯烃化合物跟其他带活性基团的有机物的嵌段或者接枝共聚物，如偏二氟乙烯-四氟乙烯-六氟丙烯三元共聚物等。电力系统目前应用较多的憎水性涂料主要有低分子量的甲基硅油、中分子量的羟基硅树脂、高分子量的羟基硅橡胶及含氟羟基硅橡胶，而羟基硅橡胶及含氟羟基硅橡胶都为室温硫化(RTV)硅橡胶。但硅油、硅树脂及 RTV 硅橡胶并不具备良好的防冰效果。

还有一种方法是湿化学反应，将硬脂酸和十八烷基三甲氧基硅烷接枝到铝合金板表面，在铝合金板表面形成两种憎水性涂层，两种憎水性涂层铝合金板的冰黏结强度是无涂层的三分之一，且经过多次脱冰试验后，两种涂覆憎水性涂层的铝合金板的冰黏结强度没有变化。

憎水性涂层被广泛应用于提高绝缘子在污秽条件下的电气性能。研究憎水性涂层对绝缘子湿增长覆冰闪络性能的影响发现：涂覆 RTV 硅橡胶涂层的支柱绝缘子的覆冰最大耐受电压提高了 11%，涂覆半导体釉涂层绝缘子的覆冰最大耐受电压提高了 16%[1]。清华大学研究长效室温硫化硅橡胶对绝缘子交流冰闪的影响发现：长效室温硫化硅橡胶涂料在覆冰初期能够延缓覆冰，但不能在严重覆冰过程中发挥防冰作用[17]；长效室温硫化硅橡胶使绝缘子串冰闪电压降低约 7%～15%[3]，造成冰闪电压降低的主要原因是长效室温硫化硅橡胶涂层的憎水性导致绝缘子冰层内部高场强的“空腔”，“空腔”的存在使绝缘子表面更易产生局部放电并烧伤涂层。还通过旋转涂覆法在金属基材上分别涂覆纯 RTV 硅橡胶涂料和掺入炭黑粒子的 RTV 硅橡胶涂料，研究发现：在 RTV 硅橡胶涂料中掺入炭黑粒子能够增加 RTV 硅橡胶涂料的接触角，同时略微提高 RTV 硅橡胶涂层的覆冰黏结强度；与无涂层金属板相比，掺入炭黑粒子的涂层依然显示较低的覆冰黏结强度。向 RTV 硅橡胶涂层中加入炭黑粒子，制备得到半导体 RTV 硅橡胶涂层，涂覆半导体 RTV 硅橡胶表面能够有效降低绝缘子上的覆冰量，且其冰闪电压高于无涂层的。

6.2.3　憎水涂料分类

1. 绝缘子防污闪憎水涂料

憎水性表面的防冰特性是从防止绝缘子污闪衍生而来的[18]，一般认为：憎水性表面可以提高绝缘子的污秽耐受特性，很自然想到可以用于防止输电线路杆塔和绝缘子覆冰。为更加确切了解憎水性表面和涂层特性。深入分析发现：防冰与防止绝缘子污闪是不同的机理，憎水性涂料可以防止绝缘子发生大面积污闪，但现有的憎水性涂料尚不能防止电网装备覆冰以及电网的冰灾事故。

在绝缘子防污闪技术措施中，主要是使用有机硅涂料，如硅油、硅脂、长效硅脂、地蜡，以及 RTV 硅橡胶、电力设备外绝缘用持久性就地成型(PRTV)防污闪复合涂料等[19]。有机硅化合物具有憎水性，其表面能很低，结构稳定，有机硅系列防污涂料与通常的涂料相比，具有更平滑的表面，附着也不牢固，在其他外力作用下很容易脱落，应用中严格控制有机硅涂层的厚度及弹性模量，将有助于进一步提高其防污性能[20,21]。但有机硅涂料接触角一般小于 130°，疏水特性满足不了输电线路防冰的要求，在线路防冰中效果不明显。

1) 硅油

硅油是二甲基硅油，外观为无色透明的油状液体，具有较好的稳定性、绝缘性、憎水性和柔韧性，还具有良好的耐电晕及电弧性、防潮性，黏度变化小、表面张力小、化学性稳定、无毒无味等优点。

硅油可采用(带电)喷涂，但会流淌，造成浪费，且涂层较薄。使用硅油效果较好，有效期稳定，安全可靠，无不良后果，用于灰尘量小而电导率高的污秽区，效果尤为显著；而且涂刷方法简单易行，清除也容易。但其有效期太短，涂后表面更显脏污；失效后清除再重涂不美观。不同厂家或不同批次的硅油由于黏度不均匀或低分子物脱除不尽等原因，其效果和寿命也有明显差异。

硅油涂用后仍不固化，呈现油湿状态，使用有效期一般为 3～6 个月。一般秋季清扫后涂覆，春季清除，只能使用一个污闪季节。

2) 硅脂与长效硅脂

硅脂(silicone grease)是一种高分子化合物，是由硅油和二氧化硅粉末按一定比例混合而成，再经三甲基氯硅烷处理后得到的糊状物质。硅脂耐紫外线、电弧、电晕、臭氧，且具有良好的憎水性。

硅脂克服了硅油寿命短的缺点，基本性能与硅油相同，防污闪作用原理与硅油相同，但涂层相应增厚，硅油存储量相对增多，绝缘子表面有更多的硅油发挥憎水性，对落在其表面的灰尘起浸润覆盖吞噬作用，延长防污闪作用期。

国内主要用毛刷涂覆硅脂。涂覆厚度和均匀度不易把握，影响其有效期；硅脂使用寿命取决于涂层厚度和当地污秽成分。一般要求硅脂厚度在 1～3mm，使用寿命约为 1 年。但硅脂清洗困难，施工费时费力，寿命短且维护费用高。

为了延长硅脂的使用寿命，改善硅脂的耐电弧性能，使其有效期成倍增长，在硅脂的基础上研制出长效硅脂。长效硅脂提高寿命的关键在于改善耐电弧性能，主要通过在配方中适当加入氢氧化铝和抗紫外线、抗老化等组分来实现。

3) 地蜡

地蜡是熔点为 75℃的黄色固体物质，内含成分为直链、支链和环状高分子量的碳氢化合物类混合物，具有强憎水性，涂刷在绝缘子表面后，水滴落在瓷件表面上成分裂的小水珠，污秽物溶解后不会形成连续导电膜，提高污秽绝缘子闪络电压。地蜡在常温下是固体物质，涂刷时先要添加凡士林(地蜡：凡士林=1：1.2(质量比))，加热使其熔化(熔点为 64℃左右)，再将绝缘子浸入溶液中，或涂刷在绝缘子表面，然后风干使用。使用寿命为 3～4 年。

4) 硅树脂

硅树脂是高度交联的网状结构的聚有机硅氧烷，是用甲基三氯硅烷、二甲基二氯硅烷、苯基三氯硅烷、二苯基二氯硅烷或甲基苯基二氯硅烷的各种混合物。硅树脂具有优异的电绝缘性和热氧化稳定性，具有卓越的防火、防潮、耐寒、耐臭氧和耐候性能。国内已有不少品种，例如 MSR 或 XGC 型甲基硅树脂防污闪涂料，使用时添加催干剂喷涂在绝缘子表面，常温下 0.5h 左右即固化成膜，这种涂料在我国西北地区已试运行了多年，防污闪效果相当显著。

5) RTV 硅橡胶

RTV 硅橡胶是一种无色透明的液体，按成分、硫化机理和使用工艺可分为三大类型，即单组分、双组分缩合型 RTV 硅橡胶和双组分加成型 RTV 硅橡胶。目前用于电力系统的 RTV 硅橡胶防污闪涂料一般为单组分 RTV 硅橡胶。

RTV 硅橡胶具有优异的憎水性，其憎水性具有迁移特性。涂层表面积聚污秽后，由于硅烷小分子的迁移，污层表面仍能保持憎水性；RTV 硅橡胶涂料具有恢复性能，电弧或长时间水浸等导致涂层表面憎水性暂时丧失或减弱，但经过一段时间其表面的憎水性可恢复，表面无腐蚀和漏电痕迹。

RTV 硅橡胶涂料出现下述现象可判为失效：涂膜起皱、龟裂或剥离脱落；憎水性及憎水迁移性下降到 HC5 级或丧失且不能恢复接触角 θ>90°，污秽层受潮时表面出现连续水膜；恶劣气象条件下出现强烈的刷状放电。

RTV 硅橡胶涂层有效期为 3～5 年，有效期内无须人工清扫或水冲洗。RTV 硅橡胶积污程度比无涂料绝缘子稍为严重，但远比涂硅脂的绝缘子好；在严重污秽区使用时，其防污闪的效果比硅脂更为显著。涂覆也较方便，材料费和劳力费也比硅脂节省，尤其在盐雾污染的区域，RTV 硅橡胶涂料的使用寿命比长效硅脂还要长。

6) PRTV 防污闪复合涂料

PRTV 防污闪复合涂料的提出始于 2001 年，保留现有室温硫化、现场施工的特点，具有复合绝缘子高温硫化硅橡胶的长期稳定性(寿命>20 年)。

PRTV 防污闪复合涂料具有优于 RTV 硅橡胶防污闪涂料的憎水性及憎水迁移性，具有一定的疏油性和良好的不黏性[22]。与 RTV 硅橡胶内部的憎水基团数量相比，自然流失的憎水基团数量极少。采用特殊处理后 PRTV 防污闪复合涂料内部所具有的改性的负极性分子基团远比 RTV 硅橡胶涂料丰富，是其使用寿命超长的原因之一。

2. 防冰憎水性表面

防冰涂料的作用机理：一是提高接触表面温度，减小过冷却水滴冻结概率；二是减小冰与接触表面黏结力，使其在自身重力或外力作用下脱落。目前国内外研究的防冰涂料主要分为：电热型涂料、光热型涂料、超疏水涂料和超润滑涂料。

1) 电热型涂料

在涂料成膜物质中加入导电性粒子，使涂料呈半导电性，涂覆于运行绝缘子，涂层有泄漏电流并产生焦耳热，保证绝缘子表面温度始终高于过冷却水滴冻结温度，有效阻止绝缘子表面冻结。半导体防冰涂料主要存在两个问题：第一，不覆冰条件下涂料中仍有泄漏电流通过，增加线路损耗，热效应也加速涂料老化；第二，老化后自身电导率上升，增加被涂覆绝缘子的闪络概率。

材料导电性能用其自身体积电阻率来判定。体积电阻率>$10^{10}\Omega\cdot cm$ 为绝缘体；体积电阻率<$1\Omega\cdot cm$ 为导体；体积电阻率在 1～$10^{10}\Omega\cdot cm$ 之间为半导体。电热型涂料一般具有半导体或导体性质，利用产生的焦耳热来达到防冰目的。

根据涂料的组成成分和导电机理可以将其分为两大类，即非添加型(结构型)电热涂料和添加型(掺和型)电热涂料[23]。非添加型(结构型)电热涂料的基料为自身具有导电性质的高聚物，以高聚物本身的导电性质使涂层具备导电功能，不需要再添加其他的导电材料就能够将电能转化成热能，例如有聚吡咯、聚苯胺、聚乙炔等。非添加型电热涂料导电的原因是涂料里存在共轭结构。如果共轭结构足够强大，高聚物便可以提供自由载流子，涂料呈现导电性。如果向聚合物中掺杂流动性能更强的载流子，使高聚物的导电性进一步提升。添加型(掺和型)电热涂料的基料自身并不具有导电能力，必须添加一些导电填料，使得涂层中形成导电通路，达到电能转化为热能的目的。添加型电热涂料的基料主要有纤维素、丙烯酸、环氧树脂等各类树脂、聚氨酯以及有机/无机硅等。导电填料主要分为两类：一类是无机填料，另一类是有机填料，其中无机填料最为常用[24]。无机填料又主要分为三类：第一类为金属氧化物，如氧化锌、氧化锡、三硫化二铁等；第二类为炭系物质，如碳化硅、煅烧石油焦或者沥青胶、无烟煤、碳纤维、石墨、炭黑等；第三类为金属填料，如不锈钢、铜、镍、银等。添加型电热涂料在形成涂层以前，基料中的导电粒子彼此独立，没有接触，无导电通路形成，整个涂料处在绝缘性能良好的状态。当电热涂料形成涂层后溶剂挥发，掺和的导电粒子之间彼此接触形成导电网络，因此涂层具有了导电的性质。对于添加型电热涂料，主要存在三种导电理论：一是渗流理论，二是隧道效应理论，三是热膨胀理论。电热型涂料的导电性能往往不是一种理论的单独作用，而常是两种或者三种理论同时产生影响。

韦晓星等[25]和孙振庭等[26]等制备的电热涂层由炭黑和硅橡胶组成，采用半涂覆方式，仅在绝缘子下表面涂覆。冰先在绝缘子上表面形成，继而充当连通作用，各电热涂层串联，泄漏电流增大后产生防冰功率，绝缘子串防冰能力得到有效提升。

胡琴等[27]等制备石墨质量分数为 20%～25%的电热涂层，涂覆于复合绝缘子有防冰效果，且随涂层电阻减小而提升，随导电物质含量增加而提升。

艾晓龙[28]对不同导电粒子和填充物的种类、含量进行比较，制备具有良好电热性能和附着力的复合炭系电热涂料。

彭向阳等[29]等对涂覆有电热涂料的绝缘子试验发现：电热涂层绝缘子电压分布呈电极两端电压高中间低的特点。电热涂层的电热效应能快速烘干污层，减少线路损耗。大多用于绝缘子表面防冰。该方法存在一定的局限性，电流过小无法产生足够的焦耳热；电流过大产生的高热量加速绝缘子老化，过大的泄漏电流增加了绝缘子被击穿的安全隐患，使得投资风险增加。

2) 光热型涂料

在涂料中加入吸光性热物质，涂层具备转化光能为热量的性能，起防止和延缓覆冰作用。此类涂料需具备吸热性能以及良好的光谱选择性与较高的光谱吸收能力[30]。向涂料中加入炭黑或石墨是制备吸热涂料的主要方法。此类涂料为非选择性涂料，热能利用效率较低。研究发现：采用铝(Al)、碳(C)以及有机碳(C)和二氧化硅(SiO_2)的配合体作为发射体加入到涂料中，能提高涂料的光谱选择性，但保温效果和传热效果不理想。铁黑(F-6331)加入水玻璃中制备光热涂料，成膜后虽光吸收率提高但憎水性不佳。还制备铁锰铜氧合金($FeMnCuO_x$)作为半导体颜料，将($FeMnCuO_x$)与聚二甲基硅氧烷(PDMS)改性马来酸酐树脂共混，制备获得选择性光吸收涂层，吸收率与发射率之比达 2.48。

光热型涂料是添加特定吸光颜料，改变光谱吸收率，将吸收光能转化成热能的涂料。光热型涂层应具备较高的光谱吸收率和一定的保温能力，即涂层热发射率较低。光热型涂料主要分为本征吸收型、干涉滤波型、金属陶瓷复合型、尖晶石型。

本征吸收型涂料为目前常用的光热型材料。太阳光照射到材料表面时，由于太阳光波长不同，光子能量具有一定差异。本征吸收型材料本身存在能垒间隙 E_g，电子受到能量大于 E_g 的光子辐射，电子由基态变为激发态，电子状态的转换释放一定能量，转化为材料内能，完成光-电能量的转换。

干涉滤波型涂料由选择性光学薄膜构成。将薄膜堆叠，太阳光照为全波长光源，包含不同波段光能，干涉效应使不同波长的太阳光反射消光，使材料对不同波长的光产生选择吸收性，对红外波长外的光源呈现不吸收的性质。不吸收红外光源的特殊性质使干涉滤波型涂料在高温下发射率低，适用于高温环境。

金属陶瓷复合型涂料将纳米级金属粒子分散于陶瓷中。表面接受太阳光照，金属粒子对太阳光辐射光子散射反射，光能保存于材料中，完成光-热能量转换及储存。金属电介质复合材料作为一种复合吸光材料，光热性能通过改变金属纳米粒子的性质进行提升，控制金属纳米粒子在介质中的分散密度、粒子直径、形状、方向性等，即可在一定程度上提升涂层光谱选择性与吸收率。

尖晶石材料导热性和热膨胀性具有各向同性，在光学特性方面，尖晶石属于光学均质体，其金属离子在光源照射下发生电子跃迁以储存光能。

光热型涂料本身受天气影响较大，且冰季是雨雪交加的天气，光线较差，单独使用光热型除冰涂料很难起到理想的防冰和除冰效果。

3) 超疏水涂料

憎水防冰涂料在绝缘子表面形成光滑涂层和良好憎水性及憎水迁移特性[31]。

超疏水涂料能减少水滴与表面的黏结力，延缓水滴结冰。通过增加表面粗糙度、降低物体表面能，使水滴与物体表面接触角增大滚动角减小，减少水滴在固体表面停留时间达到防冰目的。采用接触角和滚动角表征疏水表面，接触角$\theta>150°$，滚动角<5°的表面为超疏水表面[32,33]。

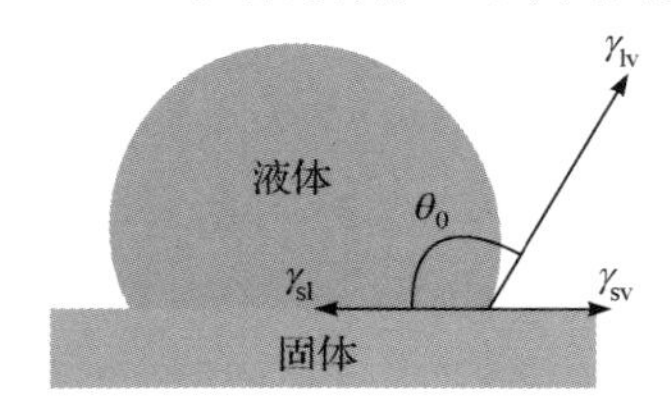

图 6.3 光滑 Young 模型

根据表面粗糙度，浸润模型发展经历了三个阶段，分别为 Young 模型、Wenzel 模型和 Cassie-Baxter 模型。Young 模型是在光滑表面的基础上建立，表面接触如图 6.3 所示，γ_{sv}、γ_{sl}和γ_{lv}分别是固/气、固/液和液/气界面的界面张力，θ_0为本征接触角，光滑表面上水滴接触角与界面张力的关系即 Young 方程：

$$\cos\theta_0 = \frac{\gamma_{sv} - \gamma_{sl}}{\gamma_{lv}} \tag{6.1}$$

自然界不存在绝对光滑固体表面，固体表面一定存在粗糙度。Young 模型是在理想条件下建立的。粗糙度的存在使固体表观接触角与本征接触角θ_0存在差异，Wenzel 修正了 Young 模型，设液滴将粗糙表面完全润湿[34]，如图 6.4 所示。Wenzel 引入“粗糙度因子”改进后的 Wenzel 方程为

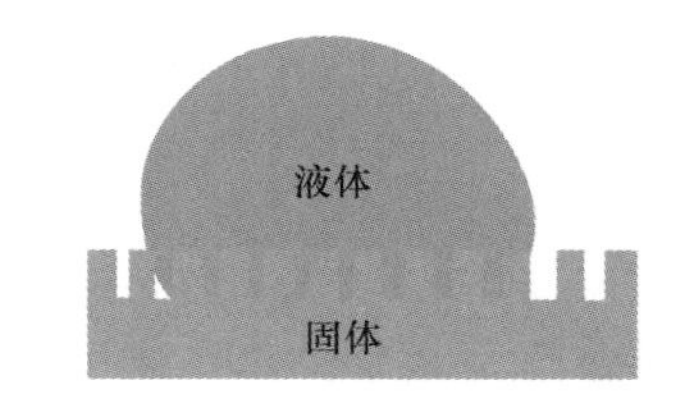

图 6.4 完全润湿 Wenzel 模型

$$\cos\theta_R = R_f \cos\theta_0 \tag{6.2}$$

式中：θ_0为本征接触角；θ_R为表观接触角；R_f为粗糙度因子。从 Wenzel 模型可知，粗糙度因子R_f恒大于 1，当本征接触角<90°时，表观接触角随R_f增大而减小；当本征接触角>90°时，表观接触角随R_f增大而增大，粗糙度存在使亲水性表面更加亲水，疏水性表面更加疏水。

Wenzel 方程能对很多固体表面润湿性进行良好的解释，且可较好预测粗糙润湿表面液滴的平衡接触角，但对表面化学组成不均匀的表面不再适用，即 Wenzel 模型也存在局限性。Cassie 和 Baxter[35]研究化学不均匀表面的液滴接触角，发现液滴不能完全浸润粗糙结构，液滴与固体表面间空气垫产生是一种复合接触形式，如图 6.5 所示。Cassie 和 Baxter 给出方程，即

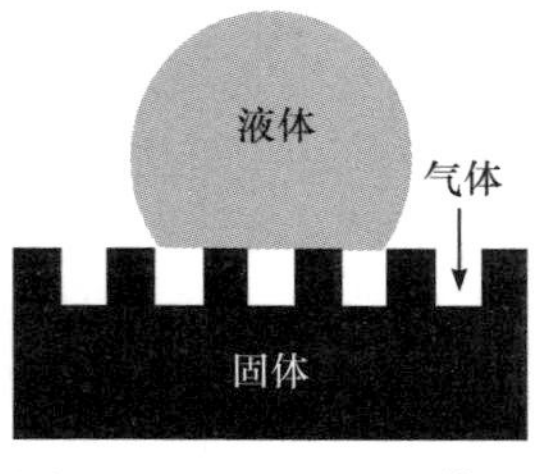

图 6.5 Cassie-Baxter 模型

$$\cos\theta_R = f_1\cos\theta_1 + f_2\cos\theta_2 \tag{6.3}$$

式中：θ_R为表观接触角；f_1和f_2分别为两种物质组成占表观面积的比例；θ_1和θ_2表示液滴在两种物质表面的本征接触角。对于空气垫的 Cassie-Baxter 模型，令$f_1=f_s$

为固液真实接触面积分数，θ_1 为固体的本征接触角，θ_2 为水滴在空气中的接触角 180°，因此水滴在粗糙结构表面的 Cassie-Baxter 模型可简化为

$$\cos\theta_R = f_s(\cos\theta_1 + 1) + 1 \tag{6.4}$$

水滴在粗糙表面的浸润状态不会一成不变，一定条件下不同状态可相互转换。Bico 等[36]将 Wenzel 方程与 Cassie 方程相结合得到基于两种浸润状态的临界接触角，当固体材料临界接触角小于本征接触角时，表面粗糙结构中更易留存空气，使水滴与固体表面的接触形式为复合接触，呈现 Cassie 状态。当固体材料的临界接触角大于本征接触角且本征接触角>90°时，受外力作用处于 Cassie 状态的水滴容易转变成 Wenzel 状态，且转变不可逆。提高涂层表面粗糙度，要尽可能选用表面能较低的材料提高固体表面的本征接触角。

超疏水材料虽防冰效果较好，但很容易受到外界恶劣条件和自身老化的影响，工作寿命较短，需反复涂覆。

4) 超润滑涂料

超润滑涂料填充在多孔聚合物表面，形成一层稳定无缺陷的液体润滑层。表面结冰时润滑液阻隔了冰与基材的直接接触，使黏附极大降低。2011 年，美国哈佛大学 Wong 首次提出的一种基于猪笼草捕食机理的超润滑表面(SLIPS)即是该材料的前身[37]。

超润滑涂料隔绝冰与结构物表面的直接接触，使冰块很容易在自身重力或者外力的情况下脱离材料的表面。但随着覆冰次数增加，超润滑涂料需要及时补充。超润滑涂料的大量使用增加防冰技术成本。

6.2.4　憎水表面防冰应用

在防冰表面中，电热型表面存在一定局限性。电流过小无法产生足够焦耳热；电流过大产生的高热量不仅加速绝缘子老化，且增加绝缘子被击穿的安全隐患，使得投资风险增加。光热型涂料本身受天气影响较大，冰季雨雪交加的天气光线较差，单独使用光热型涂料很难达到理想效果。虽然现有涂料都不能阻止冰的形成及黏附，但憎水防冰涂料还是最具研究前景。除应用于防冰之外，憎水材料还可应用于冷凝传热、微流体、抗微生物表面等领域。

在憎水性涂料中，如 PRTV 防污闪复合涂料、RTV 硅橡胶等较高频率应用于绝缘子上，憎水性涂料也可显著降低覆冰与导线、地线表面之间的黏附力，对导线地线防冰和除冰起一定作用。但涂料涂于导线上后由于股线的扭动，涂层容易破裂，憎水性再好的涂料有了裂纹后也容易渗透到股线间形成结冰，还有抗老化等问题需要解决。超润滑涂料隔绝冰与结构物表面的直接接触，除用于结构物表面防冰外，还可用于石油管道内壁润滑，减少石油与管道内壁摩擦，降低输送成本。

6.3　碘化银雾化防冰

6.3.1　碘化银雾化防冰原理

碘化银(AgI)是一种冰晶异质核化人工冰核，碘化银雾化防冰是将气溶胶焰剂发射至近地面和低空过冷区，在燃烧过程中释放碘化银气溶胶微粒，改变云滴的性质、大小和分布，制造云滴长大的条件，使其按照自然过程而形成降雨，催化过冷雨滴和雾滴成核，从源头上把冻雨降水转变为影响较小的冰粒子或雪状降水，降低冻雨天气对大气结构物如杆塔、导线、变电站设备的危害[38]。

对流层里大气温度随高度增加而下降，云所在的高度越高则温度越低，高度越低则温度越高。云温度高于 0℃称为暖云，低于 0℃称为冷云。暖云里小水滴经由碰撞与合并过程变成大水滴，终至克服云内浮力而掉离云底成为地面上的降雨。冷云中冰晶成长至能克服云内浮力时而掉离云底，在降落过程中经过大于 0℃温度的大气时融化为水滴成为地面降雨。当云内水滴太小或缺乏冰晶而无法降雨时，利用人工方法产生冰晶或使小水滴长大，促使其产生降雨现象，称为人工增雨。暖云造雨方法很多，如云中喷洒水滴、吸湿性药粉与液体(氯化钠溶液)等，通过碰撞与合并过程使水滴成长终至降落成雨。冷云造雨方法也多，最常使用干冰或碘化银：干冰温度为−78℃，在缺乏冰晶的冷云内，撒播干冰使其温度骤降，不必借助冰晶核将过冷水滴转变成冰晶，通过冰晶成长过程终至成雨；碘化银为非常有效的冰晶核，在冷云内缺乏冰晶的情况下加入碘化银充当冰晶核，可促使−5℃以下的水滴凝固为冰晶，再由水滴与冰晶共存时的冰晶成长过程而形成降雨。

6.3.2　碘化银雾化防冰发展

1946 年美国学者 Schaefer 和 Vonnegut 先后发现干冰和碘化银可作为高效的冷云催化剂，揭开人类历史上实现科学性人工影响天气的新篇章；Vonnegut 最早创建制备 AgI 气溶胶发生系统[39]——点燃用碘化铵(NH_4I)作为增溶剂的碘化银丙酮溶液，燃烧产物为具有相当纯度的 AgI，在制备过程中仅沾染痕量的吸湿性盐分；1952 年，Turnbull 等[40]研究表明，人工冰核的核化能力取决于具有改变吸附水分子的取向并形成类冰结构的程度。人工冰核晶体的晶格参数越接近于冰，其原子排列与冰的错位越小，则与冰的界面应力也越小，冰晶在其上取向附生增长时的能障也越低。1972 年，Mondolfo 等[41]在实验室制备 AgI-AgBr 的复合冰核气溶胶，晶体中高达 30%的碘原子用溴原子取代，可提高成核率一个数量级。1973 年，Passarelli 等[42]以铜原子取代部分银原子，使纯 AgI 与冰结构之间的不吻合性得以减小，最好的结晶配方为 CuI_2-3AgI，构成最有效的银、铜-碘人工核催化剂。1978 年，Sax 等[43]把 NEI 的 TB-1 焰弹在较高温度下成核率高归之于在黏合剂中含有少量 Cl 原子，即含有 AgI 和 AgCl 的混合物，但并未具体检测其中的 Cl 含量。1995 年，DeMott 等[44]对 NEI 的 TB-1 焰剂中的 Cl 含量进行了测定，明确提出 AgI-AgCl 复合核的概念。采用 AgI-NH_4I-NH_4ClO_4-丙酮-水的燃烧系统，生产 AgI-AgCl 复合核气溶胶，其成核率在−12℃时比 AgI 与 NH_4I 生成的纯 AgI 气溶胶高 1 个数量级，在−6℃高 3 个数量级。他们还利用化学动力学方法，通过云室试验确定 AgI-AgCl 复合冰核产生冰晶的速率，根据云室参数(温度、液态水含量)的变化情况确定 AgI-AgCl 为接触核化机制。

6.3.3　碘化银雾化防冰实践及局限

根据所选特征区域不同，碘化银释放作业分两种催化剂释放形式。

(1) 地面过冷区：由地面便携式烟炉燃烧气溶胶焰剂释放碘化银气溶胶微粒。

(2) 低空过冷区：由低空火箭发射装置发射低空火箭弹，火箭飞行过程燃烧气溶胶焰剂播撒释放碘化银气溶胶微粒。

研究表明：气溶胶催化释放使过冷雨变为雪晶、冰晶等固态降水，未催化情况下导线覆冰都是固态流挂型覆冰，两者的覆冰形态发生质的变化。固态冰密度实测 0.90g/cm^3，雪晶状覆冰密度为 0.3～0.5g/cm^3，且只要在低空层(100m 左右高度)进行催化，温度在−6～−2℃时，其催化效果、成核作用、下落速度、冰晶浓度等一系列微物理过程都能起到减轻或防止电塔、电杆挂冻雨的作用；碘化银雾化防冰区相较对比区最高可降低导线覆冰 50%以上，整个作业区间(包括影响过渡区)可降低影响区导线覆冰 40%以上。

受现场大风等气象条件影响，可能会使催化效果削弱，大面积使用需要大量的气溶胶焰剂烟条，其经济性还需根据实际应用情况进一步分析。

6.4　正温度系数材料防冰

正温度系数(positive temperature coefficient, PTC)材料属于功能材料。Haayman 等[45]在 $BaTiO_3$ 中掺入稀土元素做半导体试验时，发现这种半导体材料电阻率存在正温度系数效应。当温度低于某温度时，其体积电阻率较低；超过该温度时，其体积电阻率突然增大多个数量级，呈现高体积电阻率状态。

6.4.1 正温度系数材料防冰原理

PTC 材料在不同温度呈现不同的电阻率特性。正常温度下绝缘子并未覆冰，涂覆于绝缘子表面的正温度系数材料导电性差，具有较小泄漏电流；在低温环境下，涂覆于绝缘子表面的正温度系数材料导电性较好，绝缘子发热，利用泄漏电流防冰。用于绝缘子防冰的 PTC 材料性能如图 6.6 所示。材料电阻率在 0℃附近跃变。在温度低于 0℃时呈低电阻率，在温度高于 0℃时呈高电阻率。

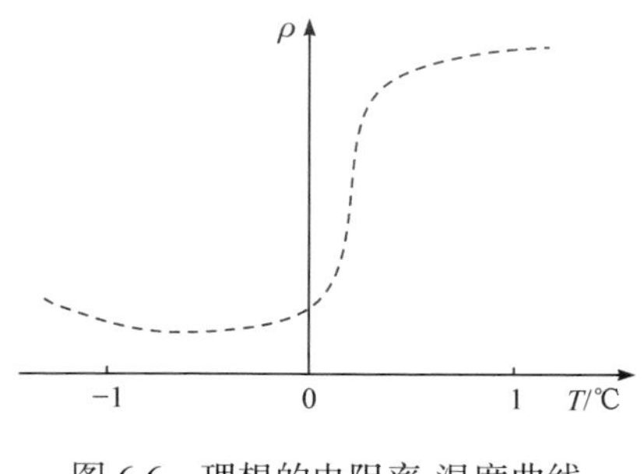

图 6.6　理想的电阻率-温度曲线

6.4.2 正温度系数材料防冰发展

1950 年发现 PTC 现象，1971 年 Cook 出版的专著[46]对多种压电陶瓷进行了汇总。详细讨论了钛酸钡($BaTiO_3$)系 PTC 材料的居里点移动剂种类及效果。在钛酸钡系 PTC 材料中掺入铁(Fe)[47,48]、锡(Sn)[49,50]、锶(Sr)[51,52]等元素，可使居里点往低于 120℃方向移动；掺入铅(Pb)、钇(Y)等[53,54]可以使居里点往高于 120℃方向移动。

Xi 等[55]对高聚物复合系 PTC 材料的机理模型，电导链和热膨胀模型、隧道电导模型、炭黑聚集结构变化和迁移模型进行了研究。几种模型对高聚物系导电机制进行解释的焦点集中在：①室温下导电机制；②聚合物中炭黑分布情况及结晶相变化是解释正温度系数和负温度系数的关键。

Xu 等[56]研究 RTV 硅橡胶中掺杂炭黑的聚合物发现：RTV 硅橡胶掺杂炭黑制备的复合硅橡胶具有一定的 PTC 效应但效应较弱。

我国自 20 世纪 70 年代展开对 PTC 材料的研究，1989 年周东祥等[57]出版第一部相对系统研究 PTC 材料生产工艺的书籍，详细叙述 PTC 材料的生产工艺，并对居里点移动剂、电子施主和电子受主种类、用量对 PTC 材料性能影响进行了详细论述。

李兴荣等[58]以碳酸钡($BaCO_3$)、钛酸锶钡(BST)靶材和二氧化钛(TiO_2)为原料，掺杂铌(Nb)，制备适合人体取暖的低温 PTC 材料。

张端明等[59]等研究了掺锶(Sr)系 PTC 材料，探讨掺杂镧(La)、钇(Y)、锑(Sb)为电子施主对 PTC 材料的低温区体积电阻率和 PTC 效应的影响。结果表明，同样以锶(Sr)作为移动剂，掺杂镧(La)元素的 PTC 材料 PTC 效应更好，以另外两种元素作为施主的 PTC 材料低温区体积电阻率更低。

周岸卿[60]制作了居里点在 120℃的钛酸钡系防冰加热片，风洞试验中对机翼各处温度进行监测，结果表明使用 PTC 材料对机翼进行热除冰取得了良好效果。

6.4.3 正温度系数材料分类

PTC 材料按照元素可分为：钛酸钡($BaTO_3$)系、三氧化二钒(V_2O_3)系、有机复合系以及其他系。

1. $BaTO_3$ 系

钛酸钡单晶不具备导电性能，将化学纯级钛酸钡烧结后电阻率ρ约为 $10^{11}\Omega\cdot m$。以钛酸钡为基，掺杂稀土元素如钇、铈、镧、铌等元素可使钛酸钡具有半导体性质。调节掺杂比例也可将钛酸钡常温电阻率降低至 10^{-2}～$10^{2}\Omega\cdot m$，但不小于 $3\times10^{-21}\Omega\cdot m$。升阻比约为 4～10 个数量级。钛酸钡 PTC 材料的温阻特性如图 6.7 所示。

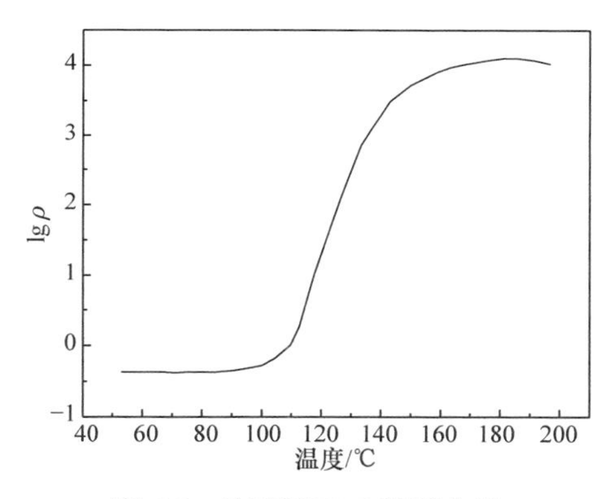

图 6.7 钛酸钡 PTC 温阻曲线

钛酸钡晶体结构有立方相(120℃以上稳定存在)、四方相(5～20℃稳定存在)、斜方相(−90～5℃稳定存在)、三方相(−90℃以下稳定存在)。在−90℃、5℃、120℃附近，晶体结构发生变化，各元素原子间距离产生变化，晶体内部极化状态随之发生变化，导致钛酸钡介电常数在三个温度附近发生跳跃性变化。海望模型和丹尼尔斯模型可解释较多试验。

(1) 海望(Heywang)模型。

海望模型将正温度系数效应的产生归结于两个主要原因：第一，多晶钛酸钡半导体材料晶粒边界存在一个受主表面态引起的势垒,厚度仅为晶粒直径的 1/50。第二，势垒高度与材料相对介电系数ε_r 成反比，低于居里点，相对介电常数ε_r 较大，则呈现低电阻率；超过居里点时，ε_r 按照居里-外斯定律衰减，使材料体积电阻率发生 4 个数量级以上的变化。

(2) 丹尼尔斯(Daniels)模型。

丹尼尔斯建立的晶粒表面钡缺位模型将二维表面电荷扩展到三维，较好地解释了正温度系数效应受冷却方式影响，正温度系数效应出现在施主掺杂的 n 型半导体中，不出现在还原法制备的 n 型半导体等海望模型不能解释的问题。

2. V_2O_3 系

V_2O_3 系正温度系数材料以钒的氧化物为基，掺杂少量铬元素氧化物及其他微量杂质元素，制备的固溶体具有正温度系数效应。V_2O_3 系正温度系数材料与钛酸钡系有本质区别。主要体现在掺杂金属铬的钒铬复合金属氧化物单晶存在正温度系数效应。铬含量的增大可提升居里点，同时降低体积电阻率。氧化钒系正温度系数材料的正温度系数效应源于金属-绝缘体相变，该系列材料最大的优点是耐压较好，可耐受 100A/mm^2 以上电流冲击。

3. 有机复合系

以有机聚合物为基，添加炭黑、氧化钒等导电物质，经高温混炼而成的复合材料。聚乙烯/炭黑、环氧树脂/氰化钒是两种最为典型的有机复合型正温度系数材料。导电颗粒填充在聚合物内，与低电导率的高聚物混合形成“导电链条”。产生原因有多种解释，大多数人所接受的是：温度升高导致有机体膨胀，部分导电链条被切断使材料电阻升高，效应较明显，体积电阻率可变化 5～10 个数量级。正温度系数材料工作在其居里点附近，有机复合系的导电原理决定了其居里点由基体熔点决定。

4. 其他系

除前述材料外，ZnO-TiO_2-NO 也具有正温度系数效应，是氧化锌和二氧化钛共同作用于晶粒边界的结果，但温度系数较小，材料体积电阻率在相对宽的区域与温度呈近似线性变化，主要用于传感器。$Pb(FeNb)_{0.5}O_3$ 系正温度系数材料同属于缓变型正温度系数材料，体积电阻率随温度变化较为缓慢，效应源于晶界的相变，其居里点调节类似于钛酸钡系列。

6.4.4 正温度系数材料防冰应用

PTC 材料主要应用于复合绝缘子发热防冰。相变防冰材料作为填料，不需要从系统取能，可反复利用节省能源；涂层温度低于冰点时体积电阻率较低，体电阻低，泄漏电流较大，使绝缘子具有一定防冰功率；涂层温度高于冰点，体积电阻率增大，减少温度高于冰点时的泄漏电流而减少发热，防止绝缘子在高温下温度过高。

PTC 材料还应用于机载铠装除冰加热器[61]。世界各国在重要的机载传感器上都装有防冰和除冰装置。由于铠装加热器具有较高热效率和高可靠性得到广泛应用。此外，飞机、导弹、卫星上的电磁窗防冰也在严寒地区应用[62]，PTC 材料由于防冰冻效果良好、工作可靠，还在水利水电工程[63]和石油管道[64]防冰冻领域发挥着作用，PTC 材料可防止闸门止水橡皮与门槽埋件冻结、石油管道的阀门冻结等。

6.5　低居里点磁热器件加热防冰

19 世纪末英国科学家居里夫人发现，任何材料都存在磁感应强度转变点，在该温度下原来的磁性消失，这个温度称为“居里点”。

铁磁物质被磁化后具有很强的磁性。随着温度升高，金属点阵热运动加剧影响磁畴磁矩的有序排列。当温度达到足以破坏磁畴磁矩整齐排列时磁畴被瓦解，平均磁矩为零，铁磁物质的磁性消失变为顺磁物质，与磁畴相联系的一系列铁磁性质(如高磁导率、磁滞回线、磁致伸缩等)全部消失，相应的铁磁物质的磁导率转化为顺磁物质的磁导率。与铁磁性消失时所对应的温度即为居里点温度。

6.5.1　低居里点磁热线防冰原理

低居里点(low Curie point, LC)铁磁材料是一种由铁(Fe)、镍(Ni)、铬(Cr)以及硅(Si)等按一定比例组成的、具有较低居里点的合金材料[65]。“七五”期间，电力部武汉高压研究所与首钢冶金研究院等单位合作在“七五”重大攻关项目“重冰区线路除冰综合措施研究”中，将低居里点铁磁材料应用到导线防冰领域中，共同开发了低居里点磁热线防冰技术，研制出低居里点铁磁材料防冰器件，包括铁磁线、预绞丝和防冰套筒等。具有随温度变化实现防冰的特点，融冰过程不中断供电，低居里点磁热线随气象条件变化可自行发挥除冰作用，无须人员维护检修，一次安装可长期使用。虽然低居里材料具有上述特征，但其低居里点存在一个理想曲线，而目前可制备的低居里材料距离理想曲线仍存在较大差距。

将低居里点铁磁材料防冰器件裹在输电导线表面，输电线路的交变电流产生交变磁场，使裹在外层的铁磁材料磁芯磁化。当环境温度高于居里点时铁磁材料的磁化率很低，这时磁感应强度(B)的值很小；而当环境温度低于居里点时，铁磁材料则具有很大的磁转化率，产生很强的磁感应强度(B)，从而产生损耗放热。

铁磁材料防冰器件的热量损耗主要有三种形式：铁磁磁芯的涡流损耗(P_e)；铁磁磁芯的磁滞损耗(P_h)；导电覆层欧姆损耗(P_Ω)。最主要的放热形式为欧姆损耗放热(P_Ω)，占总放热量的 90%以上[66]。磁芯产生的交变磁场穿过外层的导电覆层，在导电覆层中产生了电流，放出的热量即为欧姆损耗放热(P_Ω)。通过线状(柱状)铁磁材料及表面导电覆层的损耗功率(P)可表示为[66-69]

$$P = P_e + P_h + P_\Omega \tag{6.5}$$

$$P_{\mathrm{e}}=\frac{\pi^3 f^2 l r^4}{4\rho_{\mathrm{m}}}B_{\mathrm{m}}^2\times 10^{-16},\quad P_{\mathrm{h}}=\frac{4\pi f l r^2\eta}{\mu_{\mathrm{m}}}B_{\mathrm{m}}^2,\quad P_{\Omega}=\frac{2\pi^3 f^2 l r^4}{(2r+b)\rho_{\mathrm{c}}}B_{\mathrm{m}}^2\times 10^{-16}$$

式中：P_{e}为铁磁材料涡流损耗(J)；P_{h}为铁磁材料磁滞损耗(J)；P_{Ω}为覆层导电材料欧姆损耗(J)；f为交变磁场频率(Hz)；B_{m}为磁感应强度幅值(Gs)；ρ_{m}为电磁材料电阻率(Ω/cm)；ρ_{c}为覆层导电材料的电阻率(Ω/cm)；μ_{m}为铁磁材料的磁导率；l、r分别为线状铁磁材料的长度和半径(cm)；b为覆层导电材料的厚度(cm)。

由式(6.5)可知，P是B_{m}^2的函数。在冰点以上温度时，B_{m}很小(几乎为0)，所以消耗的功率也接近为零；而在冰点以下时，即使线路传输电流较小，B_{m}也能变得足够大，铁磁防冰器件发出的热功率P能满足防覆冰的要求。同时，由于铁磁材料具有磁饱和特性[69]，当导线传输电流较大时，也不会产生过剩的能量消耗。

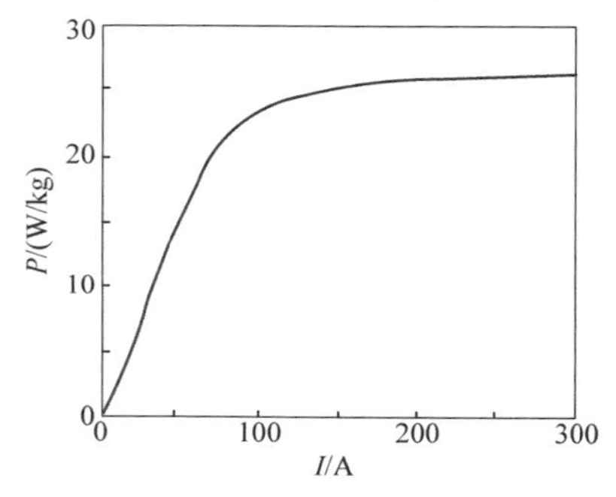

图 6.8　磁热线发热功率与传输电流的关系

图6.8为电力部武汉高压研究所研制的一种低居里点铁磁材料发热功率与导线传输电流的特性曲线[70]，当导线传输电流大于150A时，该材料的磁感应强度已经饱和。低居里点铁磁材料防冰器件在冰点以下不仅能满足除冰的要求，且不会因线路电流过大产生过剩的能量消耗。而在温度高于冰点条件时，铁磁材料不会增加线路损耗[71]。低居里点铁磁材料可以随天气情况自行进行防冰，无须人员维护和检修，一次安装可长期使用并发挥作用。

6.5.2　低居里点磁热线防冰实践

LC磁热线在人工气候室和现场的大量试验表明：LC磁热线除冰效果明显，对导线无腐蚀也不损伤[65]，如图6.9(导线LGJ-300中通流150A，每米导线缠绕260mm，风速5.8m/s，风向与导线成60°角)所示。人工气候室温度在15min从15℃降低到–4℃后保持稳定，当导线表面温度低于0℃时开始覆冰。

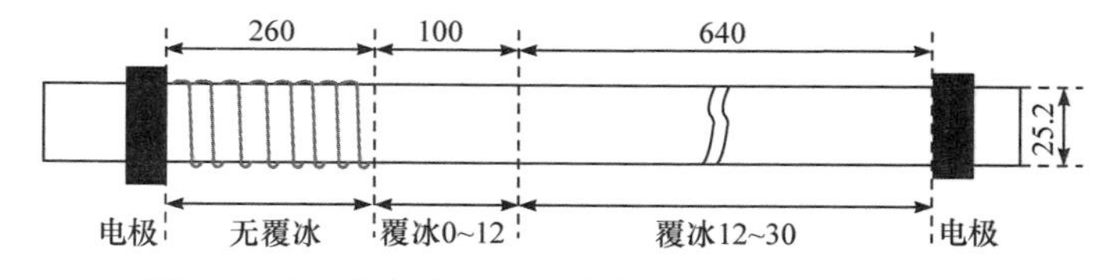

图 6.9　人工气候室LC磁热线除冰效果(单位：mm)

在海拔2200m的观冰站对6种不同配方的LC磁热线进行了现场除冰试验。在连续8天的覆冰过程中，每天对覆冰情况测量10次。结果表明：除编号为1#的LC磁热线除冰效果不良外，其余5种除冰效果明显。

实际应用中将加工成丝的 LC 磁热线以螺旋形式缠绕在导线上。缠绕得越紧密，LC 磁热线发热效果越好。为获得最佳除冰效果和最少 LC 用量，线路上采取 3 种重量布置方式，即 0.3kg/m、0.5kg/m 和 0.75kg/m。每种方式采取紧密缠绕一定长度后空一定距离再继续缠绕。从 1990 年 10 月至 1992 年 3 月分别在不同地区的 110～500kV 运行线路上安装了不同数量的 LC 磁热线，如图 6.10 所示，导线覆冰重，需用的 LC 磁热线多；LC 磁热线对导线无危害，具有除雨凇冰的明显效果。

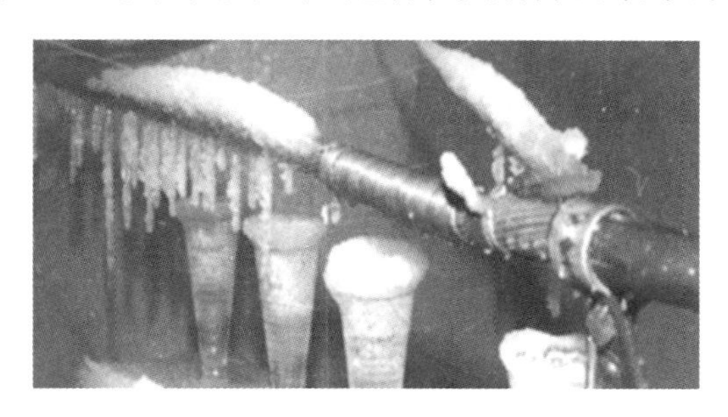

图 6.10　实验室除冰效果

6.5.3　低居里点磁热线防冰应用

1. 制作工艺与成本

LC 铁磁防冰器件是在铁(Fe)中加入 35%～45%的镍(Ni)、2%～5%的铬(Cr)及 0.5%～2.0%的硅(Si)，在 600～800℃高温下熔炼，经特殊工艺加工而成[70]。可根据不同防冰要求制作成不同器件，如铁磁线、预绞丝或防冰套筒等。工程中主要有热敏防冰套筒和低居里点磁热线。LC 磁热线是由具有低居里点温度特性的铁磁合金在高温下以特殊工艺拉拔成 1.0～2.5mm 的丝材，在其表面包敷 0.1～0.5mm 的导电覆层。热敏防冰套筒类似于 1∶1 的电流互感器(图 6.11)，其长度为 45cm，磁芯厚度 0.2cm，铝质二次线圈厚度 0.2cm，元件总质量 1.0kg，安装时元件之间的间隔为 1.0m[65,70]。实践得知，单位导线上装配的铁磁材料越重，防冰效果越好。要想达到理想的防冰效果，对于 LGJ-400/50 的导线，约需 0.9kg/m 的铁磁材[72]，对

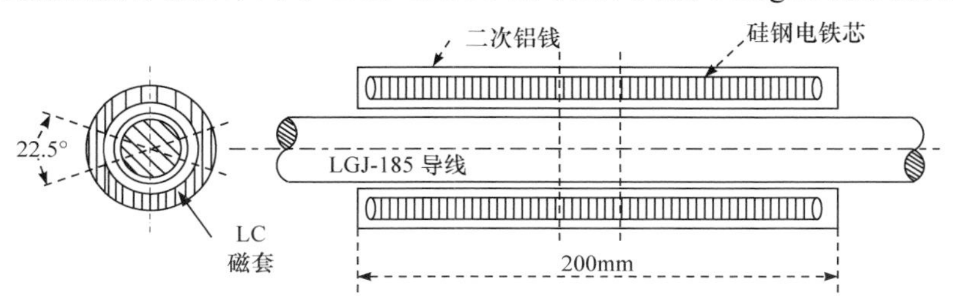

图 6.11　热敏防冰套筒结构及安装示意图

于 4×LGJ-400/50 的 500kV 线路需要量为 10.8t/km。

由表 6.2 可知，铁磁材料的成本价格约 4.51 万元/t，加工工艺复杂，对环境和器具要求严格，考虑加工工艺、覆层(一般为铝或铜)以及利润等综合因素，市场价约为成本价的 2.7 倍，LC 铁磁材料成品的估计为 12.2 万元/t。四分裂 500kV 线路(LGJ-400/50)防冰费用约为 132.3 万元/km(一般覆冰地区)。

表 6.2　某种 LC 铁磁材料的原材料成本(2020 年参考值)

成分	含量/%	价格/(元/kg)
铁(Fe)	46.0	3.35
镍(Ni)	40.0	108.2
铬(Cr)	3.0	51
硅(Si)	1.0	11.8

2. 施工难度

LC 铁磁防冰器件如铁磁线、预绞丝或防冰套筒等需要用手工或专用机械将其固定螺距缠绕或套在导线上。防冰器件一般比较纤细(磁热线的直径为 1.5～3mm)且结构复杂，外层覆有较薄的覆层，安装时容易拉断或变形，不利于架空线路高空作业。我国南方地形复杂，电网大多分布在山地，人工装配铁磁防冰器件需要消耗大量的人力、物力和财力，装配效率很低。

3. 损耗分析

铁磁材料的发热性能一定，防冰器件发热量与其质量成正比，即导线上安装的防冰器件质量越大，发热效果越好[72]。铁磁防冰器件给导线带来两方面的影响：一是增加导线本身荷载。对于 LGJ-400 的导线，在风速 5m/s、环境温度−5℃时，需要 32.36W/m 的功率才能完全阻止导线覆冰[72,73]。目前已研制的铁磁材料防冰器件在温度低于 0℃的发热功率一般为 4.6～26W/kg[70,73]。每米导线需要 1.24kg 以上防冰器件，才能适应各种气象条件下防冰。根据电力系统安全运行有关规定，附加重量不能超过导线自重的 25%，对于 LGJ-400 导线，安装的铁磁材料防冰器件不能超过 0.3～0.5kg/m[74]。而保证线路有效防冰所需的铁磁材料防冰器件量远远高于这一标准。二是增加导线线损。LC 铁磁材料在 20℃左右时仍有近 5W/kg 的损耗，随着温度降低，损耗进一步加大。以 5W/kg 作为一年的平均损耗功率，每千克铁磁材料防冰器件一年损耗的能量约为 43.8kW·h。一条长 1000km 的三相交流线路，按每公里装配 1kg 铁磁材料计算，一年损耗功率约为 131400kW·h。

4. 应用及前景分析

LC 铁磁材料的推广应用主要存在以下困难：

(1) 原材料价格持续攀升。受国际市场影响，铁、镍、铬、硅等材料的价格一直攀升。原料价格上涨导致低居里点铁磁材料成本的增加，如不能找到低成本的替代原料，很难大面积推广应用。

(2) LC 发热性能改善和居里点温度的降低二者之间存在技术冲突。在线路荷载允许范围内提高铁磁防冰器件防冰效果，唯一可行方法是提高 0℃时发热功率。铁磁防冰器件发热功率是 B_m^2 的函数，提高铁磁发热功率，必须增大铁磁磁感应强度(B)。当铁磁饱和磁感应强度 B_s≥0.8～1.0T 时，方能防除各种气象条件下线路覆冰，但此时居里点温度必然大于 80℃[72]。从降低常温线损考虑，则需有低至 0℃的居里点温度。工程中一般控制合金中镍(Ni)、硅(Si)、铬(Cr)等含量控制居里点温度。在铁(Fe)-镍(Ni)合金中，在含镍(Ni)30%附近居里点温度最低，但饱和磁感应强度也较低[75,76]。而在合金中相应增加硅(Si)、铬(Cr)的含量时，居里点温度降低，饱和磁感应强度减少，很难找到既有较低居里温度又有较高饱和磁感应强度的点。目前研制出来的低居里点铁磁合金的温度一般是 60～80℃，离理想居里点(0℃)还有很大差距。

(3) 磁感应强度在居里点突变的陡度未能完全达到要求。理想情况下，低于 0℃应有较高的磁感应强度(B)，高于 0℃磁感应强度突然降到零，即在 T=0℃点上，铁磁材料磁感应强度发生突变，或者至少要有比较大的陡度。但事实上不能达到这个要求。图 6.12 实线部分给出了在磁场强度 H=3980A/m 时，4 种低居里点铁磁材料的 B-T 曲线，铁磁材料的磁感应强度并没有在 T=0℃的温度点上突变，而是逐步随着温度升高而平滑减小，最后也很难达到零的磁感应强度水平。

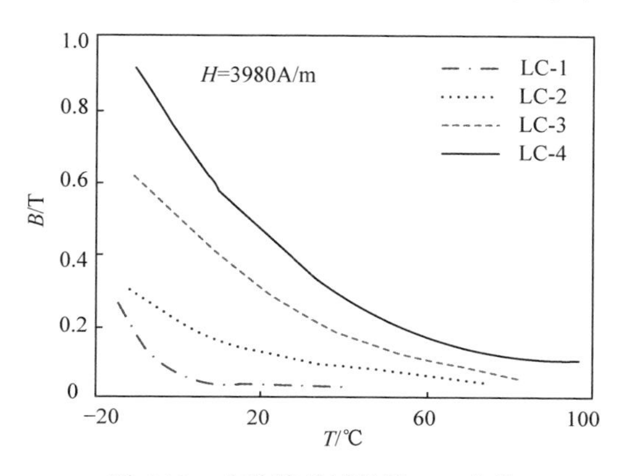

图 6.12　几种铁磁材料的 B-T 曲线

6.6　超亲水性表面防冰

6.6.1　超亲水性表面防冰原理

亲水性表面的水分子有三种状态，如图 6.13 所示。亲水性表面水分子与表面具有较强的水合作用，这种分子称为“不结冰水”。“不结冰水”有好几个分子层厚，紧挨着“不结冰水”的水分子称为“键合水”，这些水分子在低于凝固点时也不会结冰，最外层的水分子被称为“自由水”，这部分水与本体水的性质相同，在达到凝固点时结冰。正是由于自由水的这一性质使得低温下冷表面上结冰结霜不可避免。为防止“自由水”在低温下凝固，采用增加亲水性材料与水分子氢键作用或通过传统的“盐效应”控制冰晶的生长，起到抑制结冰的效果。

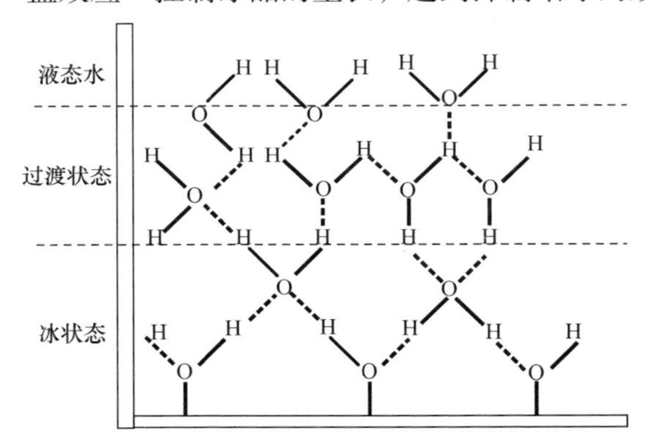

图 6.13　亲水性表面水分子状态

常压下水的温度降低到 0℃以下，分子之间通过氢键结合生成六方晶系冰，氢原子无规则分布形成比较有序的冰骨架结构，搭建冰骨架结构的桥梁是氢键，氢键分子间的力不如化学键牢固。

超亲水性聚合物涂层存在防覆冰性能。亲水性涂层中所含的强极性物质在被吸入涂层内部水中会电离出阴离子和阳离子，阴、阳离子和水分子不同极性的顶端相互吸引，使氢键长度发生变化甚至断裂，破坏水分子间的氢键结合，破坏冰骨架结构的形成，阻碍亲水性表面上霜晶的形成[77]。

6.6.2　超亲水性防冰材料发展

亲水性材料发现至今已经进行了大量研究。Highgate 等[78]的试验证明：亲水性涂层可吸附大量水，贮存一部分潜冷，可使吸附水达−20℃而不结冰。采用将乙二醇加到高聚物中作为亲水性表面，取得良好的抑霜效果。但经过连续三次重复试验后涂层失去作用。Okoroafor 等[79]采用高聚物亲水性表面进行了两个小时的结霜试验，可使结霜速率和霜层厚度减少 10%～30%，但在这种聚合物的网络中，吸收的水量存在一个临界值，只有在这个临界值之下，聚合物网络中吸收的水分子才不会结冰。Ryu[80]的研究表明：亲水性表面霜层厚度比普通表面少，但其冷表面结霜的密度更大，随着相对湿度增大，亲水性涂层延缓结霜的能力逐渐降低，霜层沉积后霜层减少表面能对结霜的影响。而 Shin 等[81]研究了不同涂层厚度对结霜的影响发现：亲水性涂层越厚，抑制结霜的效果越明显，但并没有分析涂层厚度何时为最佳，使其既能保证整体良好的导热性、涂层总耗最小，而且抑制结霜效果最显著。

Fujishima 等[82]进行了 TiO_2 超亲水性表面(CA 接近于 0℃)的研究。在紫外光照射之前 TiO_2 薄膜呈现疏水状态；紫外光辐照后 TiO_2 表面形成的 Ti^{3+}和氧空位吸附水形成亲水微区，随光照时间延长，接触角则不断减小，甚至达到 0℃。当停止紫外光照射并长时间置于黑暗中后，TiO_2 薄膜又可恢复到疏水状态，即实现亲水和疏水的可逆转变。超亲水性表面也具有自清洁效应，一是 TiO_2 的光催化作用，在紫外光的照射下有机污染物可被降解；二是 TiO_2 的光致超亲水性使水在表面快速铺展，水和污染物之间形成一层水膜，污染物会随水膜的铺展而被带走。超亲水性表面有其独特的优点，如透明性、抗雾性和快速干燥等。

水性润滑层是由环境自然补充，可避免超疏水涂层的耐候性，该发现提出设计和制造防冰表面的新途径。研究表明，聚乙二醇可显著降低冰与基材间的黏合强度，能对不冻结水分子进行氢键结合并起自润滑界面层的作用；聚电解质作为防冰材料具有吸湿性，可支持在相对低温下不会冻结的自润滑液态水层。与传统聚电解质不同，聚硅酸盐是一类带电聚合物，在每个重复单元中带有正电荷和负电荷，形成强偶极子。因此，多晶硅离子能够形成致密和厚的准液态水层，可通过静电相互作用且可通过偶极-偶极相互作用与水分子相互作用。由于这种独特的特性，两性离子材料(Zwitterionic Materials)如磺基甜菜碱甲基丙烯酸酯(SBMA)和羧基甜菜碱甲基丙烯酸酯(CBMA)的聚合物具有突出的抗性蛋白质吸附和生物膜形成。

6.6.3 超亲水性表面防冰应用

超亲水性表面还受到诸多因素限制，目前缺乏简单、经济和环境友好的制备方法。现有方法多涉及昂贵仪器设备或复杂工艺流程，难以用于大面积超亲水性表面的制备；目前所制备的超亲水性表面微结构机械强度差，易受外界因素如光、温度等影响，不能满足长期使用的要求；超亲水性表面的持久性也是制约其应用的一个重要因素，由于超亲水性表面具有高表面能，容易向低表面能方向进行转化以达到稳定状态，会导致其失去超亲水性能。也正是由于上述因素的制约，超亲水性表面防冰目前尚在研究阶段，尚未有成熟可用的防冰应用范例。

6.6.4 超亲水性防冰评价

超亲水性防冰是一种新型的防冰方法，制备超亲水性表面的关键之一在于控制表面微观结构和表面化学组分，引人关注的是光催化超亲水性材料，如 TiO_2 可超亲水性能和其他功能结合，可得到具有多功能的特殊浸润性表面，特殊浸润性表面可应用于可控性生长、定向浸润以及微流体等。受制备方法、表面微结构的机械强度和材料等的限制，超亲水性表面的应用远未普及，瓶颈问题有：

(1) 缺乏简单、经济和环境友好的制备方法。现有方法多涉及昂贵的仪器设备或复杂的工艺流程，难以用于大面积超亲水性表面的制备；

(2) 目前制备的超亲水性表面微结构机械强度差，易受外界因素如光、温度等影响，不能满足长期使用的要求。持久性是制约其应用的一个重要因素，超亲水性表面具有高表面能，易向低表面能转化达到稳定状态，会导致其失去超亲水性能。

6.7 其他防冰方法

6.7.1 冰点抑制液防冰

冰点抑制液是防止液体凝固或组成过大冰晶的物质，又称防冻剂。使用与水混合时低于冰凝固点的防冻剂，可在冰层和导线间形成一层薄水膜，可用于保护飞机和路面不受结冰影响。冰点抑制液是非永久性的，受到适用性和使用寿命的限制。为得到持久的防冰效果，需及时补充应用于结构上。防冻剂目前仅仅只用于飞机机翼起飞前防冰以及特定和重要的输电线路部分。

6.7.2 焦耳热效应防冰

覆冰情况下通过保持略高于冰凝固点温度的方法防止水滴冻结。升高导线表面温度的方法之一是使导线中流过电流产生热量。为防止积冰或除冰而利用焦耳热效应来加热导线，被广泛认为是将严重冰暴对架空线路产生不良后果降到最低的最有效方法。交流和直流电流都被不同国家使用于融冰。这种方法得到了发展并且已在世界范围内获得了几十年冰雪融化系统的应用经验。焦耳热效应既可用于导线的防冰，也可用于导线的除冰。由于焦耳热效应的方法是基于导线电流的直接转换。一些加热方法利用了运行导线的电磁特性与材料物理特性的结合。

6.7.3 铁电涂层防冰

铁电涂层法是利用覆盖在整个导线表面的特定介质涂层的损耗。电介质(除真空)有两种类型的损耗：传导损耗即实际电荷通过电介质的损耗；介电损失即由于交变电场中原子或分子的移动或旋转。通过从铁电材料系列中选择适当的介质膜，可将导线表面温度保持在冰凝固点以上。

6.7.4　铁磁材料防冰

铁磁材料防冰的方法是基于铁磁性涂层以保持运行导线表面温度为正值(CEA 2002)。与从电场吸收能量不同，铁磁涂层是从导线表面最强的磁场吸收能量。铁磁涂层加热是基于交变电场所产生的磁滞和互感泄漏电流的损耗。目前在日本的电力领域使用许多不同形状的涂层及仪器的方法以防止积雪，如环形、圆柱套或螺旋金属线。然但这些方法不能胜任在严重冰冻条件下防止结冰的任务，尤其是在低温和高风速的情况下。因为它们需要较高的磁场强度来产生高频电流以保持导线表面的温度为正值。这种方法在一年中其他时间里也会导致电能损失。由于这个原因，与焦耳热效应方法相比这些方法的经济价值并不诱人。

6.7.5　电加热器防冰

使用电加热器，如化工厂的加热管或电气绝缘电阻加热金属线，通过包裹在导线或地线周围进而加热其表面。在化学领域这是一项成熟的技术，但应用于输电线路还需要分析和研究。这种方法的效率在实验室已经得到了证明。表 6.3 为各种其他防冰的基本原理和应用范围。

表 6.3　其他防冰方法

方法	原理	有效性	持续时间	安装	范围
冰点抑制液	分界面生成水薄膜	覆冰积雪	经常应用	在站点	短截面
铁电涂层	体表面正温度	大气覆冰	持久的	在工厂	短截面
铁磁材料	表面正温度	积雪	持久的	在站点	更长截面
电加热器	导体表面正温度	覆冰积雪	持久的	在站点	短截面

6.8　本 章 小 结

本章论述防止结构物大气覆冰的原理和方法，提出防冰是减少冰灾的基本方法之一。讨论憎水性涂料防冰的原理、方法和应用范围，提出憎水性涂料虽然不能防止覆冰，但可最大限度地降低冰与结构物表面的黏结，有利于其他方法进行除冰。加快憎水性涂料研究具有重要的科学意义和工程应用价值。

分析碘化银雾化防冰的方法，这种方法虽可防止冰在结构物表面沉积，但使用成本很高，除冰延续性有限，在机场等特殊场所具有应用价值。分析正温度系数防冰原理和应用范围，根据其电阻随温度变化的性能，可应用于石油管道等特殊场合防冰，也可探索在电网和其他结构物防冰。论述低居里磁热材料防冰的原理、应用范围和问题，提出低居里磁热线具有较好防冰效果，但成本高，只有在特殊场合具有经济价值。本章还提出各种其他防冰的技术和方法供读者参考。

参考文献

[1] 蒋兴良，肖代波，孙才新. 憎水性涂料在输电线路防冰中的应用前景[J]. 南方电网技术，2008, 2(2): 13-18.

[2] 蒋兴良，赵世华，张志劲，等. 污秽与憎水性对复合绝缘子泄漏电流特性的影响[C]. 重庆市电机工程学会学术会议，重庆, 2012.

[3] 黄青丹，尤金伟，宋浩永，等. 不同类型 RTV 憎水性及闪络特性分析[J]. 电力建设, 2015, 36(5): 45-51.

[4] 蒋兴良，李名加，司马文霞，等. 污湿环境中合成绝缘子憎水性影响因素分析[J]. 高电压技术, 2002, 28(9): 5-6.

[5] 司马文霞，刘贞瑶，蒋兴良，等. 硅橡胶表面分离水珠的局部放电对表面特性的影响[J]. 中国电机工程学报, 2005, 25(6): 113-118.

[6] 蒋兴良，李鑫，张志劲，等. 绝缘子表面雨凇覆冰粘结力及其影响因素研究[J]. 电网技术，2014, 38(12): 3464-3469.

[7] 蒋兴良，杨大友. RTV 涂料表面冰层与涂料间粘结力及其影响因素分析[J]. 高电压技术，2010, 36(6): 1359-1364.

[8] Kulinich S A, Farzaneh M. How dynamic hydrophobicity of superhydrophobic surfaces governs evaporation of small water droplets[C]. The 13th International Workshop on Atmospheric Icing of Structures, Andermatt, 2009.

[9] Croutch V K, Hartley R A. Adhesion of ice to coatings and the performance of ice release coatings[J]. Journal of Coatings Technology, 1992, 64: 41-53.

[10] Andersson L O, Golander C G, Persson S. Ice adhesion to rubber materials[J]. Journal of Adhesion Science and Technology, 1994, 8(2): 117-132.

[11] Andrews E H, Majid H A, Lockington N A. Adhesion of ice to a flexible substrate[J]. Journal of Materials Science, 1984, 19(1): 73-81.

[12] Barrett J. Thermal hysteresis proteins[J]. The International Journal of Biochemistry & Cell Biology, 2001, 33(2): 105-117.

[13] Petrenko V F, Peng S. Reduction of ice adhesion to metal by using self-assembling monolayers (SAMs)[J]. Canadian Journal of Physics, 2003, 81: 387-393.

[14] Landy M, Freiberger A. Studies of ice adhesion. I. Adhesion of ice to plastics[J]. J. Colloid Interface Sci., 1967, 25: 231-244.

[15] Laforte C, Laforte J L, Carrier J C. How a solid coating can reduce the adhesion of ice on a structure[C]. Proceedings of the International Workshop on Atmospheric Icing of Structures (IWAIS X), Quebec City, 1999: 1-5.

[16] Petrenko V F. Study of the surface of ice, ice/solid and ice/liquid iterfaces with scanning force

microscopy[J]. J. Phys. Chem., 1997, B101: 6276.
[17] 韦晓星, 贾志东, 孙振庭, 等. 添加半导电硅橡胶涂层对运行绝缘子防覆冰性能的改善[J]. 高电压技术, 2012, 38(4): 871-877.
[18] 蒋兴良, 舒立春, 孙才新. 电力系统污秽与覆冰绝缘[M]. 北京: 中国电力出版社, 2009.
[19] 陈原, 张章奎, 巩学海, 等. 电力系统防污闪现状与政策分析[J]. 中国电力, 2004 , 2: 97-101.
[20] 唐厚元. 有机硅在绝缘子防污闪方面的应用[J]. 有机硅材料, 2000, 14(2): 14-18.
[21] 李永清, 郑淑贞. 有机硅低表面能海洋防污涂料的合成及应用研究[J]. 化工新型材料, 2003, 31(7): 1-4.
[22] 蒋兴良, 杜镶, 林峰, 等. 持久性就地成型防污闪复合涂料对绝缘子覆冰及交流冰闪电压的影响[J]. 电网技术, 2008, 32(1): 71-75.
[23] 吕月仙. 导电涂料的导电机理[J]. 华北工学院学报, 1998, 19(4): 329-332.
[24] 谭海龙. 可控温型炭系电热涂料的制备与电热性能研究[D]. 长沙: 湖南大学, 2010.
[25] 韦晓星, 许志海, 赵宇明, 等. 基于"开断效应"的绝缘子半导体防覆冰涂层防冰机理与运行特性[J]. 高电压技术, 2012, 38(10): 2549-2558.
[26] 孙振庭, 贾志东, 韦晓星, 等. 部分涂覆半导电涂层的绝缘子防冰结构的优化[J]. 中国电机工程学报, 2012, 32(7): 132-138.
[27] 胡琴, 夏翰林, 张宇, 等. 电热型复合绝缘子防覆冰性能分析[J]. 电网技术, 2019, 43(8): 3039-3046.
[28] 艾晓龙. 可印刷新型抗老化炭系电热涂料的研究[D]. 长沙: 湖南大学, 2013.
[29] 彭向阳, 姚森敬, 毛先胤, 等. 输电线路绝缘子新型防冰涂料及其性能研究[J]. 电网技术, 2012, 36(7): 133-138.
[30] 李雪源. 光热型涂料应用于复合绝缘子的防/融冰效果研究[D]. 重庆: 重庆大学, 2018.
[31] 胡建林, 吴尧, 蒋兴良, 等. 涂覆超疏水涂层绝缘子表面覆冰过程[J]. 高电压技术, 2014, 40(5): 1320-1331.
[32] 杨洋, 李剑, 胡建林, 等. 绝缘子的超疏水涂层覆冰特性试验研究[J]. 高电压技术, 2010, 36(3): 621-626.
[33] 蒋兴良, 周洪宇, 何凯, 等. 风机叶片运用超疏水涂层防覆冰的性能衰减[J]. 高电压技术, 2019, 45(1): 167-172.
[34] Wenzel R N. Resistance of solid surfaces to wetting by water[J]. Industrial & Engineering Chemistry, 1936, 28(8): 988-994.
[35] Cassie A B D, Baxter S. Wettability of porous surfaces[J]. Transactions of the Faraday Society, 1944, 40(0): 546-551.
[36] Bico J, Thiele U, Quéré D. Wetting of textured surfaces[J]. Colloids and Surfaces A: Physicochemical and Engineering Aspects, 2002, 206(1-3): 41-46.
[37] Wong T S, Kang S H, Tang S K Y, et al. Bioinspired self-repairing slippery surfaces with pressure-stable omniphobicity[J]. Nature, 2011, 477: 443-447.
[38] 苏正军. 含 AgI 焰剂成冰特性的实验研究[D]. 南京: 南京信息工程大学, 2008.
[39] Vonnegut B. The nucleation of ice formation by silver iodide[J]. Journal of Applied Physics, 1947, 18(7): 593-595.
[40] Turnbull D, Vonnegut B. Nucleation catalysis[J]. Industrial & Engineering Chemistry, 1952, 44(6): 1292-1298.

[41] Mondolfo L F, Vonnegut B, Chessin H. Nucleation and lattice disregistry[J]. Science, 1972, 176(4035): 695.
[42] Passarelli R E Jr, Chessin H, Vonnegut B. Ice nucleation by solid solutions of silver-copper iodide[J]. Science, 1973, 181(4099): 549-551.
[43] Butters N, Sax D, Montgomery K, et al. Comparison of the neuropsychological deficits associated with early and advanced Huntington's disease[J]. Archives of Neurology, 1978, 35(9): 585-589.
[44] DeMott R P, Lefebvre R, Suarez S S. Carbohydrates mediate the adherence of hamster sperm to oviductal epithelium[J]. Biology of Reproduction, 1995, 52(6): 1395-1403.
[45] Haayman P W, Dam R W, Klasens H A. Method of preparation of semiconducting materials[P]. German patent. 1955. 929. 350.
[46] Cook W R. Piezoelectric Ceramics[M]. London: Academic Press, 1971.
[47] Nishioka A, Sekikawa K, Owaki M. Effect of Fe_2O_3 on the properties of Barium Titanate single crystals[J]. Journal of the Physical Society of Japan, 1956, 11(2): 180-181.
[48] Sakudo T. Effect of iron group ions on the dielectric properties of $BaTiO_3$ ceramics[J]. Journal of the Physical Society of Japan, 1957, 12(9): 1050.
[49] Jonker G H, Kwestroo W. The ternary systems BaO-TiO_2-SnO_2 and BaO-TiO_2-ZrO_2[J]. Journal of the American Ceramic Society, 1958, 41(10): 390-394.
[50] Nomura S. Dielectric properties of titanates containg Sn^{4+}Ions I[J]. Journal of the Physical Society of Japan, 1955, 10(2): 112-119.
[51] Jackson W, Reddish W. High permittivity crystalline aggregates[J]. Nature, 1945, 156: 717.
[52] Weaver H E. Dielectric properties of single crystals of $SrTiO_3$ at low temperatures[J]. Journal of Physics and Chemistry of Solids, 1959, 11(3/4): 274-277.
[53] Andrich E. PTC thermistors as self-regulating heating elements[J]. Philips Technical Review, 1969, 30(6-7): 170-177.
[54] Berlincourt D A, Kulcsar F. Electromechanical properties of $BaTiO_3$ compositions showing substantial shifts in phase transition points[J]. The Journal of the Acoustical Society of America, 1952, 24(6): 709-713.
[55] Xi B F, Chen K, Liu F Y. The advance in theory research of PTC properties of polymer/carbon black composites[C]. Proceedings of the International Symposium on Electrical Insulating Materials, Toyohashi, 1998: 325-328.
[56] Xu Z H, Jia Z D, Li Z N, et al. Anti-icing performance of RTV coatings on porcelain insulators by controlling the leakage current[J]. IEEE Transactions on Dielectrics and Electrical Insulation, 2011, 18(3): 760-766.
[57] 周东祥, 龚树萍. PTC 材料及应用[M]. 武汉: 华中理工大学出版社, 1989.
[58] 李兴荣, 翟应田. 低温 PTC 热敏陶瓷材料的研制[J]. 云南大学学报(自然科学版), 1991, 13(3): 237.
[59] 张端明, 薛谦忠, 李瑞霞, 等. 低居里点缓变型线性化 PTCR 材料的研究[J]. 电子元件与材料, 1993, 12(3): 22-24.
[60] 周岸卿. PTC 陶瓷在翼型防/除冰结构中的应用探索[D]. 南京: 南京航空航天大学, 2017.
[61] 唐龙, 岳恩, 罗顺安, 等. 航空机载铠装除冰加热器研究[C]. 中国功能材料科技与产业高

层论坛论文集(第三卷), 重庆, 2011: 131-133.
[62] 刘广栋, 李伟, 黄珺. 基于 PTC 柔性加热膜的加热组件传热性能研究[J]. 直升机技术, 2021, (4): 5.
[63] 范雪峰, 赵春娟, 刘永成, 等. 一种水利水电设备防冻装置[P]. 中国: ZL2021115611277, 2021-12-20.
[64] 常兴武. 一种石油输油管道低温加热器[P]. 中国: ZL972246339, 1997-8-21.
[65] 蒋兴良, 万启发, 吴盛麟, 等. 输电线路除冰新技术: 低居里(LC)磁热线在线路除冰中的应用[J]. 高电压技术, 1992, 18(3): 55-58.
[66] 官可洪, 支起铮, 孙道智. 磁电复合自动融冰材料发热量的初步计算与分析[R]. 北京: 首钢总公司冶金研究院, 1995: 1-5.
[67] Szabados B, El Nahas I, El Sobki N S, et al. A new approach to determine eddy current losses in the tank walls of a power transformer[J]. IEEE Transactions on Power Delivery, 1987, 2(3): 810-816.
[68] 刘志珍, 励庆孚, 钱秀英. 积分方程与解析法组合计算薄钢板的涡流损耗[J]. 变压器, 1999, 36(11): 15-18.
[69] Liu Z Z, Li Q F. Combining integral equation and analytical method to determine eddy current losses of a thin steel plate[J]. Transformer, 1999, 36(11): 15-17.
[70] 蒋兴良, 易辉. 输电线路覆冰及防护[M]. 北京: 中国电力出版社, 2002.
[71] 蒋兴良, 张丽华. 输电线路除冰防冰技术综述[J]. 高电压技术, 1997, 23(1): 73-76.
[72] 蒋兴良. LC 磁热线在线路除冰中的应用[R]. 武汉: 电力部武汉高压研究所, 1993: 5-11.
[73] 蒋兴良. 输电线路覆冰机理与防冰新技术研究[C]. 中国科学技术协会首届青年学术年会论文集(工科分册・上册), 1992: 126-131.
[74] 刘振亚. 国家电网公司输变电工程典型造价: 500kV 输电线路分册[M]. 北京: 中国电力出版社, 2006.
[75] 首钢总公司冶金研究院. 新型热敏感功能材料研制报告[R]. 北京: 首钢总公司冶金研究院, 1995: 3-9.
[76] 官可洪, 支起静, 孙道智, 等. 《新型热磁敏感功能材料》专题研究技术总结汇报提要[R]. 沈阳: 东北大学, 1995: 1-4.
[77] 肖俊. 超疏水表面的制备及其防冰性能研究[D]. 长沙: 国防科技大学, 2015.
[78] Highgate D, Knight C, Probert S D. Anomalous ‘Freezing’ of water in hydrophilic polymeric structures[J]. Applied Energy, 1989, 34(4): 243-259.
[79] Okoroafor E U, Newborough M. Minimising frost growth on cold surfaces exposed to humid air by means of crosslinked hydrophilic polymeric coatings[J]. Applied Thermal Engineering, 2000, 20(8): 737-758.
[80] Ryu S G, Lee K S. A study on the behavior of frost formation according to surface characteristics in the fin- tube heat exchanger[J/OL]. https://xueshu.baidu.com/usercenter/paper/show?paperid=ef4cdc2a4a5d6716ebc8ca4bf286075f&site=xueshu_se. [2024-3-10].
[81] Shin J, Tikhonov A V, Kim C. Experimental study on frost structure on surfaces with different hydrophilicity: Density and thermal conductivity[J]. Journal of Heat Transfer, 2003, 125(1): 84-94.
[82] Fujishima A, Zhang X T, Tryk D A. TiO_2 photocatalysis and related surface phenomena[J]. Surface Science Reports, 2008, 63(12): 515-582.

第 7 章　电网除冰方法与技术

本章以电网设备覆冰为示例，论述电网中可能应用且可推广到其他领域的各种除冰方法。电网除冰可分为纯机械除冰、机械及热力混合除冰和纯热力除冰。纯机械除冰包括：机械除冰、电磁脉冲除冰、形状记忆合金除冰、气动脉冲除冰；机械及热力混合除冰包括：超声波除冰、微波除冰、激光除冰和热力除冰。

7.1　除冰基本原理

除冰是结构物在大气中积覆冰雪后或形成过程中所采取的、通过外力进行的机械破坏冰层、使其脱离物体的一种方法。除冰的基本原理是：结构物所覆冰雪作为固体黏附在其表面，由于冰雪像一般金属固体一样拥有其相应的机械性能，根据物体表面冰雪固体的机械性质，如在高应变率条件下容易发生脆断的特性，通过施加外力破坏冰雪的机械稳定性，使冰雪失去与结构物表面的黏结力，实现除去结构物积覆的冰雪。

目前，国内外除冰方法可分为四类：热力除冰、机械除冰、自然脱冰和各种其他方法。从机理上分析，除冰主要分为以下几种情况：

(1) 通过破坏积覆冰雪内部之间的作用力，使结构物表面的冰雪脱落达除冰的目的，主要有机械推雪装置和吹雪装置。

(2) 通过减小或破坏积覆冰雪与结构物的黏结力，使冰层不能再黏结在结构物上，在外部一些小扰动(如微风、小振动等)下，冰雪就会被动脱离物体。这种单纯地只破坏积覆冰雪和目标物体之间的作用力情况比较少，只有当冰与目标物体之间的剪切应力远小于冰雪内部的作用力才有可能发生。

(3) 通过形变或者外力冲击的作用，破坏冰雪内部之间的作用力，同时破坏冰层与物体之间的黏结力，使冰层部分或全部脱离目标物体。

大部分除冰方法都是同时减小或破坏两部分之间作用力达到除冰目标。不同结构物覆冰所产生的致灾机制不同，因此有不同的除冰需求和目标。

7.2　机 械 除 冰

7.2.1　机械除冰原理

机械除冰是利用工器具在需要除冰的目标物已覆冰的表面产生一种机械力，利用此力破坏积冰的结构使冰直接从附着表面脱落或者利用气动力的作用去除残余积冰。目标物表面冰是固体，目标物也一般为固体，两个固体之间存在黏附机制，需要了解冰雪的黏附机制。

目前国内外对冰雪黏附机理的研究不多，对已有的冰雪黏附机理也未形成统一认识，更没有形成较全面的系统理论。分析发现，影响冰雪黏附力的主要因素是氢键力、固体表面能与范德华力，化学键与静电力也是重要因素。

机械除冰是使用机械工具、设备或者装置产生破坏冰雪黏附力的所需要的外力，一旦外力达到或超过冰雪黏附的作用力即可除冰。但在实际中，覆冰是复杂环境条件下的局部问题，比如形成坚实冰层的道路、覆冰导线产生的扭转断线等，所需外力可能超过装置单一所提供的外力或者目标物本身难以承受的冲击外力，则可能需要多台装置同时或者多次除冰。

7.2.2　机械除冰分类

机械除冰是通对覆冰设备施加机械力，促使设备上的覆冰在机械力的作用下脱落。机械除冰法多种多样，在电网中主要有如下方法[1-10]。

1. Ad hoc 除冰

Ad hoc 表示“特别的、专门的、专为某一事而做”的意思，是指外力敲打除冰方法的总称。在电网除冰中，Ad hoc 是一系列紧急处置线路覆冰的方法与技术的统称，是指用起重机、绝缘绳索、绝缘作业车、直升飞机或无人机等间接工具带电或不带电直接作业对线路除冰的方式。由 Pohlman 和 Landers 于 1982 年提出，主要是通过操作者根据现场观测到的线路覆冰情况，采用人工敲击、绳索、枪击甚至起重机、直升机等方式进行的除冰，目的是加快除冰速度和尽快恢复电网供电。

Ad hoc 除冰需要线路运维人员现场执行应急的处置，处理方法多种多样，包括敲打、撞击。当输电线路不带电时，还可以采用抛掷短木棍将覆冰打掉，或采用长木棒、竹竿敲打除冰。当输电线路带电时，应使用与线路电压等级相符的绝缘棒敲打除冰。图 7.1 为现场人工敲击除冰、枪击除冰、登塔除冰、拉绳除冰、喷火器除冰等的情景。该方法在除冰过程中安全性与除冰效率低，容易造成电力设施和除冰操作者的损伤，只有在极为特殊的情况下才使用。

(a) 人工敲击除冰 (b) 枪击除冰 (c) 登塔除冰

(d) 拉绳除冰 (e) 喷火器除冰

(f) 梯头滑动敲击除冰 (g) 竹竿敲击除冰

图 7.1 Ad hoc 除冰方法(紧急处置措施)示例

Ad hoc 方法的主要优点是耗能小，价格低廉，技术性能相对较低，对操作人员没有专门除冰知识的技术要求，可以充分发挥运行人员的主观能动性，可以充分运用工作人员在长期实践工作中积累的丰富经验和储备知识，可以充分利用电网设备覆冰灾害现场的各种有利条件。

Ad hoc 方法在具体实施过程中，往往存在操作困难等缺点，特别是这类方法的实施受到现场各种条件限制，除冰过程中脱落的冰块有可能危及操作人员的人身安全，如 2008 年初中国南方大面积冰灾过程中某电力公司采用该方法除冰时第一天就牺牲了 3 位工作人员。在带电情况下，Ad hoc 方式实施更为困难，存在很大安全隐患。Ad hoc 方法是电网设备的应急措施，只有在充分评估应用 Ad hoc

方法过程中不会发生人身安全事故和设备安全事故时才能采用。

如果希望 Ad hoc 除冰方法能够被广泛接受，则应制定系列标准，规范操作程序。虽然目前还没有制定和规范 Ad hoc 除冰方法的技术导则，但仍然具有较大的研究和应用价值，欧洲各个国家多年来一直在研究、规范和应用 Ad hoc 除冰方法。

2. 滑轮铲刮除冰

滑轮铲刮除冰是由地面操作人员拉动线路上的滑轮，滑轮在线路上行走铲除导线上的覆冰。滑轮铲刮法在加拿大曼尼托巴(Manitoba)地区已使用了 80 多年，是机械方法中比较可行的输电线路除冰的技术措施。我国贵州六盘水供电局也长期使用该方法，在六盘水供电局的冰灾防治中起到了重要作用。

滑轮铲刮除冰装置由滑轮、牵引绳及涂漆的胶合板或环氧树脂板等器件构成，加在滑轮上的力要足够使导线弯曲，这样产生的应力才能够使冰破裂、脱落。如果在板的两边固定一把锯齿刀，能够提升除冰效果。图 7.2 为一种滑轮铲刮除冰装置。但牵拉时注意不要损伤线缆、避雷线和绝缘子等。除冰时地面操作人员用力拉滑轮，滑轮使导线弯曲，产生的应力使冰破裂，然后地面操作人员再拉动滑轮就让破裂的冰脱落。对于覆冰导线进行力学分析时，可以将覆冰导线看作简支梁，根据梁的弯曲理论，当覆冰弯曲应力达到许用弯曲应力(σ)，覆冰就会发生破裂脱落。

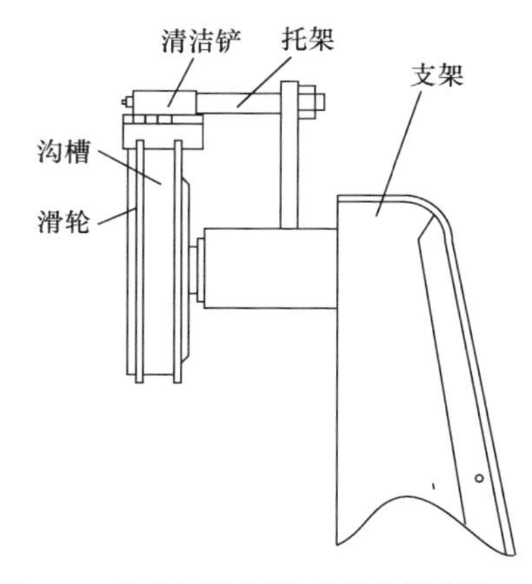

图 7.2　单曲柄倍程柔式滑轮铲刮防冰装置

挪威专利 No.157997 公开了一种用于清除输电线路积雪和冰的装置，使用悬挂在电线上的弓形装置，用绳索沿线牵拉弓形装置，去除线上的积雪和冰，见图 7.3。瑞典专利 No.503724 公开了一种用于覆冰输电线路的除冰装置，也是基于沿着输电线路行走的一种装置。装置具有滚筒件，滚筒件使线路在滚筒之间弯曲，结果是使冰覆盖层破碎并跌落，见图 7.4。

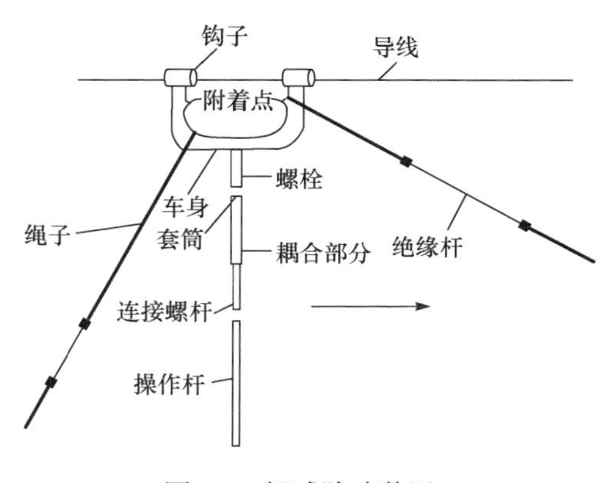

图 7.3　挪威除冰装置

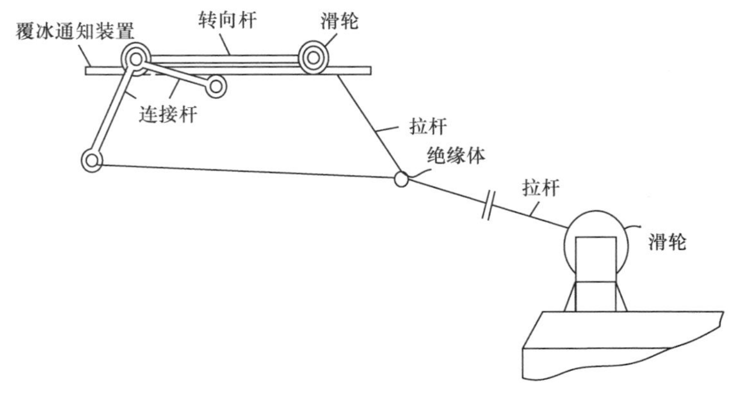

图 7.4　瑞典除冰装置

滑轮除冰的最新构想是在输电线路上安装自动铲雪(冰)滑车除冰(图 7.5)，铲雪滑车安装可移动机架，通过遥控控制滑车在线路上移动，安装在滑车滑轮上的钢片具有破碎冰的能力。自动铲雪(冰)滑车在输电线路除冰方面具有较好的应用潜力，特别是对于以雾凇、混合凇覆冰为主的高海拔地区的输电线路覆冰，研制与应用自动铲雪(冰)是一种简单、经济和切实可行的方法和技术措施。

图 7.5　自动铲雪(冰)滑车

滑轮铲刮除冰方法的主要优点是经济性高、技术性低。该方法无需特殊设备和器材，能耗低价格低廉，且反应行动迅速；滑轮铲刮操作简便，操作人员无需专门的除冰知识也能快速地掌握和使用。但滑轮铲刮除冰和 Ad hoc 法在操作性和安全性上也有相似的局限性。

3. 强力振动除冰

强力振动除冰是 1988 年由 Mulherin 和 Donaldson 研制的，通过外部振动器让冻结线路振动使覆冰振碎脱落，要求外加振动源，并且频繁的振动加速线缆疲劳，难以在工程实际中应用。

常用的方法是人工用绝缘杆去碰撞导线，在电压等级过高的情况下，使用来自直升机的空气流吹去积雪和冰块，或在直升机下面的吊钩上安装一个振动器，随后直升机飞至导线上空并提拉该导线，由此振落导线上的覆冰。导线覆冰通常发生在天气状况不好的条件下，直升机的使用受到限制。此外，线路也可能载有纤维光缆，直升机吊钩可能损坏纤维光导体。

中国专利 CN 1486525A 公开了一种振动除冰装置，导线外部施加振动器，导线被冰覆盖后，控制装置发出除冰信号，振动器开始工作，振离沉积在振动器上的冰，这使得导线部分稍微升高，且冰沿着整个导线部分爆裂。随着振动除冰，导线弧垂逐渐减小，振动器继续工作，使冰沿着整个导线进一步脱落，见图 7.6。

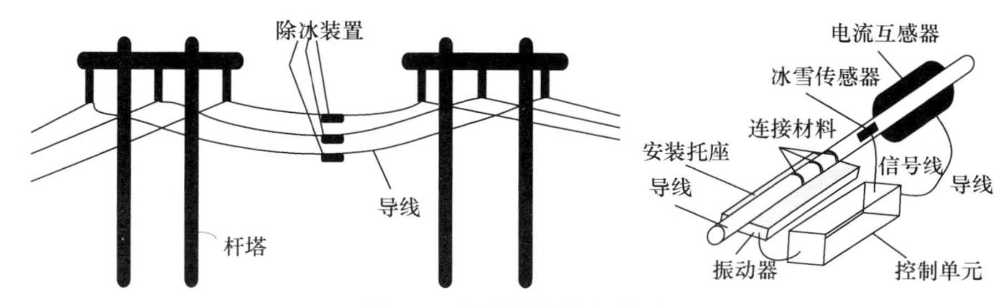

图 7.6　机械振动除冰装置

美国专利 No. 5411121 公开了一种用于输电线路的自动化除冰装置(图 7.7)，包括沿覆冰线路成螺旋型环绕的导线对。这些导线在其一端被连接至在导线内产生电磁脉冲的脉冲装置，在相对的一端，导线被连接在一起。当电磁脉冲进入导线内时，在导线之间将会产生排斥力，该排斥力将使导线振动并使覆冰爆裂，该装置也是基于用于除冰系统的探测装置和附属的致动装置。但根据实际使用情况，该装置除冰效果并不是很有效。

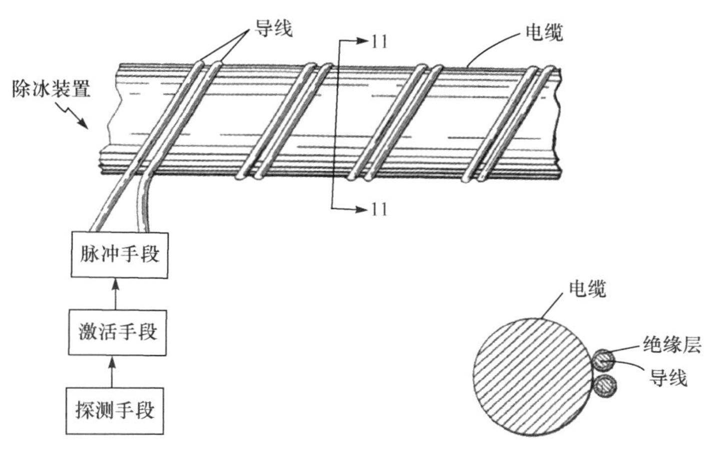

图 7.7　输电线路的自动化除冰装置

4. 电磁力除冰

电磁力除冰也是由加拿大魁北克水电研究院提出，在额定电压为 315kV、735kV 时，带有分裂导线的线路不容易应用焦耳热效应除冰。为保护这些线路免受严重的冰荷载，试验一种新的除冰方法。该方法是将输电线路在额定电压下短路，短路电流产生的电磁力使导线互相撞击而使覆冰脱落。315kV 双分裂导线除冰所需的电磁力可由 10kA 和 12kA 的短路电流产生。但是利用电磁力除冰法除冰时，线路上产生的振动和撞击容易损坏杆塔、金具和导线。

电磁力除冰最基本的原理是在短路条件下分裂导线将受到相互吸引的电磁力，而短路电流巨大，继而产生的电磁力也很大，直接使两导线互相撞击，在撞击中进行除冰。计算电磁力时要考虑的参数(图 7.8 和图 7.9)有两个：①两导线的间距(d)；②导体中流动的电流相等且方向相同。在这种情况下，每单位长度的电磁力与电流的平方成正比，与导体之间的距离成反比[11]。

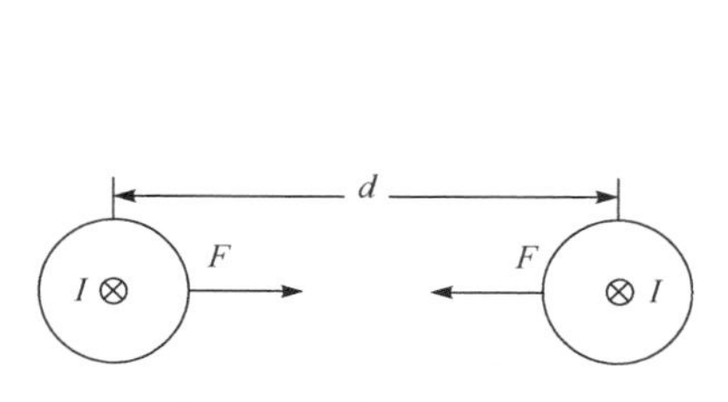

图 7.8　二分裂导线受力

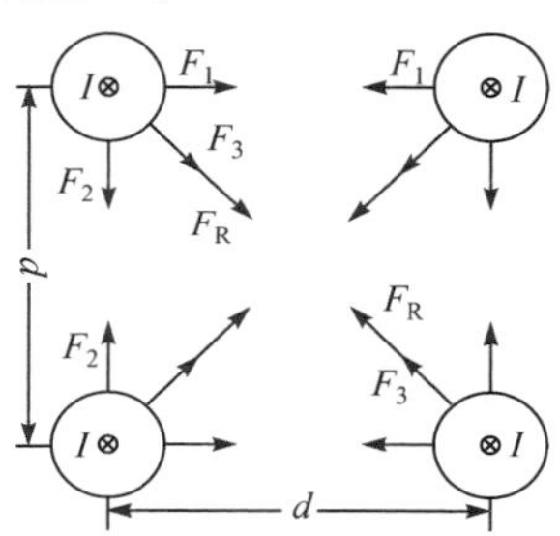

图 7.9　四分裂导线受力

图 7.8 和图 7.9 分别描述了二分裂和四分裂导线上的相互吸引的电磁力不同分量(F、F_1、F_2、F_3)，相邻导体之间的距离为 d。对于 315kV 的二分裂导线，表 7.1 给出由非对称短路电流第一峰产生的每个导线上的引力。假设短路电流第一波峰的不对称系数为 2.7，产生最大引力与电流平方成正比。对于 735kV 的四分裂导线，除短路电流被分向四个导线外，还会产生类似的电磁力。表 7.2 为相邻导体间距 46cm 的四分裂导线非对称短路电流的第一波峰产生的每个导体上的吸引力。

图 7.10　电磁力撞击除冰

在加拿大魁北克水电研究院试验场进行了安装有二分裂(315kV)和四分裂(735kV)导线的样本架空输电线路的试验，见图 7.10。为尽可能减小短路电流的幅值和持续时间，必须采用不对称的 I_{SC} 和适当的重合闸序列。为获得与重合闸序列同步的最大动态运动，导体的激励频率必须接近其基本频率。

通过试验和计算，该方法对魁北克水电系统的影响较大，几乎不能用于 315kV 线路，电压下降显著，许多工业客户受到影响，只能在极端恶劣覆冰条件下才能采用该方法除冰。对于 735kV 线路，要求的短路电流和重合闸序列对网络稳定性的危害太大，不采用该方法。

表 7.1　二分裂导线条件下各导线每米的电磁力(d=41cm)

短路电流有效值/kA	子导线短路电流有效值/kA	子导线第一个周期短路电流峰值/kA	电磁力/(N/m)
6	3.0	8.1	32
8	4.0	10.8	56.9
10	5.0	13.5	88.9
12	6.0	16.2	128.0
15	7.5	20.3	201.0

表 7.2　四分裂导线条件下各导线每米的电磁力(d=46cm)

短路电流有效值/kA	子导线短路电流有效值/kA	子导线第一个周期短路电流峰值/kA	电磁力/(N/m)
8	2.0	5.4	26.9
10	2.5	6.8	42.6
12	3.0	8.1	60.5
15	3.8	10.1	94.0
20	5.0	13.5	168.0

7.2.3　机器人除冰

1. 机器人除冰原理

机器人除冰是目前研究发展的热门技术之一，采用仿生学原理设计的除冰机器人使用轮式行走装置、双(多)手臂结构。采用不同的除冰方式代替人工除冰，具有很好的应用前景[12-27]。

机器人击打除冰与人击打的除冰过程相似。通过安装在小车上的电动机带动主动杆做圆周运动，机器人主动杆带动被动杆一起运动，在离心力作用下被动杆处于伸直状态，当被动杆与电线撞击后弯曲，完成一次冰击打。该方法的主要问题在于要求较高的冲击力和冲击频率，对同一部位需要多次敲打才能使覆冰脱落。

除冰机器人从除冰机构上可分为：冲击式、铣削式和碾切式除冰机构。

冲击式除冰通过冰刀将附着在电线上的冰块击碎完成除冰，见图 7.11。装置由一个可移动机架和安装其上的钢制刀片组成，刀片采用特定形状和安装方式以获得最大工作效率。冲击式除冰机构安装于机器人前端，导线从除冰机构中心孔穿过。刀具由五片均匀分布并固定在圆盘支撑上的破冰钢刀及与之相连的出力机构组成。冰刀端口呈尖锥形，开口沿电线指向机器人前进方向。冰刀支撑圆盘与一个方形滑块相连，滑块末端装有拉簧挂板，一对水平安装横向拉紧弹簧对称安装于滑块两侧位置。弹簧一端固定在机体上，一端与拉簧挂板相连。除冰电机带动凸轮运动实现弹簧的拉伸，在弹簧力作用下带动破冰刀沿输电导线方向高速往复冲击除冰。该方法的主要问题在于电线需要穿过除冰器的中心，这对于机器人投放来说是非常困难的。并且由于冰刀带有尖端，在高压环境中极易引起尖端放电现象，这将给系统引入不稳定因素。另外，该结构给机器人越障造成极大困难。

图 7.11　冲击式除冰机构

铣削式除冰由电动机驱动组合切削刀切削覆冰。铣削式除冰机构可根据越障的动作特征来选择铣削方式：横向铣削和纵向铣削，见图 7.12。

(a) 横向

(b) 纵向

图 7.12　铣削式除冰机构

两臂式除冰机器人采用图 7.12(a)的除冰结构。除冰装置设计两个相互垂直的移动，使得除冰装置能够实现相对于机器人的整体升降以及两个铣刀之间的开合运动。直流伺服电机安装在固定的 U 形轴内，其输出轴与接盘连接，接盘与冰刀连接。嵌装式结构使电机整体实现密封。当两个除冰刀电机正反向旋转时，通过接盘带动两冰刀作正反向旋转，从而实现高效率无损伤除冰作业。

纵向三臂除冰机器人采用的是切削除冰机构(图 7.12(b))，由薄饼电机驱动组合切削刀切削覆冰。组合切削刀由 6 片切削刀片、4 个垫片与 2 个防切削板组成，除具有切冰的功能以外，还具有防止切削高压电线的功能，即当上半部分冰被切除以后，两边对称的保护板会卡在高压电线上，保护切削刀不破坏电线。组合切削刀由薄饼电机驱动，质量仅为 0.7kg。

该方法可配合除冰机器人实现越障除冰，缺点是除冰速度相对较慢，且复合式行走结构加大机器人手臂负重，给越障过程中调整机器人位姿平衡带来困难。

在不同行走速度、振动频率和旋转动量下，不同覆冰厚度时单位体积除冰能耗，可优选出 1～2 种除冰方法或除冰方案组合，研制开发出便于机器人搭载的、模块化的、高效可靠、低能耗的除冰机构，保证机器人在不损伤架空线和绝缘子、不影响电力线路的安全运行同时，实现快速、长时间、远距离在线除冰。

2. 除冰机器人发展

输电线路机器人可分为巡检机器人和除冰机器人，采用移动机器人身体移动平台，可以携带多种检查和检测仪器(如可见光摄像机、红外/紫外相机、缺陷检测器、测距仪和防冰工具等)和沿着输电线路完成线路巡检和线路除冰等任务。机器人可以克服沿相线和接地线的各种障碍(阻尼器、绝缘子串、线夹等)，在无盲区的情况下进行近距离高精度巡检，特别是在山区和河流穿越地区。因此，输电线路机器人的研究成为国内外先进机器人应用和研究领域的热点。

线路机器人技术在西方国家得到了国家电力部门和机器人研发机构的普遍重视，许多研究机构取得了诸多成果。国外电力行业的除冰机器人从 20 世纪 80 年代开始研究，美国、日本和加拿大等发达国家起步较早，大多可以制造带电作业的机器人，但大部分机器人都是用于巡检线路，鲜有除冰功能。

巡检机器人占据线路机器人的研究重点，大部分除冰机器人只需在合适的巡检机器人上加装具有除冰功能的机械部件，也就意味着巡线机器人的研究是较除冰机器人更为基础的研究。2000 年，加拿大魁北克水电研究院 Serge Montambault 等开始研制名为 HQ LineROVer 的遥控小车，见图 7.13。遥控小车最初用于输电线地线除冰，后发展为线路维护巡检等多用途的移动平台。安装不同平台可完成架空线视觉、红外检查、压接头状态评估、导线清污和除冰等带电作业。遥控小车结构紧凑，重量仅 25kg，驱动力大，抗电磁干扰能力强，能爬 52°的斜坡，通信距离可达 1km。该机器人能在潮湿或冰雪残留的架空线上行走且有足够的拖动力；适于各种直径导线，能够跨越通电导线接头，在−10℃时仍能除冰。遥控小车采用安装在一个轮架上三个共面的拖动轮，沿着与通电导线平行并在其上方的第一长轴相间排列；两个共面压轮可卸开地安装在轮架上，沿着与导线平行并在其下方的第二长轴相间排列，但该遥控小车没有越障能力，只能在两杆塔间工作。随着技术不断改进，2006 年研制出结构更复杂、功能更完备、具有越障功能的 LineScout 输电线巡检机器人[18]，见图 7.14。两轮的

图 7.13　HQ LineROVer 遥控小车

LineScout 平台采用两个辅助夹持器结构在电缆下夹持住障碍物的两端，驱动轮离开输电线，翻转并移动至障碍物的另一侧，从而完成翻越障碍物的过程。该移动机器人可以行走在单导线，包括分裂单导线上；可以有效防止 735kV 以上输电线所带来的电磁和射频干扰(EMI/RFI)。LineScout 的最高速度可达 1m/s，重量为 98kg，是目前较为成功应用在输电线进行线路检测的机器人，但不能进行线路除冰。

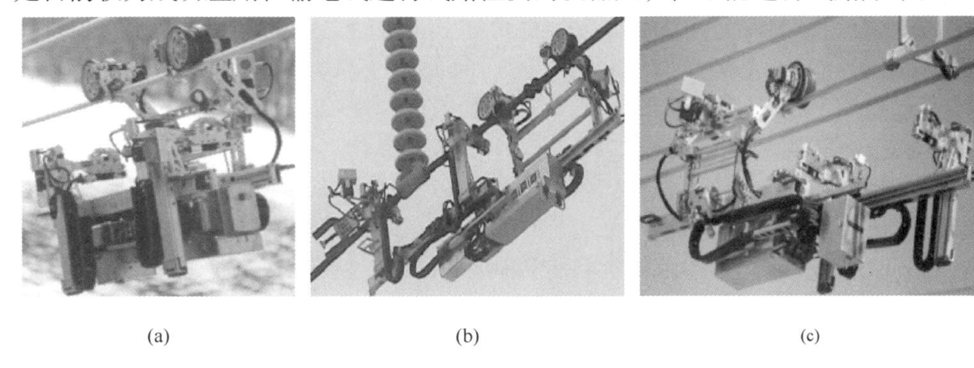

(a)　(b)　(c)

图 7.14　各种巡线(LineScout)机器人

2008 年，日本关西电力公司(KEPCO)和日本电力系统公司(JPS)共同研制出名为 Expliner 的远程遥控巡线机器人样机(图 7.15)。两个移动单元在导线上滚动前进，可升降旋转并跨越障碍物，操纵器调整平衡锤的位置。经过测试，样机设备在模拟现场环境下，在水平导线上行进速度为 40m/min，可跨越水平导线的间隔棒和悬垂线夹，但不能跨越跳线(耐张杆塔)，可在 30°导线上行进。

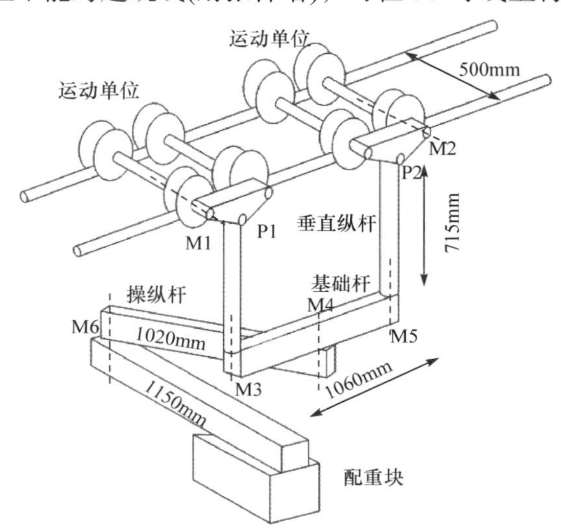

图 7.15　Expliner 远程遥控巡线机器人

美国 TRC 公司(TRC Robotics)和葡萄牙里斯本大学高等技术学院系统与机器

人研究所等，都对巡线机器人进行了设计和试验研究。

国内，武汉大学、三峡大学、国防科技大学、湖南大学、山东大学和山东电力研究院等多家院校和科研单位对巡线机器人样机、试验进行了大量研究，积累了一定研发经验。

自 1997 年以来武汉大学吴功平团队开发了四种用于巡检自主移动机器人。通过对机器人电能在线补给、机器人结构、机器人局部自治与技术集成等关键技术的改进和突破，研制出第一代巡线机器人样机，通过算法控制规划巡线和越障次序，采用无线调速方法适应不同障碍物取得重大进展。在此基础上，在巡线机器人前方安装除冰器，又成功研制可越障除冰的两臂除冰机器人(图 7.16)，除冰效果良好[19,20]。

图 7.16　可越障除冰的两臂除冰机器人

2008 年国网北京电力建设研究院研制了高压输电线路导线除冰装置(图 7.17)，在导线行走机器人的基础上安装旋转敲击棒、振动冲击锥以及刮冰铲，三个除冰装置同时工作，通过横向敲击、轴向冲击、轴向挤压有效的去除导线上覆冰，该除冰装置不具备越障功能。

三峡大学提出两臂式除冰机器人，该机器人的参数如下：体积为 600mm×328mm×526mm(长×宽×高)，重量约为 15kg，平稳爬行的速度约为 375m/h。机器人的机械结构主要包括平稳爬行机构、越障机构和除冰机构，见图 7.18。

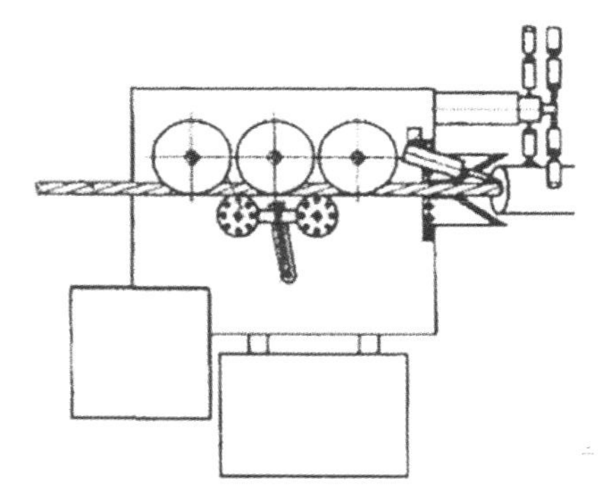

图 7.17　国网北京电力建设研究院的高压输电线路导线除冰装置

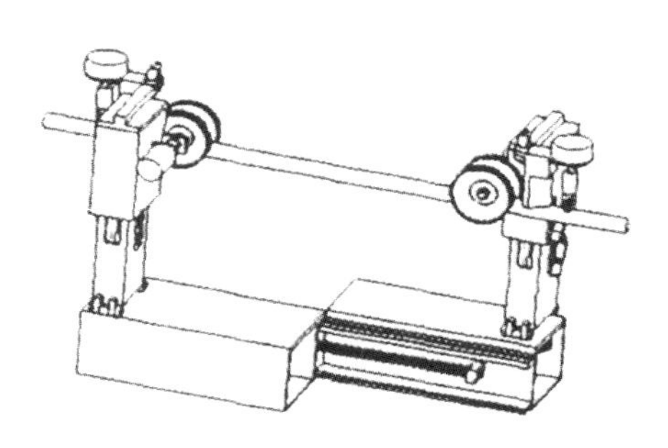

图 7.18　三峡大学的除冰机器人

山东电力研究院与加拿大魁北克水电研究院合作，对 LineROVer 小车进行了技术改进，见图 7.19。该除冰机器人采用低压直流电机、锂电池，可双边任意传输的无线通信模块、防水控制箱等，在能源动力、远程通信与控制、防水性能等方面完善了机构的性能，但仍不具备越障能力，但在小车上却集成了红外检测、压接管电阻测量、除冰等带电作业功能。

图 7.19　山东电力研究院改进版 LineROVer

2011 年，湖南大学联合国防科技大学、武汉大学和山东大学等多家单位，研制开发了单体除冰机器人、可越障除冰的两臂式除冰机器人和三臂式除冰机器人，积累了一定的研发经验[22-25]。

图 7.20　单体除冰机器人

单体除冰机器人为非越障式除冰机器人(图 7.20)，包括挂线机构、行走驱动机构、除冰机构、制动机构及配套的控制系统。除冰刀具由五片均匀分布并固定在支撑圆盘上的破冰钢刀以及与之相连的出力机构组成。冰刀采用由薄到厚的渐变楔形结构，冰刀端口呈尖锥形，开口沿输电线指向机器人前进方向。除冰时扩展挤压覆冰，从而使覆冰结构被破坏不能附在电线上而坠落。

两臂式除冰机器人采用两臂反对称式悬挂(图 7.21)。每个臂具有一个伸缩关节(变长臂)、一个回转关节，以及一个公共的移动关节，这些关节所组成的自由度可实现机器人跨越直线上的障碍物(如防振锤、直线杆塔等)。为了防止滚动行驶时打滑，在每个臂的主动轮下方各安装了一对带弹性缓冲的压紧轮，且可相对主动轮实现升降运动；为了实现双臂的蠕动爬行和单臂夹持时跨越障碍物运动，在每个臂的末端均安装了一对夹爪；为了改善跨越障碍物运动过程中的受力，还增加了一个重心调节机构。通过两个独立驱动的仿形铣刀旋转铣削进行

图 7.21　两臂式除冰机器人

除冰，并在除冰装置上设计了两个相互垂直的移动，使得除冰装置可实现相对于机器人的整体升降以及两个铣刀之间的开合运动。

三臂式除冰机器人由四部分组成：前臂、中臂、后臂、重心调节箱(图 7.22)。前臂和后臂分别安装除冰装置、行走机构、刹车装置；中臂安装刹车装置、行走机构，行走机构有两个行走轮。三个手臂均安装有一个水平面转动关节、一个竖直面转动关节和一个伸缩机构。重心调节箱包括机器人重心调整机构、控制箱，采用重心调整机构将控制箱向前或后移动，实现机器人前后重心的调节。由薄饼电机驱动组合切削刀切削覆冰。组合切削刀由 6 片切削刀片、4 个垫片与 2 个防切削板组成，除具有切冰的功能以外，还具有防止切削高压电线的功能。

图 7.22　三臂式除冰机器人

据报道，2018 年，贵州电网六盘水供电局自主研发的除冰机器人首次进行输电线路除冰演练，取得了一定的除冰效果。

3. 除冰机器人评价

在线除冰机器人是机械、电子、计算机、通信和自动化等多学科交叉的产物，研究集中在机器人系统集成、机械结构、控制系统、障碍物识别与导航、动力学。输电线路除冰机器人的工作环境复杂，目前国内外成熟的技术不多，国内大多数输电线路除冰机器人越障和跨杆塔的能力有限，并且机身体积较大，重量偏大，工作效率不高。所以有关除冰机器人的设计方面各项技术实现难度较大。

除冰机器人设计主要存在以下问题：柔性结构可越障的高可靠性机构设计；复杂环境机器人智能行为控制与导航；高效率除冰机构设计；长时间稳定供能系统；远距离强电磁干扰下机器人远程通信、监测和操作；机器人远程故障诊断与修复技术。此外，输电线路除冰机器人要考虑恶劣工作环境中的适应性。

输电线除冰机器人跟一般工业机器人不同，它悬挂在柔性输电导线上，在运行过程中机器人的姿态时刻发生变化，呈现出多体系三维空间的复杂运动状态；考虑到运动过程中受到的摩擦力以及在越障、爬坡、下坡、除冰时受到的阻力等其他不确定因素的影响，实现除冰机器人智能行为控制与导航难度较大。

除冰机器人需要在野外大范围长时间工作，工作环境恶劣。因此，机器人动力必须解决大容量、快速自补充、能量管理优化的难题。研究开发体积小、质量小、容量大的机器人动力供给与能量优化管理系统。

除冰机器人是一个非常复杂的大系统，系统本身出现故障的概率比较大。并且机器人工作在低温、高湿和强磁场大电流等偏僻、恶劣条件的环境，因此首先要保证机器人良好的远程通信和监控功能，即在强电磁场条件下，能够保证机器人状态信息和地面人员之间能够双向传输，和机器人能够自主获得自身状态(如遇到防振锤、线夹等障碍物)，并对其作出智能判断和应对措施。其次保证能够解决远程故障诊断和修复技术问题，即在除冰机器人故障后，能切换到备份状态，并利用现有机构退出输电线路除冰工作。

此外，在线除冰机器人的应用还应考虑防结冰、防水、防锈、绝缘保护、电磁屏蔽等工程实际问题。

7.2.4 机械除冰评价

本节中所讨论的机械除冰方法主要围绕覆冰输电线路的除冰工作，讨论了 Ad hoc、滑轮铲刮、强力振动和电磁力除冰方法，这些方法都是基于输电线路的具体工况提出并实施，并在此基础上研究人员对除冰机器人进行了大量的智能控制、高效除冰等方面的研究。

机械除冰因其独特的优势成为必备的除冰方式之一，主要优点有：一是能耗小、价格低，且机械式除冰不需昂贵的成套硬件设备，所需准备时间短且操作简单，优势明显；二是对于特殊区段目标物除冰的需求，如穿越微地形或(和)微气象区域的输电线路，对于地形复杂、立体气候特征明显的地区结构物覆冰(包括输电线路、杆塔、公路、轨道等)可能导致部分区域发生快速大量覆冰，而其他地方并未覆冰或覆冰不足对地区安全造成影响，此时采用机械式除冰可精确定位覆冰区段并实现紧急覆冰情形下的快速及时除冰作业。

机械除冰有优势和可取性。但目前机械除冰还存在部分除冰工作耗费大量人力、存在一定安全性和除冰装置耐用性等一系列装置、技术完善的问题，不能满足现代快速发展的需求。机械除冰是一个不可或缺的除冰方法，应该对冰的物理性质进行深入研究，进一步对冰的黏附机理和除冰机制探究，形成系统化的认识，再发展机械除冰中可取、方便的技术，如气动式除冰、智能除冰车等，重点研发功耗小、成本低、效率高、人员零伤亡和可连续作业等的机械除冰装置，实现机械除冰自动化、智能化。

7.3 电磁脉冲除冰

电磁脉冲除冰(EIDI)是能够从一个独立的、没有移动部件的电路操作系统中产生一个高振幅、短持续时间的力或脉冲，可以用来除冰。EIDI 涉及电学、电动力学、结构力学等诸多方面的基础性理论研究和试验研究。

7.3.1 电磁脉冲除冰原理

电磁脉冲除冰实质上是一种机械式除冰方法，采用电容器组向线圈放电，由线圈产生强磁场，在置于主线圈附近的导电板(即目标物或副线圈)上产生一个幅值高、持续时间短的机械力，使冰破裂而脱落。当施加脉冲时，电磁脉冲(力)引起目标物金属表面的轻微收缩和扩张，导致目标物的表面产生微形变，使得附着在上面的冰滑落或掉落，达到除冰的目的[28,29]。

电磁脉冲除冰装置电气原理见图 7.23，由可控硅触发产生电脉冲指令，电容器通过线圈放电，在金属蒙皮内产生感生环形电流。由线圈及蒙皮中的电流所激发的磁场，使线圈与蒙皮之间产生作用时间为微妙量级、大小为几十至上千牛顿的斥力，见图 7.24。斥力使蒙皮在弹性变形范围内小振幅、高加速度地运动。可控硅具有二极管的性质，电流由第一次 RLC(电阻(R)、电感(L)、电容(C))组成的电路正环路流过，然后可控硅重新导通电路，可以激励电容器反复充放电。2～3 次独立脉冲冲击后，蒙皮表面覆冰被击碎松解，继而被气流吹走脱落。除冰过程结束后，若结冰现象继续发生，可重复进行上述过程，直到结冰厚度达到预设值。

EIDI 电路电流像弱阻尼 RLC 电路的响应。为防止电容器组反向放电，需设置钳位二极管保护电容器组。EIDI 电路电流波形见图 7.25。

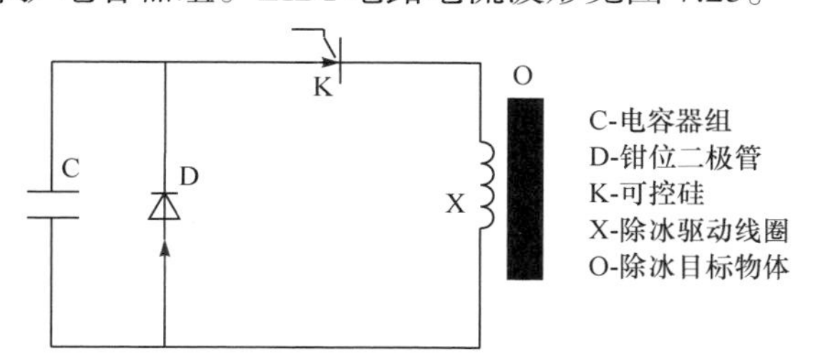

图 7.23　EIDI 电气装置原理图

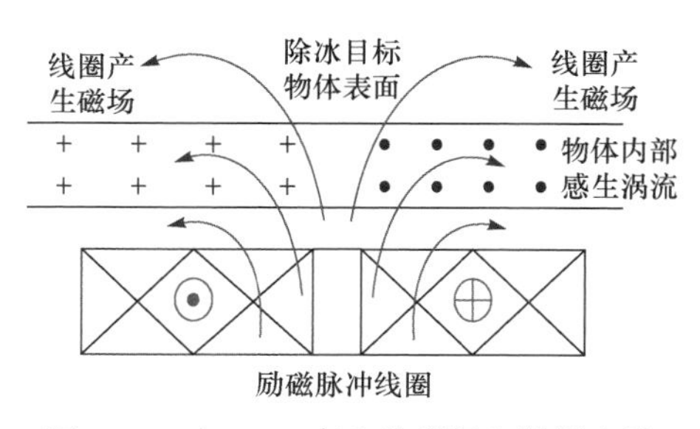

图 7.24　由 EIDI 产生的磁场和漩涡电流

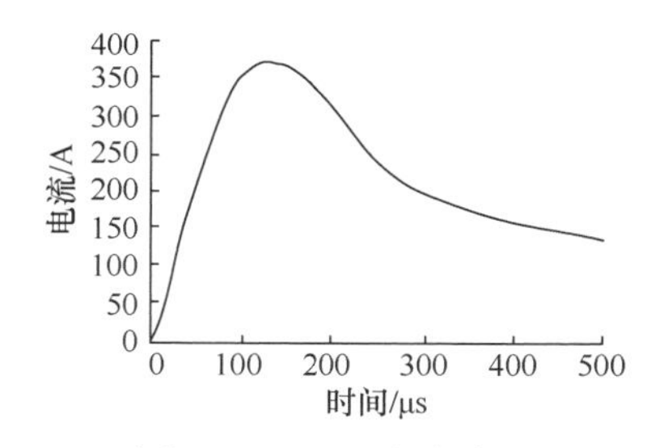

图 7.25　EIDI 电流波形

电磁脉冲除冰的关键是除冰装置与除冰目标的参数优化，主要有脉冲除冰装置参数设计、线圈和目标的间隙选择、除冰目标的材料性质与厚度以及冰的性质与厚度等的影响。

1. 装置参数

电磁脉冲除冰的最基本特性是产生瞬时高幅值脉冲电流，测量电磁脉冲的电动力是研制和优化装置设计的关键。图 7.26 简易冲击摆可用于确定电磁脉冲除冰装置的参数选择，根据冲击摆的摆角可确定脉冲线圈产生的电磁脉冲力幅值，即

$$F = \frac{8\pi mgl\left(1-\cos\varphi_{\max}\right)}{lT\omega_\theta^2\sin\frac{\varphi_{\max}}{2}} \tag{7.1}$$

式中：F 为脉冲力(N)；m 为目标物质量(kg)；ω_θ为转动角速度(rad/s)；l 为冲击摆长度(cm)；$\varphi_{\max}$ 为最大摆动角(rad)；T 为摆周期，图 7.26 装置中 T=2.09s。图 7.27 为能量对单位能量脉冲力的影响。

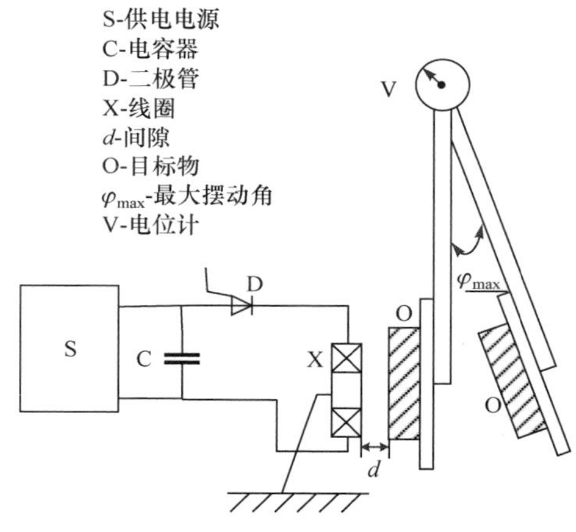

图 7.26　试验用冲击摆

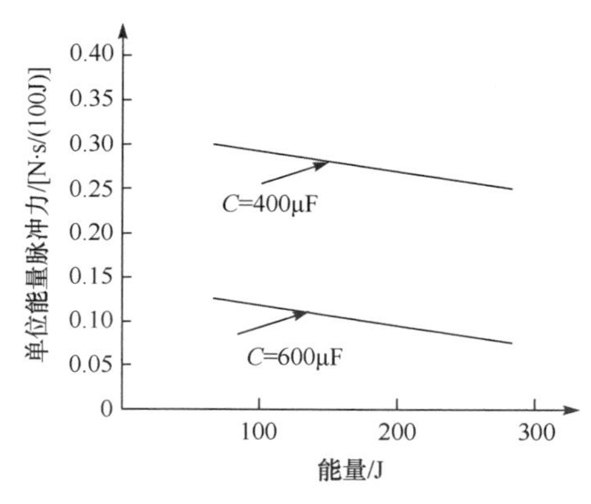

图 7.27　能量对单位能量脉冲力的影响

电磁脉冲系统设计中，特别是对于输电线路导线和地线、飞机机翼表面的除冰，一般采用分布式线圈除冰方式，为控制除冰总体能耗，优化确定每个线圈所需能量。确定脉冲线圈储存能量，优化储能电容器的电压和电容量。电容储能为

$$W=\frac{1}{2}CU^2 \tag{7.2}$$

式中：C 为电容器电容(F)；U 为电容器充电电压(V)；W 为电容器储存能量(J)。

线圈匝数越多产生电感越大，相应在除冰目标物体感应涡流值也大，因此要求单位能耗产生的脉冲力增大；线圈直径大，感应涡流也大，也使产生脉冲力增大。图 7.28 是以外径 53mm 和 65mm 线圈在不同匝数下产生电磁脉冲的分析结果。如要获得较大脉冲力，应增大脉冲线圈外径和线圈匝数，其重量和体积也相应增加，这对飞机和输电线路除冰的安装提出更高要求，因此，必须优化线圈设计。

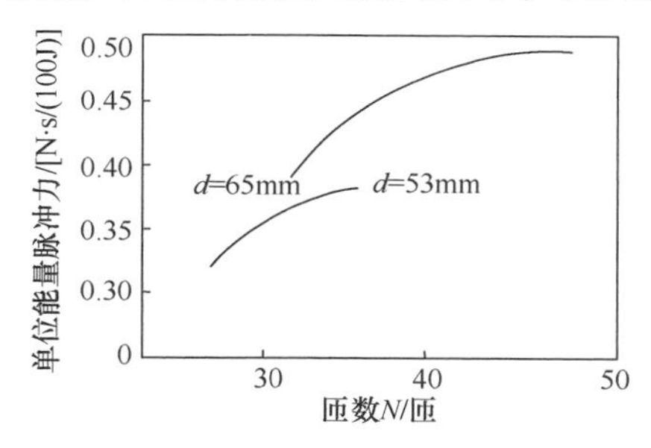

图 7.28　匝数对单位能量脉冲力的影响

除冰线圈与目标物之间的间隙是可控制的，但相应会增加技术难度。间隙越小越好，实际上难以使其达到很小，线圈端面是平面，导线和飞机表面有曲率。为防止脉冲力作用时线圈与目标物相碰，应有足够的间隙。但间隙太大产生的感应涡流减小，导致涡流产生的脉冲力减小。脉冲力与间隙的关系见图 7.29。

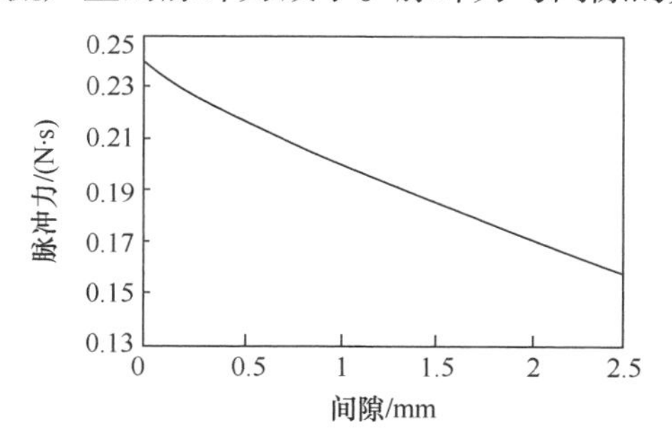

图 7.29　间隙对脉冲力的影响

2. 目标物材料与厚度

目标物材材质的电导率对电磁脉冲力影响很大，如为非金属材料或薄金属材

料，电磁脉冲力作用下，目标物不会产生涡流或因目标物电阻太大产生的涡流很小，此时应该采用“双目标物”，即在非金属材料或薄金属材料粘上一导电良好的金属即副线圈，其厚度按式(7.3)估算。

3. 线圈与目标物的间隙

$$\delta=\frac{1}{\sqrt{2\times10^{-7}\pi^2 f\sigma}} \tag{7.3}$$

式中：σ为双目标物电导率(Ω/m)；f为电路响应频率(1/s)，可表示为

$$f=\frac{1}{T}=\frac{1}{4\pi\sqrt{L^2C/(L-R^2C/4)}} \tag{7.4}$$

图 7.30 为材质及厚度对电磁脉冲力影响规律的试验结果，其能耗为 192W (U=800V，C=600μF)，线圈外径为 21mm，匝数为 30 匝，线圈与目标物的间隙为 1.25mm。设铜质材料电导率为参考的 100%，则 1145 铝的电导率为 62%，6061-T6 铝的电导率为 43%，2024-T3 铝的电导率为 30%，产生的电磁脉冲力比与电导率相近。选用优良导电材质作为目标物可以有效提高能量的利用率。

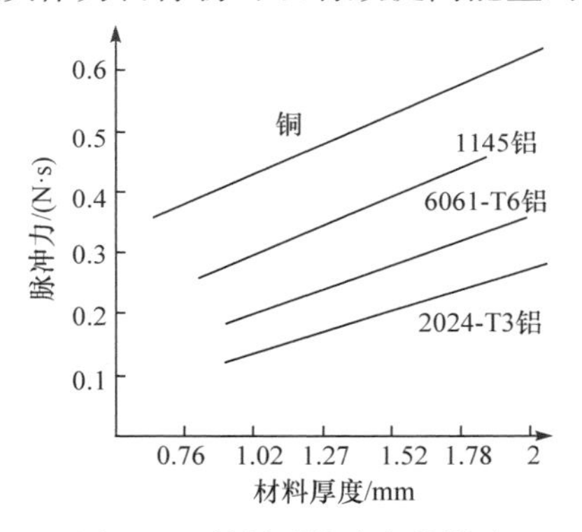

图 7.30　材料对脉冲力的影响

由上可知，电磁脉冲除冰原理并不复杂，但尚未形成系统完整的理论体系，尚需进一步研究与探索其工程应用。

7.3.2　电磁脉冲除冰发展

第二次世界大战前，居住在伦敦的德国人 Rudolf Goldschmidt 首次提出使用电磁脉冲力除冰的概念。1937～1939 年，他获得了一项专利和一系列的专利延期，但在已有资料中没发现他制造相关除冰装置的报道。

20 世纪 50 年代，电磁脉冲技术被用于各种工业过程中的金属成形，也没有发现使用电磁脉冲除冰的记录。直到 1965 年，苏联电力电气化部的 I. A. Levin 探

索清除大气结构物表面冰雪的方法，发表利用电磁脉冲除冰存在可行性的论文。因此，苏联开始了飞机 EIDI 系统的研发，迄今为止，苏联(俄罗斯)已经研究开发了四代飞机 EIDI 系统，目前主要安装在伊尔(Ilyshin)系列飞机上。

受苏联电磁脉冲除冰系统研发成果的鼓舞，西方很多国家的技术公司，如英国的卢卡斯航天公司和 BAC 公司、美国的洛克希德·马丁公司和道格拉斯飞行器公司，也开始投入力量研究开发电磁脉冲除冰系统，但由于各种原因，研发虽然断断续续但最后均无疾而终，没有充分掌握电磁脉冲除冰系统的设计理论。20 世纪 70 年代末，美国 FAA 也对电磁脉冲除冰系统产生了较大兴趣，刘易斯研究中心成立专门研究团队开发电磁脉冲除冰系统，威奇托州立大学(Wichita State University, WSU)为代表的研究团队历时 10 余年，开发了一套电磁脉冲除冰系统电路参数设计程序，并进行了多项包括发动机进气口与机翼等部位的除冰试验，与此同时开始论证电磁脉冲除冰系统对飞机飞行安全性的影响，且着手研究低电压脉冲除冰技术。但美国的研究工作并没有苏联(俄罗斯)完善，在理论和应用上均不具有普遍性。

1982～1991 年，NASA 重启电磁脉冲除冰技术研究计划，对电磁脉冲除冰技术进行了深入的试验研究和系统试飞，验证了电磁脉冲技术的可行性，并对电磁线圈、绝缘材料、安装架、蒙皮及电源工作疲劳寿命等进行了大量试验，基本掌握了当时服役飞机的电磁脉冲除冰试验评估技术。

英、法、德等在电磁脉冲除冰技术方面也有深入研究，英国在 1990 年建立“机翼除冰程序”文件，Esposito 和 Kermanidis 等通过测试冰层的附着性能，提出新的机翼除冰力学分析模型。最后，在英、法、德、意等多国的共同努力下，飞机电磁脉冲除冰技术取得了一系列实用性研究成果。

20 世纪 90 年代以后，尽管仍有人孜孜不倦地研究电磁脉冲除冰，由于经费与技术等原因使电磁脉冲除冰的研究与发展再次进入低迷时期，且由于飞机安全性论证数据的缺乏，限制了电磁脉冲除冰推广应用。即便如此，俄罗斯装载了电磁脉冲除冰系统的伊尔系列飞机目前依旧表现出良好的安全性和应用前景。

我国对电磁脉冲除冰技术的研究起步较晚。1993 年南京航空航天大学裘燮纲提出电磁脉冲装置设计参数，但由于该技术研发的难度以及缺少经费支持一直没有引起重视。21 世纪初期，由于全球节能的需要与飞机除冰系统多样化研究，国内学者逐渐意识到在飞机除冰领域中，电磁脉冲除冰是具有低能耗的除冰方式，南京航空航天大学、北京航空航天大学、西北工业大学、重庆大学等高校以及相关研究院所的研究人员对电磁脉冲除冰技术展开研究。

2007～2008 年，南京航空航天大学搭建地面电磁脉冲除冰试验台，完成电磁脉冲电路的初步探究，证实了脉冲放电技术用于除冰的可行性。北京航空航天大学姚远等也在尝试电磁脉冲除冰系统研究，尽管开始采用时域电流分析方法，但其电磁场及电感研究主要沿用美国 WSU 的分析思路，在理论突破上具有一定局限性。西北工业大学吴小华和张永杰在分别运用电磁涡流场的求解方法研究了电磁脉冲除冰系统的影响因素，并运用动力学分析方法对“冰-铝板”界面之间的应力状态进行计算分析，验证了电磁脉冲除冰的冰层失效准则。南京航空航天大学李清英在之前的基础上对除冰系统的有限元模型进行了研究，完成了脉冲放电电压为 500V 时的除冰试验。国内对于电磁脉冲除冰技术的研究虽然取得一定的成果，但并未能在理论上取得突破，也未能在工程应用上取得重要进展[30-34]。

在电磁脉冲线圈研制方面，中航工业武汉航空仪表公司成功试制了电磁脉冲除冰的脉冲电感线圈，取得了小翼型截面原理性除冰试验的成功。之后与中航工业第一飞机设计研究院、西北工业大学等单位共同对电磁脉冲除冰技术进行系统深入研究，提出电磁脉冲除冰系统设计的基本方法和电动力学建模与参数优化设计方法，以及飞机电磁脉冲除冰系统的疲劳分析方法与疲劳试验方法，完成了平板电磁脉冲除冰原理性试验和小翼型结构电磁脉冲除冰系统冰风洞原理性试验。

目前国内对电磁脉冲除冰的研究，还处于研究、测试阶段，主要停留在对电磁脉冲除冰系统和冰层脱落方案的原理性、理论性研究上，缺乏系统的基础性研究，且未从工程角度出发，形成系统的研究设计方案和相应的飞行除冰试验。

7.3.3　电磁脉冲除冰应用

1. 输电线路除冰

美国 WSU 进一步研究 EIDI 技术时，发现在输电线路除冰有潜在应用的可能。WSU 研究人员在电网工程中了解到，在紧急情况下，电网人员通常能够用“热棒”或其他类似的非导电杆或棒击打冰冻的输电线路导线，从而对小段覆冰输电线路除冰。这意味着 EIDI 技术也具有相同的效果，存在应用于输电线路除冰的可能，可以使用电磁脉冲技术实现电网人员使用“热棒”所达到的机械除冰的效果。

因此，研究人员提出开发输电线路 EIDI 系统的设计概念。在开发研究输电线路 EIDI 系统时，研究人员发现输电线路除冰和飞机除冰中有许多不同。例如，飞机应用中，EIDI 的重量和功率有严格的限制，但在输电线路除冰中，EIDI 装置主要部分大约是一个小型配电变压器的大小，可以安装在杆塔上。输电线路 EIDI 系统所需的电量相对较小，可能直接从安装该系统的除冰操作线路之一获得。飞机 EIDI 应用的另一个关键因素是，为了确保平滑的气动表面，机翼上覆冰必须完全去除，但在输电线路 EIDI 的应用中，为消除覆冰带来的问题，只需要除去输电线路上一部分冰。输电线路 EIDI 的也不需要活动部件。

因此，美国 WSU 研究了输电线路 EIDI 装置(图 7.31)。输电线路采用电磁脉冲除冰，必须在每个杆塔安装 EIDI 单元，包括储能电容器组、可控硅及其相应的电子线路。每个单元可以带 6 个 EIDI 器，每个除冰器包括脉冲线圈和目标物，目标物是与导线直接相连的线圈。储能电容器组和 EIDI 中的其他部件直接由线路上电流互感器或电压互感器供电。EIDI 单元可以控制，并且可以通过几种形式的冰探测器自动控制其除冰操作，即当探测器给出覆冰状况的信号后，EIDI 单元动作，向除冰器中的脉冲线圈发出脉冲电流，除冰器由此获得的冲击力使冰从导线上脱落。研究人员成功将 3m 长一段导线上 12.5mm 的冰除去。但将电磁脉冲用于专门建设的 100m 长档距的试验线路时，仅能除去 EIDI 器区域 3～5m 长的覆冰，脉冲振荡虽然能够沿导线向导线中部传播，但空间陡度已经不足以使覆冰脱落。试验中覆冰厚度 0～18mm，冰厚不影响有效除冰段的长度。将充电电压升高到 2.2kV 可以明显改善除冰能力，但此时导线舞动剧烈。

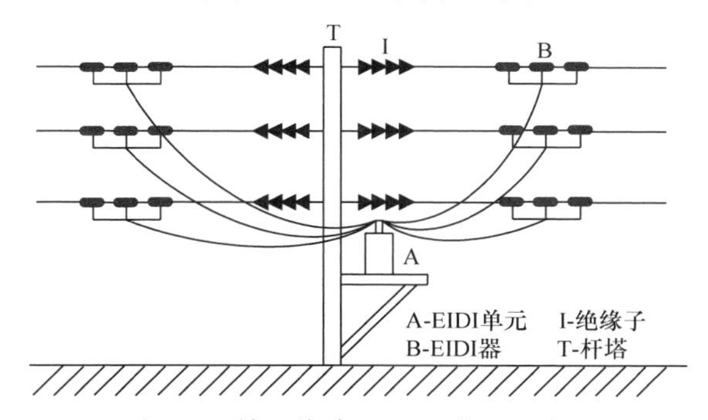

图 7.31　输电线路用 EIDI 装置示意图

电磁脉冲系统能在输电导线产生一幅值高、持续时间短的机械力，使冰破裂而脱落，而且不需要运动部件，安全可靠。但经过大量试验表明：

(1) 由于没有高效率的 EIDI 器，当时的电磁脉冲系统并不满足于输电线路除冰要求。当时的 EIDI 器是从物理上弯曲或扭转输电导线，使冰脱落，由于输电线路中存在很强的自然阻尼，即试验中输电线路表现出很强的脉冲衰减特性，无法实现输电线路导线的完全除冰。

(2) EIDI 器虽紧密安装在导线上，长时间工作也会引起脱落。

(3) 线路电磁脉冲除冰的关键是研制合适的 EIDI 装置，使其能有效除去整档导线上的冰，但除冰器与导线间的电气隔离是需要解决的主要问题。

(4) EIDI 装置能实现有效除冰，但每基杆塔装设 EIDI 的总体费用很高。

基于以上原因，当时 WSU 的研究并未找到一种有效的 EIDI 器，因此，当时并未在实际输电线路上安装 EIDI 系统。作者团队通过对电磁脉冲除冰技术的思考，提出对地线应用电磁脉冲除冰技术，该技术有如下优点：①装置可以通过地线取能；②相比导线必须绝缘，地线本身的绝缘方式更为灵活；③电磁脉冲除冰在线路上的应用有更多的参考。

图 7.32 和图 7.33 为作者团队提出的微功耗电脉冲自动抑制导线和地线覆冰，实现脱冰跳跃的抑制，电脉冲智能装置实现自取电，集中或分布式安装在导线、地线上。

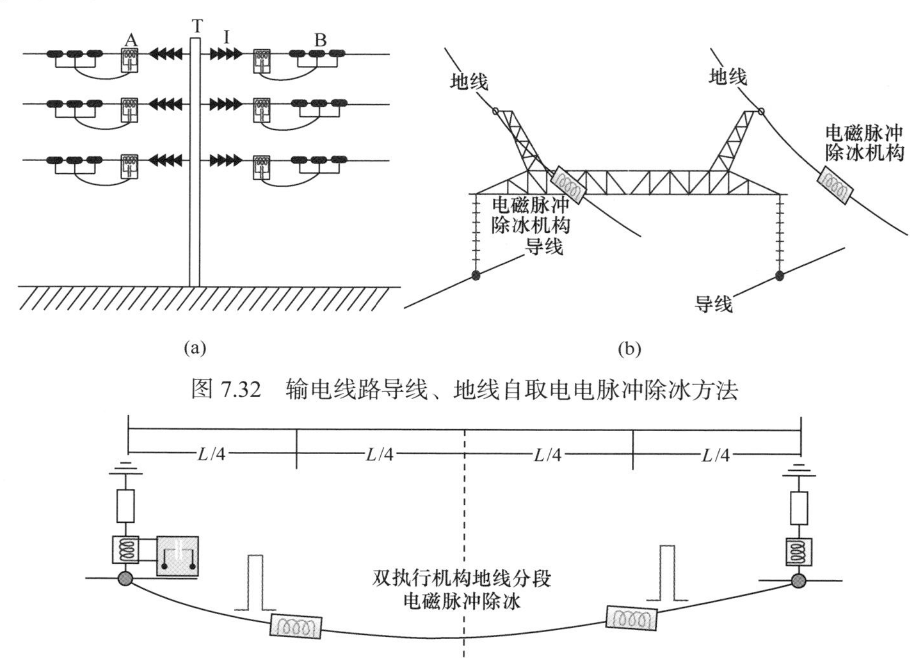

图 7.32　输电线路导线、地线自取电电脉冲除冰方法

图 7.33　电脉冲智能除冰装置防止覆冰抑制脱冰跳跃的方法

2. 飞机除冰

电磁脉冲目前主要应用在飞机除冰，俄罗斯已研制出第四代除冰系统。

(1) 第一代电磁脉冲除冰系统。首先是在长 2.5m 的伊尔-62 的机翼截面内侧安装 4 个脉冲线圈单元进行试验。接着对伊尔-18 飞机安装了电磁脉冲除冰系统，这是首次全系统安装于飞机上使用的电磁脉冲设备。在 1969 年全球飞机演习中，一架装有电磁脉冲除冰系统的伊尔-18 飞机完成了在−50～0℃和包括北极圈在内的广大区域各种气象条件下的飞行试验。试验表明电磁脉冲除冰系统适合于飞机使用，且可在各种条件下稳定高效地工作，此时并未过多考虑飞机电磁脉冲除冰系统的性能优化及飞行安全性的相关论证工作。

(2) 第二代电磁脉冲除冰系统。对电磁脉冲除冰系统进行了升级，包括重量优化、体积优化，并将其应用于大型宽体飞机。为适应大型飞机更大面积的除冰需求，对多种飞机覆冰在电磁脉冲除冰系统工作时进行 5000h 的可靠性试验，试验结果表明电磁脉冲除冰系统对机体结构无影响。此后又对伊尔-76 飞机安装 173 个脉冲线圈进行长达 45.8 万 h 的除冰测试，用于伊尔-76 飞机上的电磁脉冲除冰系统重量不超过 45kg，并且在 1976 年开始于伊尔-86 飞机上全面使用。96 架伊尔-86 飞机的使用经验表明，电磁脉冲除冰系统不会对飞机结构，如前缘缝翼和尾翼产生诸如裂纹等损坏，更不会引起飞机蒙皮振动，完全满足大型飞机使用。

(3) 第三代电磁脉冲除冰系统。相比于第二代电磁脉冲除冰系统，重量更轻，体积更小，可靠性更高。电磁脉冲除冰已全面用于伊尔-96-300 飞机、安-124 飞机的尾翼除冰和伊尔-114 飞机的机尾翼除冰，除冰系统的质量小于 15kg，且满足 FAR25 相关要求，并已获得俄罗斯适航当局的批准，如图 7.34 所示。

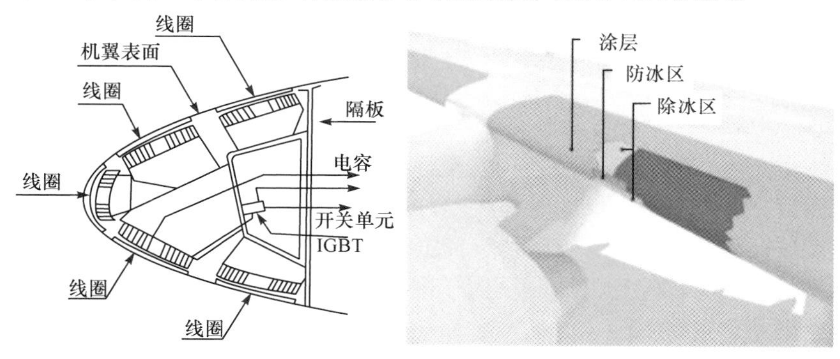

图 7.34　飞机机翼电磁脉冲除冰

(4) 第四代电磁脉冲除冰系统。2004 年研制成功，采用新材料，系统更轻，更耐用，总重量仅 5kg。由于技术保密原因，目前并未掌握更多技术细节。

除俄罗斯外，美国和其他欧洲国家都对电磁脉冲除冰系统继续研究和试验，对外公开的只有 WSU 为刘易斯研究中心提交的报告“Electro-Impulse De-icing Testing Analysis and Design”。报告记录完成冰风洞试验和 Cessna TV 206、Boeing 757 飞机的飞行试验，但没有公开数据信息[35,36]。

作者团队 2020 年研究的 EIDI 系统对铝板的除冰效果良好，如图 7.35 所示。

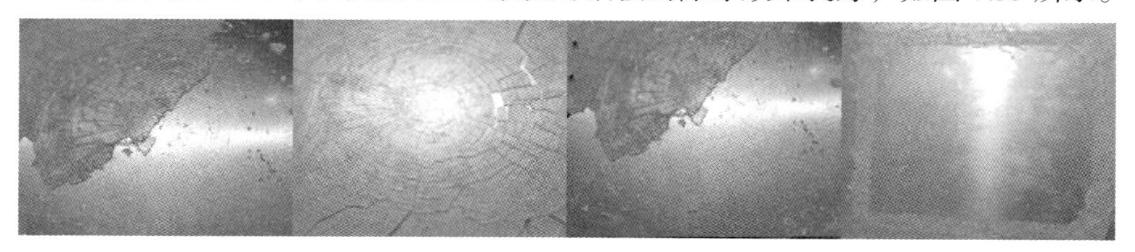

图 7.35　作者研究的 EIDI 系统对铝板的除冰

7.3.4　电磁脉冲除冰评价

电磁脉冲除冰自提出以来，国内外对其原理、理论进行了一系列的科学研究，分别对电磁脉冲除冰在飞机、输电线路上的除冰进行了深入探究和相应的试验。目前电磁脉冲除冰在飞机上的应用已经通过国外大量地面、飞行测试，实现了在自然飞行条件下伊尔系列飞机的除冰。自 20 世纪八九十年代，俄罗斯(苏联)、美国研究人员对电磁脉冲除冰系统在输电线路的应用进行相关探索后，考虑到经济性的问题，发现该技术在当时不适合输电线路的除冰，因此，其工程应用研究基本停滞。

电磁脉冲系统在我国研究还处于一个较为初步的探索阶段，虽然进行了一系列基础理论研究和工程应用的探索，但目前还存在几方面工作需要进一步推进：

(1) 电磁脉冲除冰方法相关的电磁感应原理不难解释，但具体在除冰的应用中，其相应的理论基础还有待进一步分析与计算；

(2) 由基础理论到工程应用之间，还需要解决许多实际的设计、制造、安装、调试的工程问题，缺乏系统性；

(3) 机翼的电磁脉冲除冰系统需要进行冰风洞试验，继而飞机的电磁脉冲除冰系统需要进行飞行试验和各项安全性试验等，这些工作尤其是安全性试验不能一蹴而就，需要花费大量的时间、人力、物力，同时还需要承担相应的试验风险。

俄罗斯等高纬度国家(地区)对飞机除冰的需求和重视程远高于非极地地区，我国飞机电磁脉冲除冰的研制落后于俄罗斯、美国等。随着全天候飞行的要求，我国越来越重视飞机除冰的研究，而电磁脉冲除冰是一种相对成熟、经济的飞机除冰方法，进一步研究完善其除冰理论和试验测试，可实现可靠经济的飞机飞行除冰与应用。类似于 WSU 研究飞机电磁脉冲除冰时也对输电线路电磁脉冲除冰与应用进行探究，随着我国对飞机电磁脉冲除冰研究的发展，推动了电磁脉冲除冰技术在其他领域的研究与应用，如输电线路的地线除冰、交通轨道除冰、风力发电机叶轮除冰等。

7.4　形状记忆合金除冰

7.4.1　形状记忆合金除冰原理

作为功能材料的先驱，即形状记忆合金(shape memory alloy，SMA)因其高临界应力、高可恢复应变和高疲劳寿命、强耐腐蚀性和生物相容性，在自动控制、汽车、仪器仪表、电器、生物工程、能源、航空航天、医疗等众多领域得到广泛应用，涉及相关专利数以万计，应用案例数不胜数。

1. SMA 性质

在典型工作温度范围，SMA 包含两相：低温马氏体相(martensite, M)、高温奥氏体相(austenite, A)。因其组成相的晶格结构不同(奥氏体相为立方晶格结构，马氏体相为单斜晶格结构)，导致两相宏观特性也不尽相同。从奥氏体相到马氏体相的转变过程只由晶格切变引起无原子扩散，将这种转变称为马氏体相变，相变过程形成具有不同取向的马氏体变体。

马氏体变体存在两种状态：孪晶马氏体和退孪晶马氏体，退孪晶马氏体也称重取向马氏体。结合从奥氏体相(母相)向马氏体相(生成相)转变与马氏体相向奥氏体相的转变过程，两相热弹性相变构成 SMA 特有的热力学行为。

将 SMA 在无外力荷载作用下冷却降温、材料从奥氏体相向马氏体相转变行为定义为正向相变。正向相变形成马氏体变体，无外载作用下马氏体变体以孪晶马氏体态出现。对处于马氏体状态下的材料升温加热，材料的晶体结构切变、向着奥氏体态转变，这种马氏体向奥氏体转变的过程被称为逆向相变。普遍认为在正向相变、逆向相变过程中，SMA 只发生晶体结构切变，不发生体积改变，其材料宏观变形可忽略不计。

与 SMA 马氏体相及奥氏体相的相互转变过程相关的四个特征温度分别为：①马氏体相变开始温度 $T_{M,s}$；②马氏体相变结束温度 $T_{M,f}$；③奥氏体相变开始温度 $T_{A,s}$；④奥氏体相变结束温度 $T_{A,f}$。无外力荷载作用下，正向相变过程描述为：对处于奥氏体相的材料降温处理，材料在温度为 $T_{M,s}$ 时开始由奥氏体向马氏体转变，温度到达 $T_{M,f}$ 时完成转变；升温逆向相变过程描述为：对处于马氏体态的材料作升温处理，将在 $T_{A,s}$ 温度以上开始发生转变，在 $T_{A,f}$ 时完成马氏体向奥氏体转变过程。

Ni-50%Ti 合金四个温度的值见表 7.3。镍钛合金已得到广泛的技术应用，其成分可作适当调整，使 $T_{M,s}$ 温度在−273℃至 100℃之间。四种转变温度(马氏体和奥氏体开始和结束)都可能受材料中应力状态的影响。

表 7.3　Ni-50%Ti 合金相变温度　(单位：℃)

奥氏体(A)		马氏体(M)	
起始温度($T_{A,s}$)	结束温度($T_{A,f}$)	起始温度($T_{M,s}$)	结束温度($T_{M,f}$)
65	75	45	55

图 7.36(a)为加载阶段，给处于低温孪晶马氏体状态的材料施加外力荷载，使一定数量的马氏体变体发生重取向，诱导孪晶马氏体向退孪晶马氏体转变，该过程材料的宏观形状发生变化。卸载后宏观变形没有恢复，对 SMA 进行升温加热处理至温度高于 $T_{A,f}$ 时，宏观变形完全恢复，如图 7.36(b)所示。若材料冷却至 $T_{M,f}$

温度以下，观察发现有孪晶马氏体带形成，且材料宏观形状没有发生改变。特别说明，上述孪晶马氏体向退孪晶马氏体转变过程中所施加的荷载必须足够大以能启动退孪晶过程。退孪晶行为开始的最小应力值称为退孪晶开始应力，记为σ_s，退孪晶行为完成时对应的应力称为退孪晶结束应力σ_f。

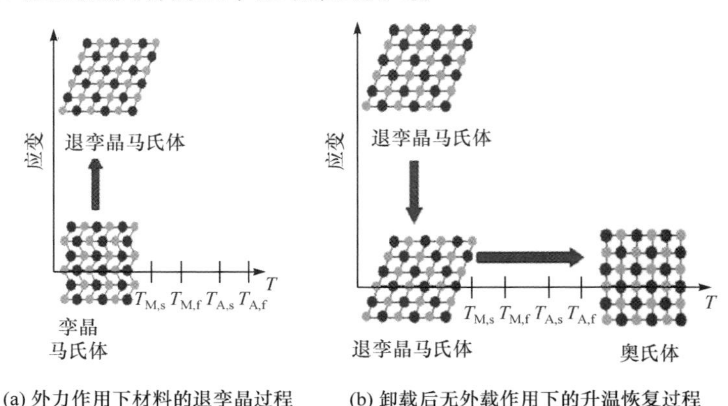

(a) 外力作用下材料的退孪晶过程　　(b) 卸载后无外载作用下的升温恢复过程

图 7.36　形状记忆效应

除上文所述的温度诱发相变外，对处于奥氏体相的材料施加足够高的机械荷载也能诱发相变，称为应力诱发相变。应力诱发过程使材料直接从奥氏体态转变为完全的退孪晶马氏体态。通过试验观察可知，如果此时温度高于 $T_{A,f}$，那么在卸载(退孪晶马氏体转为奥氏体)过程，材料的变形可以完全恢复。如果材料处于奥氏体态且试验温度在 $T_{M,s}$ 与 $T_{A,f}$ 之间时，卸载后只部分变形恢复[37]。

2. 形状记忆效应

对一般金属材料，当材料受到外力荷载作用后，首先产生弹性变形直至到达弹性屈服极限后发生塑性变形，卸载后塑性变形不恢复，材料永久变形。而对于形状记忆材料，在产生塑性变形后，经加热至温度 $T_{A,f}$ 以上时，伴随逆相变过程的发生，材料会自动恢复其在变形前(母相)的形状，这种奇妙现象为形状记忆效应。图 7.37 为形状记忆材料的形状记忆效应过程：对处于奥氏体态的材料(A 点)，在不施加外载的情况下对其进行冷却，材料转变成孪晶马氏体(B 点)；此后施加外力荷载，材料弹性变形至应力达到σ_s 时，退孪晶(重取向相变)过程发生，马氏体变体朝着有利取向的方向生长，不利取向上的马氏体变体逐渐减少，应力达到 σ_f 后退孪晶过程完成；材料弹性卸载(C 点至 D 点)阶段，材料仍处于退孪晶马氏体态；随后升温处理，材料在温度高于 $T_{A,s}$(E 点)后变形恢复，至 $T_{A,f}$时恢复完成(F 点)，材料恢复到奥氏体态。人们将这种马氏体变形后经逆向相变恢复母相形状的特性称为单程形状记忆效应。在工程实际中，有的材料经适当“训练”后，不但对母相形状具有记忆，并且再次冷却时能恢复到马氏体变形后的形状，此特性称为双程记忆效应。

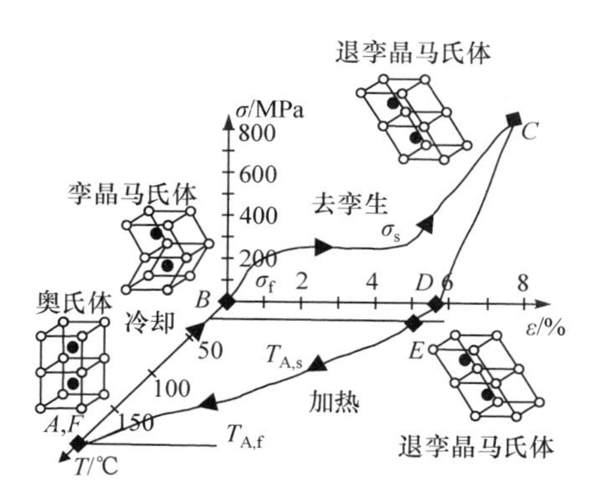

图 7.37　SMA 应力-应变-温度空间

3. 伪弹性

在温度高于 $T_{A,f}$ 时对 SMA 材料施加外力荷载，使其发生变形(>5%)，一旦卸载材料能马上恢复到变形前的形状。该特性和一般金属材料的弹性变形的差别在于合金材料在变形过程中可恢复应变较大，且应力应变曲线表现为明显非线性，该特性被称为伪弹性。相变伪弹性的产生，主要源于应力诱发马氏体相变及逆相变过程的发生。当温度高于 $T_{A,f}$ 时，奥氏体相在应力作用下诱发马氏体相变，材料产生较大变形。卸载时基于奥氏体相的热力学稳定性，伴随逆向相变发生，材料由马氏体向奥氏体转变，宏观变形随之消失。此外，为使在荷载作用下的退孪晶马氏体相能稳定存在，通常从使奥氏体相能稳定存在的高温状态开始对材料进行加载，经卸载材料从稳定的退孪晶马氏体态恢复到奥氏体态。

由图 7.38 的伪弹性加卸载路径($A \to B \to C \to D \to E \to F \to A$)可知：在高于 $T_{A,f}$ 温度条件下对 SMA 施加荷载，材料初始表现为弹性变形($A \to B$)；应力达到马氏体相变开始应力 $\sigma_{M,s}$ 时，马氏体相变发生，伴随相变发生材料产生较大的非弹性应变，至应力达到马氏体相变的结束应力 $\sigma_{M,f}$ 时相变完成($B \to C$)；随后继续加载($C \to D$)，此阶段，随着应变的增加应力迅速升高，Lagoudas 认为该阶段发生马氏体弹性变形，但从大量试验结果发现，该阶段是马氏体弹性、后续马氏体相变和塑性变形共同发生的阶段；$D \to E$ 段为弹性卸载阶段，应力伴随应

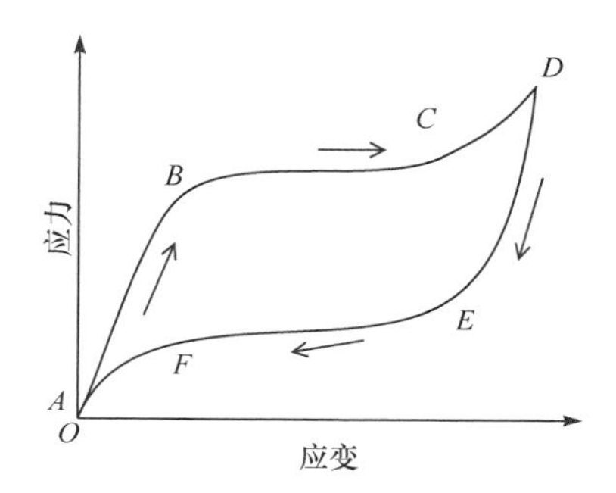

图 7.38　典型 SMA 伪弹性应力-应变曲线

变的减小迅速减少至逆相变开始应力$\sigma_{A,s}$后马氏体逆相变过程发生，材料由马氏体转变为奥氏体，至$\sigma_{A,f}$时逆向相变完成($E \rightarrow F$)，此时，材料在相变过程产生的变形随之消失[38]。

4. SMA 除冰原理

SMA 表面温度变化将发生相变，并向其预变形几何形状运动，由于固定和冰使运动受阻，大约产生 6.895×10^9Pa 的形变内应力，导致膨胀/收缩，直接或间接去除表面覆冰。SMA 获得适当能量，通过马氏体相变改变形状并产生力。能量可通过外部加热或由 SMA 材料本身的独特方式实现电阻直接加热提供。这种情况可通过弯曲、剪切、敲击或加速等机械方式除冰。SMA 首先应用在飞机除冰领域。

如图 7.39 所示在飞机前缘表面安装一层 SMA 薄片(镍钛合金)，中间夹层布置电加热层和可高度压缩的聚合物。一旦检测到 SMA 表面覆冰，电加热层将 SMA 薄片加热至其转变温度，使其恢复至未变形或记忆形状，而 SMA 薄片收缩并向机翼方向的移动进一步压缩聚合物，而冷却时预应变聚合物以足够力使 SMA 薄片从机翼扩展至其变形形状。虽然 SMA 薄片在受到数十兆帕的热收缩力时，只需 50%的力约束其变形形状。为保证聚合物在系统活动状态下压缩，SMA 薄片后端需用螺丝固定到机翼表面的固定板。

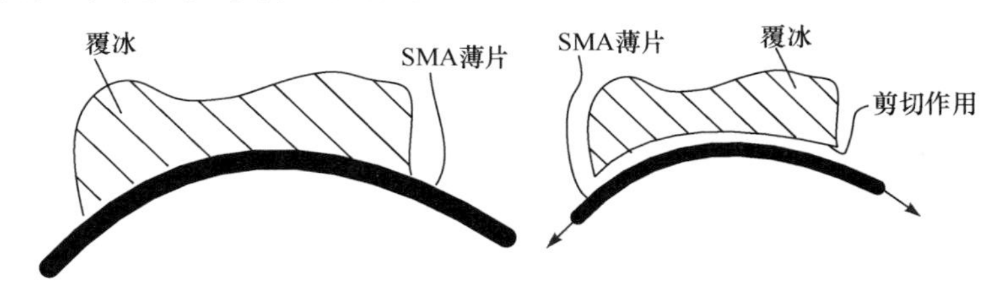

图 7.39　SMA 除冰过程

除冰所需抗拉或抗压应变约 0.1%，且随 SMA 材料成分及冰的堆积改变。试验表明：镍钛合金表面所需的拉伸应变比目前使用的大多数 SMA 材料小，平均 0.3%的应变安全范围内足以剪去飞机表面堆积的各种形式的冰[39,40]。

图 7.40 所示的剪切作用能更好理解除冰机理。SMA 薄片收缩时冰与 SMA 薄片发生剪切，导致冰脱落。试验结果表明，0.1%～0.3%的剪切应变足以使 SMA 表面的冰脱落。一旦完成除冰，停止电加热层，SMA 则就会冷却至周围空气温度。

SMA 的转换温度(如 60℃)比环境温度高得多。SMA 薄片厚度大约 0.05～0.254mm，单程记忆效应的 SMA 不能独自恢复其变形前的形状，不能同时收缩扩展。收缩扩展循环需要可高度压缩的聚合物，如硅树脂在低温条件下能使 SMA 薄片被动扩展，实现收缩扩展循环过程。双程记忆效应的 SMA 薄片不需要可压缩聚合物，冷却后 SMA 主动膨胀至其变形后的形状。

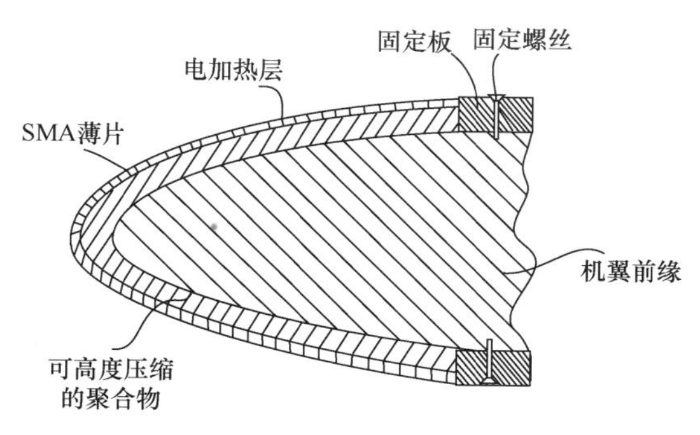

图 7.40　SMA 除冰方案

SMA 薄片加热到转变温度能够主动收缩剪切除冰，冷却后恢复至原形状。SMA 除冰可安装在旋翼机叶片前缘，也可用于固定翼飞机的机翼。

将 SMA 薄片驱动到其转换温度所需的热量是由冰的液-固相变产生的熔化潜热产生的。试验表明：覆冰释放的潜热可使 SMA 表面温度升高 5℃以上。这种被动设计对 SMA 薄片转变温度要求较严格，应与结冰温度范围一致，通常在 –23～4℃之间。虽然潜热不足以产生 3%的应变，但使用电热加热器时，能产生约 0.1%～0.2%的应变，足以使大多数类型的冰脱落。在 0℃附近可能出现熔化潜热不够，SMA 薄片温度有能些微上升，不足的能量需电加层补充，激活 SMA 实现脱冰。由于所需大部分激活热来自熔化潜热，这种工作方式功率要求不高。由于 SMA 薄片转化温度较低，当飞机在冰冻温度运行时，总是需要启动除冰加热系统。

另一个方案即加肋除冰，是通过 SMA 金属包薄片收缩使表面轮廓上的肋条变形除冰，见图 7.41。SMA 致动器用于拉伸安装在肋衬底结构上的 SMA 薄片。SMA 致动器和 SMA 薄片由同一种 SMA 材料制成。

可将 SMA 材料轧成薄板，加工成 SMA 致动器。另外，可对 SMA 薄片进行记忆训练，使其恢复到未变形的加肋结构，避免加肋底层结构的需要。单向和双向 SMA 片材均可使用。SMA 薄片位于机翼前缘，而 SMA 致动器位于机翼靠后区域，使其不容易覆冰。由于冰的高熔化潜热，加热时可能产生更大的功率需求。如图 7.41 所示，SMA 薄片被致动器拉伸时，像热收缩塑料一样收缩。当 SMA 薄片收缩并填满肋衬底结构形成的凹槽时形成前缘棱，有利剪切脱冰。图 7.41(a)前缘棱的形成及覆冰和凹槽间形成气穴所引起的包覆作用。

电热丝选择性为 SMA 致动器提供热量。电流通过加热带作用，使 SMA 致动器温度升高至其转换温度。电流也可直接施加到 SMA 致动器，省略了加热带。当达到 SMA 致动器转变温度(马氏体到奥氏体的转变温度)时，SMA 致动器应变收缩 3%。此应变导致 SMA 致动器肋衬底结构的 SMA 薄片拉伸。

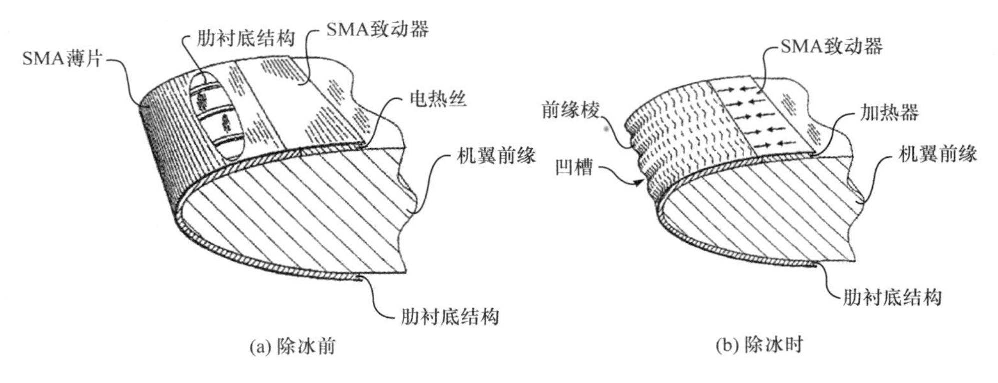

图 7.41　SMA 加肋除冰

试验发现：SMA 致动器仅需要 0.2mm 的位移用于收缩 SMA 薄片，从而形成约深度 0.1mm 前缘棱，约 6.4mm 脊和脊肋间距即可满足要求。在这种变形模式下平均应变分布为 0.5%，比所需的 0.1%的冰脱黏应变高得多。

还可以优化设计肋条方向，图 7.42 是肋状衬底层结构沿面布置的除冰，某些应用中，如需更好地产生沿面裂缝剥离覆冰，或者在诸如旋翼机叶片等沿面运动帮助覆冰滑落的情况下，沿面方向的运动更为有利。

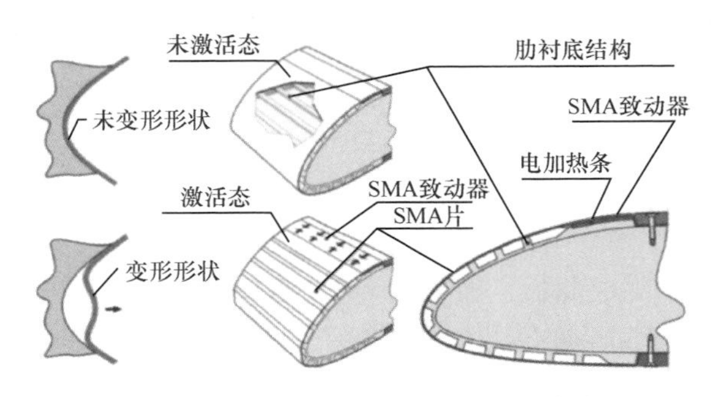

图 7.42　肋衬底沿面布置的 SMA 除冰

考虑 SMA 到上述除冰系统可能使用其他执行器，如气动执行器、电化学执行器或电热执行器，由于肋衬底设计会影响致动器的应力输出，从而影响除冰效果，因此使用更为光滑的衬底和双程记忆效应的 SMA 致动器可实现更有效的肋片成形设计，提供一种抑制机制。这种设计最大限度地减少了对 SMA 薄片预拉伸的需要；为执行抑制操作，双向效应 SMA 执行机构最大限度减少了任何其他机构或层压层的使用。

7.4.2　形状记忆合金除冰发展

1932 年，美国 Olander 在研究 Au-Cd 合金时观察发现材料的马氏体相随着温度的升降而呈现明显消长。1938 年，美国哈佛大学的 Greninger 和麻省理工学院的 Mooradian 在 Cu-Sn 合金和 Cu-Zn 合金相变过程中发现了类橡皮效应。

1948 年，苏联 Kurdjumov 等在 Cu-14.7Al-1.5Ni 合金中发现：材料在冷却时观察到马氏体带形成且逐渐长大，之后随升温加热发生收缩并逐渐消失现象。1951 年，张禄经和 Read 用光学显微镜观察 Au-47.5%Cd(质量分数)合金时发现：低温相(马氏)和高温相(母相)的界面随温度升降发生往复运动，温度下降为相变(奥氏→马氏)，温度上升为逆相变(马氏→奥氏)。1953 年，Burkhart 和 Read 在 Ni-Ti 合金中也观察到形状记忆效应，但未引起人们的足够重视，也未能大量应用于工程实际。

直至 1963 年，美国海军兵器实验室(Naval Ordinance Laboratory，NOL)的 Buehler 在偶然间发现等原子比的 Ni-Ti 合金在室温(即马氏体状态)下经形变后升温加热，材料能自动恢复到奥氏体相(母相)状态，于是将此现象命名为形状记忆效应。从此材料界掀起了一股对 SMA 研究的热潮。

随后陆续在 Cu-Zn、Cu-Sn、Cu-Al-Ni 等众多合金中发现形状记忆效应。SMA 所特有的铁弹性(ferroelasticity effect，FE)、伪弹性(pseudoelastic effect，PE)、双程形状记忆效应、全方位形状记忆效应、R 相变等独特响应机制也渐渐为人们所认识，为 SMA 在工程及医疗等领域应用开拓广阔前景。至 1975 年，已有 20 余种具有形状记忆效应的合金被开发利用。

20 世纪 80 年代，对 SMA 的研究进入了全新的阶段，逐一突破了 SMA 研究的难点，SMA 成为材料科学及力学领域的热门。

SMA 在外科植入物、管接头、紧固件环、断路器等领域的创新中得到成功应用，作为一种智能结构 SMA 也在飞机中得到广泛应用，如 1994 年 Rodin 等使用 SMA 制动器改变旋翼桨叶的外倾角，布置在移动旋翼叶片上的 SMA 可对每个旋翼桨叶的飞行路径进行微小修正，改善旋翼桨叶的外倾角。

1995 年 5 月 Gerardi 等提出基于 SMA 的被动式和主动式两种除冰设计方案。因 SMA 的制作工艺和除冰方案的适应性研究不多，限制了其发展与应用。

至今，人们已在 50 多种合金中发现了形状记忆效应，主要有以下三类：

1) Ni-Ti 系 SMA

Ni-Ti 系 SMA 以其明显的相变现象、特有的形状记忆效应和伪弹性、强耐腐蚀性和良好的生物相容性以及高疲劳寿命等,在材料科学和工程界占据重要地位、应用最为广泛。在 Ni-Ti 合金中加入第三组元(如 Nb、Fe 及 Cu 等)可调整其相变点，基于此材料界已先后开发出 Ni-Ti-Nb、Ni-Ti-Fe 和 Ni-Ti-Cu 等 Ni-Ti 系 SMA。目前 90%以上 SMA 的应用仍集中在 Ni-Ti 系合金上，如 NiTi、NiTiCu、NiTiNb 等，在除冰方面主要也是对 Ni-Ti 系合金的研究。

2) Cu 系 SMA

20 世纪 70 年代后，Cu 系材料形状记忆效应才被人们发现。尽管 Cu 系合金形状记忆效应不及 Ni-Ti 系合金，晶界易破碎、循环稳定性差及性能不稳定，但由于其加工性能良好、成本低廉(仅为 Ni-Ti 系合金十分之一)，使其仍受到青睐。自 Cu 系 SMA 发现至今，已经发展了包括 Cu-Zn-Al、Cu-Al-Ni 和 Cu-Zn 等在内的十余种应用广泛的合金材料。

3) Fe 系 SMA

Fe 系 SMA 的研究晚于 Ni-Ti 系和 Cu 系合金。自 1971 年 Wayman 发现 Fe-25%Pt 至今，已开发出 Fe-Ni-C、Fe-Ni-Ti-Co、Fe-Cr-Ni、Fe-Mn-Si、Fe-Pd 及 Fe-Pt 等十余种 Fe 系 SMA。Fe-Mn-Si SMA 因其成本低廉且易于加工而备受重视，尽管其相变热滞较大(约为 100K)、伪弹性性能较差甚至形状记忆效应不明显，但仍不影响其成为工业应用的首选材料。

7.4.3　形状记忆合金除冰应用

1. 输电线路除冰

2010 年，山东电力研究院提出一种 SMA 驱动的架空线扭转除冰装置，如图 7.43 所示。该除冰装置同飞机 SMA 除冰的结构相差很大，包括导线固定管、扭转力臂、驱动弹簧、扭转连接件、公共连接件和电源控制器等，固定管固定在导线，扭转力臂与导电固定管固定连接，驱动弹簧通过扭转连接件与扭转力臂连接，两条架空线上相对应的驱动弹簧通过公共连接件连接；电源控制器在架空线上，通过电源与驱动弹簧连接；驱动弹簧为 SMA 制成。

除冰时电源控制器从导线取电，经电源线加热驱动弹簧。由 SMA 制成的驱动弹簧加热到相变温度以上时发生相变，驱动弹簧发生扭转。驱动弹簧扭转带动扭转力臂和导线固定管绕架空线的轴线扭转，带动架空线也一同绕轴线扭转。当扭转到预先设定好的角度时，导线的扭转在其弹性范围内，电源控制器根据检测的扭转角度停止给驱动弹簧加热，SMA 开始恢复，驱动弹簧扭转力消失，驱动弹簧、扭转力臂和导线固定管恢复到原位。根据架空线上覆冰的情况，控制电源控制器的循环启停，导线形成扭转运动，实现架空线的除冰[41]。

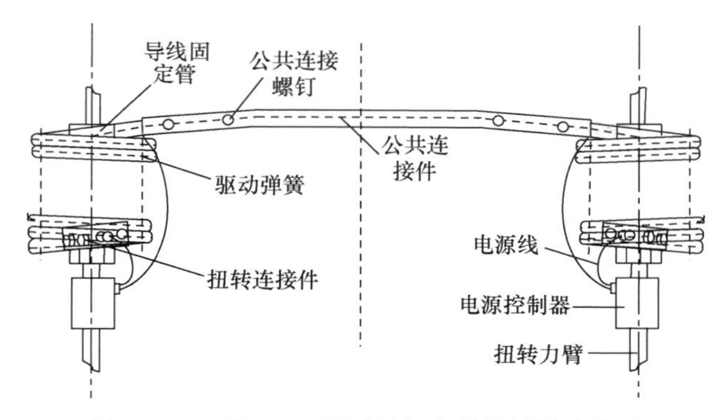

图 7.43　一种 SMA 驱动的架空线扭转除冰装置

2. 飞机除冰

SMA 应用于飞机可对固定翼和非固定翼(旋翼)除冰。

随着直升机的发展，直升机全天候飞行要求日益提升。直升机也面临覆冰，目前最主要的解决方案为电热式融冰，但该方案需耗费大量能量，对直升机质量、体积和空间提出更为严苛的要求。

1995 年，Gerardi 等提出一种基于 SMA 的除冰系统，通过对桨叶的除冰试验，验证其除冰可行并完成 SMA 除冰器的设计安装。1997 年，他们又提出一种完善的 SMA 除冰方法，包含被动式和主动式除冰。通过计算，在 10s 内加热 SMA 致动器，只耗能 2.7kW/m^2，而典型的电热除冰器则需 38.7kW/m^2。

2013 年马里兰大学的 Sullivan 等提出在直升机旋翼利用 SMA 除冰方案，将一块连接着 Ni-Ti SMA 薄铝板作为 NACA 0012 机翼的前缘。通过对所设计除冰器的数值研究发现只能使覆冰层破裂，并不能完全除冰，由于没有进行冰风洞除冰试验，与良好的除冰效果存在一定距离[42]。

2018 年北京航空航天大学研究人员对 SMA 除冰器的特性及影响因素进行数值分析，提出一种非旋转 SMA 元件除冰器的设计方案，对 SMA 除冰器在飞机和航空发动机非旋转结构上的除冰性能进行了验证[43]。

7.4.4　形状记忆合金除冰评价

SMA 除冰是以材料学为主体，机械、空气动力学、结构力学、热学等多学科交叉的问题。

虽然 Ni-Ti 系 SMA 有着高耐蚀性和耐腐蚀性，可布置在易覆冰的机翼前缘附近作为一种非侵入性且耐用的除冰装置。但实际上目前飞机中的许多直升机仅使用镀镍的钛金属板作为其旋翼桨叶上的防腐蚀罩，主要采取电热除冰。与现有电热除冰相比，SMA 具有更大的耐用性和抗腐蚀性，除冰功率远低于电热除冰。但

SMA 主要存在以下问题：①国外已探索 SMA 除冰设计方案，我国则缺乏相应试验研究；②SMA 生产和除冰装置的制造工艺问题，如何制造出相应转变温度范围的 SMA，并对其进行相应的机械加工，还需从金属材料、机械设计等方面研究；③目前 SMA 较常用的金属稀缺，成本高。

SMA 成功应用于除冰系统还需解决三个科学问题：①确定 SMA 除冰机制，即破坏冰与目标物之间黏附力的机械要求，这个问题的解决确定 SMA 的力学性能；②确定合适的 SMA 转变温度范围，范围过窄除冰效果不够，范围过宽增大功率，带来飞机气动性能的影响问题；③确定 SMA 的抑制机制，即根据 SMA 的记忆效应，使 SMA 在两态之间循环变化，在除冰时间使 SMA 除冰器对目标物能进行多次有效除冰。同时，SMA 除冰器应具有良好的耐用性、在高空飞行中的非侵入性和适当的损耗要求。

综上所述，除冰关键在于设计较少的全循环温度变化、较小的滞后性并能使覆冰和目标物解黏的除冰器(除冰片)。但材料加工和设计荷载的变化影响 SMA 的转变温度、磁滞宽度以及可用应力和应变幅度。SMA 除冰重点在合金材料，优化 SMA 以增加应力和应变输出，降低温度滞后，调整转变温度范围，即找到合适的 SMA，并形成完备的 SMA 除冰器制造工艺。

7.5　气动脉冲除冰

7.5.1　气动脉冲除冰原理

气动除冰(pneumatic de-icing)又称为膨胀管除冰技术、气动靴除冰技术或气囊除冰技术。主要原理是对需要除冰的表面安装气动除冰器，通过对气动除冰器中的气管或气囊进行充放气，使气管产生膨胀收缩的循环过程，进而产生弹性形变，在气流作用下对冰层施加剪切和剥离作用使其脱落飞机部件表面。除冰的基本过程与电磁脉冲除冰、形状记忆合金除冰相似，如图 7.44 所示。

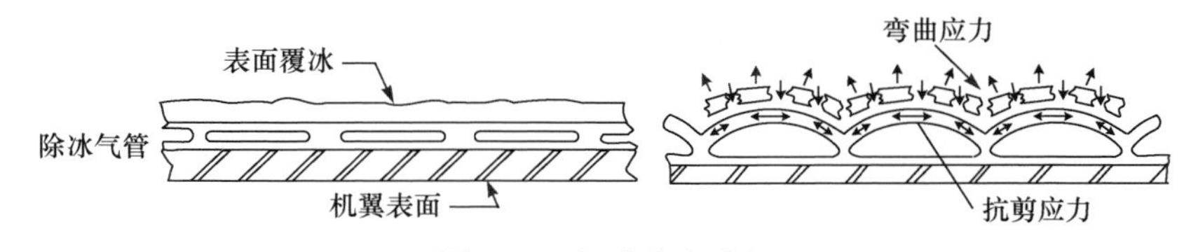

图 7.44　气动除冰过程

气动脉冲除冰最主要的部件是气动除冰器，由橡胶和弹性纤维组成。图 7.45 是由几层橡胶和纤维织物组成的气囊结构，最外层是一种耐候性橡胶层，具有良好的耐雨蚀性和缓慢的风化性能，厚约 0.254mm；下一层是可伸缩尼龙层，除冰时可膨胀收缩产生形变，厚约 0.508mm；中间是胶层，将最外层的橡胶和可伸缩的尼龙紧密黏结，厚约 5～7.5mm。三层组成除冰器的顶部结构。

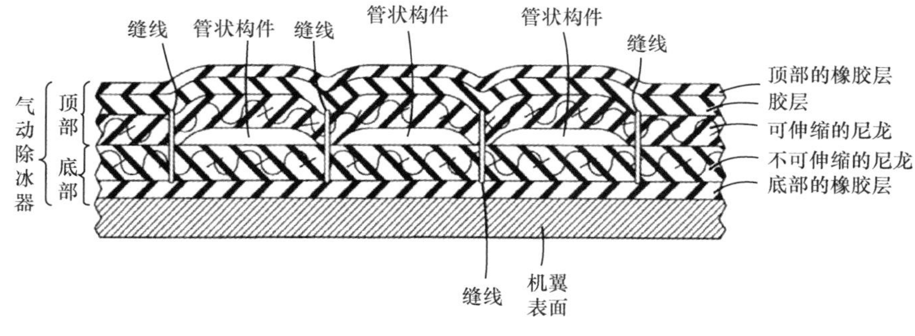

图 7.45　气囊结构

除冰底部也是三层结构，顶部下端是最下层是不可伸缩尼龙层，除冰时该层（厚约 0.3mm）不可并膨胀收缩；下面是一层天然橡胶，有助于充气除冰管空气的排出，并将除冰器固定在除冰区域，厚约 0.254～0.762mm；底基是机翼表面；三层组成除冰器的底部结构。

可伸缩和不可伸缩尼龙层通过缝线缝连接在一起,形成等宽密封的管状构件，能进行相应的除冰活动，此时管状构件处于部分膨胀状态。缝线可以采用尼龙，但更好的是采用杜邦公司的凯夫拉材料，该材料是一种新型的芳纶复合材料，密度低、强度高、韧性好、耐高温、易于加工和成型，因而更为适合[44]。

当目标区域覆冰时，通过传感元件或者人眼观察启动气动除冰系统，充气系统开始工作，控制器自动调节气动阀门，气体通过导气管输入气动除冰器进行气动除冰，如图 7.46 所示；调节阀门和气源条件，可形成不同脉冲，如图 7.47 所示；按气管布置方向可其分为沿面布置与沿弦布置，如图 7.48 所示。

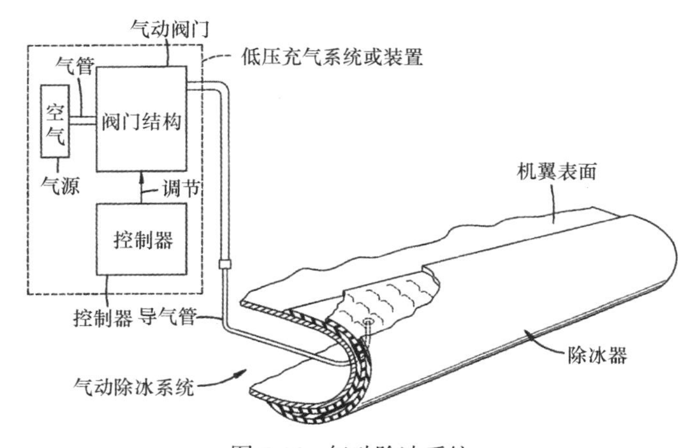

图 7.46　气动除冰系统

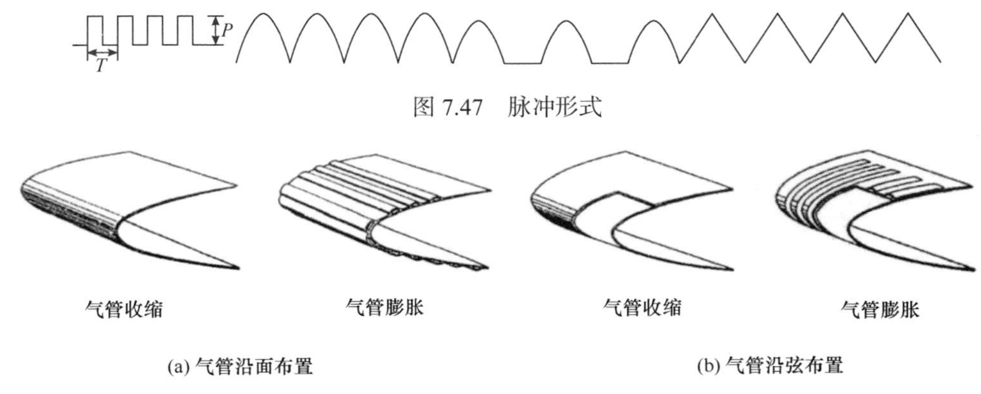

图 7.47　脉冲形式

图 7.48　气管布置方式

7.5.2　气动脉冲除冰发展

1923 年，古德里奇(B. F. Goodrich)公司首次发明了飞机机翼表面除冰的气动除冰，并在阿克伦建造世界上第一个冰风洞，研究飞机机翼冰的形成原理以及除冰。起初该方法只适用于中小型民用飞机机翼。其后古德里奇公司开展了大量气囊尺寸以及布置方式对飞机气动性能影响的模拟试验，最终研制出用于大型客机的气动除冰气囊尺寸。这种技术主要由安装在机翼表面的厚橡皮薄膜构成。在正常情况下，薄膜紧贴于机翼表面。系统通过向橡皮薄膜内充压缩空气使其膨胀产生裂纹使覆冰破碎脱离，然后再抽出全部压缩空气。目前这种技术仍广泛应用于大机翼、飞机尾部水平稳定器及垂尾前缘部位除冰。

1956 年, Bowden 对安装有气动罩的 NACA 0011 翼形覆冰对气动性能影响进行了研究。通过力平衡方法得到一个除冰循环后的翼型性能(升力、阻力、俯仰力矩)变化情况，并研究了循环周期、充气压力、真空率以及防冰罩展向管与翼张管的不同效果，发现大多数覆冰条件下两种软管分布方式效果相近，均能在 1min 的周期内达到最小积冰阻力。Andy P. Broeren 对装有古德里奇公司生产的气动罩的 NACA 23012 在 NASA 的 LPET 风洞进行了试验研究，发现除冰循环间隙产生覆冰比残余覆冰严重得多,除冰循环间隙产生的覆冰导致翼型气动性能严重丧失，与干净翼型相比，升力系数下降 68%，失速角从 17°降为 9°，不同雷诺数和马赫数对覆冰后翼型的升力系数无显著影响[45-47]。

20 世纪 70 年代前，该技术主要应用于固定机翼上，研究人员进一步转向直升机机翼的除冰问题。1984 年，古德里奇公司设计了一种改进型充气除冰器，即充气脉冲除冰器(pneumatic impuls ice protection，PIIP)，并将其用于直升机机翼除冰。除冰时将高压气体以瞬时脉冲的形式冲入弹性管内。瞬时膨胀不但使器件产生剥离冰体所需的剪切应力，同时较大冲量可导致被剥离冰体因惯性作用破碎并被弹射至气流中。系统由空气泵、控制阀、卸压阀、输气管及膨胀管等组成。

该系统表面在 50μs 内会产生一个 0.76～1.27mm 的形变量。其属性与传统气动除冰器的比较见表 7.4。

表 7.4　PIIP 与传统除冰器的参数对比

参数	PIIP 系统	传统气动系统
表面应变/%	0.1～0.2	30～40
形变/mm	0.762～1.270	6.35～9.652
脉冲时间/s	0.000050	0.5～6
起始压力/MPa	2.757～10.342	0.124
表面材料	金属/塑料	橡胶
安装方式	整体安装	通常嵌入表面

1985 年，在克利夫兰 NASA 刘易斯研究中心的冰风洞首次试验 PIIP。将聚醚醚酮(PEEK)橡胶气囊粘贴在金属铝表面模拟飞机气囊，结果表明可有效去除 2.5mm 厚的冰层。PIIP 的第一次飞行测试于 1986 年 3 月在塞斯纳进行，测试对象为单引擎涡轮螺旋桨飞机，三次测试结果发现除冰随机性较大，虽然 PIIP 效果较好，但表面材料不具备商用飞机所需的耐雨蚀性。1986 年被钛材料取代后于 1986 年底～1987 年初在洛克希德冰风洞进行了一系列测试发现：PIIP 不能完全除冰，表面有冰渣残留，且其频率快易造成机翼抖动，不宜用于大型飞机[48,49]。传统气囊不宜用于直升机小型机翼且 PIIP 除冰存在局限性，直升机机翼除冰问题亟待解决。

2015 年，Jose 等提出一种利用机翼叶片内部空气在旋转时产生的气压差作为气动除冰的气源来进行除冰。通过两个管道产生气压差，见图 7.49。该方案在宾夕法尼亚州立大学进行了气动除冰效果、对旋翼气动性能影响等测试[50]。

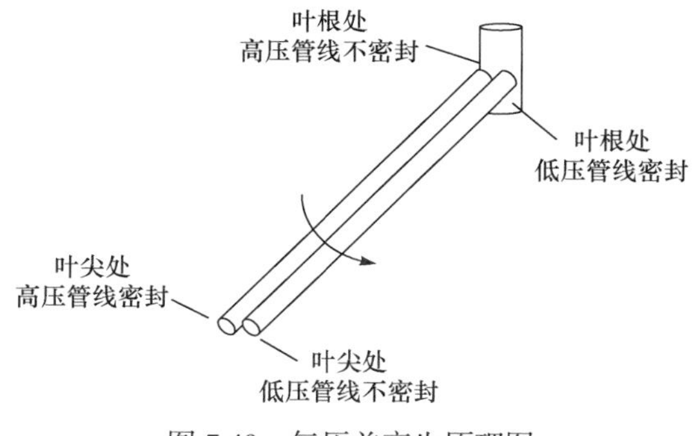

图 7.49　气压差产生原理图

2015 年，中航工业武汉航空仪表公司完成了系统部件的样机制造并进行部分系统功能试验。由于缺乏试验条件与经验，目前尚未得到系统性的有效试验验证。

7.5.3 气动脉冲除冰评价

气动脉冲除冰的优点是结构简单、质量轻、能耗低、改装性强、适用不同飞机部件。迄今为止气动除冰是飞机除冰中最为常见的一种，在世界航空工业中占有重要地位。

但气动脉冲除冰也存在以下不足：①气管易受腐蚀，2～3 年需定期更换；②由于防冰罩的任何孔洞引起的漏气都会导致除冰功能的丧失，每次起飞前都需对除冰系统密封性进行认真检查，增加工作量；③除冰速度较慢，在重度覆冰条件下，覆冰速度可能远大于防冰罩能够除冰的速度，不能较好处理此类覆冰；④在无防冰罩区域，剩余覆冰的重量会逐渐增加，进而影响飞机的气动性能和飞行安全性；⑤当充气启动，改变机翼的空气动力学特性，会增加失速速度。由于气动除冰罩的这些缺点，其主要应用于中型客机或通用飞机，如 Y12F 飞机和 TP150 飞机的气动脉冲除冰系统已经通过覆冰风洞试验，其中 Y12F 飞机的结冰风洞试验，经中国民用航空局和美国 FAA 审查代表全程目击，成功通过了适航审查。大型客机或喷气式军机目前均采用在机翼前缘内部安装加热设备的方法除冰。

气动脉冲除冰主要的研究重点如下：①气动除冰器单位时间内除冰、覆冰情况和带来的气动性能下降及其他影响因素；②气动除冰器的进一步优化，提高气动除冰器的可靠性和除冰性能，如何降低除冰厚度的门槛，实现短时间内的有效除冰；③目前气动除冰器局限于飞机，可调整气动除冰器将其应用范围扩大至其他领域，例如风力发电机和轨道交通中易覆冰区域的除冰。

7.6 超声波除冰

7.6.1 超声波除冰原理

自然界中有很多声波，按频率可分为次声波、可听声波、超声波。超声波一般指频率高于 20000Hz 的声波，是自然界多种能量形式的一种表现，具有独特的应用空间和发展前景。超声波涵盖声学、地球、大气物理、电气工程、机械工程、建筑工程等理科和工科相关学科。

超声波的特点如下：①可在气体、液体和固体及多相混合体介质中传播，具有很好的方向性；②能量高度集中，可高效传递能量；③在介质边界会产生反射、折射、干涉和共振等现象；④在固体和液体中传播时，在界面附近会产生强烈的冲击现象，液体中还会产生空化现象。

超声波既是一种波动形式又是一种能量形式。在传播过程中与媒介相互作用，使介质的一些物理与化学状态与特性发生改变，或加快这些改变，产生一系列超声波效应，如机械、空化与热效应。超声波除冰技术是通过上述三个效应共同作用对目标物进行除冰的一种方法。

机械效应是指超声波在结构物上传播时，以兰姆(Lamb)波和水平剪切(SH)波两种导波形式传递。在各向异性介质中传播时，在覆冰与基板界面产生速度差，从而在界面产生剪切应力，即在介质中传播产生应力，对覆冰产生一种破碎与剥离作用，达到清除覆冰的效果，如图 7.50 所示。超声波的机械振动将触发冰介质粒子的高频振动，当振动程度超过一定限度时，所作用的冰物质将疲劳断裂[51]。

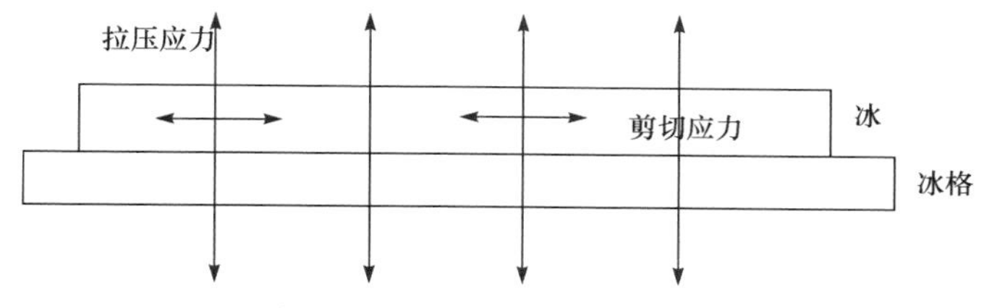

图 7.50　冰与冰格间应力示意图

超声波是一种机械纵波，需通过能量载体——介质进行传播，在介质中的传播过程中存在一个正负压强交变周期，如图 7.51 所示。处于正压相位时，超声波作用的介质分子受挤压，介质原来的密度发生改变，密度增大；处于负压相位时介质分子稀疏，进一步离散，介质密度减少。当用足够大振幅的超声波作用于液体介质时，在负压区内介质分子间的平均距离会超过使液体介质保持不变的临界分子距离，液体介质就会发生断裂形成微泡，微泡随后长大成为空化气泡。气泡可重新溶解于液体介质，也可上浮消失；气泡因声场变化继续长

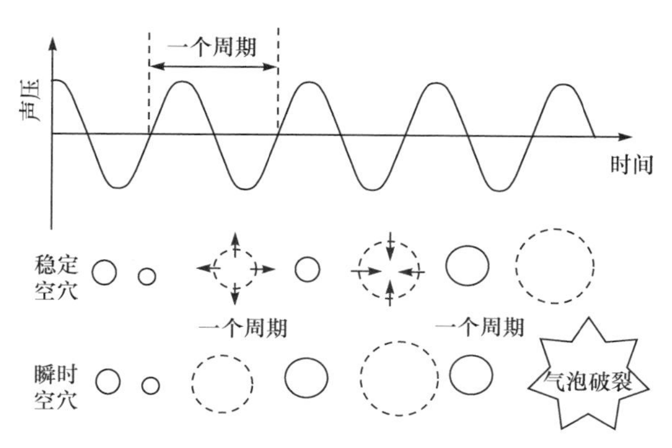

图 7.51　超声波的空化效应

大，直到负压达到最大值，在紧接着的压缩过程中会被压缩，体积缩小，有的甚至完全消失。当脱出超声波场的共振相位时，空化气泡不再稳定，泡内压强已不能支撑自身大小，即开始塌陷。这种空化气泡在液体介质中产生、塌陷或消失的现象，就是空化作用。

超声波的空化效应表现为超声波作用于固液混合物时可不断产生空穴现象。在空化过程中产生的气泡不断发生非线性振动、生长、收缩和崩溃，产生的巨大压力给冰介质造成一定程度的破坏，起到除冰效果。热效应是指伴随着超声波的高频振动和空化过程产生大量热，不断被冰介质吸收使温度升高，加速冰的融化。空化气泡谐振频率的计算公式为

$$f_0=\frac{1}{2\pi R_0}\sqrt{\frac{3\gamma\left(P_0+\dfrac{2\sigma}{R_0}\right)}{\rho}},\quad P_0=1.0\times10^5\,\mathrm{N/m} \tag{7.5}$$

式中：R_0 为空化泡原始半径(m)；γ 为绝热指数；P_0 为液体介质静压(N/m)；σ 为液体表面张力(N/m^2)；ρ 为液体介质密度(kg/m^3)。水介质在 P_0=1.0×10^5 N/m 、γ =1.4、$\rho=1000\mathrm{kg/m^3}$ 的条件下，随空化泡的谐振频率不同，空化泡的半径 R_0 有相应的变化，见表 7.5。

表 7.5　空化泡半径与谐振频率的关系

f_0/kHz	1	10	100	1000
R_0/m	3.3	0.33	0.033	0.0033

关推算可得空化泡的运动方程为

$$R\frac{\mathrm{d}^2R}{\mathrm{d}t^2}+\frac{3}{2}\left(\frac{\mathrm{d}R}{\mathrm{d}t}\right)^2+\frac{1}{\rho}\left[P_0-P_\mathrm{m}\sin\omega t-P_\mathrm{v}+\frac{2\sigma}{R}-\left(\frac{R_0}{R}\right)^2\left(P_0-P_\mathrm{v}+\frac{2\sigma}{R}\right)\right]=0 \tag{7.6}$$

式中：P_m 为泡外作用的泡的外部压力(Pa)；P_v 为在液相主体温度下液体的平衡蒸气压(Pa)。

通过超声波性质的分析以及在其他方面的应用(如超声波清洗、超声波焊接)，可认为超声波除冰的产热机理有三种：一是超声波空化过程中伴随产生的热；二是超声波高频振动所产生的摩擦热；三是基于应力应变的储能机理，这是借鉴超声波焊接中生热的黏弹性热理论。

超声波空化作用的产热机理比较复杂，但空化泡崩溃时的最高温度有规律可循。设瞬态空化泡从收缩到崩溃为绝热过程，空化泡在崩溃时的最高温度可表示为

$$T_{\max}=T_{\min}\left[\frac{P_\mathrm{m}(\gamma-1)}{P_\mathrm{v}}\right] \tag{7.7}$$

式中：$T_{\max}$ 为泡内可达到的最高温度(K)；$T_{\min}$ 为主体温度(K)；γ 为比热容比。

超声波高频振动摩擦生热，由变幅杆或工具头与冰界面传入的热流 Q_{FR} 为

$$Q_{\mathrm{FR}}=\frac{P_{\mathrm{FR}}}{A_{\mathrm{FR}}}=\frac{F_{\mathrm{FR}}V_{\mathrm{avg}}}{A_{\mathrm{FR}}}=\frac{\mu N\varepsilon_0 f}{A_{\mathrm{FR}}} \tag{7.8}$$

式中：μ 为摩擦系数；ε_0 为超声波输出振幅(μm)；P_{FR} 为功率(W)；F_{FR} 为响应区域面积(m^2)的正压力(Pa)；f 为超声波工作时的谐振频率(Hz)。

但目前较为认同的观点是超声波除冰主要是超声波的机械效应。空化效应和热效应是除冰过程中产生的，通过各自形式促进除冰，目前没有完全揭示这两种效应的除冰机理。界面应力集中系数是超声波的一个重要设计参数，是防护层与冰层之间的应力与输入除冰能量的比值。设计时可计算出不同超声波模态时界面应力。当界面一定，界面应力集中系数越大，所需的除冰能量就越小。

超声波除冰系统主要由信号发生器、功率放大器、超声波换能器、连接线、安装结构等组成。超声换能器是除冰系统核心，运用过程中必须适应目标的尺寸。

7.6.2 超声波除冰发展

1830 年，Savrt 用齿轮结构第一次产生 24kHz 的超声波；1876 年，Galton 用气哨产生 20kHz 的超声波；1916 年，Langevin 首次运用超声波进行水下侦察；1927 年，Wood 和 Loomis 首次发表超声波能量效果科学报告，为功率超声波的发展奠定基础。物理学的压电效应和逆压电效应发现之后，19 世纪末至 20 世纪初，开始利用电子技术产生各种不同特性参数的超声波，超声波应用得到快速发展。

2004 年，美国宾夕法尼亚州立大学的 Joseph L. Rose 对超声波进行了长期理论研究和大量试验，编著了 *Ultrasonic Waves in Solid Media*，建立超声波力学和数学模型，构建超声波应用体系，不仅涉及超声波在各种形状材料中的传播，还对超声波反射、折射、表面波、次表面波和水平剪切波等理论应力计算做了大量研究，设计几个典型的超声波试验，为超声波除冰提供丰富的理论依据，如图 7.52 所示[52]。

2010 年，Yao 等对超声波飞机机翼除冰进行试验，选择由压电陶瓷制成的换能器激发超声波。测试表明，超声换能器引起整个结构振动模式频率变化时，附着在机翼前缘左侧、中部和右侧冰块在 3s 内去除[53]。

2011 年，谭海辉利用 ANSYS 建立压电结构耦合计算模型，模拟压电片在不同安装距离下除冰最佳频率。根据模拟结果开发六套超声波除冰装置，在人工实验室进行除冰试验，结果与模拟结果吻合，验证了超声波除冰的可行性，如图 7.53 所示[54]。

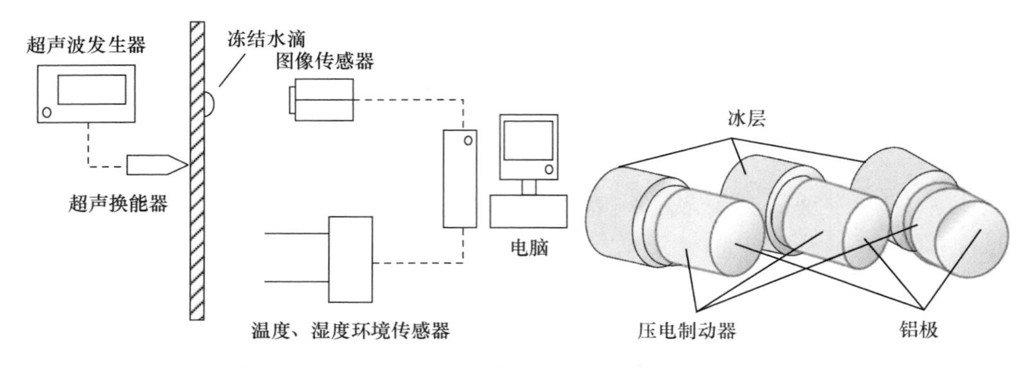

图 7.52　水滴脱落试验装置　　　　图 7.53　压电执行器的安装方式

2012 年，韩龙伸根据超声波除冰的原理设计 28kHz 的超声波除冰装置，开发了超声波除冰装置样机，进行了荷载压力与除冰速率关系的试验研究。结果显示，荷载压力越大，除冰速率越快[55]。

2015 年，吕锡锋提出基于超声波的接触式高压输电线除冰，在软件中模拟超声波激励下高压输电线覆冰区域的动力响应。结果显示，覆冰区域在超声波的作用下产生的应力幅值大于破冰所需的应力强度[9]。

7.6.3　超声波除冰应用

1. 输电线路除冰

吕锡锋的高压输电线路接触式超声波除冰装置包括：超声波发生器、换能器、变幅杆、工具头、线路行走装置，提出基于超声波的接触式高压输电线除冰方法，得到最佳除冰频率，但只进行了仿真，没有进行实际除冰试验[9]。

三种超声波压电致动器在铝杆表面的安装方式如图 7.54 所示。有限元法验证了输电线路超声波除冰的可行性。研究表明：用夹具在铝杆表面安装压电致动器的效果不理想，影响除冰效果的是铝杆表面的压电致动器固定方式。架空线路除冰比地面困难，除冰时必须确保线路安全，这给除冰带来技术挑战[56]。

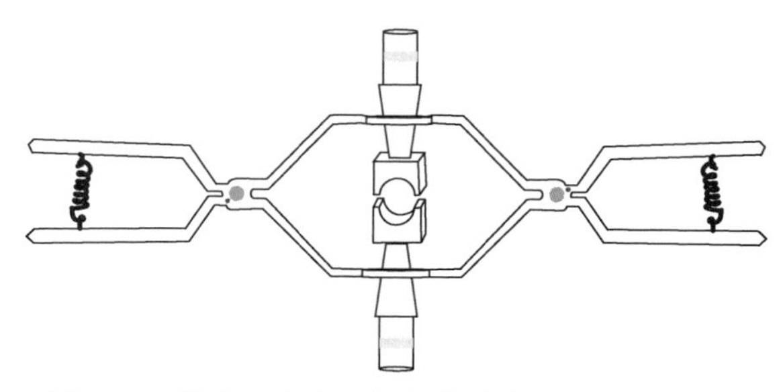

图 7.54　带有两个夹具的超声波除冰装置 3D 模型

2012 年，杭州电子科技大学研究人员受剪刀和钳子的启发，发明一种新型超声波除冰装置(图 7.55)。装置设计避免破坏输电线路，提高了除冰效率并可完全去除覆冰[55-57]。

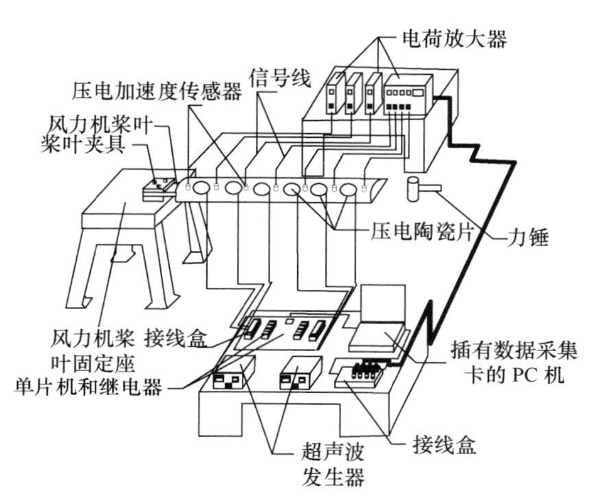

图 7.55　超声波除冰系统

2. 风机除冰

长沙理工大学李录平等对风机叶片除冰进行了研究，探索了超声波在两种不同介质界面的传播和超声波对冰的作用机理，开发了基于超声波除冰的风机叶片除冰样机(图 7.56)，提出效果较佳的除冰频率。

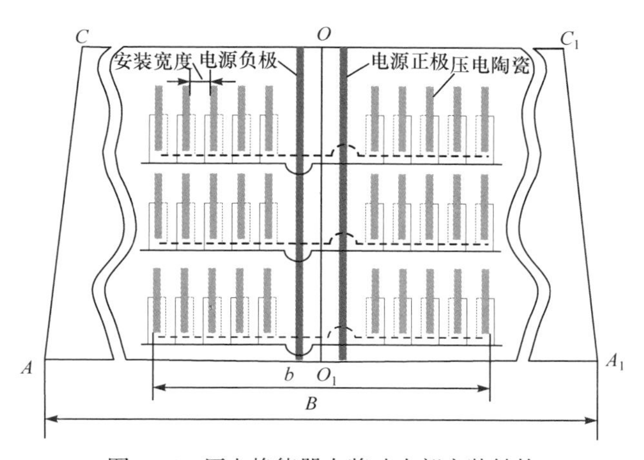

图 7.56　压电换能器在桨叶内部安装结构

Wang 进行了风力涡轮机叶片超声波除冰的试验，并提出除冰时间、冰厚、

能耗之间三个重要的经验关系[58]，即

$$t = 62.23d + 71.99 \tag{7.9}$$

$$P_e = \frac{npt}{AT} \tag{7.10}$$

$$P_e = \frac{np}{AT}(65.23d + 71.99) \tag{7.11}$$

式中：t 为除冰时间；d 为冰层厚度；n 为除冰次数；A 为除冰面积；T 为冰层温度；P_e 为单位面积能耗；p 为超声波输入功率。

3. 飞机除冰

2006 年，Jose 等研究了直升飞机桨叶的超声波除冰，2011 年研究了 NACA 0012 机翼的超声波除冰，并在古德里奇冰风洞进行了试验，如图 7.57 所示[58,59]。

2012 年，陈振乾等利用超声波高频振荡，设计机翼超声波除冰装置(图 7.58)[60]。在机翼黏结处产生巨大剪切力再加以热气辅助提高除冰的效率，降低除冰能耗。

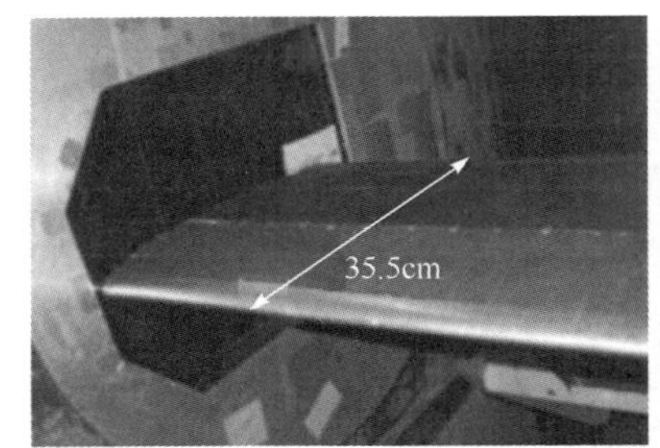

图 7.57　古德里奇冰风洞中的 NACA 0012 机翼

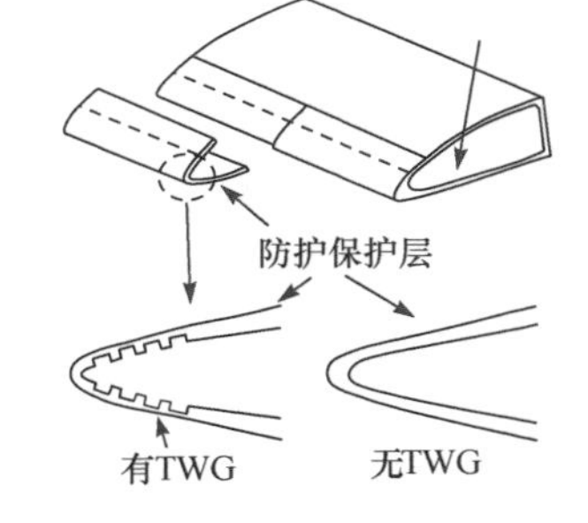

图 7.58　超声波旋翼除冰结构

文献[61]研究直升机螺旋桨超声波除冰，设计定制超声波导波(TWG)结构，将旋翼飞机表面制成带有隔断的不连续面，使冰与黏附层的界面应力集中在特定区域，输入超声波导波时产生剪切力比无定制结构大 3 倍以上，减少除冰损耗。

2015 年，北京航空航天大学 Wang 等开发铌酸锂传感器，其机械性能和化学稳定性良好，机械品质因数远高于普通压电陶瓷。他们提出减轻重量的飞机除冰装置的设计原则，如图 7.59 所示，采用软磁铁氧体磁芯、钛丝空心电感和铝制散热器[62]。

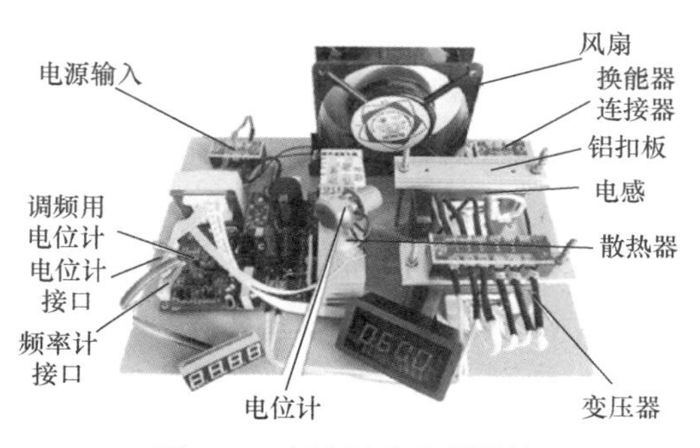

图 7.59　超声波发生器结构

7.6.4　超声波除冰评价

超声波除冰是一种能耗低、重量轻、成本低且易于更换和维护的新颖除冰方法。虽然国内外对超声波除冰理论、压电材料、换能器和除冰系统设计进行了系列研究，但超声波除冰技术的基础理论仍有待进一步的探索与研究，且由于基础理论研究的不足，限制了超声波除冰技术在航空和能源领域的应用。

超声波除冰目前的局限性主要在于：①超声波属于声波，声波在空气介质中传递能量有损耗，且声波传递方向自由散开，为将声波能量更有效传递至除冰目标表面，提高除冰效率，中间需相应装置作为传导；②超声波除冰的理论并不完善，机械效应、热效应和空化效应的共同除冰机理中重点研究了机械效应，热效应和空化效应及三者综合除冰机制缺乏有力解释，尤其是空化效应，属于物理学科中的声学问题，研究难度较大；③超声波除冰装置体积重量过大，不适用于对空间重量有要求的叶片除冰，还不能在飞机、风机上大规模应用。

超声波除冰在未来发展中：①需进一步深入研究除冰机制，为除冰装置、方案设计提供理论基础；②开发新型高效压电材料，优化包括实用换能器在内的除冰装置设计，以实现除冰装置的低功率化、集成化、小型化；③不同除冰场景制定不同的除冰方案与操作流程。

7.7　微 波 除 冰

7.7.1　微波除冰原理

微波是频率在 300MHz～300GHz 的电磁波(波长 1mm～1m)，具有电磁波所共有的基本属性，常用于雷达、通信技术。微波技术的理论及实验室研究可追溯至 20 世纪初，二战期间为研制雷达得到快速发展。除用于通信，微波在非通信领域也得到广泛应用，如加热、脱水、干燥、发泡、膨化、煮白、固色、烧结、焊接、焙烧、熔融、改性、沉积、烧蚀、杀菌、消毒、冶炼、脱蜡、硫化、脱硫、萃取和消解等。

微波的特点如下：①波长与尺寸共度性，微波波长与日常生活中许多物体具有可比拟长度，如钢笔等。②传播与光波相似，以 3×10^8m/s 光速直线传播，遇金属物体产生反射或散射，遇绝缘介质穿透并继续向前传播并产生部分反射。不同材料对微波穿透和反射不同。③可穿透电离层而不产生强烈反射，也称微波为“空间波”。④与各种物质相互作用时，随物质的材料性能不同而变化。对某些物质如像水这种强极性介质，微波作用强烈，而对像陶瓷、玻璃、云母等一些非极性或弱极性介质作用很小，其选择性是微波加热的重要依据。⑤量子能级较低，不足以破坏化合物化学键和分子结构，这是近年来微波在化学领域中被广泛用于催化、萃取、消解、合成等的根据。

早在 20 世纪 30 年代调试大功率无线电发射机时，常发现苍蝇或昆虫干瘪地死在空心螺线管中。二战将结束时，美国调整雷达的工程师发现自己口袋里的巧克力经常融化，研究发现该现象与大功率电缆绝缘介质损耗发热一致。从而利用微波装置制作爆米花，这是微波功率加热应用设备的雏形。

1. 物质介电特性

大部分材料在微波作用下都吸收微波能，根据复介电常数判断产生热量能力强弱，即介质损耗因子 $\tan\delta$ 的大小。复介电常数的损耗因子越高，材料吸收微波能、产生热量的能力就越强。按极化性质分为极性和非极性材料。极性材料有水、酒精、甲醇、尿素、矿物质等；非极性材料有陶瓷、玻璃、聚苯乙烯、聚四氟乙烯、聚丙烯、四氯化碳、石英、纯沥青、生橡胶、新鲜雪、冰等。其中水的介电常数与损耗角正切及温度的关系如表 7.6 所示。

表 7.6　水的介电常数与损耗角正切及温度的关系

温度/℃	介电常数	损耗角正切 ($\tan\delta$)
1.5	80.5	0.310
5	80.2	0.275
15	78.8	0.205
26	76.7	0.157
35	74.0	0.127
45	70.7	0.106
55	67.5	0.089
60	64.6	0.076
75	60.5	0.066
85	56.5	0.057
95	52	0.047

2. 微波加热原理

物质材料微观上由极性和非极性分子组成。非极性分子原子正、负电荷中心一致，对外合成电场为零。极性分子原子正、负电荷中心不一致，每个原子形成一个电偶极子。电偶极子杂乱无章排列，产生合成电矩为零，对外产生合成电场也为零。没有附加电磁场时极性分子呈无序排列；在电磁场作用下其无序排列状态发生变化且和电场方向一致。微波具有高频特性，其电磁场以每秒数十亿次的速度周期性变化，极性分子也以同样速度随交变电磁场变化而变化，使分子间因频繁碰撞产生大量热，微波能转化为材料的热能，使材料整体温度升高，见图 7.60[63,64]。

(a) 自然状态材料的极性分子　　(b) 微波作用下材料的极性分子

图 7.60　微波作用前后的材料极性分子

介质材料吸收的微波功率 P 和微波频率 f 及电场强度 E 关系为

$$P = 2\pi\varepsilon_0\varepsilon_r E^2 f \tan\delta \tag{7.12}$$

式中：ε_0 为真空中介电常数，值为 $8.85\times10^{-12}\text{A}\cdot\text{s}/(\text{V}\cdot\text{m})$；$\varepsilon_r$ 为相对介电常数；$\tan\delta$ 为损耗角正切；E 为电场强度(V/m)。

微波由微波源入射到介质表面并向内穿透，能量转化为热能，且呈指数衰减。微波加热穿透深度为微波功率从材料表面减至表面功率值 1/e(e 为自然对数的底数)时穿透距离 D，即

$$D = \frac{\lambda_0}{2\pi\sqrt{\varepsilon'}\tan\delta} \tag{7.13}$$

式中：ε' 为介质介电常数。

3. 微波加热优点

(1) 速度快效率高。常规加热如火焰、热风、电热、蒸汽等是利用热传导将热量从外部传入内部，逐步使物体中心温度升高，即外部加热。外部加热使中心达到所需温度需要一定时间，导热性差所需时间长。微波加热是使被加热物本身

成为发热体，即内部加热，无需热传导，内外同时加热，短时间可达加热效果；微波能使被热物体吸收而生热，空气与容器不会发热，加热效率极高。

(2) 选择性加热均匀。微波加热与材料损耗密切相关。各种物质吸收微波的能力差异很大(表 7.7)，材料的 tanδ一般为 0.001～0.5，tanδ越大，越容易用微波加热。在一定条件下，水的 tanδ最高可达近 0.3，表明水能强烈吸收微波。微波加热时各部位均匀渗透电磁波产生热量，加热均匀性大为改善。

表 7.7 几种物质的微波介电特性(f=3×10^{9}Hz)

介质	温度/℃	ε_r	tan δ
水	20	76.7	0.157
冰	−12	3.2	0.0009
沥青混凝土	20	4.5～6.5	0.015～0.036

(3) 其他。微波加热的热惯性极小，可随时加热和停止。微波加热无废水、废气、废物产生，也无辐射遗留物存在，微波泄漏满足国家安全标准则，因此微波加热是十分安全的技术。

4. 道路微波除冰原理

微波加热系统(图 7.61)是由电源、磁控管、波导环形器以及微波隔离装置组成。道路微波除冰原理如下：微波照射在结冰道路上，固体冰层透射率高，混凝土道路吸收大部分能量，道路与冰层界面温度升高，冰层底部开始融化(图 7.62)；由于水的微波吸收能力远大于水泥，融化速度加快，冰层与路面结合力降低；再用机械装置破碎冰层实现道路快速除冰(图 7.63)。

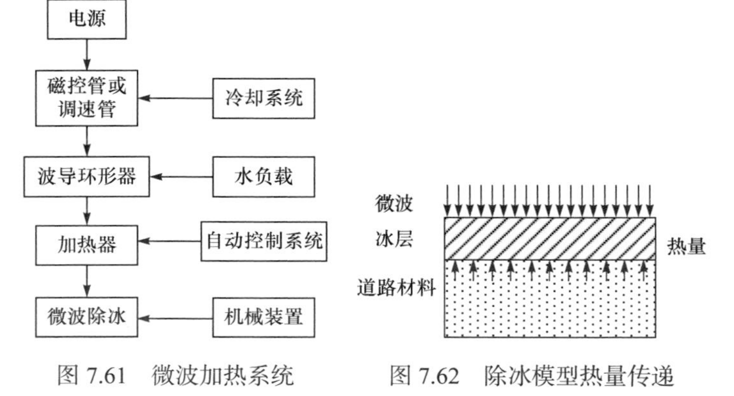

图 7.61 微波加热系统

图 7.62 除冰模型热量传递

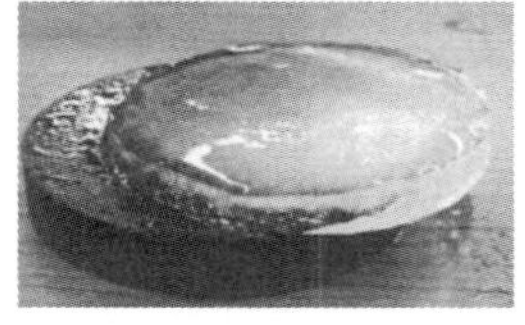

图 7.63 冰层与沥青混凝土脱离

7.7.2 微波除冰发展

19 世纪 90 年代，物理学家在无线电试验中首次产生微波，认为微波是一种“看不见的光”。1894 年，Lodge 和 Righi 分别利用小型金属球火花谐振器产生 1.5GHz 和 12GHz 的微波。同年印度物理学家 Bose 第一次产生毫米微波，即使用 3mm 金属滚珠火花振荡器产生 60GHz(5mm)的微波，还发明用于试验的波导和喇叭天线。1895 年，俄国物理学家 Lebedev 产生了 50GHz 的微波。1896 年无线电通信采用较低频率，该频率可作为地波在地平线以外传播，并通过电离层反射作为天空波，微波频率在当时没有得到进一步探索。

1986 年，Long 提出微波除冰理论，第二年在联邦公路局 SHARP 计划中实施，首次尝试用微波进行道路除冰，还设计一款除冰车，但因路基铺筑材料对微波吸收能力较弱，试验并未取得良好效果。

1989 年微波加热开始用于修补损坏的沥青公路，同样由于沥青对微波吸收效率很低效果并不理想，导致研究人员将微波高吸收率材料混合到路面的铺筑材料中，如 Osborne 和 Hutcheson 加入少量磁铁矿石提高微波加热效率，结果表明：在同样功率 2.45GHz 的微波照射下，未加磁铁矿石的沥青路面需持续加热 4min 才能上升至 120℃，而添加磁铁矿石的沥青路面仅 45s。

1993 年，Wouri 在 SHARP 计划支持下深入研究沥青路面微波除冰，将微波加热与机械破冰结合提高除冰效率。先是让微波穿透冰层直接加热冰与路面接触面，冰层融化通过机械破碎冰层，最后清扫碎冰防止其再度冻结道路表面，此过程中仅有 5%的微波能被有效利用。

1995 年，Long 在沥青混合料中添加 10%～40%的无烟煤改善路面吸波性能，试验发现，冰层在微波作用下快速被融化，即使 50mm 厚的冰层也能在短时间内与路面脱离。

2003 年，Hopstock 提出铁燧岩替代传统铺筑集料以提高微波吸收能力，实现路面微波养护和快速融雪除冰。铁燧岩是由细粒石英、铁硅酸盐和铁氧化物组成的低品位磁铁矿石，对微波具有极强吸收发热作用。利用铁燧岩集料铺筑路面，微波除冰能达到预期效果。对比分析石灰岩、花岗岩等普通集料与铁燧岩的微波吸收发热能力，铁燧岩的微波吸收发热能力远大于其他集料。

美国明尼苏达大学和美国自然资源研究所(NRRI)开展了铁燧岩集料和沥青混合料的相关试验研究。采用普通集料、铁燧岩集料和两种集料混合分别拌制沥青混合料，测试了蠕变弯拉应力、弯拉应变等低温抗裂性能和中温、高温动态模量。结果表明：部分或全部铁燧岩集料拌制的沥青混合路性能稍好于普通沥青混合路。

2003 年，北京交通大学徐宇工等提出利用微波道路除冰并进行了相关试验。结果表明：微波可穿过冰层，作用在冰层与路面结合部使冰层与路面脱离。

2004 年开始，依托 MnROAD 工程，研究者利用铁燧岩集料铺筑多条包括沥青混凝土和水泥混凝土路面的试验段。检测发现，通车几年后路段路用性能指标良好，摩擦系数指标普遍高于普通集料路面，抗滑性能突出，行车安全性大增加。2008 年又铺筑了路面。

2004 年，Zanko 等检测已经通车多年的微波除冰水泥混凝土路和沥青混凝土路，其微波除冰效果较好。

2005 年开始，长安大学焦生杰团队开始研究道路微波除冰效率，结果表明：含磁性材料为集料铺筑的沥青混凝土能有效提高微波除冰效率[63-67]，如图 7.64 和图 7.65 所示。

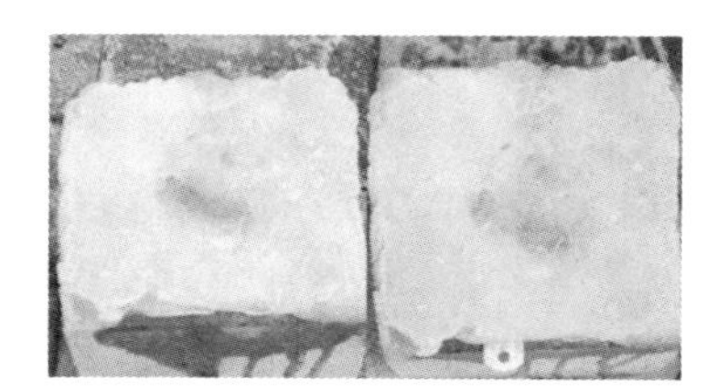

图 7.64　普通路面混凝土除冰效果

图 7.65　石墨改性混凝土除冰效果

7.7.3　微波除冰应用

1. 道路除冰

冰的介电常数和损耗角正切很小，不吸收微波，微波穿过冰层能直接加热路面，路面和冰层间的少量水因大量吸收微波而蒸发，使冰层和路面结合力大为降低，再辅以机械装置，易破碎和剥离冰层，实现快速有效清除冰雪，满足道路、桥梁及机场的使用要求。图 7.66 为一种微波除冰车模型[68,69]。

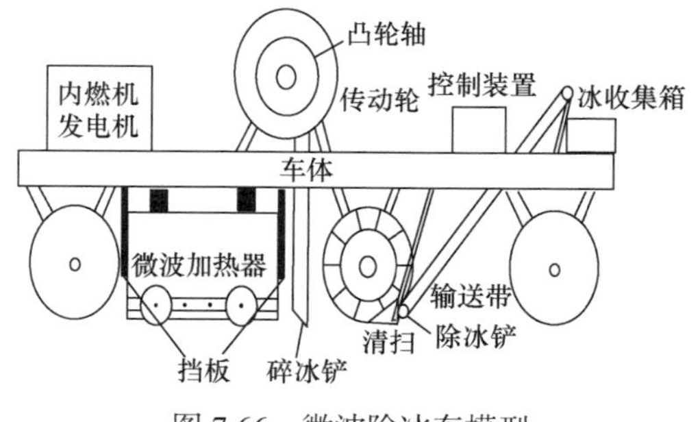

图 7.66　微波除冰车模型

2. 飞机除冰

在易结冰区刻上狭缝并填充可透过微波的材料。机翼结冰时飞机发射器发出微波，波导管将微波导向狭缝结冰表面，使冰层与机翼脱离(图 7.67)。

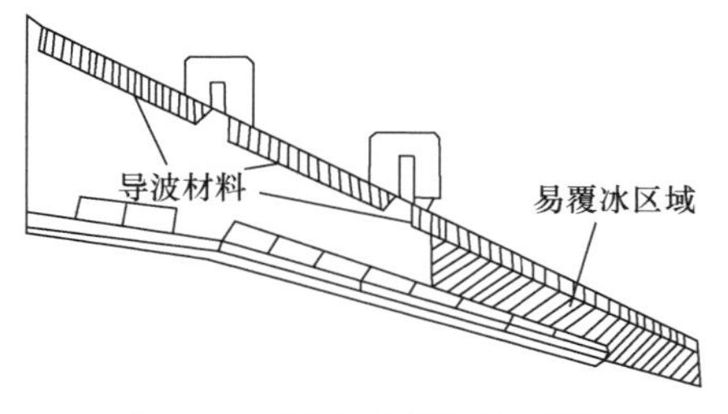

图 7.67　飞机机翼除冰系统

2004 年丹麦 LM(LM Glasfiber)公司提出微波除冰，采用长度 19.1m 的模型叶片，使用 2.45GHz 微波频率。试验表明：高频微波穿过玻璃钢，在玻璃钢与覆冰界面产生热效应除冰。飞机机翼微波除冰见图 7.68，桨叶材料与冰层对微波能量吸收率低，大部分能量用于界面覆冰融化，能耗较低。

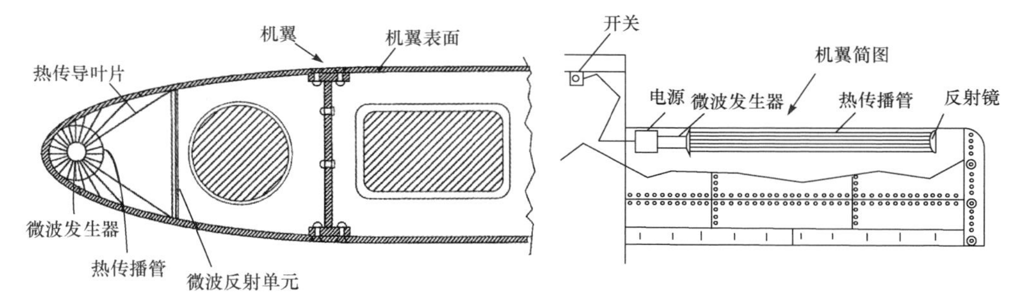

图 7.68　机翼微波除冰示意图

3. 直升飞机旋翼除冰

利用微波对冰层和直升机旋翼的黏结面加热，使结合面冰层温度升高，降低冰黏结力，再利用离心力和气动力将冰脱落。由于不需要融化冰层，需要能量极少。为将微波能传导到旋翼的防冰表面，在旋翼表面涂一层波阻极小的介电材料。在旋翼表面不结冰时，波导表面吸收的微波能很小，由微波引起的表面波导温度增加很小。在除冰区域波阻很小的波导外面加涂波阻较大的材料，缩短除冰时间。

4. 铁路隧道除冰

隧道顶部混凝土裂缝渗水处含水量很高，对微波吸收能力很强。微波照射隧道裂缝渗水处，能很好吸收微波并转化为热能，使混凝土表层部分温度升高。当混凝土表层高于冰点温度时，隧道裂缝渗水处不结冰，实现除冰目的。

隧道微波除冰优势有：①相比电加热，不用在隧道顶端安装加热装置，对铁路接触网影响较小；微波远距离照射隧道裂缝渗水处，不接触隧道壁，安装简便，对列车运行影响较小。②对隧道壁影响小，对环境无污染，减少人工除冰次数，降低人工打冰成本，保障铁路工作人员安全[70]。

5. 电网除冰

根据微波除冰原理，中国科学院电工研究所申请了一项电力设施微波除冰装置专利，核心部件是微波辐射融冰器和微波电极切冰刀，先采用微波电极切冰刀切冰，然后利用水吸收微波能量的原理，启动微波辐射融冰器除冰，如图 7.69 所示。为最大限度减少微波能量传输损耗，将微波产生的高电压通过软连接加载到磁控管构成微波发生器，输出的微波为连续波，工作频率为 2450MHz，输出功率为 10～50kW。

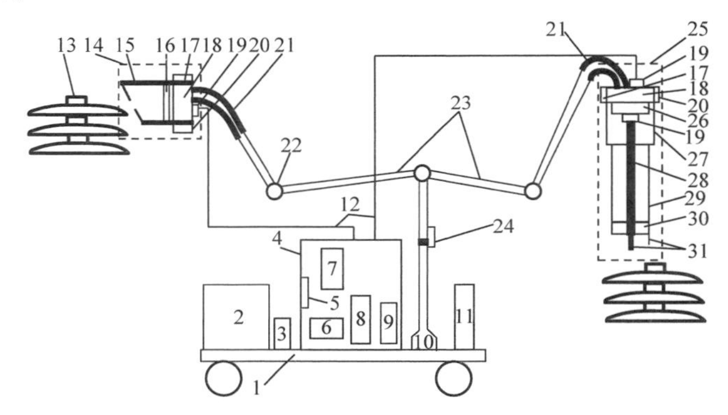

图 7.69　电力设施微波除冰装置示意图

1-移动装置；2-备用发电机；3-冷却水循环箱；4-微波电源；5-插座；6-散热风扇；7-变压器；8-隔离保护单元；9-通信与控制；10-支架；11-工控机；12-导线；13-覆冰绝缘子；14-辐射融冰器；15-辐射头；16-固定装置；17-水泵；18-磁控管；19-插头；20-降温罩；21-微调支架；22-转动轴；23-支杆臂；24-控制系统；25-切冰刀；26-适配器；27-金属外壳；28-微波天线；29-连接件；30-接头；31-电极

微波电极切冰刀主由磁控管、微波天线和刀头组成。微波辐射融冰器由磁控管和辐射头组成，在电极切冰刀工作过程中，上表面融化一部分水，水吸收微波的能量远远大于冰，导致水吸收微波多，冰的融化速度加快[71]。

7.7.4　微波除冰评价

微波加热速度快、效率高、除冰范围均匀、方向性强，可随时开始和暂停，是一种环保型低能耗的除冰方法。目前微波除冰尚处于研发阶段，因技术难度高、产业化困难，离广泛应用尚有一定距离。

材料对微波吸收效率低是制约微波除冰发展和应用的关键因素之一。普通材料微波吸收效率较低，需在除冰目标中加入对微波具有高吸收效率的材料，掺入微波强吸收力的材料，不仅影响材料的性能，还造成成本上升。探索低价、吸收微波能力较强、与目标材料相容性好的材料是关键。

提高微波除冰效率，需根据使用环境和条件：①负载对微波吸收功率与频率成正比，高频磁控管可缩短微波热时间提高效率；②材料吸收能力与微波强度平方成正比，提高单个磁控管输出功率或单个波导进行功率合成可提高效率；③增加材料对微波的吸收实现快速除冰；④微波除冰技术是配合使用微波加热与机械除冰设备除冰，需根据条件合理配置微波加热装置，包括磁控管及波导阵列方式，设计更匹配的波导，优化碎冰装置等，进一步提高微波除冰效率；⑤微波除冰电磁干扰问题，微波是一种高频电磁波，对精密仪器的除冰是否引入电磁干扰和如何保护也是需要考虑的问题。

目前，微波除冰应用主要在公路交通除冰。随着材料发展和技术完善，微波除冰将有更广泛的应用。

7.8　激光除冰

7.8.1　激光除冰原理

激光是光与物体的相互作用，微观上是粒子吸收或者放射光子。微观粒子具有自己的能级，与光子作用时发生能级跃迁，同时吸收或者放射光子。粒子有三种跃迁方式，即受激吸收、自发辐射和受激辐射与激光。研究表明：适当激励条件下，任何物质可在特定高低能级间实现粒子数反转。若原子或分子等微观粒子具有高能级 E_2 和低能级 E_1，E_2 和 E_1 能级的布居数密度为 N_2 和 N_1，在两能级间存在自发发射跃迁、受激发射跃迁和受激吸收跃迁三种过程。受激发射跃迁产生受激发射光，与入射光具有相同的频率、相位、传播方向和偏振方向。

激光单色性好、功率高、方向性好、远距离传输效率高、光束质量高及稳定性好，可应用于除冰。由于能远距离切割，激光除冰能将高能量密度的光束照射在目标物使其迅速升温熔化、汽化或达到燃点。通过控制激光发射装置，可使目标物形成连续裂缝，实现对物体的切割。使用激光除冰实现非接触、非断电、远距离除冰，且不会对目标物造成伤害，降低除冰的劳动强度，提高除冰效率。

激光除冰主要是依靠激光热效应，主要通过以下两方面实现：

(1) 激光连续照射与机械除冰共同使用。激光作用下目标物与冰层吸收能量，使接触面冰融化且被分割成小块，附着力降低，部分覆冰因重力而自然脱落，为后期机械除冰提供便利。

(2) 高功率密度的激光照射，部分覆冰在冰层和设备界面急速汽化，水蒸气对表面冰层产生压力使冰层破碎，达到除覆冰目的。

激光照射到冰雪表面，激光穿透深度与激光波长有关。有的激光能量被冰雪表面吸收，而有的激光能量穿透至冰雪内部被吸收；两种现象均会导致冰层温度上升，致使冰层融化、汽化，继而从物体表面脱落。因此，采用热传导方程分析激光辐照冰雪的过程，需考虑冰雪对激光能量的吸收和相态变化。光在冰中传播时，能量逐渐被冰层吸收，吸收规律为

$$I_{\text{out}} = I_{\text{in}} \exp(-\alpha d) \tag{7.14}$$

式中：I_{in}、I_{out} 和 α 分别为光入射功率、经过入射距离 d 后的剩余功率和吸收系数。光在纯冰中传输的吸收系数 α 与波长的关系见图 7.70，吸收系数越大，传输距离越短。

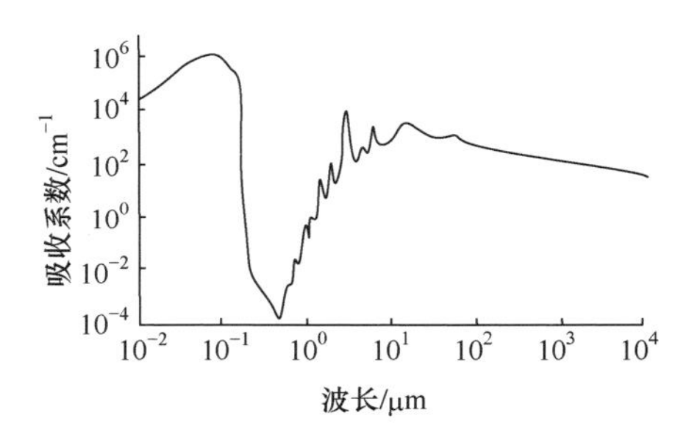

图 7.70　光在纯水中的吸收系数与波长的关系

分析激光除冰过程的温度场是一个伴有相变过程的非线性瞬态热传导问题，难以求取热传导微分方程的解析解。

冰雪对不同波长激光的吸收系数不同。作用于冰雪的激光分为面热源和体热源，分别求解一定假设条件下一维和二维热传导方程，可得到不同激光热源辐照冰的温度分布，建立激光除冰数值模拟模型。

1. 激光辐照热传导方程

基于能量守恒定律的热传导方程用于分析物体的温度分布。根据傅里叶定理，产生热速率、储存热能力和向边界热传导速率的三维笛卡尔空间热传导方程为

$$\begin{aligned}&\frac{\partial k_x(T)}{\partial x}\frac{\partial T}{\partial x}+\frac{\partial k_y(T)}{\partial y}\frac{\partial T}{\partial y}+\frac{\partial k_z(T)}{\partial z}\frac{\partial T}{\partial z}+Q(x,y,z,t)\\&=\rho(T)C(T)\frac{\partial T}{2t}\end{aligned} \tag{7.15}$$

式中：$k_x(T)$、$k_y(T)$、$k_z(T)$为各向异性导热系数；$\rho(T)$为密度；$C(T)$为比热容值；t

为时间；$Q(x, y, z, t)$为单位体积热产生率。考虑各向同性，导热系数与方向无关，即 $k_x(T)=k_y(T)=k_z(T)=k(T)$，则热传导方程可以简化为

$$k(T)=\left(\frac{\partial^2 T}{\partial x^2}+\frac{\partial^2 T}{\partial y^2}+\frac{\partial^2 T}{\partial z^2}\right)+Q(x,y,z,t)=\rho(T)C(T)\frac{\partial T}{2t} \tag{7.16}$$

若采用圆柱坐标系，则可得热传导方程为

$$k(T)\left[\frac{1}{r}\frac{\partial}{\partial r}\left(r\frac{\partial T}{\partial r}\right)+\frac{1}{r^2}\frac{\partial^2 T}{\partial \phi^2}+\frac{\partial^2 T}{\partial z^2}\right]+Q(x,y,z,t)=\rho(T)C(T)\frac{\partial T}{2t} \tag{7.17}$$

式中：$Q(x, y, z, t)$为热产生率，为激光辐照材料时单位时间和体积吸收激光能量产生的热量，与激光功率、对激光的吸收特性、激光光斑直径、激光作用时间与方式等有关。激光除冰过程中，冰对激光的吸收特性是重要影响因素之一。

当能量通过有限热导率的介质时，能量通常会被介质吸收。光束通过透明介质的光谱能量采用 Bouguer-Lambert 定律描述，即

$$I(z)=I(0)\exp\left(\int_0^L K_\lambda(z)\mathrm{d}z\right) \tag{7.18}$$

式中：z=0 处是光束入射面；$K_\lambda(z)$是总消光系数，与温度、压强、吸收物质浓度、入射波长等有关，表示吸收和散射引起的消光，$K_\lambda=K_{a\lambda}+K_{s\lambda}$。设消光系数仅与光束传输方向物质浓度有关，则 $I(z)=I(0)\exp(-K_\lambda z)$。如忽略散射，则 $K_\lambda=K_{a\lambda}$。如激光光束在材料内传输一段距离后，激光能量减少为入射能量的 1/e，此时光束传输距离称为光学穿透深度 d_p，而材料吸收系数为光学穿透深度的倒数(e)。

分析物质对电磁辐射吸收、透过、反射、散射，需测量物质对波长的复折射率函数 $n_\lambda=n_{re}(\lambda)-n_{im}(\lambda)$。文献数据分析处理和计算得到：−7℃温度冰 Ih 对 45nm～167μm 的光波长，复折射率实部 n_{re} 和虚部 n_{im} 值，n_{im} 值以及冰吸收系数 $K_{a\lambda}$与折射率 n_{im} 关系为 $K_{a\lambda}=4\pi n_{im}/\lambda$，得到冰对常用激光波长的吸收系数(表 7.8)。

表 7.8　冰对常用激光波长的吸收系数

激光波长/μm	吸收系数/(1/m)
0.35	0.135
0.53	0.0602
0.88	4.78
0.94	7.39
1.06	23.2
2.13	3330
2.94	1.2×10^6
10.6	1.58×10^6

由表 7.8 可知：冰对不同波长激光的吸收系数的差异非常大，数量级从 10^{-2} 到 10^6。不同波长激光作用于冰时，冰块对激光的吸收或集中于表面，或在冰块的内部，将各种波长激光视为不同热源类型，如波长为 1.06μm 的 Nd:YAG 激光与冰作用时，能量吸收发生在从冰块表面沿激光传输方向至冰块内的一定体积中，则此波长的激光可看作体热源；波长为 10.6μm 的 CO_2 激光与冰作用时，能量吸收发生在冰块的表面，则此波长的激光可看作面热源。

若激光热源为面热源，可对热传导方程简化为一维方程求解；若激光热源为体热源，则对热传导方程进行二维方程求解。

2. 面热源激光热传导方程

物质对于激光波长的吸收系数很高，激光与物质作用时大部分能量在作用点附近完全吸收，则热传导方程可简化成变量为(r,t)的一维问题。设物质为各向同性，采用圆柱坐标系，物体某一点在时刻 t 时温度为 $T(r,t)$，式(7.17)简化为

$$\frac{\partial^2 T}{\partial r^2}+\frac{1}{r}\frac{\partial T}{\partial r}+\frac{Q(r,t)}{k}=\frac{1}{\alpha}\frac{\partial T}{\partial t} \tag{7.19}$$

式中：$\alpha=k/(\rho C)$为热扩散系数，ρ 为密度，C 为比热容；k 为导热系数；$Q(r,t)$为单位时间和体积内的热量。稳定输出脉冲或连续激光作用于材料时，求解边界条件为：①初始温度为环境温度：$T_{t=0}=T_0$；②为简化求解，设激光作用的材料区域 b 远大于激光光斑半径ω_0，考虑第二类边界条件的特殊情况，即绝热边界条件为

$$\left.\frac{\partial T}{\partial r}\right|_{r=b}=0 \tag{7.20}$$

积分变换可用于求解齐次与非齐次的、稳态与非稳态的热传导边值问题。用积分变换消除空间变量的二阶偏导数，使偏微分方程简化为一阶常微分方程(自变量是时间、因变量是温度)，根据边界条件求解常微分方程，再将求得的解逐次逆变换，得到空间和时间分布均匀的激光束作用于面积无限大、吸收系数高的材料的温度场分布。

对激光聚焦作用于物质(如高峰值功率脉冲激光束照射玻璃材料)、激光作用于吸收系数较大的物质(如高功率连续 CO_2 激光束照射冰)等过程，由于材料对作用区域激光产生很大吸收，可将激光视为面热源，即可采用面热源激光热传导方程求解。当材料对激光波长吸收系数很高时，激光照射后材料的温度场分布与材料初始温度、激光功率或者峰值功率、激光脉宽或作用时间、材料导热特性有关。

3. 体热源激光热传导方程

物质对激光波长的吸收系数较小，激光与物质作用时大部分激光能量传输到物质内部，使物质温度整体上升，此时激光可视为体热源，作用后的物质温度存在径向和轴向分布，则需要求解变量为(r,z,t)二维热传导方程。

设物质为各向同性，采用圆柱坐标系，物体某一点在时刻 t 温度为 $T(r,z,t)$，则热传导方程为

$$\frac{\partial^2 T}{\partial r^2}+\frac{1}{r}\frac{\partial T}{\partial r}+\frac{\partial^2 T}{\partial z^2}+\frac{Q(r,z,t)}{k}=\frac{1}{\alpha}\frac{\partial T(r,z,t)}{\partial t} \tag{7.21}$$

设作用的激光是稳定输出的脉冲或者连续激光，作用物质形状假设为 $r=b$、$z=L$ 实心圆柱，式(7.21)选取的初始和边界条件如下：

(1) 材料初始温度为环境温度，即

$$T\big|_{t=0}=T_0 \tag{7.22}$$

(2) 为简化求解，可设激光作用的物质边界为绝热边界条件，即

$$\left.\frac{\partial T}{\partial r}\right|_{r=b}=0,\quad \left.\frac{\partial T}{\partial z}\right|_{s=L}=0 \tag{7.23}$$

还采用积分变换法求解式(7.21)，经过两次积分变换法求解二维热传导方程，得到径向平面均匀分布、轴向呈指数衰减、时间域连续或呈矩形脉冲分布的激光束作用于吸收系数小的材料后，温度场沿径向和轴向的二维分布。

根据二维热传导方程的解，当激光波长吸收系数小的材料受到激光照射后，温度场沿径向和轴向的分布，与激光功率或者峰值功率、激光脉宽或者激光作用时间、材料吸收系数、导热特性有关；也就是激光光斑尺寸相较于激光作用的物质区域较小、物质对激光波长的吸收系数低的情形，可使用体热源激光热传导方程求解。因此，高功率 Nd:YAG 激光照射冰后的温度分布可以采用式(7.21)分析。

由以上过程分析可知，当材料对激光波长吸收系数很高时，热源类型可视为面热源，可将热传导方程化为一维方程求解，激光照射后材料的温度场分布与材料初始温度、激光功率或者峰值功率、激光脉宽或作用时间、材料导热特性有关；当激光波长吸收系数小的材料受到激光照射时，热源类型可视为体热源，可将热传导方程化为二维方程求解，温度场沿径向和轴向的分布，与激光功率或者峰值功率、激光脉宽或者激光作用时间、材料的吸收系数、导热特性有关[72,73]。

4. 激光除冰器设计原则

激光除冰系统可选择冰对激光波长吸收系数小的激光器，如 Nd:YAG 激光、半导体激光等。根据理论模拟和试验研究的结果，激光器参数选择的原则是：高

功率或高能量，相同功率密度下能发射较大的激光光斑。

激光系统包括激光器、电源系统、冷却循环系统等。准直扫描聚焦光学系统是由准直镜、扫描镜和聚焦镜组成，使得激光光斑经过远距离传输后而不发散，并能聚焦成小光斑以增加激光功率密度,采用扫描方式改变激光照射位置和方向。跟踪瞄准系统输出与激光同轴的可见光，经过准直扫描聚焦光学系统对激光照射在冰块位置定位。控制系统是协调系统工作的关键，与激光电源、扫描镜控制电源远端控制口相连，通过软件控制输出激光的参数、时机和作用位置。

7.8.2　激光除冰发展

自 1960 年第一台激光器诞生，激光技术应用领域越来越广泛。激光除冰起源于20世纪70年代。1976年，美国军方寒带区域研究和工程实验室(U.S. Army Cold Regions Research and Engineering Lab)研究了激光去除冰的可行性。采用波长 1.06μm 的 Nd:Glass 激光和 694.3nm 的红宝石激光照射沥青、黄铜、混凝土、铝、钢和石头六种不同基底表面的覆冰，当冰雪和基底的界面功率密度为 10^8～10^9W/cm^2 时，冰雪和基底交界面分别产生直径为 0.1～2cm 的裂痕，在内压力作用下交界面形成硬币形状裂纹。1990 年 R. M. Vega 等、2001 年 W. C. Nunnally 研究设计了用于航空飞行器覆冰的激光除冰系统。

我国激光除冰技术研究较晚。2007 年华中科技大学研究人员首先提出采用 CO_2 激光去除绝缘子覆冰，得到融化 1kg 冰所耗费的时间和激光能量，并进行了激光融冰与重力作用相结合的除冰试验；采用波长为 532nm、重复频率 50Hz、峰值功率 3MW 的绿光激光器和长脉冲 Nd:YAG 激光器除冰，得到融化 1kg 冰的时间和激光能量。2008 年中国工程物理研究院研究人员采用脉冲激光器对线路除冰(图 7.71)。2011 年清华大学和广东南方电力科学研究院研究人员采用输出功率 50～70W 的半导体激光进行了除冰试验。2012 年华中科技大学研究人员建立激光除冰的理论和数值模型，分析了激光作为面热源和体热源的热传导过程，对比试验了 CO_2 和 Nd:YAG 激光除冰的效果。

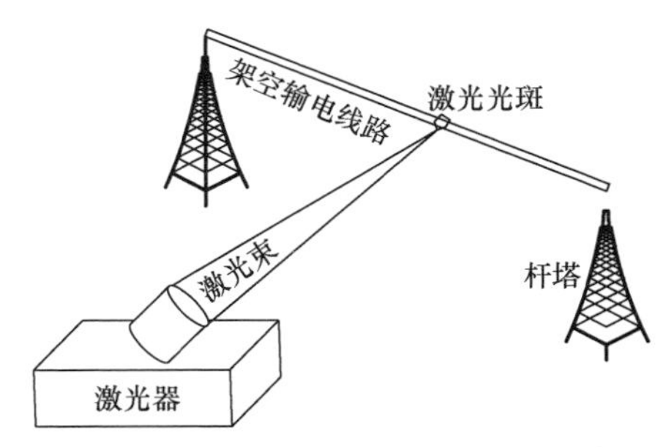

图 7.71　架空高压输电线激光除冰示意图

目前电网激光除冰研究处于初级阶段，主要研究低功率激光除冰，离应用还相差较远[74]。

7.8.3　激光除冰应用

1. 电网除冰

激光除冰可用于高压线路、绝缘子、铁塔表面除冰。激光除冰装置的特点是：①体积小质量轻，便携性好，可靠性高，适应野外作业要求；②除冰无须停电，操作安全性高，不影响电力生产；③操作安全简便，无须负重攀爬杆塔；④供电方式多样，可用汽油或柴油机发电供电；⑤光功率密度可调。

激光除冰装置主要包括激光发生器、驱动电源、输出透镜、散热部、绝缘支架等，见图 7.72。采用光纤输出激光，光纤束外层包覆 PVC 护套并加入填充物以提高光纤束的机械性能。激光经固定在绝缘杆上的光纤传导至准直模块输出，操纵绝缘杆进行除冰，见图 7.73。

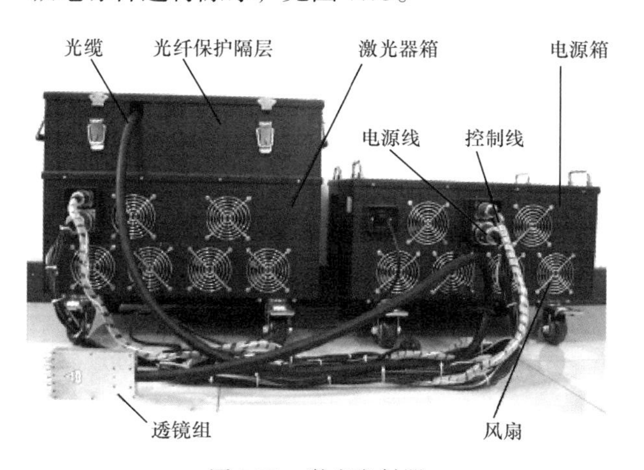

图 7.72　激光发射器

图 7.73　雪峰山激光除冰试验

研究人员在湖南雪峰山野外站开展了激光除冰试验，清除了绝缘子、杆塔和导线表面的覆冰，如表 7.9 所示。试验结果表明：①大功率半导体激光除冰装置在低温、高湿度、低气压等恶劣气象条件下能可靠工作；②操作简单，可以有效清除不同类型设备表面的覆冰；③除冰效果和时间与目标距离、覆冰厚度有关[75-80]。

表 7.9　雪峰山覆冰试验基地激光除冰试验结果

设备	作业距离/mm	覆冰厚度/mm	除冰范围/mm	除冰时间/s
杆塔	450	14.7	223	122
绝缘子	108	30.1	150	120
导线	350	25.4	70	95

2. 飞机除冰

美国专利 US.6206325B1(Onboard aircraft de-icing using lasers)提供一种机载激光除冰系统，CO_2 或 CO 发生器产生 10～11μm 波长激光，通过对激光束控制，使波长优先被冰雪吸收激光可在表面移动，实现飞机关键区域激光灵活除冰。

系统保持飞机(包括喷气式、直升机等)在滑行和起飞中表面不结冰，也能保证在不降低气动性能的情况下不结冰。如表 7.10 所示，机载激光除冰系统满足要求[81]。

表 7.10　机载系统的激光尺寸计算和功率要求

参数	情况 1	情况 2
临界表面积/m^2	20	20
平均激光功率密度/(W/m^2)	5000	10000
总激光功率/kW	100	200
激光效率/kW	0.33	0.33
电机和水泵功率/kW	303	606
马力当量/hp	404.04	808.08
能量转换效率	0.5	0.5
发动机马力要求/hp	808.08	1616.16

注：1hp≈735.5W。

3. 轨道交通除冰

青岛四方机车将激光除冰应用于动车组转向架除冰，有两种除冰技术路线：

(1) 热融与自身重力结合脱落。冰层在连续激光照射下，激光能量被冰层吸收，促使冰层分割成小块，同时融化设备表面冰，覆冰由于自身重力作用而脱落。

(2) 热融。超高功率密度激光使表面的冰层急速汽化冰层破碎。对比发现：第一种方法节能，时间短，效率高。热融加自身重力脱落激光除冰功率为 35W 时，光斑直径 12mm，融化 1kg 冰耗时为 26min。热融激光功率 50W，光斑直径 5mm，融化 1kg 的冰耗时 117min；激光热融与自身重力结合脱落具有显著的优越性。轨道交通车载转向架除冰可采用热融法加自身重力脱落[82]。

7.8.4　激光除冰评价

激光除冰技术有很多优点：单色性好、能量高、方向性好、非接触、远距离传输效率高，且可在恶劣环境下工作，有着良好的发展前景。随着科学技术的发展，激光技术也得到快速发展，高穿透性、高精准性的激光发射器的性能得到改善，价格下降，使其更加普及。

激光除冰技术已进行相应试验，包括 Nd:YAG 激光和 CO_2 激光除冰，但未大规模应用于工程实际。

激光除冰还有很多问题需要继续研究：①较优激光除冰方案，包括激光输出功率、人员安全保障；②融冰水再次结冰对激光除冰的影响；③低温潮湿环境运行能力；④融冰水破坏电力设施的绝缘性能；⑤设计新型控制系统智能运行激光除冰装置。

在激光除冰技术的研究和发展中，针对上述科学技术问题开展研究，完善各种结构物的激光除冰方案，为激光除冰的工程应用奠定坚实的基础。

7.9　热 力 除 冰

7.9.1　热力除冰原理

热力除冰包括电加热除冰、热风除冰、热水除冰。热力除冰应用领域广，大部分结构物都可采用热力除冰方法。在电网除冰受使用环境条件限制，一般只用于电站设备。

1. 电加热除冰

电加热除冰是安装电热源，防止设备覆冰或去除设备覆冰。

电阻加热器与绝缘子层冰的换热为辐射换热，加热器方位确定，绝缘子可得到稳定的辐射热流，冰层在辐射热流作用下融化；加热过程冰层内应力变化使冰层破裂，部分脱落。

电加热器的辐射热流作用于积覆成圆柱体的多片绝缘子，以覆冰质量相等的等效原则建立等效圆柱模型，整体在脱落时单片绝缘子的冰层质量为

$$m_0 = m_{\mathrm{i}}\eta \tag{7.24}$$

冰层部分脱落的质量为

$$m_{\mathrm{fall}} = m_{\mathrm{i}}\left(1-\eta\right) \tag{7.25}$$

去除绝缘子覆冰所需的热量为

$$Q_n = m_0\left[c_{\mathrm{ice}}\left(0-T_{\mathrm{ice}}\right)+\gamma\right]+m_{\mathrm{fall}}c_{\mathrm{ice}}\left(\frac{T_{\mathrm{ice}}}{2}-T_{\mathrm{ice}}\right) \tag{7.26}$$

式中：c_{ice} 为冰的比热容；γ 为冰凝结潜热；T_{ice} 为实际冰层温度；m_{fall} 为融化冰量。

总能耗为

$$E = Pt \tag{7.27}$$

式中：P 为加热器功率；t 为除冰总时间。

2. 热风除冰

热风除冰分为低压高温热风和高压低温热风。低压高温热风(热气)可使设备捕获的过冷却水滴完全蒸发，防止水滴结冰，或通过热传递提升覆冰层温度除冰。高压低温热风是将一定温度与压力的热气流喷射到设备外表面，通过冲击力与热气流达到除冰的目的，与热风结合使用能有效提高除冰效率。热风融冰系统简单可靠，效果明显，可用于带电除冰，但能量消耗较大，需进行绝热设计以防止热量损耗。

风速风温、风口至绝缘子的距离和冰厚对热风除冰的效率和能耗影响较大。风速越高，除冰时间越短，能耗越多，应选择有效除冰风速，保证绝缘安全距离的前提下，尽可能减小热风至绝缘子的距离。

热风除冰计算采用射流换热模型。支柱绝缘子分段，可为多个单片绝缘子，并采用圆台模型来计算，假设圆台模型表面冰层均匀。

单片绝缘子圆台模型的换热计算较为困难，可采用等效圆柱模型，等效原则是覆冰的质量相等。圆台模型计算单片绝缘子伞表面积为

$$A_s = \frac{\pi}{\cos\theta}(R_1^2 - R_2^2) \tag{7.28}$$

式中：θ 为绝缘子表面倾角；R_1 为绝缘子伞裙外沿半径；R_2 为绝缘子内支柱半径。

伞裙总数为 n，设冰层均匀覆在绝缘子表面，冰层厚度为 a，覆冰总质量为

$$m_{\text{ice}} = n\rho_{\text{ice}} A_s a \tag{7.29}$$

采用等效圆柱模型时，假设等效圆柱直径为 D，高度为 H，覆冰厚度为 a，则覆冰总质量为

$$m_{\text{ice}} = \rho_{\text{ice}}\left[\pi\left(\frac{D}{2}+a\right) - \pi\left(\frac{D}{2}\right)^2\right]H \tag{7.30}$$

根据等效原则，则等效圆柱直径为

$$D = \frac{nA_s}{\pi H} - a \tag{7.31}$$

去除绝缘子覆冰所需的热量见式(7.26)，即

$$Q_n = m_0\left[c_{\text{ice}}(0 - T_{\text{ice}}) + \gamma\right] + m_{\text{fall}} c_{\text{ice}}\left(\frac{T_{\text{ice}}}{2} - T_{\text{ice}}\right)$$

除冰所用热风的总质量为

$$m_{\text{wind}} = \rho_{\text{wind}} \pi \frac{d^2}{4} u_{\text{wind}} t \tag{7.32}$$

式中：ρ_{wind} 为热风密度。则除冰总能耗为

$$E = m_{wind}\Delta h \tag{7.33}$$

式中：$\Delta h = h_1 - h_2$ 为热空气与冷空气之间的焓量差，h_1 为热空气焓，h_2 为冷气焓。

3. 热水除冰

热水除冰是将一定温度与压力的热水喷射到除冰目标表面，通过冲击力与水温达到除去设备覆冰的目的。

热水喷射速度和热水温度对热水除冰的效率和能耗影响较大。热水喷射速度越大，除冰时间越短，相应的除冰能耗越多。实际运用中应正确选择热水喷射速度。热水温度越高除冰时间越短，且能耗也有所减少。在实际运用中，应尽可能地提高热水温度。

与热风除冰计算类似，热水除冰采用射流换热模型。以支柱绝缘子热水除冰为例，将支柱绝缘子分段，视为由多个单片绝缘子组成，每片绝缘子采用圆台模型计算，并设冰层均匀覆盖在单片绝缘子圆台模型表面。热水喷口绕绝缘子转动使覆冰受热均匀。由于热水喷头口径较小(d=5mm 左右)，喷射出的水径较细。因此可设同一时刻热水只喷射到一片绝缘子上，不会同时作用于多片绝缘子[83]。

单片绝缘子覆冰质量为

$$m_i = \frac{m_{ice}}{n} = \rho_{ice} A_s a \tag{7.34}$$

式中：n 为绝缘子总的片数；A_s 为单片绝缘子的换热面积。

考虑覆冰的整体脱落，则单片绝缘子完全融化的冰层质量为

$$m_0 = m_i \eta$$

部分脱落的覆冰质量为

$$m_{fall} = m_i (1-\eta)$$

融冰所需的热量与热风融冰相似。热量释放分两部分：一是温度从冰层温度 T_{ice}(T_{ice}<0℃)上升到 0℃所需的热量；二是 0℃冰到 0℃水的相变潜热，变成 0℃的水从绝缘子伞裙边缘流走。冰脱落时，设其温度为冰层温度与 0℃的平均值(T_{ice}+0)/2，即该部分冰在其温度从 T_{ice} 上升至 T_{ice}/2 后从绝缘子表面整体脱落。因此，单片绝缘子上的覆冰去除所需要的热量见式(7.26)，除冰所用热水的总质量为

$$m_{\text{water}} = \rho_{\text{water}} \pi \frac{d^2}{4} u_{\text{water}} t \tag{7.35}$$

除冰总能耗为

$$E = m_{\text{water}} c_{\text{water}} \left(T_{\text{water}} - T_0 \right) \tag{7.36}$$

式中：T_0为热水被加热之前的温度；c_{water}为水的比热容。

7.9.2　热力除冰发展

20 世纪 20 年代末期，研究飞机结冰的风洞已问世。1927 年，Mellberg 提出飞机机翼电热除冰，在机翼翼面平铺电阻线，通过电源对其加热，将电能转换成热能。虽然这种方式能够实现飞机机翼的除冰，但难以对加热过程和温度进行控制，可导致飞机能耗过大，且在翼身加热时没有任何防护措施，对飞机内部设备的损失较大[84]，如图 7.74 所示。

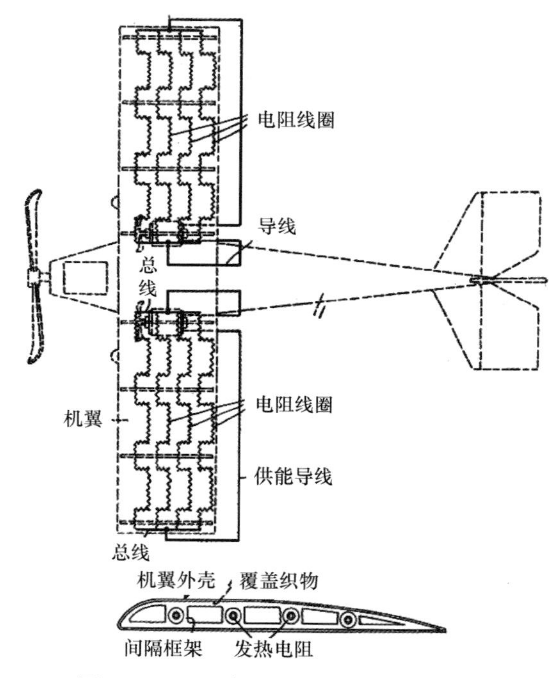

图 7.74　1927 年飞机机翼电热除冰方法

1930 年，Thompson 提出机翼电热除冰，在机翼前缘铺设电阻线，并在电阻线外面加设盖板，防止加热电线被周围环境侵蚀，增加电热除冰可靠性，延长电热除冰机翼的使用寿命[85]，如图 7.75 所示。

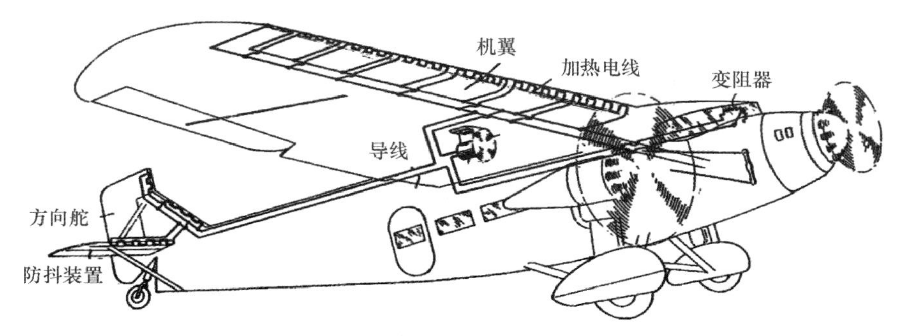

图 7.75　1930 年飞机机翼电热除冰方法

20 世纪 40 年代末期，许多国家先后制定飞机防冰、除冰系统设计标准；20 世纪 50 年代，飞机覆冰及其导致灾害的理论和防冰、除冰技术的发展应用日渐成熟。

20 世纪 70 年代至 80 年代初期，有学者开始研究一维电热除冰的建模和计算。一维电热除冰是假定各层材料为无限长平板，温度只沿每层材料的厚度方向变化，沿长度方向不变，各层材料的物性参数为常数，不计接触热阻，见图 7.76(a)。1972 年，Stallabrass 首次建立一维电热除冰计算模型，采用时间前差、空间中心差的显式差分离散热传导方程，研究了内绝缘层和外绝缘层厚度比对电热除冰的影响，建议内外绝缘层厚度比大于 2。

20 世纪 80 年代前期至 90 年代初期，相关学者主要进行二维电热除冰建模与计算。1983 年，Chao 将 Marano 一维模型扩展到二维(图 7.76(b))，采用有限差分方法离散方程，研究加热单元间隔对电热除冰的影响。1987 年，Masiulaniec 发展了一种坐标变换方法，建立克服曲率影响的电热除冰模型(图 7.76(c))，对二维电热除冰进行了计算，结果与 Leffel 的试验吻合。

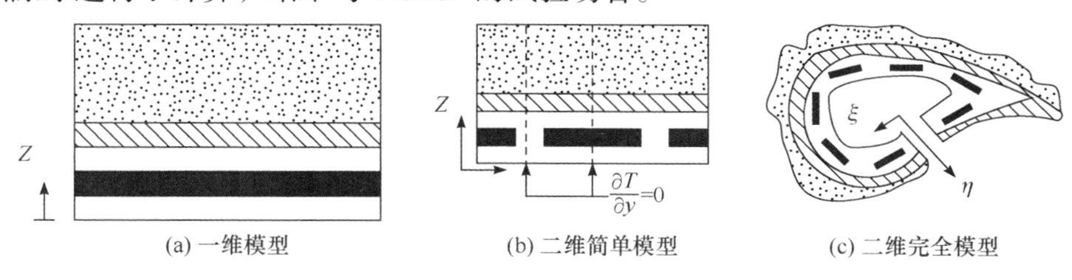

(a) 一维模型　(b) 二维简单模型　(c) 二维完全模型

图 7.76　电热除冰计算模型

1991 年，Wright 等在结冰除冰研究中考虑了冰脱落的影响，发展了电热除冰计算模型。通过美国的 LEWICE 结冰程序获得冰层，冰脱落考虑了作用在冰层上气动力和离心力。1992 年，Yaslik 等提出保守冰脱落准则：冰层和蒙皮界面冰层单元都融化，冰层在气动力或离心力帮助下吹走。这是目前最实用的冰脱落准则。

20 世纪 90 年代，研究人员主要进行三维简单电热除冰的建模和计算。1991 年，英国宇航公司提出机翼前缘电热除冰方法，加热部件置于脱落与分离区，不同区域加热程度不同，采用点对点加热方式。1992 年，Yaslik 等运用假定相态方法(MOAS)，采用交替方向 Douglas 有限差分格式，对多层材料的三维电热除冰进行计算。有限差分法对很不规则的冰外形模拟非常困难，该研究只针对简单二维和三维矩形模型。

2010 年，美国应用纳米技术公司提出基于碳纳米管(CNT)电阻加热机翼除冰结构(专利 US. 8664573B)，对复合材料进行改进，在基体材料中并入 CNT 纤维材料，复合结构适合于施加电流经过并入 CNT 纤维材料以提供复合结构的加热。

机翼电热除冰技术发展至今，经历多次改进与变化，最初采用电阻线加热，电能转换成热能；之后对加热元件层叠，加热元件包括加热层、绝缘层、胶黏层、隔热层和外表层，外表层保护除冰装置不受侵蚀，延长使用寿命；胶黏层具有高热导率、电绝缘性质，保证加热层和外表层间电绝缘，同时减小传热热阻；绝缘层起支撑作用；隔热层用于隔绝加热层向内部传递热量，减小对内部设备的影响。在提高电热除冰传热特性的同时，出现了控制加热电源到加热器之间能量流动的控制器和探测机翼表面温度的传感器，从而根据机翼表面温度，控制加热器所需热量以达到除冰的效果[86]。

机翼电热除冰的发展如下：①机翼电热除冰建模计算，模型一维、二维逐渐发展到三维；②由建模计算发展到脱冰准则；③除冰装置随飞机机翼变化而改进优化。

7.9.3 热力除冰应用

热力除冰应用主要包括地面飞机、飞行飞机、跑道除冰和电网设备。

1. 电加热飞机叶片除冰

电加热防除冰可应用于飞机不同位置，基本形式是在防护表面内部布置电加热元件，防护表面冻结，或采用周期性加热方式除冰。

早期电加热结构见图 7.77(a)，元件层两侧分别做内外绝缘，以避免漏电和产生电磁干扰。绝缘层外侧分别安装内外绝热层，外绝热层主要起防护作用，防止外部自然环境的侵蚀和破坏；内绝热层比外绝热层厚，减少热量对内的损失。这种结构的主要缺点是外绝热层导致热惯性大。相比图 7.77(a)的结构，图 7.77(b)所示结构取消外绝热层，采用导热能力较强的金属做外层防护，通过加厚内绝缘层达到绝热，提高了防护能力。非金属防除冰多采用图 7.77(c)所示的结构，加热元件层两侧采用涂胶玻璃布层实现结构黏合和绝缘绝热功能，外层采用金属防护层增强防撞和抗磨损。

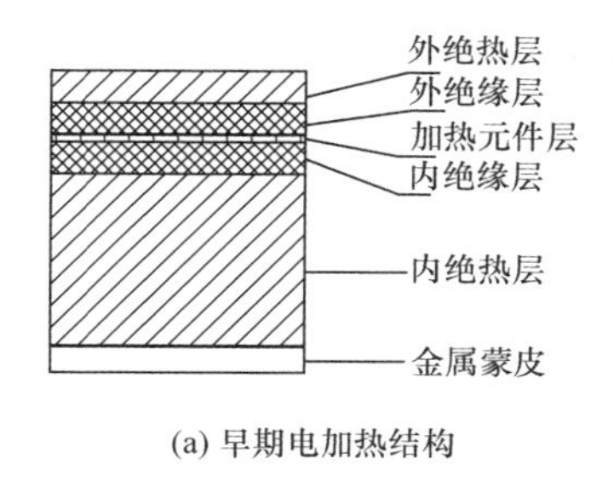

(a) 早期电加热结构

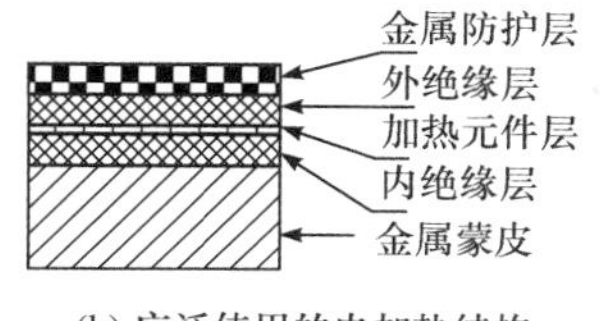

(b) 广泛使用的电加热结构

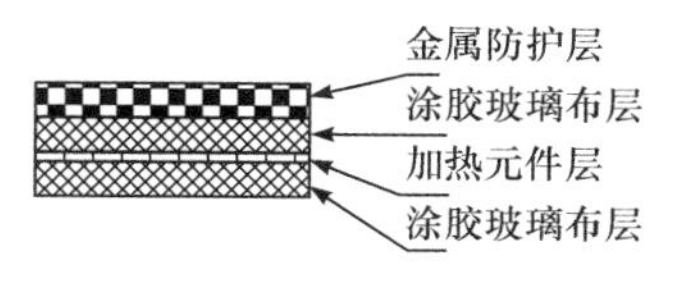

(c) 非金属电加热结构

图 7.77　电加热除冰结构

传统电加热除冰通常使用金属类电阻丝作为电热元件。金属柔韧性差，无法长期贴合机翼保护层，易造成元件断裂，导致电加热系统故障；金属线状发热元件造成加热区温度呈现局部过高，局部过热使融化冰变成水流，向后流动引起二次结冰，也对机翼局部材料造成损伤降低机翼使用寿命。随着材料的不断发展，石墨烯作为较完美二维材料，其导电导热性能优于普通金属材料，加热时面状发热、温度分布均匀且其弯曲度优良，避免加热元件的材料缺陷。

电热除冰最优模式为：间歇性周期加热。电热除冰通常防护水滴撞击最集中的前缘(图 7.78)，将防护表面按机翼展向和弦向分成若干区域，区域间设置加热“热刀”，根据结冰情况并通过控制系统对每个区域采用合适的加热功率和时间，相较于整体加热所耗能量更少，减少所需加热功率，也更易对外表面温度进行调控。但分区数量不宜过多，每增加一个分区将对增加飞机的负重，且控制系统复杂不易维修。飞机电热除冰功率设置和周期性通断电复杂，需计算分析和反复测试[87]。

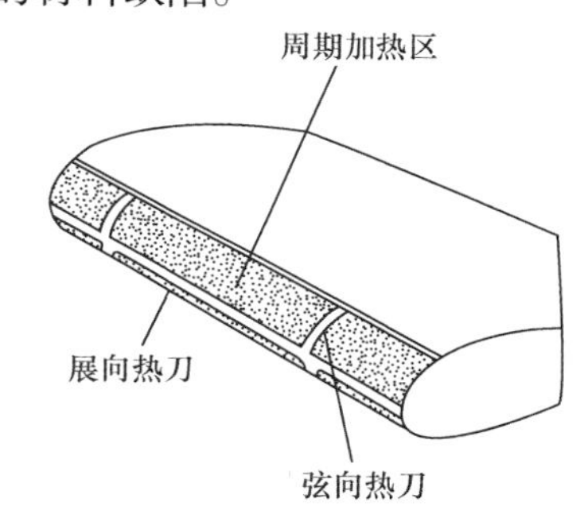

图 7.78　机翼除冰区域分区防护示意图

2. 电加热风机叶片除冰

20 世纪 90 年代中期，国外学者开始研究风机电加热防冰。芬兰某叶片加热系统在 18 台风机中成功使用；还有一种直接电阻加热的 JE 系统也已成功试用，但没有批量生产。Pourbagian 研究了电加热的控制理论，仿真分析周期性加热对防冰、除冰的影响，但缺乏自然覆冰试验验证。加拿大魁北克大学 Mayer 和 Ilinca 在风洞进行了风机叶片电加热除冰试验，研究了不同位置除冰所需功率，提出 1.8MW 风机叶片前端前缘所需功率是中部前缘的 3.5～3.9 倍，前缘除冰功率是后缘的 2.6～2.9 倍，下表面是上表面的 1.3～1.5 倍；建立简单的临界防冰功率模型。Mohseni 和 Amirfazli 建立了一种新型电加热防冰系统，利用直径 0.25mm 的镶嵌在壳体中的康铜丝作发热元件。根据经验 Pinard 指出 150kW 的风力发电机每个叶片需要 3.4kW 的加热功率。Marjaniemi 和 Peltola 指出电加热所需功率与空气和叶片表面的温差成正比。采用新的基于压力和剪切力的流量计算方法，根据 Messinger 控制容积思想，朱程香等求解表面质量和能量守恒方程，获得荷载分布。马辉等对电加热防冰过程中的叶片表面状态进行了试验。

重庆大学研究人员对 300W 风机进行了电加热除冰的试验(图 7.79)，分析了环境温度、液态水含量、风速和加热功率密度对除冰时间的影响，提出了合理的电阻丝布置方式。对比了电阻丝不同布置方式的除冰效果(图 7.80、图 7.81)，提出叶片尖部电阻丝宜采用弦向布置，根部宜采用展向布置，形成融化水流通道，加速冰层融化效率；还发现叶片尖部冰层易脱落，根部冰层易融化[88,89]。

图 7.79　小型风力发电机

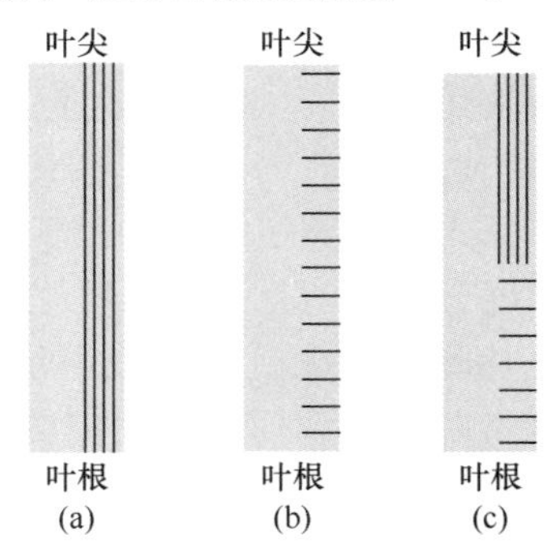

图 7.80　小型风力发电机叶片电阻丝布置

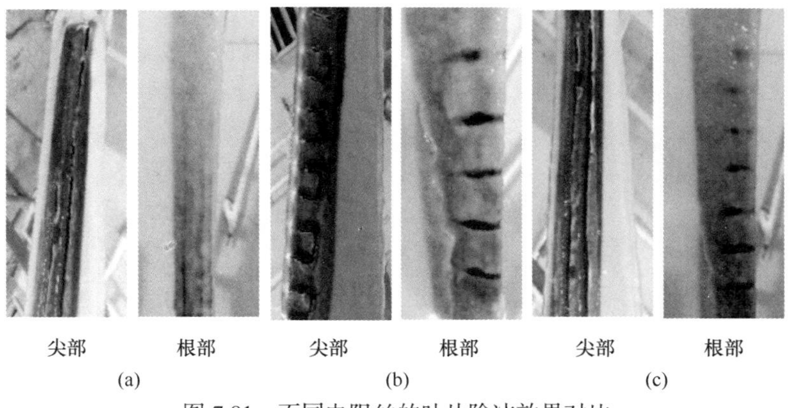

图 7.81　不同电阻丝的叶片除冰效果对比

3. 飞机热气防冰

热气防冰系统是喷气式飞机的主要防冰系统之一，应用于商务飞机和运输机机翼和发动机的防冰。热气防冰的过程为：发动机压气机将热空气引出，热空气顺次经过流量限制器和单向活门。当机翼防冰阀打开，热空气沿管路首先流入机翼集气管，并通过管路进入防冰腔前缘，对机翼前缘防冰；尾翼防冰阀打开，热空气沿着管道进入水平安定面以及垂尾防冰腔，对尾翼除冰。

热气防冰主要由三部分构成：①热空气源：发动机压气机引出的高温高压空气；②引气系统：高温高压空气引入防冰区的组件，具有限流、流量分配及压力和温度调节功能；③防冰结构：笛形管和蒙皮换热通道构成的防冰腔。

防冰结构是合理利用热空气的关键。机翼和发动机的热空气引入到防冰腔后，首先加热荷载最大区域，多为驻点区的内表面，然后沿弦向向后流动，相应部位的防冰热荷载逐渐减小，防冰热空气温度也逐渐降低，这种方式符合防冰热荷载的分布和热空气的充分利用原则，热空气在流动过程中始终和外蒙皮进行热交换，使防冰表面保持在冰点以上以保证表面不结冰[90,91]。

防冰腔(图 7.82)是热气防冰的最后一环，历经多代发展，从图 7.82(a)最简单的空腔体发展到广泛采用的微引射结构(图 7.82(b))。图 7.82(a)简单结构防冰腔类似于死腔，未对进入热气采取任何措施，热气流速小且与外蒙皮间换热效果差，适合于尺寸较小、扁平结构的叶片防冰。图 7.82(b)将防冰腔分为前后两区，在防护区内壁沿弦向做成波纹，构成带有波纹壁的防冰通道，大大增强热气与外蒙皮间的换热。热气首先从防冰腔的前缘开口进入防冰通道，加热防护区前缘滞止区，随后沿防冰通道向后流动并从后部排出。图 7.82(c)是在图 7.82(a)的基础上增加一根多孔笛形气流分配管，热气从笛形管中射流冲击到前缘内表面可使防冰腔内形成从驻点区沿弦向向后的流场，优点在于通过射流冲击使防冰负荷最大的驻点区

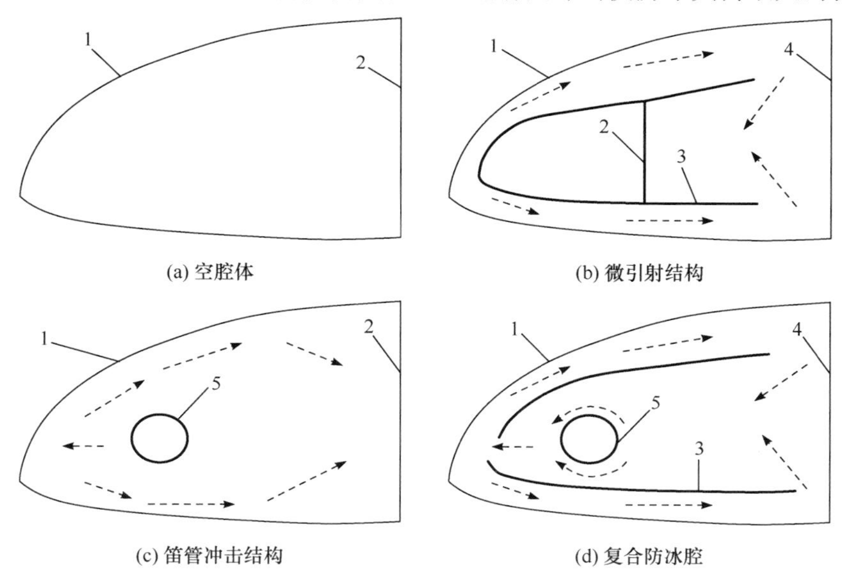

图 7.82　典型防冰腔

1-蒙皮；2-墙；3-波纹板；4-梁；5-集气管(分配管)

的换热得到加强，充分利用热气。图 7.82(d)结合图 7.82(b)和(c)两种结构的优点，是当前防冰系统使用最广泛的微引射射流冲击+双蒙皮波纹壁通道的防冰腔。热气从笛形管喷射到防冰区域内表面防冰负荷最大驻点区，引射经过波纹壁防冰通道防冰后空气，以最大限度地循环利用热气。

用于增强驻点区后热气与内壁间换热的波纹壁防冰通道，主要有图 7.83 所示的单蒙皮和双蒙皮两种常见形式：图 7.83(a)为单蒙皮波纹板通道，其缺点是展向传热面积较小，因为防冰通道外无热气通过，所以提出改进的图 7.83(b)方案，在图 7.83(a)的基础上在通道内侧加上一个挡板增加传热面积。

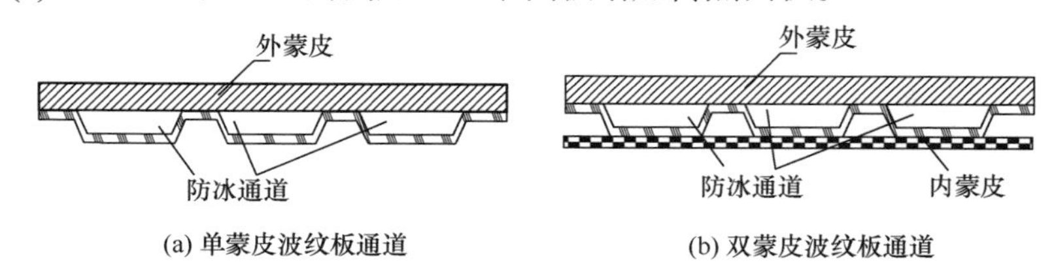

图 7.83　典型防冰通道

热气除冰应用于各种民用客机机翼除冰(wing anti-icing，WAI)。

1) 波音 737 系列机翼除冰系统

波音 737 系列飞机机翼采用热气进行前缘除冰，如图 7.84 所示，供气管通过伸缩管与两侧前缘相连。伸缩管由两根管子组成，当前缘缝翼放下或收起时，一根管子可在另一根管子中移动，两根管子之间用 O 形圈密封。伸缩管内管通过 T 形回转接头与机翼除冰系统供气管相连。每个 T 形接头与供气管末端之间用 O 形圈密封。伸缩管外管通过 T 形回转接头与缝翼除冰笛形管相连，伸缩管可绕缝翼笛形管转动。缝翼内托架支撑伸缩管和笛形管末端，并阻止热气通过缝翼桁梁中隔断流回。笛形管通过其上的孔将热气喷射到前缘缝翼除冰腔，热气在除冰腔中流动对缝翼加热，然后从缝翼底部孔排出机外，如图 7.85 所示。

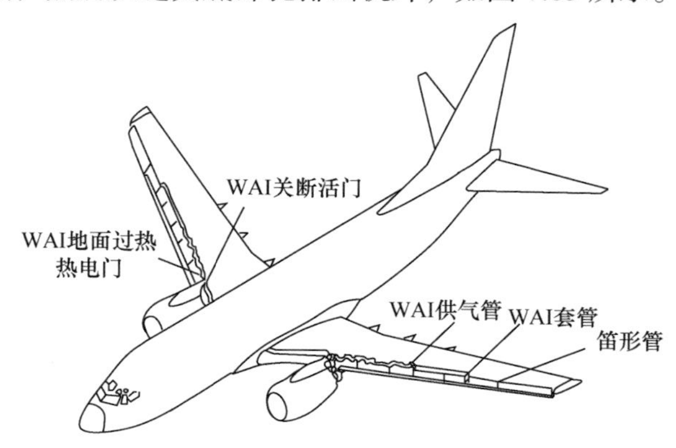

图 7.84　波音 737 机翼热气除冰系统

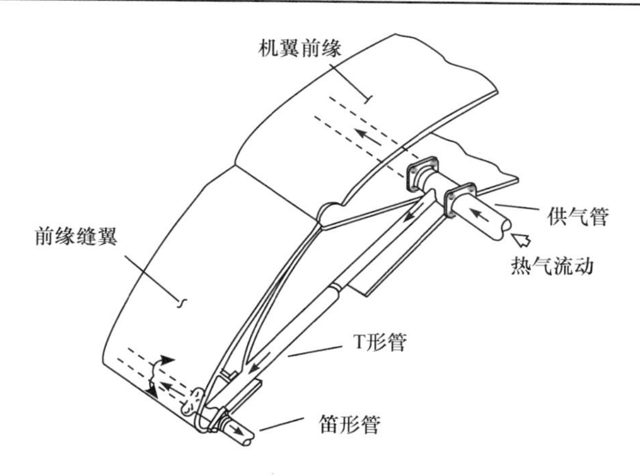

图 7.85　前缘除冰腔及伸缩管图

2) 空客 A320 系列飞机机翼除冰系统

空客 A320 系列飞机机翼除冰系统与波音 737 类似，采用从发动机引气的方法使热气进入前缘缝除冰翼内，见图 7.86。与波音 737 不同的是，笛形管布置形式采用串联式，并且可进行最外侧三段缝翼的除冰。

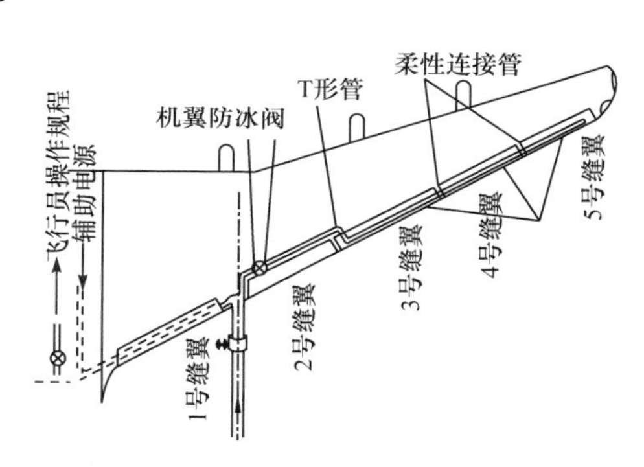

图 7.86　空客 A320 机翼热气除冰系统

机翼除冰的流量由压力控制/关断活门控制。当电路有电时，由气动控制/关断活门打开，离开控制活门的空气经固定在机翼前缘内的隔热供气导管，到达伸缩管并将空气传到 3 号缝翼的笛形管内侧。空气经由柔性导管相连接的笛形管管路，沿 3、4 和 5 号缝翼分配。热气经笛形管管壁喷口，向缝翼表面喷射并加热表面。空气在防冰腔流动，通过加速度槽进入后部，从缝翼底孔排出，见图 7.87[92]。

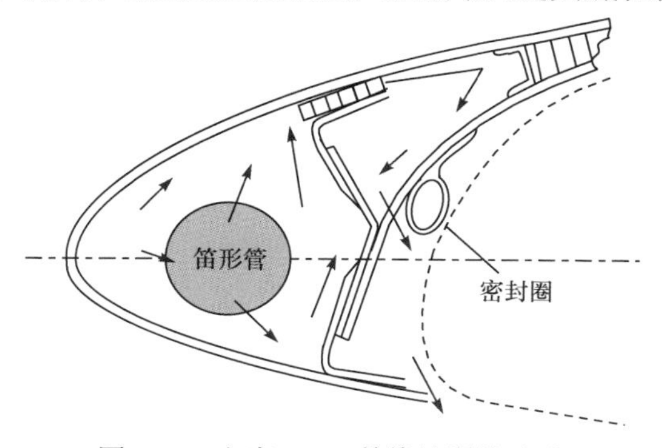

图 7.87　空客 A320 前缘缝翼除冰腔

4. 热水地面除冰

地面飞机和电网设备可直接使用热水喷射除冰。高压热水除冰和灭火原理不同：在机械方面，冰在高压热水冲击下产生应力，大于覆冰与目标的黏结力可除冰；在热力方面，热水直接喷淋除冰目标，热水与冰层通过热交换吸收能量，冰层自身温度升高融化，但热水融化作用不及热气高；在机械和热力双重作用下，热水提高冰的温度、降低黏结力，应力降低加快除冰，如图 7.88 所示。

图 7.88　飞机地面的热水除冰实践

国网湖南省电力公司研制了新型带电除冰高压热水枪，通过“过滤—加热—渗透—除盐—加热”制成高温热水，高压水枪对准设备，由下往上除冰和除污，如图 7.89 所示[93]。

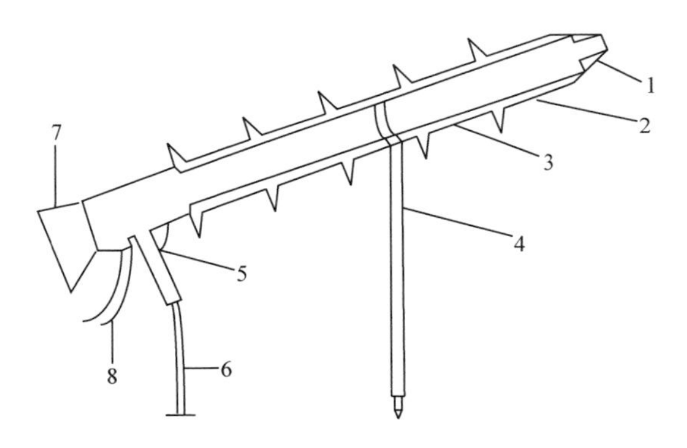

图 7.89　新型高压水枪结构图

1-枪嘴；2-防雨伞群；3-枪管；4-绝缘支架；5-枪体；6-水枪接地线；7-枪托；8-进水管

7.9.4　热力除冰评价

热力除冰包括电加热、热风(气)、热水除冰。热力除冰在国内外都有应用，我国研究试验了多种热力除冰技术。变电站关键设备采用热力除冰时，必须验算设备不均匀受热可能引发的绝缘破裂。

三种热力除冰方案中，热水除冰时间最短、能耗最低，热风(气)除冰居中，而电加热除冰时间和能耗远高于热风(气)和热水。电加热除冰速度慢、经济性差、实用性低。热水除冰虽然速度快、能耗小，但带电除冰的危险性大；热风除冰时间与能耗适中，可为变电站带电除冰，实用前景较大。

电加热除冰历史悠久，在飞机上应用成熟，可用于风机除冰。热风除冰作为一种高效率、高性能、高可靠度的飞机防冰方法得到广泛应用。电网热力除冰各种方法的比较如表 7.11 所示。

表 7.11 电网热力除冰各种方法的比较

<table>
<tr><th colspan="2">热力除冰方法</th><th>适用范围</th><th>防冰、除冰效果分析</th><th>功耗估计</th><th>能否带电运行</th><th>除冰效率估计</th><th>关键问题分析</th></tr>
<tr><td colspan="2">电加热</td><td rowspan="4">开关设备与外绝缘设备</td><td>较好</td><td>高</td><td>能</td><td>高</td><td rowspan="4">对设备的影响分析，避免设备因不均匀受热而损坏，避免融冰闪络，用于带电除冰时的人员安全防护问题，经济性分析</td></tr>
<tr><td rowspan="2">热风</td><td>高压热风法</td><td>好</td><td>较高</td><td>可能</td><td>较高</td></tr>
<tr><td>低压热风法</td><td>较好</td><td>高</td><td>可能</td><td>高</td></tr>
<tr><td colspan="2">热水</td><td>好</td><td>一般</td><td>可能</td><td>较高</td></tr>
</table>

热力除冰未来发展需要解决的问题有：①除冰综合机理，包括热力耦合对冰层融化和力学特性的影响、冰层脱落准则和运动规律；②除冰试验，包括飞机、风机、冰风洞和飞行试验；③装置设计与布置，包括材料、供能、可靠性的优化设计。热力除冰技术相对成熟、稳定，前景光明，有进一步优化空间。

7.10 本章小结

本章论述了大气结构物除冰的基本原理，分析了机械、电磁脉冲、形状记忆合金、气动脉冲、超声波、微波、激光、热力等不同除冰方法的原理、发展、应用和评价。

分析表明，目前还没有完全彻底的防冰方法，发展现有除冰技术、探究研究新的除冰方法具有重要的科学意义和工程应用价值。

参考文献

[1] Pohlman J C, Landers P. Present state-of-the-art of transmission line icing[J]. IEEE Transactions on Power Apparatus & Systems, 1982, 101(8): 2443-2450.

[2] 蒋兴良，张丽华. 输电线路除冰防冰技术综述[J]. 高电压技术, 1997, 23(1): 73-76.

[3] Laforte J L, Allaire M A, Laflamme J. State-of-the-art on power line de-icing[J]. Atmospheric

Research, 1998, 46(1/2): 143-158.
[4] Zdobyslaw G. An overview of the deicing and anti-icing technologies with prospects for the future[C]. The 24th International Congress of The Aeronautical Sciences, New York, 2004.
[5] 何鹏, 蔡革胜, 魏希辉, 等. 架空输电线路机械除冰方法及装置简述[J]. 贵州电力技术, 2008, 11(4): 5-8.
[6] 罗隆福, 赵志宇. 高压架空输电线路除冰方法综述[J]. 大众用电, 2009, 24(2): 23-24.
[7] 刘建伟, 周娅, 黄祖钦, 等. 高压输电线路除冰技术综述[J]. 机械设计与制造, 2012, (5): 285-287.
[8] 陈科全. 覆冰输电线路脱冰动力响应及机械式除冰方法研究[D]. 重庆: 重庆大学, 2012.
[9] 吕锡锋. 高压输电线路覆冰状态监测与除冰技术研究[D]. 北京: 华北电力大学, 2015.
[10] 巢亚锋, 岳一石, 王成, 等. 输电线路融冰、除冰技术研究综述[J]. 高压电器, 2016, 52(11): 1-9.
[11] Kalman T, Farzaneh M, McClure G. Numerical analysis of the dynamic effects of shock-load-induced ice shedding on overhead ground wires[J]. Computers & Structures, 2007, 85: 375-384.
[12] Montambault S, Pouliot N. The HQ LineROVer: Contributing to innovation in transmission line maintenance[C]. Proceedings of the IEEE 10th International Conference on Transmission and Distribution Construction, Operation and Live-Line Maintenance, Orlando, 2003: 33-40.
[13] Toussaint K，Pouliot N，Montambault S. Transmission line maintenance robots capable of crossing obstacles：State-of-the-art review and challenges ahead[J]. Journal of Field Robotics，2009, 26(5): 477-499.
[14] 李振宇. 220kV 高压输电线路巡线机器人控制系统的研制[D]. 武汉: 武汉大学, 2005.
[15] 杨暘, 高虹亮, 孟遂民, 等. 架空输电线路除冰机器人的结构设计[J]. 电力建设, 2009, 30(3): 93-96.
[16] 李翔, 詹涵菁, 李红旗, 等. 一种可越障式多分裂导线除冰机器人: CN201181828Y[P]. 2009-01-14.
[17] 王耀南, 刘睿, 蒋文辉, 等. 架空线除冰机器人的除冰机构: CN101572397A[P]. 2009-11-04.
[18] Zhao J, Guo R, Cao L, et al. Improvement of LineROVer: A mobile robot for de-icing of transmission lines[C]. Proceedings of the 1st International Conference on Applied Robotics for the Power Industry, Montreal, 2010: 1-4.
[19] Bai Y C, Wu G P, Xiao H, et al. Overhead High-Voltage Transmission Line Deicing Robot System and Experiment Study[M]. Berlin: Springer, 2010: 227-239.
[20] 李红旗, 李翔, 陈爵夫. 高压线路导线除冰方法与装置[P]. 中国: 101557089A, 2009-10-14.
[21] 庄佳兰. 220kV 输电线路除冰机器人机械本体研究[D]. 青岛: 山东科技大学, 2011.
[22] 王耀南, 魏书宁, 印峰, 等. 输电线路除冰机器人关键技术综述[J]. 机械工程学报, 2011, 47(23): 30-38.
[23] 张峰, 郭锐, 赵金龙, 等. 架空输电线路除冰机器人的研制[J]. 机械科学与技术, 2011, 30(11): 1917-1921.
[24] 魏书宁. 输电线路除冰机器人抓线智能控制方法研究[D]. 长沙: 湖南大学, 2013.
[25] 张屹, 韩俊, 刘艳, 等. 具有越障功能的输电线路除冰机器人设计[J]. 机械传动, 2013, 37(3): 34-39.

[26] 王刚. 高压架空输电线路除冰机器人研究[D]. 西安: 西安电子科技大学, 2014.
[27] Egbert R I, Schrag R L, Bernhart W D, et al. An investigation of power line de-icing by electro-impulse methods[J]. IEEE Transactions on Power Delivery, 1989, 4(3): 1855-1861.
[28] Gerardi J J, Ingram R B. Electro-magnetic expulsion de-icing system: US6102333[P]. 2000-08-15.
[29] 杜骞. 电脉冲除冰系统设计研究[D]. 南京: 南京航空航天大学, 2009.
[30] 李清英. 电脉冲除冰系统的实验、理论与设计研究[D]. 南京: 南京航空航天大学, 2012.
[31] 吴小华, 杨堤, 张晓斌, 等. 飞机电脉冲除冰系统的建模与仿真[J]. 系统仿真学报, 2010, 22(4): 1064-1066.
[32] Endres M, Sommerwerk H, Mendig C, et al. Experimental study of two electro-mechanical de-icing systems applied on a wing section tested in an icing wind tunnel[J]. CEAS Aeronautical Journal, 2017, 8(3): 429-439.
[33] Zhang Z Q, Shen X B, Lin G P, et al. Dynamic response analysis of multi-excitation structure of electro-impulse deicing system[C]. IEEE International Conference on Aircraft Utility Systems (AUS). Beijing, 2016: 955-960.
[34] Jiang X L, Wang Y Y. Studies on the electro-impulse de-icing system of aircraft[J]. Aerospace, 2019, 6(6): 67.
[35] Wang Y Y, Jiang X L. Design research and experimental verification of the electro-impulse de-icing system for wind turbine blades in the Xuefeng Mountain Natural Icing Station[J]. IEEE Access, 2020, 8: 28915-28924.
[36] Lagouda D C. Shape Memory Alloys: Modeling and Engineering Applications[M]. Berlin: Springer, 1988.
[37] 曾忠敏. 镍钛形状记忆合金循环伪弹性特性描述[D]. 重庆: 重庆大学, 2014.
[38] Gerardi J, Ingram R, Catarella R. A shape memory alloy based de-icing system for aircraft[C]. The 33rd Aerospace Sciences Meeting and Exhibit, Reno, 1995: 454.
[39] Herrero J. Implementation of a composite aircraft deicer with a shape memory alloy[D]. Wichita: Wichita State University, 1997.
[40] Ingram R B, Gerardi J J. Shape memory alloy de-icing technology[P]. US Patent: US5686003, 1997-11-11.
[41] 李辛庚, 王晓明, 王宏, 等. 一种形状记忆合金驱动的架空线扭转除冰装置[P]. 中国: CN201853998U, 2011-06-01.
[42] Sullivan D B, Righi F, Hartl D J, et al. Shape memory alloy rotor blade de-icing[C]. The 54th AIAA/ASME/ASCE/AHS/ASC Structural Dynamics, and Materials Conference, Boston, 2013: 1915.
[43] Liu X, Xing Y M, Zhao L. Study of shape memory alloy de-icing device for nonrotating components of aircrafts[J]. IOP Conference Series: Materials Science and Engineering, 2018, 394: 32106.
[44] Martin C A, Putt J C. Advanced pneumatic impulse ice protection system (PIIP) for aircraft[J]. Journal of Aircraft, 1992, 29(4): 714-716.
[45] 刘根林, 沈海军.飞机防冰与除冰技术综述[J]. 江苏航空, 2003, (4): 18-20.
[46] 王毅, 元辛, 张峰. 飞机机翼防除冰系统研究进展[J]. 河南科学, 2012, 30(9): 1246-1250.

[47] 李清英，白天，朱春玲.飞机机械除冰系统的研究综述[J]. 飞机设计, 2015, 35(4): 73-77.
[48] 高郭池，李保良，丁丽，等. 气动除冰飞机结冰风洞试验技术[J]. 实验流体力学，2019, 33(2): 95-101.
[49] Drury M D, Szefi J T, Palacios J L. Full-scale testing of a centrifugally powered pneumatic de-icing system for helicopter rotor blades[J]. Journal of Aircraft, 2016, 54(1): 220-228.
[50] Jose L P, Douglas W, Matthew B. Ice testing of a centrifugally powered pneumatic de-icing system for helicopter rotor blades[J]. Journal of the American Helicopter Society, 2015, 60(3): 1-12.
[51] 王大飞. 超声波对水冻结及脱冰影响的研究[D]. 合肥：合肥工业大学, 2017.
[52] Jose L P, Zhu Y, Edward C S, et al. Ultrasonic shear and lamb wave interface stress for helicopter rotor de-icing purposes[C]. Proceedings of AIAA, Reston, 2006: 2282.
[53] Yao S J, Qiu J H, Ji H L, et al. De-icing method based on the piezoelectric actuators[C]. Proceedings of the 2nd Asian Conference on Mechanics of Functional Materials and Structures , Nanjing, 2010: 139-142.
[54] 谭海辉. 风力机桨叶超声波防除冰理论与技术研究[D]. 长沙：长沙理工大学, 2011.
[55] 韩龙伸. 超声波除冰方法与试验研究[D]. 杭州：杭州电子科技大学, 2012.
[56] 雷利斌. 基于 LabVIEW 的风力机叶片除冰系统研究[D]. 长沙：长沙理工大学, 2013.
[57] 常泽. 输电线路覆冰力学性能试验与超声波除冰技术研究[D]. 北京：华北电力大学, 2014.
[58] Wang Z J. Recent progress on ultrasonic de-icing technique used for wind power generation, high-voltage transmission line and aircraft[J]. Energy and Buildings, 2017, 140: 42-49.
[59] Wang Y B, Xu Y M, Huang Q. Progress on ultrasonic guided waves de-icing techniques in improving aviation energy efficiency[J]. Renewable and Sustainable Energy Reviews, 2017, 79: 638-645.
[60] 陈振乾，李栋. 飞机翼型超声波辅助热气联合防除冰装置[P]. 中国：CN102431650A, 2012-05-02.
[61] Zhu Y, Palacios J L, Rose J L, et al. Numerical simulation and experimental validation of tailored wave guides for ultrasonic de-icing on aluminum plates[J]. Journal of AIAA, 2010, 51(18): 2010-2043.
[62] Wang Z J, Xu Y M, Gu Y T. A light lithium niobate transducer design and ultrasonic de-icing research for aircraft wing[J]. Energy, 2015, 87: 173-181.
[63] 唐相伟. 道路微波除冰效率研究[D]. 西安：长安大学, 2009.
[64] Wang C, Yang B, Tan G, et al. Numerical analysis on thermal characteristics and ice melting efficiency for microwave deicing vehicle[J]. Modern Physics Letters B, 2016, 30: 1650203.
[65] Liu J L, Xu J Y, Lu S, et al. Investigation on dielectric properties and microwave heating efficiencies of various concrete pavements during microwave deicing[J]. Construction and Building Materials, 2019, 225: 55-66.
[66] 唐相伟，焦生杰，高子渝，等. 微波除冰国内外研究现状[J]. 筑路机械与施工机械化, 2007, 24(11): 1-4.
[67] 赵新美，丁勇杰，周平. 微波除冰关键技术及应用前景分析[J]. 交通标准化，2013，41(2): 11-14.

[68] 汪仁波. 微波路面除冰设备加热均匀性的研究[D]. 成都: 电子科技大学, 2010.
[69] 李洁. 微波除冰雪技术研究[J]. 山西交通科技, 2016, (3): 31-32.
[70] 王永亮. 电气化铁路隧道微波除冰仿真研究[D]. 成都: 西南交通大学, 2017.
[71] 夏慧, 刘国强, 李艳红. 电力设施微波除冰装置和方法[P]. 中国: CN101478136A, 2009-7-8.
[72] 朱卫华. 输电线路上 CO_2 激光除冰的研究[D]. 武汉: 华中科技大学, 2007.
[73] 刘磊. 脉冲激光与冰相互作用研究[D]. 武汉: 华中科技大学, 2007.
[74] 齐丽君. 输电线路激光除冰的理论与实验研究[D]. 武汉: 华中科技大学, 2012.
[75] 刘智颖, 穆竺, 王加科, 等. 激光除冰光学系统的设计与参数分析[J]. 光子学报, 2018, 47(8): 0822001.
[76] 杨静思, 李庆东, 王发志, 等. 激光技术在电网除冰装置中的应用[J]. 电子世界, 2019, (11): 208-209.
[77] 万敏, 杨锐, 路大举. 利用激光为高压输电线除冰方法[P]. 中国: CN101325321A, 2008-12-17.
[78] 谷山强, 陈家宏, 蔡炜, 等. 输电线路激光除冰技术试验分析及工程应用设计[J]. 高电压技术, 2009, 35(9): 2243-2249.
[79] 陈胜, 张贵新, 徐曙光, 等. 电网中激光除冰技术分析[J]. 清华大学学报(自然科学版), 2011, 51(1): 47-52.
[80] 赵宇明, 张贵新, 罗兵, 等. 大功率半导体激光除冰技术[J]. 南方电网技术, 2011, 5(5): 60-64.
[81] Nunnally W C. Onboard aircraft de-icing using lasers[P]. US Patent: US6206325, 2001-03-27.
[82] 冯瑶. 动车组转向架除冰技术研究[J]. 科技创业家, 2014, (7): 229.
[83] 涂磊. 变电设备热力除冰技术研究[D]. 武汉: 华中科技大学, 2009.
[84] Webester M P. Heating means for airplane wings[P]. US Patent: US1795664, 1931-03-10.
[85] Thompson A F. Heater for airplane wings[P]. US Patent: US1868468, 1932-07-19.
[86] 姜萍. 飞行器热气防冰系统数值模拟与设计[D]. 南京: 南京航空航天大学, 2017.
[87] 钟国. 翼型电热防/除冰系统的数值模拟[J]. 航空制造技术, 2011, 54(4): 75-79.
[88] 舒立春, 戚家浩, 胡琴, 等. 风机叶片电加热除冰及电阻丝布置方式试验研究[J]. 中国电机工程学报, 2017, 37(13): 3816-3822.
[89] 邱刚. 风力发电机叶片电加热融冰过程及其数值模拟[D]. 重庆: 重庆大学, 2018.
[90] 周玉洁. 热气腔结构的优化设计与数值模拟[D]. 南京: 南京航空航天大学, 2010.
[91] 梁青森, 陈维建, 马辉, 等. 微引射热气除冰腔引射性能分析[J]. 南京航空航天大学学报, 2013, 45(3): 341-346.
[92] 霍西恒, 刘鹏, 贾丽杰. 民用客机机翼热气防冰系统问题初探[J]. 民用飞机设计与研究, 2010, (4): 16-18.
[93] 童诚, 李稳, 邹德华, 等. 新型带电热水除冰和除污枪的研制[J]. 电气技术, 2016, (6): 152-154.

第 8 章　工频谐振、高频激励和化学融冰

目前，我国输电线路广泛采用停电交、直流融冰[1-5]。停电交、直流融冰技术于 20 世纪 60 年代开始使用，拥有大量的工程实践经验，但交流融冰需要很大的无功功率。线路末端短路实施融冰时，线路电感是其电阻的几倍至十几倍，对于 220kV 以上的输电线路，一般情况下难以提供很高的融冰视在功率，因此交流融冰一般在 220kV 及以下输电线路实施。直流融冰需专用的大功率直流融冰装置，成本较高。为弥补交、直流融冰的不足，国内外一直在开发研究新的除冰、防冰和融冰方法，本章讨论工频谐振、高频激励和化学融冰。

8.1　工频谐振融冰

8.1.1　工频谐振融冰原理

1. 融冰原理

工频谐振融冰的原理是：通过串接可调电容器或电抗器消除线路电抗，达到工频谐振状态，将电源电压和容量降到最低，克服常规交流短路融冰需要提供大量无功功率的缺陷[5,6]。此方法保留常规交流短路融冰的优点，克服其不足，有较高的研究和应用价值，如图 8.1 所示。

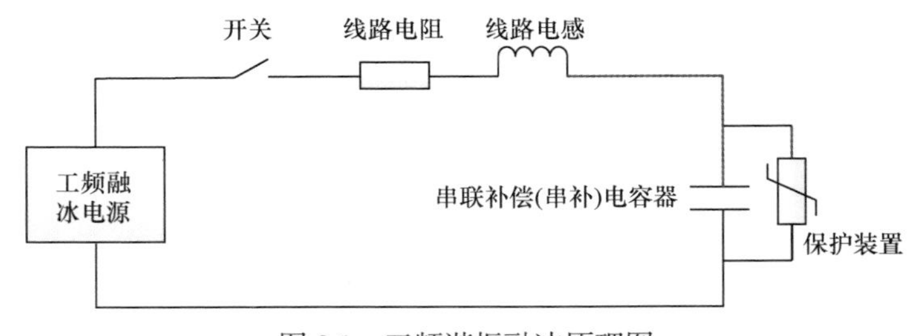

图 8.1　工频谐振融冰原理图

2. 融冰电路模型

架空输电线路可分为短线路、中等长度线路和长线路三种。短线路即长度 <100km 的架空线路，其导纳在线路电压不高时影响较小，常忽略不计，等值电路等效为串联的电阻和电感。工频谐振融冰时，只需串接一个与线路电抗 X_L 大小

相等的电容即可[7-9]，如图 8.2(a)所示。中等长度线路在 100km 和 300km 之间，导纳不可忽略，采用常用的 π 形等值电路，导纳数值由导线与覆冰层决定。工频谐振融冰时，计算线路总阻抗，并依据电抗性质决定采用何种串接设备。若呈感性则串接电力电容器，若呈容性则串接电力电抗器，如图 8.2(b)所示。

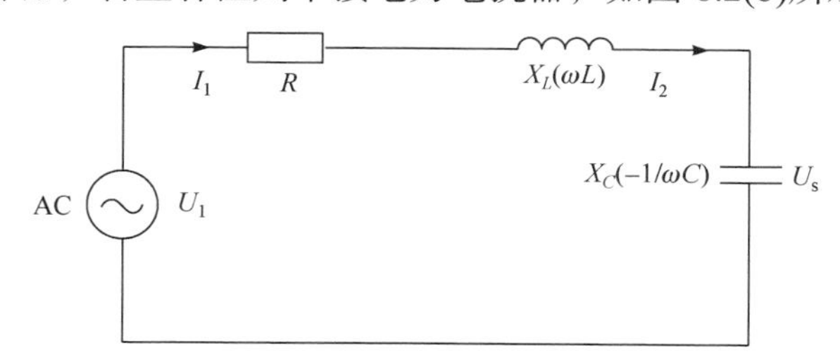

(a) 短线路工频谐振融冰模型

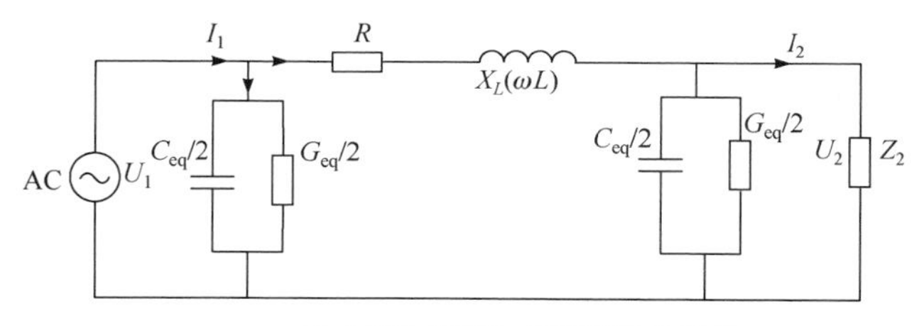

(b) 中等长度线路工频谐振融冰模型

图 8.2　工频谐振融冰电路模型

图 8.2 中，R、$X_L(\omega L)$、G_{eq}、C_{eq} 分别为线路电阻、感抗(电感)、等效对地电导和电容，ω 为电源角频率，$X_C(-1/\omega C)$为串联电容器容抗，Z_2 为串接设备阻抗。

对长线路(>300km)，沿线气象条件如气温、风速、空气湿度等并不一致且电源容量有所限制，不可直接对整条覆冰线路融冰，常采用分段融冰，即将覆冰线路合理分解为若干段，保证满足每段覆冰线路内气象条件接近一致且融冰电源容量能提供足够大的融冰电流。

3. 融冰串补设备参数的确定方法

融冰串补设备参数的确定可根据短线路和中等长度线路分别讨论。

串接设备参数均需满足在保持电源电压一定的前提下，覆冰输电线路上流经电流值为最大。短线路电容大小如式(8.1)所示；中等长度线路流经的电流 I_Z 用电源电压表示如式(8.2)所示，令 U_s 的相角为 0°，将 $Y/2=G_{eq}/2+jC_{eq}/2$，$Z=R+jX_L$ 及 $Z_2=jX_2$ 代入式中即可求得对应电流 I_Z 最大值的串补设备参数 X_2。Y 为线路导纳，G_{eq}、C_{eq} 分别由式(8.3)和式(8.4)求得：

$$C=\frac{1}{\omega^2 L} \tag{8.1}$$

$$I_Z = \frac{Y/2 + 1/Z_2}{Z/Z_2 + YZ/2 + 1} \times U_s \tag{8.2}$$

$$G_{eq} = \frac{\omega C_g^2 C_i}{(C_i + C_g)^2 + (C_i \tan\delta)} l \tag{8.3}$$

$$C_{eq} = C_g C_i \frac{C_i(1 + \tan^2\delta) + C_g}{(C_i + C_g)^2 + (C_i \tan\delta)} l \tag{8.4}$$

式中：l 为线路长度；$\tan\delta$ 为覆冰介质损耗角正切值；C_i 为覆冰层等效电容；C_g 为覆冰层对地等效电容。

表 8.1 为计算出的四种典型导线的串补设备参数。由表可见，融冰线较短时串补设备均为电容性质；输电线路电压等级越高，所需融冰电流越大，串补设备要承受的耐压值也越大，电容值则越小。

表 8.1　四种典型导线串补设备参数

导线类型	每相线路参数/(Ω/km)	串补设备类型及参数		
		类型	电容值/μF	耐压值/kV
LGJ-300	R_0=0.025/X_0=0.28/Z_0=0.28	电容器组	113.7	98.1
LGJ-400	R_0=0.0778/X_0=0.39/Z_0=0.398	电容器组	81.66	46.2
LGJ-300	R_0=0.105/X_0=0.39/Z_0=0.403	电容器组	81.65	34.6
LGJ-150	R_0=0.105/X_0=0.39/Z_0=0.403	电容器组	75.83	23.1

注：表中四种导线融冰长度均取为 100km，串补设备耐压值为一定融冰电流条件下的相值。

8.1.2　工频谐振融冰装置

完整的工频谐振融冰装置由融冰电源、串补设备和保护装置构成。

1. 工频融冰电源

融冰电源可直接由变电站、串接变压器及系统中水力发电机组或者柴油发电机组(某些情况需配备一台变压器配合其调压)提供。

(1) 直接从变电站引入工频融冰电源受制于系统电源容量和覆冰线路阻抗匹配(保证融冰电流不超过线路最大允许电流值)，应以下级变电站母线出线作为较高电压等级覆冰线路的融冰电源。通常采用 10kV 母线作为电源为 35kV、110kV 甚至更高电压等级线路融冰；而对于 35kV 以下覆冰线路，只能通过串接电抗器增加线路阻抗或采用经变压器引入的工频融冰电源。

(2) 串接变压器引入工频融冰电源即通过线路中串联特定变压器以保证融冰电压、电流大小适宜融冰。特定变压器可根据融冰情况直接采用现有小容量变压器，改装合适型号的变压器乃至研制电压可调的融冰专用变压器。

以可调压融冰专用变压器为例，其设计思路为：①融冰环境气温低且变压器短时运行，融冰变压器可不装设散热器以节约成本；②融冰变压器投切较为频繁，容易产生操作过电压，可采用多层层式结构线圈、有载调压方式和过电压保护装置等防止变压器受过电压侵袭受损；③针对覆冰线路长度不一、型号各异的现象，变压器输出电压应可较大幅度调节，即采用尽可能多的分接头。以某 220kV 线路为参考，串接融冰变压器引入工频融冰电源的接线方式如图 8.3 所示[10]。

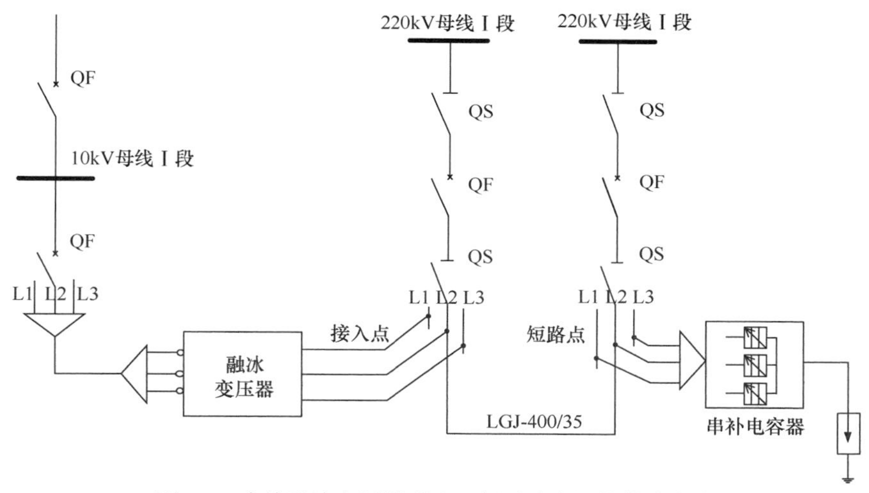

图 8.3　串接融冰变压器引入工频融冰电源的接线方式

QS-隔离开关；QF-断路器

(3) 以发电机为工频融冰电源能保证融冰线路段和系统正常运行部分完全分开，对系统的影响更小。考虑到火力发电机组无“黑启动”功能且投切或功率变动较大时比耗率增加，对机组伤害大且用时过长，一般只考虑采用启动快、损耗低的水力发电机组作为工频融冰电源。为了适应不同电压等级线路和覆冰长度的融冰需求，可考虑配备一台变压器配合其调压以达到合适输出值，接线方式如图 8.4 所示。而当覆冰线路较短，冰层不厚的则可采用容量和输出电压相对较小的柴油发电机组，其具有容积小、易于移动、灵活方便等特点。

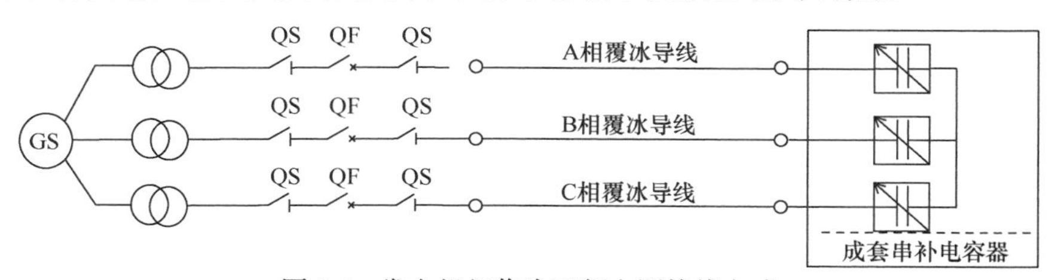

图 8.4　发电机组作为工频电源接线方式

GS-发电机组

2. 融冰串补设备

工频谐振融冰必须考虑谐振电压。电力系统正常运行如果因故出现谐振过电压将造成很大危害。图 8.5 为几种典型导线在工频谐振融冰时的谐振电压。虽然工频谐振融冰产生较高谐振电压，但其值都在允许范围内；对于串补电容器(电抗器)，考虑成本和技术可采用电容器组(电抗器组)均压以降低单个设备的端电压。以 220kV 的常用导线 LGJ-300 为例，设融冰段 100km，计算可知谐振线电压为 60kV(明显小于 220kV)，不会对输电线路绝缘造成威胁，若采用额定电压为 10kV 电容器，则一相需 6 组串联，三相共计 18 组。

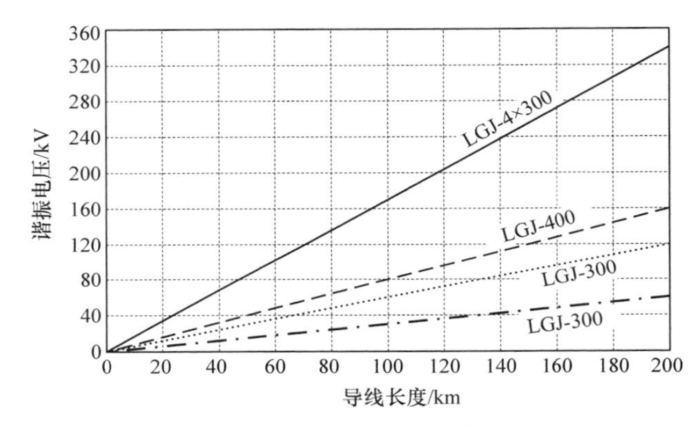

图 8.5　工频谐振融冰的谐振电压

融冰电容器组必须满足以下技术特点：①耐压值高于一般特高压线路串补电容器组，采用多组电容器串接拓扑结构为宜。②融冰电流较大，电容器组可流经电流幅值要大。③针对不同长度线路电抗值的变化，容抗应可调节。综合②、③，串联的每组电容器由多个电容器并联，以实现均流和调节容抗值。④为防止过电压过大损毁电容器组，装设过电压保护装置。依据上述原则，典型融冰串补电容器组装置简化结构如图 8.6 所示，其中电容器组极间并联限制电容器过电压的金属氧化物限压器(MOV)及 MOV 过载时启动保护的旁路断路器(BCB)、放电间隙(GAP)和阻尼电抗作为保护装置；单个电容器外壳与地用绝缘子支撑以加强绝缘，同时为使所有电容器外壳对地电压相等，将各个电容器与导线连接；为减小几何尺寸，装置可采用浇注式密封结构。

为满足不同线路融冰需求，可采用调容开关快速调节串联电容器组容抗，但增加了装置的重量和接线繁琐程度，可采用快速调节电容值装置，见图 8.7。

由图 8.7 可知：①每相三组电容器，可提供四种串补电容值，分别由输出端子 A_1、A_2、A_3 和 A_4 接出。为最大限度增加电容器组，改造内部接线并拓展接线端子数再增加三种值，缺点是增加复杂程度；②兼顾输入输出端子交叉易导致导线短路和装置尺寸过大不利于移动的要求，采用两层构造避免走线间的交错排列。

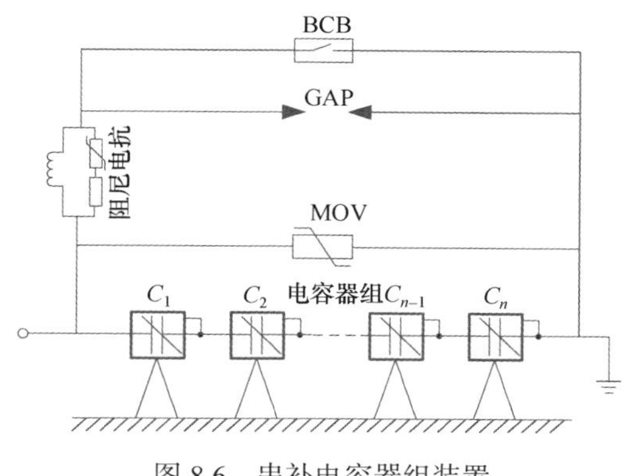

图 8.6　串补电容器组装置

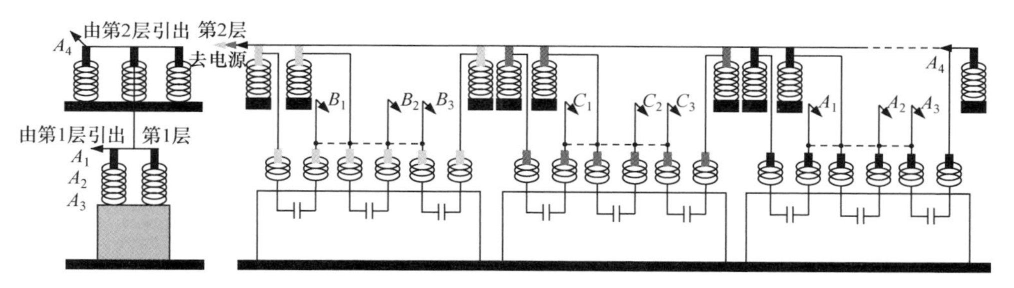

图 8.7　融冰电容器组快速调容架构

8.1.3　工频谐振融冰应用

2008 年 11 月 2 日，首台可调电容串补交流融冰装置在浏阳 220kV 集里变电站进行现场试验[11]，如图 8.8 所示。补偿电容采用 3 组独立单元组成，每组单元由 10 个电容并联组成，可采取“一串”、“两串”、“三串”、“两并一串”、“两联”、“三并”、“两串一并” 7 种组合，满足 0～40km 线路融冰要求。

可调电容串补交流融冰装置主要技术参数为：额定电流 1600A；额定电压(极间绝缘水平)15kV；额定频率 50Hz；三相额定容量 26.1Mvar；对地绝缘耐压水平 1min；工频耐受电压(方均根值)>63kV；冲击耐受电压(峰值)>112.5kV；采用组架式安置；可融冰长度 0～40km 220kV 及以下线路。

以 220kV 丛集线(LGJ-400 导线、长度 37km)为试验对象，融冰电流升至 810A，15min 后，导线温度由 17℃上升至 35℃，装置正常，波形与仿真一致。

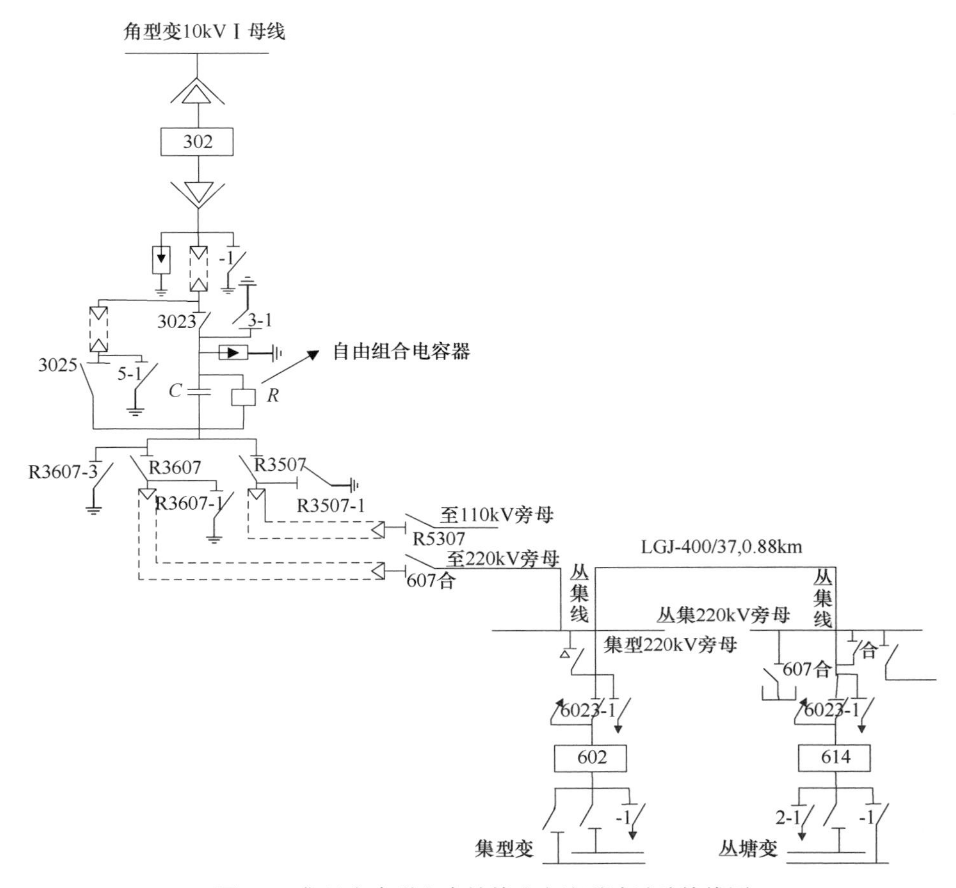

图 8.8　集里变串联电容补偿法交流融冰试验接线图

8.1.4　工频谐振融冰评价

工频谐振融冰是在保证融冰电流的条件下，通过串接补偿设备消除线路电抗，降低电源电压和容量，克服了交流短路融冰需提供大量无功功率的缺陷；同时可利用系统作为交流电源以及系统现有并联电容器，经济性较好，有较高价值。

但该方法存在谐振风险，产生谐振过电压影响系统的稳定性。工频谐振融冰还是初步阶段，还需进行更加深入的研究。

8.2　高频激励融冰

8.2.1　高频激励融冰原理

高频(高压)激励融冰是近年出现的一种新的融冰方法[12-16]，与传统的借助导线中电流所产生的热量使覆冰融化的方法不同，是融冰过程中覆冰本身被极化而发热。但融冰过程并不仅是简单的电加热，还涉及一系列复杂的热力学分析。

1. 高频(高压)激励融冰原理

对输电线路施高频(高压)激励，冰内晶体结构在激励下建立的交变电场反复极化成为一种有损电介质并产生介质损耗发热；同时，由于频率很高集肤效应很明显，并且电流仅在导线表面很浅的部分传输，电流在导线中产生的焦耳热的融冰效率较低频时更高。

2. 高频(高压)激励融冰理论模型

设大地为良导体且冰为有损电介质，覆冰输电线路高频激励原理及等效电路如图 8.9 所示，C_{ice} 为覆冰等效电容，R_{ice} 为覆冰等效电阻，C_i 为线路对地电容，$R_{\Delta z}$ 为单位长度导线电阻；$L_{\Delta z}$ 为单位长度导线电感，$G_{i\Delta z}$ 为单位长度冰层电导；$C_{i\Delta z}$ 为导线表面对冰层外表面单位长度电容，$C_{\Delta z}$ 为冰层外表面对大地的单位长度电容。

根据有损均匀传输理论，设终端短路、源端为理想电压源，确定线路电压和电流振幅分布，由式(8.5)和式(8.6)计算线路单位长度欧姆热功率和介质损耗热功率：

$$P_{\text{ohm}}=\frac{1}{2}I^2(z)R_{\Delta z} \tag{8.5}$$

$$P_{\text{die}}=(V^2(z)/2)\left[\frac{\omega^2C_{\Delta z}^2G_{i\Delta z}}{\omega^2(C_{\Delta z}+G_{i\Delta z})^2}+G_{i\Delta z}^2\right] \tag{8.6}$$

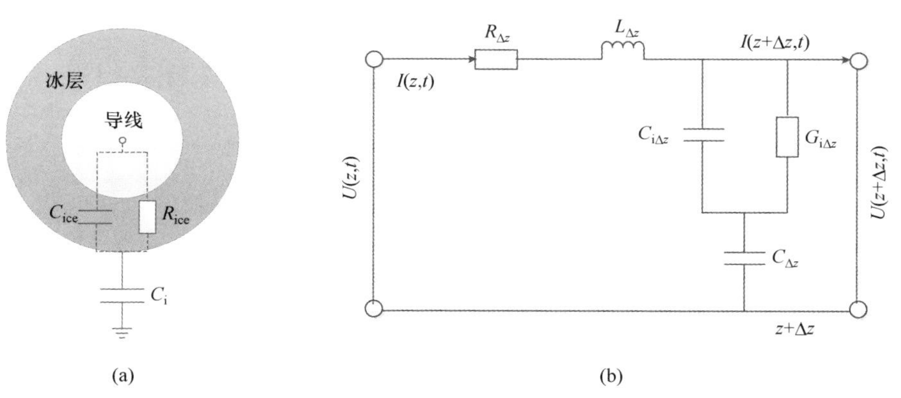

图 8.9　导线覆冰高频激励原理及等效电路图

3. 激励源参数与工作电压的选择

激励源关键参数(频率和电压)的设计思路是：首先由均匀传输线理论并结合回路边界条件，求取高频电压电流沿线分布；再由两种发热功率使导线获得均匀热功率的条件求得激励源频率；最后依据所需热功率确定工作电压和激励源容量。

线路施加高频激励源，传输线长 l 与电磁波波长 λ 可相比较，需要采用分布参数模型。为简化分析，将线路视作均匀传输线。结合融冰时始端为理想电压源($U_0=U_s$)，末端短路($U_l=0$)的边界条件易确定电压电流波的沿线分布，即 $U(x)/I(x)$ 为

$$U(x)/I(x)=Z_c\tan(\gamma x) \tag{8.7}$$

式中：Z_c、γ、x 分别为导线波阻抗、传播常数和距始端距离。

不考虑功率衰减，为使沿线融冰功率分布均匀，需满足两种发热功率以互补的方式出现且幅值相等两个条件，即

$$\left|\arg(U(x)/I(x))\right|=kT/4,\quad |k|=1,3,5,\cdots \tag{8.8}$$

$$\int_0^{\lambda} I^2(x)R\mathrm{d}x=\int_0^{\lambda}\frac{1}{2}\frac{U^2(x)\omega^2C^2G_i}{G_i^2+\omega^2(C_i+C)^2}\mathrm{d}x \tag{8.9}$$

式中：T 为激励源周期；λ 为电磁波波长。

式(8.8)确保了两种发热功率以互补形式沿线分布。焦耳热在电流波腹处幅值最大，冰介质热在电压波腹处幅值最大，为保证两种发热功率沿导线以互补的方式出现，只需保证电压波与电流波的相位差为 $kT/4(|k|=1,3,5,\cdots)$；式(8.9)则使两种发热功率的幅值相等，左右两边分别代表一个波长范围内的焦耳热和介质热总量。

根据以上分析可得激励源工作频率初始值，为求得合适工作频率，还需对初始频率进行微调与修正。首先，在保证融冰热功率一定的前提下，最大限度降低激励源工作电压并提高激励源功率因数，选择应满足式(8.10)。然后，检验频率是否对应合适融冰功率均匀度(即整条覆冰线路最低合成热功率 $P_{\min}$ 与最高合成热功率 $P_{\max}$ 之比)和最高激励源功率因数(接近 1)并根据检验结果修正工作频率。

$$f=\frac{kc}{2l},\quad k=1,2,3,\cdots \tag{8.10}$$

式中：c 为电磁波在导线中的传播速度，取光速；l 为导线总长。

1) 不计功率衰减工作电压确定

为确保有效融冰，在满足理想条件下融冰功率沿线分布均匀的前提下，高频激励源必须提供足够大的融冰功率且有一定裕量。在一定导线参数和气象条件下，50W/m 的功率足以有效融化 10mm 厚冰。针对厚度 10mm 及以下的冰，只需保证沿线最低融冰功率为 55W/m(预留一定裕量)：

$$\frac{1}{2}\left[I^2(x)R+\frac{1}{2}\frac{U^2(x)\omega^2C^2G_i}{G_i^2+\omega^2(C_i+C)^2}\right]_{\min}=55\text{W/m} \tag{8.11}$$

由此求得激励源工作电压。对于任意覆冰条件下的输电线路，要确定激励源工作电压，必须建立导线覆冰模型并计算最小融冰临界电流、最佳融冰电流及最佳融

冰热功率，并由式(8.12)计算激励源工作电压：

$$\frac{1}{2}\left[I^2(x)R+\frac{1}{2}\frac{U^2(x)\omega^2C^2G_i}{G_i^2+\omega^2(C_i+C)^2}\right]_{\min}=P_{\max} \tag{8.12}$$

2) 计及功率衰减的工作电压确定

理想条件下融冰功率沿线均匀分布，当导线较长，尤其是激励源频率很高时，电压电流沿线衰减。当激励源频率为 33kHz 时，距离高频激励源 50km 处融冰功率衰减到始端的 1/2。需要在求得最佳融冰热功率的基础上，求取融冰线路首端融冰功率，即最大融冰功率[17]。为此必须针对覆冰导线的等效均匀传输线模型，根据模式分析法确定导线上电磁波的传播特性和衰减系数，即

$$\alpha_i=4.34G_{eq}\sqrt{\frac{L}{C_{eq}}}(\text{dB/m}) \tag{8.13}$$

则可计算融冰线路首端最大融冰功率，并由式(8.12)求取激励源电压和容量等。

8.2.2　高频激励融冰装置及接线方式

1. 高频激励融冰装置

高频融冰装置主要包括：①接入电源，固定式装置电源来自变电站的低压侧，移动式装置可由大功率发电机提供；②高频融冰激励源，是装置的核心器件，通过该装置可实现输出电流和频率的调节；③串补电容器；④其他保护和连接装置，如放电线圈、过电压保护阻尼放电间隙、细丝软铜线和线夹等。采用高频在线融冰方式时，还需增加高频阻波器和陷波器，使加载在输电线路上的高频电流在指定融冰区间流动，不进入电网和用户终端，如图 8.10 所示。

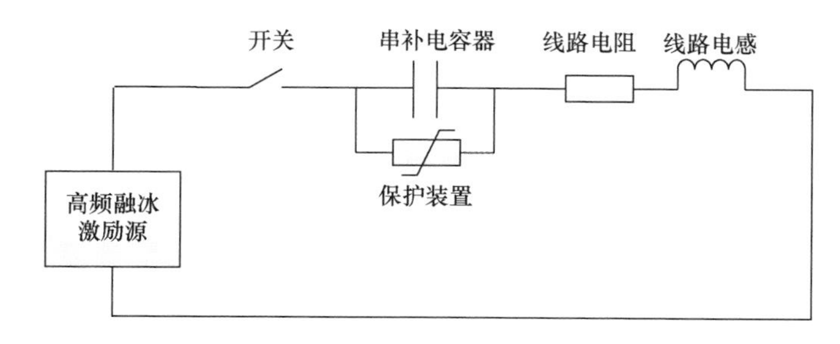

图 8.10　高频融冰装置原理图

高频融冰装置输出高频高电压，容量足够大满足较长线路的融冰功率，如图 8.11 所示。由变电站 10kV 低压侧通过高频高压激励源输出设定的融冰电压和频率，根据线路类型和长度选择串补电容器。

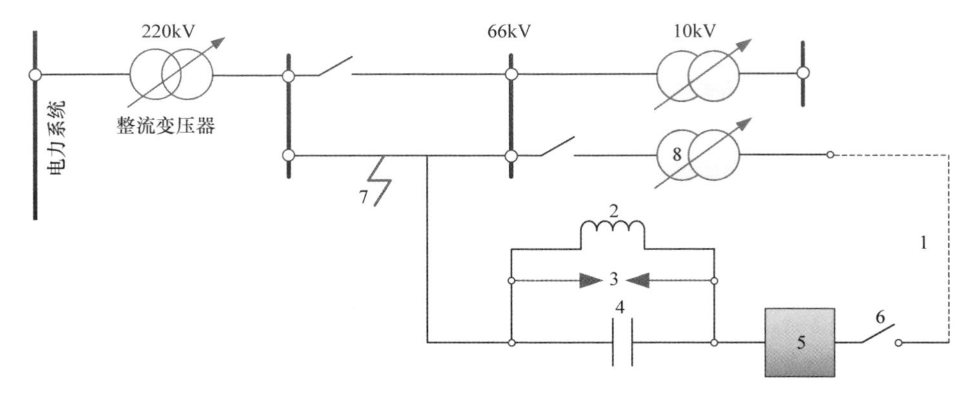

图 8.11　融冰装置组成结构原理图

1-专用快速连接线路金具；2-放电线圈；3-放电间隙；4-串补电容器；5-融冰激励源；6-开关柜及保护；7-人工短路点；8-融冰电源接入变压器

2. 高频激励融冰装置接线方式

高频融冰有两种方式，一种离线方式；二是在线方式。离线方式分为三种：三相短路、两相短路和单相短路融冰。图 8.12 为两相短路融冰接线方式。

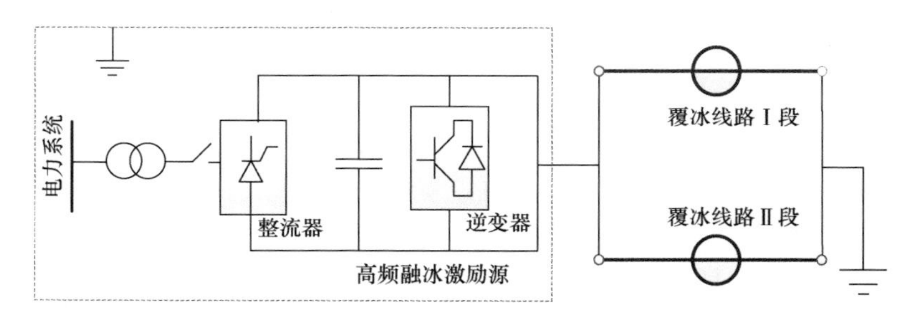

图 8.12　高频激励两相短路融冰接线示意图

在线方式融冰时，激励源是外施高频电源，与滤波器、高频阻波器组成融冰系统，将高频融冰电流限制在融冰线路中，不影响线路两端的用电设备和变电设备，如图 8.13 所示。该融冰方式优点是线路不停运，避免重要线路停电融冰时造成的稳定运行以及经济损失；缺点是增加与融冰激励源配套的阻波器及其滤波装

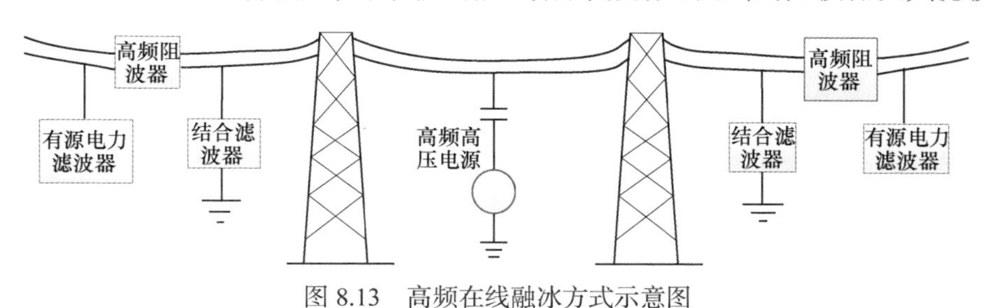

图 8.13　高频在线融冰方式示意图

置。高频阻波器接入融冰线路两端，采用单频阻波器原理将激励融冰电流阻断在融冰通道内。对于激励源中电力电子变流装置产生的低次谐波，采用并联有源滤波器和结合滤波器滤除，确保融冰装置的接入不影响供电质量。

8.2.3　高频激励融冰前景

1. 高频(高压)激励融冰法的优点

高频(高压)激励融冰法采用集肤效应感应加热与介质损耗介质加热两种加热方法[18]，主要优点为：

(1) 热效率高。电流频率达到临界值使集肤效应热效率最高，而介质加热在电介质内部，比外部加热效率更高。高频(高压)激励融冰热效率高于外部加热融冰方法。

(2) 加热均匀，加热区域选择灵活。感应加热对物体进行整体均匀加热和表层加热；高频段改变加热线圈的形状，可进行任意局部加热。介质加热直接在电介质内部，加热速度快而且均匀，且不会由于不均匀脱冰引发跳跃。

2. 高频(高压)激励融冰的难点

高频(高压)激励融冰法实际应用上还有很多问题需要解决，例如：

(1) 电磁干扰。如果频率高达 100kHz，产生的电磁辐射对其周边的无线电通信系统产生干扰，很多国家禁止该范围的频率。因此，需采非常严格的滤波措施阻止来自线路和辐射干扰的谐波。

(2) 没有成熟的高频电源满足实际运行线路高频(高压)激励融冰需要，必须开发覆盖多个频带的大功率专用电源。低损耗高频电抗器、输电线路陷波器等专用设备尚有待研究。

(3) 高频(高压)激励融冰还存在许多实际问题，如冰层形状、厚度及沿线不均匀分布对融冰的影响、冰层变化对融冰效果的影响、融冰与运行系统接入等。

综上所述，高频(高压)激励融冰具有较高的融冰效率，但高频激励可能对周围无线电通信系统产生干扰，且高频(高压)激励融冰目前仍处于理论研究与试验阶段，要想实现高频(高压)激励融冰法的广泛应用，还需对其理论和融冰设备等进行深入研究。

8.3　化学融冰

8.3.1　化学融冰原理

化学融冰主要用于道路融冰，在道路表面撒布融雪剂，降低路面液体凝固点，并产生潮解，达到融化冰雪的目的。

1. 溶液凝固点

根据乌拉尔定律[19]：一定温度下难挥发非电解质稀溶液蒸气压下降(Δp)与溶剂(A)蒸气压和溶质(B)的质量分数 x_B 成正比，与溶质的本性(种类)无关，即

$$\Delta p = p_A \cdot x_B \tag{8.14}$$

乌拉尔定律合理解释了溶液凝固点下降。在一定外压下纯物质的固、液两相平衡的温度称为固相熔点或液相凝固点。外压为 101.325kPa 时，水凝固点(即冰点)为 273.15K，水和冰的蒸气压相等。当冰和水处于平衡体系时，加入难挥发非电解质溶质，溶质不断溶解于水中使得水溶液的蒸气压下降，而冰的蒸气压不变，固液两相蒸气压不相等，平衡体系被破坏。当处于非平衡状态时，冰开始融化，整个体系温度下降，水溶液和冰的蒸气压也随温度降低而下降。如图 8.14 所示，冰的蒸气压下降速度(AA')比水溶液的蒸气压($B'A'$)下降速度快，当温度降到一定值(T_f')时，二者再次相等，冰和水溶液重新平衡，定值(T_f')就是水溶液的凝固点，溶质的加入使得冰融化，水溶液凝固点比水冰点有所降低，这是溶液凝固点下降现象。

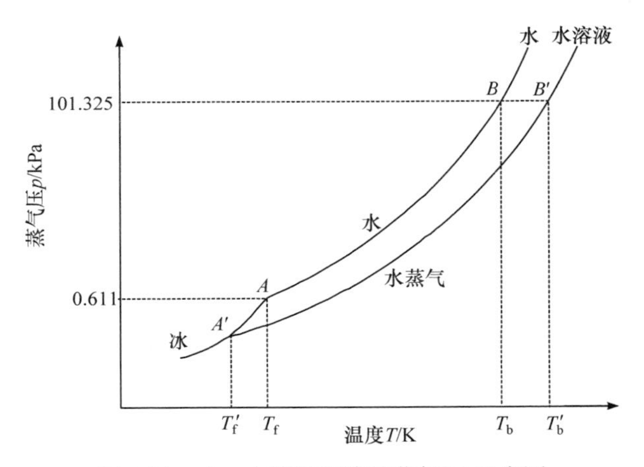

图 8.14　水、水溶液和冰的蒸气压-温度图

由上可知，融雪剂应用于冬季道路除冰雪的原理是溶液凝固点下降。在低温环境中融雪剂有效清除道路冰雪，不仅使溶液凝固点足够低，而且要保证撒布于道路上的融雪剂能迅速吸取或溶于周围环境的水分而形成融雪剂稀溶液。

2. 潮解现象

潮解是指当固体物质水的蒸气压低于空气中水的蒸气压时，吸湿性固体物质吸收空气中水分，使其表面逐渐湿润并由固体变为溶液的现象。潮解发生的根本

原因在于固体物质水的蒸气压低于空气中水的蒸气压。为保持平衡，水分子向固体物质表面移动从而产生潮解。大部分固态融雪剂都具有潮解性。当其撒布于道路表面的积雪上时，迅速吸收空气中水分子形成溶液并逐渐融化冰雪。随着冰雪融化的水分增多，融雪剂也随之大量溶解，加之车辆行驶促进了融雪剂液体在路面上的流动，使得道路上积雪迅速融化成水，并沿着道路两侧的排水沟排走。

8.3.2　化学融冰分类与发展

化学融冰在 12.2.3 节将有详细讨论，此处做简单分析。融雪剂主要分三类[20,21]：①氯盐型融雪剂，主要是 NaCl、$CaCl_2$、$MgCl_2$、KCl，最多用的是工业盐 NaCl 或 NaCl 与 $CaCl_2$ 的混合物。②非氯型融雪剂，主要是无机盐、胺、醇、乙酸钾、醋酸盐等，最为多用的是多元醇、CMA(醋酸钙)、醋酸钾。③混合型融雪剂，有氯盐和非氯盐混合、氯盐和非氯盐加阻锈剂混合。

1. 氯盐型融雪剂

氯盐融雪剂，包括 NaCl(食盐)、$CaCl_2$、$MgCl_2$、KCl 等，是氯盐家族，通称“化冰盐”。国外使用最早、用量最大的是氯化钠。我国早期使用氯化钠，2000 年后采用氯化钙、氯化镁为主体融雪剂。美国五种通用融雪剂中有三种是氯盐(NaCl、$CaCl_2$、KCl)。日本使用“化冰盐”比美国晚，早期也使用 NaCl，1995 年后开始使用 $CaCl_2$。

使用氯盐型融雪剂时，氯盐经电离后产生 Cl^- 破坏钢筋表面钝化膜，使钢筋由钝化态转化为活化(腐蚀)状态，腐蚀速度与 Cl^- 浓度有关，钢筋锈蚀产物(铁锈)可使原体积膨胀 2.5～5 倍，导致梁头及帽架混凝土裂缝、剥落、钢筋外露等。盐在与金属接触过程中，形成电化学腐蚀反应，使汽车底盘的金属生锈甚至严重腐蚀，车底盘的球头、拉杆、减振器、油箱底等多为铁质，长时间受腐蚀非常容易生锈并导致零件破坏，严重时还影响到行车安全。钠盐使土壤盐度增大，植物因生理性缺水会“渴死”；钠盐化合物还会破坏土壤成分，阻止土壤给养，“饿死”植物。

2. 非氯型融雪剂

由于氯盐型融雪剂的负面影响大容易造成巨大损失，人们努力研究既能尽快融雪又不至于对环境及道路交通设施造成危害的环保型融雪剂。通过不断努力，非氯盐型融雪剂取得一定进展。

(1) 植物基非氯环保型融雪剂材料(多元醇类)：多元醇主要成分来自天然植物，在自然环境中可降解代谢，对动物皮肤无刺激，对土壤微生物的抑菌作用很小，对鱼和其他水生生物毒性也较低。

(2) 醋酸盐类融雪剂(醋酸基类)：与氯盐类融雪剂相比，醋酸盐类融雪剂(如

CMA)具有较好的融雪效率，是一种环保型融雪剂，其生物可降解性保证环境不被 Cl^- 所污染，制备原料通常为冰醋酸和白云石等，然而因成本较高制约了醋酸盐类融雪剂的普遍使用。

3. 混合型融雪剂

混合型融雪剂包括氯盐和非氯盐复合物、氯盐和非氯盐以及添加剂复合物等，主要添加的复合物有缓蚀剂、阻锈剂等。

(1) 缓蚀剂：在除冰融雪剂中应用以减轻融雪剂对基础设施的腐蚀。氯盐中添加工业蜜糖、氯化镁中加入磷酸盐或三乙醇胺作为缓蚀剂，氯盐类融雪剂中添加醋酸锌和多聚磷酸盐，利用氯化镁、岩盐、尿素、三聚磷酸钠、偏磷酸钠等生产复合型融雪剂等。氨基酸类缓蚀剂也是目前颇具前景的环境友好型绿色缓蚀剂。

(2) 阻锈剂：20 世纪 80 年代后期，美国开始使用氯盐类阻锈型融雪剂。这是一种复合制剂，曾代表除冰融雪剂的发展新方向。钢筋阻锈剂作为提高混凝土结构耐久性的重要方法之一，得到了越来越广泛的应用和研究。通过添加阻锈剂，可以减缓或者阻止氯盐对钢筋的侵蚀。

8.3.3 化学融冰应用

1. 高速公路桥梁机场

氯盐型融雪剂价格低廉，作业方便，可在任何需要除雪的地段撒布，快速有效地清除路表积雪。但氯盐型融雪剂对路用性能及道路沿途附属设施有很大的损害，Cl^-会腐蚀钢筋，导致钢筋锈蚀，造成表面的混凝土膨胀脱落；盐溶液会侵入道路内部，造成沥青黏结力下降、集料脱落，降低路面使用性能；盐溶液会随着雪水流至道路两旁污染地下水，造成道路沿途植被死亡、土壤盐碱化。由于氯盐型融雪剂使用后对环境的污染问题日益突出，不断被政府部门所重视，其用量也不断缩减。目前全国很多城市对融雪剂的使用出台了相关规定，以沈阳市为例，沈阳全市每个区内都将设融雪剂禁用区和允许使用的地区，不能任意过量使用和超范围使用融雪剂，明确融雪剂每平方米使用量为不超过 80g/次。

非氯盐型融雪剂(环保型融雪剂)[22-27]能减少对桥梁和混凝土和钢筋的渗透破坏、冻融破坏及环境污染，但其价格昂贵，融雪效果低于氯盐型融雪剂，我国仅在机场、桥梁除雪时有所使用。

2008 年我国南方地区遭遇罕见大雪之后，很多地区的除雪理念、方式和管理等有了明显进步，高速公路、城市道路非常重视融冰除雪。雪前、雪中都会撒布融雪剂，采用机械、人工、融雪剂多种措施结合的融冰除雪措施。其中安徽省冬季道路除冰按照“机械除雪为主、撒布融雪剂和人工除雪为辅”的原则。

2. 抗凝冰沥青路面

抗凝冰沥青路面主要是在普通沥青混合料中添加不同性质的材料，起到主动融化冰雪或者防止路面结冰的作用。如图 8.15(a)所示，普通沥青路面结冰时，冰层与路面表层黏结牢固，在外力作用(如人工除冰和机械除冰)下强制除冰时，路面表层结构容易遭到损害；如图 8.15(b)所示，化学类抗凝冰沥青路面结冰时，冻结抑制剂在荷载、渗透压和毛细管作用力等的作用下释放出有效成分，降低水溶液冰点，抑制路面结冰，破坏路表与结冰层黏结作用，有利于路面除冰作业。

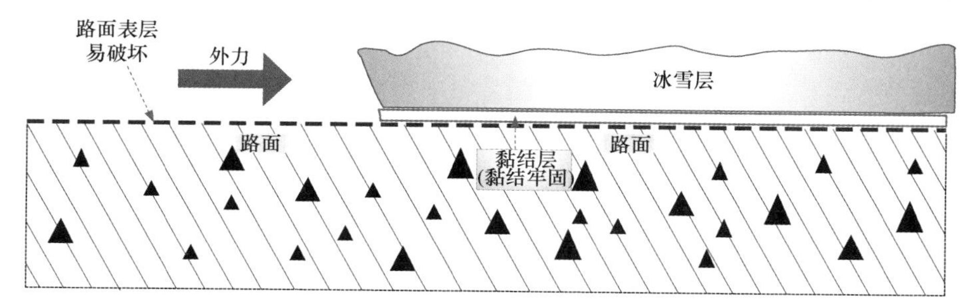

(a) 普通沥青路面

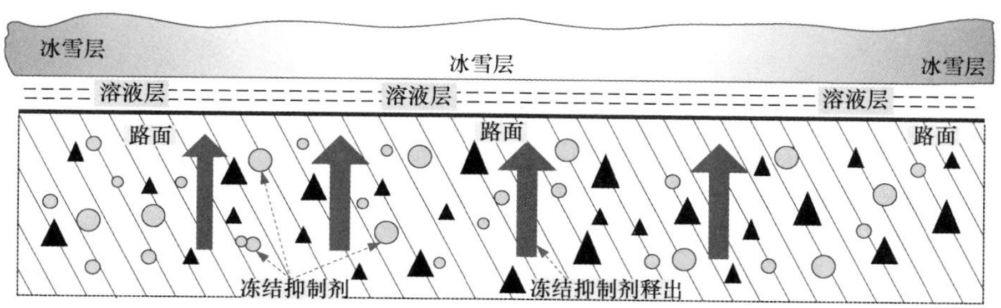

(b) 化学类抗凝结沥青路面

图 8.15　抗凝冰路面融冰机理

在路面表层 5～10mm 处，冻结抑制剂存在于道路空隙和毛细管，当路表面温度、湿度与大气环境温度、湿度发生差异，路面受到车辆碾压、磨损、振动等作用，在孔隙浸透压力和毛细管作用力激发下，防冻剂从不同深度的路面结构中缓慢抽提迁移到路表层并释放出有效成分。

利用融雪抑冰材料的化学作用原理，不仅能够在降雪量较小时达到融雪的目的，而且在降雪量较大冰层较厚时能够直接破坏“冰雪-路面黏结层”，从而避免人工和机械铲雪对路面表层结构的损害，利于除冰雪作业提高除雪效率。

8.3.4　化学融冰前景

美国 20 世纪 30 年代开始使用融雪剂，我国使用融雪剂的历史较短，主要是以 NaCl 为主的工业盐。由于浓度为 23.3%的 NaCl 溶液即达到饱和，而且 NaCl 固体颗粒溶解时会吸收部分热量，影响 NaCl 的融冰效率。21 世纪初期我国开始使用 $CaCl_2$ 融冰，溶解时能够释放大量热，浓度为 32%的无水 $CaCl_2$ 冰点可达 –49.7℃，被广泛用于道路除雪融冰。

氯盐型融雪剂对钢筋、混凝土和周围环境会造成不良影响，很少采用此方法进行道路除雪融冰。在融雪剂中加入缓蚀剂形成混合型融雪剂，提高融雪剂的环保性能，降低其对结构物及环境的负面影响。目前我国高速公路、机场、桥梁和城市道路主要采用混合型融雪剂进行除雪融冰。新型非氯盐类融雪剂绿色环保，但其原料价格昂贵，难以大量推广使用。

抗凝冰沥青混合料是在普通沥青混合料中添加不同性质的材料，起到主动融化冰雪或者防止路面结冰的作用。大量应用的有瑞士 V-260 和日本 MFL。抗凝冰沥青混合料的研究发展迅猛，在深入探索抗凝冰路面缓释机理和避免影响沥青混合料路用性能的同时，研发具有长期抗凝冰效果的抗凝冰材料，在实际除雪融冰应用上会取得良好成效。

8.4 本章小结

本章论述工频谐振、高频激励和化学融冰方法，分析了各融冰方法的原理、应用和发展前景。电网融冰除传统的短路融冰和带负荷融冰外，还有工频谐振融冰和高频激励融冰，工频谐振融冰利用谐振原理消除输电线路电抗，克服交流短路融冰需提供大量无功功率的缺陷，适用于较高电压等级和较长输电线路的融冰；高频激励融冰法是在线路施加高频激励，通过冰中产生介质损耗和导线集肤效应实现融冰，融冰效率高，但该方法对周围通信系统产生干扰且融冰装置尚不成熟，缺少实际应用；化学融冰主要用于道路融冰，通过降低溶液凝固点和潮解实现融冰，该方法很难在成本和生态环境中取得平衡，氯盐型融雪剂融冰效果好且成本低，但对环境影响大，环保型融雪剂对环境友好但价格昂贵。

参考文献

[1] 覃晖，邓帅，黄伟，等. 南方电网输电线路融冰措施综述[J]. 电力系统保护与控制，2010, 38(24): 231-235.

[2] 向往，谭艳军，陆佳政，等. 交直流输电线路热力融冰技术分析[J]. 电力建设，2014, 35(8): 101-107.

[3] 赵国帅，李兴源，傅闯，等. 线路交直流融冰技术综述[J]. 电力系统保护与控制，2011, 39(14): 148-154.

[4] 张昕，韩占忠. 输电线路除冰技术现状及发展[J]. 电气开关，2009, 47(1): 4-7.

[5] 曹军, 邓元实. 四川电网配电网交流融冰方法应用研究[J]. 四川电力技术, 2017, 40(4): 59-60.
[6] 荆群伟, 周羽生, 刘亮, 等. 基于工频谐振的输电线路融冰方法研究[J]. 电瓷避雷器, 2016, (4): 1-6.
[7] McCurdy J D, Sullivan C R, Petrenko V F. Using dielectric losses to de-ice power transmission lines with 100kHz high-voltage excitation[C]. Conference Record of the IEEE Industry Applications Conference, Chicago, 2001: 2515-2519.
[8] Perz M C. Analytical determination of high-frequency propagation on ice-covered power lines[J]. IEEE Transactions on Power Apparatus and Systems, 1968, PAS-87(3): 695-703.
[9] Huneault M, Langheit C, Caron J. Combined models for glaze ice accretion and de-icing of current-carrying electrical conductors[J]. IEEE Transactions on Power Delivery, 2005, 20(2): 1611-1616.
[10] 祁胜利, 赵海纲, 钱锋. 500kV 线路串联补偿电容器组的接线方式及保护[J]. 电力系统保护与控制, 2010, 38(4): 63-67.
[11] 雷红才, 陆佳政, 李波, 等. 可调电容串联补偿式交流融冰装置在湖南电网的应用[J]. 湖南电力, 2009, 29(5): 28-29.
[12] 荆群伟, 周羽生, 罗屿, 等. 基于高频激励法的输电线路融冰激励源研究[J]. 电力科学与工程, 2015, 31(10): 11-15.
[13] 王红斌, 王琦, 崔翔. 输电线路高频、高压激励融冰技术研究[J]. 广东电力, 2009, 22(8): 21-24.
[14] 熊强. 基于集肤效应和介质损耗的输电线路高频融冰研究[D]. 长沙: 长沙理工大学, 2019.
[15] 陈佩瑶. 输电线路高频激励融冰技术及装置研究[D]. 长沙: 长沙理工大学, 2012.
[16] 王贤军, 周羽生, 熊强. 考虑功率衰减的输电线路高频激励融冰法研究[J]. 电力科学与工程, 2018, 34(2): 14-19.
[17] 荆群伟. 线路高频激励与工频谐振融冰研究及对比分析[D]. 长沙: 长沙理工大学, 2016.
[18] 印永嘉, 奚正楷, 张树永, 等. 物理化学简明教程[M]. 4 版. 北京: 高等教育出版社, 2007.
[19] Tan Y Q, Sun R R, Guo M, et al. Research on deicing performance of asphalt mixture containing salt[J]. China Journal of Highway & Transport, 2013, 26(1): 23-29.
[20] 周小鹏, 黄军瑞, 王腾, 等. 我国道路融雪剂应用现状及发展趋势[J]. 辽宁化工, 2019, 48(9): 920-922.
[21] Makkonen L, Ahti K. Climatic mapping of ice loads based on airport weather observations[J]. Atmospheric Research, 1995, 36(3/4): 185-193.
[22] 王小光. 高效环保型融雪剂的研制[D]. 郑州: 郑州大学, 2007.
[23] 吴淑娟. 盐化物沥青混合料融冰雪性能及适应性气候分区研究[D]. 西安: 长安大学, 2012.
[24] 彭磊. 自融雪沥青路面外加剂制备与运用研究[D]. 西安: 长安大学, 2013.
[25] 白艳君. 盐化物融雪沥青混合料性能[D]. 西安: 长安大学, 2012.
[26] 谢康. 高速公路除冰融雪技术应用研究[D]. 合肥: 合肥工业大学, 2018.
[27] 李鹏. 环保型道路融雪剂制备及应用技术研究[D]. 兰州: 兰州交通大学, 2018.

第 9 章　电流焦耳热融冰方法与技术

输电线路冰灾严重影响电网安全运行，面对极具危害的输电线路冰灾，电网在选择积极防御的同时，还需要采取被动措施来降低覆冰形成后造成的危害。目前，世界各国普遍采用电流焦耳热融冰法实现输电线路融冰。电流焦耳热融冰法主要是通过各种手段提高输电线路中导线的电流，使导线产生的焦耳热能够融化导线表面冰层，并致使其由于重力作用而脱落。

9.1　电流焦耳热融冰原理

9.1.1　电流焦耳热融冰过程

导线是由电阻率较低的金属材料制成，导电系数高，性能好。为提高线路抗拉强度，一般嵌入钢芯丝，常见导线采用钢芯铝绞线。电流是电子电荷在输电线路中定向运动。线路具有电阻，电流在导线上消耗功率并转化为热能。电流足够大，消耗电能足够多，将会转化足够的热能融化覆冰。

电流融冰是内接触式融冰[1,2]。电流流过导线，冰层和导线温度在焦耳热作用下开始上升，在冰层与导线接触的内表面温度达到 0℃以前，冰层均不会融化。当与导线接触的冰层内表面温度达到 0℃之后，与导线接触的冰层开始融化，冰和导线之间的黏结力随之减小。偏心圆形或椭圆形覆冰导线，当黏结力矩小于其重力矩时冰层将发生旋转，如图 9.1 所示。

(a) 冰层开始融化

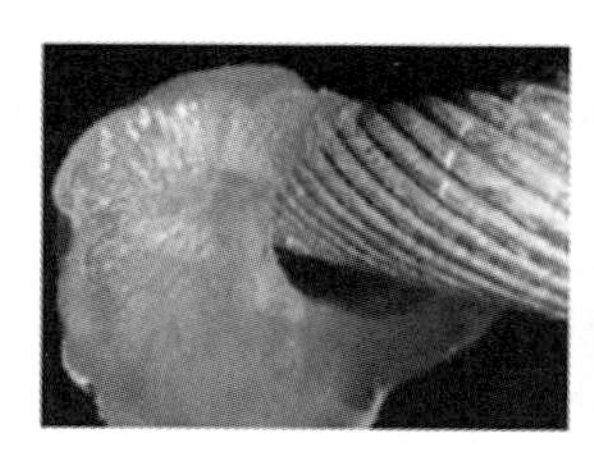
(b) 冰层旋转

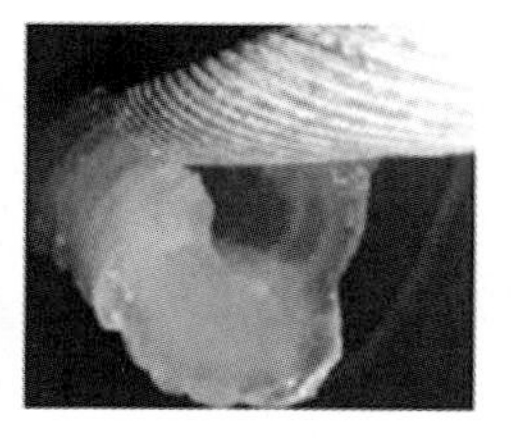
(c) 冰层脱落

图 9.1　电流焦耳热融冰过程中冰层的旋转

热力融冰属于内部接触式融冰，当较高传输电流流过导线后，与导线直接接触的冰层内表面首先开始融化。融冰过程可以分为四个阶段：

(1) 升温：线路在融冰时环境温度均低于 0℃，由于融冰前需要停电安装融冰设备，这段时间内导线、冰层与环境温度达到平衡。故在融冰前，可认为导线和冰层温度均与环境温度相等，导线通过较高传输电流后，冰层和导线温度在焦耳热作用下上升。冰层内表面温度达到 0℃前冰层均不会融化，此阶段称为升温阶段。

(2) 冰层旋转：偏心圆形或椭圆形覆冰导线在融冰过程中发生冰层旋转。当冰层内表面温度达到 0℃后，与导线接触的冰层开始融化，冰和导线间的黏结力减小。当黏结力矩小于重力矩时，发生图 9.1(b)的旋转，对于钢芯铝绞线，外表面的锯齿对冰层旋转起阻碍作用。只有当钢芯铝绞线外表面凹槽的冰融化后，冰层才会旋转。

(3) 冰层旋转后的融冰：冰层旋转后，冰层厚的部分置于导线下方，薄的部分位于导线上方。随着冰层的继续融化，冰和导线之间出现间隙(图 9.1(c))。观测发现：导线上冰层有漏水微孔，融冰水可从微孔中溢出。且由于导线弧垂影响或地势的原因，导线一般存在弧垂。融冰过程中冰水除通过冰层下表面溢出外，还沿导线表面流失。随着冰层内表面不断融化以及融冰水流失，冰和导线之间将产生由空气构成的间隙(简称气隙)。冰和导线间气隙呈椭圆形不断向冰层外表面扩大，直至冰层从导线上脱落。

(4) 冰层脱落：线路上冰厚有差异，线路各处风速、环境温度等也有区别。融冰过程中经常出现同一线路不同期脱冰，即脱冰时间具有分散性，如图 9.2 所示。

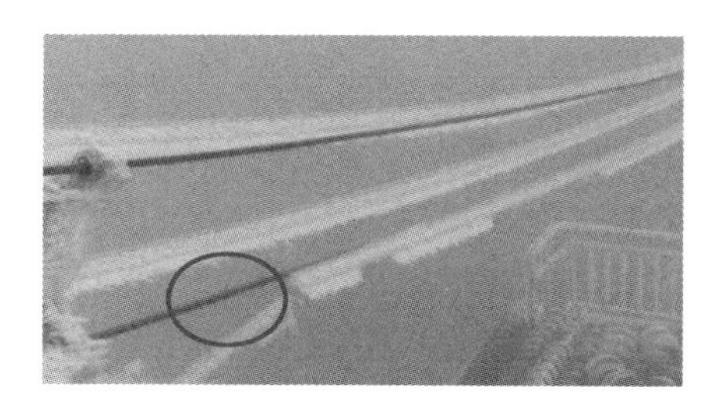

图 9.2　融冰过程中冰层脱落

脱冰时间分散性与导线覆冰的轴向不均匀性、风速不稳定性和沿导线分布的不均匀性有关。当导线部分冰层脱落后，将出现裸露段和覆冰段相间的情况，分析和试验表明，裸露段和覆冰段存在轴向热传导，二者相互影响。导线覆冰段由于被冰层裹着，其温度基本不受风速和环境温度影响；而裸露段则通过对流和辐射方式与周围空气发生热交换，受风速和环境温度影响。当风速较大或环境温度较低时，裸露段导线温度可能低于覆冰部分的温度，热量从覆冰段流向裸露段，使剩余冰层的融化速度变慢，造成脱冰时间的分散性变大，如图 9.3 所示。而当风速较小，或环境温度较高时，导线裸露部分的温度可能高于覆冰部分，热量从导线的裸露段流向覆冰段，使覆冰段的融冰速度变快，脱冰时间分散性变小。

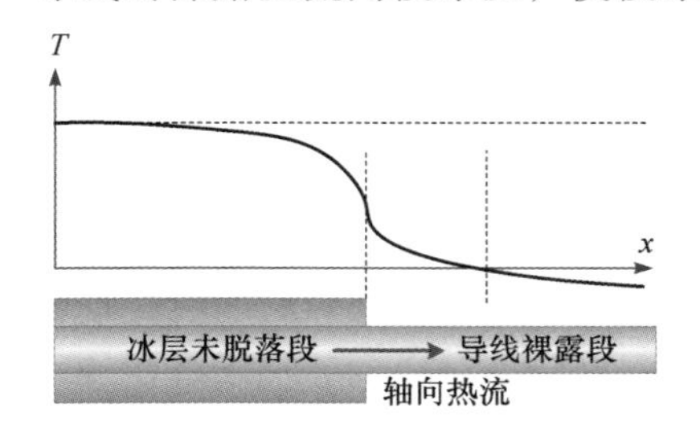

图 9.3　不同时脱冰的热流与温度分布

9.1.2　覆冰状态对电流焦耳热融冰的影响

由于覆冰环境的影响，导致覆冰类型多样，密度范围较广，覆冰热导率和冰层黏结力有较大差异。在融冰过程中，冰热导率影响融冰时间，冰层黏结力影响冰层脱落。因此融冰过程中需考虑覆冰类型和覆冰密度的影响。

1. 覆冰形态

外界环境不断变化或导线自身结构差异，覆冰形态变化多样[3]。图 9.4 为不同导线自然覆冰形态。可以看出，不同环境中覆冰形态多种多样。不同冰的导热率不同，融化冰的体积不同，导致融冰能量和时间有差别。雾凇比雨凇更易融化，偏心椭圆冰比圆筒冰更易融化。同一导线上覆冰形状随位置变化。图 9.5 为某次自然覆冰导线覆冰形状与位置的关系，靠近铁塔处导线的覆冰较薄，越靠近中部导线的覆冰厚度增加，融冰过程中导线两端的覆冰首先发生脱落，中部覆冰最后脱落，导线融冰时间会出现一定的分散性。

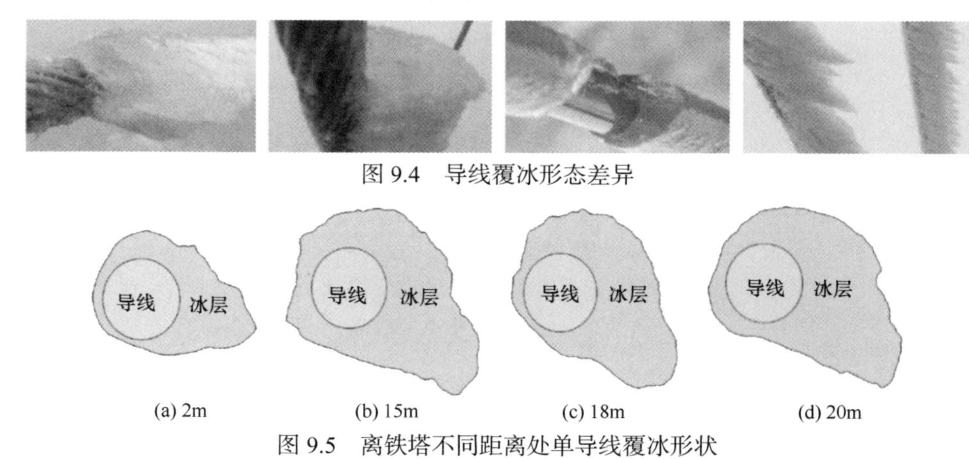

图 9.4　导线覆冰形态差异

(a) 2m　(b) 15m　(c) 18m　(d) 20m

图 9.5　离铁塔不同距离处单导线覆冰形状

2. 冰密度

不同环境条件下覆冰类型不同，冰密度有差异。表 9.1 为不同输电线路冰的形状特征和密度。由此可看出：输电线路冰形状多样，冰密度范围较大，雨凇、混合凇和雾凇的密度依次降低，从雨凇最高的 $0.917g/cm^3$ 到雾凇最低的 $0.05g/cm^3$。

表 9.1　输电线路覆冰形状与密度

类型	形状特征	密度/(g/cm³)
雨凇	纯粹、透明的冰，坚硬，可形成冰柱，黏附力很强	0.8～0.917
混合凇	不透明(奶色)或半透明冰，常由透明和不透明冰层交错而成，坚硬，黏附力强	0.3～0.8
雾凇	白色，呈粒状雪，质轻，为相对坚固的结晶，黏附力较弱	<0.30

冰密度对导线融冰过程有影响[4]：①冰密度影响冰层热导率，从图 9.6 可看出，冰密度越大热导率越大，冰密度是冰热导率最大的影响因素；②虽然没有冰黏结力与冰密度的直接联系，但不同类型冰的黏结力有差异，铝材导线等的混合凇垂直黏结力随温度降低而增加，与混合凇和雨凇相比，雾凇黏结力较小。

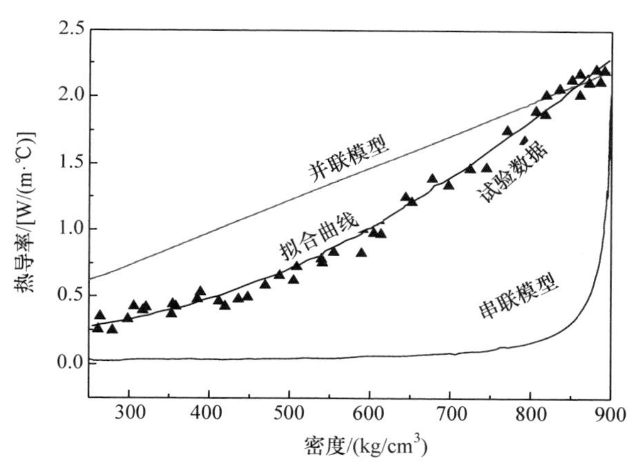

图 9.6　冰热导率与冰密度的关系曲线

9.1.3　电流焦耳热融冰条件

自然环境和气象条件复杂，自然条件下覆冰形状多种多样，本节采用圆形覆冰模型对导线融冰条件进行分析。

圆形覆冰导线截面如图 9.7 所示。一般说来，电流焦耳热融冰环境温度⩽0℃。融冰前需停电安装融冰装置，这段时间内冰层(Θ_1)和导线(Θ_3 和 Θ_4)的温度与环境温度保持平衡。导线通过电流后，焦耳热通过导线传至冰层，在冰层外表面(Γ_{01})通过辐射和对流传热与空气进行热交换。冰层尚未融化前，导线外表面与冰层内表面直接接触，$T_c=T_{in}$。焦耳热融冰属于内接触式融冰，即冰从内表面开始融化。由图 9.8 可知，当外界环境温度<0℃时，通电导线表面温度高于冰层外表面温度，冰层外表面温度高于环境温度，在冰层和冰层外表面附近的空气中形成温差分别

为 $T_{\mathrm{in}}(T_{\mathrm{c}})-T_{\mathrm{i}}$ 和 $T_{\mathrm{i}}-T_{\mathrm{e}}$ 的温度梯度。融冰热量来源于电流焦耳热，即

$$q_{\mathrm{j}}=I^2 r_T \tag{9.1}$$

式中：q_{j} 为焦耳热流量(W)；r_T 为导线在温度 T(℃)时的电阻率(Ω/m)；I 为融冰电流(A)。

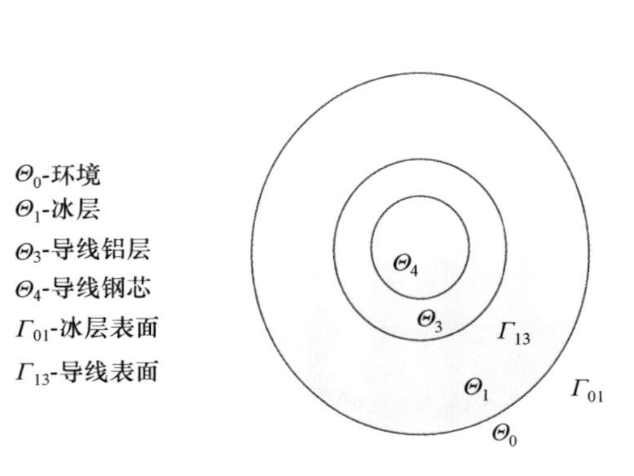

图 9.7　圆形导线覆冰截面

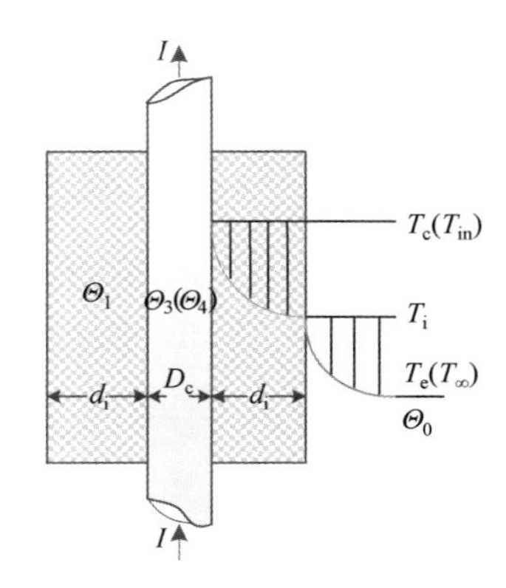

图 9.8　融冰导线温度分布

导线表面(Γ_{13})的焦耳热通过冰层传导至冰层表面(Γ_{01})，即

$$I^2 r_T=\frac{T_{\mathrm{in}}-T_{\mathrm{i}}}{R_{\mathrm{q}}} \tag{9.2}$$

式中：T_{in}、T_{i} 分别为冰层内、外表面温度(℃)；R_{q} 为圆筒形冰套热阻(W/(m·℃))。

冰层外表面对流和辐射热损失为

$$q_{\mathrm{i}}=2\pi h(T_{\mathrm{i}}-T_{\mathrm{e}})(R_{\mathrm{c}}+d_{\mathrm{i}}) \tag{9.3}$$

式中：q_{i} 为冰层外表面热流损失(W)；d_{i} 为冰层厚度(m)；h 为冰层外表与空气热交换系数(W/(m²·℃))，公式为

$$h=h_{\mathrm{c}}+h_{\mathrm{r}} \tag{9.4}$$

式中：h_{c} 和 h_{r} 分别为冰层外表面对流热和辐射热交换系数(W/(m²·℃))，分别表示为

$$\begin{cases} h_{\mathrm{c}}=\dfrac{\lambda_{\mathrm{a}}(Nu_{\mathrm{n}}+Nu_{\mathrm{f}})}{2(R_{\mathrm{eq}}+d_{\mathrm{i}})} \\ h_{\mathrm{r}}=4\varepsilon\rho(T_{\mathrm{e}}+273.15)^3 \end{cases} \tag{9.5}$$

式中：ε 为冰面发射率，取值为 0.9；ρ 为辐射常数，$\rho=5.67\times10^{-8}$W/(m²·℃⁴)；λ_{a} 为空气热传导率(W/(m·℃))；Nu_{n}、Nu_{f} 分别为覆冰导线自然和强制对流的努塞尔数，即

$$\begin{cases} Nu_{\mathrm{n}} = B(Gr \cdot Pr)^{b} \\ Nu_{\mathrm{f}} = CRe^{n} \cdot Pr^{1/3} \end{cases} \tag{9.6}$$

式中：Pr、Gr、Re 分别为普朗特数、格拉晓夫数和雷诺数，即

$$\begin{cases} Gr = \dfrac{g(T_{\mathrm{i}} - T_{\mathrm{e}})(2R_{\mathrm{c}} + 2d_{\mathrm{i}})^{3}}{\nu^{2}[(T_{\mathrm{i}} + T_{\mathrm{e}})/2 + 273]} \\ Pr = \mu C_{\mathrm{a}} / \lambda_{\mathrm{a}} \\ Re = 2v_{\mathrm{a}}\rho_{\mathrm{a}}(R_{\mathrm{c}} + d_{\mathrm{i}}) / \mu \end{cases} \tag{9.7}$$

式中：g 为重力加速度，g=9.8m/s^2；ν 为空气运动黏度，ν=1.328×10^{-5}m^2/s；μ 为空气动力黏滞系数，μ = 1.72×10^{-5}kg/(m·s)；C_{a} 为空气比热容，C_{a} = 1005J/(kg·℃)；ρ_{a} 为空气密度，ρ_{a} = 1.293kg/m^3；v_{a} 为风速(m/s)；d_{i} 为冰层厚度(m)。

另外，式(9.6)中：B、b 是由 Gr 决定的系数，覆冰条件下，1.43×10^4≤Gr≤5.67×10^8，B=0.48、b=0.25；C、n 是由雷诺数决定的系数，C、n 值如表 9.2 所示。

表 9.2　C、n 值与 Re 的关系

Re 范围	C	n
40≤Re≤4000	0.683	0.466
4000<Re≤40000	0.193	0.618
40000<Re≤400000	0.0266	0.805

电流焦耳热融冰应满足两个必要条件：①与导线接触的冰层内表面温度达到融化温度，即 T_{in}=0℃；②电流焦耳热大于冰层外表面的热损失，即 $q_{\mathrm{j}}>q_{\mathrm{i}}$。融冰条件及其所对应的融冰状态如表 9.3 所示。

表 9.3　融冰条件及其对应融冰状态

融冰条件	融冰状态
T_{in}<0℃	不能融
T_{in}=0℃，$q_{\mathrm{j}}<q_{\mathrm{i}}$	不能融
T_{in}=0℃，$q_{\mathrm{j}}>q_{\mathrm{i}}$	能融
T_{in}=0℃，$q_{\mathrm{j}}=q_{\mathrm{i}}$	临界融冰状态

9.1.4　临界融冰电流

热融冰是电流通过导体产生焦耳冰，受多种环境因素影响。电流融冰物理模型主要有圆形和椭圆形模型，焦耳热融冰有临界防冰电流、临界融冰电流、最大容许电流、融冰时间等基本参量。

临界防冰电流也称为保线电流，是指覆冰环境使导线不覆冰的最小电流，受风速、环境温度、液态水含量、导线直径等多种因素影响。保线电流(I_c)为[5,6]

$$I_c = \left(\frac{2\pi R_{eq} k_s}{R_c} \left\{ h(T_s - T_a) + \frac{0.622 h L_v (e(T_{as} + 273.15) - e(T_a + 273.15))}{2 c_a p_a} + \varepsilon\sigma[(T_s + 273.15)^4 - (T_a + 273.15)^4] - \frac{h_p r_c v^2}{2c_a} + \frac{R\alpha_1 w v}{2\pi R_{eq} k_s}[2c_w(T_s - T_a) - v^2] \right\} \right)^{0.5} \tag{9.8}$$

式中：h 为对流换热系数；R_c 为前温度电阻率；R_{eq} 为导线等效半径；k_s 为导线表面系数；h_p 为强制对流换热系数；T_s 为导线表面温度；T_{as} 为水膜与空气接触面温度；T_a 为空气温度；c_a 为空气比热容；ε 为水膜相对于黑体的总辐射系数；σ 为 Stefan-Boltzman 常数；w 为液态水含量；c_w 为水比热容；L_v 为水蒸发潜热；v 为风速；p_a 为气压；r_c 为导线表面恢复系数；e 为温度 T 时饱和蒸汽压；α_1 为碰撞系数。

临界融冰电流也称为最小融冰电流，是指在一定外部环境下，使线路覆冰融化的最小电流，临界融冰电流[7]为

$$I_r^2 R_0 t_r = \frac{\Delta T}{R_{T_0} + R_{T_1}} t_r + 10\rho_i db + \frac{0.045\rho_i D^2}{R_{T_0} + R_{T_1}} \left(R_{T_1} + 0.22 \frac{R_{T_0}}{\ln \frac{D}{d}} \right) \Delta t \tag{9.9}$$

式中：I_r 为融冰电流；R_0 为 0℃时导线电阻；t_r 为融冰时间；ΔT 为导体温度与外界气温之差；ρ_i 为冰密度；d 为导线直径；b 为冰层厚度；D 为覆冰导线外径；R_{T_0} 为等效冰层传导热阻；R_{T_1} 为对流及辐射等效热阻。

最大容许电流是指导线达到最高允许温度时的电流。融冰时间指融冰开始到冰完全融化的时间，可表示为[8]

$$t_r = \frac{[c_i(273 - T_a) + L_F]\rho_i R_i (2R_0 - \pi R_i / 2)}{I_r^2 R_e} \tag{9.10}$$

式中：c_i 为冰的比热容；T_a 为空气温度；ρ_i 为冰密度；L_F 为水汽化潜热；R_0 为覆冰后导线平均半径；R_i 为裸导线半径；I_r 为融冰电流；R_e 为单位长度导线 0℃的电阻。

实际融冰过程中，融冰电流大小是融冰装置设计与融冰实施的基础，由表 9.2 可知，当冰层内表面温度 T_{in}=0℃，且焦耳热与冰层外表面的热损失相等时，处于临界融冰状态。根据式(9.9)和式(9.10)，临界融冰状态热平衡方程为[9,10]

$$\frac{-T_i}{R_q} = 2\pi h(T_i - T_e)(R_c + d_i) \tag{9.11}$$

圆形覆冰导线冰厚(d_i)为常数，R_i、R_q 也是常数，R_q 可表示为

$$R_q = \frac{\ln(R_i / R_c)}{2\pi\lambda_1} \tag{9.12}$$

式中：λ_1 为冰层热传导率，取值为 2.22W/(m·℃)；R_i 为覆冰导线半径(m)。将式(9.12)代入式(9.11)可得

$$\frac{-T_i}{\ln(R_i / R_c)} = R_i h(T_i - T_e) \tag{9.13}$$

由式(9.13)可求得冰层外表面的温度(T_i)为

$$T_i = \frac{R_i h \ln(R_i / R_c) T_e}{R_i h \ln(R_i / R_c) + \lambda_1} \tag{9.14}$$

则临界融冰条件下式(9.2)可表示为

$$I_c^2 r_T = \frac{-2\pi\lambda_1 T_i}{\ln(R_i / R_c)} \tag{9.15}$$

式中：I_c 为临界融冰电流(A)。将式(9.14)代入式(9.15)可求得临界融冰电流为

$$I_c = \sqrt{\frac{-2\pi\lambda_1 R_i h T_e}{r_T R_i h \ln(R_i / R_c) + r_T \lambda_1}} \tag{9.16}$$

式(9.16)是在环境温度 $T_e \leqslant 0$℃时才有实数解，即 $T_e \leqslant 0$℃时才存在临界融冰电流，而在 $T_e > 0$℃时，则不存在临界融冰电流。

9.1.5　临界融冰电流的影响因素

1. 冰厚与导线直径的影响

临界条件下融冰电流与导线直径有关，但与冰厚关系不明显，如图 9.9 所示。由图可知：

(1) I_c 随冰厚变化没有明显变化。冰厚增加冰热阻增加，在临界融冰条件下冰层没有融化现象，I_c 的热量维持导线表面温度为 0℃，并通过冰层传递热量到冰面，冰层并没有消耗热量，传递到冰面的热量散失由风速决定。

(2) 不同直径导线电阻的差异，导致产生热量差异较大。导线直径小，电阻大，产生热量多，相同散热情况下维持 I_c 所需要电流小；导线直径大，产生热量少，维持相同环境的辐射和对流损失的热量一致，需更大的 I_c。

2. 风速影响

风速对临界融冰电流的影响如图 9.10 所示。由图可知：不同类型的导线，风速越大，I_c 越大，风速对 I_c 的影响有饱和性。风速越大，冰层表面散失热量越多，融冰所需的能量越多，因此 I_c 越大。

3. 环境温度影响

温度对临界融冰电流的影响如图 9.11 所示。由图可知：不同导线的 I_c 随环境

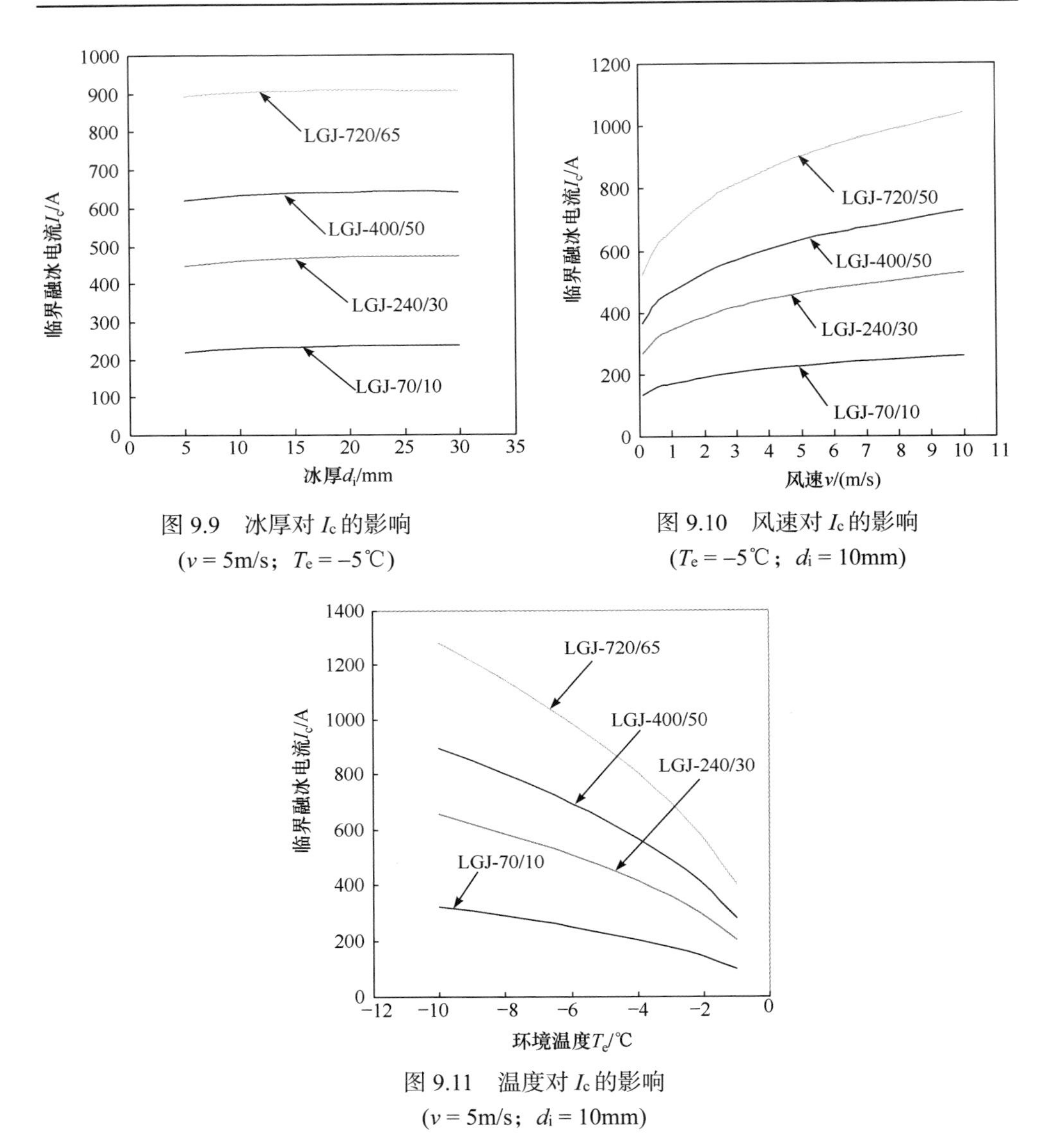

图 9.9 冰厚对 I_c 的影响
($v = 5$m/s；$T_e = -5$℃)

图 9.10 风速对 I_c 的影响
($T_e = -5$℃；$d_i = 10$mm)

图 9.11 温度对 I_c 的影响
($v = 5$m/s；$d_i = 10$mm)

温度降低而增大，环境温度对 I_c 的影响具有饱和性，随环境温度的降低，环境温度对 I_c 的影响变小。由式(9.13)可知，环境温度越低，冰层表面散失的热量越多，融冰所需的能量越多，I_c 越大。

9.1.6 融冰时间的计算

1. 融冰物理模型

电流焦耳热融冰过程模型如图 9.12 所示。导线覆冰为圆柱形，冰厚为 $d_i=R_i-R_c$。

导线表面冰开始融化，见图 9.12(a)；随着冰层融化，在重力作用下向下移动，见图 9.12(b)；最后达到冰层脱落的临界状态，见图 9.12(c)。在冰自重及剪切力作用下，冰在振动或微风作用下可自行脱落，冰脱离导线的最小融化截面积为

$$A_{\mathrm{m}} = \gamma(2R_{\mathrm{c}}R_{\mathrm{i}} - \frac{\pi R_{\mathrm{c}}^2}{2}) = \gamma\left[\frac{D_{\mathrm{c}}(D_{\mathrm{c}} + 2d_{\mathrm{i}})}{2} - \frac{D_{\mathrm{c}}^2}{8}\right] \approx \gamma D_{\mathrm{c}}(0.1073D_{\mathrm{c}} + d_{\mathrm{i}}) \tag{9.17}$$

式中：γ为考虑融冰余热对下表面和两侧融冰影响的不均匀性以及融冰接触热阻的影响系数，乘值为 1.1～1.3。

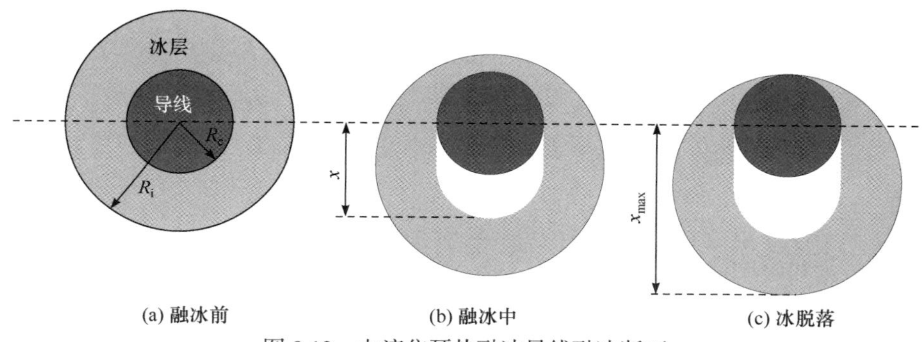

图 9.12　电流焦耳热融冰导线融冰断面

2. 热传递与融冰时间

电流焦耳热融冰开始之前，需停电准备。准备时间足以使导线温度达到与环境温度平衡状态。因此，导线和冰层初始温度均一致，即 $T_{\mathrm{ice}}=T_{\mathrm{i}}=T_{\mathrm{c}}=T_{\mathrm{e}}$。

通电以后焦耳热加热导线和冰层，冰表面热损失有自然对流和强制对流。如果施加电流 $I \leqslant I_{\mathrm{c}}$，冰层不能融化；稳定状态下的融冰过程中，导线与冰层的接触面是冰水混合物，其温度始终为 0℃。如果 $I > I_{\mathrm{c}}$，导线融冰，融冰电流产生的热量由以下各项组成。

1) 被融化的冰温度从 T_{e} 升高到 T_0=0℃吸收的热量(Q_1)

被融化的冰在开始时温度与环境一致，先加热至 0℃，再加热至可融化的吸热为

$$Q_1 = C_{\mathrm{i}}\rho_{\mathrm{i}}A_{\mathrm{m}}(0 - T_{\mathrm{e}}) = -C_{\mathrm{i}}\rho_{\mathrm{i}}A_{\mathrm{m}}T_{\mathrm{e}} \tag{9.18}$$

2) 融化冰吸收的热量(Q_2)

0℃的冰融化为 0℃的水所需热量为

$$Q_2 = \rho_{\mathrm{i}}A_{\mathrm{m}}L_{\mathrm{F}} \tag{9.19}$$

3) 未融化冰温度变化吸收的热量

冰在融冰前的温度与环境温度一致，融化过程中冰面温度发生变化，冰层温度也发生变化，冰层温度是不均匀的。一部分冰融化成水离开导线，剩余冰层仍在导线表面，直至最后在外力下自行脱落，脱落后并未完全融化，但脱离导线时

的温度发生变化。剩余冰层的截面积(A_r)为

$$A_r=\pi R_i^2-\pi R_c^2-A_m=\pi\left(\frac{D_c+2d_i}{2}\right)^2-\pi\left(\frac{D_c}{2}\right)^2-A_m=\pi d_i\left(D_c+d_i\right)-A_m \quad (9.20)$$

由图 9.8 可知，融冰时冰层温度(T_{ice})是冰层厚度(d_i)的函数，即 $T_{ice}=T_{ice}(d_i)$，$R_c\leqslant r\leqslant R_c+\delta$，当 $r=R_c$(冰层内表)时，$T_{ice}=T_0$；当 $r=R_c+d_i$(冰层外表)时，$T_{ice}=T_i$。在冰层没有融化的临界状态下，T_{ice} 是 r 的线性函数，冰层膜温度为

$$T=\frac{T_0+T_i}{2} \quad (9.21)$$

冰脱落时剩余冰层不均，温度分布是剩余冰层厚度的函数。冰层平均温度以膜温度表示。因此，导线上剩余冰层吸收的热量为

$$Q_3=C_i\rho_i A_r\left(\frac{T_0+T_i}{2}-T_e\right)=C_i\rho_i A_r\left(\frac{T_i}{2}-T_e\right) \quad (9.22)$$

4) 导线从 T_e 升高到 T_0 吸收的热量(Q_4)

在融化和剩余冰层未脱离导线之前，导线和冰交界面温度为 T_0。由于导线是热良导体，导线圆周温度梯度不是很大，可近似为等温度场。在融冰过程中，导线内部(包括钢芯)和外部的温度为 T_0。加热钢芯铝绞线需要的热量(Q_4)为

$$Q_4=C_{Al}\rho_{Al}S_{Al}(T_0-T_e)+C_{Fe}\rho_{Fe}S_{Fe}(T_0-T_e)=-(C_{Al}\rho_{Al}S_{Al}+C_{Fe}\rho_{Fe}S_{Fe})T_e \quad (9.23)$$

5) 冰表面散失的热量(Q_5)

冰面散失热量有辐射、自然对流和强制对流散热，决定于临界融冰电流，即

$$Q_5=I_c^2 r_0 t \quad (9.24)$$

6) 融冰时间(t)

导线融冰过程中 $I>I_c$，且经过时间 t，导线冰层融化并脱落，则融冰电流和融冰时间与各参数之间满足以下关系式，即

$$I^2 r_0 t=Q_1+Q_2+Q_3+Q_4+Q_5 \quad (9.25)$$

代入以上各式可得

$$\begin{aligned}(I^2-I_c^2)r_0 t=&-C_i\rho_i A_m T_e+\rho_i A_m L_F\\&+C_i\rho_i A_r\left(\frac{T_i}{2}-T_e\right)-(C_{Al}\rho_{Al}S_{Al}+C_{Fe}\rho_{Fe}S_{Fe})T_e\end{aligned} \quad (9.26)$$

从而可得融冰时间(t)与导线融冰电流(I)的关系为

$$\begin{aligned}t=&\frac{\rho_i\gamma D_c(0.1073D_c+d_i)L_F-C_i\rho_i d_i(D_c+d_i)T_e-(C_{Al}\rho_{Al}S_{Al}+C_{Fe}\rho_{Fe}S_{Fe})T_e}{(I^2-I_c^2)r_0}\\&+\frac{C_i\rho_i[\pi d_i(D_c+d_i)]-\gamma D_c(0.1073D_c+d_i)]T_i}{2(I^2-I_c^2)r_0}\end{aligned} \quad (9.27)$$

9.1.7 融冰时间的影响因素

1. 导线覆冰厚度

根据式(9.27)计算的四种导线在不同冰厚下融冰时间与冰厚关系如图 9.13 所示。结果表明，导线最小融冰电流密度均超过 1.5A/mm^2，直径越小，最小融冰电流越大。采用 LGJ-70/10 导线，融冰电流≤280A 且时间<4h，冰难以融化。因此，选择融冰电流密度为 4.0A/mm^2；采用 LGJ-240/30 导线，建议 4h 快速融冰的电流密度≥2.5A/mm^2。融冰时间与导线覆厚呈线性关系，但不同导线融冰时间与冰厚关系的变化趋势有较大差异。直径越大的冰影响越小，直径越小的冰影响越大。

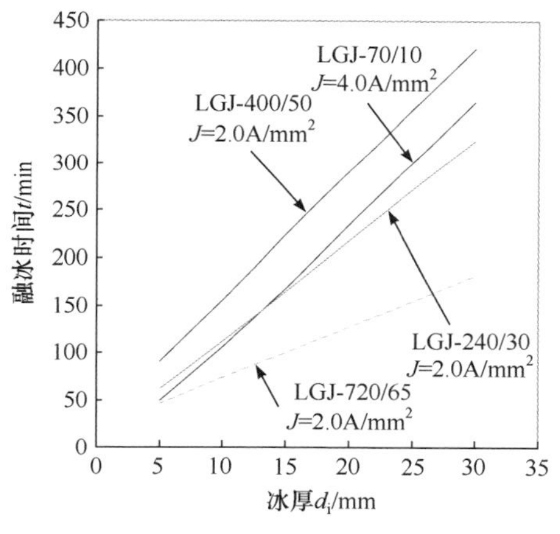

图 9.13 融冰时间与冰厚的关系

(v = 5m/s；T_e = –5℃)

2. 风速

式(9.27)计算所得融冰时间与风速的关系如图 9.14 所示。冰厚一定，导线直径越大，覆冰后总直径越大，由于气流扰动和轨迹变化，风速散失发生变化，造成的影响对不同直径导线有明显差异。融冰时间与导线雷诺数有关，由式(9.7)可知，覆冰导线雷诺数正比于其直径与风速，即

$$Re \propto \left(D_c + 2d_i\right)v \tag{9.28}$$

相同冰厚下导线直径越大雷诺数越大。融冰时间与导线雷诺数有关，雷诺数越大融冰时间越短。因此，不同导线融冰时间与风速的关系有很大差异。LGJ-70/10 导线直径为 13.6mm，LGJ-720/65 为 36mm，LGJ-70/10 受风速的影响最大，LGJ-240/30 次之，其次是 LGJ-400/50 导线，LGJ-720/65 最小。

3. 环境温度

式(9.27)计算所得融冰时间与环境温度的关系如图 9.15 所示。随着环境温度

降低，各种导线的融冰时间急剧增加。

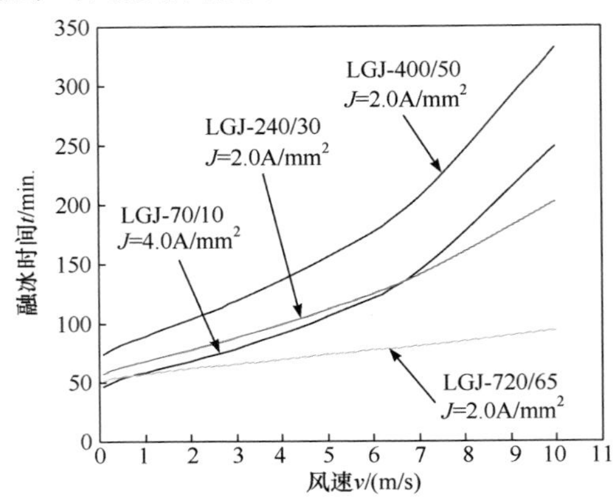

图 9.14　融冰时间与风速的关系

($T_e = -5℃$；$d_i = 10mm$)

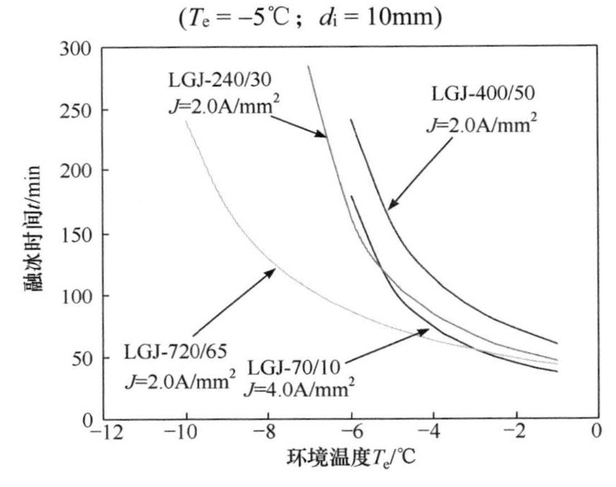

图 9.15　融冰时间与环境温度的关系

($v = 5m/s$；$d_i = 10mm$)

(1) 温度较高时，如–1℃～–3℃，温度的影响相对比较平缓；

(2) 温度较低时，融冰时间随温度的变化急剧增加。

由于各因素的影响，如风速、融冰电流密度等，不同导线融冰时间随环境温度降低而增加的趋势有很大差异。

4. 融冰电流

由式(9.27)可知，融冰时间 t 是电流 I_2 的单调减函数，即 $t=f(I_2)$，设

$$Q_1 + Q_2 + Q_3 + Q_4 = a \tag{9.29}$$

代入式(9.27)得

$$t = \frac{a}{(I^2 - I_c^2)r_0} \tag{9.30}$$

对 I 求偏导得

$$\frac{\partial t}{\partial I}=-\frac{aI}{(I^2-I_c^2)^2 r_0},\quad I>I_c \tag{9.31}$$

式(9.31)表示电流对融冰时间的影响呈非线性，电流接近临界电流时，融冰电流对融冰时间的影响越大。

设 $I=bI_c$($b>1$，融冰电流与临界融冰电流之比)，则

$$-\Delta t=-\frac{\partial t}{\partial I}=-\frac{ab^2}{r_0(b^2-1)I^3} \tag{9.32}$$

融冰电流对融冰时间的影响如图 9.16 所示。表 9.4 给出环境温度 $T_e=-5.0$℃、冰厚 d_i=10mm、风速 v=5.0m/s 时直流融冰的时间。

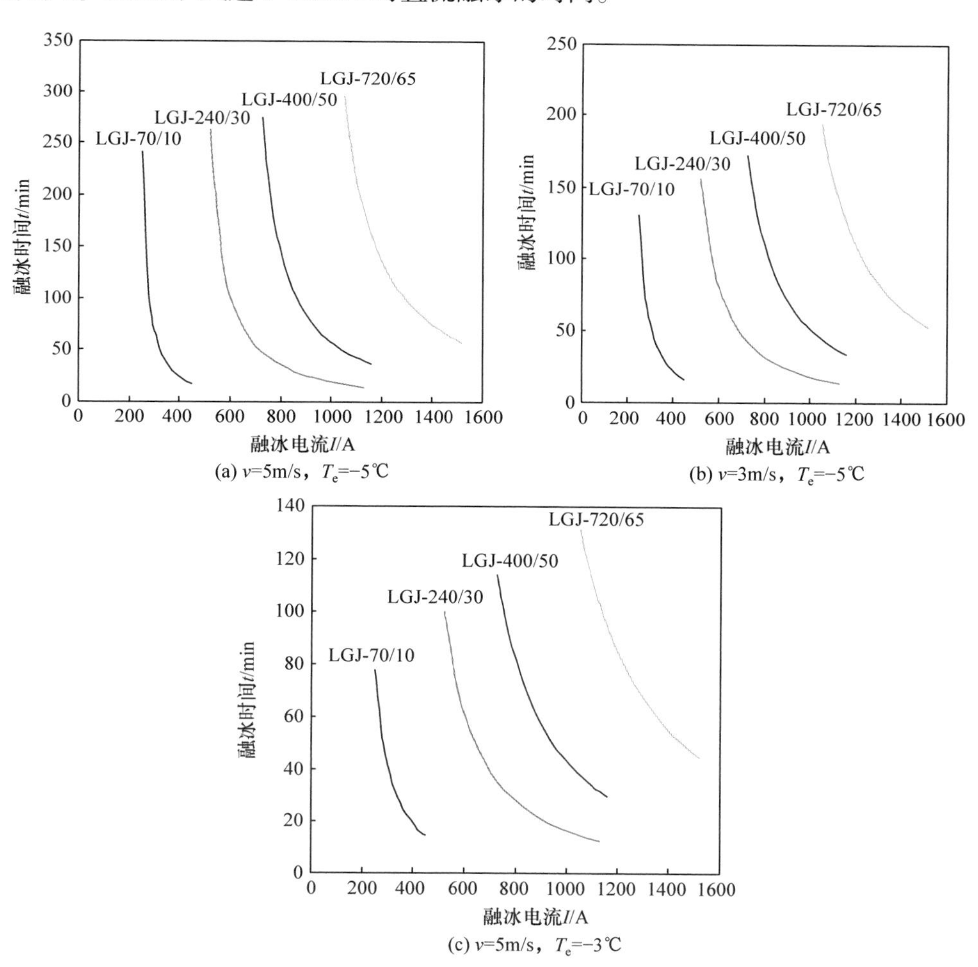

(a) v=5m/s，T_e=−5℃

(b) v=3m/s，T_e=−5℃

(c) v=5m/s，T_e=−3℃

图 9.16　融冰电流对融冰时间的影响

表 9.4　覆冰导线的直流融冰时间

导线型号	融冰电流/A	直流融冰时间	
		理论计算	试验
LGJ-70/10	175	不能融	融冰 4h，无任何现象
LGJ-70/10	280	2.16h	融冰 2.5h，冰从导线上脱落
LGJ-240/30	430	不能融	融冰 4h，无融冰现象
LGJ-240/30	600	2.24h	融冰 2.5h 后，有冰脱落
LGJ-400/50	800	3.03h	融冰 3h 后，有掉冰现象
LGJ-400/50	1000	1.29h	融冰 1.5h 后，冰脱落
LGJ-720/65	1300	2.10h	融冰 2h 左右，有掉冰现象

9.1.8　冰凌的影响

1. 冰凌形成

雨凇覆冰过程中，过冷却水滴凝结需要一定时间(τ)，这段时间内水滴因重力作用往下做加速运动。设水滴在垂直方向初速度 v=0，则经过时间 τ，水滴沿导线在垂直方向上的位移为

$$s = g\tau^2 / 2 \tag{9.33}$$

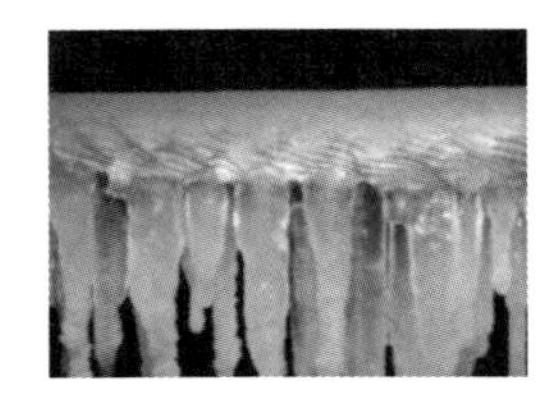

图 9.17　导线雨凇冰凌

水滴在导线上凝结时间(τ)越长，垂直方向水滴位移(s)越大。水滴向下流动过程中，一部分水滴在冻结前脱离导线，另一部分则凝结在导线表面，导致导线下表面覆冰多于上表面。如果导线不发生扭转，将形成图 9.17 所示的冰凌。

2. 冰凌热力学模型

冰凌温度场非常复杂，假设：①冰凌均匀分布，单位导线有 n 根，且冰凌间距相等；②冰凌长度均为 l；③冰凌粗细均匀且为直径 D_r 的圆柱体。

导线雨凇冰凌的热平衡如图 9.18 所示，以冰凌与导线接触点为原点，冰凌轴向为 y 坐标，在冰凌上任取一微元 dy，根据能量守恒可得

$$P_y = P_{\mathrm{Rr}}(T)\mathrm{d}y + P_{\mathrm{cr}}(T)\mathrm{d}y + P_{y+\mathrm{d}y} + \frac{\pi\rho_{\mathrm{i}}C_{\mathrm{i}}D_{\mathrm{r}}^2}{4}\frac{\partial T}{\partial\tau}\mathrm{d}y \tag{9.34}$$

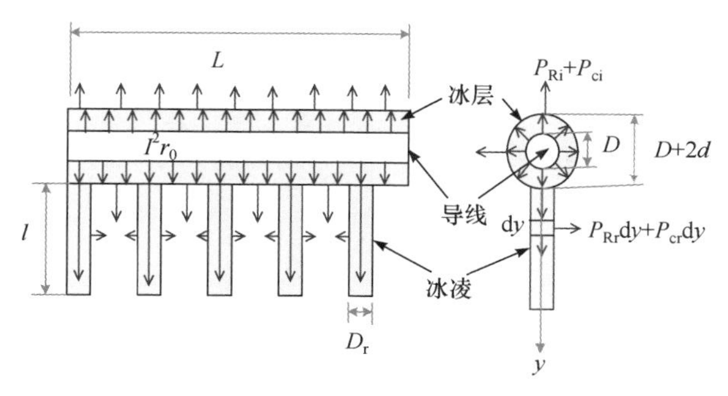

图 9.18　导线雨凇冰凌覆冰的热平衡

式中：C_i为冰比热容(J/(kg·℃))；P_y为单位时间流入微元 dy 热流量，正比于垂直于截面的温度变化率，由傅里叶定律可得

$$P_y = -k_i \frac{\pi D_r^2}{4}\left(\frac{\partial T}{\partial y}\right) \tag{9.35}$$

式(9.34)中 P_{y+dy} 为流出微元 dy 热流量微元，可表示为

$$P_{y+dy} = P_y + \frac{\partial P_y}{\partial y}dy = P_y - k_i \frac{\pi D_r^2}{4}\left(\frac{\partial^2 T}{\partial y^2}\right)dy \tag{9.36}$$

式(9.34)中最后一项为冰凌微元 dy 内热能增量，稳态后冰凌温度稳定，因此有

$$\frac{\pi \rho_i C_i D_r^2}{4} \cdot \frac{\partial T}{\partial \tau} dy = 0 \tag{9.37}$$

将式(9.35)～式(9.37)代入式(9.34)可得

$$k_i \frac{\pi D_r^2}{4}\left(\frac{\partial^2 T}{\partial y^2}\right) = P_{Rr}(T) + P_{cr}(T) \tag{9.38}$$

低风速下自然对流传热影响不能忽略且需考虑 Grashof 数。Grashof 数含 T，故 P_{cr} 非 T 的线性函数。由于自然对流传热影响很小(风速较大时几乎没影响)，温度 T 的变化对 P_{cr} 的非线性影响微弱，因此可得

$$\frac{dP_{cr}}{dT} = \pi D_r h + \left(\pi D_r T - \pi D_r T_e\right)\frac{dh}{dT} \tag{9.39}$$

$$\frac{d^2 P_{cr}}{dT^2} = \pi D_r \frac{dh}{dT} + \pi D_r T \frac{d^2 h}{dT^2} - \pi D_r T_e \frac{d^2 h}{dT^2} \tag{9.40}$$

$$\frac{dh}{dT} = \frac{k_a}{D_r} \cdot \frac{DNu}{dT} = \frac{k_a}{D_r} \cdot \frac{DNu_n}{dT} = nCPr^n \frac{k_a}{D_r}(Gr)^{n-1} \cdot \frac{dGr}{dT} \tag{9.41}$$

$$\frac{\mathrm{d}^2 h}{\mathrm{d}T^2}=nCPr^n\frac{k_\mathrm{a}}{D_\mathrm{r}}(Gr)^{n-1}\cdot\frac{\mathrm{d}^2 Gr}{\mathrm{d}T^2}+n(n-1)CPr^n\frac{k_\mathrm{a}}{D_\mathrm{r}}(Gr)^{n-2}\cdot\frac{\mathrm{d}Gr}{\mathrm{d}T} \tag{9.42}$$

当温度 T 和 T_e 为 0～−10℃且风速 v 为 0～10m/s 时，可得

$$\frac{\mathrm{d}^2 P_\mathrm{cr}}{\mathrm{d}T^2}<0.09\approx 0 \tag{9.43}$$

实际上 $v>1\mathrm{m/s}$ 时自然对流换热可忽略，Gr 中 T 几乎不影响 P_cr。P_cr 则是 T 的线性函数，因此，式(9.37)可简化为

$$\left(\frac{\mathrm{d}^2 T}{\mathrm{d}y^2}\right)=\frac{4\left(P_\mathrm{Rr}(T)+P_\mathrm{cr}(T)\right)}{\pi D_\mathrm{r}^2 k_\mathrm{i}}=aT+b \tag{9.44}$$

式中：a、b 均为由式(9.44)移项整理后所得的系数，即

$$\begin{cases}a=\dfrac{4\left[4\pi\varepsilon\sigma\left(T_\mathrm{e}+273\right)^3+\pi h\right]}{k_\mathrm{i}\pi D_\mathrm{r}}\\ b=-\dfrac{4\left[4\pi\varepsilon_\mathrm{c}\sigma\left(T_\mathrm{e}+273\right)^3 T_\mathrm{e}+\pi h T_\mathrm{e}\right]}{k_\mathrm{i}\pi D_\mathrm{r}}\end{cases} \tag{9.45}$$

则可得方程(9.44)的通解可为

$$T=c_1\mathrm{e}^{\sqrt{a}y}+c_2\mathrm{e}^{-\sqrt{a}y}-\frac{b}{a},\quad 0\leqslant y\leqslant l \tag{9.46}$$

1) 第一边界条件

在冰凌和覆冰导线接触处(y=0)，冰凌温度与导线上冰表面温度相同，即为 T_i，则式(9.44)的第一边界条件为

$$c_1+c_2-b/a=T_\mathrm{i} \tag{9.47}$$

式中：T_i 为冰表面温度，由下式求解：

$$\frac{T_\mathrm{c}-T_\mathrm{i}}{R_\mathrm{q}}=P_\mathrm{Ri}+P_\mathrm{ci}+nP_\mathrm{e} \tag{9.48}$$

式中：n 为冰凌密度；P_e 为导线流向冰凌热量(W)，即

$$P_\mathrm{e}=\int_0^l\left(P_\mathrm{Rr}+P_\mathrm{cr}\right)\mathrm{d}y \tag{9.49}$$

2) 第二边界条件

如冰凌足够长且终端(y=l)的温度与环境温度相同，则

$$c_1\mathrm{e}^{\sqrt{a}l}+c_2\mathrm{e}^{-\sqrt{a}l}-\frac{b}{a}=T_\mathrm{e} \tag{9.50}$$

联立求解式(9.47)～式(9.50)可得

$$
\begin{cases}
c_1 + c_2 - b/a = T_\mathrm{i} \\
\dfrac{T_\mathrm{c} - T_\mathrm{i}}{R_\mathrm{q}} = P_\mathrm{Ri} + P_\mathrm{ci} + nP_\mathrm{e} \\
P_\mathrm{e} = \displaystyle\int_0^l \left(P_\mathrm{Rr} + P_\mathrm{cr}\right)\mathrm{d}y \\
c_1 \mathrm{e}^{\sqrt{a}l} + c_2 \mathrm{e}^{-\sqrt{a}l} - \dfrac{b}{a} = T_\mathrm{e}
\end{cases}
\tag{9.51}
$$

冰凌与冰层接触面积小，热流量 P_e 较小，可采用迭代算法求解。迭代目标误差为 0.01%，如图 9.19 所示。根据以上两个边界条件，可求冰凌温度场 $T=T(y)$，如图 9.20 所示。

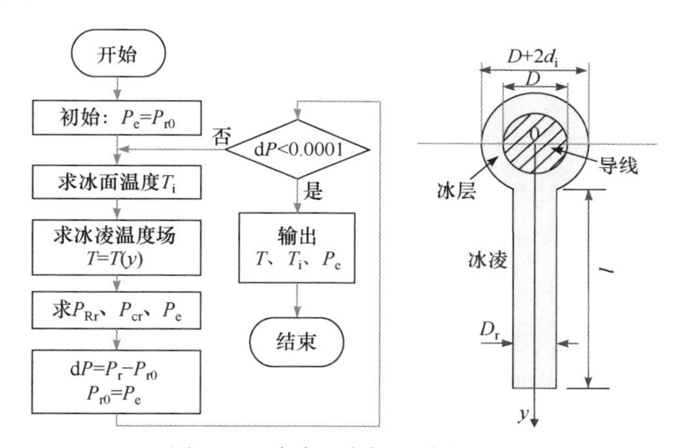

图 9.19　冰凌温度场(T)求解流程

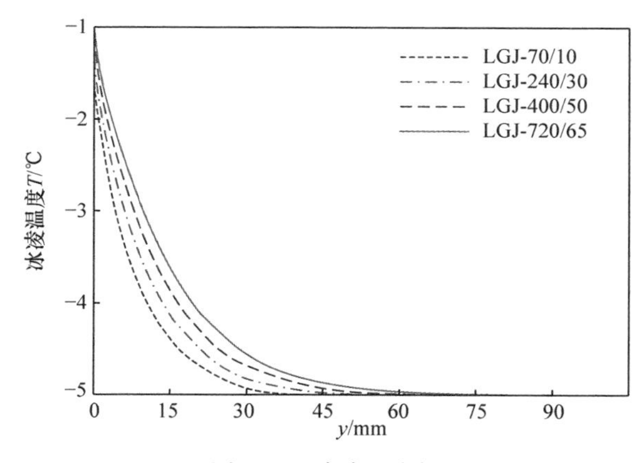

图 9.20　冰凌温度场

(d_i = 10mm；v = 5m/s；T_e = −5℃；冰凌直径：15mm；冰凌数量：30 根/m；冰凌长度：100mm)

3. 冰凌对融冰的影响

冰凌作为导线覆冰的一部分吸收热量。有冰凌导线外表面积比无冰凌大得多，冰凌增大了冰面辐射散热和对流传热。有风时冰凌使冰风面积增加，风速对融冰的影响也增大。

1) 对临界电流影响

有冰凌的融冰临界电流为

$$I_c = \sqrt{\frac{P_{Ri} + P_{ci} + nP_e}{r_0}} \tag{9.52}$$

式中：P_e为冰凌热量损失，可由式(9.53)求得，即

$$P_e = \int_0^l \left(P_{Rr}(T(y)) + P_{cr}(T(y))\right)dy \tag{9.53}$$

由式(9.52)可知，导线形成冰凌时，热损耗大于无冰凌。增加了热流量(nP_e)，有冰凌的临界融冰电流大于无冰凌。图 9.21 为临界融冰电流下冰凌对冰层表面温度的影响。

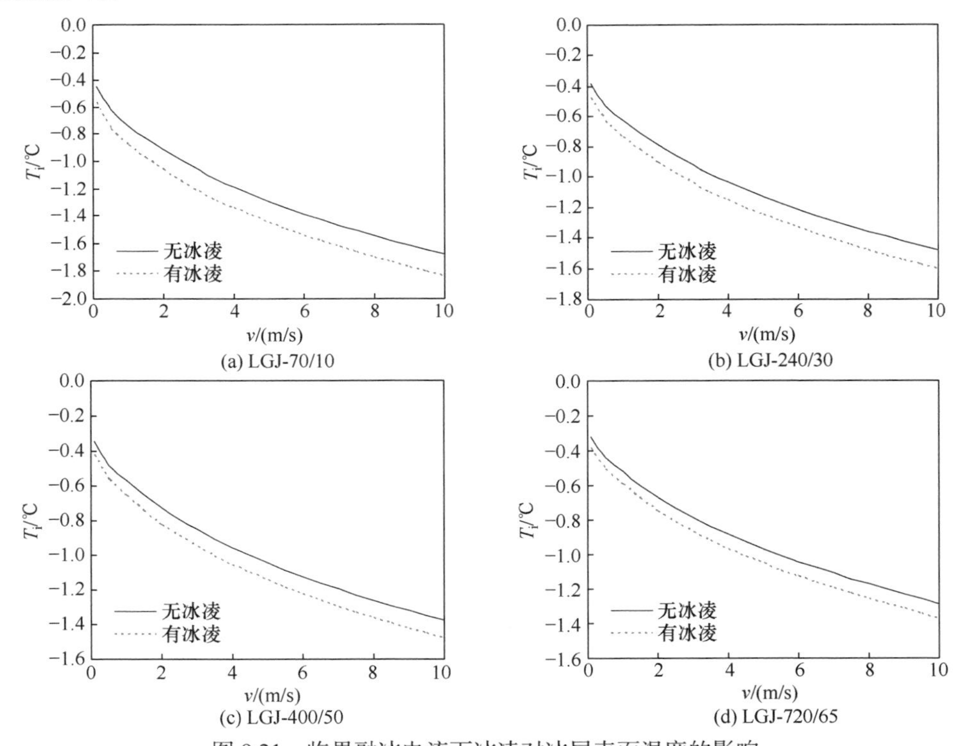

图 9.21 临界融冰电流下冰凌对冰层表面温度的影响

(d_i = 10mm；T_e = –5℃；冰凌直径：15mm；冰凌数量：30 根/m；冰凌长度：100mm)

2) 对冰面温度的影响

冰凌增大冰表面与空气的接触面积，与空气的热交换加快。当 T_e<0℃时，有冰凌的冰面温度(T_i)低于无冰凌，可由式(9.54)求得，即

$$\frac{T_{melt}-T_i}{R_q}=P_{Ri}+P_{ci}+nP_e \tag{9.54}$$

式中：R_q 为冰热阻，圆柱形覆冰可由式(9.55)求得，即

$$R_q=\frac{\ln(R_i/R_c)}{2\pi k_i} \tag{9.55}$$

3) 对融冰时间的影响

设气温为 T_e，融冰前冰初始温度 T_0=T_e，融冰热量有六部分：

(1) 融化冰的温度从 T_e 升高到 T_0 吸收的热(Q_1)，如式(9.18)所示；

(2) 冰融化吸收的热(Q_2)，如式(9.19)所示；

(3) 未融化冰温度从 T_e 升高到 T_{ice} 吸收的热(Q_3)，如式(9.22)所示；

(4) 导线从 T_e 升高到 T_0 吸收的热量(Q_4)，如式(9.23)所示；

(5) 冰面散失的热量(Q_5)，如式(9.24)所示；

(6) 流向冰凌的热损失(Q_6)，由式(9.56)计算，即

$$Q_6=nPeT \tag{9.56}$$

设 n 为单位长度冰凌的数目，根/m。则得有冰凌时融冰热平衡方程为

$$\left[\left(I^2-I_c^2\right)-nPe\right]T=Q_1+Q_2+Q_3+Q_4 \tag{9.57}$$

因此，有冰凌时融冰时间 t 为

$$t=\frac{Q_1+Q_2+Q_3+Q_4}{\left(I^2-I_c^2\right)-nPe} \tag{9.58}$$

根据式(9.58)可得冰凌对融冰时间的影响，如图9.22所示。

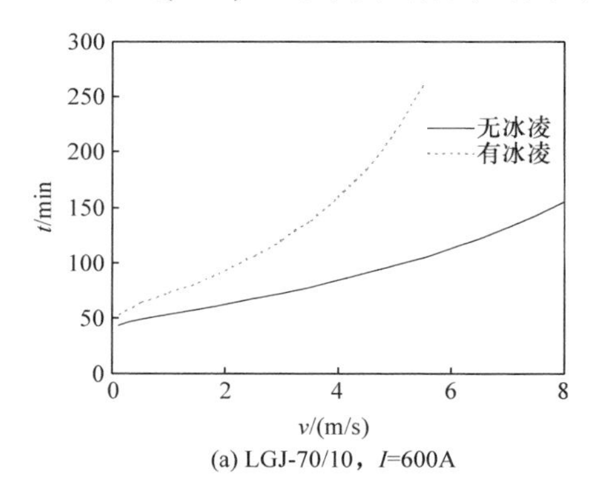

(a) LGJ-70/10，I=600A

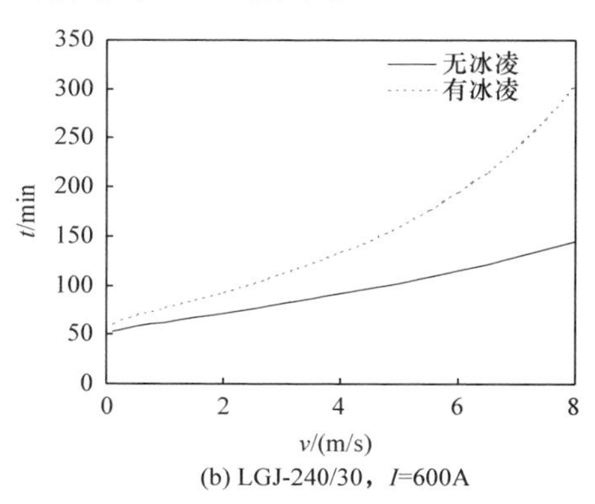

(b) LGJ-240/30，I=600A

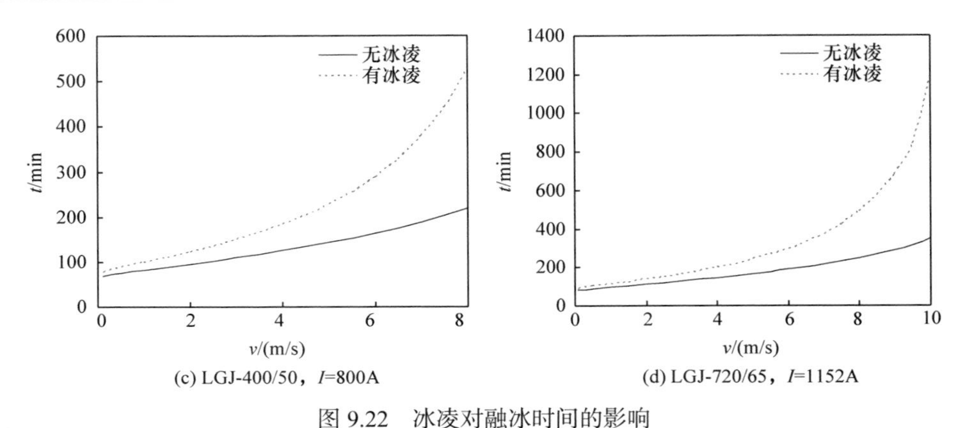

(c) LGJ-400/50，I=800A　(d) LGJ-720/65，I=1152A

图 9.22　冰凌对融冰时间的影响

(d_i = 10mm；T_e = −5℃；冰凌直径：15mm；冰凌数量：30 根/m；冰凌长度：100mm)

9.2　电流焦耳热融冰分类

电流焦耳热融冰主要有停电融冰和带负荷融冰。

9.2.1　停电融冰

停电融冰是导线覆冰达到阈值后，中断线路供电，并在线路末端设置短路点，首端施加电压，控制融冰电流在导线最大允许电流内，使导线发热融冰。

停电融冰的关键是选择合适的电源，融冰电源选择需考虑线路长度、导线截面和覆冰状态等因素。

1. 交流融冰

交流融冰可追溯到 1920 年，美国首次完成输电线路交流融冰试验。其后，苏联、加拿大和我国均采用交流融冰并取得较好的效果。

交流融冰可分为三相短路融冰、两相短路融冰和线-地单相短路融冰，如图 9.23 所示。工程中常采用三相短路方式。

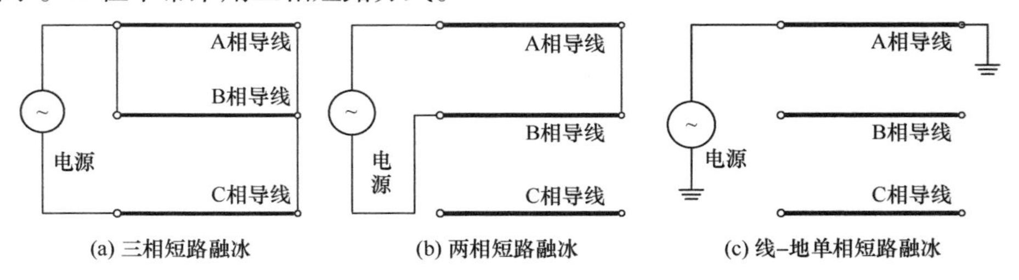

(a) 三相短路融冰　(b) 两相短路融冰　(c) 线–地单相短路融冰

图 9.23　停电交流短路融冰方法

交流融冰可由系统提供全电压冲击合闸和发电机零起升流。全电压冲击合闸是先将融冰线路的一端短路，始端以系统为融冰电源，控制断路器对三相短路线路进行全电压冲击合闸，如图 9.24 所示。

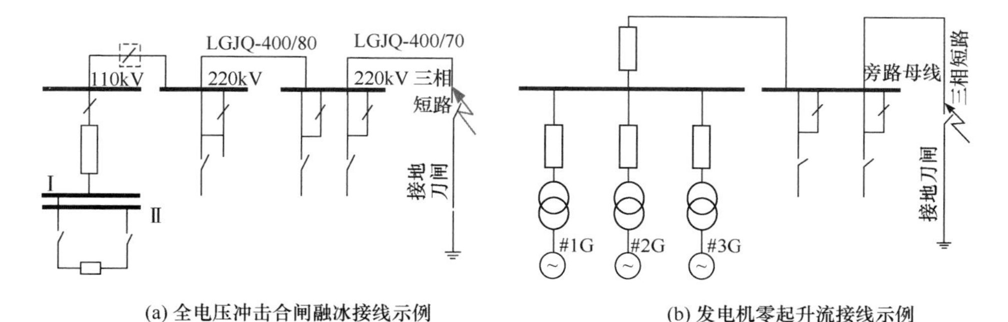

(a) 全电压冲击合闸融冰接线示例　(b) 发电机零起升流接线示例

图 9.24　交流融冰电源

发电机零起升流是指线路末端短路，由融冰线路、发电机、变压器组成融冰电气回路，缓慢增加发电机励磁电流逐步使线路电流增大的融冰。零起升流融冰的关键在于发电机是否具备零起升流的能力和是否能提供融冰所需的电流。零起升流融冰单独形成子系统，不考虑对系统的影响。

交流短路具有较长的历史和丰富的工程经验，但存在很大局限性。交流下产生感抗，融冰时需电源提供很大无功功率。例如，4×LGJ-400 导线且线路长度 150km 时，系统提供的无功超过 1GV·A。500kV 及以上线路，很难找到满足要求的融冰电源。解决的可行办法是采用串联电容补偿线路感抗，降低线路无功消耗。但这种方法只能缓解无功不足。500kV 及以上电压等级输电线路，不宜采用交流融冰。

2. 直流融冰

直流线路无感抗，适合于电压等级高、跨距长线路融冰。20 世纪 70 年代，苏联率先在 500kV 线路成功实施直流融冰；2005 年加拿大魁北克水电局与 AREVA(阿海法输配电公司)合作开发高压直流融冰装置，用于四分裂 745kV 和两分裂 315kV 线路融冰。

2008 年初我国南方大面积冰灾后，国家电网公司和中国南方电网公司研究开发了直流融冰装置。2008 年 12 月，由我国自主设计研制的固定式直流融冰装置(容量为 60MV·A)在湖南 500kV 复沙 I 线上成功完成了升温试验，86km 的 4×LGJ-400 的导线升温 47℃。2009 年 1 月，广东韶关 110kV 通梅线首次完成融冰脱冰。其后，贵州六盘水供电局也在水城 220kV 和福泉 500kV 线路实施了直流融冰。

输电线路进行直流融冰的接线方式分为两种，如图 9.25 所示。图 9.25(a)分三次完成三相线路融冰，第 1 次将 A、B 相导线并联并与 C 相串联，将 A、B 相导线并联接入融冰电源一端，将 C 相接入融冰电源另一端；第 2 次将 A、C 相并联再与 B 相串联；第 3 次将 B、C 相并联与 A 相串联。

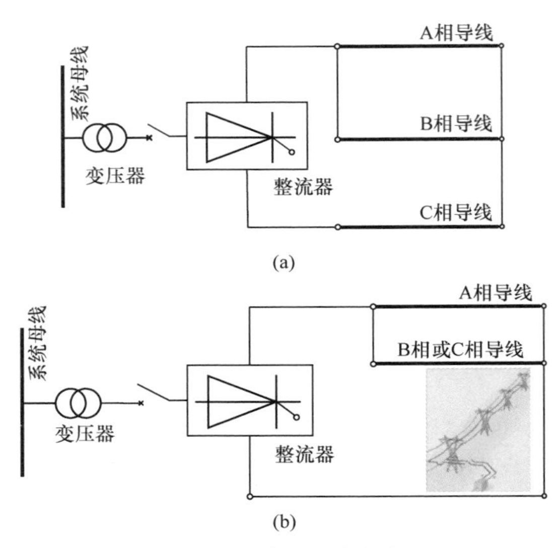

图 9.25　直流融冰方式

图 9.25(b)分两次完成三相融冰，第 1 次将 A、B 相导线串联，接入融冰电源两个输出端，A、B 相导线融冰，第 2 次在 A、C 相导线融冰。前者与后者相比，直流压降可以降低 25%，容量也可降低 25%。

直流融冰电源分为两类：一是发电机供电，二是系统提供电源。

直流融冰最关键的是直流融冰装置，包括一次设备和二次设备。一次设备主要有 6 脉动或 12 脉动整流器、脉动换流阀及其辅助设备(阳极电抗器、阀阻容回路等)、水冷却设备、直流侧隔离开关等，12 脉动的直流融冰装置还包括环流变压器；二次设备主要有控制和保护设备、运行人员工作站、直流电气测量设备接口等。

根据安装方式，直流融冰装置可分移动式、站间移动式与固定式等。移动式直流融冰装置以装载于汽车上的发电机为电源，由发电机容量决定发电车的装载量，视输电线路的地理环境，在发电车能够到达的杆塔处都可进行融冰，大大提高直流融冰的适用范围。但汽车装载受发电机容量限制，为保证移动的灵活性，不宜在整流器和发电车之间加装变压器，只能采用 6 脉动整流器，且整流器只能采用强迫风冷。整流器消耗无功功率，应配置无功补偿和谐波抑制装置。

站间移动式直流融冰装置，不带整流变压器的融冰装置不宜接在 500kV 主变压器 35kV 侧，适合于 220kV 或 110kV 主变压器 10kV 侧。500kV 线路需要的融冰电流和容量较大，220kV 或 110kV 主变压器 10kV 侧难以提供足够的电流和容量，站间移动式仅适用于 220kV 和 110kV 线路。

接在 500kV 主变压器 35kV 侧、220kV 侧的融冰装置需在主变压器和整流器之间加整流变压器，为直流融冰装置提供合适的阀侧电压，确保不影响主变压器的安全运行。带整流变压器的直流融冰装置容量大、体积大、质量大、很难移动，称其为固定式直流融冰装置，通常安装在覆冰天气频发地区的变电站内，其电源可直接由电站提供，再加上对安装场地的限制较小，可视所连接线路的长度和具体融冰要求对设备的容量和连接方式进行设计，直流融冰装置的设计容量随输电线路距离的变化情况如表 9.5 所示。

表 9.5　直流装置容量决定的各类型融冰线路长度

线路类型	线路参数		直流电阻/(Ω/km)	最小融冰电流/A	容量有效融冰距离/km			
	电压等级/kV	线路型号			200MW	100MW	50MW	10MW
直流	800	6×LGJ-630/45	0.0077	7075	258.8	129.4	64.7	12.9
	500	4×LGJ-720/50	0.0100	5254	363.7	181.9	90.9	18.2
交流	500	4×LGJ-500	0.0148	3979	427.4	213.7	106.8	21.4
	220	2×LGJ-500	0.0296	1989	854.8	427.4	213.7	42.7
	110	LGJ-240	0.1198	609	2250.7	1125.3	562.7	112.5
	35	LGJ-150	0.1962	441	2620.7	1310.4	655.2	131.0

500kV 线路电抗比直流电阻大 10 倍以上，时间常数 $t=L/R>10/314=31.8\text{ms}$，6 脉动全波桥式整流的脉动周期 $t_s=20/12=1.67\text{ms}$，融冰回路的时间常数远大于电流脉动周期，电流不但不会断续，而且已经是恒值电流(负载回路时间远大于 6 倍脉动周期)，所以也不需要设置专门的平波电抗器。整流变压器提供合适的阀侧电压，可以针对不同类型和长度的线路，提供需要的融冰电流和直流电压，有利于整流器工作点的选择，适应性较好；并且整流变压器提供交/直流的隔离，其短路阻抗满足故障情况下限制晶闸管阀短路电流的要求，不需要专门设置换相电抗。

直流融冰装置作为电力系统特殊设备，长期固定安装于变电站内，而融冰时间非常有限，必须提高固定式直流融冰装置利用率。固定式装置在不承担融冰工作时，由于同具有整流滤波功能的器件相似，可考虑将其用于其他用途，如兼顾可控电抗器、提供线路需要的感性无功功率功能、进行动态无功补偿，可根据实际工作场合与融冰需求变化在两种功能模式下切换。通过这种分时利用方式，一方面解决长距离输电线路对融冰功率的需求，另一方面可经过简单的倒闸操作将其转换为无功补偿模式，同时起到保证系统电压质量和线路冬季安全运行的作用，大大提高系统的稳定性和可靠性。

通过对直流融冰装置进行适当的改造，可以使直流融冰装饰线无功控制静止无功补偿器(SVC)的功能。基本方法是，在融冰装置的一次设备中增加电抗器、开关等设备，在控制保护系统中设置相应无功补偿的功能，并根据交流母线上谐波的情况配上相应的滤波器，使直流融冰装置成为 SVC，对交流系统无功和电压进行快速、连续的补偿。2006 年魁北克投入使用一套高压直流融冰装置，在融冰期间，为线路提供融冰电源，在非融冰期间以 SVC 方式运行，对交流系统进行无功补偿，起到稳定电压的作用。

对于直流输电线路，可采用逆变站背靠背运行模式进行直流短路融冰，如图 9.26 所示，在这种模式下，在整流站将两极线短接，逆变站一个极整流运行，另外一个极逆变运行，形成单侧换流站带回路融冰，所以也称双极功率异向融冰运行方式。

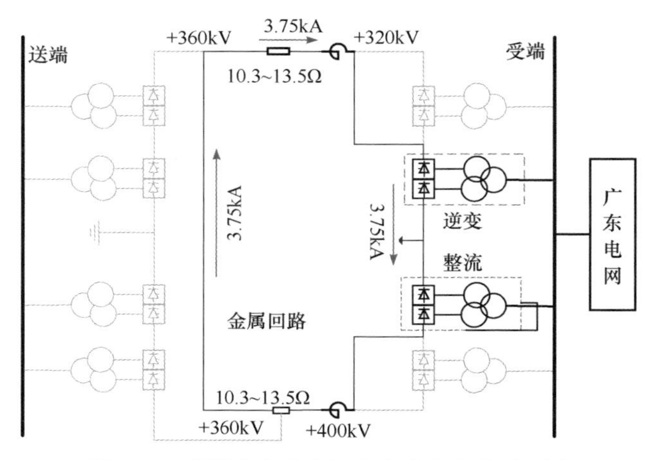

图 9.26　高肇和兴安直流逆变站背靠背运行图

例如，高肇和兴安直流输电系统，线路电阻约为 10.3Ω，融冰运行模式直流电流为 3.75kA，整流运行极运行电压为 400kV，逆变运行极运行电压为 320kV，则整流运行极从交流系统吸收功率为 400kV×3.75kA =1500MW，逆变运行极向交流系统提供的功率为 320kV×3.75kA=1200MW，需广东侧交流提供线路功率损失约 300MW，需广东侧交流提供两极运行消耗的无功功率，对贵州侧电网无任何要求。

云广特高压直流工程在该运行方式下虽然换流阀的电流可达 3750A，但 LGJ-6×630 导线的融冰电流和保线电流很大，在−3℃、风速 3m/s 和 10mm 覆冰条件下为 4446A 和 6185A，采用逆变站背靠背运行模式无法达到抗冰和融冰目的。

9.2.2　带负荷融冰

带负荷融冰是在输电线路不中断供电情况下，改变潮流分布或采取其他各种有效措施，增大线路电流达到融冰的方法。冬季覆冰季节通常是用户用电负荷高峰期，同时也是枯水期，线路不停电的带负荷融冰优势非常显著。带负荷融冰根据电源类型也分为交流带负荷融冰、直流带负荷融冰。

1. 交流带负荷融冰

国内外提出的交流带负荷融冰方法很多，主要有基于调度的融冰法、基于增加无功电流的融冰法、基于移相器的融冰法、基于自耦变压器的融冰法。

1) 基于调度的融冰法

不增加专用融冰设备，通过对电网的合理调度，在需要融冰的线路输送更多的功率，增大线路电流的焦耳发热以达到融冰目的。1998 年美加冰灾后，魁北克水电研究中心开展一个融冰项目，开发计算机程序模拟输电线路导线积冰，利用线路中流动的电流产生的热量融化冰。仿真工具能测试不同环境与结构下线路融冰情况，挑选出最优的融冰策略，降低电网覆冰，达到预期持续时间内最小化输电线路积冰效果。融冰策略能在实际操作中指导运行人员的调度安排，是潮流融冰的辅助决策系统，并能够为具体实施融冰方案提供准备。

工程上一般可通过以下方式调整电网潮流分布，如停运并列线路、增加送端开机容量、减少受端开机容量、降低电压水平、增加无功传输和转移负荷等。除停运线路外，其他方式对改变环网潮流作用非常有限。网状结构的电网有较强的支援能力，有时需要停运两条甚至更多线路才能对线路潮流产生较大影响。辐射型电网则不能通过调度来改变潮流融冰。

500kV 及以上电压等级输电线路的融冰电流较大，超过线路热稳电流，调整负荷不适合 500kV 及以上电压等级线路。35kV 及以下电压等级线路，负荷分散且组织不易，难以通过该方法解决线路的覆冰问题。如果电网的分布方式呈辐射状，则受自身网架及负荷的限制，想通过该方法来达到融冰的目标基本无法实现。

由上可知，基于调度的调整潮流分布的融冰方法仅可用于 220kV 及 110kV 电压等级输电线路。但 220kV 电压等级的输电线路主要构成各省主网架电网，通过方式调整涉及的负荷较多，对电网稳定会产生很大的影响。因此，该融冰方法对于 110kV 电压等级的地区电网具有较强的可实施性，只需组织足够的负荷或机组出力即可对目标线路试融冰。目前 110kV 电压等级的线路多为馈线，由于负荷自然分布的特点，通过潮流调整的手段极为有限，使用该方法的局限性较大。虽然在正常运行方式下通过调度转移潮流的手段有限，无法应对大面积的严重冰灾，但由于这种方法对电网的运行影响比较小，且实施比较方便，对于有条件实施方式融冰的线路优先考虑使用该方法对线路进行融冰。

2) 基于增加无功电流的融冰法

不改变负荷正常供电，降低功率因数，使线路传送更多的无功功率，增大线路电流发热。一般可通过调节电压大小和相位或在线路两端并联电抗器和电容器来增加无功电流。一般在终端加装并联电抗器，首端加装并联电容器，通过并联电抗器调整输电线路上的无功功率，增大线路损耗，使线路电流可以达到临界融冰电流。同时，线路首端加装的并联电容器也要相应调整，通过输电线路终端提供无功功率，以避免由于无功不平衡造成电网的某些节点电压下降。

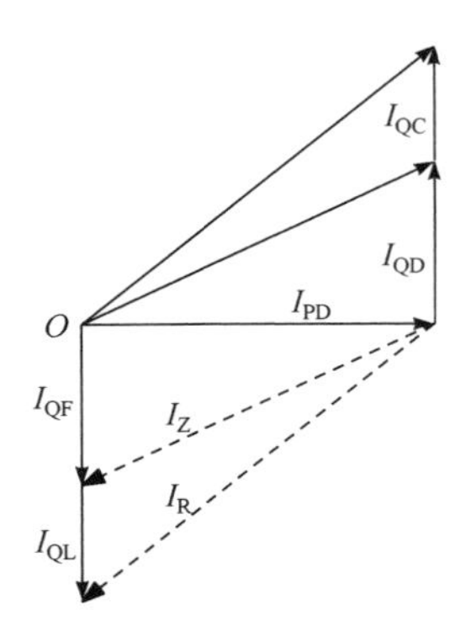

图 9.27　并联电容器融冰方案中电流相量

线路中电流相量如图 9.27 所示，其中，I_R 为融冰总电流；I_Z 为负荷总电流；I_{QC} 为线路电容产生的无功电流；I_{PD} 和 I_{QD} 为电源输出的有功电流和无功电流；I_{PF} 和 I_{QF} 为负荷的有功电流和无功电流。可调电感吸收的无功电流 I_{QL} 与负荷吸收的无功电流 I_{QF} 是叠加的，由电源端提供。由于无功负载可调电感吸收的无功电流 I_{QL} 的增加，使线路融冰总电流 I_R 增加：

$$I_R = I_{QL} + I_Z = I_{QL} - I_{PD} + I_{QF} \tag{9.59}$$

并联电容器融冰技术可采用两种接法，三角形接法和星形接法。无论是在三角形电路中还是在星形电路中，所选用的并联电容器组都可为 TBB 型或其他符合要求的形式，其耐压水平和容量可以用电网并联电容器的相互串联来达到要求。

3) 基于移相器的融冰法

移相器带负荷融冰称为 ONDI (on-load network de-icer)法，最早于 1990 年提出，此后得到迅速发展。利用移相变压器角度变化改变平行双回线的潮流分布，通过增加其中一回线的电流来增加线路发热，达到融冰的目的，如图 9.28 所示。其中 PST 为无源移相器。

移相变压器迫使双回路线路产生有功功率循环，一回路正向传输，另一回反向传输，增加正向传输线路电流(其值等于移相器电流与负荷电流之和)，达到融冰的目的。2005 年以来，加拿大魁北克省水电局针对双回输电线路，在变电站安装移相变压器，通过调整并联双回路的循环电流，在基本不影响输电线路正常工作的条件下，实现 230kV 和 315kV 累计 900km 高压交流输电线路的融冰，效果良好。

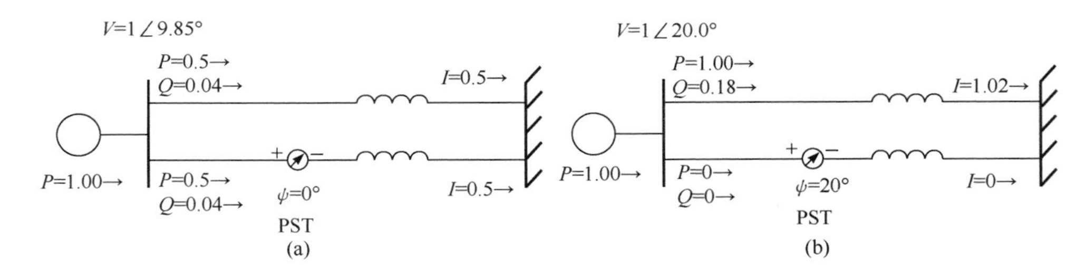

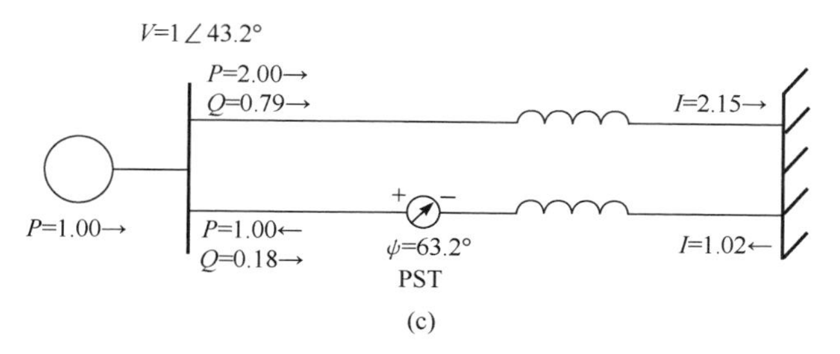

图 9.28　移相器融冰方案(图中数值为标幺值)

4) 基于自耦变压器的融冰法

图 9.29 为自耦变压器融冰示例。带负荷融冰时，通过融冰自耦变压器的电压差，由线路供给励磁电流 I_0，在二分裂导线中产生强迫融冰环流 I_k，使导线发热融冰，如图 9.30 所示。实际中将重覆冰线路改造为二分裂导线，每相的两根导线用三片绝缘子隔离，自断开点两侧用悬空 T 形接线引入融冰变电所。该方法在宝鸡电业局的 110kV 马向Ⅰ、Ⅱ线应用多年，在解决小范围覆冰问题时已有成功经验。

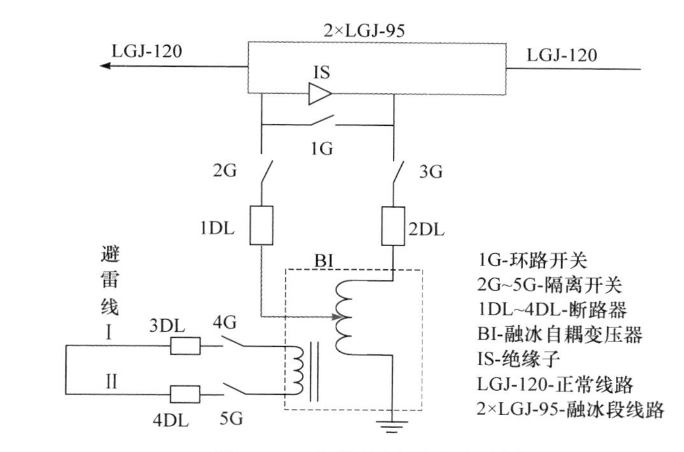

图 9.29　自耦变压器融冰示例

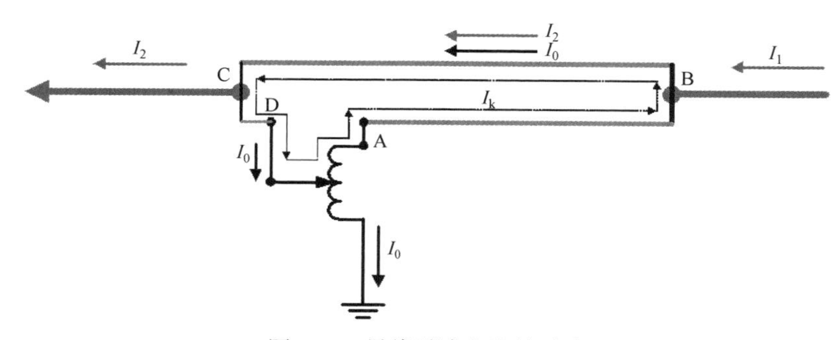

图 9.30　导线融冰电流的环路

2. 直流带负荷融冰

直流输电系统带负荷主要有以下几种方式可提高线路电流：换流站换流器作整流器模式；直流两端背靠背运行模式；并联运行直流换流器模式进行融冰。

1) 换流站换流器作整流器模式

融冰时带线路零功率运行，与传统的零功率运行不同，换流器带线路电阻做整流运行，以高肇和兴安直流线路为例，金属回线直流电阻 R_D=13Ω×2=26Ω，当直流电流 I_d =3000A 时，若将阀侧变压器分接头降至最低档，即阀侧交流进线电压 U_V=152kV，换流器直流电压 U_d≈78kV，换流阀触发角α=68°，仍属于大角度运行工况。换流阀的通态损耗不变，但 RC 回路损耗则为正常工况的 7 倍，阀冷却系统无法满足要求，无法满足融冰模式需要的大角度大电流长期运行的需要。

2) 直流两端背靠背运行模式

直流两端背靠背运行模式，一极正送功率，另一极返送功率，每站一极整流运行，另一极逆变运行，如图 9.31 所示。

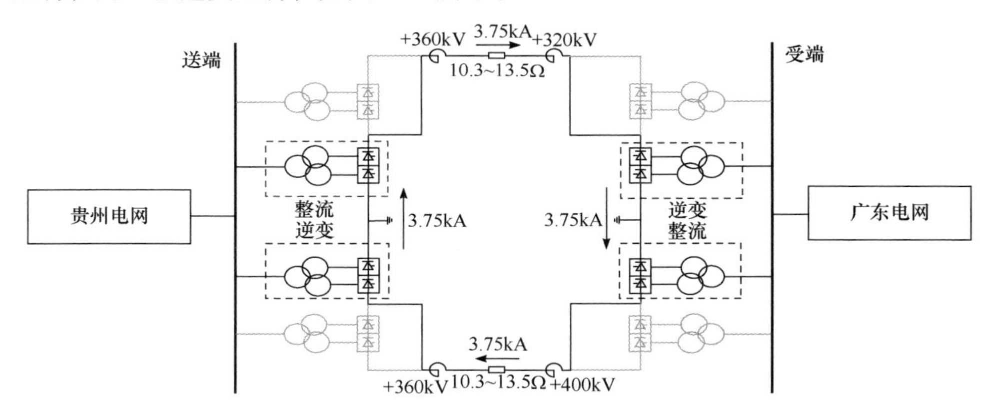

图 9.31　直流两端背靠背运行模式示例

例如，高肇和兴安直流换流阀运行电流可达 3750A，达到直流线路的保线电流。广东侧整流极运行电压为 400kV、逆变极运行电压为 320kV，贵州侧整流极和逆变极运行电压均为 360kV，广东侧整流极从交流系统吸收功率为 400kV×3.75kA=1500MW、逆变极向交流提供的功率为 320kV×3.75kA =1200MW，贵州侧整流极从交流吸收功率为 360kV×3.75kA=1350MW、逆变极向交流系统提供的功率为 360kV×3.75kA=1350MW，需要广东侧交流系统提供直流线路约 300MW 的功率损失，需要广东侧和贵州侧交流系统提供运行消耗的无功功率。由于线路融冰电流和保线电流大，3750A 不能满足其抗冰融冰需求。

3) 并联运行的直流换流器模式

常规长距离直流输电系统一般采用双极设计方式，即每极整流侧和逆变侧各采用一个 12 脉动换流器。特高压直流输电系统每极整流侧和逆变侧各采用 2 个 12 脉动换流器串联的方式。结合直流输电系统的主回路结构，在直流换流站的主接线中增加连接线和开关，通过改变相应开关的通断状态，改变换流器之间的连接关系，从而提高输电线路上的电流，对直流线路融冰，同时能够在直流系统正常输电状态和融冰状态之间进行切换。

常规长距离直流输电系统每个换流站有 2 个 12 脉动换流器，以双极大地回线方式或单极大地或金属回线方式运行。每个换流器的输电直流电流一般不小于 3000A，过载能力可以在最高环温下达到额定容量的 10%，即最大通过电流为 3300A。如果按照正常的接线方式和运行方式，换流站不可能提供融冰电流。由于换流器是按照模块化原则设计，如果能够进行简单拓扑结构的变化，双极的 2 个换流器在并联方式下金属回线运行，则可以提供 6600A 的线路电流。

为表明常规直流输电系统融冰运行时的回路结构，图 9.32 中删除了一些融冰运行时不带电的设备，与常规直流输电运行系统相比，仅增加了一段引线及直流开关，便可达到双极的 2 个换流器在并联方式下金属回线运行融冰的效果，融冰和功率输送同时进行。该方式由于仅仅依靠本站内的双极换流器，因此对于同杆并架架设的直流线路，也可以各自进行融冰操作，而不必在两直流输电系统同杆并架交会处装设开关站等设备。

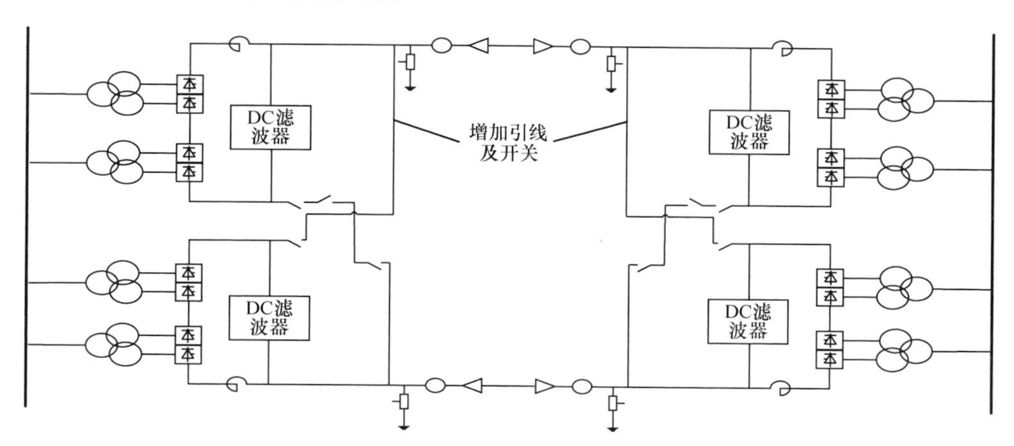

图 9.32　常规直流输电系统融冰运行时主回路

特高压直流输电的主接线示例如图 9.33 所示，其中 R_1～R_4 为平波电抗器。每个换流站有 4 个换流器，可运行在双极或单极方式。正常运行时，每两个换流器串联构成一个完整的极，换流器 C_1 和 C_2 串联形成一极，C_3 和 C_4 串联形成另一极，C_1 和 C_4 属于高端换流器，分别与输电线路相连，C_2 和 C_3 分别与直流中心线相连，它们可全压运行或半压运行。每个换流器的直流电压为 400kV，输电直流电流为 4000A，过载能力可以在最高环温下达到额定容量的 10%，即最大通过电流为 4400A。如果按照正常的接线方式和运行方式，换流站不可能提供融冰电流。由于换流器是按照模块化原则设计的，如果能够进行简单拓扑结构变化，使单极的 2 个 12 脉动换流器或双极的 2 个 12 脉动换流器并联运行，则可以提供超过 8800A 的线路电流。由于冬季环温较低，可以提供约 9000A 的融冰电流。

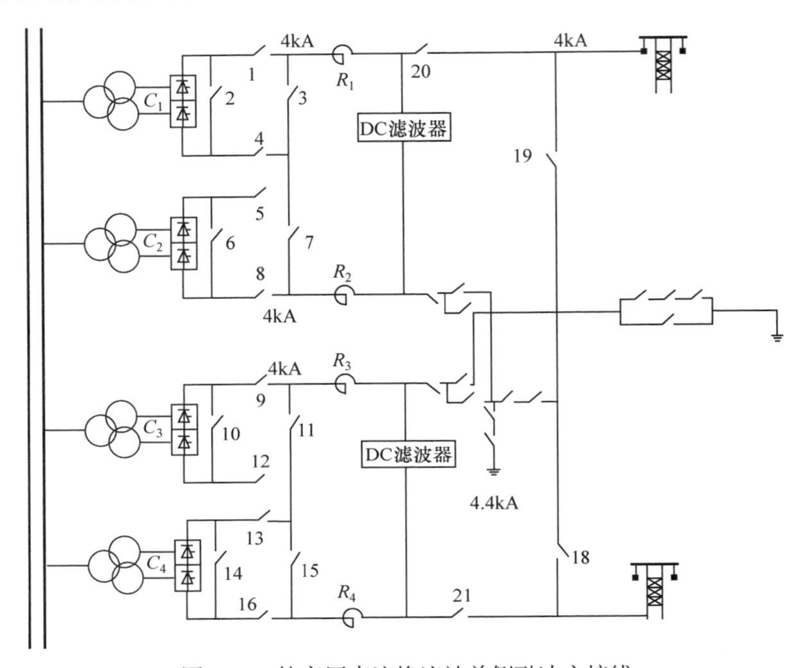

图 9.33　特高压直流换流站单侧融冰主接线

现分别对单极的 2 个 12 脉动换流器并联运行或双极的 2 个 12 脉动换流器并联运行情况进行讨论。

(1) 以图 9.34 的 2 个换流器并联进行特高压直流线路融冰的主接线为示例。

图 9.34 接线方式采用同极的 2 个换流器(图中换流器 C_1 和 C_2 或换流器 C_3 和 C_4)并联，相对端换流站采用同样的接线。

以换流器 C_1 和 C_2 为例：从 C_1 极母线增加连接线到 C_1、C_2 连接母线，即 T_1 要实现特高压直流系统的并联换流器融冰工作方式，直流控制保护系统的部分功能模块还需修改，增加这些模块在融冰方式下的特殊处理程序。这些修改不对原有功能做任何变动，只是在满足特高压直流工程常规工作方式下所有功能要和 T_2 间连接线。并在 T_1 和 T_2 间连接线上增加隔离开关 17A，从 C_1 低压端增加连接线到直流中性线，即 T_3 和 T_4 间连接线。同时在 T_3 和 T_4 间的连接线上增加隔离开关 17B，该方案可以实现不停电融冰。首先闭合开关 17A、5、8、18 和金属回线时中性母线相应开关，换流站则转换为单极单换流器 C_2 金属回线方式运行，然后闭

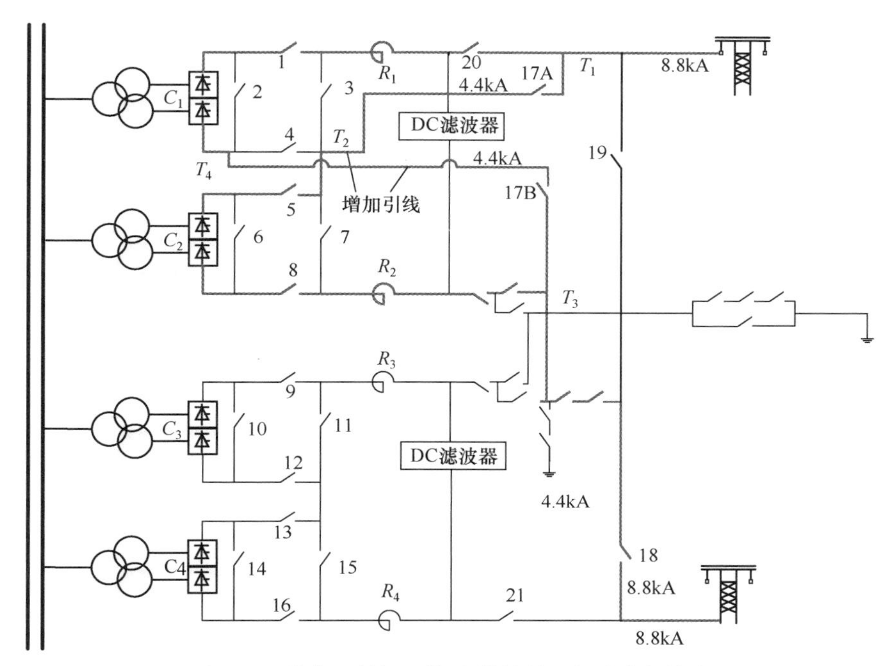

图 9.34　特高压单极两换流器并联运行融冰主接线

合隔离开关 1 和 17B，即可启动高端换流器并增加电流。融冰接线图中的导电部分如图 9.34 中灰线所示。由于在线路变换过程中实现了线路从串联方式到并联方式的转变，因此线路电流可达 8800A，达到融冰的目的。该方案不需停电，便于使用，且在融冰之前线路处于运行状态，融冰的初始条件比较好。把高低压端的 2 个串联干式平波电抗器分别改接为并联方式，也不增加投资。

(2) 以图 9.35 的 2 极 2 个换流器特高压直流线路融冰的主接线为示例进行分析。

图 9.35 接线是采用一极的任意一个换流器和另一极的高端换流器(C_1 或 C_4)组成并联方式，换流器低压端需承受极性相反的电压，必须采用高端换流器。

以换流器 C_2 和 C_4 为例：C_4 低压端平波电抗器后增加一条连接线到另一极的线路隔离开关 20 的外侧，即 T_1 和 T_2 间的连线，在连接线上增加一个隔离开关 17A，在 C_1 低压端增加一条连接线到本极线路隔离开关 20 的外侧，即 T_1 和 T_3 间的连线，在连接线上增加一个隔离开关 17B，则可以实现在线融冰。具体过程如下：首先闭合开关 17B、5、8 和 18，把换流器 C_2 转为金属回线运行方式，闭合开关 17A、13、16 和 21，使换流器 C_4 并联到回路中，然后解锁换流器 C_4 并增加电流。

在线路变换过程中实现将线路转变为并联方式，输电线路的电流可达 8800A，从而可实现融冰的目的，该方案在实现过程中基本不需增加任何设备的容量。

要实现特高压直流系统的并联换流器融冰工作方式，直流控制保护系统的部分功能模块还需修改，增加这些模块在融冰方式下的特殊处理程序。这些修改不

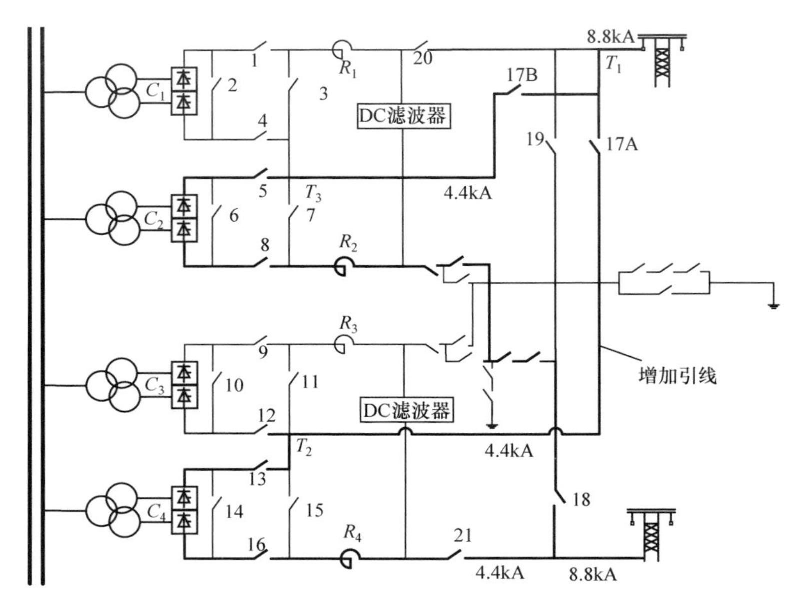

图 9.35　特高压双极两换流器并联运行融冰主接线

对原有功能做任何变动，只是在满足特高压直流工程常规工作方式下所有功能要求的同时，也能在需要时使直流系统运行于并联换流器融冰模式。

在该模式下，特高压直流工程换流器从串联接线方式转入并联方式，考虑到每站并联的 2 个换流器间的电流平衡问题，在紧急融冰时可采用如下的控制策略：①每站并联的 2 个换流器各自独立控制。②整流侧并联的 2 个换流器均处于定电流状态，每个换流器电流定值为输入的融冰电流指令值的 1/2。额定条件下，每个换流器可提供 4kA 电流，并联直流电压 400kV，直流线路电流为 8kA，过负荷时，可达 9kA。③逆变侧并联的 2 个换流器一个处于定电流状态，另一个处于定电压状态。定电流状态的换流器电流定值跟踪直流线路电流，使逆变侧 2 个换流器平均分配直流电流；定电压状态的换流器控制并联换流器的直流电压。两侧换流器为并联接线，单换流器定电压完全能确保所有换流器电压均保持在定值。

上述控制策略确保了特高压直流系统在融冰工作的所有时刻都处于稳定工作点，融冰电流连续可控，整流和逆变两侧的直流电流都在并联换流器之间平均分配，不会引起单个换流器超负荷运行。除控制策略变化，还需要对换流站无功和滤波设备进行校核，以及对控制保护的许多相关功能进行调整，例如增加并联换流器的极间通信、增加融冰模式的顺序控制功能、无功控制功能、线路故障保护区从并联点后开始、很多保护定值需修改、融冰时由单套保护代替 3 取 2 逻辑等。

该方案需注意的问题是：特高压直流线路很长，跨越多种地理和气象区域。当紧急融冰运行时，整条线路都将通过很大的电流，在低温和严重覆冰区，大电流将融化覆冰；但在未覆冰区大电流将使线路温度升得较高。线路长时间处于较高温度会造成不利影响。因此，只有在紧急情况下才需短时间使用 8kA 以上电流。由于该方案的融冰电流是连续可控的，一旦覆冰状况缓解，就可逐渐降低融冰电流，避免未覆冰区线路和设备长时间运行在较高的温度下。

此外，降压运行模式或过载运行模式，所提供的线路电流不能满足输电线路的最小融冰电流，不能进行有效的融冰工作，故不单独使用，通常与整流器并联融冰方法一起使用，提高融冰电流。

9.3 电流焦耳热融冰实践

9.3.1 交流融冰方案与装置

1. 融冰方案

交流融冰在输电线路中应用，需紧密结合输电线路实际情况和覆冰设计其融冰方案。下面以部分电站、线路情况为例，列举了一些交流电流融冰技术方案。

1) 洪家渡电站零起升流带 220kV 线路融冰典型方案

如图 9.36 所示，220kV 站凤Ⅰ回线路在金阳侧短路，由洪家渡电站 2 台机组 2×200MW 通过洪家渡电站的 220kV 母线带 220kV 洪站Ⅰ回及站凤Ⅰ回零起升流，短路点设在 220kV 站凤Ⅰ回(站街—金阳)靠近金阳侧，融冰路径为：洪家渡电站—站街变电站—金阳变电站。融冰路径的线路参数为：洪站Ⅰ回 Z_1=(2.05+j19.8)Ω，站凤Ⅰ回 Z_2=(2.08+j10.84)Ω，Z_Σ=(4.13+j30.64)Ω。洪家渡电站开机 2 台，2×200MW。融冰短路电流约 1200A，消耗功率约为 17.8MW，按 1h 考虑，融冰期间耗电约 1.78×10^4kW·h。220kV 洪站Ⅰ回为 LGJ-2×500 线路，融冰电流需 1800～2250A，洪家渡即使开 3 台机，最大提供 1800A 电流。一般情况下不能对洪站线融冰，但可将 220kV 站风线、站清线等周边线路串接在洪站线后融冰。

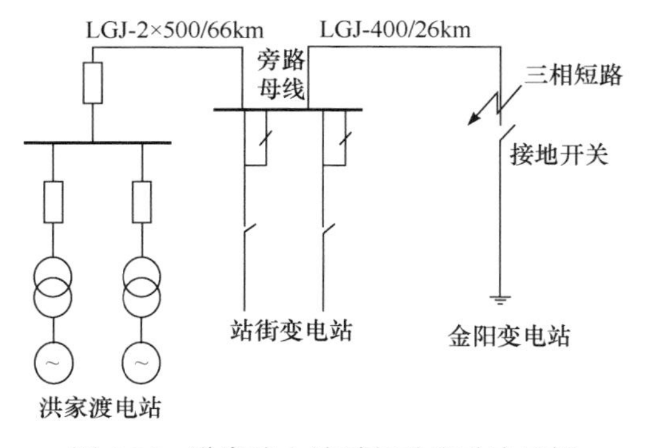

图 9.36　洪家渡电站零起升流融冰示例

2) 贵州贵阳地区 220kV 线路典型融冰方案

通过南郊变电站 110kV 母线对覆冰线路充电，短路点设在 220kV 金阳—站街线靠近站街侧，融冰路径为南郊变电站—清镇电厂—筑东变电站—金阳变电站—站街变电站，如图 9.37 所示。融冰路径线路参数为：站金线 Z_1=(1.92+j9.32)Ω，金筑线 Z_2=(3.44+j17.72)Ω，筑清线 Z_3=(4.03+j18.84)Ω，清南线 Z_4=(3.33+j16.45)Ω，Z_Σ=(12.72+j62.33)Ω。南郊变电站有 2 台变压器，容量为 2×120MV·A，低压侧有容量 48Mvar 的电容器。220kV 侧为双母带旁母接线方式，110kV 侧也为双母线带旁路接线方式。2 台主变压器并联运行，融冰前移走该变电站 110kV 侧全部负荷。南郊变电站 10kV 侧投入无功补偿装置 48Mvar，短路电流为 974A，每台主变压器穿越功率为 17.5+j91.5MV·A，短路后南郊变电站 110kV 侧电压为 0.94p.u.，220kV 侧电压为 0.96p.u.。融冰期间耗电约为 4×10^4kW·h。短路点在金站Ⅰ线靠近站街线路侧；融冰前转走南郊变电站 110kV 侧负荷；金阳变电站串入融冰回路开关置Ⅰ母，母联开关打开；筑东变电站、清镇电厂、南郊变电站 220kV 侧的旁母直接串入融冰回路，与母线之间的开关打开；融冰线路的保护需采用临时定值。

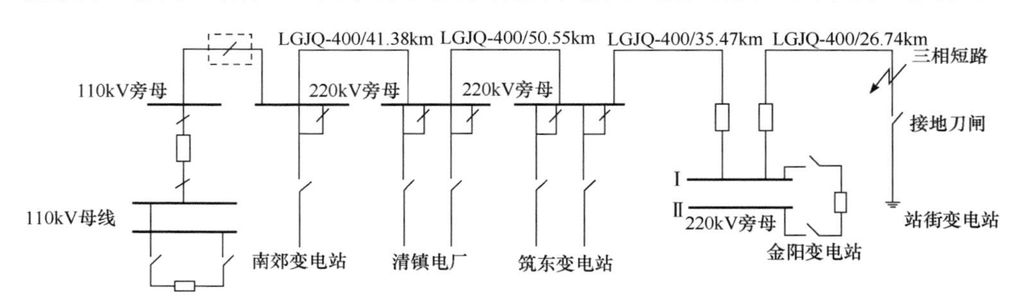

图 9.37 贵州贵阳地区 220kV 线路典型融冰示例

3) 广西桂林地区 220kV 线路典型融冰方案

图 9.38 通过侯寨变电站 110kV 母线对覆冰线路充电，短路点设在 220kV 侯寨—沙塘线靠近沙塘侧，融冰路径为侯寨变电站—沙塘变电站。融冰路径线路参数为：沙侯线 $Z=Z_1$=(12.14+j59.10)Ω。侯寨变电站有 2 台主变压器，容量为(90+120)MV·A，220kV 和 110kV 侧进出线采用双母线带旁路主接线方式。2 台主变压器并联运行，融冰前移走该变电站 110kV 侧的全部负荷。在侯寨变电站 10kV 侧投入无功补偿装置 18Mvar，融冰短路电流为 950A，两台主变压器穿越功率大约为(35+j175)MV·A，短路后侯寨变电站 110kV 侧电压为 0.88p.u.，220kV 侧电压为 0.97p.u.，沙塘变电站电压为 1.04p.u.。融冰期间耗电大约为 3.5×10^4kW·h。融冰短路点在侯沙Ⅰ线靠近沙塘线路侧；融冰前转移走侯寨变电站 110kV 侧负荷；融冰线路上的保护需采用临时定值。

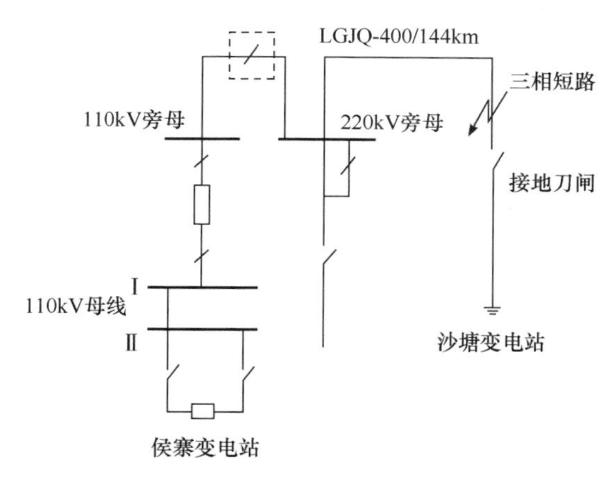

图 9.38　广西桂林地区 220kV 线路典型融冰示例

4) 贵州安顺地区 110kV 线路典型融冰方案

图 9.39 通过 110kV 平坝变电站的 35kV 母线对覆冰线路 110kV 平坝—马田—两所屯线路进行充电，短路点设在 110kV 田两线靠近两所屯侧，融冰路径为平坝—马田—两所屯变。融冰路径线路参数为：平田线 Z_1=(1.649+j3.83)Ω，田两线 Z_2=(7.99+j18.565)Ω，线路总阻抗 Z_Σ=(9.639+j22.395)Ω。平坝变电站有 2 台变压器，容量为 2×31.5MV·A。其 110kV 侧为单母线分段带旁母接线方式，35kV 侧为单母线分段接线方式。2 台主变压器并联运行，移走该变电站 35kV 侧的全部负荷。融冰短路电流为 707A，2 台主变压器穿越功率为(14.8+j41.7)MV·A，短路后平坝变电站 35kV 侧电压为 0.85p.u.，110kV 侧电压为 0.94p.u.，清镇电厂 110kV 电压为 0.955p.u.，220kV 侧电压为 1.04p.u.，两所屯变电站 110kV 电压为 0.97p.u.，220kV 电压为 1.04p.u.。融冰期间消耗电大约为 1.5×10^4kW·h。短路点在平两线靠近两所屯侧；融冰前转移走平坝变电站 35kV 侧负荷；平坝变电站 110kV 侧的旁母直接串入融冰回路，与母线之间的开关打开；融冰线路的保护需采用临时定值。

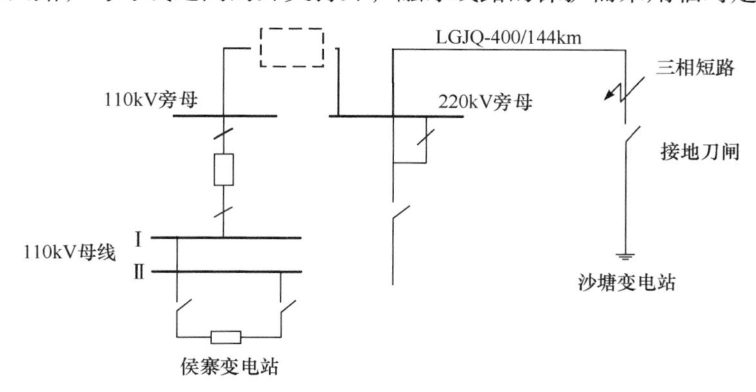

图 9.39　贵州安顺地区 110kV 线路典型融冰示例

2. 交流融冰装置

可调电容串联补偿交流融冰装置主要由电容组成，如图 9.40 所示。适用范围为 0～40km 的 220kV 短线路。装置为三相结构，每相由 3 组电容组成，每组电容又由 10 个电容并联组成。这种通过 3 组电容的串并联，以及选择每组电容的并联个数，实现了电容组容抗的灵活可调，保证装置能满足长度为 0～40km 的输电线路融冰需要。装置的技术参数如下：额定电流，1600A；额定电压(极间绝缘水平)，15kV；额定频率，50Hz；相数，三相；额定容量，26.1Mvar；对地绝缘耐压水平，1min 工频耐受电压(方均根值)：>63kV；冲击耐受电压(峰值)：>112.5kV；设备安置方式，组架式；可融冰线路长度，0～40km 的 220kV 及以下线路。

图 9.40　可调电容串联补偿交流融冰装置

2008 年 11 月 2 日，可调电容串联补偿式交流融冰装置在浏阳 220kV 集里变电站试验成功，以 220kV 丛集线(LGJ-400 导线、长度 37km)为对象，将融冰电流升至 810A，15min 后，导线温度由 17℃上升至 35℃，装置运行正常。

9.3.2　直流电流融冰装置与示例

1. 直流融冰装置

2005 年加拿大的魁北克水电局与 AREVA 合作开发了一套高压直流融冰装置，装置于 2006 年 11 月装设于魁北克 Levis 变电站，如图 9.41 所示。对于典型的 735kV 线路 4 分裂 1354MCM 导线，该装置的融冰电流为 7200A，在气温−10℃、风速 10km/h 的条件下，通电 30min 可以融化厚度 12mm 的线路覆冰。融冰装置覆盖 4 条 735kV 单回线路和 1 条 315kV 双回线路，其中 735kV 单回线路最长 242km。该装置在非融冰期以 SVC 方式运行，输出无功容量从+250 到−125Mvar，起到稳定电压的作用。

图 9.41　魁北克水电局融冰直流变换器

1) 中国南方电网公司

我国 2008 年南方大面积冰灾之后，我国投入了大量的人力、物力和财力研究直流融冰技术，国家电网公司、中国南方电网公司分别研制了不同型号、类型的直流融冰装置。中国南方电网公司研制了 25MW、60MW、500kW 直流融冰装置样机，直流融冰装置样机如图 9.42 所示。其中 25MW 样机的额定输出电压 12.5kV，额定输出电流 2000A，额定输出功率 25MW，直流电压调节范围 0～12.5kV，直流电流调节范围 300～2400A，具有 1.2 倍过载能力。25MW 样机的使用 4 英寸晶闸管，采用水-风强迫冷却方式。由 10kV 电源供电，具有三相自动切换功能，采用集装箱式安装，可在站间移动。2008 年 9 月 5 日，25MW 站间移动式直流融冰装置样机在贵州 500kV 福泉变电站成功完成了所有预定现场系统试验项目和测试项目。试验线路为 220kV 福都线，最大融冰试验电流达到 2kA，试验过程中线路、金具、接头和融冰装置各设备运行正常。电流升至 2kA 约 10min 后，220kV 福都线温升达到 25℃。

(a) 60MW

(b) 25MW

(c) 500kW

图 9.42　直流融冰装置

60MW 样机的额定输出电压 16.7kV，额定输出电流 3600A，额定输出功率 60MW，直流电压调节范围 0～20kV，直流电流调节范围 400～4320A，具有 1.2 倍过载能力。使用 5 英寸晶闸管，水-风强迫冷却方式。通过整流变压器由 35kV 电源供电。具有三相自动切换功能，采用集装箱方式安装。2008 年 10 月 12 日，60MW 固定式直流融冰装置样机在贵州 500kV 福泉变电站所有预定现场系统试验项目和测试项目。试验线路为 500kV 福施 Ⅱ 线，最大融冰试验电流达到 4000A，试验过程中线路、金具、接头和融冰装置各设备运行正常。电流升至 4000A 约 15min 后，500kV 福施 Ⅱ 线温升达到 35℃。

500kW 样机的额定输出电压 500V，额定输出电流 1000A，额定输出功率 500kW，直流电压调节范围 0～500V，直流电流调节范围 200～1200A，具有 1.2 倍过载能力。由变电站 400V 侧或发电车直接供电，具有三相自动切换功能，采用 2.5 英寸晶闸管，强迫风冷，箱式安装，安装在车辆上。2008 年 8 月 14 日，500kW 移动式直流融冰装置样机在贵州铜仁成功完成了所有预定系统试验项目和测试项目。试验线路为铜仁 110kV 川太锦线，线路长度为 2.5km。以 500kV·A 发电车作为电源，试验电流最大为 500A，试验过程中线路、金具、接头和融冰装置各设备运行正常。线路达 500A 约 30min 后，110kV 川太锦线温升约为 11℃。

2) 国家电网公司

移动式直流融冰装置采用二极管为整流元件，采用 6 脉波桥式整流，如图 9.43(a) 所示，额定功率为 25MW；额定输出直流电流为 2000A；额定输出直流电压为 12500V；额定输入电压为 10500V；融冰长度为 50～150km。

(a) 移动式直流融冰装置

(b) 固定式直流融冰装置

图 9.43　直流融冰装置

2008 年 10 月 29 日，装置在娄底 220kV 上渡变电站现场试验，以田上线(LGJ-2×300，126.9km)为对象，成功将直流电压施加至 12.5kV，融冰电流 1420A。10min 后，温度由 17℃升至 35℃，谐波满足 IEC 标准要求，噪声<70dB。

固定式直流融冰装置由整流变压器、12 脉波可控整流器组成，如图 9.43(b) 所示，输出电压从零起调，针对 0～40km 长度的线路。技术参数为：额定功率 4.2MW；输出直流电流 1400A；额定输出直流电压 3000V；额定输入电压 10500V；融冰线路长度 0～40km。

2008 年 11 月 8 日，固定式直流融冰装置在郴州 220kV 城前岭变电站现场试验，以城福线为对象，成功将直流电流升至 1200A。45min 后，LGJ-400 导线温度由 8℃上升至 43℃，2×LGJ-300 导线温度由 8℃上升至 16℃，谐波满足 IEC 标准要求，完成试验。

根据研究试验结果，提出按照电压等级，采用相应融冰装置：对于 500kV 线路适用交流 35kV 供电的大容量固定式直流融冰装置(容量 60MW)；对于 220kV 和 110kV 线路适用交流 10kV 供电的站间移动式直流融冰装置(容量为 25MW)；对于 35kV 及以下电压等级线路适用交流 400V 供电的小容量移动式直流融冰装置(容量为 500kW)。为满足不同线路长度、导线参数融冰需要，直流融冰装置输出调节范围要宽，其换流器能够大角度大电流长期运行，尽量减少谐波、噪声等对系统和变电站的影响，不需额外电压调节(如配备变压器，对分接头也没有额外要求)。直流融冰装置应该占地小、操作简便、维护量少、便于移动，故采用集装箱式结构。

2. 直流融冰示例

2009 年 2 月 28 日，湖南出现中等程度覆冰，联结怀化 220kV 田家变电站至娄底 220kV 上渡变电站的田上线部分线段冰厚 10mm。湖南省电力公司启动移动式装置融冰，融冰电流 1400A，40min 后，融冰相(L1)冰完全脱落，导线温度由 0℃上升至 15℃，经过 2.5h 完成三相融冰。

2009 年 1 月，贵州省中部、东部、北部地区出现雨雪天气，部分线路覆冰厚度达 5～10mm。1 月 7、8 日对都匀地区的 110kV 福牛线、220kV 福旧线、500kV 福施Ⅱ线进行融冰，3 条线路覆冰均为雨凇，呈坚实的冰块状，厚度分别达到 4mm、5mm 和 8mm。1 月 9 日对六盘水地区的 110kV 水树梅线进行了融冰，当时线路覆冰为雪凇，厚度已达 100mm，档距中部导线弧垂较大，通电 10min 后，通以电流的导线开始有雪凇脱落，随后导线很快向上弹起，到县上的覆冰立刻全部脱落。

2009 年 1 月 7～10 日，受较强冷空气影响，全国大范围出现降温天气，韶关电网 1 月 10 日早上启动 110kV 通梅线(220kV 通济站—110kV 大桥站—110kV 梅花站)直流融冰，通过 220kV 通济站融冰装置向线路提供电流，随融冰电流的稳步上升，导线温度逐步上升，导线温度升至 8～10℃时，66km 线路上冰纷纷掉落。

2009 年 1 月 28 日，220kV 昭大Ⅰ线覆冰 21.5mm。1 月 29 日，昭通电网启动直流融冰，0.5h 后冰全部脱落。2009 年 11 月 21 日启动直流融冰对昭通 110kV 大中Ⅰ线 28mm 的覆冰融冰。实际融冰数据如表 9.6 所示。

表 9.6　南方网各省部分融冰示例

线路名称	110kV 福牛线	220kV 福旧线	500kV 福施Ⅱ线	110kV 水树梅线	220kV 昭大Ⅰ线	110kV 通梅线
导线型号	LGJ-185	LGJQ-2×400	LGJ-4×400	LGJ-185	LGJ-400	LGJ-240
线路长度/km	25.28	57.43	90.36	32.78	75.8	65

续表

线路名称	110kV 福牛线	220kV 福旧线	500kV 福施Ⅱ线	110kV 水树梅线	220kV 昭大Ⅰ线	110kV 通梅线
环境温度/℃	−2	−2	−1	−2	−3	−1
湿度/%	90	91	95	92	90	80
风速/(m/s)	5	3.5	5.1	1.5	3～5	3～5
覆冰厚度/mm	4	5	8	100	21.5	8
覆冰类型	雨凇	雨凇	雨凇	雪凇	雨凇	雨凇
实际最大电流/A	540	1700	3000	510	800	600
持续时间/min	10	11	9	10	30	30

9.4　配电网、接触网和架空地线电流焦耳热融冰

电流融冰除在输电线路中具有显著效果外，还广泛应用于配电网、电气化铁路接触网和架空地线的融冰中。

9.4.1　配电网融冰

1. 三相短路融冰

交流融冰是将三相线路短路，利用流经线路的大电流产生热量融化覆冰，融冰原理如图 9.44 所示。

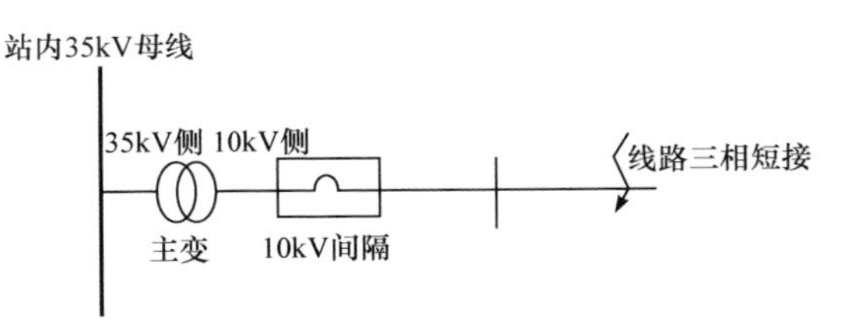

图 9.44　交流融冰原理

配电网线路一般选择线路出线变电站 10kV 开关间隔作融冰电源，设融冰电压为 U，线路阻抗为 R+jX，线路长度为 L。融冰电流值固定，交流融冰需满足

$$I_{\min} \leqslant \frac{U\times 10^3}{\sqrt{3}\left[\left(R+\mathrm{j}X\right)L\right]} \leqslant I_{\max} \tag{9.60}$$

确保电流在最小与最大融冰电流之间，如覆冰段线路在可融范围便可融冰，如表 9.7 所示。

表 9.7　交流融冰方法适用的导线参数和可融冰线路长度范围

导线型号	线路参数/(Ω/km)	临界融冰电流/A	最大融冰电流/A	融冰线路长度/km	融冰最小容量/(MV·A)
LGJ-25	1.26+j0.399	102.0	118.9	38.57～44.96	1.51～2.40
LGJ-35	0.9+j0.389	125.3	355.9	17.37～49.36	0.76～17.50
LGJ-50	0.63+j0.379	165.5	491.7	16.67～49.82	0.96～25.30
LGJ-70	0.45+j0.368	202.8	613.8	16.99～51.42	1.15～32.17
LGJ-95	0.332+j0.356	238.7	724.4	17.19～52.17	1.36～38.07

2. 变压器串联融冰

采用站内 10kV 开关间隔作融冰电源，在线路合适位置短接后，如融冰电流超过线路最大融冰电流，可尝试变压器串联融冰方法。

变压器串联融冰是降低融冰电源电压，从而降低融冰电流。如图 9.45 所示，准备一台 35kV 备用变压器并运输至站内，融冰变压器 35kV 侧接入 10kV 电源，二次侧降压输出 2.86kV 电压，融冰电流将减少。

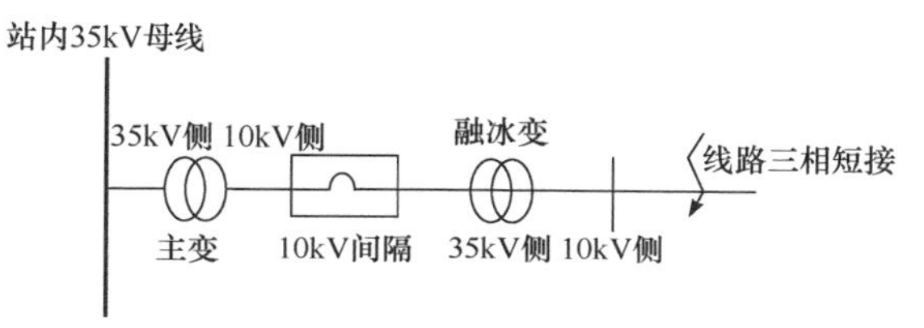

图 9.45　变压器串联交流融冰原理

融冰线路交流融冰需满足

$$I_{\min} \leqslant \frac{U \times 10^3}{\sqrt{3}\left[\left(R + \mathrm{j}X\right)L + R_{短}\right]} \leqslant I_{\max} \tag{9.61}$$

确保电流在最小与最大融冰电流之间，如覆冰段线路在可融范围便可融冰，如表 9.8 所示。

表 9.8　变压器串联方法配电网线路交流融冰线路长度范围

导线型号	线路参数/(Ω/km)	临界融冰电流/A	最大融冰电流/A	融冰线路长度/km	融冰最小容量/(MV·A)
LGJ-25	1.26+j0.399	102.0	118.9	10.50～12.24	0.42～0.67
LGJ-35	0.9+j0.389	125.3	355.9	4.73～13.44	0.21～4.89
LGJ-50	0.63+j0.379	165.5	491.7	4.56～13.57	0.27～7.08
LGJ-70	0.45+j0.368	202.8	613.8	4.62～14.00	0.32～9.00
LGJ-95	0.332+j0.356	238.7	724.4	4.68～14.21	0.38～10.65

3. 电容串联补偿交流融冰

上述两种方法均无法调节电流，如不满足式(9.60)和式(9.61)，则无法融冰。

如融冰电流可调将适用于更多配电网线路。可利用电容串联补偿实现阻抗匹配控制电流，如图 9.46 所示。交流融冰电源始终是 10kV，线路过长时利用电容抵消线路感抗；线路较短时采用过补偿使线路呈容性，控制线路阻抗在一定范围，使电流在导线融冰电流范围，达到线路覆冰融化的目的。

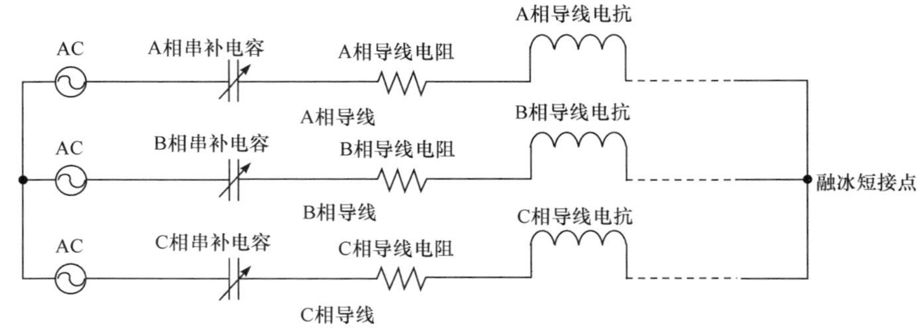

图 9.46　电容串联补偿的交流融冰

9.4.2　接触网融冰

接触网融冰主要采用短路法。以变电所为中心，通过特定方式使变电所两供电臂形成闭合回路融冰。图 9.47 为一种可行的接触网交流融冰方案，利用上行与下行接触线串联构成融冰回路，然后根据阻抗调整的需要，可增加回路的电阻或电抗，限制回路电流。本方案将融冰系统安装在分区所，利用上/下行线与钢轨组建融冰回路。需要融冰时，分别合上 2QF、2QS、9QS、11QS、11QF 单独对上行线融冰，或分别合上 1QF、1QS、10QS、12QS、12QF 单独对下行线融冰，也可把上行线与下行线并联同时融冰，但由于上行线与下行线的分流，融冰电流变小。为满足接触网运行状态防冰，允许接触网正常带电，一旦机车进入防冰区间，系统自动退出运行，不影响机车正常通过区间。

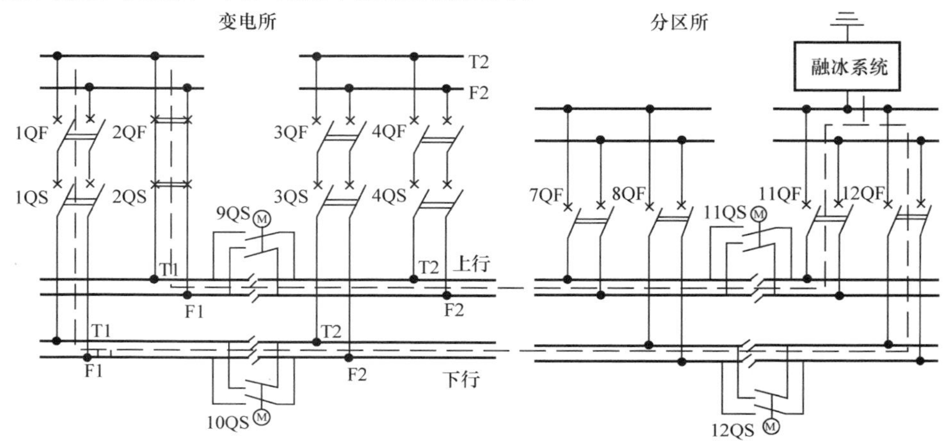

图 9.47　接触网交流融冰方案示意图

9.4.3 架空地线融冰

地线与导线同样覆冰，采用直流融冰是直接、有效、可靠的方式之一。地线直流融冰与导线类似，都是将末端短路，首端施加较大直流电流，使线路温度升高达到融冰目的。但同一条线路中地线直流电阻远大于导线，融冰电流较小，融冰电压较高。为保证地线的融冰电压小于地线绝缘子的耐压水平，必须合理选择直流融冰接线方式：串联方式、地线和导线串联方式、并联方式、分段并联方式以及单根地线分段并联融冰接线方式。

1. 串联融冰

当两根地线型号一致时，将两根地线分别接入直流融冰装置的正负极直接融冰，其接线方式如图 9.48(a)所示，地线串联融冰方式与导线无关，两条地线直接形成通流回路，接线方式简单。两条地线也可以和导线同时融冰，减少停电时间。但地线电阻较大，需融冰线路较长时，串联连接方式难以满足融冰要求。

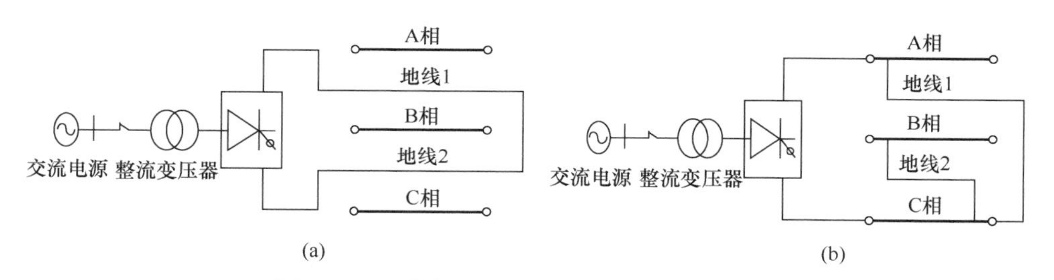

图 9.48　地线串联融冰与导地线串联融冰方式

2. 地线和导线串联融冰

如果两根架空地线型号不同，将一根地线和一根导线串联后接入直流融冰电源正负极，如图 9.48(b)所示。一根地线融冰后，再将另一根地线和导线串联，即可完成两根地线的融冰，但融冰时间比地线串联长。

3. 并联融冰

当两根地线型号一致时，将两根地线并联后，通过导线形成回路融冰，如图 9.49(a)所示。该接线融冰电压小于串联方式，两根地线可同时融冰。

4. 分段并联融冰

当两根地线型号一致时，将地线分成多段(视具体工程决定)，同一线路段两根地线并联，再经过两相导线形成回路，如图 9.49(b)所示。分段并联是并联方式的基础上将地线并联多次融冰，可减小地线融冰电压，但需选择合适杆塔实施地线分段与并联作业，增加直流融冰实施的难度。

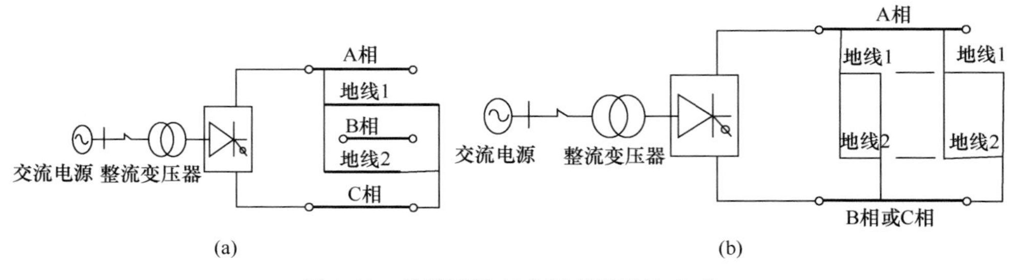

图 9.49 并联融冰与分段并联融冰方式

5. 单根地线分段并联融冰

两根地线型号不一致，可将单根地线分成几段，通过导线形成融冰电流回路，如图 9.50 所示。一根地线完成融冰后再将另一根地线采用相同方式融冰，两根地线融冰需要两次才能完成。

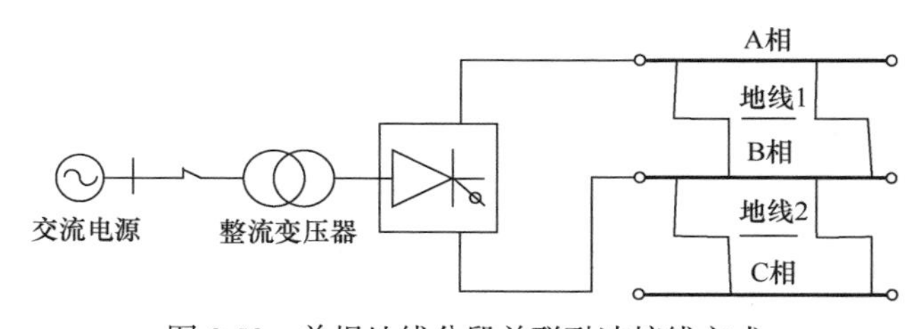

图 9.50 单根地线分段并联融冰接线方式

9.5 电流焦耳热融冰评价

9.5.1 电流融冰评价

交流比直流更早形成网络，交流融冰形成时间较早。交流短路融冰经过长期理论研究，拥有大量工程实践经验，技术已经相应更为完善，但实际融冰中存在以下问题，从而限制其广泛应用：

(1) 电网结构越来越复杂，融冰所需电流和容量也相应变大，难以满足要求；

(2) 交流融冰需阻抗匹配，涉及变电站越来越多，操作更加繁琐；

(3) 交流融冰需转供的供电负荷越来越多，而低温环境负荷较大且难以转移，只能采取限负荷的方法，影响日常生产和生活；

(4) 配合交流融冰，电网建设初期就需考虑融冰电源、短路点建设，还需增加融冰刀闸等设备，增大电网初期的建设投资；

(5) 严重覆冰时，短路融冰排队线路多，难以完成融冰；

(6) 变电站严重覆冰时，融冰刀闸不能正常操作，融冰无法正常进行。

相比之下直流融冰经济可行。当环境温度小于 0℃时，电流小于临界电流，无论多长时间冰都不会融化。导线型号相同、环境温度相同的条件下，交流和直流融冰电流基本一致，由于趋肤效应和涡流热效应，交流发热功率稍高于直流。由于感抗的影响，交流融冰需很大无功功率，对电源容量要求要比直流大得多。直流融冰电源容量仅为交流的 1/5～1/15，其融冰效果与交流基本一致。几种型号导线的临界交流、直流融冰电流如表 9.9 所示。

表 9.9　几种型号导线的临界交流、直流融冰电流

导线型号	直流 I_c/A	交流 I_c/A
LGJ-70	217.5	220.23
LGJ-240	440	445.96
LGJ-400	602	571.49
LGJ-720	857	704.85

注：环境温度为−5.0℃，冰厚为 10mm，风速为 5.0m/s。

目前直流融冰装置多是半控型晶闸管换流器(CSC)，非融冰期兼作 SVC 对交流进行无功补偿。全控型器件 IGBT 的换流器(VSC)融冰装置，电流控制更精确，装置体积小，移动方便，可作为静止同步补偿器(STATCOM)使用。鉴于 STATCOM 相对于 SVC 的优越性，STATCOM 的研究和应用也越来越多。随着电力电子技术的不断发展，IGBT 造价高、电流受限等难题将得到解决，基于 IGBT 兼作 STATCOM 的融冰装置将得到发展。

交流短路融冰主要有冲击合闸、零起升流两种方式。高电压等级线路融冰在无功备用不足时，冲击合闸会引起系统不稳定。采用冲击合闸方式需满足短路电流不超过融冰回路中所串线路的最大允许电流，系统中无功备用要充足等条件。冲击合闸不可多次操作，否则会增加断路器等一次设备的损坏风险。

对于 500kV 线路，发电机经升压变压器带线路零起升流时归算到发电机侧的电流超过 62kA 或 75kA 需要的发电机容量超过 2000MV·A。如果采用发电机直接带 500kV 线路零起升流，则此时输电线路的外阻抗相对于发电机的同步电抗要大得多，此时发电机零起升流的短路电流主要取决于外部阻抗。因此发电机直接升压到 220kV 时，情况与 500kV 线路类似，但有所改善，所以在 220kV 线路上的应用具有一定可行性。若发电机连接于 110kV 侧，且需要融冰的 220kV 线路也可以连接到 110kV 系统，则情况可以大为改善，相当于发电机可提供的融冰电流增加一倍。进一步分析 110kV 及以下电压等级的线路，零起升流融冰可行。

常见的直流短路融冰装置主要分为：固定式融冰装置、(站间)移动式融冰装置。

固定式融冰装置主要对象为220kV及以上输电线路,其功率一般在数十兆瓦,输出电压连续平滑，可在一定范围内对不同长度的单条或多条线路融冰。固定式融冰装置引入变电站 10～35kV 电源，通过三绕组整流变压器(或不需要整流变压器)后，送入 6 脉动或 12 脉动可控硅整流器，经整流后输出平滑可调的直流量。

初期没有专用融冰断路器，融冰母线的连接采用人海战术(约 30 人加大型高空作业机械)，一次连接一般耗时大于 3h；融冰之后仍然需要人海战术爬上高空拆除连接导线。目前，连接融冰母线与融冰线路均采用专用融冰断路器，由于工程造价、安装场地及经济性等原因，固定式直流融冰装置只应用于重要核心变电站，大大限制了这种方法在电网的普及和应用。

移动式融冰装置的主要对象 110kV 及以下线路(站间)。移动式融冰装置弥补了固定式融冰装置的不足，接入需满足一定条件：如 10kV 开关柜用电缆接入移动式融冰装置，其工作量很大，连接电缆的时间一般为 2～3h(含解除连接的时间)，在需要融冰时，工作效率受到极大影响，且作业风险也很大。移动式融冰装置还存在以下不足：①装置工作时产生较大谐波，对电网造成较大危害与影响；②装置存在可靠性问题，需要进一步提高；③装置在极端条件下的移动能力还有待提高。

9.5.2 带负荷融冰评价

电流融冰方法种类丰富，实际融冰中应结合融冰需求和线路实际情况，针对不同线路环境条件，因地制宜，采用合适融冰方法，并在保证线路安全前提条件下多种融冰方法共用。

交流、直流带负荷融冰是线路正常运行时进行，通过的负荷电流都不能大于热稳电流。带负荷融冰不如短路融冰效果，一般只应用于短时间小范围融冰，或部分线路抗冰。

交流带负荷融冰操作方便，节省时间，不消耗大量的人力、物力，只需调整电网运行方式。同其他融冰方式相比，该方法原理简单、安全可靠。融冰过程甩负荷少，线路电流几乎不会发生突变，对系统没有短路冲击，不容易发生烧毁设备的事故。但通过调度转移潮流的程度有限，无法应对大面积的严重冰灾。

通过调度转移潮流存在安全隐患，对无功功率的依赖较大，可能对系统产生影响，操作人员难以把握。倒闸操作多，由于运行方式改变，需要调整各变电站的供电电源，因此倒闸操作较多，时间也长。特殊运行方式下可能引起继电保护失配或难以进行整定计算。但随着 FACTS(灵活交流输电)设备在电力系统的应用，潮流控制将更加灵活有效，该融冰方法应用更为广泛。

增加无功电流的融冰方法状态切换控制比较容易。电容器接入网络主动改变网络的功率因数，同时系统电流保护装置要有一个新的融冰状态电流设置值，融冰时电网的供电电压会有变化，必要时损失负荷。该方法融冰时对无功功率的控制较难，尤其是对于网状结构的电网无功的流向不易控制。该方法改变了系统无功分布，对系统稳定影响较大，需进一步验证其正确性、可行性。且需要高压电容器及相应的高压断路器、保护系统配套使用，投资巨大，其推广范围受到限制。

移相器融冰方法需要在线路增加移相变压器，操作过程中会显著增加系统无功需要，对系统的安全运行造成一定的影响，因此目前还处于理论讨论阶段。可以通过自耦变压器可对多分裂导线成功进行融冰,但也只能解决小范围短暂覆冰。

已建成直流输电线路，改造规模较大，耗费较多，采用换流器作整流器和两端背靠背运行模式进行线路抗冰。而对在建、未建及拥有 12 脉动阀组的直流输电线路，可采用换流器并联运行模式进行线路融冰工作。无论单、双 12 脉动阀组的直流工程，必须在设计初期主回路和控制保护系统的设计上予以考虑，同时考虑谐波的影响，融冰方法的比较如表 9.10 所示。

表 9.10　各种融冰方法比较

融冰方法分类			适用范围	可能存在的问题	应用现状
短路融冰	交流融冰	发电机零起升流	220kV、110kV 线路	发电机操控量大，倒闸操作多	湖南、四川、宁夏等电网有成功应用案例
		系统冲击合闸	220kV、110kV、35kV 线路	转负荷操作多；对系统电压有冲击；融冰电流可控性差	
	直流融冰	固定式	500kV 线路	接线操作复杂	南方各省严重覆冰地区均有成功应用案例
		站间移动式	220kV、110kV 线路	移动受限；临时接线困难	
		发电车移动式	35kV、10kV 线路	移动受限；野外接线困难	
带负荷融冰	交流融冰	调度	110kV 线路	局限于小范围覆冰	小范围应用
		增加无功电流	220kV 及以下线路	改变系统的无功潮流分布	国内暂未应用
		移相器	230kV、315kV 线路	增加系统无功需求	国内暂未应用
		自耦变压器	110kV 线路	局限于小范围覆冰	陕西宝鸡电网
	直流融冰	换流站换流器作整流器模式	±500kV 及以上直流高压线路	局限于短时间抗冰	天广直流工程等
		直流两端背靠背运行模式		局限于短时间抗冰	天广直流工程等
		并联运行的直流换流器模式		采用 12 脉动阀组的特高压直流线路	向上、锦苏等直流工程

9.6　本 章 小 结

本章论述输电线路电流焦耳热融冰机理，讨论基于传热学原理的导线融冰物理数学模型，提出电流停电融冰和带负荷融冰两类融冰方法，根据电流焦耳热融冰实践案例分析，表明电流焦耳热融冰方法对输电线路导线融冰具有显著效果。提出电流融冰技术还可广泛应用于配电网、电气化铁路接触网和架空地线的融冰中。分析了各类电流融冰方法在实践中的局限性，提出在实际融冰工作中应结合融冰需求和线路实际情况，针对不同的输电线路环境条件，因地制宜，采用合适的融冰方法，并且在保证线路安全的前提条件下，可采用多种融冰方法。

参考文献

[1] 范松海. 输电线路短路电流融冰过程与模型研究[D]. 重庆: 重庆大学, 2010.
[2] 蒋兴良, 毕茂强, 黎振宇, 等. 自然条件下导线直流融冰与脱冰过程研究[J]. 电网技术, 2013, 37(9): 2626-2631.
[3] 范松海, 毕茂强, 龚奕宇, 等. 自然条件下导线覆冰形状及对融冰过程的影响研究[J]. 高压电器, 2019, 55(6): 184-191.
[4] 朱永灿, 黄新波, 赵隆, 等. 覆冰层热导率测试方法与影响因素分析[J]. 高电压技术, 2018, 44(9): 2940-2946.
[5] 蒋兴良，兰强，毕茂强. 导线临界防冰电流及其影响因素分析[J]. 高电压技术，2012，38(5): 1225-1232.
[6] Myers T G, Charpin J P F. A mathematical model for atmospheric ice accretion and water flow on a cold surface[J]. International Journal of Heat and Mass Transfer, 2004, 47(25): 5483-5500.
[7] 许树楷, 杨煜, 傅闯. 南方电网直流融冰方案仿真研究[J]. 南方电网技术, 2008, 2(2): 31-36.
[8] 常浩, 石岩, 殷威扬, 等. 交直流线路融冰技术研究[J]. 电网技术, 2008, 32(5): 1-6.
[9] 舒立春, 罗保松, 蒋兴良, 等. 智能循环电流融冰方法及其临界融冰电流研究[J]. 电工技术学报, 2012, 27(10): 26-34.
[10] 蒋兴良, 范松海, 胡建林, 等. 输电线路直流短路融冰的临界电流分析[J]. 中国电机工程学报, 2010, 30(1): 111-116.

第 10 章　电网冰灾非干预式主动防御

10.1　引　　言

国内外研究了各种除冰、防冰与融冰技术，按工作原理一般分为：热力融冰、机械除冰、自然被动除冰及其他方法[1]。机械除冰不易操作；自然被动除冰效率低；交流短路融冰在低电压等级线路上应用较为成熟，但不适合 500kV 以上高电压等级线路；直流融冰是一种有效的可解决电网冰灾的重要手段，直流融冰从技术上可适应于各级电压等级的不同导线截面的线路，也可根据不同的条件采用不同形式、不同容量直流融冰装置，但融冰需要停电，退出和接入需要较为复杂的操作和较长的时间，融冰装置极其笨重，占地面积大，成本高昂。非干预式防冰可改善传统融冰方法手动、断电操作的缺陷，实现输电线路自动、不断电融冰。

本章根据输电线路自身的结构特性和特定的地形地理条件，控制输电线路的覆冰荷载在设计抗冰强度以下，从而保证输电线路安全运行。这些方法和措施是设计或线路改造所采用的，是冰灾发生前所采取的主动措施，但这些方法和措施无需运行维护人员的干预，因此属于非人工干预主动冰灾防御的范畴。

非人工干预的主动冰灾防御方法和技术措施很多，本章根据作者的研究与实践，主要讨论扩径导线式冰灾防御方法、扭转抑制式冰灾防御方法、沉积放电式冰灾防御方法和其他非人工干预式冰灾防御方法。

输电线路可以采取非人工干预的冰灾防御方法有以下基本的理论依据：

第一，通过抑制输电线路的电磁场特性可控制输电线路覆冰。导线覆冰是环境因素与电磁场耦合作用机理。对于高压输电线路，不但电流产生的热效应对导线的热平衡有影响，不同电场强度对极性过冷却水滴在导线附近的运动轨迹存在复杂的影响，进而影响导线覆冰的结构和冰形。电场影响覆冰的机理极为复杂，主要有三个方面：水珠极化受到电场吸引、覆冰表面粗糙度变化和电晕放电。因此，控制其极化、电晕放电可以抑制导线覆冰。

第二，通过控制输电线路覆冰的热平衡过程可抑制导线覆冰。覆冰是液态过冷却水滴撞击导线表面释放潜热相变的物理过程，与热量交换和传递密切相关，覆冰是热量的平衡过程。覆冰量、冰厚、冰的密度、冻结系数等都取决于覆冰表面的热平衡状态。覆冰表面温度越高，与之相碰撞的过冷却水滴越不容易在覆冰的表面上冻结，未冻结的过冷却水滴以液体状态从冰面流失；冰面温度低，相碰的过冷却水滴迅速在冰面上冻结，冰面的覆冰量和厚度增加[2]。冰面的热平衡决定了覆冰的类型，即决定覆冰的形状和密度，覆面的热平衡对覆冰分析和计算相当重要。

第三，覆冰是空气中的过冷却水滴与导线表面的摩擦碰撞过程，与环境温度、空气中的液态水含量、过冷却水滴直径、风速、风向以及导线表面情况与直径大小有关，通过控制过冷却水滴与导线表面的碰撞系数、冻结系数和水滴的捕获系数可以抑制导线覆冰的增长[3]。

在输电线路覆冰前利用各种有效技术手段(如扩径导线法、电晕效应法、抑制扭转法、阻冰环和阻雪环法、分裂导线循环电流智能融冰法等)使各种形式的冰在物体上无法积覆，或即使积覆其总的覆冰荷载也能控制在物体可承受的范围内，以实现输电线路自动、不断电防冰融冰的方法叫作非干预式防冰方法。

利用风、地球引力、随机散射和温度变化等自然条件脱冰的方法称为被动方法。在工程上应首先考虑这种方法。被动除冰方法虽不能保证可靠除冰，但无需附加能量。表 10.1 列出 8 种得到验证的被动除冰方法。被动防冰不能阻止冰的形成,但有助于限制冰灾。如 1988 年由 Admirat 和 Lapeyre、1990 年由 Finstad 使用的平衡锤可防止导线旋转；1978 年由 Moreau 等采用的在给定的过负载条件下允许导线滑动对于减少冰的积聚量有一定作用；1993 年分别由 Goia 和 Chirita 采用的在给定的过负载条件下允许导线升降可减少倒杆塔的概率或防止倒杆塔事故发生，并有助于确保冰灾事故后线路迅速恢复送电[4-6]。有些被动技术加速导线覆冰的脱落，但常常只在局部有效，并只针对一定的冰型和在特殊条件下起作用，如 1977 年由 Wakalama 等、1988 年由 Saotome 等、1990 年由 Asai 等采用的规则间隔环只在湿雪条件下加速导线冰的脱落[7-10]。除强风和低密度雾凇外，地球引力和风的自然脱冰效果并不具实际意义。1996 年由 Ross 和 Usher 研制的针对刷涂吸热涂料的太阳能板研制的新除冰技术只在有足够的辐射时才有效。这种技术应用于高压导线有困难，但也许能应用于架空电缆和架空地线。所有被动方法中，应用憎水性和憎冰性固体涂料方法引起了广泛的兴趣，如 1961 年 Freiberger 和 Lacks、1962 年 Baker 等、1966 年 Basscom 等、1978 年 Phin 和 Sevigny、1978～1981 年 Jellinek 等、1977～1982 年 Hanamoto、1982 年 Thowless 和 Minsk、1988 年 Baum 等、1990 年 Ohishi、Kobayashi 和 Satow、Murase 等、1991 年 Yoshida 等、1992 年 Foster、Croutch 和 Hartley 都研究过这种防冰技术。使用低表面张力和黏合力等憎水性物质，除冰效果有限并只在湿雪条件下起作用。对固体憎冰涂料，已研制的最好憎冰材料，对冰的黏合力仍然比冰与其本身的结合力大 20～40 倍。对于各种涂料，如防冰油脂，随时间逐渐失去效力，防冰持久性有限。像地面航空器防冰所使用冰点降低液一样，每次冰雹前必须重新刷涂。为使憎冰型物质在各种条件下真正有效，仍需进一步

表 10.1　被动防冰方法

序号	名称	范围	阶段	冰型	效果	应用情况	价格
1	平衡锤	导地线	覆冰期	各类冰	减少	已采用	低
2	线夹	导地线	覆冰期	各类冰	防止	已采用	低
3	阻雪环	导地线	覆冰期	湿雪	有限	已采用	低
4	风力裙	导地线	覆冰期	雾凇	不确定	已采用	低
5	热吸收器	太阳板	典型	各类冰	不确定	杆塔有潜力	低
6	憎水涂料	除冰板	覆冰期	湿雪	有限	线路有潜力	中等
7	憎冰涂料	除冰板	初期	各类冰	无效	线路有潜力	中等
8	油脂	通用型	覆冰期	各类冰	减少	杆塔有潜力	中等

做大量的研究工作。如果这些方法应用于导线，必须考虑强电场(如高压线路导线表面场强)对导线表面覆盖物的作用。

本章提出电网冰灾非干预式防御，在之前防冰、除冰方法的基础上提出了四种新型的防冰方法，分别是扩径导线式、抑制扭转式、沉积放电式和阻冰/阻雪环式方法。

10.2　扩径导线式冰灾防御

10.2.1　理论依据

1. 覆冰与导线直径

导线为圆形截面，导线覆冰是空气中含有过冷却水滴的气流掠过导线时水滴碰撞导线捕获、收集并冻结形成的一种自然物理现象，覆冰程度与增长速度与气象条件、导线结构等有关，是涉及气象学、流体力学、热力学的综合物理现象。自然环境条件下，导线覆冰受到各种因素的影响，其中导线自身结构对覆冰增长有显著的影响。作者通过多年大量的现场观测与数据分析发现：在相同的覆冰条件下，导线覆冰的厚度随直径的增大而降低，即导线越细小，相同时间内覆冰厚度增长越快；导线越粗大，覆冰厚度增长的速度越是缓慢。导线直径增大，大气中水滴碰撞导线的概率降低，导线直径越大，概率越小，覆冰增长的速度越慢。

由图 10.1 可知，无论在哪种风速条件下，气流中形成覆冰的过冷却水滴碰撞导线的概率均随着导线的直径增大而降低，导致直径较大的导线覆冰速度缓慢。可以推断，当直径增大到临界直径时，导线不会覆冰。这种现象在野外自然环境随处可见。在野外自然环境可以发现，细小的树枝覆冰非常严重，特别是松树的松针；而较大的、粗壮的树干则没有覆冰或者覆冰很薄，如图 10.2 所示。

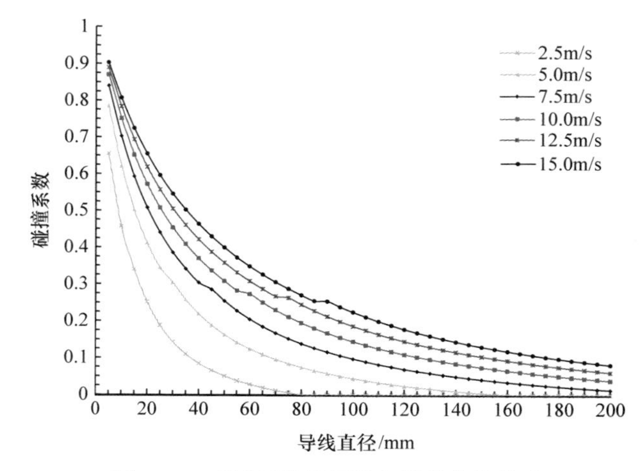

图 10.1　碰撞系数随导线直径的变化关系

图 10.2　自然环境树枝树干覆冰的比较

在湖南、湖北、江西、贵州等南方省份多年观测数据得到的导线覆冰厚度随直径变化的统计关系，如图 10.3 所示，以气象系统观测覆冰厚度的 5mm 直径的铁丝为参考，可以发现：在参考铁丝覆冰约 24～25mm 时，普通的 LGJ-300、LGJ-400 的导线覆冰厚度约为 15mm，导线覆冰厚度与参考铁丝相比，降低了约 10mm，由此可以推断，采用更大直径的导线，有利于降低输电线路的覆冰荷载。

但在高压、超高压、特高压输电线路中，由于分裂导线具有降低导线表面电场，减少电晕损失，降低电磁干扰和电磁噪声等各种优点，我国输电线路广泛采用分裂导线，甚至在 110kV 和 220kV 也采用分裂导线。

覆冰条件下分裂导线输电线路冰荷载与导线分裂数成正比，分裂数越多，冰荷载越重，冰灾危害更大。如采用单根大截面导线取代分裂导线，则可显著降低输电线路的冰荷载[11,12]。但由于集肤效应，单根大截面导线有效利用率显著降低，制约更大截面导线的开发与应用[13-15]。为解决单根导线存在的截面利用率和表面电晕效应问题，20 世纪 70 年代国际上开发了中间空心的扩径导线。

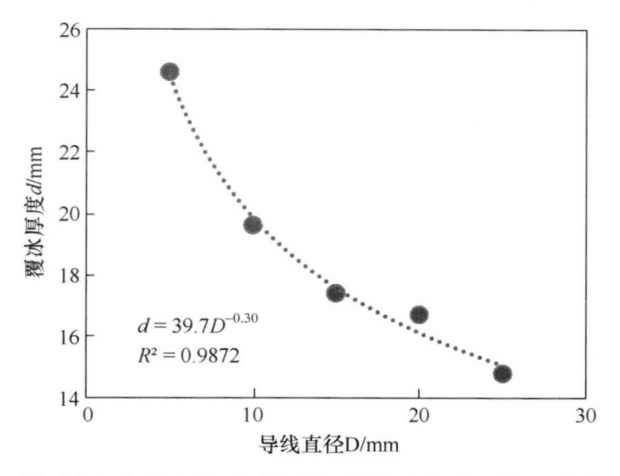

图 10.3　中国南方各种自然覆冰条件下导线直径与覆冰厚度统计平均值

由上可知，扩径导线式冰灾防御方法可行的基础是导线覆冰随直径增大而减少的规律。国内外的研究和工程应用表明：扩径导线既具有常规分裂导线的所有优点，如改善电晕特性等，更具有单导线特殊优点，特别是在严重覆冰地区，可显著降低输电线路的总体覆冰荷载。

扩径导线是层间支撑(图 10.4(a)～(f))或中间空心(图 10.4(g)、(h))的扩大导线直径避免集肤效应且具有较大载流截面可降低导线表面场强的新型导线，应用于极端条件的特殊场景。扩径导线截面很大，一般采用单根，无需间隔棒也不存在次档距振荡；特殊情况输电线路也可采用分裂数很少的扩径导线。

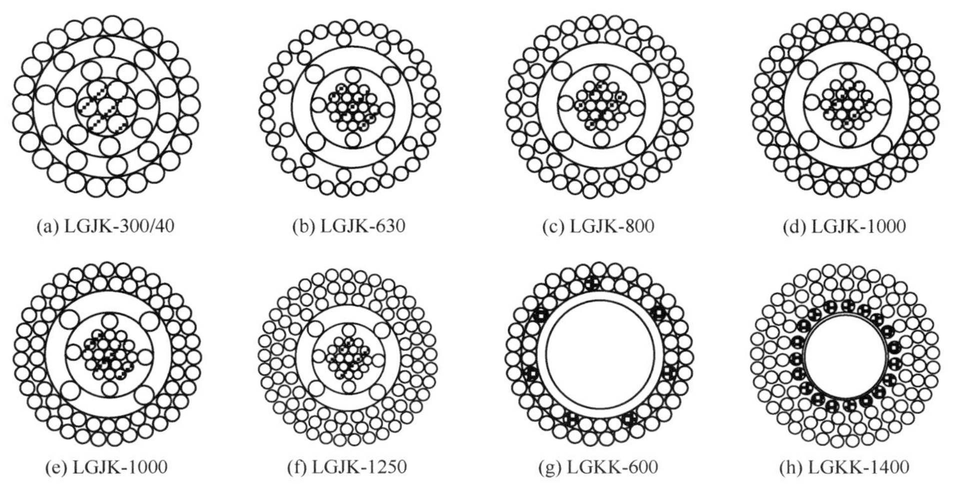

图 10.4　不同类型的扩径导线

2. 扩径型导线防治冰灾的准则

设计时可采用减少分裂导线数的方法达到降低总覆冰量从而降低输电线路总荷载的目的，但对于二分裂导线和三分裂导线而言，减少分裂导线数效果不十分明显。此外，减少分裂导线数后必须增加导线直径，其影响是：

(1) 在电晕限制条件下，必须超常增加导线直径，补偿减少分裂数的损失；

(2) 加大导线直径意味着线路成本提高，导线电流密度提高。

为减少分裂导线数带来的影响，同时达到降低输电线路覆冰荷载、减少冰害事故的目的，可采用常规扩径导线(空心的或以塑料填充)，如图 10.5 所示；或分裂导线型扩径导线，如图 10.6 所示等方法来弥补。

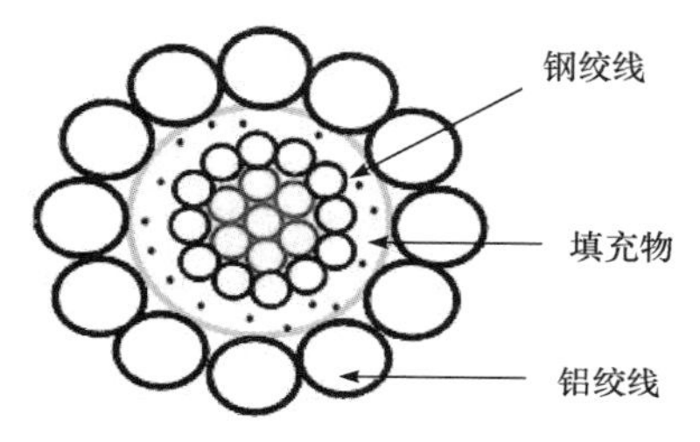

图 10.5　内部填充塑料的常规扩径导线

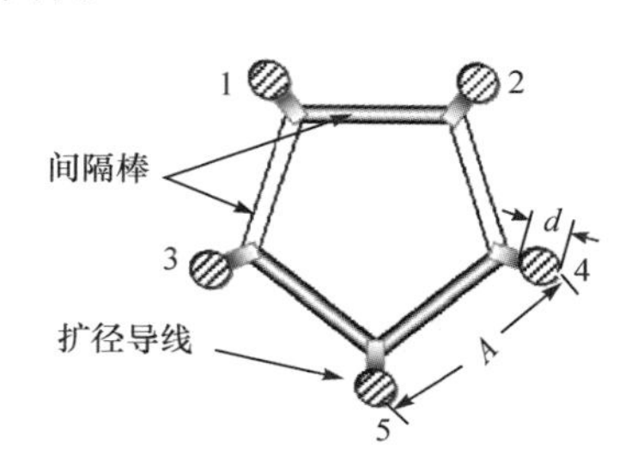

图 10.6　分裂导线型扩径导线

分裂导线型扩径导线新方法既具有常规分裂导线的所有优点，如改善电晕特性等，也具有单导线的优点，即可减少覆冰。

根据运行经验，用于预防覆冰事故的分裂型扩径导线应具有以下特征，即：

(1) 采用比常规分裂导线更多的分导线；

(2) 采用的导线间距 A 与扩径导线直径 d 的比值应远低于目前常规分裂导线采用的最佳值分裂导线。

增加分导线数可提高可接受的电晕特性，A/d 值的减小使得分裂导线在覆冰情况下具有单扩径导线的特性。

10.2.2　扩径导线式冰灾防御方法

扩径导线是与圆形同心绞线相比，导线圆截面不变、外径较大的导线。扩径导线直径很大，有效导电截面与多分裂导线总导电截面相同，具有相同的波阻抗和电磁特性，以及总体小得多的冰风荷载特性，在重冰区具有显著效果。当导线选型主要受电磁环境限制，需要较大直径以降低表面场强、控制噪声等指标时，采用扩径导线可达到上述目的，还可节省导体材料，减少铁塔荷载和结构重量，节约本体工程投资 2%～4%。扩径导线应用在高海拔地区、人口密集区和电磁环境问题较突出的地区有较明显的优势。疏绞型扩径导线目前主要应用在西北高海拔地区 750kV 线路中，应用数量已超过 1000km。

扩径导线防冰的基础是在一定范围内导线直径越大冰厚越小：

(1) 导线直径增大，虽然冰面捕获水滴数量增加，导致冰面可获得的能量增加，导致冻结系数降低，但直径的增大会增加对流热损失，其损失的能量小于获得能量，因此直径增加的整体影响是冰厚减小。

(2) 圆柱体导体外空气流场为大雷诺数的绕流，迎风侧两边气流加速，有明显分离现象，背风侧有涡流产生，且圆柱体直径越大，对空气流场扰动作用越强；由于水滴具有高于气体分子的质量及运动惯性，运动轨迹在一定程度上偏离气体流线；圆柱体直径越大对空气流场的扰动程度越强，流线弯曲程度加大，水滴受气流曳力作用增强，更易绕过圆柱体，导致碰撞系数(α_1)减小，导致导线覆冰减少。扩径导线替代分裂导线有多种方式，如图 10.7 和表 10.2 所示。

由表 10.2 可知，通过野外科学观测研究站 10 余年的数据分析发现，采用相同有效导线截面的扩径导线替代分裂导线，输电线路的冰荷载降低 60%以上，有些方式可降低 3/4，相当于自然提高输电线路的抗冰强度。因此，在严重覆冰地区采用扩径导线是抑制电网冰灾的一种极为有效途径和科学方法。

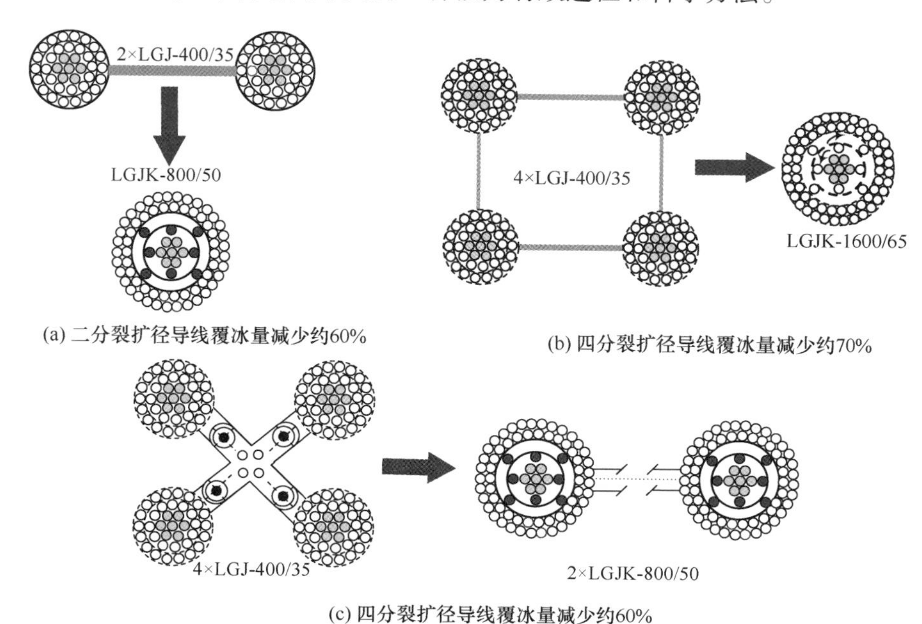

(a) 二分裂扩径导线覆冰量减少约60%

(b) 四分裂扩径导线覆冰量减少约70%

(c) 四分裂扩径导线覆冰量减少约60%

图 10.7　抑制电网冰灾采用扩径导线替代分裂导线的参考方式

表 10.2 扩径导线与分裂导线覆冰比较

导线型号	截面积/mm²	外径/mm	单根导线覆冰厚度/mm	单根导线覆冰量/(kg/m)	线路总覆冰量/(kg/m)	与分裂导线比冰量减少/%
4×LGJ-400/35	425.2	26.8	30.0	61.32	245.30	69.4
LGKK-1600	1494.0	57.0	24.7	75.17	75.17	
6×LGJ-400/50	451.6	27.6	29.8	61.57	369.40	60.76
2×LGJK-1200/150	1411.8	52.0	25.3	72.48	144.96	
8×LGJ-400/35	531.4	30.0	29.2	62.36	498.90	69.87
2×LGKK-1600	1494	57.0	24.7	75.17	150.34	

10.2.3 扩径导线与分裂导线覆冰特性

1. 分裂导线覆冰特性

以四分裂导线为例来研究分裂导线的覆冰特性。四分裂导线在“气-液”两相流中覆冰的流场可分为两种情况：一是垂直于气流方向的两根子导线，垂直方向上的子导线的气流相互影响较小，可认为垂直于气流方向上的子导线覆冰相互不影响；二是平行于气流方向上子导线，气流吹过上风导线时产生尾流区，下风导线处于尾流区时，风速有所降低，上风导线和下风导线覆冰区别较大[13,16-19]。

上风导线所产生的尾流区对下风导线的影响有一临界角度。风向大于该角度，尾流区影响可忽略；风向小于该角度需考虑尾流区对下风导线的影响。临界角存在两种情况，一是相邻两子导线之间的影响；二是相对地两个子导线间的影响。

但在实际覆冰情况中，存在导线扭转及风向变化，即上风导线的尾流区对下风导线的影响可忽略。四分裂 4×LGJ-400/50 导线覆冰初期、中期和后期的覆冰情况如图 10.8 所示，在覆冰中期和后期，可明显观察到导线发生扭转。

(a) 覆冰初期

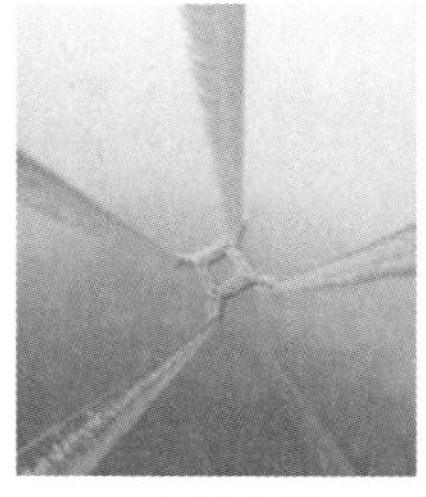
(b) 覆冰中期

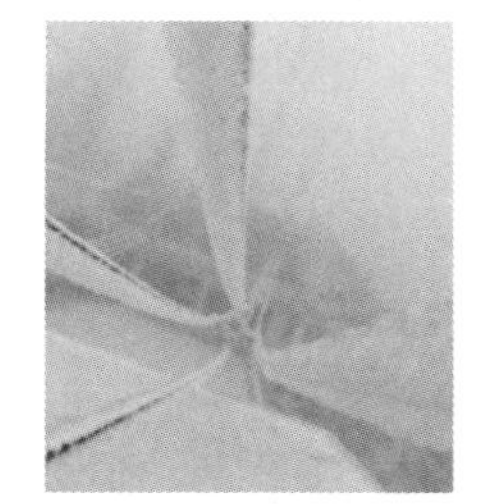
(c) 覆冰后期

图 10.8 四分裂导线不同时间的覆冰情况

单位长度上导线覆冰量为

$$M = \alpha_1 \alpha_2 \alpha_3 w d v \tau \tag{10.1}$$

式中：α_1 为碰撞系数；α_2 为捕获系数；α_3 为冻结系数；w 为液态水含量(g/cm^3)。

在湖南雪峰山野外站得到的四分裂 4×LGJ-400/50 导线厚度的变化如图 10.9。每隔 6h 用游标卡尺进行测量，其中 1 号、2 号子导线是上风导线，3 号、4 号子导线是 1 号、2 号子导线相对应的下风导线。

从图 10.9 四分裂 4×LGJ-400/50 导线覆冰厚度随时间的变化可知：

(1) 覆冰时间起点是早上 7:00，从趋势上看，每天前 12h、即白天的时候的覆冰增长缓慢，后 12h，即夜晚的覆冰增长迅速，原因是晚上风速较大，环境温度较低，液态水含量较高，更易于覆冰。

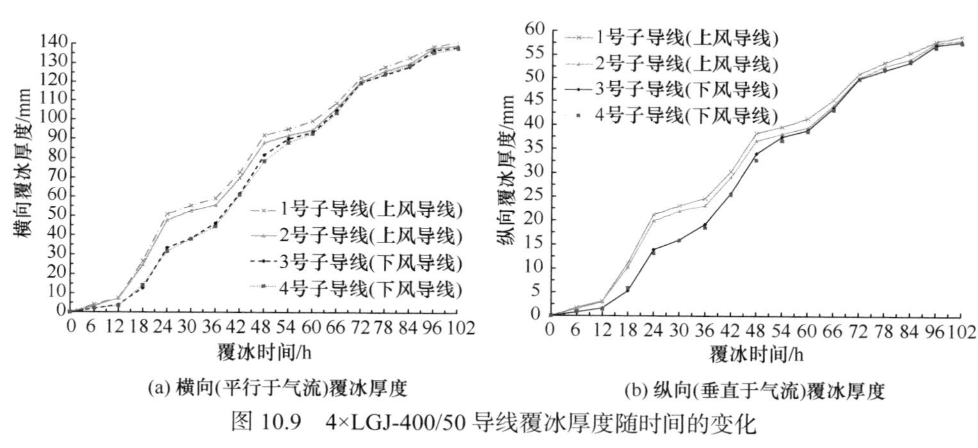

图 10.9　4×LGJ-400/50 导线覆冰厚度随时间的变化

(2) 四分裂 4×LGJ-400/50 的四根子导线的横向覆冰厚度和纵向覆冰厚度变化基本一致，且横向覆冰厚度大于纵向覆冰厚度。其原因主要是当环境易于覆冰时，横向覆冰和纵向覆冰增长都较快。当气流吹向导线表面时，平行于气流方向的碰撞系数较大，垂直于气流方向的碰撞系数较小，因此纵向覆冰厚度小于横向覆冰厚度。

(3) 覆冰初期，上风导线覆冰增长速度快于下风导线，但两个上风导线增长趋势一致，两个下风导线增长趋势一致。这是因为垂直方向上的子导线之间因气流造成的影响很小，进而对水滴碰撞系数的影响可忽略，所以两个上风导线覆冰增长趋势一致、两个下风导线覆冰增长一致。在 24h 时，上风导线和下风导线的覆冰厚度差值最大，横向覆冰厚度差值约为 16.7mm，纵向覆冰厚度差值约为 7.0mm。但上风导线和下风导线在覆冰前期中的覆冰厚度有所区别，其原因就是上风导线的尾流区对下风导线产生影响。当气流吹向上风导线时，在导线背侧会产生尾流区，在尾流区内风速有所降低。当下风导线处于尾流区内，与上风导线相比，风速有所降低，碰撞系数减小，因此上风导线覆冰增长速度快于下风导线。

(4) 覆冰中期，下风导线覆冰增长速度快于上风导线。在覆冰过程中导线会发生扭转现象，发生扭转的原因是覆冰所产生的冰层力矩大于导线因为放线张力所产生的反扭转力矩。在覆冰初期时，上风导线的碰撞系数要大于下风导线。当导线覆冰厚度较小时，其冰层力矩小于反扭转力矩，下风导线处于上风导线所产生的尾流区内，下风导线覆冰增长缓慢。但是随着覆冰厚度的逐渐增加，其冰层力矩也逐渐增大，直至大于导线反扭转力矩，导线会扭转，对于分裂导线而言，四根子导线整体也会出现扭转，下风导线并不处于尾流区内，因此上风导线不影响下风导线的覆冰。而此时，下风导线覆冰量较少，与上风导线相比其覆冰后的直径较小，下风导线的碰撞系数较大，所以下风导线覆冰的增长速度快于上风导线。

(5) 覆冰后期，导线覆冰增长缓慢，子导线覆冰厚度增长速度趋于一致，且最终覆冰厚度趋于一致。子导线横向覆冰厚度约为 137.6mm，纵向覆冰厚度约为 58.2mm。原因是导线在覆冰增长过程中大多是翼形，虽然覆冰过程中存在扭转，但导线扭转角度有限，导线冰形基本还是翼形。且在覆冰过程中，导线覆冰是横向(气流流动的方向)增长，在该方向上导线覆冰厚度增长很快。在导线覆冰的纵向(垂直于气流流动的方向)上导线厚度增长相对缓慢。所以导线在覆冰增长的过程中，可认为覆冰一层一层累计增长的，随着冰层直径的增加，覆冰导线的直径逐渐接近临界覆冰直径，覆冰导线的碰撞系数逐渐降低趋近于零。因此在覆冰的后期，四分裂 4×LGJ-400/50 导线的四根子导线覆冰厚度趋于一致。四根子导线的覆冰量随覆冰时间的变化如图 10.10 所示。

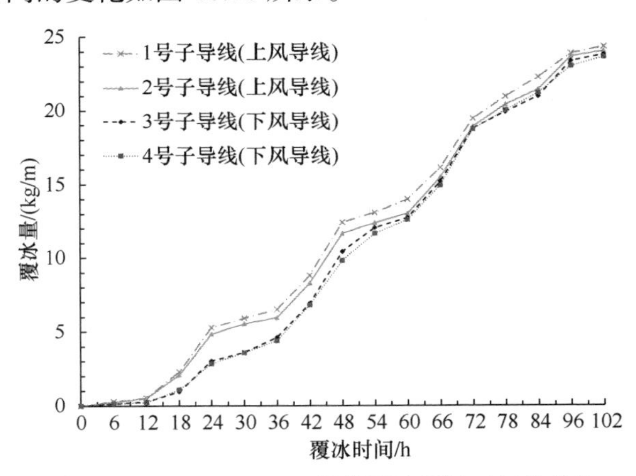

图 10.10 4×LGJ-400/50 导线覆冰量随时间的变化

从图 10.10 中子导线的冰量的变化可知：

(1) 覆冰初期，上风导线和下风导线的冰量差别较大。24h 左右，上风导线和下风导线的覆冰量差值最大，约为2.1kg/m，与上风导线相比，此时下风导线冰量减少百分比约为 42.29%。

(2) 覆冰后期，子导线覆冰厚度趋于一致，子导线覆冰量平均值为 23.89kg/m，与覆冰量平均值相比，四根子导线覆冰量的相对差值百分比依次为：1.61%、0.36%、–0.65%、–1.32%。

(3) 只有在覆冰后期时，四分裂导线中的每根子导线覆冰量近似相同，则分裂导线的总覆冰量为其一根子导线的覆冰量乘以分裂根数。

2. 扩径导线覆冰

在人工气候室中试验，条件可控，可保持环境参数不变，观察覆冰的变化。在湖南雪峰山野外站的观测研究，更加贴近实际输电线路的运行情况。根据第 1 节的研究内容可知，在导线覆冰后期，分裂导线子导线的覆冰厚度和覆冰量差别较小，因此本节只研究单根扩径导线覆冰特点。

从图 10.11 中不同直径的单根导线及旋转圆柱体的覆冰厚度可知：

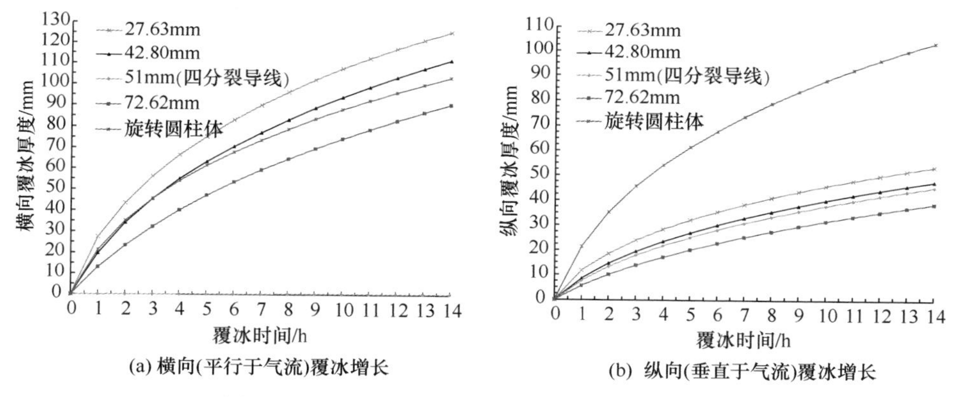

图 10.11　不同直径导线的覆冰厚度随时间的变化

(1) 随着覆冰时间不断增加，不同直径导线变化趋势一致，导线覆冰增长速度逐渐变缓。其原因是覆冰环境参数保持一致，即液态水含量、风速、温度等物理量不变。在覆冰过程中变化的物理量是覆冰导线的直径和碰撞系数，因为覆冰不断增厚，导线直径逐渐增加，碰撞系数逐渐降低，导线覆冰变缓。

(2) 直径为 51mm 的四分裂导线更加接近该环境下的临界覆冰直径，因此 51mm 的四分裂导线覆冰增长很小，横向覆冰厚度和纵向覆冰厚度不足 1.0mm。

(3) 直径为 27.63mm、42.80mm、72.62mm 三种导线覆冰厚度变化趋势一致。27.63mm、42.80mm、72.62mm 三种导线的横向覆冰厚度和纵向覆冰厚度依次减小。与 27.63mm 导线相比，42.80mm、72.62mm 两种导线的横向覆冰厚度减少百分比分别为 11.21%、27.87%；纵向覆冰厚度减少百分比分别为 11.15%、27.17%。

(4) 导线冰厚和旋转圆柱体变化趋势明显不同。导线覆冰基本为翼形，横向冰厚大于纵向；旋转圆柱体按照 1.0r/min 的速度旋转，旋转圆柱体均匀覆冰，横向和纵向覆冰厚度相同。旋转圆柱体的横向冰厚与 42.80mm 导线差别较小，旋转圆柱体的纵向冰厚均大于导线纵向。

四种单根导线及旋转圆柱体的覆冰量随时间的变化关系如图 10.12 所示。

从图 10.12 四种单根导线及旋转圆柱体覆冰量的变化关系可知：

(1) 冰量增长变化较小，但整体趋势逐渐降低。环境参数保持不变，相关物理量保持不变。但随冰厚不断增加，导线碰撞系数有所减小，覆冰量增长逐渐减小。

(2) 直径为 51mm 的四分裂导线冰量较少，可认为该导线不覆冰。

(3) 导线直径越大覆冰量越小。与 27.63mm 导线相比，42.80mm、72.62mm 两种导线的覆冰量减少百分比分别为 9.15%、14.67%。

(4) 导线覆冰量和旋转圆柱体覆冰量差别较大。旋转圆柱体的直径为 28mm，四分裂导线直径 27.63mm，两种导线直径差别较小。与 27.63mm 导线相比，旋转圆柱体的覆冰量增加百分比为 25.65%，这也说明在相同环境下与翼形覆冰相比，导线扭转所形成的均匀覆冰更利于覆冰增长。

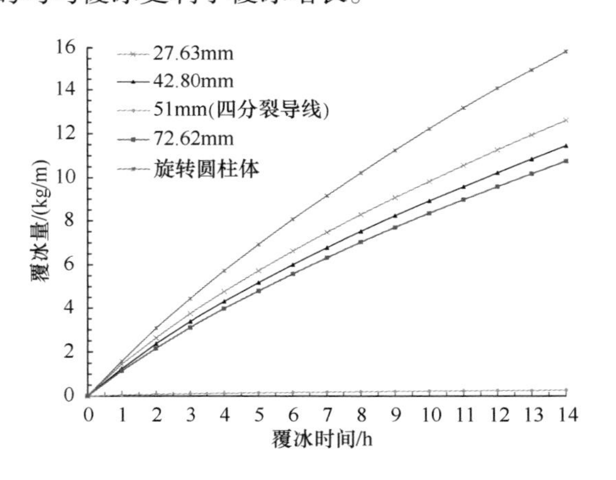

图 10.12　导线覆冰量随时间的变化

3. 分裂导线与扩径导线覆冰对比

为简化分析，用直径相同的铝管替代导线。目前研究的导线最大直径约 40mm。增大研究范围，选择 7 种不同直径的铝管，铝管直径为 40～100mm，每种铝管直径相差 10mm。选择 7 种直径不同的铝管为对象，铝管布置都处于相同的位置，即走向、高度、长度、风口等气象参数保持一致。根据对雪峰山自然覆冰基地的观测可知，风向和导线架设方向基本呈垂直方向。7 种不同直径的铝管以及 51mm 的四分裂导线冰厚随时间的变化如图 10.13 和图 10.14 所示。时间的起点是早上 7:00，每隔 6h 用精度为 0.02mm 的游标卡尺进行测量。

铝管直径越大冰量越少。与 40mm 冰量相比，50mm、60mm、70mm、80mm、90mm、100mm 和 51mm(四分裂导线)冰量减少百分比依次为：8.75%、18.43%、25.97%、35.78%、43.52%、49.96%、99.01%。本节采用扩径导线替代分裂导线，由不同直径铝管冰量可知，铝管直径越大冰量越少。因此，对于微地形小气候单根导线架空输电线路，可采用单根扩径导线替代单根导线，其覆冰量也有所降低。

以四分裂导线 4×LGJ-400/50 为例，基于电磁等效性选择了三种扩径导线型号依次为 3×LGKK-535/43、2×LGKK-800/73、LGKK-1600/411。

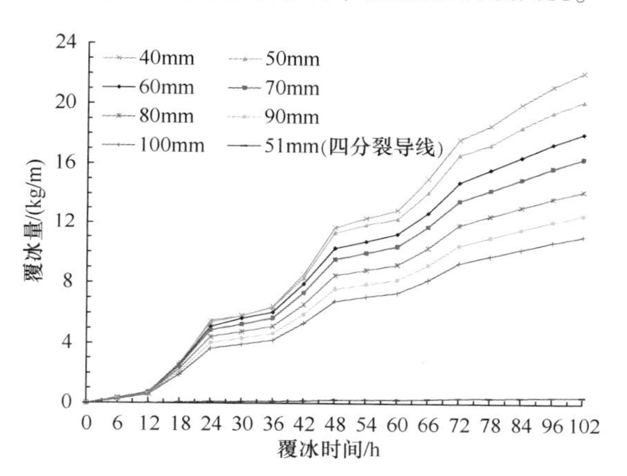

图 10.13　铝管覆冰随时间的变化

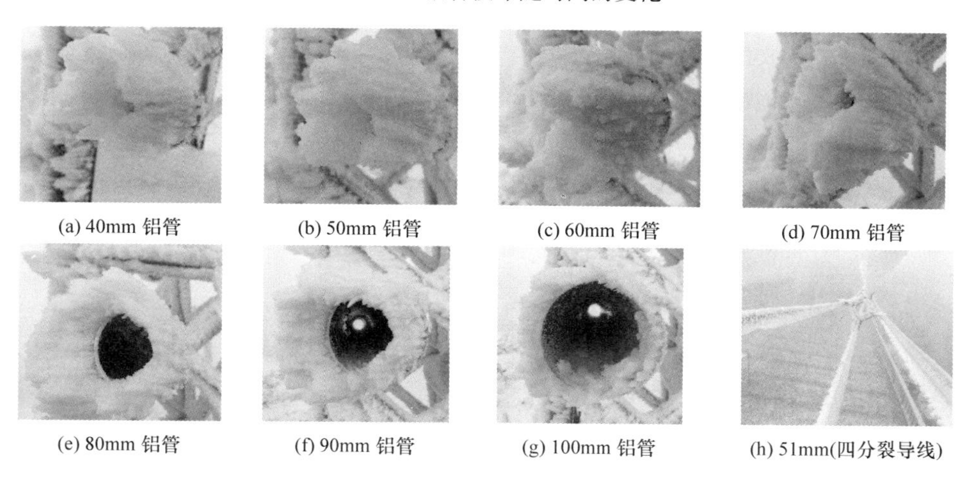

(a) 40mm 铝管　(b) 50mm 铝管　(c) 60mm 铝管　(d) 70mm 铝管

(e) 80mm 铝管　(f) 90mm 铝管　(g) 100mm 铝管　(h) 51mm(四分裂导线)

图 10.14　不同直径铝管及分裂导线覆冰

在人工气候室模拟雾凇的测量，四种方案的对比见表 10.3。在湖南雪峰山野外站自然覆冰观测基地的测量，四种方案的对比见表 10.4。

表 10.3 人工气候室下扩径导线覆冰四种方案对比

导线型号	单根导线覆冰量/(kg/m)	单根导线覆冰量减少百分比/%	总覆冰量/(kg/m)	总覆冰量减少百分比/%
4×LGJ-400/50	12.58	—	50.32	—
3×LGKK-535/43	11.43	9.14	34.29	31.86
2×LGKK-800/73	10.73	14.71	21.46	57.35
LGKK-1600/411	0.26	97.93	0.26	99.48

表 10.4 自然环境下扩径导线覆冰四种方案对比

导线型号	单根导线覆冰量/(kg/m)	单根导线覆冰量减少百分比/%	总覆冰量/(kg/m)	总覆冰量减少百分比/%
4×LGJ-400/50	24.27	—	97.08	—
3×LGKK-535/43	22.12	8.86	66.36	31.64
2×LGKK-800/73	16.37	32.55	32.74	66.28
LGKK-1600/411	0.44	98.19	0.44	99.55

从表 10.3 和表 10.4 可知：

(1) 扩径导线替代分裂导线的直径越大，分裂数越少，覆冰减少越显著。

(2) LGKK-535/43 单根导线覆冰减少约 9%，与四分裂 4×LGJ-400/50 导线相比，3×LGKK-535/43 覆冰量减少约 32%。

(3) LGKK-800/73 单根导线覆冰减少约 15%～33%，与四分裂 4×LGJ-400/50 导线相比，2×LGKK-800/73 覆冰量减少约 57%～66%。

(4) LGKK-1600/411 直径较大，更加接近于临界覆冰直径，与四分裂 4×LGJ-400/50 导线相比，LGKK-1600/411 覆冰量减少约 99%以上。

由此可知：扩径导线可显著降低覆冰荷载，覆冰严重地区采用扩径导线防御电网冰灾是切实可行的方法和技术措施，值得推广应用。

10.2.4 扩径导线与分裂导线电磁等效性

1. 分裂导线等效为单导线

高压、超高压和特高压输电线路采用分裂导线的目的是降低导线表面电场，提高导线表面的利用率，抑制电磁环境影响。一般来说，我国 110～220kV 采用单导线或二分裂，500kV 输电线路采用四分裂，750kV 输电线路采用六分裂，1000kV 输电线路采用八分裂。但受次档距振荡的限制，分裂导线半径一般控制在 450mm 左右，超高压四分裂导线一般采用 400mm 的分裂半径，特高压最高也只能采用 500mm，并不能实现分裂导线的最佳分裂方式的目标。

分裂导线输电线路采用间隔棒。对于覆冰地区的分裂导线输电线路，间隔棒带来很多问题，导线覆冰增长过程导线扭转，引起整个输电线路翻转，间隔棒在导线扭转和翻转过程中必然磨损导线，随着运行年限的增加，覆冰地区输电线路存在断线和掉线的严重安全隐患。

我国超特高压输电线路一般采用水平布置，如不考虑其表面积、风荷载、覆冰荷载等机械特性，分裂导线输电线路在表面电场分布、传输电流和输送容量上等电磁特性可等效为单导线。

2. 单/分裂导线输电线路电磁特性

分裂半径是分裂子导线所组成的圆的半径，等效半径是将分裂导线的子导线按电磁特性等效的单根导线，对于单根扩径导线而言，其等效半径为其半径。

1) 波阻抗与自然功率

分裂半径为 r_p、分裂间距为 d、单根导线直径为 r_0 的水平布置的相间距离为 D、离地高度为 H 的 n 分裂导线交流输电线路在电磁特性上可等效为半径为 r_{eq} 的单导线输电线路(n=4)，其等效半径 r_{eq} 为

$$r_{eq} = r_p \sqrt[n]{\frac{nr_0}{r_p}} \tag{10.2}$$

等效前的原截面为 $n\pi r_0 \times r_0$，等效后的新截面为 $\pi r_{eq} \times r_{eq} = \pi r_p \times r_p (nr_0/r_p)^{2/n}$。

从电磁场基本原理可知，架空分裂导线的电感和电容为

$$\begin{cases} L_0 = \dfrac{\mu_0}{2\pi} \ln \dfrac{\sqrt[3]{2} D_0}{r_{eq}} \\ C_0 = \dfrac{2\pi\varepsilon_0}{\ln \dfrac{\sqrt[3]{2} D_0}{r_{eq}}} \end{cases} \tag{10.3}$$

式中：D_0 称为相导线的几何均距；μ_0 为真空中的导磁系数，$\mu_0=4\times10^{-7}$H/m；ε_0 为真空中的介电常数，$\varepsilon_0=1/(36\times10^9)$F/m。

波阻抗 Z_λ 是电压波和电流波之间的一个比例常数，与输电线路长度无关。波阻抗的计算公式为

$$Z_\lambda = \sqrt{\frac{\overline{L}_0}{\overline{C}_0}} = \frac{1}{2\pi} \times \sqrt{\frac{\mu_0}{\varepsilon_0}} \times \ln \frac{\sqrt[3]{2} D_0}{r_{eq}} \tag{10.4}$$

线路的自然功率 P_N 是当负荷阻抗为波阻抗时该负荷所消耗的规律。如果负荷端电压为线路额定电压，则相应的自然功率为

$$P_N = \frac{U_N^2}{Z_\lambda} = \frac{U_N^2}{20 \ln \dfrac{\sqrt[3]{2} D_0}{r_{eq}}} \tag{10.5}$$

式中：P_N 为三相输送功率(MW)；U_N 为输电线路相电压(kV)。

2) 导线表面电场

与单导线相比而言，分裂导线任意子导线表面的电场强度，不仅决定于其导线自身所带电荷，还受其他子导线所带有的电荷的影响，电场强度沿圆周表面变化。三相输电线路相间距离远远大于导线直径，可忽略相导线之间的相互影响。我国超高压、特高压输电线路的分裂导线采用圆周形布置，以其最大场强为参考方向，则圆周形布置的分裂导线中任意子导线的表面电场分布为

$$E_n = \frac{q_0}{2\pi\varepsilon_0 r_0}\left[1+(n-1)\frac{r_0}{r_\text{p}}\cos\psi\right] \tag{10.6}$$

3) 扩径导线与分裂导线冰风荷载

以 2×LGJ-400/35 和 LGJK-800/500 为例。

(1) 基本条件：扩径导线电流电阻均小于分裂导线，即扩径导线的线损要小于分裂导线；虽然单根扩径导线覆冰量略低于二分裂导线的子导线，但其拉断力大于单根分裂导线，满足机械运行要求。扩径导线在技术上可以大机械强度，因此，静荷载条件下扩径导线具有优势。

(2) 冰风荷载：输电线路冰风荷载是制约其机械特性的主要因素，分裂导线在满足 350～450mm 的基本间距条件下，其覆冰过程中前导线尾流对导线覆冰的影响不明显，分裂导线覆冰过程中子导线覆冰可视为独立事件。因此，分裂导线冰风荷载是子导线冰风荷载之和。对于单根导线，其冰风荷载可表示为

$$W_X = \alpha W_0 \mu_\text{Z} \mu_\text{SC} \beta_\text{C} B_1 D L_\text{P} \sin^2\theta \tag{10.7}$$

式中：W_X 为垂直于导线的水平风荷载值；α 为风压不均匀系数；W_0 为基准风压荷载；μ_Z 为以 10m 为基准的风压高度系数；μ_{SC} 为导地线体型系数；β_C 为线路导地线风荷载调整系数；D 为覆冰导线等效直径；L_P 为杆塔水平档距；B_1 为覆冰时风荷载增大系数；θ 为风向与导地线之间的夹角。

设分裂导线覆冰厚度为 d_f，扩径导线覆冰厚度为 d_k，可知，在相同环境下，即公式中除了 d 和 B_1 以外的参数均保持不变。分裂导线的覆冰荷载大于扩径导线，即导线具有更好的覆冰风荷载。

10.2.5 国内外扩径研究与应用

扩径导线在国际上已有广泛应用。原苏联研究并在输电线路上应用了无机材料支撑型的扩径导线。日本曾研究并生产一些结构形式有差异的扩径导线，一种面积为 610mm² 扩径导线应用在八分裂特高压输电线路中。该扩径导线在设计中考虑了电气和载流量的要求。但是在扩径导线的施工过程中，放线出现问题，且没有妥善解决，后来特高压八分裂输电线路所使用的扩径导线为截面积为

810mm^2 导线。由于国情不同，扩径导线在日本没有得到广泛应用。一些扩径导线如图 10.15 和图 10.16 所示。

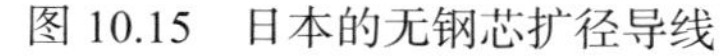

图 10.15　日本的无钢芯扩径导线

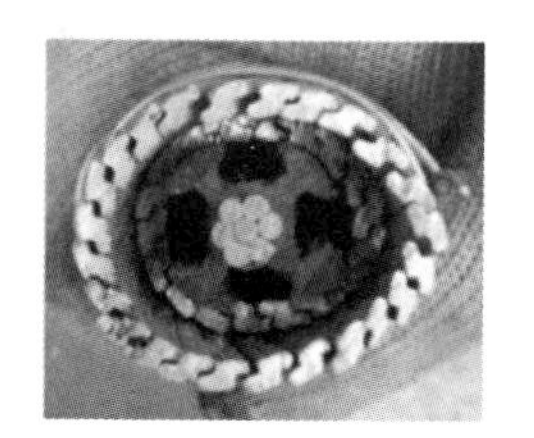

图 10.16　聚乙烯支撑型扩径导线

我国在 20 世纪 70 年代初期，为配合刘家峡电站电能的外送和我国首条 330kV 输电线路建设，成功研制出 LGJK-272 疏绞型扩径导线，内部仍然由钢芯承受拉力，铝截面面积为 300.8mm^2。之后将 LGJK-272 疏绞型扩径导线用在刘家峡—天水—关中 330kV 架空输电线路，于 1972 年投入运行。2004 年对 LGJK-272 疏绞型扩径导线回访发现，扩径导线满足长期安全运行的要求。

官亭—兰州东 750kV 输变电示范工程中，184～216 号段的平均海拔为 2593m，输电线路的长度为 17.547km，该段线路采用了 LGJK-300/50 疏绞型扩径导线，该扩径导线是在 LGJ-400/50 钢芯铝绞线的基础上抽股形成的，LGJK-300/50 疏绞型扩径导线的铝截面面积为 303.4mm^2、外径为 27.63mm，目前运行正常。

乌北—玛纳斯 750kV 输电线路根据工程设计的输送容量的需要，在导线截面选择上提出 310mm^2 铝截面面积扩大到 400mm^2 导线外径的扩径导线的设计，导线在结构上采用以 LGJ-400/50 结构钢芯铝绞线为设计基础，仍采用疏绞方式，节约其铝截面并保证外径不降低。该工程最终采用 LGJK-310/50 疏绞型扩径导线，其铝截面面积为 310.9mm^2，外径为 27.63mm。兰州东—平凉—乾县 750kV 输电线路采用了 LGJK-400/45 疏绞型扩径导线，LGJK-400/45 疏绞型扩径导线是在 LGJ-500/45 钢芯铝绞线的基础上抽股形成的，其铝截面面积为 407.2mm^2，外径为 30.00mm。

在 750kV 输变电示范工程中，在变电站内应用了 $JLHN_{58}K$-1600 铝管支撑型扩径导线，铝截面面积为 1265.6mm^2，外径为 70.00mm，电导率为 58%IACS(IACS 为国际退火铜标准值，即导体电导率与纯铜电导率的比值，以百分数表示，假定纯铜的电导率为 100%)，扩径比约为 2.25。

2007～2009 年，中国电力科学研究院、上海电缆研究所、甘肃送变电公司等完成高密度聚乙烯支撑型和疏绞型 JKL/G2A-630(720)/45、JLXK/G2A-630(900)/50 和 JLXK/G2A-720(900)/50 等扩径导线的研制，解决了导线设计、生产工艺、检测能力、配套金具件等方面的关键技术，并在甘肃 750kV 永登—白银线路上进行了试验，性能良好，为扩径导线应用做好了技术储备。2012 年，中国电力科学研究院开展了“特高压交流同塔双回扩径导线跳线研制”项目，设计并优化了疏绞型 JKL/G1A-725(900)/40 扩径导线的结构与参数，其技术经济性较优，全部跳线和变电站进出线段均采用 JKL/G1A-725(900)/40 疏绞型钢芯铝绞线，用量约 1850t。

2012 年，西北电力设计院经论证 4×JKL/G2A-630(720)/45 与 6×JL/G1A-400/50 电磁环境相当，但经济性略优。在新疆与西北主网联网第二通道 750kV 工程、哈密南—沙洲段应用了 2×35km。至 2013 年底，统计 750kV 输电线路扩径导线的数量，单回路长度 1312km，如表 10.5 所示。由此可知，扩径导线在我国已经成熟，也有广泛实践经验。因此，以抑制电网冰灾为目的扩径导线是可行的，具有工程应用价值。

表 10.5　西北地区近期部分 750kV 输电线路扩径导线使用情况

工程名称	扩径导线型号	架设方式	导线使用情况/km	长度/km
750kV 官亭—兰州东	LGJK-300/50	单回路	42	42
750kV 吐鲁番—哈密	LGJK-310/50	两个单回路	2×92	184
750kV 乾县—渭南	LGJK-400/45	同塔双回	2×139	278
750kV 玛纳斯—乌鲁木齐北	LGJK-310/50	单回路	136	136
750kV 西宁—日月山—乌兰	LGJK-400/45	两个单回路	2×224	448
750kV 吐鲁番—巴音郭楞	LGJK-310/50	单回路	26	26
750kV 白银—黄河Ⅱ回	LGJK-310/50	单回路	56	56
750kV 兰州东—平凉—乾县	LGJK-400/45	同塔双回	2×36	72
750kV 新疆与西北主网联网第二通道	JLK/G2A-630(720)/45	单回路	35	35
	JLKX/G2A-630(720)/45	单回路	35	35

10.3　扭转抑制式冰灾防御

10.3.1　导线覆冰扭转过程

人工气候室模拟和大量自然观测发现，线路覆冰积雪一般呈圆形截面或椭圆形截面，如图 10.17 所示。野外实际气象条件和人工模拟的覆冰条件下，在一个覆冰过程中，风向一般是确定的。特别是在野外环境条件下，由于北方寒流和南部暖湿气候交汇形成覆冰的逆温层，吹向导线的风向一般是北风或西北风。导线之所以形成规则椭圆形或圆形截面覆冰，是导线在覆冰过程中由于覆冰导致重力发生偏移，力矩作用使导线扭转造成的。

如图 10.18 所示，观测到的自然环境输电线路积雪、覆冰过程如下：

(1) 湿雪不断吹向导线。迎风侧积雪，由于积雪自身黏接力积雪不断堆积。

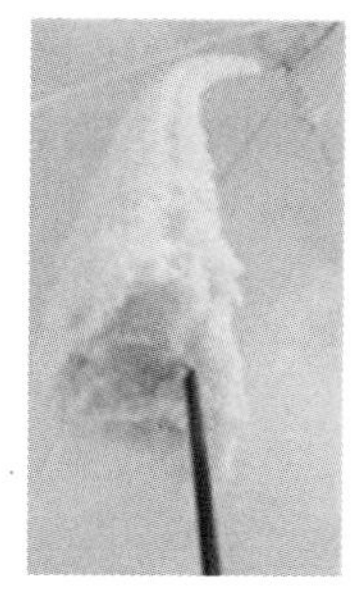

(a) 导线椭圆形混合凇

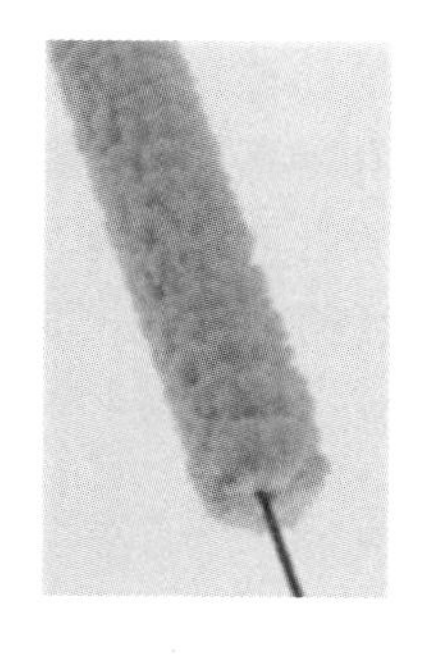

(b) 导线圆形雾凇

(c) 导线圆形雨凇

图 10.17　野外环境实际输电线路覆冰的性状

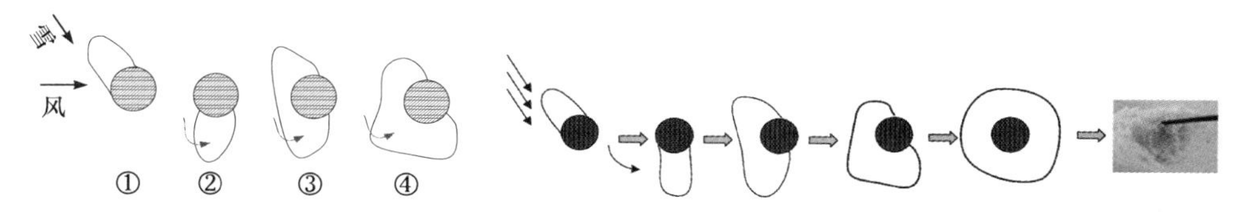

(a) 积雪扭转过程　　(b) 覆冰扭转过程

图 10.18　自然环境输电线路导线覆冰积雪扭转形成过程

(2) 当导线单侧积雪堆积至一定程度或厚度时，导线截面形成受力中心点偏移，在积雪中心作用下产生力矩，当平衡破坏，线路模量无法承受平衡力矩，使导线扭转一定角度，达到新平衡点；由于风向并未改变，覆冰位置发生变化。

(3) 积雪继续在新迎风面不断堆积，由于输电线路固有弹性模量，新迎风面堆积至平衡破坏前，导线未发生扭转，积雪使导线积雪截面增加，形成翼形。

(4) 当积雪继续堆积导致力学平衡再度破坏时，再次发生新的扭转，导线逆转到一个新位置，覆冰迎风面再次发生变化。导线具有弹性，放线张力也控制在固定范围，这种扭转隔一定时间将发生一次。这种断续的扭转在积雪停止之前持续发生，经过多次扭转，导线上积雪形成规则的圆形截面。

人工气候室模拟发现，导线覆冰的过程与积雪类似。如图 10.19 所示，导线覆冰从 $t=t_0$ 时刻开始，经过 7.3h 的覆冰，导线发生多次扭转，最终形成椭圆形覆冰截面。

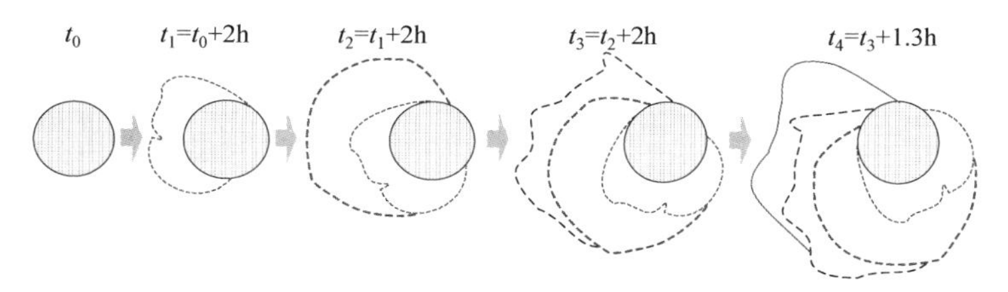

图 10.19　试验室模拟导线覆冰扭转形成过程

导线自身重量和放线张力使导线具有一定扭转刚度，导线扭转刚度与导线直径、档距、风向风力、导线放线张力等有关。当气流把空气中过冷却水滴吹落在导线表面与之发生碰撞后，导线表面沿迎风侧覆冰增长，偏心冰产生扭矩，当扭转超过临界值时,导线发生扭转,反复扭转形成圆筒形或者椭圆形覆冰,如图 10.20 所示。

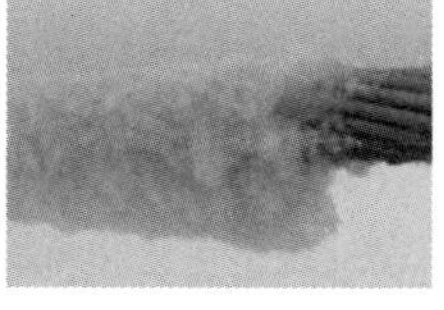
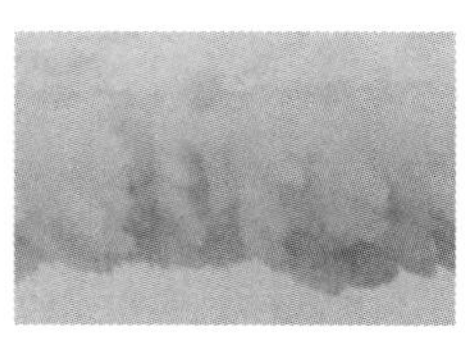

(a) 覆冰初期　(b) 覆冰中期　(c) 覆冰末期

图 10.20　自然条件下导线覆冰扭转

由此可推断，控制导线扭转刚度，黏结抑制覆冰积雪过程中导线扭转，冰雪持续在导线单侧发生。由于冰雪与导线的黏结力确定，一旦冰雪的力学中心发生偏移，产生的力矩超过冰雪与导线黏结力形成的作用力矩，冰雪将整体脱落，如图 10.21 所示。特别是在自然风力作用下，加剧这种脱落的发生。利用导线覆冰过程中无扭转覆冰可能发生的覆冰变化是防止输电线路发生冰灾的一种主动方式，无须人工干预，是自然条件下力学平衡破坏的一种现象。

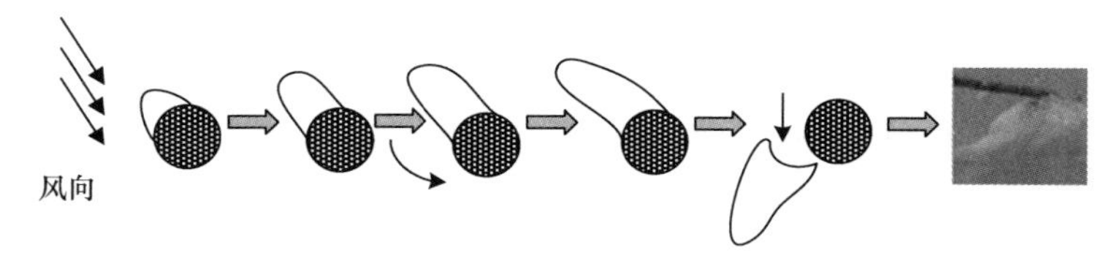

图 10.21　无扭转导线的覆冰过程

10.3.2　扭转抑制式冰灾防御方法

根据以上基本原理,控制输电线路导线覆冰扭转的方式主要有以下两种方法。

1. 提高导线放线张力抑制扭转

导线偏心覆冰时，主要受到冰层力矩 M_1 和反扭转力矩 M_2 的作用，图 10.22 为偏心覆冰导线发生扭转的示意图。当 M_1 大于 M_2 时，偏心覆冰导线发生扭转。来流方向基本不变，导线表面将形成均匀的圆筒状覆冰。而当 M_1 小于 M_2 时，冰层力矩无法使覆冰导线扭转，表面将形成极不均匀的新月形或翼形覆冰。当 M_1 与 M_2 的作用相等时，处于稳定状态。

在导线覆冰过程中，冰层首先在迎风面上生长。如风向不发生急剧变化，迎风面上的覆冰厚度就会继续增加。当迎风面冰达到一定厚度，其重量足以使得导线发生扭转时，导线就会发生扭转现象。导线的不断扭转，导线表面覆冰就会继续成长变大，最终在导线上形成圆形或椭圆形的覆冰。通常直径小的导线覆冰呈圆形，而直径大的导线呈椭圆形。

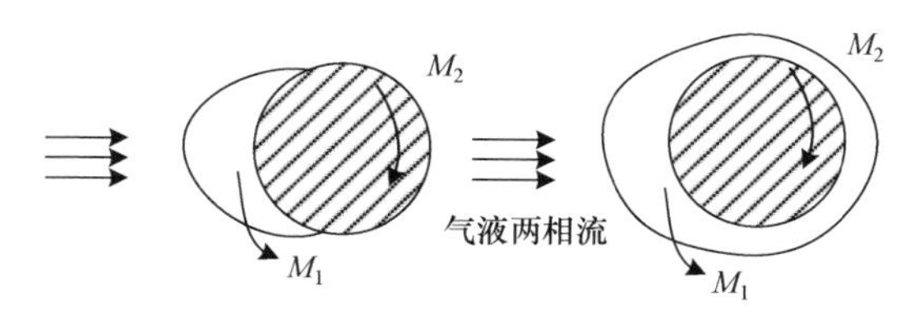

图 10.22　覆冰力矩扭转

2. 加装重锤抑制导线扭转

重锤可抑制导线覆冰及积雪扭转。导线上装设重锤的目的在于使偏心积雪自重平衡破坏而自行落下及防止导线积雪后产生扭转而形成雪筒。抑制覆冰及积雪重锤如图 10.23 所示。重锤材料为可锻铸铁。运行经验表明，抑制积雪重锤安装间隔取 50～100m 对防止导线产生扭转可达到明显效果。

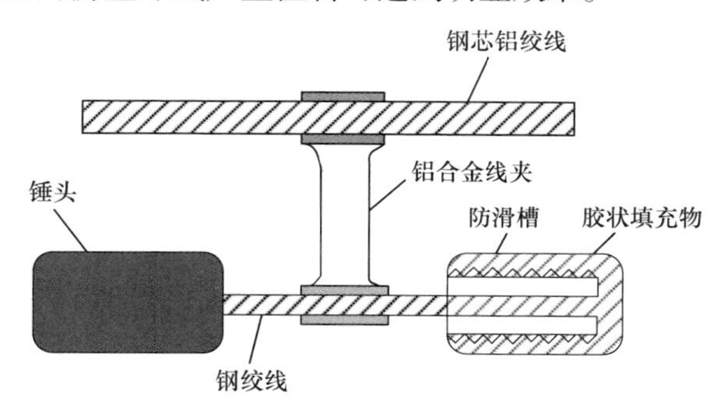

图 10.23　重锤抑制覆冰及积雪

10.3.3　扭转抑制式冰灾防御技术

1. 机械荷载

架空线外部荷载按照产生的原因可分为三类：气候荷载、安装和维修荷载以及偶然因素荷载。扭转抑制式冰灾防御技术需考虑这几种机械荷载。

常见气候荷载主要有：导线覆冰产生的垂直荷载；风在裸导线上产生横向荷载；风在覆冰导线产生横向荷载以及相邻档距不平衡覆冰产生纵向荷载。

安装荷载是指在架空线、间隔棒、绝缘子等金具组装和安装过程中造成的荷载，而维修荷载是由于规定的或偶然原因需要对结构进行检修，更换部分或全部构件、导线、地线、绝缘子等增加的荷载。

偶然因素荷载主要包括自然灾害及人为因素对部件造成的损坏而引发的荷载。

采用扭转抑制式冰灾防御技术，覆冰在迎风面上生长，达到一定厚度时产生扭转力矩，导线扭转使导线承受偏心荷重，有利于在导线各个侧面上更进一步积冰，加速覆冰增长。随着覆冰增长，覆冰截面形状、覆冰量会往同一个方向不断增长变化，作用在覆冰架空线上的横向风荷载由于受力面积变化也随之变化，同时垂直方向上覆冰荷载变化也会影响相邻档距间的不平衡纵向荷载以及架空线自身张力，而张力的改变意味着架空线扭转刚度的变化，又会反过来对扭转过程产生影响，因此整个扭转过程在各种内、外因素条件的相互制约下达到最终平衡。

采用扭转抑制式冰灾防御技术，覆冰的过程往往伴随着非圆筒形覆冰如新月形或机翼形覆冰的增长，这不仅使架空线上各种外部荷载显著增加，而且对架空线自身的机械强度有更高要求。因此，工程上若采用扭转抑制式冰灾防御技术，在覆冰区的架空输电线路设计之初，需估算出最恶劣气候情况下各类外部荷载的极值，再进行线路的选型和设计，以寻求最优的技术方案。

通常在计算导线上的覆冰荷载时，只考虑雨凇和雾凇覆冰，部分湿雪产生的荷载也要考虑。导线覆冰引起的垂直荷载为

$$P_{\mathrm{i}}=\rho_{\mathrm{i}}\frac{\pi}{4}\left[\left(D+2t\right)^{2}-D^{2}\right]\times L \tag{10.8}$$

式中：P_{i} 为覆冰荷载；ρ_{i} 为覆冰密度；D 为导线直径；t 为圆柱覆冰物的等效径向厚度；L 为导线档距。

分裂导线覆冰扭转不仅使各子导线上外部荷载增加，也可能在子导线不均匀覆冰引发的大扭矩荷载作用下围绕其分裂圆中心整体发生翻转而无法复位的现象，严重时还可能引发扭绞导致金具损伤、导线断股断线。

穿越高山和长距离的峡谷或河流的分裂导线，遭受严重不平衡覆冰时可能发生导线转动，引起间隔装置和导线破坏和断电。加拿大和日本报道过分裂导线转动引发的问题。加拿大通过相关研究为这种现象提供了一种简单模型，制造了一种简单的设备预测分裂导线转动的临界条件。结果表明：覆冰地区架空输电线路跨度越长风险越大。通过使用比正常情况多的间隔装置来增加对转动的抵抗能力，同时必须密切关注间隔夹具，以便在分裂导线转动期间能够夹紧导线，如果夹具在导线上滑动，分裂导线回到原来状态就变得非常困难。

我国学者对翻转现象的力学本质进行了阐述：两相邻间隔棒相对转动时回复力矩变化呈正弦曲线，最大的回复力矩发生在相对转角 90°附近，而相对转角为180°时回复力矩为 0，这是分裂导线翻转后不能回复的本质原因。

2. 电气间隙

架空线扭转抑制式冰灾防御方法对电气安全距离的影响主要体现在弧垂，增

加重锤或改变架空导线放线张力在一定程度上改变导线弧垂。

架空线弧垂的一般定义是指在同一根架空线上相邻两基杆塔上悬挂点之间的连线与架空线最低点之间的垂直距离，称为该档架空线的弧垂，常用f表示。

若相邻两杆塔悬挂点高度不等时，则弧垂 f_1、f_2 分别为悬挂点至架空线最低点的垂直距离。通常所说的“弧垂”是指在档距中点至悬挂点连线的垂直距离。

如前所述，架空线覆冰扭转过程在各种内、外因素条件的相互制约下最终达到稳态，此时其宏观表现为，形状不再改变，即弧垂唯一确定。

弧垂的大小是否符合设计和使用要求是关系到线路能否安全运行的重要因素。弧垂过小将使架空线的运行应力过大以及杆塔受力增加，安全系数降低，容易引起架空线断股、拉断架空线或倒杆塔事故；弧垂过大，为保证带电架空线的对地安全距离，在档距相同的条件下，必须增加杆塔高度或在相同杆塔高度条件下缩小档距，结果使线路建设投资成倍增加。同时，在线间距离不变条件下，增大弧垂也就增加了运行中发生相间短路事故的机会。所以，对新投入运行以及运行后的线路都要进行弧垂观测和及时调整弧垂，以满足设计和使用要求。

弧垂的大小与档距、温度、架空线比载和应力等因素有关。

架空线应力是指架空线单位横截面积上的内力。因架空线上作用的荷载是沿架空线长度均匀分布的，在同一档距内沿架空线长度上各点的应力不相等，悬挂点应力最大，最低点应力最小。但各点应力的方向都是沿架空线上各点的切线方向。因此，空线中其最低点应力呈水平方向。在架空线弧垂和应力的计算中，除特别说明外，所说的架空线应力是指档距中架空线最低点的水平应力。

对于工程上不同的安装工况，弧垂有不同的计算公式：

(1) 在悬点等高或小高差(两悬挂点的高差 $h/l \leqslant 0.1$，h 是相邻杆塔导线悬挂点之间的垂直距离，称为悬挂点高差)的档距中，导线的弧垂f按式(10.9)计算，即

$$f = \frac{gl^2}{8\sigma_0} \tag{10.9}$$

(2) 一档内导线上任意一点的弧垂f，可按式(10.10)计算：

$$f_x = \frac{g}{2\sigma_0} l_a l_b \tag{10.10}$$

(3) 悬挂点不等高、大高差($0.1 < h/l < 0.25$)档距导线，弧垂按式(10.11)计算：

$$f = \frac{gl^2}{8\sigma_0 \cos\beta} \tag{10.11}$$

式(10.9)～式(10.11)中：g 为导线的比载；l 为档距；σ_0 为导线最低点的水平应力；l_a、l_b 分别为悬挂点至导线任意一点 x 的水平距离；β 为悬挂点不等高时的高差角。

可以看出架空线应力与弧垂的关系为：其他条件一定时，弧垂越大应力越小，机械安全系数增加，而电气安全距离反而减小弧垂越小；应力越大，机械安全性降低，电气安全性提高。从架空线安全运行角度考虑，采用扭转抑制式冰灾防御方法，如采用重锤或者改变放线张力时，应合理设置弧垂，兼顾机械与电气安全。

3. 布置原则与方式

1) 改变放线张力布置原则

由于放线张力是在导线安装时通过调节弧垂施加的，设计初期就应该充分考虑能有效抑制覆冰扭转的架空线路结构的选择与布置，基于结构设计的主要思想为，荷载作用<负载能力，可确定主要的设计步骤如下：

(1) 确定荷载。如前所述，架空线覆冰扭转涉及很多荷载，例如，垂直方向上的覆冰、自重荷载，横向的风荷载，以及分裂导线不均匀覆冰形成的大扭矩等，运用相关公式将其转化成作用在架空线结构上的力、扭矩以及其他可能的荷载效应。

(2) 确定结构的承载能力。查阅相关设备的厂家出厂参数，确定架空线及其相连金具的承载能力，以及它们不同的可能失效形式，并且在连接件损坏时，保证其不会受到致命影响，这就要求材料的机械性能如抗拉强度、抗弯强度、扭转刚度、额定拉断力等，以及结构的尺寸数据达到要求。该过程一些设计参数的初始值可以参考相关规范及运行经验进行选取，然后进行可行性验证。

如对于架空线的安装弧垂与放线张力，规范 GB 50545—2010《110kV～750kV 架空输电线路设计规范》指出：导、地线在弧垂最低点的最大张力应按式(10.12)计算：

$$T_{\max} \leqslant \frac{T_P}{K_c} \tag{10.12}$$

导、地线在弧垂最低点的设计安全系数不应小于 2.5，悬挂点的设计安全系数不应小于 2.25。地线的设计安全系数不应小于导线的设计安全系数。

导、地线在稀有风速或稀有覆冰气象条件时，弧垂最低点的最大张力不应超过其导、地线拉断力的 70%。悬挂点的最大张力，不应超过导、地线拉断力的 77%。

对 1000m 以下档距，水平线间距离宜按式(10.13)计算：

$$D = k_i L_k + \frac{U}{110} + 0.65\sqrt{f_c} \tag{10.13}$$

式(10.12)和式(10.13)中：$T_{\max}$ 为导、地线在弧垂最低点的最大张力；T_P 为导、地线的拉断力；K_c 为导、地线的设计安全系数；k_i 为悬垂绝缘子串系数；D 为导线水平线间距离；L_k 为悬垂绝缘子串长度；U 为系统标称电压；f_c 为导线最大弧垂。

(3) 结构分析。分析荷载对假定结构模型的影响，并将荷载与结构的工作强度上限相比较。检查设计的可行性，并在需要的时候重新设计。如果任何一个构件的强度小于荷载作用，或者任何一个设计达不到可行性要求，就必须对设计的结构模型做出适当的更改，并且重复上面的步骤，直到完全达到要求。

2) 抑制覆冰扭转装置布置原则

对于大扭矩荷载作用下分裂导线的翻转问题，运行经验表明：加装间隔棒是较好的防御措施，具体布置原则如下：

对已运行的输电线路子导线翻转档问题，找出容易翻转的扭曲点，然后在扭曲点加装间隔棒，从扭曲点起加装间隔棒依次由多递减。如何找出易翻转的扭曲点是关键：如固西某 330kV 线路，经过相关学者的反复加装和观察才找出了扭曲点；对无高差或高差不大的档距，扭曲点在绝缘子串第 2 至第 3 个间隔棒；对于有高差或高差大的档距，扭曲点变化大，一般高处杆塔扭曲点较杆塔远，反之较近；对于超过 500m 的档距，扭曲点较多。

较为通用的布置方法是：从弧垂最低点起 $l/2$(如 500m 及以内档距在弧垂最低点起 900m 至 110m 之间)处，加装间隔棒依次向两侧递减，间隔棒数量一般情况是弧垂最低点起 $l/2$ 处加装一处，然后依次按 10m、20m、30m 等减少。

对于抑制积雪重锤，运行经验表明，安装间隔取 1/7～1/9 档距时(50～100m)对防止导线产生扭转可达到明显效果。

10.4　沉积放电式冰灾防御

10.4.1　理论基础

沉积放电是高压、超高压、特高压输电线路上除负极性、正极性电晕之外的第三种电晕放电形式。在降雨、覆冰、积雪等湿沉降条件下，雪花、雨滴、气溶胶尘粒等外来小质点经过导线时，引起导线向周围质点的放电。沉积放电现象是在外来质点与导线实际接触之前开始的，当外来质点运动趋近导线表面时，在导线表面与外来质点之间局部电场发生变化。由于静电感应作用，向导线表面接近的外来质点两端出现极性相反的电荷，由于这种感应电荷的作用，使电场强度提高，并引起放电，如图 10.24 所示。当质点通过放电通道，一经与导线接触，质点就带与导线相同极性的电荷。由于同极性电荷的相斥，质点迅速退离高场强区。

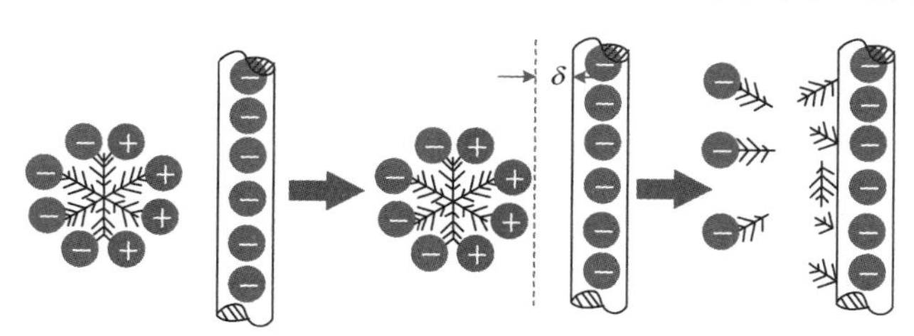

图 10.24　沉积放电过程

在自然环境和野外科学观测研究站可以观测到，雪片附着于未通电导线的机会比附着于通电导线的机会多。虽然雨滴的作用情况不如雪片可以看到，但其影响与雪片相同。雪天的电晕损失，基本上正比于每秒落在导线的雪片数。当碰到的导线是冷的，或雪片是湿润的时候，雪片就黏附在导线上。这些黏附的雪片形成突出部分，变成一种连续的电晕产生源。对于通流较大的导线，常常可以融化黏附其上的雪片，导线底部则全部称为水滴，使导线在雪中的电晕放电变为在雨中的电晕放电。因此，导线在雪天的电晕有不同的形式。

沉积放电强度与导线表面场强有关。覆冰导线表面电场强度达到一定值时产生电晕放电。电晕放电产生的能量与融冰需要的潜热在数值上处于同一数量级，可抑制覆冰的产生和增长。

在湖南雪峰山野外站进行了导线带电雾凇和雨凇覆冰过程中的水滴荷电以及电晕放电动态特性等研究[20-27]。

带电覆冰初期，过冷却水滴在导线表面形成具有微小凸起状的冰层，如图 10.25(a)所示。此时接近导线的水滴是电晕放电的主要来源，而电晕放电又将造成水滴的破裂和飞溅，放电时间极短且不稳定，放电功率和放电量均较小[23]。

在弱电场下，凸起的冰层开始在电场吸引力的作用下捕捉大量水珠并形成冰树枝，如图 10.25(b)所示。雾凇冰树枝在覆冰初期分叉较少，并不尖锐且主要为长度增加，而碰撞到冰树枝头部的水珠被电场拉长并成为电晕放电源点，之后冰树枝继续增长，其尖端场强逐渐增大并使冰面电场畸变更加严重，于是沉积放电也更加剧烈。故以 10min 后的雾凇放电量和放电功率均出现增加。

随着覆冰时间增加，冰树枝数量逐渐增多增密，并在电场作用下开始出现分叉现象，如图 10.25(c)所示。之后由于覆冰量的增加导致水滴碰撞系数下降，故雾凇增长变化速度减慢，于是电晕放电量和放电功率出现先增长后逐渐趋于饱和。

当冰树枝生长到足够多时，如图 10.25(d)所示。便转化为覆冰厚度的增加。由于冰树枝尖端逐渐远离导线表面，且较厚的冰层会减弱尖端场强的畸变效应，故放电功率与放电量稍有减少。

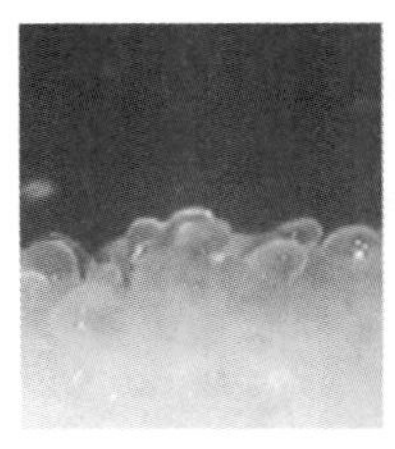
(a) 覆冰5min

(b) 覆冰10min

(c) 覆冰20min

(d) 覆冰30min

图 10.25　电场强度为 10kV/cm 不同时刻雾凇表面形态

不同覆冰场强下的雾凇形态也不相同，对导线进行不同电场强度下的 30min 覆冰，冰树枝形态，如图 10.26 所示。

(a) 5kV/cm 覆冰

(b) 10kV/cm 覆冰

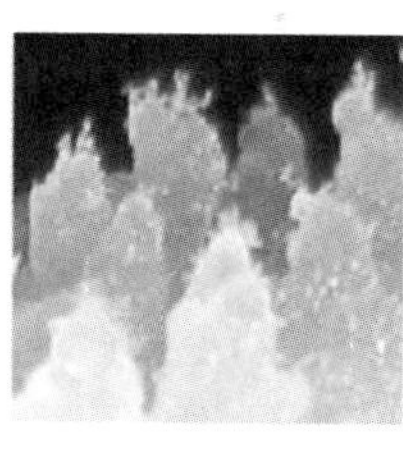
(c) 15kV/cm 覆冰

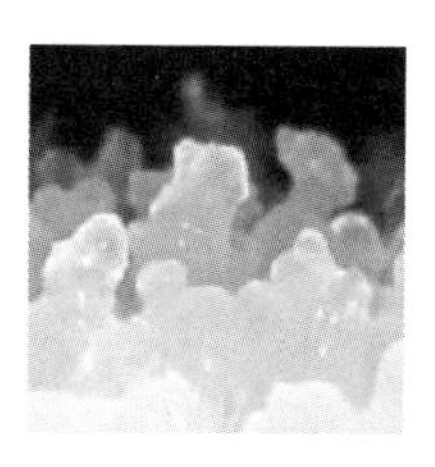
(d) 20kV/cm 覆冰

图 10.26　30min 时电场强度对雾凇形态的影响

由图 10.26 可知，10kV/cm 下冰树枝最为尖锐，随着场强增加，冰树枝逐渐变粗、尖端曲率变小；15kV/cm 后由于离子轰击及电晕热效应使得冰树枝头部较为圆滑。因此，在电磁环境允许范围内，采用较小直径导线提高覆冰导线表面电场强度而获得电晕效应，可实现输电线路的防冰，适用于局部地区的冰灾防御。

输电线路在晴好天气不产生电晕，设计满足 85%的置信区间。但在降雨、覆冰、积雪、浓雾凝露等不利天气条件下其电晕起始电压显著降低，可从晴好天气的大于 20kV/cm 降低至 10kV/cm 以下，特别是在覆冰条件下，由于冰凌和冰树枝等的形成，其电晕起始电压可降低至 4～5kV/cm。在覆冰条件下产生的电晕放电和电晕损失既抑制冰的生长，也融化冰层。并且这种效应与输电线路不覆冰时表面场强的大小有显著关系。研究发现，当导线表面场强从 0kV/cm 逐渐增大至 10kV/cm 时，导线表面覆冰程度随场强的增强逐渐增大；而当导线表面场强大于 10kV/cm，场强的提高反而导致导线表面覆冰急剧降低。因为电场对导线覆冰的影响和电场强度有关。电场强度越高，碰撞系数越高，造成导线覆冰增加，冰的密度增大。但进一步增加电场强度，极化变形水滴在临近导线时的火花放电现象会导致水滴的分裂，造成平均冰密度的降低。当电场强度大于 10kV/cm，冰面粗糙度增加，平均冰密度和冰质量反而急剧减少。控制晴好天气下起始电晕产生的电场强度，尽可能提高导线表面场强，可达到被动防冰的目的，也可使输电线路电磁噪声满足国家标准[28-30]。

如图 10.27 和图 10.28 所示：当导线表面电场小于 10kV/cm 时，电场吸引力加剧导线覆冰增长；当导线表面电场大于 10kV/cm 时，电场电晕效应抑制覆冰，一旦电场强度大于 15kV/cm，导线覆冰急剧降低。我国输电线路导线表面电场一般在 8～11kV/cm，很少达到 13kV/cm。如果提高表面电场至 16～18kV/cm，可抑制输电线路导线覆冰及其增长。在偏远山区的覆冰严重的微地形小气候局部地段，采用该方法不仅可以防止输电线路发生冰灾，而且可以确保线路的电磁环境符合标准要求，因为覆冰时间超短，远远超过 80%的置信区间。这是一种很好的被动的非人工干预式冰灾防御方法。

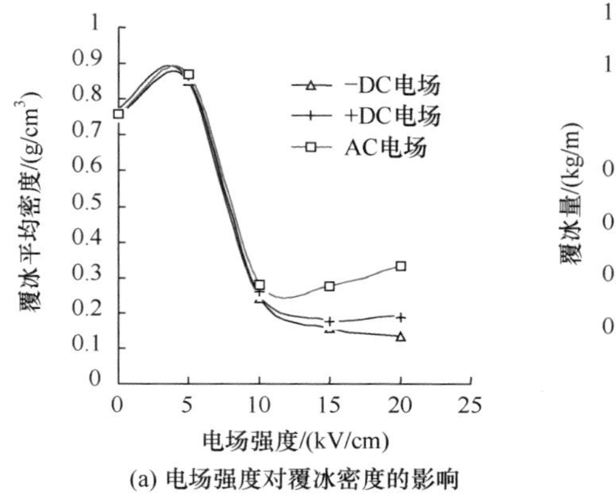

(a) 电场强度对覆冰密度的影响

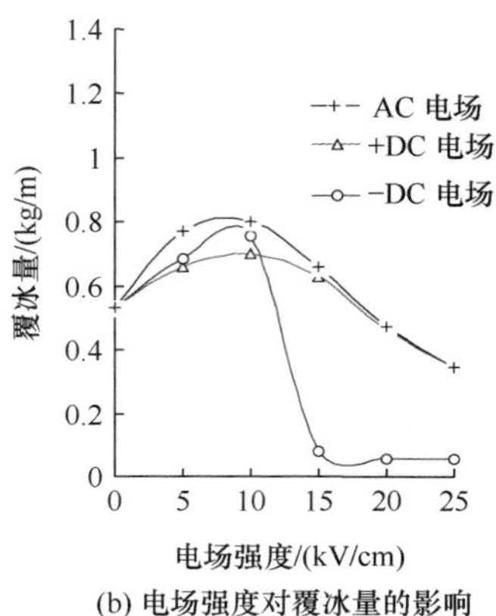

(b) 电场强度对覆冰量的影响

图 10.27　电场对导线覆冰的影响

(环境温度 T_a=10℃，风速 v=4m/s，液态水含量 w=1.2g/m^3，水滴直径 $2a$=40μm)

(a) 光滑导线雨凇覆冰状态(0kV/cm)

(b) 钢芯铝绞线雨凇覆冰状态(0kV/cm)

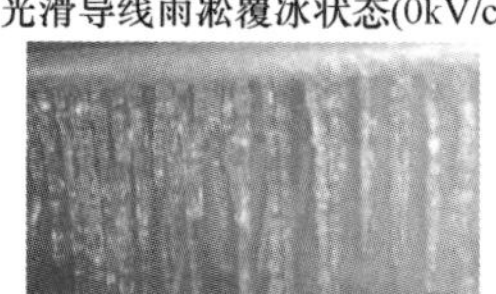

(c) 光滑导线雨凇覆冰状态(5kV/cm)

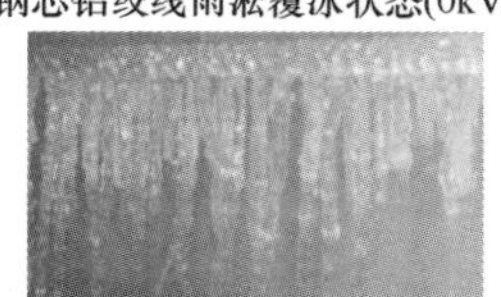

(d) 钢芯铝绞线雨凇覆冰状态(5kV/cm)

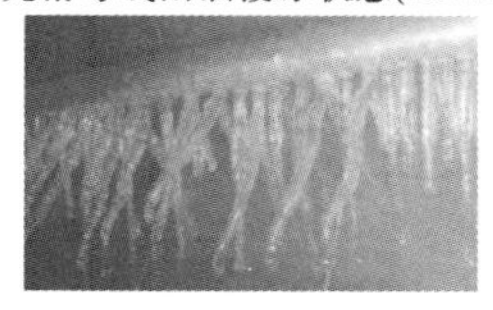

(e) 光滑导线雨凇覆冰状态(10kV/cm)

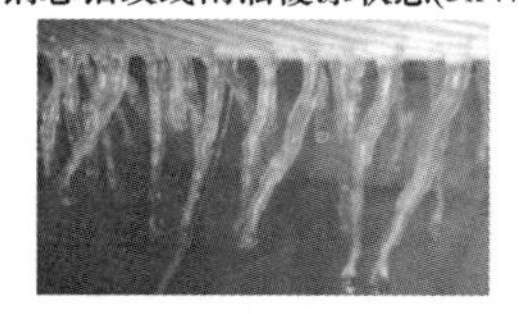

(f) 钢芯铝绞线雨凇覆冰状态(10kV/cm)

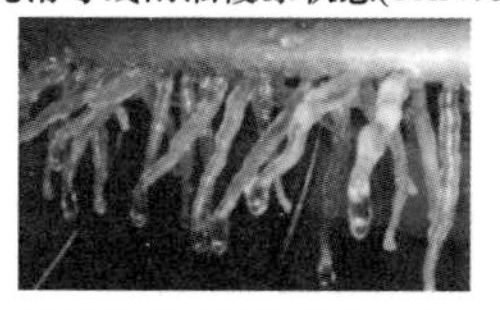

(g) 光滑导线雨凇覆冰状态(15kV/cm)

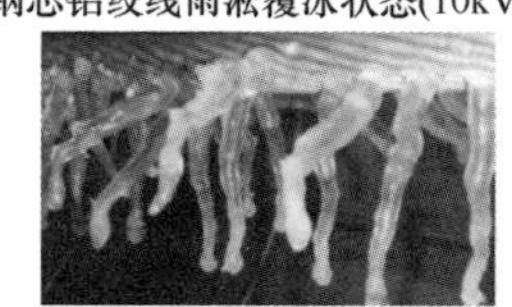

(h) 钢芯铝绞线雨凇覆冰状态(15kV/cm)

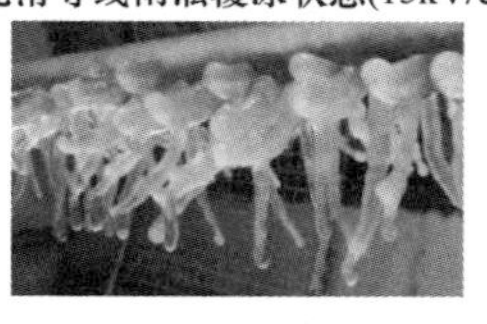

(i) 光滑导线雨凇覆冰状态(20kV/cm)

(j)钢芯铝绞线雨凇覆冰状态(20kV/cm)

图 10.28　光滑导线与钢芯铝绞线(LGJ-185/25)导线带电雨凇覆冰外观

10.4.2　沉积放电式冰灾防御方法

通过在湖南雪峰山野外站架设各种结构形式的输电导线，施加电压使其导线表面场强达到预设值，对输电导线进行覆冰观测试验，观察不同输电导线表面电场强度对导线周围沉积放电的影响，试验发现沉积放电产生的电场强度为 16～18kV/cm。根据这一现象，提出沉积放电式冰灾防御的方法，即控制导线表面场强使输电线路产生沉积放电，减少输电线路覆冰积雪，有效预防输电线路冰雪灾害。同时，在天气条件良好的情况下，该电场强度符合电磁噪声要求的规定。因此，根据覆冰条件下独有的沉积放电特性和沉积放电效应提高导线表面场强达到防止输电线路发生冰灾是一种切实可行的主动防御方法。

沉积放电式冰灾防御方法的流程如图 10.29 所示。

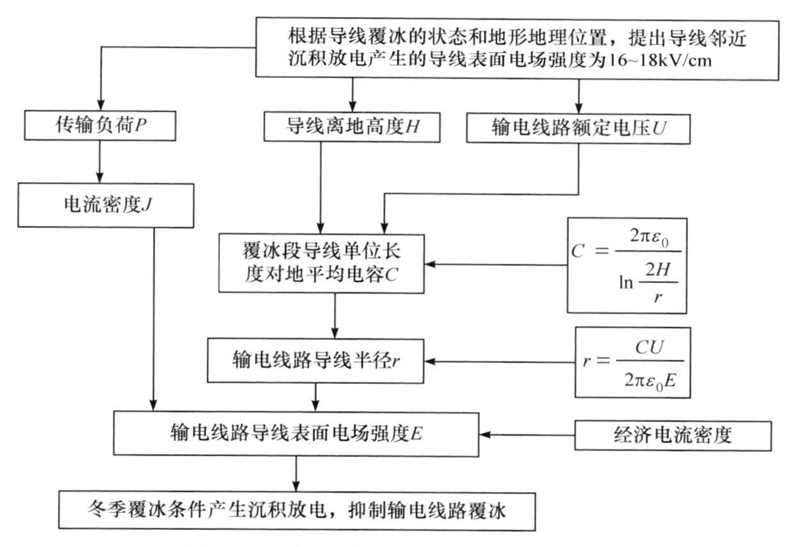

图 10.29　沉积放电式冰灾防御方法流程

(1) 发现覆冰条件下输电线路沉积放电的形式与沉积放电效应，提出覆冰环境输电线路沉积放电产生的电场强度在 16～18kV/cm。

(2) 根据输电线路电压等级、输电线路输送的经济电流密度和负载强度，按照沉积放电产生的导线表面电场强度设计输电线路导线表面场强。

根据导线材料和最大负荷利用小时数，确定经济电流密度 J。根据输电线路电压等级 U 和线路输送容量 P，计算出每相电流 I，不考虑传输效率，$I=P/(3U)$。根据输电线路输送的经济电流密度和每相电流，确定导线总截面 S，$S=I/J$，该值可作为导线总截面选择的参考基数，从而为选择导线型号提供参考。按照沉积放电产生的导线表面电场强度 16～18kV/cm，设计输电线路导线表面场强 E。

(3) 根据沉积放电场强度选择输电线路导线半径 r。

采集目标输电线路的覆冰条件、导线离地高度等结构特性参数；计算目标输电线路单位长度导线对地平均电容，其中，所述目标输电线路单位长度导线对地平均电容采用如下方法计算，即

$$C=\frac{2\pi\varepsilon_0}{\ln\frac{2H}{r}} \tag{10.14}$$

式中：C 为目标输电线路单位长度导线对地平均电容(F)；ε_0 为空气介电常数；H 为输电导线离地高度(m)；r 为输电导线半径(m)。

根据电场强度计算目标线路的导线半径 r 计算采用如下方法，即

$$r=\frac{CU}{2\pi\varepsilon_0 E} \tag{10.15}$$

式中：r 为利用沉积放电抑制输电线路导线覆冰的半径(mm)；C 为目标输电线路单位长度导线对地平均电容(μF)；U 为目标输电线路额定电压(kV)；ε_0 为空气介电常数；E 为所述产生沉积放电的电场强度(16～18kV/cm)。

研究发现，覆冰积雪条件下导线发生沉积放电，通过感应电荷和极化作用，使靠近导线的水珠和雪花远离导线或者消散在空气中。因此，沉积放电效应一定程度上能减少输电线路覆冰积雪。根据电网冰灾成灾机理，输电线路覆冰厚度超过临界值才会引起杆塔倒塌、断线或者闪络跳闸事故，所以利用沉积放电主动防御输电线路冰灾的方法是一种切实可行的除冰方法。

10.4.3 沉积放电式冰灾防御条件

1. 沉积放电与电晕放电

电晕放电主要对应输电线路导线表面附着物(污秽、毛刺和水滴等)引起的电场畸变(即局部场强增强)所产生的局部放电现象。然而实际输电导线上所产生的放电现象不仅仅局限于这种形式。当导线周围出现微小漂浮物，如灰尘、飘雪、雾状水滴、雨滴等时会引起导线对这些物质的沉积放电现象，同时当漂浮物接近导线时也会形成一系列的电场畸变效应。

不同于电晕放电局部自持的特性，沉积放电是质点对导线的放电现象。1968年发现这一现象并进行初步研究得出结论：空气中漂浮物因为电场作用而发生极化效应，即漂浮物接近导线的一端感生出反极性的电荷，远离导线一端感生出同极性电荷。极化效应结果是漂浮物因表面电荷在电场中的作用力而加速靠近导线表面，直到与导线距离足够短时，空气间隙发生击穿放电，导线通过击穿空气间隙的通路向漂浮物充电并使其带有同种电荷，之后由于同性相斥，漂浮物在电场

作用下最终远离导线表面高电场区间。

沉积放电物理机理与电晕放电有本质区别，电晕放电的主要表征量是尖端电极周围电场强度大小，而沉积放电主要表征量则与空气中漂浮物的各种特性(如电导率、刚度、几何尺寸、固态或者液态等)相关。沉积放电与电晕放电的伏安特性曲线区间也不相同，电晕放电仍然可用指数特性的汤逊放电来描述，而沉积放电由于形成点对点击穿，应该用辉光放电甚至弧光放电来描述其放电电流的特性。

架空输电线路漂浮物对导线沉积放电的机理与普遍认知的电晕放电有本质区别。沉积放电过程中产生的电损耗、无线电干扰和可听噪声特性也与电晕放电所产生的电晕效应完全不同。目前对于自然环境中架空输电线路周围气体放电机理的研究仍局限于电晕放电这一种形式，对于其所产生电损耗、无线电干扰和可听噪声污染的评估方法也仅仅适用于电晕放电一种形式。而自然环境下输电线路的沉积放电现象广泛存在，如雾天、雾霾天、雨天等都会产生不同程度的沉积放电效应。这一现象在现有的输电线路电磁环境评估中没有体现。

2. 电磁干扰

沉积放电产生的电场强度在 16～18kV/cm，此电场强度下输电线路可能会产生电磁干扰，如电损耗、无线电干扰和可听噪声等。故此方法只适用于覆冰严重偏远的山区，覆冰严重的微气象微地形局部覆冰地段，或者人迹罕至的但覆冰严重的地区，以确保线路的电磁环境不会影响人类正常的生产活动。另外，其造成的电损耗相比于输电线路冰雪灾害造成的停电抢修的几百万甚至上亿元损失来说甚少。综上所述，该方法用于局部地区防冰是可行的。

3. 导线选型

采用沉积放电式冰灾防御方法需要更换输电线路导线，即用较小半径的导线替代原有导线，来提高输电线路电场强度使输电线路产生沉积放电。

目前架空导线一般选用同心绞导线，即在一根线芯周围螺旋绞上一层或多层单线组成的导线，其相邻层绞向相反，而可供选择的导线型号常用的有铝绞线、铝合金绞线、钢芯铝绞线、防腐性钢芯铝绞线、钢芯高强度铝合金绞线、铝合金芯铝绞线、铝包钢芯铝绞线、铝包钢芯高强度铝合金绞线、钢绞线、铝包钢绞、钢芯耐热铝合金绞线线等 11 种导线。铝绞线和铝合金芯铝绞线拉重比均比钢芯铝绞线要小，在重冰区架空输电线路中机械和弧垂性能欠佳，直接予以淘汰；铝包钢芯铝绞线的特性与钢芯铝绞线非常相近，只是内层为铝包钢，主要作用为降低内层铝包钢芯与外层铝线之间的电势差，以提高导线的防腐性能，从机械和弧垂性能上，两种导线基本上可视作同一种导线；钢绞线和铝包钢绞线拉重比最大，可达 16km 以上，机械和弧垂性能最优，但鉴于该两种导线导电性能相当差，在同等单位重量下，20℃直流电阻是其余导线的1倍以上，不宜作为导线，因此也直接淘汰；铝合金绞线、钢芯铝合金绞线、铝包钢芯铝合金绞线拉重比值均较钢芯铝绞线大，具有优异的机械和弧垂特性，而钢芯铝合金绞线和铝包钢芯铝合金绞线特性基本一致，选一种即可；耐热铝合金绞线拉重比值与钢芯铝绞线相差不大，但得益于其外层采用耐热铝合金，运行温度可大幅提高，在同等载流量条件下可选择截面较小的耐热铝合金绞线，对重覆冰线路可预见有一定优势。

综上所述，初步筛选出钢芯铝绞线、铝合金绞线、钢芯高强度铝合金绞线和钢芯耐热铝合金绞线等4种导线。

导线设计需考虑结合我国目前常用的架空输电线路和电网规划，110kV电压等级常用导线铝截面面积主要有240mm^2、300mm^2、400mm^2、2×240mm^{2}等；220kV电压等级常用导线铝截面面积主要有2×300mm^2、2×400mm^2、2×500mm^2、2×630mm^{2}等；500kV电压等级常用导线铝截面面积主要有4×300mm^2、4×400mm^2、4×630mm^{2}等。每种导线拉重比均在一定范围之内，即从导线的材料和制作工艺上已基本确定该种导线的特性，只需在相同载流量下，每种导线选取某一截面进行比较则已能代表整个型号的导线性能。同一电压等级下更换截面较小导线可行。

以铝截面面积为400mm^{2}钢芯铝绞线为例，我国常用铝截面面积为400mm^{2}钢芯铝绞线主要有3种，参数见表10.6。LGJ-400/35型钢芯铝绞线机械性能较弱，LGJ-400/50型钢芯铝绞线的机械性能稍好，LGJ-400/65型钢芯铝绞线机械性能最佳。考虑到LGJ-400/35导线在同一电压等级下导线表面电场强度较其他两种低，而且沉积放电会减少输电线路覆冰，减少输电线路机械荷载，因此，采用沉积放电式冰灾防御选择LGJ-400/35型钢芯铝绞线。

表10.6 钢芯铝绞线性能参数表

参数	LGJ-400/35	LGJ-400/50	LGJ-400/65
铝绞线结构股数，直径/mm	48, 3.22	54, 3.07	26, 4.42
钢绞线结构股数，直径/mm	7, 2.50	7, 3.07	7, 3.44
总截面面积/mm^2	425.24	451.55	464.00
铝截面面积/mm^2	390.88	399.73	398.94
钢截面面积/mm^2	34.36	51.82	65.06
总外径/mm	26.8	27.63	28.00
弹性模量/MPa	65000	69000	76000
线膨胀系数/(1/℃)	20.5×10^{-6}	19.3×10^{-6}	18.9×10^{-6}
单位质量/(kg/km)	1349	1511	1611
计算拉断力/N	103900	123400	135200
直流电阻(20℃)/(Ω/km)	0.07389	0.07232	0.07236

10.5　阻冰/阻雪环式冰灾防御

阻雪环可防止雪在导线水平方向过量堆积。虽然目前的疏水涂料在实际中会失去作用，但阻雪环结合憎水性涂料使用可取得意外的效果。阻雪环由塑料制作，阻雪环阻滞雪在导线绞合方向转动，使雪仅在水平方向堆积，当堆积一定厚度时，在风或其他自然力作用下自行脱落，如图 10.30(a)所示。在档距较长线路上，除安装阻雪环外，可安装抗扭阻尼器(或平衡锤)，防止导线扭转，阻止导线积雪后形成雪环，如图 10.30(b)所示。不同直径导线的阻雪环和平衡锤安装和布置不同。表 10.7 为两种直径导线的阻雪环及平衡锤安装配置，其他直径导线可参考表 10.7 配置进行。

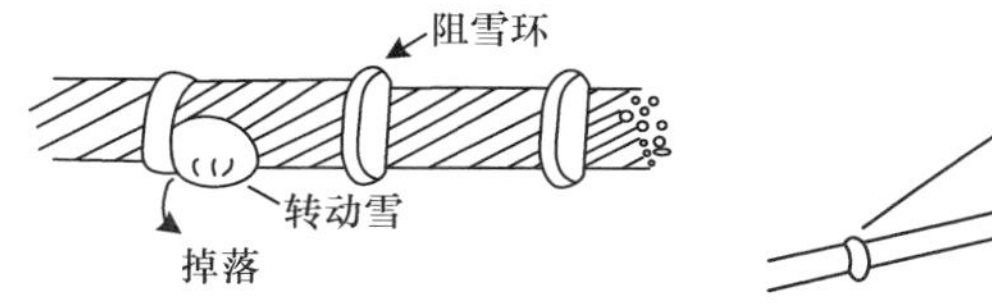

(a) 阻雪环安装示意图　　(b) 平衡锤安装示意图

图 10.30　阻雪环、平衡锤安装示意图

表 10.7　阻雪环与平衡锤配合安装距离示例

导线直径/mm	阻雪环		平衡锤	
	直径/mm	间隔/cm	单位重量/(kg/m)	间隔/m
12.9	18.9	40	9.0	50～70
52.8	63.8	110	22.5	100～150

利用低居里铁磁材料也可制作抗冰雪环，如图 10.31 所示。低居里材料抗冰雪环不仅具有普通塑料阻雪环的作用，而且具有发热效果，可部分融化导线上的冰雪。

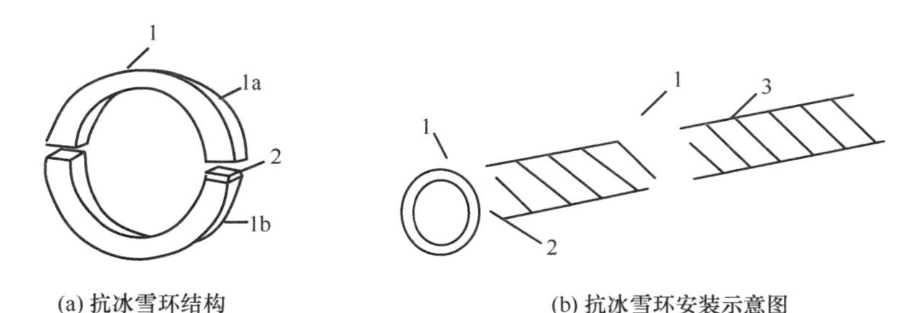

(a) 抗冰雪环结构　　(b) 抗冰雪环安装示意图

图 10.31　低居里铁磁材料的抗冰雪环结构

1-阻冰雪环(1a 为上半部分，1b 为下半部分)；2-连接处；3-导线

1990 年四川省送变电公司在跨越秦岭大山区双分裂导线、避雷线上安装阻冰环，导线每 0.5m 装一个，避雷线每 0.3m 装一个，共计安装 59360 个(导线阻冰环 38160 个，避雷线阻冰环 21200 个)。经实践证明，在裸导线表面有 0.6mm 的突出物，即可阻拦冰雪滑动破落。

阻冰环用高级合成树脂(聚碳酸酯)制成，弯曲强度可达 9.5kg/mm^2(95MPa)，安装时一般不会断裂。但在安装地线阻冰环时，由于内径偏小用力过大时，卡口的卡子有时会断掉。导线阻冰环一般在高空安装，用飞车在安装导线阻冰环的同时安装间隔棒。在半装配式架线的耐张段中采用了在地面上将导线的间隔棒和阻冰环同时安装好后再整体挂线的方法，也取得了较好的效果。

10.6　非干预冰灾防御的评价

扩径导线冰灾防御、抑制扭转式冰灾防御、沉积放电式冰灾防御及阻冰/阻雪环冰灾防御四种方法的应用评价见表 10.8。

表 10.8　四种方法的应用评价

序号	名称	范围	阶段	冰型	效果	应用情况	价格
1	扩径导线	导线	覆冰期	各类冰	显著	已采用	中等
2	抑制扭转	导地线	覆冰期	各类冰雪	显著	已采用	中等
3	沉积放电	导地线	覆冰期	各类冰雪	不确定	线路有潜力	中等
4	阻冰/阻雪环	导地线	覆冰期	各类冰、湿雪	有限	已采用	低

扩径导线冰灾防御方法能获得较小的冰风荷载，在重冰区具有显著效果。与常规导线相比，在相同的抗冰设计厚度下，扩经导线输电线路有效抗冰厚度要高好几倍，可简单地实现重冰区线路冰灾防御的目的，既不需要融冰，也不需要观测，能达到可靠有效的防冰和除冰的效果，在超高压和特高压输电工程中有很大的应用空间，尤其在高海拔地区有着更为广阔的前景。扩径导线是以满足技术条件的常规导线规格为基准，采取扩大导线外径技术，在保证电晕所要求的导线外径前提下，减小导线的铝截面，从而减小导线的总重量，减小铁塔荷载和结构重量，极大地降低线路造价。与常规单导线和分裂导线相比，扩径导线具有以下特点：

(1) 扩径导线与相同截面的常规导线相比，外径增大电晕损耗减小，电晕所派生的无线电干扰和可听噪声也减小，有效改善电磁环境，有利于环境保护。

(2) 扩径导线与相同外径的常规导线相比，铝截面减小，节省了铝材，导线重量减轻，不但减少了线材的使用量，而且由于铁塔荷载的减小，从而减少铁塔的耗钢量，降低输电线路工程投资。

(3) 扩径导线与相同外径常规导线相比，因外径相同，电晕特性相同。

抑制扭转式冰灾防御使导线在覆冰增长过程中始终形成“单侧翼形”覆冰，这种翼形覆冰增长到一定程度（往往不可能达到实际抗冰设计厚度）后在风力作用、振动力作用下自行脱落，导线不可能形成威胁电网安全的覆冰；如果辅助以憎水性涂料效果更佳。抑制扭转现象能预防因导线扭转引发的翻转扭绞故障，防止导线扭转对电力生产造成重大影响，节省大量人力物力成本。

沉积放电式冰灾防御通过提高导线表面电场强度来抑制覆冰积雪，但高的电场强度会带来电磁干扰问题，需要保证导线在非冰雪天气下运行时电磁干扰满足电磁环境标准。在偏远的山区，在覆冰严重的微气象微地形局部覆冰地段，采用该方法不仅可以防止输电线路发生冰灾，而且可以确保线路的电磁环境符合标准要求，因为覆冰时间超短，远远超过 80%的置信区间。

阻冰/阻雪环冰灾防御使导线覆冰堆积到一定程度时，依靠风力、重力、辐射以及温度突变等作用而使导线覆冰自行脱落。需要大量的阻冰/阻雪环来产热融冰，虽然成本低，但是改变了导线表面结构，从而改变导线表面的电场分布和气流流向。实践证明，该方法的除冰效果并不明显。

综上所述，非干预式冰灾防御是国内外当前发展的趋势，可实现电网防冰减灾从高成本、低可靠性、供电中断的融冰措施向不停电、非人工干预、智能化、低成本、高可靠性的冰灾防御方法的根本性转变。该方法的优点是不停电、智能化，可应用区域性冰灾防御，也可应用于局部微地形小气候冰灾防御防冰，还可用于防止导线覆冰舞动、脱冰跳跃，在允许一定的覆冰荷载下实现正常供电自动防冰、融冰的目的，解决目前交、直流短路融冰存在的中断供电、无目的性和装置高成本、极其笨重等各种问题，更是极大降低劳动强度的环境友好措施和方法。

10.7　本 章 小 结

本章论述电网冰灾非干预式防御的四种新的方法，即扩径导线冰灾防御、抑制扭转式冰灾防御、沉积放电式冰灾防御及阻冰/阻雪环冰灾防御，阐述这四种方法的理论基础、应用范围、实施方法及实施的技术条件。这四种方法均是通过大量的现场实际观测和理论分析针对目前电网冰灾防御存在的难题提出的。电网非干预式冰灾防御方式是适应人工智能和电网高可靠性发展要求的，是国内外最前沿的电网冰灾非干预式防御方法，这些方法目前都在逐步应用于工程实践，并取得了很好的效果。目前，国内外尚无较好的冰灾防御方法，非干预式冰灾防御是国内外当前发展的趋势。因此，深入研究应用非干预式冰灾防御方法，特别是研究这四种冰灾防御方法是减少输电线路冰雪灾害、保障电网安全运行的需要。

参考文献

[1] 蒋兴良, 易辉. 输电线路覆冰及防护[M]. 北京: 中国电力出版社, 2002.
[2] 陈凌. 旋转圆柱体覆冰增长模型与线路覆冰参数预测方法研究[D]. 重庆: 重庆大学,2011.
[3] 蒋兴良, 潘杨, 汪泉霖, 等. 基于等效直径的复合绝缘子覆冰特性与结构参数分析[J]. 电工技术学报, 2017, 32(7): 190-196.
[4] Skelton P L I, Poots G, Larcombe P J. Mathematical models for rime-ice accretion on conductors using free streamline theory: Twin conductor bundles[J]. Atmospheric Environment Part A General Topics, 1990, 24(2): 309-321.
[5] Finstad K J. Derivation of extreme value loads for wet snow using a numerical model[C]. Proceedings of 5th IWAIS'90, Tokyo, 1990: B6-1.
[6] Lasse M, Yutaka F. Spacing of icicles[J]. Cold Regions Science and Technology, 1993, 21: 317-322.
[7] Lasse M. The amount of icicles of overhead lines[C]. Proceedings of 5th IWAIS'90, Tokyo, 1990: B6-3.
[8] Admirat P, Maccagnan M, DeGocourt B. Influence of joule effect and climatic condition on liquid water content of snow accreted on conductors[C]. Proceedings of 4th IWAIS'88, Paris, 1988: 155-160.
[9] Skelton P L I, Poots G. Approximate predictions of ice accretion on an overhead transmission line which rotates with constant angular velocity[J]. IMA Journal of Applied Mathematics, 1988, 40(1): 23-35.
[10] Takash K, et al. The mechanism of snow accretion growth on conductors in relation to weather condition in the kanton plain[C]. Proceedings of 5th IWAIS'90, Tokyo, 1990: B5-5.
[11] 蒋兴良, 王尧玄, 舒立春, 等. 分裂导线阻抗调节防冰及融冰方法[J]. 电网技术, 2015, 39(10): 2941-2946.
[12] Jiang X L, Wang Y X, Shu L C, et al. Control scheme of the de-icing method by the transferred current of bundled conductors and its key parameters[J]. IET Generation, Transmission & Distribution, 2015, 9(15): 2198-2205.
[13] Hu Q, Yu H J, Xu X J, et al. Study on torsion characteristic and equivalent ice thickness of bundle conductors[J]. Power System Technology, 2016, 40(11): 3615-3620.
[14] Jiang X L, Wang Y X, Shu L C, et al. Anti-icing and de-icing method of line impedance regulation of bundled conductor[J]. Power System Technology, 2015, 39(10): 2941-2946.
[15] Chen J, Jiang X L, Shu L C, et al. Study on the influence of charged glaze on the Corona onset voltage of bundle conductor[J]. IEEE Transactions on Dielectrics and Electrical Insulation, 2014, 21(4): 1592-1599.
[16] Yin F H, Farzaneh M, Jiang X L. Corona investigation of an energized conductor under various weather conditions[J]. IEEE Transactions on Dielectrics and Electrical Insulation, 2017, 24(1): 462-470.
[17] Li Z Y, Jiang X L, Li L C, et al. Corona performance of coated conductors under raining condition[J]. High Voltage Engineering, 2017, 43(11): 3740-3747.
[18] He G H, Hu Q, Shu L C, et al. Impact of icing severity on corona performance of glaze ice-covered conductor[J]. IEEE Transactions on Dielectrics and Electrical Insulation, 2017,

24(5): 2952-2959.

[19] Yin F H, Farzaneh M , Jiang X L. Laboratory investigation of AC Corona loss and corona onset voltage on a conductor under icing conditions[J]. IEEE Transactions on Dielectrics and Electrical Insulation, 2016, 23(3): 1862-1871.

[20] 蒋兴良, 李源军. 相对湿度及雾水电导率对直流输电线路电晕特性的影响[J]. 电网技术, 2014, 38(3): 576-582.

[21] 蒋兴良, 高标, 张满, 等. 雨凇覆冰对输电线路光滑铝导线起晕电压的影响[J]. 高电压技术, 2014, 40(5): 1290-1297.

[22] Jiang X L, Chen J, Shu L C, et al. Study on the effects of glaze icing on the Corona onset characteristics of stranded conductors[J]. IEEE Transactions on Dielectrics and Electrical Insulation, 2014, 21(2): 704-712.

[23] Jiang X L, Dong B B, Chao Y F, et al. Diameter correction coefficient of ice thickness on conductors at natural ice observation stations[J]. IET Generation Transmission & Distribution, 2014, 8(1): 11-16.

[24] 蒋兴良, 张满, 舒立春, 等. 分裂导线混合凇带电覆冰后的起晕电压跌落研究[J]. 电工技术学报, 2013, 28(10): 47-58.

[25] 蒋兴良, 常恒, 胡琴, 等. 输电线路综合荷载等值覆冰厚度预测与试验研究[J]. 中国电机工程学报, 2013, 33(10): 177-183.

[26] 蒋兴良, 黄俊, 董冰冰, 等. 雾水电导率对输电线路交流电晕特性的影响[J]. 高电压技术, 2013, 39(3): 636-641.

[27] 蒋兴良, 林锐, 胡琴, 等. 直流正极性下绞线电晕起始特性及影响因素分析[J]. 中国电机工程学报, 2009, 29(34): 108-114.

[28] 陈凌, 蒋兴良, 胡琴, 等. 自然条件下基于旋转多圆柱体覆冰厚度的绝缘子覆冰质量估算[J]. 高电压技术, 2011, 37(6): 1371-1376.

[29] Hu Q, He G H, Shu L C, et al. Influence of voltage polarity on the Corona performance of ice-covered conductor[J]. International Journal of Electrical Power & Energy Systems, 2019, 105: 123-130.

[30] Hu Q, He G H, Shu L C, et al. Minimum steady corona inception voltage calculation method under rain condition[J]. IET Generation, Transmission & Distribution, 2018, 12(8): 1783-1789.

第 11 章 分裂导线输电线路电流转移融冰

电力系统防冰减灾是一项长期而艰巨的任务[1-3]，也是电网安全运行的基本保障。高压、超高压、特高压输电线路的安全运行直接关系到大区域电网的可靠性和稳定性，为适应超、特高压系统和电网智能化的发展要求，必须探索和开展新的防冰、除冰、融冰方法研究。由于超、特高压输电线路多采用分裂导线，其防冰、除冰和融冰具有与单导线不同的特性，对融冰电源容量的要求远大于单导线，这就给传统的交、直流融冰方法带来技术挑战和限制[1,4,5]。针对超高压、特高压输电线路采用多分裂导线的特点，本章提出一种通过线路开关切换实现负荷电流转移的方法，可实现对多分裂导线进行实时的、自动的防冰融冰，作业过程不需要线路断电，无须另设融冰电源，是一种经济、简便的智能化融冰技术，为各电压等级分裂导线输电线路抵制冰雪灾害提供一种切实可行的方法。我国超高压和特高压电网迅速发展，本章所提方法具有显著的工程意义与社会经济效益。

11.1 分裂导线电流转移融冰原理

11.1.1 电流转移融冰基本原理

为抑制高压、超高压和特高压输电线路的电晕放电，减少输电线路的阻抗，提高输电线路的输送容量，超高压和特高压输电线路采用分裂导线。由于分裂导线的优点，我国很多 110kV 和 220kV 线路也采用分裂导线。分裂导线结构特点是每一相导线由 m (m 被称为导线的分裂数，$m \geqslant 2$ 且 $m \in \mathbf{N}$)根较小分导线(子导线)组成，各子导线间隔一定距离，按照一定排列方式布置，一般各子导线对称布置在正多边形的顶点之上。分裂导线正常运行时，各子导线共同均匀分担线路传输负荷电流，若输电线路传输负荷电流为 I，则每根子导线上传输的负荷电流则为 I/m[5]。

目前我国输电线路导线的经济电流密度在 1.0～1.1A/mm^2，额定负荷下传输电流密度小于经济电流密度，且绝大多数输电线路的实际传输功率只有额定设计负荷的 50%左右，即我国输电线路传输的负荷电流密度一般在 0.5A/mm^2。前面章节提出了融冰的电流密度在 2.0A/mm^2 左右，因此，根据分裂导线输电线路的特点，如果把各子导线的负荷电流转移至某一单根子导线和子导线组合，使其传输电流密度接近或达到融冰电流密度，实现负荷电流融冰，融冰之后恢复到正常的分裂导线传输负荷电流。这是分裂导线电流转移融冰的基本原理。

实际上，分裂导线电流转移循环融冰方法是利用开关将总的负荷电流集中到某一子导线或子导线组合，子导线组合包含 n ($m>n\geqslant 1$ 且 $n\in\mathbf{N}$)根子导线，以增大该组子导线每根导线上传输的电流(I/n)，利用高电流密度产生的焦耳热加热导线促使导线上的冰层融化并脱落，实现融冰的目的；待一组子导线融冰后，将总负荷电流依次通入剩余各子导线组，最终实现整条线路融冰。该方法称为分裂导线电流转移智能循环防冰融冰方法，简称为电流转移智能融冰方法。

输电线路分裂导线电流转移融冰的核心是智能控制装置，将分裂导线输电线路正常运行时传输的负荷电流，循环汇集于单根子导线或子导线组合，增大子导线电流实现防冰融冰。通过开关的关合将某束分裂导线的电流全部转移至该束的一根或多根子导线中去，当导线未覆冰且相关条件满足时，子导线过电流可实现防冰；当导线已覆冰且相关条件满足时，子导线中的过电流可实现融冰。以四分裂导线为例，其原理如图 11.1 所示。

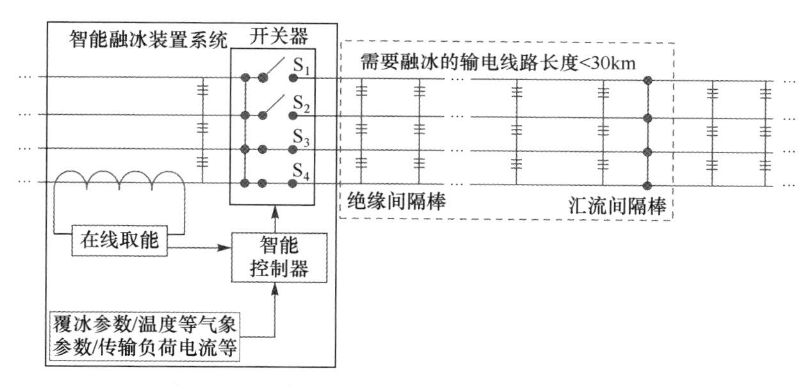

图 11.1　四分裂导线输电线路电流转移融冰原理

如图 11.1 所示，某输电线路使用分裂导线电流转移智能融冰装置进行冰灾防御时，一般以线路严重覆冰的一节(或数节)为防御对象，在融冰始端选择某耐张杆塔，利用电流转移智能融冰装置更换耐张杆塔的三相跳线，在融冰末端，采用分流间隔棒更换常规的绝缘间隔棒。实施融冰的线路段所安装的分裂导线间隔棒应作绝缘改造，保证电流转移时分裂导线的子导线间相互绝缘。安装好后设置融冰的阈值，由智能装置自行监测与实施融冰。

11.1.2　分裂导线电流转移实施步骤

分裂导线输电线路电流转移融冰方法在实施过程中，包含多个关键的步骤：确定融冰线路段长度、安装智能控制装置和改造间隔棒的绝缘垫圈、检测控制参数、选取合理的控制方案、设置控制开关工作流程。

1. 确定融冰线路段长度

我国输电线路覆冰具有典型的微地形小气候特征。输电线路覆冰的微地形小气候条件是指某一大区域内的局部地段，由于地形、位置、坡向及温度、湿度等出现特殊变化，造成局部区域形成有区别于大区域的更为严重的覆冰条件。采用电流转移循环智能融冰方法，首先要对需要融冰的输电线路沿线走廊详细调研，确定需除冰的严重覆冰线路段长度。由于子导线开断后有电位差，根据采用的开关器件的绝缘强度确定融冰线路的长度，如果采用 10kV 开关断口电压，则应控制其融冰长度在 30km 以内。

2. 安装智能控制装置和改造间隔棒绝缘垫圈

由于分裂导线电流转移的方法要求各子导线相互电气隔离，在输电线路中需要除冰的线路档距内，应使用绝缘间隔棒替代常规间隔棒，即改造常规间隔棒的橡胶垫圈，使其具有 10kV 绝缘性能。使分裂导线的子导线间相互绝缘，保证控制装置能将总负荷电流集中并循环通流至各子导线组。在确定需要融冰的线路段后，将智能控制开关安装在需融冰段的耐张铁塔上，如图 11.2 所示。单个智能开关所控制的融冰线路长度需根据绝缘间隔棒和智能控制开关断口能承受的电压选取。

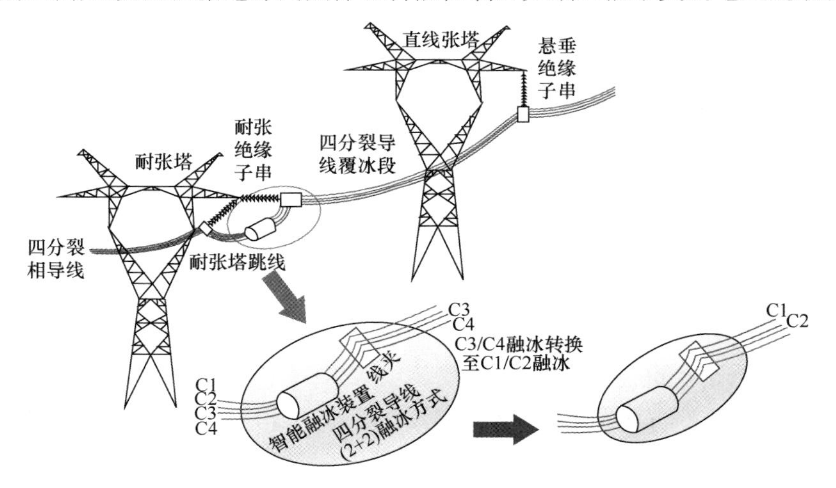

图 11.2　电流转移智能融冰装置安装位置与四分裂导线(2+2)融冰策略

3. 监测控制参数

要实现开关的智能控制，需要根据线路所处位置的实际情况来进行。影响智能控制开关的因素众多，关键控制参数有：环境温度、湿度、降雨量和风速，以及导线的覆冰荷载、传输电流大小和温度等。因此需在融冰的线路段上，利用在线监测技术获取这些控制参数。

4. 选取合理的控制方案

控制方案包括两个方面：子导线分组设计和确定通流时间。

视防冰或融冰的要求和线路的实际状况，四分裂导线智能防冰融冰装置动作后的子导线导通数目还可以做其他选择，图 11.3 和图 11.4 分别给出四分裂导线导通数目 m 为 2 和 1 时的导通状态与作业流程，在子导线导通数目确定后，一个完整的防冰或融冰流程中每种导通状态都要经过一次，这样才能保证各子导线防冰融冰效果的对称性和完整性。如流程图 11.3(b)和图 11.4 所示，Δt 为每个电流转移状态(除正常导通状态 A_0 之外)的保持时间，也即切换为某一电流转移状态时 m 根子导线的导通时间。同样条件下，当子导线导通数目 m 确定后，每个电流转移状态的保持时间Δt 都是相同的。子导线导通数目 m 和导通时间Δt 决定了进行电流转移时开关接受到的具体动作指令，也是分裂导线电流转移智能防冰融冰策略的一部分。

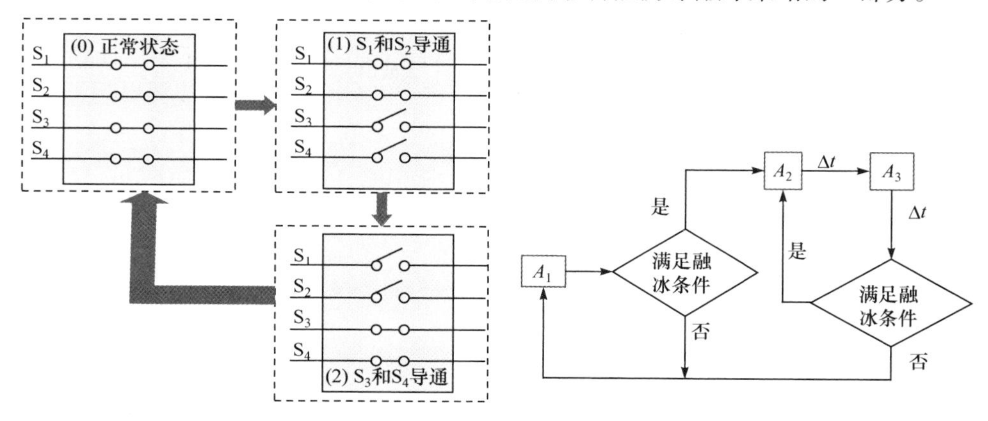

(a) 子导线导通状态　　(b) 一个完整的防冰或融冰流程

图 11.3　导通两根子导线对四分裂导线循环融冰

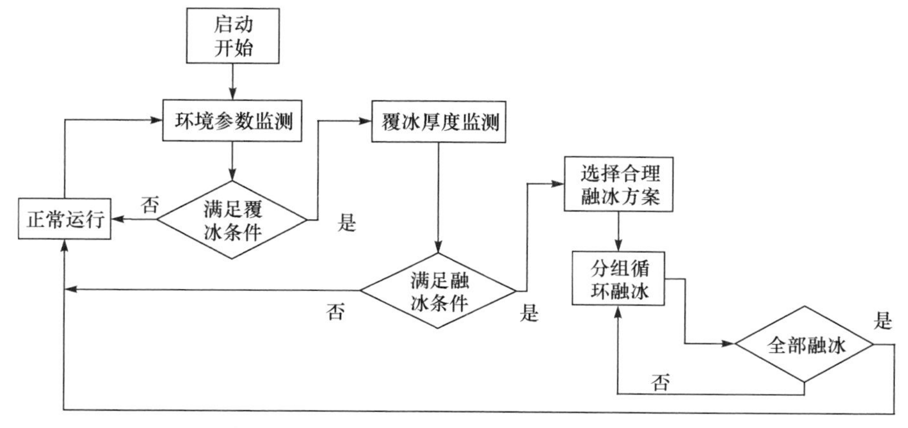

图 11.4　智能融冰控制流程

5. 设置开关控制流程

如图 11.4 所示，首先，控制器在线监测装置实时获取输电线路所处位置的环境温度、湿度、风速等参数，根据预先设定的阈值判断当前输电线路是否具备覆冰条件。若未达到覆冰条件，输电线路处于正常工作状态，即各子导线都处于导通状态传输正常的负荷电流。若已经达到覆冰条件，则进一步监测导线的覆冰情况，获取导线覆冰荷载，如果覆冰荷载未达到设定的阈值，则输电电流仍处于正常运行状态，否则进入融冰状态。智能控制开关根据当前覆冰荷载、负荷电流和环境参数计算出适宜子导线分组方案和通流时间Δt，启动控制开关，控制装置按计算所得的通流时间Δt，依次将分裂导线的负荷电流集中到融冰段线路的每一融冰子导线组上，流过子导线的大电流产生大量的焦耳热使导线温度升高并融化冰层从而实现融冰。分裂导线上的负荷电流在依次通过各融冰子导线组一个循环周期以后，智能控制开关继续实时监测控制参数并判断当前是否覆冰或融冰条件，若达到融冰条件则继续融冰，若未达到分裂导线则回到正常运行状态。分裂导线电流转移的智能控制工作流程。

11.2　电流转移融冰策略

11.2.1　电流转移融冰电流

1. 均匀覆冰导线

电流转移融冰过程中单根导线融冰过程如下。假设导线覆冰为均匀圆柱形，其横截面如图 11.5 所示。覆冰条件温度或大气环境温度 T_a<0℃。在电流转移融冰之前，子导线中负荷电流不足以使导线表面加热至 0℃以上，覆冰导线表面温度 T_{cs} 在 0℃以下。由于对流作用，满足 $T_{cs}>T_a$。子导线转移电流之后，T_{cs} 升高至 0℃，与导线外表面直接接触冰层内表面开始融化。在导线与冰层间未出现气隙时，由于对流作用，冰表面温度 T_{is}、导线表面温度 T_{cs} 和大气环境温度 T_a 的关系如图 11.5 所示。

通过对融冰过程中覆冰导线的热平衡分析可知，除去冰层表面与周围环境的辐射与对流换热以及导线温度升高之外，电流所产生的焦耳热还用于冰层温度升高和冰融化所需潜热，因此，融冰过程中电流焦耳热效应满足

$$I^2 r_s = hA_{ic}\left(T_{is} - T_a\right) + \left(\rho_1 c_1 V_1 + \rho_2 c_2 V_2\right)\frac{dT_c}{dt} + \rho_i c_i V_{is}\frac{dT_i}{dt} + \rho_i L_F \frac{dV_i}{dt} \tag{11.1}$$

式中：r_s 为线路电阻；h 为覆冰导线表面对周围环境的综合表面传热系数；A_{ic} 为

覆冰导线表面与周围环境进行换热的面积；ρ_i 和 c_i 分别为圆桶形冰层的密度和比热容；T_i 为冰层温度；V_{is} 为融冰开始时冰层体积；dV_i 表示融冰过程中冰层体积的变化量即融冰体积。在稳态温度场情况下，式(11.1)可表示为

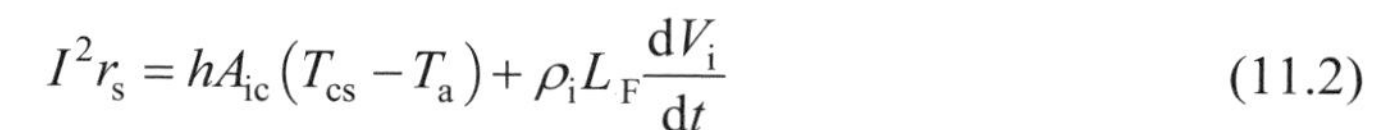

$$I^2 r_s = hA_{ic}\left(T_{cs} - T_a\right) + \rho_i L_F \frac{dV_i}{dt} \tag{11.2}$$

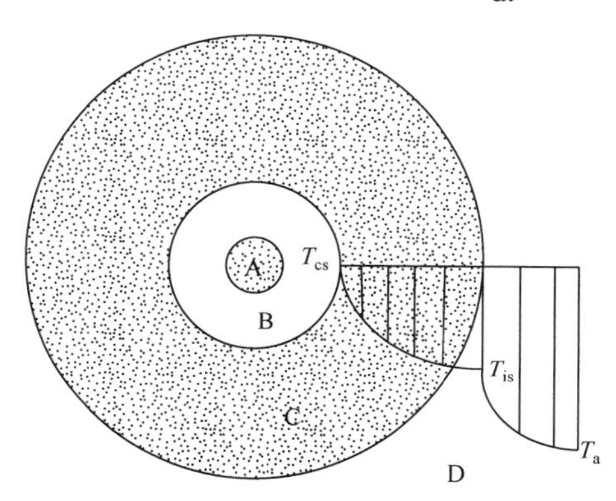

图 11.5　覆冰导线截面温度分布

A-钢芯；B-铝绞线；C-冰层；D-空气

稳态情况下使覆冰融化必然会有电流产生的焦耳热 q_j 大于覆冰导线外表面与周围空气的换热热量 q_h，同时导线表面的稳态温度 $T_{cs}≥0$℃，其判据见表 11.1。当 $T_{cs}=0$℃且 $q_j=q_h$ 时，冰层融化处于临界状态，通过导线的电流为临界融冰电流 I_{cr}。在智能防冰融冰装置控制开关进行电流转移后，若流过子导线的转移过电流 $I<I_{cr}$，则电流转移融冰的条件不满足，无法实现电流转移融冰。这是分裂导线输电线路实现电流转移融冰的基本条件，即控制条件。

表 11.1　分裂导线输电线路实施电流转移融冰的判据

判据	能否融冰
$T_{cs}<0$℃	否
$T_{cs}=0$℃，$q_j<q_h$	否
$T_{cs}=0$℃，$q_j=q_h$	临界状态
$T_{cs}=0$℃，$q_j>q_h$	能

当 $q_j=q_h$ 时，覆冰导线的稳态热路图如图 11.6 所示。由于冰热导率相对较小，将其对热传导的阻碍作用等效为传导热阻 R_s，对于均匀圆桶形冰层有

$$R_s = \frac{\ln\left(R_i / R_c\right)}{2\pi\lambda_i} \tag{11.3}$$

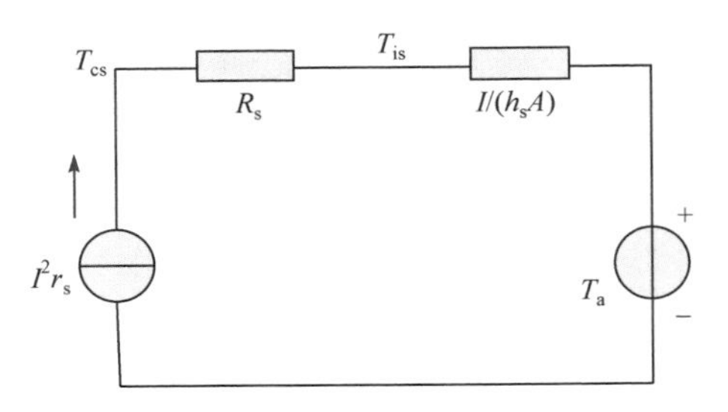

图 11.6　临界融冰(q_j=q_h)稳态热路图

式中：R_i为覆冰导线半径，R_c为导线半径，则覆冰厚度为d=R_i−R_c；λ_i为冰的热导率。

图 11.6 中各变量应满足如下关系，即

$$I^2 r_s = \frac{T_{cs} - T_{is}}{R_s} = hA_{ic}\left(T_{is} - T_a\right) \tag{11.4}$$

式中：A_{ic}=2πR_i。临界融冰状态 T_{cs}=0℃，所对应的导线电流为临界融冰电流 I_{cr}(式(11.5)中为 I_1)，综合式(11.3)与式(11.4)，可得覆冰导线表面温度 T_{is}与 I_1可表示为

$$\begin{cases} T_{is} = \dfrac{R_i h \ln\left(R_i/R_c\right) T_a}{R_i h \ln\left(R_i/R_c\right) + \lambda_i} \\ I_1 = \sqrt{\dfrac{-2\pi\lambda_i R_i h T_a}{r_s R_i h \ln\left(R_i/R_c\right) + r_s \lambda_i}} \end{cases} \tag{11.5}$$

按照 11.1 节所述方法，将辐射和对流传热影响换算至综合表面传热系数 h 中，只需将发射率和相关几何参数进行修改即可，得到的结果在形式上与文献[6]不同，其试验验证表明临界融冰电流的绝对误差在 0.1%～10%之间。

由式(11.5)可知，T_a≤0℃时才有实数解，即 T_a>0℃时不存在临界融冰的概念，理论上有电流通过导线即可融冰。部分监测数据有时显示 T_a>0℃时线路仍会覆冰，其原因是较高风速在导线表面附近形成比传感器所测更低的温度，直接代入不经风速校正的环境温度将造成错误。由 T_{is}的计算式可知其值在 T_a和 0℃之间。

对满足一定边界条件的稳态微分方程求解，也可得相同的结果，即

$$0 = \lambda\left[\frac{1}{r}\frac{\partial T}{\partial r}\left(r\frac{\partial T}{\partial r}\right) + \frac{1}{r^2}\frac{\partial^2 T}{\partial \varphi^2}\right] + \phi \tag{11.6}$$

对式(11.6)按照图 11.5 所给几何结构和各区域常物性材料进行求解，仅区域 B 有热源 Q_2=I^2r_s/A_a。由临界融冰的定义可知，式(11.6)在导线与冰层的边界(r=R_c)满足连续边界条件，在冰层外表面(r=R_i)满足第三类边界条件，即

$$-\lambda_{\mathrm{i}}\frac{\partial T}{\partial n}\bigg|_{r=R_{\mathrm{i}}}=h\left(T_{\mathrm{is}}-T_{\mathrm{a}}\right) \tag{11.7}$$

2. 非均匀覆冰导线

由于间隔棒的作用，分裂导线在覆冰过程中很难旋转，使得其覆冰更趋向于圆偏心、椭圆偏心或其他不规则形态，这种情况很难得到解析表达式。将 T_{is}、I_1 和 h 作为未知数，在一定环境温度和风速求解式(11.5)和式(11.6)可知，虽然冰面即覆冰导线表面温度 T_{is} 随冰厚 d 增加不断下降，但同时临界融冰电流 I_1 的增幅却较小，如图 11.7 所示，随着 d 增加，T_{is} 越来越接近 T_{a}，表面传热系数 h 也越来越小，即冰表面散热面积增大的同时温差与对流换热的能力也随之变小，由式(11.3)可知，两种影响彼此抵消达到近似平衡。

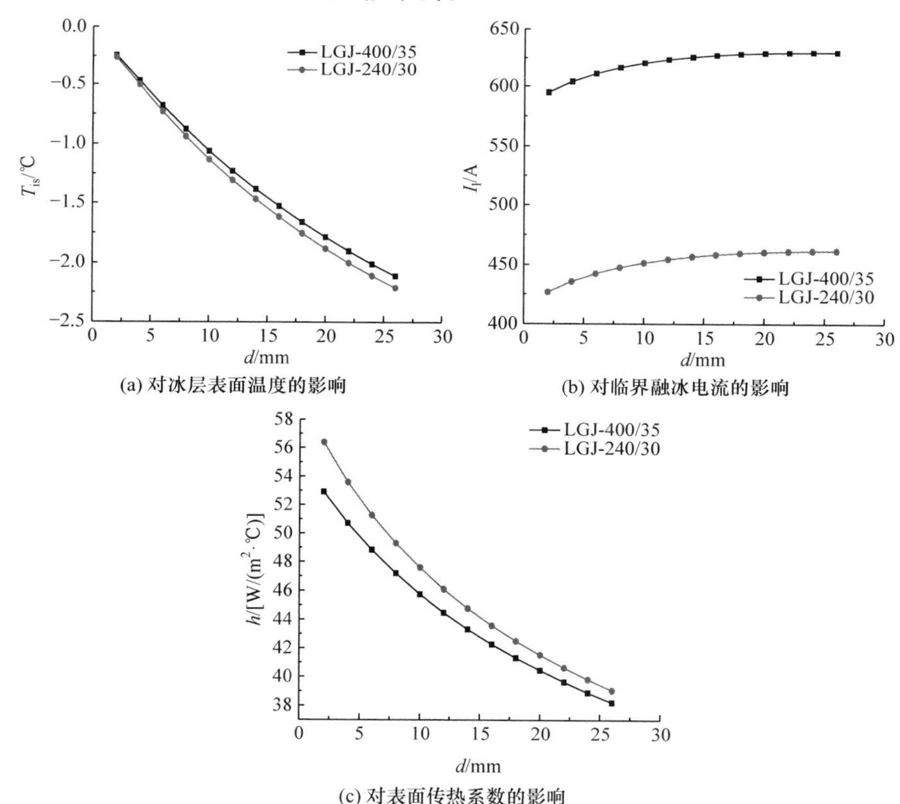

(a) 对冰层表面温度的影响　(b) 对临界融冰电流的影响

(c) 对表面传热系数的影响

图 11.7　冰厚 d 与冰层表面温度 T_{is}、临界融冰电流 I_1 和表面传热系数 h 的关系

当选择同样等值覆冰厚度 d_{eq}，发现各类覆冰形状对临界融冰电流影响更不明显。按照式(11.4)，对区域划分和边界条件稍作修改，计算出以 LGJ-400/35 钢芯铝绞线为例的温度分布(图 11.7)。参照文献[7]，三种覆冰形态的扁度(δ)和偏心率

(ζ)不同，但等值覆冰厚度 d_{eq} 相同，计算使用 d_{eq}=10mm、风速 v_a=5m/s、T_a=5℃时的临界融冰电流 I_1=620A，此时 T_{is} 的计算值为 1.06℃。从图 11.8 可知，对于 d_{eq} 相同而覆冰形态不同的某根导线，使用相同的电流总可以使其达到临界融冰状态，四次计算中导线表面温度的平均值 T_{sav}、最高值 T_{smax} 和最小值 T_{smin} 都接近 0℃；算例图 11.8(d)绝对误差最大，但也只有 0.1℃。作为稳态解，各算例的 q_j 和 q_h 也一定是相同的。四种情况计算所得的冰表面平均温度 T_{iav} 也与计算值相近，但对于非均匀圆柱形覆冰，其表面温度分布也是不均匀的。图 11.8 四种覆冰形态下导线的温度分布见表 11.2。

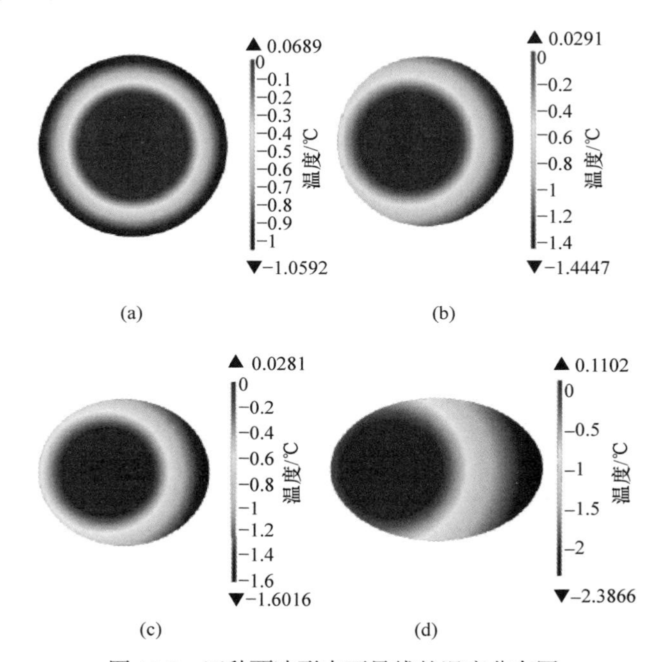

图 11.8　四种覆冰形态下导线的温度分布图

表 11.2　图 11.8 四种覆冰形态下导线的温度分布

算例	冰形	δ	ζ	T_{sav}/℃	T_{smax}/℃	T_{smin}/℃	T_{iav}/℃
图 11.8(a)	均匀圆柱	0	0	0	0	0	−1.06
图 11.8(b)	圆柱偏心	0	0.6	0.02	0.02	0.02	−1.06
图 11.8(c)	椭圆偏心	0.1	0.6	0.02	0.02	0.02	−1.07
图 11.8(d)	椭圆偏心	0.3	0.9	0.10	0.10	0.10	−1.15

在临界融冰条件下，由于没有冰融化现象，冰层中无热量消耗，平衡状态下电流焦耳热总是与冰层外表面散热量相等，当风速和环境温度不变时，覆冰形状

变化对对流传热有影响但不明显，在计算临界融冰电流时，可使用等值覆冰厚度 d_{eq} 而不必考虑覆冰形状。作为实时在线融冰，使用分裂导线电流转移方法融冰时往往覆冰也同时进行，虽然在 1h 左右的融冰时间里，覆冰量没有明显的增长，但仍会对冰表面温度有所改变，从而对临界融冰时的边界条件产生影响。

设融冰过程中在冰层迎风侧外表面有雨凇覆冰(湿增长)发生[8]，则冰层迎风侧外表面温度为 0℃。由于临界状态下冰层内表面温度也为 0℃，此时迎风侧冰层为等温体不能进行热传导。这就使得稳态时电流产生的焦耳热(q_j)等于冰层背风侧外表面的热损失(q_h)，其热量流动如图 11.9 所示。与式(11.5)类似，得到当冰层迎风侧外表面有湿增长覆冰时融冰临界电流的计算式如下：

$$I_1 = \sqrt{\frac{-\pi\lambda_i R_i h T_a}{r_s R_i h \ln\left(R_i / R_c\right) + r_s \lambda_i}} \tag{11.8}$$

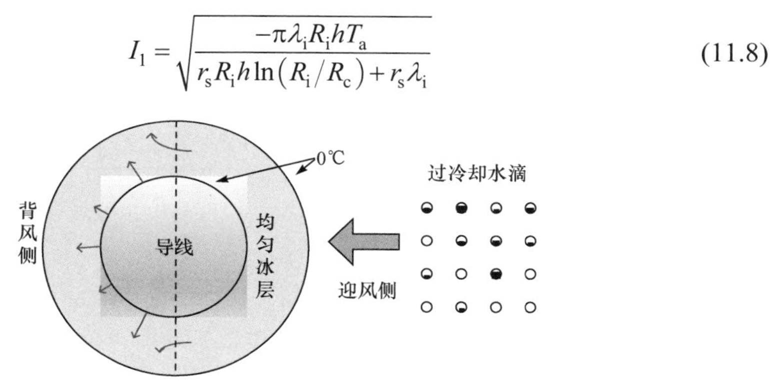

图 11.9　湿增长时覆冰导线截面热量流动示意图

相同条件下，式(11.5)比式(11.8)的计算值更大，覆冰过程中实施融冰比未覆冰时有更高的效率。使用分裂导线电流转移方法融冰的过程中往往伴随着覆冰，因此式(11.8)是更合适的选择。与未覆冰时类似，覆冰形状对临界融冰电流的影响也可忽略。当导线迎风侧覆冰为干增长时，迎风侧冰面温度低于 0℃而高于环境温度，所以此时临界融冰电流的大小应介于式(11.5)和式(11.8)计算值之间。

11.2.2　电流转移融冰时间

电流转移循环融冰的时间是合理融冰的关键参数。在循环融冰过程中子导线集中电流融冰的时间Δt 应当按照融冰需要的时间 t_{im} 进行计算，但同时应对其加以限制，以防止通流子导线融冰期间，其余导线等待时间过长而重新覆冰，即有

$$\Delta t < t_p \tag{11.9}$$

式中：t_p 为最大融冰时间，一般由工程应用的实际需求来决定。若$\Delta t > t_p$，可认为不能采用电流转移方法对分裂导线融冰。

若导线在融冰过程温度保持不变，开始融冰时的冰层温度取此时内、外表面

的平均值，则根据式(11.1)可得融冰时间为

$$t_{\mathrm{im}}=\frac{\rho_{\mathrm{i}}L_{\mathrm{F}}V_{\mathrm{im}}+\rho_{\mathrm{i}}V_{\mathrm{i}}c_{\mathrm{i}}\left(\frac{T_{\mathrm{is}}}{2}-T_{\mathrm{a}}\right)}{I^{2}r_{\mathrm{s}}-hA_{\mathrm{ic}}\left(T_{\mathrm{is}}-T_{\mathrm{a}}\right)} \tag{11.10}$$

式中：V_{im} 为融冰体积，可参照椭圆气隙的形状求得；T_{is} 在此处为覆冰导线背风侧表面温度，仍可由式(11.5)计算。该式由无偏圆柱形覆冰推导而来，简化过程中忽略了部分热量耗散，而在相同的等值覆冰厚度 d_{eq} 和环境条件下，与偏心椭圆形覆冰或者其他不规则形状相比，无偏圆柱形覆冰的融冰时间最长，综合这两方面的影响，根据作者团队的试验结果选择合适的修正系数后，可获得工程计算可接受精度[9,10]。

由式(11.10)可得子导线集中融冰的时间Δt 可表示为

$$\Delta t=k_{\mathrm{r}}\frac{\rho_{\mathrm{i}}L_{\mathrm{F}}V_{\mathrm{im}}+\rho_{\mathrm{i}}V_{\mathrm{i}}c_{\mathrm{i}}\left(\frac{T_{\mathrm{is}}}{2}-T_{\mathrm{a}}\right)}{\left(nI_{\mathrm{F}}/m\right)^{2}r_{\mathrm{s}}-2\pi R_{\mathrm{i}}h\left(T_{\mathrm{is}}-T_{\mathrm{a}}\right)} \tag{11.11}$$

式中：k_{r} 是为保证融冰可靠增加的修正系数。

若负荷电流 I_{F} 过小，融冰将无法进行。在单根子导线通转移电流 nI_{F}/m 后可达到临界融冰状态，设该情况下所对应的单根子导线负荷电流为 I_{F1}。由前述临界融冰电流的计算式可知，要达到线路融冰的目的，负荷电流 I_{F} 应满足

$$I_{\mathrm{F}}>I_{\mathrm{F1}}=\frac{m}{n}\sqrt{\frac{hA_{\mathrm{ic}}\left(T_{\mathrm{is}}-T_{\mathrm{a}}\right)}{r_{\mathrm{s}}}} \tag{11.12}$$

假设对式(11.9)取等号时单根子导线负荷电流为 I_{F2}，则负荷电流 I_{F} 还应满足

$$I_{\mathrm{F}}>I_{\mathrm{F2}}=\frac{m}{n}\sqrt{\frac{k_{\mathrm{r}}\left[\rho_{\mathrm{i}}L_{\mathrm{F}}V_{\mathrm{im}}+\rho_{\mathrm{i}}V_{\mathrm{i}}c_{\mathrm{i}}\left(T_{\mathrm{is}}/2-T_{\mathrm{a}}\right)+t_{\mathrm{p}}hA_{\mathrm{ic}}\left(T_{\mathrm{is}}-T_{\mathrm{a}}\right)\right]}{t_{\mathrm{p}}r_{\mathrm{s}}}} \tag{11.13}$$

比较式(11.11)和式(11.12)可知，有 $I_{\mathrm{F2}}>I_{\mathrm{F1}}$，因此取融冰临界负荷电流 $I_{\mathrm{Fcd}}=I_{\mathrm{F2}}$，对 m 的选择也应当以式(11.12)所给条件为准则，即

$$\begin{cases} m<nI_{\mathrm{F}}\sqrt{\dfrac{r_{\mathrm{s}}t_{\mathrm{p}}}{k_{\mathrm{r}}\left[\rho_{\mathrm{i}}L_{\mathrm{F}}V_{\mathrm{im}}+\rho_{\mathrm{i}}V_{\mathrm{i}}c_{\mathrm{i}}\left(T_{\mathrm{is}}/2-T_{\mathrm{a}}\right)+t_{\mathrm{p}}hA_{\mathrm{ic}}\left(T_{\mathrm{is}}-T_{\mathrm{a}}\right)\right]}} \\ 1\leqslant m<n, \quad m\in\mathbf{N} \end{cases} \tag{11.14}$$

若 d_{r} 为覆冰传感器提供的导线实际覆冰厚度，d_{D} 表示融冰线路设计冰厚，k_{s} 为安全系数($0<k_{\mathrm{s}}<1$)。当 $d_{\mathrm{r}}\geqslant k_{\mathrm{s}}d_{\mathrm{D}}$ 时，即开始对分裂导线融冰，此即电流转移融冰的启动条件。

由式(11.14)可知，当导线分裂数 n 越大，m 取值范围越大。同等条件下，若融冰环境越恶劣即负荷电流 I_F 越小或环境温度越低，m 取值范围也越小。而当最大融冰时间 t_p 越大时，对子导线导通时间Δt 的限制越小，m 取值范围也越大，此时负荷电流更易满足电流转移融冰方法的要求，但融冰时间较长从而对线路安全产生不利因素。根据以上方法对 m 的计算有多个数值可选时，若以防冰效率为优先对 m 的选择应取较小值，若以线路安全为优先则对 m 的选择应取较大值。

11.2.3　导线融冰温度的控制

在一定天气条件下，当线路上未出现覆冰，且其电流使得导线表面温度为 0℃以上，从而保证线路覆冰无法形成时，即认为该电流能够对线路进行防冰。

当导线表面温度 $T_{cs}<0$℃时，表面是否出现覆冰则取决于环境温度、风速和液态水含量等。但当导线表面温度 $T_{cs}>0$℃时，线路一定不会出现覆冰。因此判断线路是否需要防冰，将其判断参量设为导线表面温度 T_{cs}。当线路负荷或气象参数的变化致使导线表面温度 T_{cs} 下降到 0℃附近时，则需要对线路进行防冰作业。

为了对导线表面温度在电流转移前后的温度变化情况进行分析，需要对导线在此动态变化过程中的温度场进行计算。忽略导线轴向温度变化情况，裸露在空气中的导线截面导热微分方程为

$$\rho c\frac{\partial T}{\partial t}=\lambda\left[\frac{1}{r}\frac{\partial}{\partial r}\left(r\frac{\partial T}{\partial r}\right)+\frac{1}{r^2}\frac{\partial^2 T}{\partial \varphi^2}\right]+\phi \tag{11.15}$$

对上式的计算在四根子导线的不同区域内进行，每个区域的材料具有相同的密度 ρ、比热容 c 与热导率λ；ϕ 为该区域的内热源，若电流全部从铝绞线通过，则 ϕ 仅在铝绞线部分有非零值且 $\phi=I^2r_s/A_a$，I 为导线的通流量，r_s 为钢芯铝绞线单位长度的电阻值，A_a 为铝绞线截面积。设边界条件为

$$-\lambda\left.\frac{\partial T}{\partial n}\right|_{r=R_c}=h_s\left(T_s-T_a\right) \tag{11.16}$$

式中：R_c 为导线外径，等号左边的物理意义为沿导线表面外法线方向上的热流密度；λ 为铝的热导率；T_s 和 T_a 分别为导线表面温度和环境温度；h_s 为裸导线对周围环境的综合表面传热系数，该参数综合考虑辐射传热与对流传热影响，且有

$$h_s=h_{sc}+h_{sr} \tag{11.17}$$

式中：h_{sc} 为对流传热表面传热系数；h_{sr} 为辐射传热表面传热系数。

根据努塞尔(Nusselt)数与 h_{sc} 的关系，将辐射热量计算式对照牛顿冷却式后可得

$$\begin{cases} h_{sc} = \dfrac{\lambda_a \cdot Nu}{l} \\ h_{sr} = \varepsilon\sigma\left(T_s^2 + T_a^2\right)\left(T_s + T_a\right) \end{cases} \tag{11.18}$$

式中：λ_a为裸导线周围空气的热导率；l为特征长度，对裸导线取其外径即有 l=2R_c；ε和σ分别为铝的发射率和辐射常数；Nu 在这里取混合对流(同时考虑自然对流和强制对流)时努塞尔数的值，因此有

$$\begin{cases} Nu = Nu_F + Nu_N \\ Nu_F = C \cdot Re^n \cdot Pr^{1/3} \\ Nu_N = D\left(Gr \cdot Pr(\cdot)^m\right) \end{cases} \tag{11.19}$$

式中：第 1 式 Nu_F 和 Nu_N 分别为强制对流和自热对流时的努塞尔数；第 2 式为外部强制对流时空气流横掠导线时确定其表面传热情况的关联式，Re 和 Pr 分别为周围空气流体的雷诺数和普朗特数，系数 C 和 n 的值由 Re 数值决定(表 11.3)；第 3 式为确定导线大空间自然对流的关联式，Gr 为周围空气流体的格拉晓夫数，系数 D 和 m 的值由 Gr 数的取值范围决定(表 11.4)。Re 数、Pr 数与 Gr 数的计算式为

$$\begin{cases} Re = v_a l / \nu \\ Pr = \nu / a \\ Gr = \dfrac{g a_v \left(T_s - T_a\right) l^3}{\nu^2} \end{cases} \tag{11.20}$$

式中：v_a和ν分布为空气流动速度和运动黏度；a 为热扩散率，且有 $a=\lambda_a/(\rho_a c_a)$，ρ_a和 c_a分别为空气的密度和比热容；a_v为空气的体胀系数，由于定性温度采用 T_s 和 T_a的平均值，所以对理想气体有 $a_v=2/(T_s+T_a)$。

表 11.3　*C* 和 *n* 之值与 *Re* 数的相关性

Re	C	n
0.4～4	0.989	0.33
4～40	0.911	0.385
40～4000	0.683	0.466
4000～40,000	0.193	0.618
40,000～400,000	0.0266	0.805

表 11.4　*D* 和 *m* 之值与 *Gr* 数的相关性

流态	Gr	D	m
层流	1.43×10^4～5.76×10^8	0.48	0.25

续表

流态	Gr	D	m
过渡	$5.76\times10^8\sim4.65\times10^9$	0.0165	0.42
湍流	$>4.65\times10^9$	0.11	0.333

对于分裂导线电流转移防冰方法，开关动作后子导线导通状态由正常转为某一电流转移状态时，使得某一根或几根子导线被通入防冰过电流Δt时间，导线表面温度呈上升趋势。当转入其他导通状态时，这些子导线通流量为零，导线表面温度会出现下降趋势。仍以四分裂导线为例，当选择子导线导通数目m=1且导通时间为Δt时(图 11.10)，则经过一个完整的防冰流程所需要的时间为$4\Delta t$。按照前述方法，对四分裂各子导线表面温度在一个防冰流程内的变化情况进行了计算，选择m=1，Δt=300s，导线型号为LGJ-400/35，单根子导线的正常负荷电流为200A，风速v_a=3m/s，环境温度T_a=−3℃，由于导线表面温度T_s不断变化，每个时间步长后都对裸导线传热系数h_s重新进行计算，即h_s也随时间不断变化。

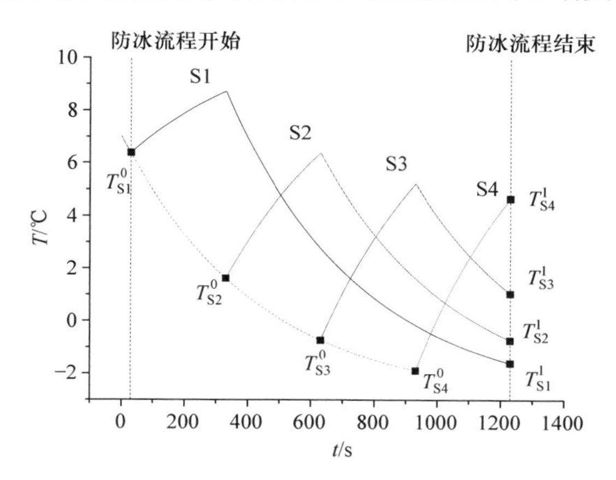

图 11.10　四分裂导线各子导线表面温度在一个防冰流程内的变化

如图 11.10 所示，设防冰流程开始前四根子导线的表面温度及其变化规律完全相同，而防冰流程进行中四根子导线的通流时刻有先后之分，因此四根子导线在开始通流时的表面初始温度与防冰流程结束时的表面最终温度大小关系如下：

$$\begin{cases} T_{S1}^0 > T_{S2}^0 > T_{S3}^0 > T_{S4}^0 \\ T_{S1}^1 > T_{S2}^1 > T_{S3}^1 > T_{S4}^1 \end{cases} \tag{11.21}$$

式中：T_{S1}^0、T_{S2}^0、T_{S3}^0和T_{S4}^0分别为子导线 S1、S2、S3 和 S4 开始通转移电流时的表面初始温度；T_{S1}^1、T_{S2}^1、T_{S3}^1和T_{S4}^1分别为子导线 S1、S2、S3 和 S4 在防冰流程结束时的表面最终温度。由式(11.21)可知，在算例的四根子导线中，子导线 S4

的表面初始温度 T_{S4}^0 最小，子导线 S1 的表面最终温度 T_{S1}^1 最小。且图中 T_{S4}^0 与 T_{S1}^1 的值都小于零，说明所选择的防冰策略并不成功。若要使用电流转移方法对分裂导线成功实施防冰，须保证在一个防冰流程内任一子导线表面温度保持在 0℃以上。因此，当 T_{S4}^0 和 T_{S1}^1 的数值都大于等于 0℃时，四根子导线的表面温度在 $4\Delta t$ 的防冰流程内都不会小于 0℃，此时可成功实现对四分裂导线的防冰作业。

11.2.2 节计算方法精度较高，但每次得到导线表面温度前都要对导线截面整个温度分布进行计算，耗费较多计算资源和时间，不但工程应用比较困难，也对进一步分析计算造成不便。

设任一时刻导线横截面上温度处处相等，导线温度仅随时间变化，此时导线温度 T 即导线表面温度 T_{cs}。在传热学中，努塞尔数可代表固体内部单位面积上导热热阻与外部热阻比值的大小，即有

$$Nu = \left(l_c/\lambda\right)/\left(1/h\right) \tag{11.22}$$

式中：l_c 为特征长度。当 Nu 数越小，使用集中参数法造成的误差也越小。对于圆柱体，若 Nu 数小于 0.05，则导线横截面上温度最大值与最小值之差小于 5%，对工程应用，此时将导线表面温度 T_{cs} 作为导线温度 T 进行计算已足够精确。对于图 11.11 所示的算例，即便假设导线材料全部为热导率较小的钢，Nu 数也有 0.013，因此对该算例简化计算是适用的。

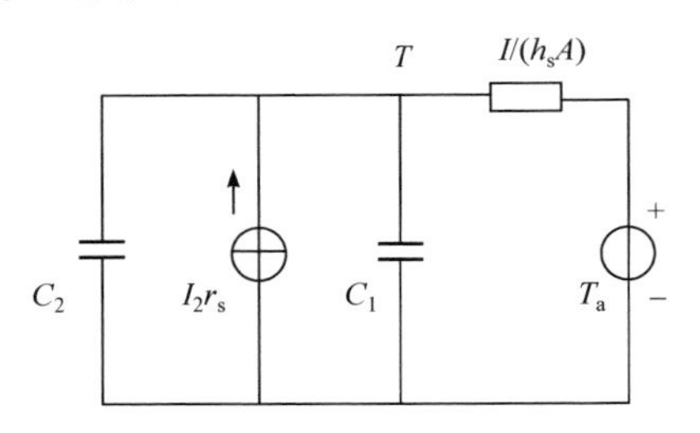

图 11.11　通电裸导线的热路图

忽略内热阻，对裸露空气中导线进行热平衡分析，即可得其导热微分方程为

$$\left(\rho_1 c_1 V_1 + \rho_2 c_2 V_2\right)\frac{\mathrm{d}T}{\mathrm{d}t} = I^2 r_s - h_s A\left(T_s - T_a\right) \tag{11.23}$$

式中：ρ_1 和 ρ_2、c_1 和 c_2、V_1 和 V_2 分别表示铝和钢的密度、比热容和体积；T 为导线温度；A 为导线表面与周围环境换热面积。导线中电流所产生的焦耳热除去与周围环境进行换热外，全部用于导线温度提高，与电路形式对照后可得其热路图 11.11。图中 $C_1=\rho_1 c_1 V_1$，$C_2=\rho_2 c_2 V_2$，作用与电路中电容类似，热源产生热流量 $I^2 r_s$ 为电流源，环境温度 T_a 为电压源，$I/(h_s A)$为换热热阻。若铝绞线与钢芯接触热阻不能忽略，还应有一热阻值与 C_2 串联。铝与不锈钢接触热阻在$(2.22\sim3.33)\times10^{-4}\mathrm{m}^2\cdot$℃/W 之间，取其最大值，并将铝绞线与钢芯接触面积设为钢芯周长

的十分之一，其接触热阻仍比换热热阻小一个数量级，接触热阻在本例简化计算中忽略。

对式(11.21)微分方程进行求解即可得导线温度随时间变化规律，如子导线 S1 在一个防冰流程内的温度变化可以表示为

$$\begin{cases} T_{11} = 11 + (6.4 - 11)\mathrm{e}^{-\frac{t}{423}}, & 0\mathrm{s} \leqslant t < 300\mathrm{s} \\ T_{12} = -3 + (8.7 + 3)\mathrm{e}^{-\frac{t}{423}}, & 300\mathrm{s} \leqslant t \leqslant 1200\mathrm{s} \end{cases} \tag{11.24}$$

则子导线 S2 在一个防冰流程内的温度变化情况为

$$\begin{cases} T_{21} = -3 + (6.4 + 3)\mathrm{e}^{-\frac{t}{423}}, & 0\mathrm{s} \leqslant t < 300\mathrm{s} \\ T_{22} = 11 + (2.1 - 11)\mathrm{e}^{-\frac{t}{423}}, & 300\mathrm{s} \leqslant t < 600\mathrm{s} \\ T_{23} = -3 + (6.6 + 3)\mathrm{e}^{-\frac{t}{423}}, & 600\mathrm{s} \leqslant t \leqslant 1200\mathrm{s} \end{cases} \tag{11.25}$$

使用集中参数法对导线表面温度的计算结果与动态仿真结果之间的误差不超过 7%，因此这种简化计算方法是可行的。由计算结果可知，导线温度的表达式在形式上与一阶电路的解都按照指数规律变化，其时间常数仅由导线材料的物性常数 C_1 和 C_2 以及换热热阻 $1/(h_sA)$决定。稳态温度则由热源、换热热阻和环境温度共同决定，因此子导线温度上升时的稳态值相等，子导线温度下降时稳态值也相等。

将以上对四分裂导线的分析推广到分裂数为 $n(n>1$ 且 $n\in\mathbf{N})$的情况中去，假设最先被通流的 $m(1\leqslant m<n$ 且 $m\in\mathbf{N})$根子导线在防冰流程结束时刻的温度为 T_f^1 (图 11.11 中的 T_S1^1)，最后被通流的 m 根子导线在开始通流时刻的温度为 T_1^0 (图 11.18 中的 T_S4^0)，要成功实现电流转移的防冰作业，须保证在防冰流程内有 $T_\mathrm{f}^1\geqslant 0$ 且 $T_1^0\geqslant 0$。T_f^1 和 T_1^0 可以表示为

$$\begin{cases} T_1^0 = T_\mathrm{sb} + \left(T^0 - T_\mathrm{sb}\right)\mathrm{e}^{-\frac{(n/m-1)\Delta t}{\tau}} \\ T_\mathrm{f}^1 = T_\mathrm{sb} + \left[T_\mathrm{sc} + \left(T^0 - T_\mathrm{sc}\right)\mathrm{e}^{-\frac{\Delta t}{\tau}} - T_\mathrm{sb}\right]\mathrm{e}^{-\frac{(n/m-1)\Delta t}{\tau}} \end{cases} \tag{11.26}$$

式中：T^0 为防冰流程开始时导线初始温度；T_sb 表示子导线通流量为零时稳态温度；T_sc 为子导线通转移过电流时稳态温度；τ 为时间常数，可由式(11.27)计算，即

$$\begin{cases} T_\mathrm{s} = I^2 r_\mathrm{s}/(h_\mathrm{s}A) + T_\mathrm{a} \\ \tau = (C_1 + C_2)/(h_\mathrm{s}A) \end{cases} \tag{11.27}$$

假设电流转移前每根子导线的负荷电流为 I_F，则式(11.27)中导线通流量 I 对应 T_{sc} 和 T_{sb} 的值分别应为 nI_F/m 和 0。

由式(11.24)可以得到

$$T_1^0 - T_f^1 = \left(T^0 - T_{sc}\right)\left(1 - e^{-\frac{\Delta t}{\tau}}\right)e^{-\frac{(n/m-1)\Delta t}{\tau}} \tag{11.28}$$

若 $T^0 = T_{sc}$，则防冰流程开始时的初始温度与子导线通转移过电流时的稳态温度相等，电流转移后导线温度也不会再升高，因此应有 $T^0 < T_{sc}$。由此可知 $T_1^0 < T_f^1$，即 T_1^0 为防冰流程时间内子导线所能达到的最小温度，要成功实现电流转移的防冰作业，在防冰流程内应有 $T_1^0 \geqslant 0$℃，对其取等号并根据式(11.24)第 1 式可知

$$\Delta t_c = \frac{\tau}{n/m-1}\ln\left(1 - \frac{T^0}{T_{sb}}\right) \tag{11.29}$$

当 T_{sb}=0℃，在未通流情况下即可保证分裂导线温度≥0℃，防冰时必然有 T_{sb}<0℃；为留有一定提前量，T^0 应为正值，因此防冰初始温度 T^0 取值范围为(0, T_{sc})。在此范围内选择 T^0 的某一值代入式(11.27)，可得与该 T^0 值相对应的临界通流时间 Δt_c。当选择 $\Delta t = \Delta t_c$ 时，有 T_1^0 =0℃，由图 11.11 可知应有 $\Delta t \leqslant \Delta t_c$ 。

对应上节四分裂导线算例选择 m=1 时应有 0℃<T^0<11℃，设 T^0=5℃，则根据式(11.27)有 $\Delta t \leqslant 138$s，选择临界值 138s 时进行防冰，可得各子导线温度变化如图 11.12 所示，此时 T_1^0 约为 0℃，且其值会随着 Δt 的减小而增大，虽然防冰效果更好，但开关动作频率也会随之升高。由临界通流时间 Δt_c 与防冰初始温度 T^0 的关系图 11.13 可知，Δt_c 会随 T^0 的增大而增大，即进行防冰的温度提前量越大，通流时间的选择范围越广。当 m=2 时，有 0℃< T^0<0.5℃，$\Delta t \leqslant 66$s，显然在防冰转移电流较小时，会需要更高的开关动作频率。在同样条件下，子导线导通时间

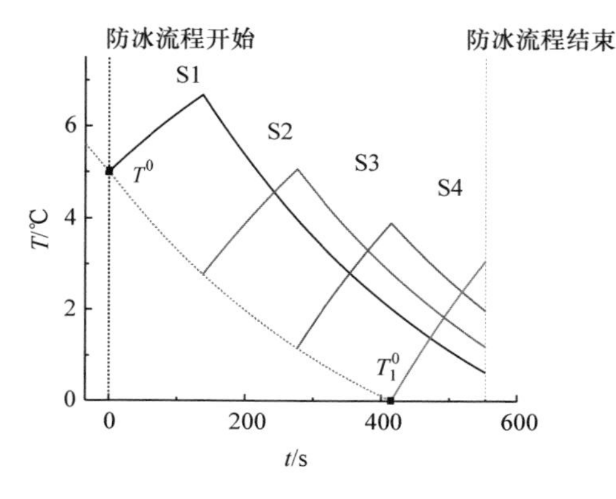

图 11.12　T^0=5℃时四分裂子导线温度

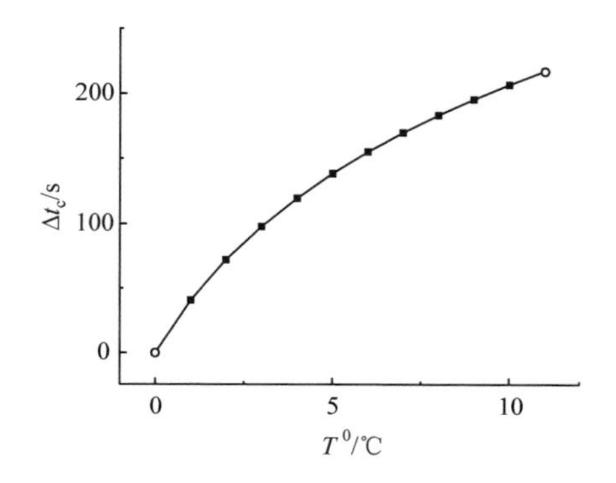

图 11.13　Δt_c 与初始温度 T^0 的关系

Δt 越小即开关设备的动作频率越高时，电流转移的防冰效率也会更高。

若负荷电流 I_F 过小，防冰将无法进行。防冰初始温度 T^0 的取值范围为

$$0 < T^0 < \frac{\left(\frac{nI_\mathrm{F}}{m}\right)^2 r_\mathrm{s}}{h_\mathrm{s} A} + T_\mathrm{a} \tag{11.30}$$

防冰初始温度 T^0 为工程值，视防冰要求选择该提前量。对式(11.30)右边取等号时，其对应电流称为防冰临界负荷电流 I_Fca。要达到防冰的目的，负荷电流 I_F 应满足

$$I_\mathrm{F} > I_\mathrm{Fca} = \frac{m}{n}\sqrt{\frac{\left[T_\mathrm{a}\left(1-\mathrm{e}^{t_\mathrm{ec}(n/m-1)/\tau}\right)-T_\mathrm{a}\right]h_\mathrm{s}A}{r_\mathrm{s}}} \tag{11.31}$$

由此可得子导线导通数目 m 的选择范围为

$$\begin{cases} m < nI_\mathrm{F}\sqrt{\dfrac{r_\mathrm{s}}{\left(T^0 - T_\mathrm{a}\right)h_\mathrm{s}A}} \\ 1 \leqslant m < n, \quad m \in \mathbf{N} \end{cases} \tag{11.32}$$

由前面分析可知Δt 的选择范围为

$$t_\mathrm{ec} \leqslant \Delta t \leqslant \frac{\tau}{n/m-1}\ln\left(1-\frac{T^0}{T_\mathrm{a}}\right) \tag{11.33}$$

式中：t_ec 表示智能防冰融冰装置开关设备每次动作时间间隔，其值与在线取能电源功率相关。当 T_a<0℃，且导线表面温度 T_c 持续下降至防冰初始温度 T^0 时，开始对分裂导线进行防冰，此即电流转移方法的防冰启动条件。由于各子导线表面温度在电流转移前是相同的，对 T_c 的监测只在一根子导线上进行即可。

由式(11.32)可知，当导线的分裂数 n 越大，m 的取值范围越大。同等条件下，若环境条件越恶劣即负荷电流 I_F 越小或环境温度越低，m 的取值范围也越小。另外当防冰初始温度 T^0 越大时，m 的取值范围越小，这是因为当导线温度较高时再进行升温所需要的电流值也较大。当根据以上方法对 m 和Δt 的计算有多个数值可选时，由于子导线导通时间Δt 的值通常较小，若以防冰效率为优先对 m 和Δt 的选择应取较小值，若以线路安全为优先则对 m 和Δt 的选择应取较大值。

11.3　电流转移智能装置与系统

11.3.1　电流转移智能装置的功能

图 11.14 给出了分裂导线电流智能防冰融冰装置内部各部件及其基本联系，包括开关、在线取能电源、控制模块以及覆冰厚度、温度、风速和电流等传感器。装置的开关模块包括开断器件和操动机构，是智能防冰融冰装置硬件的核心，它

的关合直接实现对分裂导线电流的转移。在线取能电源包括取能线圈和电源电路两部分，它可以从负荷电流提取足够大的功率，以供开关设备操动机构动作所需要的电能，同时也要保证控制模块和各类传感器等控制与信号电路的正常运作。控制模块接收覆冰、温度、风速和电流等传感器的测量信号，同时综合线路的实际情况和运行人员要求等信息，判断防冰或融冰作业何时启动，并向开关设备发出具体的动作指令。通过上述各部件间的协同运作，即可对分裂导线线路进行无须人工干预的、带负荷的自动防冰融冰。由相关设计标准可知，对于 110～750kV 的架空输电线路，轻、中、重冰区的耐张段长度分别不宜大于 10km、5km 和 3km，即耐张段长度随覆冰程度的增加而缩短。耐张段越短，使用分裂导线电流转移方法进行线路防冰或融冰的针对性越强，可把防、融冰作业控制在所需要的小范围内，从而减轻其对系统运行的不利影响。

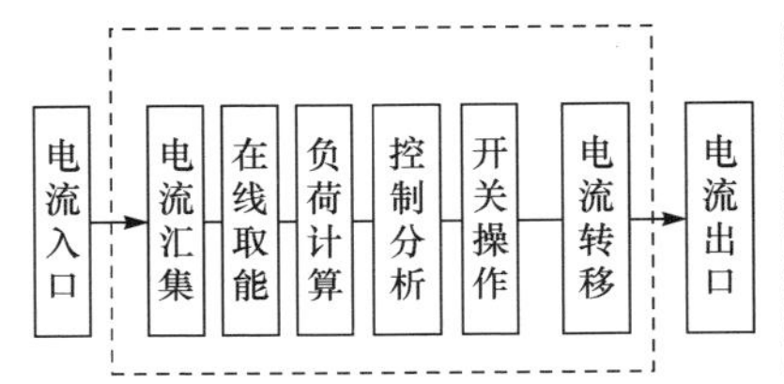

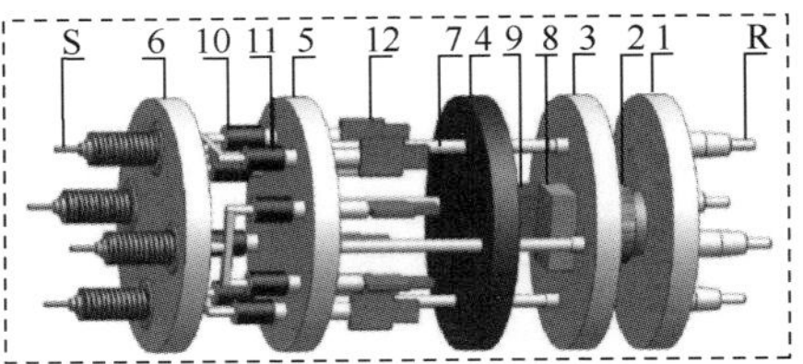

图 11.14　智能防冰融冰装置功能

1-汇流导电板；2-取电互感器；3-分流导电板；4-隔离板；5-参考电压板；6-绝缘输出板；7-导电杆；8-内置覆冰参数监测单元；9-智能控制器；10-断路器；11-旁路开关；12-执行机构；R-四个电流输入端；S-四个电流输出端

根据各部件功能与联系，对智能防冰融冰装置内部结构进行初步设计，如图 11.14 所示。装置入口，分裂导线各子导线的电流在汇总后穿过在线取能电源的取能元件，然后被分散至与分裂导线分裂数相同的各路引流线中。在装置中部，控制模块与开关设备的操动机构通过空间隔离或材料隔离的方法实现与引流线的绝缘。最后，从中部延伸过来的各路引流线分别与各自的开断器件相连接，开断器件的出口即为装置的电流出口。事实上，汇流线仅从空间上穿过取能元件，两者之间也应设置电隔离。在线取能电源的电子电路部分被纳入到控制模块中去。

分裂导线电流转移循环融冰方法是基于现有的开关技术和在线监测技术将需融冰的分裂导线进行子导线分组，当需开启融冰操作时，智能开关控制装置根据各种控制参数选择合理的控制方案，将分裂导线总的负荷电流依次循环集中到每一组子导线上，增大子导线组中每根导线传输的电流，以达到利用其焦耳热循环融化每一组子导线上覆冰的目的。本方法不需要额外融冰电源，智能开关控制装置亦采用在线取能方式，可实现局部或整体融冰的自动化，能在覆冰对架空输电线路产生破坏前除去导线上的覆冰。分裂导线电流转移融冰方法适用于两分裂及以上分裂导线输电线路，可应用于架空输电线路需融冰线路段的任意耐张线段。

其最大的优点是能根据线路覆冰条件自动判断是否需要启动融冰和选择合理的融冰的控制方案，而其核心则是智能开关控制装置的控制方法。

11.3.2　智能装置功能模块

1. 开断器件

真空灭弧室采用玻璃或陶瓷作支撑及密封，内部有动、静触头和屏蔽罩[11]，室内有负压，真空度为 $1.33\times10^{-2}\sim1.33\times10^{-5}$Pa[12]，保证其开断时的灭弧性能和绝缘水平。从国内外真空断路器新产品的生产及展览会上，可看出真空断路器发展趋向于专用化、小型化、高可靠性和智能化。真空灭弧室的零件较油断路器和 SF_6 断路器要少，随着工艺进步，相同容量和电压等级的真空灭弧室体积越做越小，同时由于开距小，配套操动机构也随之减小，其控制越来越向智能化发展，可定制性也较高。综合这些特点，选择真空灭弧室作为融冰装置开关设备的开断器件。

2. 操动机构

中压真空断路器永磁保持、电子控制永磁操动机构受关注较多，在 40.5kV 以下真空断路器中，永磁操动机构正在逐步取代传统操动机构[13]。永磁操动机构具有三个性能优势：①永磁操动机构只有一个主要运动部件，可与灭弧室直接连接，零部件数量较传统操动机构减少约 50%；机构使用永磁力使灭弧室保持在分合闸位置，无需机构脱扣、锁扣装置；②永磁操动机构寿命达十多万次，超过多数断路器用真空灭弧室寿命，为研制真正免维护、超长寿命的真空开关奠定了良好的基础；③永磁操动机构的输出特性和真空断路器的开关特性很匹配，配有永磁操动机构的真空开关具有良好的分、合闸速度特性。

永磁操动机构结构简单寿命长，可靠性高功耗小，与分裂导线电流转移智能融冰装置要求契合，因此采用永磁操动机构与真空灭弧室配合。

真空灭弧室的操动机构是开关模块的核心，操动机构故障或失灵将严重影响系统的安全运行，在设计中应以尽可能提高其可靠性为原则。此外，为了保证灭弧室能够可靠地分断短路电流，现有的各类永磁机构在体积和材料上要求颇高，结构也稍显复杂，必然会导致成本和工艺的提升，这对于分裂导线电流转移智能防冰融冰装置的开关部分来说是不必要的。同时，由于智能防冰融冰装置提供的电源功率和空间有限，在满足可靠性和分合闸特性的前提下，要求操动机构和分断装置的连接安装简单可靠，体积重量和功耗都要尽可能小。鉴于以上原因，需自行设计制造一种可适用于智能防冰融冰装置的永磁操动机构。

综合比较双稳态与单稳态永磁机构的特点，又考虑到实际运用当中的需求，最终确定操动机构的形式为双稳态永磁机构与合闸弹簧相配合，且对永磁机构采用圆形设计。这样做不仅能够尽可能地减小操动机构的体积和重量，又能使其在分、合闸速度要求不高的情况下保证真空灭弧室的触头压力，确保其合闸可靠性。

真空灭弧室与永磁操动机构的剖面结构如图 11.15 所示。为配合合闸弹簧相，合闸线圈的截面积要大于分闸线圈的截面积；导磁块套装在动铁心的中间部分，这样不仅使得周围的磁场分布更加均匀，还能对永磁体起到保护作用。永磁机构卡板和外磁轭共同组成永磁机的外壳兼外磁路。动铁心连带其上部、下部导杆由一整块材料加工而成，之间没有连接部件，这样可使机构在同样的体积下拥有更大的静态保持力，而不影响其机械性能。

安全合闸弹簧与运动部件动铁心直接连接，不仅省掉了不必要的传动部件，也会使开关响应更加迅速；把对真空灭弧室触头起合闸缓冲作用的合闸缓冲弹簧装设在弹簧套筒内。与永磁机构相配合的真空灭弧室固定在真空灭弧室卡板上，其与永磁机构卡板间采用螺杆和螺母连接，可对合闸工作间隙进行调节。

开关分合闸特性主要体现在双稳态永磁机构与合闸线圈的配合过程上。如图 11.15(a)所示为开关的合闸状态，此时的安全合闸弹簧是释放状态，但仍有一定的压缩量，因此真空灭弧室上的触头压力不仅有永磁机构的静态保持力，安全合闸弹簧的弹力也对触头压力有相当贡献，合闸弹簧弹力与永磁机构静态保持力一起，保证了真空灭弧室的额定触头压力以使其可靠闭合；此时的合闸缓冲弹簧也处于压缩状态，但其刚度较小，对触头压力影响不大。分闸过程中动铁心向下运动，不断压缩合闸弹簧储存能量，同时也起到了分闸缓冲的作用。当开关处于分闸状态，如图 11.15(b)所示，动铁心移动到操动机构下部位置，合闸弹簧处于满压缩状态，提供的弹力最大，依靠永磁机构的静态保持力克服

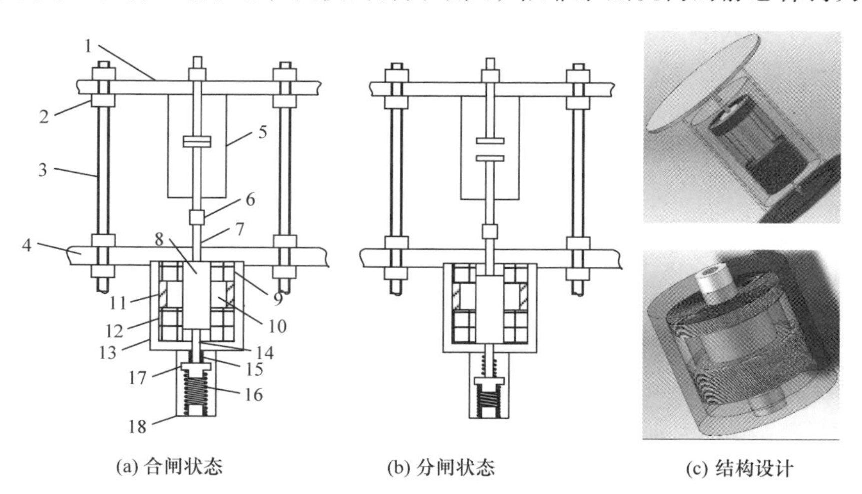

(a) 合闸状态　　(b) 分闸状态　　(c) 结构设计

图 11.15　真空灭弧室与永磁操动机构配合剖面结构示意图

1-灭弧室卡板；2-螺母；3-连接螺杆；4-机构卡板；5-真空灭弧室；6-绝缘拉杆；7-动铁芯导杆；8-动铁芯；9-合闸线圈；10-导磁块；11-永磁体；12-分闸线圈；13-外磁轭；14-铁芯导杆；15-缓冲弹簧；16-合闸弹簧；17-弹簧压头；18-弹簧套筒

合闸弹簧的弹力使开关保持在分闸状态。在合闸线圈中通入瞬时电流，合闸线圈即产生向上的电磁吸力，与弹簧弹力共同作用克服静态保持力，使动铁心向上运动带动真空灭弧室触头完成合闸操作，在合闸过程末尾合闸缓冲弹簧会被压缩，起到合闸缓冲作用。

双稳态与合闸线圈的配合大大提高开关合闸可靠性，降低误分闸概率，为开关合闸提供双保险；由于无须开断电流，可进一步缩小线圈截面积和操动机构体积，对传动、连接和弹簧的设计也使开关的整体布局更加紧凑。同时双稳态的设计不仅不会对永磁体产生消磁作用，由于电流方向固定，大大简化控制电路设计。

永磁操动机构的分、合闸线圈在通电后会产生电磁吸力从而驱动动铁心运动，要在较短时间内获得较大的脉动电流，单纯靠设计电源是不经济的，而且电源线路复杂，体积庞大，因此必须从提高电源效率上来综合考虑。

用电容器做操动机构电源具有许多潜在的优点。电容对充电电源要求不高，不要求对精确的充电时间和充电电流进行监测。电容的充放电周期几乎是无限的。电容器作为电源，可经受无数次短路，可放电至任意电平不会损坏。最为关键的是，由于输电线路在线取能的功率会受到较大限制，不像电站开关设备那样可随时提供稳定可靠的大功率电能，选择电容器直接为永磁操动机构供能，是由较小功率电源获得短时大功率能量的最佳途径。本装置采用为电容器充电再使其对线圈放电的方式对永磁操动机构直接供电，其控制电路如图 11.16 所示。使用在线取能电源为操动机构的电容器 C_b 充电，K_0 为充电开关，在充电前后应当是断开的。$K_1, K_2,\cdots,K_n$ 为对应分闸或合闸线圈 $L_1, L_2,\cdots,L_n$ 的放电开关。

按照最终设计尺寸制作永磁操动机构的样机，如图 11.17 所示。其外径为 102mm，本体重 8.5kg。使用拉力传感器测量其静态保持力为 1612N，保证灭弧室良好导通。铝电解电容充放电次数和容量都非常可观，样机选择两个容量 36mF、额定电压 200V 的铝电解电容并联作为电容器组为操动机构供电。通过对样机的实际测量，得到了永磁机构的能耗情况如表 11.5 所示。

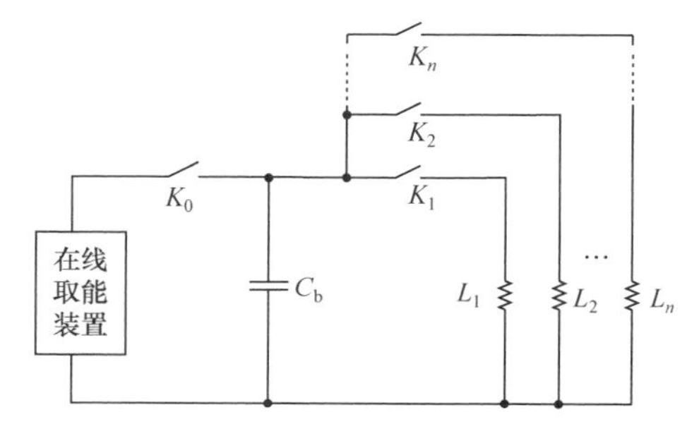

图 11.16　永磁机构控制电路

图 11.17　永磁操动机构样机

表 11.5　永磁机构动作的能耗

能耗	分闸动作	合闸动作
电容器组电压(动作前)/V	115	115
电容器组电压(动作后)/V	93.8	97.7
消耗能量/J	159.3	132.5

但在实际应用中永磁机构的电源电压大多为直流 100V 左右[14]，因而必须保证在线取能电源的充电电压达到一定水平。在永磁机构的一般应用中，可方便地使用市电作为操动机构充电电源，为电容充电时不存在电源容量问题。而在智能防冰融冰装置中，永磁机构由在线取能电源供电，这就为电容器组这样的大容量设备充电带来了困难。

11.3.3　智能装置控制器

采用分裂导线电流转移循环融冰方法进行融冰时，其关键在于控制方法。而控制方法必须满足在导线上的覆冰形成灾害之前能及时有效地将导线上的覆冰去除，因此分裂导线电流转移的融冰方法需保证在一定的时间以内除去导线上的覆冰[15]。采用流经导线焦耳热作用使覆冰导线冰层融化并脱落的除冰方法称为覆冰导线电流融冰方法，该方法的融冰时间影响因素众多，如覆冰导线冰层厚度、融冰电流的大小、环境温度、风速等。因此对于融冰时间的求取也非常困难，一般采用经验公式和数学模型的获得。本节主要阐述了控制分裂导线电流转移循环融冰方法的控制要求，并进一步得到融冰的简化计算公式。覆冰导线的融冰时间长短与导线上通过的电流息息相关，而融冰子导线组上各子导线通过的电流不仅和线路传送的负荷电流大小相关，还与融冰子导线组中所含子导线根数有关，当线路传送的负荷电流大小一定时，则可以通过选择子导线根数对子导线通过的电流进行调节，因此本章还对分裂导线进行融冰子导分组设计，并通过简化的融冰计算公式获得融冰子导线组的循环通流时间和一个循环周期总的通流时间。

1. 控制要求

由前述分裂导线电流转移循环融冰方法原理可知，在实现分裂导线各子导线循环融冰时，首先需要明确智能控制开关何时开启，其次控制开关的相应动作实现负荷电流依次循环集中到融冰子导线组，控制开关的动作是为了在导线上的覆冰对架空线路造成破坏前完成导线融冰。因此实现分裂导线电流转移循环融冰需解决以下两个关键问题：

1) 何种情况下导线覆冰将对架空线路造成危害

架空输电线路，尤其是途经容易覆冰地区的线路，在进行线路设计之时考虑了导线可承受的一定量的覆冰厚度，即导线设计覆冰厚度 d_D。当架空导线上的覆冰厚度小于这一设计指时，一般不会对线路造成危害，而当导线上的覆冰厚度已超过设计指则有可能导致线路断线或者倒塔等事故。由于融冰开始到融冰结束需要一定时间，同时架空输电线路覆冰具有典型的微地形和微气象特征，因此对于较长一段线路上的覆冰并不是相同的，有可能有较大的差异，同时考虑到一定的安全裕度，认为架空线路上的覆冰厚度与设计覆冰厚度的比例为 λ $(0<\lambda<1)$时，导线上的覆冰不会对架空线路产生危害。λ 的取值可以根据线路设计时所留的安全裕度、覆冰发生时的环境条件、线路覆冰的不均匀程度和该线路在电网中的重要性进行选取。当 λ 的值确定以后，就得到了分裂导线电流转移循环融冰方法的启动条件。当智能开关控制装置内的在线监测模块监测到导线上的等值覆冰厚度大于$\lambda \times d_D$ 以后，就使控制开关处于融冰工作状态[16-20]。

2) 确保导线覆冰在对架空线路造成危害前脱落

从开启智能控制开关进入一组子导线的融冰到该组子导线融冰结束存在一个融冰时间。在这段时间内，如果导线仍处于覆冰条件下，导线上的覆冰会持续，覆冰量也会增加，若导线上的冰层并不能在一定时间 t_D 内及时脱落则导线上的覆冰有可能覆冰对电力线路产生危害，其中 t_D 称为最大允许融冰时间。在对融冰子导线进行分组设计时，需要确保融冰时间 t_m 小于允许时间 t_D，这样就能保证导线覆冰在对架空线路造成危害前脱落。t_D 是一个工程值，它的取值根据气象参数、输电线路的实际情况和线路重要等级等因素有关。一般而言在短时期内，导线上新增覆冰不是很多，t_D 可以考虑在 1～2h。

综上，分裂导线电流转移循环融冰启动条件和循环通流时间应满足

$$\begin{cases} d \geqslant \lambda d_D \\ t_m \leqslant t_D \end{cases} \tag{11.34}$$

通过上述分析，确定融冰的启动条件后，为了选择合理的分裂导线电流转移循环融冰的控制方法，子导线在进行分组设计时需满足式(11.34)的控制要求。

智能防冰融冰装置的控制模块是搭载电流转移防冰融冰方法软件的实体，同各传感器相连并接收监测信号，进行数据处理与逻辑判断，不仅生成防冰融冰的具体策略，还会向装置受控部件发出相应动作指令。在智能防冰融冰装置的各种传感器中，尤以导线覆冰厚度监测比较特殊，据此提出一种新的冰厚测量方法。

2. 结构和功能

分裂导线电流转移智能防冰融冰装置控制模块的主要功能为实时监测风速、环境和导线温度、子导线电流以及覆冰厚度，通过这些监控量以及内置线路数据或远程通信来确定是否对分裂导线进行融冰或防冰以及相应的具体步骤。由上述内容可知，判断电流转移防冰作业是否启动主要依赖于子导表面线温度，而电流

转移融冰的启动条件则由第 5 章的旋转多导体提供。除此之外，防冰或融冰的启动条件以及开关动作步骤的确定还需要线路负荷情况与气象参数。

控制器可根据实际情况自行判断防冰或融冰的必要性和具体步骤而无须人工干预，同时也可以在远程控制模式下工作，即利用手机或者计算机配套软件，同智能防冰融冰装置的控制模块进行通信，或直接向其发出防冰或融冰的开启或中断命令。在控制模块内嵌入了通信元件，其内部程序可以由计算机或手机通过相应软件进行远程修改。控制模块与装置其他部分及传感器的接线情况如图 11.18 所示，1～7 号元件共同组成了智能防冰融冰装置的控制模块。模块的控制板中会录入防冰融冰策略生成程序，并以冰厚检测装置的输出信号及测得的温度、风速、导线电流为输入量工作；继电器组内部包含多个继电器模块，信号接收端与控制板的各个输出引脚相连接以接受控制信号，而触头侧与操动机构分合闸线圈相连，实现由控制模块输出信号控制永磁开关关合[21-23]；无线蓝牙模块实现远程控制模式的实现和通信功能，负责接受手机或计算机软件发出的串口指令，自行判断该指令对应的操作，使输出引脚输出的电平信号触发继电器组执行相应的动作。

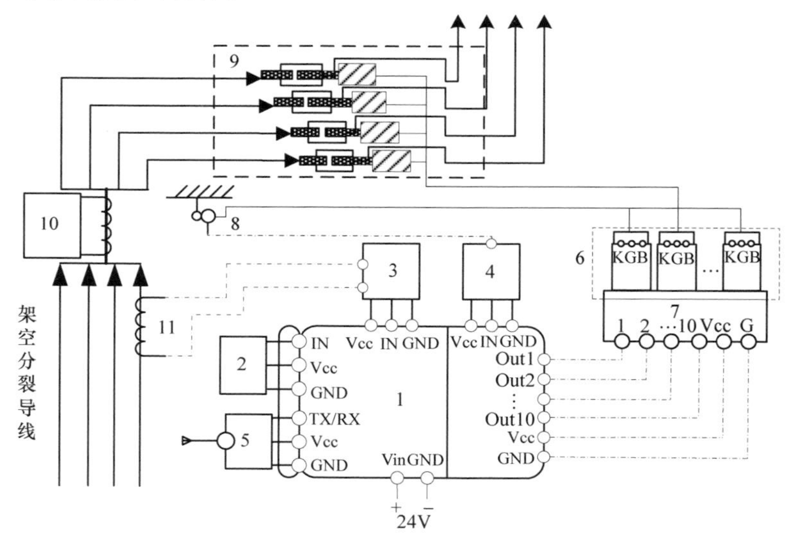

图 11.18　智能控制模块

1-控制板；2-风速及温度传感器接口；3-电流测量模块；4-覆冰厚度传感器接口；5-无线蓝牙模块；6-继电器组；7-保护光耦和上拉电阻；8-覆冰厚度传感器；9-永磁开关；10-在线取能电源；11-测量用互感线圈

11.4　智能装置试验与测试

为了对分裂导线智能防冰融冰装置的性能进行初步检验，在湖南小沙江自然灾害试验场对第一套样机进行了温升与电流转移试验，在湖南雪峰山野外站自然覆冰试验基地对第二套样机进行了电流转移的融冰试验。

在湖南雪峰山野外站自然覆冰试验基地对四分裂导线电流转移智能融冰装置的样机进行了试验。2009 年国家电网公司的前瞻性项目研究了该方法，通过重庆大学与湖南电力公司两年的合作研究，提出了分裂导线电流循环融冰方法，研制了电流转移智能融冰装置，项目于 2012 年通过国网公司的验收。该方法的优点是不停电、智能化，可应用区域防冰，也可应用于局部防冰，还可融冰防止导线覆冰的舞动，可以实现正常供电自动防冰、融冰的目的，解决目前交、直流短路融冰存在的中断供电、无目的性和装置高成本、极其笨重的问题。自 2012 年项目验收以来，持续改进智能控制方案、自诊断技术和智能开关的可靠性，经过雪峰山野外站自然覆冰试验基地连续 8 年试运行，实现智能化融冰，可靠性高，装置从未发生过故障。

11.4.1　温升与电流转移性能试验

在湖南小沙江自然灾害试验场对四分裂导线电流转移智能防冰融冰装置第一套样机进行了通流后温升特性与电流转移性能的试验。

通流回路由与试验场相连接的 500kV 融冰试验线路与大电流发生器组成，现场试验接线如图 11.19 所示。大电流发生器由场内 380V 母线供电，且由两套整流器组成，其额定容量为 500kV·A，额定输出电流为 5000A。500kV 试验线路中间相一束四分裂导线各子导线末端分别与四个导线支柱相连，四分裂导线防冰融冰装置样机的输出端子通过导线支柱与分裂导线相连通，两侧的两分裂导线通过导线支柱与大电流发生器连接构成通流回路。

图 11.19　小沙江自然覆冰站的现场试验

试验过程温度采用 Vaisala 公司的温湿度和气压综合数字式测量仪(PTU200)进行监测，其量程为–30～+60℃，温度测量误差为±0.2℃。装置样机温度测量采用 Fluke63 手持式红外测温仪，其量程为–32～+535℃，测量精度为 1%。电流测量采用 Fluke355 数字钳形万用表对融冰电流进行监测，其量程为 0～2000A，分辨率为 10mA。

试验的四分裂导线融冰装置样机没有装设在线取能电源，控制器和永磁开关由外接电源供电。将四分裂导线融冰装置样机接入试验回路，装置控制器即进入通电自检状态，除对各部分工作状态进行监测外，还会确保开关设备各子开关均置于闭合状态。随后调节电流发生器电流至预定值，使用钳形表对装置样机各子导线的输入和输出电流进行监测，同时对样机主通流回路各关键连接部位的温度进行检测，试验具体结果如图 11.20 所示。

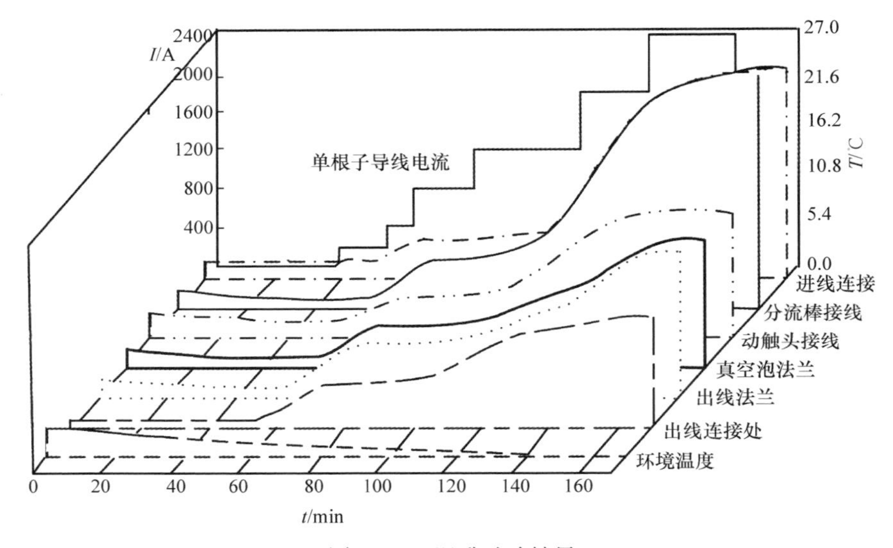

图 11.20 温升试验结果

由图 11.20 可知，整个试验过程中环境温度在 0～4℃之间，在装置样机总通流量达到 1200A 之前，各关键连接处的观测温度都小于 10℃。在通流量达到 1200A 之后，各观测点温度增长速度都在不同程度上变快了，其中进线连接处温度和分流板接线处温度的上升幅度最大，特别是通流量为 2400A 时分流板接线处温度达最高到 27℃，在试验完成后发现这两处接线确有松动之处。其他四个观测点温度在试验过程中的最大温升不超过 15℃，且所有观测点温度在通流总量为 2000A 时稳定下来。图 11.20 中电流变化曲线为单根子导线通流量，当电流较大时，各子导线实际通流量会产生微小差别，但其差值不会超过 2%。

在装置样机通流总量为 1000A 和 1600A 两种情况下，选择每次电流转移子导线导通数目 $m=2$ 进行了样机的电流转移试验，每个导通状态的电流值如表 11.6 所示。结果表明装置动作后成功地将分裂导线电流进行转移。每个导通状态维持 15min，关键连接部位温升皆小于温度特性试验中的最大值。

表 11.6　m=2 时装置样机电流转移试验结果[9]　(单位：A)

总电流	S1 电流	S2 电流	S3 电流	S4 电流
1000	251	251	248	250
	504	501	0	0
	0	0	499	500
1600	403	400	398	400
	806	802	0	0
	0	0	800	804

在湖南雪峰山野外站自然覆冰试验基地(图 11.21)对四分裂导线智能防冰融冰装置的第二套样机进行了现场融冰试验，试验接线方法如图 11.22 所示，试验样机如图 11.23 所示，融冰对象为 4×LGJ-300/50 四分裂导线(3#试验线路)，智能防冰融冰装置挂接在 3#线与 6#线在铁塔 B 的悬挂点之间，融冰电源由额定输出电流为 5000A 的大电流发生器提供，6#试验线路仅做融冰电流回路的一部分使用，融冰回路其他部分的连接由绝缘电缆和镀锌扁铜线完成。由于天气条件的限制，智能防冰融冰装置的安装以及试验线路的搭建是在导线覆冰后完成的，因此样机未安装覆冰厚度监测装置，且现场融冰试验选择远程控制模式进行。

图 11.21　湖南雪峰山野外站自然覆冰试验基地

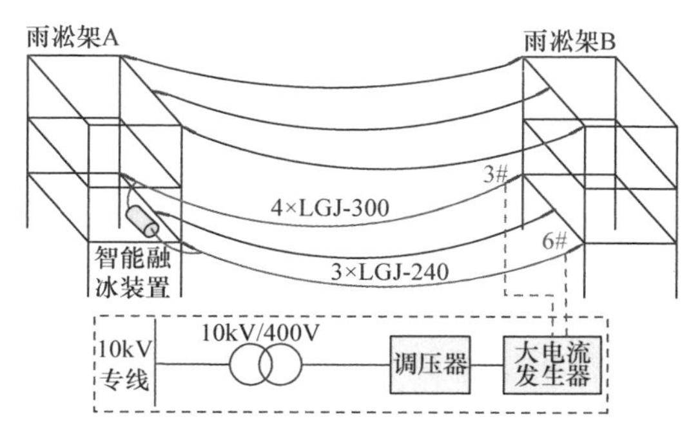

图 11.22　野外观测研究站融冰试验接线

图 11.23　智能装置试验样机

试验中样机的永磁开关、控制模块及传感器所需电能均由在线取能电源提供，在检查试验回路连接完好后，调节大电流发生器出口电流至 1200A，此时装置在线取能已能够正常供电，控制模块带电自检，并确保开关设备各子开关均置于闭合状态。将无线设备与装置控制模块联通，可查看装置各部分自检结果以及风速和环境温度的数值。通过无线设备输入线路覆冰厚度，则控制模块返回可行的融冰具体方法以供选择。

由于覆冰厚度监测装置无法分辨冰型，虽然实际覆冰类型为混合凇(图 11.24)，仍换算为雨凇求取等值覆冰厚度。按照图 11.24 的冰形得到 d_{eq}=12mm，而所测得的环境温度 T_a=−3.5℃，风速 v_a=5m/s。由于所加融冰电流较大，以效率优先选择最大融冰时间 t_p 为 60min。按照上述条件，当子导线导通数目 m=1 时有导通时间Δt=24min；当 m=2 时，由于融冰临界负荷电流 I_{Fcd}=386A，所加电流无法满足要求，其子导线导通时间Δt 已超出 t_p 限制，因此试验中使用无线设备选择 m=1 的方式对四分裂导线进行电流转移融冰。确认选择后，装置即按照选定方法进入自动的融冰流程，其间使用钳式电流表查看装置的实际输出电流。

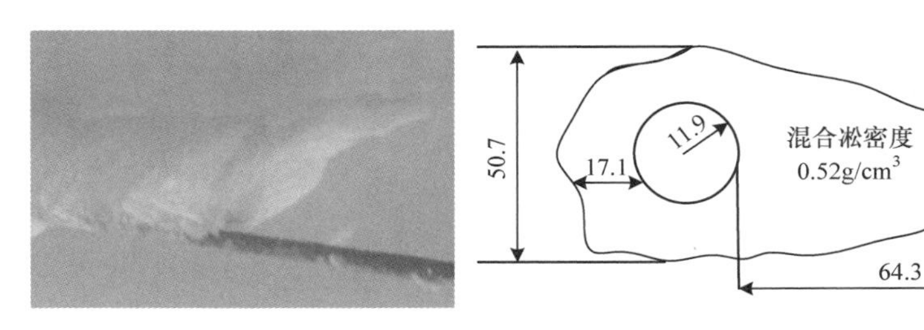

图 11.24　试验导线覆冰形状(单位：mm)

融冰过程中各子导线电流转移情况如表 11.7 所示。为保证任意时刻装置闭合子开关的数目最大，电流转移过程中各子开关切换总是遵循先闭合后断开顺序。图 11.25 为电流转移融冰过程，由于融冰的大部分时间有浓雾环绕，没有采取同一角度进行拍摄。在临近铁塔处导线更不易扭转，其冰层包裹导线的偏心率更大，冰脱落也是先从临近铁塔处开始(图 11.25(b))。如图 11.25(c)所示，由于导线弧垂较大，对子导线 S2 融冰时，冰重不均衡以及间隔棒限制使各子导线在某些位置不再对称排列而发生扭转，在空间上的分布出现较为明显的差异。如图 11.25(d)所示，在子导线 S2 融冰时间的末尾，其冰脱落也使子导线 S3 和 S4 上部分冰脱落。在对子导线 S4 融冰时，也出现子导线分布不均的现象。如图 11.25(g)所示，在对 S4 融冰时，子导线 S3 上的部分融冰水随导线温度的降低又凝结成很小的冰凌，但出现这种情况的时间和范围都非常有限。

表 11.7　电流转移融冰试验中各子导线的通流情况　(单位：A)

导通情况	子导线 S1 电流	子导线 S2 电流	子导线 S3 电流	子导线 S4 电流
导通 S1	295	310	307	303
	396	404	402	0
	595	601	0	0
	1191	0	0	0
导通 S2	591	607	0	0
	0	1195	0	0
导通 S3	0	603	597	0
	0	0	1189	0
导通 S4	0	0	597	598
	0	0	0	1196
全部导通	0	0	599	596
	0	407	401	398
	297	309	310	299

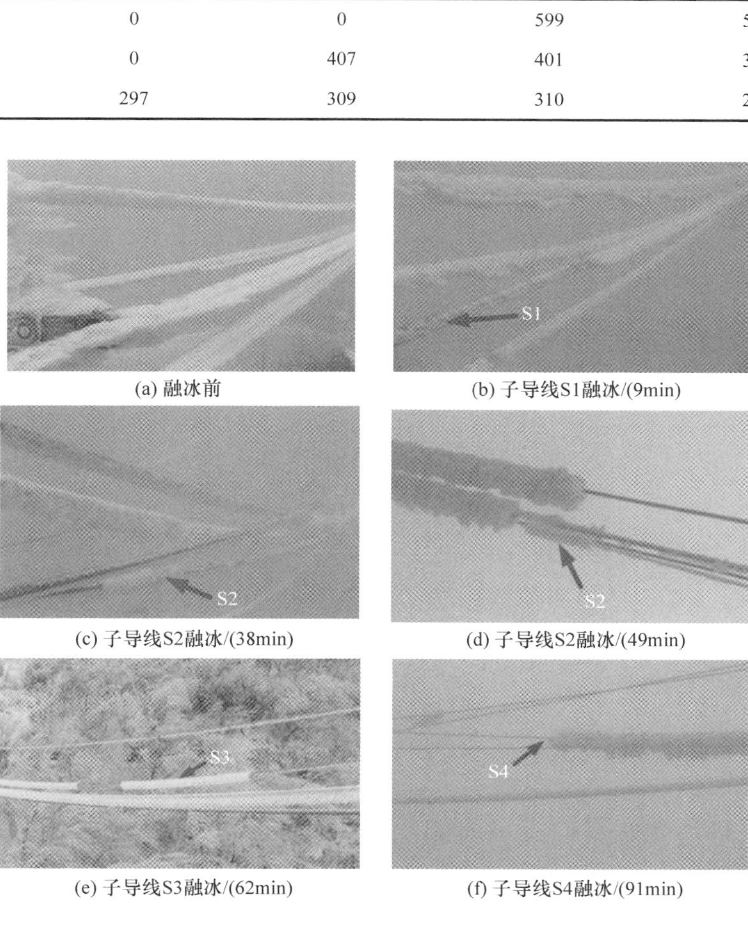

(a) 融冰前　(b) 子导线S1融冰/(9min)

(c) 子导线S2融冰/(38min)　(d) 子导线S2融冰/(49min)

(e) 子导线S3融冰/(62min)　(f) 子导线S4融冰/(91min)

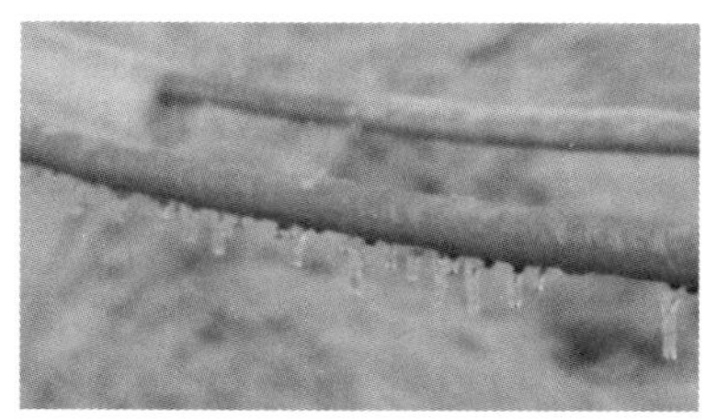
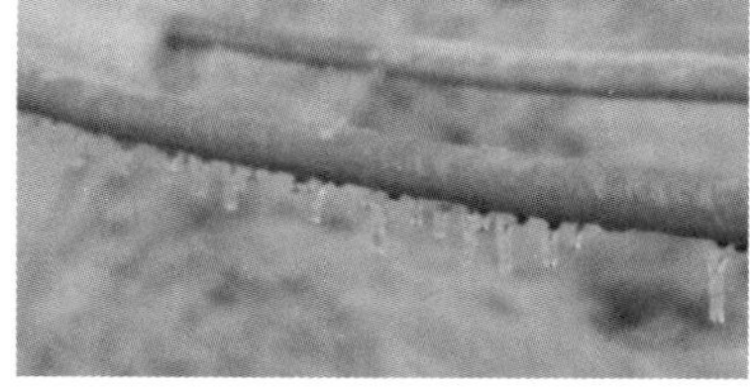

(g) 融冰过程中未通流子导线

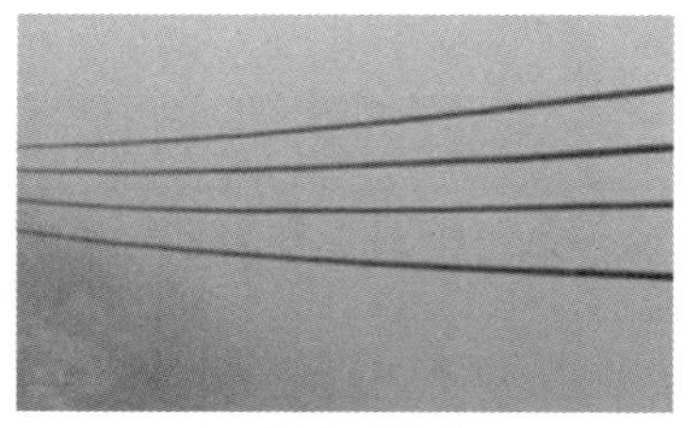

(h) 融冰流程结束

图 11.25　四分裂导线电流转移智能融冰装置现场融冰试验

整个电流转移融冰流程耗时 109min，比 4Δt 计算值稍大，原因是在线取能电源为操动机构充电时间也被计入。在融冰流程结束后各子导线覆冰基本脱落，部分位置可能会出现较小冰凌。由表 11.8 可知，子导线 S1 和 S2 覆冰全部脱落时间与Δt 比较接近，而子导线 S3 和 S4 覆冰全部脱落的时间更短，总体来看，各子导线融冰实际完成时间都比Δt 的计算值要小。整个融冰过程中永磁开关设备动作 12 次，由于环境温度较低，开关切换次数较频繁，与前述温度特性试验相比，融冰期间装置各部分温升都保持在较小范围内。

表 11.8　四分裂导线各子导线脱冰时间　(单位：min)

子导线覆冰脱落时间				Δt
S1	S2	S3	S4	
21	22	15	17	24

由于覆冰脱落会导致导线振动以及沿导线覆冰情况的差异，实际融冰过程中各子导线覆冰基本脱落所需要的时间必然会出现一定的分散性，本书在融冰时间的计算中对各参数的选择是合理的，较好地保证了电流转移融冰方法的可靠性。在实际的分裂导线输电线路中，由于子导线的拉伸力较大因而弧垂较小，覆冰层的偏心度一般会更大，可能使得其覆冰脱落所需时间更短，在计算子导线导通时间Δt 时应避免使导线温度超过其容许温度。

11.4.2　融冰启动和控制方案试验

由表 11.9 和图 11.26 可知：①根据监测覆冰程度和负荷电流智能选择融冰方式并启动融冰；②分裂导线智能融冰装置融冰休止状态各节点发热温升低于 70°；③分裂导线智能融冰装置失效能保证输电线路的正常运行；④分裂导线智能融冰装置动作 100 次，未见异常；⑤分裂导线智能融冰装置融冰状态下各断口能承受 10kV 工频电压；⑥克服现有融冰装置笨重、操作复杂、成本高、停电融冰等不足。

表 11.9 分裂导线分组融冰启动条件和控制方案验证

导线型号	分裂数	T_a/℃	v_a/(m/s)	I_F/A	J_F/(A/mm^2)	子导线分组设计			试验脱冰时间/min
						启动条件 d/mm	每组子导线根数 n	通流时间 Δt/min	
LGJ-240/30	6	−3.0	4.0	306	1.28	10	3	64	58
		−1.0	1.0	168	0.70	7.5	2	65	63
		−1.0	3.1	214	0.90	5	2	30	24
LGJ-400/35	4	−1.0	1.6	393	0.98	10	2	66	67
		−5.4	3.0	256	0.64	7.5	1	36	33
		−6.4	1.2	241	0.60	5	1	29	25

(a) 融冰前 (b) 3min33s (c) 6min7s (d) 12min58s

(e) 15min46s (f) 20min3s (g) 24min35s (h) 融冰后

图 11.26 四分裂导线分组融冰现场试验

测试和试验结果表明分裂导线电流转移智能融冰方法和装置是有效的，在线融冰和智能化方法在超特高压分裂导线线路防冰减灾中有着广阔的应用前景。

11.5 智能融冰方法评价

分裂导线电流转移融冰方法是经过多年科学研究、理论计算，并考虑工程实践中的实际问题，针对不同分裂导线数目情况提出的一种非人工干预式的智能防冰、融冰方法。该方法有效利用电流焦耳热效应，能防御超特高压输电线路覆冰，具有不停电、智能控制、成本低、效率高、可分段局部融冰、不需附加融冰电源等优点，但彻底解决覆冰还存在一定难度：首先，该智能方法的防冰、融冰电流需要配合电网的潮流调节与控制，与此相配合的是装置内部控制模块、测量模块等进一步升级；其次，装置在安装过程中需要停电安装、改装绝缘间隔棒；最后，装置作为新型的输配电装备，在极端恶劣环境条件下本身的可靠性、安全性，使其能够在非覆冰条件下线路安全稳定运行，覆冰条件下实现较为良好防冰、融冰效果，还需进行一系列电气、机械测试和评估。尽管有许多困难，但随着泛在电力物联网的进一步推进，该装置的前景巨大，并将实现装置的工程应用。

11.6 本章小结

本章提出了分裂导线输电线路电流转移融冰方法，讨论了电流转移融冰基本原理、电流转移融冰策略、电流转移智能防冰和融冰装置系统的功能模块及控制模块。对智能防冰和融冰装置的控制模块进行了设计，给出了其功能和主要工作方式，对控制模块所包含元件及相关传感器进行了选型。提出一种基于旋转基准导体的输电线路等值覆冰厚度监测方法，其监测值即为电流转移融冰方法的启动条件判断量。该装置配有自动融冰系统，融冰由控制模块控制，融冰电源由在线取能电源提供。理论和试验结果表明，该装置能够比较准确地反映适配导线的等值覆冰厚度，其融冰时间与电流转移的融冰流程配合良好。最后对智能装置进行了试验与测试，结果表明，分裂导线电流转移智能融冰方法和装置有效，在线融冰和智能化等特点将使其在分裂导线输电线路的防冰减灾方面有着广阔的应用前景。

参考文献

[1] 孙才新, 司马文霞, 舒立春. 大气环境与电气外绝缘[M]. 北京: 中国电力出版社, 2002.
[2] 蒋兴良. 贵州电网冰灾事故分析及预防措施[J]. 电力建设, 2008, 29(4): 1-4.
[3] 蒋兴良, 张丽华. 输电线路除冰防冰技术综述[J]. 高电压技术, 1997, 23(1): 73-76.
[4] 张志劲, 蒋兴良, 孙才新, 等. 四分裂导线运行电流分组融冰方法与现场试验[J]. 电网技术, 2012, 36(7): 54-59.
[5] 王尧玄. 分裂导线电流转移智能防冰融冰方法研究与装置开发[D]. 重庆: 重庆大学, 2016.
[6] 蒋兴良, 范松海, 胡建林, 等. 输电线路直流短路融冰的临界电流分析[J]. 中国电机工程学报, 2010, 30(1): 111-116.
[7] Fan S H, Jiang X L, Shu L C, et al. DC ice-melting model for elliptic glaze iced conductor[J]. IEEE Transactions on Power Delivery, 2011, 26(4): 2697-2704.
[8] Jiang X L, Fan S H, Zhang Z J, et al. Simulation and experimental investigation of DC ice-melting process on an iced conductor[J]. IEEE Transactions on Power Delivery, 2010, 25(2): 919-929.
[9] 陈凌. 旋转圆柱体覆冰增长模型与线路覆冰参数预测方法研究[D]. 重庆: 重庆大学, 2011.
[10] 蒋兴良, 舒立春, 孙才新. 电力系统污秽与覆冰绝缘[M]. 北京: 中国电力出版社, 2009.
[11] 林莘. 现代高压电器技术[M]. 北京: 机械工业出版社, 2002.
[12] 王季梅. 真空开关技术与应用[M]. 北京: 机械工业出版社, 2008.

[13] 游一民, 郑军, 罗文科. 永磁机构及其发展动态[J]. 高压电器, 2001, 37(1): 44-47.

[14] 林莘. 永磁机构与真空断路器[M]. 北京: 机械工业出版社, 2002.

[15] 李先志, 杜林, 陈伟根, 等. 输电线路状态监测系统取能电源的设计新原理[J]. 电力系统自动化, 2008, 32(1): 76-80.

[16] 曹翊军, 董兴辉, 曹年红, 等. 基于图像采集与识别的输电线路覆冰监测系统[J]. 电气技术, 2010, (8): 51-53.

[17] 黄新波, 孙钦东, 王小敬, 等. 输电线路危险点远程图像监控系统[J]. 高电压技术, 2007, 33(8): 192-197.

[18] 邵瑰玮, 胡毅, 王力农, 等. 输电线路覆冰监测系统应用现状及效果[J]. 电力设备, 2008, (6): 13-15.

[19] 黄新波, 孙钦东, 程荣贵, 等. 导线覆冰的力学分析与覆冰在线监测系统[J]. 电力系统自动化, 2007, 31(14): 98-101.

[20] 邢毅, 曾奕, 盛戈皞, 等. 基于力学测量的架空输电线路覆冰监测系统[J]. 电力系统自动化, 2008, 32(23): 81-85.

[21] 李维峰, 付兴伟, 白玉成, 等. 输电线路感应取电电源装置的研究与开发[J]. 武汉大学学报(工学版), 2011, 44(4): 516-520.

[22] O'Handley R C. 现代磁性材料原理和应用[M]. 周永洽等译. 北京: 化学工业出版社, 2002.

[23] 王立军, 王六一, 闫仲亭. 高饱和磁感纳米晶软磁合金 Fe-M-B 的磁特性及应用前景[J]. 金属功能材料, 1997, 4(4): 162-165.

第 12 章　其他结构物冰灾防御

除电网装备面临覆冰严重影响外，大气中各种结构物的安全运行均受到覆冰积雪的严重影响，继而给日常生活、出行和工业发展等带来一系列的困难。本章讨论风机、公路交通、轨道交通、电视与通信塔架等结构物的覆冰防御方法与技术。

12.1　风机覆冰防御

风机覆冰防御按是否需要能量分为被动防御和主动防御方法。

12.1.1　被动防御

风机覆冰防御有防冰和除冰两种。防冰的目的在于防止冰层在风机表面生成，而除冰则意味着少量的覆冰被允许出现在除冰系统开启之前。基于各种不同的原理，国内外研究开发多种风机叶片防除冰技术与方法，主要有以下几种[1,2]。

1. 超疏水涂层防冰

涂层防冰通过增大接触角和降低表面能使被捕获过冷却水滴难以在叶片表面长时间驻留并发生冻结。涂覆涂料的便捷性使之成为绝大多数防冰问题的首选应对方案，除风机防冰外，在飞行器、输电线路、道路交通、特种服装面料等领域均开展大规模的研究与应用。目前，许多实验室都能制备接触角达到或超越 150°的超疏水涂层，但其普遍问题在于所制备的涂层尚不具有良好的耐候性能，难以实现工业化应用。此外，由于防覆冰涂料仅能起到延缓叶片表面结冰过程的作用，当表面被覆盖一层薄薄的水膜或冰层后，其防覆冰作用就完全丧失。在风电场防冰、除冰实践中，由于超疏水防冰材料耐候性不足，在数次循环后也丧失性能。

2. 黑色涂料

黑色与深色涂层通过加强叶片对太阳辐射的吸收从而加速融冰，在加拿大育空(Yukon)地区风电场有所应用。但在实际使用中，由于覆冰天气地面光热条件较差不足以防冰，且破坏美观未进行广泛应用。

3. 化学试剂

飞机冰灾防御的化学试剂可分为：①除冰剂，加热的乙二醇与水稀释用于除冰和除雪(霜)，也称牛顿流体(由于其黏性流动类似于水)；②防冰剂：未加热的、未稀释的丙二醇加厚液体(类似半凝固的明胶)，称为非牛顿流体(由于其特有的黏性流动)，用于延缓覆冰的发展或防止雪花或雨雪的积累。

当飞机在地面静止不动时，防冰剂为防止结冰提供长时间的保护。而飞机加速起飞时，飞机受到流体表面的空气流动等剪切力，流体的整个流变学发生变化，除冰剂非常薄，此时机翼是一个干净、光滑的气动表面。在某些情况下，将上述两种流体都应用于飞机上，首先是加热的乙二醇/水混合物用以去除污染物，然后是未加热的丙二醇加厚液体，以防止飞机起飞前覆冰。

风机化学试剂与飞机除冰剂相同，在风机叶片表面喷洒以乙二醇等化学物质为代表的除冰剂以降低冰点，达到防冰目的。由于风机的特殊性，其喷洒方法主要为无人机或直升机，但其能源消耗过大、环境不友好且浪费严重，如图 12.1 所示。

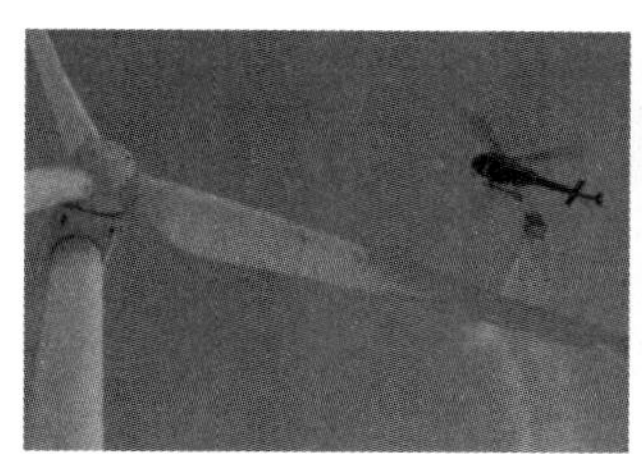
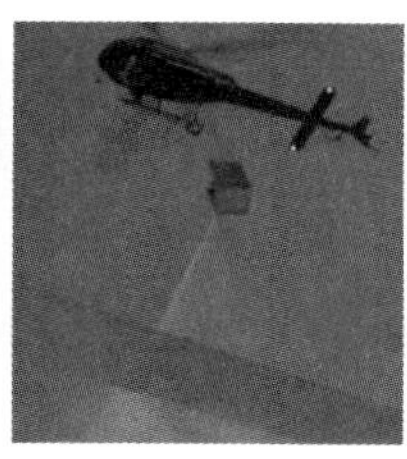

图 12.1　化学试剂除冰

12.1.2　主动防御

1. 主动停机

主动停机是指覆冰事件发生前将风机停运，减少覆冰以期能在覆冰事件结束后使风机迅速启动。主动停机几乎是所有缺乏有效防除冰措施的风机所普遍采用的规避操作。严格来讲，主动停机并不能归类为防除冰技术。

根据野外研究站一台 300kW 中型风机的运行经验发现，即使将风机叶片桨距角调整为 90°，仍然会因 2～3r/min 的自然旋转在叶片前缘位置积累可观的覆冰。冰的存在使主动停机方法所期望实现的快速启动的愿景落空。

我国金风科技于 2017 年提出风机覆冰安全保护模式，对主动停机的发电潜能进行了挖掘。通过控制程序，根据实际覆冰程度执行相应的运行控制策略。当覆冰触发安全条件时才停机保护，尽可能增加机组发电量。但即使在温度略低于 0℃的轻微雨凇覆冰条件下，一台 300kW 中型风机从正常运转到被迫停机(覆冰导致转速低于额定发电转速)仅需 30min，短暂的 30min 相对于持续数天的覆冰停机微不足道，若因带冰运行而导致风机机械损坏则得不偿失。

2. 电磁脉冲除冰

电磁脉冲除冰使用后置电容器组向安装于飞机机翼或风机叶片金属蒙皮下方的电磁线圈瞬时放电，在金属蒙皮上形成电磁涡流场并产生瞬态电磁力，电磁力导致蒙皮快速振动并使冰层发生形变而破裂脱落。该技术能耗低、能效高且作用快速。但研究发现，其对较薄冰层作用效果不佳。在实际使用过程中，电磁脉冲除冰通常与电加热技术配合使用，作为机翼表面覆冰内层热融以后的脱冰助力。该技术的完美实现依赖于金属蒙皮的存在，意味着风机叶片引雷概率的极大增加。由于雷击的可能危害，电磁脉冲技术暂时未在风机上实际应用。

3. 超声波与低频振动除冰

超声波技术是基于冰层与叶片接触面的抗剪强度较弱的特性，利用压电耦合技术激发超声波并在接触面处产生波速差，形成略大于覆冰最大黏附应力的差动剪切应力，达到破坏冰层与叶片黏结力的目的。该技术尚处于实验室阶段，但在直升机桨叶除冰领域已经验证了有效性。虽然该技术具有高能效和快速作用的优点，但考虑到超声波的传播特性与叶片材料有很大关系，可预见的缺点是，不同厂家不同型号的风机需要单独调试校验[3,4]。

4. 热空气除冰

热空气除冰是利用叶片内部中空结构的特点，在叶根处加热空气并将其吹送至需要防护的叶尖实现风机防冰、除冰。出于二次利用航空发动机废弃热量的目的，热空气防冰、除冰首先出现在航空领域，2009 年德国风机商 Enercon 首次引入将热气用于风机除冰。风机叶片不具备热源，需要用加热与鼓风装置。此外，现代风机叶片是由低热传导率的玻璃纤维材料制成，很难从叶片内部对叶片外表面的覆冰加热，且即使能实现除冰，也存在高能耗、低能效和起效慢等多种问题，如图 12.2 所示。

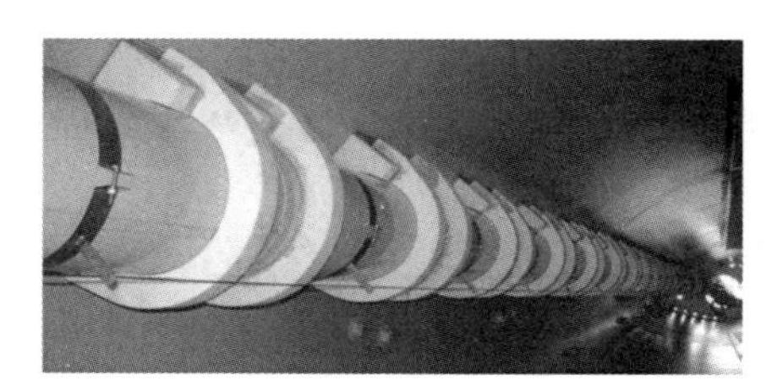

图 12.2　热空气除冰

基于技术储备原因，Enercon、Senvion 和 Vestas 等主要风机制造商均成功研制热气除冰装置并完成测试，但由于技术固有缺陷未实现大规模商业应用。我国国电联合动力技术有限公司也进行了电气除冰技术的开发研制，于 2013 年 11 月在贵州威宁麻窝山风电场装配的 33 台风机(UP86，1.5MW)上实现应用，但运行效果不佳。

5. 电加热融冰

电加热融冰是利用电能对叶片外表冰层直接加热，使冰层内表少量融化后能在气动力和惯性作用下脱落。在国内外诸多方法中，由于原理清晰、系统简单和监测便捷等原因，电加热融冰被认为是目前最为有效、可靠和经济可行的除冰方法。

电加热一般由控制、供能和发热元件组成，核心是发热元件。一般而言，发热元件可设计成柔性可弯曲且能直接粘贴于需要防护的叶片表面区域。在实际使用中，与热空气技术一样，虽然都是利用电热能量实现叶片防冰、除冰的目的，但电加热方法所产生的热量无须穿透叶片结构而是直接作用于冰层内表面，热效率远高于热空气除冰。此外，发热元件是多层复合结构且粘贴在叶片前缘外表面，非冰期也可起到保护叶片前缘不受雨滴、风沙侵蚀的作用。叶片电加热元件十分轻而薄且可内嵌于风机叶片的浅表处，不会对叶片的气动和启动性能造成显著影响。但是叶片外表电热元件的存在使叶片部分区域的外表面导电性能上升，与电磁脉冲相同存在引雷风险。

近年随着世界风电产业迅猛发展，风机覆冰问题突显，国内外主流风机生产商和叶片供应商都在积极研究并开发电加热技术与装置，如表 12.1 所示。

表 12.1　国外主流厂商的电加热防除冰系统

厂商类别	厂商名称	装置或技术名称	装置类别
防除冰技术供应商	VTT	Ice Prevention System	电加热
	Kelly Aerospace	ThermaWing	电加热
风机整机生产商	Enercon	Rotor Blade De-Icing System	热空气
	Nordex	Anti-Icing for Rotor Blades	电加热
	Siemens	Blade De-Icing	电加热
	Vestas	Vestas Anti-Icing/De-Icing	电加热
	WinWind	Blade Ice Prevention System	电加热

除德国 Enercon 外，各大主流风机整机商均推出各自的叶片电加热防冰系统。

目前由于除冰问题的复杂性和困难性,绝大多数风机叶片防除冰仍处于理论研究、试验研制和小规模测试阶段，尚未有某种技术已经发展成熟且实现大规模商业应用，如表 12.2 所示。

表 12.2　不同防除冰技术比较

技术种类	防护类型	改造与否	粗糙度增加	控制问题	运行能耗	效果
防冰涂料	防冰	否	中等	无	无	有限
黑色涂层	除冰	否	中等	无	无	有限
主动停机	防冰	否	无	高	无	有限
电磁脉冲	除冰	是	无	高	低	非常有效
热空气	防除冰	是	无	中	高	有效
超声波	除冰	是	无	高	低	较有效
低频振动	除冰	是	无	高	低	较有效
电加热元件	防除冰	是	无	中	中等	非常有效
膨胀管	除冰	是	很高	中	低	较有效

风机一般建在空旷平坦、人烟稀少的地区，覆冰防御存在一定困难：①天气预报不能准确预测覆冰，风机实时监测能力需加强，尤其是恶劣条件下运行可靠性和监测准确度需提升；②由于其自身高度，给除冰人员安全带来极大危险和难度；③应对覆冰方案不完善，如主动停机，何时停机才使风机保障其运行安全的前提增大经济效益。作者团队研究提出风机叶轮非均匀碳纤维网格电加热融冰方法，研制了传热效率高、无灼伤三层式发热元件结构，融冰功率由 20%降至 6.8%。

作者团队还进一步探索了碳纤维加热丝制作工艺。通过碳纤维原丝聚合制成碳纤维丝束，编织成碳纤维布，安装在分层结构中，如图 12.3～图 12.5 所示。制成碳纤维非均匀网格，完成加热试验验证及应用，得到在碳纤维网格 2mm、3mm 和 4mm 时功率密度 1kW/m^2 条件下叶片温度与时间的关系如图 12.6 所示。

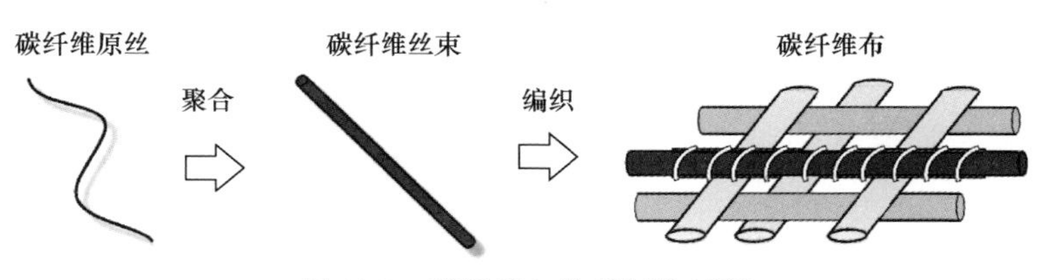

图 12.3　碳纤维加热丝制作过程

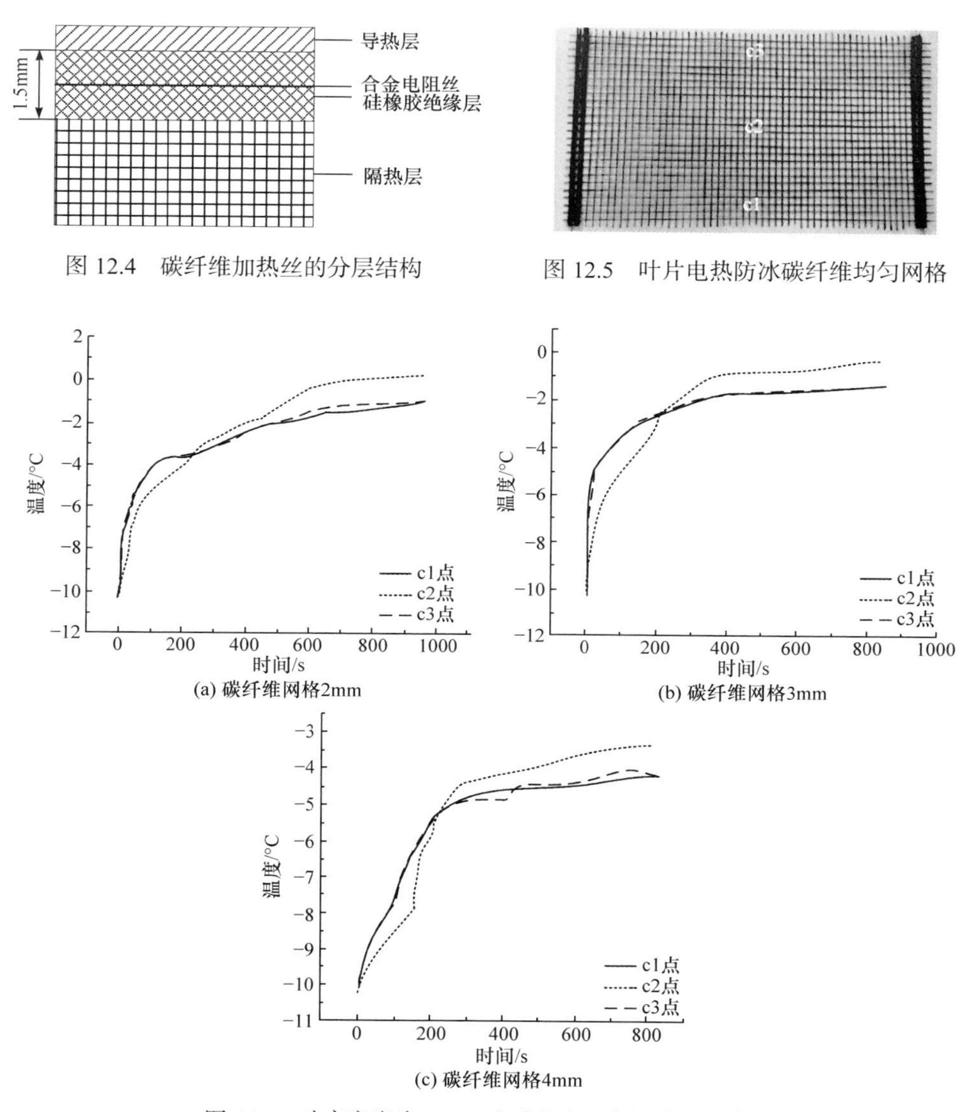

图 12.4　碳纤维加热丝的分层结构

图 12.5　叶片电热防冰碳纤维均匀网格

图 12.6　功率密度为 $1kW/m^2$ 时叶片温度与时间的关系

12.2　公路交通覆冰防御

12.2.1　公路交通覆冰

公路路面分为两种，即水泥混凝土路面和沥青路面。水泥混凝土路面也称刚性路面、白色路面，是以水泥混凝土为主要材料做面层的路面，简称混凝土路面。

混凝土路面有素混凝土、钢筋混凝土、连续配筋混凝土、预应力混凝土等各种路面。沥青路面是在矿质材料中掺入路用沥青材料铺筑的各种类型的路面。沥青结合料提高铺路用粒料抵抗行车和自然因素对路面损害的能力，路面平整少尘、不透水且经久耐用。沥青路面是一种被广泛采用的高级路面。

冬季公路交通冰雪是危害公共安全的最严重的自然灾害之一，给人们生产、生活、出行带来极大阻碍，造成巨大伤亡。冬季公路上降雪通常以浮雪、积雪和积冰三种形式滞留于路面。正常干燥沥青路面的摩擦系数为 0.6，雨天摩擦系数为 0.4，雪天则为 0.28，结冰路面只有 0.18。结冰路面汽车制动距离为正常道路的 6～7 倍，极易造成交通事故。寒冷地区冬季交通事故率比其他季节高 20%。根据世界主要大中城市调查结果，道路结冰交通事故占冬季事故总量的 35%以上。

冬季低温雨雪天气路面易结冰积雪，摩擦系数降低，车辆行驶困难，制动距离增大，极易造成交通事故。机场一般修建在较为平坦地区，飞行跑道一旦覆冰，严重影响起飞、降落。为消除冰雪危害，保证道路交通安全，实施有效除冰铲雪是保障车辆、人员尤其是飞机起飞降落安全的主要措施。

冬季除冰铲雪按途径分为路面表面和结构技术两大类，如图 12.7 所示，路面除冰铲雪可分为清除、融化、能量转化和抑制冻结等方法[5]。

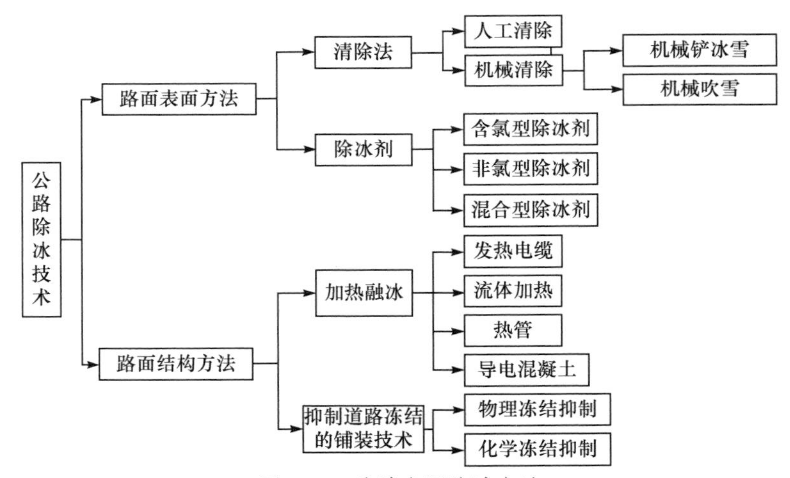

图 12.7　公路交通防冰方法

12.2.2　公路交通覆冰清除

路面冰雪清除是传统和常用的方法，冰雪清除有人工清除法和机械清除法，清除法属于除雪破冰的物理方法。

1. 人工清除

人工清除是最简单最传统的清除法，一般用于雪量较小或需重点关注的路段，具有人力消耗大、效率低、费用高、效果较好等特点，见图 12.8。我国的人工成本较低，且大部分地区冰雪不及高纬度国家严重，除冰铲雪需求相对较少。我国南方主要以人工清除为主，而高纬度地区除冰任务重，以机械清除为主。

图 12.8　人工除雪

2. 机械清除

积覆冰雪涉及面广路长，人工清除速度慢，耗费大量人力，影响工人安全。清除冰雪最普遍、常用的是机械清除。机械清除可分为机械铲冰雪和吹雪两种。铲冰雪是专业机械设备对路面冰雪清除，适用于降雪量大的寒冷地区，按原理可分为：①振动式，将振动轮表面凸起物压入冰雪内部破碎；②静碾压裂式，利用机械自身重力碾压，再配合动臂压力击碎冰雪；③柔性链条打击式，采用特制链条抽打冰面破冰；④铲剁式，利用曲轴带动工作铲上下振动，击破冰面。机械铲冰雪效率高，适合大面积作业，但破碎力难控制，损害路面及标线。

机械吹雪是在路上方形成气流，带动道路表面积雪远离路面，适用于未经碾压、雪层较薄的路段，不适用于道路交通量大的城市道路。主要装置是吹雪车：采用喷气式飞机发动机喷射 500℃高速高温气流，瞬间融化和吹飞路面冰雪，但消耗大量航空燃油，为避免损伤，吹雪车周边不能有其他人员和车辆[6]。

国内外在冰雪清除设备研制上取得重要进展。欧洲对清雪设备研究较早，如德国施密特 CJS Super II 紧凑型扫雪车(图 12.9)，集前推、中扫、后吹为一体，设计紧凑灵活，滚刷和高压鼓风机可快速有效清除积雪，是施密特在中国储备量最高的除雪机械之一；施密特 TJS 系列拖挂式扫雪车(图 12.10)具有超宽清扫宽度、较高清扫速度及卓越的机动性能。

图 12.9　紧凑型扫雪车

图 12.10　拖挂式扫雪车

大功率多功能除雪机 Jetbroom 已获得应用，配有 2 台结构相同的 300kW 发动机，一台用于行走，一台用于驱动除雪装置。Jetbroom 除雪速度可达 60～80km/h。分段式 Boschung MF 系列推雪铲采用曲面抛雪技术，可高效环保完成除雪任务，其动态适应力可胜任任何路面，其他干预措施少，造成交通压力更小。Jetbroom H(高速)型处理高速公路大雪，以前后桥两套推雪、滚扫、吹雪结合联合作业模式。

国内比较成熟的清雪设备有中联重科 ZLJ5250TCXZE4 多功能除雪车、ZLJ5250 TCXZE3 除雪车等。ZLJ5250TCXZE3 除雪车是集推雪、高速扫雪、固体撒布、预湿撒布及刮冰等多功能于一体的综合除雪车，功率大、效率高；速度可达 40km/h；通过变速箱取力滚扫可有效连续作业；刮冰刀与地面柔性紧密接触，不损伤地面。

国内还有 PX2000 型旋转抛雪式除雪机、清除硬冰雪的 CXL-2 型清雪机。机械吹雪安全环保，但机械需求大、费用高，适用范围较小，通常只适用于机场等便于管理的较小范围的除雪及未经碾压的较薄的路面积雪，不适合交通量较大的公路和城市道路除雪。在高速公路中，常用的有国产多功能除雪车、除雪铲(图 12.11)。多功能除雪车既可除雪，又可撒布除冰剂(图 12.12)[7]。

图 12.11　除雪铲除雪作业

图 12.12　多功能除雪车除雪作业

机场跑道一旦积覆冰雪，严重影响飞机起飞降落，同样也需要除冰(图 12.13)。

12.2.3　公路交通覆冰除冰剂

除冰剂又叫除雪剂、化冰剂、冰雪速融剂，主要用于机场、公路、广场、停

图 12.13 机场跑道除冰作业

车场、铁路、城市街道。通过化学作用阻止水分子在一定温度(<0℃，即纯水冰点)以上结合，而温度取决于水的浓度。除冰剂除冰机理为：①除冰剂撒在路面，易潮解固态物质吸收空气中水分产生潮解，雪冰表面形成少量水，除冰剂形成溶液；②水中离子浓度增加，液相蒸气压下降，但冰雪固态蒸气压不变，为了达到平衡，固体冰雪开始融化；③冰雪出现裂痕和大面积龟裂，从局部扩展为全面融化。

除冰剂分三类：第一类为含氯型除冰剂，主要类型是氯化钠(NaCl)、氯化钙($CaCl_2$)、氯化镁($MgCl_2$)、氯化钾(KCl)，最为多用的是工业盐 NaCl 或 NaCl 与 $CaCl_2$ 混合物；第二类为非氯型除冰剂，主要是无机盐、胺、醇、醋酸盐等，最为多用的是多元醇、醋酸钙镁($CaMg_2(CH_3COO)_6$, CMA)、醋酸钾(CH_3COOK, KAc)；第三类为混合型除冰剂，包括氯盐和非氯盐混合、氯盐和非氯盐加阻锈剂混合等。

冬季除冰剂使用原因如下：①阻止冰雪黏结到道路上和保持交通通行；②增加驾驶安全性和减少车辆事故可能性；③允许更高交通速度和更大流量；④减少砂石使用，改善空气质量；⑤减少人工除冰雪人力和时间；⑥提升交通服务水平；⑦节省车辆燃料消耗[8-11]。

1. 含氯型除冰剂

1) 除冰机理

含氯除冰剂撒布路面溶于水后使其冰点小于 0℃，如 NaCl 溶液的冰点可达−10℃，$CaCl_2$ 溶液的冰点可达−20℃，除冰剂溶化后气压降低，而冰的气压高于液体，为达到气压平衡，冰向液体转化，实现融冰雪。氯盐型除冰剂常用的是 NaCl，原料易得、价格便宜，美国双子城估计每年有 349000t NaCl 用于除冰。$MgCl_2$ 是片状、颗粒状，也可是液体状，通常弄湿加入 NaCl 中提高除冰性能。$CaCl_2$ 可以是片状、球状，或作为液体添加到 NaCl 中以提高除冰性能。氯盐型除冰剂使用方便、价格便宜，但对环境及路面有明显负面影响。

2) 环境影响

自 20 世纪 60 年代来，人们对环境和人类健康的影响及除冰剂的腐蚀进行了大量研究。《加拿大环境报告》是加拿大环境部 2000 年编写的“道路盐”除冰剂对环境影响的研究报告，指出公路盐是“有毒的”，建议冰雪控制方案选择应基于对冬季道路养护措施的优化，以免危害道路安全，尽量减少对环境的潜在危害。

大量使用含氯除冰剂对绿色植被、地下水、地表水产生严重影响，造成土壤盐碱化，高速公路绿化带植物死亡。资料显示：2003 年北京超过 40 万株植被受除雪剂的影响而枯死，路边土壤取样结果表明含盐浓度超出正常值近 400 倍。

3) 结构物影响

不使用除冰剂的混凝土表面发生结垢，因为混凝土表面孔隙中水溶液因温度波动而冻结和融化。在饱和混凝土中，水冻结产生巨大膨胀力，导致混凝土表面剥落，尤其是混凝土表面没有充分夹带空气保护的情况。氯盐是含有钠、钙、镁、钾等金属离子和氯离子的化合物，氯离子不利于大多数金属的钝化。钢筋表面氯离子浓度超过临界值时，腐蚀本来钝化状态的钢筋。氯盐会与沥青发生反应，减小沥青和集料的黏结程度，行车荷载下路面剥落、松散。除冰剂物理攻击可导致水泥混凝土损伤，常见的有结垢、破裂或解体。结垢是硬化混凝土表面局部剥落，是由循环冻结和解冻导致的。

除冰剂对混凝土结构和路面的危害主要通过以下三种途径：①混凝土因盐结垢等影响发生物理劣化；②除冰剂与水泥浆体的化学反应(以阳离子为主，特别是 Mg^{2+}和 Ca^{2+}存在时)；③除冰剂加剧胶凝反应，适当空气夹带、高质量的胶凝材料和骨料以及矿物掺合料的使用有望减轻除冰剂对混凝土的影响。暴露在 $MgCl_2$ 和 $CaCl_2$ 除冰剂下的水泥混凝土路面发生劣化。

研究表明：含氯除冰剂随混凝土冻融循环而加剧结垢。水分通过渗透作用向盐浓度较高的区域移动。如果孔隙溶液中存在盐，则渗透压力增加正常水压，增加混凝土的物理恶化，路面使用除冰盐增加冷却速度，增加冻融循环次数，从而增加冻融恶化风险。

2. 非氯型除冰剂

非氯型除冰剂不含氯离子，避免了对水泥混凝土和金属的腐蚀。常见的是醋酸盐除冰剂和多元醇除冰剂，该类除冰剂对钢筋及结构物无腐蚀性，环境负面影响较小，但价格较高。

1) 植物基非氯环保型除冰剂(多元醇类)

主要成分来自天然植物，在自然环境中可降解代谢，对动物皮肤无刺激，对土壤微生物的抑菌作用很小，对鱼和其他水生生物的毒性也较低。

2) 醋酸盐类除冰剂(醋酸盐类)

与氯盐类相比，醋酸盐类除冰剂具有较好的除冰效率，常用于氯离子除冰剂使用有限地区；可生物降解，保证环境不被 Cl^-污染，是一种环保型除冰剂。制备原料通常为冰醋酸和白云石等,但较高成本制约了醋酸盐类除冰剂的普遍使用。

醋酸盐类除冰剂包括醋酸钙镁($CaMg_2(CH_3COO)_6$, CMA)、醋酸钾(CH_3COOK, KAc)和醋酸钠(CH_3COONa, NaAc)。

CMA 是最常见的以醋酸盐为基础的除冰剂，一般以粉末、晶体、球团或液体形式，实际融化温度最低为−7℃。KAc 一般以液体形式存在，实际冰点最低为−26℃。−5℃以下强降雪和冻雨期间，除冰效果不如含氯型除冰剂。研究表明，CMA 的风险有：①使混凝土发生物理老化；②与混凝土的化学反应；③加剧胶凝反应。

此外，甲酸盐/醋酸盐基除冰剂对沥青路面有明显破坏作用，破坏机制是化学反应、乳化和蒸馏的结合，以及沥青混凝土内部产生的附加应力。很明显，干燥剂(甲酸盐或醋酸盐)、水或湿度以及热量都是造成破坏的必要因素。KAc 导致硅酸盐水泥混凝土表层碱-硅酸盐反应产生轻微结垢。

研究发现，利用 NaAc 溶液处理混凝土是一种很有前景的技术，可在混凝土孔隙内生长晶体，减少水对混凝土的渗透，延长混凝土使用寿命。

3. 混合型除冰剂

包括氯盐和非氯盐复合物、氯盐和非氯盐以及添加剂复合物等。添加的复合物有缓蚀剂、阻锈剂等。

1) 缓蚀剂

缓蚀剂能减轻除冰剂对基础设施的腐蚀。在除冰剂合成中缓蚀剂包括：向氯盐中添加工业蜜糖、向氯化镁中加入磷酸盐或三乙醇胺作为缓蚀剂，向氯盐类除冰剂中添加醋酸锌和多聚磷酸盐、氯化镁、岩盐、尿素($CO(NH_2)_2$)、三聚磷酸钠、偏磷酸钠等生产复合型除冰剂等。

2) 阻锈剂

20 世纪 80 年代后期，美国开始使用氯盐类阻锈型除冰剂。这是一种复合制剂，曾代表除冰剂的发展方向。钢筋阻锈剂作为提高混凝土结构耐久性的重要方法之一，得到越来越广泛的应用和研究。添加阻锈剂可减缓和阻止氯盐对钢筋的侵蚀。考虑价格合理、储存便利性及使用效果等因素，安徽省高速公路养护中应用较多的是低氯盐类除冰剂，即在除冰剂中加入缓蚀剂，提高除冰剂的环保性能，降低其对结构物及环境的负面影响。

3) 砂石材料

20 世纪 30 年代盐(NaCl)和砂石就用于冰雪控制。冰雪路面上撒布一定粒径的砂石材料，如砂、石屑、炉灰、煤渣和砂盐混合料等，能提高冰雪路面摩擦系数。碎石的存在一方面使冰雪层冻结强度不均匀；另一方面，砂石在冰雪层的运动使得雪不易压实，达到抗滑目的。砂石经济环保，在欧洲广泛应用。

4) 碳水化合物

有一种新型的碳水化合物用作除冰剂。以碳水化合物为基础的除冰剂是由谷物发酵或糖的加工(如甘蔗或甜菜糖)制成的。仅碳水化合物不能融化冰雪，但碳水化合物比盐更有助于降低冰的凝固点，有助于除冰盐更好地附着在路面上。碳水化合物对钢无腐蚀性，高浓度碳水化合物还可作除冰盐缓蚀剂。

另一种非传统的添加剂是奶酪盐水。美国威斯康星州的 6 个县使用奶酪盐。将两种以甜菜糖蜜为基础的除冰剂与一种盐水除冰剂比较发现：用作预润湿材料时，这些化学物质之间没有统计学上的显著差异；作为防冰材料时，有机材料的性能提高了 30%。表 12.3 是各种除冰剂的影响。

表 12.3　不同除冰剂的使用影响

种类	类型	最低冰点	潜在的腐蚀损害				环境影响		
			腐蚀金属	混凝土	混凝土钢筋	水质/水生物	空气质量	土壤	植被
含氯除冰剂	氯化钠	−9℃	高	低	高	重金属污染	低	中/高	高
	氯化钙	−29℃	高	低	高	重金属污染	低	—	高
	氯化镁	−23℃	高	中等偏高	高	重金属污染	低	低/中	高
非氯型除冰剂	醋酸钙镁	−7℃	低	—	低	高	—	—	低
	醋酸钾	−26℃	低	—	低	—	—	—	—
	醋酸钠	−29℃	低	—	低	—	—	—	—
碳水化合物	甜菜汁	—	低	低	低	磷、氮/重金属	—	低	低

4. 其他

使用除冰剂需采用如下措施：①减少或限制氯盐除冰剂的使用；②掌握撒布时机，除冰剂应在降雪前 1～2h 撒布；③使用机械均匀精确撒布除冰剂；④桥梁隧道入口和机场等关键地区禁止使用含氯型除冰剂；⑤建立污水收集处理设施。除冰剂应和人工清除、机械清除相配合，以提高除冰效率，便于有害融冰水的收集。

12.2.4　加热融冰

加热融冰是利用热水、地热、燃气、电或太阳能等产生的热量使冰雪融化[10-16]。

1. 发热电缆

1) 融冰原理

发热电缆加热具有发热效率高、热稳定性好、无污染等优势，应用于民用建筑、室外设施和路桥面除冰雪等。最初在地暖中取得良好效果，20 世纪 40 年代欧美公寓住所发热电缆地暖系统风靡一时，覆盖了世界严寒地带的 1/3。

因此，发热电缆加热的室外冰雪融化应运而生。北欧气候寒冷，水管经常冻结，道路积雪妨碍居民日常出行与活动。发热电缆加热应用于道路、管道及屋顶融化冰雪。近 20 年该技术快速发展，在很多国家得到应用。基于发热电缆的优势，除地暖、管道伴热、屋顶及屋顶天沟冰雪融化外，在足球场、草坪、花坛供热中也得到广泛应用。道路发热电缆加热除冰是指在路面下铺设发热电缆加热系统，以电力为能源，发热电缆为发热体，将电能转化为热能，通过结构层内导热将热量传到物体表面，再通过物体表面与冰雪之间的显热和潜热交换融冰化雪。

用作电加热元件的发热电缆与热损耗很小的输电电缆有很大不同，必须采用能使电能最大限度地转变成热能的金属丝或合金丝作导体。发热电缆由内部发热芯、绝缘层、接地、屏蔽层和外护套组成。根据电缆内部发热芯的个数可分为单导电缆和双导电缆。单导电缆内部仅有 1 根发热芯，需将电缆两端均与供电电源相连接；而双导电缆内部有 2 根发热芯，只需将一端与供电电源连接即可。发热电缆通电后，埋设在填充层内的发热电缆热能通过热传导(对流)的方式和发出 8～13μm 的远红外线辐射方式传给受热体，发热线功率为 17～27W/m。

2) 研究与应用

该技术在路桥融雪工程应用源于 1961 年，桥梁表面铺装层采用沥青混凝土铺装且位于新泽西州纽瓦克为保证冬季快速融冰，Henderson 等将加热装置内置于桥面结构内部，产生热量足以融化 25mm/h 降雪。但试验失败未获得有效数据。

1964 年，吸取前期失败教训，选取新泽西州泰特伯勒一座桥梁及其附近的斜坡，将调试后发热系统再次埋设于路桥面结构内部，取得良好融冰效果，耗能 323～430W/m^2，年运营费用约 5 美元/m^2。1970 年在内布拉斯加州奥马哈的一座混凝土桥面板上安装了电缆发热装置，由温度传感器返回控制信号。

2005 年，美国拉格兰德(La Grande)将该技术应用于道路的融冰化雪，将沥青混凝土路面纵向开槽，槽深 44.5mm、间隔 22.9mm，发热线埋设后用密封剂填充，桥面 76.2mm 深度处布置热电偶检测温度。环境温度低于−0.28℃时系统开启。冬季平均耗电 5000 美元，峰值耗电为 9000 美元，系统运行良好，如图 12.14 和图 12.15[12]所示。

阿拉斯加安科拉基大学 Joey Yang 等将碳纤维胶带作为发热体(图 12.16)对道路融冰化雪。通过试验研究了系统性能、融冰时间、随时间温度的变化、融冰装置对于外界环境条件的敏感性等因素对融冰化雪的影响，以及融冰装置对于外界温度、寒冷风和雪密度的敏感性，并在校园人行道设立了试验段，取得了良好的融冰效果。试验过程中该融冰系统每天的耗能成本约 0.61 美元/m^2，将该系统与其他融冰系统进行成本对比，碳纤维胶带融冰系统运营成本更低。

2006 年 12 月，我国在哈尔滨市文昌桥桥面首次引用丹麦的发热电缆融雪技术顺利融冰化雪，证明该技术可行。缺点是电缆铺设面积过大、铺设长度长、耗

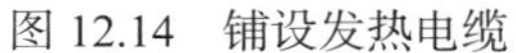
图 12.14　铺设发热电缆　　图 12.15　发热电缆的损坏

图 12.16　碳纤维胶带电除冰试验

能较高，且如果电缆损坏不易维修。

2006 年，北京工业大学李炎锋等[13]提出将发热电缆埋置于路面结构，利用电能使电缆发热融雪除冰，通过有限元分析和室内试验表明：环境温度为–4～1℃、铺装功率为270W/m^{2}时,可达到融雪除冰目的;北京的气象条件采用250～350W/m^{2}的发热电缆铺装功率可满足一般情况下融雪化冰[14]，如图 12.17～图 12.19 所示。

图 12.17　发热电缆路面除冰效果图

图 12.18　试件中所铺设加热电缆照片

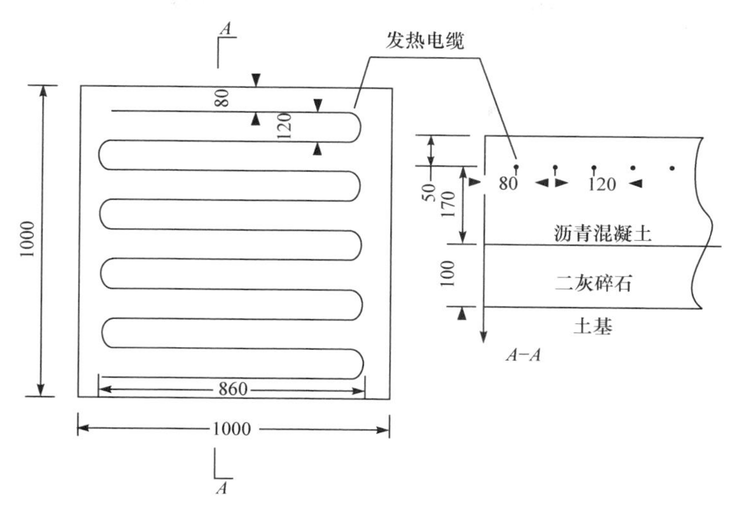

图 12.19　试件的尺寸及组成示意图(单位：mm)

2010 年，大连理工大学赵宏明用碳纤维作加热源，分析试验布置碳纤维发热线的混凝土路面及桥面融雪化冰，如图 12.20 和图 12.21 所示。他还研究了加热电缆布设间距、铺装功率、环境温度、风速及发热线埋设位置和铺设方法等因素对温升效果的影响[14]。

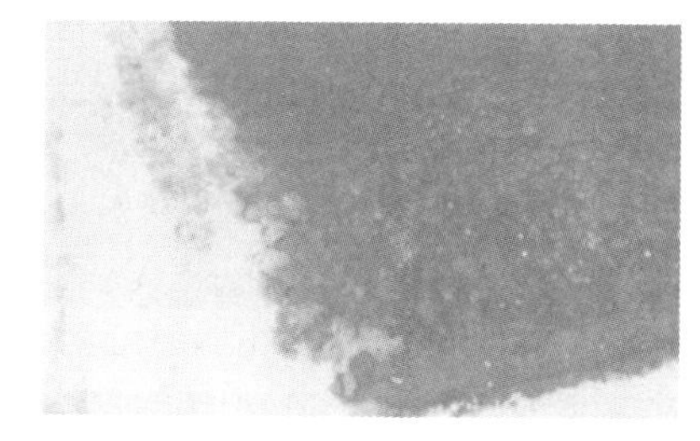

图 12.20　发热电缆除冰试验

(a) 初始时间

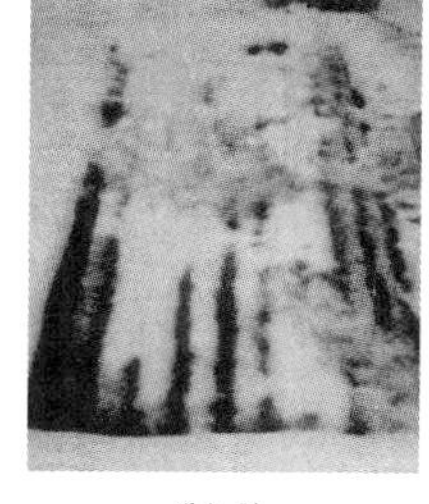
(b) 1h

(c) 1.5h

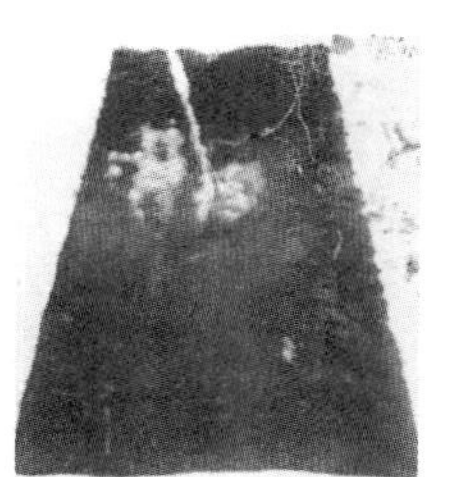
(d) 2h

图 12.21　碳纤维发热线除冰试验

2. 流体加热

1) 加热原理

流体加热路面是将外部热源(如浅层地热、地热水及工业废热等)热量提升品位后，利用循环泵将热流体循环于路面内部，通过埋置于路面内部管道的对流换热和路面内部的热传导将热量传递到路表融冰化雪。

冬季外界环境温度较低，流体加热路面内部循环液通常为有机醇溶液，如丙三醇水溶液和乙二醇水溶液等，其浓度根据外界气温值参考表 12.4 选择。埋设于路面内部的管材，通常为高强度、高韧性的不锈钢管或高密度聚乙烯管，以便于施工安装及抵抗车辆荷载作用。

表 12.4　流体加热路面循环液浓度参考值

外界气温/℃	乙二醇质量分数/%	丙三醇质量分数/%
0	16	8
−5	24	21
−10	31	30
−15	40	38
−20	15	44
−25	50	49
−30	53	52
−35	57	56

外部热源通常为地热能、地下水、工业废热及太阳能等。采用地热能的流体加热路面融雪系统如图 12.22 所示。该系统不仅可在冬季提升路面温度进行路表融冰化雪，还可在夏季反向运行，一方面降低路面温度，减少路面病害；另一方面可以存储地热，实现跨季节能量利用。研究表明，地热式流体加热融雪系统制热性能系数(COP)可达 4.0，远高于电加热融雪系统，是一种绿色环保的路面融雪方法。

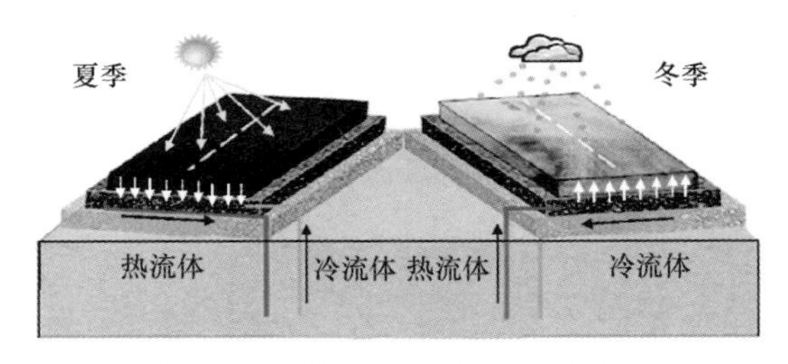

图 12.22　流体加热路面融雪系统

太阳能-土壤蓄热融雪技术就是根据这一现象在夏季将地面太阳能通过导热传至介质并通过介质在地下土壤放热储存，冬季通过换热介质将这些热量提取为路面融雪，改善冬季的路面状况，减少交通事故。该技术能耗低、环保无污染，但系统庞大复杂，建造难度大，成本很高，不适合路面下方没有土壤的桥梁，灵活性差，没有得到广泛应用[15,16]。

如图 12.23 所示：①夏季打开电磁阀 Ma1-2、Mb1-2、Mc2-3、Md2-3 及水泵 1，将路面吸收的太阳能输送到地下蓄热体；②冬季打开电磁阀 Ma1-3、Mb1-3、Mc1-3、Md1-3 及水泵 2、水泵 3，热泵不断从地下抽出热量输送给路面融冰雪。

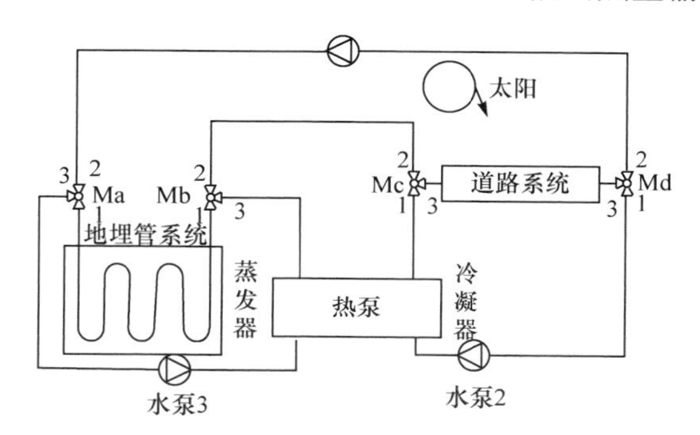

图 12.23　太阳能-土壤蓄热除冰系统原理图

2) 研究及应用

自 20 世纪 40 年代起，国内外修筑了大量流体加热融冰化雪路面示范工程，论证了该技术的可行性。1948 年，美国在俄勒冈州率先建成坡度为 8%、长度 135m 的地热融雪系统，该系统热源为地热井水，供水温度为 38～54℃，融雪管道采用直径 20mm 的铸铁管，管道埋深 76mm，管道间距 450mm，管内流体采用 40%质量分数的乙二醇水溶液，循环流量为 300t/s，系统在环境温度为−20℃，降雪速率 7.6mm/h 时融雪热负荷达 130W/m^2，论证了流体加热路面融雪的可行性。

1994 年，美国在内布拉斯加州修筑以天然气锅炉为热源的流体加热融雪路面试验段，冬季加热系统热流密度可达 530W/m^2，流速达 530L/min，流体温度可达 51℃，融雪效果较好，为流体加热融雪路面热量来源提供了新方向。

1995 年，日本在二户市建造了 Gaia 工程，是首例全自动路面集热蓄能式热流体融雪除冰系统。首次采用竖向同轴套管换热器技术，有效提升了地下土壤的蓄热能力，系统共采用了 3 根同轴套管换热器，其外径为 89mm、长度为 150m，整个系统的加热功率为 50kW。Gaia 系统成功运行超过 10 个融雪季节，是日本流体加热路面的成功应用典范。

1994 年，瑞士道路桥梁委员会和苏黎世 Polydynamics Ltd.合作，建设了瑞士 A8 高速公路 Darligen 路桥的 SERSO 热力融雪试验工程。开展了流体加热路面融雪-储能一体化研究，在夏季通过路面太阳能集热蓄能，每年储存能量约为 140MW·h；冬季通过热泵实现融雪除冰，每年输出能量为 30～100MW·h。

试验表明：系统在夏季可以使路面峰值温度降低 15～20℃，减轻路面暴晒风化和热蚀损害，冬季提高路面温度平均达 10℃，减轻冻裂板结，提高了路面使用寿命。

1998 年，波兰建设了 Goleniow 军事机场地源热泵地面融雪除冰系统，加热面积超过 30000m^2，融雪系统热源为 1500～1650m 深的地热水，平均温度为 68℃，流量为 50～150m^3/h，加热系统最大热负荷为 200W/m^2，进出水温度分别为 55℃和 25℃，系统运行效果良好，论证大面积应用流体加热融雪路面的可靠性[17]。

2012 年，徐慧宁等在大庆市中国首条太阳能-土壤热能耦合路面进行融雪试验，试验段面积为 234m^2，热源为太阳能与地热能耦合，地下取热深度为 60m，太阳能集热面积达 24m^2。结果表明，在当地−30℃的极端气温下，流体加热融雪系统可保障路面温度大于 0℃，论证流体加热路面在中国严寒地区应用的可行性[18]。

3. 热管

1) 热管工作原理

地球本身是一个巨大的热平衡体，距地面 15m 以下的土壤温度几乎常年恒定，受地面温度波动影响不大。因此，夏季地下土壤温度低于地面，冬季地下土壤温度却远高出地面。这是地热管和流体加热两种道路融冰化雪的基本物理条件。

重力式热管通常包括蒸发段、绝热段和冷凝段三部分，如图 12.24(a)所示，管内液态工质在蒸发段受热蒸发汽化并逐渐流向冷凝段，热蒸汽在冷凝段将热量传至管壁后又冷凝成液体，冷凝液在重力和毛细压力作用下沿管壁回流至蒸发段，即完成一个传热循环，往复循环可将蒸发段热量传递至冷凝段。热管蒸发段位于地下土壤中，冷凝段位于路面内部，绝热段位于道路最大冻结深度处覆冰。

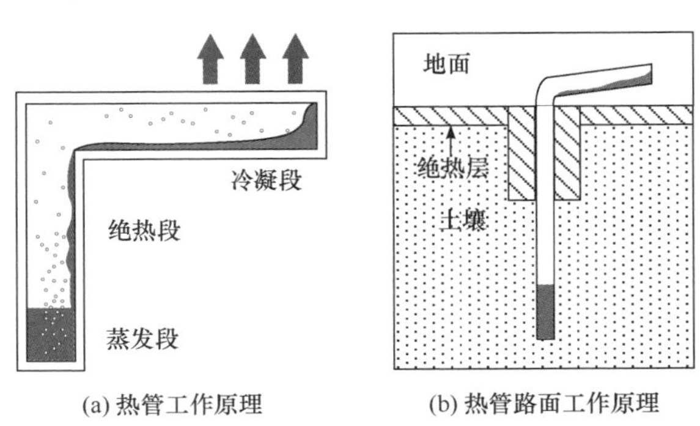

(a) 热管工作原理　　(b) 热管路面工作原理

图 12.24　重力式热管工作原理

冬季地下土壤温度高于路面，系统可通过管内工质相变循环将地热逐渐传至路面，并依靠混凝土传热将热量传至路表融冰化雪，如图 12.24(b)所示；夏季路面温度高于地下土壤，热管系统相变循环终止，自动停止工作，地下土壤温度不断恢复以备来年冬季继续运行。热管内循环工质是一种低凝点、高蒸发点的流体，需要根据冷、热端温度分布合理选择管内工质及对应管壳材料，见表 12.5。研究表明：热管的导热系数可达普通钢管的 100 倍以上，且热管加热仅利用浅层地热能即可完成路面融冰化雪，绿色环保、自主运行且无养护维修费用，如图 12.25 所示。

表 12.5　常用热管工作温度及典型工质与相容壳体材料

种类	工作介质	工作温度/℃	相容壳体材料
低温热管	氨	−60～100	铝、不锈钢、低碳钢
	氟利昂-21($CHCl_2F$)	−40～100	铝、铁
	氟利昂-11(CCl_3F)	−40～120	铝、不锈钢、铜
	氟利昂-113($CCl_2F \cdot CClF_2$)	−10～100	铝、铜
常温热管	己烷	0～100	黄铜、不锈钢
	丙酮	0～120	铝、不锈钢、铜
	乙醇	0～130	铜、不锈钢
	甲醇	10～130	铜、不锈钢、碳钢
	甲苯	0～290	低碳钢、不锈钢、低合金钢
	水	30～250	铜、碳钢(内壁经化学处理)
中温热管	萘	147～350	铝、不锈钢、碳钢
	联苯	147～300	不锈钢、碳钢
	导热膜-A	150～395	铜、不锈钢、碳钢
	导热膜-E	147～300	不锈钢、碳钢、镍
	汞	250～650	奥氏体不锈钢
高温热管	钾	400～1100	不锈钢
	铯	400～1100	钛、铌
	钠	500～1200	不锈钢、因康镍合金
	锂	1000～1800	钨、钽、钼、铌
	银	1800～2300	钨、钽

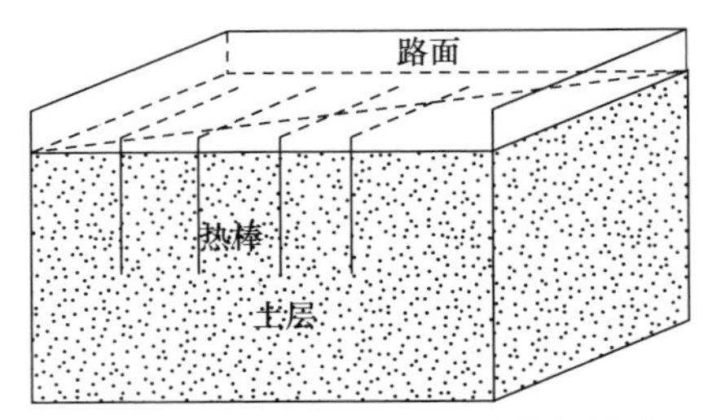

图 12.25 利用地下热能的热管加热路面

路面内部铺设换热管道将地热传导至路面融化冰雪。该方法是使被加热液体在埋设于道路内部的管线中循环，通过管壁的对流换热使热量从循环介质传向道路本身，进而通过热传递与冰雪进行热交换融雪化冰。铺设地热管道是一种不用外加动力设备就可运行的系统，但正是此特性导致热管融雪技术除可控性差的缺点外，还具有初始投资大、后期维护成本高、长期运行会导致效率低下等问题。

2) 热管实践

最早的热管有以下两种：

(1) 美国怀俄明州一座长大纵坡道路，热管提高路表温度 3℃，有效解决积雪结冰问题。1969 年美国在新泽西州特伦顿市道路上试验，管道埋于路面下 5cm，垂直管道间距 60cm；冬季 2m 深度地温为 8.8～13.8℃；暴风雪天气管道内循环不冻液温度为 4.4～11.1℃。在空气温度为−6.7～1.7℃时，融雪速率为 0.6～1.25cm/h。

(2) 1948 年在俄勒冈州高速公路局(OHD)资助下，克拉马斯福尔斯市中心广场(Klamath Falls)建成一个坡度 8%、长度 135m 的地热融雪系统。

1976 年和 1980 年在拉腊的 Sybille 峡谷和春溪桥分别进行了两个更加细致的热管融冰化雪试验，并进行了长期观测。

日本札幌早在 1966 年便开始利用地下水加热除冰系统，该系统最早使用钢管，于 1973 年更换为聚丁烯塑料管，地下热水进入管道的温度达 76～81℃。位于二户市的 Gaia 道路融雪系统采用 3 根外径 89mm、长度 150.2m 的同轴套管换热器，热泵机组由一台 15kW 电机和两台 0.75kW 循环泵驱动。加热管道采用 16mm 内径聚丁烯管，埋设于沥青混凝土下 10cm 位置，间隔 20cm，整个系统的热功率为 50kW。系统成功运行多年，比电缆加热方式节能提高 20%。

2003 年俄勒冈州交通运输部(ODOT)投资 130 万美元，改建克拉马斯福尔斯市的 Eberlien 街桥和 Wall 街桥(坡度 13.25%)，采用地热融雪系统，管路建设与机械装置成本分别为 17×10^4 美元和 3.6×10^4 美元。总融雪面积 960m^2(桥面与人行道面积 346m^2)，设计融雪热负荷为 189W/m^2。热源由附近的换热站提供，换热装置为 316 型不锈钢板式换热器，热功率 174kW，工作压力 1.03MPa。

哈尔滨工业大学谭忆秋等在北京首都机场和北京大兴国际机场围场路及停机坪进行热管加热路面/道面融雪研究，铺筑热管加热融雪路面/道面 5000m^2，应用表明热管加热道面有效防止冬季道面积雪结冰(图 12.26)，热管加热具有推广应用价值[19]。

(a) 热管加热道路建设过程

(b) 热管加热道面融雪效果

图 12.26　北京机场热管道路建设及融雪效果

还有研究提出利用一种特殊有机物相变材料(PCM)由液态转化为固态时释放大量热能的原理融化冰雪。路面下方埋设封装有相变材料的钢管，气温高时转化为液态吸热储能，当气温降至 4℃左右时开始由液态向固态转化，释放出的热能使路面温度长时间保持在冰点以上，抑制路面结冰，融化积雪。2012 年 11 月，该技术在湖南省某高速公路连接线匝道桥面进行了试验，一次性浇筑 85m 桥面。融冰效果较好，但建设施工成本较高，技术不成熟，养护困难，只适用于短期低温少量冰雪环境，优点是无损路面，不影响环境，如图 12.27 所示。

图 12.27　相变材料埋设施工

4. 导电混凝土

1) 导电混凝土原理

普通混凝土干燥状态的电阻率约 10^7～$10^9\Omega\cdot m$，饱水状态电阻率为 10^2～$10^3\Omega\cdot m$。通过添加胶凝材料、导电相材料、骨料、水和相应外加剂等组分可制备导电混凝土。配制导电混凝土的导电介质有：石墨、碳纤维、钢渣、钢纤维、炭黑等。导电相材料使路面具有一定导电能力，在外部电压作用下，通过电热转换效应，使路面整体温度升高实现融雪除冰。

不同导电填料的效果、沥青相容性、分散性、经济性及长期稳定性等分析见表 12.6。从导电效果和长期使用性能看，宜采用碳纤维作导电填料，但其价格较昂贵且在沥青内部的分散性较差，制约了碳纤维导电混凝土的发展，因此加入适量石墨和炭黑制成复合填料导电混凝土，降低成本，提高其性能。

表 12.6　不同导电填料的各方面性能

导电填料类型	形状	导电效果	长期稳定性	相容性	分散性	经济性
碳纤维	纤维状	优	良	优	差	差
钢纤维	纤维状	优	次	差	中	中
石墨	粉末状	良	良	优	优	中
炭黑	粉末状	中	良	优	优	中
钢渣	颗粒状	差	中	次	优	良

通过对导电混凝土导电机理的研究发现：导电途径分为两类，即导电材料导电和水泥基体导电。导电相材料分散在基体中，相互连接或接近。电相材料传导电流，即电子导电；或电流通过隧道效应，当电子和空穴有足够的能量时，且电材料间隔距离足够小，就会跃过势垒，在导电体间发生跃迁，电流得以传导，即空穴导电。电子导电和空穴导电为第一种途径。第二种途径是通过水泥基体传导，该导电途径分为两部分：一是自由离子在通电形成的电场中定向移动导电，二是水泥基体中凝胶类物质以及电子导电。正常应用的碳纤维导电混凝土是通过碳纤维构建的导电网络导电。

研究发现：导电复合材料中普遍存在导电渗流现象，导电混凝土同样具有明显的渗透阈值。当导电相材料的掺量远远小于临界值时，材料的电阻率随着导电材料掺量的增大缓慢减小；当掺量接近临界值时，导电混凝土的电阻率迅速减小；导电材料掺量超过临界值后，导电混凝土的电阻率随掺量的增加而逐步趋于稳定值，该临界值即被称为渗透阈值。

2) 研究及应用

20 世纪 30～40 年代开始研制导电混凝土，苏联、德国、加拿大、美国、英国等探索了混凝土导电的可能性。50 年代末，苏联全面掌握了这一时期导电混凝土的性能、结构特点和制造工艺，主要是以水玻璃和水泥作基材的导电混凝土工艺。在钠质水玻璃中掺入适当比例的炭黑、矿渣和石英砂，可获得电阻率 10^{-3}～$10^{2}\Omega\cdot m$、抗压强度超过 30MPa 的导电混凝土。

20 世纪 70 年代，美国、加拿大以及北欧为解决公路和桥面除冰因使用除冰盐造成混凝土严重腐蚀的问题，在采用阴极保护措施的过程中，引出了导电混凝土的研究和应用。1968 年美国通过在普通沥青混凝土中掺加质量分数为 25%的石墨提高路面导电导热性能融雪化冰。结果表明，相较于其他融雪化冰方法，导电沥青混凝土具有较好的融雪化冰效率和经济性，但该路面使用一年半以后，路面电阻率显著提高，导电性能逐渐丧失。

此后，开展适用于沥青混凝土的导电填料研究。我国在 80 年代也开始对导电混凝土研究。不仅对导电混凝土配制，还对不同导电混凝土工作性、电学特性、力学特性、压敏性、温敏性、耐久性进行了研究。经过数十年研究，特别是 90 年代以来的大量研究，导电混凝土配制技术已经相对成熟，其导电性能和力学性能均满足工程应用要求，已应用于电站接地、地面采暖和道路、桥梁的除冰融雪。

2000 年，广州南方气体厂专用变电站地网改造工程首次采用导电混凝土作为接地导电材料，在普通混凝土中加入石墨和碳纤维、膨胀剂等材料制成，干燥状态的电阻率为 0.14Ω·m，仅为潮湿状态的电阻率 0.4Ω·m 的 1/3。随后，广东清远市变电站和福建芹山水电站采用导电混凝土接地也获得成功。

位于美国内布拉斯加州的 Roca Spur 桥是世界第一座采用导电混凝土桥面板除冰化雪的桥，全长 46m、宽 11m，2001 年开工次年完工。桥面板内镶嵌 36m×8.5m×100mm 的导电混凝土层(由 52 块独立的导电混凝土板组成)，采用钢纤维和碳质材料作导电介质。不同长度的钢纤维体积掺量为 1.5%，不同粒径的碳质材料占到混凝土体积的 25%。

导电混凝土发热板由三相交流供电，采用自动控制程序，当板温度小于 4.5℃时，控制开关打开加热，温度大于 12.8℃时关闭。通电时 2 块板为 1 组，轮替施加 208V 电压各 30min，记录到的最大电流为 7～10A，峰值功率在 360～560W/m^2 之间。

Roca Spur 桥于 2003 年通行，首次除冰试验数据显示，导电混凝土板的温度高于环境温度 9℃。内布拉斯加州对导电混凝土覆盖层进行为期 5 年的监测。根据 Yehia 等的报告，2004～2007 年的监测数据显示，Roca Spur 桥电阻率稳定，变化较小。如图 12.28 所示，Yehia 和 Tuan 对现有的道路、桥梁除冰进行调查和对比，指出在路面板或桥面板铺设导电混凝土层，技术经济上都是最为有效的一种除冰雪方法[20-23]。

图 12.28　导电混凝土用于 Roca Spur 桥的除冰融雪

2002 年武汉理工大学学者在碳纤维导电混凝土融雪除冰方面进行了相关研究。在水泥混凝土加入导电碳纤维，形成导电混凝土，利用电能使之发热，实现融雪除冰。结果表明：碳纤维导电混凝土用于–20℃下融雪除冰的输入功率可降到 300W/m^2 以下；可实现室内环境和野外环境的融雪除冰。图 12.29 为野外 400mm×400mm×20mm 碳纤维混凝土板的带电融雪试验。计算和试验表明，当环境温度为–30℃～–5℃，降雪等级为小雪到暴雪时，需要碳纤维导电混凝土的发热功率 48～346W/m^{2}之间可满足融冰化雪的需求[24]。

图 12.29　野外融雪试验

图 12.30　导电混凝土除冰的桥梁

2011 年 12 月建成的恩施州道南(石门县南北镇)鹤(湖北鹤峰县)线大垭桥隧群采用了导电混凝土除冰。工程全长 3.7km，在桥面混凝土中设置自动控制的碳纤维远红外加热融雪系统，有效防止桥面结冰，确保过往车辆的行车安全，如图 12.30 所示。

12.2.5　抑制道路冻结的铺装技术

1. 物理冻结抑制

物理冻结抑制路面主要是通过自应力弹性铺装路面。通过在路面材料内添加一定弹性材料，弹性材料的高变形使路面冰雪层在车辆荷载作用下受力不均匀而破碎融化，有效抑制路面积雪结冰。

根据弹性材料布置于路面位置的不同，可分为镶嵌式铺装路面和填充式铺装路面。镶嵌式铺装路面是普通沥青混凝土路面上方铺撒一定厚度的弹性颗粒并采用施工机械压实，如图 12.31 所示；填充式铺装路面是将废旧轮胎制成橡胶颗粒并掺入沥青混合料中替代部分集料，橡胶颗粒先与石料拌和，再与沥青拌和[25]。

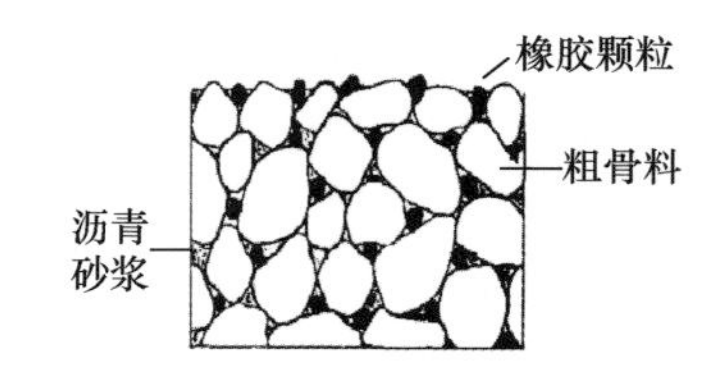

图 12.31　镶嵌式铺装路面

自应力弹性铺装路面在 20 世纪 60 年代由瑞典提出，将苯乙烯、丁二烯橡胶系废旧轮胎制成粒径 6mm 以下的橡胶颗粒，掺入配混合料替代部分细集料，当橡胶颗粒质量掺量为 2%～4%，沥青用量为普通路面的 3 倍时，路面有较好的抑制结冰效果。日本自 1979 年开始在北海道及本州铺筑多条掺入橡胶颗粒的融雪路面试验段。结果表明：降雪条件橡胶颗粒突出路面表面提高路面的抗滑性能，有效减少了路面交通事故；但在使用过程中发现，部分橡胶颗粒脱落使路面出现松散坑槽。

美国学者试验了采用 4.75mm 以上橡胶颗粒替代部分沥青混合料进行路面除冰雪的可行性，分别对掺 3%～12%的橡胶颗粒沥青混合料进行除冰雪和力学强度试验。结果表明：制备的沥青混合料具有良好的除冰雪能力，但在压实成型过程中，弹性橡胶颗粒使混合料压实效果较差，沥青混合料的强度和耐久性有所降低。

我国自 1996 年开始对含有橡胶颗粒的沥青混合料除冰性能进行了试验探索，在橡胶沥青路面融雪化冰可行性研究的基础上，分别从橡胶沥青融雪化冰路面成型工艺、路用性能及融雪化冰特性方面展开分析。

由于橡胶颗粒的加入，沥青混合料具有一定的弹性，不易碾压成型，达到充分的密实。除冰雪效果如图 12.32 所示。

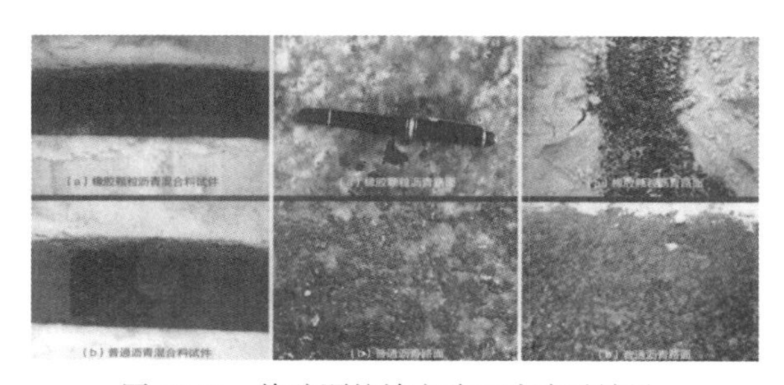

图 12.32　橡胶颗粒填充路面除冰雪效果

2. 化学冻结抑制

化学冻结抑制方法是形成低冰点沥青路面。

低冰点沥青路面是指预先将低冰点添加剂加入沥青混合料中，使其在渗透与毛细作用下逐渐析出，达到融冰化雪的目的。低冰点填料主要有两种途径：①新建路面将其以填料的形式替代矿粉掺入沥青混合料中，制备得到具有融冰化雪、抑制冻结功能的沥青混合料；②在役路面以乳化沥青类材料为基础，掺加改性剂、助剂及低冰点填料，制备具有融雪和降黏功能的沥青路面低冰点养护层。

早在 20 世纪 60 年代，欧洲对低冰点主动融冰雪式路面开展研究，研制出首个低冰点添加剂 Verglimit，将添加剂采用水泥固化替代混合料部分集料制成的低冰点沥青混合料，不仅具有较好的高、低温性能，同时可降低路面结冰温度至 –20℃，但该类型沥青混合料水稳定性略差。日本在 20 世纪 70 年代引进该技术，考虑材料吸湿性进行优化配比，研发了 Mafilon 型低冰点添加剂，铺筑试验路进行性能验证。

谭忆秋等考虑低冰点添加剂的长效、缓释特性，结合中国寒区气候特点，采用核-壳缓释膜技术自主研发了具有憎水效果的缓释络合低冰点添加剂，降低路面结冰温度至−25℃，显著提升低冰点路面融雪化冰长效性能。分析了不同气温条件下低冰点路面融雪化冰性能，当气温高于−10℃时，可加速路面融雪化冰速率；当气温低于−10℃时，低冰点路面通过改善路面与冰雪层黏结性防止路面结冰，其黏结性较普通路面下降 50%以上，且随着气温降低，黏结性降低幅度更加明显(图 12.33)[26]。

(a) 主动融雪

(b) 抑制积雪

图 12.33　低冰点路面

基于乳化沥青生产机理，用乳化剂、抗凝冰剂对其进行乳化—改性—融合作用，后期经保护胶处理，得到一种新型路面喷洒型抗凝冰材料。在温度高于−5℃或是冻雨量和降雪量较小时，可有效避免路表结冰。在冻雨量或降雪量稍大且温度较低时，能有效降低冰与路表的黏附力，使路表薄冰层在车辆的碾压下易破碎，不使结冰路面形成连续的光滑冰面，提高行车安全。抗凝冰涂层在雅西高速下鲁坝桥、国道 108 线巫山脚下、贵阳市西南环线沙河特大桥等投入使用。该材料作用时间短，需要在冰雪天气来临前重新喷涂，建设施工成本不高，运行成本低，施工简单，不损坏路面，不影响环境，但其抗冰融雪效果一般。

12.3　轨道交通覆冰防御

12.3.1　轨道交通覆冰

第 3 章提出轨道交通的覆冰，主要集中在轨道道岔和接触网或第三条输电轨(the third rail)的覆冰。我国大部分铁路系统采用接触网供电，针对铁路接触轨除冰的研究极少；国外许多铁路采用第三轨供电，覆冰防御研究重点不同。

普通铁路、高铁、磁悬浮等各种轨道都是在地面上行驶，且绝大部分轨道交通均是依靠电力驱动。铁轨、电力机车、接触网、第三轨等各种结构的覆冰积雪均严重影响轨道交通的安全运行，不仅可造成交通晚点、暂停或停运，更严重的可能导致机车损坏、人员受伤和翻车等重大事故。

12.3.2　人工机械除冰

人工除冰是一种直接除冰方式，使用特制工器具敲击线路结冰区，击碎或击落冰以达到除冰效果。该方法耗时费力、效率低、安全性差、范围有限，适用于局部覆冰。武汉、长沙等地铁公司利用工程车或专用梯车进行接触网人工除冰，如图 12.34 所示。

(a) 道岔人工除冰

(b) 接触轨人工除冰

图 12.34　人工除冰方法

接触网除冰机器人与第 7 章机器人除冰相同，可直接应用在接触网上，但由于人工机械的除冰作业影响列车通行，轨道交通中更适合热力除冰。

由于含氯除冰剂具有很强的腐蚀性，而轨道系统中大部分都属于钢铁金属，轨道交通不能使用含氯除冰剂，只能使用不含氯或少含氯型除冰剂。

12.3.3　接触网覆冰防御

接触网覆冰防御方法主要有：接触网热滑法、阻性丝加热除冰法、电流融冰法、涂抹防冰涂料法[27-30]。

1. 接触网热滑法

接触网热滑法为一种机械除冰方法，在机车惰行时直接利用受电弓或除冰装置除冰，如图 12.35 所示。巡视人员观察易覆冰区接触网判断覆冰程度。当冰厚达到警戒值需要除冰时，电动列车通过受电弓从带电接触网上获取电能，在冰区启动惰行运行方式，利用工具刮除覆冰，由于摩擦应力和电弧的影响，该方法对受电弓和接触线的使用寿命影响很大。

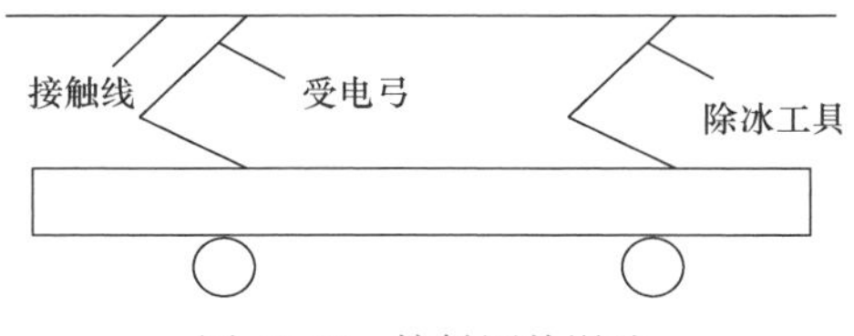

图 12.35　接触网热滑法

法国在运行速度小于 200km/h 的线路上采用在列车受电弓前端安装除冰装置的机械除冰方式。中国铁路总公司在寒潮天气时指示供电部门严密监视接触网覆冰，及时组织动车组热滑融冰；北京地铁公司为防止雪后地面线路接触轨结冰，采用列车空驶热滑的方式，通过列车集电靴与接触轨之间的摩擦力和接触轨上的负载电流防止接触轨覆冰。

2. 阻性丝加热除冰法

利用接触线内置绝缘电阻丝电阻大的特点，给电阻丝施加融冰电流使其发热融化接触线覆冰，如图 12.36 所示。法国阿尔斯通、日本日立公司利用内置绝缘电阻丝接触线的特性开发了接触网除冰系统，应用于法国、日本、韩国、英国的铁路系统。哈尔滨地铁站也采用该方法除冰。日本除冰电压为 180～600V，最大除冰电流为 26A，最长除冰回路小于 2600m。

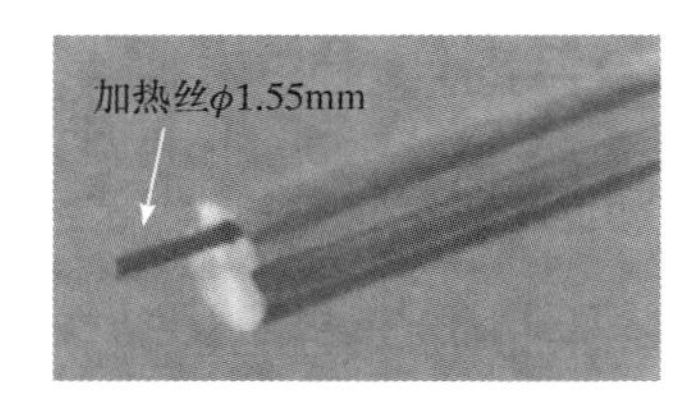

图 12.36　内置加热电阻丝的接触线

该方法理论上可达到除冰的目的，但由于接触线按锚段分段布置，导致融冰电源设置极为复杂，故该方法不易实现。

3. 电流融冰法

电流融冰主要分为交流融冰和直流融冰，通过给覆冰区段接触网施加融冰电流，电流通过接触网导线产生焦耳热融化覆冰。城市轨道交通接触网采用直流供电制式，目前较多的采用直流融冰法。哈尔滨至大连高铁辽宁段内、浑南牵引变电所采用直流融冰技术，甘泉铺牵引变电所和盖州西分区所采用交流融冰技术，并在甘泉铺牵引变电所至鞍山分区所之间的上下行接触网进行了融冰试验，试验过程中接触网导线温度上升了 8℃，达到理论计算值。

株洲变流技术国家工程研究中心提出一种高速电气化铁路接触网直流融冰装置。该装置将整流变压器两个输入端口与变电所两台牵引变压器相连，降压后经过整流器环节将交流变为直流，然后将直流侧接到接触网实现直流融冰；中铁第一勘测设计院也提出一种电气化铁路接触网的融冰方法及其融冰系统。

4. 涂抹防冰涂料法

在受电弓上安装涂抹装置防冰涂料涂抹在接触网上，防止接触网覆冰。德国不来梅有轨电车公司(Bremer Straßenbahn AG, BSAG)已经成功利用检测车上安装的防冰装置 Stemmann-TechnikGmbH 在接触网上涂抹防冻甘油，可在 2～3 天内有效的防止接触网覆冰，环境温度在−15℃～0℃为理想操作条件。防冰装置主要由固定在车内气压装置(图 12.37)和安装在受电弓上的涂抹装置(图 12.38)组成。

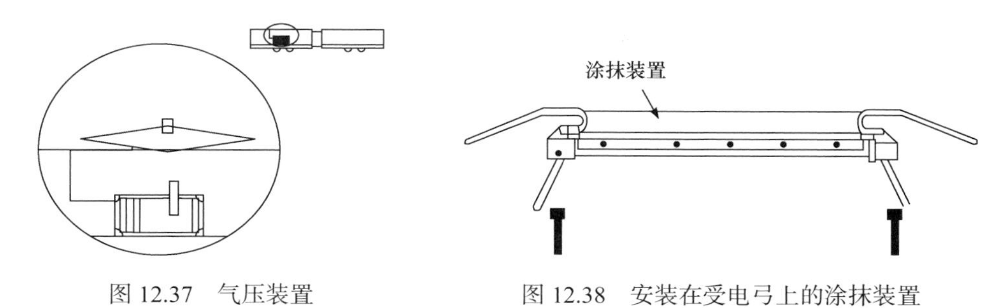

图 12.37　气压装置　　图 12.38　安装在受电弓上的涂抹装置

12.3.4　轨道道岔和第三轨覆冰防御

1. 防冰剂

美国中西部工业供应公司(Midwest Industrial Supply Inc.)针对轨道道岔和第三轨覆冰，根据美国空军环保型防冰剂专利，研制无冰开关和零重力第三轨除冰剂。

1) 无冰开关

俄亥俄州坎顿市中西部工业供应公司发现军用飞机使用这种配方，将该技术授权给商业使用。1999 年中西部工业供应公司将 NASA 的技术融入现有防冰剂开发一种新产品，即无冰开关(ice free switch, IFS)或二甘醇基冬季剂，主要成分为：二甘醇、尿素、水、氢氧化钠、专有成分。IFS 是一种在冰雪中保持铁路轨道道岔正常运行的流体。铁路轨道道岔将列车和设备在变化的轨道正确传送。通过将 NASA 的技术整合到 IFS 中，中西部公司在两个重要方面改进了产品：流体更易应用，且更有可能保持在垂直表面上。

与除冰剂相比，IFS 更多被称为防冰剂。相同条件除冰剂用量比防冰剂大 5～10 倍。铁路系统都在使用 IFS，包括大型洲际铁路、区域铁路、短线铁路、大众运输铁路以及工业工厂和工厂铁路，还应用于火车隧道的墙壁、火车交叉臂、车厢的门轨，以及其他金属结冰和操作有问题的地方。

2) 零重力第三轨防冰剂

改进 IFS 后，中西部公司专注于新的防冰产品，即为轨道交通第三轨设计的零重力第三轨防冰剂(zero gravity third rail，ZGTR)或二甘醇基冬季剂。

冰雪来临前，零重力第三轨防冰剂由第三轨喷雾系统提供，可以防止冰雪粘在第三条铁轨上，保证火车的正点运行和乘客最大限度的安全。

相比零重力第三轨防冰剂，传统的第三轨防冰剂非常灵活。稀薄的液体从钢轨上缓慢流掉，不能提供更多的保护。而一旦铁轨被冻住，融化冰需要 5～10 倍于使用零重力第三轨防冰、除冰器的液体。少量的这种非腐蚀性物质(0.25mm 的薄膜层)喷到第三轨上时，它的黏度会恢复到高的“零”剪切或静态黏度，使它能够保持在原位。这使得喷上该防冰剂的第三轨道非常坚固，可抵抗雨、雪、冰、地面风和重力的不利影响。

2. 道岔融雪装置

道岔融雪系统是冬季道岔正常转换的重要保障设备，发生降雪致使道岔积雪结冰时，可自动或人工启动加热元件，除去道岔结冰积雪，保证道岔正常转换。

道岔融雪主要有电热式、热风式、压缩空气式、喷灯式、温水喷射式等加热方式，可实现全自动遥控，利用安装在道岔基本轨轨腰或轨底上部，或安装在滑床板上的加热条(棒)或加热管的加热道岔化雪，已成为铁路道岔融雪的主流[31,32]。

(1) 暖风式：电热暖风融雪由鼓风机与电热丝产生，经过送气管和喷嘴吹向积雪。燃气、全电动或燃油高压加热装置经管道和喷嘴使热空气流经道岔，实现恶劣天气除冰。高压鼓风机使空气经过燃烧室和管道系统，提供均匀传热和散热。

(2) 电加热融冰：电加热是将带有电发热体金属器件分别安装在尖轨侧面、辙叉床板和钢轨底面，直接加热融化积雪。道岔融雪由降雪和轨道温度传感器检测的参数自动控制，降雪达到阈值时融雪系统自动工作。配套安装控制设备组成道岔融雪系统，已在全世界广泛使用，安全性和效果较好，主要问题是耗电量大。

WOLFF GmbH 公司(沃尔夫公司)是专业生产道岔电加热融雪系统的德国公司。加热元件采用瑞士伊莱克斯公司产品，道岔加热融雪系统的加热元件可承受极端恶劣的铁路工作环境，如连续、剧烈的铁轨振动，冰水、积雪、除草剂、柴油、润滑油、草酸和融雪剂等的侵蚀。系统配以自动控制，通过采集铁轨温度、空气温度湿度和积雪信号，控制道岔加热系统，并可通过光缆实现远程集中监控动态监测环境温度及湿度、铁轨温度、降雪状态和加热融雪系统的工作状态等。适应现代铁路高速、安全、高度自动化等要求，但价格相对较高，如图 12.39 所示。

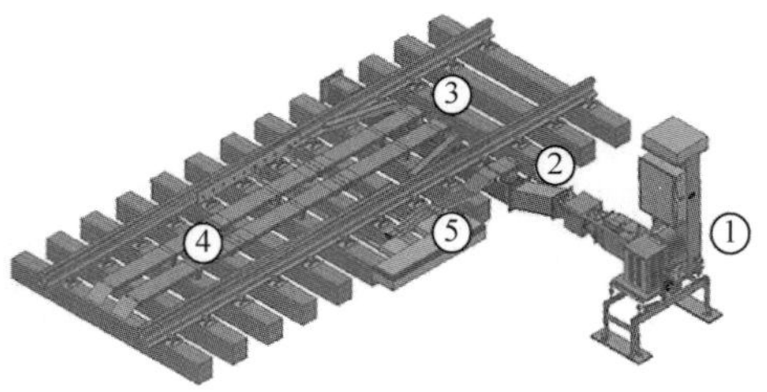

图 12.39　暖风式装置实体和示意图

①-热风机；②-主管道用紧固件连接总成；③-过渡传输管；④-轨道组合式风道；⑤-道岔风道

挪威寒区铁路普遍采用电加热式融雪装置，使用情况良好，没有发生因冰雪影响道岔转换的事故。每组道岔加热功率 7～21kW，融雪装置的开启和关闭由调度统一控制。电热式道岔融雪设备功率大，必须有可靠的电源，在电气化区段采用接触网供电，非电气化区段必须从其他电网中取得可靠供电，如图 12.40 所示。

图 12.40　电热式装置

电热式系统主要有两种安装方式：一种是预装滑床板，另一种是固定基本轨。预装滑床板不能在道岔整个长度实现有效加热融雪，特别是枕木间尖轨积雪残留时间长。预装滑床板加热元件损坏，更换困难，费时费力。固定基本轨的方式安装、更换方便，提高融雪效率，节省电力能源。

我国东北曾从国外引进电加热技术，由于技术管理等条件限制未获成功，既有道岔清雪基本靠人工完成。特殊气候环境(平均气温–2～–6℃/最高气温 25℃/最低气温–36～–45℃/最大积雪厚度 14～40mm)的青藏线采用道岔融雪设计，如图 12.41 所示。

图 12.41　青藏线电加热道岔融雪

北京电铁通信信号勘测设计院、北京铁安通科技发展有限公司研发的 DCR-2000 道岔电加热融雪系统自 2007 年开始在李七庄车站 12#道岔安装试用至今，已经历 3 个冬季降雪考验，能实现“开机 15min 内，道岔各部位开始融雪，道岔内无积雪、无结冰”，未发生部件松动脱落现象。

李七庄车站 12#站道岔是 50kg/m 钢轨，融雪要求与高速铁路道岔相同，即要求在道岔尖轨滑床板、可动心轨滑床板、可动心顶铁处和道岔转辙机外锁闭处实现融雪。道岔电加热融雪系统在道岔上述部位安装了独特设计的加热元件，解决了这几个部位的融雪问题，保证了12#道岔的正常工作[33,34]。

电热式道岔融雪最突出的优点是易实现集中和自动控制，主要问题是加热部件和连接线长期暴露在外，受列车运行和振动冲击的影响，电气绝缘老化。

我国新建客专线路陆续安装道岔融雪系统，例如，京津城际铁路安装电加热道岔融雪装置。除此之外，电加热道岔融雪系统在郑西客专、大秦线湖东站、京哈线与京沪线部分重点道岔应用成功[35]。

3. 其他覆冰防御

寒区轨道建设需要对路基防冻胀设计。影响路基冻胀的因素主要有土质条件、含水量、渗透特性、排水条件、地下水位及气温等。哈大高铁从路基填料、防冻胀层设置、地下地表水隔离防排出发，制定防冻胀措施。主要包括三方面内容：

(1) 路基基床防冻胀。基床冻胀是路基冻胀最主要的表现形式。为解决基床冻胀，可采用专门的基床防冻胀设计结构。主要由上部封闭层、隔断层、防冻层以及位于两侧的侧沟、渗沟组成，见图 12.42。

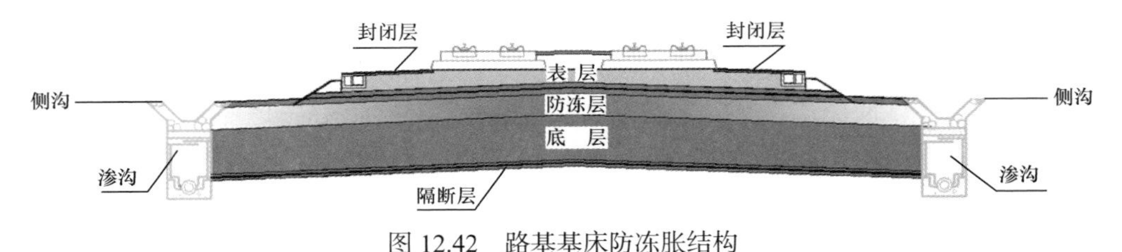

图 12.42 路基基床防冻胀结构

(2) 过渡段防冻胀。路桥路涵防冻胀主要由阻止冷量扩散的保温板和环绕其周围的保温防冻结构层组成。保温防冻层采用碎石掺水泥改性材料，见图 12.43。

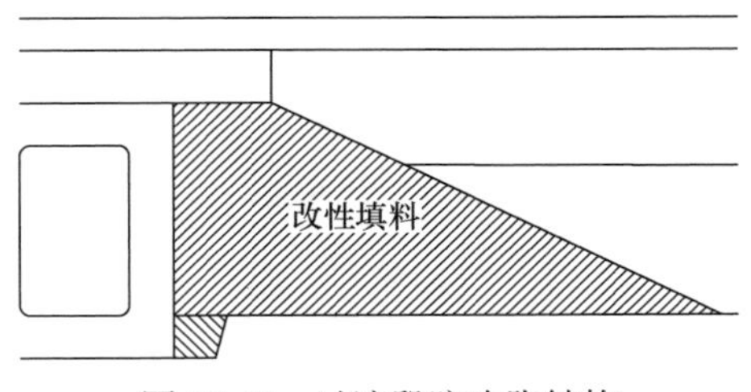

图 12.43 过渡段防冻胀结构

(3) 边坡防冻胀。路堑边坡特别是地下水路堑边坡是路基边坡防冻胀重点。采取两种防护形式保证路堑边坡稳定和防止冻融滑塌，即仰斜式透水管边坡防护和路堑边坡换填，如图 12.44 所示。

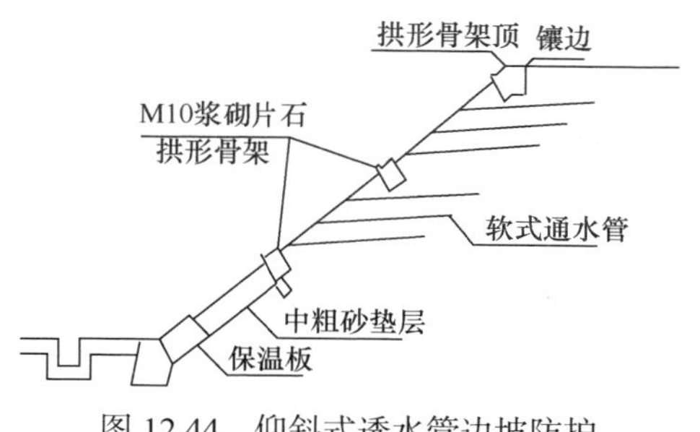

图 12.44　仰斜式透水管边坡防护

由于不同环境特点和铁路状况等原因，目前各国所使用道岔融雪系统都有所不同。在欧洲阿尔卑斯山区铁路线，对车站地处降雪大、气候寒冷地带，实施道岔融雪措施，融雪基本采用电加热、燃气加热两种方式，运输人员根据当地天气预报，在降雪天由车站有人值守和调度中心，对车站道岔融雪装置实施人为控制。法国、瑞士运行多年，设备操作简单适用，器材工作稳定可靠。在其他国家也都各自有不同方法，美国采用加热空气、压缩冷空气等道岔融雪方式，俄罗斯采用加热空气、蒸汽、压缩冷空气等方式，日本采用加热空气、盐水等方式。

随着技术的发展，目前很多国家都在研究并使用较为先进的电加热融雪方式，德国、荷兰等国家开发电加热融雪系统较早，技术较为成熟，美国、日本等国家也在研究并使用电加热道岔融雪系统。我国铁路道岔融雪系统的研发和使用起步较晚，正在推广使用阶段。

12.4　电视与通信塔架覆冰防御

12.4.1　电视与通信塔架覆冰及倒塔

通信塔有许多功能。同一个发射塔同时进行 AM 和 FM 调频，还播放电视信号。电视发射塔空间可租给分离电台和任意双向用户组。通信塔由以下部分组成：①天线，发送或接收电磁信号如电视、AM、FM、有线电视、甚高频信号、微波信号等等；②机械支撑结构，一个或多个带有电缆的钢铁塔。通信塔截面通常是三角形，采用实心杆、管状或角状镀锌钢制。

工程实践要求设计必须考虑机械荷载，但通信塔也会倒塌，其原因多种多样：①人为错误，如设计或施工存在缺陷，缺乏定期维护，意外损坏等；②金属疲劳和使用不合格材料；③自然事件(暴风雪、台风、龙卷风和地震)。

覆冰是无线电和电信工业设计必须考虑的。为达到最佳信号传输或接收效果，天线升高并外露，这是加大风荷载和形成覆冰的主要条件。通信塔覆冰引起信号干扰、动荷载引起结构疲劳、拉线拉伸、脱冰过程的坠冰以及塔架的失效。

美国寒区研究与工程实验室(Cold Regions Research and Engineering Laboratory，CRREL) 建立通信塔(电视、AM、FM、有线电视、微波等)覆冰倒塌数据库，列出 140 座因覆冰而倒塔，塔高从 12m 到 610m，最早记录可以追溯至 1959 年。故障最多的是 FM、电视和双向发射塔。在 121 座塔架中，1/3 的高度小于 94m，1/3 的高度在 94～183m，1/5 的高度大于 304m。77 座塔平均倒塌时间为 11.5 年。

在缅因州富兰克林县(Franklin County, Maine)，风速超过 44m/s 的大风摧毁了一座高 36.6m 的自立式高塔。塔建在高 1292m 的山顶，大风未持续很久，这座建筑曾经受了更大的风速，但覆冰和大风共同作用直接使其倒塌，见图 12.45 和图 12.46。图 12.47 是在芬兰 Ylläs 地区拍摄的积覆雾凇的 127m 高塔[36,37]。

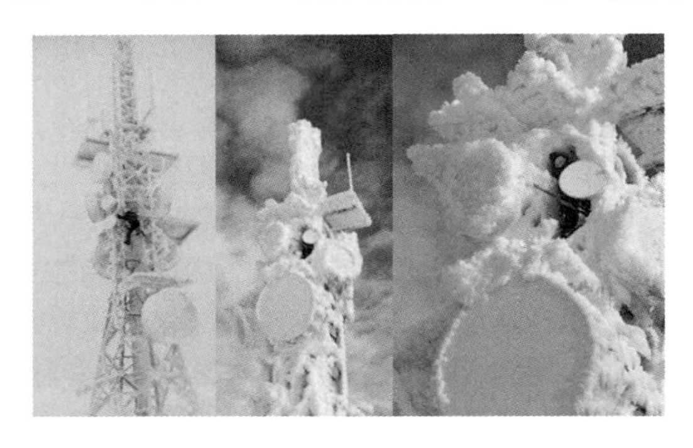

图 12.45　通信塔覆冰(挪威苏达尔 Reinsnuten)

图 12.46　通信塔倒塌(美国缅因州 Franklin County)

图 12.47　塔架覆冰照片(芬兰 Ylläs)

12.4.2　塔架覆冰防御

5G 时代的到来对通信设备要求进一步提高，人们利用手机、互联网传递信息，对传输信息的大小、速度等有了更高的需求，必将搭建设更多通信铁塔。与输电线路铁塔相似，不少电视和通信塔架建在易覆冰地区，也产生覆冰导致倒塌。

铁塔覆冰主要原因有：一是表面易形成冰层，塔架多为 Q235 钢，亲水性好，水流动性差，易形成亲水层，气温降低易在塔架表面形成覆冰；二是塔架钢材性能，钢铁结构热胀冷缩，伸缩率较高；覆冰条件下钢构件低温下延展性降低而硬脆，抗拉强度降低，弯曲应力减小，结冰导致拉应力增加，引起钢塔杆断裂倒塌。

塔架与输电线路覆冰不同：一是塔架没有输电线路的外绝缘问题，两者结构不同，覆冰带来的机械也不相同；二是通信电缆和输电线尺寸不同，塔架自身覆冰没有输电线路严峻；三是通信天线覆冰对通信稳定的带来影响。基于输电线路覆冰防御，国内外对塔架覆冰防御也进行了研究，主要有以下几种方法：

1. 被动方法

被动方法是对本身调整或改善性能。有人提出防污、防腐、防冰塔架及其表面处理方法，选用 Q345、Q420 等优质钢材，对表面喷砂处理，使表面获得一定清洁度和粗糙度，再在钢材表面依次喷涂环氧富锌底漆、环氧封闭漆、环氧云铁中间漆、涂氟碳面漆，提高塔架钢材憎水性，进一步提高铁塔防冰性能[38]。

憎冰性涂料防覆是被动方法之一。憎水涂料同样可用于各类铁塔，降低冰与物体的附着力，虽不能完全防止冰的形成，但可使冻雨或雪等在冻结或黏结之前在自然力作用下脱落，或使冰或雪的附着力明显降低，同样可以达到防止覆冰、减少冰害事故的目的。不能使用腐蚀性强的含氯型除冰剂。

2. 主动方法

铁塔覆冰防御同其他结构物相似，一是机械清除，分析是否需要除冰，并根据具体情况采用不同的机械除冰方法，我国设计了一种可升降的户外除冰车，由圆盘式刀片、支架、升降连杆、控制装置、底盘和车轮构成，顶部设置有支架，支架设置刀片进行除冰。二是设计不同塔架防除冰装置。

黄河科技学院提出一种主动防冰系统，在铁塔设置封闭式防冰剂箱，箱内盛装防冰剂，底部连接有防冰剂管，箱顶端向上连接有放气管，连接进液管，进液管底部有进液阀，及时启动装置防冰[39]。

还有一种具有除冰功能的输电线路铁塔，基座四角固定设置底脚，四块底脚上固定角钢，在角钢外侧设置滑动刮冰机构，需要时可对铁塔角钢除冰[40]。

还可通过热力除冰，在铁塔上增加加热装置，需要除冰时开启，提升铁塔本身温度，融化表面覆冰。加热装置有多种形式，主要是通过电发热对铁塔角钢除冰，还有可通过聚光罩，将太阳光源汇聚在天线，使天线融冰。

综上所述，我国电视与通信塔架覆冰的影响程度不及输电线路。我国对塔架覆冰防御的重视远不及输电线路及杆塔。

12.5 本章小结

本章主要论述风机、公路交通、轨道交通、电视与通信塔架的覆冰防御。不同结构物覆冰特点不同，带来的灾害影响也不同，冰灾防御方法与技术略有不同。但其冰灾防御原理基本一致，包含防冰、除冰和融冰三个方面，结构物冰灾防御包括材料防冰、机械除冰、热力融冰等各种方法。

论述了各种方法的特点，在实际工程应用中尽管机械除冰耗费人力，无法保障安全，但实施难度最低，可靠性最好，耗费能量少，在所有方法中，机械除冰应用最广泛，但在交通覆冰防御中，人工机械除冰影响交通流量和输送能力。使用材料防御冰灾需考虑金属腐蚀、环保和健康问题。热力融冰在冰灾防御中有不少应用，尤其在交通上应用广泛，热力融冰能减少人工除冰，保障交通输送能力。部分热力除冰根据深层土壤温度保持不变的特性，对能量需求不高，但对工艺和工程应用有较高的要求。总体而言，热力除冰效率较机械除冰低，且能耗更高。在工程实践中，还需根据电力、交通输送需求来选择经济合适的除冰方案。

参考文献

[1] 邱刚. 风力发电机叶片电加热融冰过程及其数值模拟[D]. 重庆: 重庆大学, 2018.

[2] Saito H, Takai K, Yamauchi G. Water and ice-repellent coatings[J]. Surface Coatings International, 1997, 80(4): 168-171.

[3] 雷利斌. 基于 LabVIEW 的风力机叶片除冰系统研究[D]. 长沙: 长沙理工大学, 2014.

[4] 王绍龙. 基于超声波法的风力机叶片翼型防除冰研究[D]. 哈尔滨: 东北农业大学, 2014.

[5] 任毅, 袁铜森, 万智, 等. 国内外公路防冰除冰技术现状综述[J]. 湖南交通科技, 2014, 40(2): 71-75.

[6] 臧文杰. 道路除冰雪技术综述[J]. 科技创业家, 2013, (17): 238.

[7] 谢康. 高速公路除冰融雪技术应用研究[D]. 合肥: 合肥工业大学, 2018.

[8] 方降龙, 肖娟定, 胡辉. 公路除冰融雪剂中添加剂的种类及发展[J]. 交通标准化, 2014, 42(19): 131-134.

[9] 杨全兵. 盐及融雪剂种类对混凝土剥蚀破坏影响的研究[J]. 建筑材料学报, 2006, 9(4): 464-467.

[10] Shi X M, Akin M, Pan T Y, et al. Deicer impacts on pavement materials: Introduction and recent developments[J]. The Open Civil Engineering Journal, 2009, 3(1): 16-27.

[11] Joerger M D, Martinez F C. Electric heating of 1-84 in Ladd Canyon, Oregon[R]. Oregon: Oregon Department of Transportation Research Unit and Federal Highway Report Administration, 2006.

[12] 武海琴. 发热电缆用于路面融雪化冰的技术研究[D]. 北京: 北京工业大学, 2005.

[13] 李炎锋, 武海琴, 王贯明, 等. 发热电缆用于路面融雪化冰的实验研究[J]. 北京工业大学学报, 2006, 32(3): 217-222.

[14] 赵宏明. 布置碳纤维发热线的混凝土路面及桥面融雪化冰试验研究[D]. 大连: 大连理工大

学, 2010.
[15] 王庆艳. 太阳能-土壤蓄热融雪系统路基得热和融雪机理研究[D]. 大连: 大连理工大学, 2007.
[16] 王欣, 朱继宏, 李德英. 太阳能-地源热泵在冬季道路融冰雪中的应用研究[J]. 节能, 2016, 35(11): 4-8.
[17] Mirzanamadi R, Hagentoft C E, Johansson P, et al. Anti-icing of road surfaces using Hydronic Heating Pavement with low temperature[J]. Cold Regions Sci. & Tech., 2018, 145: 106-118.
[18] 徐慧宁, 谭忆秋, 周纯秀, 等. 太阳能-土壤源热能耦合桥面融雪系统温度分布特性的研究[J]. 太阳能学报, 2012, 33(11): 1920-1925.
[19] 谭忆秋, 张驰, 徐慧宁, 等. 主动除冰雪路面融雪化冰特性及路用性能研究综述[J]. 中国公路学报, 2019, 32(4): 1-17.
[20] 唐祖全,李卓球,钱觉时. 碳纤维导电混凝土在路面除冰雪中的应用研究[J]. 建筑材料学报, 2004, 7(2): 215-220.
[21] 周永祥, 冷发光, 何更新, 等. 导电混凝土技术综述[J]. 中国建材科技, 2009, 18(1): 42-50.
[22] 葛宇川, 刘数华. 碳纤维导电混凝土特性研究进展[J]. 硅酸盐通报, 2019, 38(8): 2442-2247.
[23] 鲍梦捷. 内置碳纤维融冰路面设计方法[D]. 西安: 长安大学, 2017.
[24] 侯作富. 融雪化冰用碳纤维导电混凝土的研制及应用研究[D]. 武汉: 武汉理工大学, 2003.
[25] 谭忆秋, 周纯秀. 橡胶颗粒路面抑制冰雪技术[J]. 筑路机械与施工机械化, 2008, 25(11): 22-26.
[26] 周纯秀, 谭忆秋. 橡胶颗粒沥青混合料除冰雪性能的影响因素[J]. 建筑材料学报, 2009, 12(6): 672-675.
[27] 郭蕾. 接触网覆冰机理与在线防冰方法的研究[D]. 成都: 西南交通大学, 2013.
[28] 谢将剑, 王毅, 刘志明, 等. 覆冰接触网的有限元仿真及其小比例模型试验[J]. 中国电机工程学报, 2013, 33(31): 185-192.
[29] 马水生. 电气化铁路接触网防融冰方案研究[D]. 成都: 西南交通大学, 2015.
[30] 陈楚楚. 电气化铁路接触网在线防冰方法研究[D]. 成都: 西南交通大学, 2015.
[31] 王争鸣. 高寒地区高速铁路勘察设计技术创新与实践[J]. 铁道工程学报, 2018, 35(8): 6-10.
[32] 王朝存. 青藏线道岔融雪系统浅谈[J]. 铁路通信信号工程技术, 2007, 4(2): 9-11.
[33] 王涛. 电加热道岔融雪系统设计与实践[J]. 铁道通信信号, 2010, (7): 42-46.
[34] 王相晖. RD1 型电加热道岔融雪系统介绍及应用实例 [J]. 铁路通信信号工程技术, 2010, 7(1): 48-49.
[35] 崔宁宁. 电磁式道岔融雪装置设计及干扰问题解决方案[J]. 铁道通信信号, 2013, 49(1): 22-24.
[36] Mulherin N D. Atmospheric icing and tower collapse in the United States[C]. 7th International Workshop on Atmospheric Icing of Structures, Chicoutimi, 1996: 1-10.
[37] Jellinek H H G, Frankenstein G E, Hanamoto B. Method for reducing the adhesion of ice to the walls of navigation locks[P]. US Patent: US4301208, 1981-11-17.
[38] 李呈祥, 李光举, 吴庆海, 等. 防污、防腐、防冰电力塔架及其表面处理方法[P]. 中国: CN102518333A, 2012-06-27.
[39] 黄河科技学院. 主动型防冰输电线路系统[P]. 中国: CN207124442U, 2018-03-20.
[40] 刘彦辉, 牛书云, 付海波. 一种具有除冰功能的输电线路铁塔[P]. 中国: CN209723805U, 2019-12-03.